中国石化“十四五”重点图书出版规划项目

油气资源分子工程与分子管理

吴 青 著

中国石化出版社

内容提要

本书按照如何在分子层级上进一步“认识油气资源、利用油气资源、用好油气资源”的理念，详细介绍了作者提出的油气资源分子工程与分子管理的概念定义、技术框架与构成以及主要内容与应用。其中，“认识油气资源”部分包括油气资源的分析表征现状与进展以及计算机模拟技术即重构技术；“利用油气资源与用好油气资源”即如何在分子层级上开展油气资源炼制（分子工程）与优化（分子管理），包括油气资源分子物理性质和化学性质等分子信息的数字化信息化加工、计算机辅助分子动力学模型构建与求解，以及机器学习（ML）、数据处理与优化技术、过程控制系统和过程优化（APC、RTO、流程模拟）等；应用部分包括富二氧化碳天然气资源直接利用与复合能源化工体系建设、炼化企业数字化转型智能化发展中的智能炼化建设、大数据分析、AI在设备预防性维修维护应用以及油气资源产品分子精准调和、炼化过程催化新材料、新工艺开发等。

本书适合从事炼油化工领域教学研究、技术开发和生产、工艺与信息化管理等的大专院校与科研院所师生、研究人员和炼化企业的技术与管理人员阅读参考。

图书在版编目（CIP）数据

油气资源分子工程与分子管理 / 吴青著. —北京：中国石化出版社，2021.9

ISBN 978-7-5114-6446-0

Ⅰ.①油… Ⅱ.①吴… Ⅲ.①油气资源-研究 Ⅳ.①TE155

中国版本图书馆CIP数据核字（2021）第181386号

中国石化出版社出版发行

地址：北京市东城区安定门外大街58号

邮编：100011　电话：(010) 57512500

发行部电话：(010) 57512575

http：//www.sinopec-press.com

E-mail：press@sinopec.com

北京柏力行彩印有限公司印刷

全国各地新华书店经销

*

787×1092毫米 16开本 37.25印张 946千字

2022年1月第1版　2022年1月第1次印刷

定价：239.00元

前　言

近年来，分子炼油、石油组学、油气资源分子工程与分子管理等概念、说法、名称在当前已渐获普遍关注。

随着分析表征、信息化等技术的快速发展，人们对油气资源的分子组成、结构、反应过程以及产品与原料之间的关系、认识也不断取得重大进步，而对油气资源如何实现资源价值最大化、过程能源消耗最小化以及绿色低碳的孜孜不倦的追求，为“分子炼油”“石油组学”和“油气资源分子工程与分子管理”的出现、逐渐为广大炼油化工行业的科研、生产、管理人员所接受提供了缘由与动力。但是，业界很多人对这些说法、名称、概念的真实内涵了解得不是很清晰，影响了技术的发展和应用。因此，本书作者希望通过较为系统地阐述、介绍所提出的油气资源分子工程与分子管理及其应用，更好地引导炼化行业的科技人员推陈出新和技术创新，为炼化产业高质量发展做出更大的贡献。

油气资源分子工程与分子管理作为炼油化工的强化技术之一，通过分析仪器表征手段和计算机辅助分子重构技术等方法，不断加深对油气资源在分子水平上的认识，包括油气资源及其分子组成的转化规律，一方面可以优化原料组成、有针对性地开发出最适合的催化剂，并设计一系列合理的反应路径和反应条件，达到原料、催化剂、工艺以及反应器的最佳匹配；另一方面，可以实现包括原油、天然气在内的资源敏捷优化，原油选择、加工、销售全产业链的协同优化，以及全产业链过程质量、安全、环保的监管与溯源，从而超越传统的、粗放的油气资源认知体系，真正实现“分子水平”石油炼制，促进炼油化工新技术取得突破性进展，推动行业的重大技术进步。

A.Von Hippel最早提出了用于解决工程问题的分子工程（Molecular Engineering）概念。根据炼油化工行业“资源高效转化、能源高效利用、过程绿色低碳”的要求，结合油气资源分析表征、计算机信息化、油气加工等技术的进展，借鉴能源行业分子工程相关概念，如日本学者Sanada和我国学者谢克昌院士的煤分子工程、美国学者Marshall和Rodgers的石油组学以及本书作者导师何鸣元院士的分子炼油概念等，本书作者提出了油气资源分子工程与分子管理的定义，即，油气资源分子工程是在分子水平上研究石油及其馏分以及天然气的性质、组成、结构及反应性能的相互关系，并以此为基础，遵循“资源高效转化、能源高效利用、过程绿色低碳”原则，研究石油及其馏分以及天然气如何精准、高效地转化为能源或产品的一门工程学科；油气资源分子管理则定义为依据数字化、信息化新技术如算法技术、优化技术、可视化技术与机器学习技术等对油气资源分子工程进行优化利用的集成技术。

本书由中国海洋石油集团有限公司吴青博士独著，全书共分五篇14章。第一篇包括2章，其中第一章为概述，介绍概念、定义以及本书主要内容与技术构架；第二章概要介绍主要应用领域。第二篇共4章，分别介绍天然气和石油的分子信息获取技术，包括仪器分析表征方法和分子重构方法。第三篇共3章，介绍油气资源分子信息加工技术，包括物理性质和化学性质的信息化描述、数据库构建、化学反应规则与反应网络等。第四篇为分子管理，共3章，分别介绍机器学习技术（算法技术）、数据处理与优化技术以及过程控制系统与过程优化，重点介绍过程控制系统、先进控制（APC）、实时优化（RTO）、流程模拟和仿真技术。第五篇为油气资源分子信息的应用，共2章，内容涉及分子反应动力学模型建立与解析、富二氧化碳天然气直接利用与复合能源化工体系建设、数字化转型智能化发展中的相关技术与应用，如大数据分析、AI 与设备预防性维修维护、汽柴油分子精准调和分子动力学模型构建与应用以及催化新材料与炼油化工新工艺开发等。

作者于2013年初次提出本书概念前，得到了导师何鸣元院士的启发和指点。2014~2019年写作期间，中海油炼化科学研究院黄少凯博士，中海油能源经济研究院吴晶晶博士后，中海油天津化工研究院臧甲忠高工，华东理工大学刘纪昌教授，中海油研究总院崔德春博士，中国石化石油化工科学研究院田松柏博士以及易军、何铠源博士等专业人士提供了部分素材，中国石油大学徐春明院士、史权教授提出了部分修改意见，黄少凯博士在书稿后期协助校对了部分参考文献，也得到了中国石化出版社田曦编辑的大力支持与鼓励，在此表示衷心感谢！

本书是油气资源分子工程与分子管理理念的全面阐述，内容系统、全面、新颖，理论与实践结合紧密，既可供石油化工、能源、计算机等领域的科研、工程技术人员参考，也可作为高等院校化学、化工、计算机等专业本科生、研究生的教学参考书。限于作者的学识与能力，本书一定还有不少不妥之处，敬请有关专家、读者批评指正！

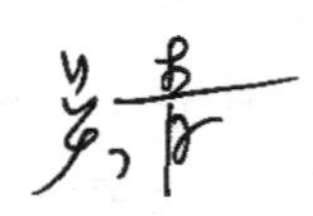

目　　录

第一篇　总　论

第二篇　认识油气资源获取分子信息

第五篇 分子信息应用

第一篇　总　论

导读

本篇对分子炼油、石油组学、石油分子工程、油气资源分子工程与分子管理等说法进行简要说明，解释相关概念、定义，并介绍主要内容、技术框架。在此基础上，根据作者的经验与实践，给出了油气资源分子工程与分子管理在炼油化工行业的主要应用，并对本技术发展前景做了简要分析、展望。

第一章　概　述

第一节　概念与定义

最近几年，在炼油化工、石油化工、化学工程领域（行业）经常看到、听到或谈论“分子工程”“分子炼油”“分子管理”等术语，这是产业精细化高质量发展以及化工学科前沿方向深化发展的必然趋势。自从1956年A.Von Hippel[1]首次提出了分子工程（Molecular Engineering）概念以来，分子工程的概念得到了很大程度的认同、应用与拓展[2~16]，如，陈建峰等[16]认为，通过研究微纳尺度传质传热过程对微纳结构调控的规律，基于原子和分子尺度，自下而上地构建化学反应或合成过程，与过程强化的思想相融合，在合理尺度上对化学反应过程实施高效的强化手段，是实现绿色化学的关键，因此将化学工程学科研究重点拓展到微纳尺度及分子尺度下的混合、界面传递和反应过程——分子化学工程，将会成为化学工程学科发展的前沿方向。

Sanada[17]、谢克昌[18]提出了煤的分子工程：通过构建煤组成结构与反应性（特别是“分子—产品—过程”三位一体的）多尺度构效关系，解决煤洁净利用过程的效率、环境及效益等问题。

Marshall和Rodgers[19, 20]则提出了石油组学（Petrolomics）的概念和定义：石油组学是指通过石油分子表征技术，研究石油分子组成与其物理、化学反应性能之间相互关系的技术。其最基础、核心和关键的技术是可用于石油特别是重油组成与结构分析的仪器分析表征技术[21~24]。

十几年前，何鸣元院士、白春礼院士提出了“分子炼油”的说法。他们虽没有给出概念定义，但由于本说法比较通俗易懂反而在国内产业界广为流传[25, 26]。五六年前，徐春明院士提出了“分子组合与转化（Molecular Combination & Conversion，MCC）”概念，并在最近将MCC概念改称“分子管理”[27]：一种从分子水平实现石油化工整体增效的组合技术方案，涉及从分子水平认识石油化学组成，揭示分子组成与物理性质的内在关系，掌握分离及调和过程中分子走向与分布，把握化学加工过程的分子转化规律，实现分子组成及转化规律的模型化，将基于分子组成的理论模型应用于炼化过程的决策优化、运营优化和生产优化的各个层面。

在何鸣元院士的指点下，特别是受“煤分子工程”的启发，近十年来吴青[2, 25~26, 28~33]结合其数十年的从业经验，按照炼化产业从“粗犷的馏分加工”逐步发展到“细分的窄馏分或集总化合物、单体烃的加工”这一趋势，并将“工程”即为“加工”概念、“管理”即为“优化”概念以及“分子”即为“精细化”的形象区分，提出了油气资源分子工程与分子管理的概念，并在炼化的科研攻关、生产管理、装置与区域、全厂优化以及企业数字化转型与智能化发展中予以充分实践。油气资源分子工程与分子管理的定义如下：

油气资源分子工程是对石油及其馏分、天然气在分子水平上研究其性质、组成、结构及反应性能的相互关系，即“原料—产品”或“原料—材料—器件”的构效关系，在此基础上，遵循“资源高效转化、能源高效利用、过程绿色低碳”原则而对原料如何精准和高效地转化为产品或材料及器件而开展研究、应用的一门工程学科。

油气资源分子管理则定义为依据数字化、信息化新技术如算法技术、优化技术、可视化技术、机器学习技术等对油气资源分子工程进行优化利用的集成技术、优化技术。

油气资源分子工程与分子管理属于新兴的工程学科，它基于接触或非接触式的智能敏捷感知技术（如机器视觉、红外或拉曼光谱、质谱、核磁等）、检测技术与软测量技术以及相应的计算化学与计算机分子重构技术，获得原料或产物在分子水平上的各种信息；将直接或间接获取的分子信息经过数据处理技术等处理后，与处理对象的物化性质及反应性相关联，从而建立分子动力学模型，并模拟油气加工反应过程，预测、关联、传递反应产物分布及其产物性质，为原料优化，催化剂开发、表征、设计、筛选、使用，油气加工工艺过程操作管理与优化，以及新的工艺过程开发等提供有益的指导与帮助，实现“资源高效转化、能源高效利用、过程绿色低碳”和产业高质量发展、新技术开发等目的。

第二节　主要内容与技术构架

一、主要内容

根据定义，油气资源分子工程与分子管理的主要内容包括四个方面，其中，“分子工程”主要涉及三个方面，而“分子管理”就涉及一个方面。“分子工程”主要内容包括：

（1）油气资源分子信息获取技术，包括原料与产物的分子水平分析表征技术和分子重构技术两个子类技术。

（2）油气资源分子信息加工技术。油气资源分子的性质包括物理性质和化学性质，为了能够被使用，将油气资源分子的性质数据变成可用的信息，需要数据库支持，在本技术领域就是如何构建油气资源分子信息库、化学反应规则库等。

（3）油气资源分子信息应用技术，包括分子动力学模型以及动态建模技术等。

“分子管理”的主要内容就一个方面，即如何采用（单独或集成）相应的“优化”的技术，包括算法技术、优化技术、可视化技术与数据科学、机器学习技术等数字化、信息化新技术在油气资源分子工程中予以实施优化工作。

二、核心技术

1.分子表征技术

由于天然气的组成比较简单，现有技术已经完全可以实现分子鉴别，因此，此处的油气资源分子表征技术主要是石油的分子表征技术，包括两类技术[34]：

（1）为开发炼油新技术提供理论和数据支持，并据此推出变革性炼油新技术的石油分子水平表征新技术，通常是一些能比现在提供更加详细化学组成与结构的仪器分析技术，如全二维气相色谱–质谱技术（GC×GC/MS）、气相色谱–飞行时间质谱技术（GC/TOF MS）、傅立叶变换离子回旋共振质谱技术（FT–ICR MS）、核磁共振技术（^{1}H–NMR或^{13}C–NMR）等。

（2）为先进过程控制和优化技术提供更快、更全面物料分析数据的现代工业过程分析技术，如采用红外光谱［近红外（NIR）、中红外（MIR）］、拉曼光谱以及核磁共振等在线分析技术[35]。

2.分子重构技术

石油分子重构技术是指采用计算机模拟计算石油分子组成与结构的方法：根据某些容易获取的石油及其馏分的常规分析数据为依据与基础，采用各种数学工具、方法建立模型并进行模拟计算，再用模拟计算所获得的一套等效的虚拟分子来表示石油及其馏分的分子组成。这种模拟方法有效地回避了烦琐昂贵的石油分子组成的实际分析表征过程，只根据常规的分析数据就能快速计算得到各类石油的分子组成数据。

目前，石油分子重构技术主要包括分子同系物矩阵法[36]（Molecular type homologous series，MTHS）、伪同系物矩阵法（Psco-Molecular type homologous series）[27]、结构导向集总方法[37]（Structure-Oriented Lumping，SOL）、概率密度函数（Probability Density Function，PDF）和统计学中与蒙特卡洛（Monte Carlo）模拟法相结合的随机重构法[38, 39]（Stochastic Resconstruction，SR）、熵最大化分子重构法[40]（Reconstruction by Entropy Maximization，REM）等，实际工作中既有单独使用的，也有组合使用的。

上述技术中，有些也是石油分子信息的加工技术，即描述分子信息的方法，如MTHS、SOL等。

3.石油分子信息的加工技术

无论是石油分子重构技术，还是石油分子管理或优化、分析，均需要将石油分子的信息“加工”成可方便使用的信息，也即如何描述分子信息。例如，石油组成十分复杂，如何选定合适方法来描述各种分子？如何方便使用？如何准确计算（预测）各石油分子的物性？如何选取合理的混合规则计算石油的各项宏观平均物性？如何准确计算石油分子组成？通过对石油及其馏分的分子组成进行合理和准确的定量计算（预测），实现从物性到分子组成的转变。同时，能够据此预测石油各馏分的宏观物性和炼制（加工）性能。

描述分子信息的方法较多，除了前述的MTHS法、SOL法等以外，常见的还有键–电子矩阵法[41]（Bond-Electron，BE）、Boolean邻接矩阵法[42]（Adjacency Matrix）、图论（Graph-Theory）[43]以及PMID法[44]（Petroleum Molecular Information Database，PMID）等。

石油分子信息加工技术的成果体现主要包括石油分子信息库和化学反应规则库。其中，石油分子信息库是通过整理、收集石油及其馏分、石油产品中的主要分子，采取特定的分类方法以及对分子骨架结构的信息化编码规则，辅以单个物料数据（如密度、沸点等基本物性以及辛烷值、十六烷值等使用性质）的收集与计算、单体热力学数据（如热焓H、吉布斯自由能G、比热容Cp）的收集与计算，再通过相应的分子信息维护而最终形成的。而化学反应规则库则是在大量收集、整理、研究了石油及其馏分的组成及各组分（包括纯化合物）在石油加工过程中，结合催化剂在不同条件下的转化规律（反应机理）后，形成的石油炼制过程化学反应规则库。

利用石油分子信息库可以获取石油物性、组成与结构信息，结合化学反应规则库，可以实现石油及其馏分分子信息与反应性的关联，也可以采用虚拟组分代替性质相近的一系列组分，利用计算机软件实现反应网络的自动生成。

4.石油分子动力学模型及其计算技术

为阐明十分复杂的石油炼制过程，须建立分子反应动力学模型并对此进行科学计算。

分子反应动力学模型的建立与计算至少包括：（1）输入或读取石油分子物性数据，如单体化合物、特征化合物或模型化合物的物性及热力学/动力学基础数据；（2）建立分子动力学模型，包括设置工艺条件、催化剂物化性质、反应速率方程以及动力学参数初值等，设置物料与催化剂接触形式和催化剂床层；（3）开展反应器模拟，进行转化过程的定量计算，确定动力学参数，并判断最可能的反应路径。

实际计算时可以通过各个模块分别计算，例如，由线性自由能计算模块可以获得各反应的热力学参数，以及动力学/热力学的关联参数；由大规模微分方程组求解模块，可以求解刚性微分方程组，获得各反应的反应速率，并对产物组成进行模拟计算；而借由动力学参数校正模块，通过输入产物组成分析数据、设置动力学参数阈值，可以进行分布式并行优化计算。如此大量的计算，在最新的云计算环境下，可以提供大量分布式计算核心，并利于计算结果的存储、分析与展示。

5.石油分子管理方面的技术

主要包括算法技术（如主成分分析PCA、云计算、大数据分析技术）、优化技术（如先进控制APC技术、实时优化RTO技术）、可视化技术（如AR/VR/MR技术）、机器学习（ML）以及机器深度自学习技术、人工智能（AI）技术等。

这些技术为油气资源的敏捷感知（数字化）、知识关联（模型化）和过程优化（智能化）提供新的技术手段，为形成从人工智能（AI，Artificial Intelligence）到智能协管（IA，Intelligence Assistant）提供了坚实的基础，这也正是本书作者积极倡导的油气资源分子工程与分子管理的主要发展方向之一。

三、主要构架

根据上述油气资源分子工程与分子管理的主要内容与核心技术的介绍，吴青[25, 26, 31, 45]给出了油气资源分子工程与分子管理的主要技术核心构成示意图、主要软件与支持平台技术构架示意图和软件系统与现有炼化企业生产信息化新系统融合的示意图，其中，主要软件与支持平台的技术构架见图1-1。

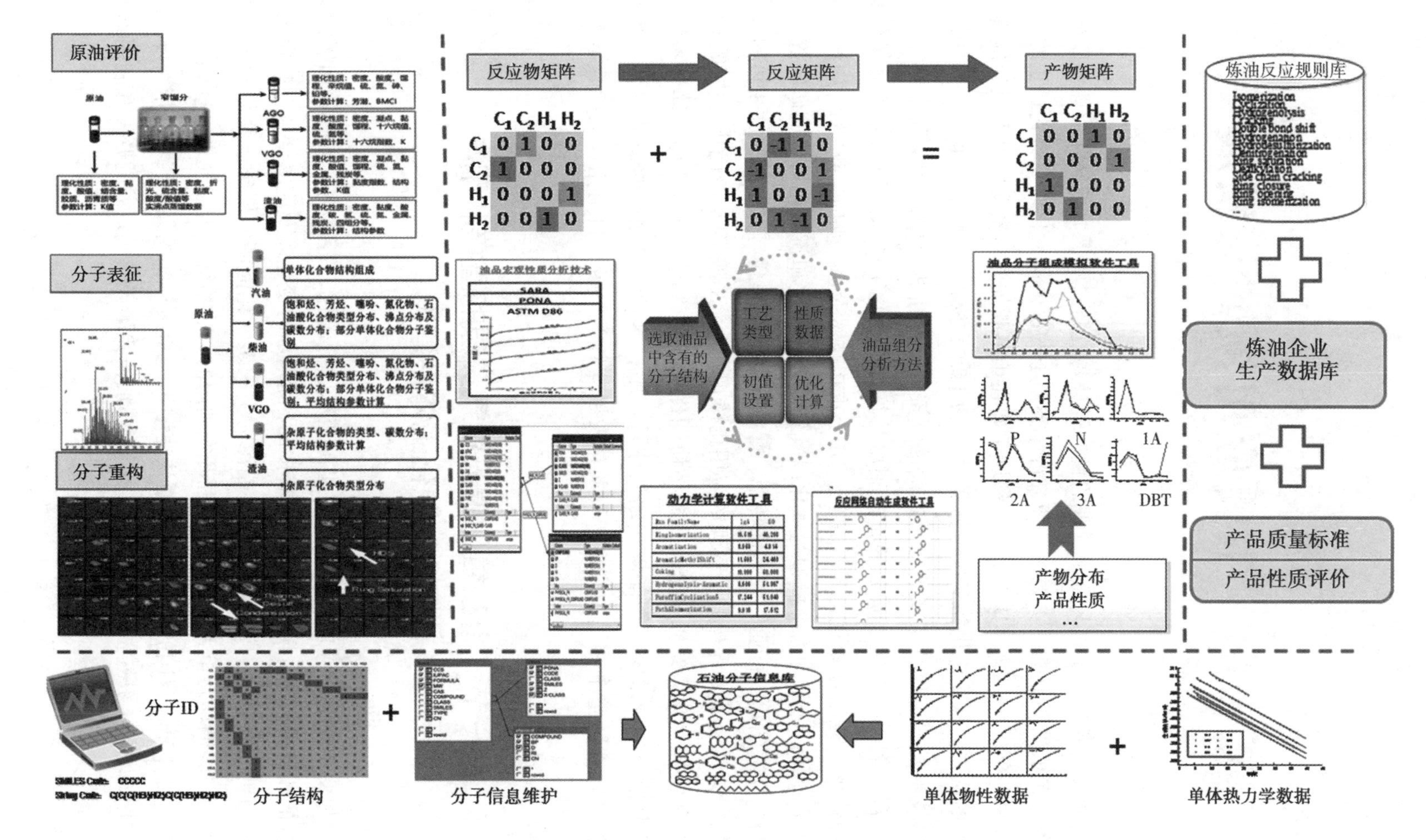

图1-1 油气分子工程与分子管理的主要技术构成示意图[26]

第二章 主要应用领域与发展

开展油气资源分子工程与分子管理的目的就是要遵循“资源高效转化、能源高效利用、过程绿色低碳”原则，实现每一种或每一类分子的价值最大化以及转化过程的能源高效率和绿色低碳，因此，其主要应用领域主要在于不断加深对资源物性及其反应性的构效关系的认识、深化优化加工过程、开发与应用新的材料与技术等方面。

根据技术发展与作者实践情况，目前油气资源分子工程与管理的实际主要应用领域包括：富二氧化碳天然气资源的直接利用与复合能源化工体系建设；原油分子信息库与原油快评、先进计划优化系统建设；分子重构技术及其对原油与产品（如汽柴油等）的分子调和；分子动力学模型与优化以及新工艺的开发和新催化材料的研制等。这些应用与当今炼油化工行业的数字化转型、智能化发展的理念与思想是一脉相传的，因此，油气资源的分子工程与分子管理的应用也体现在全流程资源敏捷优化与决策系统、全流程整体协同优化系统以及全流程整体协同优化下的管控与决策智能一体化系统和QHSE的监控与溯源系统等智能炼化建设体系之中，这种学科之间的交叉融合、相互促进与发展，伴随整个油气加工产业高质量发展与转型升级，目前正如火如荼地推进之中。

第一节 富二氧化碳天然气资源的直接利用与复合能源化工体系建设

发展与变革中的全球能源业第三次能源变革以低碳化、近零化、无碳化和低污染为主要特征和发展方向。随着全球能源需求的不断增加与变化以及应对全球气候变化的需要，以石油、天然气、煤炭和可再生能源为主的多元化能源向低碳、高效和清洁发展，最终趋向碳循环乃至无碳排放是能源开发利用的必然趋势。天然气是最重要的低碳化石能源。近年来，我国的天然气消费量快速增长，2018年我国天然气对外依存度高达45.3%，比2017年上升6.3个百分点[46]，因此，加快我国天然气资源的开发和利用刻不容缓。

我国南海是国内天然气资源最为丰富的地区，中国主张管辖的南海范围内的天然气地质资源量约为16 万亿立方米，占中国油气总资源量的1/3，相当于全球的12%。但南海天然气的组成与内陆其他地区相比很特殊，主要是南海天然气中CO_2含量通常在20%~80%。而商用天然气规定，达到输送要求的天然气中CO_2含量不得超过2%，液化天然气中CO_2含量不得超过0.2%。因此，南海海域气田所采天然气只能脱除绝大部分CO_2才能进一步使用。

目前，从天然气中分离CO_2的工艺过程均不可避免地使得能耗增加，并引起天然气的夹带损失。相关研究和工业实践表明，在天然气脱碳过程中，天然气的损失率通常为2.5%~7%。CO_2是主要的温室气体，而甲烷的温室气体效应是CO_2的16倍[2]，因此，南海天然气规模化应用如果不解决CO_2问题——必须大量脱除CO_2并直接排入大气的话，将对天然气开采与处理所在地区（如海南）的环境造成十分严重的温室气体影响。也正因为如此，如何高效利用高二氧化碳含量天然气（以下称为富二氧化碳天然气），同时兼顾环境保护，是南海天然气利用面临的“双重挑战”，这也是中国要实现“2030年碳达峰、2060年碳中和”目标的关键技术之一。

基于中国南海海域气田开采的现状和气体组成特点，以油气资源分子工程与分子管理的理念，中国海油开展了南海富二氧化碳天然气规模化低碳、清洁、高值化直接应用的工业实践，并进一步构建起复合能源化工体系[47]，即PFC计划（Power to Fuel & Chemicals）[48]，如图1-2和图1-3所示。

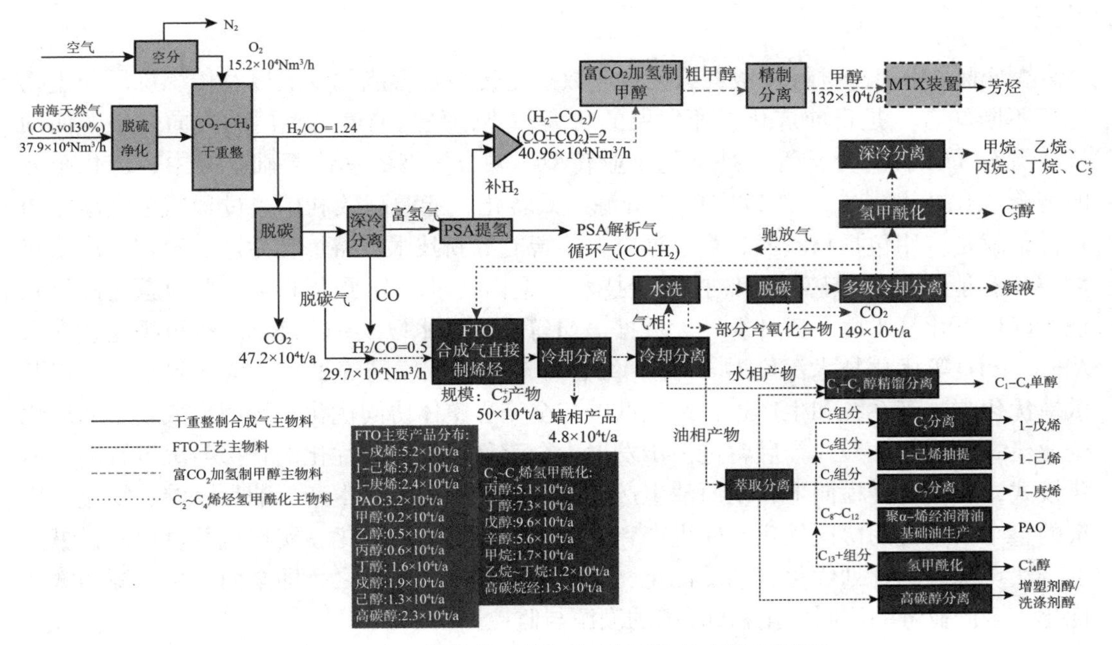

图1-2　富二氧化碳天然气的直接利用与转化示意图

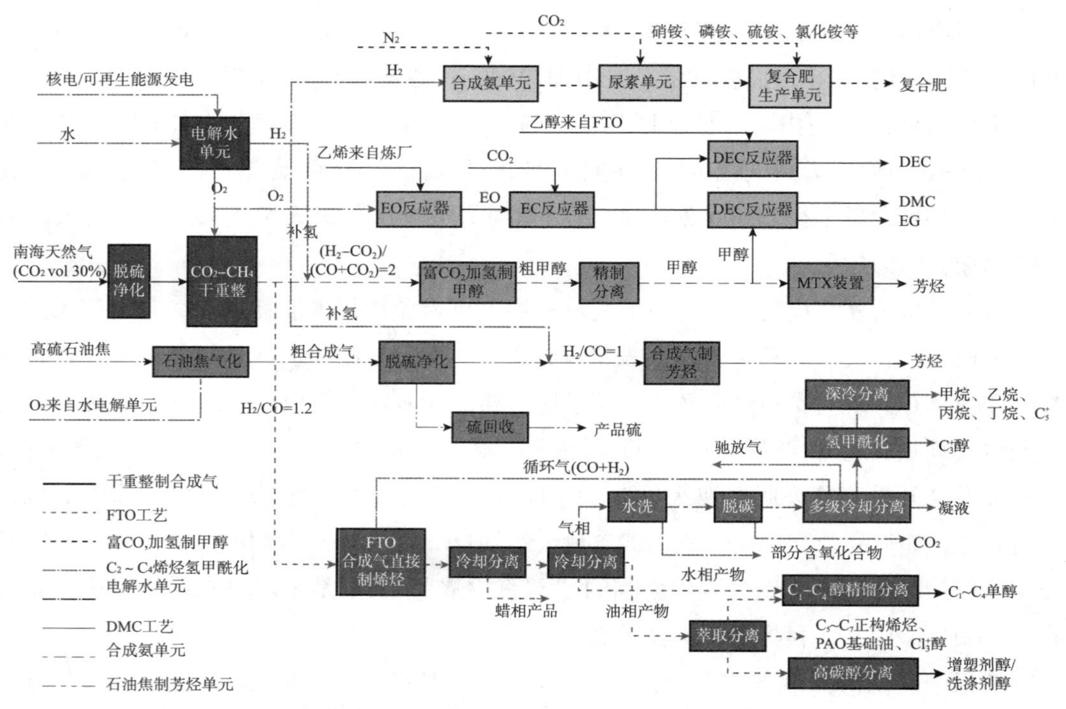

图1–3　富二氧化碳天然气直接利用及其复合能源化工系统（PFC计划）

第二节　智能炼化建设

“炼油向化工与材料转型、炼化企业数字化转型与智能化发展以及传统炼厂与生物炼厂不断融合”是目前炼化企业发展的几大趋势，是当前最为热门的方向之一，而油气资源分子工程与分子管理是炼化企业转型、融合发展的理论基础。其中，炼化企业的智能炼化建设[2, 49~59]，以实现“资源高效转化、能源高效利用、过程绿色低碳”为目标，就是应用包括物联网、大数据、人工智能等新技术，将炼化生产、管控、决策与数字化智能化的敏捷感知与监控测量技术、重构技术、分子水平动力学动态建模等知识关联模型化技术以及云计算、大数据、AI等算法技术以及AR/VR/MR等可视化技术和APC、RTO等优化技术深度融合[60]，结合移动工业互联网等平台，构建起全流程资源敏捷优化与决策系统和生产过程绿色低碳与全流程整体协同优化系统而形成新型的炼化企业模式，且这种模式今后将进一步发展为全流程整体协同优化的管控与决策智能一体化模式，从而实现横向上，从原油生产、运输、仓储到炼化生产、油品仓储、物流、销售的整个供应链的协同优化，使生产和供应及时响应市场变化，实现智慧供应链；纵向上，实现炼厂的计划优化、调度优化、全局在线优化。简言之，即全面实现资源的敏捷优化、全产业链的协同优化和QHSE的溯源与监控。

吴青[51]提出，可以按照“数字化、智能化、智慧化”三个阶段分步实施智能炼化建设（见图1–4）。其中，数字炼化是基础，智慧炼化是目标，而智能炼化是核心[50]，且炼化企业的智能炼化建设[55]是围绕如图1-5[54]的数字化建设及其转型升级而实现的，即按照数字炼化、智能炼化和智慧炼化分步实施的过程中，供应链、产业链的数字化与智能化转型升级实现价值链的提升，同时也构建了以全生命周期设备预防性维修维护为特征的安全环保体系，最终形成以“资源敏捷优化与分子级先进计划系统（MAPS系统）”“全产业链的协同优化”和“QHSE的监控与溯源”为核心特色的智能化信息化系统。

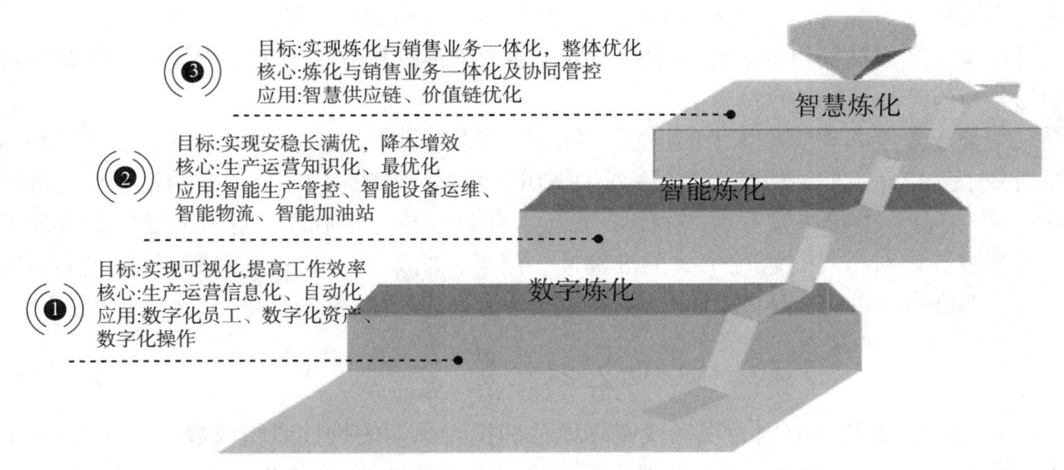

图1-4　智能炼化建设不同阶段的不同目标与核心示意

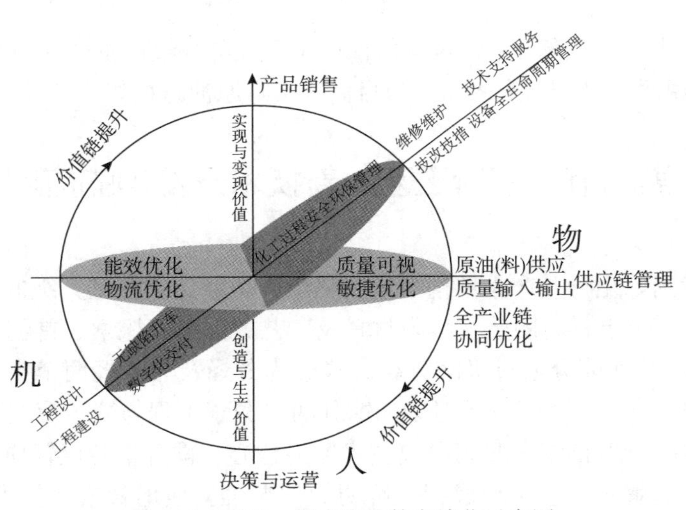

图1-5　完整、集成化的数字炼化示意图

第三节　原油分子信息库与应用

炼油厂加工的原油品种多且往往切换频繁，原油贸易、计划排产、方案制定与优化过程，离不开原油分子信息库。原油分子信息库的建设是基础性工作，实际建设过程较为复杂、耗时。通常，原油分子信息库既包含原油产地信息及密度、沸点、RON等宏观物性，也包含各种原油的详细分子或结构信息数据等，还包含单个分子的结构参数、化学反应活性及焓H、熵G、比热容Cp等热力学性质。

为方便使用，原油分子信息库需要具备管理功能、馏分切割工具，还具备未知组分原油的信息的“拟合”、预测。例如，根据未知原油的某些定性或定量属性，如产地与原油区块信息、密度、硫含量、蒸馏曲线等，从基础数据库中找到最接近的基础原油，进行不同比例的混合，通过先进算法“拟合”出未知原油的分子信息。所输出的分子信息可用于未知原油的组成、性质预判，分子动力学模型建立，加工过程模拟，以及所得产物分布与产品性质的预测。

得益于先进的算法与算力的进步，利用图谱直接进行“拟合”处理的方法，即利用原油分子信息库、原油快速评价技术（如NIR、MIR、NMR等）、分子重构技术与先进的算法，“拟合”出“未知”或“目标”原油，供测算或方案制作。这种方法的拟合数据经实测数据比对，具有超过95%的准确性。而且，“拟合”出来的原油与目标或实际原油的相似度可以量化，用式（1-1）表示[61]：

$$S(O_A,O_B)=1-\sum_{i=1}^{m}\omega_i\frac{A_i-B_i}{\langle \max(i)-\min(i)\rangle} \tag{1-1}$$

式（1-1）中，A_i和B_i分别为目标或实际原油和拟合原油的物性或组成数据；ω_i为第i个物性的权重；max（i）和min（i）则是拟合测算的原油的第i个物性所对应的最大值和最小值。

根据数值的大小来判断所拟合的原油O_B与目标或实际原油O_A之间的接近程度，其值越接近1，则说明所拟合出来的原油与目标或实际原油越相似。

第四节　在新工艺、新技术开发中的应用

针对当前我国炼化行业产品结构性矛盾突出、企业急需转型升级的需求，中国海油天津化工研究院臧甲忠科研团队在吸附材料及工艺方面进行探索、首创的“柴油绿色吸附分离技术”，将柴油馏分通过吸附分离方式分为芳烃及非芳烃两个集总，之后分别进行直接销售或进一步加工，实现了对柴油馏分的“分子工程与分子管理”。

该成套技术以“柴油绿色吸附分离技术”为核心，耦合重芳烃轻质化、非芳烃催化裂解、乙烯蒸汽裂解等工艺，形成特色鲜明的“柴油提质增效成套技术”，将柴油馏分转化为芳烃、烯烃、喷气燃料、工业白油、芳烃溶剂等免税化工品，实现柴油馏分的差异化、高值化、精细化利用，为企业转型升级提供技术支撑。

“柴油绿色吸附分离技术”的技术原理为：柴油馏分中的烃类分子可以分为芳烃和非芳烃两类集总。这两个集总即芳烃集总和非芳烃集总存在极性差异，导致其经过吸附剂床层时与吸附剂作用力大小不一，从而产生脱附速率的差异。非芳烃组分极性小，与吸附剂作用力弱，优先脱附，而芳烃组分脱附速率较慢。利用烃类分子脱附速率不同，结合模拟移动床吸附分离工艺，配合使用合适的解吸剂，可以实现柴油芳烃和非芳烃组

分的连续分离[26]。

柴油馏分提质增效成套技术的工艺原理示意如图1-6所示：

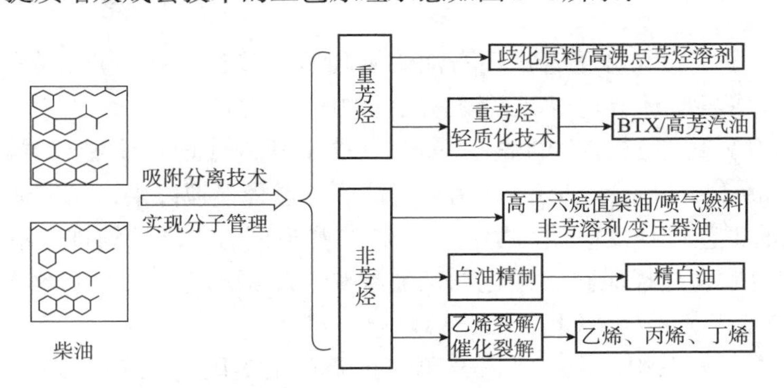

图1-6　柴油提质增效成套技术工艺原理

如图1-6所示，柴油馏分分为芳烃及非芳烃两集总组分后，通过耦合重芳烃轻质化、重芳烃催化裂化、非芳烃催化裂解、非芳烃蒸汽裂解、工业白油精制等工艺，高选择性地生产芳烃、烯烃、工业白油、芳烃溶剂等高附加值产品。

根据上述原理和成套技术，中国海油分别在2018年、2020年投产了30万吨/年和40万吨/年工业装置，取得了良好业绩，目前已经完成40余家客户的技术交流，正在加快工业化推广中。图1-7是工业化装置一角。

图1-7　采用柴油吸附分离技术的两套工业化装置掠影

目前，中国海油进一步拓展了技术应用领域，发展出以吸附分离为核心技术的多种新技术，如费托合成油烷烯吸附分离技术、石脑油正异构分离技术、中间相沥青原料生产技术等。此外，中国海油依据油气资源分子工程理念开发了原油（重油）直接制化学品与材料的成套技术（DPC技术），实验室小试、中试结果优异，2021年5月起陆续在中国海油惠州石化、中国海油中捷石化以及中国石油乌鲁木齐石化和山东京博石化进行工业应用试验，效果优异。

第五节　石油炼制过程的应用与发展展望

油气资源分子工程与分子管理在石油炼制相关的基础研究、分析表征、工艺过程、产品调和与销售等各个环节均得到了较为广泛的应用[26, 27, 62]。

ExxonMobil公司是这方面的先驱。自1992年开创性地提出结构导向性集总模型（Structural Oriented Lumping，SOL）并用于石油炼制过程模拟以来，已经建立了多个基于分子组成的炼油工艺过程反应动力学模型，将这些模型与生产计划排产系统、在线控制系统相结合，为准确选择原料、优化加工流程和产品调和方案、供应链优化提供指导，取得经济效益7.5亿美元/年以上。

在国外，与这方面相关的技术研究单位主要包括美国的ASPEN公司、特拉华大学（University of Delaware，Michael T.Klein教授团队）、法国国家石油研究院（IFP）、英国曼彻斯特大学（University of Manchester）过程集成中心。此外，INVENSYS公司、日本石油能源中心（JPEC）和韩国也有一些相关研究。

在国内，中国石化石油化工科学研究院（石科院）和石油大学（北京）开展了较为系统的研究；华东理工大学在炼油工艺的反应动力学模型方面开展了较为系统和全面的研究。中石化、中石油、中海油以及一些专业技术公司（如浙江中控等）也都有所涉及。

得益于分析表征技术的不断进步、信息技术的快速发展，特别是一些算法、算力的强大进步，油气资源分子工程与分子管理的推广与应用越来越普遍，如基于分子信息（图谱）直接用以预测、拟合与调和，可以省去目前NIR汽柴油调和频繁取样、分析、建模、修改模型等的弊端，真正做到既准确又敏捷。但是，需要指出的是，油气资源分子工程与分子管理更多的是一种理念，不要片面理解为一定需要表征或重构出每一个分子，这在当前和今后相当一段时间内，既不可能也没有必要。油气资源分子工程与分子管理为实现“资源高效转化、能源高效利用、过程绿色低碳”目标，强调更深层次去“认识石油、利用石油、用好石油”，因此，必须加强基础以及应用基础研究，不断深化对原料物性与反应性及其与产品（材料、器件）之间的构效关系认识，探索和开发新催化材料、反应或分离过程即新工艺与技术，渐进式推进整个炼化过程的优化。

随着工业化与信息化的“两化融合”、单项技术的蓬勃发展以及学科之间的交叉融合与互相促进，特别是炼化企业的普遍与主动参与，油气资源分子工程与分子管理技术有望得到加速推进和“从量变到质变”的飞跃。

参考文献

[1] Von Hippel A. Molecular Engineering [J]. Science, 1956, 123 (3191): 315-317.

[2] 吴青. 智能炼化建设——从数字化迈向智慧化 [M]. 北京：中国石化出版社，2018.

[3] K.E .Drexler, Molecular Engineering : An Approach to the Development of General Capabilities for Molecular Manipulation [J]. Proceedings of National Academy of .Sciences of the United States of America, 1981, 78 (9): 5275-5278.

[4] Istvan T, Horvath, et al. Molecular Engineering in Homogeneous Catalysis: One-Phase Catalysis Coupled

with Biphase Catalyst Separation [J] . Journal of the American Chemical Society, 1998, 120: 3133–3143.

[5] Bartosz, Lewandowski, et al. Sequence–Specific Peptide Synthesis by an Artificial Small–Molecule Machine [J] . Science , 2013, 339 (6116):189–193.

[6] Barth J V, Constantini G, Kern K. Engineering Atomic and Molecular Nanostructures at Surfaces [J], Nature. 2005, 437: 671–679.

[7] Ciesielski A, Palma C A, Bonini M P. Towards Supramolecular Engineering of Functional Nanomaterials: Pre–Programming Multi–Component 2D Self–Assembly at Solid–Liquid Interfaces [J] . Advanced Materials. 2010, 22: 3506–3520.

[8] Cai J, Ruffieux P, Jaafar R, et al, Atomically Precise Bottom–up Fabrication of Graphene Nanoribbons[J] . Nature, 2010, 466: 470.

[9] Palma C A, Samori P. Blueprinting Macromolecular Electronics [J] . Nature Chemistry, 2011, 3:431–436.

[10] 唐有祺 . 分子工程学学科刍议 [J] . 功能高分子学报，1992，5（2）：82–86.

[11] 唐有祺 . 分子工程学学科刍议 [J] . 科学（双月刊），1996，48（6）：8–10.

[12] 胡英，刘洪来 . 分子工程与化学工程 [J] . 化学进展，1995，7（3）：235–249.

[13] 李宇龙，刘维康，郭彦，等 . 分子炼油技术展望 [J] . 广东化工，2014，41:111.

[14] 史权，张霖宙，赵锁奇，等 . 炼化分子管理技术：概念与理论基础 [J] . 石油科学通报，2016，1（2）：270–278.

[15] U Chicago. Matthew Tirrell Named Founding Director of Institute for Molecular Engineering [Z] . U Chicago [2019–10–1] . http://news.uchicago.edu/article/2011/03/07matthew–tirrell–named–founding–director–institute–molecular–engineering.

[16] 陈建峰，王丹，蒲源，等 . 分子化学工程——创造美好未来 [C] // “化工、冶金、材料” 前沿与创新，中国工程院化工、冶金与材料工程第十一届学术会议论文集 [M] . 北京：化学工业出版社，2016，10：16–21.

[17] Sanada Y. An Introduction Molecular Engineering Coal, 1996 –2000 , The Japan Society for the Promotion of Science, Research for the Future Project [J] . Energy & Fuels, 2002, 16:3–5.

[18] 谢克昌，煤的结构与反应性 [M] . 北京：科学出版社，2002.

[19] Marshall A G, Rodgers R P. Petroleomics: The Next Grand Challenge for Chemical Analysis [J] Accounts of Chemical Research, 2004, 37 (1):53–59.

[20] Marshall A G, Rodgers R P. Petroleomics: Chemistry of the Underworld [J] . Proceedings of National Academy of .Sciences of the United States of America, 2008, 105 (47):18090–18095.

[21] Aye M S, Zhang N. A Novel Methodology in Transformation Bulk Properties of Refining Streams into Molecular Information [J] . Chemical Engineering Science, 2005, 60 (23):6702–6717.

[22] Rodgers R. P., Sch Aub T M, Marsh A A. , Petroleomics: MS Returns to Its Roots [J] . Analytical Chemistry, 2005, 77 (1): 21A– 27A.

[23] Rodgers R P, McKenna A M. Petroleum Analysis [J] . Analytical Chemistry, 2011, 83 (2): 4665–4687.

[24] Cho Y, Ahmed A, Islam A, et al. Developments in FT–ICR MS Instrumentation Ionization Techniques, and Data Interpretation Methods for Petroleomics – a Review[J] . Mass Spectrom Reviews, 2015, 34(2): 248–263.

[25] 吴青 . 油气资源分子工程与分子管理的核心技术与主要应用进展 [J] . 中国科学：化学，2020，50（2）：173–182.

[26] 吴青 . 石油分子工程 [M] . 北京：化学工业出版社，2020.

[27] 徐春明，张霖宙，史权，等，石油炼化分子管理基础［M］. 北京：科学出版社，2019.

[28] 吴青，吴晶晶 . 石油资源分子工程及其管理［C］// 原油评价及加工第十六次年会论文集 . 南宁，2016：1–7.

[29] 吴青 . 石油资源分子工程与分子管理的主要技术构架与应用实践［C］// 转型升级 技术创新 推动炼化产业可持续发展：中海石油炼化有限责任公司第四次科技大会论文集［M］. 北京：中国石化出版社，2016：1–17.

[30] Wu Qing，Wu JingJing，Molecular Engineering & Molecular Management for Heavy Petroleum fractions［J］. 9th Symposium on Heavy Petroleum Fractions：Chemistry，Processing and Utilization，Beijing，China，2016

[31] 吴青 . 石油分子工程及其管理的研究与应用（Ⅰ）［J］. 炼油技术与工程，2017，47（1）：1–9.

[32] 吴青 . 石油分子工程及其管理的研究与应用（Ⅱ）［J］. 炼油技术与工程，2017，47（2）：1–14.

[33] Wu Qing，Construction of Smart Refinery Based on Molecular Engineering & Management，10th Symposium on Heavy Petroleum Fractions［J］. Chemistry，Processing and Utilization，Qingdao，Shangdong，China，2018.

[34] 王基铭 . 中国炼油技术新进展［M］. 北京：中国石化出版社，2016.

[35] 吴青 . NIR，MIR 和 NMR 分析技术在原油快速评价中的应用［J］. 炼油技术与工程，2018，48（6）：1–7.

[36] Peng B. Molecular modelling of Petroleum Processes［D］. Manchester：University of Manchester，1999.

[37] Quann RJ，Jaffe SB. Structure–oriented Lumping：Describing the Chemistry of Complex Hydrocarbon Mixtures［J］. Industrial & Engineering Chemical Research，1992，31（11）：2483–2497.

[38] Neurock M，Libanati C，Nigam A，et al. Monte Carlo Simulation of Complex Reaction System：Molecular Structure and Reactivity in Modeling Heavy Oils［J］. Chemical Engineering Science. 1990，45（90）：2083–2088.

[39] Klein M T，Hou G，et al，Molecular Modeling in Heavy Hydrocarbon Conversion［M］. New York：Taylor & Francis，2006.

[40] Hudebine D，Verstraete J J. Statistical Reconstruction of Gas Oil Cuts. Oil & Gas Science and Technology［J］. Revue d'IFP Energies Nouvelles，2011，66（3）：437–460.

[41] Ugi I，Bauer J，Brandt J，et al，New Applications of Computers in Chemistry［J］. Angewandte Chemie International Edition in English，1979，18（2）：111–123.

[42] 严蔚敏，李东梅，吴伟民. 数据结构［M］.2 版 . 北京：人民邮电出版社，2015.

[43] 杨淳 . 图论法预测烷烃的生成热［J］. 化学工程师 .1996，52：29–31.

[44] 于博 . 石油化合物的分子信息库命名规则研究［D］. 北京：石油化工科学研究院，2013.

[45] Wu Qing，Study on Technology Clusters for Direct Utilization of CO2–Rich Natural Gas and Construction of Hybrid System for Energy and Chemicals Production［J］. China Petroleum Processing and Petrochemical Technology，2020，22（2）：1–9.

[46] Wu Qing，Study on the Technology of Mega–size Green and Efficient Direct Utilization of Carbon–rich Natural Gas in the South China Sea and the Construction of Hybrid System for Energy and Chemicals Production［C］.International Green and Sustainable Chemistry Conference（Green China 2019），Beijing，2019，10，17–19.

[47] 吴青 . "双碳" 目标下海洋油气资源高效利用的关键技术及其展望［J］. 石油炼制与化工，2021，52（10）：1–13.

[48] 吴青 . 流程工业智慧炼化建设的研究与实践［J］. 无机盐工业，2017，49（12）：1–9.

[49] 吴青，新态势下的炼化企业数字化转型—从数字化到智慧化［J］. 化工进展，2018，37（6）：2140–2146.

[50] 吴青 . 卓越数字炼化建设概念与保障措施的研究［J］. 炼油技术与工程，2018，48（9）：59–64.

[51] Wu Qing, Intelligent Transformation and Upgrading of Oil Refining & Petrochemical Industries in China: Investigation & Application［J］. China Petroleum Processing and Petrochemical Technology, 2019, 21 (2):1–9.

[52] Qing Wu, Dawei Zhang. Digital Transformation Of Refining& Chemical Enterprises Under The Contemporary Situation From Digital To Smart［J］. The International Journal of Engineering and Science (IJES), 2018, 7 (9):40–46.

[53] 吴青 . 炼化企业数字化工厂建设及其关键技术研究［J］. 无机盐工业，2018，50（2）：1–7.

[54] 吴青 . 流程工业卓越智能炼化建设的研究与实践［J］. 无机盐工业，2018，50（8）：1–5+33.

[55] 吴青 . 中国海油炼化企业信息化现状分析及今后发展的思考［J］. 当代石油化工，2018，26(4)：1–7.

[56] 吴青 . 炼化企业信息化发展现状及其智能化转型升级的策略研究［J］. 当代石油化工，2018，26（8）：59–64.

[57] 吴青 . 炼化企业智能化发展全局性信息化评估模型的研究与应用［J］. 炼油技术与工程，2018，48（10）：49–54.

[58] 吴青 . 智能炼化建设塑造炼化产业新未来［J］. 炼油技术与工程，2018，48（11）：1–4.

[59] 吴青 . 信息化及其新技术对炼化产业变革影响的思考［J］. 无机盐工业，2018，50（1）：1–7.

[60] Yang Huihua, Ma Wei, Zhang Xiaofeng, et al. A Method for Crude Oil Selection and Belnding Optimization Based on Improved Cuckoo Search Algorithm［J］. China Petroleum Processing and Petrochemical Technology, 2014, 16 (4):70–78.

[61] 田松柏，石油炼制过程分子管理［M］. 化学工业出版社，北京：2017.

第二篇　认识油气资源获取分子信息

导读

只有深入、清楚地认识、了解并掌握了所处理对象（石油、天然气等油气资源）的基本情况，特别是其包括了组成、结构等信息在内的物理性质、化学性质，才能够满足生产加工的目的需要，实现资源价值的最大化。

本篇主要介绍如何利用化学分析、仪器分析等手段直接获取石油（及其组分）和天然气的组成、结构等性质数据（信息）。同时，也对如何采用间接法如数据关联法、分子重构法获取油气资源分子信息的技术与方法做了相应的介绍。

第一章　天然气概况

第一节　天然气概况

天然气作为清洁能源，近年来发展十分迅速。据国际能源机构IEA评估，世界常规天然气最终可采资源量为$4.36\times10^{14}m^3$，现有探明剩余可采储量为$1.85\times10^{14}m^3$。另据估计，全球非常规天然气资源量，包括煤层气、致密砂岩气、页岩气等，大体上与常规天然气资源量相当。此外，全球天然气水合物（俗称可燃冰）资源储量更为丰富，其资源总量为全球煤炭、石油、天然气等传统能源总和的2倍以上[1]。

2008年的世界天然气产量为$3.06\times10^{12}m^3$，约为1980年世界天然气产量（$1.45\times10^{12}m^3$）的2倍。而2008年的世界天然气贸易量为$8.138\times10^{11}m^3$，从1980年世界天然气贸易年增速来看，达到了6%。所以总体而言，全球的天然气资源丰富，产量处于快速增长的中期，消费市场需求旺盛。预计到2030年前后，天然气产量将超过石油成为世界第一大能源。

我国常规天然气资源量为$3.804\times10^{13}m^3$，随着勘探和研究程度的加深，资源量有望得到提升。我国的非常规天然气资源量（包括煤层气、致密砂岩气、页岩气等）也很丰富，特别是东海海域、南海海域和青藏高原拥有天然气水合物分布的广阔前景。

从2000年以来，我国天然气产量以14%的增速持续增长。预计2030年前后，我国天然气产量将超过石油产量，达到$3.0\times10^{11}m^3$。

如前所述，我国南海是国内天然气资源最为丰富的地区，天然气地质资源量高达$1.6\times10^{13}m^3$，相当于全球的12%，因此，南海有“第二波斯湾”美誉[2]。

第二节　天然气组成

天然气属于可燃性气体，主要由气态低分子量饱和烃组成，同时还含有少量的非烃气体，其化学组成甚至超过100种，是一种洁净、方便、高效的清洁能源。表2-1为中国主要气田的天然气组成与含量。

表 2-1 中国主要气田的天然气组成与含量[1] %

气田名称	甲烷	乙烷	丙烷	正/异丁烷	正/异戊烷	C_6/C_7	CO_2	氮气	H_2S
四川中坝	91.00	5.8	1.59	0.13/0.35	0.1/0.28	—	0.47	0.19	—
四川八角场	88.19	6.33	2.48	0.36/0.64	0.7	—	0.26	1.04	—
长庆靖边	93.89	0.62	0.08	0.01/0.001	0.002/	—	5.14	0.16	0.048
长庆榆林	94.31	3.41	0.50	0.08/0.07	0.013/0.041	—	1.20	0.33	—
长庆苏格里	92.54	4.5	0.93	0.124/0.161	0.066/0.027	0.083/0.76	0.775	—	—
海南崖城13-1	83.87	3.83	1.47	0.4/0.38	0.17/0.10	0.11/	7.65	1.02	70.7①
塔里木克拉-2	97.93	0.71	0.04	0.02	—	—	0.74	0.56	—
青海涩北-2	99.69	0.08	0.02	—	—	—	—	0.2	—
东海平湖	77.76	9.74	3.85	1.14/1.19	0.27/0.44	0.34/2.61	1.39	1.27	—
新疆柯克亚	82.69	8.14	2.47	0.38/0.84	0.15/0.32	0.2/0.14	0.26	4.44	—
新疆玛河	91.46	5.48	1.37	0.35/0.30	0.13/0.08	0.09/0.10	—	0.66	—

①单位为mg/m^3。

南海海洋天然气组分变化较大，表2-1中的海南崖城13-1为早期的主要组成，目前南海的天然气中的CO_2含量增加较多。如南海西部气田的天然气组成中，各井口的CO_2含量变化较大，最低仅0.3%~0.5%，最高超过92%，但经混合以后，上岸的天然气中CO_2含量通常为20%~65%。目前正在生产中的东方1-1气田（浅层莺歌海组），其混合天然气组成为烃（CH_n）48.5%、CO_2 39%、N_2 12.5%；而即将投入生产的东方1-1气田的东南区井区、西南区断层带井区和南区井区，其CO_2含量从0.3%~67.4%不等；东方1-1气田12井区的CO_2含量为21%~46%不等。乐东气田也是如此，乐东22-1气田的天然气组成为烃（CH_n）79%、CO_2 5%、$N_2$16%，CO_2含量较低；但乐东22-1气田南块Y1 Ⅰ气组的烃含量约14%，CO_2含量高达80.42%；乐东15-1在产气田的CH_n 41.2%、CO_2 52.3%、N_2 6.6%；其余井区的均为高CO_2含量气井，如乐东15-1气田3井区北、4井区北的A13\A14井口的天然气中CO_2组分为70%~75%，Ⅳ气组A13\A14井口的天然气中CO_2组分为85.3%，而A6井口出来的天然气中CO_2组分高达92%。表2-2为中海油南海东方1-1气田PRP平台4口调整井生产的天然气组成情况[2]。

表 2-2 东方 1-1 气田 PRP 平台 4 口调整井生产的天然气组成

井号	气组	井区	动储量/10^8m^3	CH_n/%	CO_2/%	配产/（$10^4m^3/d$）	高峰年产/10^8m^3	采气速度/%	累增气/10^8m^3	累增烃/10^8m^3	采收率/%
P4H	Ⅱ下气组	东中区	6.6	31.8	62.6	15	0.53	8.0	3.47	1.11	72.1
P5H	Ⅲ上气组	西区	28.6	28.0	66.9	30	1.05	3.7	8.7	2.44	76.4
P10H	Ⅰ气组	7井区	5.97	40.7	51.9	10	0.35	5.9	2.67	1.09	44.7
P11H	Ⅱ下气组	北区	26.26	28.0	67.0	30	1.05	4.0	5.68	1.59	73.5
合计(4口水平井)			67.43			85	2.98	4.4	20.52	6.23	

第三节　天然气工艺过程

天然气工业分为地下工程和地面工程两大方面，涉及天然气的勘探、钻井、集输、处理、加工与输转等过程。其中，天然气处理作为使得天然气满足商品质量或管输要求而采用的工艺过程，是必不可少的环节，包括相分离与计量、脱水脱酸、硫黄回收、尾气处理等处理环节或单元。处理合格的天然气可以分别作为民用气和工业用气，其中工业用气主要用户是发电厂和炼油与化工厂。天然气工艺过程的相关内容可参考相应的专业书籍。

第四节　天然气化工利用

天然气的化工利用，即利用天然气为原料生产化工产品，如各种醇（甲醇、乙醇、高碳醇、混合醇等）、其他化工产品，如酸、醛、酯以及合成氨、尿素等。

中国海油下属的中海石油化学公司持续推进富含CO_2天然气的直接转化及其复合能源化工体系建设，开发、探索CO_2低碳烷烃自热式干重整及富CO_2合成气直接制醇、烯、醛技术，并计划与可再生能源电解水制氢、混合烯烃氢甲酰化技术、甲苯甲醇烷基化制PX等技术耦合，形成平台技术和成套技术，为工业化大规模CO_2化工利用、实施PFC计划和推进绿色碳科学进行了良好实践与探索。

例如，以中国海油化学公司下属的海洋石油富岛有限公司（海南省东方市）、中国科学院上海高等研究院和中国成达工程有限公司三家共同承担、开发完成的世界首个“5000吨/年二氧化碳加氢制甲醇工业试验装置”为例。该项目是中国海油集团公司级科研项目，已经于2020年6月通过竣工验收，2020年7月投料运行，一次开车成功生产出合格产品粗甲醇，目前一直运行良好。72小时现场考核结果表明，CO_2转化率为5.2%，氢气转化率为84.8%，甲醇选择性为96.5%，甲醇收率为82.3%。经测算，南海富碳天然气制甲醇的过程碳效为82.5%，能效为80.4%，加工成本为375元/t，加上原料成本，最终成本为2200元/t左右。

来自现有装置的CO_2、H_2原料气，脱除微量的氧气后，进入甲醇合成塔内，在催化剂作用下反应生成甲醇、水和极少量副产物。

CO_2加氢合成甲醇主要反应如下：

$$CO_2 + 3H_2 \rightleftharpoons CH_3OH + H_2O \qquad \Delta H\ (25℃) = -49.57\ kJ/mol$$

$$CO_2 + H_2 \rightleftharpoons CO + H_2O \qquad \Delta H\ (25℃) = -41.12\ kJ/mol$$

$$CO + 2H_2 \rightleftharpoons CH_3OH \qquad \Delta H\ (25℃) = -90.80\ kJ/mol$$

甲醇催化剂虽然具有高选择性，有利于生成甲醇，但有极少量副反应的发生。

生成C_2~C_4醇的副反应：

$$nCO + 2nH_2 \rightleftharpoons C_nH_{2n+1}OH + (n-1)\ H_2O$$

生成甲酸甲酯的副反应：

$$2CO+2H_2 \rightleftharpoons HCOOCH$$

原料气中H_2来源为富岛公司一期甲醇驰放气PSA吸附罐，入口压力为2.5MPa，纯度为98%，其余为N_2；CO_2来源为富岛公司化肥二期，入口压力为14.0MPa，纯度为96%，其余为N_2和O_2；产品为甲醇。工艺流程图见第五篇第二章相应章节。

原料H_2经压缩后，与CO_2气体混合得到新鲜原料气，再与循环气混合后进入预热器E001，预热至230~240℃，进入脱氧反应器R002，脱除混合气中的O_2。脱氧后进入合成塔R001催化剂床层进行反应，产生反应热由壳程热水移出，产生蒸汽进入合成汽包V001；出甲醇合成塔的工艺气体温度240~250℃，进入合成低压废锅E002回收余热；出E002的工艺气体温度降至115℃，进入甲醇水冷器E003用循环水冷却降温至40℃，进入甲醇分离器S001进行气液分离；出分离器的粗甲醇并入富岛一期甲醇生产装置的甲醇闪蒸槽，经甲醇精馏系统制得精甲醇。分离后工艺气体出分离器，大部分经循环压缩机加压后返回合成系统，少部分气体作为驰放气送入火炬燃烧，以控制系统中惰性气体的含量。

富二氧化碳低碳烷烃自热式干重整及其与低碳烷烃氢甲酰化耦合、富二氧化碳合成气制甲醇与甲苯甲醇烷基化制PX的耦合等在第五篇再做简单介绍。

第二章　石油分析表征概况

第一节　概　述

石油（原油）是从地下开采出来的黄色、黑褐色或黑色的黏稠液态或半固态的可燃物质。迄今为止，人类发现、认识和使用石油的历史至少有5000年了[3]。就算从近代石油工业开端（以1859年Drake Well钻探成功为标志）算起，到今天也有160多年了。随着石油生产与加工工业的快速发展，人们不仅可以科学地加工和利用石油，而且对石油资源的认知水平和程度也达到了前所未有的深度。究其原因，除了得益于石油加工催化剂、工艺、设备等的研究开发本身所取得的长足进步外，石油分析技术本身的进步也是主要因素。伴随着整个石油与加工工业的发展，石油分析贯穿始终[4,5]，为此，蔡新恒等人[6]认为，石油分析目前已从最初古人对石油较为朴素的感性认识，发展到现在系统严谨、层次清晰的交叉学科，图2–1为示意图。

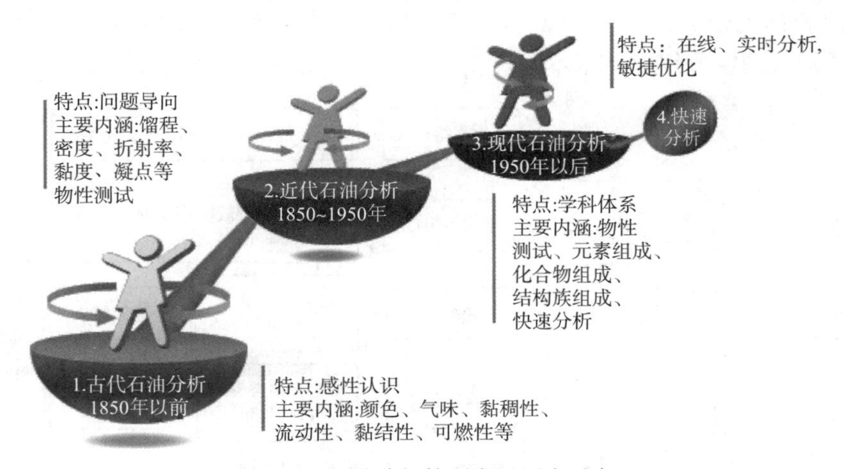

图2–1　石油分析简要发展历史示意

（一）古代石油分析

在19世纪中期之前，基本没有什么石油工业，所以对石油分析的需求也很少，所以蔡新恒等[6]将这一阶段归为古代石油分析，其主要特点大多是出自人们的感性认识，因此，对石油的描述主要集中在石油的颜色、气味、黏稠性、流动性、黏结性、可燃性等方面。对石油的这些认识是古代人们直接基于对石油的朴素认识而得来的，这与后来的石油分析和石油加工利用是有很大不同的。

（二）近代石油分析

近代石油分析主要是指从1850年到20世纪四五十年代开展的、以问题导向为特点的真正意义上的石油分析。近代石油分析方法是随着解决石油加工和利用过程中遇到的问题而逐步发展起来的，它以蒸馏（馏程分布）和基本物性测试（如相对密度、折光率、黏度、倾点、氧化安定性等）为主，对石油组成结构的分析较多依靠物理性质关联。

近代石油分析在一定程度上满足了当时粗放型石油加工工艺的开发和生产应用。但是，随着石油工业的发展，炼油商们逐渐认识到石油在化学组成上大不相同，应该加强石油组成研究，这样有助于开发相应的催化剂和加工技术（方案），从而生产更多更高品质的石油产品（燃料）。在这种大背景下，加之20世纪中叶现代分析仪器的大量涌现，石油分析逐步发展为一门精细的学科。

（三）现代石油分析

第二次世界大战后，世界石油工业得到了迅猛发展，石油炼制技术逐渐由热加工发展为催化裂化、催化重整和催化加氢等催化工艺，石油炼制原料也发生了深刻变化，重劣质油越来越多地掺入或直接作为加工原料。在此背景下，石油分析随之在深度和广度上均得到了很大进展，研究对象已涵盖汽油、煤油、柴油、蜡油馏分、减压渣油甚至是沥青质等，分析手段从一般常规方法扩充为以石油化学结合现代仪器分析为主的方法，现代石油分析就此正式诞生[6]。

现代石油分析除了继续辅助解决石油及其加工工业中的化学问题外，目前正发展为基础性、前瞻性的研究学科。图2-2为现代石油分析体系结构的简易描述[7]。由图可知，它包括宏观的馏分组成和基本物性测试，也包括微观的化学组成和结构分析。

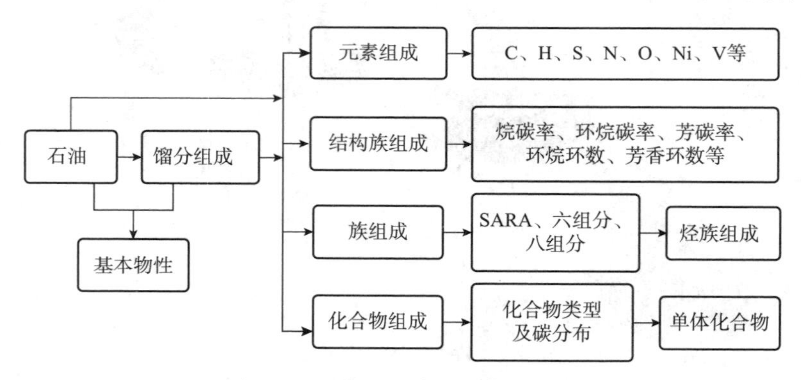

图2-2　现代石油分析的体系结构

随着现代炼油工业数字化、信息化、智能化转型和高质量发展的需要，“石油组学”“分子炼油”“石油分子工程与分子管理”等概念、技术的提出与在实际工作中的应用，对石油的化学组成和结构分析的要求越来越高，石油不同层次的组成分析和研究也因此得到了飞速发展。

（四）石油快速分析

石油快速分析是指在石油开采、输送、调和或加工等过程中对石油物料的理化性质、组成结构进行实时、在线的分析，例如原油的快速评价、汽柴油调和中的NIR、MIR快速分析[8]等。Callis等[9]最早提出了过程分析化学（Process Analytical Chemistry，PAC）概念，即将化学过程中在线分析得到的定性、定量数据，经化学计量学方法处理和信息提取后，再将分析结果反馈给智能化的在线仪器，从而控制或优化生产过程。

开展石油快速分析是实现过程分析控制应用的前提。吴青[8]曾对近红外、中红外和核磁共振分析技术在石油加工、智能工厂建设中的应用做了综述并分析，对比了这几种技术的使用范围、优缺点等。这方面的文献较多，石油快速分析技术在原油与产品（油品）调和、常减压蒸馏、催化裂化、催化重整、烷基化等主要炼油生产工艺过程以及蒸汽裂解等石化工艺过程的在线控制与优化应用案例可参考相应文献[10~14]。

第二节　石油常规性质分析

通常，我们采用密度、特性因数、关键组分性质等常规物性来区分不同原油，而用运动黏度、倾点、饱和蒸气压等描述原油输送特性，用硫、氮、酸值、残炭、蒸馏曲线等性质预测原油的加工性能。

一、宏观物理性质

石油的宏观物性与其化学组成密切相关，是石油所含各种组成的综合表现。与纯化合物性质不同，石油宏观物性的测试通常是在特定条件下进行。

1.密度与比重

密度是评价原油质量最重要的指标，结合其他物性可以判断原油的化学组成。在沸点范围相同的情况下，石油馏分密度越大，芳烃含量越多。我国国家标准GB/T 1884规定，20℃时密度为石油的标准密度，以ρ_{20}表示。

通常试验在20℃下进行。先测定比重瓶被水充满时水的重量（水值），然后再测定它被油品充满时同体积油品的重量，最后通过计算即可得到该油品在20℃下的密度ρ_{20}。

由于密度和温度有关，通常用ρ_t表示t温度时某物质的密度。国家标准规定20℃时石油及液体石油产品的密度为标准密度，其他温度下测得的密度为表观密度。其单位为g/cm^3、g/mL或kg/m^3。某油各馏分的密度测定值如表2-3所示。

表2-3　某油各馏分的密度值　　g/cm^3

沸点范围/℃	粗　油	精制油	沸点范围/℃	粗　油	精制油
0~65	0.6918	—	200~230	0.9138	0.8526
65~80	0.7367	0.7313	230~250	0.9190	0.8672
80~130	0.7644	0.7608	250~280	0.9266	0.8796
130~145	0.8007	0.7777	280~300	0.9495	0.8834

续表

沸点范围/℃	粗　油	精制油	沸点范围/℃	粗　油	精制油
145~160	0.8186	0.7900	300~330	0.9708	0.8872
160~180	0.8720	0.8174	330~350	0.9880	0.8965
180~200	0.9011	0.8420	>350	1.0232	0.9135

油品的密度取决于组成它的烃类的分子大小和分子结构。同一油品的各个馏分，随沸点上升，相对分子质量增大，密度也增大；但两种油品的同一馏分，其密度也有较大差别，这主要是由于它们的化学组成不同所致。油品中含低沸点馏分越多，其密度越小。当碳原子数相同时，芳烃密度>环烷烃密度>烷烃密度。

2.黏度

黏度是评价石油流动性的指标，对储运、加工都有重要影响。石油黏度通常采用运动黏度表示，即动力黏度与其密度之比，单位为mm^2/s。随着温度升高，石油黏度逐渐减小，石油通常测量50℃时的运动黏度。黏度不仅是评价油品流动性能的重要指标，而且在各种润滑油分类、分级、质量鉴别和确定用途等方面有着决定性的意义。在油品的流动和输送过程中，黏度对流量和压力降影响很大，因此在工艺计算和工艺设计中黏度是不可缺少的物理参数。某油各馏分在不同温度下黏度的测定结果如表2-4所示。

表2-4　某油黏度测定结果

沸点范围/℃	粗油运动黏度/（mm^2/s）			精制油运动黏度/（mm^2/s）		
	20℃	40℃	100℃	20℃	40℃	100℃
145~160	1.23	—	—	1.141	—	—
160~180	1.944	1.452	—	1.484	1.133	—
180~200	2.665	1.736	—	1.940	1.429	—
200~230	2.891	1.883	—	2.464	1.745	—
230~250	4.259	2.490	—	3.654	2.423	—
250~280	5.904	3.115	1.182	5.183	3.235	1.279
280~300	8.192	4.446	1.465	7.881	4.517	1.572
300~330	17.37	8.502	1.991	—	—	—
330~350	35.47	12.99	2.548	—	—	—
>350	—	22.51	9.945	—	13.09	3.325

测定黏度的方法是在某一恒定的温度下，测定一定体积的液体在重力下流过一个标定好的玻璃毛细管黏度计的时间，黏度计的毛细管常数与流动时间的乘积，即为该温度下测定液体的运动黏度。

黏度是与流体性质有关的物性参数，它反映了液体内部分子的摩擦，因此它必然与流体的化学组成密切相关。大量研究证明，各种烃类中黏度大小排列的顺序是：正构烷烃<异构烷烃<芳香烃<环烷烃；且环增加，黏度增大。其规律是：黏度随环数的增加、异构程度的增大而增大，或者对相同烃类而言，黏度随环上碳原子在油料分子中所占比

例的增加而增大。

同系烃中相对分子质量越大，分子间引力增加，故黏度值也增大。油品馏分越重，相对分子质量越大，而且环状烃类也随之增多，故黏度明显增大。相同沸点馏分含环状烃多的比含烷烃多的具有更高的黏度。在一般的碳氢化合物中，黏度都是随其分子量的增大、沸点的上升而增大的。

3.折射率

折射率是光在真空中的速度与在介质中的速度之比，其数值均大于1。油品的折射率一方面取决于其化学组成与结构，另一方面还取决于温度及入射光的波长。在通常情况下，所测折射率是在20℃条件下测定的。某油折射率测定的结果见表2-5。

表2-5 某油各馏分的折射率

沸点范围/℃	粗 油	精制油	沸点范围/℃	粗 油	精制油
0~65	1.3836	—	200~230	1.5042	1.4630
65~80	1.4054	1.4057	230~250	1.5092	1.4701
80~130	1.4218	1.4195	250~280	1.5149	1.4767
130~145	1.4418	1.4290	280~300	1.5326	1.4797
145~160	1.4489	1.4346	300~330	1.5488	1.4805
160~180	1.4729	1.4464	330~350	1.5620	1.4879
180~200	1.4894	1.4573			

在各族烃中，烷烃的折射率最小，一般在1.3~1.4，芳香烃的折射率最大，约为1.5，环烷烃则介于两者之间。在同一系列的烃中，烷烃和环烷烃的折射率一般是随其分子量的增大而增大的，而单环芳烃的折射率则相反，是随其分子量的增大而减小的。

例如，就表2-5数据而言，一方面可以看出，对于沸程相同的馏分，某油粗油的折射率要大于某油精制油的折射率，这种差距在大于200℃的馏分中尤为明显，这显然反映了它们化学组成上的差别；另一方面还可以看出，某油粗油大于200℃馏分的折射率较大，其芳香烃含量一定很高。

4.馏程

馏程是测定油品蒸发性大小的主要指标，可大致判断油品中轻重组分的相对含量。馏程测定按ASTM D86标准，测定时将100mL试油在规定的试验条件下进行蒸馏。当油品在恩氏蒸馏装置进行蒸馏加热时，流出第一滴冷凝液时的气相温度称为初馏点。蒸馏过程中烃类分子按其沸点高低的次序逐渐蒸出，气相温度也逐渐升高。当馏出物体积为10%、50%、90%时，气相温度分别称为10%、50%、90%的馏出温度，蒸馏终了的最高气相温度称为终馏点。某油常规沸点小于350℃馏分的馏程数据见表2-6。

表2-6 某油馏程测定结果

馏程/℃	粗 油			精制油		
	初馏点~200℃	130~230℃	200~350℃	初馏点~200℃	130~230℃	200~350℃
初馏点	58.5	105.5	223	79	79	215

续表

馏程/℃	粗　油			精制油		
	初馏点~200℃	130~230℃	200~350℃	初馏点 ~200℃	130~230℃	200~350℃
5%	81.7	167.7	234.7	97.1	97.1	224.5
10%	92.2	172.5	238	103.5	103.5	226
30%	114	182	246.5	117.5	117.5	233
50%	141.2	191.5	256	142.2	142.2	243
70%	165.5	201	267.5	166.5	166.5	256
90%	181.7	212.7	290.2	182	182	278.2
95%	188	218.5	304.5	186.2	186.2	290.7
终馏点	199	225.5	317	193	193	303.5

蒸发性是汽油的最重要的特性之一。当汽油具有良好的蒸发性时，它就较容易与空气形成均匀的可燃混合气，使发动机正常运转。如果汽油的蒸发性太差，它就不能在气缸中完全汽化，使汽油机功率降低，还会造成启动和加速（尤其是冬季）的困难。反之，如果汽油的蒸发性太强，则汽油易在输油管中因汽化而形成气阻，最终造成供油不足，在夏季尤其容易发生。我国车用汽油质量标准中要求其10%馏出温度不高于70℃，50%馏出温度不高于120℃，90%馏出温度不高于190℃。

50%和90%馏出温度是评定柴油蒸发性的重要指标。50%馏出温度越低，说明柴油中的轻馏分越多，使柴油易于启动。我国国家标准规定轻柴油的50%馏出温度不高于300℃。研究表明，柴油中<300℃馏分的含量对耗油量的影响很大，<300℃馏分含量越高，则耗油量越小。90%馏出温度越低，说明柴油中的重馏分越少。我国国家标准规定轻柴油的90%馏出温度不高于355℃。

喷气燃料的蒸发性对燃烧完全度的影响也很大，现在一般喷气燃料的终馏点都控制在300℃以下。

5.闪点

闪点的测定按ASTM D93（闭口）和D92（开口）标准。闭口闪点测定方法：将试油装满至油杯中环状刻度线处，在连续搅拌下用很慢的恒定速度加热。在规定温度间隔同时中断搅拌的情况下，将一小火焰引入杯内，实验火焰引起试油表面上蒸气闪火时的最低温度即为闭口杯闪点。

从油品的闪点可判断其馏分组成的轻重。一般的规律是：油品蒸气压愈高，馏分组成愈轻，则油品的闪点愈低；反之，油品闪点愈高。从闪点可以鉴定油品发生火灾的危险性。因为闪点是火灾危险出现的最低温度。闪点越低，燃料越易燃，火灾危险性也越大。易燃易爆液体也根据闪点进行分类，闪点在45℃以下的液体称为易燃易爆液体，闪点在45℃以上的液体称为可燃液体。一般，煤油馏分的闪点约为50℃，柴油馏分的闪点约为90℃。

6.凝点与倾点

凝点测定按GB/T 510标准方法进行。测定时将试油装入规定的试管中，按规定条件将试油预热到50℃±1℃，室温冷却35℃±5℃。然后放入装好冷却剂的容器中。当试油温度冷却到预期的凝点时，将浸在冷却剂中的仪器倾斜成为45°，并保持1min，观察液面是否有移动迹象，经多次试验，直至某试验温度能使液面位置停止不动，而提高2℃又能使液面移动时，就取使液面不动的温度作为试油的凝点。

倾点测定按ASTM D97标准方法进行。测定时将清洁的试油倒入试管中，试油经预热后，在规定速度下冷却，每间隔3℃检查一次试油的流动性。记录观察到试油能流动的最低温度作为试油的倾点。

凝点和倾点都是评定油品低温流动性能的质量指标。通过指标的测定，可以判断油品的使用温度、低温使用性能并提出改进油品低温流动性的措施；同时对贮存、运输而言，指标测定可作为衡量油品在低温下工作效能的参考数据。由于测定的条件不同，同一油品的倾点和凝点有一定的差别。我国的油品质量标准中原采用凝点为规格，现改为倾点。

7.铜片腐蚀

铜片腐蚀的测定按ASTM D130标准，测定方法概述如下：将一块规定形状、尺寸及纯度的铜片，经过磨光、洗净、晾干后，浸入一定量的试油中，经过洗涤，与腐蚀标准色板进行比较，以决定腐蚀级别。腐蚀标准分四级：1级为轻度变色；2级为中度变色；3级为深度变色；4级为腐蚀。油品腐蚀级别一般要求不大于1级。

油品中的烃类对设备无腐蚀，但当油品中存在活性硫（S、SO_2、SO_3、CH_3SH、H_2S等）时，则对金属有强烈的腐蚀性。对硫化氢和元素硫的存在来说，铜片腐蚀试验是一个非常灵敏的试验。它可判断燃料中是否有能腐蚀金属的活泼硫化物；在粗油精制时，还可定性检查这类硫化物的脱除是否完全；同时，预知燃料在使用时对金属腐蚀的可能性。燃料在贮运、使用过程中都会与金属接触，除钢铁之外还有铜和铅合金、铝合金等，尤其在内燃机汽化和供油系统中，与金属接触的情况更多，故要求铜片腐蚀试验合格。

8.硫醇硫

硫醇硫的测定按照ASTM D3227标准方法，方法原理：测定时，将试样溶解在乙酸钠的异丙醇溶液中，用硝酸银的异丙醇标准溶液进行电位滴定。化学反应式如下：

$$RSH+AgNO_3 \longrightarrow RSAg\downarrow +HNO_3 \tag{2-1}$$

试样中的硫醇与硝酸银反应生成难溶的硫醇银沉淀。用甘汞参比电极-硫化银指示电极之间的电位突跃指示滴定终点。根据滴定消耗的标准的硝酸银-异丙醇溶液的体积数计算试样的硫醇硫的含量。硫醇主要存在于轻质油品中，随着馏分沸程的升高，硫醇的含量急剧下降。硫醇硫的危害主要是促进油料形成胶质，腐蚀有色金属和侵蚀塑性材料。

9.残炭

残炭按GB/T 268—87标准方法测定。测定时向恒重好的瓷坩埚内称入10g±0.5g试样，将盛有试样的瓷坩埚放入内铁坩埚中，将内铁坩埚放在外铁坩埚内（内外铁坩埚之间装有细砂），然后再将内铁坩埚放在遮焰体内，在遮焰体上放置圆铁罩，使热量分布均匀，在外铁坩埚下方用强火焰的煤气喷灯加热，使试样蒸发、燃烧，生成残留物。在规定的加热时间结束后，将盛有炭质残余物的坩埚置于干燥器内冷却并称重，计算残炭值。

残炭是评价油品在高温条件下生成焦炭倾向的指标，对气缸和活塞的磨损则不仅取决于残炭的多少，还主要取决于炭质的软硬。含硫高的积炭坚而硬，磨损较大。残炭主要由油品中胶质、沥青质、多环芳烃及灰分形成。残炭量与油品的化学组成和灰分含量有关。烷烃只起分解反应，不参加聚合反应，所以不会形成残炭。而不饱和烃和芳烃在形成残炭的过程中起着很大的作用，但不是所有的芳烃的残炭值都高，而是随其结构不同而异。以多环芳烃的残炭值最高，环烷烃残炭值居中。轻柴油要求控制残炭，但要求的是10%蒸余物残炭，即轻柴油试样要先按《石油产品馏程测定法》GB 255进行不少于两次的蒸馏，收集其10%残余物作为试样，再做残炭的测定。这主要是由于柴油馏分较轻，直接测定的残炭值很低，误差较大。

ASTM方法中，测定残炭分别有3种方法，即测定微量残炭（Microcarbon Residue，MCR）的ASTM D4530法、测定康氏残炭（Conradson Carbon Residue，CCR）的ASTM D189法和测定兰氏残炭（Ramsbottom Carbon Residue，RCR）的ASTM D524法。图2-3为5种重质原油的MCR与沸点的关系，表2-7为2种原油的CCR与沸程的关系[15]。

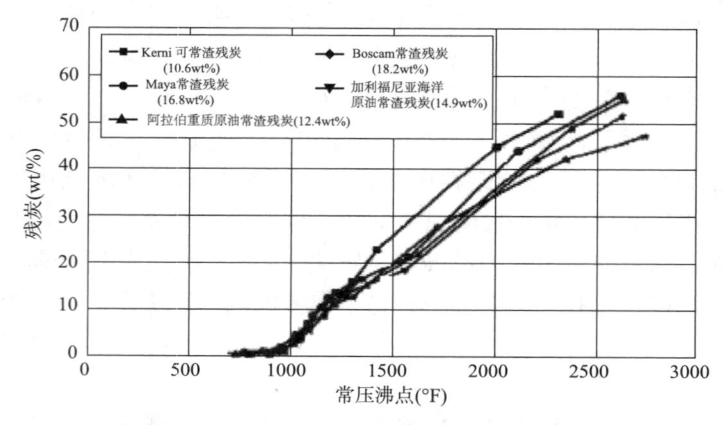

图2-3　5种重质原油的微量残炭与沸点的关系

表2-7　2种原油的康氏残炭与沸程的关系

平均沸点/℃	福尔蒂斯原油		阿拉伯轻质原油	
	收率/%	残炭/%	收率/%	残炭/%
370~400馏分	13.0	<0.01	15.9	<0.01
400~435馏分	13.0	0.01	11.5	0.05
435~470馏分	16.2	0.07	10.1	0.34
470~510馏分	14.5	0.82	8.6	1.3
510~550馏分	8.9	2.7	12.9	4.0
550~510馏分	9.8	5.4	7.5	6.4
600~650馏分	7.5	7.6	9.2	11.2
650~700馏分	4.5	12.1	4.0	16.6

续表

平均沸点/℃	福尔蒂斯原油		阿拉伯轻质原油	
	收率/%	残炭/%	收率/%	残炭/%
>700残渣	12.6	30.8	20.3	35.3
>369渣油，实验值	100	5.4	100	10.6
>369渣油，计算值	100	5.9	100	10.0

10.灰分

灰分测定按GB/T 508标准方法进行。测定时称取一定量的试油装入恒重后的坩埚内，用无灰滤纸作为灯芯燃烧。试油燃烧之后，将盛有残渣的坩埚移入加热到775℃±25℃的高温炉中灼烧，在此温度下保持1.5~2h，直到残渣完全成为灰烬。将坩埚放在空气中冷却3min后，再在干燥器内冷却至室温，进行称量，称准至0.0001g，再移入高温炉中煅烧20~30min。重复进行煅烧，空冷及恒重，直至连续两次称量间的差数不大于0.0005g为止。试油中的灰分按式（2-2）计算：

$$X = \frac{G_1}{G} \times 100\% \qquad (2-2)$$

式中，G_1为灰分的质量，g；G为试油的质量，g。

例如，实际测定某粗油与某精制油的灰分都小于0.002%。

11.苯胺点

苯胺点的测定按照ASTM D661标准方法。测定时将等体积的苯胺与试油置于试管中，并用机械搅拌使其混合。混合物以控制的速度加热直至两相完全互溶。然后将混合物在控制速度下冷却，当两相分离时，记录的温度即为苯胺点。

苯胺与油品在常温下是部分互溶的，其相互的溶解度随温度的升高而增大。当温度升到临界溶解温度后，它们之间便完全互溶。由于结构相似，苯胺对芳香烃的溶解度很大，也就是说其苯胺点很低，从分析结果也可以预测煤液化粗油的芳烃含量较高；而对于结构迥异的烷烃，则溶解度很小，苯胺点也就很高。对于同一系列的烃类，其苯胺点随分子量增大而增高；对于不同系列的烃类，当分子量相近时，烷烃的苯胺点最高，环烷烃的次之，芳香烃的最低。

12.烟点

烟点按ASTM D1322标准测定。试样在标准灯内燃烧，火焰高度的变化反映在毫米刻度尺背景上。调节火焰高度为10mm，燃烧5min。将灯芯升高到呈现油烟，然后平稳地降低火焰高度。当降低到烟尾刚刚消失的一点，记录这点的火焰高度即为试样的烟点。取3次烟点观测值的算术平均值，作为试样烟点的测定值。

喷气燃料要求烟点的意义：烟点又称无烟火焰高度，它是衡量喷气燃料燃烧是否完全和生成积炭倾向的重要指标之一；同时也是控制燃料中有适当的化学组成，以保证燃料正常燃烧的主要质量指标。积炭的生成对发动机的正常运行有着极大的危害，如果喷嘴上生成积炭，则能破坏燃料雾化效果，使燃烧状况恶化，加速火焰筒壁生成更多的积炭，而产生局部过热，导致筒壁变形甚至破裂；若点火器电极生成积炭，则会出现电极间“连桥”而无法点火启动；积炭如果脱落下来，随燃气进入燃气涡轮，会损伤涡轮叶片。上述情况都会给发动机造成严重事故。燃料的烟点越低，生成的积炭量越多，当烟点高度超过25~30mm以后，其积炭生成量会降到很小的值。

各种烃生成积炭的倾向为：双环芳烃>单环芳烃>带侧链芳烃>环烷烃>烯烃>烷烃。产品规格要求喷气燃料烟点不小于25mm，灯用煤油烟点不小于20mm。要使烟点合格，就需要控制燃料的烃组成和馏分组成。芳烃，特别是双环芳烃及胶质的含量对烟点影响最大，不饱和烃含量的增多、馏分的轻重都会使烟点值改变。喷气燃料的规格中除限制烟点外，还限制有害组分芳烃含量不大于20%；灯煤则为不大于10%，在灯煤中保留少量芳烃，燃烧后产生的炭粒可增加灯焰的亮度。

13.总酸值

总酸值按国标GB/T 7304标准测定，测定方法概要：总酸值是中和1g试样中全部酸性组分所需要的碱量，以mgKOH/g表示。测定时先将试样溶解在含有少量水的甲苯异丙醇混合物中，在用玻璃电极和甘汞电极的电位滴定仪器中，用氢氧化钾的异丙醇溶液滴定，以电位计读数对滴定剂体积作图。曲线的突跃点为滴定终点。本方法可以表示油品在使用期间，经过氧化后的相对变化，而不能直接提供油品的绝对酸性，所测得的酸值与磨损或腐蚀之间无一定的关系。

14.分子量

相对分子质量（简称分子量）是表征油品尤其是重质油性质的重要参数，油品中分子量较大的组分具有较强的缔合性，不同方法、不同条件得到的相对分子质量数值差异较大。目前应用于油品相对分子量测定的主要方法有冰点降低法、蒸气压渗透法（VPO）、凝胶渗透色谱法（GPC）、质谱法（MS）等。

对于石油而言，试验方法测定的分子量只是某种统计的平均值。按统计方法分类，可分为数均相对分子质量（$\overline{M_n}$）、重均相对分子质量（$\overline{M_w}$）、黏均相对分子质量（$\overline{M_n}$）和Z均相对分子质量（$\overline{M_Z}$）等[16]。对于组成复杂的重质油，应用最为广泛的是数均相对分子质量，通常称为平均分子量，其定义是：体系中具有各种相对分子质量的分子的摩尔分数与其相应的相对分子质量的乘积的总和，也就是体系的质量除以其中所含各类分子的摩尔数总和的商。

平均分子量可以直接反映油品平均分子的大小，也可以与其他物理性质一起表征烃类、计算结构族组成及多种结构参数[17]。由于重质油分子中含有各种极性杂原子官能团，使得分子间相互缔合，产生多层次的聚合作用，形成颗粒大小从几到上万纳米的胶束、集合体、分子簇、絮凝体等超分子结构，使得平均分子量测定及其精确性成为一项技术难题[5]。蒸气压测定法（简称VPO法）是目前测定重油平均分子量最普遍的方法，但采用不同极性的溶剂、不同温度、不同浓度对渣油沥青质相对分子质量测定结果（VPO法）是有影响的：溶剂极性越大，温度越高、浓度越低，测得的数均相对分子质量越小，且不同条件下测定结果相差可达几倍[5, 18]。

石油馏分分子量与沸点及碳数的关系见图2-4。

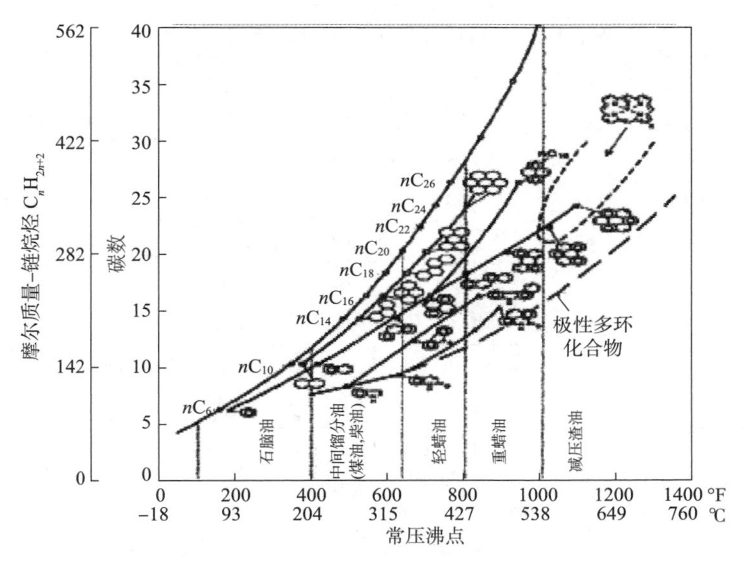

图2-4　分子量与沸点及碳数的关系[15]

二、元素分析

石油由碳、氢、硫、氮、氧5种元素和一些微量元素组成。其中，碳、氢是最主要的元素，是表征石油平均结构的最重要指标；硫、氮、氧杂原子含量及其组成、结构直接影响石油的加工及使用；镍、钒、铁、铜、钙、砷等微量元素对石油加工、环保处理有很大影响。因此，石油的元素组成分析除一般涵盖碳、氢、硫、氮、氧的分析外，镍、钒等微量元素的含量也常需要分析。

对碳、氢、硫、氮元素含量的分析可以追溯到19世纪或更早，它在确定化合物的分子式或元素组成时经常用到，石油中碳、氢、硫、氮元素含量的传统分析方法基本由化学学科发展的方法改变适应条件演化而来，例如，将碳、氢、硫元素通过燃烧法转化成对应的二氧化碳、水、二氧化硫或三氧化硫，再利用吸收剂或滴定剂测定结果，将氮元素转化成氮气（基于1826年Dumas法）或氨气（基于1883年的Kjeldahl法）等，再根据生成产物折算元素含量。

自20世纪70年代后，石油元素组成分析方法及相应仪器迅速发展，国内外开始广泛采用微库仑法[19~26]、X射线法[27~30]、紫外荧光法[31~35]、化学发光法[36~39]等测定石油样品的硫、氮含量。此外，石油中微量元素的分析也备受关注，自1922年最早报道从墨西哥原油种检测出12种微量元素以来，已陆续从石油中检测出59种微量元素，而采用的分析方法主要是原子吸收分光光度计法[40~44]及电感耦合等离子体原子发射光谱法[45~49]。

表2-8为3种原油及其馏分的元素分析结果[19]。

表2-8　3种原油及其不同馏分的元素分析数据

原油及其馏分/ ℉		碳/%	氢/%	H/C/%	硫/%	总氮/（mg/L）	碱性氮/（mg/L）
ALAMONT原油	全馏分	85.9	14.1	1.97	0.04	—	—
	>300	85.3	14.7	2.07	0.005	—	—
	300~400	85.3	14.7	2.07	0.001	—	—
	400~500	85.5	14.5	2.04	0.003	0.95	—
	500~650	84.6	14.4	2.04	0.02	15	5
	650~865	85.6	14.4	2.02	0.03	60	20
	865~1000	86.2	14.0	1.95	0.04	135	45
	>650	86.2	14.1	1.96	0.05	235	—
	>1000	85.8	13.2	1.85	0.09	580	150
阿拉伯重原油	全馏分	84.5	12.5	1.78	2.8	—	—
	>300	85.0	14.9	2.10	0.01	—	—
	300~400	84.5	14.4	2.04	0.11	0.3	<1
	400~500	84.4	14.1	2.00	0.46	1.0	<2
	500~650	84.4	13.1	1.86	1.5	30	15
	650~810	85.4	11.7	1.64	2.9	475	89
	810~1000	84.6	12.2	1.73	3.1	940	208
	>1000	83.5	10.9	1.57	55	4600	661
	>1145	83.61	10.83	1.54	4.09	1950	380
	>1305	83.47	10.70	1.53	4.79	2700	520
阿拉斯加北坡原油	全馏分	83.7	12.3	1.72	1.47	1980	—
	>300	85.3	14.7	2.07	0.002	—	—
	300~400	86.3	13.7	1.90	0.03	0.2	—
	400~500	86.5	13.2	1.83	0.11	1.5	1
	500~650	86.0	12.8	1.79	0.55	88	40
	650~840	86.5	12.2	1.69	1.10	1020	—
	810~1060	85.6	11.7	1.64	1.45	2500	—
	1060~1250	88.6	11.4	1.54	1.96	4400	—
	>650	88.1	11.4	1.55	1.82	3450	—
	>1060	85.6	10.5	1.47	2.77	6800	—
	>1250	86.5	9.9	1.37	3.25	7600	—

1.碳氢分析

碳、氢含量的测定按ASTM D5291—1996标准测定。在分析仪中，试样与氧气充分燃烧而转化为二氧化碳和水，为了保证样品完全燃烧并加速其转化，加入了高效的氧化催化剂。生成的气体经气相色谱分离，热导检测器检测，最终计算出碳、氢含量。试样在燃烧过程中，样品中的硫被氧化成二氧化硫和少量的三氧化硫，氯则以分子状态析出。为排除硫和卤素的干扰，一般采用银盐作为卤素和硫化物的吸收剂从而将其除去。至于燃烧后生成的氮氧化物，则用铜将其还原为氮气，也由热导检测器检测。

2.硫分析

硫含量按SH/T 0253—1992标准。测定原理：试样在惰性气流（氮气）下，在石英裂解管内进行热分解，然后与氧气在900℃下燃烧。试样中的硫转化为二氧化硫，并由载气带入滴定池，与滴定池中的I_3^-发生如下反应，使滴定池内的I_3^-深度降低：

$$SO_2 + I_3^- + H_2O \longrightarrow SO_3 + 3I^- + 2H^+ \quad (2-3)$$

测量/参考电极对指示出I_3^-的变化，并将该变化的信号输送到微库仑放大器。由放大器输出相应的电压加到电解电极对上，在阳极发生如下反应：

$$3I^- + I_3^- + 2e^- \quad (2-4)$$

产生的I_3^-补充被二氧化硫消耗掉的I_3^-，直至恢复至滴定池中I_3^-的初始深度为止。测定补充I_3^-所需的电量，根据法拉第电解定律，即可求出试样中的硫含量。

3.氧分析

氧含量的测定按ASTM D5291—1996标准测定，测定原理：含氧的有机物在高温的高纯氮气流中进行热分解。氮气携带热分解产物通过900℃的铂-碳催化剂，使其中的氧定量地转化为一氧化碳。在元素分析仪中用色谱柱将CO和N_2分离，并用热导检测器测定CO而求得氧的含量。

4.氮分析

按照SH/T 0704测定氮含量。首选将试样置于石英裂解管中，在500~800℃条件下气化并分解，分解产物由氢气携带通过蜂窝镍催化剂，在700~800℃高温下加氢裂解，使试样由氮转化为氨气。氨气随氢气进入微库仑滴定池，并同其中的氢离子反应使氢离子浓度下降。消耗的氢离子通过电解加以补充。测定补充氢离子所需的电量，根据法拉第电解定律，即可计算出氮含量。

通常，碱性氮含量按照总氮的1/3来计算。如果要实测，可以按照SH/T 0162或ASTM D4629—1996标准来测定。

5.金属分析

一般来说，石油及馏分中金属元素分析方法主要采用基于电感耦合等离子体发射光谱法的行标SH/T 0715。其基本分析流程如下：

（1）等离子体的产生：高频电流经感应线圈产生高频电磁场，使工作气体（Ar）电离形成火焰状，放电高温等离子体，等离子体的最高温度可达10000K。

（2）油样与高温等离子体发生作用，产生发射光子：试样溶液通过进样毛细管蠕动泵作用进入雾化器雾化形成气溶胶，由载气引入高温等离子体，进行蒸发、原子化、激发、电离，并产生辐射。

（3）发射光谱的分析：产生的特征辐射谱线，经光栅分光系统分解成代表各元素的单色光谱，由半导体检测器检测这些光谱能量，参照同时测定的标准溶液计算出试液中待测元素的含量。这种分析方法具有灵敏度高、线性范围广、基体干扰小、检出限低、预处理简单等优点。其等离子体发生如图2-5所示。

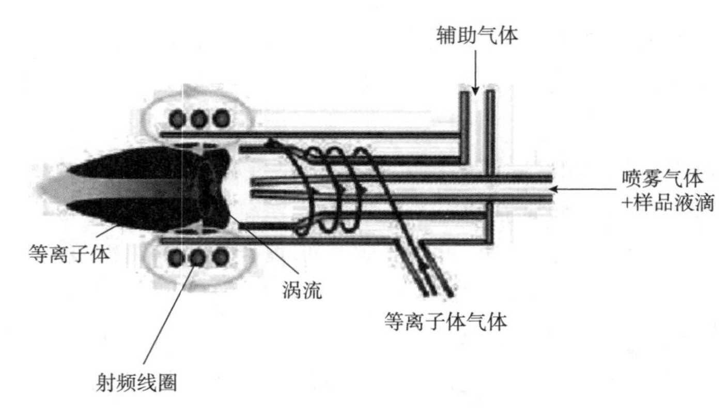

图2-5　等离子体发生示意图

石油馏分常用的常规性质分析方法汇总如表2-9所示[7]。

表2-9　石油常规性质分析标准

编　号	项　目	单　位	分析方法
1	API	—	ASTM D287
2	密度	g/cm^3	SH/T 0604，ASTM D1298—85
3	运动黏度	mm^2/s	GB/T 265，ASTM D445
4	凝点	℃	GB/T 510
5	倾点	℃	GB/T 3535
6	蜡含量	%	SY/T 7550
7	沥青质	%	SY/T 7550
8	胶质	%	SY/T 7550
9	残炭	%	GB/T 17144，ASTM D4530
10	水分	%	GB/T 8929
11	盐含量	%	GB/T 6532
12	闪点（开口杯法）	℃	GB/T 267，ASTM D93—97 ASTM D92—97
13	酸值	mgKOH/g	GB/T 7304
14	折光率	n_D^{20}	ASTM D1218
15	苯胺点	℃	ASTM D611
16	溴价	gBr/100g	ASTM D1492—96
17	碳、氢含量	%	SH/T 0656，ASTM D5291—9
18	氮含量	%	SH/T 0704，ASTM D5762—01
19	碱性氮含量	%	SH/T 0162，ASTM D4629—96
20	硫含量	%	GB/T 17040，ASTM D6445—99
21	氧含量	%	ASTM D5622—95
22	氯含量	mg/L	ASTM D5808—95
23	金属含量 （铁、镍、铜、钒、铅、钠、钾、钙等）	μg/g	SH/T 0715

综上所述，石油及其馏分的常规性质分析方法非常成熟，存在大量国际标准、国家标准、行业标准和企业标准对其物理化学性质进行测定，这些分析标准可以满足生产上的绝大部分需求。但面对当今炼化行业原料劣质化加剧、产品质量提升及环保法规日益严苛的现实，传统基于馏分油加工及常规性质分析的方法无法解决炼化行业中的现实困难，要开发新的炼油技术必须获得石油及其馏分更详细的组成与结构信息。

第三节　化合物组成与结构分析

一、组成分析

石油是由烃类［链烷烃（还可分为正构和异构两大类）、环烷烃、烯烃、芳烃、环烷芳烃］和非烃类（含硫、氮、氧）化合物组成的极其复杂的混合物。这些不计其数的烃类和非烃类化合物的组成与结构，从根本上决定了石油及其产品的理化性质、反应性及使用性能。石油中化合物的组成分析，从精细层次来分，包括单体化合物分析、族组成分析、化合物类型与碳数分布分析等。

1.单体化合物分析

石油分子组成分析是指石油及其馏分的全组成单体化合物分析，可对石油中每一个单体化合物进行定性和定量。但是如前所述，石油中单体化合物随着石油馏分沸程的升高、化合物碳数的增加，同分异构体的个数呈几何级数增加，因此，全组成的单体化合物分析目前仍只适于低沸点馏分及特殊石油样品，而对于石油中间馏分和重质馏分，现有的分析技术还不具备区分如此巨大数量异构体的能力，只能实现部分单体化合物的定性、定量。

由于分析和分离手段有限，目前单体化合物（烃）组成表示法还只限于阐述石油气及石油低沸点馏分的组成时采用。例如，利用气相色谱技术已可分析鉴定出汽油馏分中的几百种单体化合物。

原油中沸点最低、碳数最小的是气体馏分，主要含C_1~C_5的化合物，这些化合物异构体个数较少，由气相色谱可以分析出各单体化合物类型和含量。目前石油中单体烃分析的行业标准方法为SH/T 0714—2002，该方法等效于美国试验与材料协会标准ASTM D5134—1998。

2.族组成分析

族组成分析有时也称为烃族组成分析。所谓“族”或“烃族”，是指化学结构相似的一类化合物。至于要分成哪些族，则取决于分析方法以及实际应用的需要。一般对于汽油馏分的分析，以烷烃、环烷烃、芳香烃的含量来表示。如果要分析裂化汽油，因其含有不饱和烃，所以需增加不饱和烃的分析。如果对汽油馏分要求分析更细致些，则可将烷烃再分成正构烷烃和异构烷烃，将环烷烃分成环己烷系和环戊烷系，将芳香烃分为苯和其他芳香烃等。

煤油、柴油及减压馏分，由于所用分析方法不同，所以其分析项目也不同。例如，若采用液固色谱法，则族组成通常以饱和烃（烷烃和环烷烃）、轻芳香烃（单环芳香烃）、中芳香烃（双环芳香烃）、重芳香烃（多环芳香烃）及非烃组分等的含量表示。若采用质谱分析法，则族组成可以烷烃（正构烷烃、异构烷烃）、环烷烃（单环、二环及多环环烷烃）、芳香烃（单环、二环及多环芳香烃）和非烃化合物的含量表示。

对于减压渣油，目前一般还是用溶剂处理法及液相色谱法将减压渣油分成饱和分、芳香分、胶质、沥青质4个组分，如有需要还可将芳香分及胶质分别再进一步分离为轻、中、重芳香分及轻、中、重胶质等亚组分。

3.化合物类型与碳数分布分析

就目前的分析技术而言，沸点在汽油（石脑油）馏分以下的石油馏分基本上可以做到单体烃分析，到了煤柴油馏分，能够分析得到大部分的单体烃化合物，但是重石油馏分就难以实现单体化合物的组成分析了。不过，石油馏分是连续分布的，其中相同类型的化合物，它们在结构上有延续性，且有一系列碳数不同的同系物。通过确定石油混合物中化合物的类型及其碳数分布，可以尽可能地“逼近”实际的化合物组成，从而实现石油分子表征。所以，在无法或难以达到石油重馏分单体烃化合物组成分析且石油烃族组成数据又不足以满足石油分子工程、分子管理需要的时候，采取化合物类型和碳数分布分析也是一种手段。

二、结构族分析

结构族组成分析认为，重油都是由烷基、环烷基和芳香基3种基本结构单元组成的。其分析方法包括n-d-M法、红外光谱法、核磁共振法等，在后面章节再具体介绍。

第四节　石油仪器分析进展

如前所述，石油主要由各类复杂的有机分子构成。无论是纯化合物，还是混合物，其宏观物性和化学特性都由有机分子的组成和结构确定。物理性质包括密度、沸点、熔点、分子量和能量（振动、旋转和分子间相互作用）。化学特性包括分子的转化，生物学特性包括毒性等。重要化学特性包括原料、中间体和产品的加工和储运性质。

化学是研究分子变化及其与物理学、数学、生物学、地质学等学科的关系的科学。化学控制分子可用于勘探/生产，炼油工程/加工、化工生产等。分子工程是由工程制造分子通过分子改造或结合的科学和技术流程，它包括化学（包括精炼）和药物研究以及材料科学。它对石油特别有价值，它影响到化学工程（下游）和石油工程（上游），这两个主要的学科是在大尺度上处理分子。从化学层面来思考石油加工过程中的分子转化途径及转化规律，我们可以更经济地管理分子，最大限度地减少对生命和环境有害的分子，对其进行妥善的处理。因此，在炼油工业科研领域，采用科学、工程学和管理学的理念管理石油加工过程中从原料到产物的分子，是炼油工程非常重要的组成部分。

随着石油馏分的沸点和碳数的增加，其组成中同分异构体的分子数目呈指数增加，以链烷烃的异构体为例，C_{10}链烷烃的同分异构体为75个，当碳数增加到20的时候，则有4347个同分异构体，如果碳数增加到40以上，则其同分异构体高达几万亿个[18]。这些不计其数的烃类和非烃类化合物的组成与结构，从根本上决定了石油及其产品的理化性质、反应性及使用性能。由于石油组成与结构的复杂性，常规的化学分析已经不能满足分析表征的需要，必须采用现代仪器分析技术。

仪器分析是指采用比较复杂或特殊的仪器设备，通过测量物质的某些物理或物理化学性质的参数及其变化来获取物质的化学组成、成分含量及化学结构等信息的一类方法。石油组成与结构分析所用仪器分析大致包括电化学分析法、原子吸收光谱法、红外光谱法、紫外–可见光谱法、核磁共振波谱法、质谱分析法、气相色谱法、高效液相色谱法等。详细分类见表2–10。

表2-10　石油组成与结构仪器分析方法分类

<table>
<tr><td rowspan="12">仪器分析
（方法分类）</td><td colspan="2" rowspan="3">电化学分析</td><td>电位分析法</td></tr>
<tr><td>极谱分析法</td></tr>
<tr><td>库伦分析法</td></tr>
<tr><td rowspan="5">波谱分析</td><td rowspan="3">光谱分析</td><td>原子吸收光谱法（AAS）</td></tr>
<tr><td>红外光谱法（IR）</td></tr>
<tr><td>紫外–可见光光谱法（UV）</td></tr>
<tr><td>核磁共振分析</td><td>核磁共振波谱法（NMR）</td></tr>
<tr><td>质谱分析</td><td>质谱分析法（MS）</td></tr>
<tr><td colspan="2" rowspan="3">色谱分析</td><td>气相色谱法（GC）</td></tr>
<tr><td>高效液相色谱法（HPLC）</td></tr>
<tr><td>薄层色谱法</td></tr>
</table>

石油及其馏分分子水平的组成与结构表征技术通常采用仪器分析、烃指纹分析技术等，常用以及主要的几种分析表征技术及其进展介绍如下。

一、色谱技术进展

色谱是石油组成分析中最常用的技术[50]，从20世纪50年代就成为一项较成熟的、广泛应用的技术，通常用于气体或气液混合物中非极性或低极性化合物的分析[51]。

色谱技术主要分为气相色谱（Gas Chromatography，GC）、液相色谱（Liquid Chromatography，LC）两大类，每一大类还有很多细分种类，如液相色谱还可以分为高效液相色谱（HPLC）、反冲液相色谱法、薄层色谱[52]等细类。

（一）色谱系统的组成

气相色谱技术在石油分子组成方面的应用已相当普及，从气体分析到各种目的的油品组成分析或其他项目的分析，已经形成一系列标准，构建了一个相对较为完整的体系。随着气相色谱技术在油品分析研究中的不断深入和应用范围的持续拓展，更加快捷、高效和高灵敏度，气相色谱与各种现代分析仪器的联用技术将成为油品分析的发展方向。

气相色谱（GC）种类很多，性能也各有差别，主要包括2个系统，即气路系统和电路系统。气路系统主要有压力表、净化器、稳压阀、稳流阀、转子流量计、六通进样阀、进样器、色谱柱、检测器等；电子系统包括各用电部件的稳压电源、温控装置、放大线路、自动进样和收集装置、数据处理机和记录仪等电子器件。按照功能单元分，则包括：

（1）载气系统，包括气源、气体净化、气体流速控制和测量。

（2）进样系统，包括进样器、汽化室——将液体样品瞬间汽化为蒸气。

（3）色谱柱和柱温系统，包括恒温控制装置——将多组分样品分离为单个。

（4）检测系统，包括检测器、控温装置。

（5）记录系统，包括放大器、记录仪，有的仪器还有数据处理装置。

（二）气相色谱仪的工作原理

气相色谱法用于分离分析试样的基本过程如图2-6所示。由高压钢瓶1供给的流动相载气，经减压阀2、净化器3、稳压阀4和转子流速计5后，以稳定的压力恒定的流速连续经过汽化室6、色谱柱7、检测器8，最后通过皂膜流速计放空。汽化室与进样口相接，它的作用是把从进样口注入的液体试样瞬间汽化为蒸气，以便随载气带入色谱柱中进行分离。分离后的试样随载气依次进入检测器。检测器将组分的深度（或质量）变化转变为电信号。电信号经放大后，由记录器记录下来，即得到色谱图。

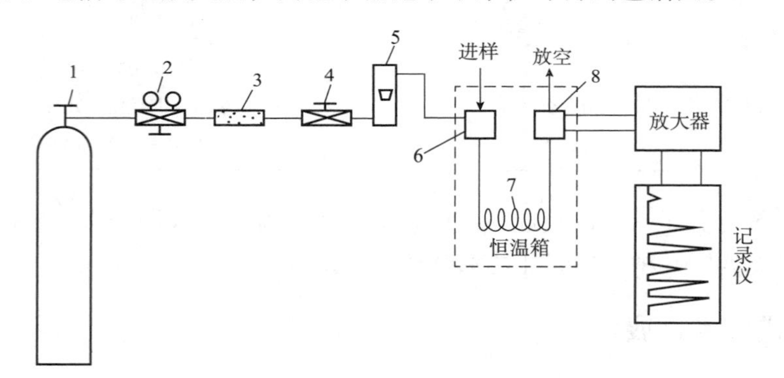

图2-6　气相色谱过程示意图

气体或液体样品由载气如He、H_2或N_2携带进入进样系统。进样系统分为分流/不分流进样、柱头进样、程序升温进样等。目前，气相色谱系统中双进样系统被普遍采用。气相色谱通常采用单柱温箱单色谱柱，但全二维气相色谱（GC×GC）采用双柱温箱双色谱柱[53]。目前，气相色谱通常使用石英毛细管色谱柱来提高组分的分离效率，比较典型的色谱柱长10~100m、内径≤0.25mm。有时为实现特殊的分离目的，会使用填充柱进行分离。除了常温下呈气体状态的混合物，通常采用程序升温对复杂混合物进行分离。然而，色谱柱（包括柱温箱）的最高温度因固定相的温度限制通常不高于450℃。气相色谱的检测器有很多种类，在石油石化领域应用较广泛的检测器有氢火焰离子化检测器（FID）、硫检测器（SCD）、氮检测器（NCD或NPD）、质谱（MS）以及其他检测器。自从20世纪60年代质谱被用作气相色谱检测器的一种，由于没有丰富的操作和光谱解析经验，只是用于一些常规分析[54]。

（三）气相色谱定性、定量方法

气相色谱是对气体物质或可以在一定温度下转化为气体的物质进行检测分析的一种技术。由于物质的物性不同，其试样中各组分在气相和固定液液相间的分配系数不同，当汽化后的试样被载气带入色谱柱中运行时，组分就在其中的两相间进行反复多次分配。由于固定相对各组分的吸附或溶解能力不同，虽然载气流速相同，各组分在色谱柱中的运行速度就不同，经过一定时间的流动后，便彼此分离，按顺序离开色谱柱进入检测器，产生的讯号经放大后，在记录器上描绘出各组分的色谱峰。根据出峰位置，确定组分的名称，根据峰面积确定浓度大小。

有机定性分析的基本原则是，采用建立在不同理论基础上的两种或多种方法同时定性，以便互相印证，保证鉴定结果的可靠性。例如，采用GC-MS和GC两种仪器，并同时参阅相关标准谱图，对某汽油馏分样品进行定性、定量验证分析。

（四）气相色谱模拟蒸馏分析

气相色谱模拟蒸馏（Gas Chromatography simulated Distillation，简称GCD）分析是气相色谱技术在石油和石化分析中的另一类重要应用。色谱模拟蒸馏就是运用色谱技术模拟经典的实沸点蒸馏方法，来测定各种石油馏分的馏程。以原油、馏分油、渣油模拟蒸馏为代表的系列方法，在过去二十余年已得到了业内人士的普遍认可。用于测定汽油、煤油、柴油、润滑油、蜡油、原油、渣油等不同馏分范围油品馏程的气相色谱模拟蒸馏系列方法参见表2-11。

表2-11　不同馏分范围油品馏程的气相色谱模拟蒸馏方法

方法	ASTM D3710 D7096	ASTM D2887	ASTM D5307	ASTM D5442	ASTM D6352	ASTM D7500	ASTM D6417 (MOV)	ASTM D7213	ASTM D7169	ASTM D7900
碳数	C_{20}	C_{44}	C_{44}	C_{44}	C_{90}	C_{110}	C_{60}	C_{60}	C_{100}	C_9
样品范围	·汽油 ·石脑油	·喷气燃料 ·柴油	·原油	·石油中蜡	·润滑油 ·基础油	·润滑油 ·基础油	·润滑油 ·基础油	·馏分油	·渣油 ·原油	·稳定原油前端
沸点范围	<280℃	<538℃		<538℃	>174℃ <700℃	>100℃ <735℃	>126℃ <615℃	>100℃ <615℃	<720℃	<151℃

气相色谱模拟蒸馏方法的基本原理是，在确定的色谱条件下，分析已知组分沸点的标样混合物（一般为不同碳数的一系列正构烷烃）。得到沸点与色谱保留时间的关系曲线，即校正曲线。然后在同样的色谱条件下测定样品，使油样按沸点顺序馏出。由得到的色谱图计算出保留时间与各个分割点“累积峰面积与总峰面积之比”的关系曲线。根据校正曲线，保留时间可换算为沸点。而各个分割点“累积面积与总面积之比”即为各点回收率，相当于蒸馏的馏出率。这样就可以得到沸点与馏出率关系的蒸馏曲线。一般可选回收率为0.5%的相应沸点为初馏点，99.5%回收率相应沸点为终馏点。由所得蒸馏

曲线很容易得到任意分割点的相应沸点温度。原理图参见图2–7。

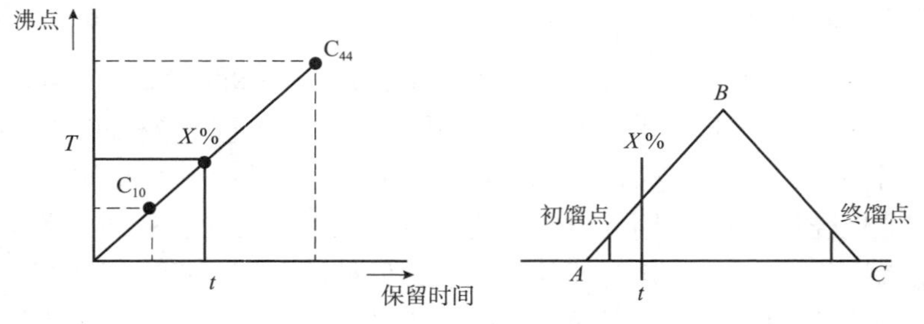

图2–7　模拟蒸馏原理

对于汽油、柴油和馏分油，被分析样品能完全从色谱柱中定量馏出且得到检测，因此选择归一化方法进行定量。对于渣油，由于试样不能完全汽化并从色谱柱中冲洗出来，因此不能采用归一化方法进行定量。不过，渣油样品的初馏点较高，所以在谱图前段有足够的空白供内插内标峰，可选择内标定量的方法进行定量。对于原油，由于沸点范围很宽，且终馏点很高，在现有色谱条件下不能完全定量汽化并从色谱柱中馏出，且试样组分峰占满了谱图全部空间，样品分析谱图上已无内标位置，所以必须采用增量内标法。

色谱模拟蒸馏方法测定石油馏分的馏程，具有数据准确、分析快速、用样量少、自动化程度高等特点。近年来，随着细径毛细管柱的商品化，快速模拟蒸馏分析方法也成为人们关注的热点[55]。将模拟蒸馏分析原理应用到其他相关检测目的产物所产生的分析方法[56]以及应用到生产过程的控制分析中，是这类方法衍生的新一类应用。

但是，气相色谱法存在的问题是油中的重质组分或残渣会残留在气相色谱中，从而影响测定的准确性。为此，Padlo[57]等人采用蒸发光散射检测器（Evaporative Light Scattering Detector，ELSD）并结合高效液相色谱建立了适合重质油的模拟蒸馏方法（Simulated Distillation by Evaporative Light Scattering Detector，简记为ELSD SD）。蒸发光散射检测器（ELSD）主要由雾化器、蒸发器和光散射检测器组成。其工作原理为：色谱柱流出物经过针头式的细导管进入雾化器，与气体混合喷成均匀一致的雾滴；雾滴经过加热蒸发管，流动相被蒸发，溶质形成极细的颗粒；溶质颗粒气流在检测池发生散射作用，经光电倍增管形成电信号输出，信号会被位于ELSD底部的光散射检测器检测，通过记录器或色谱工作站记录信号。根据Padlo[57]等人的测定结果，当加热蒸发管设定的操作温度为40℃时，对应油样沸点的检测限为315℃，也就是说，油样中只有沸点大于315℃的组分才能被检测到；同样，蒸发管操作温度分别为80℃、115℃和150℃时，对应的样品沸点检测限分别为380℃、435℃和482℃。依据不同的ELSD操作温度，可以得到油品的沸点分布结果。

（五）全二维气相色谱

1.概述

气相色谱法能很好地检测挥发性复杂混合物组成，目前已在化学分析行业中得到了广泛的应用。但是由于色谱峰容量的局限性，传统的一维色谱只能用来分析含几十种至几百种物质的样品，而当样品更为复杂时，传统的一维色谱则无法进行分析。

全二维色谱（Comprehensive Two-dimensional Gas Chromatography，简称GC×GC）是美国南伊利诺伊大学John Phillips教授和Zaiyou Liu博士于20世纪90年代初发明的[58]。近年来，随着调制器等技术的突破和不断完善，以及商品化仪器的出现，全二维气相色谱的研究日趋活跃。全二维气相色谱（GC×GC）技术具有分辨高、灵敏度高和峰容量大等优势，是迄今为止能够提供最高分辨率的色谱分离技术，已经成为解决复杂体系分离的有力工具，被誉为毛细色谱柱之后最具革命性的创新[59]而受到学术界和工业界的高度重视，发展速度很快。

全二维气相色谱主要解决的是传统一维气相色谱在分离复杂样品时峰容量严重不足的问题。最新理论和试验证明，在相同的分析时间和检测限的条件下，全二维的峰容量可以达到传统一维色谱的10倍；而一维色谱要获得同样的峰容量，理论上需要用到比目前长100倍的分离柱、高10倍的柱头压和1000倍的分析时间[60]。

2.分析原理与核心部件

1）原理

图2-8为全二维气相色谱（GC×GC）的仪器流程示意图，它是将两根分离机理不同的色谱柱以串联方式连接的二维色谱系统[61]，其分析过程主要分为调制、转换和可视化3个步骤。全二维气相色谱（GC×GC）的分析原理示意见图2-9。

试样从进样口导入第一柱，第一柱一般长度较长、液膜较厚且为非极性柱（一维柱）。被分析物中各化合物根据沸点的差异进行第一维分离，从一维柱流出的峰经调制器聚焦（数次调制）后以脉冲方式（区带转移）进入长度较短、液膜较薄的中等极性或极性二维色谱柱。第一柱中因沸点相近而未分离的化合物再根据极性大小不同进行第二维快速分离，经由检测器检测得到的响应信号经数据采集软件处理后，将原始数据文件处理成为三维色谱图。根据所用的调制周期和检测器的采集频率，对原始数据文件进行转换可以得到二维矩阵数据，此二维矩阵数据再经可视化过程以颜色、阴影或等高线图的方式将峰在二维平面或三维图形上呈现出来。其中在三维色谱图上，X轴表示的是第一维柱的保留时间，Y轴表示的是第二维柱的保留时间，Z轴表示的是色谱峰的强度。根据三维色谱图中色谱峰位置和峰体积，对化合物各组分进行定性定量分析[62]。

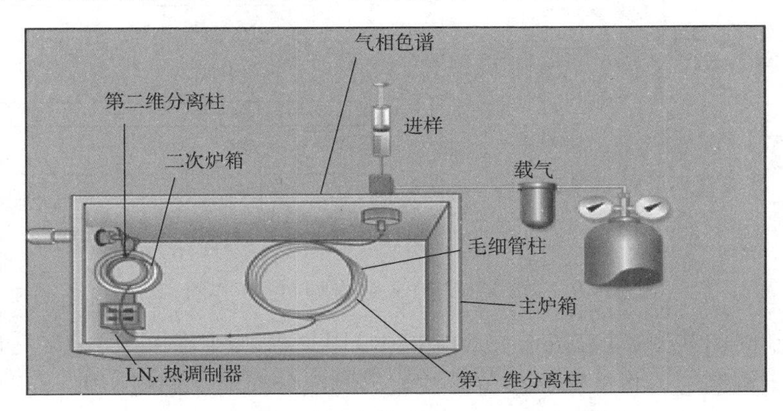

图2-8　全二维气相色谱（GC×GC）流程图

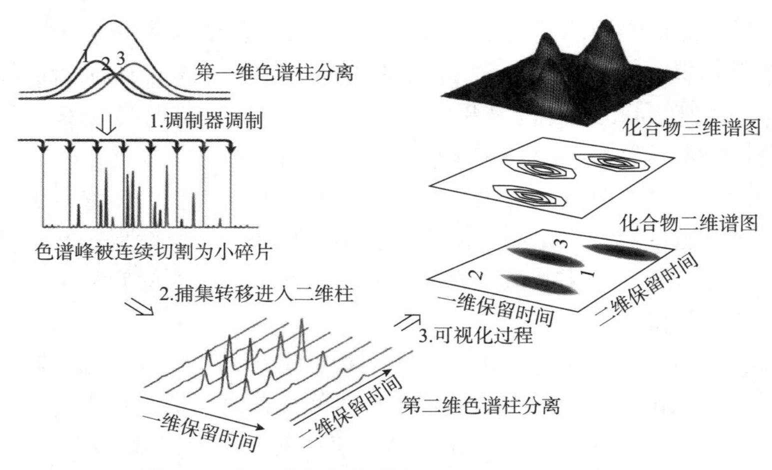

图2-9　全二维气相色谱（GC×GC）原理示意图

2）核心部件

GC×GC色谱最核心的部件是调制器，也是研究热点[63]。调制器以系统设定的调制周期，将从一维柱流出的组分连续切割为小切片，每个切片再经重新聚焦后进入第二维色谱柱进行分离。组分在二维柱上保留时间一般为1~20s。通常调制周期大于被分析物的二维保留时间，以免发生周期穿越现象。调制器定时捕集第一维柱流出的化合物，并将捕集的窄区带快速转移到第二维色谱柱的柱头，从而起到捕集、聚焦、再传送的作用。

图2-10中的A是目前占主导地位的冷调制器结构图。调制器由相互垂直的两个冷气和两个热气喷口组成，采用液氮冷却的冷喷口工作时一直打开，采用空气作用的热喷口则在指定的时间段内交替开启。热喷口一旦开启，热气将阻断与其垂直吹出的冷气的作用，具体的工作流程见图2-10中的B。

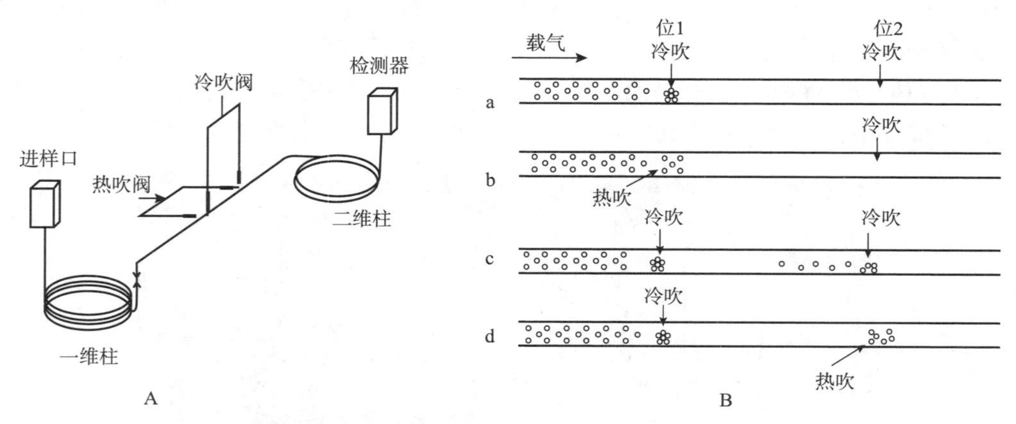

图2-10　调制器结构图（A）及调制器工作图（B）

一个调制周期共分4个步骤。图2-10（B）中进程a是调制的第一步，此时只有位1的冷气作用于调制管，将从第一维色谱柱流出的组分捕集。进程b中，此时位1的热气阀开启，喷出的热气将位1的捕集组分迅速加热送往位2。进程c中，此时两个冷喷口同时开始起作用，位1的冷气将第一维柱流出的组分捕集在位1。位2的冷气将由位1送过来的组分捕集，并重新聚焦。进程d中，此时位2的热气阀开启，将组分送往二维柱[64]。

检测器也是GC×GC色谱中的核心部件之一。由于GC×GC色谱中第二维分离速度非常快，必须在脉冲周期内完成第二维的分离，否则，前一脉冲的后流出组分可能与后一脉冲的前面组分交叉或重叠，引起混乱。所以，检测器必须有很快的响应速度，数据处理器的采集频率应高于100 Hz。质谱仪是迄今为止GC×GC分离目标组分最好的鉴定工具，能很大程度提高定性准确性[65]。传统的四极杆质谱扫描速度慢，不能满足分析要求，而飞行时间质谱（TOFMS）每秒能产生多于50个谱的谱图，能精确处理快速色谱得到的窄峰，是GC×GC最理想的检测器。

3.应用与发展

油品烃类组成分析是全二维气相色谱技术应用最早且最成功的一个领域，充分体现了全二维气相色谱的高峰容量、高灵敏度和结构谱图辅助定性等特点。

Adahchour等[66]综述了近年来GC×GC的最新进展及其在石油化工中的应用现状。花瑞香等[67]采用GC×GC方法，利用一套柱系统即完成了直馏汽油、煤油、柴油或催化裂化柴油等不同沸程的石油馏分的烷烃、环烷烃和1~4环芳烃的族组成和目标化合物的分离，同时采用标准物质对这些馏分的特征组分进行了定性，并采用体积归一化法完成了特征组分与不同馏分的烷烃、环烷烃和环芳烃的族组成定量。

全二维气相色谱另一个重要应用为油品中硫化物和氮化物的分析。花瑞香[68]、孔翠萍等[69]采用GC×GC-SCD研究建立了柴油馏分中的硫化物类型表征方法。此方法可按不同碳数给出柴油馏分中的硫醇硫醚类、苯并噻吩类和二苯并噻吩类等化合物分布信息，并给出柴油加氢脱硫中一些重要硫化物的单体信息。Adam等[70]利用GC×GC-NCD建立了分离和鉴定石油中间馏分中含氮化合物的分析方法，结果表明，当第2根极性柱子上有自由电子对时能极大地提高含氮化合物的分离能力。Wang等[71]研究表明，GC×GC-NCD能很好检测柴油中的含氮化合物，可以用来监控分析油品加氢脱氮过程。

近年来，随着更高灵敏度、更快采集速率的飞行时间质谱技术（TOF MS）的发展，应用GC×GC-TOF MS分析重馏分油已逐渐成为国内外重油研究的热点。

带有多通道（MCP）检测器的TOF能同时对样品中的所有质量进行高灵敏度的采集，例如，场电离源（FI）用于电离从GC流出的样品分子。FI的发射极是一根5μm钨丝，钨丝上面生长有碳微针。FI的发射极和毛细管色谱柱的末端对齐，GC流出的样品从碳微针顶端穿过。发射极和一对拉出极相距1.5mm，发射极和拉出极之间加12kV高压，这样在碳微针顶部附近产生10^7~10^8V/cm的高电场。通常认为，在这个电场的影响下，在量子隧道效应的作用下，分子将丢失一个电子形成分子离子峰，而分子断裂的可能性最小。在每个扫描循环间（0.2s），发射电流瞬间达到3~6mA，以再生发射极。

FI产生的离子被加速并被聚焦到飞行时间质谱的推斥极区域。施加一个960V的推斥电压把离子从原来路径的直角方向推斥出去。离子束通过TOF的有效距离为1.2m。反射极把离子反射回双微通道板的检测器上，利用时间-数字转换器（TDC）记录到达的离子，采样频率为3.6GHz。所用的脉冲电压频率为30kHz，每33μs产生一张全谱。质量范围一般设在40~800u。扫描时间或者谱图累加时间为1s（也就是每次扫描是30000张谱图累加的结果）。用一组易挥发的卤代烃混合物对50~800u宽质量范围定标。通过罐进样的方式将定标物引入离子源，定标混合物在定标完成后可被泵抽出。在样品分析过程中，质量锁定采用单同位素质量为201.9609的五氟氯苯。

2002年，ExxonMobil公司采用组合了GC分离、场电离和飞行时间高分辨质谱（GC-FI TOF MS）的新型分析仪器详细分析了C_6~C_{44}碳数范围内的石油产品。GC根据沸点分离烃分子，FI对于GC流出的饱和烃和芳烃石油分子可产生完整的分子离子，这些分子离子的元素组成用具有大于7000（M/ΔMfwhm）质量分辨率和±3mu质量精度的TOFMS来分辨并确定，进而得到石油分子的化学信息（杂原子含量、环加双键数和碳数分布）。采用此技术测定了VGO芳烃馏分的化合物类型分布，分离并鉴定出共24类化合物（1~4环芳烃和环烷芳烃，2~4环芳香噻吩和二硫化合物），体现了此技术在详细石油分析上的巨大优势。

周建等[72]采用固相萃取法结合与全二维气相色谱-飞行时间质谱（GC×GC-TOF MS）相结合，对柴油馏分中饱和烃、烯烃、芳烃和含硫芳烃的组成特点进行了分析。共识别出1057个饱和烃分子、1360个芳烃分子、1168个烯烃分子和274个含硫芳烃分子，并将其应用到不同原料和不同工艺柴油馏分的分析中。结果表明，直馏、催化裂化和焦化3种不同工艺产品中化合物类型和分布规律明显不同。同时，建立了全二维气相色谱-飞行时间质谱分析重馏分油中芳烃组分的方法，对重馏分油芳烃组分中常见多环芳烃和环烷芳烃进行了准确定性，并将该方法应用到重馏分油加氢处理工艺研究中，对菲、芘的加氢处理产物进行了定性分析。该研究为重馏分油芳烃组分的准确定性提供了新的技术手段，为加深对油品加氢规律认识提供了技术支持。

（六）液相色谱

1.高效液相色谱（HPLC）法

高效液相色谱（HPLC）是20世纪60年代后期迅速发展起来的一项技术，对于高沸点、热不稳定性差、相对分子质量大的有机物，原则上都可用高效液相色谱法进行分离、分析，因此HPLC是油品烃族组成分析的主要方法之一。

Padlo等人[73]借助高效液相色谱，采用3根不同的液相色谱柱串联，通过柱切换和梯度淋洗等手段，将液化油分成脂肪族化合物、芳烃（1~4环）和极性化合物。高效液相色谱配有紫外二极管阵列检测器和蒸发光散射检测器。蒸发光散射检测器用来对沸点大于315℃的族组成定量。Satou[74]等用HPLC-MS研究了5种煤加氢液化所得中性油的化学结构。中性油用HPLC分为5个组分——烷烃、单环、双环、芳烃杂环和杂原子化合物，电子轰击（EI）电离源或场电离源（FI）适合于对每个组分分析。张昌鸣等[75]人以高效液相色谱（HPLC）配气相色谱（GC），建立了一项不蒸除溶剂就可以直接分析溶液中焦油和重质油族组成的方法。内野[76]等用HPLC将煤液体中的煤油馏分（180~240℃）分成链烃、苯族烃、萘族烃和极性化合物4个组分，将煤液体中的柴油馏分（240~340℃）分成链烃、苯族烃、芴族烃、3环芳香族化合物和极性化合物6个族组分，并用GC/MS和^{1}H NMR对各族组成进行了分析。他们从煤油馏分中检测出27种化合物，从轻油馏分中检测出49种化合物。Saini等[77]人用正向高效液相色谱（HPLC），采用光电二极管阵列检测器和GC/MS等技术对煤液化油（正己烷可溶物）进行了烃组成分析。样品经HPLC分离后分别收集，进一步用GC/MS分析。HPLC谱图表明，油中含有酚类化合物和更多重质组分混合物。GC/MS谱图表明，油中含有相当数量的长链烷烃，范围从C_{11}~C_{35}。Saini认为，二维高效液相色谱和GC/MS用于测定煤液化油各有优点，互为补充、相辅相成。

将重质油进行族组成分析的一个重要方面是，将其中的芳烃按芳香环数做进一步的分离，即得到一环芳烃、二环芳烃和多环芳烃。芳香烃能否在色谱柱上按芳香环数分离主要取决于色谱柱中所用固定相的性能。氧化铝带有极性表面，可以将芳烃按极性大小进行分离。硅胶键合固定相视键合基团的性质不同可作为电子接受体或电子给予体。而芳烃既可作为电子接受体，也可作为电子给予体，并且芳烃的给予或接受电子能力随双键数的增加或环数的增加而增加。基于上述原理，以氧化铝或硅胶键合固定相的色谱柱可将芳烃组分按芳香环数做进一步分离[78]。

Yokoyama等[79]采用氨基键合相高效液相色谱将芳烃按芳环数进行了分类，对每类芳环用GC/MS分析。键合相色谱在重质油族组成分析中的应用弥补了液－固色谱的一些不足。万惠民等[80]采用高效液相色谱法，利用紫外光谱和荧光光谱，分离分析出煤液化产品中的多环芳烃化合物49种，分析鉴定了其中34种化合物，并对具有代表性的萘、菲、蒽、联苯、芘、屈等12种多环芳烃化合物进行了定量分析。阎瑞萍等[81]以高效液相色谱与紫外光谱联用，分离并鉴定了煤液化重质产物中非沥青质的芳烃组成，为开拓重质产物的分析及利用提供了有效的测试方法。高效液相色谱对庚烷可溶物亦即较小分子的分析不失为一种有效的分析方法，但是由于流动相的限制，对更重的组分的分析测试尚在进一步探索中。McKinney等[82]也利用了高效液相色谱，采用光电二极管阵列检测器正向分离的方法，将液化油中的多环芳烃、它们的异构体和烷基派生物进行分离和鉴定，并对多环芳烃进行定量分析。

2.棒状薄层色谱法

棒状薄层色谱和氢离子火焰检测器（TLC-FID）是近几年来才发展起来的一种新技术，和LC相比，TLC-FID使用较少的溶剂和样品，分析时间短，精密度好，且不需要预先分离极性大的化合物，因此有很好的发展前景[52]。目前，国内外对于TLC-FID的研究主要在分析重油的族组成上。

毕延根[83]研究了TLC-FID对重质油的族组成的有效分离和检测，发现原油的种类和实际点样量不影响FID的响应值，且分析的重复性优于经典柱色谱。美国学者Barman、Bhajendra N[84]用TLC-FID分析不同原油的重质馏分，详细阐述了这是一种测定和分离重质馏分油重饱和烃、芳香烃和胶质的有效手段。

泽田等[76]对煤液体减压蒸馏残渣进行了溶剂萃取分级，继而用TLC-FID法对各馏分进行了分析。Sawada[85]等利用TLC-FID对液化油中的重质组分进行了分析，并认为TLC-FID方法与常规溶剂萃取法有一定的线性关系。增田等[62]用溶剂萃取法和TLC法对煤液体中的重质组分进行了分离，并对所分离的族组分进行了元素分析、FTIR、NMR分析和质谱分析。从分析结果可以看出，各族组成在分子量分布、芳环缩合程度和极性上的差别，但由于所分离出的仍是组成较复杂的混合物，难以由此法得到重质成分更详细的结构信息。阎瑞萍等[86]采用薄层色谱分析法（TLC）对煤油共处理所得的重质产物进行了族组成分析。通过大量的实验摸索，确定了分离分析重质产物的操作条件。展开溶剂依次为正己烷、甲苯及三氯甲烷-甲醇（体积比为95∶5），对应展开的族组成分别为饱和分、芳香烃、胶质，剩余未展开的组分为沥青质[87]。

二、质谱以及相关联用技术进展

（一）质谱（Mass Sepetrometry，MS）技术

1.概述

质谱（MS）[88]是一种根据其质量对混合物中的各个组分进行定性和定量的分析手段。质谱可以看作是一杆特殊的“秤”，“称取”的是离子的质量，因此，质谱分析需要依靠离子源将被分析物的分子电离成离子，然后进入质量分析器在电磁作用下进行分离而被检测。所以质谱的基本原理就是电离。

1912年，英国剑桥大学卡文迪许实验室的约瑟夫·约翰·汤姆森教授（1856—1940）研制出了世界第一台质谱仪。30年后，大西洋福田（Atlantic Richfield）公司实现了世界第一台质谱分析仪的商业化生产，质谱分析技术逐渐开始用于石油、化工等领域（如油气和轻质燃料的组成分析）。现在，质谱技术已经成为石油分子组成鉴别必不可少和功能最强大的分析手段[89]。随着高分辨分析器的研制和电离技术的不断发展，有机质谱迅速发展成为测定有机化合物分子量和分子结构的最有力的工具之一。

我国于20世纪50年代末从前苏联引进了质谱分析技术，80年代起有机质谱工作蓬勃发展，并于90年代得到快速发展。目前，质谱广泛应用于化学、化工、药物、食品、农业、林业、地质、石油、环保、医学、生物等各个领域。

2.质谱组成

质谱仪主要由4部分组成[90, 91]：

（1）样品进料系统，主要包括分批进样（AGHIS）、探针直接进样、气相色谱（GC）、液相色谱（LC）、超临界流体色谱（SFC）、炉式进样/GC、SFC/GC、热重（TG）、直接注入、等离子发射光谱（ICP）等进样方式（系统）。

（2）离子源，主要包括电子轰击电离源（EI）、化学电离源（CI）、场致电离源/场解吸电离源（FI/FD）、光致电离（PI）、液体SIMS、快原子轰击源（FAB）、热喷雾（TSP）、大气压化学电离（APCI）等各种离子源技术。

（3）分析器，包括扇形磁场、四级杆、离子阱、飞行时间（TOF）、串联质谱MS/MS、离子回旋共振等分析器。

（4）检测器，主要包括法拉第收集器、照相底片、电子倍增管、照相倍增器、变换倍增管等形式的各种检测器。

质谱分析通过真空状态下对气相离子进行检测，所以通过不同的电离技术生成离子是至关重要的一部分。样品可单独进样，比如分批进样和探针直接进样，或可通过色谱进样，最常用的是气相色谱和液相色谱。不同类型的质量分析器有不同的分辨能力，从单四级杆质谱到高分辨的傅立叶变换回旋共振质谱（FT-ICR MS）。离子检测器根据质量

分析器的适应性来设计，例如为增强离子信号，通常将感应电荷检测器与FT-ICR MS相结合使用，但电子倍增器就不适合。此外，元素之间有效的离子传递在质谱分析中也是至关重要的。

3.不同类型质谱技术在石油分析中的应用领域

石油是一种混合物，实现对其每个分子的表征是很复杂和困难的[92]。就质谱分析来说，可能对石油馏分的表征更实用。不同的质谱分析模式适合各种不同馏分（气体、石脑油、煤柴油、减压馏分油和渣油），这样才能获得最大量的分子信息。吴青给出了不同类型质谱技术对不同石油馏分分析时的适用范围情况[7, 90]，例如：对汽油馏分，GC-MS是最有力的分析技术；对重馏分，多采用探针直接进样或液体直接进样以及场解析电离。吴青[7]认为，多种现代分析技术的进步与深化应用，与石油资源的勘探开发及炼油化工的技术进步是相互促进、相互推动的关系，其中，质谱技术的不断发展为石油组成的研究，尤其是重油组成和结构的研究，提供了最为重要支撑。

（二）质谱电离源技术与进展

1.概述

质谱的基本原理、技术核心是电离，因为只有当分子能够离子化并在电磁作用下可以实现分离时，质谱法才能用于检测。

电离可以分为通用型和选择型两大类。其中，通用型如电子轰击电离（Electron Ionization，EI）和场电离/解析（Field Ionization，FI/Field Desorption，FD），是将所有汽化的有机分子进行电离。而选择型如化学电离（Chemical Ionization，CI）、光电离（Photoionization，PI）以及所有的大气压电离，包括电喷雾电离（Elaectrospray Ionization，ESI）、大气压化学电离（APCI）和大气压光电离（APPI），则是利用离子的选择性来确定分子类别，主要包括芳烃、极性化合物和金属化合物分子量和官能团研究，这些电离方法又称为软电离方法。

电离还可以分为真空/减压电离和大气压电离。前者包括EI、CI、FI、FD和PI；后者包括ESI、APCI、APPI等多种电离方式。

不同的电离源适用于不同的化合物类型，其中EI源为硬电离源，其余电离源为软电离源。EI源是利用加速到一定能量的电子（如70eV）轰击样品分子生成碎片离子，该电离源适用于低极性、小分子，获得的结构信息多，重现性高。CI源的电离过程是利用反应气产生的反应离子与样品分子反应得到准分子离子，分子断裂的碎片较少，有利于样品分子量的测定，不利于化合物结构的测定。FI利用强电场将样品分子电离为分子离子，但样品需要汽化进样，对于难汽化的液体样品或固体样品，可采用FD实现离子化。随着电离技术的发展，发展了更为先进的电离技术如ESI电离源、APPI电离源、MALDI电离源等。

2.电子轰击电离（EI）

EI电离开发于质谱分析法的早期，最开始是通过电极放电来代替不可控的电离[93]，其在高电压（50~70eV）和低电压（10~12eV）下运行。在大于50eV的电压下，重复性和再现性很好，最常见的是70eV，也称为高电压EI（HVEI）。用校准参考物质实现精确控制离子源条件的情况下，特别是在使用扇形磁场时，70eV的EI源质谱拥有非常好的再现性。在现代质谱中，超过20万个纯化合物的HVEI质谱图被编制成库，并可以通过谱库检索应用于化合物的定性[94, 95]。McLafferty[96]的标准谱图库，拥有包括59万多种化合物的66万多张谱图，具有56万多个可检索结构。低电压（<15eV）EI（LVEI）则用于电离势低于饱和烃的芳烃和极性化合物的鉴别，用于区分芳烃和与其重叠的环烷烃。例如，拥有相同质量数的四环烷烃和苯系物，其分子式也是相同的。当EI源在一定的低电子能下工作时，只有苯系物被电离，而四环烷烃则因为不能电离而无法利用质谱进行检测。LVEI所产生的碎片离子也较HVEI更少。

配有EI电离源的质谱仪会在电离的过程中产生大量的碎片，而且结构相同、碳数不同的化合物会具有相同的断裂模式，有些化合物的分子离子峰较低，无法得到碳数分布的信息，这是其主要的不足。

3.化学电离（CI）

对于那些在EI条件下不能产生分子离子的分子，可以采用化学电离（CI）。在CI模式下，过量的反应气离子和通过电荷交换产生的分子离子之间发生反应，或者分子通过质子化、氢转移反应、去质子化（形成负离子）以及反应物离子加合形成“准分子”离子[97]。正、负离子都是在低内能的条件下产生的，与高电压EI相比产生的碎片要少得多。

在碳氢化合物的分子量测定中，最常用的反应气是甲烷、异丁烷和氨[98]。还有一些新型反应气，例如苯[99]、NO[100]、CS_2[101]、氘代氨[102]等也被用来进行结构/官能团研究。反应气离子通常是通过用于非氧化性气体的重载灯丝和用于氧化性气体的汤森放电产生的，比如O_2和NO。

4.场电离（Field Ionizatio，FI）

准分子离子的质量会使分子量产生混乱。比如，质子化的分子离子MH^+与丢失一个氢的分子离子$(M-1)^+$，其原始组成具有相同的质量，但前者却会高出2个单位质量。因此，通常希望用仅丢失一个电子的分子离子来替代复杂混合物中的中性分子，用来测定分子量分布。而这个就可以通过场电离（FI）来实现，其在一个精细发射体或者直径为几个微米的锋利刀片上加载一个10~12kV的高压，以产生一个107~108V/cm的横穿发射器和辅助电极的强电场[103]。具体来说，FI的发射极是一根钨丝，钨丝上面生长有碳微针。FI的发射极要小心地和毛细管色谱柱的末端对齐，使GC流出的分子从碳微针顶端穿过。发射极和拉出极之间加有非常高的电压，在这个电场的影响下，在量子隧道效应的作用下，分子将丢失一个电子形成分子离子峰，使分子断裂最小。FI是让分子以较低的内能通过量子隧道而产生的分子离子[103, 104]。图2-11为仅含饱和烃的润滑油基础油的FI质谱图，其产生均匀的分子离子，不包括异构烷烃产生的碎片离子，除非降低发射电流[105, 106]。通过分子离子，可以看出饱和烃（链烷烃、一环烷烃、二环烷烃等）的分布情况。

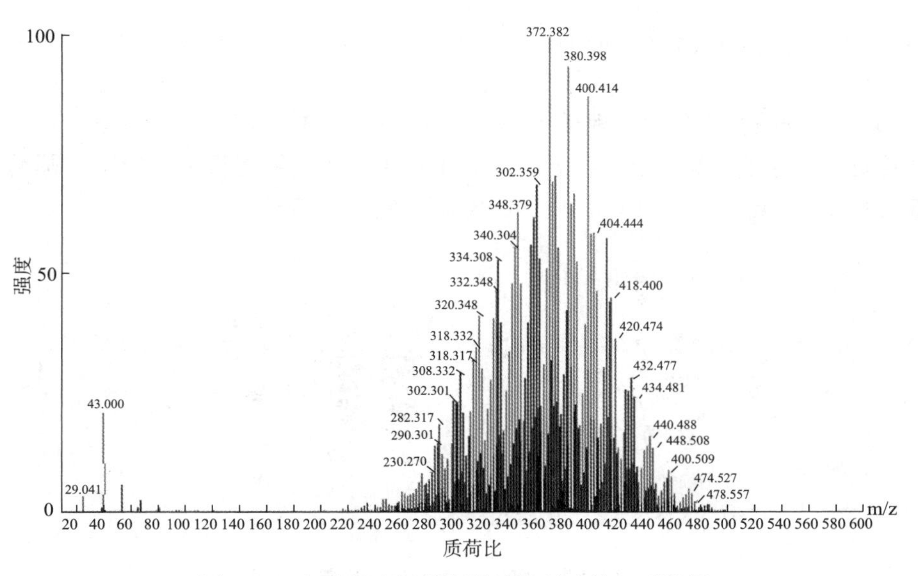

图2-11 仅含饱和烃的润滑油基础油的FI质谱图

FI和高分辨磁式质谱如GC-HRMS的结合一直是一个难题。首先，FI的离子产率比EI和CI低，而磁式质谱通过狭缝改变分辨率，狭缝变窄可以提高分辨率，但其代价是降低了信噪比。其次，磁式质谱仪采集一张谱图需要较长的扫描时间，使它与动态进样（如GC联用）比较困难。因此，FI通常用在低分辨质谱上来提供相对分子质量分布或分离的石油样品（如通过液相色谱分离的饱和烃的芳烃馏分）的组成。FI已与GC-四极杆MS结合来提供柴油的组成，然而，整数质量的重叠限制了该技术在较重沸点的石油分子分析上的应用。

近几年，快速发展的TOF MS技术使FI与快速GC和高分辨/精确质量分析的质谱结合成为可能。带有多通道检测器的TOF MS能同时对样品中的所有质量进行高灵敏度的采集，可在较高的分辨率下进行精确质量测定，得到石油分子的化学信息（杂原子含量、环加双键数和碳数分布）。

5.场解析（FD）

对于高沸点和非挥发性的石油馏分，例如渣油和沥青，很难用FI进行汽化。用合适的溶剂将样品溶解后涂渍在一个精细的发射体上，然后通过真空锁将其插入到离子源中。溶剂被蒸发，同时涂渍了样品（在浓缩相中）的发射体在高压电场（如FI）的作用下将分子电离成离子碎片（不同于场致蒸发）并进入到质量分析仪中。这种技术就是场解析（FD）[103，104，107]

6.电喷雾电离（Electrospray ionization，ESI）

如前所述，液相色谱是一种适合于稳定性差、不易挥发的混合物的分离方法。许多电离方法，特别是比较温和的电离手段，其与液相色谱联用的方式都已经发展得较为成熟了。例如，Malcolm Dole[108，109]在1968年开发的电喷雾电离，最初就是用于高分子化合物（聚苯乙烯）的宏观质量分析的，现在已经成为一种非常普遍和实用的用于电离非挥发性化合物的方法。电喷雾同样也是在喷雾器上加载一个高电压（>10kV），与FI和

FD要求的质谱真空（约为10^{-6}mmHg）不同的是，电喷雾是在大气压的氮气流下进行电离的。

ESI源的示意图及离子化机理见图2-12（a）及图2-12（b）。离子源含有一根由多层套管组成的电喷雾喷针见［图2-12（a）］。ESI源是在毛细管喷嘴与周围的圆筒状电极之间加一个较高的电压（2~6kV），使样品电离形成样品离子。

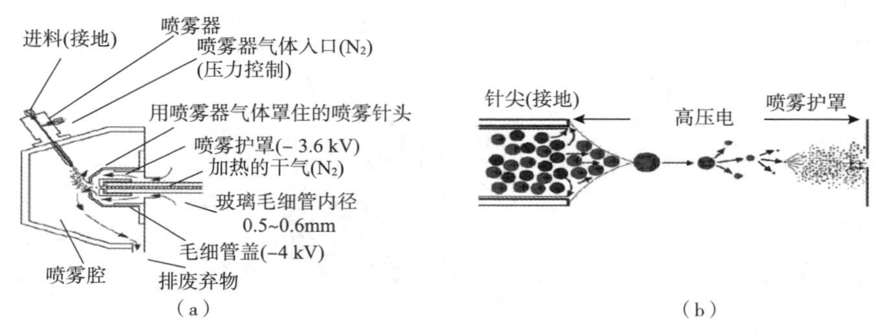

图2-12　电喷雾电离源示意图（a）及离子化机理（b）

如图2-12所示，喷针最内层为样品溶液，外层为大流量的氮气吹扫气，其作用是使喷出的液体容易分散成微小液滴。另外，在喷嘴的斜前方还有一个辅助气喷口，在加热辅助气的作用下，喷射出的带电液滴随溶剂的蒸发而逐渐缩小，液滴表面电荷密度不断增加，当电荷间的库仑排斥力大于液滴的表面张力时，会发生库仑爆炸，形成更小的带电雾滴。此过程不断重复直至液滴变得足够小、表面电荷形成的电场足够强，最终使样品离子解析出来。离子产生后，借助喷嘴与锥孔之间的电压，穿过取样孔进入质量分析器。加到喷嘴上的电压可以是正的，也可以是负的，这取决于样品的解离常数pK_a。通过调节极性，可以得到正或负离子的质谱。ESI源是一种软电离方式，形成的多是准分子离子，特别适合分析极性强的有机分子。

尽管Dole在完全表征合成高分子化合物方面的努力并不成功[109]，但电喷雾电离（ESI）已经被随后的诺贝尔奖得主开拓性地应用到了生物系统中生物大分子的分析上。John Fenn[110, 111]等也利用电喷雾质谱法对原油、喷气燃料、汽油和煤炭进行了探索性实验[112~114]。所得到的质谱图中包含大量的关于这些有时非常复杂的材料的组成和性质信息。因此，电喷雾电离被认为已经找到了能展示其能力的新舞台[114]。此后，ESI在重质油渣油（通过蒸馏）分析、沥青质组分（通过溶解）分析方面得到了广泛应用，包括将极性较小或非极性的化合物转化为适用于ESI分析的极性物质[115~120]。目前尚没有有效的色谱将这些沸点极高的混合物分离成不同的级别或类型，因此大部分的液相色谱电离技术都采用液体直接注入的方式进行分析。这就导致了如果想获得更进一步的分子组成信息，需要在开发可行的炼油技术的基础之上。然而，在已经发表的文献中，还没有看到对进行渣油催化裂化或渣油加氢裂化的渣油展开过相关研究。这些加工过程是非常具有战略意义的，并且其利益相当可观。因此，利用上述分析技术了解更多关于渣油的组成信息是有很大发展前景的。

7.热喷雾（TSP）

热喷雾（TSP）是一种基于加热而不是电场的喷雾技术，它是Marvin Vestal[121]在

20世纪80年代发明的，也同样可以应用于重油馏分分析。图2-13为利用液相色谱分离1120~1305℉ DISTACT减压渣油馏分得到的芳烃分布的TSP谱图[122~124]。渣油和沥青通过喷雾电离得到的典型谱图中m/z最大的值也不会超过2000，对于那些高于噪声阈值的离子的检测非常可信。可以说，石油中最重的分子其分子量也不会超过2000，不考虑测量带来的缔合效应，比如蒸汽压渗透法（VPO）。然而，质谱法可能会受到电离度、离子传输和较重物质的影响，一些非挥发性的、不易电离的物质（例如溶解的粉尘、焦炭和焦油颗粒）是不能被质谱检测和分析的。在苛刻的条件下，样品会形成焦炭或分解使得重组分无法实现分析。

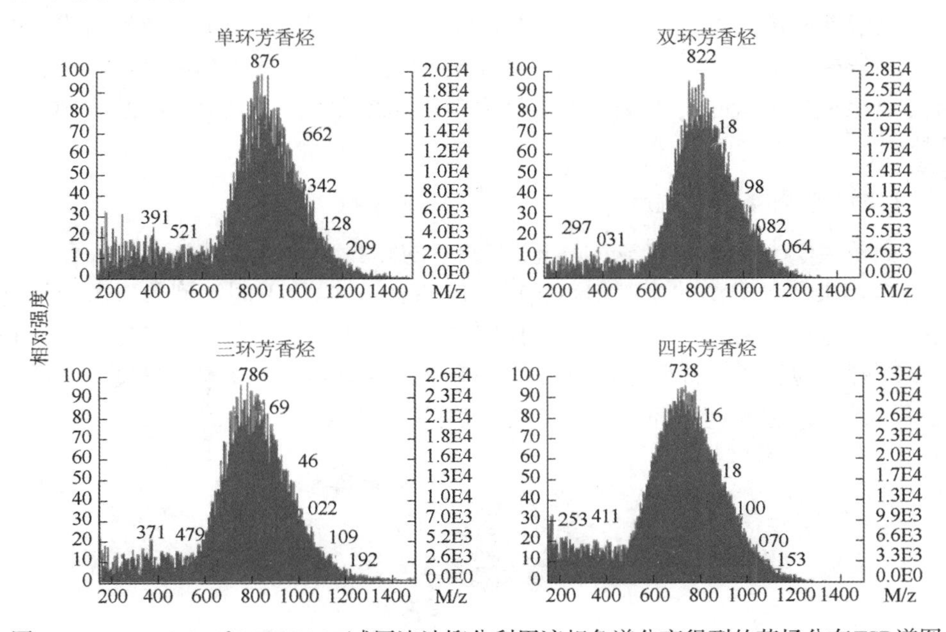

图2-13 1120~1305℉ DISTACT减压渣油馏分利用液相色谱分离得到的芳烃分布TSP谱图

8.大气压化学电离（APCI）

随着蛋白质组学的不断发展需要，ESI已经在商业仪器中得到了广泛的应用。但是，ESI并不能将所有的石油分子电离，它更适合于芳烃或极性物质的电离。而Horning提出的用于皮克级别检测[125]的大气压化学电离（APCI）作为一种选择，可以用来分析那些不适合用ESI进行电离的化合物[126]。例如，用乙腈作为APCI的溶剂分析负离子模式下的金属卟啉，其灵敏度比ESI的要高[112, 113]。最近开发的APCI在大气压下的高氮流量下应用电晕放电［又称大气压气相色谱（APGC）］，提供了一种适用于GC-MS和LC-MS操作的非常方便的离子源，已经被证明是非极性甾烷和霍烷类生物标志物电离的替代电离方式[127]。

9.激光电离

激光辅助电离是一类常见的大气压下电离方法，如大气压光电离（APPI）[128]、基质辅助激光解析/电离（MALDI）[129]、激光诱导声解吸（LIAD）[130]等，它们被设计为特定化合物类型的选择性电离手段。在真空紫外（VUV）激光下，APPI在有、无辅助基质（dopants）的情况下都可以使用[131]。用于烃类物质分析的最主要的辅助基质是甲苯，它被过量地加入并主要被激光电离。甲苯离子和样品分子发生离子-分子反应并形成样品离子，通过电荷交换、质子化作用或失去氢形成正离子，通过去质子化形成负离子。因此，利用辅助基质的APPI可以认为是激光辅助APCI。MALDI和LIAD的区别是，在样品基质之前或之后使用激光。它们可以根据基质和气体环境的不同产生感兴趣的谱图[132~135]。不过，激光相关技术的可靠性和适用性，特别是结果的重现性和再现性仍然存在疑问。

10.液体喷射场解析/电离

在液体流下FI和FD的联合，即液体喷射场解析电离（LIFDI），在不破坏其真空的条件下将样品溶液输送到离子源内的发射体上[136]。LIFDI理论上能够电离所有类型的烃类分子，包括非极性的饱和烃。因此，这种新方法可能是基于液相色谱测定渣油和沥青质中全部分子组成的最理想的方法，可以作为其他选择性大气压电离（ESI、APCI、AAPI等）的补充。

（三）质谱检测器技术进展

自从剑桥大学卡文迪许（Cavendish）实验室的J. J. Thompson建造了第一台质谱仪以来，一百多年来各种类型的质谱相继面世。Brunnée[137]将不同类型的质谱看作是彼此分离的孤岛，示意图见图2-14。不同的仪器之间具有不同的参数、灵敏度，没有一种仪器是完全理想的检测器，就算是FT-ICR，拥有超高的分辨率、质量准确度、灵敏度，各项性能都接近“理想”，但需使用巨大的磁场是其不足。

图2-14　常见的几种质谱仪器类型[137]

不同类型的质谱仪可以将其简单地划分为低分辨质谱和高分辨质谱两类。高分辨质谱包含一个能够测定化合物精确质量的质量分析器，进而确定质量数相同的离子碎片的不同的元素组成[138, 139]。测定分子离子的元素组成无疑是非常有意义的。下面简单介绍石油化工工业中最常用的质谱仪。

1.扇形磁场质谱仪

单聚焦扇形磁场质谱仪是最早商业化的质谱仪，它应用于二战期间石油工业中有机气体和轻质燃料油的定量分析，在20世纪40年代占据着主导地位。事实上，它是美国试验材料协会（ASTM）作为标准定量方法采集数据的唯一的质谱类型，包括ASTM D 2786（高电离电压质谱法分析汽油饱和馏分中烃类的标准试验方法）和ASTM D 3239（高电离电压质谱法分析汽油芳烃馏分中芳烃类型的标准试验方法）[140]。虽然已经过时，但是仍没有可替代的检测设备能够实现可以接受的重复性和再现性。

为了实现高分辨率，提出了一种扇形电场和磁场结合起来的双聚焦扇形磁场，其几何结构无论是Mattauch–Herzog型还是Nier–Johnson型，都可以实现质量数相同的重叠在一起的化合物的分离[93, 139]。双聚焦质谱仪在全扫描模式下的分辨率最高可达50000。反向几何结构的双聚焦质谱包含一个反向的Nier–Johnson型几何结构，磁场（B）在前而电场（E）在后。它们不仅提供高分辨率，同时还可以在串联质谱（MS/MS）中将母离子与子离子联系起来进行结构测定以及碎片离子动能释放研究[141, 142]。由于维护成本高、安装和调试难度大，双聚焦质谱已经逐渐被其他能达到数百万分辨率的高分辨质谱取代[91]。

2.四极杆质量分析器（QMS）

四极杆质量分析器（QMS）由4个互相平等的双曲杆组成，对角的电极杆两两相连。当振荡射频（RF）电压分别施加在两对电极杆上时，正、负离子都可以通过四极杆。当直流电压（DC）与RF电压叠加时，可以通过改变DC和RF两个电场的电压比来实现不同质荷比的离子的分离。在一定值下，只有轨道稳定的离子才能通过四极杆，而那些轨道不稳定的离子将与四极杆碰撞。最终，四极杆通过扫描DC/RF的比率来实现质量分析的功能[143]。伴随着有效传输的离子的极高的灵敏度，QMS的分辨率却仅能达到单位分辨（以质量数区分）。目前已经发现GC与QMS的联合使用在石油气和汽油的分析领域有着很好的实用价值。

三重四极杆质谱仪的第一重（Q1）和第三重（Q3）四极杆主要是作为质量扫描分析器使用的，而在施加RF电压下的中间一重（Q2）则仅作为碰撞池使用，用于提供便利的MS/MS操作[144, 145]。有如下几种操作模式：

（1）母离子扫描；

（2）子离子扫描；

（3）中性丢失扫描（恒定质量补偿下Q1和Q2同时扫描）；

（4）全扫描（用Q1或Q3做全扫描）。

三重四极杆MS/MS大大提高了子离子的质量分辨率，而在反向几何结构的双聚焦质谱中，由于动能释放导致这种分辨率是很难实现的。质量扫描四极杆（Q1或Q3）可以针对特定的质量数进行扫描，称为多反应监测（MRM），用以增强感兴趣的离子碎裂通道的灵敏度。与其他类型的MS/MS仪器不同，只有三重四极杆MS才可以进行母离子扫描。当与GC联用时，三重四极杆MS/MS的母离子扫描极大地促进了石油生物标志物的分析，特别是重叠的差向异构体[96]。

3.飞行时间质谱仪（TOF MS）

飞行时间质谱（TOF MS）[146]是在20世纪40年代后期开发出来的，并在20世纪60

年代表现卓越，但是很快就被具有更高灵敏度和质量分辨率的扇形磁场和四极杆仪器取代[93]。最近，由于使用了正交加速、反射技术和高速电子技术，飞行时间质谱得到了重生[147]。在离子分析中没有理论质量上限的特点使得TOF MS在大分子分析方面具有一定的优势。

TOF MS中的分析器是一个长度一定的无场空间，离子通过离子源中的电场（加速电场）被加速而进入分析器时，由于不同质量的离子其飞行速度不同，飞过一定距离所需的时间也就不同，质量大小不同的离子按照飞行速度快慢，先后到达检测器，因而可以获得质量分离。在恒定动能下，单电荷离子的速度与其质量的平方根成反比。因此，离子到达检测器的时间与其质荷比的平方根成比例。

从理论上说，TOF MS不需要任何电压或者电流的扫描，能够实现快速测定，并且对测定对象没有质量范围的限制。离子在运动的过程中不会损失，传输效率比较高，因此仪器的灵敏度较高。但是由于离子进入飞行区的初始状态不可能完全一致，质量相同的离子，由于产生的时间先后、空间的前后和初始动能的大小不同，到达检测器的时间就会有所区别，这就会影响仪器的分辨率。为了减少能散，进入到质量分析器的离子在其离开离子源的正交方向上被加速。而为了在质量分析器有限的空间内增加飞行时间以达到更高的分辨率，则通过使用激光脉冲电离方式、离子延迟引出技术和离子反射技术等技术，如离子镜（反射体）[148]、多径反射[149]或螺旋轨道[150]的方式来延长离子的飞行路径，其中采用激光辅助的反射型TOF MS的分辨率可达到35000。近年来，空间聚焦、反射器和垂直加速技术的发展使得TOF-MS的分辨率可达到55000，数据采集速率可高达4G/s，尤其是场解吸（FD）、场致电离（FI）、电喷雾（ESI）和基质辅助激光解吸（MALDI）等电离技术的发展和配套应用，使得TOF-MS得以快速发展。

TOF MS的分析速度快、质量检测范围宽、分辨率和离子传输率高、灵敏度高，非常适用于宽质量范围内分辨同重元素质量，对于石油宽馏分，尤其是沸点较高的重质馏分的分析具有独特的优势，在生物医药、高分子材料、环境和化工等学科领域也得到了广泛应用。

4.四极杆飞行时间质谱仪

四极杆飞行时间质谱仪（QTOF MS）可以认为是将三重四极杆的第三重（Q3）换为TOF质量分析器。可以增加额外的四极杆用于碰撞阻尼。利用离子的正交注入（加速），具有两个或更多路径的QTOF MS操作简单、灵敏度高、分辨率好，能够实现母离子和子离子的精确质量测定[151，152]。QTOF MS可以作为TOF MS操作，即通过在四极杆质量分析器上只施加RF电压从而实现所有的离子的传输。QTOF MS的另一个优势是，能同时产生与HVEI和LVEI质谱类似的高能量和低能量碰撞[127]。

5.傅立叶变换离子回旋共振质谱仪

傅立叶变换离子回旋共振质谱（Fourier transform ion cyclotron resonance mass spectrometry，FT-ICR MS）是最近30多年快速发展起来的一项质谱分析手段。1974年，Comisarow和Marshall[153]首次将离子回旋共振技术和傅立叶变换技术应用到质谱中，使FT-ICR MS的性能取得重大飞跃，如其质量分辨率是其他检测方法的10~100倍，可以获得小于200×10^{-9}的质量精度[154]。1979年，其分辨率已达到50万，能在低于1s的时间内获得一张高分辨率的全谱，并且可以和色谱联用；1980年，FT-ICR MS采用超导磁体技术，显著地改善了分辨率和稳定性，提高了质量测量的准确度和重复性，同时扩展了仪器的质量检测范围。此外，为了能和各种新电离方法（如快原子轰击电离方法）联用，大量学者开展了将离子源移到离子回旋共振池外部的研究，以保证离子回旋共振池的超高真空，并在1983年成功解决将离子由外离子源注入离子回旋共振池的难题。从此，各种电离技术均可与FT-ICR MS联用，这是其他类型质谱无法比拟的。例如，1988年问世的电喷雾电离技术（ESI）以及后来的基质辅助激光解吸电离（MALDI）技术出现后，都很快就成功地与FT-ICR MS实现联用。因此，FT-ICR MS以其高分辨率、高质量检测上限、高扫描速率以及便于发展串联质谱（MSn）技术等优势，越来越广泛地应用到有机物、蛋白质和生物大分子结构分析以及化学与材料科学等各个领域。

通过使用傅立叶变换离子回旋共振质谱仪，高分辨率双聚焦扇形磁场仪器中所遇到的质量限制已经大大降低，其能够实现几百万的分辨能力，甚至能够分辨比电子质量还小的质量变化[78]。离子回旋共振质谱仪（ICR MS）检测离子质荷比的原理是，不同质荷比离子在匀强磁场中旋转时会各自具有独特的回旋频率。离子被引入（传输）磁场中并被捕获电极板捕集住，通过施加一个与磁场正交的振荡电场，离子将被激发并以其自身的回旋频率旋转。离子团在捕集阱内持续旋转，随着旋转半径增大逐渐靠近检测电极，接着通过电荷诱导效应在检测电极对之间形成逐渐衰减的感应电流。检测到的电信号，可以看作是多个正弦信号在时域上的叠加，通过傅立叶变换可将该信号转变为频域信号，最后可以通过该频域信号计算出具体的质谱图分布。

现代FT-ICR MS技术在1994年被首次公认为高分辨扇形质谱的有力替代方案，用于分析重叠组分，特别是在石油行业最感兴趣的复杂高沸点混合物中与碳氢化合物重叠的仅有3.4mDa质量差的含硫化合物[155]。此后，文献中出现了许多相关论文，主要应用于沥青质的表征。尽管以前不能被分析的极性组分已经可以实现精确的质量检测，并进行元素组成测定，但对于已确定组分实现可靠并且可重复的定量分析则仍然是一个很大的挑战。

6.其他质谱仪

还有许多其他种类的质谱仪，其中一些在石油行业越来越受欢迎，例如四极离子阱[143]和轨道阱[156]。无论使用何种类型的质谱，其主要目的都是在复杂的石油混合物中获得最大的分子信息并进行解析，以实现加工过程和产品的优化，解决实际问题并符合相关安全和环境要求。

近来，离子迁移率分析器与TOF或其他类型的质量分析器联用已有相应产品面市[157]。它们是等离子体色谱法[158]或离子漂移质谱的改进型，可以产生迁移率谱图，这种方法被用来进行气体离子密度的测定[159]。离子迁移率质谱可用于离子组分横截面积的测量[160，161]，利用已知横截面积的标准物质来实现未知物质横截面积的检测。

（四）气相色谱-质谱联用技术（Gas Chromatography-Mass Sepetrometry，GC/MS）及其进展

1.概述

如前所述，气相色谱法（GC）是一种利用物质的沸点、极性及吸附性质的差异来实现混合物分离的分析方法，在油品分析领域应用十分广泛。色谱法作为一种很好的分离手段，可以将复杂混合物中的各种组分分离开，但它的定性和鉴定结构的能力较差，需

要多种检测器来解决不同化合物响应值的差别问题。而质谱法（MS）是通过对样品离子质荷比的测定对样品进行定性和定量分析的方法。二者联用能够一次性完成混合体系的分离并进行定性、定量分析，因此，气相色谱-质谱联用技术（GC/MS，简称气质联用）是目前进行复杂石油产品组成分析的主要手段之一。

质谱对未知化合物的结构有很强的鉴别能力，定性专属性高，可提供准确的结构信息，灵敏度高，检测快速，但质谱法的不同离子化方式和质量分析技术也有其局限性，且对未知化合物进行鉴定，需要高纯度的样本，否则杂质形成的本底对样品的质谱图产生干扰，不利于质谱图的解析。而气相色谱法（GC）利用物质的沸点、极性及吸附性质的差异对组分复杂的样品进行有效的分离，可提供纯度高的样品，但其定性和鉴定结构的能力较差，需要多种检测器来解决不同化合物响应值的差别问题，这正好满足了质谱鉴定的要求。所以气相色谱-质谱联用技术的诞生，堪称分析表征领域的“珠联璧合”，它综合了气相色谱和质谱的优点，具有气相色谱法的高分辨率和质谱分析法的高灵敏度、强鉴别能力，不仅仅获得了气相色谱中保留时间、强度信息，还有质谱中质荷比和强度信息。同时，计算机的发展提高了仪器的各种性能，如运行时间、数据收集处理、定性定量、谱库检索及故障诊断等。GC/MS联用技术的分析方法不但能一次性完成混合体系的分离、鉴定以及定量分析，还对于批量物质的整体和动态分析起到了很大的促进作用。

1918年Dempster和1919年Aston分别研制出质谱仪，1935年Tayler改进了Aston的仪器，并将其用来研究有机化合物。20世纪50年代已经可以用质谱仪鉴定C_{32}正构烷烃及一些组成简单的化合物，它既可以测定相对分子质量，还可以根据碎片离子推断原物质化学结构。但由于石油样品过于复杂，提纯等预处理流程烦琐费时，当时的质谱在石油行业中没有得到快速发展。1952年，James和Martin研制了气相色谱仪，Halmes和Morrel于1957年实现了色谱仪和质谱仪联用，可实现一次性完成混合体系的分离、鉴定以及定量分析。随着后来程序升温、高分离效能毛细管柱及计算机软件的配套使用，GC/MS的水平进一步提高，可在1~2h内检测出石油中饱和烃、芳烃、杂原子化合物的数百个化合物，使其在石油行业中得到快速而广泛的应用。

2.组成和工作原理

GC/MS技术组成的示意见图2-15。按照图示的组成框架，GC/MS系统主要有以下4个部分。

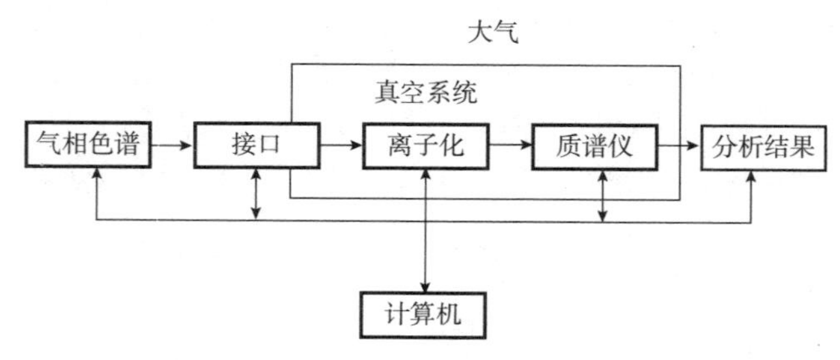

图2-15　GC/MS联用系统的组成框图

（1）色谱分离系统：样品进入气相色谱，通过色谱柱根据各组分保留时间的不同分离各组分，起着样品制备的作用。

（2）接口：把气相色谱流出的各组分送入质谱仪进行检测，起着气相色谱和质谱之间适配器的作用，随着接口技术的发展，接口在形式上越来越小，有的已经和质谱离子源合为一体。

（3）质谱分析系统：实际上此系统是气相色谱的检测器，通过它对接口依次引入的各组分进行分析，得到一系列质谱图。

（4）计算机处理系统：交互式地控制气相色谱、接口和质谱系统，进行数据采集和处理，是GC/MS的中央处理单元。

当样品用微量注射器注入气相色谱仪的进样口后被加热汽化。由载气带着样品气通过色谱柱，在一定的操作条件下，样品被分离成各种单一组分，并按照不同的保留时间流出色谱柱。由色谱柱流出的含被测组分的载气，经过接口，载气被除去，而汽化的组分分子则被导入质谱仪的离子源；在离子源中，组分分子或组分分子的碎片受到离子化作用（如电子流轰击、化学电离等），失去或得到电子而成为带电荷离子，进入质量分析器；不同的质量分析器依据各自的质量分离原理，按质荷比（m/z）的不同将离子一一分离开。经过分离的不同质荷比的离子形成离子流进入质谱检测器（通常为电子倍增管），产生的电流信号经放大后，由质谱记录仪描绘成质谱图。绝大多数质谱都与计算机数据处理系统连接，可以进行数据处理。

3.GC/MS联用信息及定性方法

GC/MS能进行气相色谱仪的所有操作方式，如程序升温等。GC/MS以预先设定的扫描速度，对色谱柱的流出物连续不断地重复质谱扫描，每次质谱扫描都收集预先设定的扫描质量范围内各种离子的质量和强度数据并绘制一张质谱图。GC/MS运行时，可在显示器上显示出总离子流（Total Ion Current，TIC）图，它是将每次质量扫描的所有离子强度的总和，对扫描次数所作的图。由于扫描速度一定，其扫描次数也就是时间。所以TIC是以离子强度为纵坐标，以时间为横坐标所作的平面图，其外观与GC的色谱图相似，可以从保留时间来鉴定化合物。与气相色谱图不同的是，总离子流图上的每一个点都包含着一张质谱图，从这个意义上说，总离子流图又是三维的。色谱峰所在位置的质谱图，则是判断化合物结构的重要数据。若总离子流图中某个色谱峰的质谱图与标准化合物的质谱图匹配率高，且保留时间相同，即可鉴定该组分的化学结构。

随着GC/MS技术的发展，在GC/MS基础上添加辅助设备，例如装上热解装置，得到热解色谱质谱联用仪，可检测干酪根和沥青质热降解产物。利用高温毛细管柱色谱仪与质谱仪的联用，能测定高沸点、高相对分子质量的混合物，其碳数可达到C_{70}~C_{100}；也可以利用多维色谱与质谱的联用，测定许多常规情况下不易被分离的混合物。利用当前飞速发展的飞行时间质谱仪（TOF MS），并配合适当的样品前处理，可以实现重油分子烃类/非烃类组成、沸点分布和碳数分布分析。

（五）液－质联用技术

液相色谱（Liquid Chromatography，LC）主要用于挥发性低的液体极性化合物、高沸点化合物的分离，这些混合物在不同溶剂中有不同的溶解度。对组成复杂的油品，液相色谱的分离效率远低于气相色谱，检测器也有更多的限制。石油领域应用较广泛的检测器包括示差折光检测器（RI）、紫外检测器（UV）和蒸发光散射检测器（ELSD）。样品通常溶解在单溶剂或混合溶剂中，与非极性或极性流动相互溶。色谱柱填充适合的固定相。对于石油馏分，化合物被分离成许多不同碳数分布的共洗脱组分。液相色谱与质谱联用可区分具有相同分子质量但结构不同的化合物，从而提供更多的分子信息[162]。

对于组成较简单的低沸点馏分，可以做到单个组分的完全分离。利用气相色谱，石脑油馏分可以得到单体烃的信息，在20世纪70年代，随着接口技术的完善，GC/MS普遍用于分析混合物的组成[88]。通过测定汽油的单体烃[163]预测汽油辛烷值是石油分子工程较早的一个实例。

对高沸点的复杂化合物，由于在气相色谱条件下没有足够的挥发性，分子表征存在着挑战。由于组分的分离依靠溶解度的不同，因此，液相色谱是一种较合理的选择[162,164]。根据芳香环的环数进行化合物类型的分离，如图2-16所示。分离过程在溶剂梯度程序中进行[165]，化合物C_nH_{2n-12}和$C_{n-2}H_{2n-20}S$具有相同的分子量，尽管质谱分辨能力很高，也不能被分离，但通过液相色谱可以按芳环环数对组分进行分离。这种方法被应用于研究加氢处理过程中原料及产物的分子类型和碳数分布的转化规律[166]。由于液相色谱的分辨能力比较低，对于除石脑油外的复杂馏分，需要在液相色谱分离的基础上，用质谱对分离组分进行化合物类型的定量定性分析[167]。这种分析方法在商业上很重要，因为分析结果可用于解释在加氢处理和加氢裂化过程中原料反应的变化。这种变化并不能通过宏观性质如蒸馏曲线、密度、紫外测芳烃组成等反映出来。那些只参考宏观物性的炼油企业继续错误地选择昂贵的原料[168]。

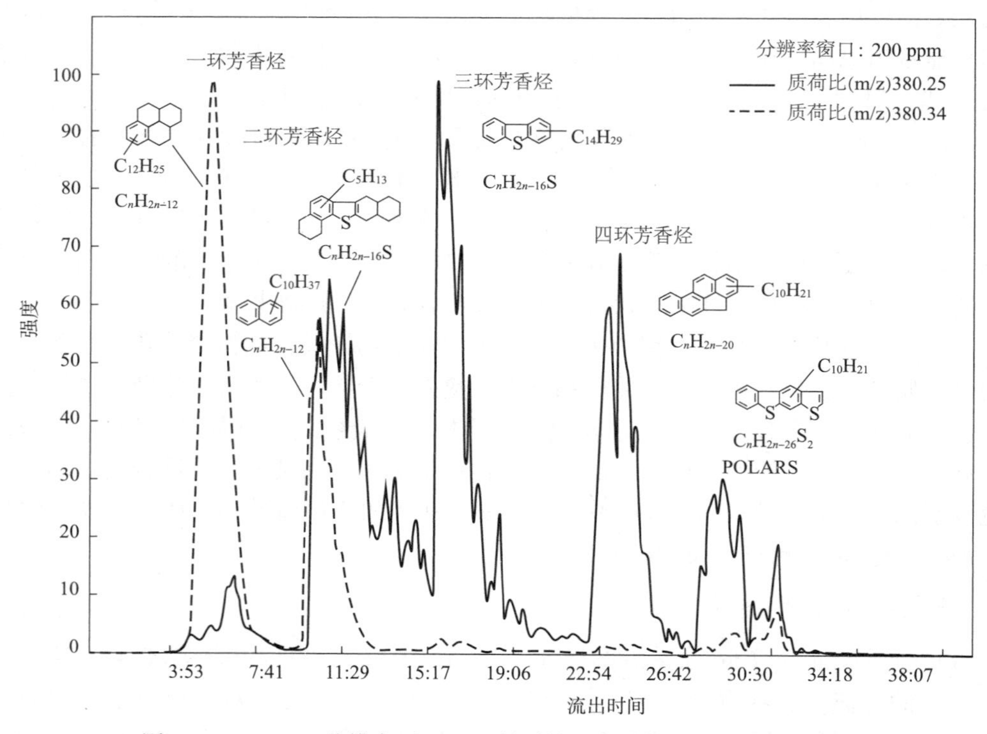

图2-16　200ppm分辨率下LC-MS得到的两个质荷比为380的色谱图

有几种接口可用于连接液相色谱和质谱。传送带式接口尽管操作较困难并且不再能从市场上买到，但它是唯一能适用所有类型烃类化合物的LC-MS接口，其中包括通过电子轰击电离[165, 166]或场电离[169, 170]在线分析柴油及减压馏分油中的饱和烃。然而，这种接口由于聚酰亚胺胶带（用于传递分析样品到离子源）对温度的限制，不适用于沸点高于减压瓦斯油的馏分。对于渣油和沥青，大气压电离喷雾接口已经被普遍应用。然而对高沸点饱和烃的电离依然具有挑战性，这是石油领域分析研究的热点。此外，分析结果的重复性和再现性是关注的重点。

对化合物类型的分析，按同系物进行分组较为方便，相邻的两个同系物相差一个亚甲基CH_2。E.Kendrick提议[171]基于12C=12.00000的质量标准，CH_2的相对质量被定义为14，而不是IUPAC规定的14.01516。使用Kendrick质量标准，同系物中所有的化合物不管碳数是多少，都有完全相同的质量亏损[167]。然而由于扇形磁场质谱仪在检测中的不稳定性，使用Kendrick质量标准也会有一定测量误差，扇形磁场质谱仪直到20世纪90年代一直被普遍使用[167]。当较小的测量误差通过高分辨质谱如FT-ICR MS得到解决后，Kendrick质量标准被广泛使用。通过稳定准确的测定质量来确定元素组成，化合物的分布可用双键等价值（或Z值）对碳数和峰值强度（离子峰度）作三维谱图来表示[91, 172]。

三、核磁共振技术进展

（一）概述

1946年，Bloch和Purcell发现核磁共振（Nuclear Magnetic Resonance）现象后核磁共振技术获得飞速发展，目前该技术已成为鉴定物质结构以及研究化学动力学极为重要的方法，在石化领域主要用于重质油结构分析。20世纪70年代，随着计算机技术的飞速发展，出现了脉冲傅立叶变换核磁共振波谱仪，它采样时间短，可以使用各种脉冲序列进行测试，得到不同的多维谱图，给出大量的结构信息。谱仪主要由磁铁、探头、核磁谱仪、工作站以及其他附属设备组成，结构如图2-17所示。

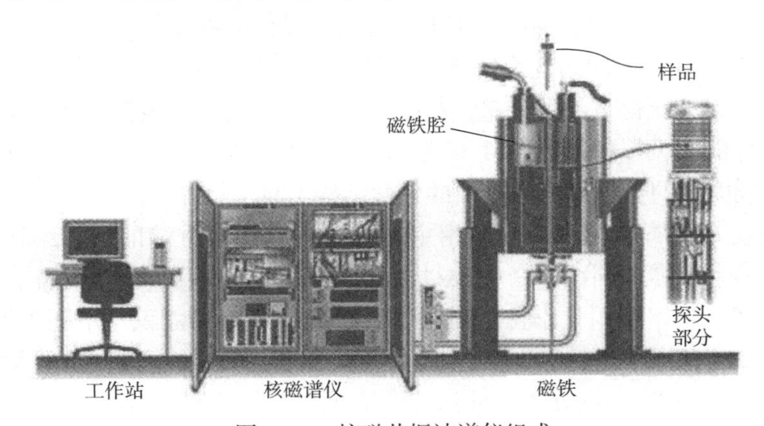

图2-17　核磁共振波谱仪组成

核磁共振波谱仪工作时，照射到样品上的不是连续变换的正弦波而是只持续几微秒的脉冲方波。根据傅立叶级数的数学原理，一个脉冲可以认为是矩形周期函数的一个周期，它可以分解为各种频率的正弦波的叠加。所以，当一个几微秒的脉冲作用到样品上时，相当于所有频率的正弦波同时照射到样品上，样品中的所有原子核同时产生共振，接收到的信号即一个随时间衰减的正弦波响应信号（Free Induction Decay，简称FID信号）。因样品中有多种共振频率的核存在，各自有不同的共振频率v，因此检测的是它们FID的干涉图，是以时间为变量的时畴信号。从这种信号中不能直接得到所需信息，必须把时畴信号转换为频畴谱。这个“转换”就是傅立叶变换，现在由工作站通过计算机程序实现。经过傅立叶变换得到以共振频率v为横坐标的谱图。为了便于不同核磁共振波谱仪上的谱图比对将谱图横坐标由共振频率v变为化学位移δ，所得谱图如图2-18所示，经过谱图解析及数学处理即可获取样品的结构组成信息。

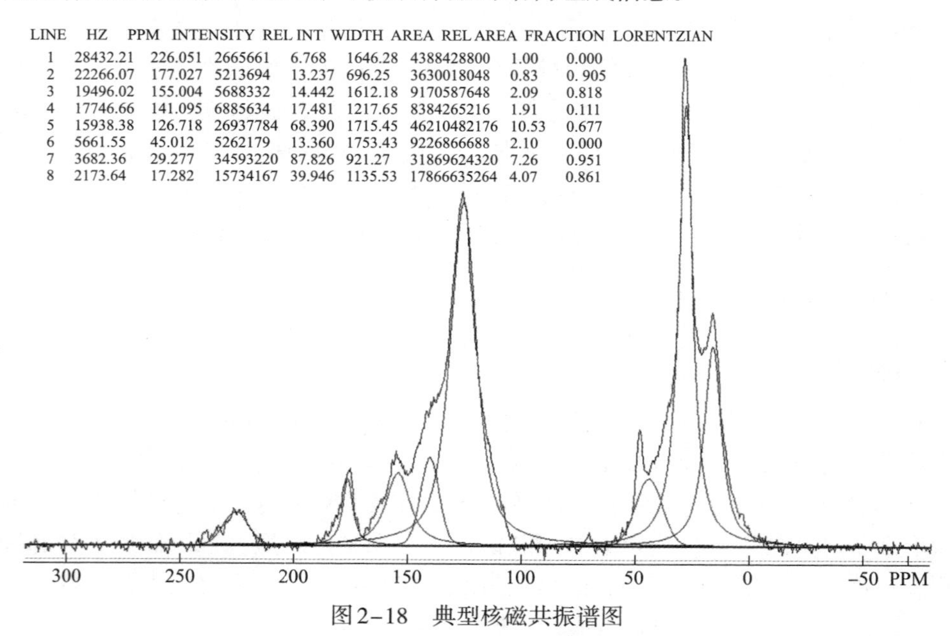

图2-18 典型核磁共振谱图

核磁共振（NMR）技术自1960年应用于石油和煤焦油的结构分析以后，核磁共振波谱技术已逐渐成为重油平均结构表征不可或缺的最重要手段之一[173~177]。通常的色谱、质谱等分析方法很难获得重油的完整结构信息，而核磁共振波谱技术测定前无须样品分离、汽化，而且能在无损样品的条件下从结构上对重油中的主要元素——碳、氢进行分析，从而获取较完整的分子组成和重油的化学结构信息[178]。

核磁共振技术在石化领域中的应用主要是分析、解析重油的平均结构参数与质量分布测定，并逐步扩展应用领域。核磁共振谱图中横坐标表示化学位移，纵坐标表示共振吸收峰强度，根据不同化学位移对应的共振吸收峰的峰面积与不同类型^{1}H核和^{13}C核的个数成正比，可以得到油品中各种化学位移不同的^{1}H核和^{13}C核的相对含量。核磁共振技术与元素分析、平均分子量相结合，可以计算石油特别是重油的平均分子结构（ASP），进而提供该油样的详细平均分子结构信息，包括芳碳率（fa）、正构烷碳率（C_P）、环烷碳率（C_N）、芳碳率（C_A）；环数（如总环数R_T等）以及烷基侧链平均长度、取代率、缩合率等数据，也可以给出芳香分、脂肪分和环烷分的含量[179]。

本技术与其他仪器分析方法，如色谱、质谱、光谱、极谱（UV、VIS、ICP、AA）等相比，有一些明显的不足，如检测的灵敏度低、样品用量较大、定量重复性差、仪器成本高等；但由于核磁共振波谱技术独特的检测方式，能非常直观地反映分子结构信息，不受样品极性和挥发性的影响，各谱峰面积可基本接近结构单元的摩尔比等，因而在石化产品及炼油催化材料分析研究中实际上不可或缺，它能够与其他分析技术形成互补，为炼化工艺改进、催化剂研发等提供重要的参考依据。

（二）核磁共振谱图解析

核磁共振谱图解析主要是谱峰归属，即运用核磁共振技术进行准确定性、定量表征的依据和数据支撑。重油是众多烃类及其衍生物的混合物，化学组成和结构极其复杂，常常造成核磁共振谱图重叠严重。一般地，首先基于模型化合物数据，对各种类型碳和氢的化学位移范围做出指定，然后根据分子中各种氢类型和碳类型之间的匹配关系，确定某些谱峰重叠的结构基团的摩尔量，才能对重油进行合理的结构基团分析[180, 181]。

随着核磁共振技术的不断进步，重油的平均结构表征愈加深入，前人在各种氢类型和碳类型的核磁共振谱峰归属方面开展了大量工作[182~186]，不断地丰富重油的平均结构参数信息，但大多数研究报道一般将杂原子影响忽略不计。Poveda等[187]曾总结了各种氢类型和碳类型的谱峰归属，并在此基础上考虑S、N和O杂原子的影响，进一步细化了^{1}H-NMR和^{13}C-NMR的谱峰归属。表2-12和表2-13是在Poveda总结基础上增加了最近几年文献报道的^{1}H-NMR和^{13}C-NMR谱峰归属的总结汇总表。

目前，关于核磁共振分析方法在重油结构表征中应用的大多数研究报道中一般将杂原子忽略不计，Poveda等[187]首次考察了杂原子影响，对核磁共振分析方法在重油平均结构表征方法方面的进展有一定贡献。但受限于核磁共振谱峰重叠严重的难题，Poveda等[187]在杂原子的核磁共振谱峰归属基础上提出的结构参数计算公式仍有其局限性。

（三）基于核磁共振技术的平均结构参数法

以核磁共振技术为基础，有多种油品平均结构参数计算方法，以下着重介绍B-L法及其改进方法。

1.基于^{1}H-NMR的计算方法

1）B-L法（^{1}H-NMR方法1）

Brown和Ladner[188]将^{1}H-NMR技术应用于煤焦油的化学结构表征中，首次计算出了油品中芳香度、芳香结构缩合度以及取代度等平均结构参数，此法称为Brown-Ladner法，简称B-L法。该法结合由^{1}H-NMR得到的各种氢类型分布数据和H、C元素分析数据，提出了油品中芳碳率的计算公式，如式（2-5）所示：

$$f_{\mathrm{a}}(1)=\left[\left((w_{\mathrm{C}}/w_{\mathrm{H}})-\left(\frac{f_{H_{\alpha}}}{x}\right)-\frac{\left(f_{H_{\beta}}+f_{H_{\gamma}}\right)}{y}\right)\right]/(w_{\mathrm{C}}/w_{\mathrm{H}}) \tag{2-5}$$

式中，$w_{\mathrm{C}}/w_{\mathrm{H}}$为由元素分析数据计算所得的油品的碳氢比；$f_{H_{\alpha}}$、$(f_{H_{\beta}}+f_{H_{\gamma}})$分别为芳香环系烷基侧链$\alpha$-氢率、$\beta$位和$\beta$位以远的烷氢率；$x$、$y$分别为芳香环系烷基侧链$\alpha$位、$\beta$位和$\beta$位以远的氢分率与碳分率之比（简称饱和氢碳比，下同）。

表 2-12　^{1}H-NMR的谱峰归属

类型	Gupt	Winsche	Clutter	Myers	Gille	Rodríguez	陆善祥	Michea	Kapur	Morgan	Bansa	Elbaz
H_A	6.0~9.0	4.7~10.5	6.8~8.0	6.6~8.0	6.3~9.3	6.0~9.3	6.0~9.0	6.5~9.9	6.5~9.0	6.3~9.5	6.50~9.00	
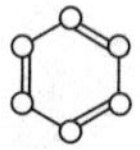	—	4.7~7.15	—	—	—	6.0~7.2	6.0~7.2	—	—	—	—	6.2~7.4
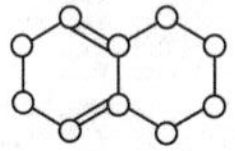	—	7.15~10.50	—	—	—	7.2~9.3	7.2~7.7	—	—	—	7.40~9.00	—
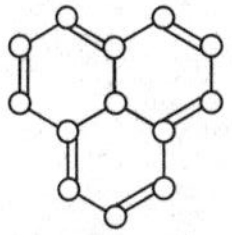 ①	—		—	—	—		7.7~9.0	—	—	—		7.4~10.7
H_α	2.0~4.0	2.0~4.7	1.95~4.0	2.0~3.0	1.85~4.30	—	1.9~4.5	1.9~4.5	2.0~4.5	—	2.05~4.45	—
	—	2.0~2.5	—	—	—	—	—	—	—	—	—	—
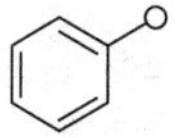	2.0~2.3	—	—	—	—	2.1~2.4	—	—	2.05~3.0	—	2.05~2.45	2~2.4
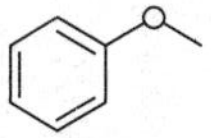	2.3~4.0	—	—	—	—	2.4~3.5	—	—	2.5~3.6	—	2.45~4.45	2.4~4.3
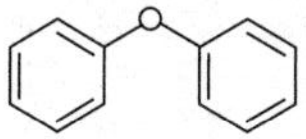	—	—	—	—	—	3.5~4.5	—	—	—	4.5~3.8	—	—
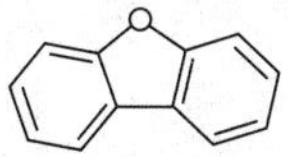	—	—	—	—	—	—	—	—	—	3.8~3.4	—	—
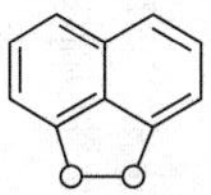	—	—	—	—	—	—	—	—	—	3.4~3.0	—	—

续表

类型	Gupt	Winsche	Clutter	Myers	Gille	Rodríguez	陆善祥	Michea	Kapur	Morgan	Bansa	Elbaz
	—	2.5~4.7	—	—	—	—	—	—	—	—	—	—
H_β	1.0~2.0	1.0~1.4	1.0~1.95	1.0~2.0	—	—	1.0~1.9	1.0~1.9	1.0~2.0	1.0~2.0	1.00~2.05	—
	—	1.4~2.0	—	—	—	1.7~1.9	—	—	—	2.0~1.6	1.40~2.05	—
n	1.0~1.6	—	—	—	—	1.0~1.7	—	—	—	1.6~1.0	1.00~1.40	1.09~2.0
	1.0~2.0	—	—	—	1.0~1.85	—	—	—	—		—	—
H_γ n ② ③ n*	0.5~1.0	0.5~1.0	0.5~1.0	0.6~1.0	0.5~1.0	0.5~1.0	0.5~1.0	0.5~1.0	0.5~1.0	0.5~1.0	0.50~1.00	0.5~1.09

注：○表示氢原子。

①该结构表示三环及三环以上的芳烃；②表中n=1，2，3…；③n=0，1，2…。

表 2-13 ^{13}C-NMR的谱峰归属

类型	Delpuech	Rodríguez	Takegami	Yoshida	Rongbao	Micheal	Morgan	Behera	Elbaz
C_A	—	110.0~160.0	—	—	—	100~178	—	100~160	—
	118.0~130.5	118.0~129.5	—	115.0~129.2	110.0~129.0	—	108~129.5	100~130	120~129
	128.5~136.5	129.0~130.0	—	129.2~149.2	129.0~160.0	—	129.5~160	124~133	129~135
	123.5~126.5	—	—		—	—	108~129.5		—
n_1 ①	137.5~160.0	138.0~160.0	—		—	138~150	129.5~160	133~160	—
	129.0~137.0	133.0~135.0	—	132.5~137.2	—		—		—
	—	—	—	—	—		39.5~49.5	—	—
	—	—	—	—	—		34.0~39.5	—	—
	—	—	—	—	—		29.5~34.0	—	—
	132.0~137.0	135.0~138.0	—	137.2~149.2	—		—	—	—
C_N	22.0~31.0	25.0~60.0	—	—	25.0~50.0	—	—	25~60	—

续表

类型	Delpuech	Rodríguez	Takegami	Yoshida	Rongbao	Micheal	Morgan	Behera	Elbaz
C_P	0.0~70.0	5~60.0	—	—	5.0~60.0	10~70	—	5~60	—
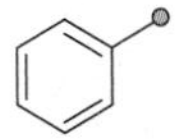	18.5~22.0	—	—	—	—	—	—	—	21.9~25
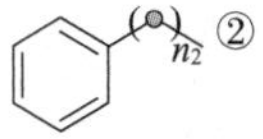 n_2 ②	—	—	—	—	—	—	23.0~29.5	—	—
	—	—	—	—	—	—	—	—	45~55
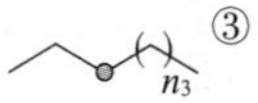 n_3 ③	—	—	32.0	—	—	—	—	—	30.8~32.7
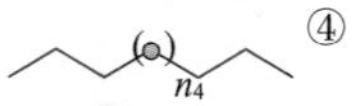 n_4 ④	—	—	29.7	—	—	—	29.7	—	—
 n_5 ⑤	—	—	22.7	—	—	—	—	—	—
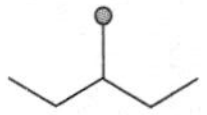	—	—	19.7	—	—	19.7	17.0~23.0	—	—
 n_6 ⑥	—	—	14.1	—	—	14.3		—	—

注：●表示碳原子。

①n_1=1，2，3…；②n_2=1，2，3…；③n_3=2，3，4…；④n_4=1，2，3…；⑤n_5=2，3，4…；⑥n_6=3，4，5…。

分析可得：

$$\frac{f_{H_\alpha}}{f_{C_\alpha}}=x\ ;\quad \frac{f_{H_\beta}+f_{H_\gamma}}{f_{C_\beta}+f_{C_\gamma}}=y$$

此法需测得x及y的值。Brown和Ladner测得其范围为$1.5<x$，$y<2.5$，一般x、y取值为2.0。

为了简化问题，B-L法做了以下两个假设：

①考虑到重质油结构中杂原子数仅为总原子数的百分之几，B-L法中假定油品平均分子全部为碳氢结构，不考虑杂原子的存在；

②认为油品平均分子中芳香环系烷基侧链α位、β位和β位以远的饱和氢碳比为2，即平均分子结构中饱和氢碳比$f_{H_S}/f_{C_S}=2$，由此便可通过油品平均分子中氢类型分布的信息转换得到碳分布的信息。

梁文杰和阙国和等[180~181，189]结合^{1}H-NMR和^{13}C-NMR测得几种减压渣油的饱和氢碳比，发现f_{H_S}/f_{C_S}值均约为2，如表2-14所示。此外，还有不少研究人员都实测了若干种减压渣油的f_{H_S}/f_{C_S}值，均发现大部分重质油的f_{H_S}/f_{C_S}值约为2。由此可见，此法中所做的第二个假设基本与实际情况吻合。

表2-14　不同减压渣油的饱和氢碳比f_{H_S}/f_{C_S}

减压渣油名称	f_{H_S}/f_{C_S}	减压渣油名称	f_{H_S}/f_{C_S}
大庆	2.08	孤岛	1.96
胜利	2.02	欢喜岭	1.99

因此（2-5）式可变形为：

$$f_a(1)=\frac{w_C/w_H-(f_{H_\alpha}+f_{H_\beta}+f_{H_\gamma})/2}{w_C/w_H}\tag{2-5a}$$

B-L法还提出了一个表征平均分子中芳香环系缩合程度的结构参数，即：

$$\frac{f_{H_{AU}}}{f_{C_A}}=\frac{f_{H_A}+f_{C_{A,sub}}}{f_{C_A}}\approx\frac{f_{H_A}+f_{H_\alpha}/2}{f_{C_A}}\tag{2-6}$$

油品中芳香环系缩合程度越大，其$f_{H_{AU}}/f_{C_A}$值越小。此外，为了表征重质油分子中芳香环系上芳香质子被烷基和环烷基取代的程度，提出了芳香环系取代度计算公式：

$$\sigma=\frac{f_{C_{A,sub}}}{f_{C_{A,H}}+f_{C_{A,sub}}}=\frac{f_{H_\alpha}/2}{f_{H_A}+f_{H_\alpha}/2}\tag{2-7}$$

式（2-6）和式（2-7）的计算都以假定x=2为前提。

2）^{1}H-NMR方法2

Williams[189]首次提出支化度参数，以此表示饱和部分的分支程度：

$$BI=\frac{f_{H_\gamma}}{f_{H_\beta}}\tag{2-8}$$

并认为油品中环烷烃组分的含量越高，饱和部分的分支程度越大，即BI值越大。

Williams[189]以^{1}H–NMR技术所得氢类型分布数据、氢和碳元素分析数据以及相对分子质量为原始数据，结合BI参数，提出了各种平均结构参数的计算方法，如表2–15所示。

表2-15 ^{1}H-NMR方法2计算公式

公 式	序号
平均链长$n=(f_{H_\alpha}+f_{H_\beta}+f_{H_\gamma})/f_{H_\alpha}$	（2–9）
烷基侧链平均碳氢质量比$f=12n/(2n+1-2r)$	（2–10）
平均每个取代基的环烷环数$r=\dfrac{(0.250[BI+4.12]-1)}{2}(n-1)$	（2–11）
芳碳含量$w_{C_A}=w_C-w_{C_S}$	（2–12）
饱和碳含量$w_{C_S}=f\cdot(f_{H_\alpha}+f_{H_\beta}+f_{H_\gamma})\cdot w_H$	（2–13）
非桥头芳香碳量$w_{C_{A,nb}}=(120f_{H_A}+f_{H_\alpha})\cdot w_H$	（2–14）
芳碳率$f_a(2)=n_{C_A}/n_C$	（2–15）
非桥头芳香碳数$n_{C_{A,nb}}=w_{C_{A,nb}}\cdot M/1200$	（2–16）
芳碳数$n_{C_A}=w_{C_A}\cdot M/1200$	（2–17）
芳环数 $R_A=\dfrac{n_{C_A}-n_{C_{A,nb}}}{2}-1$	（2–18）
环烷环数$R_N=\sigma\cdot n_{C_{A,nb}}\cdot r/100$	（2–19）
取代度$\sigma=(f\cdot f_{H_\alpha}\cdot w_H)/100/n_{C_{A,nb}}$	（2–20）
取代基数$R_S=\sigma\cdot n_{C_{A,nb}}/100$	（2–21）

在计算式中，式(2–9)的计算以假设②为前提，式(2–10)以假设①为前提。另外，采用式(2–20)计算取代度时，在环烷取代芳环结构中，以四氢萘为例，其取代基数为2。

考虑到Williams[189]主要测定柴油馏分样品，因此该法可能更适于较轻油品的NMR分析。另外，该法计算中除核磁共振谱图外需以相对平均分子质量为原始数据，通常采用VPO法或质谱法测定油品相对平均分子质量，因此计算结果需考虑由相对平均分子质量测定方法引入误差的可能性。

3）^{1}H–NMR方法3

Clutter等[182]提出了一种新的利用^{1}H–NMR技术计算油品平均结构参数的方法，其计算公式如表2–16所示，此外还包括表2–15中的式(2–9)、式(2–18)和式(2–21)。

该法有3个前提：

①样品中芳环体系只有单环和双环芳烃。

②认为在^{1}H–NMR谱中单环和双环芳烃以δ=7.05处为界，左侧为双环芳烃，右侧为单环芳烃。

③在计算芳环分布时，分两种情况讨论：等取代度和等取代基数。

对于第三个假定，Clutter等[182]通过测试多种芳香分，发现单环芳烃的取代度大于50%，而双环芳烃的取代度小于50%，因此认为等取代基数更为合理。陆善祥[190]采用标样混合物进行^{1}H-NMR测试，认为取代度为等取代度和等取代数的平均值时计算的芳环分布应该更为合理。

表2-16 ^{1}H-NMR方法3计算公式

公 式	序号
单环芳烃摩尔分数 $f_{\mathrm{mono}}=\dfrac{f_{H_{\mathrm{A}}^{m}}}{f_{H_{\mathrm{A}}^{m}}+f_{H_{\mathrm{A}}^{di}}\cdot\left(\dfrac{6-C_{\mathrm{A,sub}}}{8-C_{\mathrm{A,sub}}}\right)}$	（2-22）
双环芳烃摩尔分数 $f_{\mathrm{di}}=1-f_{\mathrm{mono}}$	（2-23）
单环芳碳数 $n_{\mathrm{mono}}=6\cdot f_{\mathrm{mono}}$	（2-24）
双环芳碳数 $n_{\mathrm{di}}=10\cdot f_{\mathrm{di}}$	（2-25）
桥头芳碳数 $n_{C_{\mathrm{A,b}}}=2n_{\mathrm{di}}$	（2-26）
芳碳数 $n_{C_{\mathrm{A}}}=n_{\mathrm{mono}}+n_{\mathrm{di}}$	（2-27）
非桥头芳碳数 $n_{C_{\mathrm{A,nb}}}=n_{C_{\mathrm{A}}}-n_{C_{\mathrm{A,b}}}$	（2-28）
芳碳率 $f_{C_{\mathrm{A}}}$（3）$=n_{C_{\mathrm{A}}}/n_{C}$	（2-29）
取代度 $\sigma=n_{C_{\mathrm{A,sub}}}/n_{C_{\mathrm{A,nb}}}$	（2-30）
质子芳碳数 $n_{C_{\mathrm{A,H}}}=(1-\sigma)\cdot n_{C_{\mathrm{A,nb}}}$	（2-31）
烷基侧链平均碳氢重量比 $f=\dfrac{12.01(n_{\mathrm{C}}-n_{C_{\mathrm{A}}})}{1.008(n_{\mathrm{H}}-n_{C_{\mathrm{A,H}}})}$	（2-32）
饱和碳率 $f_{C_{\mathrm{s}}}=\dfrac{n_{C}-n_{C_{\mathrm{A}}}}{n_{C}}$	（2-33）
非桥头芳碳率 $f_{C_{\mathrm{A,nb}}}=n_{C_{\mathrm{A,nb}}}/n_{C}$	（2-34）
环烷碳率 $f_{C_{\mathrm{N}}}=\dfrac{n_{\mathrm{N}}}{n_{\mathrm{C}}}$	（2-35）
环烷环数 $R_{\mathrm{N}}=\dfrac{n_{\mathrm{N}}}{3.5}$	（2-36）

2.基于^{13}C-NMR谱的计算方法

此法与^{1}H-NMR方法2计算原理相似，不同之处在于：Knight将^{1}H-NMR技术和^{13}C-NMR技术结合，直接从^{13}C-NMR谱获取碳骨架信息。该法的原始数据为^{1}H-NMR谱和^{13}C-NMR谱、元素分析数据以及相对平均分子质量，计算中假定油品平均分子中芳香环系烷基侧链α位、β位和β位以远的饱和氢碳比为2。表2-17中列出了此法不同于^{1}H-NMR方法2的一些平均结构参数的计算公式。

表2-17　^{13}C-NMR方法部分计算公式

公　式	序号
$f=n_{C_S}/(n_{H_\alpha}+n_{H_\beta}+n_{H_\gamma})$	（2-37）
$r=(n+0.5)-(6n/f)$	（2-38）
$R_N=R_S\cdot r$	（2-39）

3.基于^{1}H-NMR的经验曲线法

此法由^{1}H-NMR方法1延伸而来。由式（2-5）可以看出，芳碳率f_{H_A}是氢类型分布和w_C/w_H的函数，前者由^{1}H-NMR谱测得，后者由元素分析数据提供。Clutter等[182]将一系列原油组分的芳碳率与（$f_{H_\alpha}+f_{H_\beta}+f_{H_\gamma}$）/2进行关联，得到如图2-19所示的经验曲线。由此，可以通过经验曲线由（$f_{H_\alpha}+f_{H_\beta}+f_{H_\gamma}$）/2得到芳碳率，而不需要测定油品的$w_C/w_H$。由于^{13}C-NMR谱测样周期较长，其他的^{1}H-NMR数据处理过程较为复杂，因此^{1}H-NMR经验曲线法不失为估测芳碳率的一种快速、便捷的方法。但此法不可避免地会产生误差，因为其假定所有样品的w_C/w_H近似相等，故只能通过经验曲线对芳碳率进行大致估计。

此后，不少作者还将核磁共振技术与红外光谱等结合，将平均结构参数法进一步扩展和延伸；另外，也有研究者将核磁共振技术与电子计算机技术结合，借助计算机求解和获取重质油结构信息。

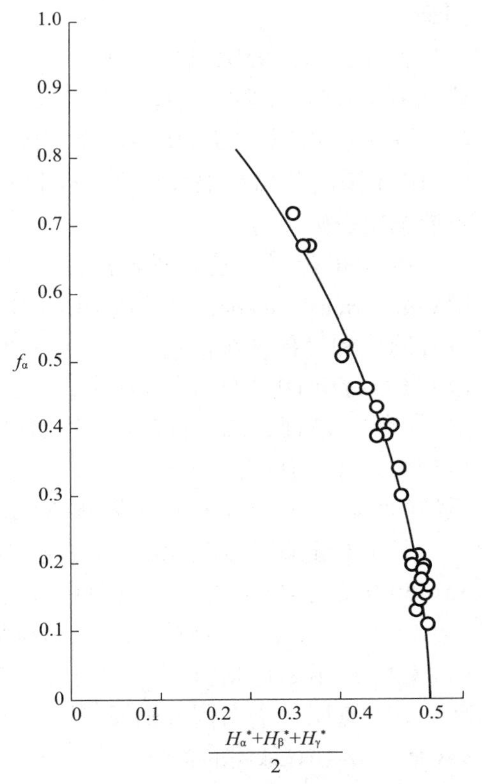

图2-19　原油组分芳碳率与烷氢的关联[182]

（四）核磁共振技术难点及解决方法

1. ^{1}H-NMR和^{13}C-NMR局限性及解决方法

重油的^{1}H-NMR谱中化学位移范围主要集中在δ=0~15，谱峰重叠比较严重；其^{13}C-NMR谱的化学位移范围为δ=0~240，远宽于^{1}H-NMR谱，因此^{13}C-NMR谱分辨率相对较高。然而，由于自然界^{13}C核的丰度太低，且^{13}C的旋磁比只有^{1}H核的1/4，故而^{13}C-NMR灵敏度比^{1}H-NMR要低得多。目前研究中大多采用脉冲傅立叶变换技术，但只能得到一定程度的改善。

另外，^{13}C-NMR中还会因为^{13}C-^{1}H的耦合裂分使^{13}C核谱峰分散、强度降低，常常造成信号交叉重叠，使得解谱难度大大增加。因此必须采用各种去耦技术消除^{1}H核对^{13}C核的耦合作用，否则^{13}C-NMR无法解析。常用的去耦技术主要有质子噪声去耦、偏共振去耦、门控去耦及反门控去耦等，文献中多采用反门控去耦技术[191~194]。反门控去耦技术在消除^{1}H核对^{13}C核的耦合的同时，能抑制NOE（Nuclear Overhauser Effect）效应，得到定量的^{13}C-NMR谱。但该技术须结合较长的脉冲延迟时间，造成仪器工作效率大幅度降低。因此，试验中通常可加入适量的顺磁弛豫试剂，如Cr（acac）3，降低T1至小于1s，选择较短的脉冲延迟时间，降低测样周期。

2.谱峰重叠及解决方法

重油的^{1}H-NMR谱化学位移范围较窄，信号重叠严重；而^{13}C-NMR谱中脂肪烃与芳烃侧链、脂肪烃与环烷烃的碳核磁信号重叠严重，使得^{13}C-NMR谱峰的定性、定量比较困难。

首先，^{13}C-NMR谱中的谱峰重叠问题可以通过采用多脉冲技术如GASPE（封闭自旋回波）和DEPT在一定程度上加以解决[195~200]。例如，Cookson和Smith[195~198]提出用GASPE来获得原油馏分中不同类型碳的含量分布。然而，在GASPE技术中，CH/CH_3及C/CH_2子谱的分离在很大程度上受到J_{CH}的影响；而DEPT虽能获得CH_n质子碳信息，但不能测定季碳。

Bendall等[201]建立了异核自旋回波序列技术以精确测定烷基碳和芳碳中的季碳子谱（quaternary subspectra），与DEPT技术结合后可获取各类型碳的丰富信息。除此之外，各种同核和异核二维谱技术，如COSY、HSQC、HMBC、HETCOR和INADEQUATE等，以及DOSY和QUAT（Quaternary-only）等技术，都被用于研究骨架中的碳原子连接情况[202~205]。然而，二维核磁（简称2D NMR）试验耗时较长，且不同的样品其测试条件差异较大，导致其应用受限。实际上，2D NMR技术多用于有机化合物的结构鉴定，在重质油的结构表征中多采用一维^{1}H-NMR和^{13}C-NMR技术进行定性和定量分析。

对于直链烷烃和芳环上的烷基取代基的信号峰在氢谱中δ 2.00~4.50和碳谱中 δ 5.0~50.0发生重叠的情况，文献中采用的解决方法有：

（1）在进行NMR分析前，先将样品分馏为芳香分和非芳香分[206]。

（2）采用2D HSQC将碳谱中δ 5.0~50.0与氢谱中δ 2.00~4.50相关联，可确定芳环α-CH_n基团的谱图信号归属[203]。氢谱中δ 2.05~2.65和δ 2.65~4.50可分别用来估算α-CH_3和α-CH_2基团的含量。

（3）DEPT通过调节脉冲为45°、90°和135°能够使CH_n子谱得到分离[204]。

Kapur等[207]提出一种新方法来解决2D NMR试验采样时间长的问题。试验中采用一维异核多量子相干性（1D HMQC）脉冲序列和梯度选择一维异核单量子相干性（1D HSQC）脉冲序列编辑技术对氢谱进行编辑。前者得到CH_n（n=1，2，3）各自单独出峰的子谱，后者得到CH_3和CH的谱峰与CH_2谱峰反相的子谱（类似于^{13}C-DEPT的谱峰）。结果表明，该方法能够方便且清晰地指定α-CH_3和α-CH_2的谱峰；而且，与2D HSQC/HMQC相比耗时较少。然而，该方法也存在不足之处：

（1）HSQC中由于正负信号的存在不能直接进行定量，且其自旋系统的灵敏性取决于$1/6J_{CH}$；

（2）HMQC中每一个子谱都需要优化梯度比；

（3）α-CH_3和α-CH_2基团的化学位移划分随样品类型和结构复杂性的变化而变化，没有统一、固定的化学位移值。

此外，陆善祥[185, 186]采用^{1}H-NMR谱和^{13}C-NMR谱测试模型化合物的方法，对重质油中芳氢δ=6.00~10.00和芳碳δ=100.0~160.0化学位移进行细化。结果表明，模型化合物测试是一种有效的谱峰归属方法，但文献中对模型化合物的选取需进一步用试验补充完善。

总之，鉴于重质油分子组成和结构的高度复杂性，目前重质油中核磁共振分析谱峰重叠问题难以避免，相应的解决办法要么依托于核磁共振仪器技术和脉冲编辑技术的改进；要么预先将样品分离成各个窄组分，尽可能降低样品的复杂性；再或者采用模型化合物对重质油中各种主要的氢类型和碳类型化学位移进行合理归属，从而得到重质油较详细的平均分子结构信息。

四、红外光谱法

（一）概述

红外光谱法是一种快速的原位分析方面的现代光谱分析技术，通过测量样品的特征光谱信息，结合化学计量学方法，可以实现对样品的定性和定量分析。其中，近红外（NIR）是介于紫外可见光和中红外光之间的电磁波，其波长范围为780~2526nm，由分子振动的非谐振性使分子振动从基态向高能级跃迁时产生的、主要反映的是含氢基团（C—H、N—H和S—H等）振动的倍频和合频吸收，具有丰富的结构和组成信息。近红外技术为间接分子分析技术，分析得到特征吸收图谱，同一样品谱峰的位置和形状与分子结构没有直接对应关系，是非线性测量[208~210]。

自从20世纪80年代后，随着化学计量学和计算机技术的快速发展，近红外分析方法被广泛应用于原油及石油产品分析等领域。采用近红外和中红外方法分析样品时，一般不需要对样品进行预处理，具有分析速度快、适用范围广、数据重现性好等明显特点，非常适合快速分析。图2-20和图2-21分别为几种典型原油的近红外与中红外光谱图[8]。

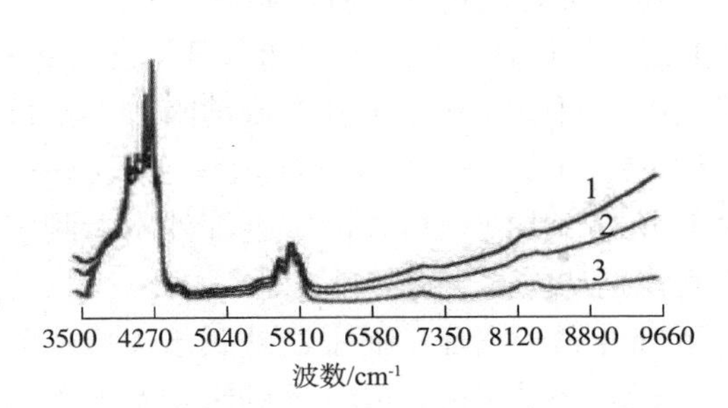

图2-20 3种典型原油的近红外光谱

1—胜利混合原油；2—大庆原油；3—伊朗轻质原油。

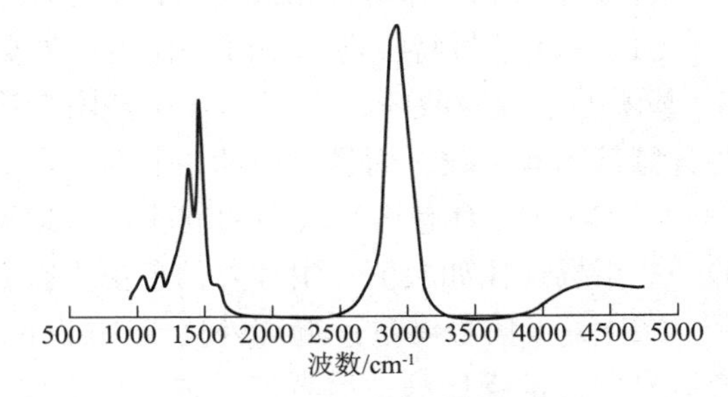

图2-21 某原油的中红外谱图

与中红外光谱（中红外）的基频信息相比，近红外光谱的吸收带较宽且重叠严重，必须采用化学计量学方法建立较复杂的分析模型才能得到可靠的结果。在原油快速评价方面，近红外技术已经得到商业化应用，而中红外技术还处于研究开发阶段。

（二）近红外与中红外技术在原油快评中的应用

吴青[8]给出了近红外原油快速评价系统的构成、应用流程以及结构示意图。原油近红外光谱快速评价技术有多元校正技术、拓扑技术、数据库识别和定量技术[211~213]。

其中，近红外光谱多元校正技术是首先采集一定数量且有代表性的样品，一部分作为校正集，用于建立模型；另一部分作为验证集，用于验证模型。近红外光谱属于物质的含氢基团（X—H）的倍频吸收，对于非含氢基团响应小。原油中含有一定量的非含氢基团，比如C＝O、C—N、C—S等杂原子基团，原油的部分指标在近红外光谱中响应小或者无响应。对于在近红外光谱中灵敏度低的性质指标，则无法采用多元校正技术进行测定，需要采用数据库定量技术。

数据库定量技术是根据“相近相似”原理实现的，即如果两个样品组成相似，则该两个样品性质和近红外光谱相似；反过来，如果两个样品的近红外光谱相似，则该两个样品组成相似，同时性质也相似。据此，可以通过对待测样品近红外光谱与库中样品的近红外光谱进行比对，寻找与之光谱完全相同的样品，将该样品的性质作为待测样品的性质，该方法为数据库识别定量技术；如果没有完全相同的样品，则选择与待测样品最为相近的多张光谱对待测样本的光谱进行拟合，然后根据参与拟合光谱的性质计算出待测样本的性质，该方法为数据库拟合定量技术。

近红外光谱拓扑（TP）方法是一种基于拓扑学（模式识别）基础上的非回归方法，是基于“光谱相同，则样品相同；样品相同，则性质相同”的原理，这与数据库定量原理基本相同。中红外光谱多元校正技术原理、过程与近红外光谱多元校正过程完全相同。二维红外相关光谱分析技术正在开发中[214]，其原理为：样品在外部微扰（如电、热、磁、化学、声音或机械的拉伸）作用下，其红外光谱（吸光度和波数位置）等会发生变化；测定微扰诱发产生动态的光谱信号，得到二维红外光谱。从波数最低的采样点选择一个移动窗口的宽度，计算该窗口内的两样品的吸光度的相关系数；然后将移动窗口向波数高方向移动若干个采样点，作为下一个移动窗口，计算此移动窗口相关系数，得到二维相关光谱。经验证，二维红外光谱识别能力优于一维红外光谱[215, 216]。

近红外和中红外两种光谱技术在进行原油快速评价时，其技术对比如下[8]：

（1）关于信号特征性：中红外比近红外更丰富，特征性更强。近红外属于含氢（X—H）基团的倍频吸收峰，对于非含氢基团响应较小；而中红外分子基频振动吸收，不仅对含氢基团有吸收，而且对原油中非氢基团，比如C—C、C＝C、C—O、C＝O、C—S、C—N、C＝O—O等均有较强的响应。从理论上分析，中红外可以测定近红外不能测定的一些指标，比如酸值；中红外信息更丰富，其识别功能优于近红外。

（2）关于信号质量：近红外优于中红外。近红外属于宽峰，而中红外属于尖峰；前者信号弱，信噪比高；后者信号强，信噪比小；近红外受水分以及环境的影响不如中红外严重。

（3）关于分析技术：均可以采用多元校正、数据库技术。另外，中红外还可以采用工作曲线法，进行定量分析。

（4）关于准确性：二者基本相当，均能满足分析精度要求。

（5）关于模型传递：模型传递指同一个样品在不同仪器之间测定的光谱存在细微的差异；该差异造成了将一台仪器建立的模型直接预测不同仪器的光谱时，分析准确性下降，甚至分析准确性无法满足要求。此时，需要采用模型传递技术，修正两台仪器之间测试结果，使不同仪器之间的模型共享。近红外信号弱，需采用模型传递技术。而中红外信号与特征性强，不需要模型传递技术。

因此，如选近红外，既要优选仪器的重复性、稳定性，还要优选仪器的一致性，并优选具有解决模型传递案例的仪器。如选中红外，则应重点考察仪器的重复性、信噪比、稳定性及光谱自校正能力等指标，同时考察其采样系统。

陈瀑[217]比较了拉曼、中红外光谱以及近红外光谱3种光谱技术评价原油性能，结果表明，无论是从光谱重复性结果还是质量指标模型分析偏差比较，近红外和中红外技术均是最好的。在大量对比分析[218~226]基础上，吴青[8]还对比了近红外和中红外技术在原油以及油品快速评价、组成与结构分析方面的异同。

总之，利用红外光谱结合紫外–可见吸收光谱等技术，可以对原油以及相应馏分如饱和烃、不同芳香环芳烃以及常压渣油、减压渣油等的性质进行快速分析和预测。

五、荧光光谱法

荧光光谱可用于检测含芳烃基团的有机化合物和它们的烷基同系物，是一种灵敏、快速和简便有效的方法。不同芳烃组分和分子结构的烷基或环烷芳烃同系物，它们将在各不相同的特征发射和激发波长下产生各自的特征荧光“指纹”并具有不同的荧光强度。荧光光谱法具有灵敏度高、选择性好、试样量少、分析结果快速等优点，适用于现场操作。

同步荧光法因具有简化光谱、减少光谱重叠、操作简单等优点，在多组分PAHs类的检测中发挥了重要的作用[227~232]。

Ralston等[233]利用荧光光谱考察了沥青质中单环到三环芳环的分布情况。李勇志[234]采用同步荧光光谱法监测了液相色谱法以氧化铝作为固定相将重质油中的芳烃按芳环数分离的过程。刘伟[235]根据重质油含有芳烃化合物的组成范围很宽、含量较高的特点，应用由激发波长、发射波长和荧光强度组成的三维荧光图谱，检测了芳烃化合物的组成、强度及其特征。

六、烃指纹技术

（一）概述

（1）关于指纹与指纹技术。指纹是指人的手指末端正面皮肤上，呈凹凸不平状的纹线有规律地排列而形成不同的纹型，从而构成指纹的细节特征。不同个体的指纹具有唯一性，据此，提出利用不同个体人指纹的细微差别的这种唯一性来识别、鉴别不同人的方法即指纹技术。

（2）关于石油烃指纹化合物和石油烃指纹技术。石油烃指纹化合物是指具有明确化学组成与结构并能够从石油（馏分、油品）复杂基质中对其单体烃进行准确定性和定量测定的烃类化合物。石油烃指纹技术是指依据石油烃的“指纹”信息（如指纹图谱、指纹化合物、组成结构信息等），对不同的原油和石油产品进行识别和鉴定的方法，所以，石油烃指纹技术主要关注研究对象的相似性。

石油烃指纹技术能从分子水平对石油（油品）的化学组成、结构信息进行描述，提取、获得石油（油品）有代表性的特征结构和组成信息。故石油烃指纹技术在石油的环境刑侦（如石油或油品泄漏源寻找）以及原油采购、原油加工方案的制定、油品调和、催化剂与反应机理研究以及石油分子工程与管理等领域具有良好的应用前景。

石油及其产品中烃指纹化合物的分布主要受以下几个方面因素的影响：

①原油形成、聚集和运移过程中的因素，如原油生源岩本身的有机质特征、地热环境以及原油在地层和油藏间的运移等。

②原油经过不同的加工过程，由于炼油过程不同、目标产品需求不同以及后期调合、运输、储存方式不同等，炼油过程中间产物（馏分油）及成品油的烃指纹化合物有各自的固有特征。

③因各类型烃指纹化合物本身的物化性质差异，不同烃指纹化合物对热和催化等作用的反应性和稳定性不同，油品中烃指纹化合物会表现出相应的分布形式。所以，原油、馏分油及其加工产品的化学组成均存在一定的差异，各自具有鲜明特征。

图2-22是不同沸程范围的馏分油及其石油产品中烃指纹化合物随碳数增加的类型分布[236]。正构烷烃和类异戊二烯化合物、环状甾萜生物标志物、苯系物以及多环芳烃等均为具有典型特征的烃指纹化合物。

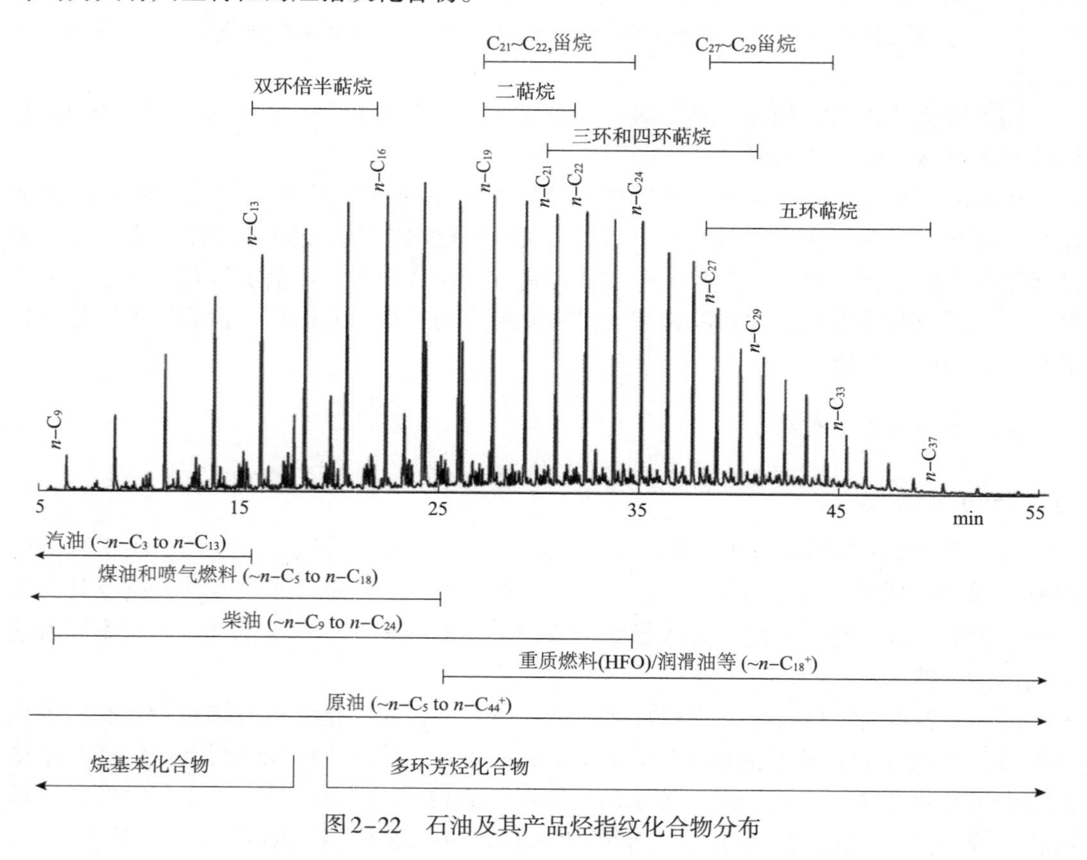

图2-22　石油及其产品烃指纹化合物分布

（二）具有典型特征的烃指纹化合物与烃指纹参数

油品组成十分复杂，能获取的烃类组成信息也很丰富，但不可能对所有信息进行分析比较，因此，通常只从所获取的信息中提取最能代表油品特征的信息加以利用。需要注意的是，油品中许多信息往往很不稳定，这就要求我们在利用这些数据、信息时要有所选择。

烃指纹化合物的选择及其相应的指纹信息如何提取十分重要，因为开展烃指纹分析，通常需要选择一些特征化合物的信息进行鉴别，而这些特征化合物是烃指纹信息库建设的基础。能用于烃指纹分析、鉴别的烃指纹化合物，至少需要满足以下要求：

（1）普遍性要求，即在所研究的石油（油品）中应普遍存在；

（2）准确性要求，即其含量能准确分析定量；

（3）稳定性要求，即其在环境中性质较稳定；

（4）单一性要求，即其在环境中除了油品以外，不会有其他的来源。

研究石油（油品）组成的核心指标和关键是要选择合适的烃指纹参数。烃指纹参数的选择要科学、准确、谨慎、具有代表性，须遵循的基本原则如下：

（1）烃指纹参数应采用化合物浓度的相对比值，以消除系统误差的影响；

（2）同一烃指纹参数所涉及的两个化合物在色谱图上处于邻近的保留时间位置，以避免所用样品受到轻组分溢失、分流比和重现性变化造成的误差；

（3）烃指纹参数的大小适中，不宜选取相差悬殊的两个化合物比值作为烃指纹参数；

（4）烃指纹参数的大小最好能够表征原油的特征差异，能够最大限度地代表原油相似或差异性的特征指标。

通过长期的研究和实践，人们提出了一些烃指纹化合物和烃指纹参数用于油源对比、划分有机质热演化阶段、划分生油岩母质类型、判断油气运移等，这些烃指纹化合物包括正构烷烃类、类异戊二烯烃类、芳香烃类、生物标志物类、杂原子类，其烃指纹参数形式为A/B或者A/（A+B）。

1.具有典型特征的烃指纹化合物

1）正构烷烃和类异戊二烯化合物

在石油及石油产品中，正构烷烃的分布最为明显，含量相对较高。通常在原油及各直馏馏分油中，正构烷烃总量一般占1%~20%。正构烷烃的组成简单、分布规律性强，在石油成因研究、溢油鉴别以及炼油过程中常常是被重点关注的一类烃指纹化合物。正构烷烃的碳数分布范围、主峰碳数及奇偶优势（奇碳数的正构烷烃比偶碳数的正构烷烃占优势的程度）是标志生成石油的有机质类型、成熟程度的重要参数，也可用以直观表征油品在环境或炼油加工过程中遭受物理、化学作用而变化的程度。正构烷烃的分布特征可用GC–FID或GC/MS谱图直接呈现，通过其色谱图外形的轮廓特征、出峰的碳数范围、峰高比值、峰面积定量及特征参数等可实现对油品的指纹鉴别。少分支、短侧链的异构烷烃在色谱图中与正构烷烃出峰位置较近，分布规律相似。

在链烷烃中，另一类重要的烃指纹是非环状的类异戊二烯化合物，它的结构独特，异戊二烯的连接可以是规则的（头对尾），也可以是不规则的（连接的次序不同，如头对头、尾对尾）。植烷（$C_{20}H_{42}$）是典型的开链类异戊二烯化合物，含有4个头尾相连的异戊二烯单元结构。姥鲛烷是另一种类异戊二烯化合物，它比植烷少一个甲基，但仍归类为开链的二萜。植烷和姥鲛烷（结构示意见图2–23）是石油中含量最高的两个类异戊二烯化合物，而且在色谱图中分别与n–C_{18}和n–C_{17}成对出峰，这使它们非常容易被识别，两者已被广泛用于油品在环境中的风化或生物降解研究。角鲨烷（$C_{30}H_{62}$）和丛粒藻烷（$C_{34}H_{70}$）是典型的不规则类异戊二烯，角鲨烷含有6个异戊二烯单元，采用尾对尾形式连接，丛粒藻烷是湖泊沉积物中发现的一种具有油源指纹意义的生物标志物。此外，法尼烷、异十六烷、降姥鲛烷在油中含量也较高。

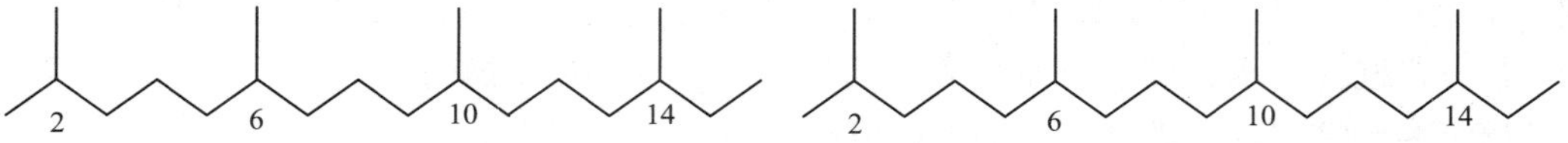

2 6 10 14
姥鲛烷

2 6 10 14
植烷

图2–23　姥鲛烷和植烷的结构式

通过GC–FID通常能够测得原油样品中n–C_8到n–C_{40}正构烷烃的浓度。低碳组分容易受环境影响而丢失，而高碳组分由于受到色谱柱性能的限制，色谱峰往往较低较宽，定量计算时容易产生较大的误差，因此低碳和高碳组分较少用于烃指纹鉴别。中等碳数组分由于其相对比较稳定并且容易准确测得，其浓度和不同组分间比值成为油品鉴别中最常用到的鉴别指标。采用FID检测到的石油烃特征组分还包括类异戊二烯化合物姥鲛烷和植烷，它们在色谱图分别与n–C_{17}和n–C_{18}成对出现，这使其非常容易被识别，而其通常也具有较高的浓度，容易准确定量。

2）甾、萜类生物标志物

原油是来源于古代生物体在地壳缓慢加热作用下的有机残留物。各种不同的古代生物体，如藻类、陆地植物、细菌等，在不同的地方堆积，经过长时间的演变，最终变成石油，由此不同地方的石油都具有独特的化学指纹，生物标志化合物就包含了这些独特的化学指纹信息。生物标志物还具有相当稳定的化学性质，在有机质沉积、埋藏、蚀变得复杂地质成岩作用历程中，其代表生物源特征的基本碳骨架和主要组成没有变化或只有少量变化，即使有变化也是有规律的变化（如异构化、芳构化、重排等）。生物标志物分子结构的这种明显的特异性和稳定性，可以用于识别石油的大量特征信息，例如，石油化学家利用生物标志化合物指纹来考察石油的起源、移动、种类和沉积条件等特征，所以，生物标志物在油气勘探、溢油鉴定、生物降解程度研究、有机地球化学研究等方面取得了广泛应用，在石油炼制方面也有初步的探索。

生物标志物是指石油、煤或沉积有机质中前身物来源于埋藏在地层下的生物质，并且在有机地球化学的作用和演化过程中具有一定的稳定性，基本保持生源组分的碳架特征，没有或较少发生变化，记录了原始生物母质的特殊分子结构信息的一类有机化合物[237]，是目前应用最多的烃指纹化合物。生物标志物通常可以分为烃类和非烃类两类。研究表明，非烃类生物标志物的应用并没有比烃类生物标志物有更高的实用价值，实际上大多数非烃类生物标志物是烃类生物标志物的前身。非烃类生物标志物是指含有硫氮氧等杂原子的有机化合物，如开链脂肪酸类、开链醇类、开链酮类等含氧化合物；烷基硫醚类、烷基硫醇类、具有直链或异戊间二烯链的硫杂环类含硫化合物，甾萜烷系列中也含有甾类含硫化合物和萜类含硫化合物。此外，噻吩类杂环化合物也很丰富。含氮的卟啉系列标志物是典型的非烃类化合物，它们通常以与镍、钒等金属络合物形式存在，具有明显的规律性和特征性，与生油岩、地质环境密切相关，对其特性研究可以认识有机质成熟度、古地质环境、石油运移以及油源对比等方面的信息。

在烃指纹分析中，最常用到的生物标志物为甾烷类和萜烷类化合物。其中，甾烷（steranes）是一种以环戊烷并氢化菲结构为母核的重要烷基取代多环环烷烃，它存在于石油及其产品的饱和烃组分中，一般可分为短侧链甾烷、重排甾烷、甲基甾烷、规则甾烷等。在烃指纹研究中，规则甾烷分析较多，主要为C_{27}~C_{29}甾烷系列（胆甾烷、麦角甾烷、豆甾烷）。由于其在油品中丰度较高，而且这些甾烷不含有完整数量的异戊二烯，仅大致服从异戊二烯规则，仍显示相应的甾类特征。萜烷（terpanes）是以异戊二烯（半萜）低聚体［通式为$(C_5H_8)_n$，n=2~8］及其含氧衍生物的形式存在的，它理论上可以包含任何碳数的化合物，但实际上油品中常见的为五元环和六元环结合而成的二萜到五萜系列。

部分典型的生物标志物的结构示意与说明如下。

（1）倍半萜烷　倍半萜是三个异戊二烯的聚合物，普遍存在于高等植物的树脂和精油中。该类化合物沸点较低易挥发，如果不注意，在样品前处理过程中可能损失较多。最丰富的化合物通常是补身烷和升补身烷，金刚烷也是相当丰富的一类，其结构式如图2-24所示。

轻质油品（航空燃料油和柴油）中不存在五环萜烷或者霍烷等大分子的生物标志物。

（2）三环萜烷类。本类化合物主要以二萜烷和具有长侧链的三环萜烷为主。较常见的二萜烷为半日花烷、松香烷、海松烷和贝壳杉烷。三环萜烷的结构、碳数编号如图2-25所示，其分布范围由C_{19}~C_{45}或者更高的碳数，其骨架在C_8位有一个甲基取代，在C_{14}位有一长的类异戊二烯侧链。

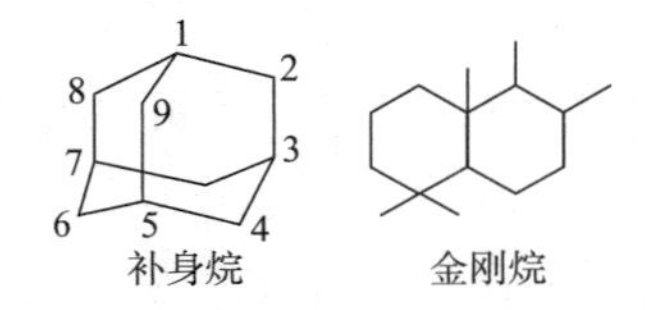

图2-24　补身烷和金刚烷结构式

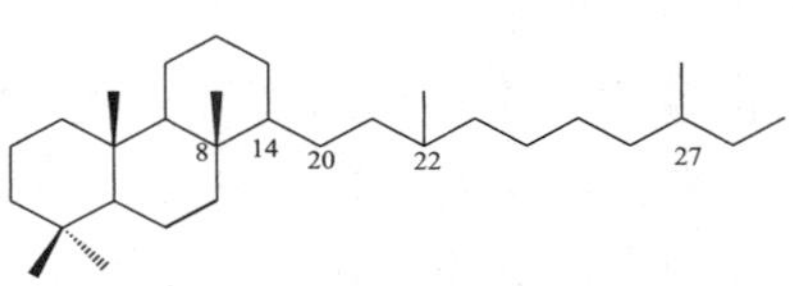

图2-25　三环萜烷结构式

在地质应用方面，三环萜烷常用来表征生源意义、油油对比和油岩对比，也常用来作为油气运移指标和原油成熟度指标。

（3）五环萜烷类。多数五环萜烷由六个异戊二烯聚合而成，天然产出的五环三萜烷种类十分繁多，其中以霍烷结构为骨架的霍烷类五环三萜烷是一种广泛分布的生物标志物。霍烷的结构式和碳数编号如图2-26所示。

藿烷（hopanes）是五环三萜，在原油中普遍存在，通常具有一完整系列，其碳数分布通常含有27~35个碳原子，其环烷结构中含有4个六元环和1个五元环。17α（H）、21β（H）构型的C_{27}~C_{35}藿烷是石油中的特征指纹化合物，霍烷系列具有多种立体异构体，其热稳定性较好，稳定性顺序为：17β（H）21β（H）<17β（H）21α（H）<17α（H）21β（H），这种立体异构上的差异经常作为烃指纹中的指纹参数，可为研究石油组分的异构化和重排反应提供线索，并在地球化学指纹研究中得到了很好的应用。

（4）甾类化合物。甾烷（steranes）类化合物是一类含环戊烷并氢化菲结构为母核的化合物，它的母核含有4个稠合环，在第10、13、17碳原子上有3个取代基。它的结构和碳位编号图如图2–27所示：

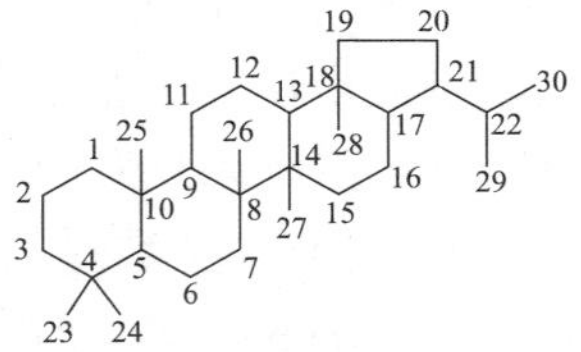

图2–26　霍烷结构式和碳数编号

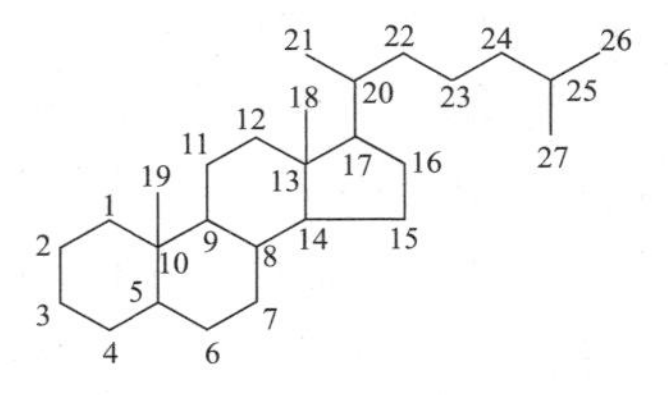

图2–27　甾烷结构式和碳数编号

一般说来，原油和石油制品中饱和烃馏分中的甾烷可大致分为5类：短侧链甾烷、重排甾烷、甲基甾烷、规则甾烷和其他甾烷。在烃指纹研究中，规则甾烷分析较多，主要为C_{27}~C_{29}甾烷系列（胆甾烷、麦角甾烷、豆甾烷）。由于其在油品中丰度较高，而且这些甾烷不含有完整数量的异戊二烯，仅大致服从异戊二烯规则，但仍显示相应的甾类特征。在烃指纹研究中，规则甾烷为主要研究对象，其成员主要为C_{27}、C_{28}、C_{29}甾烷，分别称为胆甾烷、甲基胆甾烷和乙基胆甾烷。由于甾烷侧链长度与构型变化比霍烷还多，因此能提供更多的指纹信息，在油源对比、成熟度和生物降解研究中应用得更为广泛。

通常来说，环烷甾、萜类比正构烷烃复杂得多，碳骨架也相对更稳定，因此可提供的油品指纹信息更丰富。

3）BTEX及C_3以上烷基取代苯系物

BTEX是苯（Benzene）、甲苯（Toluene）、乙苯（Ethylbenzene）和二甲苯（Xylene）的总称，而C_3以上烷基取代苯系物主要指带3~25个碳的烷基取代苯系列。

这类指纹化合物在不同馏分段或不同加工工艺的油品中含量显著不同，侧链烷基的碳数分布也存在很大差异。例如，在轻质油品中，C_3、C_4取代苯含量较高，而长侧链烷基取代苯和其他多环芳烃类的烃指纹化合物则较少或不存在。在催化重整工艺中，由于催化剂对石脑油的重整作用，将其中的环烷烃转变为芳烃，因此产物中含有大量的BTEX和短侧链取代的苯系物。在催化裂化的液体产物中，轻循环油馏分和重循环油馏分分别含有大量的C_6~C_{13}和C_{13+}烷基取代苯系物。一般BTEX及C_3以上烷基取代苯系物对轻、中质油品的烃指纹化合物鉴别以及对研究炼油工艺中长链烷基苯的断裂反应、环烷烃的氢转移反应及烯烃的芳构化反应具有重要的指示作用。

4）多环芳烃系列

多环芳烃（PAHs）是指含有两个或两个以上苯环的芳香烃类化合物，目前已从烃源岩、煤的抽提物和石油及产品中鉴定出大量的多环芳烃。从石油地球化学角度来看，岩石圈和生物圈中存在着两类多环芳烃：一类是化石燃料或植物不完全燃烧产生的，这其中主要是非取代的多环芳烃，另一类则来自自然界的生物遗体，经过沉积成岩及地热演化而成。不同来源原油及经过不同炼油过程的石油产物有着不同的多环芳烃分布模式，而且多环芳烃比链烷烃和环烷烃的性质更稳定，多环芳烃只在特殊条件下才能生成或转化，这使得多环芳烃的指纹信息成为烃指纹化合物的重要内容。

从结构上划分，多环芳烃可分为非取代多环芳烃、烷基侧链取代多环芳烃以及具有生源意义的单芳甾和三芳甾烷；按芳香环数可分为二环、三环……六环、七环芳烃，较常见的有萘、芴、菲、屈和二苯并噻吩等，七环以上多环芳烃单体在油品中较少见[238]。在石油及其相关产品中，烷基化多环芳烃含量较高，特别是萘、芴、菲、屈和二苯并噻吩的烷基化物，它们的含量在石油多环芳烃中占据很大比例，并且分布模式随原油类型和加工工艺不同而差别明显。因此，烃指纹分析最常关注的多环芳烃系列多数是这种PAHs母体及其带短侧链烷基取代物，侧链长度一般为1~3个碳，取代基个数为1~4，带有更多取代基的多环芳烃也广泛存在，但一般丰度很低而不易检测。烷基取代多环芳烃的烷基化位置可以影响同分异构体系列中不同化合物的反应速率，因此可用作研究芳香烃组分反应途径和网络的指纹化合物。此外，烷基化多环芳烃同系物的双比率，如烷基化二苯并噻吩和菲的特征参数（C_2–D/C_2–P：C_3–D/C_3–P），也常用在石油产品的指纹鉴别过程中。芳香甾、萜烷是各种环烷甾、萜类生物质前体经芳构化作用形成的，由于两者同源，所以生源意义较相似。但是，在地球化学环境或炼油过程中，不同的甾、萜烷脱氢芳构化和加氢还原成相应的环烷烃的反应强度是不同的，例如，一些样品的芳香烃组分中芳构化奥利烷丰度较高，但在相应的饱和烃组分中却可能检测不到奥利烷或丰度甚低。

5）烃指纹化合物中的同分异构体

同分异构体是指具有相同分子式，但原子构架不同的一系列化合物。同分异构体可分为两类：①组合结构上的同分异构体；②立体同分异构体。组合结构上的同分异构体是指原子键合顺序不同，这类同分异构体随碳数的增加，其数量会急剧增加。立体同分异构体是指两个化合物的原子结构以同样的顺序键合，但是空间立体方向不同。立体同分异构体互为镜像的称为对映异构体，其他不是互为镜像的即为非对映异构体，顺式和反式几何异构体是特殊的非对映异构体。

石油中烃指纹化合物有一部分存在几个或多个同分异构体，特别是生物标志物存在大量的立体同分异构体现象。由于不同构象的烃分子内能不同，分子结构的稳定性和反应性不同，这是烃指纹技术应用中不可忽视的信息点，在烃指纹化合物研究中具有重要意义。

6）石油卟啉

石油卟啉是由叶绿素、血红素降解生成，并基本完整地保存在沉积物或化石燃料中的另一类生物标志物。在石油中，卟啉多以镍、钒络合物的形式存在，这种金属卟啉一般比较稳定，可以经历漫长地质年代存留下来，成为石油的指纹或分子化石。卟啉类化合物按所含侧链基团的不同，可分为不同类型的卟啉，主要有初卟啉（ETIO）和脱氧叶红初卟啉（DPEP）。石油成熟过程中伴随着DPEP和ETIO型卟啉比例的改变、平均碳数的减少等，因此，分析石油中卟啉类物质的组成、类型和含量对提供石油的热成熟度或在加工过程中经受热反应的强度有着重要指示作用，可以作为鉴别的指纹。

2.烃指纹参数

指纹参数包括烷烃指纹参数、甾烷类指纹参数、萜烷类指纹参数等，是指油品中某些特定组分之间的比值，能够代表不同油样各自的化学组成，用于判断油样之间是否一致。一般而言，指纹参数要具有独特性和差异性，并具有地球化学意义。指纹参数通过定量或者半定量数据计算得到，常规使用的表现形式为A/B、A/（A+B）或者A/（A+B）×100。这种形式的指纹参数消除了仪器波动、分析条件的变化等因素的影响，能较为准确地反映油品的化学组成。针对不同的油品，灵活选择相应的指纹参数非常重要。一些常见的指纹参数及其地球化学含义可参见相应的文献。

（三）烃指纹分析方法

油品组分特别复杂，没有一种分析方法可以获得油品所有的信息。随着分析技术的发展，各种分析方法被用来进行油品分析，从而形成各种各样的“烃指纹”，因此，依据目前实验室常用的烃指纹分析方法，烃指纹分析法有气相色谱法、气相色谱/质谱法、高效液相色谱法、红外光谱法、薄层色谱法、排阻色谱法、超临界流体色谱法[239]、紫外光谱法、荧光光谱法及重量法[240]等。

对于具有指纹信息的多环化合物而言，荧光光谱法是一种有效的鉴别方法，但对于相似的原油或者成品油，它的鉴别能力有限。目前用于烃指纹鉴别的荧光光谱主要有普通荧光光谱、同步荧光光谱、三维荧光光谱、低温荧光光谱、磷光光谱、导数荧光光谱等。近年来，人们越来越重视对三维荧光光谱的研究。三维荧光等高线图具有指纹性，能较完整地表达研究体系的荧光信息，利用这些光谱信息可完成多组分混合物体系中较为复杂的定量与定性分析任务。

（四）烃指纹数字化鉴别

由于原油及成品油是复杂的化合物，采用各种分析手段所获得的指纹信息非常多，利用所有的信息进行原始指纹鉴别既费时又依赖于个人经验，所得结果不够准确，需要一种数字化自动指纹鉴别的模式。

烃指纹数字化鉴别是指使用有效的数学统计处理模式对通过各种分析手段获得的指纹参数进行分析处理，快速准确地识别出各种油品的差异性和相似性。

数字化鉴别方式从最初的单变量分析（峰比值法、对数比值法、相关系数法、类比模拟法等）发展到多元统计分析方法。在烃指纹鉴别中用得较多的多元统计方法有主成分分析法、聚类分析法、t 检验法和重复性限法。多元统计方法相比烃指纹中常规的鉴别方法，多元统计方法在样本的分辨率和客观性上有很大的提高。多元统计分析方法能够同时对许多样本和变量进行分析，探索样本之间、变量之间的相关性，定量评价油样之间的相似程度。

自从20世纪80年代开始，主成分分析方法就应用到地球化学石油烃指纹，基于石油生物标志物峰的归一面积来对油样分类进行油源和油油相关性研究[241]。随后，该方法第一次用在环境法医学上，运用主成分分析和因子分析对脂肪族和芳香族碳氢化合物进行诊断率和浓度测试，用来鉴定沉积物的溢油源[242]。Stout等[243]采用主成分分析方法进行芳香烃和生物标志物诊断比值的分析，从66个重质油可疑溢油源中确定了主要的溢油嫌疑源。Gaines等[244]计算了14个柴油中300个独立的诊断比值，重复进行主成分分析，大大减少了诊断比值的数目，最终选出了9个最具有代表性的诊断比值表征了样品间的差异性。

分类和族分析方法也已经用在烃指纹分析上，尤其是在环境法医学的溢油分析上[245]。Kavouras等[246]采用聚类分析方法和因子分析方法将吸附在有机气溶胶上的脂肪烃和多环芳烃归属为生物源、化石燃料、不燃燃料和石油残渣的散逸性排放几大类。随后，他们采用多元线性回归方法测定了排放概况和四类源的贡献。

统计检验法能用来增强溢油鉴定的准确性，Christensen等[247]提出了一个完整的方案，为该方向的应用提供了一点建议。统计计算确保了溢油试样和可疑试样之间的客观匹配，它们一般分为正匹配、可能匹配和不匹配。Boyd等[248]进一步扩展了这个方法：先使用对偶主成分分析，然后再基于获得了原始数据最多变异性的主成分变量进行了多元方差分析。由此获得的概率值使分析者能明白在两个试样间是否存在显著的统计偏差。

尽管多变量技术给大量的数据系列带来了更全面和容易的表征，但避免峰鉴定和定量的方法（对色谱图应用主成分分析）更有潜力来提高工作效率，它提供的数据处理方法能去除大量和化学组成无关的变量。在这个方面，Christensen[249]等提供了一个基于主成分分析的方法来处理石油生物标志物的气相色谱质谱-质谱色谱图，他们分析了原油和炼油产品，使用4个主成分来识别解释油样的内在本质：沸点范围、黏度指数、源岩中甾醇的碳数分布和热成熟度。

（五）烃指纹技术及其在石油化工中的应用

石油及其产品组成非常复杂，运用不同分析手段可以从油品中获取海量的烃类组成和分布信息，对所获得的全部信息进行分析比较烦琐，通常油气勘探和溢油监测工作者只是从所获得的油品信息中提取最能代表油品特征以及反映变化规律的关键信息加以利用，烃指纹技术即是实现这一目标的重要手段[250]。

烃指纹技术是根据石油中烃类化合物的全烃指纹图谱、指纹化合物的组成和分布以及指纹参数等特征信息，对不同的原油或石油产品进行识别、鉴定和剖析的方法。烃指纹技术同时关注研究对象的相似性和差异性，能够从分子水平对油品的化学组成进行描述，从而可提供代表油品本征结构和组成的分子信息。随着分析技术的发展，各种分析方法已被用来进行油品组成表征，对于同一样品，由于采用的技术手段不同，从而可形成各种形式的烃指纹。目前，烃指纹技术主要应用于石油地质和环境监测等领域，并积累了较丰富的研究成果。在油气勘探地质研究中，主要涉及油气生成的母源性质及类型、成熟与演化、油气运移和储层中原油生物降解、成烃的介质环境及油-油对比等。在溢油鉴别和环境诊断中，主要用于确定溢油源、鉴别比较原油、研究环境中碳氢化合物行为以及监测不同环境条件下原油降解过程和风化状态等。然而，在石油炼制过程中，以烃指纹技术作为手段来研究各工艺的产物特点、组成变化规律以及反应化学的应用相对较少，还缺乏系统性的研究。

20世纪80年代就将三维荧光指纹技术用于原油鉴别。具体使用时各有特点，例如：用皮尔兹乘积矩的相关系数算法来区分不同油样；通过提取油种分类鉴别依据的特征参量，立体化、多角度地刻画三维荧光谱的外观特征，为三维荧光光谱提出定量化的分类鉴别方法，从而通过油气的共性峰和不同性质原油的特征峰，用于判断油气属性和油源关系，为石油、天然气的勘探开发以及油样鉴别提供有价值的资料，这方面可以参考的文献有很多[251~255]。

对于组成相似的油品，红外光谱分析的鉴别能力有很大的局限性，但与模式识别方法结合后，能大大提高红外光谱鉴别烃指纹的能力，如能对模拟海水中浓度大于0.4μL/mL的溢油类别进行正确、快速判断等[256~258]。

虽然荧光色谱及红外光谱具有很多优点，但是它们只能给出局部信息。而气相色谱和气相色谱质谱则能够给出油样的全部信息，所以目前大部分实用的指纹技术都是采用GC-FID、GC/MS进行的，这方面有大量的案例。采用组合表征技术探索石油炼制过程，则是烃指纹分析技术的新应用。如Ogbuneke等[259]利用GC/MS和^{1}H-NMR研究减压渣油在减黏裂化工艺中的生焦规律，为应用烃指纹化合物作为断裂反应程度、生焦门限和生焦诱导期的指示物做了初步探索，认为油品中正构烷烃的分布可以指示减黏断裂反应进行的程度。随着反应的进行，C_{13}~C_{30}正构烷烃的相对丰度显著增加，相对分子质量更大的正构烷烃则因裂化不断减少。此外，饱和烃组分中的生物标志物对断裂反应强度也比较敏感，在m/z 191单离子检测时，原料油中不存在三环萜烷，而五环萜烷的丰度则较高，但随着反应的进行，特别是30~60min期间，五环萜烷的相对丰度明显降低，三环萜烷的丰度则不断增大，且增大的比例与反应进行的程度一致。因此，三环萜烷/五环萜烷可作为指示断裂反应强度的烃指纹参数。对于减黏裂化过程中多环芳烃的分析，通过采集不同反应时段的油样，利用GC/MS检测其芳香分组成，发现其中分布有大量的2~6环多环芳烃。在单离子模式下，可明显检测到三环的菲和蒽（*m/z* 178）、四环的荧蒽和芘（*m/z* 202）、五环的苯并芘（*m/z* 252）、六环的苯并苝（*m/z* 276），通过观察这些指纹化合物的芳香环结构及取代烷基的变化情况，可以对生焦反应进行实时监测。随着脱烷基和稠环化反应的进行，3~6环多环芳烃的绝对浓度在生焦门限（35min）后都有所增大，其中六环多环芳烃的增长最为明显。在生焦诱导期（0~30min）内，多环芳烃系列相对丰度很低，几乎接近仪器噪声水平；但进入生焦门限后，多环芳烃的丰度均出现明显增长，而六环结构的苯并［g，h，i］芘含量更是从不超过0.1mg/L剧增到3mg/L。综合考察≤6环的多环芳烃系列，只有六环苯并芘的生成时机与减黏断裂反应的生焦门限关联最好，且浓度增长幅度足以准确定量研究；其他小环多环芳烃在生焦诱导期内持续生成，但不直接参与生焦反应，而是需要先经过稠化反应生成大环结构的多环芳烃。王威等[260]以正构烷烃、藿烷、烷基苯及多环芳烃为目标指纹，考察这些烃指纹化合物在催化断裂反应前后的变化规律。研究表明，随着催化断裂反应总转化率的升高，反应产物中碳数在17~21区间的正构烷烃及侧链碳数在14~17区间的烷基苯质量分数逐渐由高于原料中的质量分数减少到低于原料中的质量分数，说明对于这两类烃指纹化合物，断裂反应在催化过程中始终占据了主导；藿烷系列化合物中，17α（H）-22，29，30-三降藿烷（T_m）与18α（H）-22，29，30-三降藿烷（T_s）之间特征参数比值（w_{T_m}/w_{T_s}）随转化率升高而逐渐降低，且呈良好的线性关系，可用于指示催化断裂反应进行的程度；反应前后多环芳烃的含量、分布及特征参数比可以反映多环芳烃发生缩合反应的难易程度，反应前后萘与屈之间指纹参数比值与转化率呈良好的线性关系，多环芳烃分布模式的变化在一定程度上可表明环烷烃氢转移、烯烃芳构化以及芳烃缩合反应之间的竞争关系。

总的来说，烃指纹分析法在上游的地球化学研究、溢油鉴定的应用相对石油炼制过程要多些，工作也做得更加深入，但随着仪器分析技术的进步、数据挖掘等信息化技术的快速进步以及对石油炼制过程机理认识、新工艺新催化剂开发需求的增加，烃指纹技术将有较好的发展前景。

第三章　石油分子信息获取技术Ⅰ

原油是由成千上万个化合物组成的极其复杂的混合物。随着炼油技术的进步和分析研究的深入，对原油化学组成的认识也逐步加深。在元素分析和族组成分析的基础上，为将原油按照最理想的途径进行分离和转化，充分挖掘、发挥每一个石油烃分子的价值，需进一步在分子水平上认识石油，也就是尽可能将原油或馏分油中的单个分子分离鉴别出来，或尽量详尽地弄清组成中烃类分子的碳数和结构信息。

人们将原油按沸点切割成气体、石脑油、常压瓦斯油（柴油馏分）、减压瓦斯油（VGO）和渣油等馏分，对各馏分油的烃类族组成进行研究，发现馏分油中的烃类主要由链烷烃、环烷烃和芳香烃以及在分子中兼有这3类结构的复杂烃分子组成。石脑油馏分采用气相色谱技术能分析鉴定出上百种单体烃化合物，可由正构烷烃、异构烷烃、环烷烃和芳香烃来表示其族组成。对于中间馏分油，采用质谱分析，可得到链烷烃、不同环数的环烷烃、不同环数的芳香烃和非烃化合物的族组成信息；渣油馏分，可用液相色谱法把它分成饱和分、芳香分、胶质和沥青质4个组分，也可以用核磁共振分析结构族组成，得出平均分子中芳香碳、环烷碳和烷基碳数的分率（f_A、f_N、f_P）及芳香环数、环烷环数和总环数（R_A、R_N、R_T）。

未来的石油分析能从分子水平提供更多单体烃和含杂原子（硫、氮、氧和金属等）化合物的分子鉴别以及组成分布（碳数分布、沸点分布等），也会提供链烷或侧链异构化评价和胶质、沥青质中化合物组成与分子结合形式（如，是大陆型还是群岛型？）等信息。

第一节　单体烃和族组成分析

一、气体组成分析

石油炼制所生成的C_1~C_6^+烃类、H_2、O_2、N_2、CO_2、CO、H_2S等气体称为炼厂气，其中的烃类组成分析目前主要采用基于多柱多阀组合技术的多维气相色谱分析方法[261]。

多维气相色谱按色谱柱数量分为四柱、五柱、六柱、七柱系统，其中四柱和五柱系统为两通道二维色谱系统，不设独立通道检测H_2，存在H_2的检测灵敏度低的缺点。六柱和七柱系统为三通道三维气相色谱系统，克服了四柱和五柱系统的缺点，H_2采用TCD检测器单独检测。六柱和七柱系统的区别在于，六柱系统中轻烃的检测中未设置反吹系统，因C_6^+组分出峰温度高、保留时间长，导致整个检测周期较长。七柱系统为迄今为止最佳的测定炼厂气组分的多维气相色谱系统。郭为民等[261]利用安捷伦7890B气相色谱仪，采用五阀七柱、双TCD+FID三检测器系统的三通道同时分析炼厂气，FID路通道用于分析烃类组分，一路TCD通道用于分析氢气，另一路TCD通道用于分析永久性气体，经检测并通过校正归一化百分比方法运算得各组分含量，一次进样分析仅需要5~6min。

二、石脑油馏分的单体烃组成分析

1.单体烃分析

汽油是用量最大的燃油之一。汽油（石脑油馏分）的烃类组成数据是汽油产品的重要指标，也是石油炼制和石油加工过程不可缺少的基础数据，获知汽油烃组成是确定油品加工方案的重要依据。汽油或石脑油馏分，一般由沸点小于210℃、碳数范围C_5~C_{12}的正构烷烃、异构烷烃、环烷烃和芳烃组成。

Rossini等[262]就20世纪50年代以前各国学者对石油中单体烃组成分析情况进行了综述分析。早期分离鉴定石油单体烃成分所采用的方法和步骤比较复杂，如结合色谱分离、催化脱氢、精密分馏及散射光谱等建立了汽油单体烃的综合分析方法，利用该方法可在较短时间内定量分析石油<150℃馏分的单体烃组成[263]。气相色谱分析技术可以对石脑油馏分中各烃类的形态进行分析，例如，Berger[264]曾将9根50m长的色谱柱串联，在130万有效塔板数的色谱条件下分析汽油，得到了近970个单体化合物的色谱峰。虽然在极限条件下鉴定出的单体烃化合物种类很多，但各单体烃的相对含量悬殊，据统计占总量三分之二的化合物只有20余种，因此目前普遍采用50m的毛细管柱分离得到的单体烃色谱图。

目前已开发的自动化定性定量方法，能比较方便地得到约200个单体化合物的分子组成和含量信息[265]，而石脑油、汽油等低沸点馏分详细单体烃分析的高分辨毛细管气相色谱法[266~268]陆续成为标准方法，在石油炼油过程发挥了重要作用。其中，美国试验与材料协会（ASTM）公布的应用于低含量（<2%）烯烃的汽油单体烃分析的标准方法[266]，采用50m×0.2mm×0.5μm的标准化的100%甲基硅酮弹性石英毛细管柱，给出沸点小于正壬烷的所有组分的定性结果和保留指数。而2001年公布的ASTM标准方法[267]则包含了采用100m和50m的毛细管柱测定含烯烃汽油组分的定性结果和保留指数，同时给出了汽油中常见的含氧化合物的保留指数，可以在一定范围内用于成品汽油的分析测定。该方法较适用于烯烃含量低于20%的油品测定。如果需要准确的烯烃总量，则还应结合多维色谱等其他方法来共同得到相关数据。由于该方法包含了3种不同的色谱条件以及相应的测定结果，ASTM于2002年将其拆分为3个独立的方法。

根据汽油单体烃组成数据，还可以计算汽油辛烷值及其他多项物性参数，包括样品的密度、折光率、饱和蒸气压、热值、平均相对分子质量和碳氢元素的含量，特别适合于样品量很少时物性数据的测定，有效提高了数据的利用效率。

由于加工工艺的多样性和复杂性，汽油单体烃分析方法对于高碳数烯烃同分异构体众多、色谱峰间相互重叠现象严重，对烯烃含量较高的FCC汽油测量偏差较大。汽油的单体烃分析目前以及今后相当长的时间里都将是汽油组成分析的最有效的手段之一，如何改善分离、提高分析效率是今后工作的重点，细内径短柱的应用是单体烃分析发展的方向之一。

目前，对于汽油馏分烯烃的单体烃分析通常采用溴加成-GC-AED分析方法。该方法首先利用烯烃的溴加成反应，选择性地将汽油样品中的烯烃定量转化为溴代烃，而烷烃和芳烃保持惰性，然后用一根非极性毛细管柱对溴化后的汽油样品按沸点顺序进行分离，接着利用检测器（如原子发射光谱检测器）多元素同时选择性定量检测，得到汽油中各单体化合物尤其是烯烃的单体烃和族组成的分析结果。例如，刘颖荣等[269]采用溴加成法对汽油样品进行预处理的各种条件和影响因素进行了详细研究，发现采用过量Br_2/CCl_4溶液，在避光、冰水浴条件下，汽油中的烯烃可完全定量转化为溴代烃，这种定量转化的过程与样品中烯烃的含量高低无关。对采用GC/AED测定预处理后的样品的方法也进行了系统的研究，对171个溴化产物（溴代烃）进行了定性，建立了根据同一色谱峰在AED碳通道和溴通道的响应，联合计算对应的烯烃单体含量的定量方法[270，271]，与单体烃分析法相比，解决了烷烯、芳烯混峰带来的定量误差。该方法利用了烯烃溴加成反应的专属性和高效性，以及AED 溴通道的选择性元素响应，使测定结果准确可靠。与单体烃分析法相比，解决了烷烯、芳烯混峰带来的定量误差。与多维色谱相比，样品中的烯烃含量可以为0~100%，无测定上限的要求。因此，该方法从实验室研究真正走向了实际样品的分析应用。

2.非烃化合物的分析

非烃化合物的分析主要是对含硫、氮、氧类非烃化合物分布情况的分析。对于像炼厂气、液化气、汽油等轻组分中非烃化合物，其种类相对简单，通常采用气相色谱-特定检测器联用仪进行分析即可获得较好的单体组成结果，方法也较为成熟。而对于沸程的提高，硫化物等非烃化合物的种类更为复杂，且相对含量较少，必须采用更为强有力预处理方法或分析手段，如气相色谱-质谱、傅立叶变换离子回旋共振质谱（FT-ICR MS）法等才能获得相应的结果，馏分越重可能定量都很困难，往往只能获得一些定性结果。因此，非烃类化合物的分布情况，结合到后面的族组成或结构族组成来介绍。

三、柴油馏分的单体烃分析

柴油是用量最大的燃油之一，柴油馏分主要由饱和烃（正构烷烃、异构烷烃、环烷烃）和芳香烃组成，还有少量的硫、氮和氧等杂原子化合物。如果柴油馏分的沸点范围为180~370℃，碳数在C_{10}~C_{22}，则该馏分通常称为轻柴油；而如果沸点范围为350~410℃，则该馏分通常称为重柴油。

柴油的组成对其性质和性能（如十六烷值、润滑性、低温流动性和燃烧排放物等）有很大的影响。另外，一些柴油需要进行精制才能满足产品质量的要求。在柴油精制前后，各类烃及杂原子化合物的变化也是至关重要的，考察在精制过程中柴油组成的变化，可以为加工工艺的优化和新型催化剂的研发提供有价值的信息，因此柴油的详细组成分析对生产工艺和产品质量控制有着非常重要的作用。

柴油馏分与汽油馏分中烷烃、环烷烃、芳香烃的不同之处在于，烃类化合物的碳原子数增加，环烷烃、芳烃的环数增加。直馏柴油馏分中的饱和烃包括链烷烃和环烷烃，链烷烃包括正构烷烃和异构烷烃。其中，柴油馏分中的正构烷烃组成简单，分布规律很强，是一类与石油的成因有关的生物标志化合物，其碳数分布范围、主峰碳数及奇偶优势是实现对油品的指纹鉴别的重要参数[272]。另一类链状生物标志是类异戊二烯类烷烃，它的分子结构中含有异戊二烯结构单元但并无其他环状结构。该类化合物中最为典型的是姥鲛烷（$C_{19}H_{40}$）和植烷（$C_{20}H_{42}$）。它们的含量较高且容易被识别，由于所形成的地质环境不同而被广泛应用于油品在环境中的风化或生物降解的研究中[273]。也正因为如此，虽然对于柴油以及原油及其中间馏分和其他高沸点馏分，不能像汽油等低沸点馏分那样做到全组分单体化合物组成分析，但对这些石油样品中特征单体化合物（正构烷烃、类异戊二烯异构烃、甾萜烷生物标志物、多环芳烃等）的分析开始较早，并且已发展出多种能从石油复杂基质中鉴定出更多单体化合物的方法。如早在1964年，API项目组已从Ponca原油种分离鉴定出234个单体化合物，但当时较多的是为了将化合物分离出来且仪器方法不成熟，因此前后用时将近37年[274]。

烷基环己烷、十氢萘和全氢化蒽是柴油馏分中1~3环环烷烃的代表。长侧链的烷基环己烷系列是比较典型的具有单环结构的生物标志物，烷基环戊烷系列的含量较低，故很少被研究。环烷烃的含量高低对柴油性质如运动黏度、倾点、闪点等理化性质的影响较大。

直馏柴油馏分中的芳烃主要是1~3环的芳烃，如烷基苯、茚满类、茚类、萘类、联苯类、苊类、芴类、苊烯类、菲类、蒽类和环烷菲类等。其中最主要是二环芳烃，且萘类结构的二环芳烃是柴油中最丰富的芳烃化合物，约占70%，其他以联苯类、茚类化合物形式出现。四环以及四环以上的芳烃由于沸点高，在柴油中的含量很少。环烷芳烃是多环芳烃的芳烃部分饱和的化合物，如四氢萘、八氢菲等。

综上所述，由于柴油馏分单体烃数目繁多、异构体间的性质接近，因此很难按照单体烃进行分离和鉴定。

四、VGO中的单体烃分子表征

虽然石油中的化合物数量非常庞大，现在的分析技术还无法实现对高沸点石油馏分中所有单体烃的表征，但采用GC/MS仍可对部分单体烃进行分析。不过，高沸点石油馏分中单体烃分析目前主要用于石油地球化学和环保监测领域，很少用于炼油工艺研究中。

原油是来源于古代生物体在地壳缓慢加热作用下的有机残留物。各种不同的古代生物体，如藻类、陆地植物、细菌等，在不同的地方堆积，经过长时间的演变，最终变成石油，由此不同地方的石油都具有独特的化学指纹，生物标志化合物包含了这些独特的化学指纹信息。生物标志物还具有相当稳定的化学性质，不仅可以指示生油岩的类型、成熟度，而且可以反映油藏的充注方向及成藏史。原油生物标志指纹已广泛用于石油地球化学。原油经过蒸馏切割，保留在重油中的生物标志物大部分为三环萜烷、五环萜烷、甾烷和多环芳烃。油品中的生物标志物分析通常需要将样品进行分离净化，然后再进行分析。生物标志物的测定通常采用GC/MS进行。

李振广等[275]利用GC/MS分析了松辽盆地黑帝庙、萨尔图、葡萄花、高台子、扶余油层原油，共检测到萘、菲、联苯、芴、二苯呋喃、二苯并噻吩、三芳甾等11个系列164种芳烃化合物。Hauser[276]利用GC/MS分析了科威特油田的18种原油中的18种五环藿烷和14种甾烷共32个生物标志物，发现在18种原油中，五环藿烷的分布变化比甾烷要更为明显。Yang等[277]定量测定了14种原油和22种石油产品，测定了轻质和中质馏分燃料、重质燃料和润滑油中的金刚烷和双金刚烷，并用它们的浓度作为指纹区分各种燃料油。Peters等[278]定量研究了不同工艺过程对生物标志物浓度和分布的影响。他们采用GC/MS测定了Chervon公司的原油、喷气燃料、直镏柴油、TKN原料、VGO、渣油、TKN原料加氢裂化产品、加氢精制VGO、VGO催化裂化产品和渣油焦化汽油中的甾烷和藿烷，并用其芳香性和热稳定性对产品中的生物标志物的浓度和分布进行了解释。

单体烃分析的另一个应用为环保监测，主要是多环芳烃的测定。多环芳烃是最早发现的具有“致癌、致畸、致突变”作用的环境污染物之一。例如，美国环保总署1979年确定了16种多环芳烃作为首选监测污染物，16种多环芳烃为萘、苊烯、苊、芴、菲、蒽、荧蒽、芘、苯并(a)蒽、屈、苯并(b)荧蒽、苯并(k)荧蒽、苯并(a)芘、二苯并(a,h)蒽、苯并(ghi)芘和茚并(1,2,3,cd)芘。目前已开发了很多用于食品、水、土壤、橡胶和润滑油[279]中多环芳烃测定的GC/MS方法。

实际上，比柴油更重的蜡油、渣油，单体烃分析基本上很难进行了，因此，柴油以上馏分更加看重的是采用族组成和结构族组成的方法进行分子层级的分析。

第二节　族组成分析

一、汽油馏分组成分析

(一)汽油馏分烃族组成分析

汽油的烃族组成分析方法主要包括PIONA(正构烷烃、异构烷烃、烯烃、环烷烃、芳烃)分析、PONA(烷烃、烯烃、环烷烃、芳烃)分析和SOA(饱和烃、烯烃、芳烃)分析等。具体的分析方法包括荧光指示剂吸附分析法(简称FIA，GB11132)、化学吸附结合气相色谱分析法[280]和多维气相色谱分析法[281]等多种。

荧光指示剂吸附分析法费时较长，颜色分界较难判定，易导致较大误差。Martin利用化学吸附结合气相色谱法分析汽油族组成，该研究采用β，β-硫代二丙腈填充柱，先分离出芳烃，再用高氯酸汞从饱和分中吸附烯烃，从而可得到饱和烃、芳烃及差减法烯烃的含量。Ury改用硫酸铜作烯烃吸附剂，并用高温脱附，可直接测出烯烃含量，氮存在一定量的不可逆吸附，导致高碳数烃回收率较低。通过改变吸附剂载体，可以避免烯烃的不可逆吸附，并缩短吸附平衡时间，使汽油SOA族组成分析更准确快捷。

近几年，徐广通在开发出高性能烯烃捕集材料的基础上，提出采用多维气相色谱技术快速分析汽油等轻质石油馏分中烯烃、芳烃和苯含量的方法，并于2012年获准成为ASTM标准方法。此外，还有基于气相色谱分析低烯烃点燃式发动机燃料中氧化物、链烷烃、环烷烃和芳烃(O-PONA)的ASTM D6293法及基于多维气相色谱分析200℃石油蒸馏物中链烷、环烷和芳烃(PNA)的ASTM D5443法。国内族组成标准GB/T 30519—2014等效于美国试验与材料协会标准ASTM D7753。

清洁汽油对烯烃、芳烃和苯含量的限值提出了更高的要求，为更好地控制汽油成品中上述组分的含量，要求有更加准确、精密、快捷、经济的测试方法。为此，利用气相色谱测定汽油烃组成方面做了大量的研究工作。目前，气相色谱法测定汽油烃类组成的应用主要集中在基于一根高分辨毛细管柱的单柱单体烃分析法和基于多根不同类型色谱柱（甲基硅酮固定相）的多维气相色谱分析法，且一般采用程序升温的方法对组分进行分离，采用氢火焰离子化检测器进行检测，依据保留指数进行定性，归一化方法进行定量。

烯烃的组成分析可采用溴加成-GC-AED分析方法和多维色谱法。其中，多维色谱法测定汽油的组成，是采用多根不同性质的色谱柱，结合阀切换技术，将汽油中的组分按照碳数和类型进行分离，从而获得样品的碳数分布的族组成（PIONA）的数据。ASTM于1998年发布了采用多维色谱技术测定汽油总烯烃含量ASTM D6296和汽油详细组成的方法ASTM D6293，两种方法由于烯烃捕集阱性能存在问题，只能测量低烯烃含量的样品。在对烯烃捕集阱性能进行改进和方法进一步优化的基础上，2002年ASTM又发布了ASTM D6839，烯烃和芳烃体积分数测量上限分别可达30%和50%，与该标准内容一致的ISO标准ISO 22854也于2008年发布。国内中国石化在20世纪90年代就开展汽油烯烃分析方法研究[269]，并2004年颁布多维色谱测定汽油烃组成的标准方法SH/T0741[268]，该方法可在短时间内快速测量汽油中的饱和烃、烯烃、芳烃和苯含量。

烯烃与环烷烃极性和沸点相对比较接近，环烷烃的存在会对烯烃的测定产生干扰，因此，烯烃组成的鉴定需排除环烷烃等化合物的干扰。利用Br_2将烯烃加成生成溴代烃而烷烃和芳烃保持惰性，采用GC-AED或者多维色谱对生成溴代烃进行分析从而得到单体烃和烃族组成的定性结果[269, 270]，并利用GC-AED对溴代烯烃做定量分析[271]，从而获得烯烃碳数、类型分布及含量的信息。

GC-MS是获得化合物分子式的最有效的手段，利用原子发射光谱检测器获得的碳溴元素比推算溴代烃的经验式，并利用GC-MS获得溴同位素峰信息确定色谱峰是否为混峰，从而确定烯烃的单体结构信息。相较于多柱PONA分析法和单柱PONA分析法，利用GC-MS分析汽油中的烯烃组分不仅操作更简便，结果较为准确[282]。

（二）汽油中非烃化合物组成分析

与烃类相比，含硫、氮、氧等杂元素的非烃化合物，虽然其总体数量较少，但是对于石油加工和产品的使用有着非常大的影响，例如：汽油中的硫醇具有非常强烈的臭味；重油中的某些含硫化合物、含氮化化合物会毒害催化剂，造成催化剂中毒失活；非烃化合物燃烧生成的硫氧化物和氮氧化物等会污染环境等。

由于石油组成的复杂性和仪器条件的限制，在以往的研究中，非烃化合物往往以类为对象。随着分析技术的发展和对石油及其石油产品组成认识的深入，现代石化分析领域对于硫化物的分析已经深入到单体化合物的分析。通过发展强有力的分析手段并建立有效的分析表征方法，对非烃化合物在石油馏分中尤其是重馏分中的组成、结构及分布在分子水平上有更为深入的认识，才能充分管理和利用石油中每一个分子。

1.汽油中的硫化物

1）硫化物的类型与检测

所有的原油都含有一定量的硫，但不同原油的含硫量相差很大，从万分之几到百分之几。由于硫会使有些催化剂中毒，部分含硫化合物（如硫醇等）本身具有腐蚀性，以及石油产品在硫燃烧后均生成二氧化硫，会腐蚀设备和污染环境，所以往往把硫含量作为衡量石油及石油产品质量的一个重要指标。石油中的硫并不是均匀分布的，它是随着馏分沸程的升高而增多的。其中汽油馏分的硫含量最低，减压渣油中的硫含量最高，我国原油中约有70%的硫集中在其减压渣油中。

石油中所含硫的存在形式有单质硫、硫化氢以及硫醇、硫醚、二硫化物、噻吩等类型的有机含硫化合物，此外尚有少量既含硫又含氧的亚砜和砜类化合物。存在的含硫化合物一般以硫醚类和噻吩类为主，如硫醇、硫醚、二硫化合物、环硫化合物、噻吩化合物（TPs）、苯并噻吩类（BTs）、二苯并噻吩类（DBT）以及缩合度更高的硫杂环化合物。其中，原油中的噻吩类硫化物一般占其含硫化合物的一半以上，且噻吩类硫化物主要存在于中沸点馏分尤其是高沸点馏分中，随着馏分沸点的升高，噻吩类硫化物的稠环类含量越来越大。

天然气、汽油等轻组分中含硫化合物种类相对简单，通常采用气相色谱-特定检测器联用仪进行分析即可获得较好的单体组成结果，方法较为成熟。而随着沸程的提高，硫化物种类更为复杂，且相对含量较少，因此需要更为强有力的分析手段，如气相色谱-质谱、傅立叶变换离子回旋共振质谱（FT-ICR MS）法等。质谱具有较高的分辨率可用于化合物的结构组成分析，结合色谱的分离系统，GC-MS很早就被应用于石油馏分中硫化物的鉴定和定量分析。近些年，随着质谱技术的发展，越来越多的高分辨质谱技术应用于石油分析领域，为实现石油分子水平认识提供了可能。对于较重馏分或者硫含量较低的样品，往往需要借助于有效的分离手段才能达到后续分析仪器的要求。目前应用较为广泛的方法为固相萃取法[283~287]、配位交换色谱法[288~292]、氧化-还原法[293~295]和衍生化-还原法[296~298]。

采用气相色谱并结合选择性检测器是测定汽油中各种硫化物分布的最有效方法之一，可用于检测硫的检测器包括火焰光度检测器（FPD）、脉冲火焰光度检测器（PFPD）、硫化学发光检测器（SCD）、原子发射光谱检测器（AED）等，其中最理想的检测器应为原子发射光谱检测器和硫化学发光检测器。SCD是一种专门对硫响应的检测器，它基于臭氧与被分析物燃烧生成的一氧化硫反应生成激发态的SO_2^*，SO_2^*回到基态时，发出蓝色的荧光信号，然后用光电倍增管接收响应信号。AED具有对硫的线性响应和响应因子与硫化物的类型无关等优点，是一种元素选择性检测器，除具有高灵敏度、高选择性、对硫的线性响应及响应因子不随硫化物的种类而变化的优点外，还可进行多元素的同时检测。

2）硫化物的含量与分布

了解汽油馏分中各种硫化物的分布及含量，对于选择更好的脱硫催化剂和工艺条件有着十分重要的意义。

杨永坛等[299]分别采用GC-SCD、GC-AED技术，建立了催化裂化汽油中各种硫化物类型分布的分析方法，定性了某催化裂化汽油中的60种左右的硫化物，并将两种方法测硫的数据进行了对比（参见图2-28，为FCC汽油脱硫前后各硫化物的分布），两种检测器的定量结果具有较好的相关性。

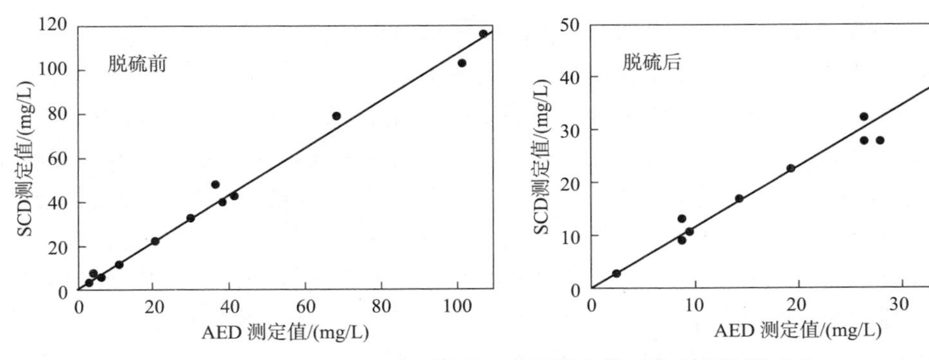

图2-28　SCD和AED测FCC汽油脱硫前后硫分布数据对比

杨永坛等[300]还建立了焦化汽油中硫化物类型分布GC-SCD的分析方法，定性了某焦化汽油中的74个硫化物。以硫化氢、乙硫醇、正丙硫醇、噻吩、2-甲基噻吩、2-乙基噻吩、2-丙基噻吩、碳四噻吩、苯并噻吩、甲基苯并噻吩的保留时间为尺度，计算了焦化汽油中各种硫化物的保留指数，并可推广到其他类型的汽油馏分中各种硫化物保留指数的计算，为仅能提供硫化物信息的仪器提供了可靠的定性依据。

王征等[301]建立了催化裂化汽油中各种硫化物类型分布及烃类组成GC-FID-SCD的分析方法，在定性了300多个烃类组分的同时，定性了催化汽油中的60多个硫化物，一次进样可同时得到汽油的硫化物的形态分布结果和汽油样品的烃类组成结果，极大地节省了分析的时间和周期。

钱钦等[302]建立了检测低硫汽油中含硫化合物类型分布GC-SCD的分析方法。该方法对硫化物的分析灵敏度高，硫的检出限达到0.05mg/L，可应用于不同来源的低硫汽油中各种硫化物类型分布的研究。

2.汽油中的氮化物

1）概述

石油中含氮化合物的含量通常在0.05%~2%，一般低于含硫化合物的量。氮含量虽然较小，但对石油加工和石油产品的影响较大，含氮化合物易造成催化剂中毒失活，影响石油产品的安定性，燃烧生成的氮氧化物污染环境等。此外，含氮化合物大多以含氮杂环化合物的形式存在，相比于含硫化合物，含氮化合物在加氢过程中更难脱除，且主要分布于原油的重馏分中，其中约90%的氮集中于渣油组分中。对于含氮化物类型和含量的分析一直是石油加工过程中关心的问题之一，尤其对于重油加工过程中氮化合物类型的变化、含氮化合物的脱除及对加工反应的影响成为含氮化合物研究的热点问题。

石油中含氮化合物可分为两类：碱性氮化物和非碱性氮化合物。由于含氮化合物的含量较少，习惯先将含氮化合物分离后利用GC-MS分析。利用GC-MS分析汽、柴油馏分中的氮化物已经开展了大量研究，在经过合适的前处理将氮化物进行分离后，利用酸萃取[303~305]或酸改性柱分离[306~308]的方式将碱性氮与非碱性氮进行分离，然后利用GC-MS进行定性，通常辅以GC-NCD进行定量分析。可以将分离、富集得到的氮化物按色谱保留特性、沸点分布规律进行色谱分离，配合NIST谱库进行质谱定性，实现了汽、柴油馏分近百种氮化物的类型分析，被广泛地应用于直馏汽/柴油、二次加工汽/柴油、煤焦油/页岩油柴油馏分等多种石油产品中的氮化物分析。

对于石油及其产品中含氮化合物单一的方法往往很难获得较好的分离效果，因此往往采用多种方法相结合的方法来分离。科波林等结合抽提法、离子交换色谱法及吸附色谱法等将直馏蜡油中含氮化合物浓缩分离，并确定了其存在酰胺类非碱性氮化物。Conny[309]利用柱色谱将含氮化合物及极性物分离，然后利用酸碱抽提将含氮化合物分离，利用GC-MS确定了含氮多环芳烃的结构。Snyder等[310, 311]采用离子交换树脂和柱色谱方法分离了高沸点石油馏分中含氮化合物，并利用质谱等分析方法鉴别出吲哚系、咔唑系、吡啶系和喹啉系等含氮化合物。蔡昕霞等[312, 313]结合酸萃取和柱色谱将重油馏分以及窄馏分油中的含氮化合物分为强碱性含氮化合物、弱碱性含氮化合物和酸性含氮化合物，利用GC-MS并结合红外光谱确定了135个含氮化合物结构，给出了氮化合物类型信息。周密等[314]利用类似的方法，运用GC-MS鉴别出了170种含氮化合物。王小淳等[315, 316]也利用柱色谱法结合酸萃取法将含氮化合物分离并建立含氮化合物的定性方法，为质谱在异构体鉴定方面提供了简便可行的定性鉴别方法。

2）氮化物的分布与类型

石油中的含氮化合物（碱性氮化物和非碱性氮化合物）总体上含量较少，在经过合适的前处理将氮化物进行分离后，通常利用GC-MS进行定性，并辅以GC-NCD（氮化学发光检测器）进行定量分析。

NCD只对样品中的含氮化合物有响应，并对含氮化合物等摩尔响应，因此在没有标准物质的情况下也可以对未知含氮化合物进行准确定量。在实际分析中，可以将分离、富集得到的氮化物按色谱保留特性、沸点分布规律进行色谱分离，配合NIST谱库进行质谱定性，实现汽、柴油馏分近百种氮化物的类型分析，目前已被广泛应用于直馏汽/柴油、二次加工汽/柴油、煤焦油/页岩油柴油馏分等多种石油产品中的氮化物分析。例如，杨永坛等[305]建立了催化汽油馏分中各种含氮化合物类型分布的GC-NCD分析方法，采用化学预处理的方法浓缩了催化汽油中的含氮化合物，并结合气相色谱-质谱检测以及部分含氮化合物标准样品，对某催化汽油中的20多个含氮化合物进行了定性或归类，认为催化裂化汽油中主要是吡啶类、苯胺类氮化物。李伟伟等[317]采用液液萃取的方法分别从90号、93号、97号汽油中提取了含氮化合物，采用气相色谱-表面电离检测器（GC-SID）方法分析了车用汽油中的氮化物形态，同样也主要为吡啶类、苯胺类氮化物。张月琴[318]采用预富集技术提取汽油中的氮化物，结合GC-MS定性，对照标准样品的色谱保留时间确定汽油中氮化物的形态，以GC-NCD为分析手段对汽油中氮化物进行定量分析，单组分氮的检出限为0.6mg/L，用该方法分析得出催化裂化汽油中氮化物的类型主要包括腈类、吡啶类、吡咯类、苯胺类。

3.汽油中的含氧化合物

1）概述

石油中的含氧化合物有脂肪酸、环烷酸、酚类等酸性含氧化合物及少量的非酸性含氧化合物（醛、酮、苯并呋喃等）。含氧化合物对石油加工和石油产品的产生不利影响，降低石油产品的安定性，此外还会造成运输和加工设备的腐蚀。对于烃类化合物，已经建立成熟的分离分析方法，但对于含氧化合物，仍然缺乏系统的分离分析方法。建立石油及石油产品中含氧化合物的分离分析方法，对石油加工和石油科学的发展具有非常重要的意义。色谱法、红外光谱法、核磁共振法和质谱法是当前分析含氧化合物的有效分析手段，其中质谱法是从分子水平来表征含氧化合物的最普遍最有力的工具，也是获得分子结构最为理想的方法之一。

石油中的含氧化合物主要以有机酸的形式存在，其中环烷酸约占石油中酸性含氧化合物的90%，也是目前研究最多的含氧化合物种类。由于含量少，常规的仪器直接测定很难获得理想的分离结果，因此往往需要将样品预处理实现含氧化合物的分离为前提。含氧化合物的分离方法有衍生化提取、吸附分离法、溶剂抽提、络合法等，其中醇碱抽提法为一种简单有效的分离方法。例如，李恪等[319]采用0.01g/mL的氢氧化钠－乙醇（95%）溶液萃取分离出克拉玛依原油馏分中的石油羧酸（主要为环烷酸），实验结果证明效果良好。刘泽龙等[320]采用56g/L的KOH－乙醇（50%）溶液，在剂油比为1：5的条件下分离环烷酸，取得了良好的效果。吕振波[321]用醇碱溶剂最终可将石油中的环烷酸全部抽提出来。

利用碱抽提实现酚类化合物的分析，最多可以鉴定70多个酚类化合物[322，323]。利用碱抽提配合柱色谱法，可实现油品中石油酸甲酯化产物的定性定量分析[324]。GC–MS是目前运用最为普遍的分析方法。丁安娜等[325]利用GC/MS对分离出的酸性非烃进行分析。结果表明，酸性非烃主要由一元酸、二元酸、姥鲛烷酸、植烷酸、藿烷酸和甾烷酸等化合物组成，藿烷酸（甲酯）碳数范围为C_{31}~C_{34}，甾烷酸（甲酯）主要以C_{28}~C_{30}。为主。陈茂齐等[326]利用GC/MS 鉴定含氧化合物组分的方法，鉴定出C_8~C_{30}的脂肪酸、分子量为484和498的二对藿烷酸的立体异构体、烷基酚、邻苯二甲酸酯等，并首次发现石油中含有癸二酸二异辛酯类组分。罗澜等[327]用GC/MS 对原油中分离出的酸性组分进行了分离和结构鉴定，结果表明，此酸性组分含有正构和异构脂肪酸，碳数范围为C_5~C_{30}，还有少量的不饱和脂肪酸、芳香酸和环烷酸。

近几年，也有利用选择离子扫描（SIM）法对汽油中目标含氧化合物的定性定量分析[328，329]，该方法选择性好、灵敏度高，可以排除其他烃类干扰，实现微量目标化合物的分析。Kiyoshi Morikawa 等[330]将原油中分离的有机质转化为相应的酯类，采用GC/MS技术进行分析，使得环烷酸碎片离子的数量显著降低，从而大大改善环烷酸的分析效果。采用GC–MS分析时，通常需将含氧化合物衍生化为酯类或硅烷化物，但是衍生化的方法并不能保证衍生化反应的反应性，其分析结果很难代表石油中的化学组成。王云玉等[331]则利用GC×GC–TOF MS技术对汽油中14种微量含氧化合物进行检测，利用标准物质绘制工作曲线实现待测组分的定量分析。

2）汽油中的含氧化合物

汽油馏分中含氧化合物基本上是人为添加的，主要为一些小分子醇类和醚类，如C_1~C_4的醇和甲基叔丁基醚（MTBE）、乙基叔丁基醚（ETBE）、二异丙醚（DIPE）、甲基叔戊基醚（TAME）等。目前用于这一目的的标准分析方法主要有两种：基于氧选择性氢火焰离子化检测器（O–FID）的单柱单检测器法和基于柱阀切换技术的二维色谱分析方法。

单柱法是让含有内标如乙二醇二甲醚的样品，经非极性毛细管柱分离后进入由铂

/铑毛细管组成的裂解炉，在裂解炉内含氧化合物与管壁沉积的炭反应，然后在内涂镍催化剂层的多孔层开管玻璃毛细管甲烷转化器里被转化为甲烷，并直接进检测，得到汽油中每个含氧化合物相对于内标的峰面积。按相应的计算方法，可算出每个含氧化合物的浓度及汽油中总氧含量。二维色谱法是将配有适当内标如DME（1，2-二甲氧基乙烷）的样品导入装有两根柱子及一个十通切换阀的气相色谱仪中。样品首先流入预切柱，通过在合适时间阀切换，让含氧化物进入分析柱分离，再进入检测测定峰面积，参考内标可计算出每个组分的浓度。以上两种方法测定含氧化合物浓度的下限为0.1%。

为探索含氧化合物在工艺过程中的生成及分布规律，需测定微量含氧化合物的含量。由于汽油的组成相当复杂，其中有些含氧化合物的含量很低，低至几μg/g，上述两种常规方法很难将微量的含氧化合物与烃类组分分离。微流控中心切割技术是近几年发展起来的一种新的色谱技术，采用全程电子流量控制的压力切换，可以实现毛细管色谱柱之间精确到目标组分的切换。例如，李长秀等[332]建立了一套带有反吹组件和微流控中心切割组件及3根毛细管色谱柱的色谱系统，可以用于测定汽油中微量小分子含氧化合物的含量。该方法可以定量检测汽油馏分中微量的C_1~C_4醇、C_2~C_5醛、C_3~C_6酮、甲基叔丁基醚、乙基叔丁基醚和甲基叔戊基醚的含量，单组分的检测限为0.5~2.0μg/g。

二、柴油馏分组成分析

如前所述，由于柴油馏分单体烃数目繁多、异构体间的性质接近，因此很难按照单体烃进行分离和鉴定。表2-18为石油中芳烃的主要类型与结构。

表2-18　石油中芳烃的主要类型及结构

 −6	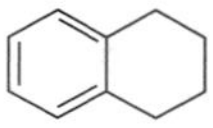 −8	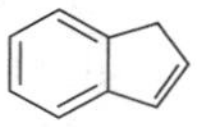 −10
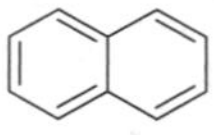 −12	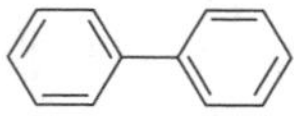 −14	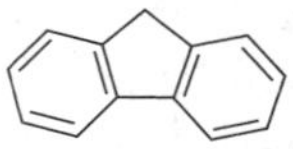 −16
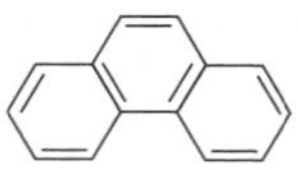 −18	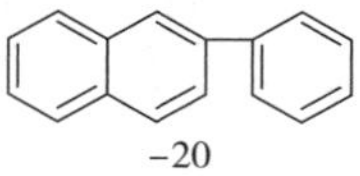 −20	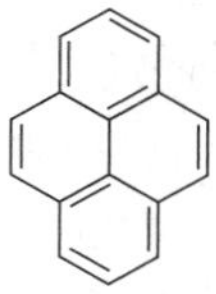 −22
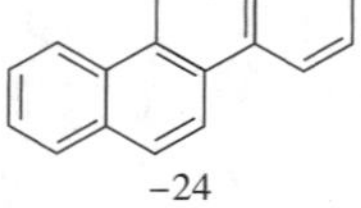 −24	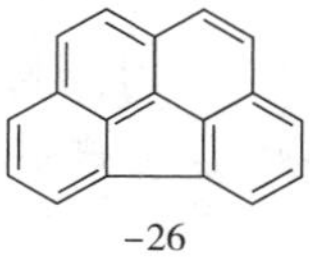 −26	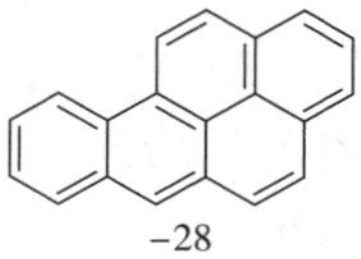 −28

续表

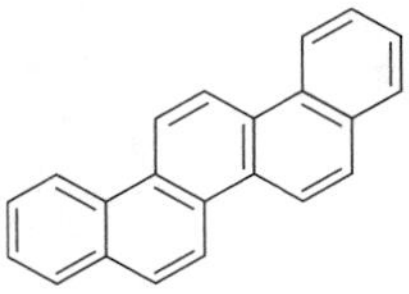 −30	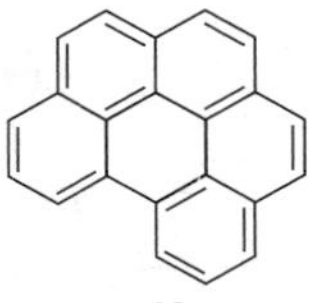 −32	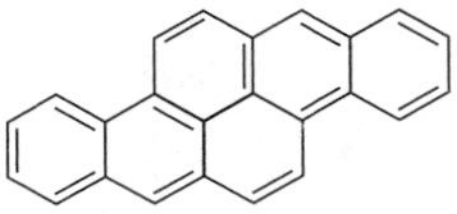 −34
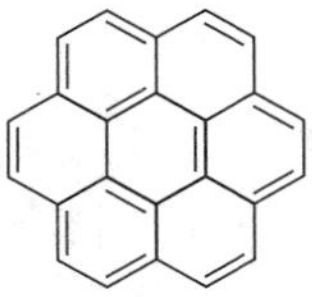 −36	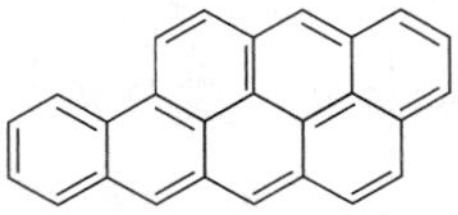 −38	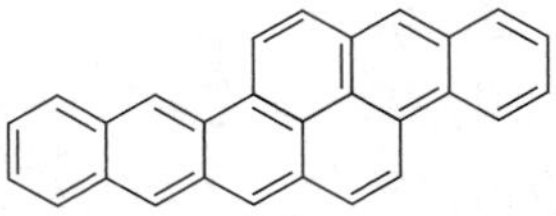 −40
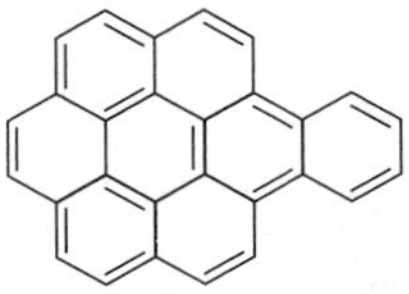 −42	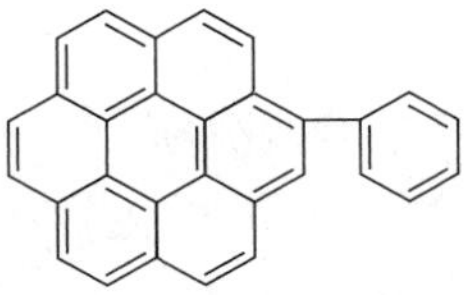 −44	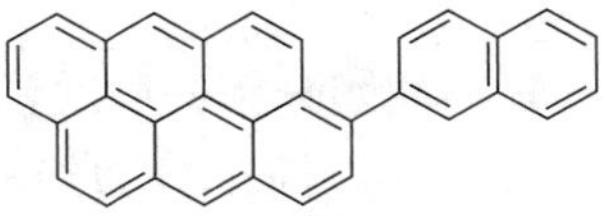 −46
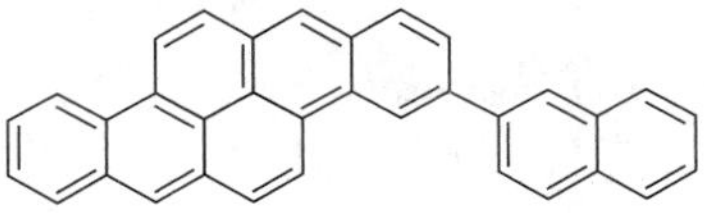 −48	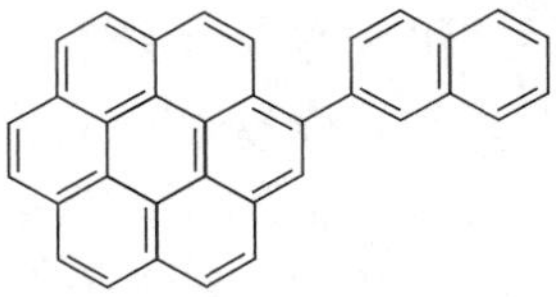 −50	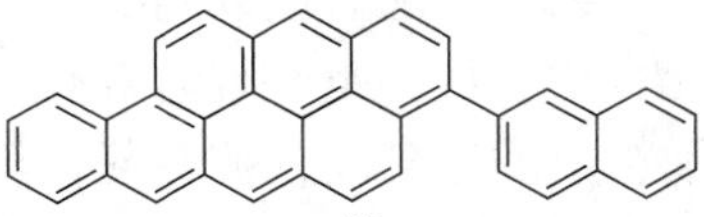 −52
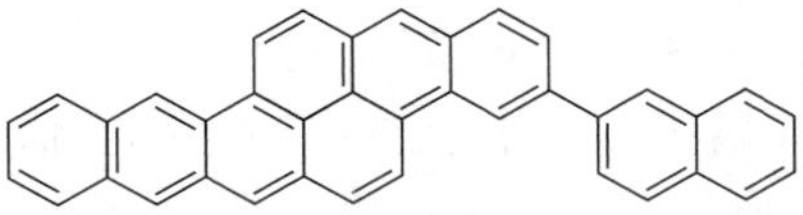 −54	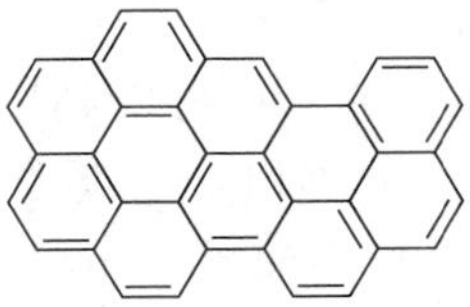 −56	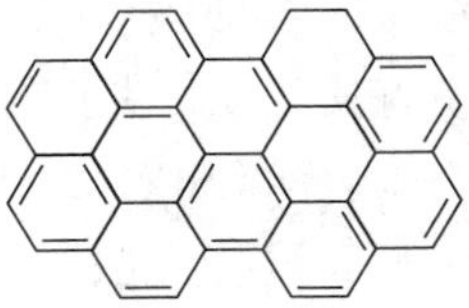 −58
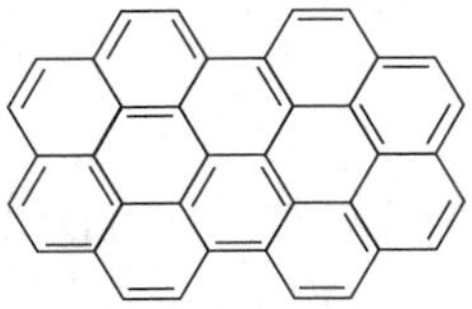 −60	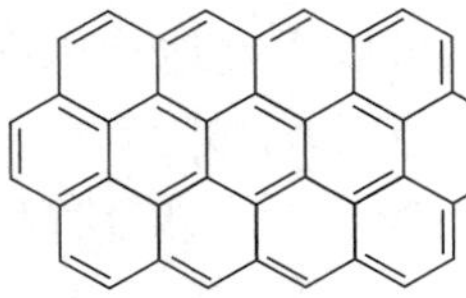 −62	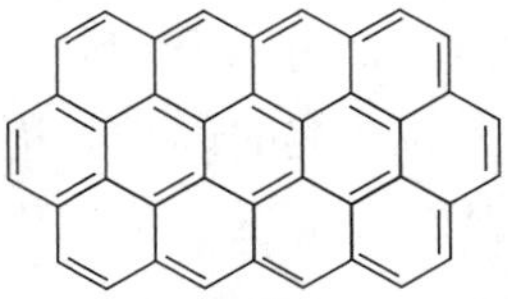 −64

注：表中数值为缺氢数。

(一)柴油馏分烃类组成分析

柴油烃类组成分析可根据提供信息的详细程度分为3个层次[333]，如图2-29所示。图中列出了所需组成信息与之对应的现代分析方法。

图2-29　组成信息及其对应的分析方法

图2-29中的第一层为简单的烃族组成分析；第二层是在第一层的基础上提供详细的化合物类型分析（烃类型组成分析），对于环烷烃、芳烃，还能得到其不同环数的化合物类型分布；第三层为分子水平表征，能够得到更为详细的组成信息，如碳数分布等信息。所需要的信息越详细，分离分析的难度就越大，对所需分析仪器的要求也越高。

1.柴油馏分第一层次信息：烃族组成分析

石油可以简单分为烃类化合物和非烃类化合物两个大类，一般条件下烃类化合物含量高于非烃类化合物，但根据石油产地和种类不同，二者相对含量可能相差较大。此外，烃类化合物和非烃化合物的相对含量还和沸程有关，石油的轻质馏分中烃类可占到90%以上，随着馏程的提高，烃类化合物含量下降，非烃化合物的含量逐渐升高。烃类化合物主要为链烷烃、环烷烃、芳香烃以及兼有3种烃结构的混合烃为主，最初对于石油组成的划分仅仅按照元素组成划分，元素组成代表了石油平均的化学结构，在一定程度上提高了对石油组成的认识，但随着生产和科研需求的提高，元素组成已经完全不能满足研究工作者的需要。

按照图2-29中对于石油组成分析的分类，第一个层次为族组成（饱和烃、芳烃、胶质、沥青质等），对于该层次的族组成分析可以利用色谱技术实现如洗脱色谱（EC）、超临界流体色谱（SFC）、高效液相色谱（HPLC）、近红外光谱法、气相色谱-氢火焰检测器联用法等。这些方法所获得的结果均为简单、粗略的组成数据，只能提供各大类烃族组成的分布，这里称之为柴油化学组成的第一层次信息。

其中，EC法[334]是一种最经典的石油馏分饱和烃和芳烃分离测定方法。尤其对于高沸点的馏分，利用经典柱色谱法可以很好地分离饱和烃和芳烃，但是该方法溶剂用量大，并且分离时间长，逐渐被其他分离方法取代。

HPLC应用于柴油族组成分析有大量的文献报道，张艳丽等[335]利用HPLC测定了柴油中单环芳烃、双环芳烃、三环芳烃的含量，具有高效、快速的特点。童文琴[336]利用HPLC对催化裂化柴油进行族组成分析，将柴油分离为饱和烃、轻芳烃、中芳烃、重芳烃和胶质5个组分，方法具有分析速度快、自动化程度高等特点，完全可以替代EC法。陶学明等[337]利用高效液相色谱法分离分析二次加工柴油，得到了柴油中的饱和烃、烯烃、芳烃、胶质4个组分的含量，并且首次实现了丙烯与α-烯烃的分离。杨彦琳[338]利用迁移丝式氢火焰离子化检测器的HPLC来定量分析各种柴油组分，同时定量分析了柴油中饱和烃、单环芳烃、双环芳烃、三环芳烃和胶质的含量。袁洪福等[339]也利用改进的迁移丝式氢火焰离子化检测器的HPLC分析直馏柴油，可以分离其中的饱和烃、单环芳烃、双环芳烃、三环芳烃和胶质，通过谱图可以进行定量分析，并且可以直观地区别不同油样。徐广通等人[340]提出了一种双柱切换、正相液相色谱分离、移动丝式氢火焰检测器检测分析柴油中烃类族组成的方法，得到了柴油中饱和烃与烯烃的总量、单环芳烃、双环芳烃、多环芳烃和胶质类组分的含量。

高效液相色谱分析方法的建立不仅为工艺课题的研究提供了必要的烃类组成分析数据，而且对产品出厂检验也有着重要的意义。利用HPLC分析油品时最大的困难是定量，由于没有通用型的检测器，极大地限制了HPLC的应用。

超临界流体色谱法（SFC）[341]的适用范围宽，分析速度也较快，可以弥补HPLC的定量缺陷，用来分析挥发度很低的物质和不能用一般气相色谱分离的易受热分解的物质。SFC的分析速度和柱效都比HPLC大大提高。因此SFC在柴油组成分析方面的应用比较广泛。Pál等[342]在利用硅填充毛细管柱的SFC对柴油烃组分进行分离分析的前提下，所得组分再注入GC中进行进一步的详细分析，然后利用MS检测。由于是用CO_2作流动相，因此在GC中的组分分离分析不受SFC分离的干扰。柴油中其他主要烃类组分可以与单环及多环芳烃实现分离。Venter等[343]利用硅胶柱SFC，FID检测器，将分析范围扩展到了汽油中烷烃、烯烃以及含氧化合物组分的分离，并通过实验验证在高压条件下FID检测器对烷–烯烃组分的选择性更好。美国试验与材料学会[344]（ASTM）对柴油及航空燃料中单环芳烃及多环芳烃含量的测定方法进行了规定，利用SFC测定柴油中的芳烃，方法简便准确度高。Richard等[345]讨论了不同色谱柱的SFC对柴油样品中的单环及多环芳烃的分离效果，通过对不同色谱柱的分离效果进行比较，提出了一种分离效果最好的氧化钛–硅串联色谱柱。

SFC、HPLC两种方法均可得到柴油饱和烃、单环芳烃、双环芳烃和三环以上芳烃的含量。欧洲和日本常采用HPLC来分析柴油的烃类组成，美国则采用SFC方法。HPLC对单、双、多环芳烃有较好的分离，此方法采用示差折光检测器（RI）进行定量。由于不同化合物的RI响应差别很大，很难确定各类烃的RI响应因子。SFC对芳环的分辨率要比HPLC的差，但是因为SFC采用氢火焰离子化检测器进行定量，由于FID对烃类化合物的响应基本一致，所以SFC的定量准确性比HPLC的高。

徐广通等[346, 347]也深入探讨了近红外光谱法对柴油组成的测定技术，这方面文献较多。

2.柴油馏分的第二层次信息

柴油馏分的第二层次信息是在第一层次基础上，进一步提供详细的化合物类型分析（烃类型组成分析），其中对于环烷烃、芳烃还能得到其不同环数的化合物类型分布。此时，采用质谱分析法能给出较详细的组成和结构信息。

质谱法是目前柴油烃类型组成分析中的常用分析方法[348, 349]，可得到链烷烃、1~3环环烷烃、烷基苯、茚满或萘满、茚类、萘类、苊类、苊烯类和三环芳烃的含量。基于石油分子的特征分子离子和特征碎片离子质量分布如表2–19所示。

表2-19 各烃类分子离子和特征碎片离子质量

烃类型	分子离子和特征碎片离子质量
链烷烃	43、57、71、85、99……
一环环烷	55、69、83、97、98、111、112……
二环环烷	67、81、95、96、109、110……
三环环烷	93、107、121、135、149…… 94、108、122、136、150……
烷基苯	77、91、105、119、133……
环烷苯	104、117、118、131、132……
二环烷苯	157、158、171、172、185、186……
烷基萘	127、128、141、142、155、156……
芴类	166、180、194…… 165、179、193……
苊类	154、168、182…… 167、181、195……
菲类	178、192、206…… 177、191、205……
环烷菲类	217、218、231、232、245、246……
芘类	241、255、269…… 242、256、270……
二苯并蒽类	278、292、306…… 277、291、305……
苯并噻吩类	133、147、161…… 134、148、162……
二苯并噻吩类	184、198、212…… 183、197、211……
萘苯并噻吩类	248、262、276、247、261、275……

就ASTM D2425测定方法[348]而言，如果测定时化合物类型超过7类，则会出现烃类峰的重叠，如壬烷和萘具有相同的相对分子质量，低分辨质谱无法将两者区分，因此需采用物理方法将这些重叠的烃类在质谱分析前予以分开。所以，分析方法要求柴油先进行吸附分离，分离得到的饱和烃和芳烃馏分再分别在质谱仪上进行测定。

两种标准分析方法采用的分离方法均为经典柱色谱法，所以这两种方法的总分析时间较长。为实现柴油烃类组成快速分析目的，刘泽龙[350]在固相萃取（SPE）和MS测定柴油烃类组成技术的基础上，开发了SPE/GC/MS测定柴油详细烃类组成的专利技术：首先通过改进吸附剂的固相萃取法分离出柴油中的饱和烃和芳烃馏分，内标法GC–FID测定所分析柴油中的饱和烃和芳烃含量，GC/MS测定详细烃类组成。该方法分析速度快（小于30min），分析成本低，分析精度高，同时也满足了清洁柴油对芳烃测定的要求。

由于质谱法能提供详细的烃类型组成信息，因此在石油化工行业的应用日益广泛。从20世纪60年代开始，国外用质谱法测定石油馏分的烃族组成取得较大进展，一些方法被修订成为ASTM标准方法，如煤柴油分烃族组成分析（ASTM D2425）、重馏分油饱和烃组分烃族组成分析（ASTM D2786）及重馏分油芳烃族分烃族组成分析（ASTM D3239）。Robinson等[351, 352]研究油样不经预先分离而直接利用基线计算将饱和烃和芳烃的质谱图进行剥离，实现一次进样对4类饱和烃和21类芳烃的烃族测定。该方法不用预先分离样品，避免了烦琐的预处理过程，利用数学方法将饱和烃和芳烃的谱图进行剥离，大大提高了工作效率，但由于需要编制复杂数学程序进行数据处理以及谱图剥离模型的适用范围有限，限制了方法的推广应用。由于ASTM D2425方法在分析样品时需要预分离，徐永业等[353]开发了一种数学方法来分开饱和烃和芳烃谱图。以数学处理方式代替柴油的预分离，简化了分析过程，提高了分析效率。李怿等[354]应用GC/MS 建立了柴油烃族组成按沸点分布的试验方法。该方法能够测定其他方法很难测定到的柴油详细烃族组成分布，并且试验结果与ASTM D2425 的结果一致。刘泽龙等[355]以直馏柴油馏分、重油饱和烃馏分和重油芳烃馏分为样品，研究用四极杆GC/MS代替磁式质谱仪，等效采用ASTMD2425、D2786和D3239方法测定石油馏分的烃类组成，并开发了相应的通用分析软件。研究结果表明，采用自动进样的四极杆GC/MS进行石油馏分烃类组成分析，均能满足ASTM方法的重复性和再现性要求，大大降低了烃类组成分析的成本。分析软件的应用，使数据处理计算机化，为用户提供了极大便利。

石油馏分中存在着很多同重化合物，即整数相对分子质量相同而结构不同的化合物，如C_9以上链烷烃与烷基萘的整数质量相同，C_{13}以上链烷烃与烷基萘和二苯并噻吩的整数质量相同。图2-30为石油中成对同重化合物分子的质量差及区分所需要的分辨率[356]。

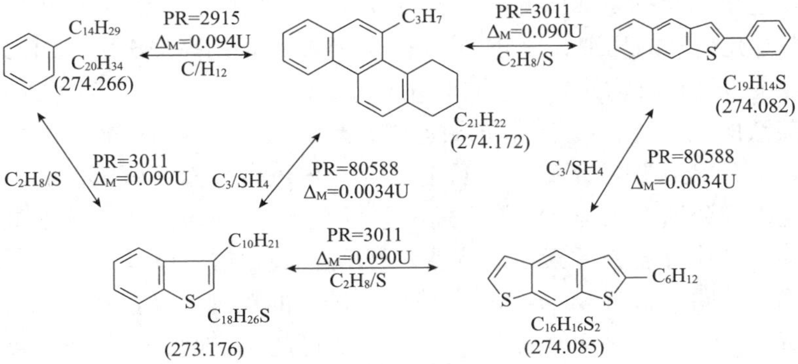

$C_{14}H_{29}$
$C_{20}H_{34}$ (274.266)
PR=2915 Δ_M=0.094U C/H_{12}
C_3H_7
$C_{21}H_{22}$ (274.172)
PR=3011 Δ_M=0.090U C_2H_8/S
S
$C_{19}H_{14}S$ (274.082)
C_2H_8/S PR=3011 Δ_M=0.090U
C_3/SH_4 PR=80588 Δ_M=0.0034U
C_3/SH_4 PR=80588 Δ_M=0.0034U
$C_{10}H_{21}$
S
$C_{18}H_{26}S$ (273.176)
PR=3011 Δ_M=0.090U C_2H_8/S
S S —C_6H_{12}
$C_{16}H_{16}S_2$ (274.085)

图2-30　石油中成对同重化合物分子的质量差及区分所需要的分辨率[359]

因为低分辨质谱仪无法区分这些同重化合物，因此需要烦琐的样品前处理来消除同重化合物的干扰。高分辨质谱（HRMS）使质谱分析扩展到同重化合物类型的分析，并且利用HRMS可直接确定质量峰的元素组成。E.J.Gallegos等[357]首次建立了HRMS分析高沸点石油馏分烃类组成的方法，HRMS不仅可以消除饱和烃和芳烃中同重化合物的干扰，还可消除烃类和含硫化合物的相互干扰。采用HRMS可实现样品无须预分离，直接测定高沸点石油馏分7类饱和烃、9类芳烃和3类噻吩类硫化物的组成。

3.柴油馏分的第三层次信息

分子组成从根本上决定了石油及其产品的化学和物理性质及反应性能。石油加工过程中，烃类、硫化物和氮化物进行了相当复杂的化学反应，加工工艺的不同、操作参数的变化都对其化学反应具有一定的影响，从而影响了产品的组成和性质。只有在分子水平上深入认识石油，才能对加工过程中的化学问题进行深入和全面的科学认识，有针对性地设计一系列化学反应和合理的反应条件，使每一个石油分子的价值最大化，形成以石油分子工程为目标的新增长点，促进石油转化技术的分子水平发展。因此，石油分子水平表征技术的进步，可以突破在石油组成方面的传统的粗放认知，而获得石油分子水平精细组成，是实现石油分子工程的关键，是应对“资源、能源、环境、安全”对炼化产业的约束，实现“资源高效转化、过程绿色低碳”的基础。

例如，对于柴油生产和产品精制、产品质量提升来说，仅仅掌握柴油的族组成分析数据已不能满足需求，需要更详尽的组成分析，如详细的化合物类型和碳数分布以及部分单体化合物分子组成，即从分子层面上实现对中间馏分的全面认知，才能更好地为优化油品加工工艺、控制成品柴油质量服务。柴油分子水平表征技术的进步，是在20世纪60年代以后，随着具有程序升温和高分离效能的毛细管气相色谱与具有结构解析能力的质谱实现联用、石油化合物组成分析得到较快发展之后逐步实现的，特别是在二维（多维）分析技术，如GC×MS、GC×GC、GC×GC TOF-MS以及高分辨率的FT-ICR MS技术进步以后。例如，Williams等[358]报道了利用气相色谱离子阱检测器从柴油中鉴定出85个芳烃化合物；通过柱色谱将原油预分馏为饱和分和芳香分，利用GC-FID/MS从原油种鉴定出102个脂肪烃、126个芳香烃及53个三萜和甾烷化合物；采用GC×MS技术对各类烃的特征离子进行提取分析，可以得到柴油中200多个指纹化合物的分子组成信息，而采用GC×GC TOF-MS技术，可以获得柴油族组成和2000多个单体烃化合物的详细表征。如果采用色谱与带软电离源的高分辨飞行时间质谱组合技术GC/TOF-HRMS，可以得到柴油中各类化合物的详细碳数分布等信息。而如果采用高分辨率的FT-ICR MS技术，可以获得柴油中极性化合物的分子组成信息，等等。

对于高碳数的化合物，由于同分异构体数量巨大，无法彻底分析清楚其单体结构。尽管如此，在族组成认识的基础上，目前结合气相色谱分离、软电离和高分辨质谱技术，可以确定出馏分油中化合物的分子式，进而得到化合物类型和碳数分布的分子水平信息。根据馏分油中化合物元素组成特点，可用通式$C_cH_hN_nO_oS_s$表示，用缺氢数Z值表示化合物类型（或同系物），$Z=h-2c$。Z值由分子中的双键、环数和杂原子决定，每增加一个双键或一个环，会使Z值减少2个单位，Z值越负，则分子的芳香度越大。也有用环加双键数DBE表示化合物类型：DBE=$c-h/2+n/2+1$。DBE与Z值之间的关系为$Z=-2$（DBE）$+n+2$，DBE值越大则分子的芳香度越大。对于柴油馏分中的化合物，不同类型化合物Z值关系参见相关文献[7]。

1）柴油中指纹类化合物的分析

目前，气相色谱-质谱联用技术（GC/MS）是最流行的柴油烃类族组成分析方法，可依据烃类的特征离子峰系列对不同类型烃类化合物定性，并依据特征离子碎片加和对烃类化合物定量。

虽然GC/MS中的一维色谱峰容量不足，难以实现柴油馏分单体化合物的分离，但是通过提取各类烃的特征离子色谱图可以实现柴油中烃指纹化合物的鉴定。例如，刘星等[359]对6种常见柴油中的指纹化合物利用GC/MS技术进行提取鉴定研究，其中典型的正构烷烃、姥鲛烷（$C_{19}H_{40}$）和植烷（$C_{20}H_{42}$）分子取特征离子（m/z=85）进行检测，通过将样品组分和标准物质的保留时间比对进行多环芳烃和烷基化多环芳烃的定性，双环倍半萜、甾烷以及五环萜烷类生物标记物则利用其在谱图中的分布规律进行定性，通过加入内标物和配制标准溶液的方法来进行各指纹化合物的定量。实验结果表明，柴油中含有丰富的饱和链烷烃和双环倍半萜类生物标记物，基于各指纹化合物的诊断比值参数，利用聚类分析以及模式识别可以将柴油分类。

韩彬等[360]对包括柴油在内的7种成品油进行多环烷烃的指纹特征提取研究，采用选择离子扫描模式（SIM），选取34种特征离子，依据多环芳烃的保留指数对其中的5类、79种多环芳烃化合物进行GC/MS定性和半定量分析。结果证明，原始指纹图谱和各类芳烃在总的多环烷烃中分布特征与同类成品油有很高的相似性，对多环芳烃的诊断比值可以很好地区分各类成品油。

2）柴油分子组成的分析

气相色谱－质谱是分子水平表征柴油的主要手段，其中，全二维气相色谱（GC×GC）技术为石油单体化合物的分离分析提供了强有力的手段，把分离机理不同且相互独立的两根色谱柱用一个调制器以串联方式结合成二维系统，由此具有峰容量大、灵敏度和分辨率高、定性规律性强等特点，可以对芳烃、饱和烃同分异构体进行更好的分离与定性，实现成千上万个单体峰的分离[361, 362]。全二维气相色谱（GC×GC）和质谱联用，再利用飞行时间质谱（TOFMS）、SCD或NCD对其中单体化合物进行定性，极大地促进了对柴油、蜡油单体化合物组成的认识。

G. S. Frysinger等[363]用GC×GC识别了石油生物标志物。牛鲁娜等[364]利用GC×GC–TOF MS，结合谱库检索、质谱图解析、沸点与分子结构关系和全二维谱图特征，定性（或归类）了焦化柴油饱和烃中1057个化合物单体。通过对不同原料和不同加工工艺的柴油馏分进行分析可以更为全面地认识柴油馏分的分子组成信息，更好地为探究柴油加工反应规律和机理研究提供方法支持。

3）柴油分子组成的碳数分布

基于软电离技术的GC/TOF HRMS是一种快速有效的柴油分子组成表征技术[359]。GC×GC/飞行时间质谱（TOF MS）可以实现柴油分子组成的分析表征，但是其二维谱图的解析工作量较大，谱图检索也不方便，因此其应用有一定的局限性。EI源是气质联用中发展较为成熟的离子源，其质谱图再现性好，而且含有较多的碎片离子信息，有利于未知物结构的推测。EI源是目前发展最成熟的离子源，也有相应的谱库可以查询。但是EI电离会产生大量高强度的碎片离子，分子离子峰强度很低甚至没有。因此，软电离手段（如CI、FI、FD等）以其能获得分子离子碎片的优势，更多地应用于组成复杂的样品的分离分析，可以避免石油分子的断裂，从而得到分子量、碳数分布等方面更为有针对性的信息。

利用软电离技术，可使化合物产生高强度的分子离子峰或准分子离子峰，结合高分辨质谱可实现对柴油中化合物的分子水平表征。Brike等[365, 366]采用气相色谱、场电离质谱法，不需对柴油进行预分离就能得到详细的组成信息，而且能提供正构烷烃和异构烷烃的含量，以及每种类型化合物的碳数分布。该方法能用于中间馏分的分析，但对沸点较高的馏分会产生整数质量的重叠而无法分辨。Qian等[356]将气相色谱、场电离和飞行时间质谱（GC–FI TOF MS）三者结合，测定柴油馏分组成，利用气相色谱将烃类按沸点进行分离，采用场电离对色谱流出的饱和烃和芳烃分子进行电离得到分子离子峰，在质量分辨率大于7000、分子质量精度3.4mDa的飞行时间质谱检测下得到各分子的碳数、环加双键数和杂原子含量，由此可以得到不同柴油烃类的碳数分布信息，基本可以做到在分子水平上对柴油组成进行表征。徐延勤等[367]采用GC–FI TOF MS表征了不同柴油样品的详细组成，在无预分离和用Ag–SiO_2固定相将柴油中的烯烃分成饱和烃组分与含烯、芳烃组分两种情况下对样品直接、间接进样分析。由于饱和烃和芳烃即C/12H、芳烃和含硫芳烃化合物C_2H_8/S往往只在精确质量上存在差别，分子量越大时需要的分辨率越高，因此重点采用高分辨的飞行时间质谱对柴油中的这些同重化合物进行分离，能同时得到柴油的烃类化合物和含硫、含氮化合物类型分布和碳数分布；而在间接进料下，用GC–FI TOF MS快速准确地测定了催化柴油和焦化柴油中烯烃的类型和碳数分布。祝馨怡等[368]综合发挥GC–电子轰击电离（EI）和FI–TOFMS两种电离方式下质谱分析的优势，以及在EI模式下化合物断裂成碎片，通过保留时间和提取特征碎片离子进行结构鉴定，在相同的条件下利用FI软电离结果进行定量，结果分析出了150个单体化合物的结构信息。路鑫等[369]用GC–GC/TOF MS建立了两种分析方法，分别用于柴油馏分族组成的快速分离和定量以及分子组成的详细表征，族组成结果与ASTM2425有很好的一致性，对催化裂解柴油的主要烃类化合物、27种含氮化合物、42种含硫化合物能定性分析。王乃鑫等[370]利用GC–TOF MS建立了测定柴油烃类分子组成的馏程分布的方法，可以得到柴油样品中各种类型烃在不同馏程段的碳数分布与平均相对分子质量。蒋婧婕等[371]同样利用GC–FI TOF MS建立了中间馏分油中异构烷烃的分布表征方法，并将同碳数链烷烃区分为异构程度不同的3种，首次提供了不同异构程度异构烷烃的碳数分布信息。

中海油炼油化工科学研究院黄少凯研究团队采用GC–FI TOF MS高分辨率飞行时间质谱分析技术对中海油蓬莱高酸原油以及中海油加拿大长湖（LONG LAKE）油砂沥青原油进行烃类化合物的分子组成分析，其采用的分析测试条件包括以下方面。色谱柱：DB–5MS（30m × 0.25mm × 0.25μm）。柱温箱：50℃保持2min，以40℃/min的速率升至300℃，保持5min。进样口：300℃，不分流进样。载气：恒流，1.5mL/min。传输线温度：270℃。进样体积：0.2μL。质谱：FI+电离源，电离极电压为–9500V，检测器电压为2200V，离子源温度为100℃。据此获得了汽油、喷气燃料、柴油以及蜡油的烃类分子组成（碳数分布）。图2–31为长湖和蓬莱原油柴油馏分的烃类分子组成（碳数分布）情况。

综上所述，对于柴油馏分采用气相色谱分离、软电离飞行时间质谱或全二维气相色谱–飞行时间质谱等方法，可以分析得到烃类化合物和含硫、含氮化合物碳数与类型分布信息，且能区分异构程度、分析出部分单体化合物单体。

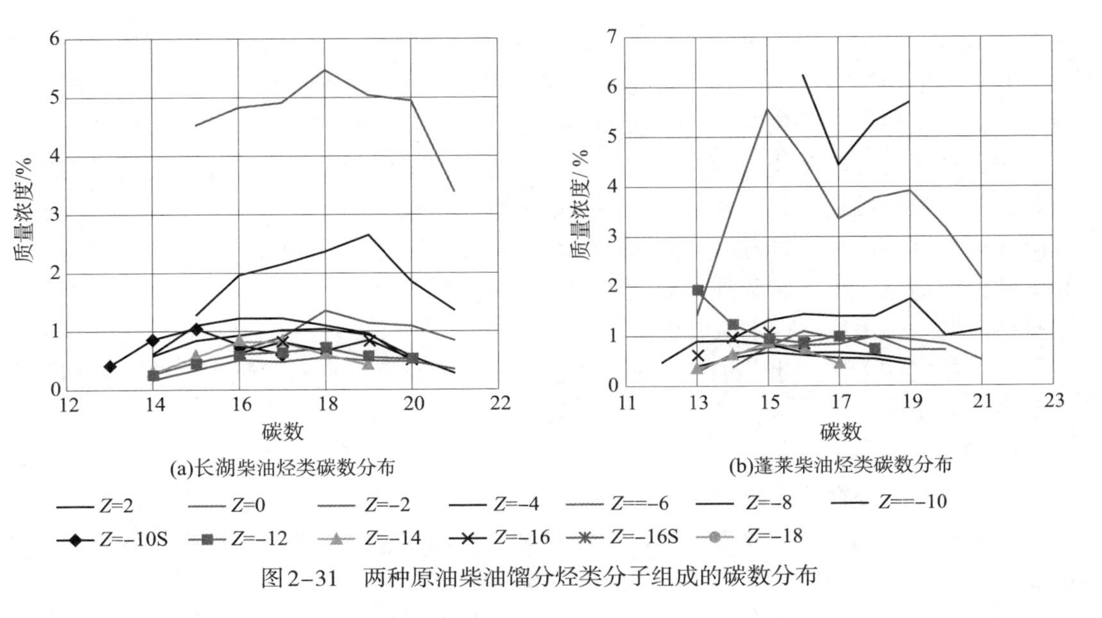

图 2-31　两种原油柴油馏分烃类分子组成的碳数分布

（二）柴油馏分的非烃组成分析

1. 柴油中硫化物的分布

随着柴油来源及加工工艺的不同，柴油中硫化物的分布存在很大差异[372]。现阶段降低柴油中硫含量的主要工艺仍为加氢脱硫工艺，但并非所有的硫化物类型都能较容易地被脱除，一些特殊难处理的硫化物在加氢后仍然残留在产品中。目前，对于柴油馏分硫化物组成研究主要针对高硫柴油，其中硫化物含量高，类型繁多，但是，对柴油中硫化物认识还主要停留在元素组成、族组成和化合物类型层面，较少涉及化合物分子信息。对于深度脱硫柴油而言，由于硫化物含量极低，受仪器灵敏度限制，传统方法难以直接进行分析表征。在石油表征水平需求不断提高的推动下，多种现代分析技术受到重视，其中，质谱技术是一种具有高灵敏度和高选择性的分析技术，凭借其化合物结构鉴定能力能够为柴油中硫化物的分子表征提供可能。柴油馏分中化合物种类繁多，组成复杂。在质谱表征时，柴油中存在大量的其他化合物，对目标化合物的定性、定量产生干扰，尤其是对低含量的目标化合物，基质的掩盖作用明显，导致分析结果准确度下降，甚至检测不到目标化合物。加之，油品中芳烃与含硫芳烃的结构和性质相似，而且存在同重化合物，即整数质量相同、精确质量存在微小差别的不同类型化合物，这就对质谱技术的质量分辨能力提出了严峻的挑战。

目前，对柴油中硫化物进行分析的方法包括气相色谱（GC）、气相色谱-质谱联用仪（GC-MS）、气相色谱-原子发射检测器联用仪（GC-AED）、气相色谱-硫化学发光检测器联用仪（GC-SCD）、全二维气相色谱-质谱联用仪（GC×GC-MS）、傅立叶变换离子回旋共振质谱（FT-ICR MS）、高效液相色谱（HPLC）等。

杨永坛等[373，374]建立了催化柴油中各种硫化物类型分布的分析方法，定性了某催化柴油中的120多个硫化物。该方法可用于不同来源柴油中各种硫化物类型分布的研究，并与GC-AED测硫的数据进行对比，两种检测器的定量结果大多数具有较好的相关性，相关系数大于0.95。吴群英等[375]利用GC-FID/MS建立了裂化液体中硫化物的检测方法，并将其应用于苯并噻吩催化裂化转化规律的研究，分析了产物中硫化物的组成分布情况。而刘明星[376]等则利用GC-QQQ-MS建立了脱硫柴油中二苯并噻吩类化合物的测定方法，用氘代三联苯作为内标，利用内标法进行定量分析，该方法避免了复杂的样品前处理带来的样品损失，线性关系、回收率和重现性较好。祝馨怡等[377]则利用场电离源配合高分辨TOF MS对柴油中的硫化物形态分布进行了分析，确定了7类硫化物的类型和碳数分布信息，该方法无须对硫化物进行分离富集，可以直接进样分析，但由于质谱本身性能所限，无法进行定量分析。

全二维气相色谱用于柴油馏分油品中硫化物和氮化物的分析请见本篇第二章相关章节所述，如花瑞香[68]、孔翠萍等[69]采用GC×GC-SCD研究、建立的柴油馏分中的硫化物类型表征方法。

2.柴油中氮化物的分布

在柴油含氮化合物分布检测中，魏计春等[378]建立了催化柴油中各种含氮化合物类型分布的GC-NCD分析方法，对催化柴油中60多种氮化物进行了定性、归类，得出催化柴油中的含氮化合物主要有苯胺、喹啉、吲哚和咔唑类化合物。吲哚和咔唑类化合物氮含量占总氮的90%以上，即催化柴油中主要以非碱性的含氮化合物为主。采用柱色谱法分离、富集催化裂化柴油、直馏柴油和焦化柴油中的含氮化合物，进一步将含氮化合物的浓缩物用酸改性柱分成中性含氮化合物和碱性含氮化合物，利用GC-MS定性，结合GC-NCD分析含氮化合物的类型。催化裂化柴油中的含氮化合物主要是中性含氮化合物和少量碱性含氮化合物。中性含氮化合物占90%以上，主要是吲哚类和咔唑类含氮化合物，碱性含氮化合物仅占10%左右，主要是苯胺类、喹啉类和苯并喹啉类含氮化合物。直馏柴油中中性含氮化合物占总含氮化合物的质量分数在70%以上，主要是苯并咔唑类类含氮化合物，焦化柴油中含氮化合物包括吡啶类、苯胺类、吲哚类、喹啉类和咔唑类等含氮化合物。吴洪新等[379]采用气相色谱-原子发射光谱（GC-AED）联用技术对FCC柴油中的含氮化合物进行定性定量研究。董福英等[380]用GC/MS分析了催化柴油中碱性氮化物。Adam等[381]利用GC×GC-NCD建立了分离和鉴定石油中间馏分中含氮化合物的分析方法，结果表明当第二根极性柱子上有自由电子对时能极大地提高含氮化合物的分离能力。谢园园[382]则建立了一种气相色谱与单光子电离（SPI）-飞行时间质谱联用（GC-SPI TOF MS）的分析方法来对柴油进行分子表征，通过测定质谱图中分子离子的质荷比（m/z）确定柴油中的主要化合物类型，包括烷烃、环烷烃/联苯类、二环烷烃/芴类、烷基苯、萘以及苊满类，不同族类的化合物在二维图谱中呈现不同的区域分布，同一族类化合物呈不同的碳数分布，而同一类化合物的同分异构体也按照不同的色谱保留时间分布，可以实现柴油中脂肪烃、芳烃和含量很低的苯并吡咯等含氮化合物的分析，利用保留时间将柴油中的同分异构体进行区分。

3.柴油中氧化物的分布

柴油中的含氧化合物包括脂肪酸、环烷酸、酚类等酸性含氧化合物及少量的非酸性含氧化合物（如醛、酮、苯并呋喃等），但主要是以有机酸形式存在的，且环烷酸约占石油中酸性含氧化合物的90%，这也是目前研究最多的含氧化合物种类。不过，由于含量少，常规的仪器直接测定很难获得理想的分离结果，因此往往需要将样品预处理实现含氧化合物的分离为前提。含氧化合物的分离方法有衍生化提取、吸附分离法、溶剂抽提、络合法等。例如，史权[383]对重油催化裂化柴油中酚类化合物进行了分离与鉴定。

总之，对于柴油馏分的分子组成表征主要围绕如何获取柴油馏分中所有分子的详细组成信息（包括碳数分布、各分子类型分布）以及柴油馏分中不同分子以及不同类型指纹化合物的分子表征与鉴定而开展的。其中，前一类分子组成表征工作主要依托GC×GC/TOF MS以及带软电离源的GC/TOF MS分析技术，而指纹化合物的分子表征与鉴别则主要依托GC/MS技术，通过提取不同类型分子的特征离子色谱图来进行定性分析，再用内标法进行定量分析。

目前应用比较多的是前一类分析表征技术中的GC×GC/TOF MS和带软电离源的GC/TOF MS分析技术，在具体开展柴油馏分的分子组成信息表征时还是各有千秋的，例如：GC×GC/TOF MS能有效克服一维色谱峰容量的不足，发挥全二维色谱高分辨率、高峰容量的优势，将柴油馏分中的分子按照不同的化合物结构类型进行族组成分离，结合飞行时间质谱的谱库检索、保留指数以及沸点规律进行分子识别，从而得到柴油馏分中各分子类型分布和碳数分布的信息。运用全二维色谱对柴油馏分进行分子的有效分离，再通过EI电离源的飞行时间质谱解析分子结构，对单体分子进行准确定性，这是GC×GC/TOF MS表征技术的优势，但是产生的大量的碎片离子峰会使谱图解析的工作量极大地增加，这是其不足之处。而带软电离源的GC/TOF MS分析技术，同样也可以快速获取柴油分子组成的二维信息，但由于软电离源几乎不产生碎片离子，同时也可以对样品起到按照分子类型的分离作用，再通过高分辨的飞行时间质谱精确测定其中各个分子离子峰的相对分子质量，对于同分异构体则通过不同的保留时间进行区分，因此，带软电离源的GC/TOF MS分析技术也能准确确定样品中不同类型的分子，获取柴油馏分的分子类型和碳数分布等信息。从这个角度来说，带软电离源的GC/TOF MS分析技术如GC/FI TOF HRMS分析技术相对而言将会是柴油分子表征技术中发展更好、更快捷高效的技术。

柴油馏分中指纹化合物的分子鉴别主要用于柴油的分类、溢油源追踪、石油炼制过程“示踪”等。通过鉴别指纹化合物，结合聚类分析、模式识别等方法，通过追踪石油炼制过程中不同指纹化合物分子的反应规律，加深对实际反应体系的了解，并理解其中复杂反应过程的反应机理，对于开发新工艺、优化现有工艺十分有益，而上述柴油分类、追踪溢油源等又有很现实的意义。

今后，柴油加工、精制、调和等过程的烃指纹技术将会得到发展，可以采用的表征技术手段除了GC/MS和文中提到的外，GC/TOF MS、GC×GC/TOF MS、FT-ICR-MS等均会得到应用与发展。不过，FT-ICR-MS技术预计在柴油馏分组成研究方面应用不会太多，因为虽然FT-ICR-MS技术有超高的分辨率，但其单独的质量测定仪仅能够获得元素组成和分子式的信息，不能推断出准确的分子结构。而与FT-ICR-MS技术配合使用的最成熟的电离源——ESI电离源只对极性组分选择性电离，对于链烷烃、环烷烃、芳烃以及噻吩类硫化物等低极性组分无法电离，所以这种技术对于柴油馏分反而不是太合适。

三、蜡油馏分组成分析

(一)蜡油馏分的烃类组成分析

蜡油(减压瓦斯油,VGO)是重油轻质化工艺的主要原料之一,其沸点范围一般在350~540℃,碳数主要在C_{20}~C_{45},由饱和烃和芳烃组成,还含有少量的胶质和杂原子化合物。其中,饱和烃主要由链烷烃和环烷烃组成,链烷烃主要为C_{20}~C_{45}的长链烷烃,包括正构和异构烷烃。环烷烃也是蜡油中含量很高的烃类物质,其环数可多达6个或更多。芳烃化合物除了烷基苯类、茚类,还含有大量的多环芳烃(PAH)以及环烷芳烃,其中多环芳烃一般为2~5环芳烃。

实现重油馏分烃族组成的分析是实现石油分子水平表征的基础,可为石油加工工艺和催化剂研究提供必要的基础数据,从而达到重油馏分物尽其用的目的,故对于其详细表征一直是石油烃类组成表征的重点。但由于蜡油中化合物的种类和同分异构体数目庞大,现有分析技术较难实现对该馏分的单体烃分析。目前,蜡油烃类组成的分析方法包括色谱法、质谱法、核磁共振法和光谱法等。其中,色谱法包括经典液相色谱法(LC)、薄层色谱法[384]、高效液相色谱法(HPLC)[385]、超临界流体色谱法(SFC)[386],用于分析蜡油的饱和分、芳香分和胶质含量(族组成)。光谱法包括红外光谱法[387]和荧光光谱法[388],可以测定蜡油的饱和烃和不同环数的芳烃。核磁共振法[389]能测定出蜡油的平均结构参数。

这些方法均是在族组成和平均结构上得到的蜡油信息,但随着分析方法的进步和对于蜡油分子表征研究的深入,能分析出的化合物信息也越来越丰富,在这个过程中,高分辨质谱技术将发挥越来越重要的作用。

蜡油的组成表征按其提供信息的深入程度可分为3类:

(1)详细族组成(对VGO等重馏分,可提供链烷烃,1~6环环烷烃,1~5环芳烃和噻吩类芳烃等详细族组成数据);

(2)烃类碳数分布信息;

(3)部分关键单体烃分子表征。

1.蜡油的详细族组成分析

与其他分析方法相比,质谱在分析蜡油馏分烃类组成方面有明显的优势,特别是现代质谱技术发展和计算机技术的有机结合,使质谱已成为实现石油分子详细组成表征最有力的工具。可以说重馏分油组成表征的深入程度是与现代质谱技术的发展息息相关的,如高电压质谱来测定重油饱和烃和芳烃烃类组成的ASTM D 2786、ASTM D3239和SH/T 0659标准方法。

刘泽龙等[355]用四极杆GC-MS代替磁式质谱仪,等效采用ASTM D2425、ASTM D2786和ASTM D3239方法测定了直馏柴油馏分、重油饱和烃馏分及重油芳烃馏分的烃类组成,并开发了相应的分析软件,使数据处理计算机化。李诚炜等[390]建立了GC-MS测定VGO馏分烃类组成沸点分布的新方法。该方法采用固相萃取技术分离出饱和烃和芳烃馏分,然后用双柱分流的方式,同时进入质谱和FID检测器,得到样品的色谱图和总离子流色谱图。通过自行编制的数据处理程序,得到VGO样品烃类组成沸点分布,所得结果与标准方法测定结果接近,该方法准确性很高。

高分辨质谱（HRMS）使质谱扩展到同重化合物类型的分析并可直接确定质量峰的元素组成。HRMS不仅可以消除饱和烃和芳烃中同重化合物的干扰，还可消除烃类和含硫化合物的相互干扰。采用HRMS可实现样品不需分离，直接测定高沸点石油馏分七类饱和烃、九类芳烃和三类噻吩类芳烃的组成。

2.VGO的烃类碳数分布表征

高电压EI方法会在电离的过程中产生大量的碎片，而且结构相同、碳数不同的化合物具有相同的断裂模式，有些化合物的分子离子峰较低，无法得到碳数分布的信息。降低电子电离能量可减少石油分子的断裂，可以直接测定石油中芳烃化合物的碳数分布。低电压EI和HRMS的结合（LVEI-HRMS）被广泛应用于石油和煤液化产物中芳烃的分析，但饱和烃仍产生大量的断裂，因此，LVEI-HRMS不适合饱和烃的分析。

而软电离技术可避免石油分子的断裂，得到高强度的分子离子，是实现烃类碳数分布的关键。很多电离方法对芳烃和极性分子具有选择性，如石油酸、碱性氮和中性氮。而总的石油组成的表征需要同时满足以下条件：

（1）对于饱和烃和芳烃都能有效地电离；

（2）适于在宽的质量范围内分辨同重质量的高分辨质谱仪；

（3）适于分离石油分子的在线色谱。

对于石油分析，场电离（FI）是一个首选的软电离方法，FI不需要溶剂和基质，使饱和烃和芳烃分子都能产生一个高强度分子离子的简单质谱图。FI在1954年被首先引入到质谱仪，FI MS（和与之相关的场解析质谱FD MS）在20世纪70年代早期就开始实际应用，一般安装在磁式质谱仪上。FI和高分辨磁式质谱的GC-HRMS的结合一直是比较困难的，首先FI的离子产率比EI和CI相对较低，而磁式质谱通过狭缝改变分辨率，狭缝变窄可以提高分辨率，但其代价是降低了信噪比。其次是磁式质谱仪采集一张谱图需要较长的扫描时间，使它与动态进样（如GC联用）比较困难。因此，FI通常用低分辨方式来提供相对分子质量分布或分离的石油样品（如通过液相色谱分离的饱和烃的芳烃馏分）的组成。FI已与GC–四极杆MS结合来提供柴油的组成，然而，整数质量的重叠限制了该技术分析较重沸点的石油分子。

近几年，快速发展的TOF MS技术使FI与快速GC和高分辨/精确质量分析的结合成为可能。带有多通道检测器的TOF能同时对样品中的所有质量进行高灵敏度的采集。可在较高的分辨率下进行精确质量测定，得到石油分子的化学信息（杂原子含量、环加双键数和碳数分布）。另一个最近在石油分子表征中应用非常广泛的分析技术是具有超高分辨的傅立叶变换离子回旋共振质谱（FT ICR MS）。FT ICR MS的高分辨率能区分质量非常相近的离子信号，如SH_4与C_3具有相同的整数质量36，精确质量差为0.0034，而其他MS技术无法分辨这些同重元素。

FT ICR MS在石油组成分析方面的成功得益于离子源技术的最新发展，电喷雾电离（ESI）、大气压化学电离（APCI）、大气压光致电离（APPI）、基质辅助激光解析（MALDI）、CI、EI、FI/FD技术已成功地结合到FT ICR MS上。结合多种电离技术的FT ICR MS可在原油样品中分辨并鉴定出几万个化合物，使我们对石油组成的认识水平有了一个非常大的飞跃。

ESI能够选择性地电离石油中的极性化合物，是最早实现与傅立叶变换离子回旋共振质谱结合的电离源。Rodgers[391]综述了近年来FT ICR MS的最新进展以及在石油不同极性化合物上的表征现状，同时描述了质谱在石油表征中的发展历程，以及FT ICR MS在石油分子水平表征上带来的巨大变化。虽然FT ICR MS给石油分子水平表征带来了巨大的变化，但仍存在很多问题。首先是单独的质量测定不能辨别同分异构体，需要用色谱法对特定类型的化合物进行分离。其次是由于一个组分的电离效率（对于任何电离方法）在其他物质存在时会产生非常大的影响，因此不易把测定的离子相对丰度与它们在样品中原有的相对丰度进行关联。从根本上讲，需要在混合物中加入已知电离效率的标样来校对相对电离效率。此外，在FT ICR MS上使用最成熟的ESI仅对原油中相对较少的极性组分选择电离，而对低极性组分（如链烷烃、环烷烃、芳烃和噻吩类）无法电离。场解析电离（FD）与FT ICR质量分析可以延伸到对烃类（至少对芳烃）和其他非极性混合物的分析，但目前所有商品化FT ICR MS仪器上均不提供FD/FI电离源，使得目前采用FT ICR MS测定石油中的烃类比较困难。

随着石油馏分沸点的增高，化合物的种类和数量都呈几何数级的增加，特别是蜡油中含有四环及以上的环烷烃，在精确质量上与部分芳烃分子具有相同的分子式，如四环环烷烃与芳烃具有相同的分子式C_nH_{2n-6}、五环环烷与环烷苯类同为C_nH_{2n-8}，这种情况下无法实现质谱区分和色谱分离，即常规的GC-MS分析已不能满足现代分析的需要。因此，在分析前需对样品进行预分离，目前常用的手段主要采用全二维气相色谱实现重油组分的高效分离后进行定性检测，以及利用高分辨质谱结合软电离手段实现重油烃类组成分析。

中国石化石油化工科学研究院（简称石科院）在该方面已经开展大量的研究开发工作，取得了很多研究成果。例如，周建[392]和郭琨[393]在固相萃取将饱和烃和芳烃分离的基础上，用16种多环芳烃作为标准物质，配合NIST谱库建立了重馏分油中芳烃的分析方法，利用全二维气相色谱高效的分离能力得到了1700多个色谱峰并对目标化合物进行了定性和半定量分析。由于EI源得到的碎片离子较多，如果没有对应的谱图库则很难实现未知物质的定性分析，因此利用FI源这种软电离手段得到只丢失一个氢的分子离子，同时结合高分辨飞行时间质谱可以实现更精确的分子量测定。该方法更适合重馏分油这种复杂混合物的定性分析，目前主要用于重馏分油的碳数分布[394~397]、馏程分布[398]等方面。例如，祝馨怡等[394]采用固相萃取技术将重馏分油分离为饱和烃和芳烃组分，通过气相色谱-场电离飞行时间质谱联用仪（GC-FI TOFMS）分别进行分析。根据分子离子峰的精确相对分子质量可实现化合物的定性分析，根据峰强度进行定量分析。结果场电离对于色谱流出的芳烃和饱和烃分子可产生完整的分子离子，对这些分子离子采用质量分辨率大于6000和相对分子质量精度 ± 0.0003的飞行时间质谱来测定，可得到重馏分油分子的化合物类型和碳数分布信息，但由于分辨率的限制，不能完全区分芳香分中的部分芳烃和含硫芳烃，将这二者合并在一起，共鉴定出了6类饱和烃和14类芳烃的化合物类型及碳数分布。

VGO馏分中芳烃化合物的含量和形态对加氢、催化裂化等工艺过程影响很大。表2-20列出了环烷芳烃的主要类型及结构，多环芳烃的主要类型及结构请参见相关文献[7]。

表 2-20　环烷芳烃的主要类型及结构

族	烃类型	实验式	典型结构式	相对分子质量
一环环烷芳烃	环烷苯类	$C_{10}H_{12}$	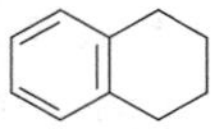	132
		C_9H_{10}	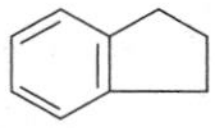	118
		$C_{13}H_{16}$	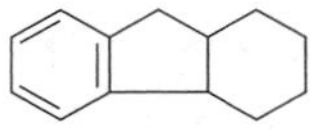	172
		$C_{14}H_{18}$	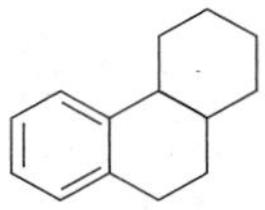	186
		$C_{14}H_{18}$	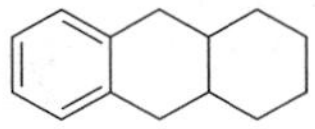	186
		$C_{14}H_{18}$	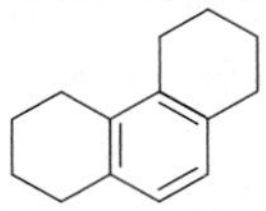	186
		$C_{14}H_{18}$	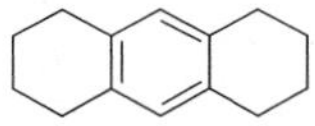	186
二环环烷芳烃	环烷萘类	$C_{16}H_{20}$	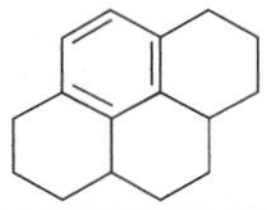	212
		$C_{16}H_{20}$	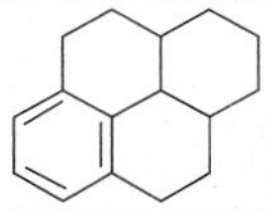	212
		$C_{16}H_{16}$	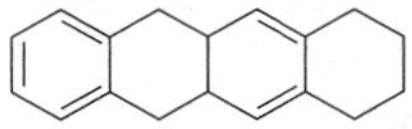	208
		$C_{14}H_{14}$	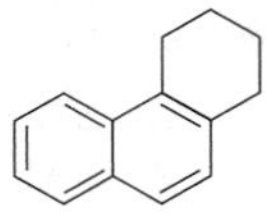	182
		$C_{14}H_{14}$	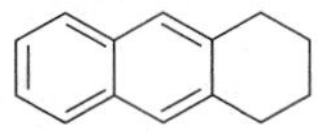	182
		$C_{16}H_{16}$	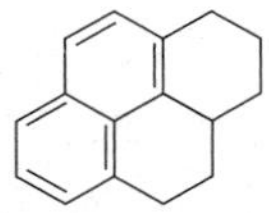	208
		$C_{16}H_{16}$	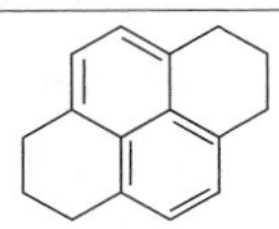	208
三环环烷芳烃	环烷菲	$C_{16}H_{12}$	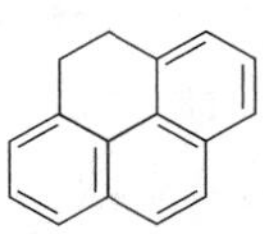 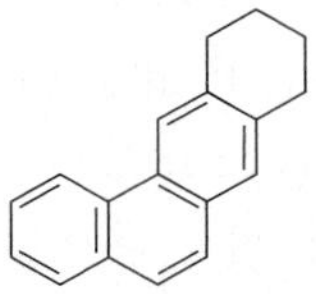	204/234

为弄清多环芳烃的形态与分布，Schaub等[399]用场解析电离傅立叶变换离子回旋共振质谱（FD FT-ICR MS）分析了减压馏分油和加工中间产物的芳香烃类化合物的详细组成，利用场解析电离的高效性和FT-ICR MS的高分辨，分析了从高硫减压馏分油、低硫减压馏分油、催化裂化尾油、焦化减压馏分油中分离出的、分子量在700~1400的芳烃化合物的组成，并得到不同缺氢数Z值随碳数的分布。结果表明，FD FT-ICR MS可以用于馏分油不同组分的分析，所得数据与所预测的产品性质基本一致。郭琨等[393]先采用固相萃取将样品分离为饱和分和芳香分，后通过优化实验参数，建立了全二维气相色谱-飞行时间质谱（GC×GC-TOF MS）分析重馏分油中芳烃组分的方法，得到了重馏分油芳烃组分按环数分布的点阵图，并对重馏分油芳烃组分中的菲、甲基菲及芘、苯并蒽等常见多环芳烃（PAH）进行了准确定性，得到部分多环芳烃化合物单体信息，为重馏分油芳烃组分提供了新的技术手段。

中海油炼油化工科学研究院黄少凯研究团队采用GC-FI TOF MS高分辨率飞行时间质谱分析技术研究原油相关馏分的烃类化合物分子组成分析，其中，长湖和蓬莱原油蜡油馏分的烃类分子组成（碳数分布）见图2-32。

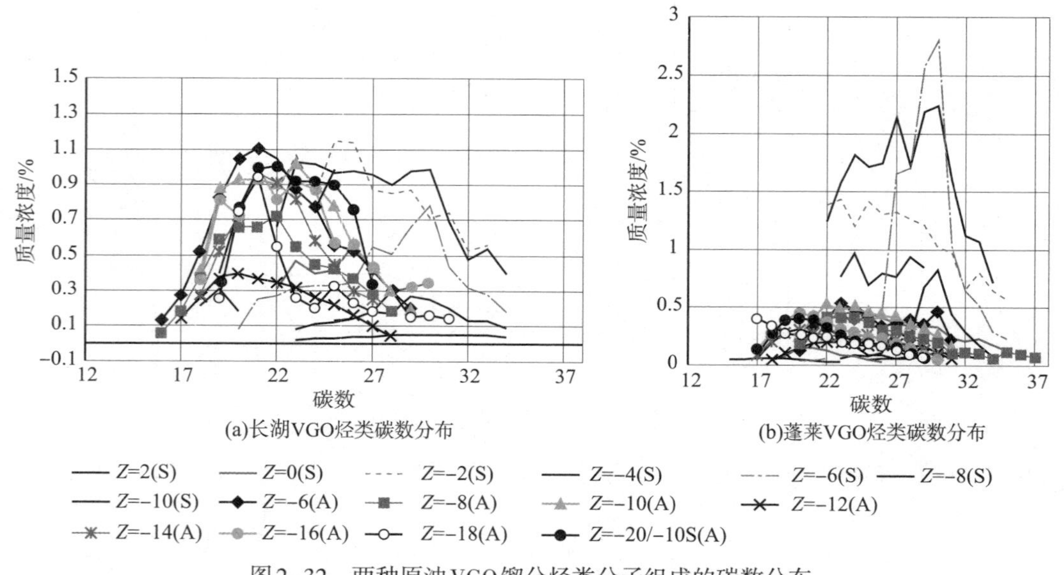

图2-32　两种原油VGO馏分烃类分子组成的碳数分布

由于重馏分油中相对分子质量较高的PASHs通常挥发性很差，Mahé 等[400]采用高温全二维气相色谱结合硫化学发光检测器（Sulfur Chemiluminescence Detector，SCD）分析3个重馏分油样品中含硫化合物的种类、碳数分布、族组成。其研究结果表明，IL59和Mega Wax-HT固定相在高温下对于含硫化合物的选择性比BPX-50、DB1-HT和DB5-HT更好。这对于分离重馏分油中含硫化合物的色谱柱选择优化具有重要借鉴意义。在综合考虑分子在两根色谱柱上的保留时间后，根据基团贡献法计算得出含硫化合物的碳数分布，结果如图2-33所示。因此，VGO中的含硫化合物主要以苯并噻吩、二苯并噻吩和萘并二苯并噻吩为主，碳数分布集中在18~34。但是GC×GC常用的色谱柱固定相会在过高温度时丧失部分选择性，从而降低分离效率，这限制了高温GC×GC在重馏分油芳

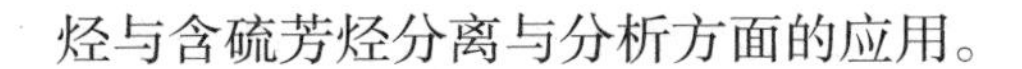

烃与含硫芳烃分离与分析方面的应用。

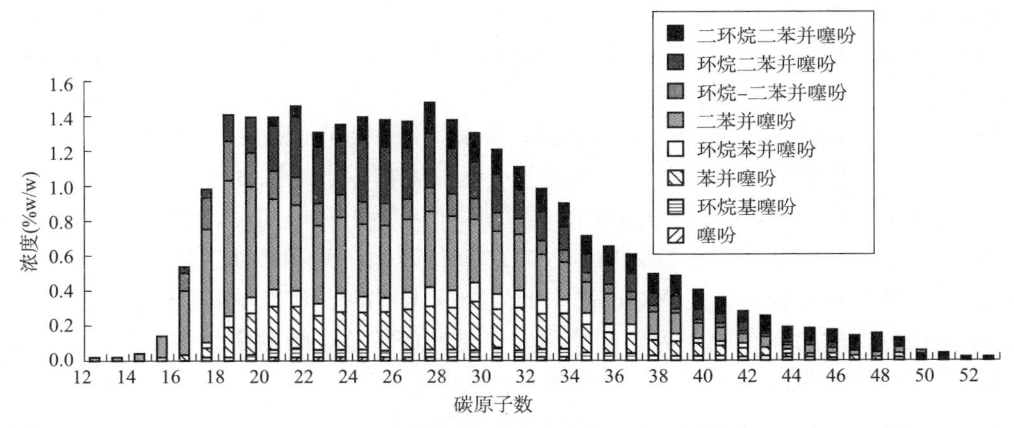

图2-33 VGO中含硫化合物的碳数分布[400]

将多种分析手段相结合，可分析VGO馏分的详细组成。Vila等[401]用GC×GC-TOF MS和ESI（±）FT-ICR MS分析了由分子蒸馏所得不同馏程重馏分油的详细组成，7个重馏分油的终馏点温度分别是490.0℃、503.2℃、522.5℃、549.6℃、583.7℃、622.4℃、622.2℃。作者先在硅胶色谱柱上将重馏分油分成饱和分、芳香分和极性组分，后用相应的方法分析各组分的详细组成。用GC×GC-TOF MS分析得到了饱和分中的三环、四环、五环的萜烷、甾烷、断藿烷类等；芳香分所含的多环芳烃化合物如芴、菲、苯并[g，h，i]苝等；及含硫化合物烷基苯并噻吩、烷基二苯并噻吩、烷基萘并噻吩和烷基酚等。用正、负离子模式的ESI FT-ICR MS分析了普通GC无法测定的极性化合物，包括喹啉、苯并吖啶、咔唑、苯并咔唑、呋喃吖啶等，得到了用环加双建数（DBE）所表示的不饱和度随碳原子数的分布情况，这表明综合多种分离分析手段可使分析重馏分油的详细组成成为可能。

3.VGO中的单体烃分子表征

虽然石油中的化合物数量非常庞大，现在的分析技术还无法实现对高沸点石油馏分中所有单体烃的表征，但采用GC/MS仍可对部分单体烃进行分析，不过，高沸点石油馏分中单体烃分析目前主要用于石油地球化学和环保监测领域，很少用于炼油工艺研究中。

原油是来源于古代生物体在地壳缓慢加热作用下的有机残留物。各种不同的古代生物体，如藻类、陆地植物、细菌等，在不同的地方堆积，经过长时间的演变，最终变成石油。由此，不同地方的石油都具有了独特的化学指纹，生物标志化合物包含了这些独特的化学指纹信息。生物标志物还具有相当稳定的化学性质，生物标志物不仅可以指示生油岩的类型、成熟度，而且可以反映油藏的充注方向及成藏史，原油生物标志指纹已广泛用于石油地球化学。原油经过蒸馏切割，保留在重油中的生物标志物大部分为三环萜烷、五环萜烷、甾烷和多环芳烃。油品中的生物标志物分析通常需要将样品进行分离净化，然后再进行分析。生物标志物的测定通常采用GC/MS进行。

李振广等[402]利用GC/MS分析了松辽盆地黑帝庙、萨尔图、葡萄花、高台子、扶余油层原油，共检测到萘、菲、联苯、芴、二苯呋喃、二苯并噻吩、三芳甾等11个系列164种芳烃化合物。Hauser[403]利用GC/MS分析了科威特油田的18种原油中的18种五环萜烷和14种甾烷共32个生物标志物，发现在18种原油中，五环萜烷的分布变化比甾烷要更为明显。Yang等[404]定量测定了14种原油和22种石油产品，测定了轻质和中质馏分燃料、重质燃料和润滑油中的金刚烷和双金刚烷，并用它们的浓度作为指纹区分各种燃料油。Peters等[405]定量研究了不同工艺过程对生物标志物浓度和分布的影响。他们采用GC/MS测定了Chervon 公司的原油、喷气燃料、直镏柴油、TKN原料、VGO、渣油、TKN原料加氢裂化产品、加氢精制VGO、VGO催化裂化产品和渣油焦化汽油中的甾烷和萜烷，并用其芳香性和热稳定性对产品中的生物标志物的浓度和分布进行了解释。

单体烃分析的另一个应用为环保监测，主要是多环芳烃的测定。多环芳烃是最早发现的具有“致癌、致畸、致突变”作用的环境污染物之一。美国环保总署1979年确定了16种多环芳烃作为首选监测污染物，16种多环芳烃为萘、苊烯、苊、芴、菲、蒽、荧蒽、芘、苯并（a）蒽、屈、苯并（b）荧蒽、苯并（k）荧蒽、苯并（a）芘、二苯并（a，h）蒽、苯并（ghi）芘和茚并（1，2，3，cd）芘。目前已开发了很多用于食品、水、土壤、橡胶和润滑油[406]中多环芳烃测定的GC/MS方法。

（二）蜡油馏分的非烃类组成与分布

前面提到的重馏分油样品中含硫化合物种类、碳数分布和族组成分析所采用的高温全二维气相色谱+硫化学发光检测器[400]是测定VGO馏分中杂原子化合物的一种方法。

相对于石脑油和柴油馏分，VGO馏分中含有更多的杂原子化合物，并且随着馏分碳数和馏分复杂程度的增加，对含杂原子化合物进行分析的难度更大，尤其是区分精确质量只差3.4mDa的含C_3/SH_4结构的芳烃和含硫芳烃化合物，需要更有效的分离手段或者更高的分辨率。傅立叶变化离子回旋共振质谱（FT-ICR MS）分辨率能够达到几十万甚至上百万，可以精确地确定由C、H、S、N、O所组成的各种元素组合，将这种超高分辨能力的质谱与适当的电离源相结合，可从分子元素组成层次上研究馏分组成。

Fu等[407]在10eV的低电子轰击电离条件下使减压蜡油的芳烃类化合物软电离，运用7T的FT ICRMS的高分辨率和高质量精确度进行检测，首次将VGO馏分中的芳烃和含硫芳烃化合物分辨开，主要得到了291~319℃、319~456℃、456~534℃三个馏分的芳香烃化合物的类型和碳数分布，也得到了部分含硫、氮、氧化合物的详细组成。通过比较这三个馏分中各类化合物的DBE值和碳数范围，发现随着沸点的增加，馏分中的杂原子化合物含量增加，并且DBE值、碳数、芳香烃含量、平均分子量也随之增加。这种方法可以选择性地分析芳烃和部分杂原子化合物，对分析难挥发的重质馏分极性化合物有困难。

电喷雾技术（ESI）与FT ICRMS 结合，极大地促进了重质油中极性杂原子化合物分析技术进步。ESI对绝大多数烃类没有电离作用，而可以选择性地电离微量碱性（主要是碱性氮）和酸性化合物（主要是环烷酸）。Stanford等[408]分别用正离子和负离子ESI FT-ICR MS分析了轻、中、重减压瓦斯油（轻295~319℃、中319~456℃和重456~543℃）中的酸性和碱性化合物，在不需分离的情况下，可以分析不同馏分的分子量、杂原子类型、芳香性和取代碳数，极大地简化了VGO极性化合物的分析过程。正离子模式下测得含N1、N2、NO等的碱性化合物中，含1个氮的吡啶类化合物比例最大，负电离模式下测得的含O1、O2、O3S等酸性化合物中，以含2个O的酸性化合物为主。作者进一步分析了这些含杂原子化合物的环加双键数DBE随碳数分布，对比发现，轻质馏分中主要是单环芳烃和低DBE值的环烷类含杂原子物质，从负离子条件下的结果来看，低分子量的多环环烷酸、单环芳香酸及氧硫化合物（S_xO_y）只是在轻馏分油中，而中质和重质馏分油含有高分子量和高DBE值的多环芳香类极性物质，如多环芳香酸、芳烃吡咯类以及芳烃酚类等。

中海油炼油化工科学研究院黄少凯团队采用FT-ICR MS质谱分析技术开展中海油蓬莱高酸原油以及中海油加拿大长湖（LONG LAKE）油砂沥青原油中有机含氧化合物的分子组成研究。他们开发了固相萃取技术以分离蓬莱高酸原油和长湖原油油砂沥青中有机含氧化合物，并建立了FT-ICR MS定量分析油砂沥青中含氧化合物分子组成的分析方法。该方法能有效屏蔽杂原子化合物之间的相互干扰，获取含氧化合物的类型分布与碳数分布等分子组成信息。

图2-34（a）为中海油加拿大长湖（LONG LAKE）油砂沥青原油中有机含氧化合物按化合物类型进行统计而得到的酸性分离物中不同化合物的分布。从图可以看出，酸性分离物中含氧化合物以O2类有机羧酸为主，占70%以上，并含有少量O2S1、O3、O4、O5和O5S1类含氧化合物。对O2类化合物进行进一步分析，按碳数和等效双键数（Double Bond Equivalents，DBE）进行含量统计，见图2-34（b）。从图2-34（b）可以看出，O2类含氧化合物主要为有机羧酸，包括脂肪酸、环烷酸、芳香酸，等效双键数在1~11之间，其中主要是二环、三环烷酸，碳数分布在18~35。

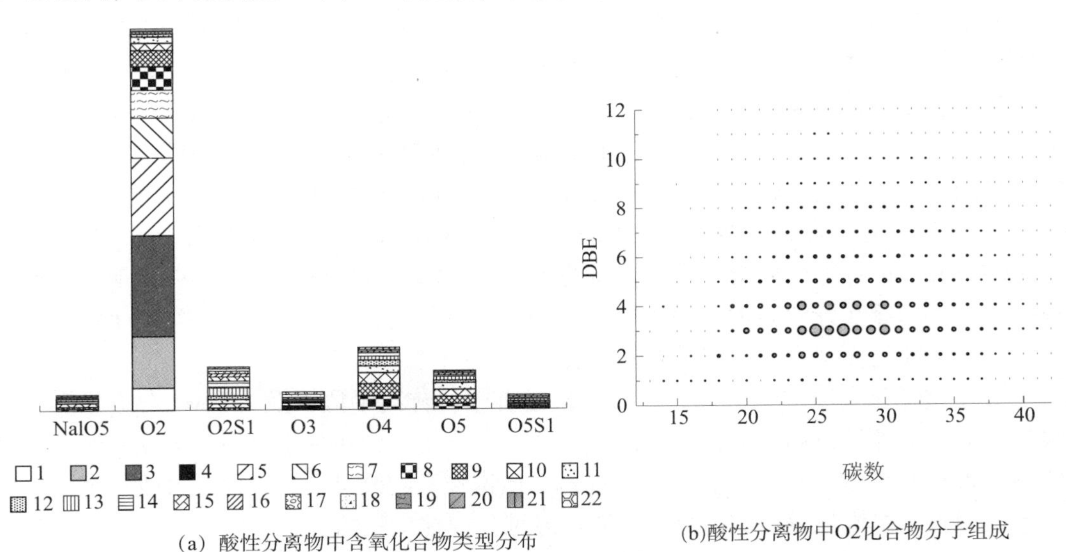

(a) 酸性分离物中含氧化合物类型分布　　(b)酸性分离物中O2化合物分子组成

图2-34　酸性分离物中含氧化合物类型分布及其O2化合物分子组成

由于含硫类化合物不具有酸碱性，在ESI条件下无法电离，因此文献采用化学衍生法增强含硫化合物的极性，进而实现ESI结合FT-ICR MS的电离分析。Liu等[409]在正离子ESI电离源的FT-ICR MS上测定4个哈萨克斯坦VGO的亚馏分，先用四丁基高碘酸铵将油样中的含硫化合物选择性氧化成亚砜，再用甲基化试剂将其衍生为甲基亚砜盐，对反应前后的含硫化合物和噻吩类化合物进行分析，得到不同种类化合物的DBE值随碳数的分布。结果表明，S1类化合物在4个馏分中含量最大，且DBE值大于6的S1类化合物主要是噻吩类含硫化合物，DBE值小于6的主要是非噻吩类含硫化合物；随着馏分沸点的增加，噻吩类硫化物含量增加，并且DBE值和碳数增大。馏分中含噻吩核结构化合物的最小DBE值为6的苯并噻吩，DBE值为3的噻吩类化合物不存在于馏分中。甲基化衍生结合ESI测定含硫化合物也存在不足之处，主要是不同类型含硫化合物不同，尤其是对于稠环芳烃的噻吩硫转化效率低，检测过程中会掩盖DBE值大于20的高缩合度含硫化合物。

在大气压光致电离APPI离子源条件下，能够直接电离馏分中弱极性与非极性化合物，不需要对样品进行处理，能选择性地电离噻吩类化合物及芳烃。刘颖荣等用APPI离子源考察了不同类型模型化合物，发现APPI对噻吩类含硫化合物、芳烃、含氮化合物均有响应，而在此条件下烷烃和硫醚不出峰。由此利用FT-ICR-MS的高分辨率将VGO中含硫芳烃和芳烃进行区分，建立了测定VGO馏分中噻吩类含硫化合物的分析方法并考察了噻吩类含硫化合物的特点。直馏VGO中主要含有17类单噻吩环的含硫化合物和12类双噻吩环的含硫化合物，碳数范围为15~50，随着馏分沸点的增加，馏分中多环芳烃含硫化合物含量增加，S2含硫化合物含量增加。管翠诗等[410]采用溶剂萃取法分离沙特中质原油VGO，并对其硫分布规律进行了研究。王威等[411]还研究了VGO中噻吩类硫化物的沸点分布。

总之，GC-MS技术是目前石油及其石油产品组成分析中最常用也是最有效的手段之一。结合气相色谱高效的分离能力和质谱强大的分析能力，GC-MS可提供其他分析手段不能提供的结构信息和组成信息。尤其是对于烃类的组成分析，由于具备成熟的分离方法如固相萃取技术等，分离后样品排除了其他化合物的干扰，大大提高了GC-MS分析的准确性。当前，固相萃取结合质谱的分析柴油、VGO烃族组成的方法已经得到广泛应用。采用固相萃取技术将其分为饱和烃和芳烃组分后，GC-FI TOFMS可鉴定出6类饱和烃和14类芳烃的化合物类型按碳数的分布；GC×GC-TOFMS可对芳烃组分中菲、芘等常见多环芳烃进行定性分析。采用合适的离子源与FT-ICR MS相结合，在无须预处理的情况下，可选择性分析VGO馏分中的芳烃和含杂原子化合物，得出噻吩类硫化物、碱性氮化物、酸性化合物的类型和碳数分布信息。

但在非烃化合物的鉴定方面，由于缺乏有效的分离手段以及受到GC-MS分辨率的限制，GC-MS很难获得理想的分析结果。此外，非烃化合物主要存在于重馏分油中，也使GC-MS的应用受到一定的限制。目前对于质谱技术的改进，一方面通过改进色谱分离技术，如采用多维色谱的进样分析，通过多维色谱柱串联的方式来实现沸点和极性两个维度的分离，从而解决了非烃化合物与烃类化合物以及共流出化合物之间彼此干扰的问题，例如GC×GC-TOF MS在汽、柴油中多环芳烃、含硫化合物、含氮化合物以及同分异构体鉴别等方面的应用；另一方面则通过串联质谱的方法来提高仪器的选择性，GC-QQQ MS或者GC-Q-TOF MS等仪器具有较高的灵敏度，通过多重质谱分析器的分部选择性分离可以实现中低馏分中痕量特定化合物（低硫或低氮等）的鉴定及定量分析。

此外，电离源的选择也是制约分析结果的一个重要因素，对于不同的分析需求选择不同电离源来实现化合物分子水平信息的获取，例如：EI源的硬解离方式获得的更多的是化合物结构信息，这也是目前应用最为广泛的方式，而软电离源如FI源的使用，通过获取化合物的分子离子等信息，以获得化合物中碳数分布等信息，例如GC-FI-TOF MS已在柴油、重油等馏分中碳数分布上的应用。

目前，油品组成研究多集中于重油馏分中，对于渣油馏分尤其是减压渣油馏分等，由于色谱柱的限制以及化合物的复杂性，GC-MS已经不能适用，因此FT-ICR MS等质谱技术得到较好的发展，尤其是多种电离源的发展和应用解决了不同化合物的电离响应问题，不过还没有找到一种可以适用所有化合物鉴定的理想电离源。

随着分析技术的发展，现在对于部分馏分油中的鉴定已经可以获得详细的单体组成信息，对于天然气、炼厂气、汽油等利用气相色谱或质谱可以达到单体化合物分析的目的。而对于中间馏分油组分及重馏分油组分中化合物种类更为复杂，GC-MS也只能达到烃族组成分析的水平或者进一步获得碳数分布、沸点分布等信息，很难实现通过一次进样分析来获得各类化合物的单体组成及结构信息，对于中间馏分、重馏分中的组成分析目前还只能说是分子水平，而真正想达到单体分子的认识还需要长期的工作。实现分子水平的表征除了依靠先进的分析仪器和分析技术，对于特定组分的分离技术也是未来主要发展的技术，高效的分离技术结合质谱的应用应是未来分子水平表征分析的重点领域。

四、渣油馏分组成分析

（一）渣油馏分的烃类组成分析

国内外几种减压渣油的馏分组成及一般性质见表2-21。

表2-21　国内外几种减压渣油的馏分组成及一般性质

减压渣油名称	>500℃质量分数/%	密度（20℃）/（g/cm³）	元素组成/%				氢碳原子比 n_H/n_C	镍含量/（μg/g）	钒含量/（μg/g）
			w_H	w_C	w_S	w_N			
大庆	46.3	0.9293	12.3	86.7	0.19	0.36	1.70	8.0	0.1
胜利	52.7	0.9959	11.6	84.4	1.50	0.82	1.63	54.1	4.1
孤岛	51.8	1.0020	10.5	85.2	2.86	1.18	1.47	40.7	4.9
欢喜岭	40.3	1.0029	11.1	86.4	0.22	0.43	1.48	35.0	1.5
沙重	35.9	1.0353	9.9	83.3	6.10	0.30	1.57	50.5	158.2
阿萨巴斯卡	61.2	1.0104	10.5	82.9	4.89	0.44	1.51	68.1	170.0
伊朗（重质）	33.7	1.0530	10.2	85.0	6.26	0.39	1.43	96.8	300
科威特	32.2	1.0465	10.1	84.0	5.60	0.42	1.43	40.1	135.0

从表2-21可以看出，减压渣油是原油中不计其数的烃类及其衍生物的混合物，是相对密度、相对分子质量、黏度最大，化学组成和结构最为复杂的部分。原油中约70%

的硫、约90%的氮以及几乎全部的微量金属（如镍、钒等），都集中于减压渣油中。减压渣油的碳数范围在C_{35}~C_{100}，50%~80%分子的元素组成中含至少含一个杂原子，约50%的分子中含有一个以上的杂原子。由于减压渣油分子量大、难挥发、热稳定性差等原因，传统的分析表征只能对减压渣油的宏观性质如密度、黏度等进行分析，折射率等都很难分析，这点信息很难很好地指导减压渣油的加工。

为充分利用资源，对减压渣油进行详细的分子信息表征十分必要。对渣油的组成，最常用液固吸附色谱法将渣油按极性分成饱和分、芳香分、胶质和沥青质。随着分析技术的不断进步，结合预分离和表征技术，对渣油组成的认识也不断深入。但普通色谱-质谱联用技术用于减压渣油这样的复杂大分子组成分析，表征仍有很大难度，这是因为一方面减压渣油组成复杂，随着分子量的增大，GC-MS的质量分辨率很难区分杂原子化合物和烃类分子，例如：含硫化合物与其相邻质量的烃类化合物（C_3/SH_4）的质量差为3.4mDa，当分子量为500时，需要的质谱分辨率要15万以上，这是极难做到的。另外，减压渣油的难挥发性给电离带来了极大困难。

随着大气压光致电离源（APPI）、电喷雾电离源（ESI）等新型电离源和高分辨质谱仪的出现，特别是具有超高分辨率和质量准确度的傅立叶变换离子回旋共振质谱仪（FT-ICR MS）的出现，对减压渣油等重馏分油的认识达到了分子水平，从而对新催化剂、新工艺的开发和渣油加工产生深刻影响。

目前，通过组合采用最适宜的电离源，傅立叶变换离子回旋共振质谱仪（FT-ICR MS）分析技术所能获得的减压渣油等重油馏分分子信息主要分为3个层次，即元素组成、等价双键数和侧链烷基的碳数分布，这方面文献量巨大，具体可以得到减压渣油等重馏分油的饱和烃[412~419]、芳香烃[420~434]、胶质沥青质[435~438]、杂原子化合物[439~514]等化合物的分子组成信息。

1.饱和烃的组成分析

饱和烃是重油中易于加工和轻质化的理想组分，在石油中含量很高，同时也是石油中极性最弱的组分。随石油馏分升高，其中饱和烃的碳数和环数均逐渐增大。过去基于色谱的分析技手段能够分辨出石油中的正构烷烃以及小分子的异构烷烃和环烷烃，但受色谱仪器特性限制，高沸点（大于500℃）的正构烷烃无法通过色谱柱被分析，且超过六环的环烷烃及异构烷烃等由于同分异构体众多，难以被色谱柱分离。质谱技术在饱和烃分析中是常用手段，电子轰击源（EI）广泛用于饱和烃分析中，GC-MS分析石油饱和烃中最常用的电离源就是EI源，例如，Hsu等[412]将EI源与FT-ICR MS结合成功电离石油中的饱和烃。但EI源的电压过高，电离能量太大，会将饱和烃电离出大量碎片。经过改进低电压，EI源只能电离芳香烃而不能电离饱和烃。还有一种改进后的超声分子流EI源，能够通过改变电极电压的高低从而分别选择性地电离正构烷烃、环烷烃和异构烷烃等，但仍会产生大量碎片峰。

大气压化学电离源（APCI）也应用于饱和烃的电离中。Tose等[413]用氮气作为反应气，用APCI源成功电离了多种不同石油样品中的饱和烃，图2-35中为APCI源电离机理（氮气作为反应气）。但APCI源也会将饱和烃同时电离成分子离子和准分子离子，并有少量碎片产生，谱图相对复杂，对质谱分辨率要求高。

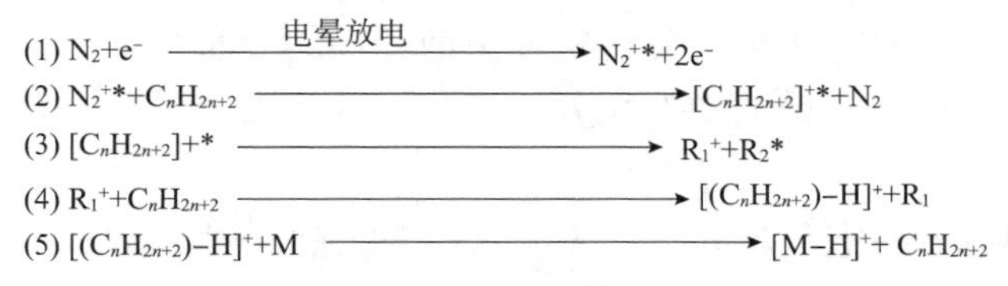

图2-35　APCI电离机理（反应气为氮气）

除APCI源能与FT-ICR MS联用外，场电离/场解析源（FI/FD）也成功实现了与FT-ICR MS的联用。在基于气相色谱的检测体系中，FI/FD源已经在电离饱和烃上得了巨大的成功。Schaub等[414]成功地将Linden CMS公司的连续进样的液体进样场解吸电离源（LIFDI）与FT-ICR MS联用，电离了石油样品中的饱和烃，如图2-36所示。该电离源适于电离并分析正构烷烃和环烷烃，只产生分子离子峰，但是电离异构烷烃时仍会产生部分碎片峰。

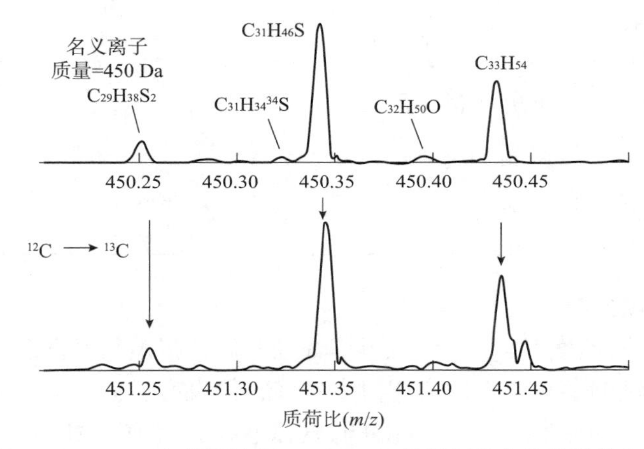

图2-36　FI/FD电离源结合FT-ICR MS分析石油中的烃类化合物

除此以外，还有不少电离源也能有效地电离饱和烃。在激光诱导超声解析（LIAD）电离源中使用氯锰水合正离子［$ClMn_n(H_2O)^+$］作为促电离剂也可以用来电离饱和烃，该方法对于不同碳数的正构烷烃电离效率基本相同，而且不产生碎片，是一种良好的电离饱和烃的方法[415]。通过将饱和烃分子氧化为醇或酮类化合物的方法，引入解析电喷雾电离源（DESI）实现饱和烃电离而导入质谱检测[416]。该方法在电离饱和烃时不产生碎片离子，但饱和烃会同时生成缩合度不同的酮类及醇类化合物，二者在质谱图上难以区分，会干扰化合物的鉴定过程，而且高碳数饱和烃的反应速度慢，电离效率较差。

电喷雾电离（ESI）在现代质谱技术中是一种最常用的电离源。但饱和烃是一种非极性化合物，故ESI电离源并不适合直接分析饱和烃，但也可以使用Ag^+作为促电离剂，将饱和烃电离出来，比起APCI源，该方法在电离过程中不产生碎片峰[417]。Zhou等[418, 419]提出了通过钌离子催化氧化转化饱和烃再结合ESI源分析分子组成的方法。该方法可以将饱和烃转化为醇类和酮类，从而可被ESI源电离并分析；同时钌离子催化氧化可以将芳烃类化合物转化为羧酸，可通过碱改性硅胶柱除去，以避免芳烃类化合物对分析结果的干扰。

钌离子催化氧化反应流程可参见相关文献[7]：在钌离子催化氧化过程中，支链烷烃可以得到很好的保留，有利于全面分析重油中饱和烃的分布特征。结合FT-ICR MS，可以在很宽的分子量范围内对重油中的大分子饱和烃的碳数及类型分布进行清晰和全面的了解。

整理了FT-ICR MS在饱和烃分析上的部分相关文章，列于表2-22中。

表2-22　FT-ICR MS在饱和烃分析上的应用

发表时间	第一作者	完成单位	电离源	主要工作内容
2003年	Tanner M.Schaub	佛罗里达州立大学	FI/FD	FI/FD电离源与高分辨的首次结合，检测到烷基苯等高缩合度烃类
2005年	Tanner M.Schaub	佛罗里达州立大学	FD	FD电离源连接FT，表征VGO里面的烯烃、芳烃和硫化物
2008年	Donald F.Smith	佛罗里达州立大学	LIFDI	用LIFDI表征烃类等弱极性化合物
2008年	Penggao Duan	普渡大学	LIAD	用化学衍生化结合LIAD检测到了饱和烃，同时检测到1~4环环烷烃等
2014年	Zhou Xibin	中国石油大学（北京）	ESI	用RICO反应结合ESI电离源检测饱和烃的方法，可区分正构烷烃和异构烷烃
2015年	Lilian V.Tose	圣埃斯皮里图联邦大学	APCI	APCI对烃类电离的考察，可电离正构烃类
2016年	Zhou Xibin	中国石油大学（北京）	ESI	用RICO反应结合ESI电离源定量分析重油中的饱和烃

2.芳香烃的组成分析

作为石油中的主要化合物之一，关于芳香烃的研究报道数量众多。比起饱和烃，芳香烃中由于共轭双键的存在，极性会相对大一些，但没有任何杂原子和强极性基团存在的情况下，单纯的芳香烃很难直接被ESI电离源电离。目前，APPI电离源结合FT-ICR MS应该是最常用的研究芳香烃的方法[420~423]。不同于ESI电离源，同一个芳烃分子会在APPI电离源中产生多种离子，如图2-37所示，这些离子包括质子化、去质子化和自由基分子离子等，会造成谱图复杂，需要较高的质谱分辨率。使用纯甲苯做溶剂时会简化谱图，主要以自由基分子离子为主。

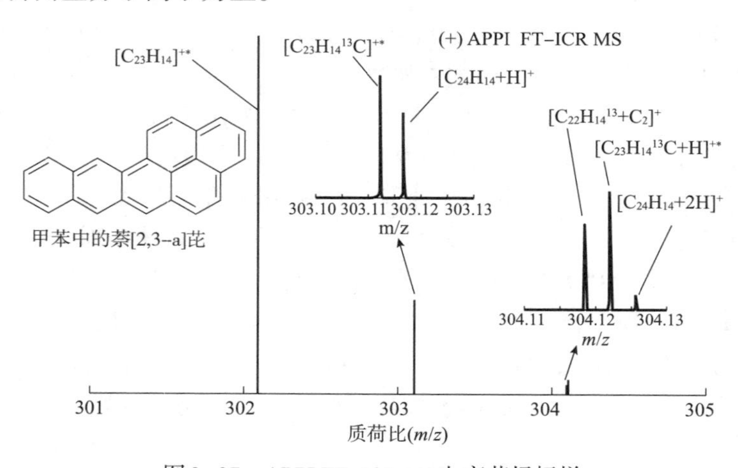

图2-37　APPI FT-ICR MS电离芳烃标样

Ahmed等[423]详细研究了芳香烃在APPI中的电离机理，如图2-38所示。目前使用APPI能电离的石油中芳香烃化合物的缩合度一般小于40[424, 425]。从众多学者使用APPI分析石油中芳香烃的研究中可以发现，APPI电离源也不能对不同环数的芳香烃化合物实现等效电离，而且由于芳香烃结构不同，或改变溶剂等条件，APPI电离出的分子离子峰和准分子离子峰比例并不相同。好在当检测条件固定时，APPI电离出的分子离子峰和准分子离子峰比例相对稳定且样品浓度与谱峰强度具有一定关联，表明APPI电离源有可能成为定量分析石油中芳香烃类化合物的工具。

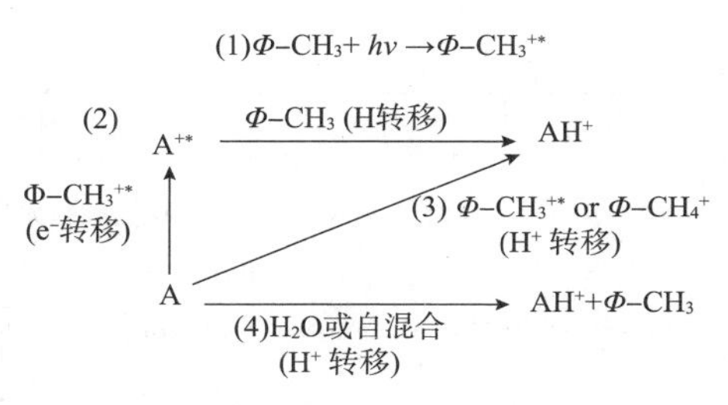

图2-38　APPI电离芳烃机理

除APPI电离源外，大气压激光解析（APLI）电离源也被引入芳香烃分析中，但与FT-ICR MS结合后得到的谱图不是十分理想，电离效率受温度影响较大，稳定性较差，且与APPI类似，APLI也具有电离歧视的问题，几乎无法用于低缩合度芳香烃化合物[426]。

芳香烃化合物极性较弱，无法使用ESI电离源直接电离，但相关研究一直有学者在进行，试图通过改变促电离剂或溶剂等方式使得芳香烃化合物能被ESI电离。例如，用Ag^+做促电离剂使得芳香烃在正离子ESI中成功电离[427~498]。Ag^+可以和芳香烃加合，从而在正离子ESI下电离，但Ag^+会与芳烃产生多种加和离子如$[M+Ag]^+$和$[2M+Ag]^+$等，谱图十分复杂，分辨率不够的质谱难以满足分析需求。其他，如通过电离剂调节酸性[499]以将两环以上的芳烃电离出来，使用甲酸铵作为促电离剂[431]将催化裂化油浆中的芳香烃及含硫芳香烃等弱极性化合物电离出来，以及利用对芳香烃有高选择性转化能力的钌离子催化氧化（RICO）法结合GC/MS对后续反应的酯化产物进行详细分析，研究了减压渣油中芳香分和轻、中、重胶质及沥青质的化学结构，定量测定了与芳香核相连的正构烷基侧链和连接两个芳香核的正构烷基桥链的分布，并考察了芳香环系的缩合形式[432~434]。

因此，目前使用FT-ICR MS定性分析芳香烃有了一定进展，但还没有合适的完整分析所有环数芳香烃的方法，在此方面的定性研究尚需继续进行。表2-23给出了FT-ICR MS在芳香烃分析上的相关文章。

表2-23　FT-ICR MS在芳香烃分析上的应用

发表时间	第一作者	完成单位	电离源	主要工作内容
2005年	Tanner M.Schaub	佛罗里达州立大学	FD	FD连接FT-ICR MS，表征出了VGO中烯烃、芳烃和硫化物，但对饱和烃的电离效果不佳
2006年	Jeremiah M.Purcell	佛罗里达州立大学	APPI	将APPI与FT-ICR MS连接，对芳烃等非极性化合物进行表征
2009年	Markus Haapala	赫尔辛基大学	μAPPI	应用μAPPI与FT-ICR MS连接，电离出芳烃类化合物
2011年	Leonard Nyadong	佛罗里达州立大学	AP/LIAD-CI	使用AP/LIAD-CI与FT-ICR MS连接，电离出了芳烃及相关化合物，并讨论了该源的选择性

续表

发表时间	第一作者	完成单位	电离源	主要工作内容
2012年	Arif Ahmed	庆北国立大学	APPI	标样验证并探索APPI电离源电离芳烃类化合物的机理
2014年	Thieres M.C.Pereira	圣埃斯皮里图联邦大学	APPI	将APPI与核磁英根分析数据对比，提出了用APPI数据计算芳香度的方法
2016年	Jincheng Lu	中国石油大学（北京）	ESI	用甲酸铵做促电离剂，结合ESI分析油品中的芳烃化合物

3.胶质沥青质类化合物

张占纲等[435~438]通过超临界萃取方法对大港减压渣油进行深度窄馏分切割，利用RICO法对萃余残渣及萃余残渣的芳香分、胶质和沥青质亚组分进行选择性降解，降解生成的混合物经分离后做相应的甲酯化处理，最后运用GC/MS定性、定量分析酯化产物来推测原萃余残渣及亚组分的结构特征。这类方法可以分析出渣油组成的结构细节。

（二）减压渣油馏分的非烃化合物

1.硫化物

原油的杂原子（主要是硫、氮、氧非金属元素和金属元素）主要集中在渣油馏分中且分布广泛，对渣油加工过程影响深远。其中硫在石油中主要以以下几种形式存在：噻吩类化合物、硫醚类化合物、砜类、亚砜类化合物及硫醇类化合物。在石油中，尤其是重油中，一般以噻吩类和硫醚类化合物最为常见[439~441]。

石油中的酸性含氧化合物和含氮化合物的极性相对较强，都可以直接使用ESI电离源电离并结合FT-ICR MS进行分析。而硫化物中除了砜类和亚砜类极性较强，能直接被ESI电离源电离外，石油中含量最高的硫醚类和噻吩类硫化物极性较弱，无法直接利用ESI电离源电离，需要首先对这两类含硫化合物进行化学衍生化处理，增强极性后才能使用ESI电离源有效电离。

Andersson等[442]首次通过甲基衍生化将减压渣油及其催化加氢脱硫产物中的含硫化合物转化为强极性的甲基锍盐，并结合正离子ESI FT-ICR MS实现了对含硫化合物的分子组成表征，甲基衍生化方法示意见图2-39。

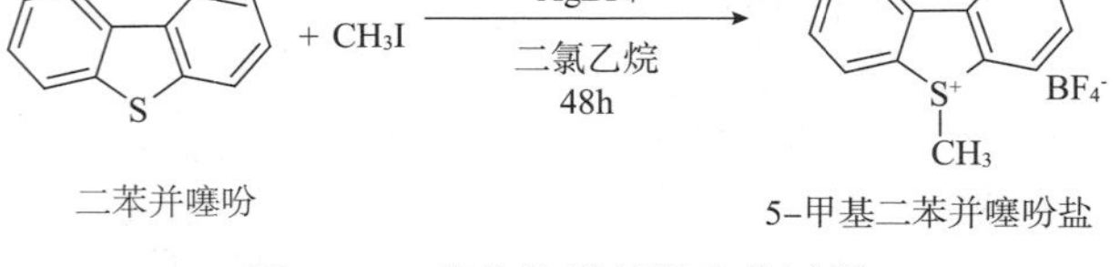

二苨并噻吩 + CH_3I —($AgBF_4$，二氯乙烷，48h)→ 5-甲基二苯并噻吩盐 (BF_4^-)

图2-39　硫化物甲基衍生化过程

Liu等[443]也使用该甲基衍生化方法对委内瑞拉原油四组分中硫化物进行衍生化，使用正离子ESI FT-ICR MS进行表征，分别鉴定了含硫化合物在委内瑞拉原油四组分中的分子组成特征及分布。

除了使用甲基衍生化将硫化物转化成锍盐再使用正离子ESI电离源电离的方法，还有不少电离源可直接电离石油中的含硫化合物，如大气压光致电离源（APPI）[443, 444]、大气压化学电离源（APCI）、大气压激光电离源（APLI）[445~449]及场电离源（FD）[450]。Schaub等[450]使用FD FT-ICR MS表征了4种不同加工工艺获得的减压瓦斯油产物的芳烃组分，对比其中硫化物的分子组成。该研究主要获得了不同工艺减压瓦斯油中噻吩类硫化物的分子组成，且差异巨大，如焦化重蜡油中噻吩类化合物主要芳环数为1~4环，而催化裂化油浆噻吩类化合物芳环数明显较大，为3~4环，因此催化裂化工艺缩合程度较高。Purcell等[420, 444]将正离子APPI电离源与FT-ICR MS联用分析Athabasca油砂沥青减压渣油中的含硫化合物，并与甲基衍生化结合正离子ESI FT-ICR MS所获得的硫化合物分子组成进行了对比。Purcell等认为，甲基衍生化结合正离子ESI的方法对高缩合度的含硫多环芳烃有歧视效果，不适合用来分析重质油中的含硫化合物尤其是噻吩类化合物。但后续研究发现，与电离氮化物时相同，APPI电离硫化物时同样具有较大的选择性，缩合程度高的噻吩类化合物电离效率较高，结合FT-ICR MS较窄的动态响应范围（<10000），使用APPI电离源分析硫化物时很难看到DBE小于4的硫醚类化合物，得到的结果不能完全正确表征重油中硫化物组成[450]。Hourani等[449]通过对比APPI和APCI两种电离源，结合FT-ICR MS表征润滑油基础油中的硫化物的分子组成时，也确定了APPI对低缩合度含硫化合物的电离歧视效果。为了进一步验证甲基衍生化结合正离子ESI电离源的方法能否有效电离大多数含硫化合物，Schrader等[446]首先将减压瓦斯油中的含硫化合物富集起来，然后利用APLI电离源结合FT-ICR MS对富集样品甲基化前后分别进行表征，二者分子组成非常相似，足以说明甲基衍生化结合正离子ESI这种方法对石油样品中大部分硫化物没有明显的歧视。Lobodin等[451]则使用Ag^+作为促电离剂结合正离子ESI源,成功实现了石油中含硫化合物的电离，见图2-40，在减压渣油中观测到最多含有3个硫原子的多杂原子化合物存在。Lobodin等[451]还指出,在使用需要高温环境的电离源如APPI、FD、APCI和MALDI等时，过高的温度可能会导致石油中含硫化合物发生缩合反应进而引起DBE偏高。

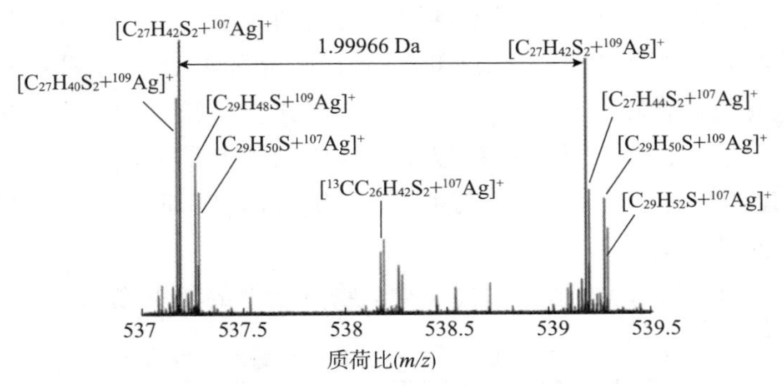

图2-40　银离子作为促电离剂电离含硫化合物

为分析渣油杂原子的形态和分布，刘晓丽[452, 453]采用配位交换色谱分离轮古渣油的饱和分和芳香分中的含硫化合物，分别用$CuCl_2$/硅胶、$PbCl_2$/硅胶配位色谱法将饱和分分为脂肪烃和含硫脂肪烃两个组分，将芳烃分为含硫芳烃1、含硫芳烃2和极性组分，由GC/MS分析低沸点硫化物结构，将含硫化合物甲基衍生化后采用ESI FT-ICR MS分析各亚组分中含硫化合物的结构。结果发现，饱和分中含硫化合物以S1类型为主，碳数分布范围为18~48，为烷基取代的二苯硫醚和环硫醚及其苯并同系物。芳香分的3个亚组分均以S1类型为主，存在S2、S3、O1S1和O1S2类，3个亚组分碳数分布范围分别为18~50、18~37、15~40，并推断出各含硫芳烃的母体结构。通过对硫化物结构鉴定发现，芳香分的各亚组分噻吩类与硫醚类并未很好分离，进一步采用二次配位法将芳香分分为噻吩类组分与非噻吩类组分，噻吩类组分进一步在$PdCl_2$/硅胶配位交换色谱柱上分为3个组分，非噻吩类组分硫化物可能以硫醚、噻唑、噻嗪及长链烷基硫代硫酸类等形式存在，其他3个噻吩类亚组分随着溶剂极性的梯度的增大含硫化合物的芳香性增大。可以看出，分离富集有助于对渣油中含硫化合物结构的鉴定，但存在分离不完全和分离组分回收率偏低的问题。

现在已经有多种电离源或电离技术可有效电离石油中的含硫化合物，且可与FT-ICR MS联用获取石油中含硫化合物的分子组成信息。但是上述研究中所使用的方法都是整体同时电离石油中的含硫化合物，难以区分含硫化合物的类型与结构，而且FT-ICR MS也只能获得质谱峰化合物对应的精确分子式，无法给出具体的种类结构，如是硫醚类还是噻吩类化合物等。但在实际石油加工过程中，结构信息是人们非常关心的内容，能够直接影响实际的加工过程及产品质量[454, 455]。为了区分硫化物的种类，目前常用的方法是将含硫化合物按种类从石油中分离出来，再使用FT-ICR MS表征具体分子信息。

为了区分石油中最常见的噻吩类和硫醚类这两类硫化物，可以采用分步化学衍生化选择性表征含硫化合物的方法，其原理[456]为：首先用四丁基高碘酸铵将石油中的硫醚类化合物选择性地氧化为亚砜，再使用甲基衍生化结合正离子ESI FT-ICR MS对氧化前后的样品分别进行检测。由于硫醚氧化后会变成亚砜，而亚砜不能被常用的甲基衍生化试剂碘甲烷等甲基化，故通过对比分析氧化前后样品的甲基衍生化产物分子组成分布，能够很容易地区分并获得样品中噻吩类和硫醚化合物的分子组成信息。Wang等[457]也提出了分步化学衍生化法分离富集石油中不同含硫化合物的方法。

按照该方法，首先用碘甲烷和四氟硼酸盐等将石油中含硫化合物甲基衍生化成强极性的甲基锍盐，通过调整溶剂极性可实现甲基锍盐与烃类、芳烃类等弱极性化合物的分离与纯化。然后再用选择性脱甲基化试剂7-氮杂吲哚和4-二甲氨基吡啶分别还原锍盐中的噻吩类和硫醚类化合物，最后使用柱色谱的方式将还原后的噻吩、硫醚类化合物分别分离富集出来。使用这种方法不仅可以将石油中的两大类硫化物噻吩类和硫醚类分离开来，结合FT-ICR MS获得这两类硫化物的分子组成信息，而且分离后的含硫组分也为元素分析等方法提供了基础。

表2-24给出了FT-ICR MS在石油含硫化合物分析上的相关文章。

表2-24　FT-ICR MS在含硫化合物分析上的应用

发表时间	第一作者	完成单位	电离源	主要工作内容
2007年	Jermiah M.Purcell	佛罗里达州立大学	APPI/ESI	对比了APPI和Me-ESI在检测硫化物上的区别、分布等
2007年	Saroj K.Panda	北莱茵-威斯特法伦州立国际化学研究生学校及无机和分析化学研究所	ESI	首次用甲基衍生化检测到原油中噻吩类化合物
2008年	Wolfgang Schrader	马普煤炭研究所	APLI	用APLI直接检测原油样品中的噻吩类化合物

续表

发表时间	第一作者	完成单位	电离源	主要工作内容
2008年	Saroj K.Panda	北莱茵－威斯特法伦州立国际化学研究生学校及无机和分析化学研究所	ESI	用甲基衍生化的方法检测了3种不同沸点VGO中的硫化物，比较硫化物分布
2009年	Markus Haapala	赫尔辛基大学	μAPPI	首次应用μAPPI连接FT-ICR MS检测原油中的芳烃及噻吩类化合物
2010年	Na Pan	中国石油大学（北京）	ESI	甲基衍生化柴油中的硫化物，给出衍生化转化率及硫化物分布特征
2010年	Peng Liu	中国石油大学（北京）	ESI	利用选择性氧化，结合甲基衍生化的方法区分并分析油中的噻吩及硫醚化合物
2010年	Peng Liu	中国石油大学（北京）	ESI	用甲基衍生化方法分析了委内瑞拉原油及其四组分中硫化物分布
2011年	Saroj K.Panda	马普煤炭研究所	APLI	用APLI检测原油硫化物，对比ESI和APPI结果
2011年	Peng Liu	中国石油大学（北京）	ESI	用甲基衍生化方法分析不同窄馏分中硫化物的分布，并与PFPD结果进行了对比
2012年	H Muller	沙特阿拉伯研发中心	ESI/APPI	对比甲基衍生化加ESI源和APPI源结果，并与GC×GC结果对比，确认ESI电离效果较好
2014年	Changtao Yue	中国石油大学（北京）	ESI	模拟TSR过程，甲基衍生化监测硫化物变化
2014年	Guan Cuishi	中国石化石油化工科学研究院	APPI	检测不同溶剂，对比糠醛抽提产物中硫化物分布
2014年	Lu Hong	中国科学院广州地球化学研究所	ESI	甲基衍生化方法分析7种不同的江汉原油中硫化物的分布
2015年	Frederick Adam	沙特阿拉伯研发中心	APPI	用APPI追踪氧化脱硫过程中硫化物的变化过程
2015年	Meng Wang	中国石油大学（北京）	ESI	甲基化－分步脱甲基方法选择性分析油品中的硫醚、噻吩类化合物
2015年	Meng Wang	中国石油大学（北京）	ESI	深度加氢油品中的难加氢硫化物的分离与鉴定
2016年	Shengke Li	中国石油大学（北京）	ESI	采油过程引入的石油磺酸盐类化合物分析

2.氮化物

石油中的氮化物随结构不同，性质也不尽相同，同样可按酸碱性分为两类：一类为中性氮化物，主要是吡咯、吲哚、咔唑等一系列含五元环氮化物的衍生物；另一类是碱性氮化物，包括吡啶、喹啉等六元环氮化物的衍生物以及胺类化合物。这两类氮化物在极性上有所不同，可通过将样品溶解在苯和冰醋酸混合液中用高氯酸滴定的方式来区别二者，能与高氯酸反应的即是碱性氮化物[458, 459]。除以上所述氮化物外，还有一种独特的含氮化合物也存在于石油中，即由一类大分子氮化物（卟啉环）与镍、钒、铁等微量重金属络合形成的金属卟啉化合物[460]，一般也归类于中性氮化物。

石油氮化物可以使用APCI电离源、APPI电离源或ESI电离源电离，但使用APCI电离源时会产生碎片离子[461]，APPI电离源或ESI电离源都是分析氮化物较为理想的软电离源。

1）中性氮化物

Hughey等[462]用模型化合物验证了负离子ESI电离源对中性氮化物的电离效果，确认吡咯、咔唑等中性氮化物及其衍生物可以在负离子ESI下得到较好的电离，如图2-41所示，同时对比分析了来自中国、中东和北美3个国家的3种原油中性氮化物的分布情况，讨论不同原油中氮化物的组成区别。

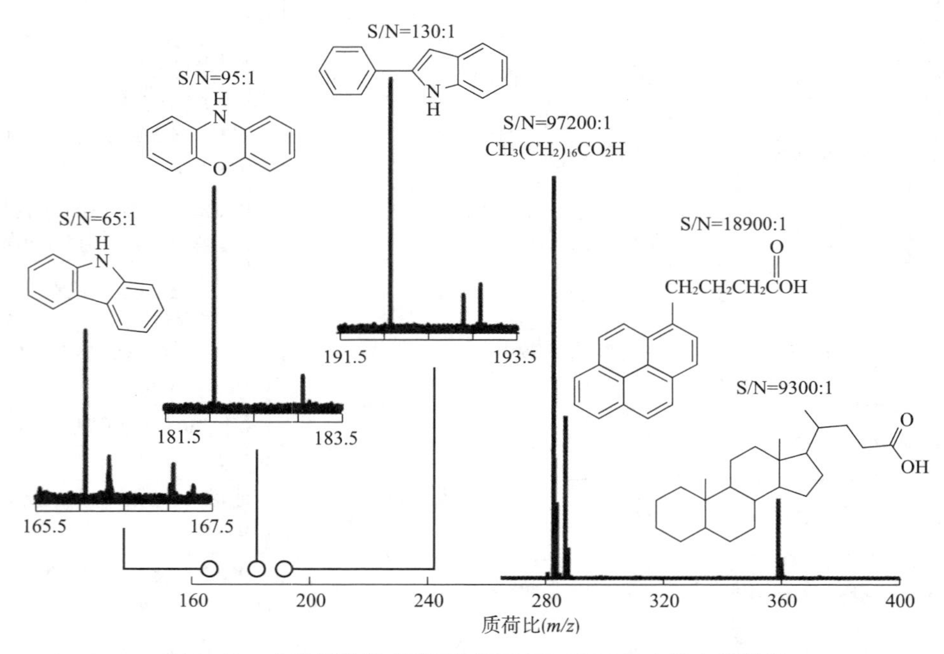

图2-41　中性氮化物在负离子ESI FT-ICR MS中的电离效果

此后，使用负离子ESI FT-ICR MS定性分析氮化物也获得了广泛的应用。Shi等[463~466]采用负离子ESI FT-ICR MS分析了原油及其四组分和实沸点窄馏分中的中性氮化物的分布，还分析了煤焦油中的中性氮化合物。Zhang等[467~469]开发了一种监控中性氮化物在分离过程中的走向和分布的方法，对分离方法有了深入的认识并借此优化建立了一种用柱色谱分离石油中性氮化物的方法。张娜等[470]借助ESI FT-ICRMS研究了委内瑞拉常渣中氮化物在减黏断裂反应前后的组成及分布变换，试图从分子角度来描述裂化过程中石油组分的具体反应过程。Zhang等[471]利用负离子ESI FT-ICR MS对比研究了脱沥青油减渣催化加氢前后氮化物组成，发现在加氢过程中碱性氮化物难以加氢反应，中性氮化物转化效率较高，同时短侧链氮化合物相比长侧链氮化物较易发生转化。

2）碱性氮化物

碱性氮化物包括可以在正离子ESI中电离，也可以用正离子APPI电离。2001年，

Qian等[116]使用正离子模式ESI结合9.4 T FT-ICR MS在南美重质原油里鉴定出5类主要的含氮化合物及多杂原子含氮化合物（如N_1、N_1O_1、N_1S_1、N_1S_2、$N_1O_1S_1$等）。此后，使用正离子ESI FT-ICR MS表征分析原油及其加工产物中碱性氮化物的研究越来越多。Klein等[472]用ESI+9.4 FT ICR MS分析原油及饱和分、芳香分、胶质和沥青质馏分，得到原油及芳香分的碱性氮化合物的分子类型和碳数分布，从不同组分所得分析结果来看，饱和分无观测信号，胶质和沥青质在ESI+条件下出峰非常小，因为胶质和沥青质中主要含有酸性化合物，在该电离条件下几乎不产生信号。对比芳香分和原油的谱图及化合物类型与碳数分布图，芳香分和原油的组成分布形式非常相近，说明饱和分、胶质和沥青质组分没有影响ESI+对原油中极性组分（尤其是碱性氮化物）相对丰度的分析，因此采用ESI+分析原油时没必要将原油中的极性芳香分离后进行测定。Klein等[446]使用ESI FT-ICR MS研究石油馏分中杂原子化合物在加氢前后分子组成的变化，发现含有一个或多个杂原子（如N_x、N_xO_y和N_xS_y等）的化合物相对于只含一个氮原子的化合物更加容易在加氢过程中脱除。Zhu等[473]首先用高效液相色谱（HPLC）按极性从小到大将焦化蜡油的胶质组分分离成6个亚组分，并采用ESI FT-ICR MS进行了分析，正离子下共鉴定出N_1、N_2、N_1S_1、N_1O_1、N_1O_2共5种杂原子类型，并发现与传统理论略有差别的是，随亚组分极性增大，亚组分中含氮化合物的平均分子量逐渐减小，而各种类化合物的DBE逐渐增加。

国内也有不少使用正离子ESI FT-ICR MS研究碱性氮化物的报道。Shi等[474]采用正离子ESI FT-ICR MS分析了六个不同来源焦化蜡油，发现这六种焦化蜡油中N1类碱性氮化物均占绝对优势，且分子量分布也极为相近，都在200~500Da，但不同油品间碱性氮化物的碳数和缩合度分布不同，即具有不同的分子组成。胡秋玲等[475]用ESI+9.4T FT ICR MS分析原油中的碱性氮化合物。不同模型化合物在ESI+条件下只有碱性氮化合物吖啶出峰，其余化合物均无响应，表明ESI+电离模式对碱性氮有很高的选择性。3种原油表征结果表明，原油中碱性氮化物主要以含有1个氮元素的碱性氮化物（N_1类）为主，种类有N_1、N_2、NS、NO、NO_2、NO_3、NOS等。不同含氮化合物按照缺氢数Z值可以分成不同缩合度的碱性含氮化合物，如从N_1类含氮化合物分布情况来看，主要是含有2~5个芳环（−9N~−25N）的碱性氮，进一步考察不同缺氢数的含氮化合物的碳数分布，如−17N_1（吖啶类）的碳数分布范围是15~70，平均碳数是34。总的来说，ESI+FT ICR MS表征出了原油中的100多种碱性氮化物，碳数分布范围为15~70，其中最主要的是含1个氮原子的碱性氮化物，不同基属原油在碱性氮化物的种类分布和碳数分布上存在一定差异。与上述结果类似，不同原油中各碱性氮化物的分子量范围相似但杂原子种类分布及碳数和DBE分布上存在一定差异。

Purcell等[422]对比了ESI和APPI两种电离源结合FT-ICR MS在分析石油分子组成上的异同。Bae等[476]也以美国和俄罗斯页岩油为原料，对比了ESI和APPI两种电离源的差别。研究结果发现，ESI和APPI两种电离源均能有效的电离石油中的含氮化合物，但由于二者的电离机理不同，电离效果也是不同的。ESI电离源是基于样品极性来实现有效电离的，因此极性强的氮化物电离效率较高，且中性氮化物在负离子ESI下电离而碱性氮化物在正离子ESI下电离[462]，因此ESI电离源可以直接检测石油中的含氮化合物并确定种类结构。而APPI电离源则能有效电离芳环数较多的含氮化合物，环数较少的胺类化合物电离困难，而且APPI电离源会同时电离中性氮化物和碱性氮化物，很难直接从谱图上区分二者的差异，需借助组分分离等样品前处理手段才能完成二者的鉴定。因此，在大部分分析石油含氮化合物的实验中，ESI电离源是相对比较理想的电离源。

张丽[477]用离子交换树脂和硅胶将委内瑞拉减渣和辽河减渣分成含非碱性氮化合物的酸性分、含碱性氮化物碱性分以及含有少量的碱性氮和非碱性氮的中性氮组分、饱和分、芳香分这5个组分，经分离后对两个渣油的氮化物回收率分别为90.7%和88.0%，通过红外光谱鉴定了各组分中含氮化合物的官能团结构类型，表明酸性分中以酰胺类含氮化合物为主，碱性分含有吡啶类含氮化合物，采用ESI-FT-ICR MS分析了各组分中含氮化合物的类型和碳数分布，各馏分主要以N_1、N_1O_1类含氮化合物为主，并测定出了各类含氮化合物的碳数范围及对应的DBE值。

除上述研究外，还有大量关于使用FT-ICR MS研究石油中含氮化合物的报道。总体来说，目前使用ESI电离源已能完成对石油中氮化物良好的定性检测。虽然目前并没有具体FT-ICR MS定量表征石油中含氮化合物的报道存在，但ESI FT-ICR MS可以显著区分不同来源及不同加工过程得到石油样品中的含氮化合物，表现出了从分子水平对石油中含氮化合物进行定量分析的潜力，只是尚需要深入研究。

表2-25给出了FT-ICR MS在石油含氮化合物分析上的相关文章。

表2-25　FT-ICR MS在含氮化合物分析上的应用

发表时间	第一作者	完成单位	电离源	主要工作内容
2001年	Kuangnan Qian	埃克森美孚研究与工程公司	ESI	首次用FT-ICR MS检测油品中氮化物，还用标样验证氮化物电离种类
2002年	Christine A.Hughey	佛罗里达州立大学	ESI	标样验证-ESI只电离酸性及弱酸性化合物，检测酸性、中性氮化物及多杂原子化合物
2002年	Christine A.Hughey	佛罗里达州立大学	ESI	用+ESI检测重油中的碱性氮化物，包括NO、NS、NOS等多杂原子化合物
2006年	Jinmei Fu	佛罗里达州立大学	EI/FD/ESI	加氢前后氮化物的变化，同时用EI、FD、ESI对比结果
2007年	Jeremiah M.Purcell	佛罗里达州立大学	APPI/ESI	分别用APPI和正负ESI检测油中氮化物，对比两种电离源检测结果
2007年	Jaana M.H.Pakarinen	约恩苏大学	ESI	用ESI对比俄罗斯及北海原油及窄馏分中氮化物分布
2010年	Yahe Zhang	中国石油大学（北京）	ESI	柱色谱法分离中性氮，并用ESI结合FT-ICR MS追踪分离过程
2010年	Quan Shi	中国石油大学（北京）	ESI	液液萃取CGO馏分中的碱性氮化物，用FT-ICR MS和GC-MS分别分析并对比
2011年	Ze-kun Li	中国石油大学（北京）	ESI	讨论中性氮在催化裂化中的变化，并用萃取法分离碱性氮以减少影响
2012年	Jianhui Tong	上海交通大学	ESI	页岩油中的氮化物分布表征

续表

发表时间	第一作者	完成单位	电离源	主要工作内容
2013年	Yunju Cho	庆北国立大学	APPI	用H/D交换结合APPI区分氮化物结构
2013年	Tao Zhang	中国石油大学（北京）	ESI	加氢前后氮化物的变化，给出了难加氢区域
2013年	Jianhui Tong	上海交通大学	ESI	页岩油中碱性氮化物在加热过程中的变化
2014年	D.Liu	中国石油大学（青岛）	ESI	辽河常渣分离成VGO、VR等馏分，分别分离并表征其中的碱氮和中性氮
2014年	Chen Xiaobo	中国石油大学（青岛）	ESI	胜利碱渣和焦化蜡油中的氮化物分布表征
2014年	Jinhong Zhou	中国石油大学（青岛）	ESI	不同FCC处理方法后样品中氮化物的分布表征
2015年	Luciana A.Terra	巴西埃皮纳斯州立大学	LDI	使用激光解析电离分重油中的碱性氮和芳烃并估算含量

3.含氧化合物

氧元素是石油中主要杂原子之一，通常含量在千分之几。随石油馏分沸点升高含量逐渐加大，大部分氧元素都分布在石油的胶质和沥青质组分中。氧元素在石油中以多种不同的基团存在，根据基团结构不同，石油中的含氧化合物具有不同的性质，通常按酸碱性分为两大类：一类为酸性含氧化合物，主要是强极性的含氧化合物，如羧酸类和酚类等，也就是通常所说的石油酸；第二类是中性含氧化合物，主要是极性较弱的含氧化合物，如醚类、脂类、酮类、醛类和呋喃类等。原油中含氧化合物种类众多，极性相差较大，很难被同一种电离源或者同一种检测方法同时检测。

1）酸性含氧化合物

酸性含氧化合物主要是羧酸类和酚类等强极性含氧化合物，可以使用APCI电离源或ESI电离源电离，但使用APCI电离源时会产生碎片离子[461]，增大分析难度，因此分析含氧化合物最理想的电离源为ESI电离源。

无论是羧酸类还是酚类含氧化合物，都可以在原油中被负离子ESI电离源中直接电离，无须分离等前处理过程，相对便捷快速。结合FT-ICR MS的超高分辨率以及质量精度，可以得到石油中这两类化合物的分子层次定性分析数据，因此，近些年关于这方面的研究数量相当多。早在2001年，ESI电离源结合FT-ICR MS刚被引入石油分析工作时，Qian等[115]就在南美重质原油里鉴定出多达3000种酸性含氧化合物，同时还发现重质原油中含有大量杂原子化合物如O_2、O_3、O_4、O_2S、O_3S、O_4S等。Hughey等[462]则对比分析了分别来自中国、中东和北美的三个不同原油样品，鉴定出多达14000种中性和酸性的含N、O、S等的杂原子及多杂原子化合物，同时发现不同原油中杂原子化合物的分子组成差异很大。在此之后，也有不少学者继续使用ESI FT-ICR MS分析原油中酸性含氧化合物[478~484]。他们发现，含N、O、S等的杂原子及多杂原子化合物几乎存在于所有原油中，而且相对分子质量范围一般分布在200~800Da。Barrow等[485]将纳升喷雾电离源

（Nano-ESI）引入原油分析，结果表明，负离子Nano-ESI结合FT-ICR MS同样适合于原油中的环烷酸组成分析。

中海油炼化科学研究院黄少凯研究团队在研究中海油生产的蓬莱高酸海洋重质原油以及中海油加拿大长湖（LONG LAKE）油砂沥青原油时，采用氢氧化钾改性硅胶分离出两种原油馏分油中的羧酸和酚类化合物，使用FT-ICR MS获得了羧酸类化合物质谱图，通过高精度相对分子质量确定化合物的分子式，并使用归一法对羧酸类化合物和酚类化合物分子组成进行定量分析，建立了重油中羧酸和酚类化合物分子组成的分析方法。其中，长湖VGO中含氧化合物主要包括酸性和非酸性含氧化合物，其中酸性含氧化合物含量约为90%，以O_2类有机羧酸为主，包括脂肪酸、环烷酸和芳香酸，等效双键数为1~11，其中主要是二环、三环烷酸，碳数分布在18~35；非酸性含氧化合物含量约10%，以O_1类有机酚为主，包括苯酚、萘酚，等效双键数在4~12，主要为一环烷并苯酚和二环烷并苯酚，碳数分布在20~35；长湖减渣中羧酸O_2类化合物主要为脂肪酸、环烷酸、芳香酸，缺氢数在2~10，碳数分布在25~70；长湖减渣中酚类O_1化合物是有机酚类化合物，包括苯酚、环烷并苯酚、萘酚、环烷并萘酚、菲酚等，等效双键数主要分布在5~15，主要为萘酚类与菲酚类化合物，碳数分布在30~60。黄少凯团队由此得出结论，认为相比蓬莱19-3原油，长湖原油中含氧化合物的组成更复杂，芳香环更多，碳数更大，加工条件将更苛刻。图2-42为两类原油减压渣油羧酸类O_2化合物分子组成的分布。

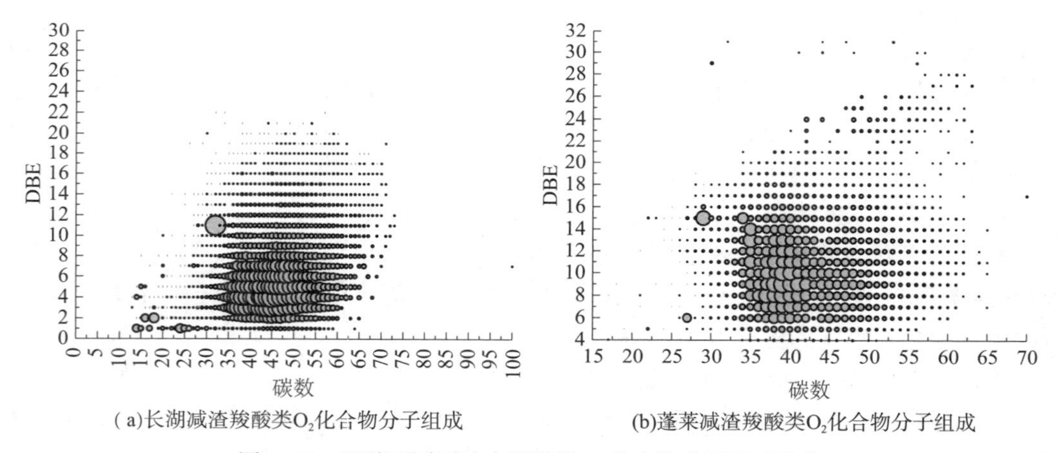

（a）长湖减渣羧酸类O_2化合物分子组成　　（b）蓬莱减渣羧酸类O_2化合物分子组成

图2-42　两种不同原油中羧酸类O_2化合物分子组成分布

近年来，随着FT-ICR MS引入国内，国内诸多学者也开始关注其在原油含氧化合物分析中的应用。例如，史权等[486，487]对辽河原油中的环烷酸进行了分析表征，并开发了专门针对石油中此类小分子复杂有机物混合体系的FT-ICR MS数据处理软件，发现负离子ESI FT-ICR MS可以不需要经过复杂烦琐的样品前处理过程，直接有效地分析原油中环烷酸分子组成，并提出可以通过FT-ICR MS得到的分子组成信息进行地球化学研究，这也是国内首次发表关于FT-ICR MS分析石油组成的报道。

从此以后，ESI FT-ICR MS在石油中酸性含氧化合物上的分析应用逐渐广泛起来，人们也能够真正从分子组成的角度来直观地看到不同石油间的区别以及石油在各种加工过程中的实际变化。例如，陆小泉等[488]采用负离子ESI FT-ICR MS分析了碱液萃取法萃出的石油羧酸类化合物，发现比起原油中的羧酸类化合物，萃出的羧酸类分子量偏小，不到500Da。他们还发现，在碱液萃取过程中增加反萃取溶剂的用量和极性可以在基本不影响羧酸类化合物萃出的情况下去除中性氮化合物，对萃取过程有着重要的指导意义。Smith等[489, 490]使用负离子ESI FT-ICR MS表征了Athabasca沥青经热处理前后酸性含氧化合物分子组成的变化情况，发现液体产物中的环烷酸可能随热处理温度的升高而逐渐分解。Shi等[491~493]使用负离子ESI源结合FT-ICR MS分析了原油酸性化合物在四组分过程和实沸点蒸馏过程中的分离情况，以及表征了煤焦油中酸性化合物的分布。Zhang等[467]利用ESI FT-ICR MS监控石油酸在分离过程中的流向与分布，借此开发并优化新的石油酸分离方法，同时，在电脱水器罐底油泥中检测到C_{80}^{+}鹰爪酸（ARN），并首次报道了C_{60}^{+}鹰爪酸的存在，同时还发现鹰爪酸存在［M-2H+Na］-，［M-3H+2Na］-和［M-4H+3Na］-等多种不同的钠加合物。胡科等[494]用ESI-9.4T FT ICR MS测定分离出来的苏丹高酸原油的环烷酸，他们首先采用碱液中和法复合脱酸剂从苏丹高酸值原油中提取出石油酸，根据红外特征峰结果判断所提取出的酸为一元羧酸（包括脂肪酸和环烷酸），不含多元酸和芳香酸。从FT ICR MS分析得到这些一元羧酸的碳数和类型分布，其中脂肪酸含量很低，环烷酸含量很高，环烷酸以碳数在24~36的一、二、三环环烷酸为主，且一、二、三环环烷酸的碳数分布分别大概以碳数28、30、32为中心接近正态分布，二环环烷酸的含量最多。

石油酸的含量及组成不仅影响到石油产品的质量和使用性能，还影响到具体的加工工艺的选择，对于石油酸的分析一直是大家的关注热点。作为无须分离，能够轻易被ESI电离的石油组分，关于石油酸的定性研究比比皆是。近年来，众多学者已经不满足于使用FT-ICR MS对石油酸进行定性研究，不少研究者开始使用ESI FT-ICR MS对多种原油的石油酸进行检测，并与酸值进行关联、对比并取得较好的效果。

虽然目前关于石油中酸性含氧化合物的定量仍停留在与总酸值关联对比的程度，并未真正深入到分子层次，但该类研究已经提上日程[495]。同时，还有众多学者研究石油酸组成分布与石油成因、环境之间的关系，如发现严重生物降解原油中往往含有更多的酸性氧化物等[496]。

2）中性含氧化合物

中性含氧化合物，主要含有酮类、醛类、醚类、脂类和呋喃类等极性较小的含氧化合物。由于这些化合物在石油中含量较少，极性也比较微弱，目前没有比较理想的分析石油中中性含氧化合物的方法，只有少许关于酮类的研究报道。

脂肪酮在石油及源岩提取物中含量很少[497]，但在页岩油中是常见的组分[498~502]。化学因素决定了酮具有很强的反应活性，对化石燃料的储存稳定性有很大影响。酮类化合物极性较低，且在石油中含量很少，因此需要经过衍生化后才能在ESI电离源下电离。Andersson等[503, 504]应用吉拉德T和QAO试剂选择性地衍生化石油和煤焦油中的酮类化合物，并结合正离子ESI的Orbitrap质谱进行分析，如图2-43所示。

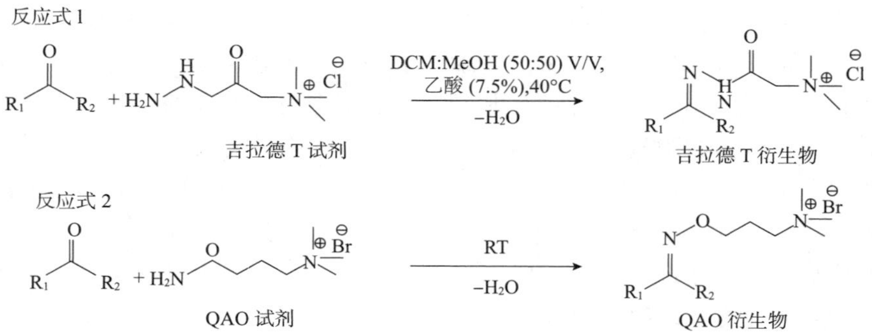

图2-43　酮类的衍生化反应

表2-26为FT-ICR MS在酸性含氧化合物分析上的应用的部分文献汇总。

表2-26　FT-ICR MS在酸性含氧化合物分析上的应用

发表时间	第一作者	完成单位	电离源	主要工作内容
2001年	Kuangnan Qian	埃克森美孚研究与工程公司	ESI	首次分离并用FT-ICR MS检测到重油重的羧酸类化合物
2003年	Mark.P.Barrow	华威大学	ESI	原油直接进样，结合nano-ESI检测到重油中的环烷酸
2005年	Pal V.Hemmingsen	佛罗里达州立大学	ESI	用FT-ICR MS考察液液萃取时水相pH值对萃取的石油酸的影响
2008年	Donald F.Smith	佛罗里达州立大学	ESI	考察阴离子交换树脂对石油中酸性化合物的分离效果
2009年	Mmilili M.Mapolelo	佛罗里达州立大学	ESI	分离分析油田处理水中的环烷酸盐，并检测到ARN
2011年	Yahe Zhang	中国石油大学（北京）	ESI	萃取色谱法分离石油中酸性化合物，用ESI结合-ICR MS监控石油酸，酚类化合物的流向及分离效果
2011年	Yahe Zhang	中国石油大学（北京）	ESI	用ESI表征了油泥中的主要化合物，还检测到ARN
2012年	S.Freitas	圣埃斯皮里图联邦大学	ESI	实沸点蒸馏切割不同馏分段重油，分析其中酸性化合物及对不锈钢的腐蚀程度
2013年	Yang Baibing	中国石油大学（北京）	ESI	分析石油中酸性化合物在热转化过程中的变化
2013年	Litao Wang	中国石油大学（北京）	ESI	分析加拿大油砂沥青的沥青质及可溶质中酸性化合物的差别
2013年	Keroly A.P.Colati	圣埃斯皮里图联邦大学	ESI	用FT-ICR MS监测不同pH值对液液萃取的影响
2013年	Boniek G.Vaz	里约热内卢天主教大学	ESI	尝试添加内标定量分析石油酸，将质谱数据与酸值关联
2014年	Guilherme P.Dalmaschio	圣埃斯皮里图联邦大学	ESI	实沸点蒸馏亚组分中杂原子化合物的去向表征，结合MS/MS证实长侧链存在

续表

发表时间	第一作者	完成单位	电离源	主要工作内容
2014年	Heloisa P.Dias	圣埃斯皮里图联邦大学	ESI	研究高/低酸原油对金属表面的腐蚀，结合拉曼光谱推测腐蚀过程
2014年	Bencheng Wu	中国石油大学（青岛）	ESI	对比纯碱萃取酸性物质和离子交换树脂提取的区别
2014年	Steven M.Rowland	佛罗里达州立大学	ESI	用固相萃取分离不同馏分段环烷酸，结合酸值半定量对比馏程分布对环烷酸的影响
2014年	Liu Yingrong	中国石化石油化工科学研究院	ESI	研究实沸点蒸馏过程对石油酸分布的影响
2014年	Albert W.Kamga	老道明大学	ESI	用内标法半定量页岩油中的脂肪酸含量
2014年	Heloisa P.Dias	圣埃斯皮里图联邦大学	ESI	分析环烷酸在加热状态下的分解情况及对不锈钢表面腐蚀情况
2014年	Luciana A.Terra	坎皮纳斯大学	ESI	尝试添加内标定量分析石油酸，将内标定量数据与酸值关联
2016年	Jorge A.Orrego-Ruiz	哥伦比亚石油研究所，哥伦比亚	APPI	分析石油中酸性含氧化合物并与酸值关联
2016年	Fernando A.Rojas-Ruiz	哥伦比亚桑坦德工业大学	ESI	分析石油中的磺酸盐类化合物
2016年	Renzo C.Silva	加拿大卡尔加里大学	ESI/APPI	分析沥青质氧化之后的酸性多氧化合物

4.卟啉类化合物

石油中还有一类非常重要的杂原子，卟啉类化合物，一般由大分子氮化物（卟啉环）与镍、钒、铁等微量重金属络合形成[465]。卟啉化合物对石油加工过程影响很大，卟啉上络合的金属离子容易沉积在催化剂表面，引起催化剂失活，从分子层次来表征石油中的卟啉化合物对加工利用石油具有非常重要的意义。

早在20世纪60年代，电子轰击电离源（EI）就证实了镍钒初卟啉（ETIO）的存在，也显示了质谱技术在石油分析领域的可行性[505]。但使用EI源检测卟啉类化合物并不是一种成熟完美的方法，比如样品在分析前需要先进行烦琐的甲磺酸脱金属反应，且不确定卟啉原始结构是否在甲磺酸脱金属反应中遭到破坏，而且如果EI源能量过大，会产生大量离子碎片，并不适合与FT-ICR MS联立用来分析卟啉化合物[506]。

Berkel等[507~509]首次使用ESI电离源实现了卟啉类化合物的分析，详细研究了卟啉类化合物在正离子ESI电离源下的电离机理，为深入分析卟啉类化合物打下了良好的基础。Rodgers等[510]使用正离子ESI电离源结合9.4T FT-ICR MS，实现对初卟啉镍和初卟啉钒标样成功检测并在原油中富集且检测到5种卟啉化合物，证实这是一条从分子层次分析卟啉化合物的有效途径，ESI电离源的直接进样检测也是相对EI源的一大优势。Zhao等[511，512]在此基础上改进了原油中卟啉化合物的分离富集方法，如图2-44所示，用正离子ESI FT-ICR MS在富集组分中检测到多种卟啉化合物，并发现了3种新型卟啉化合物的存在。

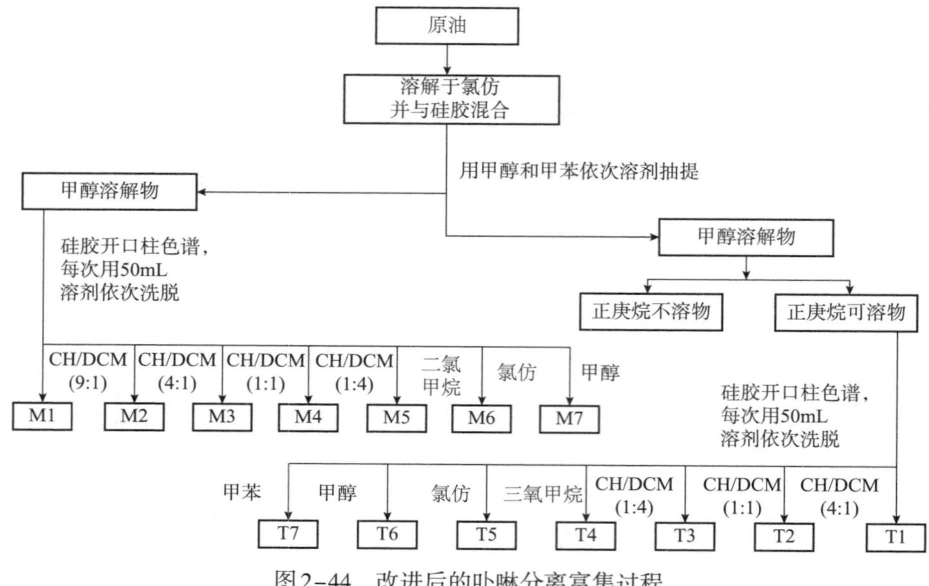

图2-44　改进后的卟啉分离富集过程

除ESI电离源外，APPI源也可用于卟啉类化合物的分析。例如，Qian等[513]用APPI电离源结合12 T FT-ICR MS对某减压渣油沥青质组分中的钒卟啉化合物进行了分析，同时还发现含杂原子为N_4VOS的新型卟啉类化合物。后来，Qian等[514]再次利用APPI电离源结合12T FT-ICR MS检测到石油中的镍卟啉。通过标样对比，Qian等人发现，在APPI电离源中，等摩尔浓度下钒卟啉标样的电离效率约为镍卟啉标样的3倍，并指出由于含量太低，镍卟啉在常规条件下不易被质谱检测，在一些成熟度较低的原油中金属镍含量仅有100mg/L左右，且金属镍同位素众多，有Ni58和Ni60两种，造成谱峰复杂且与硫化物质量数仅相差0.16mDa，对质谱分辨率要求高且质谱图鉴定困难。

综上所述，虽然金属卟啉化合物是石油加工过程中非常重要的影响因素之一，目前仍未发展出非常成熟的检测手段。ESI电离源或APPI电离源结合FT-ICR MS是目前较好的从分子层次定性分析石油金属卟啉化合物的手段，但未能检测到所有的金属卟啉化合物种类，离定量检测差距较大，有待诸多学者进一步研究。

表2-27给出了FT-ICR MS在卟啉类化合物分析上的相关文章。

表2-27　FT-ICR MS在卟啉类化合物分析上的应用

发表时间	第一作者	完成单位	电离源	主要工作内容
2001年	Ryan P.Rodgers	佛罗里达州立大学	ESI	首次使用FT-ICR MS检测卟啉标样及重油中分离的卟啉
2008年	Kuangnan Qian	埃克森美孚研究与工程公司	APPI	用APPI在沥青质中检测出了含硫钒卟啉化合物
2009年	Amy M.McKenna	佛罗里达州立大学	APPI	用APPI在重油和沥青中鉴定出了钒卟啉化合物
2010年	Kuangnan Qian	埃克森美孚研究与工程公司	APPI	甲苯甲醇抽提的方式富集了沥青质中的镍卟啉，并用APPI检测

续表

发表时间	第一作者	完成单位	电离源	主要工作内容
2013年	Xu Zhao	中国石油大学（北京）	ESI	分离检测到委内瑞拉原油中的钒卟啉
2014年	Jonathan C.Putman	佛罗里达州立大学	ESI	开发了一种用于分离卟啉的柱色谱分离方法
2014年	Yunju Cho	庆北国立大学	LDI/APPI	LDI和APPI对比，都检测到卟啉化合物
2014年	Amy M.McKenna	佛罗里达州立大学	APPI	检测到镍、钒卟啉，并且发现几种新卟啉
2014年	Shi Qiangdong	中国石化石油化工科学研究院	APPI	在伊朗重油中发现钒卟啉
2014年	Xu Zhao	中国石油大学（北京）	ESI	发现钒卟啉新品种化合物
2015年	Tingting Liu	中国石油大学（北京）	ESI	加氢过程对钒卟啉化合物的影响

减压渣油是原油中最重也是最为复杂的馏分，傅立叶变换离子回旋共振质谱（FT-ICR MS）是目前对减压渣油类重油分子表征的最佳手段。

（1）对减压渣油的饱和烃部分，可以使用FD GC TOF MS进行表征，从而得到链烷烃和1~6个环的环烷烃的碳数分布和化合物类型。采用本方法进行分子表征，分离方法简单，重复性高。分离所得饱和份经NMR分析，无芳烃，分离选择性好。也可以对饱和烃进行一定的转化处理，使其具有极性后结合电喷雾电离源（ESI）的FT-ICR MS表征。如钌离子催化氧化（RICO）和四氢锂铝（$LiAlH_4$）还原方法，这种方法可以得到环数高达11、最大碳数为92的饱和烃信息，并且可以得到正构、异构和环烷烃的分布，但是氧化还原反应复杂、耗时。另外，由于异构烷烃和环烷烃的转化率较正构烷烃高，氧化产物需要纯化，且醇在ESI电离源中还存在加和CO_2现象，给这个方法的应用带来不便。对饱和烃也可以采用银阳离子化处理方法，其电离方法对所有饱和烃分子类型均可以有效电离。减压渣油的碳数范围为30~100，缺氢数为-24~2（0~13个环烷环）。本方法能对高沸点范围的饱和烃进行有效分析，但操作复杂，容易产生误差。

（2）FT-ICR MS对减压渣油中杂原子（硫、氮、氧）化合物的表征较为适合。其中，对硫化物分子表征时，APPI电离源相较于MeESI电离源而言，前者无须预处理可以直接鉴定弱极性的含硫化合物，且能够对高沸点范围内高缩合度的含硫化合物进行表征。

（3）对于减压渣油的沥青质部分，可以通过对金属卟啉化合物的FT-IR MS分析表征而实现。元素分析、凝胶渗透色谱法（GPC）、^{1}H-NMR和负离子FT-IR MS组合互相补充可以实现对沥青质宏观性质和杂原子化合物的分子组成分析。不过，需要认真考虑电离源的选择性和沥青质的聚集现象。碰撞诱导解离（CID）是了解复杂样品分子结构的有效工具，根据CID过程中发生的脱烷基作用、多核分子的解离以及环烷烃的开环反应等，可以比较不同的减压渣油分子组成特点。

第三节　结构族组成分析

对于重油特别是渣油，单体烃分析在目前技术水平情况下是完全不可能做到的，且对族组成的界定也很可能不确切，因此，采用结构族组成分析的概念，即不考虑分子结构有多复杂，认为它们都是由烷基、环烷基和芳香基三种基本结构单元组成的，也就是用石油组成平均结构参数的方法是比较适合的。

一、NMR技术在重油结构组成中的应用

NMR技术是重油结构表征不可或缺的一种分析手段。相比其他近代物理分析方法，NMR技术在重质油的结构表征方面具有其独特的优势，例如，测定前无须样品分离、汽化，而且能在无损样品的条件下获取较完整的分子组成和结构信息，等等。

NMR谱图中横坐标表示化学位移，纵坐标表示共振吸收峰强度，根据不同化学位移对应的共振吸收峰的峰面积与不同类型^{1}H核和^{13}C核的个数成正比，可以得到油品中各种化学位移不同的^{1}H核和^{13}C核的相对含量。NMR技术较为深入的用途之一是与元素分析和相对分子质量结合，以计算芳碳率、环烷碳率、链烷碳率、取代度、缩合度等平均结构参数。

1.蜡油馏分的结构族组成

蜡油（VGO）结构组成的传统分析方法为n–d–M法，但该法测定油品存在一定的适用范围，这使其应用受限[515]。核磁共振（NMR）技术在重油分析中的应用始于20世纪50年代，它对于难挥发的重质油样的分析更具有其独特的优越性。高分辨的^{1}H–NMR和^{13}C–NMR波谱能够直接反映出碳、氢及杂原子所处的化学环境，且不受样品极性和挥发性的影响。与MS等其他分析方法相比，NMR波谱法具有分析速度快、样品用量少及样品预处理简单等特点，这些特点使之成为VGO特别是沥青、渣油等重油结构组成分析的最有力工具之一。

例如，Sarpal等[516~518]确定了基础油中各种异构烷烃谱峰归属，并利用^{13}C–NMR研究加氢处理工艺（加氢裂化、蜡异构化、HT）、溶剂精制与加氢精制（HF）组合工艺以及深度加氢补充精制工艺（SHF）3种不同加工方法所得基础油的结构与组成，其谱图如图2–45所示。通过分析碳谱5~21ppm区域谱峰，建立了正构和异构烷烃含量、平均链长和异构位点数的计算公式。然后，通过对比3种基础油的^{13}C–NMR谱图，获得了3种基础油中的不同结构的异构烷烃的分布情况，并依此提出了异构烷烃的几种主要异构结构。研究表明，异构烷烃总量及不同类型异构结构的分布对于加氢后目标产物的性质极其重要，而NP/IP（正构烷烃与异构烷烃含量之比）及不同异构结构的分布对基础油的黏温性能起决定性作用。所以，Sarpal等认为该种方法可适用于各种类型的基础油。之后，又利用^{1}H–NMR和^{13}C–NMR方法对加氢补充精制（HF）、深度加氢补充精制（SHF）和加氢处理（HT）3种工艺所得基础油进行了进一步研究[518]。首先，采用2D HETCOR图谱技术解决谱峰重叠，然后对B–L公式进行适当修正，使得改进后B–L公式及碳谱与氢谱所得结果保持良好的一致性。对比3种基础油的^{1}H–NMR谱图发现，加氢补充精制所得

基础油的氢谱中存在延伸至8.5的宽峰，而其他两种工艺所得基础油的氢谱中，7.5~6.4的宽峰处有几个主要的尖峰。这表明，加氢补充精制类型的基础油比其他两种工艺所得基础油含有更多的多环芳烃。

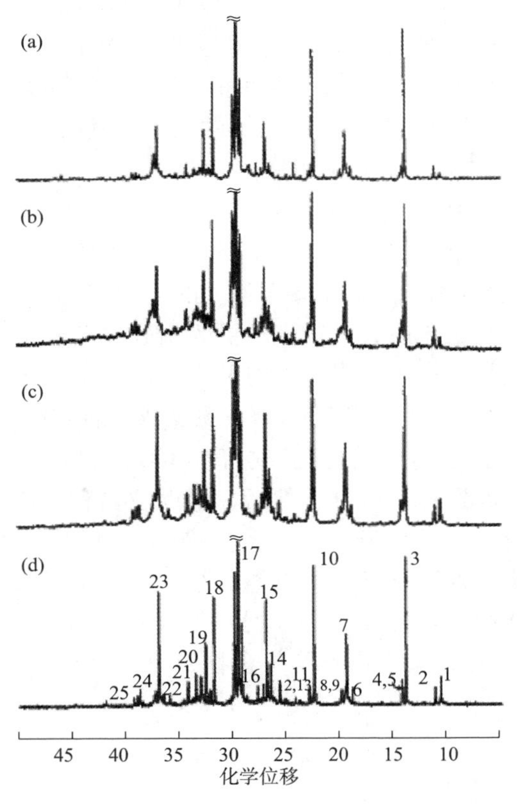

图2-45　三种不同基础油的 ^{13}C-NMR谱图

（a）—HF基础油的饱和分；（b）—SHF基础油；（c），（d）—HT基础油

Mäkelä等[519]为了克服常规NMR软件枯燥、易产生偏差和耗时长的缺点，提出了一种基础油的NMR自动化分析方法，即Imatra NMR和Simpele NMR。特别是Simpele NMR过程软件的创新，使得基础油的NMR自动化分析成为可能。

VGO类重馏分油的 ^{1}H-NMR中谱峰重叠是难免的，因此 ^{1}H-NMR所得信息有限；而且，一般从氢谱中很难得到丰富的碳骨架结构信息。而碳谱能够提供更丰富、详细的平均结构信息，得到不同类型碳的定量信息；此外，能够比传统方法更快速地测定饱和分与芳香分含量及其比。故要得到VGO尽可能详细的分子组成信息，应采用 ^{1}H-NMR与 ^{13}C-NMR联合方式对VGO进行综合表征，也需要与其他分离或鉴定技术结合。例如，Kurashova等[520]采用气相/液相色谱、质谱和 ^{13}C-NMR技术，鉴别出了原油320~500℃馏分油中的许多异构烷烃和环烷烃。Bhatia等[515]采用 ^{1}H-NMR和 ^{13}C-NMR并结合元素分析法测定了三种VGO（400~530℃）的各种类型碳和氢的分率，计算了部分平均结构参数，并由此给出了三种加工VGO的工艺。Kapur等[203]采用氢谱建立了一种直接、快速且操作简便的定量测定VGO中总芳香分的方法，该方法基于芳环上取代基平均链长、芳香分含量及总基团平均相对分子质量的测定。他们在计算中考虑了芳环取代基和饱和分中的CH_n（n=0，1，2，3）基团的相对分布，通过采用多脉冲氢谱及碳谱技术对芳环上α-CH_n（n=1，2，3）的谱峰进行了认定；在此基础上，对芳环烷基侧链平均长度的计算公式做了修正，由修正后的公式测得370~560℃沸程的VGO中芳环烷基侧链平均长度约为5.0。他们得到的实验结果与开口柱色谱法（ASTM D-2549）和薄层色谱法（TLC-FID, IP-469）有很好的相关性，尤其与前者的相关因子R^2=0.99，这也表明该方法中氢谱对CH、CH_2和CH_3基团的谱峰达到了精确分辨的程度。然而，尽管该法快速、便捷，但它所提供的碳骨架方面的结构信息显然很有限。

Al-Zaid等[521]首先采用凝胶渗透色谱（GPC）将VGO分离为饱和分、单环芳香分、双环芳香分和多环芳香分，然后再用^{1}H-NMR和^{13}C-NMR对各个组分进行表征。所得结果与元素分析法数据结合，由此计算出各个组分的平均结构参数。他们发现，由氢谱得到的芳环上α烷基碳的结果比由碳谱得到的更为精确，尤其是α烷基碳百分含量较高的组分；其次，J耦合的^{13}C-NMR技术可以用来测定芳香叔碳和季碳。

Ali等[522]在前人的基础上，利用氢谱、碳谱及J耦合技术对不含氮的VGO馏分进行了更为详细的表征。他们先用柱色谱分离VGO得到它的各烃类组分，得到的各烃类组分再经GPC分离得到各亚组分。然后，借助氢谱和碳谱依次对各亚组分进行表征，同时结合元素分析法和相对分子质量测定技术，计算出芳香度、正构烷基侧链、平均烷基链长、桥头碳、芳环及环烷环数等详细平均结构参数，并由此推导了各烃类组分可能的平均分子结构。VGO中各亚组分的^{1}H-NMR和^{13}C-NMR谱图如图2-46所示。这种方法同样适用于富含硫的芳烃化合物组分的研究，且不受VGO馏分来源的限制。

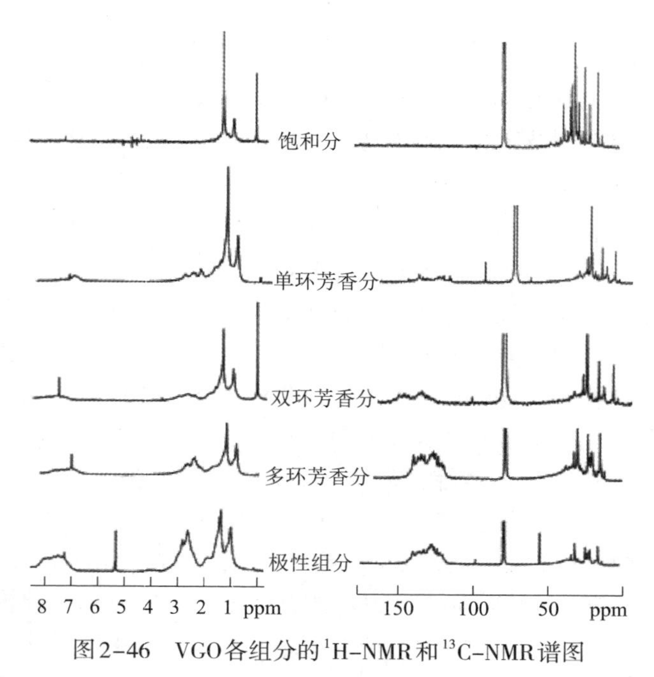

图2-46 VGO各组分的^{1}H-NMR和^{13}C-NMR谱图

NMR提供的平均结构参数可用于VGO加工工艺的研究中。例如，Behera等[204]对4

种不同来源的FCC原料（高沸点VGO馏分）采用氢谱、门控去耦碳谱、无畸变的极化转移增强法DEPT以及2D HETCOR和其他2D NMR技术进行表征，重点研究了对原料裂化性能和生焦倾向起重要作用的平均结构参数。他们先将样品经色谱分离为饱和分和芳香分，继而进行NMR表征，得到异构位点数、平均每个分子中的支链数、芳环侧链平均长度、饱和分、芳香分和环烷烃百分含量等平均结构参数。值得注意的是，他们提出了一种多点样条基线校正法，该法在计算环烷烃和正构烷烃时能够给出比传统方法更准确的定量结果。他们表明，NMR表征技术提供的平均结构参数信息，对于优化FCC原料油的掺混、提升重油价值有很重要的意义。

2.渣油及重油馏分组成与结构表征

1）热加工过程分子组成变化规律的研究

Hauser等[523]采用^{1}H-NMR和^{13}C-NMR技术研究了Kuwait 3种减压渣油的热裂解过程，结合元素分析数据计算了原料及其在不同反应条件下所得非气态裂化产物的各类平均结构参数。通过分析平均结构参数发现，减压渣油分子主要由带有烷基侧链的稠环芳核组成，芳核由3个以上渺位缩合的芳香环系构成。稠环芳核在高温条件下裂解为饱和烃和带有较短烷基侧链的芳烃。在深度加工条件下，原料类型会影响渣油的热裂解稳定性。在其实验条件下，原料类型和裂解深度对非气态裂化油的化学组成影响较小，所有裂化油中烷基碳与芳香碳之比约为3，芳碳主要为单环或双环芳碳，烯烃碳的变化范围为2%~3%。对于带有烷基侧链的芳烃，热裂解主要发生在分子的烷基部分，而芳香环保持不变。其中，正构烷基链发生β-断裂或1，2-断裂，前者生成苄基自由基和链较短的正构烷烃。随着热裂解条件加深，裂化产物沥青中的芳碳含量不断增加。在最深的热裂解条件下，沥青中芳碳有30%以迫位缩合的多环芳环缩合桥头碳形式存在；裂化油中链烷碳率（约62%）是芳碳率（约21%）的3倍，芳烃以单环或双环芳烃为主。

为了进一步获取减压渣油在裂化过程中的分子结构变化规律，Hauser等[524]预先将原料及其非气态裂化产物进行四组分分离，然后采用相同的方法对这3种减压渣油及其非气态裂化产物的SARA各组分进行进一步详细分析，计算了相应的平均结构参数，由此深入探索3种减压渣油的裂化规律。研究表明，除了芳香分，3种减压渣油的裂化情况非常相似。整体而言，裂化油中正构链烷烃相比减压渣油中芳环上正构烷基侧链较长，表明发生了正构烷烃自由基的重组。裂化油和沥青两种裂化产物中迫位缩合桥头芳碳含量与减渣原料几乎相同，这表明在430℃时芳环的缩合反应不是主要反应。

Michael等[206]也采用NMR技术对轻度热加工（430℃）过程中原料和产物中沥青质的分子结构变化进行了表征。首先从原料及产物油中分离出沥青质，然后采用NMR技术结合元素分析、VPO等技术，获得了加工前后沥青质的平均结构参数及其变化情况，如表2-28所示。研究发现，尽管原料和产物中沥青质的总含量几乎保持不变，但其分子结构截然不同，主要的结构变化发生于烷基侧链和环烷环。其原因可能是，热加工过程中沥青质分子中链烷和环烷环侧链的深度裂解，导致烷基侧链缩短、环烷环数减少、芳香率增大，同时芳香环系缩合度升高，最终产物中的沥青质相对分子质量比原料中的小。但烷基侧链并未发生彻底断裂，因为加工前后芳香环系周边取代度的变化并不明显。

表 2-28　由NMR计算所得的原料和产物油中沥青质分子的平均结构参数

平均结构参数	原料	产物油
总氢数	163	57
芳氢	13	15
饱和氢	150	42
芳环α-氢	15	13
芳环β-氢	98	20
芳环γ-氢	38	9
总碳数	128	73
芳碳数	59	55
芳香叔碳数	13	15
芳香季碳数	47	40
取代芳碳数	7	5
桥头芳碳数	35	32
非桥头芳碳数	25	23
链烷碳数	69	18
环烷碳数	14	3
正构链烷碳数	43	10
甲基数	11	5
平均链长n	10	3
总芳环数	18	17
总环烷环数	4	1
芳碳率	0.46	0.76
芳环取代度	0.35	0.26
缩合度	0.59	0.58
烷基侧链C/H质量比	5.47	5.03
总硫	2.33	1.17
总氮数	1.21	0.91
平均分子式	$C_{128}H_{163}S_{2.33}N_{1.21}$	$C_{73}H_{57}S_{1.17}N_{0.91}$

2）渣油加氢过程分子组成变化规律研究

Merdrignac等[525]利用NMR技术结合体积排阻色谱（SEC）和质谱（MS）技术研究了中东减压渣油在沸腾床反应器内加氢转化过程中沥青质的结构变化情况。该过程中渣油转化率达到55%~85%，对应的沥青质转化率为62%~89%。采用SEC技术表征减压渣油加氢过程前后沥青质的结构大小变化情况，利用MS技术测定沥青质的相对分子质量变化情况。结合分析^{13}C-NMR谱、SEC和MS测定结果，得到加氢过程前后沥青质分子的平均分子结构参数变化情况。结果发现，随着转化程度加深，沥青质分子逐渐变小；且脱烷基反应使得沥青质的芳碳率增加，尽管如此，并未发生芳香结构的缩合。之后，作者对此开展了更为详细的研究。Gauthier等[526]用^{13}C-NMR技术探索更宽馏程范围内沥青质结构变化与渣油转化率之间的关系。实验中分别获得了相同原料在固定床加氢反应器（渣油轻度转化，其转化率为14%~48%）和沸腾床加氢反应器（渣油转化率较高，为55%~86%）中的相应平均结构参数数据。为了表征沥青质分子化学结构与渣油转化率之间的关系，用^{13}C-NMR谱对沥青质中不同类型碳进行定量表征，包括转化前后链烷碳原子在C、CH、CH_2和CH_3不同基团之间的分布变化。^{13}C-NMR分析结果表明，随着转化率增加，加工条件加深，芳香环系周边取代度减小，取代芳碳率减小；与此同时，研究发现，减压渣油和其加氢产物中C和CH基团的含量均很低，而CH_2、CH_3以及CH_2/CH_3比值均呈减小趋势。由此猜测可能包括的反应是：（a）脱烷基反应；（b）相邻芳环的裂解；（c）环烷取代芳环分子中环烷部分的断裂，如图2-47所示。结果表明，沥青质的这种结构变化与渣油转化率有关，且在加氢转化过程中未转化的沥青质其结构不断变化，最可能发生如上所述的3种裂解反应，最终的结果是，芳碳率逐渐增大，但即使反应条件深度增加，也不存在芳环的缩合反应。

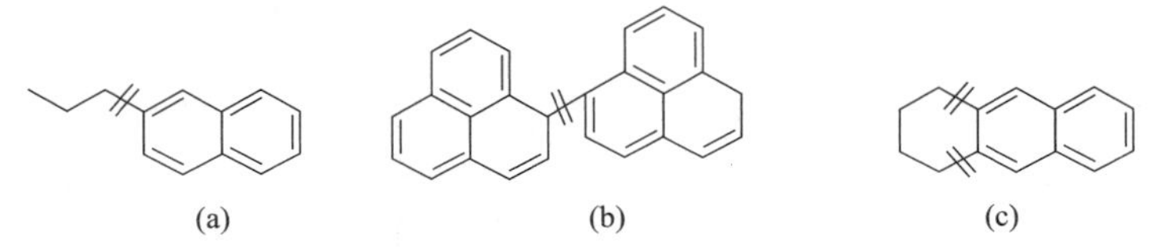

图2-47　沥青质分子结构变化过程中的裂解机理

Ali等[527]采用NMR技术对比分析了科威特常压渣油和加氢脱硫原料中减渣馏分中的沥青质。首先用GPC将其按相对分子质量大小分离得到各个窄组分，然后采用NMR法获得各个窄组分的平均结构参数，由此探索沥青质组分的相对平均分子质量大小与其结构特性之间的关系。通过平均结构参数的分析发现，相对分子质量越大，对应组分的芳碳率和缩合度也越大；其次，两种渣油中具有最大相对平均分子质量的沥青质组分具有极为相似的结构特征。由此表明，经过加氢处理，相对平均分子质量较小的沥青质分子转化为馏分油；而相对平均分子质量较大的组分（>6000Da）则基本保持不变，在加工过程中易导致严重的生焦。此外，根据NMR所得的平均结构参数，两种渣油中相对分子质量较大的组分（≈5250Da）由4~5个芳环组成的稠合芳核构成，稠合芳核由长为9~11个碳的烷基链连接起来。研究结果还表明，将NMR技术与XRD（X射线衍射技术）结合起来可以得到芳香单体（不包括环烷碳）的平均层半径；反过来，由平均层半径也可以计算出平均每个芳香单体含有的芳碳数以及平均每个分子中的芳香单体数。Wandas[528]采用^{1}H-NMR技术结合元素分析和相对平均分子质量，通过计算出的平均结构参数推测出减压渣油原料及其经加氢脱硫过程后产物中沥青质的平均分子结构，由此加深了对减压渣油加氢脱硫过程中结构转化的理解。除了将NMR技术应用于减压渣油加氢裂化过程前后原料和产物的转化规律研究中以外，Siddiqui等[529]将^{1}H-NMR和^{13}C-NMR表征技术应用于阿拉伯重质常压渣油的在固定床反应器不同催化剂的加氢断裂反应的研究中。实验中对比分析了FCC催化剂、ZSM-5分子筛、加氢裂化催化剂（HC-1）和加氢处理催化剂（NiMo）上渣油反应前后的平均结构参数的变化，包括不同类型碳和氢的分布变化。

结果表明，经过加氢断裂反应渣油及沥青质的平均相对分子质量减小，说明较大的沥青质分子发生了裂解。根据平均结构参数变化情况，推导了加氢裂化过程中渣油中沥青质可能的反应途径。图2-48列出了阿拉伯重质渣油在加氢裂化过程中可能的反应途径。通过对比同一催化剂上反应前后沥青质平均结构参数变化，可知原料在4种催化剂作用下的加氢裂化深度；通过对比在不同加氢处理催化剂上反应前后沥青质的NMR谱图，可以看出不同催化剂作用下产物中沥青质结构上的相似性和差异性。

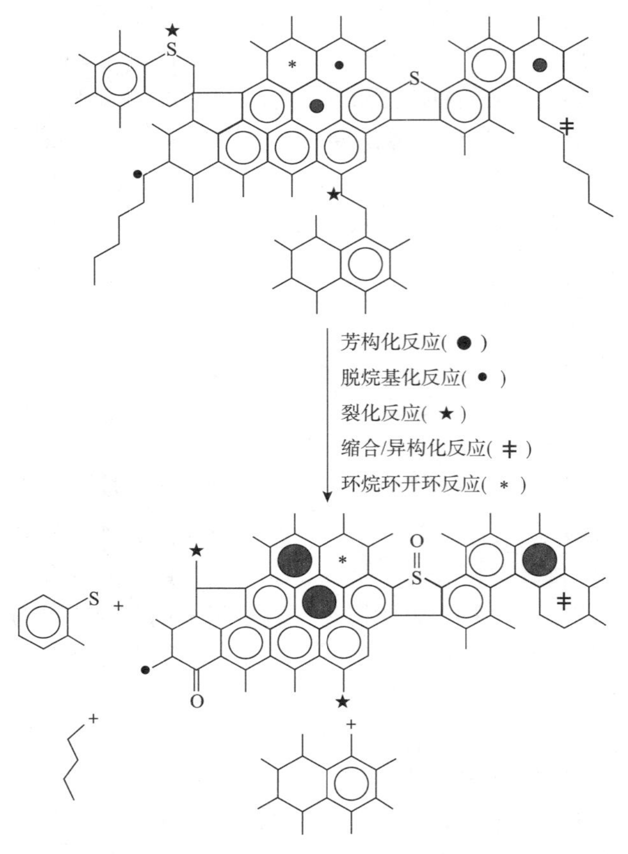

图2-48　沥青质分子结构在加氢裂化过程中可能的反应途径

近年来，国内也开展了不少渣油加氢过程的NMR分析。例如，张会成等[530]采用^{1}H-NMR和^{13}C-NMR研究了渣油各组分中不同类型碳和氢的分布，并把^{1}H-NMR和^{13}C-NMR中部分芳碳的对应数值进行了关联，计算了渣油各组分中不同类型碳的分率。然后，通过对比分析渣油加氢处理前后各组分的结构变化情况，发现剩余组分的饱和碳率减少而芳碳率增加，同时迫位缩合桥头芳碳率也增加。由此分析，其原因可能是加氢过程中芳环侧链的断裂以及加氢处理后剩余组分结构缩合程度的增加。通过对渣油原料连续经过4种渣油加氢催化剂（加氢保护剂、脱金属剂、脱硫剂及脱氮剂）处理前后的平均结构参数的计算[531]，并就与芳碳率、烷基碳率和环烷碳率等平均结构参数的对比后发现，芳香环在反应起始阶段首先加氢饱和转化为环烷环；同时环烷环进一步开环加氢生成链烷烃，前者的速率要大于后者。之后，随着加氢深度的进行，环烷环开环速率逐渐大于芳香环饱和速率。通过计算渣油原料中沥青质以及不同反应温度和加氢深度条件下渣油加氢产物中沥青质分子的平均结构参数，总结了沥青质分子结构随加氢处理温度和加氢深度的变化规律[532]，并发现随着加氢条件的加深，沥青质大分子中位阻小的芳环发生加氢饱和、生成环烷烃是渣油加氢过程最主要的结构变化。

3）渣油平均分子结构的构建与性质估算

通过NMR数据可以计算出各类平均结构参数，进行结构基团分析，而在此基础上，进一步理论推导，便可以推断重油平均分子结构及组成[184, 525, 528, 529, 533, 534]。例如，龚剑洪等[184]采用^{1}H-NMR和^{13}C-NMR技术，结合Monte Carlo算法，考虑到大多国产重油富含链烷烃，建立了重油分子构造规则和计算程序，进一步完善了等效分子系综法。结果表明，得到的大庆常压渣油等分子系综具有良好的等效性，如表2-29所示。

表2-29　大庆常压渣油分子系统的估计性质与实测性质比较

基团类型		结构基团（摩尔分数）/%		相对分子质量	相对分子质量分布/%	
		估计值	实测值		估计值	实测值
CAI	桥头芳碳	2.97	4.07	440~700	7.43	7.40
CAH	质子芳碳	10.38	7.74			
CAH_3	甲基取代芳碳	2.05	2.77	700~1000	29.29	29.60
CPAR	≥C_2烷基取代碳	11.18	10.46			
CAN	环烷并芳碳	0.99	1.21	1000~3000	55.03	54.80
CNI	桥头环烷碳	2.83	3.82			
CNH_2	亚甲基环烷碳	13.97	11.55	3000~8000	8.25	8.20
CNH_3	甲基取代环烷碳	1.56	2.35			
CNR	>C_1烷基取代芳碳	0.80	1.38	—	—	—
CPH_3	链烷甲基碳	6.92	8.34	—	—	—
$CPBH_3$	β-甲基碳	0.77	0.84	—	—	—
CPH_2	链亚甲基碳	42.40	42.51	—	—	—
CPH	链次甲基碳	3.17	2.95	—	—	—

Sato[533]建立了一种简单的分子构建方法（芳香烃的结构分析，也称SAAH法）。SAAH构建方法是基于^{13}C-NMR谱、SEC（测定相对分子质量）及元素分析法所得到的信息，进而得到一个平均分子的4个主要特征值：*M*，含有缩合芳环的结构数目；*CTR*，这些结构中芳香环和环烷环上的碳数；*CAI*，这些结构中内部芳碳数；*P*，芳香环上的烷基链数目。由此得到一系列可能的分子结构，进一步对比并筛选出最可能的分子结构。但一般对于组成和相对分子质量极为复杂和分散的沥青质，只用一种单一的结构来表达有时可能不够严谨，易造成片面理解[527]。Artok等[534]和Ali等[527]采用^{1}H-NMR、^{13}C-NMR和SEC技术，提出了一种对原油混合物中沥青质可能的平均分子结构的推导方法。Michael等[206]将NMR和XRD技术结合，得到了轻度热裂解过程中原料和产物中沥青质分子可能的平均分子结构。Gauthier等[7, 526]采用Sato的方法对渣油加氢裂化过程前后沥青质分子结构构建进行了研究。考虑到在沥青质高转化率下沥青质单元中的杂原子

数目远低于原料中的数目，为了简化分子构建过程，实验中主要考虑沥青质分子中总体的烃类（C和H）结构，而不包括N、S、O、N和V等杂原子。首先找出沥青质平均分子结构与渣油转化率之间的关系，然后基于渣油高转化率下得到的信息进行分子构建，以此为基础，着重考虑那些理论上随加氢裂化深度增加会发生变化的分子，构建渣油低转化率下的沥青质的平均分子结构。这样可以在一定程度上降低分子结构构建的复杂性。需要注意的是，该方法中没有考虑杂原子，因而建立的平均分子结构重量低于实验所得的平均相对分子质量[7]。此外，Hauser等[523]、Merdrignac等[525]及Wandas[528]都根据所得的NMR数据与其他适当方法结合，对沥青质的平均分子结构进行了推导。

相关文献认为[7]，分子构建的挑战性很大：随相对分子质量增加，可能的分子结构的数目急剧增加。只有尽可能地从NMR谱获取详细结构信息，并结合适当其他分析方法，如XRD、SEC等，才能得到比较合理的分子结构。另外，构建的分子结构是平均意义上的，若与高分辨质谱技术等其他重油表征手段结合，则可得到更为详尽的组成与结构信息。

二、红外光谱等技术在重油结构组成中的应用

目前，研究减压渣油的化学组成与结构的技术，除了主要采用核磁共振波谱外，红外光谱以及质谱、色谱法等近代物理分析方法也都有应用。

利用红外光谱对重质油中的某些基团进行鉴定和含量测定，主要是用亚甲基与甲基之比n_{CH_2}/n_{CH_3}及芳碳率f_{C_A}等指标，但对于相对密度较大的减压渣油，该法测定结果与核磁共振碳谱的DEPT（无畸变极化转移增强）技术所测结果偏差较大[7]。

其他技术，如GC（气相色谱）、HPLC（高效液相色谱）、凝胶渗透色谱（GPC）等色谱技术也可以用于减压渣油的组分分离和烃类组成的测定，如链烷烃、环烷烃和芳香烃，但此类方法通常操作费时费力，且需要计算特定样品的校正因子，但结构族组成还是很难测定的。GC–MS（气相色谱–质谱联用）技术也是如此。

第四节　原油组成的分子表征

1987年，Boduszynski[535]首次从分子水平上研究原油组成：将6种不同来源、不同性质的原油（密度和杂原子含量）用常压蒸馏蒸馏至343℃，再采用短程蒸馏的方式将减压渣油每间隔25℃切割至704℃，后将减压渣油用正戊烷、环己烷、甲苯和氯代甲烷/甲醇（4：1）溶液按极性分离成4个组分，用减压热重分析测定各个馏分的馏程，由50%馏程温度表示窄馏分的沸点，测定各馏分的硫、氮、氧和金属含量和场电离FI、场解析FD质谱组成，以此考察分子量、缺氢数和杂原子随沸点的变化。结果表明，相近分子量的化合物具有较宽的沸点范围，同样地，一个窄的沸点范围内含有较宽的分子量分布。从质谱分析按沸点分离的窄馏分和按极性分离的组分来看，原油中分子量没有超过2000的化合物。由H/C原子比表明原油的缺氢数随着沸点的增大而减小，第一个馏分的H/C比为1.6~1.8，而减渣组分的H/C比为1.1~1.2，说明氢含量少的芳香性化合物挥发性和溶

解性较小，在馏分中可能是相对分子量较小的分子。考察了硫、氮（包括碱性氮）、氧和金属镍、钒、铁随沸点的分布，杂原子化合物含量随着馏分沸点和极性的增加而增加。随后，Boduszynski[536]将各窄馏分进一步用高效液相色谱的进行细分，通过测定平均分子质量并采用核磁共振研究平均结构，用场电离FI质谱考察各组分按碳数和缺氢数分类型分布，并比较各馏分之间的差别。另外，考察了馏分的常压沸点和分子量之间的关系[537]，分别通过引入第三方参数如比重、H/C比或折光率建立关系式，根据此关系式可以将大于704℃馏分按极性分离后的亚组分，换算成相应的沸点范围，向约1650℃的高沸点范围延伸了原油馏分，由此完成对原油全沸点范围的收率分布。最后，Boduszynski[538]考察了馏分的平均缺氢数随沸点分布，平均分子中硫、氮的组成随沸点分布，以及残炭、金属镍、钒、铁随沸点分布，结果说明这些均随沸点呈连续性的分布，这对原油进行内插和外延计算很有帮助。但作者也指出存在一些需要改进的地方，测定分子量时使用吡啶和甲苯作溶剂会带来结果差异，超临界流体可以更好地将馏分按极性分离。

Boduszynski所做的开创性工作，获得了如下规律：分子量相近的化合物具有较宽的沸点范围，也可以说在一个窄的沸点范围内含有较宽的分子量分布，对于同系物，沸点随分子量的增加而增加，但化合物含有芳环结构或氢键极性官能团则具有较高的沸点和较低的分子量，会聚集在重组分中，因此对于一个混合物，分子量分布宽度随沸点的增加迅速增加，见图2-4。这被称作为Boduszynski模型，但由于当时质谱分析技术的分辨率限制，所得结果未能很好地证实这一模型。

McKenna[539~543]采用高分辨质谱分析原油及其馏分的组成，通过详细研究原油组成随沸点的分布，证实了Boduszynski模型的正确性。首先将Athabasca油砂按ASTM D1160减压蒸馏切割成IBP~343℃、343~375℃、375~400℃、400~425℃、425~450℃、450~475℃、475~500℃和500~538℃等8个馏分，分别对各馏分采用APPI和ESI电离的方式测定，比较不同缺氢数芳烃和含杂原子化合物的碳数分布，考察发现馏分沸点越大缺氢数越大；对于相同沸点的馏分，每增加一个杂原子（从烃类到S1类进而S2类）化合物的碳数减少2~3个；对于相同碳数范围（C_{20}~C_{30}）的馏分，每增加一个原子（烃类、S1类、S2类和S1O1类），馏分的沸点增加约25℃。也可以说，高缺氢数的化合物必须有较小的碳数才能在一定沸点的馏分中存在。但这一趋势随着馏分沸点和复杂程度的增加显得不那么明显，可能是因为组成中同时有芳环和环烷环。为进一步扩展原油种类范围，考察了中东重质原油的馏分，常减压压蒸馏得到191~315℃、315~371℃、371~510℃、510~538℃、538~593℃和大于593℃渣油，采用APPI源分析各馏分的烃类和杂原子的碳数和类型分布，随着杂原子的缺氢数的增加，馏分的碳原子数减小，将各馏分的组成汇总后原油的组成分布连续。这一规律和以前的结论吻合很好，但应用于非挥发性组分沥青质时，全馏分组合后外延的结果与沥青质的H/C比或者分子量上限不合。可能是因为沥青质在质谱测定浓度下，均会出现一定程度的团聚，所以采用大气压电离（APPI）和激光电离（LDI）手段均只是得到沥青质的部分信息。

为弄清渣油中沥青质和油分基质之间的组成分布，用正庚烷和甲苯将>593℃减渣分离成沥青质和油分两个组分，采用APPI四级杆离子阱质谱测定沥青质和油分的分子量分布，沥青质*m/z*集中在1200，油分集中在750，但基本不超过2000。考察减渣、油分和沥青质的S2和S3类的碳数和DBE分布，结果减渣的S2类平均碳数为57、平均DBE值为16，油分的平均碳数56、平均DBE值为17，而沥青质的平均碳数为43，碳数范围相近；考察油分和沥青质的H/C原子比随碳数的分布，结果沥青质的平均H/C比为0.89，而油分的是1.56。总的来说，沥青质和油分有相近的碳数分布范围，但沥青质的芳香度更高。从沥青质的DBE随碳数分布边界线和当H/C为1.1时的DBE随碳数的分布来看，所测沥青质组成和油分之间存在组成分布不连续现象，见图2-49。原因可能是油分和沥青质的边界组分中，有部分物质因沥青质团聚造成信息检测不出，因此需要通过调节溶剂使这部分物质分离出以便检测。将523~593℃馏分脱沥青质得到脱沥青渣油DAO，又采用正戊烷进行分离得到正戊烷可溶DAO和正戊烷不溶DAO，并用高效液相色谱按环数将这两个馏分分离成1~4和5环以上芳烃，测定不同组分的碳数和DBE分布，结果发现正戊烷可溶DAO和正戊烷不溶DAO中的3、4和5以上芳烃可以填充沥青质和油分组成分布的空隙，见图2-50。

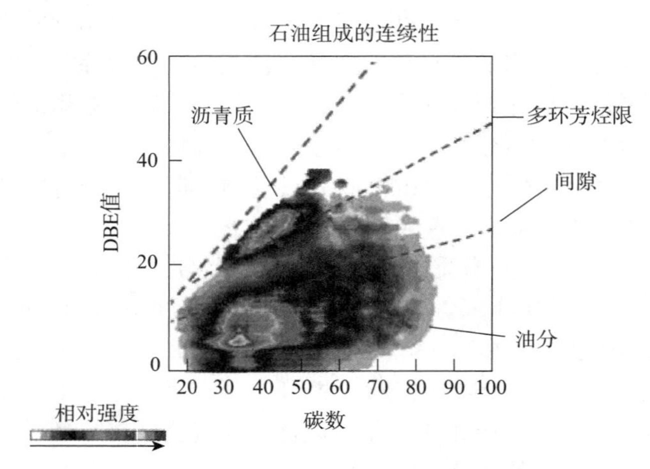

图2-49 原油组成的连续性

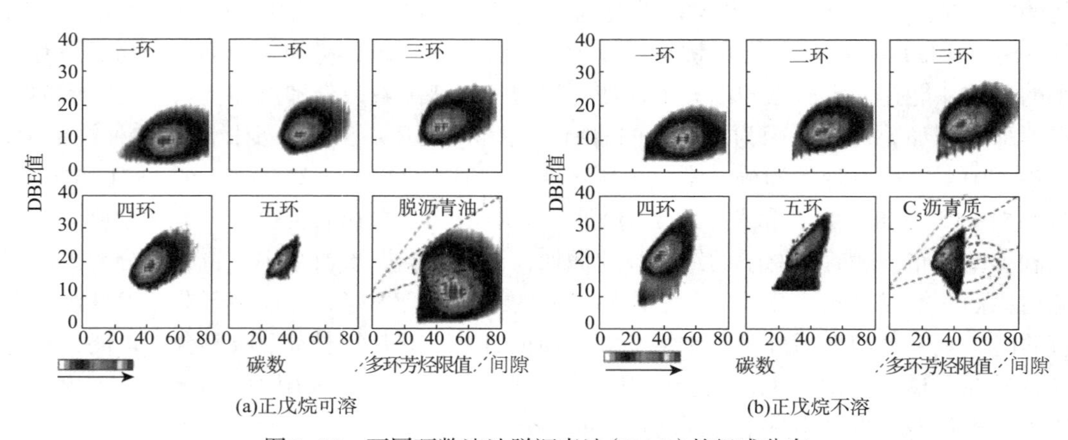

图2-50 不同环数渣油脱沥青油（DAO）的组成分布

原油组成在沸点分布上呈现出一定的规律，按极性分离后在分子水平上进行表征也可以得到许多新的认识。例如，Cho等[544]用APPI⁺FT-ICRMS分析阿拉伯中质原油的饱和分、芳香分、胶质和沥青质的DBE值和碳数分布的关系，考察各组分中碳数一定时DBE的最大值，由碳数和DBE最大值的关系曲线得到平面极限边界线，该曲线的斜率大小可以说明组分缩合度的大小，图2-51为分布图。

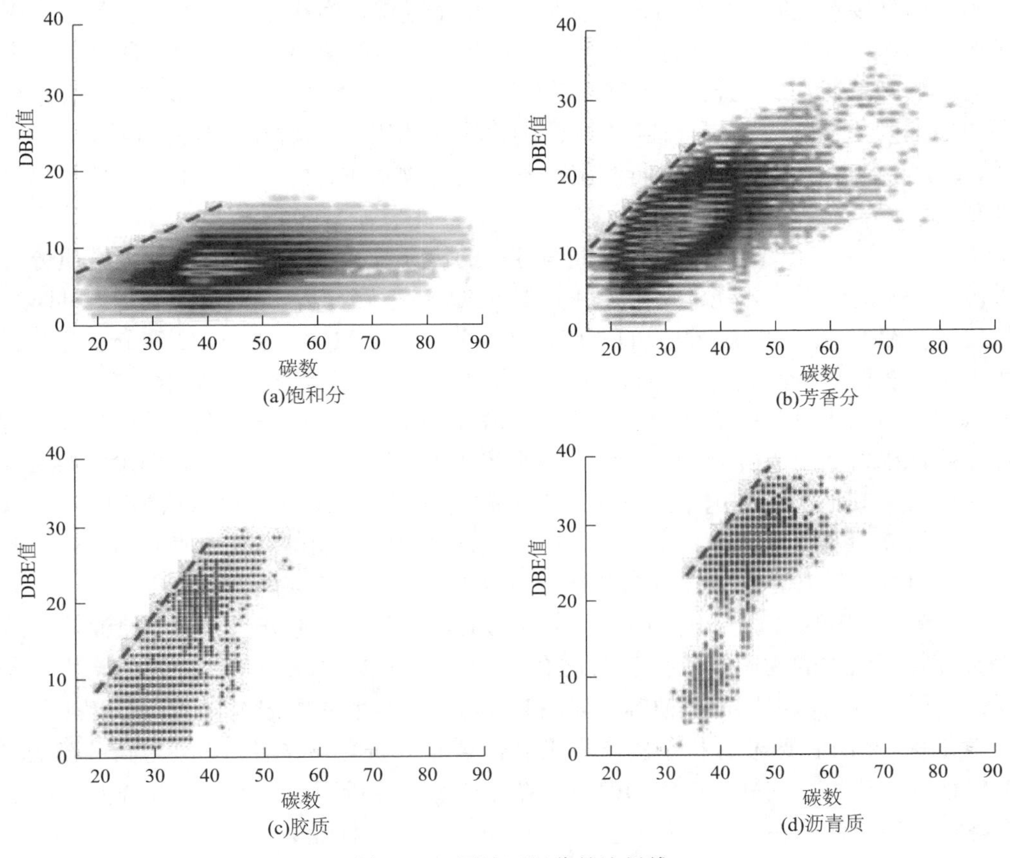

图2-51　原油四组分的边界线

由含量最大的S1类化合物的碳数和DBE值分布图，发现饱和分的边界线斜率与不同环数环烷烃的系列物的DBE值与碳数关系曲线的一致，芳香分和胶质的边界线斜率与呈线性增加苯环同系物的DBE值与碳数的关系曲线相似，但沥青质的边界线斜率与非线性增加苯环同系物的DBE值与碳数的关系曲线相同，说明各组分中所含化合物的种类分布及缩合度不同。从上述分布图来看，饱和烃中S1类化合物中碳原子数最大为90，此时DBE值为12，对应的边界环烷环含碳数30，说明饱和分中含有的烷基侧链数最大是60；芳香分中S1类化合物碳原子数最大为70，此时DBE值为12，对应的边界环烷环含碳数20，说明饱和烃中含有的烷基侧链数最大是50；胶质中S1类化合物碳原子数最大为50，边界线与芳香分类似，胶质中含有的烷基侧链数最大是30；沥青质中S1类化合物碳原子数最大为60，此时DBE值为25，对应的边界环烷环含碳数40，说明饱和烃中含有的烷基侧链数最大是20；综合来看，各个组分烷基侧链长度从大到小的顺序依次是：饱和烃>芳烃>胶质>沥青质。Hsu等[545]研究了化石燃料中烃类结构，通过理论分析计算，认为石油中烃类物质的DBE值/C数的上限为0.9，下限为0，并用ESI、APPI FT ICRMS测定芳香性较强的渣油和沥青质的实验结果证实了上述结论。随后，Hsu等[546]也将阿拉伯重质原油分成4个组分，并往各组分中加入外标物分析各组分中化合物的类型和碳数分布，根据外标物进行定量折算，将4组分分析结果合并得到原油全组分信息，并与不分离直接测定原油样品所得信息对比。结果发现，饱和分中S1类化合物的DBE值小于13，碳数小于100，而沥青质的DBE值高达40，碳数大于80；并且各组分的边界线斜率大小顺序是沥青质>芳香分≈胶质>饱和分，说明沥青质的缩合度最高。4个组分合并所得原油的化合物信息与直接测定原油所得信息相比，前者化合物总数约是后者的2倍[547]，这主要是因为对原油进行测定时不同化合物基质之间会相互干扰或离子化时相互抑制[7]。

Gaspar[548]等对北美某重质原油四组分中的饱和分、芳香分、胶质和沥青质分子组成采用248nm的大气压激光电离（APLI）FT-ICRMS进行分析，并与直接测定原油时所得结果比较。APLI用于非极性组分的电离，结果分离后饱和分、油分（饱和分、芳香分和胶质）所得分子式的个数比原油直接测定时的多，说明样品基质对解离过程有抑制作用。对所得到的不同组分的烃类型分布，根据DBE/C分布情况考察不同馏分的芳香性差异：沥青质的DBE/C平均值最大，为0.52，说明其芳香性最大；而饱和分的DBE/C平均值最小，为0.32，其他组分测定结果居于二者之间。根据DBE/C>0.7可以认为是多环芳烃。考察不同组分中多环芳烃所占比例，多环芳烃含量顺序与DBE/C平均值大小一致。上述说明，用四组分分离的方法与APLI相结合可以得到原油中更多的分子信息。

Cho等[549]用激光解析电离（LDI）FT-ICRMS在分子水平分析原油。原油较重的组分中所含芳环结构的物质能吸收激光光子，因此LDI可以被认为是一种分析原油组成的重要的离子化方法，但以前的研究都是将LDI与低分辨率的质谱仪联用，不能提供详细的化学信息，LDI在原油分析中的应用没有得到充分研究。作者将LDI与高分辨的FT-ICRMS结合，致力于挖掘LDI FT-ICR MS在分子水平分析原油的潜力。原油溶解在二氯甲烷溶液中后，涂覆在不锈钢靶心上形成直径约5mm的样品斑点，分别在正和负的LDI模式下用355nm的激光激发和12T的FT-ICRMS进行分析。结果表明，在正电离模式下，含氮化合物比含硫化合物灵敏，这与APPI电离模式下的相反，说明LDI FT-ICRMS是一种分析含高氮样品（如页岩油）的有效手段。N1和HC化合物在正电离模式下占主要成分，而其他杂原子化合物如O_x和S1在负电离模式下占主要成分。通过DBE和碳数分布关系表明，355nm的LDI FT-ICRMS对多环芳烃的响应比单环、二环芳烃的响应要强，主要是因为LDI的电离效率取决于不同分子的离子化能。并且单环和含O_2的芳烃化合物能同时测定，含氧O2的单环芳烃化合物与原油的酸值有关。用这种方法分析页岩油并与APPI源所得结果进行比较[550]，发现LDI的分子量范围比APPI的窄，能得到更多高不饱和度化合物与含氮化合物的信息。

对于原油中的非烃类，主要考虑不同电离源的FT ICR MS分析方法。ESI离子源可选择性电离原油中的极性化合物，与FT ICR MS结合在分析原油中的非烃化合物方面发挥着重要作用，其中负电离模式主要用于酸性化合物（如石油酸、硫化物和部分中性氮化物）的测定。

史权等[464]用ESI^- 9.4T FT ICR MS测定原油及其窄馏分中的酸和中性氮化合物，得到了含N_1、N_2、N_1O_1、N_1O_2、O_1和O_2化合物的相对含量和DBE随碳数的分布，在ESI^-的电离模式下，N_1、O_1和O_2的相对丰度最大。考察了随着馏分沸点的升高，含杂原子化合物的分布情况，对O_2类化合物而言，小于250℃馏分中未发现酸性物质；在小于300℃的馏分中，O_2类化合物以C_{12}~C_{16}的含有两个环的环烷酸为主；300℃以上的馏分中主要是多环环烷酸或芳香酸；藿酸和二藿酸存在于500~560℃的馏分中。对N_1类化合物而言，甲基咔唑和二甲基咔唑主要存在于300~320℃馏分中，苯并咔唑主要存在于350~460℃馏分中，二苯并咔唑存在于450℃以上的馏分中，高芳香性的N_1类化合物存在于500℃以上的馏分中。

Teravainen等[547]用ESI^-FT ICR MS测定俄罗斯和北海原油及其馏分的含O_1、O_2和N_1极性化合物。在这种测定模式下，O_1—、O_2—和N_1—类化合物是这两种原油中含量最丰富的组分，质谱所得结果与原油的总酸值和氮含量值一致。比较各馏分组成分布结果表明，化合物类型和离子相对丰度与馏分的温度范围有关，例如酚类化合物比含氮类化合物的沸点低，随着沸点的增加，这些杂原子化合物含量先增加达到峰值后再下降。同时作者也指出，在这种电离模式下，易于电离的组分（如环烷酸）会对其他组分的电离产生电离抑制作用。

ESI离子源的正电离模式主要用于测定原油中的碱性化合物（主要是碱性氮化物），如胡秋玲等[475]、Klein等[481, 551]均用ESI^+ 9.4T FT ICR MS分析原油中的碱性氮化合物。

Liu等[443]用ESI^+ 9.4T FTICR MS测定委内瑞拉重质原油四组分中的含硫化合物。

总之，对原油而言，将适当的前处理或选择性电离手段与FT ICRMS相结合，可有针对性地分析原油中的烃类和非烃类化合物，并研究原油的组成特点和分布规律。不同电离方式选择性测定不同的化合物组分：APPI/APLI离子源主要测定非极性化合物，如芳烃、噻吩硫化合物等，ESI离子源主要测定含杂原子的极性化合物，如含氧、氮化合物等，正负电离方式的作用有所不同。

从石油分析的历史沿革及发展不难看出，石油工业的持续需求是石油分析不断发展的重要推力，石油分析的发展能促进石油工业更好地创新。因此，石油分析应在提供石油组成和物性数据的基础上，积极研究和提炼原料可加工性、催化剂反应性能、工艺适应性及反应化学本质、产品质量等有效信息。从石油分析学科本身发展来看，未来仍将与石油化学、现代仪器分析紧密结合。石油分析和结构组成研究是一个复杂的系统工程，没有单一的分析方法可以完全胜任，所以应根据各方法的特点综合运用，对所获数据的解读也需要细致分析、全面考量。

随着分析技术的发展，针对原油及其馏分油目前可以得到不同程度的分子水平信息。对于天然气、炼厂气、汽油等利用气相色谱或质谱可以达到单体化合物分析的目的；柴油馏分采用气相色谱在线分离、场电离软电离和高分辨飞行时间质谱相结合，能同时得到柴油的烃类化合物和含硫、含氮化合物类型分布和碳数分布；但对于中间馏分油组分及重馏分油组分，因化合物种类更为复杂，GC-MS也只能达到烃族组成分析的水平或者进一步获得碳数分布、沸点分布等信息，很难实现通过一次进样分析来获得各类化合物的单体组成及结构信息。目前，VGO馏分采用固相萃取技术分为饱和烃和芳烃组分后，可鉴定出饱和烃和芳烃的化合物类型及碳数分布，并可对芳烃组分中菲、芘等常见多环芳烃及其取代产物进行定性分析；渣油预分离之后，可分析其部分烃类和含杂原子化合物类型和碳数分布；对于全馏分的原油，在分子水平分析其组成一直是人们追求的目标，通过适当的前处理或选择性电离，目前能分析某一类物质如芳烃、噻吩硫、酸等的碳数和类型分布。所获取的上述丰富的分子水平信息，势必在炼油技术升级过程当中发挥重要作用，但是目前技术只是获得了部分馏分油中详细的单体组成信息，对于中间馏分、重馏分中的组成分析目前离达到单体分子的认识还有很长的路要走。

简而言之，重油馏分的分子水平表征技术实际上是通过石油样品预处理技术，采取高分辨率分析仪器与高选择性的检测器优化组合并辅以分子识别、定量分析数据处理技术后才实现的。重油分子水平表征可以获得重油中烃类和非烃类化合物按照沸点和碳数分布的分子信息，并通过多种技术的组合，实现原料和产品（中间产品）的分子鉴别，如对石油中大量存在且容易识别的烃类（正构烷烃、芳烃等）、非烃类（硫化物、氮化物、氧化物等）的分子鉴别；生物标记物和烃指纹化合物的分子鉴别，适应地球化学、石油成因、石油勘探开发、溢油应急、石油炼制过程研究与生产目的；石油炼制过程由于热、催化剂作用等原因而形成的新的特别产物，如某些烯烃、氢化杂环化合物等。同时，通过分析表征技术获得分子信息与反应性关联，用于炼油工艺以及催化剂、催化材料的优化和研究开发方面。

国内对于烃类馏程分布的研究还大多数还停留在“族组成”的水平上，而国际先进水平基本已经进入“分子水平”，并与极性、相对分子质量等其他性质相关联，从而进行一些烃类性质的预测工作。但对烃类组成的馏程分布研究的思路基本相同，即以正构烷烃沸点-色谱保留时间的关系曲线为依据，进行色谱图的馏程划分，再利用质谱对烃类组成进行表征。利用质谱技术对石油类复杂物质的表征一直是个研究热点，质谱技术的发展为石油及石油类复杂产品加工过程化合物的转化规律、反应机理提供重要线索，为石油、煤化工生产过程提供快速的分析监测。随着FT-ICR-MS超高分辨率质谱的发展，在离子的检测方面，已有较大的突破。目前，最需要解决的是复杂物质的解析和离子化过程。首先，解析需要足够的能量破坏被解析物的分子和表面的结合，如何使用足够软的解析技术而不破坏分子，尽管这方面已经有了突破，但在分析更高分子量的物质时，还是一个潜在的问题。其次，由于沥青中不同结构化合物解析和离子化需要的能量不同，由此造成离子峰强度和其物质的含量不成比例，所以，如何从定量测量上实现突破是质谱技术发展的一个关键性难题。质谱技术对于石油类复杂物质的表征尽管还有一些问题需要解决，但相比其他分析技术而言，质谱技术是分析石油类复杂物质最全面和有力的工具，它的快速发展对于我们更为合理有效地利用化石类能源有着重要的作用。

未来，沥青质中芳环连接形式研究将成为最重要的研究领域：使用固相萃取技术将沥青质按照极性和溶解性的差异分离为不同的亚组分，利用碰撞诱导解离（CID）技术与高分辨质谱技术联用研究沥青质各个亚组分以及不同沥青质样品中芳香环之间的连接方式。根据CID得到的碎片分子信息，得到不同沥青质样品中大陆型和群岛型分子结构所占的比例。使用碰撞诱导断裂技术结合高分辨质谱研究沥青质中芳环结构单元的组成情况，有助于提高对不同类型沥青质加工转化特性的认识。

过去基于核磁共振、红外光谱、紫外光谱等波谱数据得到的分子平均结构模型通常假设沥青质的单元结构中仅有一个环数在5~10环的芳香环系结构，该假设不能很好地解释沥青质的分解产物中存在大量1~4环芳烃化合物、临氢过程沥青质能绝大部分轻质化等实验现象。基于不同的实验数据，关于沥青质中的芳香环系结构形成了两种观点：孤岛型结构（单芳香核）和群岛型结构（多芳香核，有桥键）。为了加强对渣油中芳香烃类化合物结构的认识，尤其是沥青质分子中芳香环系结构的认识，研究者认为，可以合成一系列具有孤岛型和群岛型不同结构的模型化合物，并采用碰撞诱导解离技术（CID）与傅立叶变换离子回旋共振质谱（FT-ICR MS）相结合，详细分析这些模型分子在CID条件下的质谱断裂模式。由于孤岛型结构的模型分子在CID条件下只发生侧链的断裂反应，而群岛型结构的模型分子在CID条件下，桥键会发生断裂，而导致群岛型结构的破坏。因此，CID技术可以区分不同的芳环连接形式。在此基础上，使用CID技术和FT-ICR MS技术相结合，研究减压渣油的饱和烃、芳烃、胶质、沥青质四组分的芳环结构。

从石油资源高效利用角度来看，石油分子工程中的石油及其馏分的表征技术与石油分子工程将为石油工业用好资源、降本增效、面向未来提供重要理论和技术基础，从分子水平认识和利用石油资源将逐渐成为整个行业的共识。在这种背景和发展趋势下，未来石油分析将秉持和深化分子水平研究，除了依靠先进的分析仪器、检测器和分析技术外，同时加深、加大对于特定组分的分离技术以及数据处理技术的研究，为分子石油化学构建科学基础，为资源高效转化、过程绿色低碳的石油分子工程寻找新的突破口。

第四章　石油分子信息获取技术Ⅱ

依靠仪器分析表征手段获取石油分子信息是一种较为准确的途径，但是仪器分析方法也有一些不足，除了分析仪器本身通常比较昂贵外，大多数情况下其对实际样品的分析周期较长，分析费用也较高，通常无法或较难做成在线分析仪器，另外对较重油样还很难做到定量的分子水平表征，且这样的分析表征仪器通常需要高学历的专业研究人员操作，更多地应用于高等院校、专业研究机构，因此无法将结果用于现场的先进控制、实时优化，限制了在炼油化工企业中的大规模推广和应用。于是，计算机模拟技术应运而生了。本书作者将用于获取石油分子信息的这类计算机模拟技术称为石油分子信息的重构技术[7]。

石油分子信息重构技术是从石油的一些有限的、易获得的常规分析数据出发，利用各种数学工具经过数据回归、模拟计算等方法，得到一组或一套等效的虚拟分子来表示石油的分子组成。这种模拟方法有效地回避了烦琐昂贵的石油分子组成的分析表征过程，只根据有限的、易分析的常规分析数据就能快速计算得到各类石油的分子组成数据，目前已经成功应用于各类馏分的分子组成模拟的研究中，并取得了较好的效果。当然，随着油气仪器分析表征手段的技术进步，特别是各种智能敏捷感知的仪器设备的应用与快速发展以及计算机“算法、算力”的巨大与快速发展，在对石油油气已有组成、结构等分析数据基础上，将这类“信息”包括各种“图谱”直接与油气资源分子信息“关联”，将进一步推动石油分子组成计算机模拟技术的蓬勃发展。

石油分子信息重构技术需要考虑如何选定合适方法来表示石油中大量组成复杂的分子、如何准确地计算各石油分子的物性与选取合理的混合规则从而确定石油的各项宏观平均物性以及如何对石油的分子组成进行合理与准确的定量计算，从而实现从物性到分子组成的转变，并在此基础上准确预测各馏分的宏观物性和各项加工性能。

石油油气的物性数据是各项工作的基础。很多流程模拟软件中带有物性数据库，但如何做好物性数据的收集、筛选、评价和关联，以确保所建立的估算模型数据健全且精度较高，模型输出结果准确可信、无损害性效应[552]，仍是物性估算、模拟计算领域一直考虑与追求的重要方面。

如前所述，石油是由烃类和非烃类组成的复杂混合物，石油馏分的性质是其中各个组分性质的综合表现，具有宏观和平均的特点。石油馏分的物性主要依靠大量实验数据的积累，然后进行各种物质之间的相互关联，用那些容易测定和测准的物性来推算、预测难测定的物性。其中，可以遵循的原则即化学学科中一条普遍适用规则——“结构决定性质”。化合物的分子结构决定了化合物的物理化学性质，因此在化合物的分子结构与其性质或活性之间建立定量关系模型后，就可以按物质的结构参数对其性质进行预测，从而可以应用有限的实验数据，获得相关物性、性质的回归方程及相关信息。

第一节　石油组成与性质的数据关联

一、石油馏分族组成的数据关联

吴青[553]在开展石油重油馏分烃族组成和结构族组成预测研究时，根据石油馏分表征函数Ψ具有加和性，并满足Kay混合规则原理，开发了相应的重油馏分族组成和结构族组成关联公式。

表征函数应该具有以下特点：不同族之间差异明显，同一族内随碳数的变化只有较小的变化[554]。经过研究，Tb与SG等表示分子碳数大小的参数[555]均不适合作为表征烃类型的参数。而Hill和Coats[556]通过对v_{38}大于3.8cSt纯烃的研究发现，P（链烷烃）、N（环烷烃）和A（芳烃）的黏重常数（*VGC*）分别为0.74~0.75、0.89~0.94和0.95~1.13，因此VGC可以较好地划分烃类组成。后来，Kurtz和Ward发现同一族烃内，折光率与密度呈线性关系，且不同烃族的截距不同，于是提出了交折点（*Ri*，$Ri=n-d/2$）。因此，*Ri*也可以较好地划分烃类组成。吴青[553]研究了石油重油族组成和结构族组成的预测方法，提出了区分实际石油重油混合物的3个表征函数即WN、WF和CH因子，这些表征函数与文献上区分纯化合物的其他5个表征函数（如Watson K、相关指数C.I、黏重常数*VGC*、交折点*Ri*、黄氏因子*I*）与烃族组成的关系见相关文献[7]。表征函数“区分”烃类组成的直观描述也可以参见同类文献[7]。

能够直接使用石油馏分的仪器分析表征数据当然非常好，但是，现实或日常工作尤其是炼化企业通常很难快速获得质谱、核磁共振等数据，主要原因是这类仪器一般分析过程耗时较长、设备价格昂贵、运行与维护费用很高且对操作人员的素质能力要求较高，通常很难作为敏捷分析而用于在线指导与优化。虽然比重或相对密度（*SG*）、黏度（如v_{38}）、折光率（*n*）、分子量（*M*）等常规分析项目相对而言耗时少、容易做、测试费用低（绝大多数企业均能够测试，即数据相对容易获取），但这些指标太宏观了，单独使用是无法直接反映石油馏分组成、结构情况的。因此，采用表征函数关联烃族组成和结构族组成是非常值得采用的好办法。当然，如何选择表征函数很有讲究。

如上所说，表征函数对不同烃族之间要有明显差异，但同一烃族内随碳数的变化应该尽可能地小。对某一个表征函数而言，对于不同烃类如果没有“重叠”，则该表征函数区分不同烃类的“能力”就越好。例如，在对烃类分子的区分方面，*VGC*和*Ri*就比*K*、*I*要好，尤其是在区分芳烃和环烷烃的能力方面。

Riazi和Daubert[557]通过研究发现，*P*、*N*和*A*的R_i、*VGC*没有重叠，且*P*、*N*的R_i、*VGC*取值范围非常窄，可以近似地用一个点来代表。若取*P*、*N*、*A*的R_i值的平均值来代表*P*、*N*、*A*的R_i值，3个平均值分别为1.0482、1.038、1.081；同理，不同烃族的*VGC*平均值分别为0.744、0.915、1.04。于是他们得到了：

（1）$Ri=1.0482X_P+1.038X_N+1.081X_A$

（2）$VGC=0.744X_P+0.915X_N+1.04X_A$

Riazi和Daubert用33个已知的链烷烃（P）、环烷烃（N）和芳烃（A）等3类纯烃含量（X_P、X_N、X_A）的混合物（标样），将组成与表征函数Ri、VGC进行多元线性回归的关联研究，获得了烃类族组成含量预测关系式：

（3）$Ri=1.0486X_P+1.022X_N+1.11X_A$

（4）$VGC=0.7426X_P+0.9X_N+1.112X_A$

用（3）和（4）所得关联公式对照标样的预测结果误差小于2%。为此，Riazi和Daubert[557]结合物料平衡公式提出了如下烃族组成的预测公式：

$$X_P=-9+12.53Ri-4.228VGC \tag{2-40}$$

$$X_N=18.66-19.9Ri+2.973VGC \tag{2-41}$$

$$X_A=100-X_P-X_N \tag{2-42}$$

X_P、X_N、X_A分别为石油及其馏分油中烷烃（P）、环烷烃（N）和芳香烃（A）的质量分数。由于VGC只适合于黏度（v_{38}）大于3.8cSt的馏分，所以上式仅适合于分子量（M）大于200的馏分油。对于分子量M小于200的馏分油，其组成计算公式为：

$$X_P=-13.359+14.459Ri-1.41344VGF \tag{2-43}$$

$$X_N=23.9825-23.33304Ri+0.81517VGF \tag{2-44}$$

$$X_A=100-X_P-X_N \tag{2-45}$$

式中，VGF为黏重函数[557]，由下式计算：

$$VGF=-1.816+3.484SG-0.1156\ln v_{38} \tag{2-46}$$

Riazi和Daubert的上述方法是从纯化合物出发进行数据关联的。与Riazi和Daubert的思路、方法类似。D.El-Had等[558]根据容易测量的物性数据，如常压沸点、密度、折射率和碳氢重量比等，关联计算得到纯烃混合物中饱和烃、环烷烃和芳烃的特征常数，在此基础上关联得到不同石油馏分的组成预测公式。

而吴青[553]、刘四斌[559]则从大量实际油样的实验数据出发，提出了不同石油馏分的组成与结构的预测公式。例如，吴青[553]提出了新的表征函数并将几种不同表征函数进行组合，对350~520℃以及>350℃和>500℃的不同石油馏分较详细的烃类组成（链烷烃、环烷烃、芳烃、单环芳烃、双环芳烃、三环及以上芳烃、饱和烃、胶质和沥青质重量百分含量）以及结构族组成进行表征，结果满意。其中的烃族组成的符号含义为：P—链烷烃；N—环烷烃；A或Ar—芳烃；MA—单环芳烃；DA—双环芳烃；PA—三环及以上芳烃；Sa—饱和烃；R—胶质；AT—沥青质；CCR—康氏残碳值，%。其预测公式为：

（1）350~520℃石油馏分的烃类组成关联公式：

$$P\%=-699.0474-382.7212VGC+1000.0830Ri-0.712WN \tag{2-47}$$

$$N\%=1971.3654+226.4639VGC-2017.4791Ri+0.3479WN \tag{2-48}$$

$$A\%=-1365.2453+176.4097VGC+1185.0262Ri+0.0525WN \tag{2-49}$$

$$MA\%=-157.4473+28.9899VGC+136.4874Ri+0.1092WN \tag{2-50}$$

$$DA\%=-603.6340+94.6680VGC+508.4963Ri-0.1389WN \tag{2-51}$$

$$PA\%=-604.1640+52.7518VGC+540.0425Ri-0.0822WN \tag{2-52}$$

$$R\%=192.9247-20.1524VGC-167.6301Ri+0.3116WN \tag{2-53}$$

关联范围：P为1%~61%；N为22%~70%；A为12%~45%。

（2）>350℃石油馏分的烃类组成关联公式：

$$Sa\%=132.8622-6.6384CH-0.4108WF-27.1205VGC+0.01151CH\cdot WF\cdot VGC \tag{2-54}$$

$$Ar\%=-61.2275-0.6408/CH+0.1511WF+111.5705VGC-0.01145CH\cdot WF\cdot VGC \tag{2-55}$$

$$(R+A_T)\%=18.4119+7.4098CH+0.3702WF-77.3671VGC-0.02409CH\cdot WF\cdot VGC \tag{2-56}$$

关联范围：Sa为32%~63%；Ar为19%~31%；（$R+A_T$）为12%~45%。

（3）>500℃石油馏分的烃类组成关联公式：

$$Sa\%=40.9808-18.1185CH+171.7014VGC \tag{2-57}$$

$$Ar\%=159.1765+20.0911/CH-203.8005VGC-1.5048WF+2.0186WF\cdot VGC+1.6737WF/CH \tag{2-58}$$

$$R\%=171.5153-23.7267/CH-157.6732VGC+1.6952WF-0.6113WF\cdot VGC-10.6292WF/CH \tag{2-59}$$

$$(R+A_T)\%=182.1022-23.3247/CH-171.7036VGC+1.6527WF-0.5255WF\cdot VGC-10.8036WF/CH \tag{2-60}$$

$$A_T\%=(R+A_T)\%-R\% \tag{2-61}$$

关联范围：Sa为12%~48%；Ar为26%~40%；R为26%~57%；（$R+A_T$）为26%~57%。

而刘四斌等[560]由蜡油的70℃密度、70℃折光率、相对分子质量、硫含量、氢含量等5个常规物性构造成可以表征烃类组成的5个回归因子（即Δn、Δd、$1/M$、S和Z），利用这5个回归因子及考虑这些因子之间的交互作用所构成的15个回归因子（即Δn、Δd、$\Delta n/M$、ΔnS、ΔnZ、$\Delta d/M$、ΔdS、ΔdZ、S/M、Z/M、SZ、$\Delta n2$、$\Delta d2$、$1/M2$、$S2$、$Z2$），采用逐步回归的方法建立了预测蜡油详细烃类组成及总环烷烃、多环芳烃组成的回归模型。回归模型统计分析及检验结果表明，所得模型的预测能力较强，可以用于减压蜡油组成的预测。其提出的关联公式为：

（1）减压蜡油详细烃族组成预测关联式：

$$P=38.018-596.764\Delta d+0.4ZS+680.871Z/M \tag{2-62}$$

$$N1=12.907+4.213S+3423.213\Delta d\Delta n-80.285\Delta DS-92800.5 \tag{2-63}$$

$$N2=10.684+106.306\Delta d-4379.966\Delta n2-0.29S2 \tag{2-64}$$

$$N3=8.709+359.921\Delta d-511.906\Delta n-2.331S \tag{2-65}$$

$$N4=4.131+258.633\Delta n+1.188S2-93.146\Delta d S \tag{2-66}$$

$$N5=1.39+260.88\Delta d+0.622S2-0.481ZS-79310.2\Delta d/M \tag{2-67}$$

$$A1=7.758-224.57\Delta d+255288\Delta n/M \tag{2-68}$$

$$A2=5.324-0.621S+2643.907\Delta d\Delta n \tag{2-69}$$

$$A3=2.370+757.647\Delta d2-0.06ZS \quad (2-70)$$

$$A4=1.362+153.144\Delta d2-0.195S2+10.994\Delta ds+4369.268\Delta n/M \quad (2-71)$$

$$A5=0.751+3.895Z\Delta d-56.208Z/M-365.325\Delta d\Delta n+14.51S/M \quad (2-72)$$

$$TP=0.873+80.037S\Delta n \quad (2-73)$$

$$UA=3.347+162.419\Delta n-337.963Z/M \quad (2-74)$$

式中，P、$N1$、$N2$、$N3$、$N4$、$N5$、$A1$、$A2$、$A3$、$A4$、$A5$、TP、UA分别代表减压蜡油的链烷烃、一至五环环烷烃、一至五环芳香烃、总噻吩和未鉴定芳香烃加胶质。其中几个表征参数为：

$$\Delta d=d_4^{70}-0.828 \quad (2-75)$$

$$\Delta n=N_d^{70}-1.46 \quad (2-76)$$

$$n=2m+2-2Z \quad (2-77)$$

$$M=12.01m+1.008n \quad (2-78)$$

$$H=1.008n\times 100/M \quad (2-79)$$

$$Z=(14.37-H)M/172.6+1 \quad (2-80)$$

刘四斌[560]还研究了常压渣油、减压蜡油、减压渣油的四组分数据关联的预测方法，认为如果采用单个物性来预测某一组分的含量，其精度基本不能满足要求，因此必须考虑这些物性之间的交互作用，以提高预测的精确度。经研究、筛选，最后选择了密度、黏度、残炭和硫含量4个物性参数之间的交互作用因子组成的10个表征因子，即Δd^2、$\ln(v)^2$、CCR^2、S^2，$\Delta d\ln(v)$、$\Delta d\,CCR$、$\Delta d\,S$，$\ln(v)\,CCR$、$\ln(v)\,S$以及$CCRS$，能较好地预测常压渣油和减压渣油的四组分，结果如下：

（2）常压渣油的四组分关联式：

$$S_a=81.637-377.33\Delta d-1.379S \quad (2-81)$$

$$A_r=12.761+10.913S+198.73\Delta d-2.128\ln(v)S \quad (2-82)$$

$$R_e=5.73+0.664\ln(v)^2-0.513\ln(v)S+657.218\Delta d^2 \quad (2-83)$$

$$A_s=1.285+0.05233CCR^2-0.198\ln(v)^2 \quad (2-84)$$

（3）减压渣油四组分关联式：

$$S_a=104.098-858.579\Delta d+1824.206\Delta d^2 \quad (2-85)$$

$$A_r=31.787+10.286S-1.13S^2 \quad (2-86)$$

$$R_e=-47.915+15.132\ln(v)-0.515\ln(v)CCR+2.156CCR \quad (2-87)$$

$$A_s=-0.856+0.021CCR^2 \quad (2-88)$$

二、石油馏分结构族组成的数据关联

按照结构族组成定义，无论石油烃分子由什么结构构成，都将整个石油馏分假设为一个“平均分子”。该“平均分子”由环烷环、芳香环和烷基侧链这几种有限的“结构单元”组成。结构族组成不考虑这些“结构单元”的结合方式，只考虑复杂分子混合物中这些“结构单元”的含量。3种“结构单元”在分子中所占比例可以用环烷环碳原子、芳环碳原子和烷基侧链碳原子占分子中总碳原子的百分数即环烷碳率C_N（%）、芳碳率C_A（%）和烷基碳率C_P（%）来表示；还可以用分子中的总环数R_T、环烷环数R_N及芳环数R_A来表示。这6个结构参数可以对石油重馏分的分子结构进行全面的描述。统计结果表明，不同原油的结构族组成不尽相同，且不同原油的相同馏分的结构族组成也不相同。随着沸点的升高，馏分的相对分子量增大，“平均分子”中所含有的环烷环和芳环数也增多。

测量结构族组成的最准确的方法是“直接法”，该方法对油样进行选择性加氢（只有芳香环全部加氢饱和为环烷环、且不发生C—C断裂），然后根据加氢前后相对分子质量的变化，求得R_T、R_N、R_A以及C_P、C_N、C_A等。直接法有着严格的假设与推导过程，是结构族组成的标准测试方法。但是该方法耗时太长，且对实验的要求非常严格，一般的实验室很难得到重复的结果。

由于烃类分子的结构与烃类的物性常数之间存在一定的关系，所以为了避免耗时耗力且专业性很强的实际测定工作，开发了采用物性常数推算结构族组成的方法即“间接法”。如n–d–M法、n–d–v法和n–d–A法等，其中最常用的方法为n–d–M[561]法。

Smittenberg 和mulder[562]发现，当分子的碳链为无限长时，分子中的环烷烃或芳香烃对密度的影响已经微不足道。因此任何烃类当相对分子质量无穷大时，其20℃比重趋近于0.8510。而且同族烃的密度与$\frac{1}{n_c+z}$（n_c为碳数，z为校正因子）呈现较好的线性关系，即$d_{20}=0.8510-k\frac{1}{n_c+z}$，不同族烃的$k$值不同。也就是说，$\Delta d=d_{20}-0.8510$中包含着较多的分子结构信息。折光率与密度具有类似的特征，即$\Delta n=n_{20}-1.4750$中也包含着烃分子的较多结构信息。Smittenberg和mulder还发现不同族的烃的$1/M$与Δd和Δn成较好的线性关系。

H. J. Tadema[563]基于Smittenberg和mulder的研究成果，修改并简化了密度法，提出了如下的预测模型，其中：$\%C$代表C_P、C_N、C_A，R代表R_T、R_N、R_A。

$$\%C=\frac{a}{M}+b\Delta d+c\Delta n \tag{2-89}$$

$$R=a'+b'M\Delta d+c'M\Delta n \tag{2-90}$$

Tadema以5个原油得到的34个馏分的“直接法”结构族组成数据，和$1/M$、Δd及Δn进行多元线性回归，采用最小二乘法得到式（2-89）、式（2-90）的回归系数a、b、c和a'、b'、c'。后来，式（2-89）、式（2-90）进一步发展为以下形式：

$$\%C=a/M+b(\Delta d+k\Delta n) \tag{2-91}$$

$$R=a'+b'(\Delta d+k\Delta n) \tag{2-92}$$

另外，有：

$$\%C_N=\%C_R-\%C_A \tag{2-93}$$

$$\%C_P=100-\%C_N-\%C_A \tag{2-94}$$

$$R_N=R_T-R_A \tag{2-95}$$

尽管回归系数的物理意义仍不能得到很好的解释，但是以上回归模型却有较好的精密度，至今仍然广泛使用。不同条件下的n-d-M法计算公式见相关文献[7]。

吴青[553]对350~520℃以及>350℃和>500℃的不同石油馏分进行核磁共振结构族组成分析研究，采用类似烃类族组成的关联研究策略，选用不同的表征函数及其组合，获得了结构族组成（C_P、C_N、C_A以及R_T、R_N和R_A）的预测关联公式，结果也比较满意。部分关联式如下：

（1）350~520℃石油馏分的结构族组成关联公式：

$$C_A\%=-230.4405+144.9947Ri+13.7567CH \tag{2-96}$$

$$C_P\%=480.0755-243.1508Ri-23.5578CH \tag{2-97}$$

$$C_N\%=-149.6350+98.1561Ri+9.8011CH \tag{2-98}$$

关联范围：C_A为5%~22%；C_P为51%~81%；C_N为13%~27%。

（2）>350℃石油馏分的结构族组成关联公式：

$$C_A\%=-87.6922+2.7317CCR+15.1207CH-0.3708CCR\cdot CH \tag{2-99}$$

$$C_P\%=286.8586-6.4124CCR-32.8020CH+1.0815CCR\cdot CH \tag{2-100}$$

$$C_N\%=-99.1664+3.6807CCR+17.6813CH-0.6477CCR\cdot CH \tag{2-101}$$

关联范围：C_A为5%~29%；C_P为49%~87%；C_N为8%~26%。

（3）>500℃石油馏分的结构族组成关联公式：

$$C_A\%=-86.8704+1.7170CCR+14.6081CH-0.2142CCR\cdot CH \tag{2-102}$$

$$C_P\%=208.8422-4.2137CCR-18.6272CH+0.4468CCR\cdot CH \tag{2-103}$$

$$C_N\%=-21.9718+2.4967CCR+4.0191CH-0.2326CCR\cdot CH \tag{2-104}$$

关联范围：C_A为12%~34%；C_P为40%~75%；C_N为12%~26%。

三、烃类与石油产品性质的关联公式

1.概述

组成与物性关联模型主要包括两个方面：一是根据一定的混合规则，建立宏观物性与单体物性和组分含量的关联关系；二是利用前文建立的关联关系和组分表示模板，对组分含量进行预测。

有机化合物的性质可以分为加和型、结构型和凝聚型3类。

（1）加和型性质主要依靠组成分子的原子的种类和数目。分子的性质是其所有原子性质的总和，与分子结构无关，分子间的相应作用的影响力也较小。对于结构相似的化合物，加和型性质是碳原子数的线性函数，碳原子数相同，加和型性质也是基本相同的。加和型性质最典型的例子就是相对分子量，同一类化合物的相对分子质量和碳原子数之间有严格的线性关系，而任何一组同分异构体的相对分子质量是毫无差别的。

（2）结构型性质主要受到分子基团或整体结构的影响，是分子整体或其中某一基团结构的特性，因此同一类化合物的结构型性质与碳原子数目没有函数关系，相反，碳原子数相同化合物，结构不同，其结构型性质的差异也增大。

（3）凝聚型性质主要依靠分子间作用力，分子的主干结构和电子结构也对凝聚型性质有间接影响。由于受到分子间作用力的影响，无法明确判断凝聚型性质与分子结构和原子数之间的关系，比较典型的凝聚型性质有沸点、熔点、黏度、密度和折射率。

石油烃类的物性有很多种，也有加和型、结构型和凝聚型性质等3类，它们测定的难易程度不等，针对不同的馏分所关注的主要性质也各不相同。因此，需要考虑的宏观性质是一个关键的问题。在石油炼制领域，密度、折射率和蒸馏曲线是最常用的宏观性质，也比较容易测得和测准，且蒸馏曲线既可以反映馏分的轻重，又含有温度与馏分含量的信息。而密度与折射率也与分子组成和结构信息息息相关，通过这3个基础物性还可以关联、预测出许多其他物理化学性质。例如，对柴油馏分而言，十六烷值是柴油压燃性能的重要指标，也是由化学组成决定的。同碳数下正构烷烃十六烷值最高，芳烃的最低。烃类含量不同的柴油馏分，其十六烷值相差较大。另外，低温流动性关系到柴油在低温下能否正常供油，也与化学组成有关。考察低温流动性的几个指标中，倾点实验的重复性以及再现性较好，所以可以选择倾点作为评价低温流动性的指标。

根据选择的物性的特点状况，建立宏观物性与单体物性的关联公式。各个宏观物性与单体物性的关联关系可以是线性的，也可以是非线性的，吴青[7]给出了关联的通式。

2.烃类主要物性关联公式

物性的一些基本数据，如烃类分子的密度、黏度、折光率、临界温度、临界压力等大多可以查阅物性手册[564]，但往往很不够，需要用关联公式来估算，并验证其误差是否在可以接受的范围之内。

3.烃类沸点、临界温度和临界压力

1）正常沸点

每个虚拟组分的正常沸点（NBP）通过内差按体积分率平均确定。对于小切割范围，各种类型的平均沸点接近。这些各种平均沸点用于计算各虚拟组分的其他热力学性质。

1955年，Lydersen最先提出了基于基团贡献法对沸点、临界温度和临界压力的估算新算法并获得成功。Joback对Lydersen的基团贡献格式进行了详细评估，并在此基础上增加了一些新的功能团，成为最简单、有效的基团贡献法[565，566]。其他典型的沸点、临界温度和临界压力估算方法还包括Constantinous–Gani（C–G）法[566]和Marrero–Pardillo（M–P）法[567]。Joback法所用的估算公式如下：

$$T_b = 198 + \sum n_i \Delta T_{bi} \tag{2-105}$$

$$T_c = T_b\left[0.584 + 0.965\sum n_i \Delta T_{ci} - \left(\sum n_i \Delta T_{ci}\right)^2\right]^{-1} (\mathrm{K}) \tag{2-106}$$

$$P_c = \left(0.113 + 0.0032 n_{\mathrm{A}} - \sum n_i \Delta P_{ci}\right)^{-2} (\mathrm{bar}) \tag{2-107}$$

式中，$\sum n_i$为基团数的总和；n_{A}为分子中的原子数；ΔT_{bi}（K）为沸点的基团贡献值；ΔT_{ci}（K）和ΔP_{ci}（MPa）分别为临界温度和临界压力的基团贡献值，具体数值可以参见相关文献[567]。

1994年，Constantinous和Gani[14]在UNIFAC基团的基础上发展了一些更先进的基团贡献法，它们允许采用所需性质的更复杂的函数和“二级”贡献。这些函数给予关联更多的灵活性。同时，二级贡献可以部分地克服UNIFAC的不足，因为UNIFAC的"一级"贡献不能区分特殊结构，如异构体、紧密连接的多基团以及共振结构等。C-G法所用公式如下：

$$T_b = 204.359 \times \ln\left(\sum n_i \Delta T_{bi} + \sum n_j \Delta T_{bj}\right) \tag{2-108}$$

$$T_c = 181.728 \times \ln\left(\sum n_i \Delta T_{ci} + \sum n_j \Delta T_{cj}\right) \tag{2-109}$$

$$P_c = 0.13705 + 0.1\left(0.100220 + \sum n_i \Delta P_{ci} + \sum n_j \Delta P_{cj}\right) \tag{2-110}$$

式中，ΔT_{bi}、ΔT_{ci}和ΔP_{ci}分别为沸点、临界温度和临界压力的一级基团贡献值；ΔT_{bj}、ΔT_{cj}和ΔP_{cj}为它们二级基团贡献值。二级基团贡献值是表征反应基团间相互作用的，也是对简单加和所做的修正。由于数据不足，这种修正也是局部的，具体数值参考相关文献[567]。

1999年，Marrero-Pardillo和Pardillo-Fontdevila[567]给出了两种估算值T_b的方程，但他们更看好基团相互作用贡献法，这种方法也被称为键贡献法。此法以键为基础，按键两边的不同基团提出贡献值，可认为是考虑邻近基团的。其所用公式如下：

$$T_b = M^{-0.404} \sum_k N_k (tbbk) + 156.0 \tag{2-111}$$

$$T_c = T_b / \left[0.5851 - 0.9286\left(\sum_k N_k tcbk\right) - \left(\sum_k N_k tcbk\right)^2\right] (\mathrm{K}) \tag{2-112}$$

$$P_c = \left(0.1285 - 0.0059 N_{\mathrm{atoms}} - \sum_k N_k pcbk\right)^{-2} (\mathrm{bar}) \tag{2-113}$$

式中，M为相对分子质量；N_k指k类原子数；N_{atoms}为化合物中的原子数；k类原子基团的沸点、临界温度和临界压力的贡献值分别表示为tbbk、tcbk、pcbk。

各基团贡献值见参考相关文献[567]，其中给出了167种基团（键）对的贡献值。这些数值取自Marrero所做的工作[567]。利用上述3种方法，分别计算各烃类的沸点、临界温度、临界压力，对数据进行方差分析，选出各烃类各自适用的方法。

赵雨霖[568]计算了不同碳数的直链烷烃、环烷烃（包括五元环和六元环）只有一个环烷环带一个支链随支链碳数增加、芳烃只有一个苯环带一个支链随支链碳原子增加的沸点、临界温度和临界压力等结果并与文献值对比。结果表明，直链烷烃的沸点和临界温度计算中用M-P法的平均相对误差为2.45%和1.26%，是3种估算方法中最小的，其临界压力的估算中Joback法的平均相对误差是3.92%，是3种估算方法中最小的，因此认为直链烷烃的沸点和临界温度用M-P法估算比较合适，直链烷烃的临界压力用Joback法比较合适。对于芳烃和环烷烃而言，芳烃的临界温度和临界压力估算分别采用M-P法、C-G法估算比较合适；环烷烃的临界温度和临界压力估算则分别采用C-G法和Joback法估算比较合适估算采用M-P法估算比较合适。

2）临界温度

（1）Riazi API法。本方法采用有效的分子量、正常沸点和API重度来计算未知组成的石油馏分（混合物）的准临界温度。

$$T_{PC}=10.633\left[\exp\left(-5.1747\times10^{-4}T_b-0.5444S+3.5995\times10^{-4}T_bS\right)\right]\times T_b^{0.81067}S^{0.53691} \quad (2-114)$$

式中，T_{PC}为石油馏分临界温度，兰氏度；T_b为正常沸点，兰氏度；S为相对密度，60F/60F。

方程中有效的分子量、正常沸点和API重度的范围见表2-30。

表2-30　公式（2-114）中分子量、正常沸点和API重度的适用范围

项　目	范　围
分子量	70~295
沸点（华氏度数）	80~650
API重度	6.6~95.0

（2）Kesler-Lee法。

$$T_c=341.7+811SG+\left(0.4244+0.1174SG\right)T_b+\left(0.4669-3.2623SG\right)\times10^5/T_b \quad (2-115)$$

式中，T_c为临界温度，兰氏度；T_b为正常沸点，兰氏度；SG为相对密度，60F/60F。

（3）其他。如Twu 法、Brule法、Gavett法、Riazi-Daubert法和Sim-Daubert法等可参考相应的文献。

3）临界压力

包括Gavett法、Kesler-Lee 法和Twu法等，其中，Kesler-Lee 法计算公式如下：

$$\ln P_c=8.3634-0.0566/SG-\left(0.24244+2.2898/SG+0.11857/SG^2\right)\times10^{-3}T_b+\left(1.4685+3.648/SG+0.47227/SG^{-2}\right)\times10^{-7}T_b^2-\left(0.42019+1.6977/SG^2\right)\times10^{-10}T_b^3 \quad (2-116)$$

式中，P_c为临界压力，psia；T_b为正常沸点，K；SG为相对密度。

4）临界体积

方法较多，如Riedel法、Lee-Kesler法、Twu法、Brule et al 法和Viswanath 法等。

（1）Riedel法。本方法可以用于所有的烃类。已经利用临界温度和临界压力的实验值对方程进行了测试，本方程可以估算C_3~C_{18}石蜡和C_3~C_{11}其他烃族的临界体积，对重的化合物所得计算结果不是很准确。

$$V_c=RT_c/\left[P_c\left(3.72+0.26\left(\alpha-7.00\right)\right]\right. \quad (2-117)$$

$$\alpha=5.811+4.919\omega \quad (2-118)$$

式中，V_c为摩尔体积，ft^3/lbmol；R为气体常数；T_c为临界温度，兰氏度；P_c为临界压力（绝对压力）；α为Riedel系数；ω为偏心因子。

（2）Lee-Kesler法。

$$Z_c=P_cV_c/\left(RT_c\right)=0.2905-0.085\omega \quad (2-119)$$

（3）Brule et al法。

$$V_c=3.01514M^{1.02247}S^{-0.054476} \quad (2-120)$$

式中，V_c为临界体积，cm^3/gmol；M为分子量；S为相对密度。

4.密度

石油的密度是最基础也是最重要的宏观物性之一。应用于原料和产品的计算以及炼油装置的设计等各个方面。有些特殊石油产品对密度有十分严格的要求。油品的密度与石油分子的化学组成紧密相关，也是关联其他物理性质的重要参数。

石油产品的相对密度与分子的化学组成有关，当分子中的碳数相同时，芳烃的相对密度最大，环烷烃次之，烷烃最小。这是因为烃类的相对密度与其分子结构有关，芳烃的芳香环中的C–C的键长最短，其结构最为紧凑，按每个碳原子即的分子体积最小，所以其相对密度最大。环烷烃的分子结构也较烷烃的紧凑，所以其相对密度大于烷烃。另外，正构烷烃和正烷基环己烷的相对密度随其相对分子质量的增大而增大，而正烷基苯的变化规律相反，其相对密度随相对分子量的增大而减少。

烃类（石油）20℃的密度（d_{20}）可以采用直接估算法和间接关联法估算。

（1）直接估算法。直接估算法的计算方法如下：

$$M=1.01077\times T_B^{\beta}/d_{20} \tag{2-121}$$

$$\beta 为 1.52869+0.06486\times \ln[T_b/(1078-T_b)] \tag{2--122}$$

M为分子量，T_B或T_b为平均沸点。

（2）间接估算法。间接关联计算方法是先估算15.5℃（60℉）的相对密度SG，然后再通过关联式求出d_{20}。

估算SG的Riazi–Daubert关联式和Winn–Mobil关联式[569]，其分别利用相对分子质量（M）、临界温度（T_c）、和临界压力（P_c）进行估算，具体形式如下：

Riazi–Daubert关联式

$$M=1.6607\times 10^{-4}\times T_b^{2.1962}\times SG^{-1.01164} \tag{2-123}$$

$$T_c=19.06232T_b^{0.58848}SG^{0.3596} \tag{2-124}$$

$$P_c=5.53027\times 10^{7}T_b^{-2.3125}SG^{2.3201} \tag{2-125}$$

Winn–Mobile关联式

$$M=2.7059\times 10^{-5}\times T_b^{2.4966}\times SG^{-1.174} \tag{2-126}$$

$$\ln T_c=-0.58779\times 4.2009\times T_b^{0.08615}\times SG^{0.04614} \tag{2-127}$$

$$P_c=6.48341\times 10^{7}\times T_b^{-2.3177}\times SG^{2.4853} \tag{2-128}$$

求出SG后用下式计算d_{20}，关联式的具体形式如下：

$$d_{20}=SG-4.5\times 10^{-3}\times (2.34-1.9\times SG) \tag{2-129}$$

在上面的各关联式中，M是相对分子质量，T_b、T_c别为分子的沸点和临界温度（K），P_c为临界压力（bar）。利用上述各关联式反算SG和d_{20}，从而得到20℃时的密度。

赵雨霖[568]用70种烷烃分子、68种芳烃分子和47种环烷烃分子进行了验证，结果表明，烷烃和芳烃的密度如采用Riazi–Daubert关联式（利用P_c法）计算则误差最小；环烷烃的密度采用Winn–Mobile关联式（利用P_c法）时误差也最小。

5.折光指数（折光率，折射率）

烃类20℃时折光率（n）可通过先计算20℃时的Huang特性常数（I），然后用以下关联式求出[569]。

$$n=\sqrt{(1+2I)/(1-I)} \tag{2-130}$$

Huang特性常数I可由Riazi–daubert法[569]计算。

$$I=0.3773T_b^{-0.02269}SG^{0.9182} \tag{2-131}$$

$$I=2.34348\times10^{-2}\left[\exp\left(7.029\times10^{-4}T_b+2.468SG-1.0267\times10^{-3}T_bSG\right)\right]T_b^{0.0572}SG^{-0.720} \quad (2-132)$$

$$I=0.42238\left[\exp\left(3.1886\times10^{-4}M+-0.200996SG-4.2451\times10^{-4}MSG\right)\right]M^{-0.00843}SG^{1.11782} \quad (2-133)$$

上面的3个关联式中，M是相对分子质量，SG是20℃时的分子相对密度，T_b是沸点（K）。

赵雨霖[568]用38种烷烃分子、24种芳烃分子和26种环烷烃分子进行了验证，结果表明，芳烃、烷烃和环烷烃分别用其关联式计算，折光率的误差最小。

6.高碳数烃类沸点与密度的估算方法

在实际的应用中发现，在低碳数烃类分子沸点及密度估算中，用上面筛选的估算方程，估算结果较好，但在高碳数时，无论是Joback法还是C–G法或M–P法，其估算精度均迅速下降，以致不能符合模拟精度的要求。经过验证，沸点估算在20个碳原子以上的烃类分子应该进行修正，密度估算在10个碳原子以上时，应该用高碳数烃类沸点及密度估算方程。

为了尽可能提高模拟结果的精度，在烃类沸点范围在50~1000℃时，可以用下式估算[570，571]：

$$\ln\left(\theta_{\infty}-\theta\right)=a-bMW^{c} \quad (2-134)$$

式中，a、b和c为根据不同的烃类取的不同常数；MW为烃类分子相对质量；θ为所要求的密度和沸点，θ_{∞}为密度或沸点的极限值。其具体值见表2-31。

表2-31　关联式（2-134）中各常数的值

θ	θ_{∞}	a	b	c
烷烃性质估算各常数的值				
T_b	1070	6.98291	0.02013	0.6667
d_{20}	0.8590	88.0137	85.7446	0.0100
五元环烷烃类性质估算各常数的值				
T_b	1028	6.95649	0.02239	0.6667
d_{20}	0.8570	85.1924	83.6575	0.0100
六元环烷烃类性质估算各常数的值				
T_b	1100	7.00275	0.0197	0.6667
d_{20}	0.8400	−1.5848	0.0509	0.7000
芳烃性质估算各常数的值				
T_b	1015	6.9106	0.0224	0.6667
d_{20}	0.8540	238.7910	232.3150	0.0100

7.异构烷烃的结构与物性的关联

纯化合物的物性数据来源有限，以烷烃为例，正构烷烃的物性数据易于获取，多数异构烷烃的物性数据则难以得到（尤其是当碳原子数>20）。由于有机化合物的物性与分子结构是密切相关的，因此寻求化合物的结构–物性关联是解决物性数据短缺的最佳途径。

在结构－物性关联的方法中，如前文所述，建立在晶格理论基础上的渐近趋同法[7]对于正构烷烃的物性预测比较好，精度较高，但对于异构烷烃的物性关联性不太理想。因此，如何获取满足计算精度要求的异构烷烃的结构与物性关联式成为不少研究者的研究课题。孟繁磊等[572]通过研究，提出了采取有效碳数方法来描述异构烷烃的分子结构，从而体现了异构烷烃侧链对其物性的影响。以石油和油品中最常见的甲基取代异构烷烃为例，建立了主链碳数和侧链影响因数的关联关系以及有效碳数与物性的关联方法。

有机化合物的物性与其分子结构密切相关，烷烃分子间的结构差异主要在于主链长度、侧链类型和侧链分布。为了获得烷烃的物性变化规律，将侧链类型和侧链分布相同的化合物视为同类化合物。对于同一类化合物，结构差异仅体现于主链长度即碳原子数的不同。“结构－物性”关联可转化为“碳数－物性”关联。随着碳数的递增，异构烷烃的物性数据越来越趋近于正构烷烃[573]，因此设想正构烷烃的物性关联式也可适用于异构烷烃。然而，当碳数较小时（<20），异构烷烃的物性与同碳数正构烷烃存在较大差异，这说明异构烷烃中侧链碳原子对物性的贡献与主链碳原子不同。据此，可对正构烷烃物性关联式中的碳数进行修正并定义为有效碳数，从而使关联式能够适用于异构烷烃的物性计算。

孟繁磊等[572]参照正构烷烃的沸点与碳原子数的K–Z关联式，对同一类别的异构烷烃化合物的沸点进行了定义，并进而定义了有效碳数。再对正构烷烃的密度（D）和折光指数（RI）进行回归分析，得到的碳数－密度和碳数－折光指数的关联公式。对于单取代基异构烷烃进行了甲基不同取代位置有效碳数的计算，进而得到了主链碳数－侧链影响因数的关联关系；对于二取代基异构烷烃，假设相同位置相同取代基的影响因数相同，则可以获得不同位置的取代基之间的相互影响校正系数。然后根据有效碳数的计算，结合正构烷烃化合物的基本物性计算公式，按照建立的有效碳数与沸点、密度、折光指数的数学关联式，获得二甲基取代基异构烷烃的物性。从其研究的6类异构烷烃的物性随着有效碳数的递增呈现出较好的规律性，说明以有效碳数描述异构烷烃的分子结构是合理的，按照类别研究物性也是可行的。

8.偏心因子与蒸汽压

1）偏心因子

偏心因子计算方法有API法、Edmister法、Lee–Kesler法和Chen法，可以参阅相关文献[564]。

2）蒸汽压

蒸汽压计算方法有Lee–Kesler法、Riedel法、Riedel–Plank–Miller法、Thek–Stiel法、Gomez–Thodos法和Vetere法等，可以参阅相关文献[564]。

9.相对分子质量

相对分子质量数据是重要的基础数据之一，既是可靠相平衡计算的基础，对反应过程也极其重要，因此，选择适宜的相对分子量模型是工程设计必须考虑的一个重要因素。

一般地，随着石油馏分变重，石油馏分的相对分子质量也增加。由于烷烃的沸点低于相同相对分子质量的环烷烃的沸点，所以馏程范围相同的馏分，石蜡基原油馏分的相对分子质量最大。预测计算中，常常采用n-d-M（n、d为20℃或70℃的折光和密度）的方法计算蜡油馏分结构族组成，E-d-M的方法计算渣油的结构参数[574]。以上两个计算关联式中的相对分子质量M一般采用蒸汽压渗透法测得，在不具备测试条件的情况下，可以用以下公式关联。国外比较经典的公式是Riazi Daubert[569]提出的：

$$M=1.6607\times10^{-4}T_b^{2.1962}SG^{-1.0164} \tag{2-135}$$

$$M=223.56\left[v_{37.8}^{(-1.245+1.2288SG)}\right]\left[v_{98.9}^{(3.4758-3.038SG)}\right]\left[SG^{-0.6665}\right] \tag{2-136}$$

式中，T_b为中平均沸点，K；SG为15.5℃时的相对密度；$v_{37.8}$、$v_{98.9}$分别为37.8℃、98.9℃的运动黏度，mm^2/s。

中国石油大学（华东）寿德清[575]等提出了以T_b、20℃密度ρ以及黏度v_{100}、v_{50}为关联因子的不同关联公式，表2-32中列出了关联公式的形式及相应的关联系数a、b、c、d、e等。

表2-32　相对分子质量关联式及关联系数

关联式	关联系数				
	a	b	c	d	e
$M=a+bT_b+cT_b^2$	0.205141×10^1	−0.920702	0.166358×10^{-2}	—	—
$M=a+bT_b+cT_b^2$	0.166787×10^3	−0.747875	0.149503×10^{-2}	—	—
$M=a+T_b+cT_bK+d(T_bK)^2+e\rho T_b$	0.184534×10^3	2.29451	−0.233246	0.132853×10^1	−0.622170
$M=av_{100}^bv_{50}^c$	0.268753×10^{-4}	−0.516566	1.11325	—	—
$M=av_{100}^bT_b^c$	0.220870×10^{-4}	−0.0270929	2.54705	—	—

分子量的其他计算方法有Riazi关联法、Riazi API法、Kesler-Lee法、Brule et al法和Twu法等，可以参阅相关文献[564]。

10.石油产品性质关联式

1）汽油主要性质关联式

汽油性质中最重要的指标是辛烷值，包括研究法辛烷值和马达法辛烷值。李长秀等[576]以汽油的详细烃类组成结果为依据，建立了汽油的辛烷值预测模型。其预测模型实际上是基于各组分的辛烷值与碳数和烃类类型密切相关，以如下关联公式表示：

$$Y=a_0+a_1X+a_2X^2 \tag{2-137}$$

式中，Y为辛烷值；X为碳数；a_0、a_1和a_2为与烃类类型有关的不同系数。

采用这种方式建立的预测关联式，通常因为存在辛烷值的调和效应、汽油辛烷值具有非线性的加和性而导致误差较大，此时可以考虑引入“模糊聚类”的化学计量学分类方法[577]，将不同的汽油根据其组成特点的不同分成不同的类，可以建立相对准确的预测模型。

汽油的辛烷值是由其正构烷烃（NP）、异构烷烃（IP）、环烷烃、芳烃的含量，以及馏分油的轻重决定。所以对各族烃分别关联、然后按烃类组成加和可以得到较好的结果，各族烃的关联公式、公式的系数参见相关文献[7]。

一般来说，当各族烃类的相对分子量接近时，研究法和马达法辛烷值大小顺序为：芳香烃>异构烷烃和异构烯烃>正构烯烃和环烷烃>正构烷烃。而在同族烃类中，研究法和马达法辛烷值一般随相对分子量的增大而降低。烷烃分子异构化程度越高、排列越紧凑，辛烷值越高，抗爆性越好；烯烃中双键距碳链中心越近，辛烷值越高，并且烯烃比同碳数的直链烷烃的辛烷值高；环烷烃带有侧链辛烷值降低，且支链越长辛烷值越低，同碳数下环烷烃比正构烷烃辛烷值高，比异构烷烃辛烷值低；芳香烃的辛烷值在各类烃中是最高的，带有侧链的芳烃辛烷值会降低。

汽油调和组分的调和效应、抗爆性能与其分子组成密切相关。例如，甲醇与直馏汽油、烷基化油、催化裂化汽油以及重整汽油调和时均具有正的调和效应，且甲醇与饱和烃含量较高的基础油组分辛烷值调和效应要好于与烯烃和芳烃为主要分子组成的催化裂化汽油和重整汽油的辛烷值调和效应。乙醇的辛烷值调和效应与此相同。但MTBE对4种基础油的调和效应有其特殊性，如对催化裂化汽油和烷基化汽油，调和辛烷值并不随MTBE加入量的增加而增加，因此，MTBE的调和比例要控制合适。其他调和组分如TAME、异构化油、催化裂化汽油、烷基化油以及重整生成油等的调和效应就不一一举例了。

2）煤油性质关联

煤油的无烟火焰高度（简称为烟点，*SP*）是喷气燃料、灯用煤油的重要质量指标。一般烟点与油品的组成关系密切，随芳烃含量的增加而降低，可用下式关联煤油的烟点：

$$SP=1.65X-0.0112X^2-8.7 \quad (2-138)$$

$$X=100/(0.61X_P+3.392X_N+13.518X_A) \quad (2-139)$$

式（2-139）中，X_P、X_N、X_A为煤油中的烷烃、环烷烃及芳香烃含量。因芳烃与苯胺点*AP*有较好的相关性，故引入*AP*作为关联因子，可得：

$$SP=-255.6+2.04AP-240.8\ln(SG)+7727(SG/AP) \quad (2-140)$$

由*API*和T_b也可以得到较好的关联结果[7]：

$$SP=0.839(API)+0.0182634(T_b)-22.97 \quad (2-141)$$

3）柴油性质关联

柴油中烃类分子组成的性质决定了柴油馏分的性质，这对柴油的生产、储存、使用以及相关添加剂的研究等工作有较好的指导作用。通常，柴油主要性质包括密度、馏程、十六烷值、凝点等十几项质量指标。柴油使用性能指标主要是指其自燃性、蒸发性和低温流动性。这些性质均可以进行数据关联从而用于预测分析工作。

（1）柴油的十六烷值（CN）。这是柴油的自燃性指标，自燃性是指柴油与空气混合形成可燃混合气、能自动点火燃烧的现象，而十六烷值（CN）是点火性能的重要质量指标。

与汽油的辛烷值的测定类似，*CN*的测定也是既费钱又费时。通过柴油馏分的其他物性计算得到的*CN*称为十六烷指数，用*CCI*、*CI*或*CNI*表示。一般来说，商品柴油的*CCI*或*CI*略低于*CN*实验测量值，如法国规定柴油*CCI*不小于49，*CN*不小于50；我国GB 19147规定10#、5#、0#及-10#柴油的*CI*>46或*CN*>49。为了提高十六烷指数的精确度，半个世纪以来人们做了大量工作。采用简单易得的物性如密度、馏程、苯胺点、折光率及这些参数的不同组合来进行数据关联，得到近30种不同的公式；也有采用GC/MS、近红外（NIR）、拓扑指数法等方法进行数据关联的。十六烷值的高低与发动机工作状态密切相关。为保证柴油具有良好的自燃性，一般高速柴油机所用燃料的十六烷值要求在45~50。当柴油的十六烷值超过50以后，再继续提高对缩短滞燃期作用不大，超过65时，反而会由于滞燃期太短而导致燃烧不完全，造成发动机冒黑烟及油耗大增、功率下降。

十六烷值决定于其化学组成。一般正构烷烃的十六烷值最高，十六烷值随着分子量的增加而逐渐升高，异构烷烃和烯烃的十六烷值稍低于正构烷烃的，且随着支链的增加而降低；环烷烃和芳烃的十六烷值低于烷烃和烯烃的，有长侧链的环烷烃的十六烷值高于无侧链的环烷烃的。

采用美国ASTM标准和我国国标（GB标准）的十六烷指数计算方法如下：

①ASTM D976

美国ASTM 于1944年提出了计算十六烷指数的ASTM D976公式，最新的公式形式为ASTM D976-04a。其包括两个表达式，式（2-142）使用的因子为API 度和中沸点（℉），式（2-141）使用的因子为15℃密度（g/cm^3）和中沸点（℃），两式的计算结果相同。

$$CCI=-420.34+0.016\,G^2+0.192\,G\log T_b+65.01\,(\log T_b)^2-0.0001809\,T_b^2 \quad (2-142)$$

$$CCI=454.74-1641.416\,SG+774.74\,SG^2-0.554\,T_b+97.803\,(\log T_b)^2 \quad (2-143)$$

式中，G为API度；SG为15℃密度，g/cm^3；T_b为中平均沸点，式（2-142）中单位是℉，式（2-143）中单位是℃。

②ASTM D4737-03。

为了提高关联公式的精确度，1982年美国ASTM开始改进ASTM D976，加入了T_{10}与T_{90}两个参数。采用了更多来源的基础数据，包括油砂柴油的实测数据。一般认为，D4737比D976精确，特别是在十六烷值大于60时。由于美国柴油质量标准ASTM D975-04中关于柴油的清洁性指标规定芳烃含量不大于35%或十六烷指数（D976）不小于40，所以由D976计算的十六烷指数仍然在使用。经过几次修订后，ASTM D4737-03包括两个公式。公式（2-144）适用于所有柴油，公式（2-144）仅适用于2-D低硫柴油（$T_{90}<338$℃，S<15mg/L）。

$$CCI_{4737}=45.2+0.0892\,(T_{10N})+[0.131+0.901\,(B)]\,(T_{50N})+[0.0523+0.420\,(B)]\,(T_{90N})+0.00049\,[(T_{10N})^2-(T_{90N})^2]+107\,(B)+60\,(B)^2 \quad (2-144)$$

$$CCI_{4737}=-386.26\,(SG)+0.1740\,(T_{10})+0.1215\,(T_{50})+0.01850\,(T_{90})+297.42 \quad (2-145)$$

式中，T_{10}、T_{50}、T_{90}为恩氏蒸馏10%、50%、90%馏出温度，℃；$T_{10N}=T_{10}-215$，$T_{50N}=T_{50}-260$，$T_{90N}=T_{90}-310$；B为$[e^{(-3.5)}(D-0.85)]-1$；SG为15℃密度，g/cm^3。

③SY2410与GB/T11139。

我国在1979年发布了原石油工业部的标准——SY2410，其十六烷指数的计算公式公式如下：

$$CI=-418.51+162.41\lg t_{50}/\rho_{20} \quad (2-146)$$

考虑到国内密度使用习惯，我国参考ASTM 976，用20℃密度替代15℃密度，建立了柴油质量国家标准GB/T 11139，并将柴油十六烷指数作为一项指标。GB/T 11139与

ASTM D 976对柴油十六烷指数的计算结果基本相等，只是由于20℃和15℃密度的换算，会产生<0.1的偏差。

$$CI=431.29-1586.88\rho_{20}-730.97(\rho_{20})^2+12.392(\rho_{20})^3+0.0515(\rho_{20})^4-0.554B+97.803(\lg B)^2 \quad (2-147)$$

式中，ρ_{20}为20℃密度，g/cm^3；B为中平均沸点，℃。

国内某些使用者称，采用ASTM D 976或ASTM D 4737计算得到的直馏柴油十六烷指数与其实测十六烷值存在较大误差，建议在采用公式计算时要注意实测校验。

（2）关于柴油的蒸发性指标。柴油是在气态状态下进行燃烧的，所以柴油的燃烧性能不但与十六烷值（或十六烷指数）有关，也与其蒸发性能有关。柴油蒸发速率的快慢由燃烧室温度和柴油馏分的轻重决定。温度越高、馏分越轻，蒸发速率就越快，而馏分的轻重是由柴油烃类的沸点决定的。

馏分油的沸程用蒸馏曲线来表示，在实验室常用的方法包括馏程测定、实沸点蒸馏和平衡汽化。馏程被称作ASTM蒸馏或恩氏蒸馏，它是以规格化的仪器在规定的实验条件下进行的。恩氏蒸馏属于渐次汽化，不具有精馏作用。随着温度的升高，所馏出的是组成宽泛的混合物，只能反映油品在一定实验条件下的汽化性能，不能表示油品的真实沸点。但是，恩氏蒸馏的方法简单、测试周期短，所以是关联很多物性的基础数据。

柴油馏程测定中的50%、90%和95%馏出温度可以分别表示柴油中的轻重组分含量的高低。

实沸点蒸馏（TBP）是一种评价原油的蒸馏方法，它可以对轻重馏分进行很好的区分。实际上，对于石油这样的复杂混合物，说是实沸点蒸馏，实际上也是相对而言的，因为石油中的相邻组分的沸点十分接近，而每个组分的含量又不是很多，所以实沸点蒸馏不能得到石油中单体化合物的真实沸点，而是一条连续的曲线，它只是大致反映各组分沸点随流出量变化的情况。实沸点蒸馏实验是比较复杂的，工作量较大、成本高。所以实沸点蒸馏和馏程之间的数据转换很重要，这在前面已经介绍。

（3）关于柴油的低温流动性指标。柴油的低温流动性不仅关系到柴油机低温供油状况，也影响柴油在低温下的储存、运输等作业。按照国标，柴油规格按照凝点划分6个牌号。牌号越高，凝点越低。

柴油的低温流动性能与其化学组成有关。我国评价柴油低温流动性能的指标为凝点（倾点）和冷滤点。凝点是在规定条件下油样开始失去流动性的温度。由于柴油凝固前就会出现石蜡结晶，所以凝点不能确切表示柴油最低使用温度。冷滤点是因为最接近柴油实际使用温度，所以它是衡量柴油低温性能的重要指标。

4）重油性质

考虑蜡油或渣油等重油进行催化裂化、加氢裂化等加工方案时，需要参考的物性数据很多，其中四组分或详细族组成以及氢含量、残炭、沥青质以及硫氮、金属等杂质含量是很重要的参数。前面介绍了组成预测的方法，实际上，氢含量、碳氢或氢碳原子比等简单数据因其简单、实用而在实际生产与加工方案制订时用得较多。

Adriaan G.Goossens[578]根据E-d-M模型产生过程中用到的物性组合，提出了氢含量的关联式：

$$H=30.346-65.341\ n_{20}/d_{20}+82.952/d_{20}-306/M \tag{2-148}$$

上式适用范围是：TBP为59~476℃，M为84~459，d_{20}为0.6775~0.9292。

大庆石油学院陈红霞[579]等采用矩阵分解方法进行推导，得到大庆混合蜡油氢含量的预测关联式，但该式仅采用同一原油的不同馏分进行回归，所以其他原油适应性如何需要校验、验证。

为了提高氢含量预测模型的应用范围，刘四斌[559、560]选取了35个不同基属原油的蜡油馏分作为关联对象，推导了氢含量、氢碳原子比的预测模型。刘四斌所选取的35种不同基属原油蜡油馏分的氢、碳、硫、氮含量以及70℃、20℃密度与折光指数、分子量物性分布范围较广，例如，碳含量为83.86%~87.12%，硫含量为0.07%~4.56%，分子量从330到465，等等。图2-52是氢含量与20℃密度的关系趋势图。

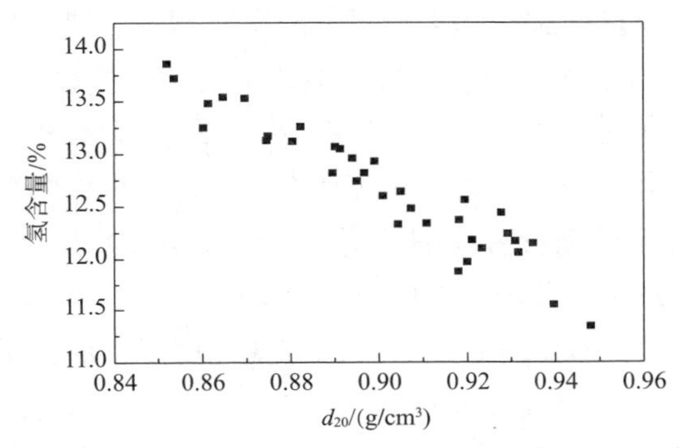

图2-52 35种蜡油氢含量随密度变化的趋势图

通过对实验数据的分析发现，密度大的减压蜡油，氢含量一般较低，但碳含量既可能高也可能低，主要取决于硫等杂原子的含量；密度较小的减压蜡油硫含量较低，密度大的蜡油硫含量可能高也可能低。为此，寻找出了能较好预测减压蜡油的氢含量的变量，即由密度、折光率与相对分子质量的组合变量，或密度与折光率的组合变量以及仅仅由密度一项变量进行关联。另外，碳含量与密度和折光率的相关性均较差，但H/C与二者的相关性却均很好，可以由密度和折光率得到较好的H/C预测模型，从而也可以得到蜡油的碳含量关联公式。图2-53和图2-54是H/C与折光率、密度单独的关系趋势。据此可以获得相关性很强的关联公式。

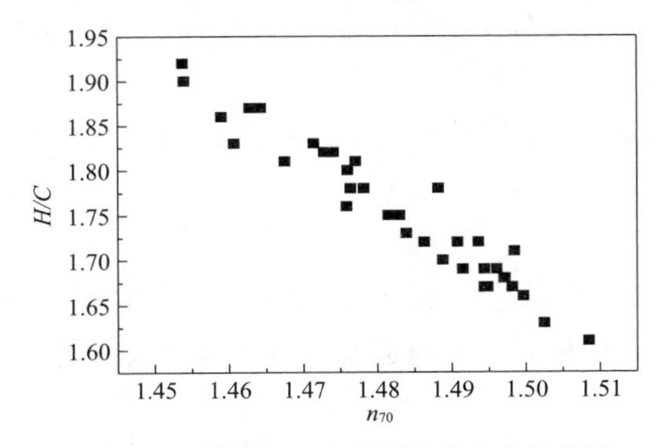

图2-53 蜡油H/C比随折光率变化趋势图

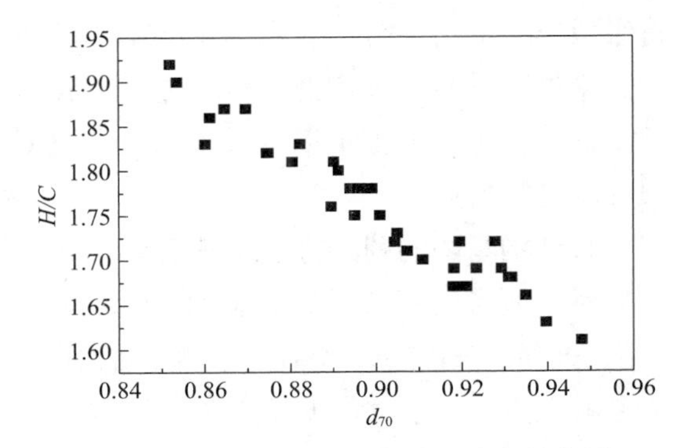

图2-54 蜡油H/C比随密度变化趋势图

第二节　分子重构方法

一、结构导向集总（SOL）法

结构导向集总方法（Structure-Oriented Lumping，SOL）是由Quann和Jaffe[7，580~581]提出的，用于描述复杂烃类化合物组成、反应和性质的一种方法。在这种方法中，通过构建22个基本结构单元（结构基团），实现对任何复杂烃类化合物的描述。

将复杂反应体系中众多的单一化合物，按其动力学特性相似的原则，归并为若干个虚拟组分，这是集总法的实质。在动力学的研究中，集总法把每个集总作为虚拟的单一组分来考虑，然后去开发这些虚拟的集总组分的反应网络，建立简化的集总反应网络的动力学模型。尽管集总划分的过程中尽可能地将动力学特性相似的组分划为一个集总，当原料组成发生较大变化时，单个集总中各组分的比例也会有较大的变动，相应地集总反应动力学常数变化较大。而由于集总反应动力学模型没有详细考虑进料中各组分的反应，对集总中各组分转化过程没有详细解析，因而无法预测集总中各组分的具体组成，因此需要开发复杂反应系统的分子尺度反应动力学模型。

SOL法本质上属于一种基团贡献法，可以方便地用于石油分子的物性计算以及复杂反应过程的表示。用结构基团较好地解决了复杂烃类分子的分类、解离、组合等问题，也较好地区分了不同芳环结构的异构体，变组成复杂的石油分子为结构基团的向量，非常便利于分子物性的计算、预测，也更加有利于分子反应动力学模型的构建。SOL法可以直接计算各分子的元素组成和相对分子质量，从新的结构基团出发可关联计算出各分子的沸点和相对密度等物性以及其他热力学性质，结构向量的运算可以表示各分子反应过程。所以SOL法的基本思想就是，从石油的分析数据出发，通过划分不同的同系物来构建分子库，即种子分子加侧链的形式，再以各结构基团组成的向量来表示各个石油分子，并关联计算出各分子的物性。需要注意的是，同一组结构基团可以表示组成相同但结构不同的异构体，而这些异构体的物性可以认为是一样的。

SOL法提供了一种复杂烃类分子的表示方法，且可以区分不同的芳环结构的异构体，将组成复杂的石油分子表示为结构基团的向量以方便分子物性的计算，更有利于其反应动力学模型的构建。因此，SOL法已经成功地应用于汽油和石脑油、柴油、减压蜡油以及渣油分子组成的模拟以及分子动力学模型的建立，在国内外得到了广泛应用并取得了很好的经济效益。

1.结构基团的划分方法及其含义

对于所有的复杂烃类混合物，Quann和Jaffe[580]认为基本上均可以用22个结构基团（结构向量）来描述，各结构基团（结构向量）的图样、原子组成及其分子量贡献值见相关参考文献[7]，其含义见表2-33。

表2-33　22个结构基团的含义一览表

序号	代码	含义
1	A6	代表一个芳环，当其他结构向量为0时即为苯
2	A4	代表四个芳环碳原子，它必须依附于A6或另一个A4而存在
3	A2	代表两个芳环中碳原子，它用以构建萘之类的稠环芳烃
4	N6	代表六元环烷环，当其他结构向量为0时即为环己烷
5	N5	代表五元环烷环，当其他结构向量为0时即为环戊烷
6	N4	代表四个环烷烃碳原子
7	N3	代表三个环烷烃上的碳原子
8	N2	代表两个环烷烃上的碳原子
9	N1	代表一个环烷烃上的碳原子
10	R	代表烷基链上$-CH_2-$的数目
11	br	代表非环烷碳链上分支点数目
12	me	代表环上的甲基（支链）数目
13	IH	代表以两个氢为单位的饱和度（芳烃除外）
14	AA	代表环与环之间的桥键
15	NS	代表碳碳键间（芳烃除外）硫原子
16	RS	代表碳氢键间的硫原子
17	AN	代表芳环上的氮原子
18	NN	代表碳碳键间（芳烃除外）间的氮原子
19	RN	代表碳氢键间的氮原子
20	NO	代表碳碳键间（芳烃除外）间的氧原子
21	RO	代表碳氢键间的氧原子
22	KO	代表羰基或醛基氧原子

原则上，通过22个分子结构基团（结构向量）的有机组合可以表征所有的烃类分子，因此，复杂烃类中的单个分子可以用一行向量进行表征，每一行向量后面“附着”该分子的百分含量，这就实现了复杂烃类分子混合物的“数字化”转化表达——矩阵表示法。以某减压渣油为例，采用SOL对原料油分子结构表示方法如下：将烃类分子以向量来表示，每一个向量代表一个分子，每个分子由若干个特征构成，这若干个特征代表了分子的结构，可以构成任何分子。有的除了考虑碳氢外还考虑非烃杂原子硫、氮化合物，每个分子以19个特征代表。这里以14个特征来表示，其结构向量a以及化学计量矩阵S的对应关系如下：

a		A6	A4	A2	N6	N5	N4	N3	N2	N1	R	br	me	IH	AA
S	C	6	4	2	6	5	4	3	2	1	1	0	0	0	0
	H	6	2	0	12	10	6	4	2	0	2	0	0	2	–2

任何分子中C、H的含量$=S\times a^T$（a^T为a的转置矩阵）。

向量a中各元素的意义，举几个例子如下：

A2含两个碳的芳环，要连在相邻的缩环芳环上，如芘：

A6	A4	A2	N6	N5	N4	N3	N2	N1	R	br	me	1H	AA
1	2	1	0	0	0	0	0	0	0	0	0	0	0

me：直接连在芳环或环烷环上的甲基个数，但R=1时，me=0：

A6	A4	A2	N6	N5	N4	N3	N2	N1	R	br	me	1H	AA
1	0	0	0	0	1	0	0	0	10	0	0	0	0

AA：在A6N6及N5之间的桥键：

A6	A4	A2	N6	N5	N4	N3	N2	N1	R	br	me	1H	AA
1	0	0	1	0	0	0	0	0	0	0	0	0	1

需要说明的是，一个结构向量可以代表许多具有相同结构基团但空间位置不同的分子，即认为空间异构体的化学物理性质是相同的。在对原料油进行模拟时，只考虑烷烃、环烷烃、芳烃，并不考虑烯烃，因为烯烃是中间产物或一次反应产物，在反应开始时基本上不存在。

用向量表示分子为构建任意尺度和复杂性的反应网络、发展基于分子的性质关联、结合已有的基团贡献法以评估分子热力学性质等，均提供了很方便的框架与形式。同一组结构基团可以表示组成相同但结构不同的异构体，而这些异构体的物性可以认为一致，从这个角度来说，结构导向集总法仍是集总模型，但属于分子水平的集总模型。这在实际上还不能全部鉴定出渣油分子的今天，实现石油资源分子层级上的“精细”“精准”高效转化与优化是很有参考意义的。

上述22个结构基团是约30年前提出来的，当时考虑可能比较全面了，但本方法有以下不足：

（1）各类种子分子的选取并没有结合最新的分子水平分析数据，分子种类的划分可能不够全面和准确，不能完全反映石油的分子组成，如没有考虑重油特别是一些渣油中的复杂分子以及重金属的描述。而实际企业普遍遭遇处理一些劣质重油馏分，其重油中的胶质、沥青质和重金属实际上影响是很大的。

（2）忽略结构异构与空间异构后描述烃类分子，会出现不同分子可以用同一组结构向量描述以及同一个分子出现不同结构向量描述两种问题。出现这两种情况将带来诸多不便，例如，对制定反应规则以及计算机判断该类分子发生某种反应将带来混乱。

（3）模型中分子含量的计算也存在变量太多而约束条件不充分等问题，这些都会导致宏观物性相似的石油的分子组成差别巨大，影响分子组成的计算的重复性和准确性。

因此，实际应用时，应根据不同的工艺过程做某些假定，或增加结构基团描述，或修改结构基团。

如果是做一些假定，则需要遵循以下原则：应尽量保证原料中具有相同结构的分子归并成一类分子集总，且该类分子集总只有一种特定结构代表分子集总中的所有分子，并且可以用唯一和其对应的结构向量来表示。

如果是新增结构基团或修改结构基团，则建议：（1）增加对重金属如Ni、V的结构代码与基团；（2）修改的话，对于沸点大于500℃的烃类分子可以考虑将胶质、沥青质之类的大分子分成单核、多核分子。而对于沸点小于500℃的烃类分子，虽然仍可以采用原来的22个结构向量的分类表示方法，但在具体规定中可做一些修正或约定。

所谓多核分子[583]，是指由若干个小的含芳环或环烷环的分子核心通过共价键或脂肪烃链连接而成的大分子，主要用于胶质、沥青质等较重组分的分子结构。具体描述时，增加linkage、type两个结构向量。其中，linkage向量用于表示分子核心的连接关系，由一连串数字组成，从左往右每三位表示与序号依次增大的核心分子所连接的三个分子核心。type向量用于表示分子核心之间的连接强度，也由一连串数字组成，从左往右每三位表示对应linkage连接处的连接强度。通常认为，芳香环核心间碳的连接强度最大，最难断裂，强度方位在110~120kcal/mol，以数字3表示；芳香环与环烷环之间的连接强度次之，强度范围90~100kcal/mol，以数字2表示；环烷环与环烷环之间的连接强度最弱，强度范围小于82kcal/mol，以数字1表示。

对具有多核分子结构的复杂化合物，为真正达到实用目的，可做些简化处理，提出一些规定，例如，对多核分子核心数目、单核分子核心之间连接情况以及芳环数目进行限制以及设定多核分子核心序号排列顺序等。以图2-55所示的某6核分子为例，可得到其简化处理后的相应的结构向量描述[584]，见表2-34。

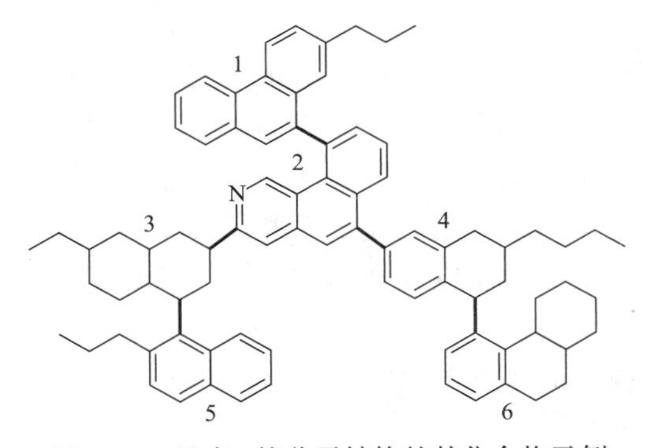

图2-55　具有6核分子结构的某化合物示例

表2-34　某6核示例分子的结构向量描述

A6	A4	A2	N6	N5	N4	N3	N2	N1
110111	220010	000000	001000	000000	001102	000000	000000	000000
R		me	br	AA	IH	linkage		
030002040300		000000	000000	000000	000000	200134250260300400		
NS	RS	AN	NN	RO	KO	type		
000000	000000	010000	000000	000000	000000	300323220320200200		

表2–34中所列的描述结构向量的数字串，在能够区分各个结构向量的同时，还可方便计算机储存、识别和运算。

2.分子集总和反应规则

（1）分子集总。分子集总是用结构向量在分子尺度上对分子重新组装后的虚拟组分，包括从低级烷烃、环烷烃一直到碳数高达400~500的复杂烃类结构以及非烃化合物（如含硫、含氮和含氧化合物等），还有通常作为中间产物存在的烯烃、环烯烃。对于重馏分，还考虑重金属如镍、钒化合物（如卟啉化合物）等。分子集总数目的多少与计算的复杂程度、计算精度有关。分子集总数少，计算工作量就少，参数优化会比较便捷，但分子集总数太少也会导致模型对与原料的表征、产物组成的预测变得“粗糙”。

划分好分子集总数目以后，很重要的工作是要确定各个分子集总的相对含量，以完成原料分子矩阵的构建[7]。

（2）反应规则。原料分子矩阵中的各个分子在所选定的工艺条件下如何反应、遵循什么反应路径取决于反应规则。

反应规则是对许多不同分子可能经历同一种反应的说明，它包括两大方面，即反应物选择规则和反应产物生成规则。反应物选择规则表明在具体的某步反应中，有哪些分子（分子集总）会参与其中。反应规则的制定保证了单个烃类分子可以进行多种平行反应，同时单个反应规则可以适用于经历这一特定转换的所有分子，这样，仅用一定数量的反应规则，就可以建立适合混合物的大规模化学反应网络；反应产物生成规则是指在所选定的工艺条件下，从某一个分子的结构向量会生成怎样的产物结构向量。

反应规则因所用催化剂和工艺的不同而有很大的不同。反应规则对于整个SOL模型很重要，但无论如何制定，最后所选取的反应规则都不足以涵盖所有可能发生的反应，即分子集总的反应规则与基元反应有一定的区别，实际所选取的反应规则必定会有一些假设与忽略，这主要还是考虑到模型的复杂程度及其计算工作量。另外，能否将次要的化学反应忽略但保留好主反应是反应规则制定好坏的评判标准，也是反应规则制定的基本原则。

具体如何应用反应规则和反应产物生成规则，可参见相应文献[7, 584]。

3.反应网络构建与求解

（1）反应器模型及其求解。很多工艺过程，需要考虑反应器、催化剂对反应的影响。不同的工艺，反应器以及催化剂的影响因素各不相同，需要区别对待[7]。

（2）反应网络构建。按照一条一条的反应规则，可以写成程序中相应的一条一条的判断语句。对原料分子矩阵按照反应规则逐一判断，可以确定分子矩阵中各个分子的反应途径，从而构成反应网络。原料分子按照所建立的反应网络进行反应生成产物。

反应网络构建方法包括：①以每一个结构向量为外循环，以每一条反应规则为内循环，判断每一种分子集总会发生反应规则中的哪几条反应。②以每一条反应规则为外循环，以每一个结构向量为内循环，判断每一条反应规则适合分子集总中的哪几种分子。两种方法各有优缺点，如第一种方法对于连串反应的脉络可以看得很清晰，但比较烦琐；第二种方法可以避免很多重复判断，但是反应过程显得较为混乱。由于SOL模型计算过程无须画出具体的反应网络，仅仅需要以矩阵形式让计算机能够识别，故常用第二种方法[7]。

（3）模型求解。SOL模型是一种动力学模型，通过求解动力学方程可以计算产物分布。

炼油工艺中所涉及的化学反应及其过程，不论是否有催化剂存在，均有可能涉及一次反应、二次反应等，且有些是可逆反应，有些是不可逆反应。所以要根据所涉及的工艺过程的反应机理，确定原料分子的反应行为。为了建模与计算方便，很多人通常假设所有反应为一级、不可逆反应，如果有可逆反应，也是将该反应拆分为两个相互的不可逆反应。这样处理后，由“反应物-产物”对反应网络能比较方便地生成描述这个反应的动力学微分方程组。求解动力学微分方程组的注意事项参见相关文献[7]。

二、分子同系物矩阵（MTHS）法

根据同系物分子的思想，将石油分子按照不同的分子类型和碳数进行详细划分，即为石油馏分的分子同系物矩阵MTHS（Molecular type homologous series，MTHS）表示法[585]。在MTHS矩阵中，每一行、每一列和整个矩阵代表的意义为：（1）每一列是由分子类型相同的同系物构成的一个同系物族。nP、iP、O、N与A分别表示正构链烷烃族、异构链烷烃族、烯烃族、环烷烃族与芳香烃族，N5、N6表示环烷烃的五元环与六元环结构；结构族名称前的数字代表结构族的数目，如2N、4A与1A1N分别为双元环烷烃、四元芳烃与1个芳香环与1个环烷烃环连接的双元环结构，3N+与5A+则表示环数超过2个的多环环烷烃与环数超过4个的多环芳烃。在单芳香环为基础结构的同系物族中，同系物具有相同的基础结构苯环，但包含的碳原子数不同。（2）每一行是由不同分子类型的、碳数相同的分子构成的碳数族。（3）MTHS矩阵的元素表示单个分子或同分异构体的集总的摩尔分数或质量分数。

MTHS矩阵中属于同系物族且碳数相同的真实分子是同分异构体，由于大多数同分异构体的性质相同或相似，所以它们能够集总为1个等价组分。

MTHS矩阵包括45个碳数族、28种分子类型，尽管MTHS矩阵中真实分子的组成在理论上能够根据色谱等分析手段确定，然而由于分析技术的限制，较重的石油馏分的详细组成分析经常很难实现，这时就不能构建完整的MTHS矩阵。加上分析过程复杂且昂贵、费时费力，实际工业生产中还难以大面积推广。因此，很多研究者对MTHS矩阵法进行了补充和完善，特别是对较重的馏分油。这一点与SOL法处理重质油的道理是一样的。

MTHS矩阵法分子重构技术的构建方法如下：

（1）构建石油分子库。需要根据不同的馏分合理地确定其分子类型和碳数分布范围，包括同分异构体的分布等。

（2）物性数据库的计算和转换。需要计算矩阵中各分子的物性以及馏分的宏观平均物性，然后比较这些物性的计算值和实验值，通过对相应目标函数的优化计算可以确定MTHS矩阵的分子组成。

图2-56为MTHS法计算工作的流程示意图。

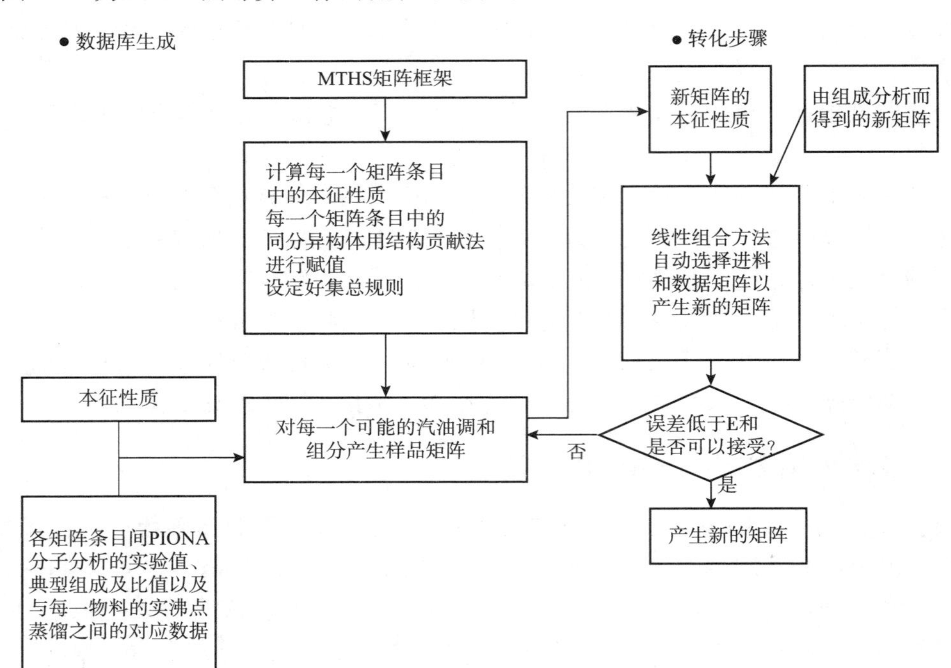

图2-56　MTHS法计算工作的流程示意图

Zhang[586]首先提出了通过轻馏分的宏观物性计算MTHS矩阵的分子组成的方法，他利用结构-性质关系计算分子物性，结合混合规则计算其宏观物性，再利用几个已知组成的馏分的MTHS矩阵插值计算来确定目标矩阵的分子组成。Aye等[587]则对物性数据库进行了完善，考虑了同分异构体对馏分宏观物性的影响，并利用插值法来计算矩阵的分子组成。Wu等[588, 589]利用改进的MTHS矩阵对汽油和柴油进行分子组成模拟，考虑到支链不同的异构烷烃和烯烃对汽油辛烷值和蒸汽压的影响，增加了汽油馏分矩阵的分子类型，将烷烃划分3种类型，烯烃划分2种类型。在计算矩阵的分子组成时，则引入了分布函数的思想，即同一种类型的分子含量服从Y分布的规律。这样既减少了优化计算中的变量个数，又增加了计算结果的准确性。Ahmad等[590]首次提出了用基团贡献法计算矩阵分子物性，在计算分子组成时，引入每类同系物分子的碳数分布规律作为约束条件，将MTHS矩阵的应用范围扩展到了中间馏分和重馏分。Pyl等[591]提出了将分子的结构特征和同系物矩阵相结合的方法，根据目标馏分的沸程确定同系物矩阵的分子核类型和碳数范围，引入分子的结构特征分布和碳数分布来表示分子的组成，这样将大量的分子组成变量转变为各Y分布的参数，大大减少了模型的计算。煤油和重瓦斯油的模拟计算结果表明，各类同系物分子的组成数据与实验值比较吻合，符合明显的Y分布。阎龙、王子军等[592]提出修正的IMTHS矩阵，如图2-57所示。

	nP	iP	nO	iO	N5	N6	2N	3N+	1A	1A1N	1A2N	1A3N+	2A	2A1N	2A2N+	3A	3A1N+	4A+	H_2	H_2S	Coke	S_S	S_N
CN_0	0	0	0	0	0	0	0	0	0	0	0	0	0	0	0	0	0	0	1	1	0	1	1
CN_1	1	0	0	0	0	0	0	0	0	0	0	0	0	0	0	0	0	0	0	0	0	0	0
CN_2	1	0	1	0	0	0	0	0	0	0	0	0	0	0	0	0	0	0	0	0	0	0	0
CN_3	1	0	1	0	0	0	0	0	0	0	0	0	0	0	0	0	0	0	0	0	0	0	0
CN_4	1	1	1	1	0	0	0	0	0	0	0	0	0	0	0	0	0	0	0	0	0	0	0
CN_5	1	1	1	1	1	0	0	0	0	0	0	0	0	0	0	0	0	0	0	0	0	0	0
CN_6	1	1	1	1	1	1	0	0	1	0	0	0	0	0	0	0	0	0	0	0	0	0	0
CN_7	1	1	1	1	1	1	0	0	1	0	0	0	0	0	0	0	0	0	0	0	0	0	0
CN_8	1	1	1	1	1	1	1	0	1	0	0	0	0	0	0	0	0	0	0	0	0	0	0
CN_9	1	1	1	1	1	1	1	0	1	1	0	0	0	0	0	0	0	0	0	0	0	0	0
CN_{10}	1	1	1	1	1	1	1	0	1	1	0	0	1	0	0	0	0	0	0	0	0	0	0
CN_{11}	1	1	1	1	1	1	1	0	1	1	0	0	1	0	0	0	0	0	0	0	0	0	0
CN_{12}	1	1	1	1	1	1	1	1	1	1	1	0	1	1	0	0	0	0	0	0	0	0	0
CN_{13}	1	1	1	1	1	1	1	1	1	1	1	0	1	1	0	1	0	0	0	0	0	0	0
CN_{14}	1	1	1	1	1	1	1	1	1	1	1	0	1	1	1	1	0	0	0	0	0	0	0
CN_{15}	1	1	1	1	1	1	1	1	1	1	1	1	1	1	1	1	1	0	0	0	0	0	0
CN_{16}	1	1	1	1	1	1	1	1	1	1	1	1	1	1	1	1	1	1	0	0	0	0	0
CN_{17}	1	1	1	1	1	1	1	1	1	1	1	1	1	1	1	1	1	1	0	0	0	0	0
CN_{18}	1	1	1	1	1	1	1	1	1	1	1	1	1	1	1	1	1	1	0	0	0	0	0
CN_{19}	1	1	1	1	1	1	1	1	1	1	1	1	1	1	1	1	1	1	0	0	0	0	0
CN_{20}	1	1	1	1	1	1	1	1	1	1	1	1	1	1	1	1	1	1	0	0	0	0	0
CN_{21}	1	1	1	1	1	1	1	1	1	1	1	1	1	1	1	1	1	1	0	0	0	0	0
CN_{22}	0	0	0	0	0	0	0	0	0	0	0	0	0	0	0	0	0	0	0	0	1	0	0

图2-57　IMTHS的分子矩阵图

在上述矩阵中，不含碳原子的组分用CN_0结构族表示；对于碳原子数小于13的分子，相同碳数的分子构成单独的结构族：CN_1（C_1）、CN_2（C_2）、……、CN_{12}（C_{12}）；碳数13~20的分子被集总为4个等价的结构族：CN_{13}（C_{13}~C_{14}）、CN14（C_{15}~C_{16}）、CN_{15}（C_{17}~C_{18}）、CN_{16}（C_{19}~C_{20}）；碳数21~36的分子（C_{21}~C_{36}）被集总为5个结构族：CN_{17}（C_{21}~C_{23}）、CN_{18}（C_{24}~C_{26}）、CN_{19}（C_{27}~C_{29}）、CN_{20}（C_{30}~C_{32}）和CN_{21}（C_{33}~C_{36}）；碳数超过36的分子（C_{37+}）被集总为焦炭CN_{22}；将馏分中不同价态的硫、氮含量使用SS与SN的总含量进行表示。在IMTHS矩阵中，将非烃化合物氢、硫化氢与焦炭添加到其中，作为新的分子类型；换结构的分子类型包括单元环、双元环、三元环与多元环结构，部分单独的多元环结构，如3N、4N、1A3N等分子类型不再作为环烃与芳烃的分子类型。因为碳数5~12的分子的沸点与汽油馏分（<200℃）相当，所以将其作为汽油馏分的主要组成；碳数超过12的分子视为较难确定的重组分，需要重新进行集总。IMTHS矩阵中等价分子成为矩阵分子，0/1变量表示矩阵分子在矩阵中是否存在。IMTHS分子矩阵降低了MTHS矩阵的维数，还可以对较重的馏分油的分子组成进行实用性的描述。IMTHS分子矩阵法在预测焦化液体产物汽油、柴油的分子组成与性质时表现出了一定的精度，特别是密度与PONA值等宏观性质的预测值准确度较好。

基于碳数分布的MTHS模型在实验室工作中效果较好，但是在实际生产过程中，炼油企业是很难获得按照碳数分布的数据的，这就限制了模型的应用。不少研究者提出了改进方法，如以窄馏分代替碳数分布，即将石油馏分通过沸点范围进行划分，这样的方法尤其适合重馏分的预测。侯栓弟等[593]等基于减压蜡油化学结构组成特点，考虑到不同化学结构官能团对蜡油烃类宏观物性的影响，针对环烷烃、芳烃结构协同关联关系，提出了27个化学结构虚拟官能团的减压蜡油同分异构分子重构模型（MTHS）。这个以烃类沸点和化学结构确立的MTHS模型所得减压蜡油组成模拟计算结果与实测值吻合较好[594]，且模拟结果表明，MTHS模型可重构、模拟不同结构烃类随沸点的变化。

MTHS矩阵可以将组成复杂的石油用一个矩阵的形式直观地表示出来，并且通过有限的常规分析数据可以计算出其中具体的分子组成，这是一种有效的分子组成模拟方法。该方法是以较为完整的石油分子库和准确的物性数据作为基础，需要根据石油的分析数据确定分子库的组成，选择合理的方法计算石油的分子物性和宏观平均物性，此外，需要选择有效的数学方法和优化算法来准确计算其分子组成。目前，MTHS方法主要应用于石脑油、汽油、柴油等相对较轻的石油馏分的分子组成模拟，也有少量进行蜡油馏分分子组成方面的探索，但还没有应用于减压渣油的相关报道。从目前减压渣油的分子水平表征数据出发，通过采取更加合适的分类方法与替代因子并完善和扩展分子库，建立更为准确的物性数据库，同时确定更加合理的算法，实现石油平均物性到分子组成的转变，是有可能构建起表示渣油分子组成的MTHS改进法的。

三、随机重构（SR）法

随机重构（Stochastic Resconstruction，SR）法一种基于数学中概率密度函数（Probability Density Function，PDF）和统计学中蒙特卡洛（Monte Carlo）模拟法相结合的石油分子重构方法。由烃类和非烃类化合物组成的石油，其分子可以看作由一系列的分子结构特征或者结构基团所组成，且其宏观平均物性，如平均相对分子质量、沸点等就是这一系列分子结构特性或结构基团的整体表现。基于这样的理念，为获取结构复杂的混合原料的分子组成与结构信息，并将各种宏观或其他信息转换成能够精确表示的虚拟分子，可以采用SR法。因为石油中数量巨大，包含有大量分子特征或结构基团（如苯环、萘环、侧链数目与长度）的分子，可以被看成数学中的连续变量，因此可以通过引入数学中概率密度分布函数（PDF）的概念来表示这些结构特征或结构基团在石油中的分布。

石油的各种平均物性，如平均相对分子质量、沸点等都呈现比较明显的分布特征[595]，由于这些宏观物性都是由石油中大量的分子或结构基团整体表现出来的，所以也就可以认为这些结构特征或结构基团也都符合一定的分布。

蒙特卡洛模拟法是一种统计模拟的方法，其基本思想是，将所求的问题与一定的概率模型相联系，通过对变量的概率分布进行大量的随机抽样来进行模拟实验，可以得到该变量的概率分布，进而计算其数学期望、标准偏差等统计特征，并将其作为所求问题的近似解。所以，以石油中的各个分子结构或结构基团的分布特点为基础，结合蒙特卡洛模拟法对石油分子进行随机重构是合理的。

用于构建SR法重构技术的基础数据是一些用于表征混合物分子组成与结构信息时通常采用的仪器分析表征结果。每个分析表征测试对复杂混合物的结构提供了直接或间接的表征信息，分析表征的准确度和精确度影响这些信息的质量。为了保证实用性，需要提供对原料进行快速、经济和准确的分析数据（信息）。但精确的分子表达应该是在理想的精度水平上确定详细的结构信息，合适的表征应不受时间和成本约束。

SR法重构复杂原料分子组成与结构的过程，从分析表征获取分析信息开始，先采用蒙特卡洛抽样进行整体优化，从而得到概率密度函数的选择参数。采用正交分析方法以获得最优的进料分子及其次优化的重量占比，再经过整体优化得到最优的进料分子及其最优含量，最后获得详细的分子模型的初始条件。

自Neurock等[596]于1990年首先提出石油分子随机重构（Stochastic Resconstruction，SR）方法以来，SR法重构技术已经应用于石脑油、重馏分以及渣油等各馏分以及原油的分子重构[597~605]，取得了较好的应用效果。

SR法通过数学方法抽取出虚拟分子来表示石油，可以有效避免预设分子库的方法中人为设定因素对模拟结果的干扰，当抽取的分子数目足够多时，就可以更真实地反映石油的组成和物性特点。SR方法已经可以应用于石油的全部馏分的分子组成模拟，包括从石脑油到渣油以及整个原油的分子重构。但该方法依然存在很多不足，例如，随机抽取的方式可能会构建出石油中不存在的分子，尤其是对于结构基团的抽样方式，这样会影响模拟结果的准确性；另外，在计算石油的平均物性时，SR法并没有考虑分子含量的因素，所以计算得到虚拟分子都是等摩尔的平均分布，这和石油中分子结构特征或结构基团的分布特点是相矛盾的，也不符合石油中分子组成的真实状态。解决此问题的方法可以参见相关文献[7，600]。

四、概率密度函数（PDF）法

为得到结构复杂原料的结构信息，可以使用各种各样的方法或技术，但把信息转换为一个精确的虚拟分子表达仍面临许多挑战。

对复杂原料进行统计分析可以推进本工作。如果将原油中的任何分子看作是某些结构属性的组合（如苯环数目、环烷数目、烷基侧链数目、侧链长度等），那么每一个结构属性都可以用一个概率密度函数（Probability Density Function，PDF）来代表。PDF是一种函数，它是给定属性等于或小于某个值的概率。对属性PDF进行抽样，可以确定独立分子的结构属性值，进而确定分子。

（1）数学基础。在数学中，连续型随机变量的概率密度函数（在不至于混淆时，可以简称为密度函数）是一个描述这个随机变量的输出值在某个确定的取值点附近的可能性的函数。而随机变量的取值落在某个区域之内的概率则为概率密度函数在这个区域上的积分。当概率密度函数存在的时候，累积分布函数是概率密度函数的积分。

对于一维实随机变量X，设它的累积分布函数是$F_X(x)$，如果存在可测函数$f_X(x)$，满足$F_X(x)=\int_{-\infty}^{x} f_X(t)\mathrm{d}t$，那么$X$是一个连续型随机变量，并且$f_X(x)$是它的概率密度函数。

一个连续型随机变量的概率密度函数有如下性质：

如果概率密度函数$f_X(x)$在一点x上连续，那么累积分布函数可导，并且它的导数：

$$\mathrm{d}F_X(x)/\mathrm{d}x=f_X(x) \tag{2-149}$$

由于随机变量X的取值只取决于概率密度函数的积分，所以概率密度函数在个别点上的取值并不会影响随机变量的表现。更准确来说，如果一个函数和X的概率密度函数取值不同的点只有有限个、可数无限个或者相对于整个实数轴来说测度为0（是一个零测集），那么这个函数也可以是X的概率密度函数。

连续型的随机变量取值在任意一点的概率都是0。作为推论，连续型随机变量在区间上取值的概率与这个区间是开区间还是闭区间无关。要注意的是，概率$P\{x=a\}=0$，但$\{X=a\}$并不是不可能事件。

随机数据的概率密度函数表示瞬时幅值落在某指定范围内的概率，因此是幅值的函数，它随所取范围的幅值而变化。一个PDF可以是离散的（只对x积分），或者是连续的（x任何的值），一个离散的密度函数$f(x)$具有：

$$f(x) \geqslant 0 \tag{2-150}$$

$$\int_{-\infty}^{+\infty} f(x)\mathrm{d}x = 1 \tag{2-151}$$

$$\sum f(x) = 1 \tag{2-152}$$

而连续的PDF具有：

$$\int_{-\infty}^{\infty} f(x)\mathrm{d}x = 1 \tag{2-153}$$

另外，PDF还具有：

$$P(a < x \leqslant b) = \int_a^b f(x)\mathrm{d}x \tag{2-154}$$

常见的离散PDF形式包括离散均匀分布、二项式分布和泊松分布，连续分布的例子包括正态分布、伽马分布和指数分布，表2-35是常见的模拟复杂原料结构基元的PDF方程形式。

表2-35　几种常用的概率密度函数形式

<table>
<tr><td colspan="3">$p_i=f(x_i, \alpha, \beta, \gamma)$
x_i=attribute
α, β, γ=pdf参数</td></tr>
<tr><td>指数</td><td>$p_i = \dfrac{e^{\left(-\frac{x_i-\gamma}{\Theta}\right)}}{\Theta}$</td><td>2参数（$\gamma$，$\Theta$）
$\gamma \leqslant x_i$
$\Theta=\mu-\gamma$
$\sigma=\mu-\gamma$
γ=最小</td></tr>
<tr><td>伽马</td><td>$p_i = \dfrac{\left((x_i-\gamma)^{(\alpha-1)} * e^{\left(-(x_i-\gamma)/\Theta\right)}\right)}{(\Gamma(\alpha) * \Theta^{\alpha})}$</td><td>3参数（$\gamma$，$\alpha$，$\Theta$）
$\gamma \leqslant x_i$
$\Theta=\sigma^2/(\mu-\gamma)$
$\alpha=(\mu-\gamma)^2/\sigma^2$
γ=最小</td></tr>
<tr><td>卡方检验</td><td>$p_i = \dfrac{\left((x_i-\gamma)^{\left(\left(\frac{r}{2}\right)-1\right)} * e^{\left(-(x_i-\gamma)/2\right)}\right)}{\left(\Gamma\left(\frac{r}{2}\right) * 2^{r/2}\right)}$</td><td>2参数（$\gamma$，$r$）
$\gamma \leqslant x_i$
$r=\mu-\gamma$
$\alpha=(2(\mu-\gamma))^{0.5}$
γ=最小</td></tr>
</table>

（2）利用PDF描述复杂混合物。如前所述，石油及其馏分这样的混合物，其任何分子均可看成是一些结构基元（属性）的组合，如采用苯环数目、环烷数目、烷基侧链的数目、侧链长度等来描述。这就可以用PDF方法来表示，图2-58为例来说明。

如图2-58所示，环烷烃分子的抽样重构方法：首先确定环烷数目；确定核心的环烷结构和侧链碳的数目，可以通过调整烷基侧链数量和长度的PDF来确保环烷机构和侧链碳数在一个合适的范围内。

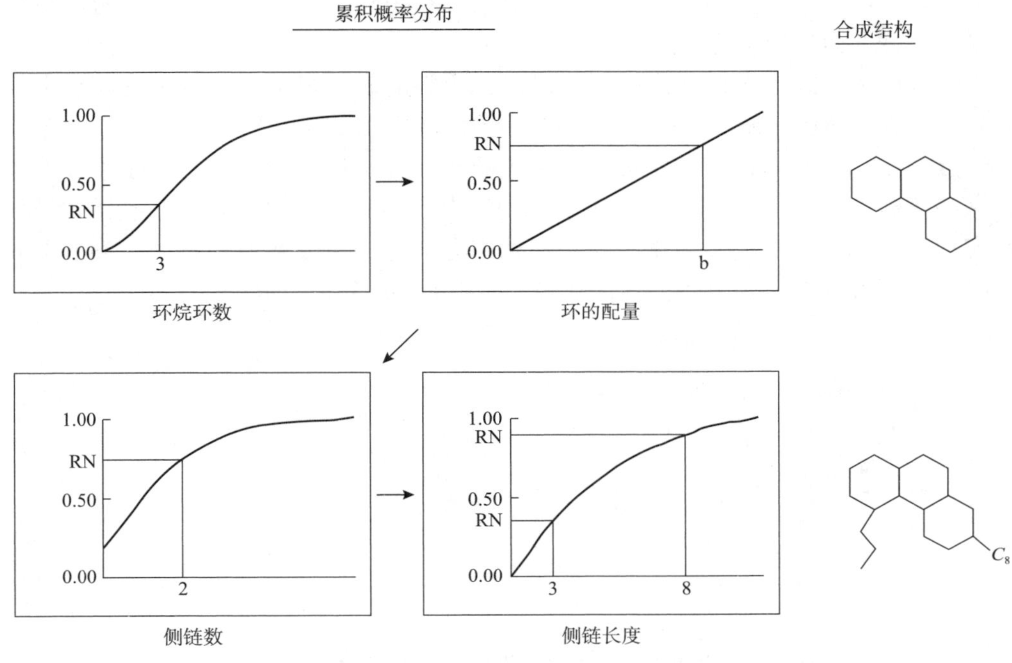

图2-58　重构环烷烃分子过程的示意图

定义适当的分子属性及开发一种构造算法对这种模型技术是很重要的。一旦用合适的结构属性来表示这些分子，对应于这些分子的PDF需要优化以匹配原料的实验数据。为了构建出复杂的原料，除了需要了解概率密度函数的定义外，还要考虑使用这种方法的物理意义，以及为原料建模必须考虑好的离散分布、截取分布和条件概率。

已有众多的实验证明PDF方法对石油物性、分子模拟的准确性和可行性。例如，Pederson等[606]使用高温气相色谱对北海原油（直到C_{80}^{+}）的质量百分比分布进行了测试，结果显示C_{20}的指数分布拟合可以较为准确地预测重质成分的数量；Petti等[607]用PDF对分子量、沸点和其他结构基元（属性）的抽样与模拟。Trauth[608]指出，用γ分布表示渣油的结构属性可以生成分子量分布并由γ分布表示。通过优化PDF参数，随机确定的分子表征与一整套分析表征是匹配的，结果表明，渣油的许多关键属性可通过这种方法是模拟。

（3）分子结构基元（属性）与PDF适宜形式。分子重构要首先识别、确定好分子结构基元（属性）。分子是由原子以某种特殊的方式、依靠化学键结合在一起的。虽然原则上好像分子可以由原子随机选择连接，但是实际上并不是所有的原子都可以被自主地选择的。例如，如果先选中一个芳环的碳，那其他几个构成芳环的碳就被选中了，这时候形成芳环的六个碳原子被定义为一个不可约的结构组。

不可约的结构组与结构基元（属性）有所不同。由PDF表示的结构元素（基元）称为结构属性。一些不可约的结构组可以有多个结构属性。以带烷基侧链的甲苯分子为例来说明：甲苯有两个不可约的结构组，一个是芳环，一个是烷基侧链。但从结构基元、结构属性来表示一个甲苯分子，需要用到三个基元属性，即一个芳环、一个烷基侧链（数目）、烷基侧链有一个碳原子（长度）。对于更复杂的分子，芳环的构型和侧链的位置也多需要“上升”为分子属性。

PDF有很多形式。选择适当的形式对优化原料的表达很重要，对于建模也十分重要。应该灵活选择PDF分布，并适当减少并优化参数设置以简化计算。

沸点分布和分子结构密切相关，而沸点分布和分子量或化合物的碳原子数关系密切，这些数据也容易通过化验分析而得到，所以常常利用沸点分布关联分子结构属性，最后实现原料的分子重构。通常来说，石油馏分的分子量或沸点分布是一条平滑的曲线，图2–59给出了石油馏分中的煤油和渣油的相关沸点分布的示意。

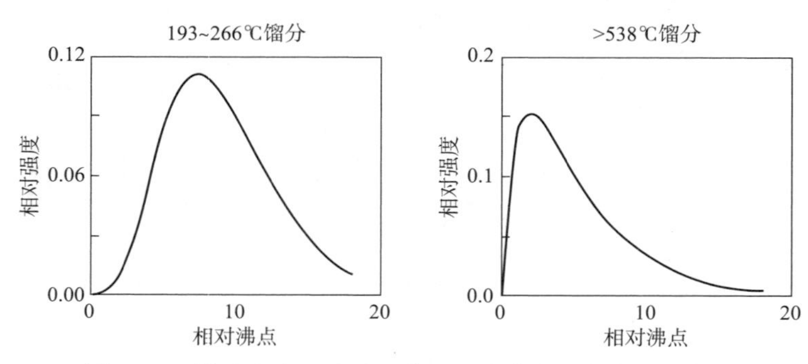

图2–59　煤油和减压渣油馏分的相关沸点强度分布示意图

通常，轻质馏分如煤油馏分可以用最低和最高沸点来表征其沸点分布，但渣油只有最低沸点。一般来说，通过 γ 分布计算，渣油的沸点分布特征是先有一个快速增加，然后有一个缓慢的下降。对高分子和化石燃料的重质成分的研究表明，类似于 γ 分布和指数分布可以对这些系统进行建模。

Trauth[608]使用 γ 分布和类似于 γ 分布对结构属性进行建模，发现对渣油所做的一系列实验分析性质都适合。而且 γ 分布的范围从指数分布到脉冲函数，也能近似于正态分布。这说明本方法也可以应用于轻质组分，即使这种组分的沸点不是典型的 γ 分布。

如上所述，PDF的参数选择很重要。尽管 γ 分布非常灵活，但它还是需要3个参数。表2–37是Trauth[608]对一系列渣油进行建模时用过的函数形式，图2–60为3种函数形式的实际分布情况，其中，卡方分布是 γ 分布的一个特例，其标准差是平均值的一半。对于某些参数的值，γ 分布还可以匹配指数分布。使用卡方或指数分布的优点就是需要优化的参数会少。

（4）关于离散分布和条件概率。γ 分布和指数分布的PDF可对复杂原料进行精确建模、模拟，其分布是连续的。但实际原料的结构属性组成是离散的整型值，因此，要把这些连续分布转化为离散分布。转化时可以将连续分布划分为间隔，且每个间隔有代表值。这种离散化方法可以得到连续的 γ 曲线的形状。

复杂原料的分子属性是离散的整型值，也是有限的。因此，有必要在合理的物理值范围内离散分布。一旦一个分布被离散，就需要对这些分布重新进行整合，使其累积起来的加和为1。离散准则可以通过指定每个新区间必须对以分数为基础表示的累积分布作出最小贡献来确定，Trauth[608]发现值为0.01时即满足要求了。

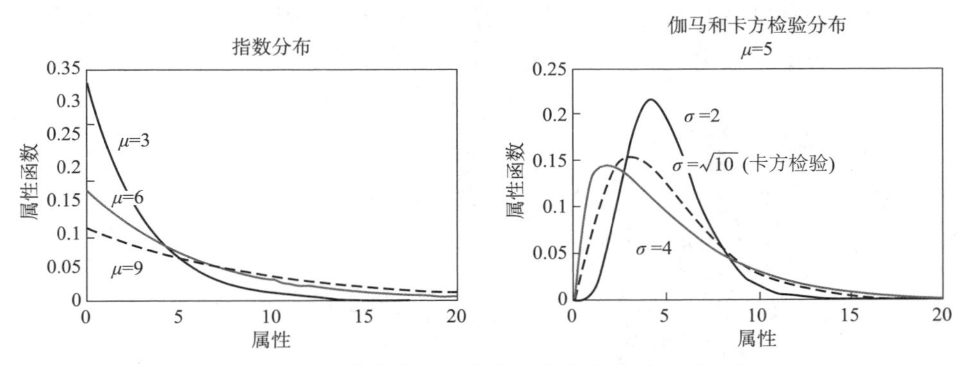

图2-60　指数分布、γ分布和卡方分布的应用示例

生成一系列PDF的最后一个重要因素是条件概率，也就是限制条件。条件概率定义为PDF使用的属性值对另一个属性值的约束，即一旦确定一个属性值，另一个属性概率的特定值可能会改变。例如，渣油的条件概率可以定义为最低沸点，渣油中每一个分子都高于最低沸点就是它们的条件概率。又如，相比四环芳烃化合物，三环芳烃化合物的侧链应该有更多的碳原子才能使其沸点高于某一个值。这样的话，烷基侧链的数量或烷基侧链的长度的概率分布，一定是不同于两种属性不同的芳香环数目。

为了得到较好的虚拟分子表达，设定这些物理约束点的数量很重要，对于渣油，除了最低沸点标准外，合并条件概率对限制分子尺寸和限制分子中杂原子的数量也很必要。

五、蒙特卡洛（Monte Carlo）法

1.概况

蒙特卡洛法又称统计模拟法、随机抽样技术以及随机模拟法（Stochastic Simulation）或统计实验法等，是一种随机模拟方法，它以概率和统计理论方法为基础，依据大数定律，利用“随机数”（random number）对“模型系统”（model system）进行模拟抽样以产生概率分布而得到问题的近似解。或者这么说，它是利用计算机模拟手段来解决一些很难直接用数学运算求解或其他方法不能解决的复杂问题的一种近似计算法。

随机过程随处可见，概率统计理论是研究随机过程最有力的手段之一。蒙特卡洛法的基本思想是：当所求解问题是某种随机事件出现的概率，或者是某个随机变量的期望值时，通过某种“实验”的方法，以这种事件出现的频率估计这一随机事件的概率，或者得到这个随机变量的某些数字特征，并将其作为问题的解。如何使用某种方法随机抽样获取虚拟分子，是蒙特卡洛抽样方法的核心所在。

蒙特卡洛方法分为直接模拟法和间接模拟法。在分子重构模拟方面主要使用的是间接模拟法。间接模拟法先建立一个概率模型或随机过程，使它的期望值等于问题的解，然后通过对模型或过程的观察或抽样试验来计算所求参数的统计特征，最后给出所求解的近似值，解的精确度可用估计值的标准误差来表示。

2.数学基础

客观实际中存在的许多随机变量是由大量相互独立的随机因素综合影响而造成的，

其中每一个因素在总的影响中所起的作用都是微小的，这种随机变量往往近似地服从正态分布，其现象可用中心极限定理来描述。根据中心极限定理[609]，设随机变量X_1，X_2，…，X_N，相互独立，它们具有如下的数学期望和方差：

$$E(X_k)=\mu_k,\ D(X_k)=\sigma_k^2\neq 0,\ k=1,\ 2,\ \ldots$$

记
$$B_n^2=\sum_{k=1}^{n}\sigma_k^2 \tag{2-155}$$

若存在正数δ，使得当$n\to\infty$时，

$$\frac{1}{B_n^{2+\delta}}\sum_{k=1}^{n}E\left\{\left|X_k-\mu_k\right|^{2+\delta}\right\}\to 0 \tag{2-156}$$

则随机变量

$$Y_n=\frac{\sum_{k=1}^{n}X_k-E\left(\sum_{k=1}^{n}X_k\right)}{\sqrt{D\left(\sum_{k=1}^{n}X_k\right)}}=\frac{\sum_{k=1}^{n}X_k-\sum_{k=1}^{n}\mu_k}{B_n} \tag{2-157}$$

的分布函数$F_n(x)$对于任意x，满足

$$\lim_{x\to\infty}F_n(x)=\lim_{x\to\infty}P\left\{\frac{\sum_{k=1}^{n}X_k-\sum_{k=1}^{n}\mu_k}{B_n}\leqslant x\right\}=\int_{-\infty}^{x}\frac{1}{\sqrt{2\pi}}\mathrm{e}^{-\frac{t^2}{2}}\mathrm{d}t \tag{2-158}$$

李雅普诺夫（Liapunov）定理[609]表明，在满足定理的条件下，当n很大时，随机变量

$$Z_n=\frac{\sum_{k=1}^{n}X_k-\sum_{k=1}^{n}\mu_k}{B_n} \tag{2-159}$$

近似地服从正态分布$N(0,\ 1)$。由此，当n很大时，$\sum_{k=1}^{n}X_k=B_nZ_n+\sum_{k=1}^{n}\mu_k$近似地服从正态分布$N\left(\sum_{k=1}^{n}\mu_k,B_n^2\right)$。这就是说，无论各个随机变量$X_k$（$k$=1，2，……）服从什么分布，只要满足定理的条件，它们的和$\sum_{k=1}^{n}X_k$当n很大时，就近似地服从正态分布。

用上述方法对原油进行分子重构，对平均分子量MW、密度d_{20}、胶质沥青质含量CPt、碳含量C、氢含量H、第i馏分的密度d_i、第i馏分的收率g_i等原油性质，可以方便地写出其数学期望与相对误差表示式[7]。由于原油的各种综合性质都是由各个分子相对应的性质累积而成的，每一个分子的性质是独立于其他分子的，而且原油缺少或者增加一个分子都不会影响它本身的综合性质，因此可以认为原油的各种综合性质是近似符合正态分布的，即表征原油的各种特性参数都是一组服从正态分布的随机变量，它们的均方差B_n分别与其对应的数学期望相等，它们的相对误差均服从标准正态分布。计算、优化的目标函数如下式表示：

$$F=\left[\frac{MW_{\text{pred}}-MW_{\text{exp}}}{MW_{\text{exp}}}\right]^2+\left[\frac{d_{20\text{pred}}-d_{20\text{exp}}}{d_{20\text{exp}}}\right]^2+\left[\frac{CPt_{\text{pred}}-CPt_{\text{exp}}}{CPt_{\text{exp}}}\right]^2+\left[\frac{C_{\text{pred}}-C_{\text{exp}}}{C_{\text{exp}}}\right]^2+\left[\frac{H_{\text{pred}}-H_{\text{exp}}}{H_{\text{exp}}}\right]^2+\sum_{i=1}^{n}\left[\frac{d_{i,\text{pred}}-d_{i,\text{exp}}}{d_{i,\text{exp}}}\right]^2+\sum_{i=1}^{n}\left[\frac{g_{i,\text{pred}}-g_{i,\text{exp}}}{g_{i,\text{exp}}}\right]^2 \tag{2-160}$$

3.抽样原则与样本数量

生成虚拟分子的随机抽样法是蒙特卡洛模拟方法的核心所在，是整个工作中最重要的环节。

通过对分子属性PDF的随机抽样，可以对给定原料进行一系列的分子建模。但是，复杂原料经常是包含分子的多个属性，每一个都有对应的PDF，因此，有必要确定抽样的属性顺序。

首先确定分子分布类型。对石油及其馏分的分子重构，首先要确定分子是正构烷烃、异构烷烃、环烷烃还是芳烃等类型。确定分子类型，原则上要明确分子结构，可以对分子的PDF的属性用任何顺序抽样。图2-58所示的环烷烃分子的抽样重构方法就是一种较好的示例。

如果采用其他方法如SOL方法建立相应的特征结构也是可以的，此时采用PDF和蒙特卡洛方法随机抽样获取虚拟分子，进而表征原油分子结构的抽样方法如下[568]。

假如分布的概率密度函数为：

$$p(x)=\frac{(x-\min)^{\frac{r}{2}-1}\cdot \mathrm{e}^{\left(-\frac{x-\min}{2}\right)}}{\Gamma\left(\frac{r}{2}\right)\cdot 2^{\left(\frac{r}{2}\right)}};r=\mu=\frac{\sigma^2}{2} \tag{2-161}$$

式中，$\Gamma(\alpha)$为伽马函数。

$$\Gamma(\alpha)=\int_0^{\infty} t^{\alpha-1}\exp(-t)\mathrm{d}t \tag{2-162}$$

实际上，χ^2分布只是伽马分布的一种特殊形式，伽马分布的PDF为：

$$p(x)=\frac{(x-\eta)^{\alpha-1}\exp\left[-(x-\eta)/\beta\right]}{\beta^{\alpha}\Gamma(\alpha)} \tag{2-163}$$

令有下式成立：

$$\int_{\min}^{\max}\frac{(x-\min)^{\left(\frac{r}{2}-1\right)}\cdot \mathrm{e}\left(-\frac{x-\min}{2}\right)}{\Gamma\left(\frac{r}{2}\right)\cdot 2^{\left(\frac{r}{2}\right)}}\mathrm{d}x=Q \tag{2-164}$$

因此可以对每个特征进行随机抽样，抽样公式如下所示：

$$\int_{\min}^{x}\frac{(x-\min)^{\left(\frac{r}{2}-1\right)}\cdot \mathrm{e}\left(-\frac{x-\min}{2}\right)}{\Gamma\left(\frac{r}{2}\right)\cdot 2^{\left(\frac{r}{2}\right)}}\mathrm{d}x=RN \tag{2-165}$$

式中，x为每次抽样获得的样本值；min为积分下限；max为积分上限；μ为x^2分布的自由度；RN为随机数，一般满足区间［0，Q］内的均匀分布；$\Gamma(\alpha)$为伽马函数，即式（2-163）。

每一个特征值的上限max和下限min都是在具体分析原油组成的基础上加以规定的。不同的原油性质有一定的差异，则对应特征结构的上限值和下限值也不相同，在进行模拟计算过程中，需要认真考虑各种宏观性质来综合设定。

本示例[568]设定了15个特征结构表征原油的分子结构，其中前面的13个特征结构是独立特征向量，而且每个特征向量的分布符合X^2分布且互相独立，后面的两个变量是结构表示辅助向量，由前面的独立特征向量的值决定。故首先需要给出13个自由特征向量r的初值，因为对每个特征向量的取值范围都已做了相应的规定，即为已知的常数。这样就可以对每一个特征向量进行随机抽样。每生成一个伪随机数RN，可以对应求得一个x；那么利用循环语句抽样13个随机数，即可求得13个x，由这13个自由特征向量x决定后面的两个结构表示辅助向量的值，则得到表征一个分子结构的15个特征结构向量的值。这样就认为生成了一个虚拟分子，这样循环抽样N次则生成N个虚拟分子。

蒙特卡洛方法是建立在大量随机抽样的统计结果基础上的方法，如果样本量太小可能导致模拟结果不够准确，虽然计算工作量减少了。但是如果样本量太小了，也不好区分目标函数较大的变化时不同系列的PDF参数。所以抽样样本数量要满足最小要求。Petti等人[607]研究了渣油分子重构中的最佳样本数，认为，在平衡建模准确性和所需计算时间后，渣油分子重构的抽样样本数至少是1000个分子，而Liguras等[610]认为每一套虚拟分子的个数不应少于150个。

当然，加大抽样量虽然能够提高预测结果的精度，但随着样本量的增大，会消耗大量计算机资源，增加模拟计算的时间，甚至超出普通计算机的计算能力。赵雨霖[571]研究发现，对原油进行模拟得到的虚拟分子生成数达到5000时，可以满足计算的精度要求，耗费的机时也在所允许的范围之内。

4.卡方统计及虚拟分子表达的微调

（1）卡方统计。卡方统计是一个典型的目标函数，可以用来判断是否达到重构精度要求。如果是采用PIONA（正构烷烃、异构烷烃、烯烃、环烷烃、芳烃）类实验数据对轻油组成进行分子重构，则可能会提出与式（2-160）形式类似的目标函数：

$$\Gamma^2=\left(\frac{MW_{\exp}-MW_{\text{pred}}}{0.05*MW_{\exp}}\right)^2+\left(\frac{HtoC_{\exp}-HtoC_{\text{pred}}}{0.02*HtoC_{\text{pred}}}\right)^2+\left(\frac{Halpha_{\exp}-Halpha_{\text{pred}}}{0.02}\right)^2+\left(\frac{Harom_{\exp}-Harom_{\text{pred}}}{0.01}\right)^2+\left(\frac{1}{\#Comps}\right)\sum_{i=1}^{\#Comps}\left(\frac{PIONAWt_{i,\exp}-PIONAWt_{i,\text{pred}}}{0.03}\right)^2+\left(\frac{1}{\#Fracs}\right)\sum_{i=1}^{\#Fracs}\left(\frac{SIMDIS_{i,\exp}-SIMDIS_{i,\text{pred}}}{0.01}\right)^2+\left(\frac{1}{\#Comps}\right)\sum_{t=0}^{T}\sum_{i=1}^{\#Comps}\left(\frac{Wtfrac_{i,\exp}-Wtfrac_{i,\text{pred}}}{0.01}\right)^2+\ldots \tag{2-166}$$

上述表达式中，分子是模型预测（比如计算机分子的性质）和实验性质的差值的平方，分母是一个权重因子，等于实验值的标准差。这个目标函数可以被原料的特殊分析数据修饰，如对重质组分（渣油），可用SARA（饱和烃、芳烃、胶质、沥青质）数据来代替PIONA数据。如果有其他数据且数据可靠，比如^{13}C-NMR数据，则可以根据需要在这个灵活的目标函数中加入相关因子。

如果目标是确定原料的分子组成和结构，那么使用上述目标函数所选择的因子即可。但是，如果目标是建立良好的反应模型，就需要更全面的优化方案，包括同时优化PDF参数和速率参数等。

目标函数可以用于优化中。通过对比计算机重构的分子与真实原料的对比，确定特定PDF下给定的分子和实验测试结果的匹配度。目标函数值越低，则PDF表示的分子和实验数据的匹配度就越好。

（2）虚拟分子表达式的微调。一般来说，用有限的分子表达形成的PDF去表达分子信息，会有部分信息丢失。因此对分子表达形式微调是必要的。由于分子的结构是固定的，只有摩尔分数可以调整，所以微调实际是调这个分数。通过对摩尔分数的优化调整，可以使它与最初的实验数据良好匹配。如Campbell[611]研究表明，只要对摩尔分数做微调，即使是很小的一组固定的分子（从10到100），也能够准确地表现各种各样的渣油分子性质。

而赵雨霖[568]分别采用变尺度法、单纯形法以及模拟退火智能优化算法对目标函数进行了优化与分子量调整。作者用程序模拟得到5000个分子后，由于已知每个分子的结构特性，因此可以通过相应的物性估算方法来获得每一个烃类的性质，再通过混合规则即可得到烃类分子的混合性质。通过程序计算这5000个分子的常规物性的混合性质（如MW、CPr、C、H、d_{20}等）与原油评价数据比较得到目标函数。在优化方法确定的情况下，就可以通过优化方法来调整结构向量的期望值，使得目标函数最小化。几次优化循环后，前后两次优化的结果误差小于一定值（如相对偏差小于0.01），则完成优化，所得结果为原油的初始烃类分子组成。赵雨霖[568]认为，如果再利用原油的实沸点蒸馏中各个窄馏分的收率对于初始分子组成的分子含量进行调整的话，才能够真正建立反映原油实际情况的原油分子组成，才最后完成原油的分子重构。

六、熵最大化分子重构法

熵最大化分子重构法（REM）的理论基础[7]：在只有部分已知信息的情况下，对未知的分布进行合理、最可能存在的推断，消除已知条件不足对计算结果的影响，使未知变量的不确定性最大化，更加符合实际的分布情况。

在REM法中，基于信息熵的目标函数表达式[7]如下：

$$\mathrm{Max}S_{(x)}=-\sum_{i=1}^{n}x_i\ln x_i \tag{2-167}$$

$$\mathrm{s.t.}\sum_{i=1}^{n}x_i=1 \tag{2-168}$$

$$\left|f_j-\sum_{i=1}^{n}f_{i,j}x_i\right|\leqslant\sigma_j(j=1,\ldots J) \tag{2-169}$$

式中，$S(x)$为熵值；x_i为分子的摩尔分数；f_j为石油常规物性的实验值；$\sum_{i=1}^{n} f_{i,j} x_i$ 为物性的计算值；σ_j为一个很小的正数。

REM重构石油分子的基本思想：从已经预设好的石油分子信息库出发，通过不断调整其中各分子的含量，使其计算的油品宏观物性和实验值相吻合，进而得到石油分子库中的分子组成。当没有石油宏观物性的约束条件时，计算的分子组成就是等摩尔的平均分布；当引入约束条件时，其分子组成就会不断被调整，直至满足这些物性的约束条件，同时也满足尽可能的平均分布。REM法提供了分子组成计算的另一种目标函数，大大减少了分子组成计算中的变量个数，充分的物性约束条件也可以保证计算结果的准确性。

因此，可以得到REM法对石油分子重构的方法：根据油品的构成预先对分子的结构、数量进行限定，然后再对所限定的分子进行优化，保证油品的分子组成、宏观性质等模拟计算数据（结果）与真实油品的组成与性质相符合。在优化之前，预先生成的分子呈现均匀分布，随着约束条件的加入，均匀分布被打乱，以实际的石油馏分性质为目标来调整各类分子的含量。REM法工作流程（步骤）参见相关文献[7]。

REM法的应用范围基本可以覆盖石油的全馏分，只要有完整的石油分子信息库和准确的物性数据库作为基础，就可以保证分子组成计算结果的准确性，自2003年Hudebine[612]最先提出用REM法来进行分子重构后的良好实践也已经证明，REM是一种有效的石油分子组成的计算方法[595，613~615]。

七、伪化合物矩阵法

法国国家石油研究院IFP开发了伪化合物矩阵法[612~616]（Pseudo-Compounds Matrix，PCM），能较好地适应石油轻、中馏分的分子重构。与MTHS的思路类似，但PCM法对同系物核结构的划分更加细致、复杂。在矩阵的安排方面，矩阵的列表示碳数，矩阵的行代表不同的同系物类型（这正好与MTHS相反）。表2-36为伪化合物矩阵法定义的同系物核结构。

表2-36　伪化合物矩阵法定义的同系物核结构情况

序号	同系物	核心结构（名称）	核心结构（分子图像）
1	链烷烃	甲烷	CH_4
2	一环环烷烃	环己烷	
3	二环环烷烃	十氢化萘	
4	三环环烷烃	十四氢蒽	
5	苯	苯	

续表

序号	同系物	核心结构（名称）	核心结构（分子图像）
6	四氢化萘	1，2，3，4－四氢化萘	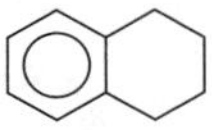
7	二环基苯	1，2，3，4，5，6，7，8－八氢化蒽	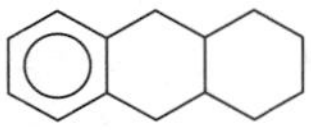
8	萘	萘	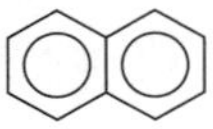
9	四氢化蒽	1，2，3，4－四氢化蒽	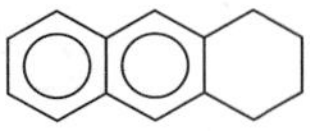
10	二氢化蒽	7,8－二氢化蒽	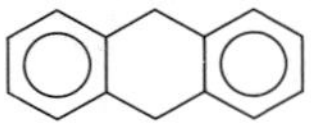
11	蒽	蒽	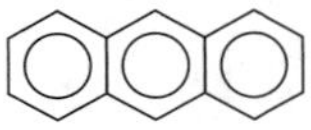
12	芘	芘	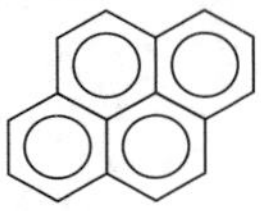
13	联环己烷	联环己烷	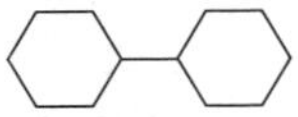
14	环已烷基苯	环已烷基苯	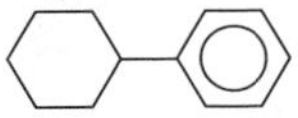
15	联苯	联苯	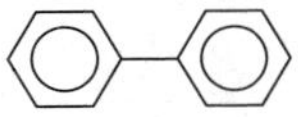
16	硫醇	硫醇	$H_3C—SH$
17	噻吩	噻吩	 S
18	苯并噻吩	苯并噻吩	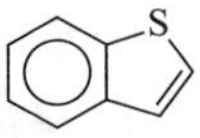 S

续表

序号	同系物	核心结构（名称）	核心结构（分子图像）
19	二苯并噻吩	二苯并噻吩	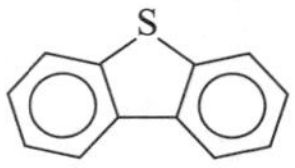 S
20	4-二苯并噻吩	4-甲基二苯并噻吩	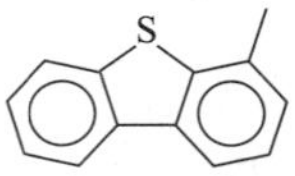 S
21	4,6-二苯并噻吩	4,6-二甲基二苯并噻吩	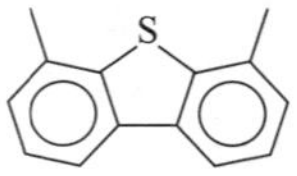 S
22	苯胺	苯胺	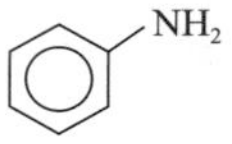 NH_2
23	吡啶	吡啶	 N
24	喹啉	喹啉	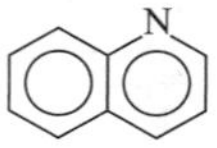 N
25	吖啶	吖啶	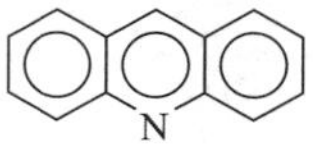 N
26	吡咯	吡咯	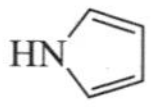 HN
27	吲哚	吲哚	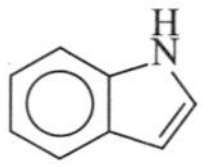 H N
28	咔唑	咔唑	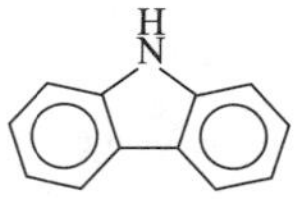 H N

八、结构单元耦合原子拓扑矩阵

中国石油大学（北京）采用SOL分类方法并结合键电子矩阵相结合的方法，提出了结构单元耦合原子拓扑矩阵方法[617]。本方法对SOL法的基团表示方法进行了部分修正，并新增加了一些所谓CUP结构单元的新基团，以使之更加适用于石油中复杂分子结构特征的表达。具体来说，就是把SOL原来22种基团扩充为31个结构基团，同时将向量的定义扩充为两类：表示分子核心的核心结构单元和表示侧链的侧链结构单元。

九、石油分子重构方法的应用与发展趋势分析

1.应用

石油分子重构方法是获取油气资源分子信息的一种重要手段，特别是需要敏捷感知的情形下。石油分子重构的应用已经实现了从汽油、柴油馏分到渣油和原油，本书第五篇会介绍这方面的应用情况，下面只是简要介绍。

图2-61给出了采用蒙特卡洛法和最大信息熵（REM）两步法对某石油中间馏分依据二维色谱实验数据的分子重构结果[618]。图中的T_{10}、T_{50}和T_{90}是10%、50%和90%留出点温度。

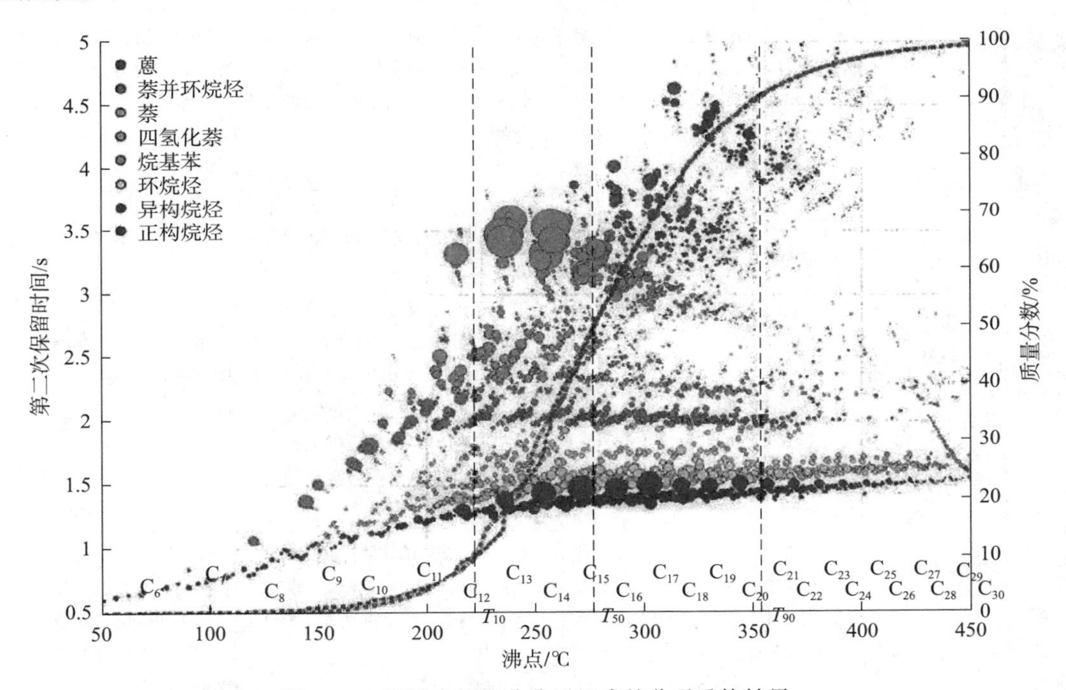

图2-61　石油中间馏分分子组成的分子重构结果

对于渣油分子组成的分子重构，Verstraete等[619]采用SR即随机抽样的方法，通过34个分布函数，两步法完成了渣油四组分的分子重构。IFP的这个两步法SR重构方法，除了在沥青质和胶质的组成分子重构方面考虑了目前流行的群岛型和大陆型结构外，在杂原子的处理方面也有一定特色。

2.发展趋势

前述几种主要的分子重构法进一步总结、归类如表2-37所示。

表2-37　石油分子重构方法的汇总分析

分类与方法名称		共性点	主要优点	主要不足
第一类	SOL	确定分子库的组成，建立分子物性数据库；通过包含石油平均物性的目标函数来计算其分子组成；需有足够的石油及其馏分的详细组成分析数据来支持，需根据目标馏分建立相应的、尽可能完整和准确的分子库和物性数据库	通过“种子分子”增加侧链（数目、长度）的形式来构建虚拟分子；用结构基团表示石油分子，既方便分子物性计算，也便于石油分子反应过程表示；已用于各类馏分和渣油重构	分子库还不够准确；种子分子的划分和选取还不完整；异构体的分布以及侧链的形式还不确定；计算的变量过多而约束不足
	MTHS PCM		用分子类型和碳数分布相组合的矩阵来表示石油的分子组成；预设分子库可以减少由随机抽取分子产生的不确定性，也降低了模拟过程的计算难度；可快速地应用于不同来源和种类的石油分子组成模拟；只用于馏分油的分子重构	预设的分子库会受到人为因素的干扰；对石油馏分详细分子表征结果依赖性强；一个矩阵分子中不同异构体的分布和组成需要分析数据还需要进一步明晰，也还需要选取合适的物性计算方法和混合规则来保证石油的平均物性计算的准确性
	REM		信息熵能更合理地反映石油中各分子的真实分布状态，将石油及其馏分的平均物性计算值的误差以及平均相对分子质量分布等各项分析数据作为函数的约束条件，能保证计算结果的准确性；计算逻辑更加清晰，变量个数和计算过程的复杂性也都大大减少；从馏分油到渣油乃至原油均可重构	对石油分子库和物性数据库依赖性很强
第二类	SR	需要通过随机抽样的方式来确定分子库中的虚拟分子；可大幅减少模拟计算变量，但模拟计算过程仍较复杂；每一次模拟过程都会生成不同的分子库，而且可能会抽取出石油及其馏分中可能并不存在的分子	利用随机抽样方法来确定分子库，能最大程度地减少人为设定因素的干扰，且每次产生一个，独立性强	计算过程相对复杂、冗长；有可能抽出石油中不存在的分子
	PDF		降低了模拟体系的复杂性并大大减少变量个数	
	蒙特卡洛			

中国石油大学的结构单元耦合原子拓扑矩阵方法可以看作SOL的改良法。表2-37中石油分子重构方法的分类是按照虚拟分子的生成方式来分的。其中第一类是预设分子信息库的方法，包括结构导向集总（SOL）、分子同系物矩阵（MTHS）和熵最大化重构（REM）。第二类是数学统计方法，即随机重构（SR）的分子重构方法、概率密度函数分布（PDF）法和蒙特卡洛抽样法。

从表2-37可见，各种分子重构法因为侧重点不同，各有特点，各有千秋。用户应该根据目的的不同，合理选择分子重构方法，或者合理组合[607~609]使用，例如，将SOL结构基团进行抽样重构的SR模型，将SR法和REM法相结合的SR-REM两步法模型，以及将SR法中PDF的思想引入MTHS矩阵的分子组成计算，进一步提高了分子重构的准确性和实用性。

需要指出的是，各种分子重构技术的出现和加大、加快应用，并非是要放弃、替代实际的分析表征工作。重构技术是分析表征技术的一种补充，是为了适应敏捷感知的需要。实际的分析表征数据越多、分析表征越深入，对分子重构技术就越是一种促进作用，能减少重构过程假设条件，加快重构速度、效率和准确性。随着分析表征、敏捷感知技术和计算机算法、算力的不断进步，分子重构技术也将不断发展、进步。

参考文献

[1] 唐德东，龙泽智 . 天然气过程控制技术［M］，北京：石油工业出版社，2016.

[2] Wu Qing. Study on Technology Clusters For Direct Utilization of CO_2-Rich Natural Gas and Construction of Hybrid System for Energy and Chemicals Production［J］. China Petroleum Processing and Petrochemical Technology，2020，22（2）：105-113.

[3] 梁文杰，阙国和，刘晨光，等 . 石油化学［M］. 东营：中国石油大学出版社，2011.

[4] 汪燮卿，唐伟英，陆婉珍 . 我国石油分析的进展［J］. 分析化学 .1979，7（06）：450-456.

[5] 汪燮卿 . 我国炼油分折技术的回顾与展望［J］. 石油炼制与化工 .1987，5（09）：46-50.

[6] 蔡新恒，龙军，田松柏，等 . 石油分析的发展历程及展望［J］. 石油及加工科技信息，2014，3：31-46.

[7] 吴青 . 石油分子工程［M］. 北京：化学工业出版社，2020.

[8] 吴青 . NIR、MIR 和 NMR 技术在原油快评中的应用［J］. 炼油技术与工程，2018，48（6）：1-8.

[9] Callis J B. Ilman D L. Kowalski B R. Process Analytical Chemistry［J］. Analytical Chemistry，1987，59（9）：624-637.

[10] 汪忠玉 . 油品质量和气体成分过程分析仪［M］. 北京：中国石化出版社，2004.

[11] Chalmers J M. Spectroscopy in Process Analysis［M］. London：Taylor & Francis，2000.

[12] 徐广通，张新建 . 近红外光谱技术快速测定柴油物理性质［J］. 石油学报（石油加工）.1999，15（5）：63-68.

[13] 褚小立，袁洪福，陆婉珍 . 在线近红外光谱过程分析技术及其应用［J］. 现代科学仪器，2004，2（2）：3-21.

[14] Chu X，Xu Y，Tian S，et al. Rapid Identification And Assay of Crude Oils Based on Moving-Window Correlation Coefficient and Near Infrared Spectral Library［J］. Chemometrics and Intelligent Laboratory Systems. 2011. 107（1）：44-49.

[15] Klaus H Altgelt，Mieczyslaw M Boduszynski. Composition and Analysis of Heavy Petroleum Fractions［M］. New York：Marcel Dekker，1994：P145-151；P45；P130-131.

[16] Speight，J. G.，The Chemistry and Technology of Petroleum，3rd ed. New York：Marcel Dekker，1998.

[17] 陆婉珍，张寿增 . 我国原油组成的特点［J］. 石油炼制与化工，1979（07）：1-9.

[18] Boduszvnski M M. Composition of Heavy Petroleum. 2. Molecular Characterization［J］. Energy & Fuels，1988. 2（5）：597-613.

[19] Arsh Jr WW. Determination of Sulfur in Hydrocarbons by Oxidative Pyrolysis and Microcoulometric Titration［J］. Analytical Letters，1970，3（7）：341-352.

[20] Drushel H V. Microcoulometric Determinaiion of Sulfur and Chlorine by Combustion and Nitrogen by Hydrogenolysis［J］. Analytical Letters，1970，3（7）：353-372.

[21] Wallace L D，Kohlenberger D W，Joyce R J，et al. Comparison of Oxidative and Reductive Methods for the

Microcoulometric Determinations of Sulfur in Hydrocarbons［J］. Analytical Chemistry，1970，42（3）：387-394.
［22］Killer F. Underhill K E. Microcoulometric Determination of Trace Sulphur in Light Petroleum Products［J］. Analytical Chemistry 1970，95（1130）：505-513.
［23］Dixon J P. The Determination of Sulphur in Lubricating Oil Fractions and in Fuel Oils- A Coulometric Method［J］. Analyst，1972，97（1157）：612-619.
［24］荆门炼油厂研究所 . 微库仑法测定石油产品中的总硫［J］. 石油炼制与化工 .1976（3）:31-35.
［25］荆门炼油厂研究所 . 微库仑法测定油品中总氮［J］. 石油炼制与化工 .1977（3）:1-6.
［26］荆门炼油厂研究所 . 微库仑法测定原油、重馏分油和渣油中的总硫［J］. 石油炼制与化工 .1977（3）：6-8.
［27］ASTM D2622#1994. Standard Test Method for Sulfur in Petroleum Products by X-Ray Spectrometer［S］.
［28］顾若晶 . 裘乙琦 . 能量色散 X 射线荧光光谱法测定石油产品中的硫含量［J］. 石油炼制与化工 .1995，26（6）：6447.
［29］应晓浒 . 应林切 .X 射线荧光光谱测定灯用煤油中的微量硫［J］. 石油与天然气化工，2000. 29(2)：94-95.
［30］田松柏 . 能量色散—量射线荧光光谱测定硫含量［J］. 石油化工腐蚀与防护，2001，18（6）：57-60.
［31］Graham L D. Neti R M. Interferent-Free Fluorescence Detection of Sulfur Dioxide［P］. USA：US4077774. 1978-03-07.
［32］Neti R VI. Nitric Oxide Interference Free Sulfur Dioxide Fluorescence Analyzer［P］. USA：US4272248. 1981-06-09.
［33］ASTM D5453#1993. Standard Test Method for Determination of Total Sulfur in Light Hydrocarbons-Motor Fuels and Oils Violet Fluorescence［S］.
［34］司炜，张金锐，杨海鹰 . 轻烃中痕量硫的紫外荧光分折系统的改进［J］. 分析化学，1997，25(1)：115-119.
［35］杨德风，张金锐，钱菊芳 . 氧化裂解 / 紫外荧光硫含量测定仪的研制［J］. 分析仪器，2002(4):1-4.
［36］Hodgeson J A. McClenny W A. Hanst P L. Air Pollution Monitoring by Advanced Spectroscopic Techniques：A Variety of Spectroscopic Methods are Being Used to Detect Air Pollutants in the Gas Phase［J］. Science，1973，182（4109）：248-258.
［37］Stevens R K，Hodgeson J A. Applications of Chemiluminescent Reactions to Mcasurcmcni of Pollutants-Instrumentation［J］. Analytical Chemistry，1973. 45（4）：443-449.
［38］余瑞宝，许一鸣 . 化学发光法 HGS-802 型氮氧化物分析仪［J］. 分析仪器，1978（3）:46-52.
［39］吴惠锦 . 用化学发光法测定石油中微量氮［J］. 石油炼制与化工，1979（12）：64-64.
［40］Fish R H，Komlenic J J. Molecular Characterization and Profile Identifications of Vanadyl Compounds in Heavy Crude Petroleum by Liquid Chromatography/ Graphite Furnace Atomic Absorption Spectrometry［J］. Analytical chemistry，1984，56（3）：510-517.
［41］Fish R H，Komlenic J J，Wines B K. Characterization and Comparison of Vanadyl And Nickel Compounds In Heavy Crude Petroleum and Asphaltene by Reverse-Phase And Size-Exclusion Liquid Chromatography/ Graphite Furnace Atomic Absorption Spectrometry［J］. Analytical Chemistry，1984. 56（13）：2452-2460.
［42］Vale M G R. Damin I C. Klassen A. et al. Method Development for the Determination of Nickel in Petroleum Using Ja^-Source and High-Resolution Continuum-Source Graphite Furnace Atomic Absorption Spectrometry［J］. Micro Chemical Journal，2004，77（2）：131-140.
［43］中国科学院货海盐湖研究所分析室 . 原子吸收分光光度法测定镁、钙［J］. 分析化学，1973，1（3）：15-21.
［44］任尚学，陈代中，李继云 . 土壤中铜、锌、锰、铁、铬、锞、钙、镁的原子吸收分光光度法［J］，分析化学，1978，6（6）:451-454.

[45] Reynolds J G Biggs W R. Application of Size Exclusion Chromatography Coupled with Element-Specific Detection of the Heavy Crude Oil and Residua Processing [J]. Accounts of Chemical Research, 1988.21 (9): 319-326.

[46] Biggs W R, Brown R J, Fetzer J C. Elemental Profiles of Hydrocarbon Materials by Size-Exclusion Chromatography/Inductively Coupled Plasma Atomic Emission Spectrometry [J]. Energy & Fuels, 1987, 1 (3): 257-262.

[47] Sughrue E L, Hausler D W, Liao P C, et al. Application of Size Exclusion Chromatography with Inductively Coupled Plasma Emission Spectrometric Detection To Residual Oil Hydrodesulfurization (HDS) And Hydrodemetalization (HDM) Studies [J]. Industrial & engineering chemistry research, 1988, 27 (3): 397-401.

[48] 单孝全 . 电感耦合等离子体发射光谱及其应用 [J]. 环境科学 .1979 (02): 52-58.

[49] Floyd M A. 候瑛 . 用与电感耦合等离子体 - 原子发射光谱结合的计算机控制扫描单色仪测定地球化学和环境样品中 50 种元素地质地球化学 .1981 (12): 41-46.

[50] Altgelt K H, Gouw T H. Chromatography in Petroleum Analysis [M]. New York: Dekker, 1979, 11.

[51] Snyder L R, Kirkland J J. Introduction to Modern Liquid Chromatography [M]. New York: 2nd Ed. Wiley-Interscience, 1979.

[52] 林燕生，董萍，吴青 . 棒状薄层色谱 / 氢火焰检测法在石油重质油烃组成分析上的应用 [J]. 分析测试学报，1989，6：68-73.

[53] Di Sanzo F P. Chromatographic Analyses of Fuels [C]. In Analytical Advances for Hydrocarbon Research [M]. New York: Kluwer Academic/Plenum Publishers, 2003.

[54] Hsu C S, Drinkwater D. GC/MS in the Petroleum Industry [C]. In Current Practice in GC/MS (Chromatogr. Sci. Series) [M]. New York: Dekker Marcel, 2001, 86.

[55] 徐铮铭 . 快速模拟蒸馏在分析原油中的应用 [J]. 中国化工贸易，2016，8 (3): 436-437.

[56] 李景林，赵素丽 . 在用汽油机油和柴油机油中稀释汽油、柴油含量的测定 [DB/OL]. 赛默飞世尔科技（中国）有限公司（Thermo Fisher Scientific）. Https://www.thermo.com.cn.

[57] Padlo D M, Kugler E L. Simulated Distillation of Heavy Oils Using An Evaporative Light Scattering Detector [J]. Energy & Fuels, 1996, 10 (5): 1031-1035.

[58] Z Liu, J Phillips. Comprehensive Two-dimensional Gas Chromatography Using An On-Column Thermal Modulator Interface [J]. Journal of Chromatography Science, 1991, 29 (6): 227-231.

[59] L M Blumberg, F David, M S Klee, et al. Comparison of One-Dimensional and Comprehensive Two-Dimensional Separations by Gas Chromatography [J]. Journal of Chromatography A, 2008, 1188 (1): 2-16.

[60] M Klee, J CoChran, M Merrick, et al. Evaluation of Conditions of Comprehensive Two-Dimensional Gas Chromatography that Yield A Near-Theoretical Maximum in Peak Capacity Gain [J]. Journal of Chromatography A, 2015, 1383 (1): 151-159.

[61] 朱书奎，邢钧，吴采樱 . 全二维气相色谱的原理、方法及应用概述 [J]. 分析科学学报，2005，21 (3): 332-336.

[62] 花瑞香 . 石油加工中烃类和硫化物组成表征的全二维气相色谱方法及应用研究 [D]. 大连：中国科学院大连化物所，2005.

[63] 傅若农 . 气相色谱近年的发展 [J]. 色谱，2009，27 (5): 584-591.

[64] 路鑫 . 全二维气相色谱 - 飞行时间质谱用于复杂体系分析的方法学研究 [D]. 大连：中国科学院大连化物所，2005.

[65] 阮春海 . 全二维气相色谱 - 飞行时间质谱分析中草药挥发性成分 [D]. 大连：中科院大连化学物理研究所，2002: 22-24.

[66] Adahchour M, Beens J, Vreuls R J J, et al. Recent Developments in the Application of Comprehensive Two-Dimensional Gas Chromatography [J]. Journal of Chromatography A, 2008, 1186: 67-108.

[67] 花瑞香，阮春海，等．全二维气相色谱法用于不同石油馏分的族组成分布研究 [J]，化学学报，2002，60（12）: 2185-2191.
[68] Hua R X, Li Y, Liu W, et al. Determination of Sulfur-Containing Compounds in Diesel Oils by Comprehensive Two-Dimensional Gas Chromatography with A Sulfur Chemiluminescence Detector [J]. Journal of Chromatography A, 2003, 1019: 101-109.
[69] 孔翠萍．全二维气相色谱分析柴油硫化物分布的方法研究 [R]．石油化工科学研究院青年科研论文交流会，2014.
[70] Adam F, Bertoncini F, Brodusch N, et al. New Benchmark for Basic and Neutral Nitrogen Compounds Speciation in Middle Distillates Using Comprehensive Two-Dimensional Gas Chromatography [J]. Journal of Chromatography A, 2007, 1148 (1): 55-64.
[71] Wang F C, Zhang L. Chemical Composition of Group Ⅱ Lubricant Oil Studied by High-Resolution Gas Chromatography and Comprehensive Two-dimensional Gas Chromatography [J]. Energy Fuels, 2007, 21 (6): 3477-3483.
[72] 周建，刘泽龙，田松柏．全二维气相色谱在石油加工中的应用 [C]．全国色谱学术报告会，2015.
[73] Padlo D M, Subramarian R B, Kugler E L. Hydrocarbon Class Analysis of Coal-Derived Liquids Using High Performance Liquid Chromatography [J]. Fuel Process Technol, 1996, 49 (1-3): 247-258.
[74] Satou Masaaki, Yamada Shuji, Yokoyama Susumu, et al. The Distribution of Compound Classes in Coal-Derived Oil by HPLC-FID Method [J]. Journal of the Japan Institute of Energy, 1988, 67 (12):1070-1074.
[75] 张昌鸣，李允梅，令狐文生，等．气－液色谱联合分析煤油共炼产物族组成．分析试验室，2003，22：24-26.
[76] 魏贤勇，宗志敏，秦志宏，等．煤液化化学 [M]．科学出版社，2002，138-144.
[77] Saini A K, Song C. Two-dimensional HPLC and GC-MS of Oils from Catalytic Coal Liquefaction [J]. Fuel & Energy Abstracts, 1994, 36 (3):184.
[78] 李志勇，邓先梁，俞惟乐．重质油族组成的分析方法 [J]．石油化工，1997，26（7）:491-497.
[79] Yokoyama S, Itoh Y, Satoh M, et al. Identification of Compounds in Coal Liquefaction Oil as Compound Type Homologue by HPLC/GC-MS Analyses [C]．石炭科学会議発表論文集，1993:256-259.
[80] 万惠民，李桂贞，颜涌捷．高效液相色谱法测定液化煤中的多环芳烃．华东理工大学学报，1996，4：211-216.
[81] 阎瑞萍，杨建丽，张昌鸣，等． 煤直接液化甲苯可溶物中非沥青质的芳烃环分布．燃料化学学报，1999，27：26-31.
[82] McKinney D E, Clifford D J, Hou L. High Performance Liquid Chromatography (HPLC) of Coal Liquefaction Process Streams Using Normal-Phase Separation with Diode Array Detection [J]. Energy & Fuels, 1995, 9 (1):90-96.
[83] 毕延根．薄层色谱—火焰离子检测技术在重质油族组成分析中的应用 [J]．燃料化学学报，2000，28（5）:388-391.
[84] Barman, Bhajendra N. Preprints of Symposia-American Chemical Society [J]. Division of Fuel Chemistry, 2002, 47 (2): 649-651.
[85] Sawada Saburou, Takahashi Tomoji, Masuda Kaoru. Analysis of Coal Liquefaction Products by TLC with FID [J]. R&D Research Devision (Kobe Steel Ltd.), 1987, 37 (3): 71-74.
[86] 阎瑞萍．煤油共处理及其重质产物组成性质的研究 [D]，山西，中国科学院山西煤炭化学研究所，2000.
[87] 阎瑞萍，朱继升，杨建丽．4 种煤与催化裂化油浆共处理的研究．中国矿业大学学报，2001，30（3）:388-391.
[88] Hsu C S, Drinkwater D. GC/MS in the Petroleum Industry. In Current Practice in GC/MS (Chromatogr. Sci.

Series) [M] . New York: Dekker Marcel, 2001: 86.

[89] Gayson M A. Measruring Mass: From Positive Ray to Protein [M] . Philadelphia: Chemical Heritage Press, PA, 2002.

[90] Hsu C S, Hendrickson C L, Rodgers R P, et al. Petroleomics: Advanced Molecular Probe for Petroleum Heavy Ends [J] . Journal of Mass Spectrometry. 2011, 46 (3):337–343.

[91] Hsu C S. In Petroleomics: Composition/Structure Relationship with Properties/Performance of Petroleum and its Fractions, Keynote Speech at Symposium on Heavy Hydrocarbon Resources: Characterization, Upgrading and Utilization [A] . 240th American Chemical Society National Meeting [C] . Boston, 2010:22–26.

[92] Robbins W K, Hsu C S. Petroleum: Composition. In Kirk–Othmer Encyclopedia of Chemical Technology [M] . Fourth Edition. New York: John Wiley & Sons, 1996: 352–370.

[93] Kiser R W. Introduction to Mass Spectrometry and Its Applications [M] . New Jersey: Englewood Cliff, 1965.

[94] NIST/NIH/EPA, Mass Spectral Database—NIST 98 [DB/CD] .

[95] NIST/EPA/NIH, Mass Spectral Library with Search Program [DB/OL] . http://www.nist.gov/srd/nist1a.cfm.

[96] McLafferty F W. Registry of Mass Spectral Data [M] . New Jersey: Wiley–Blackwell, 2009.

[97] Munson M S B, Field F H. Chemical Ionization Mass Spectrometry. I. General Introduction [J] . Journal of American Chemistry Society. 1966, 88 (3): 2621–2630.

[98] Harrison A G. Chemical Ionization Mass Spectrometry [M] . 2nd Ed. Boca Raton: CRC Press, 1992.

[99] Field F H. Chemical ionization mass spectrometry [J] . Accounts of Chemical Research, 1968, 1 (2): 42–49.

[100] Dzidic I, Petersen H A. Wadsworth, et al. Townsend Discharge Nitric Oxide Chemical Ionization Gas Chromatography/Mass Spectrometry for Hydrocarbon Analysis of the Middle Distillates [J] . Analytical Chemistry, 1992, 64 (4): 2227–2232.

[101] Hsu C S, Qian K. CS2 Charge Exchange as a Low Energy Ionization Technique for Hydrocarbon Characterization [J] . Analytical Chemistry, 1993, 65 (2):767–771.

[102] Hsu C S, Qian K, Robbins W K. Nitrogen Speciation of Petroleum Polars by Compound Class Separation and On line LC/MS [J] . High Resolution Chromatography, 1994, 34 (17): 271–276.

[103] Beckey B D. Principles of Field Ionization and Field Desorption in Mass Spectrometry [M] . Oxford: Pergamon Press, 1977.

[104] Davies S, Rees J A, Seymour D L. Field Ionization Mass Spectrometry [J] . Vacuum, 1971, 101 (4):416–422.

[105] Hsu C S, Green M. Fragment–free Accurate Mass Measurement of Complex Mixture Components by Gas Chromatography/Field Ionization–Orthogonal Acceleration Time–of–Flight Mass Spectrometry: An Unprecedented Capability for Mixture Analysis [J] . Rapid Communication in Mass Spectrometry, 2001, 15 (4):236– 239.

[106] Hsu C S, Dechert G J, Aldrich H S, et al. Method of Producing Molecular Profiles of Iso–Paraffins by Low Emitter Current Field Ionization Mass Spectrometry [P] . US, US Patent 7671328 B2, 2010.

[107] Prokai L. Field Desorption Mass Spectrometry [M] . New York: Marcel Dikker, 1990, 291.

[108] Malcolm Dole, Mitio Inokuti. Conditions for First– or Second–Order Kinetics during Multiple Zone Reactions [J] . Journal of Chemical Physics, 1968, 49 (3): 310–314.

[109] Hsu C S. National Science Foundation project as a Robert Welch Postdoctoral Research Fellow [DB/CD] , 1975.

[110] Yamashita M, Fenn J B. Electrospray Ion Source– Another Variation on the Free–Jet Theme [J] . Journal of Chemical Physics, 1984, 88 (20):4451–4459.

[111] Fenn J B, Mann M, Meng C K, et al. Electrospray Ionization for Mass Spectrometry of Large Biomolecules [J] . Science, 1989, 246 (3):64–71.

[112] Fukuda E, Wang Y, Hsu C S. In Atmospheric Pressure Chemical Ionization LC/MS for Metalloporphyrins

[A] . 44th ASMS Conference on Mass Spectrometer and Allied Topic [C] . Portland OR, 1996:1273.

[113] Hsu C S, Dechert G J, Robbins W K, et al. Naphthenic Acids in Crude Oils Characterized by Mass Spectrometry [J] . Energy & Fuels, 2000, 14(1):217–223.

[114] Zhan D, Fenn J B. Electrospray Mass Spectrometry of Fossil Fuels [J] . International Journal of Mass Spectrometry, 2000, 194 (1):197–208.

[115] Qian K, Robbins WK, Hughey C A. Cooper, H.J., Rodgers, R.P., Marshall, A.G. , Resolution and Identification of Elemental Compositions for More than 3000 Crude Acids in Heavy Petroleum by Negative–Ion Microelectrospray High–Field Fourier Transform Ion Cyclotron Resonance Mass Spectrometry [J] . Energy & Fuels, 2001, 15 (4):1505–1511.

[116] Qian K, Rodgers R P, Hendrickson C L, et al. Reading Chemical Fine Print: Resolution and Identification of 3000 Nitrogen–Containing Aromatic Compounds from a Single Electrospray Ionization Fourier Transform Ion Cyclotron Resonance Mass Spectrum of Heavy Petroleum Crude Oil [J] . Energy & Fuels, 2001, 15 (2):492 –498.

[117] Roussis S G, Proulx R. Molecular Weight Distributions of Heavy Aromatic Petroleum Fractions by Ag+ Electrospray Ionization Mass Spectrometry [J] . Analytical Chemistry, 2002, 74(6): 1408–1414.

[118] M ü ller H, Andersson J T, Schrader W. Characterization of High–Molecular– Weight Sulfur–Containing Aromatics in Vacuum Residues Using Fourier Transform Ion Cyclotron Resonance Mass Spectrometry[J] . Analytical Chemistry, 2005, 77 (6): 2536–2543.

[119] Liu P, Xu C, Shi Q, et al. Characterization of Sulfide Compounds in Petroleum: Selective Oxidation Followed by Positive–Ion Electrospray Fourier Transform Ion Cyclotron Resonance Mass Spectrometry[J] . Analytical Chemistry, 2010, 82 (8):6601– 6606.

[120] Zhou X, Shi Q, Zhang Y, et al. Analysis of Saturated Hydrocarbons by Redox Reaction with Negative–Ion Electrospray Fourier Transform Ion Cyclotron Resonance Mass Spectrometry [J] . Analytical Chemistry, 2012, 84 (6):3192–3199.

[121] Blakley C B, Vestal M L. Thermospray Interface for Liquid Chromatography/ Mass Spectrometry [J] . Analytical Chemistry, 1983, 55(4):750–754.

[122] McLean M A, Hsu C S. In Aromatic Hydrocarbons Studied by Thermospray Liquid Chromatography/Mass Spectrometry [A] . 38th ASMS Conference on Mass Spectrometer and Allied Topic [C] . Tucson, AZ, 1990:1077–1078.

[123] Hsu C S, Kadtke B V, Dechert G J. In Comparison of Field Desorption and Thermospray Mass Spectrometry for the Analysis of Petroleum Residua [A] . 41st ASMS Conference on Mass Spectrometer and Allied Topic [C] . San Francisco, CA, 1993: 212.

[124] Hsu C S, Qian K. High–Boiling Aromatic Hydrocarbons Characterized by Liquid Chromatography–Thermospray–Mass Spectrometry [J] . Energy & Fuels, 1993, 7 (1):268–272.

[125] Horning E C, Horning M G, Carroll D I, et al. New Picogram Detection System Based on a Mass Spectrometer with an External Ionization Source at Atmospheric Pressure [J] . Analytical Chemistry, 1973, 45(6):936–948.

[126] Dzidic I, Carroll D I, Stillwell R N, et al. Comparison of Positive Ions Formed in Nickel–63 and Corona Discharge Ion Sources Using Nitrogen, Argon, Isobutane, Ammonia and Nitric Oxide as Reagents in Atmospheric Pressure Ionization Mass Spectrometry [J] . Analytical Chemistry, 2002, 48 (12):1763–1768.

[127] Stevens D, Shi Q, Samuel C. Novel Analytical Technique for Petroleum Biomarker Analysis [J] . Energy & Fuels, 2013, 27 (Jan.–Feb.):167–171.

[128] Robb D B, Covey T R, Bruins A P. Atmospheric Pressure Photoionization: An Ionization Method for Liquid Chromatography–Mass Spectrometry [J] . Analytical Chemistry, 2000, 72 (15):3653.

[129] Hsu C S, Aldrich H S, Geissler P R. Green, E. E. In Time-of-Flight MALDI for Chemical Oligomer Analysis [A]. 53rd ASMS Conference on Mass Spectrometer and Allied Topic [C]. San Antonio, TX, 2005: A050684.

[130] Nyadong L, Quinn J P, Hsu C S, et al. Atmospheric Pressure Laser-Induced Acoustic Desorption Chemical Ionization Mass Spectrometry for Analysis of Saturated Hydrocarbons. [J]. Analytical Chemistry, 2012, 84 (16):7131-7 137.

[131] Kauppila T J, Kuuranne T, Meurer E C, et al. Atmospheric Pressure Photoionization Mass Spectrometry. Ionization Mechanism and the Effect of Solvent on the Ionization of Naphthalenes [J]. Analytical Chemistry, 2002, 74 (21):5470-5479.

[132] Cho Y, Jin J M, Witt M, et al. Comparing Laser Desorption Ionization and Atmospheric Pressure Photoionization Coupled to Fourier Transform Ion Cyclotron Resonance Mass Spectrometry To Characterize Shale Oils at the Molecular Level [J]. Energy & Fuels, 2013, 27 (mar.-apr.):1830-1837.

[133] Pomerantz A E, Hammond M R, Morrow A L, et al. Two-Step Laser Mass Spectrometry of Asphaltenes [J]. Journal of the American Chemical Society, 2008, 130 (23):7216-7217.

[134] Cho Y, Witt M, Kim Y H, et al. Characterization of Crude Oils at the Molecular Level by Use of Laser Desorption Ionization Fourier-Transform Ion Cyclotron Resonance Mass Spectrometry [J]. Analytical Chemistry, 2012, 84 (20):8587 -8594.

[135] Q Wu, Andrew E, Pomerantz A E, et al. Minimization of Fragmentation and Aggregation by Laser Desorption Laser Ionization Mass Spectrometry [J]. Journal of the American Society for Mass Spectrometry, 2013, 24 (7):1116-1122.

[136] Linden H. Liquid Injection Field Desorption Ionization: a New Tool for Soft Ionization of Samples Including Air Sensitive Catalysts and Non-Polar Hydrocarbons. [J]. European Journal of Mass Spectrometry, 2004, 10 (1):459-468.

[137] Brunnée C. The Ideal Mass Analyzer: Fact or Fiction [J]. International Journal of Mass Spectrometry & Ion Processes, 1987, 76 (2):125-237.

[138] Beynon J H. Quantitative Analysis of Organic Compounds by Mass Spectrometry [J]. Nature, 1954, 174 (2):735-737.

[139] Beynon J H. Instruments in Mass Spectrometry and Its Applications to Organic Chemists [M]. 1st Ed. Amsterdam: Elsevier, 1960.

[140] ASTM. Annual Book of ASTM Standards [M]. New York: American Society for Testing and Materials, 2014.

[141] Beynon J H, Cooks R G, Amy J W, et al. Design and Performance of a Mass-analyzed Ion Kinetic Energy (MIKE) Spectrometer [J]. Analytical Chemistry, 1973, 45 (12):1023A-1031A.

[142] Cooks R G, Beynon J H, Caprioli R M, et al. Metastable Ions [M]. Amsterdam: Elsevier, 1973.

[143] Paul W, Steinwedel H. Ein Neues Massenspektrometer Ohne Magnetfeld [J]. Zeitschrift Für Naturforschung A, 1953, 8 (7): 448-450.

[144] Yost R A, Enke C G. Triple Quadrupole Mass Spectrometry [J]. Analytical Chemistry, 1979, 51 (12): 1251A-1264A.

[145] Yost R A , Enke C G . Selected Ion Fragmentation with A Tandem Quadrupole Mass Spectrometer [J]. Journal of the American Chemical Society, 1978, 100 (7):2274- 2275.

[146] Wolff M M, Stephens W E. A Pulsed Mass Spectrometer with Time Dispersion [J]. Review of Scientific Instruments, 1953, 24 (8):616-617.

[147] Cotter R J, Russell D H. Time-Of-Flight Mass Spectrometry, Instrumentation and Applications in Biological Research [J]. Instrumentation Science & Technology, 1998, 26 (4):433-434.

[148] Mamyrin B A, Karataev V I, Shmikk D V, et al. The Mass-Reflectron, a New Nonmagnetic Time-Of-

Flight Mass Spectrometer with High Resolution [J] . Journal of Experimental & Theoretical Physics, 1973, 37 (37):45–48.

[149] Hsu C S, Lu J, Arteav V, et al. High Resolving Power Assessment for High Resolution Time-of-Flight Mass Spectrometry [A] . 60th ASMS Conference on Mass Spectrometer and Allied Topic [C] . Vancouver, Canada, 2012.

[150] Li Q, Satoh T. Development of JMS-S3000-MALDI-TOF/TOF MS Utilizing a Spiral Ion Trajectory [J] . Modern Scientific Instruments, 2011, 45(1): 34–37.

[151] Glish G L, D E Goeringer. Tandem Quadrupole-Time-of-Flight Instrument For Mass-Spectrometry Mass-Spectrometry [J] . Analytical Chemistry, 1984, 56 (13):2291– 2295.

[152] Chernushevich I V, Loboda A V, Thomson B A. An Introduction To Quadrupole-Time-of-Flight Mass Spectrometry. [J] . Journal of Mass Spectrometry, 2010, 36 (8): 849–865.

[153] Asamoto B. FT-ICR-MS: Analytical Applications Of Fourier Transform Ion Cyclotron Resonance Mass Spectrometry [M] . New York: VCH Publishers, 1991.

[154] Alan G M. Millestones in Fourier Transform Ion Cyclotron Resonance Mass Spectrometry Technique Development [J] . International Journal of Mass Spectrometry, 2000, 200 (2):331–356.

[155] Hsu C S , Liang Z , Campana J E . Hydrocarbon Characterization by Ultra High Resolution Fourier Transform Ion Cyclotron Resonance Mass Spectrometry [J] . Analytical Chemistry, 1994, 66 (6):850–855.

[156] Makarov, Alexander. Electrostatic Axially Harmonic Orbital Trapping: a High-Performance Technique of Mass Analysis [J] . Analytical Chemistry, 2000, 72 (6):1156–1162.

[157] Major H, Selby M, Green M, et al. 18th International Mass Spectrometry Conference [C] . Bremen, Germany, 2009.

[158] Cohen M J , Karasek F W . Plasma Chromatography—A New Dimension for Gas Chromatography and Mass Spectrometry [J] . Journal of Chromatographic Science, 1970, 8 (6):330–337.

[159] Hsu C S. The Use of Plasma Chromatography for Density Determinations [J] . Spectroscopy Letter, 1975, 8(8): 583–594.

[160] Arif Ahmed, Yun Ju Cho, Myoung-han No, et al. Application of the Mason-Schamp Equation and Ion Mobility Mass Spectrometry to Identify Structurally Related Compounds in Crude Oil. [J] . Analytical Chemistry, 2011, 83 (1):77.

[161] Ahmed A, Cho Y, Giles K, et al. Elucidating Molecular Structures of Nonalkylated and Short-Chain Alkyl (n<5, ($CH2$) $_n$) Aromatic Compounds in Crude Oils by a Combination of Ion Mobility and Ultra-High Resolution [J] . Analytical Chemistry, 2014, 86 (7):3300–3307.

[162] Hsu C S. Coupling Mass Spectrometry with Liquid Chromatography for Petroleum Research [M] . New York: Kluwer Academic/ Plenum Publishers, 2003.

[163] Anderson P C , Sharkey J M , Walsh R P . Calculation of The Research Octane Number of Motor Gasolines From Gas Chromatographic Data and A New Approach to Motor Gasoline Quality Control, 1972, 59 (1): 83.

[164] Niessen W , Tjaden U R , Greef J . Capillary Electrophoresis-Mass Spectrometry [J] . Methods in Enzymology, 1993, 271 (1):448.

[165] Hsu C S , Mclean M A , Qian K , et al. On-line Liquid Chromatography/Mass Spectrometry For Heavy Hydrocarbon Characterization [J] . Energy & Fuels, 1991, 5 (3):395–398.

[166] Qian K , Hsu C S . Molecular Transformation In Hydrotreating Processes Studied By On-Line Liquid Chromatography/Mass Spectrometry [J] . Analytical Chemistry, 1992, 64 (20):2327–2333.

[167] Hsu C. S, Qian K , Chen Y. C. An Innovative Approach to Data Analysis in Hydrocarbon Characterization by On-line Liquid Chromatography-Mass Spectrometry [J] . Analytical Chimica Acta, 1992, 264 (1):79–89.

[168] Robinson P R, Dolbear G E. Hydrotreating and Hydrocracking: Fundamentals. In Practical Advances in Petroleum Refining [M], New York: Springer, 2006:177–218.

[169] Liang Z, Hsu C S, Grosshans P B. In Coupling Field Ionization Mass Spectrometry with Liquid Chromatography for the Characterization of Heavy Saturated Hydrocarbons [A] . 43rd ASMS Conference on Mass Spectrometer and Allied Topic [C] . Atlanta, GA, 1995: 1014.

[170] Liang Z , Hsu C S . Molecular Speciation of Saturates by On–Line Liquid Chromatography Field Ionization Mass Spectrometry [J] . Energy & Fuels, 1998, 12 (3):637–643.

[171] Kendrick E. A Mass Scale Based on CH=14.0000 for High Resolution Mass Spectrometry of Organic Compounds [J] . Analytical Chemistry, 1963, 35 (13): 2146– 2154.

[172] Hsu C S. Definition of Hydrogen Deficiency for Hydrocarbons with Functional Group [J] . Energy & Fuels 2010, 24 (6): 4097–4098.

[173] 吴青 . 用 ^{1}H NMR 作石油重质油结构分析中芳香度 fa 计算公式推导及经验式 [J]，分析测试学报，1993，1 (1):75–78.

[174] Speight J G. The Desulfurization of Heavy Oils and Residua [M] . New York: CRC Press, 2002.

[175] 梁文杰 . 重质油化学 [M] . 山东东营：石油大学出版社，2000.

[176] Ancheyta J, Betancourt G, Marroqun G , et al. Hydroprocessing of Maya Heavy Crude Oil With Two Reaction Stages [J] . Applied Catalysis A: General, 2002, 233 (1) : 159–170.

[177] Morgan T J , Alvarez–Rodriguez P , George A , et al. Characterization of Maya Crude Oil Maltenes and Asphaltenes in Terms of Structural Parameters Calculated from Nuclear Magnetic Resonance (NMR) Spectroscopy and Laser Desorption Mass Spectroscopy (LDMS) [J] . Energy & Fuels, 2010, 24 (7):3977–3989.

[178] Bundt J, Herbel W, Steinhart H, et al. Structure–Type Separation Of Diesel Fuels By Solid Phase Extraction And Identification Of The Two– And Three–Ring Aromatics By Capillary GC–Mass Spectrometry [J] . Journal of High Resolution Chromatography, 1991, 14 (2):91–98.

[179] Trejo F , Centeno G , Ancheyta J . Precipitation, Fractionation And Characterization of Asphaltenes from Heavy And Light Crude Oils [J] . Fuel, 2004, 83 (16):2169–2175.

[180] 梁文杰，阙国和，陈月珠 . 我国原油减压渣油的化学组成与结构 –I. 减压渣油的化学组成 [J]，石油学报（石油加工），1991，7 (3):1–7.

[181] 梁文杰，阙国和，陈月珠，我国原油减压渣油的化学组成与结构 – Ⅱ . 减压渣油及其各组分的平均结构 [J]，石油学报（石油加工），1991，7 (4):1–11.

[182] Clutter D. R., Leonidas Petrakis, Stenger R. L. , et al. Nuclear Magnetic Resonance Spectrometry of Petroleum Factions–Carbon–13 and proton Nuclear Magnetic Resonance Characterizations in Terms of Average Molecule Parameters [J] . Analytical Chemistry, 1972, 44 (8):1395–1405.

[183] Hajek M, Skienar V, Sebor G, et al. Analysis of Heavy Crude Oil Residua by Carbon–13 Fourier Transform Nuclear Magnetic Resonance Spectrometry [J] . Analytical Chemistry, 1978, 50 (6):773–775.

[184] 龚剑洪，贺彩霞 . 国产重油组成的表征 [J] . 石油炼制与化工，2000, 31 (10): 48–53.

[185] 陆善祥，Gray M R. 重油和沥青中芳香碳的定量估计 [J] . 华东理工大学学报，1994, 20 (4) : 507–513.

[186] 陆善祥，Gray M R. 重油和沥青中饱和碳的定量估计 [J] . 华东理工大学学报，1994, 20 (4) : 514–521.

[187] Poveda J C, Molina D R. Average Molecular Parameters Of Heavy Crude Oils And Their Fractions Using NMR Spectroscopy [J] . Journal of Petroleum Science and Engineering, 2012, 84 (1): 1–7.

[188] Brown J K, Ladner W R. Brown–Ladner Equation [J] . Fuel, 1960, 39 (1):87.

[189] Williams R B. Symposium on Composition of Petroleum Oils [C] ASTM Special Technical Publication Astron, 1958:224.

[190] 陆善祥，Gray M R. 核磁共振谱法估计重油和沥青中芳环分布[J]. 华东理工大学学报，1994，20(4)：501~506.

[191] Wehrli F. W., Marchand A. P., Wehrli S., Interpretation of Carbon-13 NMR Spectra[M]. 2nd Ed. New York: John Wiley & Sons, 1988.

[192] Breimaier E, VoeleW r. ^{13}C NMR Spectroscopy [M]. Berlin: Verlag Chemic, 1978.

[193] 宁永成. 有机化合物结构鉴定与有机波谱学 [M]. 北京：科学出版社，2000.

[194] Clerc J T. Structural Analysis of Organic Compounds[M]. Budapest: Akademinki Kiado, 1981.

[195] Cookson D J, Smith B E. Determination of Carbon C, CH, CH_2 And CH_3 Group Abundances In Liquids Derived From Petroleum And Coal Using Selected Multiplet ^{13}C NMR Spectroscopy [J]. Fuel, 1983, 62(1):34-38.

[196] Cookson D J, Smith B E. Quantitative Estimation Of Chn Group Abundances In Fossil Fuel Materials Using ^{13}C NMR Methods [J]. Fuel, 1983, 62(8):986-988.

[197] Cookson D J, Smith B E. ^{1}H and ^{13}C NMR Spectroscopic Methods For The Analysis Of Fossil Fuel Materials: Some Novel Approaches[J]. Fuel, 1982, 61(10): 1007-1013.

[198] Cookson D J, Smith B E. Determination of Structural Characteristics Of Saturates From Diesel And Kerosine Fuels By Carbon-13 Nuclear Magnetic Resonance Spectrometry [J]. Analytical Chemistry, 1985, 57(4): 864-871.

[199] Dereppe J M, Moreaux C. Measurement of CHn Group Abundances In Fossil Fuel Materials Using DEPT ^{13}C NMR[J]. Fuel, 1985, 64(8): 1174-1176.

[200] Doddrell D M, Pegg D T, Bendall M R. Distortionless Enhancement of NMR Signals By Polarization Transfer[J]. Journal of Magnetic Resonance(1969): 1982, 48(2): 323-327.

[201] Bendall M R, Pegg D T, Doddrell D M, et al. Pulse Sequence For The Generation of a ^{13}C Subspectrum of Both Aromatic and Aliphatic Quaternary Carbons[J]. Journal of the Chemical Society, Chemical Communications, 1982(19): 1138-1140.

[202] Bansal V, Krishna G J, Chopra A, et al. Detailed Hydrocarbon Characterization of RFCC Feed Stocks By NMR Spectroscopic Techniques [J]. Energy & Fuels, 2007, 21(2): 1024-1029.

[203] Kapur G S, Chopra A, Sarpal A S. Estimation of Total Aromatic Content Of Vacuum Gas Oil(VGO) Fractions(370~560℃) By ^{1}H NMR Spectroscopy[J]. Energy & Fuels, 2005, 19(3): 1065-1071.

[204] Behera B, Ray S S, Singh I D. Structural Characterization of FCC Feeds From Indian Refineries By NMR Spectroscopy [J]. Fuel, 2008, 87(10): 2322-2333.

[205] da Silva Oliveira E C, Neto Á C, Jú nior V L, et al. Study of Brazilian Asphaltene Aggregation By Nuclear Magnetic Resonance Spectroscopy [J]. Fuel, 2014, 117: 146-151.

[206] Michael G, Al-Siri M, Khan Z H, et al. Differences in Average Chemical Structures of Asphaltene Fractions Separated From Feed and Product Oils of a Mild Thermal Processing Reaction [J]. Energy & Fuels, 2005, 19(4): 1598-1605.

[207] Kapur G S, Berger S. Unambiguous Resolution of A-Methyl and A-Methylene Protons in ^{1}H NMR Spectra of Heavy Petroleum Fractions [J]. Energy & Fuels, 2005, 19(2): 508-511.

[208] 陆婉珍. 现代近红外光谱分析技术 [M]. 2 版. 北京：中国石化出版社，2006.

[209] 陆婉珍，褚小立. 原油的快速评价 [J]. 西南石油大学学报(自然科学版)，2012，34(1):1-5.

[210] 褚小立，田松柏，许育鹏，等. 近红外光谱用于原油快速评价的研究 [J]. 石油炼制与化工，2012，43(1):72-77.

[211] Pasquini C.Bueno A F. Characterization of Petroleum Using Near-Infrared Spectroscopy: Quantitative Modeling For The True Boiling Point Curve and Specific Gravity [J].Fuel, 2007, 86(12-13):1927-1934.

[212] Falla F S, Larini C, Le Roux G A C, et a1.Characterization of Crude Petroleum By NIR [J].Journal of

Petroleum Science and Engineering，2006，51（1）:1271.

[213] Hidajat K，Chong S.Characterization of Crude Oils By Partial Least Square Calibration Of NIR Spectral Profiles [J] .Journal of Near Infrared Spectroscopy，2000，8（1）:53–58.

[214] 李敬岩，褚小立，田松柏 . 红外光谱方法在原油及油品分析中的应用 [A] . 科学仪器服务民生学术大会论文集 [C] . 北京：中国仪器仪表学会科学仪器学术工作委员会，2011:50–57.

[215] 李敬岩，褚小立，田松柏 . 红外二维相关光谱在原油快速识别中的应用 [J] . 石油学报（石油加工），2013，29（4）：655–661.

[216] 吴强，王静 . 二维相关分析光谱技术 [J] . 化学通报，2000，（8）:45–54.

[217] 陈瀑，李敬岩，褚小立，田松柏 . 拉曼和红外光谱快速评价原油性质的可行性比较 [J] . 石油炼制与化工，2016，47（10）:98–102.

[218] 陈瀑，孙健，张凤华等 . 近红外原油快速评价技术二次开发与工业应用 [J] . 石油炼制与化工，2014，25（8）:97–101.

[219] 褚小立，陆婉珍 . 近五年我国近红外光谱分析技术研究与应用进展 [J] . 光谱学与光谱分析，2014，34（10）:2595–2605.

[220] 褚小立，王艳斌，许育鹏等 .RIPp 化学计量学光谱分析软件 3.0 的开发 [J] . 现代科学仪器，2009，（4）：6–10.

[221] 褚小立，袁洪福，陆婉珍 . 在线近红外光谱过程分析技术及其应用 . 现代科学仪器，2004，（2）：3–21.

[222] 李敬岩，褚小立，田松柏 . 原油快速评价技术的应用研究 [J] . 石油学报（石油加工），2015，31（6）:1376–1380.

[223] 李敬岩，褚小立，田松柏 . 红外光谱方法快速预测原油密度的研究 [J] . 石油炼制与化工，2011，42（12）:73–77.

[224] Odebunmi E O，Adeniyi S A . Infrared and Ultraviolet Spectrophotometric Analysis Of Chromatographic Fractions Of Crude Oils And Petroleum Products [J] . Bulletin of the Chemical Society of Ethiopia，2007，21（1）:135–140（6）.

[225] Guan R L，Zhu H . Study on Components In Shengli Viscous Crude Oil By FTIR And UV–Vis Spectroscopy [J] . 光谱学与光谱分析，2007，27（11）: 2270–2274.

[226] Peinder P，Petrauskas D，Singelenberg F，et al. Prediction of Long And Short Residue Properties Of Crude Oils From Their Infrared And Near–Infrared Spectra [J] . Applied Spectroscopy，2008，62（4）: 414–422.

[227] 何立芳，林丹丽，李耀群 . 恒能量同步荧光法快速同时测定蒽和 9，10- 二甲基蒽 [J] . 光谱学与光谱分析，2004，24（11）: 1384–1387.

[228] 章汝平，何立芳 . 大气漂尘中苯并芘的简单同步荧光测定 [J] . 分析科学学报，2007. 23（3）: 343–345.

[229] 章汝平，何立芳 . 导数恒能量同步荧光法快速同时分析芴、咔唑、苯并芘和芘 [J] . 光谱学与光谱分析，2007. 27（2）: 350–354.

[230] 宋继梅，王峰 . 油气样品的固定波长同步荧光光谱特征研究 [J] . 光谱学与光谱分析，2002，22（5）:803–805.

[231] 陈国珍，黄贤智，许金钩，等 . 荧光分析法 [M] . 2 版 . 北京：科学出版社，1990.

[232] 何文琪，姚渭溪，谢学鹏 . 等能量同步荧光光谱测定多环芳烃 [J] . 光谱学与光谱分析，1996，16（4）:100–105.

[233] Ralston C Y，Mitra–Kirtley S，Mullins O C . Small Population of One to Three Fused–Aromatic Ring Moieties in Asphaltenes [J] . Energy & Fuels，1996，10（3）:623–630.

[234] 李勇志 . 同步荧光光谱法监测按芳环数分离重质油中的芳烃 [J] . 燃料化学学报，1998，26（3）: 280–284.

[235] 刘伟 . 我国重质油的三维荧光特征及其地质意义 [J] . 物探与化探，2004，28（2）: 123–125.

[236] Yang C, Wang Z, Hollebone B P, et al. Characteristics of Bicyclic Sesquiterpanes In Crude Oils And Petroleum Products [J]. Journal of Chromatography A, 2009, 1216 (20):4475-4484.
[237] 孙培艳，高振会，崔文林，等. 油指纹鉴别技术发展及应用 [M]. 北京：海洋出版社，2007.
[238] 王培荣，周光甲. 生物标志物地球化学 [M]. 东营：石油大学出版社，1999.
[239] Venter A, Rohwer E R, Laubscher A E.Analysis of Alkane, Alkene, Aromatic And Oxygenated Groups In Petrochemical Mixtures By Supercritical Fluid Chromatography On Silica Gel [J].Journal of Chromatography A, 1999, 847 (1~2): 309-321.
[240] Wang Z D, Fingas M, Sigouin L. Using Multiple Criteria For Fingerprinting Unknown Oil Samples Having Very Similar Chemical Composition [J]. Environmental Forensics, 2002, 3 (3/4): 251-262.
[241] Telnaes N, Dahl B. Oil-Oil Correlation Using Multivariate Techniques [J]. Organic Geochemistry, 1986, 10 (1-3):425-432.
[242] Burns W A, Mankiewicz P J, Bence A E, et al.A Principal-Component And Least- Squares Method For Allocating Polycyclic Aromatic Hydrocarbons In Sediment To Multiple Sources [J]. Environmental Toxicology and Chemistry, 1997, 16 (6):1119- 1131.
[243] Stout S A, Uhler A D, McCarthy K J.A Strategy And Methodology For Defensibly Correlating Spilled Oil To Source Candidates [J]. Environmental Forensics, 2001, 2:87-98.
[244] Gaines R B, Hall G J, Frysinger G S, et al. Determination Of Target Compounds Used To Fingerprint Unweathered Diesel Fuels [J]. Environmental Forensics, 2006, 7:77-87.
[245] Pavon J L P , Pena A G , Pinto C G , et al. Differentiation Of Types Of Crude Oils In Polluted Soil Samples By Headspace-Fast Gas Chromatography-Mass Spectrometry[J]. Journal of Chromatography A, 2006, 1137 (1):101-109.
[246] Kavouras I G, Koutrakis P, Tsapakis M, et al. Source Apportionment of Urban Particulate Aliphatic and Polynuclear Aromatic Hydrocarbons (Pahs) Using Multivariate Methods [J]. Environmental Science & Technology, 2001, 35 (11): 2288-2294.
[247] Christensen J H, Hansen A B, Tomasi G, et al. Integrated Methodology for Forensic Oil Spill Identification [J]. Environmental Science & Technology, 2004, 38 (10):2912-2918.
[248] Boyd T J, Osburn C L, Johnson K J, et al. Compound-Specific Isotope Analysis Coupled with Multivariate Statistics to Source-Apportion Hydrocarbon Mixtures [J]. Environmental Science & Technology, 2006, 40 (6):1916-1924.
[249] Christensen J H, Tomasi G, Hansen A B.Chemical Fingerprinting of Petroleum Biomarkers Using Time Warping And PCA [J]. Environmental Science & Technology, 2005, 39 (1):255-260.
[250] 周建. 烃指纹技术在石油炼制中的应用探索 [R]. 北京：石油化工科学研究院，2010.
[251] 宋泽建，王克言，冉绍春. 三维荧光谱参量化方法及其在油种鉴别中的应用 [J]. 黄渤海海洋，1998，16 (4):35-41.
[252] 周询琪，冉绍春. 三维荧光谱参量化方法及其在油种鉴别中的应用 [J]. 中国海洋平台，2002，17 (3):32-35.
[253] 宋书君，李献甫，费琪. 三维荧光指纹技术在东营凹陷丁家屋子油源分析中的应用 [J]. 石油实验地质，2002，24 (5):469-473.
[254] 宋继梅，唐碧莲. 原油样品的三维荧光光谱特征研究 [J]. 光谱学与光谱分析，2000，20 (1): 115-118.
[255] 杨仁杰，徐晓轩，尚丽平. 三维荧光光谱差谱法测定柴油中的溶剂油 [J]. 光谱学与光谱分析，2006，26 (1):94-96.
[256] Wang Z D.Spilled Oil Identification By Near Infrared Spectrometry [J]. Spectroscopy and Spectral Analysis, 2004, 24 (12):1537-1539.

[257] 庞士平，郑晓玲，何鹰，等.近红外光谱识别模拟海面溢油[J].海洋科学进展 2007，25(1)：91–94.

[258] 王丽，卓林，何鹰，等.近红外光谱技术鉴别海面溢油[J].光谱学与光谱分析.2004，24(12)：1537–1539.

[259] Ogbuneke K U，Snape C E. Identification of a Polycyclic Aromatic Hydrocarbon Indicator for the Onset of Coke Formation During Visbreaking of a Vacuum Residue[J]. Energy & Fuels，2009，23(4):2157–2163.

[260] 王威，刘颖荣，杨雪，等.烃指纹技术及其在催化裂化反应中的初步应用[J].石油学报(石油加工)，2012，28(2):167–173.

[261] 郭为民，张晓辉，岳爱范，等.多维气相色谱技术用于炼厂气组成的定性和定量分析[J].中国新技术新产品，2012，8:6.

[262] Rossini F D，Mair B J，Streiff A J. Hydrocarbons from Petroleum[M]. New York：Van Nostrand Reinhold，1953.

[263] 张明南，宋永璀，徐文俊等.玉门汽油 85~125℃馏分单体烃组成研究[J].燃料化学学报，1957，2(3):203–212.

[264] Berger TA. Separation of A Gasoline on An Open Tubular Column With 1.3 Million Effective Plates[J]. Chromatography A，1996，42(1–2):63–71.

[265] 李长秀，王亚敏，杨海鹰.利用气相色谱自动分析汽油单体烃组成的方法[P]，CN101876648A，2010–11–03，2010.

[266] ASTM 05134–1998. Standard Test Method for Detailed Analysis of Petroleum Naphthas through n–Nonane by Capillary Gas Chromatography[S].

[267] ASTM D6623–2001，Standard Test Method for Determination of Individual Components in Spark Ignition Engine Fuels by High Resolution Gas Chromatography[S].

[268] SH/T 0714–2002. 石脑油中单体烃组成测定法(毛细管气相色谱法)[S].

[269] 刘颖荣，杨海鹰，李长秀.溴加成脱烯反应用于含烯汽油单体烃及族组成的分析[J].色谱，2002，20(4):313–316.

[270] 刘颖荣，杨海鹰.气相色谱–原子发射光谱和溴加成法联合测定含烯烃汽油中的烯烃单体Ⅰ.汽油中烯烃保留值的研究[J].色谱，2003，21(1):1–8.

[271] 刘颖荣，杨海鹰.气相色谱–原子发射光谱和溴加成法联合测定含烯烃汽油中的单体烯烃Ⅱ.汽油的定量分析[J].色谱，2003，21(2):97–101.

[272] Peters K E，Moldowan J M，张永昌.生物标志化合物指南[M].北京：石油工业出版社，2011.

[273] 王培荣，赵红，朱翠山，非烃类地球化学及其应用概述[J].沉积学报，2004，22(增刊)：98–105.

[274] Kinghom R R. An Introduction to the Physics and Chemistry of Petroleum[M]. London：Imperial College of Science andTechnology.1983.

[275] 李振广，冯子辉，宋桂侠，王雪.松辽盆地原油芳烃分布、组成特征与原油类型划分.石油与天然气地质.2005，26(4):494–500.

[276] Hauser A，shti H，Khan Z H，Identification of Biomarker Compounds in Selected Kuwait Crude Oils. Fuel，1999，78(12):1483–1488.

[277] Yang C，Wang Z D，Hollebone B P，et al. GC/MS Quantitation of Diamondoid Compounds in Crude Oils and Petroleum Products[J]. Environmental Forensics，2006，7(4):377–390.

[278] Peters K E，Scheuerman G L，Lee C Y，et al. Effects of Refinery Processes on Biological Markers[J]. Energy & Fuels，1992，6(5):560–577.

[279] 王楼明等.GC/MS 法测定润滑油基础油中多环芳烃[J].环境污染与防治.2009，32(2):67–72.

[280] 郭先涛.胡丽芝.应用气相色谱法测定汽油族组成[J].燃料化学学报.1988.16(1):93–96.

[281] 徐广通.杨玉蕊.多维气相色谱快速测定汽油中的烯烃、芳烃和苯含量[J].石油炼制与化

工 .2003，34（3）:61–65.
[282] 章虎，陈关喜，冯建跃 .93 号汽油样品组分的 GC–MS 分析 [J]. 分析测试学报，2003，22（5）:56–59.
[283] Moustafa N E，Andersson J T. Analysis of Polycyclic Aromatic Sulfur Heterocycles In Egyptian Petroleum Condensate and Volatile Oils by Gas Chromatography With Atomic Emission Detection [J]. Fuel Processing Technology，2011，92（3）:547–555.
[284] 张文 . 重馏分油中芳烃与含硫芳烃的分离与鉴定 [D]. 北京：石油化工科学研究院，2013.
[285] 牛鲁娜，刘泽龙，田松柏 . 全二维气相色谱—飞行时间质谱分析直馏柴油馏分中硫化物的分子组成 [J]. 中国炼油与石油化工，2014，16（3）：10–18.
[286] Nocun M，Andersson J T. Argentation Chromatography for The Separation of Polycyclic Aromatic Compounds According to Ring Number. [J]. Journal of Chromatography A，2012，1219（2）:47.
[287] 横山晋，佐藤正昭，真田雄三 . Isolation and Characterization of Polycyclic Aromatic Sulfur Heterocycles From 200–400.DEG.C. Fraction of Khafji Crude Oil. [J]. Sekiyu Gakkaishi，2008，34（1）:81–89.
[288] Joyce W F，Uden P C. Isolation of Thiophenic Compounds by Argentation Liquid Chromatography [J]. Analytical Chemistry，1983，55:3（3）:540–543.
[289] 秦鹏，王芳，范国宁，等 . 直馏柴油催化氧化脱硫前后硫化物的分析研究 [J]. 精细石油化工，2010，27（3）:61–65.
[290] Japes A，Penassa M，Andersson J T. Analysis of Recalcitrant Hexahydrodibenzothiophenes in Petroleum Products Using a Simple Fractionation Process [J]. Energy & Fuels，2009，23（4）:2143–2148.
[291] Thomas Schade，Benedikte Roberz，Jan T. Andersson. Polycyclic Aromatic Sulfur Heterocycles in Desulfurized Diesel Fuels and Their Separation on a Novel Palladium（Ⅱ）Complex Stationary Phase [J]. Polycyclic Aromatic Compounds，2002，22（3–4）:311–320.
[292] Nishioka M. Aromatic Sulfur Compounds Other Than Condensed Thiophenes In Fossil Fuels：Enrichment And Identification [J]. Energy & Fuels，2002，2（2）:214– 219.
[293] Willey C，Iwao M，Castle R N，et al. Determination of Sulfur Heterocycles in Coal Liquids And Shale Oils [J]. Analytical Chemistry，1981，53（3）:400–407.
[294] 马波，凌凤香 . 氧化还原法分离和鉴定柴油中的硫化物 [J]. 炼油技术与工程，2002，32（5）:41–43.
[295] Liu P，Xu C，Shi Q，et al. Characterization of Sulfide Compounds In Petroleum：Selective Oxidation Followed by Positive–Ion Electrospray Fourier Transform Ion Cyclotron Resonance Mass Spectrometry [J]. Analytical Chemistry，2010，82（15）：6601–6606.
[296] M ü ller H，Andersson J T，Schrader W. Characterization of High–Molecular– Weight Sulfur–Containing Aromatics in Vacuum Residues Using Fourier Transform Ion Cyclotron Resonance Mass Spectrometry [J]. Analytical Chemistry，2005，77（8）：2536.
[297] M ü ller H，Hendrik D，Andersson J T . Gel Permeation Chromatography Of Sulfur Containing Aromatics In Vacuum Residues [J]. Polycyclic Aromatic Compounds，2004，24（4–5）:299–308.
[298] Wang M，Zhao S，Chung K H，et al. Approach for Selective Separation of Thiophenic and Sulfidic Sulfur Compounds From Petroleum by Methylation/ Demethylation [J]. Analytical Chemistry，2015，87（2）:1083.
[299] 杨永坛，王征，宗保宁等 . 催化裂化汽油中硫化物类型分布的气相色谱硫化学发光检测的方法研究 [J]. 色谱，2004，22（03）:216–219.
[300] 杨永坛，王征 . 焦化汽油中硫化物类型分布的气相色谱 – 硫化学发光检测方法 [J]. 色谱，2007，25（03）:384–388.
[301] 王征，杨永坛，GC–FID–SCD 联用技术同时测定汽油单体烃和硫化物分布的分析方法研究 [J]. 分析仪器，2009，6：62–65.
[302] 钱钦，王征 . 低硫汽油中含硫化合物的形态分析 [J]. 石油炼制与化工，2016，47（5）:108–112.
[303] 吕志凤，战风涛，李林等 . 催化裂化柴油中氮化物的分析 [J]. 石油化工，2001，（05）:399–401.

[304] 史权，徐春明，赵锁奇等.催化裂化柴油中芳胺类化合物组成分析[J].分析测试学报，2004，(05):100-102.

[305] 杨永坛，吴明清，王征.气相色谱–氮化学发光检测法分析催化汽油中含氮化合物类型的分布[J].色谱，2010，(04):336-340.

[306] 张月琴.催化裂化柴油中含氮化合物类型分布[J].石油炼制与化工，2013，(05):87-91.

[307] 张月琴.直馏柴油和焦化柴油中含氮化合物类型分布[J].石油炼制与化工，2013，(01):41-45.

[308] 杨敬一，周秀欢，蔡海军等.煤焦油和石油基柴油馏分中含氮化合物的分离鉴定[J].石油炼制与化工，2015，(07):107-112.

[309] Conny E. Ö. Isolation and Classification Of Polycyclic Aromatic Nitrogen Heterocyclic Compounds[J]. Fuel, 1988, 67 (3):396-400.

[310] Snyder L R, Buell B E, Howard H E. Nitrogen and Oxygen Compound Types In Petroleum. Total Analysis of A 700-850.Deg.F. Distillate From A California Crude Oil [J]. Analytical Chemistry, 1968, 40 (8):1303-1317.

[311] Snyder L R, Buell B E. Nitrogen and Oxygen Compound Types in Petroleum. A General Separation Scheme [J]. Analytical Chemistry, 1968, 40 (8):1295-1302.

[312] 蔡昕霞，朱泽霖.重质石油中含氮化合物的形态及分布分析 I+[J].华东理工大学学报:自然科学版，1995 (3):369-380.

[313] 蔡昕霞，朱明华，朱泽霖，等.重质石油中含氮化合物的形态及分布分析 I [J].华东理工大学学报，1995 (3):90-94.

[314] 周密.重质石油中含氮化合物的形态及分布分析[D].上海：华东理工大学，1995.

[315] 王小淳.重质石油中含氮化合物的形态及分布分析—含氮杂环化合物的定性方法研究[D].上海：华东理工大学，1994.

[316] 王小淳，陈正夫.重质石油中含氮化合物的形态及分布分析:Ⅱ.含氮杂环化合…[J].华东理工大学学报:自然科学版，1995 (6):730-737.

[317] 李伟伟，丁坤，王华，等.气相色谱–表面电离检测器分析汽油中含氮化合物的分布[J].色谱，2011，29(2):141-145.

[318] 张月琴.汽油中氮化物的定性定量方法研究与应用[J].石油炼制与化工，2016，47(4):91-95.

[319] 李恪，张景河，赵晓文，等.克拉玛依九区原油中石油羧酸组成和结构的研究[J].石油学报:石油加工，1995，11 (2):100.

[320] 刘泽龙，田松柏，樊雪志，等.蓬莱原油初馏点 ~350℃馏分中石油酸的结构组成[J].石油学报:石油加工，2003，19 (6):40-45.

[321] 吕振波，田松柏，等.快原子轰击电离质谱法分析辽河馏分油中的环烷酸组成[J].质谱学报，2004，25 (2):88-92.

[322] 史权，廖启玲，梁咏梅.GC/MS 分析催化裂化柴油中的酚类化合物[J].质谱学报，1999，(02):1-10.

[323] 刘泽龙，汪燮卿.酚类化合物对柴油安定性的影响[J].石油学报（石油加工），2001，(03):16-20.

[324] 管红霞，蔡青松，蒋生祥，等.大庆原油中石油羧酸组成的 GC-MS 分析[J].分析测试技术与仪器，2002，(01):34-39.

[325] 丁安娜，宋桂侠，惠荣耀，等.松辽盆地滨北地区生物气源岩酸性含氧化合物的分布及其地球化学意义[J].天然气地球科学，2004，15 (1):51-57.

[326] 陈茂齐，刘有郑，张世英.原油中含氧化合物的质谱分析[J].分析测试通报，1992，1 (2):82-85.

[327] 罗澜，赵滩，张路，等.大庆原油活性组分的分离、分析及界面活性[J].油田化学，2000，17 (2):156-158.

[328] 孙文通，黄蓁，邱烨，等.气质联用仪测定汽油中含氧化合物、苯和甲苯的含量[J].质谱学报，2010，(01):59-64.

[329] 李颖，刘泽龙，祝馨怡，等 . GC-MS 法检测车用汽油中 C_1~C_4 醇［J］. 石油炼制与化工，2014，(02):79-83.

[330] Kiyoshi Morikawa，Toraki Kimoto，Ryonosuke Abe. Direct Determination of Oxygen in the Organic Compounds 2.Cracking Mechanism on the Pt-Silica Gel Catalyst［J］. Bulletin of the Chemical Society of Japan，1941，16（2):33-39.

[331] 王云玉，李丹，郑建国等 . 全二维气相色谱 / 飞行时间质谱测定汽油中的 14 种微量含氧化合物［J］. 现代测量与实验室管理，2014，(02):12-14.

[332] 李长秀，王亚敏，金珂 . 气相色谱法测定汽油馏分中微量小分子含氧化合物［J］. 石油炼制与化工，2016，47（8):102-108.

[333] C Song，C S Hsu，I Mochida. Chemistry of Diesel Fuels，New York： Taylor & Francis，2000，8，68-71.

[334] 申森，张奇，王向存 . 柴油族组成分离方法进展 . 科苑论坛，2008： 10.

[335] 张艳丽，金艳春，王海君 . 高效液相色谱法测定柴油中芳烃含量［J］. 炼油与化工，2006，17（2):52-53.

[336] 童文琴 . 高效液相色谱法测定催化裂化柴油族组成［J］. 石油商技，2003，21（3):40-42.

[337] 陶学明，龙义成，陆婉珍 . 高效液相色谱法测定柴油族组成［J］. 色谱，1995，13（5):368-372.

[338] 杨彦琳 . 高效液相色谱分析柴油烃族组成的应用［J］. 广州化工，1998，26（2）：47-50.

[339] 袁洪福，陆婉珍 . 高效液相色谱配以迁移丝火焰离子化检测器分析直流柴油的族组成［J］. 石油学报（石油加工），1985，1（3):97-102.

[340] 徐广通，袁洪福，陆婉珍 . 高效液相色谱 - 氢火焰检测器测定柴油烃族组成［J］. 石油学报（石油加工），1999，15（2):66-72.

[341] ASTM D5186-1991 ，Standard Test Method for Determination of Aromatic Content of Diesel Fuels by Supercritical Fluid Chromatography［S］.

[342] Róbert P á l，Miklós Juh á sz，Árp á d Stumpf. Detailed Analysis Of Hydrocarbon Groups In Diesel Range Petroleum Fractions With On-Line Coupled Supercritical Fluid Chromatography-Gas Chromatography-Mass Spectrometry［J］. Chromatography A，1998，819:249-257.

[343] A. Venter，E. R. Rohwer，A. E. Laubscher. Analysis of Alkane，Alkene，Aromatic And Oxygenated Groups In Petrochemical Mixtures By Supercritical Fluid Chromatography On Silica Gel［J］. Chromatography A，1999，847，309-321.

[344] ASTM D5186-1996 Standard Test Method for Determination of the Aromatic Content and Poly nuclear Aromatic Content of Diesel Fuels and Turbine Fuels By Supercritical Fluid Chromatography［S］.

[345] Richard E. P.，Cooley J.，Lucy C. A.. Comparison of Ttania，Zirconia，and Silica Stationary Phases for Separating Diesel Fuels According to Hydrocarbon Group-type by Supercritical Fluid Chromatography. Journal of Chromatography A，2005，1095（1）: 156 -163.

[346] 徐广通，陆婉珍，袁洪福 . 近红外光谱法测定柴油中的芳烃含量［J］. 石油化工，1999，28（4):263-265.

[347] 徐广通，刘泽龙，杨玉蕊，等 . 近红外光谱法测定柴油组成及其应用［J］. 石油学报（石油加工），2002，18（4):65-71.

[348] ASTM D2425 Standard Test Method for Hydrocarbon Types in Middle Distillates by Mass Spectrometry.

[349] SH/T 0606 中间馏分烃类组成测定法（质谱法）［S］.

[350] 刘泽龙 . 利用固相萃取和质谱分析柴油烃类组成的方法［P］. 中国，CN159004. 2005.

[351] Robinson C. J.，Low-Resolution Mass Spectrometric Determination of Aromatics and Saturates in Petroleum Fractions［J］. Analytical Chemistry，1971，43（4）: 1425-1434.

[352] Robinson C. J.，Cook G. L.，Low-Resolution Mass Spectrometric Determination of Aromatic Fractions from Petroleum［J］. Analytical Chemistry，1969，41（4）: 1548-1554.

[353] 徐永业，王姝，魏松柏，姚成 . 柴油烃类组成的快速测定［J］. 现代科学仪器，2003，5：55-57.

[354] 李怿，吕自立，刘雪兰．柴油烃族组成分布的GC/MS测定［J］．分析测试学报，2002，21(1)：29–32.

[355] 刘泽龙，李云龙，高红，等．四极杆GC/MS测定石油馏分烃类组成的研究及其分析软件的开发［J］．石油炼制与化工，2001，32(3):44–48.

[356] Qian Kuangnan, Dechert G J. Recent Advances in Petroleum Characterization By GC Field Ionization Time-of-Flight High-Resolution Mass Spectrometry [J]. Analytical Chemistry, 2002, 74 (16):3977–3983.

[357] Gallegos E. J., Green J. W., Lindeman L. P., et al, . Petroleum Group-Type Analysis by High Resolution Mass Spectrometry. Analytical Chemistry, 1967, 39, 1833~1838.

[358] 鹿洪亮，赵明月，刘惠民，等，全二维气相色谱/质谱的原理和应用综述［J］．烟草科技，2005，3:22–25.

[359] 刘星，王震，马新东，等，柴油的指纹提取及基于指纹信息的层次聚类分析［J］．环境污染源防治，2011，33（12）：18–22.

[360] 韩彬，郑立，宋转玲，等，七种成品油中多环芳烃指纹特征与鉴别［J］．西安石油大学学报（自然科学版），2012，27（6）：100–104.

[361] 许国旺，叶芬，孔宏伟等．全二维气相色谱技术及其进展［J］．色谱，2001. 19（2）: 132–136.

[362] 阮春礼，叶芬，孔宏伟，等．石油样品全二维气相色请分析的分离特性［J］．分析化学 .2002. 30（5）: 548–551.

[363] Frysinger, G. S. Gaines R.B.. Separation and Identification of Petroleum Biomarkers by Comprehensive Two-Dimensional Gas Chromatography [J]. Journal of Separation Science, 2001, 24 (2): 87–96.

[364] 牛鲁娜，刘泽龙，周建，等．全二维气相色谱–飞行时间质谱分析焦化柴油中饱和烃的分子组成［J］．色谱，2014，(11):1236–1241.

[365] Briker Y, Ring Z, Iacchelli A, et al. Diesel Fuel Analysis by GC-FIMS : Aromatics, N-Paraffins, and Isoparaffins [J]. Energy & Fuels, 2001, 15 (1):23–37.

[366] Briker Y, Ring Z, Iacchelli A, et al. Diesel fuel Analysis by GC-FIMS : Normal Paraffins, Isoparaffins, and Cycloparaffins. Energy & Fuels, 2001, 15 (4):996–1002.

[367] 徐延勤，祝馨怡，刘泽龙，等．固相萃取–气相色谱–飞行时间质谱测定柴油中烯烃的碳数分布［J］．石油学报（石油加工），2010，26（3):431–436

[368] 祝馨怡，刘泽龙，徐延勤，等．气相色谱–场电离高分辨飞行时间质谱在柴油详细组成分析中的应用［J］．石油学报（石油加工），2010，(2):277–282.

[369] 路鑫，武建芳，吴建华，等．全二维气相色谱/飞行时间质谱用于柴油组成的研究［J］．色谱，2004，22（1):5–11.

[370] ．王乃鑫，刘泽龙，祝馨怡，等．气相色谱–飞行时间质谱联用仪测定柴油烃类分子组成的馏程分布［J］．石油炼制与化工，2015，(1):89–96.

[371] 蒋婧婕，刘颖荣，刘泽龙，等．气相色谱–场电离飞行时间质谱测定中间馏分油中链烷烃的形态分布［J］．分析化学，2016，(03):416–422.

[372] 邢金仙，刘晨光．FCC柴油中硫、氮化合物的馏分和类型分布［J］．石油与天然气化工，2003，(04):246–248.

[373] 杨永坛，杨海鹰，陆婉珍．催化柴油中硫化物的气相色谱–原子发射光谱分析方法及应用［J］．色谱，2002，20（6）：493~497.

[374] 杨永坛，王征，杨海鹰，等．气相色谱法测定催化柴油中硫化物类型分布及数据对比［J］．分析化学，2005，33(11)：1517~1521.

[375] 吴群英，刘颖荣，达志坚等．GC-FID/MS技术应用于苯并噻吩催化裂化转化规律的研究［J］．石油学报（石油加工），2013，(04):562–568.

[376] 刘明星，李颖，刘泽龙．色谱–三重四级杆质谱定量分析深度加氢脱硫柴油中的二苯并噻吩类

化合物［J］. 石油学报（石油加工），2015，（05）:1103-1109.
［377］祝馨怡，刘泽龙，徐延勤，等. 气相色谱－场电离飞行时间质谱测定柴油馏分中含硫化合物的形态分布［J］. 石油学报（石油加工），2011，（05）:797-800.
［378］魏计春，齐邦峰，张会成. 催化柴油中含氮化合物的研究［J］. 化工科技，2010，18（1）:60-63.
［379］吴洪新，凌凤香，王少军，等. GC-AED 法研究催化裂化柴油中硫氮化合物［J］. 当代化工，2006，35（1）:7-10.
［380］董福英，孙传经，刘建华，程传格. 催化柴油中碱性氮化物的 GC/MS 分析. 山东科学，1992，5（1）：24-28.
［381］Adam F，Bertoncini F，Brodusch N et al. New Benchmark for Basic and Neutral Nitrogen Compounds Speciation in Middle Distillates Using Comprehensive Two-Dimensional Gas Chromatography［J］. Journal of Chromatography A，2007，1148（1）:55-64.
［382］谢园园，花磊，陈平等. 气相色谱－单光子电离飞行时间质谱的联用及在柴油组分表征中的应用［J］. 色谱，2015，（02）:188-194.
［383］史权. 重油催化裂化柴油中酚类化合物的分离与鉴定［J］. 石油大学学报（自然科学版），2000，24（6）：18-24.
［384］邵伟，苟爱仙，董平，探讨薄层色谱在窄馏分重油族组成分析中的应用［J］. 分析实验室，2008，27（B12）:178-180.
［385］Sarowha S L S，Sharma B K，Sharma C D，et al. Compositional Studies on Gas Oil Fractions Using High-Performance Liquid Chromatography［J］. Fuel，1996，75（11）:1323-1326.
［386］Smith R D，Udseth H R，Kalinoski H T. Capillary Supercritical Fluid Chromatography/Mass Spectrometry With Electron Impact Ionization［J］. Analytical Chemistry，1984，56（14）:2971-2973.
［387］Odebunmi E，Adeniyi S，Infrared And Ultraviolet Spectrophotometric Analysis Of Chromatographic Fractions Of Crude Oils And Petroleum Products［J］. Bulletin of the Chemical Society of Ethiopia，2010，21（1）:135-140.
［388］李勇志，邓先梁，俞惟乐. 同步荧光光谱法监测按芳环数分离重质油中的芳烃［J］. 燃料化学学报，1998，26（3）：280-284.
［389］刘丰秋，王京，田松柏. 核磁共振分析技术在重油表征中的研究进展［J］. 分析测试学报，2007，26（6）：933-939.
［390］李诚炜，刘泽龙，田松柏. GC/MS 测定 VGO 馏分烃类组成及沸点分布研究［J］. 石油炼制与化工，2008，38（10）:58-63.
［391］张正红，田松柏，刘泽龙，等. 超声包合法分离测定重质油中链烷烃和环烷烃［J］. 西安石油大学学报（自然科学版），2006，21（5）:68-71.
［392］周建，郭琨，田松柏等. 全二维气相色谱－飞行时间质谱法分析表征重馏分油中多环芳烃化合物［J］. 石油炼制与化工，2012，（10）:97-102.
［393］郭琨，周建，刘泽龙. 全二维气相色谱－飞行时间质谱联用技术分析重馏分油中芳烃组成［J］. 色谱，2012，（02）:128-134.
［394］祝馨怡，刘泽龙，田松柏，等. 重馏分油烃类碳数分布的气相色谱－场电离飞行时间质谱测定［J］. 石油学报（石油加工），2012，28（03）:426-431.
［395］王乃鑫，刘泽龙，祝馨怡，等. 质谱技术研究加氢裂化尾油链烷烃结构组成［J］. 石油炼制与化工，2014，（05）:94-100.
［396］陈菲，刘颖荣，王乃鑫，等. 加氢裂化产品分子组成特点及其随转化深度的变化规律研究［J］. 石油炼制与化工，2015，（04）:103-109.
［397］赵丽萍，田松柏，刘泽龙，等. 新型柱色谱分离法在塔河减压馏分油分离中的应用［J］. 石油炼制与化工，2015，（03）:84-91.

[398] 王乃鑫，刘泽龙，汪燮卿，等. 气相色谱－飞行时间质谱表征馏分油芳烃分子组成的馏程分布[J]. 石油化工，2015，(11):1388-1395.

[399] Schaub T M, Rodgers R P, Marshall A G , et al. Speciation of Aromatic Compounds in Petroleum Refinery Streams By Continuous Flow Field Desorption Ionization FT-ICR Mass Spectrometry [J]. Energy & Fuels , 2005, 19 (4):1566-1573 .

[400] Mah é L, Dutriez T, Courtiade M, et al. Global Approach For The Selection of High Temperature Comprehensive Two-Dimensional Gas Chromatography Experimental Conditions and Quantitative Analysis in Regards to Sulfur-Containing Compounds in Heavy Petroleum Cuts [J]. Journal of Chromatography A, 2011, 1218 (3):534-544.

[401] Vila B M F, Vaz B G, Pereira R, et al. Comprehensive Chemical Composition of Gas Oil Cuts Using Two-Dimensional Gas Chromatography with Time-of-Flight Mass Spectrometry and Electrospray Ionization Coupled to Fourier Transform Ion Cyclotron Resonance Mass Spectrometry [J]. Energy & Fuels, 2012, 26 (8):5069-5079.

[402] 李振广，冯子辉，宋桂侠，等. 松辽盆地原油芳烃分布、组成特征与原油类型划分. 石油与天然气地质. 2005，26 (4):494-500.

[403] Hauser A, Shti H, Khan Z H, et al. Identification of Biomarker Compounds in Selected Kuwait Crude Oils [J]. Fuel, 1999, 78 (12):1483-1488.

[404] Yang C, Wang Z D, Hollebone B P, et al. GC/MS Quantitation of Diamondoid Compounds in Crude Oils and Petroleum Products [J]. Environmental Forensics, 2006, 7 (4):377-390.

[405] Peters K E, Scheuerman G L, Lee C Y, et al. Effects of Refinery Processes On Biological Markers [J]. Energy Fuels, 1992, 6(5):560-577.

[406] 王楼明等. GC/MS 法测定润滑油基础油中多环芳烃 [J]. 环境污染与防治，2009，32 (2):67-72.

[407] Fu J, Kim S, Rodgers R P, et al. Nonpolar Compositional Analysis of Vacuum Gas Oil Distillation Fractions by Electron Ionization Fourier Transform Ion Cyclotron Resonance Mass Spectrometry [J]. Energy & Fuels , 2006, 20:661-667.

[408] Stanford L A, Kim S, Rodgers R P, et al. Characterization of Compositional Changes In Vacuum Gas Oil Distillation Cuts By Electrospray Ionization Fourier Transform Ion Cyclotron Resonance (FT-ICR) Mass Spectrometry [J]. Energy & Fuels , 2006, 20 (4):1664-1673.

[409] Liu P, Shi Q, Pan N, et al. Distribution of Sulfides and Thiophenic Compounds In VGO Subfractions: Characterized by Positive-Ion Electrospray Fourier Transform Ion Cyclotron Resonance Mass Spectrometry [J]. Energy & Fuels, 2011, 25 (7):3014-3020.

[410] 管翠诗，王玉章，丁洛，等. 溶剂萃取法分离沙特中质原油 VGO 及其硫分布规律 [J]. 石油学报（石油加工），2014，(01):38-46.

[411] 王威，刘颖荣，刘泽龙，等. 减压馏分油（VGO）中噻吩类硫化物的沸点分布 [J]. 石油学报（石油加工），2016，(03):514-522.

[412] Hsu C S, Liang Z, Campana J E. Hydrocarbon Characterization by UltraHigh Resolution Fourier Transform Ion Cyclotron Resonance Mass Spectrometry [J]. Analytical Chemistry, 1994, 66 (6): 850-5.

[413] Tose L V, Cardoso F M R, Fleming F P, et al. Analyzes of Hydrocarbons by Atmosphere Pressure Chemical Ionization FT-ICR Mass Spectrometry Using Isooctane As Ionizing Reagent [J]. Fuel, 2015, 153 (3):46-54.

[414] Schaub T M, Hendrickson C L, Qian K, et al. High-Resolution Field Desorption/Ionization Fourier Transform Ion Cyclotron Resonance Mass Analysis of Nonpolar Molecules [J]. Analytical Chemistry, 2003, 75 (9): 2172-6.

[415] Duan P, Qian K, Habicht S C, et al. Analysis of Base Oil Fractions by ClMn (H_2O) + Chemical

Ionization Combined with Laser-Induced Acoustic Desorption/Fourier Transform Ion Cyclotron Resonance Mass Spectrometry [J] . Analytical Chemistry, 2008, 80 (6): 1847-53.

[416] Wu C, Qian K, Nefliu M, et al. Ambient Analysis of Saturated Hydrocarbons Using Discharge-Induced Oxidation in Desorption Electrospray Ionization [J] . Journal of American Society Mass Spectrometry, 2009, 21 (2): 261-7.

[417] Kahr M S, Wilkins C L. Silver Nitrate Chemical Ionization For Analysis Of Hydrocarbon Polymers By Laser Desorption Fourier Transform Mass Spectrometry [J] . Journal of American Society Mass Spectrometry, 1993, 4 (6): 453-60.

[418] Zhou X B, Zhang Y H, Zhao S Q, et al. Characterization of Saturated Hydrocarbons in Vacuum Petroleum Residua: Redox Derivatization Followed by Negative-Ion Electrospray Ionization Fourier Transform Ion Cyclotron Resonance Mass Spectrometry [J] . Energy & Fuels, 2014, 28 (1): 417-22.

[419] Zhou X, Zhao S, Shi Q. Quantitative Molecular Characterization of Petroleum Asphaltenes Derived Ruthenium Ion Catalyzed Oxidation Product by ESI FT-ICR MS [J] . Energy & Fuels, 2016, 30 (5): 3758-3767.

[420] Purcell J M, Hendrickson C L, Rodgers R P, et al. Atmospheric Pressure Photoionization Fourier Transform Ion Cyclotron Resonance Mass Spectrometry for Complex Mixture Analysis [J] . Analytical Chemistry, 2006, 78 (16): 5906-5912.

[421] 刘颖荣，刘泽龙，胡秋玲，等 . 傅里叶变换离子回旋共振质谱仪表征 VGO 馏分油中噻吩类含硫化合物 [J] . 石油学报（石油加工）, 2010, 26 (1):52-59.

[422] Purcell J M, Hendrickson C L, Rodgers R P, et al. Atmospheric Pressure Photoionization Proton Transfer for Complex Organic Mixtures Investigated by Fourier Transform Ion Cyclotron Resonance Mass Spectrometry [J] . Journal of American Society Mass Spectrometry, 2007, 18 (9): 1682-1689.

[423] Ahmed A, Choi C H, Choi M C, et al. Mechanisms Behind the Generation of Protonated Ions for Polyaromatic Hydrocarbons by Atmospheric Pressure Photoionization [J] . Analytical Chemistry, 2012, 84 (2): 1146-1151.

[424] Purcell J M, Merdrignac I, Rodgers R P, et al. Stepwise Structural Characterization of Asphaltenes during Deep Hydroconversion Processes Determined by Atmospheric Pressure Photoionization (APPI) Fourier Transform Ion Cyclotron Resonance (FT-ICR) Mass Spectrometry [J] . Energy & Fuels, 2010, 24: 2257-2265.

[425] Qian K, Edwards K E, Mennito A S, et al. Determination of Structural Building Blocks in Heavy Petroleum Systems by Collision-Induced Dissociation Fourier Transform Ion Cyclotron Resonance Mass Spectrometry [J] . Analytical Chemistry, 2012, 84 (10): 4544-4551.

[426] Panda S K, Brockmann K-J, Benter T, et al. Atmospheric Pressure Laser Ionization (APLI) Coupled with Fourier Transform Ion Cyclotron Resonance Mass Spectrometry Applied to Petroleum Samples Analysis: Comparison with Electrospray Ionization and Atmospheric Pressure Photoionization Methods [J] . Rapid Communications in Mass Spectrometry, 2011, 25 (16): 2317-2326.

[427] Roussis S G, ProulX R. Probing the Molecular Weight Distributions of Non-boiling Petroleum Fractions by Ag+ Electrospray Ionization Mass Spectrometry [J] . Rapid Communications in Mass Spectrometry, 2004, 18 (15): 1761-1775.

[428] Maziarz E P, Baker G A, Wood T D. Electrospray Ionization Fourier Transform Mass Spectrometry of Polycyclic Aromatic Hydrocarbons Using Silver (I) -Mediated Ionization [J] . Canadian Journal of Chemistry, 2005, 83 (11):1871-1877.

[429] Roussis S G, Proulx R. Molecular Weight Distributions of Heavy Aromatic Petroleum Fractions by Ag+ Electrospray Ionization Mass Spectrometry [J] . Analytical Chemistry, 2002, 74 (6): 1408-1414.

[430] Miyabayashi K, Naito Y, Tsujimoto K, et al. Structure Characterization of Polyaromatic Hydrocarbons in

Arabian Mix Vacuum Residue by Electrospray Ionization Fourier Transform Ion cyclotron Resonance Mass Spectrometry[J]. International Journal of Mass Spectrometry, 2004, 235 (1): 49–57.

[431] Lu J, Zhang Y, Shi Q. Ionizing Aromatic Compounds in Petroleum by Electrospray with $HCOONH_4$ as Ionization Promoter[J]. Analytical Chemistry, 2016, 88 (7): 3471–3475.

[432] 王子军，梁文杰，阙国和，等. 钌离子催化氧化法研究胜利减渣组分的化学结构［J］. 石油学报（石油加工），1997，13（04）：4–12.

[433] 王子军，梁文杰，阙国和，等. 钌离子催化氧化法研究大庆减渣组分的化学结构［J］. 燃料化学学报，1999，12（02）：7–14.

[434] 王子军，梁文杰，阙国和，等. 减压渣油中胶状沥青状物质的化学结构研究［J］. 石油学报（石油加工），1999，16（06）：39–46.

[435] 张占刚，郭绍辉，闫光绪，等. 大港减渣及其超临界萃取残渣沥青质中的桥接链和烷基侧链分布［J］. 化工学报，2007，21（10）：2601–2607.

[436] 张占刚，郭绍辉，闫光绪，等. 钌离子催化氧化法研究大港减压渣油组分化学结构［J］. 燃料化学学报，2007，14（05）：553–557.

[437] 张占刚，郭绍辉，赵锁奇，等. 大港减压渣油超临界萃取萃余残渣结构特性研究［J］. 燃料化学学报，2006，13（04）：427–433.

[438] 张占刚，郭绍辉，赵锁奇，等. 大港减压渣油超临界萃取残渣极性组分的化学结构特征［J］. 石油学报（石油加工），2007，14（04）：82–88.

[439] WILLEY C, IWAO M, CASTLE R N, et al. Determination of Sulfur Heterocycles in Coal Liquids and Shale Oils[J]. Analytical Chemistry, 1981, 53 (3): 400–407.

[440] Nishioka M. Aromatic Sulfur Compounds Other Than Condensed Thiophenes in Fossil Fuels: Enrichment and Identification [J]. Energy & Fuels, 1988, 2 (2): 214–9.

[441] Moschopedis S E, Parkash S, Speight J G. Thermal Decomposition of Asphaltenes[J]. Fuel, 1978, 57 (7): 431–434.

[442] M Ller H, Andersson J T, Schrader W. Characterization of High–Molecular–Weight Sulfur–Containing Aromatics in Vacuum Residues Using Fourier Transform Ion Cyclotron Resonance Mass Spectrometry[J]. Analytical Chemistry, 2005, 77 (8): 2536–2543.

[443] Liu P, Shi Q, Chung K H, et al. Molecular Characterization of Sulfur Compounds in Venezuela Crude Oil and Its SARA Fractions by Electrospray Ionization Fourier Transform Ion Cyclotron Resonance Mass Spectrometry[J]. Energy & Fuels, 2010, 24 (9): 5089–5096.

[444] Purcell J M, Juyal P, Kim D G, et al. Sulfur Speciation in Petroleum: Atmospheric Pressure Photoionization or Chemical Derivatization and Electrospray Ionization Fourier Transform Ion Cyclotron Resonance Mass Spectrometry[J]. Energy & Fuels, 2007, 21 (5): 2869–2874.

[445] Al–Hajji A, Muller H, Koseoglu O. Characterization of Nitrogen And Sulfur Compounds In Hydrocracking Feedstocks By Fourier Transform Ion Cyclotron Mass Spectrometry[J]. Oil & Gas Science and Technology–Revue de l' IFP, 2008, 63 (1): 115–128.

[446] Schrader W, Panda S K, Brockmann K J, et al. Characterization of Non–Polar Aromatic Hydrocarbons in Crude Oil Using Atmospheric Pressure Laser Ionization and Fourier Transform Ion Cyclotron Resonance Mass Spectrometry(APLI FT–ICR MS)[J]. Analyst, 2008, 133 (7): 867–869.

[447] Constapel M, Schellentr Ger M, Schmitz O, et al. Atmospheric–pressure Laser Ionization: A Novel Ionization Method For Liquid Chromatography/Mass Spectrometry[J]. Rapid Communications in Mass Spectrometry, 2005, 19 (3): 326–336.

[448] Schiewek R, Schellentr Ger M, M Nnikes R, et al. Ultrasensitive Determination Of Polycyclic Aromatic Compounds With Atmospheric–Pressure Laser Ionization As An Interface For GC/MS[J]. Analytical

Chemistry, 2007, 79 (11): 4135–4140.

[449] Hourani N, Muller H, Adam F M, et al. Structural Level Characterization of Base Oils Using Advanced Analytical Techniques[J]. Energy & Fuels, 2015, .

[450] Schaub T M, Rodgers R P, Marshall A G, et al. Speciation of Aromatic Compounds in Petroleum Refinery Streams by Continuous Flow Field Desorption Ionization FT–ICR Mass Spectrometry[J]. Energy & Fuels, 2005, 19 (4): 1566–1573.

[451] Lobodin V V, Juyal P, Mckenna A M, et al. Silver Cationization for Rapid Speciation of Sulfur–Containing Species in Crude Oils by Positive Electrospray Ionization Fourier Transform Ion Cyclotron Resonance Mass Spectrometry[J]. Energy & Fuels, 2014, 28 (1): 447–452.

[452] 刘晓丽. 渣油饱和分和芳香分中含硫化合物的分离与鉴定[D]. 北京：中国石油大学，2011.

[453] 刘晓丽，邓文安，崔文龙. 配位交换色谱法用于重油含硫化合物分离富集[J]. 化工进展，2011，(S1)：732–736.

[454] Ahmed A, Cho Y, Giles K, et al. Elucidating Molecular Structures of Nonalkylated and Short–Chain Alkyl (n<5, (CH2) n) Aromatic Compounds in Crude Oils by a Combination of Ion Mobility and Ultrahigh–Resolution Mass Spectrometries and Theoretical Collisional Cross–Section Calculations[J]. Analytical Chemistry, 2014, 86 (7): 3300–3307.

[455] Choudhary T V, Malandra J, Green J, et al. Towards Clean Fuels: Molecular–Level Sulfur Reactivity in Heavy Oils[J]. Angewandte Chemie International Edition, 2006, 45 (20): 3299–3303.

[456] Liu P, Shi Q, Pan N, et al. Distribution of Sulfides and Thiophenic Compounds in VGO Subfractions: Characterized by Positive–Ion Electrospray Fourier Transform Ion Cyclotron Resonance Mass Spectrometry[J]. Energy & Fuels, 2011, 25 (7): 3014–3020.

[457] Wang M, Zhao S, Chung K H, et al. Approach for Selective Separation of Thiophenic and Sulfidic Sulfur Compounds from Petroleum by Methylation/Demethylation[J]. Analytical Chemistry, 2015, 87 (2): 1083–1088.

[458] Bej S K, Dalai A K, Adjaye J. Comparison of hydrodenitrogenation of basic and nonbasic nitrogen compounds present in oil sands derived heavy gas oil[J]. Energy & Fuels, 2001, 15 (2): 377–83.

[459] 张长久，刘广林. 石油和石油产品中的非烃化合物[M]. 北京：中国石化出版社，1996.

[460] 李东胜，崔苗苗，刘洁. 石油中卟啉化合物的研究进展[J]. 化学工业与工程，2009，26 (4)：366–369.

[461] Roussis S G, Fedora J W. Quantitative Determination Of Polar And Ionic Compounds In Petroleum Fractions By Atmospheric Pressure Chemical Ionization And Electrospray Ionization Mass Spectrometry[J]. Rapid Communications in Mass Spectrometry, 2002, 16 (13): 1295–1303.

[462] Hughey. C A, Rodgers. R P, Marshall. A G, et al. Identification of Acidic NSO Compounds In Crude Oils Of Different Geochemical Origins By Negative Ion Electrospray Fourier Transform Ion Cyclotron Resonance Mass Spectrometry [J]. Organic Geochemistry, 2002, 33 (7):743–759.

[463] Shi Q, Hou D, Chung K H, et al. Characterization of Heteroatom Compounds in a Crude Oil and Its Saturates, Aromatics, Resins, and Asphaltenes (SARA) and Non–basic Nitrogen Fractions Analyzed by Negative–Ion Electrospray Ionization Fourier Transform Ion Cyclotron Resonance Mass Spectrometry[J]. Energy & Fuels, 2010, 24 (4): 2545–2553.

[464] Shi Q, Zhao S, Xu Z, et al. Distribution of Acids and Neutral Nitrogen Compounds in a Chinese Crude Oil and Its Fractions: Characterized by Negative–Ion Electrospray Ionization Fourier Transform Ion Cyclotron Resonance Mass Spectrometry[J]. Energy & Fuels, 2010, 24 (7): 4005–4011.

[465] Long H, Shi Q, Pan N, et al. Characterization of Middle–Temperature Gasification Coal Tar. Part 2: Neutral Fraction by Extrography Followed by Gas Chromatography–Mass Spectrometry and Electrospray Ionization Coupled with Fourier Transform Ion Cyclotron Resonance Mass Spectrometry[J]. Energy &

Fuels, 2012, 26 (6): 3424–3431.

[466] Shi Q, Pan N, Long H, et al. Characterization of Middle–Temperature Gasification Coal Tar. Part 3: Molecular Composition of Acidic Compounds [J]. Energy & Fuels, 2012, 27 (1): 108–117.

[467] Zhang Y, Zhao H, Shi Q, et al. Molecular Investigation of Crude Oil Sludge from an Electric Dehydrator [J]. Energy & Fuels, 2011, 25 (7): 3116–3124.

[468] Zhang Y, Xu C, Shi Q, et al. Tracking Neutral Nitrogen Compounds in Subfractions of Crude Oil Obtained by Liquid Chromatography Separation Using Negative–Ion Electrospray Ionization Fourier Transform Ion Cyclotron Resonance Mass Spectrometry [J]. Energy & Fuels, 2010, 24 (12): 6321–6326.

[469] Zhang Y, Shi Q, Li A, et al. Partitioning of Crude Oil Acidic Compounds into Subfractions by Extrography and Identification of Isoprenoidyl Phenols and Tocopherols [J]. Energy & Fuels, 2011, 25 (11): 5083–5089.

[470] 张娜，赵锁奇，史权，等.高分辨质谱解析委内瑞拉奥里常渣减黏反应杂原子化合物组成变化 [J].燃料化学学报, 2011, 39 (01): 37–41.

[471] Zhang T, Zhang L, Zhou Y, et al. Transformation of Nitrogen Compounds in Deasphalted Oil Hydrotreating: Characterized by Electrospray Ionization Fourier Transform–Ion Cyclotron Resonance Mass Spectrometry [J]. Energy & Fuels, 2013, 27 (4):2952–2959.

[472] Klein G C, Rodgers R P, Marshall A G. Identification of Hydrotreatment–Resistant Heteroatomic Species in a Crude Oil Distillation Cut by Electrospray Ionization FT–ICR Mass Spectrometry [J]. Fuel, 2006, 85 (14–15):2071– 2080.

[473] Zhu X, Shi Q, Zhang Y, et al. Characterization of Nitrogen Compounds in Coker Heavy Gas Oil and Its Subfractions by Liquid Chromatographic Separation Followed by Fourier Transform Ion Cyclotron Resonance Mass Spectrometry [J]. Energy & Fuels, 2011, 25 (1): 281–287.

[474] Shi Q, Xu C, Zhao S, et al. Characterization of Basic Nitrogen Species in Coker Gas Oils by Positive–Ion Electrospray Ionization Fourier Transform Ion Cyclotron Resonance Mass Spectrometry [J]. Energy & Fuels, 2010, 24 (1): 563–569.

[475] 胡秋玲，刘颖荣，刘泽龙，等.电喷雾–傅立叶变换离子回旋共振质谱分析原油中的碱性氮化物 [J].分析化学，2010，38 (04)：564–568.

[476] Bae E, Na J–G, Chung S H, et al. Identification of about 30 000 Chemical Components in Shale Oils by Electrospray Ionization (ESI) and Atmospheric Pressure Photoionization (APPI) Coupled with 15 T Fourier Transform Ion Cyclotron Resonance Mass Spectrometry (FT–ICR MS) and a Comparison to Conventional Oil [J]. Energy & Fuels, 2010, 24 (4): 2563–2569.

[477] 张丽.减压渣油氮化物的分离与分析鉴定 [D].北京：中国石油大学，2011.

[478] Hughey C A, Rodgers R P, Marshall A G, et al. Acidic and Neutral Polar NSO Compounds In Smackover Oils of Different Thermal Maturity Revealed by Electrospray High Field Fourier Transform Ion Cyclotron Resonance Mass Spectrometry [J]. Organic Geochemistry, 2004, 35 (7): 863–880.

[479] Kim S, Stanford L A, Rodgers R P, Et Al. Microbial Alteration of The Acidic And Neutral Polar NSO Compounds Revealed by Fourier Transform Ion Cyclotron Resonance Mass Spectrometry [J]. Organic Geochemistry, 2005, 36 (8): 1117–1134.

[480] Hemmingsen P V, Kim S, Pettersen H E, Et Al. Structural Characterization and Interfacial Behavior of Acidic Compounds Extracted from A North Sea Oil [J]. Energy & Fuels, 2006, 20 (5): 1980–1987.

[481] Klein G C, Kim S, Rodgers R P, et al. Mass Spectral Analysis of Asphaltenes Ⅱ. Detailed Compositional Comparison of Asphaltenes Deposit to Its Crude Oil Counterpart for Two Geographically Different Crude Oils by ESI FT–ICR MS [J]. Energy & Fuels, 2006, 20 (5): 1973–1979.

[482] Mullins O C, Rodgers R P, Weinheber P, et al. Oil Reservoir Characterization Via Crude Oil Analysis

by Downhole Fluid Analysis in Oil Wells with Visible-Near-Infrared Spectroscopy and by Laboratory Analysis with Electrospray Ionization Fourier Transform Ion Cyclotron Resonance Mass Spectrometry [J]. Energy & Fuels, 2006, 20 (6): 2448-2456.

[483] Hughey C A, Galasso S A, Zumberge J E. Detailed Compositional Comparison of Acidic NSO Compounds in Biodegraded Reservoir and Surface Crude Oils by Negative Ion Electrospray Fourier Transform Ion Cyclotron Resonance Mass Spectrometry [J]. Fuel, 2007, 86 (5-6): 758-768.

[484] Ter V Inen M J, Pakarinen J M H, Wickstr M K, et al. Comparison of the Composition of Russian and North Sea Crude Oils and Their Eight Distillation Fractions Studied by Negative-Ion Electrospray Ionization Fourier Transform Ion Cyclotron Resonance Mass Spectrometry: The Effect of Suppression [J]. Energy & Fuels, 2007, 21 (1): 266-273.

[485] Barrow M P, Mcdonnell L A, Feng X, et al. Determination of the Nature Of Naphthenic Acids Present In Crude Oils Using Nanospray Fourier Transform Ion Cyclotron Resonance Mass Spectrometry: The Continued Battle Against Corrosion [J]. Analytical Chemistry, 2003, 75 (4):860-866.

[486] 史权，董智勇，张亚和，等. 石油组分高分辨质谱的数据处理 [J]. 分析测试学报，2008，34 (3):246-248.

[487] 史权，侯读杰，陆小泉，等. 负离子电喷雾 - 傅里叶变换离子回旋共振质谱分析辽河原油中的环烷酸 [J]. 分析测试学报. 2007，26 (1):317-320.

[488] 陆小泉，史权，赵锁奇，等. 碱液萃取前后原油中酸性化合物组成的高分辨质谱分析 [J]. 分析化学，2008，36 (05): 614-618.

[489] Smith D F, Rodgers R P, Rahimi P, et al. Effect of Thermal Treatment on Acidic Organic Species from Athabasca Bitumen Heavy Vacuum Gas Oil, Analyzed by Negative-Ion Electrospray Fourier Transform Ion Cyclotron Resonance (FT-ICR) Mass Spectrometry [J]. Energy & Fuels, 2009, 23 (1): 314-319.

[490] Smith D F, Rahimi P, Teclemariam A, et al. Characterization of Athabasca Bitumen Heavy Vacuum Gas Oil Distillation Cuts by Negative/Positive Electrospray Ionization and Automated Liquid Injection Field Desorption Ionization Fourier Transform Ion Cyclotron Resonance Mass Spectrometry [J]. Energy & Fuels, 2008, 22 (5): 3118-3125.

[491] Shi Q, Hou D, Chung K H, et al. Characterization of Heteroatom Compounds in a Crude Oil and Its Saturates, Aromatics, Resins, and Asphaltenes (SARA) and Non-basic Nitrogen Fractions Analyzed by Negative-Ion Electrospray Ionization Fourier Transform Ion Cyclotron Resonance Mass Spectrometry [J]. Energy & Fuels, 2010, 24 (4): 2545-2553.

[492] Shi Q, Zhao S, Xu Z, et al. Distribution of Acids and Neutral Nitrogen Compounds in a Chinese Crude Oil and Its Fractions: Characterized by Negative-Ion Electrospray Ionization Fourier Transform Ion Cyclotron Resonance Mass Spectrometry [J]. Energy & Fuels, 2010, 24 (7): 4005-4011.

[493] Shi Q, Pan N, Long H, et al. Characterization of Middle-Temperature Gasification Coal Tar. Part 3: Molecular Composition of Acidic Compounds [J]. Energy & Fuels, 2012, 27 (1): 108-117.

[494] 胡科，彭勃，林梅钦，等. 苏丹高酸值原油环烷酸分离及结构分析 [J]. 石油化工高等学校学报，2011，24 (04): 1-5.

[495] Terra L A, Filgueiras P R, Tose L V, et al. Petroleomics by Electrospray Ionization FT-ICR Mass Spectrometry Coupled To Partial Least Squares with Variable Selection Methods: Prediction of the Total Acid Number of Crude Oils [J]. Analyst, 2014, 139 (19): 4908-4916.

[496] Vaz B G, Silva R C, Klitzke C F, et al. Assessing Biodegradation in the Llanos Orientales Crude Oils by Electrospray Ionization Ultrahigh Resolution and Accuracy Fourier Transform Mass Spectrometry and Chemometric Analysis [J]. Energy & Fuels, 2013, 27 (3): 1277-1284.

[497] Tissot B P, Welte D H. Petroleum Formation And Occurrence [J]. 1984.

[498] HARVEY T G, MATHESON T W, PRATT K C. Chemical Class Separation Of Organics In Shale Oil By Thin-Layer Chromatography[J]. Analytical Chemistry, 1984, 56(8): 1277-1281.

[499] Regtop R A, Crisp P T, Ellis J. Chemical Characterization Of Shale Oil From Rundle, Queensland[J]. Fuel, 1982, 61(2): 185-192.

[500] Klesment I. Application of Chromatographic Methods In Biogeochemical Investigations: Determination Of The Structures Of Sapropelites By Thermal Decomposition [J]. Journal of Chromatography A, 1974, 91:705-713.

[501] Harvey T G, Matheson T W, Pratt K C, et al. Determination of Carbonyl Compounds In An Australian (Rundle) Shale Oil[J]. Journal of Chromatography A, 1985, 319:230-234.

[502] Latham D, Ferrin C, Ball J. Identification of Fluorenones in Wilmington Petroleum by Gas-Liquid Chromatography and Spectrometry[J]. Analytical Chemistry, 1962, 34(3): 311-313.

[503] Alhassan A, Andersson J T. Ketones in Fossil Materials—A Mass Spectrometric Analysis of a Crude Oil and a Coal Tar[J]. Energy & Fuels, 2013, 27(10): 5770-5778.

[504] Alhassan A, Andersson J T. Effect of Storage and Hydrodesulfurization on the Ketones in Fossil Fuels[J]. Energy & Fuels, 2015, 29(2):724-733.

[505] 祁鲁梁，郎纫赤，汪燮卿．我国一些原油中镍卟啉化合物初步研究[J]．石油学报，1981，2(4): 107-116.

[506] Marshall A G, Rodgers R P. Petroleomics: The Next Grand Challenge For Chemical Analysis[J]. Accounts of Chemical Research, 2004, 37(1): 53-59.

[507] Van Berkel G J, Mcluckey S A, Glish G L. Electrospray Ionization Of Porphyrins Using A Quadrupole Ion Trap For Mass Analysis [J]. Analytical Chemistry, 1991, 63(11): 1098-1109.

[508] Van Berkel G J, Quinones M A, Quirke J M E. Geoporphyrin Analysis Using Electrospray Ionization-Mass Spectrometry [J]. Energy & Fuels, 1993, 7(3): 411-419.

[509] Van Berkel G J, Zhou F. Chemical Electron-Transfer Reactions in Electrospray Mass Spectrometry: Effective Oxidation Potentials of Electron-Transfer Reagents in Methylene Chloride[J]. Analytical Chemistry, 1994, 66(20): 3408-3415.

[510] Rodgers R P, Hendrickson C L, Emmett M R, et al. Molecular Characterization Of Petroporphyrins In Crude Oil By Electrospray Ionization Fourier Transform Ion Cyclotron Resonance Mass Spectrometry[J]. Canadian Journal of Chemistry, 2001, 79(5-6): 546-551.

[511] Zhao X, Liu Y, Xu C, et al. Separation and Characterization Of Vanadyl Porphyrins In Venezuela Orinoco Heavy Crude Oil[J]. Energy & Fuels, 2013, 27(6): 2874-2882.

[512] Zhao X, Shi Q, Gray M R, et al. New Vanadium Compounds in Venezuela Heavy Crude Oil Detected by Positive-ion Electrospray Ionization Fourier Transform Ion Cyclotron Resonance Mass Spectrometry[J]. Scientific Reports, 2014, 4(4):5373.

[513] Qian K, Mennito A S, Edwards K E, et al. Observation of Vanadyl Porphyrins And Sulfur-Containing Vanadyl Porphyrins in a Petroleum Asphaltene By Atmospheric Pressure Photonionization Fourier Transform Ion Cyclotron Resonance Mass Spectrometry [J]. Rapid Communications in Mass Spectrometry, 2008, 22(14): 2153-2160.

[514] Qian K, Edwards K E, Mennito A S, et al. Enrichment, Resolution, and Identification of Nickel Porphyrins in Petroleum Asphaltene by Cyclograph Separation and Atmospheric Pressure Photoionization Fourier Transform Ion Cyclotron Resonance Mass Spectrometry[J]. Analytical Chemistry, 2009, 82(1): 413-419.

[515] Bhatia B M L, Goyal B S, Aswal D S, et al. Structural Characterization Of Vgos From Western Regioncrudes By NMR Spectrometry [J]. Petroleum Science And Technology, 2003, 21(1-2):125-132.

[516] Sarpal A S, Kapur G S, Chopra A, et al. Hydrocarbon Characterization Of Hydrocracked Base Stocks By One–And Two–Dimensional NMR Spectrometry[J]. Fuel, 1996, 75(4):483–490.

[517] Sarpal A S, Kapur G S, Mukherjee S, et al. Characterization by ^{13}C–NMR Spectrometry of Base Oils Producted by Different Processes[J]. Fuel, 1997, 76(10):931–937.

[518] Sarpal A S, Kapur G S, Bansal V, et al. Direct Estimation of Aromatic Carbon (Ca) Content of base oils by ^{1}H–l NMR spectrometry[J]. Petroleum Science And Technology, 1998, 16(7–8):851–868.

[519] Mäkelä V, Karhunen P, Siren S, et al. Automating the NMR Analysis Of Base Oils: Finding Naphthene Signals[J]. Fuel, 2013, 111(9):543–554.

[520] Kurashova E K, Musayev I A, Smirnov M B, et al. Hydrocarbons of Khar' yag Crude Oil[J]. Petroleum Chemistry USSR, 1989, 29(3):206–220.

[521] Ai–Zaid K, Khan Z H, Hauser A, et al. Composition of High Boiling Petroleum Distillates Of Kuwaiti Crude Oils[J]. Fuel, 1998, 77(5):453–458.

[522] Ali F, Khan Z H, Ghaloum N. Structural Studies of Vacuum Gas Oil Distillate Fractions Of Kuwaiti Crude Oil By Nuclear Magnetic Resonance [J].Energy & Fuels, 2004, 18(6):1798–1805.

[523] Hauser A, Al–Humaidan F, Al–Rabiah H. NMR Investigations On Products From Thermal Decomposition Of Kuwaiti Vacuum Residues [J]. Fuel, 2013, 113: 506–515.

[524] Hauser A, AlHumaidan F S, Ali Al–Rabiah H, et al. Study on Thermal Cracking Of Kuwaiti Heavy Oil (Vacuum Residue) And Its SARA Fractions By NMR Spectroscopy[J]. Energy & Fuels, 2014, 28(7):4321–4332.

[525] Merdrignac I, Quoineaud A A, Gauthier T. Evolution of Asphaltene Structure During Hydroconversion Conditions [J]. Energy & Fuels, 2006, 20(5): 2028–2036.

[526] Gauthier T, Danial–Fortain P, Merdrignac I, et al. Studies on the Evolution Of Asphaltene Structure During Hydroconversion Of Petroleum Residues [J]. Catalysis Today, 2008, 130(2): 429–438.

[527] Ali F A, Ghaloum N, Hauser A. Structure Representation of Asphaltene GPC Fractions Derived from Kuwaiti Residual Oils [J]. Energy & Fuels, 2006, 20(1): 231–238.

[528] Wandas R. Structural Characterization Of Asphaltenes from Raw And Desulfurized Vacuum Residue and Correlation Between Asphaltene Content and the Tendency of Sediment Formation in H–Oil Heavy Products[J]. Petroleum Science and Technology, 2007, 25(1–2): 153–168.

[529] Siddiqui M N. Catalytic Pyrolysis Of Arab Heavy Residue And Effects On The Chemistry Of Asphaltene [J]. Journal of Analytical and Applied Pyrolysis, 2010, 89(2): 278–285.

[530] 张会成，马波，孟雪松，等. NMR 波谱解析渣油组分的化学结构 [J]. 石油学报(石油加工), 2011, 27: 941–945.

[531] 孟雪松，陈琳，凌凤香，等. 核磁共振法研究渣油加氢生成油的结构变化 [J]. 石油化工高等学校学报, 2012, 25(4): 24–28.

[532] 王跃，张会成，凌凤香，等. 渣油加氢处理中沥青质组成和结构的变化研究 [J]. 石油炼制与化工, 2012, 43(7): 51–55.

[533] Sato S. The Development Of Support Program For The Analysis Of Average Molecular Structures By Personal Computer [J]. Sekiyu Gakkaishi, 1997, 40(1): 46–51.

[534] Artok L, Su Y, Hirose Y, et al. Structure and Reactivity of Petroleum–Derived Asphaltene [J]. Energy & Fuels, 1999, 13(2):287–296.

[535] Boduszynski M M. Composition of Heavy Petroleums. 1. Molecular Weight, Hydrogen Deficiency, and Heteroatom Concentration As A Function of Atmospheric Equivalent Boiling Point Up to 1400.Degree.F [J]. Energy & Fuels, 1987, 1(1):2–11.

[536] Boduszynski M M. Composition of Heavy Petroleum 2. Molecular Characterization. Energy & Fuels, 1988, 2(5):597–613.

[537] Altgelt K H, Boduszynski M M. Composition of Heavy Petroleums. 3. An Improved Boiling Point–Molecular Weight Relation [J] . Energy & Fuels, 1992, 6 (1):68–72.

[538] Boduszynski M M, Altgelt K H. Composition of Heavy Petroleums. 4. Significance of the Extended Atmospheric Equivalent Boiling Point (AEBP) Scale [J] . Energy & Fuels, 1992, 6 (1):72–76.

[539] Mckenna A M, Purcell J M, Rodgers R P, et al. Heavy Petroleum Composition. 1. Exhaustive Compositional Analysis Of Athabasca Bitumen HVGO Distillates By Fourier Transform Ion Cyclotron Resonance Mass Spectrometry: A Definitive Test of The Boduszynski Model [J] . Energy & Fuels, 2010, 24 (5):2929–2938.

[540] Mckenna A M, Blakney G T, Xian F, et al. Heavy Petroleum Composition. 2. Progression Of The Boduszynski Model To The Limit of Distillation By Ultrahigh– Resolution FT–ICR Mass Spectrometry[J] . Energy & Fuels, 2010, 24 (5):2939–2946.

[541] Mckenna A M, Donald L J, Fitzsimmons J E, et al. Heavy Petroleum Composition. 3. Asphaltene Aggregation [J] . Energy & Fuels, 2013, 27 (3):1246–1256.

[542] Mckenna A M, Marshall A G, Rodgers R P. Heavy Petroleum Composition. 4. Asphaltene Compositional Space [J] . Energy & Fuels, 2013, 27 (3):1257–1267.

[543] Podgorski D C, Corilo Y E, Nyadong L, et al. Heavy Petroleum Composition. 5. Compositional and Structural Continuum of Petroleum Revealed [J] . Energy & Fuels, 2013, 27 (3):1268–1276.

[544] Cho Y, Kim Y H, Kim S. Planar Limit–Assisted Structural Interpretation of Saturates/ Aromatics/ Resins/ Asphaltenes Fractionated Crude Oil Compounds Observed by Fourier Transform Ion Cyclotron Resonance Mass Spectrometry [J] . Analytical Chemistry, 2011, 83 (15):6068–6073.

[545] Hsu C S, Lobodin V V, Rodgers R P, et al. Compositional boundaries for fossil hydrocarbons [J] . Energy Fuels, 2011, 25:2174–2178.

[546] Cho Y, Na J G, Nho N S, et al. Application of Saturates, Aromatics, Resins, and Asphaltenes Crude Oil Fractionation for Detailed Chemical Characterization of Heavy Crude Oils by Fourier Transform Ion Cyclotron Resonance Mass Spectrometry Equipped with Atmospheric Pressure Photoionization [J] . Energy & Fuels, 2012, 26 (5): 2558–2565.

[547] Teraevaeinen M J, Pakarinen J M H, Wickstroem K, et al. Comparison of the Composition of Russian and North Sea Crude Oils and Their Eight Distillation Fractions Studied by Negative–Ion Electrospray Ionization Fourier Transform Ion Cyclotron Resonance Mass Spectrometry: The Effect of Suppression[J] . Energy & Fuels, 2007, 21:266–273.

[548] Gaspar A, Zellermann E, Lababidi S, et al. Characterization of Saturates, Aromatics, Resins, and Asphaltenes Heavy Crude Oil Fractions by Atmospheric Pressure Laser Ionization Fourier Transform Ion Cyclotron Resonance Mass Spectrometry [J] . Energy & Fuels, 2012, 26 (6):3481–3487.

[549] Cho Y, Witt M, Kim Y H, et al. Characterization of Crude Oils at the Molecular Level by Use of Laser Desorption Ionization Fourier–Transform Ion Cyclotron Resonance Mass Spectrometry [J] . Analytical Chemistry, 2012, 84 (20):8587–8594.

[550] Cho Y, Jin J M, Witt M, et al. Comparing Laser Desorption Ionization and Atmospheric Pressure Photoionization Coupled to Fourier Transform Ion Cyclotron Resonance Mass Spectrometry To Characterize Shale Oils at the Molecular Level [J] . Energy & Fuels, 2013, 27 (4):1830–1837.

[551] Klein G C, Angström A, Rodgers R P, et al. Use of Saturates/Aromatics/Resins/ Asphaltenes (SARA) Fractionation To Determine Matrix Effects in Crude Oil Analysis by Electrospray Ionization Fourier Transform Ion Cyclotron Resonance Mass Spectrometry [J] . Energy & Fuels, 2006, 20 (2):668–672.

[552] Zudkevitch D. Impercise Data Impacts Plant Design and Operation [J] Hydrocarbon Processing. 1975, 54 (3):97–103.

[553] 陈俊武，曹汉昌 . 催化裂化工艺与工程 [M] . 北京：中国石化出版社，1995 .

[554] Riazi M R，Daubert T E. Characterization Parameters For Petroleum Fraction [J] . Industry & Engineering Chemistry Research，1987，26（2）:755-759.

[555] Riazi M R，Daubert T E. Simplify Property Predictions [J] . Hydrocarbon Process，1980，59（3）: 115-116.

[556] Hill J B，Coats H B. The Viscosity Gravity Constant of Petroleum Lubricating Oil [J] . Industrial and Engineering Chemistry，1928，20:641-644.

[557] Riazi M R，Daubert T E. Prediction of petroleum fraction [J] . Industrial & Engineering Chemistry Process Design and Development，1980，19（2）:289-294.

[558] El-Hadi D，Bezzina M. Improved Empirical Correlation For Petroleum Fraction Composition Quantitative Prediction [J] . Fuel，2005，84:611-617.

[559] 刘四斌，田松柏，刘颖荣，等 . 基于常规物性的减压蜡油烃类组成预测研究 [J] . 石油炼制与化工，2007，38（9）:18-22.

[560] 刘四斌，田松柏，刘颖荣，等 . 渣油四组分含量预测研究 [J] . 石油学报（石油加工）2008，24（1）:95-100.

[561] Van Nes K，Van Westen H A. Aspects of the Constitution Of Mineral Oils [M] . New York：Elsevier Publishing Company，1951.

[562] Smittenberg J，Mulder D. Relationship Between Refraction，Density and Structure of Series of Homologous Hydrocarbons. 1 and 2. Empirical Formula for Refraction and Density at 20 ℃ of N-Alkanes And N-Alpha-Alkanes [J] . Journal of the Royal Netherlands Chemical Society，1948，67：813-825，826-838 .

[563] Altgelt K H. Composition and Analysis of Heavy Petroleum Fractions [M] . New York：Marcel Dekker，Inc，1994:161-174.

[564] J.A. 迪安，魏俊发 . 兰氏化学手册 [M] . 北京：科学出版社，2003.

[565] 张亚乐，徐博文，方嵩智，等 . 原油蒸馏过程中的数据协调与操作优化 [J] . 清华大学学报，自然科学版，1998，38（3）:49-53.

[566] Neurock M，Nigam A，Trauth D M，et al. Molecular Representation of Complex Hydrocarbon Feedstocks through Efficient Characterization and Stochastic Algorithms [J] . Science，1994，49（24）:4153-4177.

[567] 赵红铃，王凤坤，陈胜坤，等译 . 气液物性估算手册（原著第五版）[M] . 北京：化学工业出版社，2005.12:15-23.

[568] 赵雨霖 . 原油分子重构 [D] . 上海：华东理工大学 .2011.

[569] Riazi M R. Characterization and Properties of Petroleum Fractions（First Edition）[M] . Philadelphia，PA.2005:30-84.

[570] Gomez-Prado J，Zhang N，Theodoropoulos C. Characterization of Heavy Petroleum Fractions Using Modified Molecular-Type Homologous Series（MTHS）Representation [J] . Energy，2008，33（6）:974-987.

[571] Mohammad R Riazi，Taher A Al-Sahhaf. Physical Properties of n-Alkanes and n-Alkylhydrocarbons：Application to Petroleum Mixtures [J] . Engineering Chemistry Research，1995（34）: 4145-4148.

[572] 孟繁磊，周祥，郭锦标，等 . 异构烷烃的有效碳数与物性关联研究 [J] . 计算机与应用化学，2010，27（2）:1638-1642.

[573] Kudchadker A P.Zwolinskim B J.Vapor Pressures Boiling Points of Normal Alkanes，C_{21} To C_{100} [J] . Journal of Chemical and Engineering Data，1966，11:253-255.

[574] 梁文杰 . 石油化学 [M] . 东营：石油大学出版社，1995：150-151.

[575] 寿德清 . 我国石油馏分 10 种物性的预测方法 [J] . 炼油设计，1996，23（3）：39-49.

[576] 李长秀，王亚敏，周雅曼，等 . 汽油组成与辛烷值的分布关系研究 [J] . 原油及加工信息，2014，1:70-79.

[577] 刘颖荣，许育鹏，杨海鹰．汽油样品类型的模式识别研究与应用[J]．色谱，2004，22（5）：486-489.
[578] Adriaan Goossens. Prediction of the Hydrogen Content of Petroleum Fractions [J].Industrial & Engineering Chemistry Research, 1997, 36 (6):2500-2504.
[579] 陈红霞等．大庆混合蜡油氢含量关联式的推导[J]．油气田地面工程，2002，21（4）:37-37.
[580] Quann R J, Jaffe S B. Structure-oriented Lumping: Describing the Chemistry of Complex Hydrocarbon Mixtures[J]. Industrial & Engineering Chemical Research. 1992, 31 (11): 2483-2497.
[581] Quann R J, Jaffe S B. Building Useful Models of Complex Reaction Systems in Petroleum Refining [J]. Chemical Engineering Science, 1996, 51 (10): 1615-1635.
[582] Quann R J. Modeling the Chemistry of Complex Petroleum Mixtures [J]. Environmental Health Perspectives, 1999, 106 (6):1441-1448.
[583] Jaffe S B, Freund H, Olmstead W N. Extension of Structure-Oriented Lumping to Vacuum Residua [J]. Industrial & Engineering Chemistry Research, 2005, 44 (26): 9840-9852.
[584] 祝然．结构导向集总新方法构建催化裂化动力学模型及其应用研究[D]．上海：华东理工大学，2013.
[585] Peng B. Molecular Modelling Of Petroleum Processes[D]. Manchester: University of Manchester.1999.
[586] Zhang Y.A Molecular Approach For Characterization And Property Predicitions of Petroleum Mixtures With Applications to Refinery Modeling[D]. Manchester: University of Manchester.1999.
[587] Aye M M S, Zhang N. A Novel Methodology in Transforming Bulk Properties of Refining Streams Into Molecular Information [J].Chemical Engineering Science, 2005, 60 (23):6702-6717.
[588] Wu Y, Zhang N. Molecular Characterization of Gasoline and Diesel Streams [J]. Industrial & Engineering Chemistry Research, 2010, 49 (24):12773-12782.
[589] Wu Y, Zhang N. Molecular Management of Gasoline Stream[J].Chemical Engineering, 2009, 18: 749-754.
[590] Ahmad M I, Zhang N, Jobson M. Molecular Components-Based Representation of Petroleum Fractions [J]. Chemical Engineering Research and Design, 2011, 89 (4): 410-420.
[591] Pyl S P, Hou Z, Van Geem K M, et al. Modeling the Composition of Crude Oil Fractions Using Constrained Homologous Series [J]. Industrial & Engineering Chemistry Research, 2011, 50 (18): 10850-10858.
[592] 阎龙，王子军，张锁江，等．基于分子矩阵的馏分油组成的分子建模[J]．石油学报（石油加工），2012，28（2）：329-337.
[593] 侯栓弟，龙军，张楠．减压蜡油分子重构模型：I 模型建立[J]．石油学报（石油加工），2012，28（6）：889-894.
[594] 李洋，龙军，侯栓弟，等．减压蜡油分子重构模型：Ⅱ烃类组成模拟[J]．石油学报（石油加工），2013，29（1）：1-5.
[595] Be Hrenbruch P, Dedigama T. Classification and Characterisation of Crude Oils Based on Distillation Properties [J]. Journal of Petroleum Science & Engineering, 2007, 57 (1-2):166-180.
[596] Neurock M, Libanati C, Nigam A, et al. Monte Carlo Simulation of Complex Reaction Systems: Molecular Structure and Reactivity In Modelling Heavy Oils [J]. Chemical Engineering Science, 1990, 45 (8): 2083-2088.
[597] 牛莉丽，原油的熵最大化分子重构[D]．上海：华东理工大学，2011.
[598] Wei W, Bennett C A, Tanaka R, et al. Computer Aided Kinetic Modeling With KMT And KME [J]. Fuel Processing Technology, 2008, 89 (4):350-363.
[599] Khorasheha F, Khaledi R, Gray M R. Computer Generation Of Representative Molecules For Heavy

Hydrocarbon Mixtures [J] . Fuel, 1998, 77 (4):241-253.

[600] Hudebine D, Verstraete J J. Molecular Reconstruction Of LCO Gas Oils From Overall Petroleum Analyses [J] . Chemical Engineering Science, 2004, 59 (22-23): 4755-4763.

[601] Verstraete J J, Schnongs, P, Dulot H, et al. Molecular Reconstruction Of Heavy Petroleum Residue Fractions [J] . Chemical Engineering Science, 2009, (33):1016- 1047.

[602] Klein M T, Hou G, Bertolacini R J, et al. Molecular Modeling in Heavy Hydrocarbon Conversions [M] . New York: Taylor & Francis, 2006.

[603] 马法书，袁志涛，翁惠新 . 分子尺度的复杂反应体系动力学模拟：I 原料分子的 Monte Carlo 模拟 [J] . 化工学报, 2004, 54 (11): 1539-1545.

[604] 沈荣民，蔡军杰，江红波，等 . 延迟焦化原料油分子的蒙特卡罗模拟 [J] . 华东理工大学学报 (自然科学版), 2005, 36 (1):56-61.

[605] 欧阳福生，王磊，王胜，等 . 催化裂解过程分子尺度反应动力学模型研究 [J] . 高校化学工程学报，2008，22 (6):927-934.

[606] Pedersen K S, Blilie A L, Meisingset K K. PVT Calculations on Petroleum Reservoir Fluids Using Measured and Estimated Compositional Data for the Plus Fraction [J] . Industrial & Engineering Chemistry Research, 1992, 31 (5):1378-1384.

[607] Petti T F, Trauth D M, Stark S M, et al. CPU Issues in the Representation of the Molecular Structure of Petroleum Residua through Characterization, Reaction, and Monte Carlo Modeling [J] . Energy & Fuels, 1993, 8 (3):570-575.

[608] Trauth D M. Structure of Complex Mixtures Through Characterization, Reaction, and Modeling [D] . Newark: University of Delaware, 1990.

[609] 陆元鸿，数理统计方法 [M] . 上海：华东理工大学出版社，2005.

[610] Allen D T. Structural Models of Catalytic Cracking Chemistry [A] . Kinetic and Thermodynamic Lumping Of Multicomponent Mixtures [C] . Amsterdam: Elsevier Science Publishers, 1991:163-180.

[611] Campbell DM. Stochastic Modeling of Structure and Reaction in Hydrocarbon Conversion [D] . Newark: University of Delaware, 1998.

[612] Hudebine D. Reconstruction Moleculaire De Coupes Petrolieres [D] . Lyon: E' cole Normale Supe' rieure de Lyon, 2003 .

[613] Van Geem K M, Hudebine D, Reyniers M F , et al , Molecular Reconstruction Of Naphtha Steam Cracking Feedstocks Based on Commercial Indices [J] . Computers & Chemical Engineering , 2007, 31 (9):1020-1034.

[614] Hudebine D, Verstraete J J. Reconstruction of Petroleum Feedstocks by Entropy Maximization. Application to FCC Gasolines [J] . Oil & Gas Science and Technology Revue d' IFP Energies nouvelles, 2011, 66 (3): 437-460.

[615] Hudebine D, Verstraete J J. Statistical Reconstruction of Gas Oil Cuts [J] . Oil & Gas Science and Technology Revue d' IFP Energies nouvelles, 2011, 66 (3): 461-477.

[616] Ha Z, Liu S. Derivation of Molecular Representations of Middle Distillates [J] . Energy & Fuels, 2005, 19 (6):2378-2393.

[617] 徐春明，张霖宙，史权，等 . 石油炼化分子管理基础 [M] . 北京：科学出版社，2019.

[618] Alvarez-Majmutov A, Chen J, Gieleciak R, et al. Deriving the Molecular Composition of Middle Distillates by Integrating Statistical Modeling with Advanced Hydrocarbon Characterization[J] . Energy & Fuels, 2014, 28 (12):7385-7393.

[619] Verstraete J J, Schnongs, P, Dulot H, et al. Molecular Reconstruction of Heavy Petroleum Residue Fractions [J] . Chemical Engineering Science, 2010, 65 (1):304-312.

第三篇　信息加工技术

导读

通过化验分析（仪器分析）、分子重构技术获得的油气资源的性质、组成、结构等数据（信息），结合油气资源的化学性质、反应特性、反应机理等信息，以一定的方式方法形成相应的分子信息库、化学反应规则库，就可以构建相应的分子反应网络，从而实现加工过程的自动预测。

本篇着重介绍油气资源的化学性质、反应机理，并介绍石油及其馏分化合物的命名规则、分子信息如何分类、如何采用信息化进行描述，从而构建石油及其馏分的分析信息库。同时，在介绍石油加工过程所涉及的化学反应基础上，就如何构建化学反应规则库与分子反应网络做了相应的说明与介绍。

第一章　油气资源的化学性质

石油是由单个分子组成的复杂混合物，其分子可以分为烃类（链烷烃、环烷烃、烯烃、芳烃）、非烃类（含硫、含氮、含氧及含金属化合物）两大类。原油的重质化、劣质化以及环保要求的日益严格，对现有加工工艺的改进和优化组合、新工艺和新催化剂的开发以及高品质石油产品的生产等均提出了更高的要求。深入研究石油分子组成及其在各种加工过程（如催化裂化、加氢裂化及热转化）中的转化规律，对于加工工艺的改进、产品质量的提高以及满足严格的环保法规要求等均具有十分重要的作用。此外，研究石油的化学组成与其胶体性质的关系，不仅有利于改善重质油的加工过程，而且对石油的开采、储存和运输等也具有重要的指导意义。

深入研究石油中烃类、非烃类纯化合物分子的化学性质、反应机理与规律，可以大幅度降低直接研究石油馏分反应性的难度，也有助于提升石油混合物反应性的认识，有助于开发出用于适合石油加工新目的的新催化剂、新工艺，特别是用于开发反应动力学模型、模拟石油炼制过程。因此，针对纯化合物分子、新催化材料的反应性研究一直很热门。

第一节　烃类化合物及其反应性

石油炼制是石油分子在不同工艺条件下、在各种催化剂上发生不同化学反应的行为，即旧键的断裂和新键的形成。对于石油炼制过程中涉及的烃类分子的反应性能，已有大量研究基础，例如，Rodgers等[1]研究了汽煤柴油在储存、老化过程中化合物的变化规律，Ogbuneke等人[2]研究了热裂化过程的烃类变化规律，王威等人[3]则研究了指纹化合物在催化裂化条件下的转化规律等。

一、链烷烃分子及其反应性能

1.正构烷烃分子的化学结构及性能

以正辛烷为模型化合物，探讨了正构烷烃分子的结构特征及其在催化裂化、催化重整及热作用等条件下的反应性能。

（1）化学结构　正辛烷分子结构如图3-1所示。

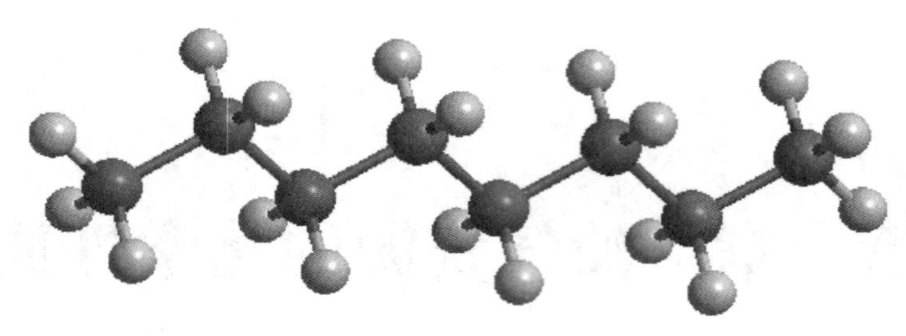

图3-1　正辛烷分子结构示意图

由于正辛烷分子结构的对称性，且左右两侧对称原子和化学键的性质相同，因此只需研究其一侧的结构即可。正辛烷分子结构中C_1~C_5的C—C键和C—H键键长、Mayer键级[4]、键能数据如表3-1所示。

表3-1　正辛烷分子C—C键和C—H键性质

化学键	键长/mm	键级	键能/（kJ/mol）
C_1—C_2	0.1527	1.021	413.3
C_2—C_3	0.1530	1.004	397.0
C_3—C_4	0.1529	1.003	399.4
C_4—C_5	0.1529	1.002	398.4
C_1—H	0.1101	0.953	454.3
C_2—H	0.1104	0.941	435.0
C_3—H	0.1106	0.937	436.1
C_4—H	0.1105	0.937	435.7

从表中数据可以看出，正辛烷分子C—C键中，端位的伯C—仲C键（αC—C键）键长最短、键级最大、键能最高，仲C—仲C键键能则较低。在仲C—仲C键中，β位C—C键键长最长、键能最低，其他位仲C—仲C键键长、键级、键能相差不大，均略高于β位C—C键。一般地，同类型的共价键，键长越长、键级越小、键能越低，键越容易断裂。故在正构烷烃分子中，相较于端位伯C—仲C键，仲C—仲C键键能更低，裂化活性更高，容易断裂。比较不同链长正构烷烃分子的C—C键键能，可见无论链长多少，分子中都是β位C—C键键能最低，最容易断裂。

在正辛烷分子的C—H键中，伯C—H键键长最短、键级最大、键能最高。由于仲C—H键较弱，相较于伯C—H键，更容易在酸中心作用下引发反应生成H_2，或在热作用下供出H自由基。

从表3-1中还可以看出，正辛烷分子C—H键键能区间为435~455kJ/mol，C—C键键能区间为397~414kJ/mol，C—H键键能要高于C—C键键能。这主要是因为C—C键的成键方式是sp^3-sp^3，C—H键的成键方式是sp^3-s，参与形成C—H键的s轨道成分比C—C键多，轨道重叠更多。因此，在正构烷烃分子中，通常优先发生C—C键的断裂，C—H键断裂则相对较难。

根据前线轨道理论[5]，分子的能级轨道中，被电子占据的能级最高的轨道称为最高占据分子轨道（HOMO），不被电子占据的能级最低的空轨道称为最低未占分子轨道

（LUMO）。HOMO和LUMO决定了分子的电子得失和电子转移能力，广泛应用于化学反应的研究中。

HOMO上的电子能量最高，最为活泼。分析不同链长正构烷烃分子的HOMO分布图可以得出，C_1~C_4小分子正构烷烃的HOMO分布类似，以丙烷为例，如图3–2（a）所示，主要分布在C—H键上，C_5~C_{25}正构烷烃分子HOMO分布类似；以正己烷为例，如图3–2（b）所示，主要分布在C—C键和端位C—H键上。因此，C_1~C_4小分子正构烷烃不易发生C—C键的断裂而生成更小的分子，C_5以上长链正构烷烃则较容易发生C—C键的断裂生成小分子烃类。

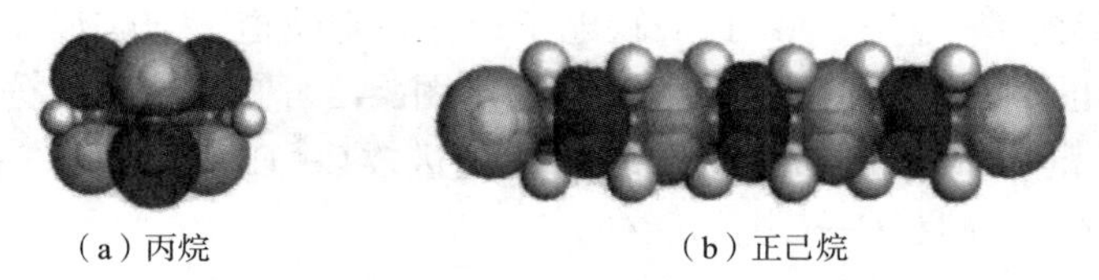
（a）丙烷　　（b）正己烷

图3–2　正构烷烃分子HOMO轨道分布图

分子HOMO与其自身LUMO之间的能量差被称为分子前线轨道能级差，分子的前线轨道能级差越小，电子跃迁越容易，分子的稳定性越低，反应活性就越高[6~8]。由图3–2可知，随着正构烷烃分子碳数的增加，分子的前线轨道能级差减小，分子活性增大。因此，碳链越长的烷烃越容易发生裂化。

（2）热作用下的反应性能　在热作用条件下，链烷烃分子主要是发生热裂解反应。根据Rice等[9, 10]提出的热裂解反应的自由基机理，链烷烃分子在热作用下会发生C—C键或C—H键的均裂，生成自由基。生成的自由基又会发生裂化、移位、脱氢，或者与其他自由基结合生成烷烃等一系列较为复杂的反应。

结合正辛烷分子的结构特征，研究其可能的热裂解反应路径，如图3–3所示。

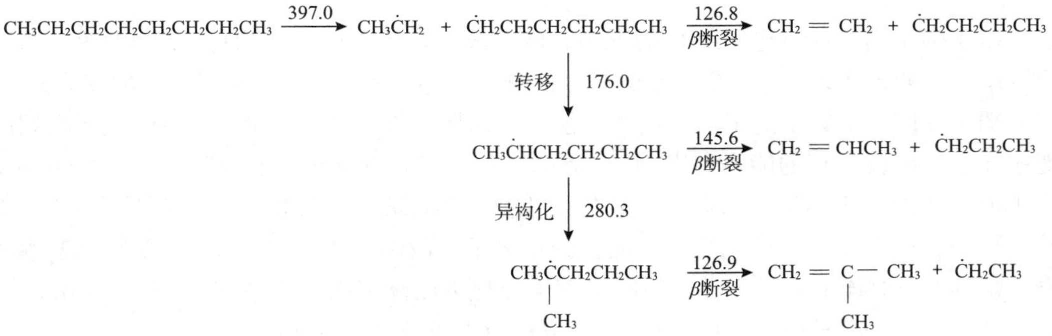

$$CH_3CH_2CH_2CH_2CH_2CH_2CH_2CH_3 \xrightarrow{397.0} CH_3\dot{C}H_2 + \dot{C}H_2CH_2CH_2CH_2CH_2CH_3 \xrightarrow[\beta断裂]{126.8} CH_2=CH_2 + \dot{C}H_2CH_2CH_2CH_3$$

转移 ↓ 176.0

$$CH_3\dot{C}HCH_2CH_2CH_2CH_3 \xrightarrow[\beta断裂]{145.6} CH_2=CHCH_3 + \dot{C}H_2CH_2CH_3$$

异构化 ↓ 280.3

$$CH_3\dot{C}(CH_3)CH_2CH_2CH_3 \xrightarrow[\beta断裂]{126.9} CH_2=C(CH_3)-CH_3 + \dot{C}H_2CH_3$$

图3–3　正辛烷分子热裂解反应路径（能垒单位：kJ/mol）

己基伯碳自由基发生β断裂生成乙烯和小分子自由基，反应能垒为126.8kJ/mol；发生自由基位移生成仲碳自由基后，仲碳自由基接着发生β断裂生成丙烯和小分子自由基，或发生异构化生成叔碳自由基。但由于位移反应的能垒为176.0kJ/mol，比己基伯碳自由基发生β断裂的能垒高，因此，位移反应及其后续的仲碳自由基β断裂或异构化反应都相对较难，而直接发生β断裂生成乙烯则相对较容易。另外，正辛烷分子从β位C—C键均裂产生的乙基自由基还可发生脱氢反应生成乙烯。因此，正构烷烃分子的热裂解产物中乙烯产量较多。

在正构烷烃分子中，端位的伯C—仲C键键能最高，热裂解条件下难以发生均裂生成甲基自由基，因此产物中甲烷含量相对较少。由于仲C—仲C键键能较低，容易裂化，在碳链越长的烷烃分子中，可裂化的仲C—仲C键越多，所以链烷烃分子碳链越长，越容易裂化。

（3）催化裂化条件下的反应性能　正构烷烃在酸催化下的反应遵循碳正离子反应机理，烷烃分子中的C—C键或C—H键与H^+发生质子化作用，生成三中心两电子的CHH或CHC五配位碳正离子，然后五配位碳正离子进一步发生断裂生成氢气或小分子烷烃和相应的三配位碳正离子[11]。由于H^+缺电子，存在空轨道，与烷烃作用时，烷烃分子HOMO轨道上的电子向H^+的LUMO轨道转移。由图3-2可知，正辛烷分子的HOMO轨道主要分布在C—C键和端位C—H键上，即H^+优先进攻C—C键或端位C—H键。图3-4计算了H^+进攻相应C—H键和C—C键的能垒。

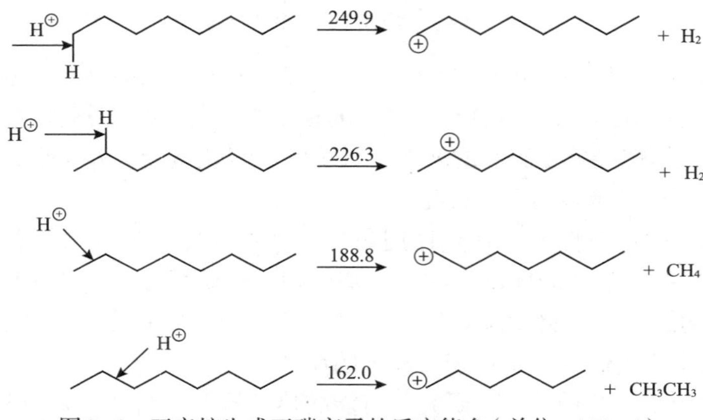

图3-4　正辛烷生成正碳离子的反应能垒（单位：kJ/mol）

由于碳正离子特殊电子结构的影响，碳正离子发生移位、异构化、β断裂等一系列后续反应，如果体系中存在供氢能力较强的分子，还可能发生夺取负氢离子的反应。

图3-5计算了碳正离子的后续反应能垒。由图可知，辛基伯碳正离子发生β断裂的能垒比发生电荷位移的能垒高出61.2kJ/mol，认为辛基伯碳正离子有限发生电荷位移反应生成辛基仲碳正离子。随后，辛基仲碳正离子可能发生β断裂反应生成丙烯和1个伯碳正离子，或者发生异构化反应生成叔碳正离子，叔碳正离子接着发生β断裂反应生成异丁烯和1个伯碳正离子。由于叔碳正离子裂化生成异丁烯的能垒较高（196.9kJ/mol），因此辛基仲碳正离子仍存在直接发生β断裂反应生成丙烯的可能性。

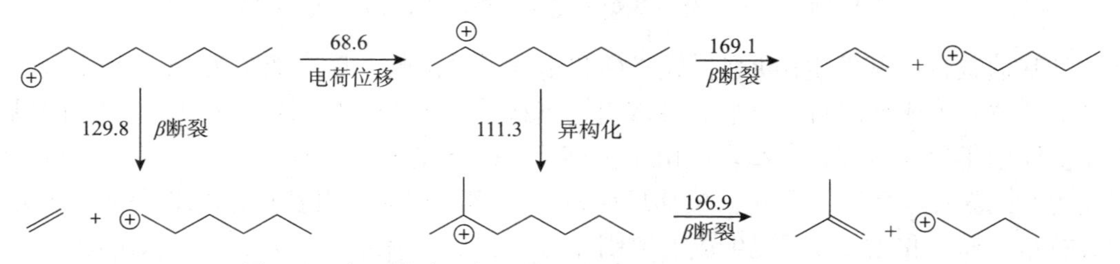

图3-5　辛基伯碳正离子的后续反应能垒（单位：kJ/mol）

庚基伯碳正离子和己基伯碳正离子的后续反应与辛基伯碳正离子相似。根据正构烷烃催化断裂反应路径可知，如需增产丙烯，可以促进β断裂反应，并抑制异构化反应的发生。

（4）催化重整条件下的反应性能　正构烷烃分子在催化重整条件下主要发生芳构化反应生成芳烃。选取正己烷为模型化合物，根据正己烷的结构特征研究了正己烷芳构化的反应路径。如图3-6所示。在正己烷分子中，仲C原子上的H比伯C原子上的H活泼，因此，在金属Pt活性中心上正己烷首先失去仲C原子上的H生成2-己烯；2-己烯分子中的双键与烯丙位的C—H键形成$\sigma-\pi$超共轭，使烯丙位C—H键比其他位置的C—H键更易断裂，脱除双键α位C原子上的负氢离子，生成不饱和的仲碳正离子；接着仲碳正离子发生电荷位移反应生成伯碳正离子；该伯碳正离子中心C原子带正电荷，易进攻电子云密度较高的双键C原子，从而发生分子内加成反应，环化生成五元环；五元环再接着发生电荷位移、扩环等反应生成环己烷；最后，环己烷在金属Pt活性中心上脱氢生成苯。

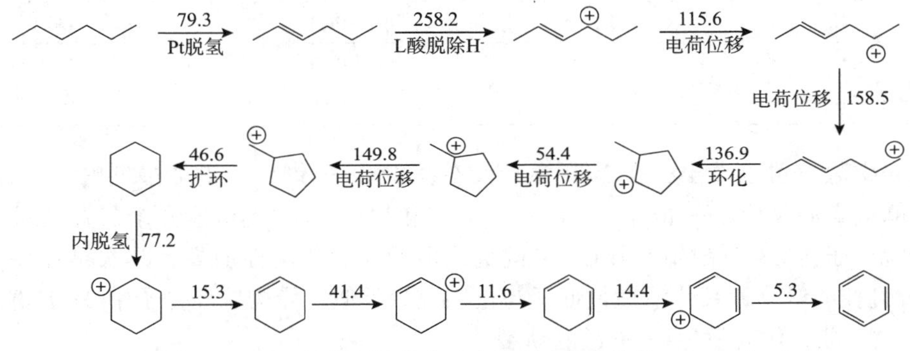

图3-6　正己烷分子芳构化反应路径（能垒单位：kJ/mol）

能垒数据表明，环烷烃脱氢生成芳构化的反应很容易发生，与环烷烃相比，正构烷烃分子需要先环化生成六元环烷烃，再芳构化才能生成相应的芳烃。因此，正构烷烃分子并不失催化重整的理想原料。

2.异构烷烃分子的化学结构及性能

异构烷烃分子结构与正构烷烃相类似，同样是由C—C键和C—H键组成的，最主要的区别在于异构烷烃分子中含有叔C原子，使其反应性能有所不同。以2-甲基庚烷为例，阐述异构烷烃分子的结构特征及其在催化裂化、催化重整及热作用等条件下的反应性能。

（1）化学结构　图3-7是2-甲基庚烷分子结构示意图，图中数字代表原子的编号。

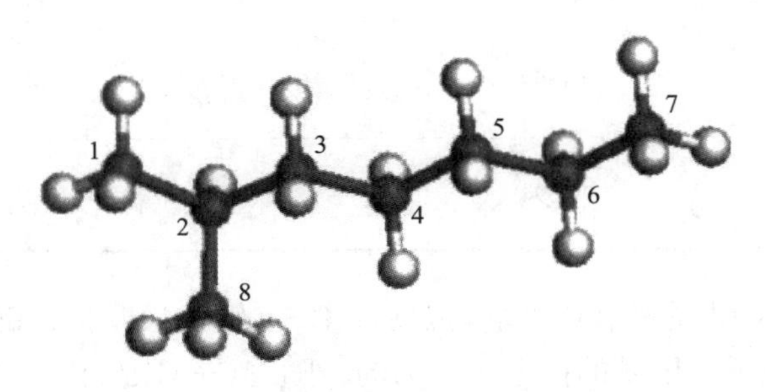

图3-7　2-甲基庚烷分子结构示意图

计算得出2-甲基庚烷分子的C—C键和C—H键键长、Mayer键能、键能数据列于表3-2。

表3-2　2-甲基庚烷分子C—C键和C—H键性质

化学键	键长/mm	键级	键能/（kJ/mol）
C_1—C_2	0.1532	1.009	395.7
C_2—C_3	0.1537	0.986	379.4
C_3—C_4	0.1530	1.004	398.1
C_4—C_5	0.1530	1.001	397.1
C_6—C_7	0.1528	1.022	413.5
C_2—C_8	0.1532	1.006	394.8
C_1—H	0.1102	0.948	455.5
C_2—H	0.1106	0.930	420.5
C_3—H	0.1104	0.937	436.1
C_4—H	0.1105	0.936	435.6
C_7—H	0.1101	0.953	454.5

从表中数据可以看出，在2-甲基庚烷分子的C—C键中，键能最低的是叔C—仲C键，键能最高的是伯C—仲C键，仲C—仲C键和叔C—伯C键键能介于二者之间。在2-甲基庚烷分子的C—H键中，叔C—H键键能最低，裂化活性最高，其次是仲C—H键，伯C—H键佳能最高，裂化活性最低。与正构烷烃类似，异构烷烃分子中C—H键键能高于C—C键键能，优先发生C—C键的断裂。

与正构烷烃分子相比，异构烷烃分子中多了一个烷基取代基，与烷基取代基相邻的C—C键键能都降低了。进一步研究去取代基数量对C—C键的影响，结果列于表3-3。

表3-3　取代基数量对C—C键的影响

分子	键长/mm	键级	键能/（kJ/mol）
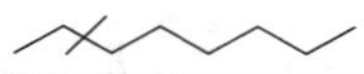	0.1530	1.004	397.0
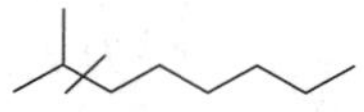	0.1538	0.986	379.2
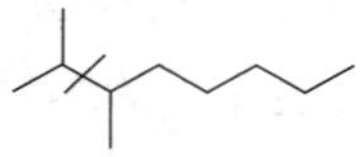	0.1552	0.973	353.4
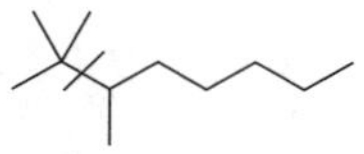	0.1569	0.951	331.6
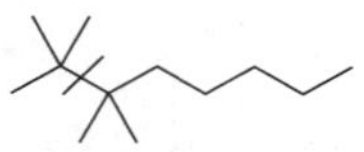	0.1594	0.931	300.4

随着所考察C—C键周围甲基数量的增加，C—C键键长变长，键级减小，键能降低。这是因为相比于H原子，甲基的供电子能力弱，随着C—C键周围的H原子逐渐被甲基取代，C—C键间电子云密度降低，键能降低，而裂化活性增强。

（2）热作用下的反应性能 与正构烷烃类似，异构烷烃分子在热作用下同样发生热裂解反应。由于异构烷烃分子中叔C—仲C键最弱，其裂化活性最高，因此异构烷烃分子的热裂解反应第一步是优先断裂叔C—仲C键生成1个仲碳自由基和1个伯碳自由基。由正构烷烃分子热裂解反应路径可知，伯碳自由基可能发生位移反应生成仲碳自由基，或发生β断裂反应生成乙烯等；仲碳自由基可能发生β断裂反应或异构化反应，或者与H自由基、小分子自由基结合发生链终止反应。由于异构烷烃分子取代基的影响，异构烷烃分子在热作用下生成的乙烯较正构烷烃少，反应路径如图3-8所示。

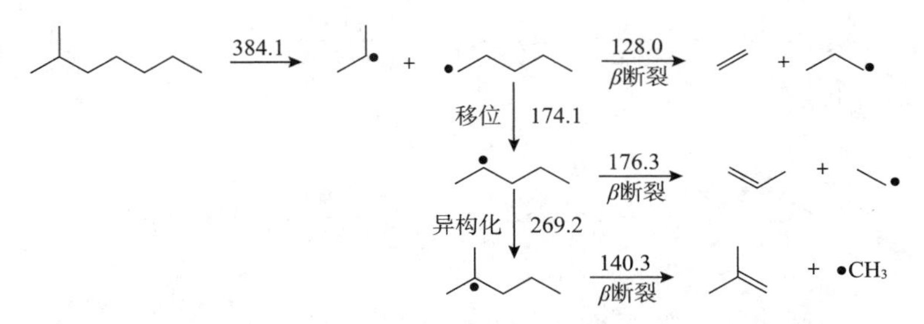

图3-8 2-甲基庚烷分子热裂解反应路径（能垒单位：kJ/mol）

（3）催化裂化条件下的反应性能 与正构烷烃类似，首先异构烷烃分子在H^+作用下生成碳正离子。由图3-9可以看出，2-甲基庚烷分子的HOMO轨道主要分布在C—C键和端位C—H键上，这些位置优先受到H^+的进攻。结合键能数据可知，叔C—H键和叔C—仲C键较弱，因此计算了H^+进攻C—H键、叔C—H键和叔C—仲C键的反应能垒，如图3-10所示。与正辛烷相比，2-甲基庚烷分子中存在更弱的叔C—H键，H^+进攻叔C—H键生成H_2的反应更容易发生。生成的带支链碳正离子由于其特殊的结构，可能会发生β断裂、电荷位移、异构化等后续反应，如图3-11所示。根据反应路径可以促进生成丙烯的反应而抑制其他副反应发生，为催化裂化多产丙烯提供思路。

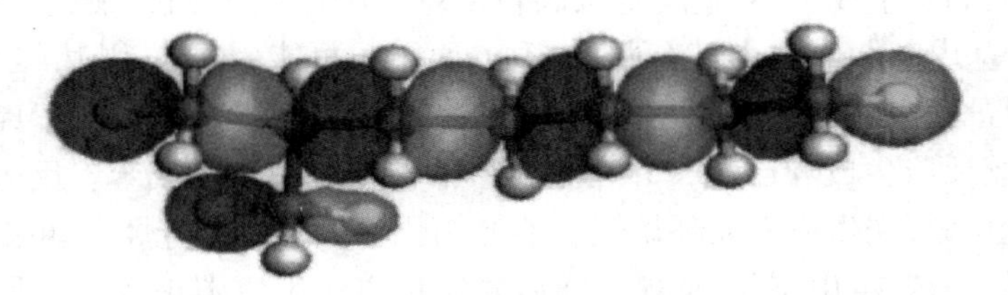

图3-9 2-甲基庚烷分子的HOMO轨道示意图

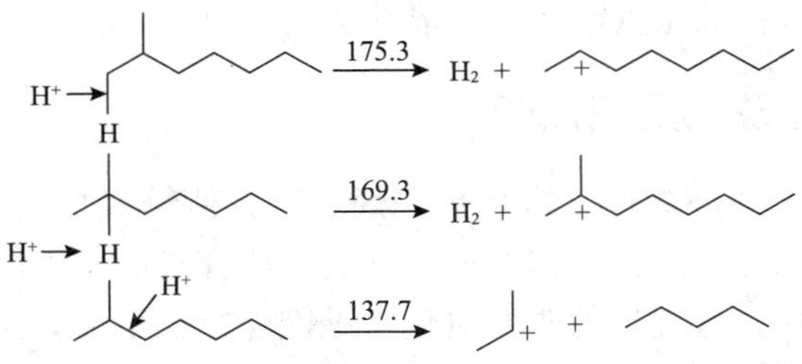

图3-10 2-甲基庚烷分子生成碳正离子的反应能垒（单位：kJ/mol）

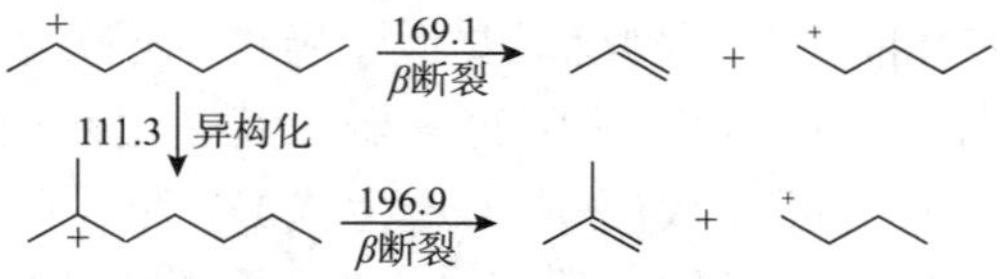

图3-11　辛基仲碳正离子的后续反应能垒（单位：kJ/mol）

（4）催化重整条件下的反应性能　异构烷烃与正构烷烃在催化重整条件下发生的反应类似，以2-甲基戊烷为模型化合物，其芳构化反应路径如图3-12所示。

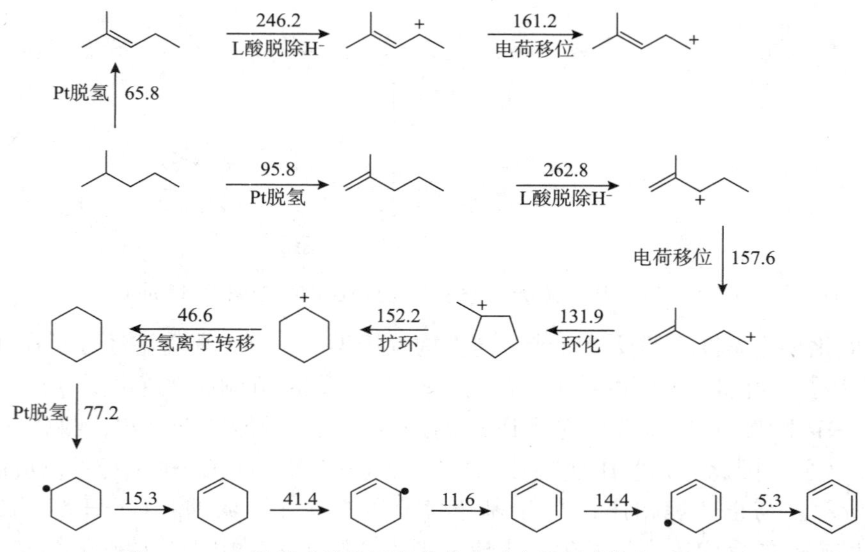

图3-12　2-甲基戊烷分子的芳构化反应路径（能垒：kJ/mol）

由于异构烷烃分子中叔C—H键最活泼，所以2-甲基戊烷分子在Pt活性中心上首先脱去叔C原子上的H生成2-甲基戊基叔碳自由基，随后失去α位C原子上H生成烯烃分子。由于2-甲基戊基叔碳自由基有两个α位C原子，可能生成2-甲基-2戊烯或2-甲基戊烯。然后烯烃分子在L酸中心脱除氢负离子生成碳正离子。接着碳正离子发生电荷位移、环化等后续反应生成环已烷，并在金属Pt活性中心脱氢生成苯。反应路径基本与正构烷烃类似，也必须先生成六元环烷烃才能芳构化生成相应的芳烃。如果2-甲基戊烷在Pt活性中心脱氢生成2-甲基-2戊烯，随后脱氢负离子生成碳正离子，那么其电荷位移后并不能环化生成五元环或六元环，无法生成相应的芳烃。以上均说明，异构烷烃分子由于其特殊结构，导致在催化重整条件下很难发生芳构化反应。

二、环烷烃分子及其反应性能

环烷烃可以分为单环环烷烃、多环环烷烃、带长侧链或短侧链的单环/多环环烷烃等。以单环环烷烃为例，研究其结构及反应性能。研究表明，不同链长的单环环烷烃分子具有相似的结构特征，且键长的改变对化学键键能影响不大。选取丁基环已烷分子为模型化合物，阐述单环烷烃的结构特征及其在催化裂化、催化重整及热作用等条件下的反应性能。

（1）化学结构　丁基环己烷分子结构如图3-13所示，图中数字为碳原子编号。与异构烷烃类似，丁基环己烷分子中也存在伯、仲、叔三种碳原子。

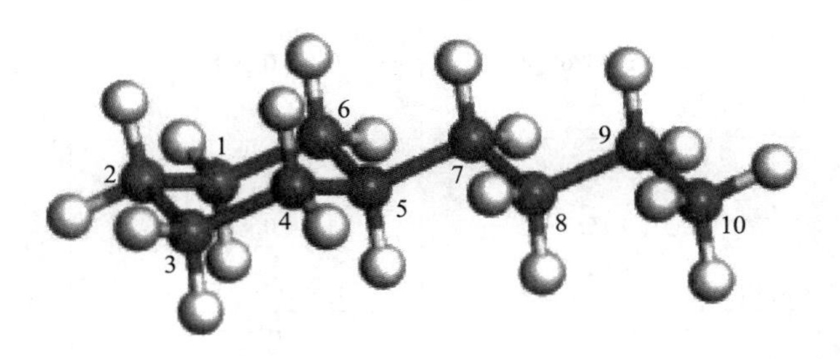

图3-13　丁基环己烷分子结构示意图

计算得出丁基环己烷分子的C—C键和C—H键键长、Mayer键能、键能数据列于表3-4。

表3-4　丁基环己烷分子C—C键和C—H键性质

化学键	键长/mm	键级	键能/（kJ/mol）
C_1—C_2	0.1532	1.007	400.7
C_1—C_6	0.1531	1.007	402.5
C_5—C_6	0.1536	0.990	381.7
C_5—C_7	0.1535	0.990	382.9
C_7—C_8	0.1530	1.005	397.8
C_9—C_{10}	0.1527	1.022	413.6
C_5—H	0.1109	0.921	422.7
C_6—H	0.1107	0.942	436.9
C_7—H	0.1106	0.932	435.0
C_{10}—H	0.1100	0.953	454.5

由表3-4可以看出，丁基环己烷分子C—C键中，键长最长、键级最小、键能最低的是叔C—仲C键，键长最短、键级最大、键能最高的是伯C—仲C键，仲C—仲C键介于二者之间。在丁基环己烷分子C—H键中，键长最长、键级最小、键能最低的是叔C—H键，键长最短、键级最大、键能最高的是伯C—H键，仲C—H键介于二者之间。环烷环上的仲C—仲C键键能比侧链上的仲C—仲C键键能高，这是由于侧链上的C—C键中，由于甲基的吸电子特性，会受到相邻取代基的拉电子作用，而环上的C—C键既受到一侧C原子的吸电子作用，又受到另一侧C原子的推电子作用，使得环烷环上的C—C键电子云密度相对较高，键能则相对更高一些。

针对键能较低、较弱的环烷基α位C—C键即叔C—仲C键，研究其周围取代基数量的影响。表3-5为环烷基α位C—C键周围取代基数量依次增加时，其键长、键级、键能的变化。

表3-5 环烷基α位C—C键键能

分子	键长/mm	键级	键能/（kJ/mol）
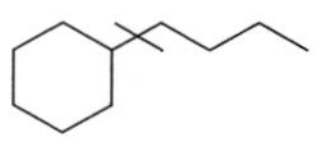	0.1536	0.990	383.0
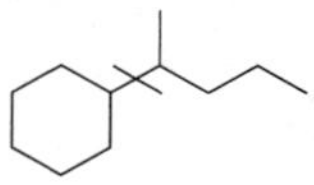	0.1553	0.976	356.7
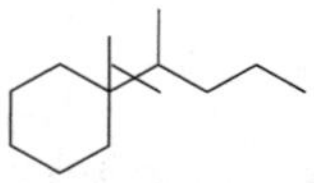	0.1571	0.956	331.3
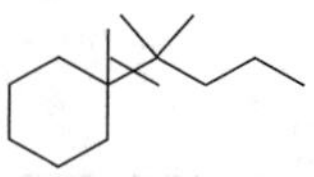	0.1606	0.932	293.4

随着环烷基α位C—C键周围取代基数量的增多，该化学键键长变长，键级减小，键能降低，裂化活性增大。

（2）热作用下的反应性能　在热作用下，单环环烷烃分子主要发生热裂解反应。根据C—C键键能大小，提出丁基环己烷可能的热裂解反应路径，如图3-14所示。

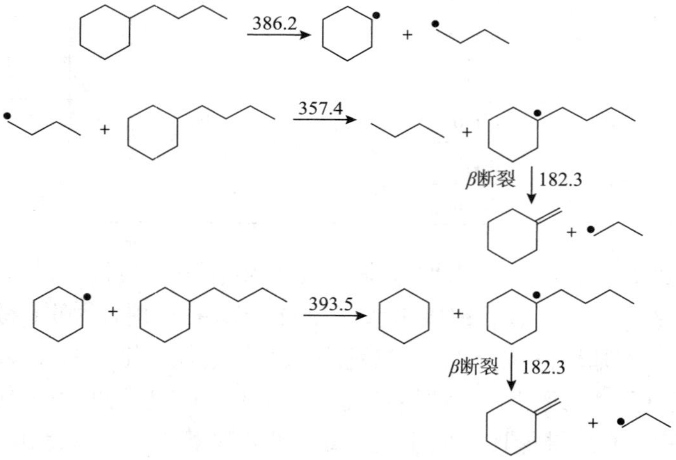

图3-14　丁基环己烷分子热裂解反应路径（能垒单位：kJ/mol）

由图3-14可知，丁基环己烷较容易在环烷基α位C—C键处发生断裂，生成1个环己自由基和1个丁基自由基。由于丁基环己烷分子中叔C—H键最弱，提供H自由基的可能性最大，所有丁基环己烷分子热裂解引发反应生成的自由基可能接着与丁基环己烷反应，夺取叔C上的H自由基，生成相应的烷烃。

（3）催化裂化条件下的反应性能　如图3-15所示，环己烷分子的HOMO轨道主要分布在部分C—C键和C—H键上。计算得知（见图3-16），当H^+进攻环己烷C—C键时，环烷环发生开环断裂反应，开环能垒为142.4kJ/mol；当H^+进攻环己烷C—H键时，生成H_2和环仲碳正离子，反应能垒为107.1kJ/mol，环仲碳正离子发生β断裂反应，环烷环开环生成带有双键的碳正离子，反应能垒为170.8kJ/mol。由于碳正离子中心C原子吸电子的结构特征，使得带双键的碳正离子会发生电荷转移、β断裂等反应，生成的烯丙基碳正离子容易缩合结焦。因此，环烷烃分子在酸催化下开环裂化稍难，但C—H键较弱，易发生脱氢反应，生成较多的芳烃或结焦。

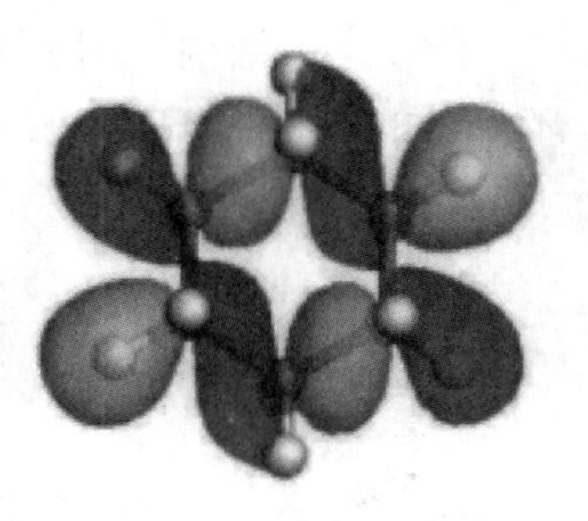

图3-15　环己烷分子的HOMO轨道分布

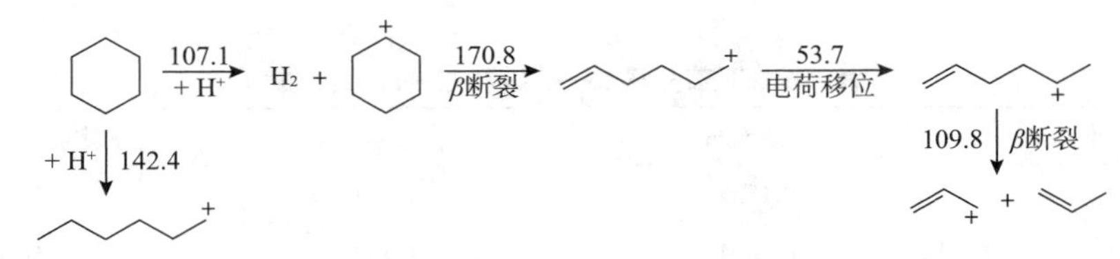

图3-16　环己烷分子在酸催化加的反应路径（能垒单位：kJ/mol）

（4）催化重整条件下的反应性能　以环己烷为模型化合物，研究单环环烷烃分子在催化重整条件下的结构与反应性能。由图3-17可知，在催化重整条件下，环己烷分子只需在金属Pt活性中心上脱氢即可生成相应的芳烃。环己烷分子脱去第1个H的反应能垒为77.2kJ/mol，生成环烯烃后，脱去第3个H的反应能垒为41.4kJ/mol，比脱去第1个H的反应能垒低很多；生成环二烯烃后，再脱去1个H的反应能垒只有14.4kJ/mol。说明环烷烃分子在金属Pt活性中心的脱氢反应很容易进行且是一个不断加速的过程。这是因为，生成的分子中含有的双键越多，电子离域效应越强，吸电子能力越强，烯丙位C—H键上的电子云向双键偏移越多，C—H键越弱，并越容易断裂。因此，环烷烃分子脱氢生成芳烃的反应很容易进行，可作为催化重整的理想原料。

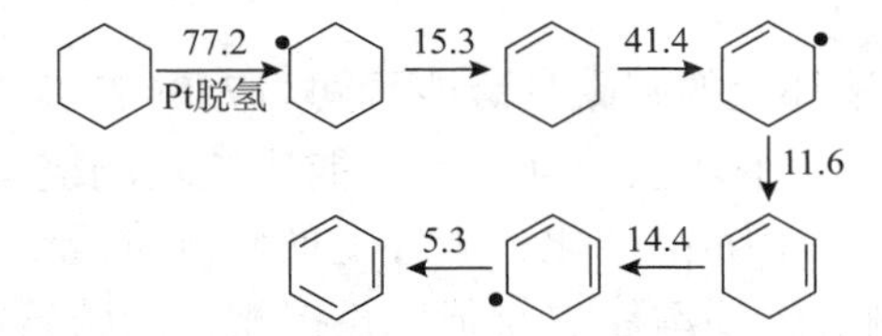

图3-17　环烷烃分子芳构化反应路径（能垒单位：kJ/mol）

三、芳烃分子及其反应性能

石油中的芳烃可以分为单环芳烃、多环芳烃、带长侧链或短侧链的单环/多环芳烃及环烷基芳烃等。

1.单环芳烃分子结构及其反应性能

研究表明，不同链长的单环芳烃分子具有相似的结构特征，且键长的改变对化学键键能的影响不明显。选取丁苯分子为模型化合物，具体阐述单环芳烃分子的结构特征及其反应性能。

（1）化学结构　图3-18是丁苯分子的结构示意图，图中数字是C原子编号。计算丁苯分子的C—C键和C—H键键长、Mayer键能、键能数据列于表3-6。

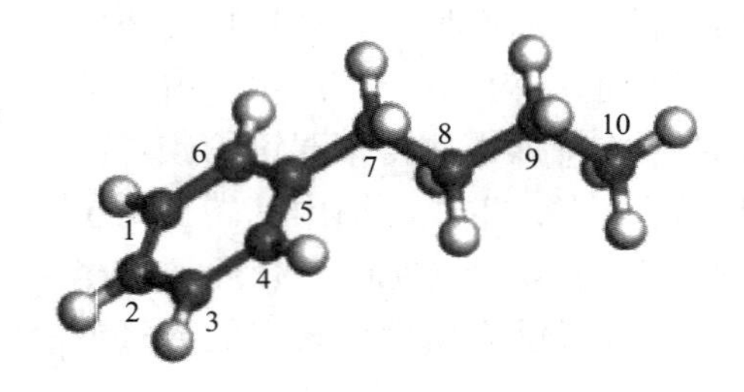

图3-18　丁苯分子结构示意图

表3-6　丁苯分子C—C键和C—H键性质

化学键	键长/mm	键级	键能/（kJ/mol）
$C_1—C_2$	0.1395	1.409	771.8
$C_1—C_6$	0.1394	1.419	777.9
$C_5—C_6$	0.1399	1.356	751.2
$C_5—C_7$	0.1507	0.983	444.9
$C_7—C_8$	0.1538	0.986	342.9
$C_8—C_9$	0.1529	1.000	399.4
$C_9—C_{10}$	0.1528	1.021	412.9
$C_6—H$	0.1093	0.942	486.5
$C_7—H$	0.1103	0.937	380.2
$C_8—H$	0.1104	0.936	432.6
$C_9—H$	0.1104	0.941	435.1
$C_{10}—H$	0.1102	0.950	455.0

表3-6中数据可知，苯环上的碳碳键键能区间为750~778kJ/mol，烷基侧链碳碳键键能区间为340~445kJ/mol，即苯环上的碳碳键键能比烷基侧链碳碳键键能高出很多。这主要是因为苯环上的C原子均为sp^2杂化，苯环上的碳碳键成键方式是$sp^2—sp^2$，同时还有一个离域大π键，而侧链碳碳键除了与苯环直接相连的碳碳键成键方式是$sp^2—sp^3$之外，其余均为$sp^3—sp^3$。根据参与成键的s轨道成分越多，形成的化学键轨道重叠越多，化学键越牢固。因此苯环上的碳碳键键能较高，键比较牢固，很难断裂开环。并且，苯环上的C—H键键能也比侧链高，同样是由于成键方式不同导致（苯环上的C—H键成键方式是$sp^2—s$，侧链C—H键成键方式是$sp^3—s$）。

在丁苯分子侧链C—C键中，苯环α位C—C键键能最高，β位C—C键键能最低，其余位置的C—C键键能与烷烃分子中相应位置的C—C键键能相当。在丁苯分子侧链C—H键中，β位C—H键键能最低，其余C—H键键能与烷烃分子中的相应位置的C—H键键能相当。这主要是由于苯环的吸电子作用，使得苯环β位C—H键和β位C—C键间电子云向苯环偏移，导致苯环β位C—H键和β位C—C键电子云密度降低，键变弱，键能降低，裂化活性高。

（2）热作用下的反应性能 在热作用下，单环烷基芳烃分子主要发生热裂解反应。由单环烷基芳烃分子的结构特征可知，芳环上的C—C键键能很高，很难断裂开环，侧链C—C键键能较低，容易发生侧链断裂反应。又因为侧链中β位C—C键键能最低，键最弱，故容易在此处发生侧链断裂反应，其反应热裂解反应路径如图3-19所示。

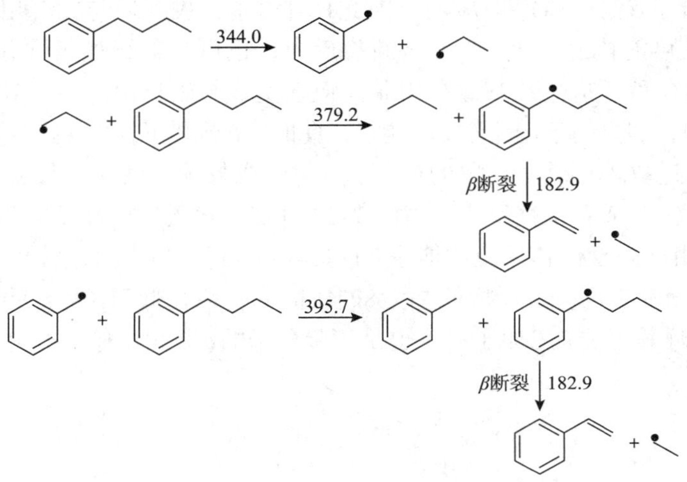

344.0

379.2

β断裂 182.9

395.7

β断裂 182.9

图3-19 丁苯分子热裂解反应路径（能垒单位：kJ/mol）

如图3-19所示，丁苯分子β位C—C键发生断裂的反应能垒是344.0kJ/mol，生成苄基自由基和丙基自由基。由于丁苯分子中的$\sigma-\pi$超共轭效应以及苯环吸电子作用，β位C—H键较弱，故苄基自由基和丙基自由基可夺取丁苯分子α位C原子上的H自由基，生成相应的烷烃和甲苯。丁苯分子提供H自由基后生成1-苯基-2-丁基自由基，随后可能发生自由基β断裂反应生成乙烯基苯。乙烯基苯容易与自由基发生加成反应等链增长反应，生焦活性较高，应尽可能抑制该生焦物种的生成。

（3）催化临氢条件下的反应性能 在催化临氢条件下，H_2在催化剂作用下发生均裂生成H自由基，芳烃分子在H自由基作用下发生加氢饱和反应。研究丁苯分子的Fukui指数，如图3-20所示，以确定H自由基可能优先进攻的位置。Fukui指数分为$Fukui^+$、$Fukui^-$和$Fukui^0$三种，分别表示亲核进攻指数、亲电进攻指数和自由基进攻指数。由图3-20可知，苯环上的C原子Fukui自由基活性指数较大，因此优先收到H自由基的进攻。

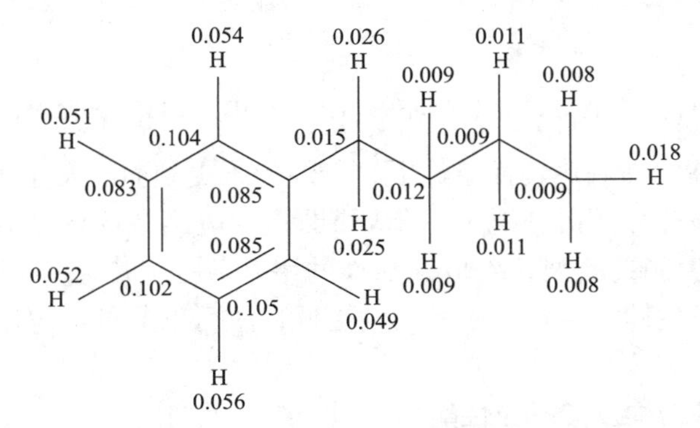

图3-20 丁苯分子的Fukui自由基活性指数

图3-21是H自由基进攻苯环不同位置C原子时，丁苯分子可能发生的反应。

当H自由基进攻苯环与侧链相连的C原子时，α位C—C键的成键方式由原来的sp^2—sp^3变为sp^3—sp^3，又因为生成仲碳自由基中，原来位于α位的C—C键变成了位于仲碳自由基中心C原子的β位，由于自由基中心C原子的吸电子作用，自由基的β位C—C键（丁苯分子α位C—C键）减弱。因此H自由基进攻苯环与侧链相连的C原子生成的仲碳自由基，可能接着发生苯环的α断裂反应，也可能继续加氢饱和生成环二烯烃，或者发生自由基位移反应生成叔碳自由基。但在生成叔碳自由基后，其β断裂反应的能垒为213.2kJ/mol，明显高于α断裂反应能垒，此时，β断裂不易发生。

当H自由基进攻苯环其他位置的C原子时，生成叔碳自由基，叔碳自由基同样可能发生裂化、加氢饱和或者位移反应。由图3-21可知，叔碳自由基发生β断裂反应的能垒（213.2kJ/mol）明显高于位移反应的能垒（131.4kJ/mol）。当发生位移反应后，生成的仲碳自由基将发生α断裂反应，反应能垒为82.4kJ/mol，明显低于β断裂反应能垒。说明当H自由基进攻苯环其他位置C原子时，也是丁苯分子的α断裂反应更容易发生。

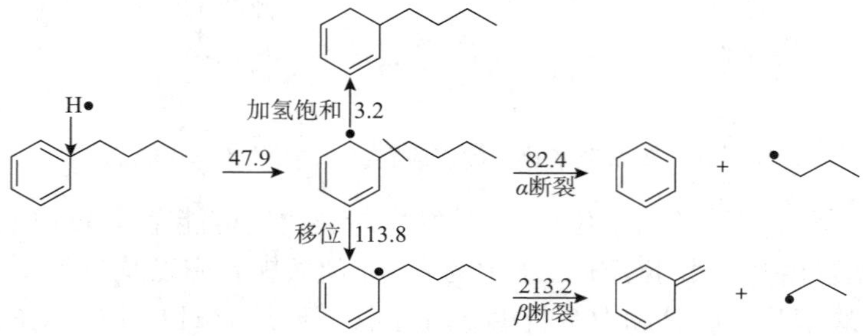

（a）

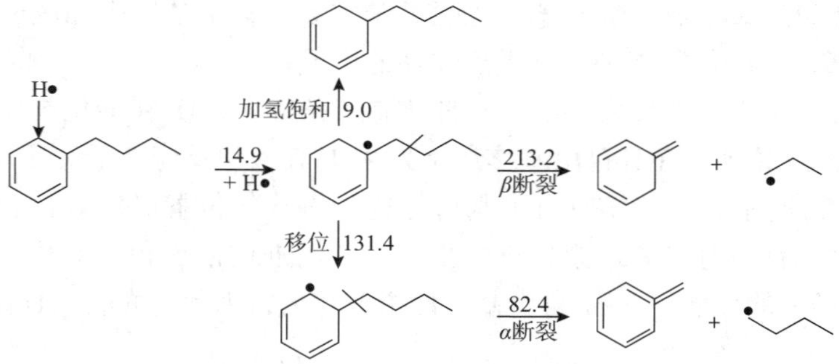

（b）

图3-21　H自由基进攻苯环上不同位置C原子的反应路径（能垒单位：kJ/mol）

综上所述，在催化临氢热转换条件下，芳烃分子更倾向于发生苯环的α断裂反应生成裸环芳烃。在只有热作用的情况下，苯环α断裂反应能垒较高，不易发生，而是容易在β位C—C键处发生侧链断裂，生成高活性的甲基芳烃自由基。相对于甲基芳烃自由基，裸环芳烃分子发生缩合生焦反应的活性更低，故可以通过定向加氢来实现选择性裂化或降低生焦率。

2.多环芳烃分子结构及其反应性能

（1）化学结构　选取丁基萘分子为模型化合物，从图3-22中可以看出，两个苯环位于同一平面。丁基萘分子中苯环上的C原子同样是sp^2杂化，由于多了1个苯环，能够参与形成大π键的p轨道增加，电子离域的共轭效应增强，两个并联的苯吸电子作用也增强，对β位C—C键键能的影响增大。

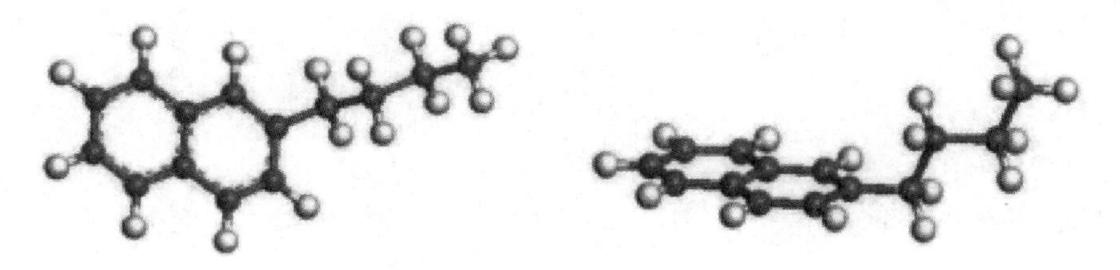

图3-22　丁基萘分子的结构示意图

丁基萘分子中各化学键键能大小与丁苯分子规律相同，即苯环上的C—C键键能最高，难以断裂开环；在侧链C—C键中，α位C—C键键能最高，β位C—C键键能最低。在C—H键中，同样是苯环上的C—H键键能最高，β位C—H键键能最低（见图3-23）。

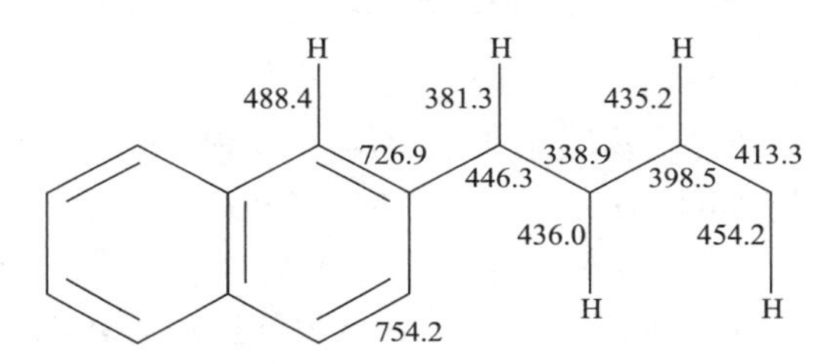

图3-23　丁基萘分子C—C键和C—H键键能（单位：kJ/mol）

综上所述，芳烃分子中键能最低、裂化活性最高的是β位C—C键。随着芳烃分子中芳环数的增加，β位C—C键键能降低（见表3-7）。这是因为芳环数增加，共轭效应增强，吸电子能力增加，使得β位C—C键间电子云密度降低更多，键能更低，更容易发生断裂。

表3-7　芳环β位C—C键键能

分子	芳环数	键能/（kJ/mol）
	1	342.9
	2	338.9
	3	331.8

（2）热作用下的反应性能　以丁基萘分子为模型化合物，由于丁基萘分子结构与丁苯分子结构类似，其二者热裂解反应规律也基本类似，如图3-24所示。多环芳烃在热作用下发生β位C—C键的断裂，生成甲基芳烃自由基和丙基自由基，并夺取丁基萘分子α位C原子上的H自由基生成相应的烃。

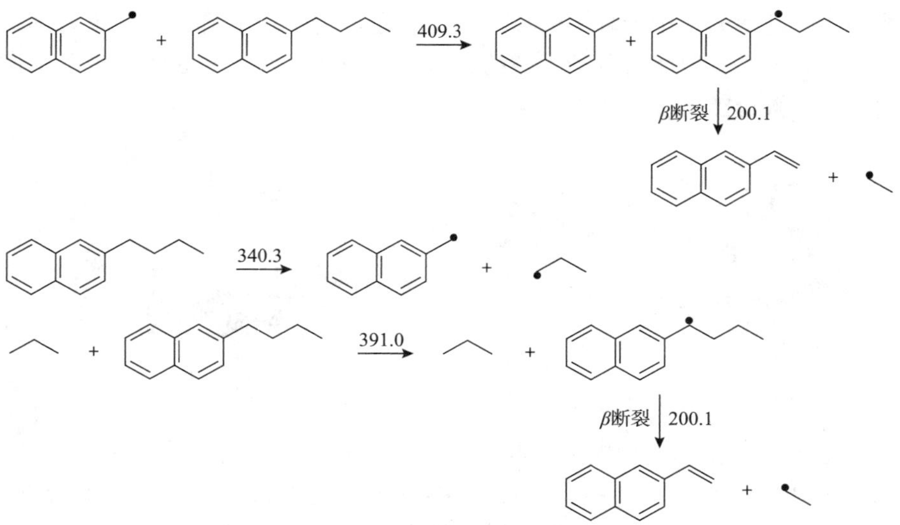

图3-24　丁基萘分子热裂解反应路径（能垒单位：kJ/mol）

与单环芳烃相比，多环芳烃分子热裂化生成规律甲基芳烃自由基更容易与其他芳烃自由基结合，生成稠环芳烃化合物等生焦前驱体。如果体系中存在较强的供氢剂，可以使甲基芳烃自由基夺取供氢剂的H自由基，生成甲基芳烃，从而降低生焦活性。

（3）催化临氢条件下的反应性能　丁基萘分子与丁苯分子结构类似，在催化临氢条件下发生的反应也相似。如图3-25所示，当H自由基进攻芳环不同位置时，也较容易发生α断裂反应。

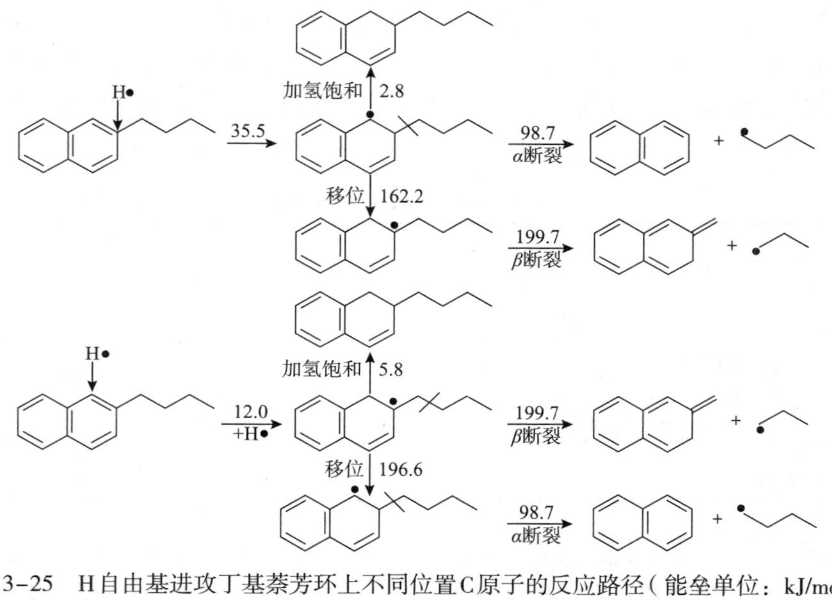

图3-25　H自由基进攻丁基萘芳环上不同位置C原子的反应路径（能垒单位：kJ/mol）

在临氢条件下，多环芳烃分子还可能发生加氢饱和反应。选取不带侧链的多环芳烃分子萘为模型化合物，计算萘分子的Fukui自由基活性指数，如图3-26所示。萘环上的C原子除了共用的两个C原子Fukui自由基活性指数较小外，其余C原子Fukui自由基活性指数均较大，较容易受到H自由基的进攻，由此得出萘分子加氢饱和反应路径，见图3-27。由于加氢饱和程度的不同，可能生成环烷基饭厅四氢萘分子为中间物，或者全部加氢饱和生成双环环烷烃十氢萘分子。这些中间物由于结构不同而具有不同的性质。例如，四氢萘等环烷基芳烃分子供氢能力较强，可以使多环芳烃分子选择性加氢饱和生成环烷基芳烃分子，作为供氢剂使用。

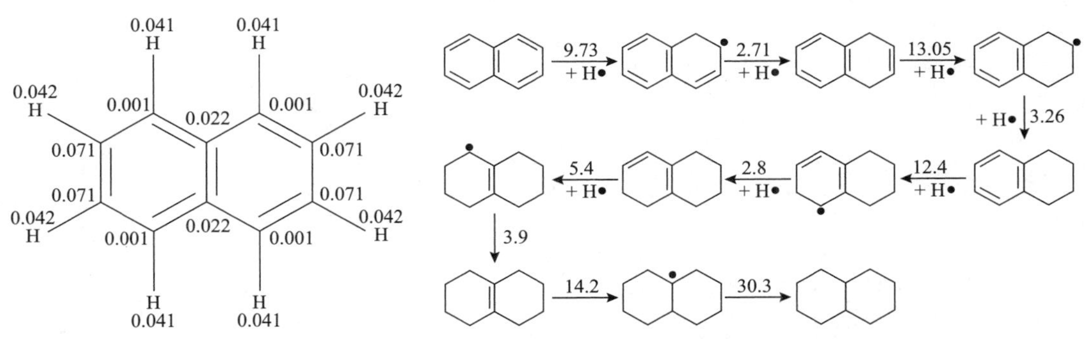

图3-26　萘分子Fukui自由基活性指数　　图3-27　萘分子加氢饱和反应路径（能垒单位：kJ/mol）

3.环烷基芳烃分子结构及其反应性能

以四氢萘分子为模型化合物，研究环烷基芳烃分子的结构特征及其反应性能。

（1）化学结构　从图3-28可以看出，四氢萘分子中苯环上的碳原子在同一平面，环烷环上的碳原子不在同一平面，且分子整体接近平面构型。由丁苯分子的结构特征可知，苯环上的C—C键和C—H键键能都较高，裂化活性较低，与四氢萘分子中苯环的结构特征一致。因此，针对环烷基芳烃分子结构特征及其反应性能的研究主要集中在环烷环上的C—C键与C—H键。

图3-28　四氢萘分子的结构示意图

图3-29是四氢萘分子的部分C—C键与C—H键键能数据。由图可知，在四氢萘分子中，苯环α位C—C键键能最高（430.6kJ/mol），β位C—C键键能最低（330.6kJ/mol）；β位C原子上的C—H键键能最低（374.4kJ/mol）。这些规律与丁苯分子相似，同样也是因为成键方式的不同以及苯环吸电子作用引起的。

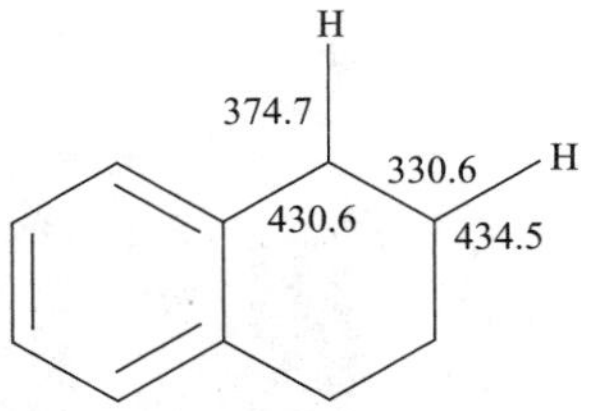

图3-29　四氢萘分子C—C键和C—H键键能（kJ/mol）

（2）热作用下的反应性能　由四氢萘分子的结构特征可知，苯环β位C—C键键能最低，在热作用下优先发生断裂，生成双自由基，反应能垒为358.8kJ/mol。

烃分子在热作用下的供氢自由基能力与分子的C—H键键能直接相关，C—H键键能越小，分子供氢自由基能力越大。研究碳数为10的正癸烷、丁基环己烷、十氢萘等不同类型烃分子的C—H键键能，如图3-30所示。正癸烷分子中仲C—H键键能最低，为435.1kJ/mol；丁基环己烷分子中叔C—H键键能最低，为422.7kJ/mol；十氢萘分子中叔C—H键键能最低，为423.7kJ/mol。均高于四氢萘分子中苯环β位C—H键键能（374.7 kJ/mol），由此可知，四氢萘是一种较好的供氢剂。

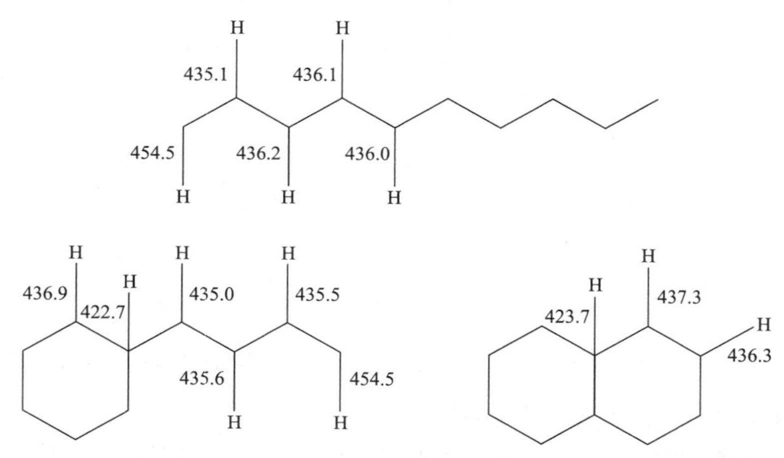

图3-30　不同结构烃分子C—H键键能（kJ/mol）

（3）催化裂化条件下的反应性能　在催化裂化条件下，选取H^+作为催化剂的模型，H^+具有空轨道，与四氢萘分子作用时，可以接受四氢萘分子提供的电子。由图3-31可知，四氢萘分子的HOMO轨道主要分布在苯环部分C—C键和苯环β位C—H键以及β位C—C键上，说明这些部位最容易收到H^+的进攻。

计算四氢萘分子在H^+作用下可能的反应，如图3-32所示。H^+可能进攻苯环β位C—H键，生成H_2和1个碳正离子，也可能进攻四氢萘分子中的叔C原子，或进攻苯环α位C—C键和苯环β位C—C键，发生环烷环的开环反应。比较这些反应过程的反应能垒可知，H^+进攻苯环α位C—C键的反应能垒高于进攻β位C—C键的能垒；H^+进攻苯环β位C—H键生成H_2的反应能垒最低，反应最容易进行。从图3-32可以看出，四氢萘分子开环反应能垒均比较高，其开环裂化活性较弱。

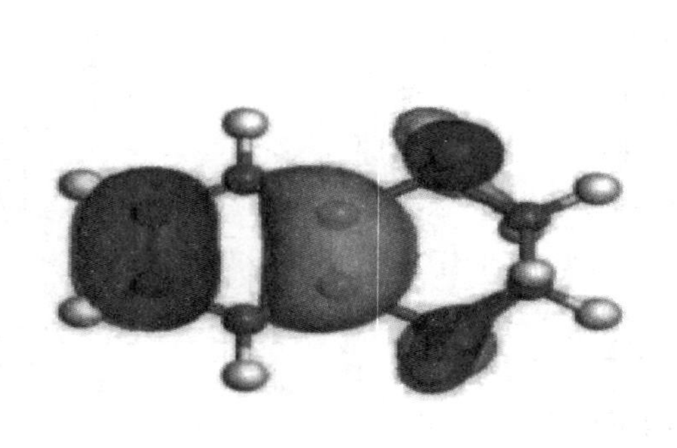

图3-31　四氢萘分子的HOMO轨道示意图

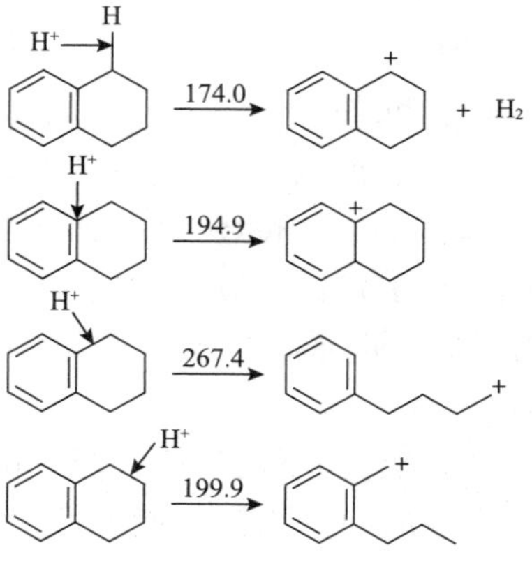

图3-32　四氢萘分子与H^+作用生成碳正离子的反应能垒（kJ/mol）

四氢萘分子与H^+作用生成碳正离子后，可能发生β断裂、电荷位移、异构化、夺取氢负离子等一系列后续反应。如图3–33所示，四氢萘分子中苯环β位C—H键较弱，供氢能力较强，容易与碳正离子发生氢转移反应。

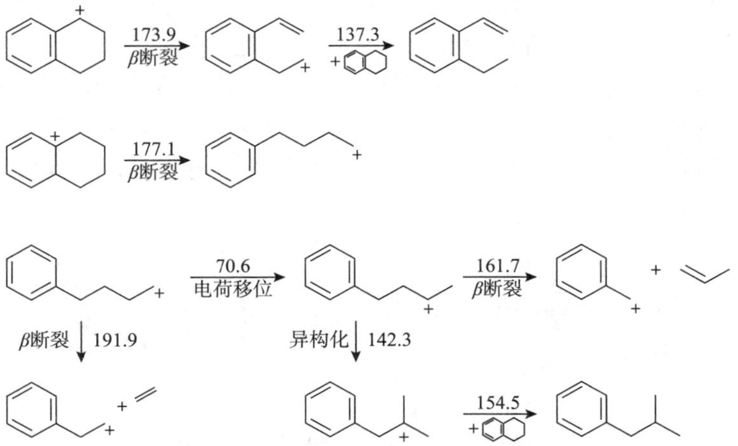

173.9 β断裂
137.3
177.1 β断裂
70.6 电荷移位
161.7 β断裂
β断裂 191.9
异构化 142.3
154.5

图3–33　四氢萘碳正离子的后续反应（能垒单位：kJ/mol）

第二节　非烃类化合物及其反应性

组成石油的主要元素是碳和氢，硫、氮、氧等杂元素的总量一般为1%~5%，但这一含量是对元素而言的。在石油中，硫、氮、氧主要不是以单质形态存在的，而是以化合物的形态存在的（见表3–8），因此非烃类化合物（杂原子化合物）在石油中的含量是相当可观的，尤其是在石油重质馏分和减压渣油中，非烃类化合物的含量更高。石油中的非烃类化合物主要包括含硫、含氮、含氧化合物以及胶状沥青状物质。

表3-8　石油馏分中典型的非烃类（杂原子）化合物

杂原子类别	杂原子化合物
含硫化合物	硫醇类、硫醚类、环状硫醚类、噻吩类、苯并噻吩类、二苯并噻吩类、萘并噻吩类等
含氮化合物	碱性类：吡啶类、喹啉类、二氢吲哚类、苯并喹啉类、吖啶类等 非碱性类：吡咯类、吲哚类、咔唑类、苯并咔唑类等
含氧化合物	苯酚类、环烷酸类、醇类、醚类、羧酸类、酮类、呋喃类等
卟啉类	卟吩类、叶绿素类、初卟啉类、苯并卟啉类、钒八乙基卟啉类、钒四苯基卟啉类等

非烃类化合物对石油加工工艺以及石油产品的使用性能等都有很大影响，例如，催化剂中毒、环境污染、石油产品的贮存和使用等许多问题都与非烃类化合物密切相关。

一、含氧化合物结构特征及其反应性能

石油中的含氧化合物分为酸性和中性两大类，其中酸性含氧化合物统称为石油酸。石油酸在炼制过程中不仅容易对设备产生腐蚀，还会影响石油产品的质量和性能，而

几乎80%以上的石油酸都是环烷酸，因此重点关注环烷酸分子的结构特征[12]及其反应性能。

石油中的环烷酸主要为一元羧酸，有羧基直接与环烷环相连的，也有羧基和环烷环通过若干个亚甲基相连的，且后者含量较多[13]。以侧链含有9个碳原子的环烷酸（9-环己基壬酸）为模型化合物，研究环烷酸的分子结构及其反应性。

（1）化学结构　9-环己基壬酸的分子结构示意图如图3-34所示，图中数字为碳原子编号。与烷基环烷烃分子相比，9-环己基壬酸分子中多了1个很重要的官能团——羧基。羧基的存在对侧链C—C键性质具有一定影响，且环烷酸分子是通过发生侧链C—C键的断裂来实现脱羧的。

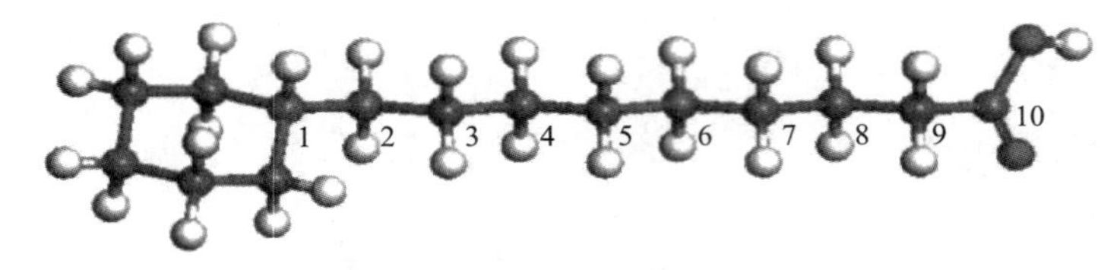

图3-34　9-环己基壬酸分子结构示意图

计算得到9-环己基壬酸分子侧链C—C键的键长、键级和键能数据列于表3-9。由表中数据可知，在9-环己基壬酸分子侧链C—C键中，羧基α位C—C键键长最短，键能最高；羧基β位C—C键键长较长，键能较低；其余C—C键键能大小顺序与烷基环烷烃分子类似，即叔C—仲C键键能较低，仲C—仲C键键能相差不大。这是因为羧基α位C—C键成键方式是sp^2—sp^3，其余C—C键成键方式是sp^3—sp^3，参与形成化学键的s轨道成分越多，键越牢固，键能越大。由于O原子的电负性大于C原子，使得羧基为吸电子基，从而使羧基β位C—C键间电子云向羧基偏移，导致羧基β位C—C键间电子云密度降低，键变弱，键能降低。

表3-9　9-环己基壬酸分子C—C键性质

化学键	键长/mm	键级	键能/（kJ/mol）
C_1—C_2	0.1541	0.986	383.2
C_2—C_3	0.1533	1.004	396.9
C_3—C_4	0.1530	1.003	396.1
C_4—C_5	0.1529	1.000	399.0
C_5—C_6	0.1529	1.002	399.1
C_6—C_7	0.1529	1.001	399.2
C_7—C_8	0.1529	0.998	399.8
C_8—C_9	0.1537	0.988	376.2
C_9—C_{10}	0.1505	0.984	410.0

图3-35为9-环己基壬酸分子的HOMO轨道示意图。由图可知，9-环己基壬酸分子的HOMO轨道分布在O原子和与羧基相连的α、β、γ位C—C键上，其中羧基O原子上分布最集中，说明羧基O原子与亲电试剂反应的活性相对较高。

图3-35　9-环己基壬酸分子的HOMO轨道示意图

图3-36为9-环己基壬酸分子的电荷分布。从图中可以看出，在形成α位C—C键的两个C原子中，一个带正电荷，一个带负电荷，使得羧基α位C—C键成为极性共价键，较难发生均裂。

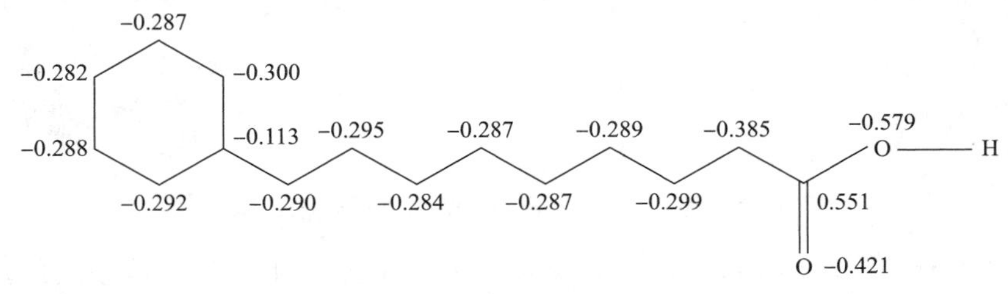

图3-36　9-环己基壬酸分子的电荷分布

（2）热作用下的反应性能　在热作用下，环烷酸分子主要发生C—C键的均裂反应。计算9-环己基壬酸分子部分C—C键断裂的反应能垒，如图3-37所示。由于O原子的吸电子作用，在热加工条件下，羧基α位C—C键均裂的能垒最高，很难直接脱羧；而其他位置C—C键均裂能垒相对较低，在热作用下会优先发生断裂，生成仍然具有腐蚀作用的小分子石油酸。说明在热加工条件下，难以实现高选择性地脱羧。

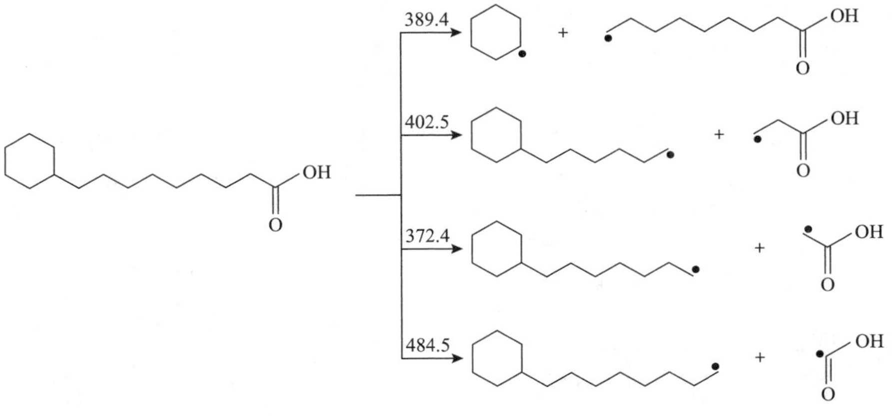

389.4
402.5
372.4
484.5

图3-37　9-环己基壬酸分子热断裂反应能垒（单位：kJ/mol）

（3）酸催化条件下的反应性能　根据前述环烷酸的结构特点，能否找到选择性的脱羧途径，让与羧基直接相连的C—C键优先发生断裂，使羧基转化为CO_2气体呢？这不仅能够彻底解决酸腐蚀问题，同时又能充分利用石油酸中的C、H组分。

由于O原子吸电子的结构特性，使得羧基α位C—C键成为极性共价键，较难发生均裂，而更倾向于发生异裂。根据环烷酸分子HOMO轨道分布和电荷分布可知，环烷酸分子中的羧基O原子较容易受到亲电试剂的进攻，通过引入能够接受羧基HOMO电子的催化剂，就能够加快其C—C键的异裂。催化裂化催化剂的酸性中心存在空轨道，具有接受电子的能力，可选择性地与羧基产生较强的相互作用，从而促使羧基选择性脱除。

以$AlCl_3$作为L酸模型，9-环己基壬酸分子在L酸作用下，羧基O原子优先与带有空轨道的Al原子作用发生吸附，吸附后的稳定构象如图3-38所示，吸附能为232.8kJ/mol。

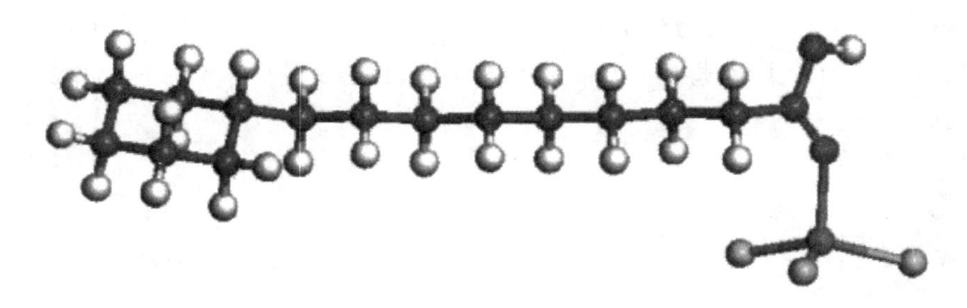

图3-38　9-环己基壬酸与L酸作用后的稳定构象

环烷酸分子在L酸上吸附后，计算羧基α位C—C键发生异裂直接脱羧的反应能垒，反应路径如图3-39（a）所示。在L酸作用下，9-环己基壬酸分子发生羧基α位C—C键断裂，实现脱羧的反应能垒为282.3kJ/mol。根据环烷酸结构特征可知，在侧链C—C键中，羧基β位C—C键键能最低，也可能在L酸作用下发生异裂生成小分子的石油酸，进一步计算羧基β位C—C键发生异裂的能垒［见图3-39（b）］为313.5kJ/mol，而除了羧基α、β位的其他C—C键发生异裂的能垒均要高于313.5kJ/mol。因此，在酸催化下，羧基α位C—C键会优先发生异裂，实现高选择性脱羧。

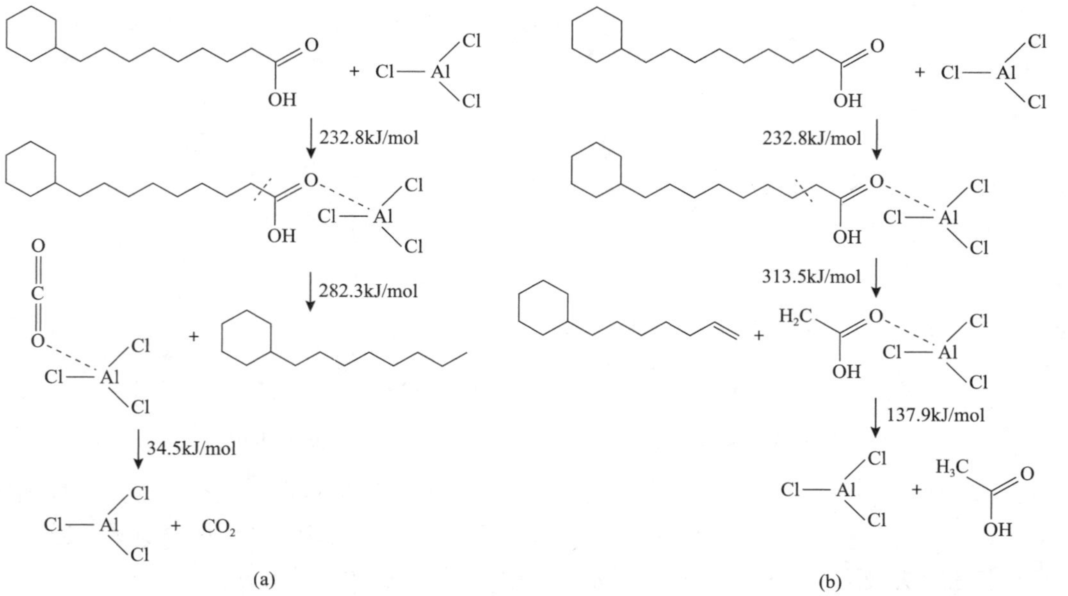

(a)　(b)

图3-39　9-环己基壬酸与L酸作用的反应路径

二、含硫化合物组成结构及其反应性能

硫以多种不同的形式存在于石油和石油产品中，如元素硫、硫化氢、硫醇、硫醚、二硫化物、噻吩类、亚砜、砜、硫酸酯等。轻质馏分（<250℃）中含硫化合物的组成结构相对比较简单，一般可通过高分辨率的色谱柱来进行分离，利用高选择性、高灵敏度的检测器直接进行分析测定。250℃以下轻质馏分中的含硫化合物主要有烷基、环烷基硫醇，二烷基、烷基环烷基、单环、多环硫醚，烷基、环烷基噻吩，苯并二氢噻吩、噻吩并噻吩、噻吩硫醚、苯并噻吩等。重质馏分（>250℃）中含硫化合物的分析则困难，这是因为：

（1）重质馏分中含硫化合物主要是含硫多环芳烃，其结构和极性与多环芳烃类似，含量较高的多环芳烃会对含硫多环芳烃的分离和鉴定产生明显影响；

（2）高沸点馏分中的含硫化合物点对低沸点馏分中的含硫化合物来说要复杂得多；

（3）和多环芳烃相比，含硫多环芳烃的异构体相当多，如四环、五环的含硫多环芳烃的异构体数量分别是17和70，而相应的多环芳烃的异构体数量则是5和12。

1.非噻吩类含硫化合物

石油中代表性非噻吩类含硫化合物有丁硫醚、叔丁硫醚、乙苯硫醚、四氢噻吩等。

1）热作用下的反应性能

（1）丁硫醚和叔丁硫醚　丁硫醚在热解过程中产生的含硫化合物主要是硫化氢，同时还有少量的丁硫醇和二正丁基二硫化物。通过GC-PFPD对热解产物进行分析，发现在热解过程中，随着条件的改变，丁硫醚可部分或全部发送转化。随着反应温度的升高，丁硫醚的转化程度增大，硫化氢收率增加，硫醇、二硫化物的收率下降。在液相产物中有二正丁基二硫化物存在，而二硫化物一般通过巯自由基耦合而成，表明丁硫醚热解过程由巯自由基生成。

丁硫醚/苯热解的气体烃类产物主要为1-丁烯，同时含有少量的丁烷、反-2-丁烯、顺-2-丁烯等，表明丁硫醚的热解主要通过热裂顺式消去机理进行，在热解过程中产生丁硫醇。丁硫醇可进一步发生热解反应，同时伴随一定程度的自由基反应，并进一步生成二硫化物。丁硫醇主要作为丁硫醚热解的中间物而产生，其反应路径如图3-40所示。

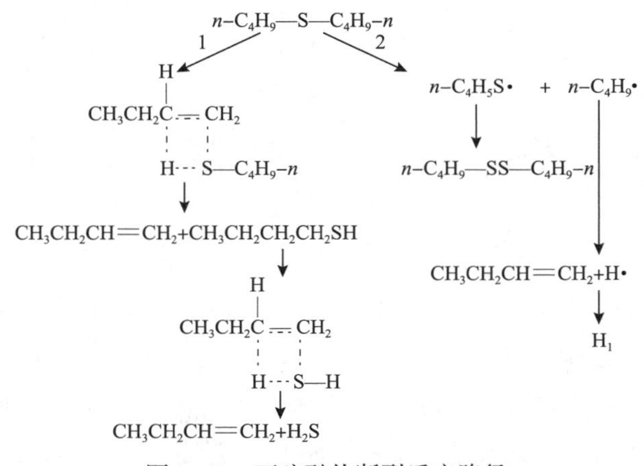

图3-40　丁硫醚热断裂反应路径

叔丁硫醚在热解过程中完全发生转化，转化产物中的含硫化合物主要是硫化氢。只有在较低温度（350℃）下，液体产物中才有少量叔丁硫醇存在。液相产物中没有检测出叔丁基二硫化物。叔丁硫醚比丁硫醚易于反应，其转化程度明显大于丁硫醚。叔丁硫醚转化生成的烃类产物主要是异丁烯，这表明叔丁硫醚的热断裂反应也是热裂顺式消去反应，即叔丁硫醚热裂化生成异丁烯和叔丁硫醇，叔丁硫醇再进一步热裂化生成异丁烯和硫化氢。由于叔丁硫醇比正丁硫醇更易热解，因此只有在反应温度较低时才有叔丁硫醇生成，其反应路径和丁硫醚相类似。

（2）乙苯硫醚　在热反应过程汇总，当反应温度较高时，大部分乙苯硫醚发生转化，转化产物中的含硫化合物主要是苯硫酚和硫化氢。随着反应温度的升高，乙苯硫醚转化率升高，苯硫酚收率明显增加，硫化氢收率也有所增加。

由于硫原子上的孤对电子和苯环发生共轭，使得C（sp^2）—S比C（sp^3）—S更稳定，因此在热裂消去反应中，主要是后者发生断裂，生成苯硫酚和乙烯，以及少量的硫化氢。乙苯硫醚的气相产物分析显示，气体烃类产物主要是乙烯，其反应路径如图3-41所示。

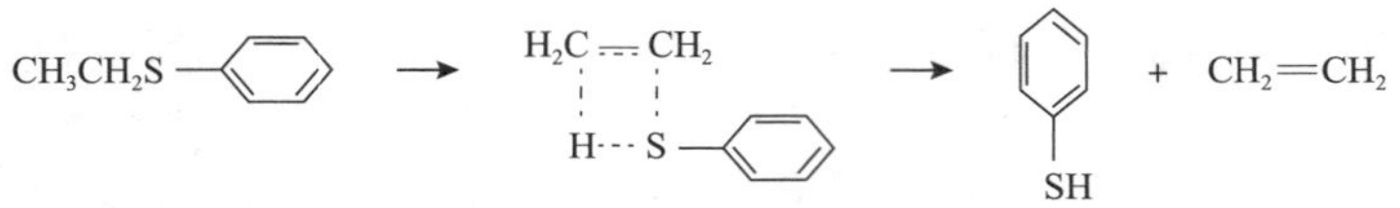

CH_3CH_2S—C₆H₅ → [H_2C···CH_2, H···S—C₆H₅] → C₆H₅SH + CH_2=CH_2

图3-41　乙苯硫酚主要热断裂反应路径

（3）四氢噻吩　在热反应过程中，四氢噻吩部分发生转化，产生少量硫化氢。随着反应温度的升高，四氢噻吩转化率提高，同时硫化氢的收率有所增加。对于四氢噻吩/十六烷、四氢噻吩/苯的转化反应，产物中含有一定量的噻吩，而在四氢噻吩/四氢萘体系的液相产物中则检测出噻吩，表明供氢剂可抑制四氢噻吩的脱氢反应。

四氢噻吩热解生成1，3-丁二烯、硫化氢、噻吩等，其反应路径如图3-42和图3-43所示。

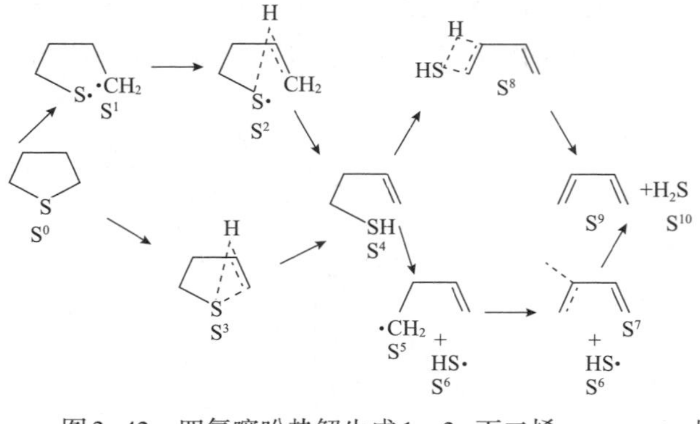

S0 → S1 (S·　·CH2) → S2 (H, S·, CH2) → S4 (SH) → S8 (H, HS) → S9 + H2S (S10)
S0 → S3 (H, S) → S4 → S5 (·CH2) + HS· (S6) → S7 + HS· (S6) → S9 + H2S (S10)

图3-42　四氢噻吩热解生成1，3-丁二烯和硫化氢的反应路径

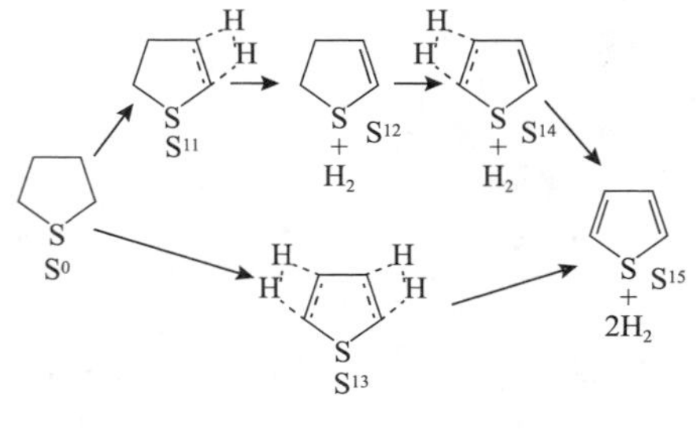

S0 → S11 (H, H) → S12 + H2 → S14 (H, H) + H2 → S15 + 2H2
S0 → S13 (H, H, H, H) → S15 + 2H2

图3-43　四氢噻吩热解生成2，3-二氢噻吩和噻吩的反应路径

S^0可由两种路径变成S^4，与断裂C—S键所需能量相比，氢转移和形成C=C双键的协同反应则较为容易。从S^4到S^9，由于通过S^6和S^7需要较高的能量产生自由基，因此通

过S^8的协同反应更为合理。可见，四氢噻吩热解生成1，3-丁二烯和硫化氢路径为：

$$S^0 \rightarrow S^3 \rightarrow S^4 \rightarrow S^8 \rightarrow S^9 + S^{10}$$

由四氢噻吩同时失去2个氢分子（S^{13}）生成噻吩是很困难的。既然在四氢噻吩的热解产物中能够检测出2，3-二氢噻吩，那么四氢噻吩通过如下路径脱氢形成噻吩是可能的：

$$S^0 \rightarrow S^{11} \rightarrow S^{12} \rightarrow S^{14} \rightarrow S^{15}$$

在热断裂反应过程中，烷基硫醚可大部分或全部发生转化，转化产物中的含硫化合物主要是硫化氢和硫醇。异构硫醚比正构硫醚容易反应，只在较低温度下才产生硫醇，但仍能完全转化。乙苯硫醚在热解反应过程中大部分发生转化，生成的含硫化合物是苯硫酚和少量硫化氢。四氢噻吩在热断裂反应过程中部分发生转化，生成硫化氢和少量噻吩。在相同的反应条件下，不同结构硫醚的热解转化程度为：环状硫醚<芳基硫醚<正构烷基硫醚<异构烷基硫醚。

烷基硫醚热解按照热裂顺式消除机理进行，最终反应产物为硫化氢。硫醇作为反应中间物，在反应条件缓和时可在产物中存在。当硫醚为烷基芳基混合硫醚时，产物中将含有较多的硫酚类化合物。环状硫醚如四氢噻吩可能通过协同反应进行脱氢生成噻吩，同时也可能通过协同反应开环生成硫醇中间物，并进一步生成硫化氢和1，3-丁二烯。硫醚的热转化程度及转化产物组成与硫醚本身结构、反应条件等密切相关。

2）催化裂化条件下的反应性能

（1）丁硫醚和叔丁硫醚　在催化裂化条件下，丁硫醚主要转化为硫化氢和烃类化合物。当催化剂具有强酸性中心时，反应后催化剂上含有硫，说明强酸中心对硫醚缩合反应具有催化作用。随着反应温度的升高，催化剂上的硫含量下降，转化为硫化氢的硫比例增加，说明反应温度升高，断裂反应增强，主要反应结果见表3-10。

表3-10　不同反应条件下丁硫醚/正十六烷催化裂化产物中的硫分布

反应条件			转化率/%	硫分布/%	
催化剂	温度/℃	空速/h^{-1}		硫化氢中硫	催化剂上硫
新鲜剂	450	10	100	91.5	8.5
	475	10	100	96.8	3.2
	500	10	100	99.8	0.2
平衡剂1	450	10	100	100	0
	475	10	100	100	0
	500	10	100	100	0

丁硫醚催化裂化产物中的烃类主要有异丁烷、丁烷、丙烷等，产物种类较多，且多为带支链的烃类，异构化程度较高。而在热裂化中，丁硫醚生成的烃类产物主要是1-丁烯，产物种类单一，且直链结构的产物较多。

丁硫醚催化转化的烃类产物组成特点表明，在催化裂化条件下，丁硫醚的断裂反应主要按正碳离子反应机理进行，同时在反应过程中发生了一系列的异构化和氢转移等反应，导致转化产物中烷烃和异构烃的含量较多。丁硫醚在催化裂化条件下可能的反应机理是：丁硫醚首先通过硫原子吸附在催化剂的酸性中心上，继而C—S键发生异裂，生成正丁基正碳离子和丁硫醇，前者进一步发生异构化和氢转移反应，生成异丁烷等产物，而后者可进一步反应生成正丁基正碳离子和硫化氢，最终生成不同结构的烃类和硫化氢。

叔丁硫醚的转化规律和丁硫醚类似，即在催化裂化条件下，叔丁硫醚可以完全发生转化，转化产物主要是硫化氢和烃类化合物。反应条件对转化程度没有明显影响，见表3-11。通过对叔丁硫醚气体产物的组成特征进行分析，发现叔丁硫醚在催化裂化条件下同样遵循正碳离子反应机理。

表3-11 不同反应条件下叔丁硫醚/正十六烷催化裂化产物中的硫分布

反应条件			转化率/%	硫分布/%	
催化剂	温度/℃	空速/h^{-1}		硫化氢中硫	催化剂上硫
新鲜剂	450	10	100	92.5	7.5
	475	10	100	97.3	2.7
	500	10	100	99.9	0.1

（2）四氢噻吩　在催化裂化条件下，四氢噻吩主要转化为硫化氢，以及少量的噻吩及其烷基化产物。如果催化剂活性较高（如新鲜剂），四氢噻吩可大部分（>97%）或全部发生转化，见表3-12。

表3-12 不同反应条件下四氢噻吩在新鲜剂上的催化裂化产物中的硫分布

反应条件			转化率/%	硫分布/%				
溶剂	温度/℃	空速/h^{-1}		硫化氢中硫	噻吩硫	四氢噻吩硫	取代噻吩硫	催化剂上硫
苯	450	10	97.5	89.4	0.8	2.4	0.2	7.2
	475	10	100	91.4	2.1	0	1.4	5.1
	500	10	100	92.8	1.4	0	2.3	3.5
十六烷	450	10	98.0	83.3	4.7	2.0	3.1	6.9
	475	10	98.8	87.5	4.4	1.2	3.3	3.6
	500	10	99.1	91.1	3.6	0.9	4.1	0.3
四氢萘	450	10	92.0	92.0	0.4	1.6	0	5.9
	475	10	95.3	95.3	0.6	0.7	0	3.4
	500	10	98.8	98.8	0.7	0.4	0	0.1

随着反应温度的升高，四氢噻吩转化率升高，硫化氢收率增加。随着空速的增大，四氢噻吩转化率降低，硫化氢收率稍微有所下降。通过比较可以发现，随着溶剂供氢能力的增强，硫化氢收率明显增高，同时液相产物中噻吩类化合物含量下降。反应温度升高，烷基取代噻吩的含量有所增加。在含有强酸性中心的催化裂化催化剂上，大部分四氢噻吩发生开环反应生成硫化氢，但也有部分四氢噻吩发生脱氢反应生成噻吩。同时，在反应过程中，四氢噻吩以及生成的噻吩还可以发生缩合反应，生成相对分子量大的含硫化合物而进入焦中，从而残留在催化剂上。随着温度的升高，断裂反应增强，残留在

催化剂上的硫含量下降。溶剂供氢能力减弱，催化剂硫含量将有所增加。

四氢噻吩在催化裂化条件下主要发生两个互相竞争的平行反应：一是四氢噻吩开环生成硫化氢和烃类；二是一个连串反应，首先是四氢噻吩脱氢生成噻吩，然后部分生成的噻吩再发生烷基化反应，其中第一个反应为主要反应。四氢噻吩在催化裂化条件下的主要反应路径见图3-44。

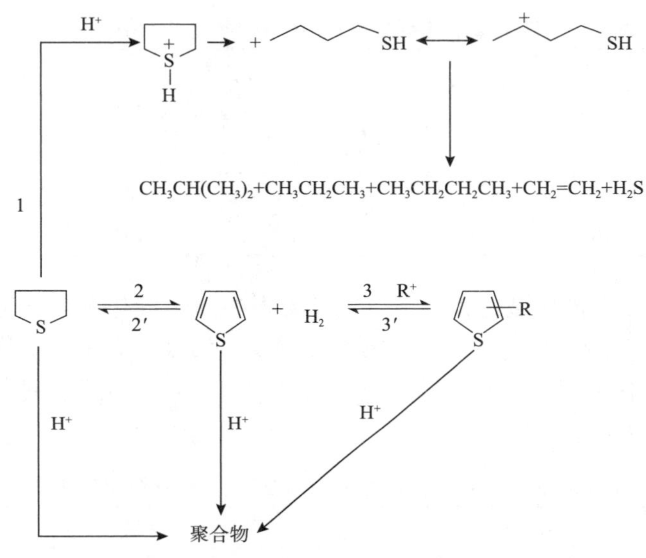

图3-44 催化裂化条件下四氢噻吩反应路径

四氢噻吩/苯的烃类气体产物组成为异丁烷、丙烷、丁烷、丙烯等，产物中烷烃明显比烯烃多，异构烷烃比正构烷烃多，符合催化断裂反应的特征，说明四氢噻吩的开环断裂反应即反应1遵循正碳离子反应机理。

在四氢噻吩/十六烷体系中，由于十六烷具有很高的裂化性能，占据了较多的活性中心，抑制了四氢噻吩的反应，从而使得体系在较高反应温度下，仍有部分四氢噻吩没有发生转化。同时，十六烷在裂化过程中，占据了较多的酸性中心，对反应1有所抑制，导致转化产物中含有较多的噻吩，从而导致硫化氢收率较低。四氢萘在催化裂化过程中主要发生脱氢反应，较少发生断裂反应，且能够给反应1供氢，使得在四氢萘体系中，四氢噻吩几乎可全部发生转化，而且转化产物主要为硫化氢。同时，由于四氢萘具有良好的供氢能力，在反应过程中会抑制反应2的进行。色谱分析结果表明，在四氢噻吩/四氢萘的液相产物中只含有很少量的噻吩。苯不发生断裂反应，又不具有供氢能力，所以在苯体系中，随着反应温度的升高，四氢噻吩可全部转化，但反应产物中始终含有一定量的噻吩及苯基取代噻吩，而且催化剂上的残余硫含量高。

当催化剂活性低时（如平衡剂），四氢噻吩转化率明显下降，一般低于70%，转化为硫化氢的比例为50%左右。同时，在反应产物中噻吩的含量明显升高，显示在只有弱酸中心的催化剂上，四氢噻吩开环生成硫化氢的程度下降，而脱氢生成噻吩的比例增加，如表3-13所示。这可能是由以下原因造成的：

①强酸性中心更有利于四氢噻吩的开环反应；

②由于催化剂上只有弱酸性中心，溶剂的供氢能力下降；

③平衡剂上的金属对四氢噻吩的脱氢具有促进作用。

另外，催化剂上没有检测出硫，表明含硫化合物的缩合反应主要在催化剂的强酸性中心进行。

表3-13　四氢噻吩在平衡剂1上的催化裂化产物中的硫分布

反应条件			转化率/%	硫分布/%				
溶剂	温度/℃	空速/h^{-1}		硫化氢中硫	噻吩硫	四氢噻吩硫	取代噻吩硫	催化剂上硫
苯	475	10	62.2	33.1	27.6	37.8	1.6	0
十六烷	475	10	67.0	32.6	25.0	33.0	9.4	0
四氢萘	475	10	48.3	33.5	12.3	51.7	2.5	0

（3）乙苯硫醚　在催化裂化条件下，乙苯硫醚在新鲜催化剂上可全部转化，70%左右转化为硫化氢，30%左右转化为苯硫酚。随着反应温度的升高，硫化氢收率增加，液相产物中的苯硫酚含量有所下降。随着空速的增大，乙苯硫醚仍能完全转化，硫化氢收率略有下降，结果见表3-14。

表3-14　不同反应条件下乙苯硫醚在新鲜催化剂上催化裂化产物中的硫分布

反应条件			转化率/%	硫分布/%			
溶剂	温度/℃	空速/h^{-1}		硫化氢中硫	苯硫酚硫	取代苯硫吩硫	催化剂上硫
苯	450	10	100	66.7	16.6	5.9	10.8
	475	10	100	69.3	14.5	8.4	7.8
	500	10	100	77.3	11.8	4.7	6.0
十六烷	450	10	100	50.9	28.3	10.7	10.1
	475	10	100	61.1	27.2	7.5	4.2
	500	10	100	66.5	28.3	5.1	0.1
四氢萘	450	10	100	69.3	26.7	0	4.0
	475	10	100	74.3	23.2	0	2.5
	500	10	100	78.2	21.7	0	0.1

比较十六烷、苯、四氢萘体系的反应结果，可以发现随着溶剂供氢能力增强，硫化氢收率增加。在乙苯硫醚转化过程中，催化剂上的硫含量变化规律和四氢噻吩类似。

乙苯硫醚在催化裂化条件下也主要发生两个相互竞争的平行反应：一是生成硫化氢和烃类；二是一个连串反应，首先生成苯硫酚，然后苯硫酚再与反应中生成的正碳离子发生烷基化反应，也可能有小部分硫酚转化为硫化氢。乙苯硫醚在催化裂化条件下的主要反应路径如图3-45所示。由于碳原子上的正电荷部分转移到苯环上，硫与苯环上的碳原子间结合紧密，不易发生断裂，从而使得催化裂化产物中会有一定量的苯硫酚。

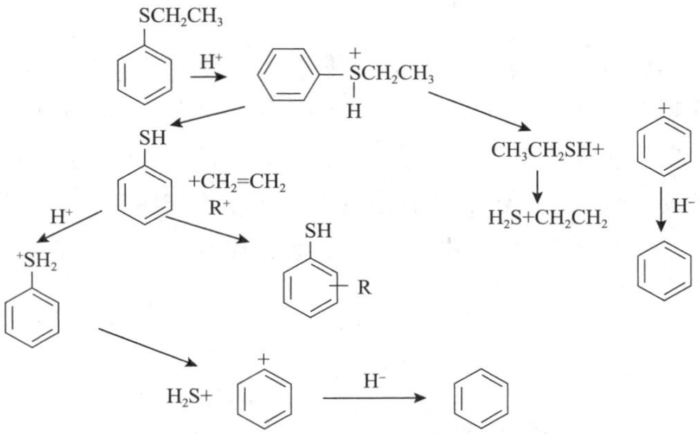

图3-45 催化裂化条件下乙苯硫醚反应路径

在催化裂化条件下，丁硫醚和叔丁硫醚可完全转化，转化产物主要是硫化氢和烃类化合物，反应条件对转化程度没有明显影响。随着反应条件的改变，四氢噻吩可部分或完全转化，转化产物中的含硫化合物主要是硫化氢，以及一定量的噻吩及其烷基化产物。随着反应温度的升高，溶剂供氢能力增强，四氢噻吩转化率增加，硫化氢收率增加。随着催化剂上活性中心的增加，四氢噻吩的转化程度提高。乙苯硫醚可完全发生转化，转化成的含硫化合物主要是硫化氢、苯硫酚及其烷基化产物。随着反应温度的升高，苯硫酚及其衍生物收率有所下降，硫化氢收率增加。随着溶剂供氢能力的增强，转化产物中硫化氢的比例增加，对于不同结构的硫醚，在反应条件相同时，转化由易到难的顺序是：叔丁硫醚>正丁硫醚≈乙苯硫醚>四氢噻吩。

在强酸中心上，非噻吩类含硫化合物会发生一定程度的缩合反应，生成相对分子质量较大的含硫化合物而进入焦中。通过提高反应温度，增加溶剂供氢能力，可提高硫醚转化程度，降低催化剂上的硫含量，并促进硫醚向硫化氢转化。根据产物组成分析，硫醚在催化裂化条件下首先通过硫原子吸附在催化剂上的活性中心（如酸性中心）上，并进一步按正碳离子机理进行断裂反应。

通过对硫醚热裂化和催化断裂反应的研究，发现催化产物中的硫醇主要来源于硫醚在催化裂化过程中的热反应，二硫酚则来源于芳基硫醚的热裂化和催化断裂反应。在催化裂化条件下，硫醇、硫醚和二硫化物可以全部或大部分转化，而在热裂化条件下，它们的转化程度则会下降。在热条件下，硫醚主要通过协同反应，按照热裂顺式消除反应方式进行反应；而在催化裂化条件下，硫醚则主要按正碳离子机理进行断裂反应。

3）加氢条件下的反应性能

硫醇、硫醚易于发生直接加氢脱硫反应生成硫化氢和烷烃。对于硫醚来说，因其C—S键键能低，硫原子上电子云密度大，易于发生加氢反应而脱硫。

2.噻吩类含硫化合物

噻吩类化合物具有芳香结构，难以转化。因此在催化裂化过程中降低轻质催化产物中的硫含量，关键在于提高噻吩类化合物的转化程度。噻吩类化合物的转化程度与其本身结构密切相关，同时原料的性质、催化剂活性以及反应条件等也影响噻吩类化合物的转化。

1）噻吩

（1）化学结构　图3-46是噻吩分子的三维结构示意图，左边是俯视图，右边是侧视图。由图可知，噻吩分子中所有原子位于同一平面。由图3-47可知，硫原子发生sp^2杂化后，剩余1个未参与杂化的孤对电子占据3p轨道，这些未参与杂化的p轨道侧面重叠形成大π键，如图3-48所示。π电子总数为6，符合芳香性规则，说明噻吩分子具有芳香性，体系较稳定，C—S键较难断裂，所以相较于其他不具有芳香性的含硫化合物，噻吩类化合物更难脱硫。

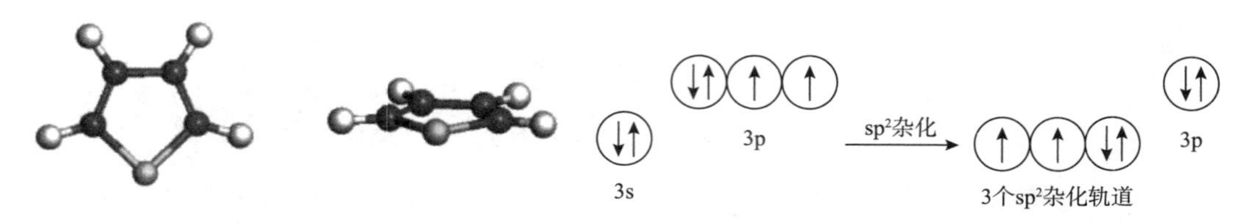

图3-46　噻吩分子的结构示意图　　　图3-47　原子的sp^2杂化示意图

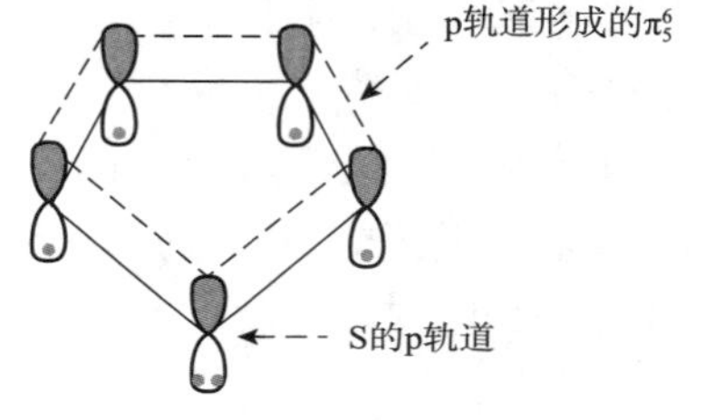

图3-48　噻吩分子的大π键

计算得到噻吩分子中C—S键键长为0.1731nm，键能为365.7kJ/mol。与C—C键相比，形成的C—S键键长较长，键能较低，裂化活性较高。

在噻吩分子中，碳原子电负性是2.55，硫原子电负性是2.58，二者电负性相差很小，说明C—S键是极性很弱的共价键，发生断裂时倾向于均裂。

（2）催化裂化条件下的反应性能　在催化裂化条件下，如果催化剂为新鲜剂，则大部分噻吩会发生转化，转化成的含硫化合物主要是硫化氢、噻吩的聚合产物，以及四氢噻吩和烷基噻吩等。溶剂不同，噻吩的转化情况也不同。溶剂供氢能力越高，转化为硫化氢的比例越大，产物中的四氢噻吩含量越高，催化剂上硫即噻吩缩合产物的量越少。溶剂的裂化程度越大，生成烷基噻吩的量越多，结果见表3-15。

表3-15　不同反应条件下噻吩催化裂化产物中的硫分布

反应条件			噻吩转化率/%	硫分布/%				
催化剂	溶剂	T/℃ WHSV/h^{-1}		吩硫噻	取代噻吩硫	四氢噻吩硫	硫化氢中硫	催化剂上硫
新鲜剂	苯	475，10	76.7	23.3	1.1	0.4	45.3	29.8
	十六烷	475，10	91.8	8.2	3.4	0.9	63.7	23.9
	四氢萘	475，10	96.3	3.7	0	6.2	85.2	4.9
平衡剂1	苯	475，10	1.9	98.1	0	0.1	1.8	0
	十六烷	475，10	43.4	56.6	11.8	12.0	19.6	0
	四氢萘	475，10	74.2	25.8	0	31.9	42.3	0

续表

反应条件			噻吩转化率/%	硫分布/%				
催化剂	溶剂	T/℃ WHSV/h^{-1}		吩硫噻	取代噻吩硫	四氢噻吩硫	硫化氢中硫	催化剂上硫
平衡剂2	苯	475，10	1.8	98.2	0	0	1.8	0
	十六烷	475，10	45.7	54.3	13.2	10.2	22.3	0
	四氢萘	475，10	70.6	29.4	0	32.1	38.5	0
中性氧化铝	苯	475，10	0	100	0	0	0	0
	十六烷	475，10	0.8	99.2	0	0.8	0	0
	四氢萘	475，10	1.6	98.4	0	1.6	0	0

随着催化剂酸性的增强，特别是当催化剂上具有强酸中心时，噻吩转化率大大提高，表明强酸性中心可显著促进噻吩的断裂反应，但同时烃类的裂化程度也相应增大，导致液体收率明显降低。当催化剂上具有强酸中心时，催化剂上就会含有残余硫，说明强酸中心可促进噻吩的缩合反应。随着反应温度的升高，催化剂上残余硫含量有所下降。溶剂供氢能力增强，噻吩的缩合反应受到一定程度的抑制，催化剂上残余硫含量将有所下降。

随着反应条件的改变，噻吩转化程度以及产物的分布会发生一定程度的改变，但噻吩的催化裂化产物基本固定，为硫化氢、四氢噻吩、取代噻吩以及噻吩的聚合物等。

噻吩在催化裂化条件下的主要反应如图3-49所示。当催化剂同时具有弱酸性和强酸性中心时，噻吩的催化转化程度很高，通过直接开环反应产生大量的硫化氢，即反应①。同时，催化剂上残余硫含量也较高，表明有一部分噻吩发生了缩合反应，即反应④，而且溶剂的供氢能力越低，缩合反应的程度越高。当催化剂相同时，溶剂供氢能力不同，噻吩的转化也相应发生变化。随着溶剂供氢能力的增加，噻吩转化为硫化氢的程度明显提高，而残余在催化剂上的硫则明显减少，同时产物中四氢噻吩的含量也相应增加。可见，供氢溶剂存在下，噻吩可以先通过氢转移反应生成四氢噻吩，即反应②，继而发生开环反应⑤。当没有溶剂供氢时，噻吩环直接开裂需要较高的活化能，而如果溶剂能够供氢使噻吩环加氢生成二氢或四氢噻吩，则生成的产物进一步开环需要的活化能较低。另外，在催化裂化过程中会产物正碳离子，而噻吩具有芳香性，这样就会发生一定程度的亲电取代反应，即反应③。

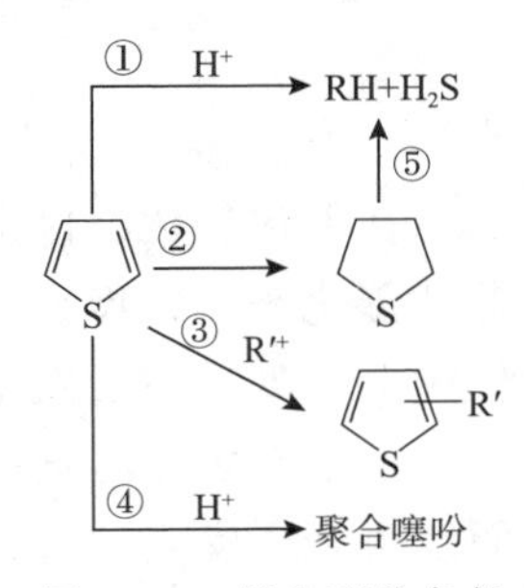

图3-49 催化裂化条件下噻吩可能的反应

噻吩在催化裂化条件的转化历程可以分为以下几步，如图3-50所示。

①噻吩在强酸性中心催化下发生直接开环反应，主要生成硫化氢和烃类化合物。

②噻吩在外界供氢条件下，加氢饱和生成二氢噻吩，生成二氢噻吩又迅速饱和生成四氢噻吩，其中也可能有部分直接发生开环反应。生成的四氢噻吩在酸性中心催化下又进一步发生开环反应，转化产物主要为硫化氢，但也会产生少量甲硫醇、乙硫醇和甲硫醚。随着反应条件的改变，转化产物中的含硫化合物组成也相应发生变化。

③噻吩和催化裂化过程中产生的正碳离子发生烷基化反应，生成烷基取代噻吩。

④在强酸性中心催化下，噻吩之间发生缩合反应。

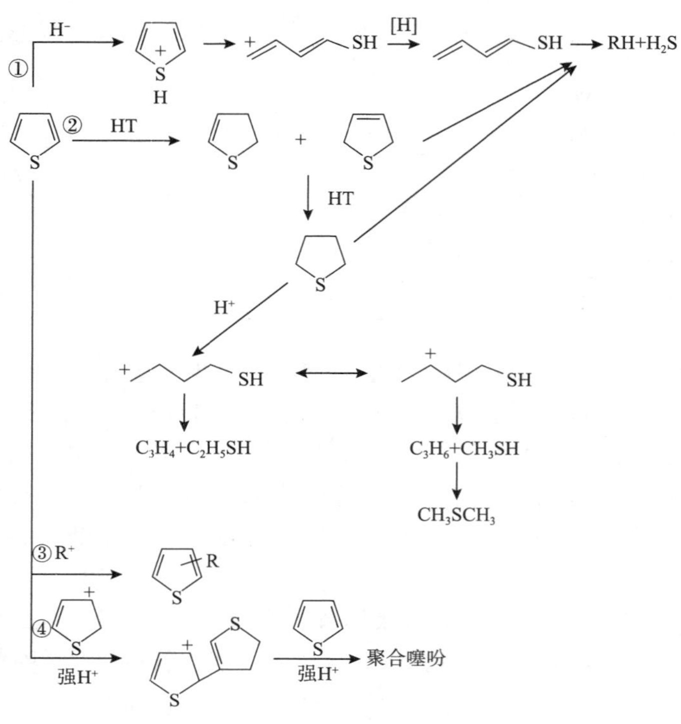

图3-50　催化裂化条件下噻吩可能的反应历程

在催化裂化条件下，噻吩转化程度随着反应条件的变化而有较大程度的改变。在强酸性催化剂上，噻吩转化程度高；而在弱酸性催化剂上，噻吩转化程度低。在强酸性催化剂上，噻吩主要发生直接开环反应、饱和再开环反应和缩合反应；而在弱酸性催化剂上，如果有供氢溶剂存在，则主要反应是噻吩首先发生开环加成反应生成四氢噻吩，继而发生开环反应，若无供氢溶剂则难以发生反应。

（3）加氢条件下的反应性能　对于噻吩类化合物而言，因其硫原子参与芳香体系共轭效应，形成稳定的大π键体系，硫原子上电子云密度低，与催化剂相互作用而活化的程度低，从而增加了直接氢解的难度。

选用金属Ni作为催化剂模型，金属Ni相对稳定存在的晶型通常是面新立方晶胞[14, 15]，Ni晶胞的表面分布中可见度最大的晶面为Ni（111）晶面，因此选取Ni（111）晶面作为Ni金属表明模型，建立的催化剂簇模型如图3-51所示。

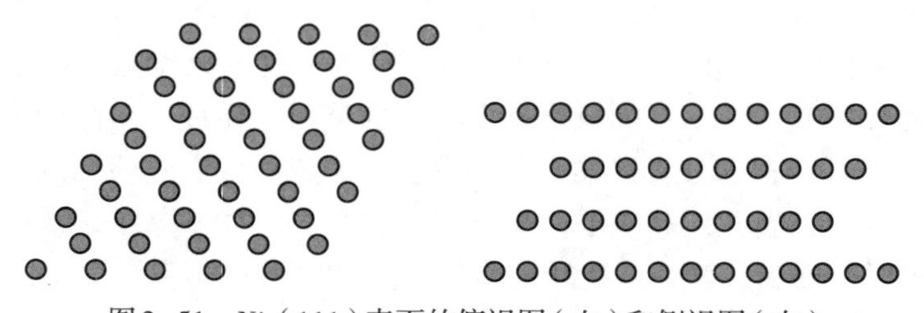

图3-51　Ni（111）表面的俯视图（左）和侧视图（右）

金属Ni的外层电子排布为［Ar］$3d^8 4s^2$，3d轨道未满足$3d^{10}$的全填状态，倾向于从外界夺取电子，以达到更稳定的外层电子结构。Ni的这种电子结构特征使得金属Ni作为催化剂活性组分，有能力从反应体系中夺取外界电子。

由噻吩的结构可知，噻吩中硫原子有未参与成键的孤对电子，进一步分析噻吩分子的电荷分布（见图3-52），由于硫原子与碳相比，具有更高的电负性，使得硫原子带有较多负电荷，从而能够高选择性地吸附在金属Ni上。另外选取了汽油中具有代表性的庚烯、甲苯等组分以及反应体系中的H_2，与噻吩做对比，分析比较了不同组分在Ni上的吸附能，如图3-53所示，其中噻吩分子的吸附能最大。

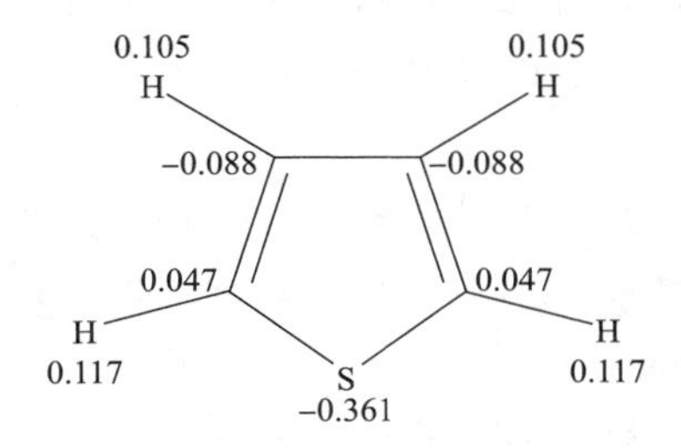

图3-52　噻吩分子的电荷分布

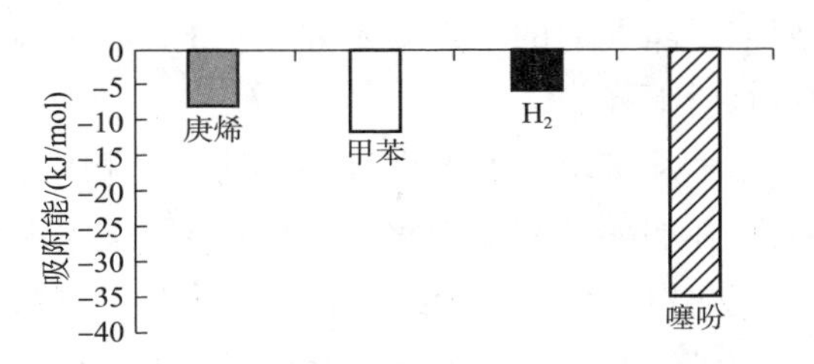

图3-53　不同组分在金属Ni表面的吸附能

在临氢条件下，H_2分子也能与金属Ni相互作用。在金属Ni的作用下，H_2分子中H—H键被显著活化，H_2分子较易在金属Ni表面发生吸附解离产生H自由基。同时，噻吩由于电子的转移，使得与硫相连的碳原子缺电子，从而导致被活化的H自由基经过噻吩中与硫相连的碳原子，生成1个自由基。在生成的自由基中，C—S键位于自由基中心碳原子的β位，使得C—S键被弱化了，从而促使C—S键断裂，生成1个硫自由基，接着硫自由基与H自由基结合成硫醇，并进行后续脱硫反应。计算得到噻吩在Ni催化剂上的脱硫反应路径如图3-54所示。

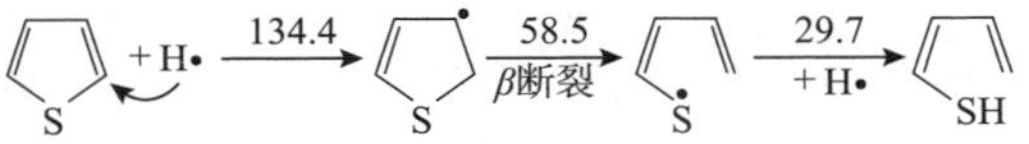

+H• —134.4→ —58.5 β断裂→ —29.7 +H•→ SH

图3-54　噻吩分子的脱硫反应路径（能垒单位：kJ/mol）

噻吩类硫化物的加氢脱硫比脂肪族硫化物加氢脱硫活性低。噻吩类硫化物加氢脱硫的反应活性从高到低的顺序为：噻吩>烷基取代噻吩>苯并噻吩>烷基取代的苯并噻吩>二苯并噻吩>4和6位置上没有取代基的二苯并噻吩>4或6位上有一个取代基的二苯并噻吩>4和6位上都有取代基的二苯并噻吩。

噻吩加氢脱硫的反应途径可能有4个反应历程，其中，两个主要反应历程是：途径①为氢解路线（DDS），噻吩直接开环脱硫生成丁二烯，丁二烯再加氢生成丁烯；途径②为加氢路线（HYD），噻吩先加氢生成四氢噻吩（THT），然后再脱硫生成丁烯。另外，可能的途径③是四氢噻吩被脱硫生成丁二烯，然后加氢生成丁烯；途径④为噻吩直接加氢脱硫生成丁烯。

2）苯并噻吩

（1）苯并噻吩的催化裂化　在催化裂化条件下，随着反应条件的改变，苯并噻吩转化程度及产物分布也发生相应的变化。当催化剂为新鲜剂时，在十六烷好四氢萘体系中，随着反应温度的升高，苯并噻吩转化率有所提高，同时硫化氢收率提高；而在苯体系中，苯并噻吩转化率却有所下降，但硫化氢收率有所提高。随着空速的增大，苯并噻吩转化率下降，硫化氢收率降低。随着溶剂供氢能力增强，苯并噻吩转化率明显提高，产物中2，3–二氢苯并噻吩的含量有所增加，硫化氢收率也明显增加。随着催化剂酸性的增强，特别是当催化剂上具有强酸性中心时，苯并噻吩转化率将提高，表明强酸性中心可促进苯并噻吩的断裂反应，但同时反应裂化程度也相应增强，导致反应液体收率明显降低。当催化剂上具有强酸性中心时，催化剂上就会含有残余硫，表明强酸性中心可以促进苯并噻吩的缩合反应。随着反应温度的升高，催化剂上残余硫含量有所下降。随着溶剂供氢能力的增强，苯并噻吩的缩合反应受到一定程度的抑制，催化剂上残余硫含量将有所下降。

当催化剂上只有弱酸性中心时，产物中2，3–二氢苯并噻吩含量明显增加，说明苯并噻吩在弱酸性中心催化下即可发生一定程度的饱和反应，但要促使饱和产物进一步转化为硫化氢，催化剂上必须含有一定量的强酸性中心。

总结苯并噻吩在催化裂化过程中发生的主要反应如图3–55所示，包括：

①苯并噻吩中噻吩环直接开环生成硫化氢和烃类。

②苯并噻吩先加氢饱和生成二氢苯并噻吩再发生开环反应。

③苯并噻吩和催化裂化过程中产生的正碳离子发生烷基化反应，生成烷基取代苯并噻吩。

④苯并噻吩在强酸性中心催化下，发生缩合反应进入焦中而残留在催化剂上。

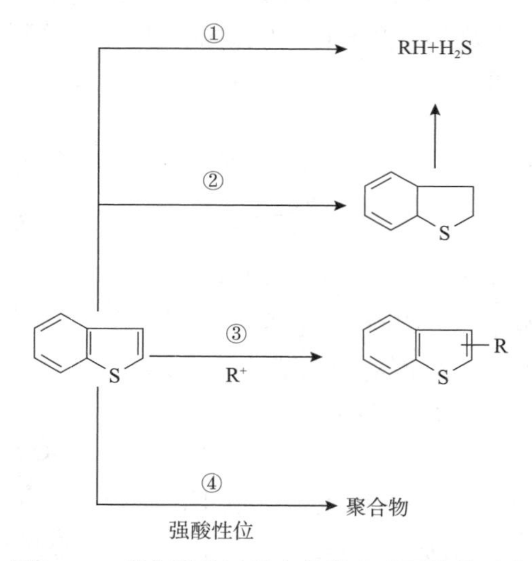

图3–55 催化裂化过程中苯并噻吩可能的反应

和噻吩转化结果相比，苯并噻吩饱和反应更容易进行，因为在苯并噻吩/苯体系中，当催化剂上只有弱酸性中心时，产物中仍含有一定量的二氢苯并噻吩，并产生少量硫化氢；而在噻吩/苯体系中，当催化剂上只有弱酸性中心时，噻吩基本不转化为四氢噻吩。

在催化裂化过程中，为了促进苯并噻吩转化为硫化氢，催化剂上必须有适宜的催化剂酸性中心，既能催化苯并噻吩的饱和反应，又能催化饱和产物的开环反应。同时，为避免烃类过渡裂化，催化剂上强酸性中心不宜过多。另外，溶剂供氢能力对苯并噻吩转化为硫化氢的程度也有一定的影响，原料供氢能力越强，苯并噻吩转化为硫化氢的程度越高。

（2）苯并噻吩的加氢脱硫 可能包括两个反应途径：

途径①为氢解路线，苯并噻吩直接脱硫生成苯乙烯，苯乙烯再加氢生成乙苯；

途径②为加氢路线，苯并噻吩先加氢生成二氢苯并噻吩，然后再脱硫生成乙苯。

3）二苯并噻吩

（1）二苯并噻吩的催化裂化 随着反应条件的改变，二苯并噻吩在催化裂化条件下的转化程度及产物分布也会发生相应的变化。当催化剂为新鲜剂时，在十六烷体系中，随着反应温度的升高，二苯并噻吩的转化率有所提高，同时硫化氢收率提高；在四氢萘体系中，反应温度对二苯并噻吩转化程度的影响较小。当溶剂为四氢萘时，二苯并噻吩转化产物中存在苯并噻吩，这可能是因为一侧芳环先加氢饱和生成环烷，环烷再进一步发生断裂生成苯并噻吩。

随着催化剂酸性的增强，特别是当催化剂上具有强酸性中心时，二苯并噻吩的转化率将提高，表明强酸性中心可促进二苯并噻吩的断裂反应，同时对二苯并噻吩的缩合反应具有催化作用。但反应裂化程度增强，会导致反应液体收率明显降低。随着反应温度的升高，催化剂上残余硫含量有所下降。随着溶剂供氢能力的增强，二苯并噻吩的缩合反应受到一定程度抑制，催化剂上残余硫将有所下降。上述反应规律和苯并噻吩、噻吩的一致。

当催化剂上只有弱酸性中心时，二苯并噻吩的转化率明显降低。另外，在四氢萘体系中，生成的苯并噻吩可进一步转化为2，3-二氢苯并噻吩。

随着反应条件的改变，二苯并噻吩生成的主要含硫化合物基本固定，包括硫化氢、取代二苯并噻吩、二苯并噻吩缩合物，在有些条件下还有苯并噻吩和2，3-二氢苯并噻吩。二苯并噻吩在催化裂化过程中发生的主要反应见图3-56，包括：

①二苯并噻吩中的噻吩环直接开环生成硫化氢和烃类。

②二苯并噻吩先生成苯并噻吩，再进一步发生转化。

③二苯并噻吩和催化裂化过程中产生的正碳离子发生烷基好反应，生成烷基取代二苯并噻吩。

④二苯并噻吩在强酸性中心催化下，发生缩合反应进入焦中而残留在催化剂上。

（2）二苯并噻吩的加氢脱硫 二苯并噻吩加氢脱硫反应途径有两种平行路线：

路线（a）为加氢路线，二苯并噻吩先加氢生成1，2，3，4-四氢二苯并噻吩或1，2，3，4，10，11-六氢化二苯并噻吩，继续脱硫生成环己基苯；

路线（b）为氢解路线，二苯并噻吩直接脱硫生成联苯。

在反应网络中，路线（a）为加氢步骤，路线（b）为C—S键断裂步骤。

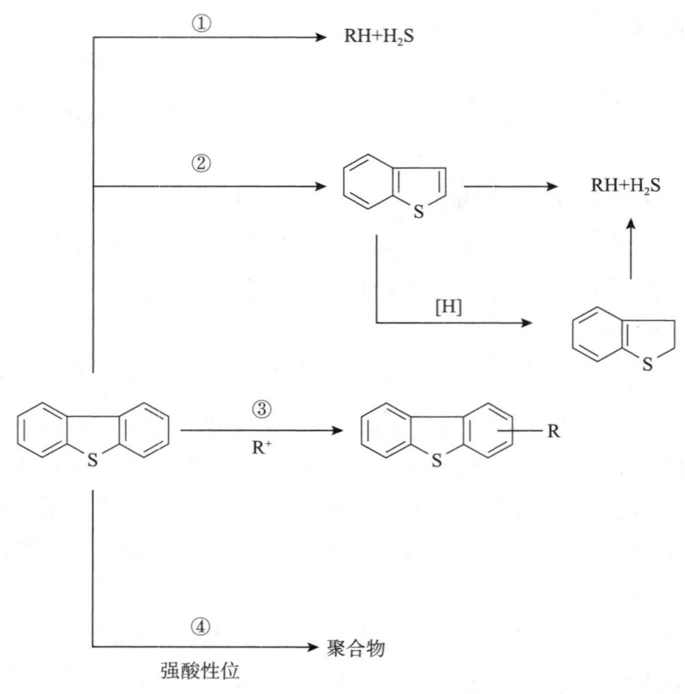

图3-56 催化裂化过程中二苯并噻吩可能的反应

4）4，6-二甲基二苯并噻吩（4，6-DMDBT）

4，6-DMDBT发生加氢脱硫反应可能的途径有4种：

第一种是氢解路径，主要特征是S—C键首先断裂，硫原子直接脱出，生成二甲基联苯；

第二种路径是加氢路径，芳香环首先加氢，然后再氢解脱硫，生成二甲基环己基苯；

第三种是异构化途径（ISOM），4位或6位上的甲基先异构化，从β位转移到非β位（相对硫原子而言），使4，6-DMDBT的反应空间位阻变小，脱硫变得容易；

第四种是脱甲基途径（De-methyl），4位或6位上的甲基裂解脱除，减少空间位阻，便于脱硫反应的进行。

由于4，6-二甲基二苯并噻吩中硫原子周围的空间位阻效应较大，在加氢脱硫过程中具有很高的稳定性，所以4，6-DMDBT很难被脱除。对于噻吩类硫化物，一般认为加氢和氢解这两个途径同时存在。由于H_2S对C—S键的氢解有强抑制作用而对加氢影响不大，因此认为，加氢和氢解是在催化剂的不同活性中心进行的。哪种反应路径占主导地位主要依靠硫化物本身的性质、反应条件和所使用的催化剂。在同样的反应条件下，DBT主要通过氢解路线来进行脱硫，而4，6位烷基取代的二苯并噻吩主要按照先加氢后氢解路线进行脱硫。

5）萘苯并噻吩（BNT）

BNT是目前所研究得最重的有机硫化物，BNT以及更复杂的含稠环的含硫化合物，不仅脱硫反应活性很低而且极难脱除，其反应机理也很难确定。图3-57为BNT的加氢脱硫反应途径。

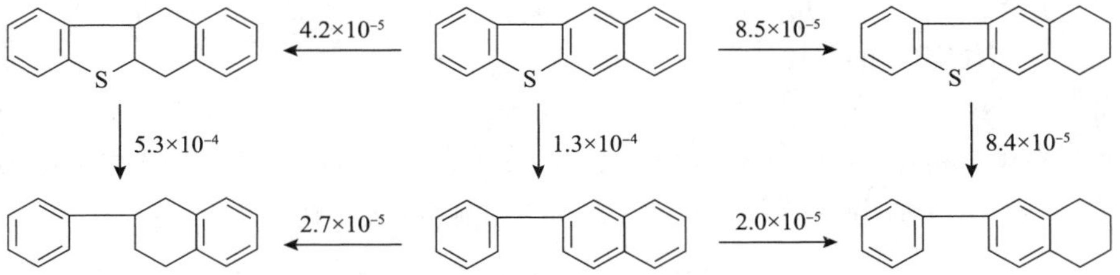

(a)箭头边的数为300℃时为一级速率常数，单位为L/(g·s)

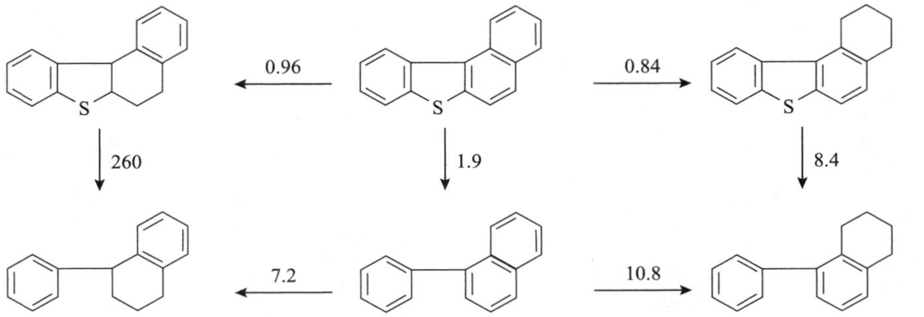

(b)箭头边的数为250℃时为一级速率常数的相对值

图3-57 萘苯并噻吩（BNT）的加氢脱硫反应途径

从图中可以看出，含硫化合物加氢的速率和氢解速率基本相当。对苯并［b］萘并［2，3-d］噻吩来说，有一个饱和环直接与硫原子相邻的硫化物的氢解速率是苯并［b］萘并［2，3-d］噻吩氢解速率的4倍。但对苯并［b］萘并［1，a-d］噻吩来说，两者速率的差别在两个数量级以上，这种差别的原因尚难以确定，有可能与两者之间不同的反应条件有关。

三、含氮化合物组成结构及其反应性能

石油中的含氮化合物按其酸碱性通常分为两大类：碱（性）氮（化合物）和非碱（性）氮（化合物）。Richter等[16]最早提出采用高氯酸非水滴定的方法可以把石油及其产品中的含氮化合物分为简单化合物和非碱氮化合物两类。碱氮化合物是指样品在冰醋酸-苯溶液中能够被高氯酸-冰醋酸滴定的那部分含氮化合物，而不能被高氯酸-冰醋酸滴定的那部分含氮化合物则是非碱氮化合物。以简单化合物形式存在的氮的含量称为碱氮含量，而以非碱氮化合物形式存在的氮的含量称为非碱氮含量。Richter采用该方法对一些原油、馏分油和渣油进行了测定，发现碱氮含量与总氮含量的比值都在0.30 ± 0.05范围内。

目前已检测到的石油中的含氮化合物，不论碱氮和非碱氮化合物，一般氮原子均处于环结构中，为氮杂环化合物，脂肪族含氮化合物在石油中较少发现。石油及其馏分中的简单化合物主要有吡啶类、喹啉类、异喹啉类和吖啶类，在石油加工产品中还发现存在苯胺类。随着馏分沸点的升高，其碱氮化合物的环数也相应增多。石油及其馏分中的弱碱氮和非碱氮化合物主要有吡咯类、吲哚类和咔唑类。随着馏分沸点的升高，非碱氮

含量增加，非碱氮化合物更集中在石油较重的馏分以及渣油中。石油中的非碱氮化合物（如吡咯、吲哚等衍生物）性质不稳定，易被氧化和聚合，这是导致石油二次加工油品颜色变深和产生沉淀的主要原因之一。

从海洋石油和非海洋石油中鉴定了含氮和碱性氮化物[17, 18]，其中表3-16列出了从Yabase海洋石油（marine oil）和Talang Jimar非海洋石油（non-marine oil）中鉴定出的含氮化合物[17]。表3-17则为一种中东原油中鉴定出的含氮化合物[18]。

表3-16 原油碱性组分中鉴定出的含氮化合物

样品	分子式	碳数（*n*）分布	母体分子		相对丰度/%
			分子式	可能的结构	
Yabase 海洋石油	$C_nH_{2n-11}N$	15–17	C_9H_7N	氮杂萘	2.9
	$C_nH_{2n-15}N$	17–19	$C_{12}H_9N$	氮杂芴	18.5
	$C_nH_{2n-17}N$	14–20	$C_{13}H_9N$	氮杂菲	58.1
	$C_nH_{2n-19}N$	16–19	$C_{15}H_{11}N$	氮杂菲嵌戊烷	10.3
	$C_nH_{2n-21}N$	17–20	$C_{15}H_9N$	氮杂芘	3.8
	$C_nH_{2n-23}N$	17–21	$C_{17}H_{11}N$	氮杂屈	8.9
	$C_nH_{2n-27}N$	20–22	$C_{19}H_{11}N$	氮杂苯并芘	1.5
	$C_nH_{2n-15}NS$	13–14	$C_{11}H_7NS$	氮杂二苯并噻吩	2.0
Talang Jimar 非海洋石油	$C_nH_{2n-11}N$	14–17	C_9H_7N	氮杂萘	11.4
	$C_nH_{2n-15}N$	14–19	$C_{12}H_9N$	氮杂芴	25.2
	$C_nH_{2n-17}N$	14–18	$C_{13}H_9N$	氮杂菲	37.5
	$C_nH_{2n-19}N$	16–19	$C_{15}H_{11}N$	氮杂菲嵌戊烷	13.8
	$C_nH_{2n-21}N$	17–19	$C_{15}H_9N$	氮杂芘	6.6
	$C_nH_{2n-23}N$	18–20	$C_{17}H_{11}N$	氮杂屈	检测限以下
	$C_nH_{2n-15}NS$	12–13	$C_{11}H_7NS$	氮杂二苯并噻吩	4.5

表3-17 一种中东原油中鉴定出的含氮化合物

样品	碱氮化合物	非碱氮化合物
原油	C_2~C_5喹啉类	C_0~C_7咔唑类
	C_1~C_8苯并喹啉类	C_0~C_7苯并咔唑类
	C_0~C_2四氢二苯并喹啉类	C_0~C_4二苯并咔唑类
	C_2~C_3氮杂芘类	—
	C_1~C_4二苯并喹啉类	—
375~550℃馏分	C_4~C_8苯并喹啉类	C_4~C_7咔唑类
	C_0~C_2四氢二苯并喹啉类	C_0~C_7苯并咔唑类
	C_2~C_5氮杂芘类	C_0~C_4二苯并咔唑类
	C_1~C_4二苯并喹啉类	

1.非碱氮化合物

原油中的非碱氮化合物主要是氮杂芳环化合物，在二次加工的石油产品中也存在一些酰胺类。减压馏分油中的非碱氮化合物组成比较复杂，主要是三个以上的芳环缩合而成的含氮化合物，而且馏分越重，非碱氮化合物的环数越多。

1）吡咯

（1）化学结构　图3-58所示是吡咯分子的三维结构示意图，左边是俯视图，右边是侧视图。由图可知，与噻吩分子类似，吡咯分子中所有原子也位于同一平面。这同样是由吡咯分子中碳原子和氮原子都是sp^2杂化引起的。由图3-59可知，氮原子发生sp^2杂化，生成的3个单电子占据的sp^2杂化轨道，分别参与形成3个σ键，剩余一个未参与杂化的孤对电子占据的2p轨道，与碳原子未参与杂化的2p轨道侧面重叠形成大π键，如图3-60所示。吡咯分子中的π电子总数也是6，同样具有芳香性，C—N键较稳定，难以断裂脱氮。

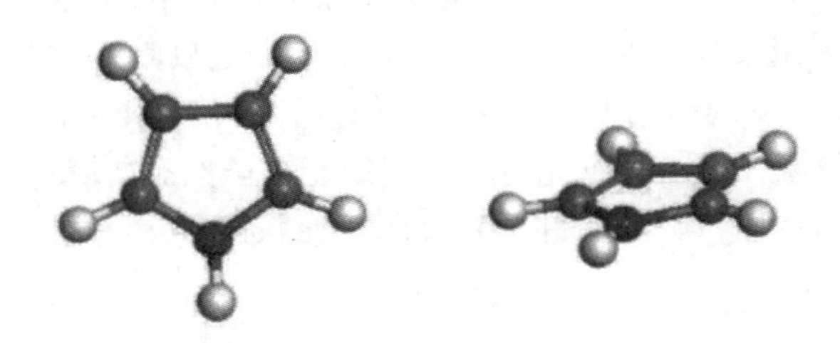

图3-58　吡咯分子的结构示意图

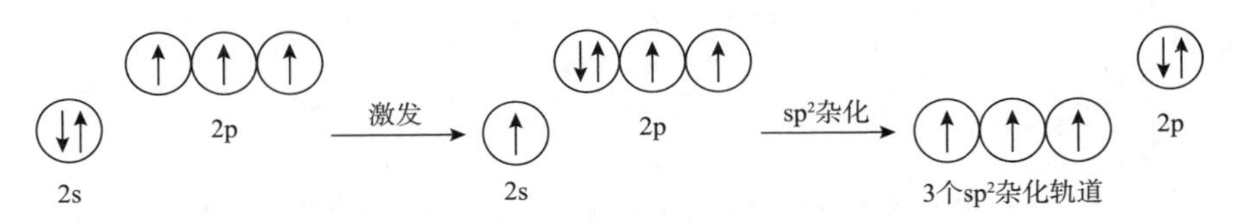

图3-59　氮原子的sp^2杂化示意图

计算得到吡咯分子中C—N键键长为0.1377nm，键能为387.5kJ/mol。与噻吩分子中的C—S键相比，C—N键键长明显更短，键能更高。这是因为硫原子位于第三周期，氮原子位于第二周期，当氮原子与位于同周期的碳原子成键时，和位于不同周期的硫原子与碳原子成键相比，杂化轨道的形状更匹配，重叠更充分，形成的C—N键更牢固，键能更高，更不容易断裂。

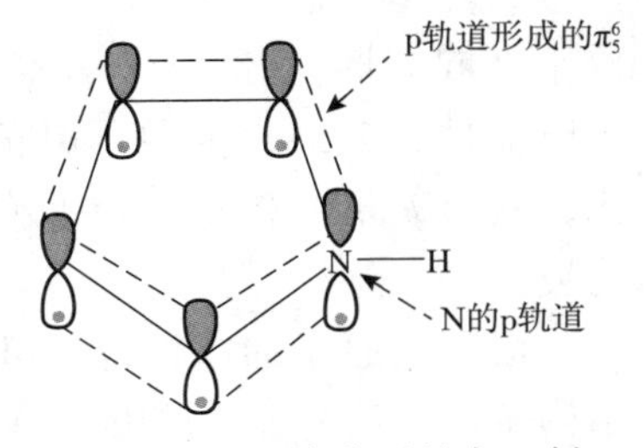

图3-60　吡咯分子的大π键

（2）临氢与催化裂化条件下的反应性能　选用Ni（111）晶面作为Ni金属表面模型，建立前述催化剂簇模型（见图3-51）。

分析吡咯分子的电荷分布（见图3-61）可知，吡咯中氮原子具有较高的电负性，使氮原子上带有较多负电荷，结合Ni金属具有夺取电子的结构特征，可以得到吡咯分子同样能够高选择性地吸附在金属镍上。由图3-62可知，吡咯分子的吸附能力较大，且比噻吩分子的吸附能还要大，这主要是因为氮原子的电负性比硫原子大，吸电子能力更强，与金属Ni作用更强，所以吡咯分子更能够高选择性地吸附在金属Ni表面。

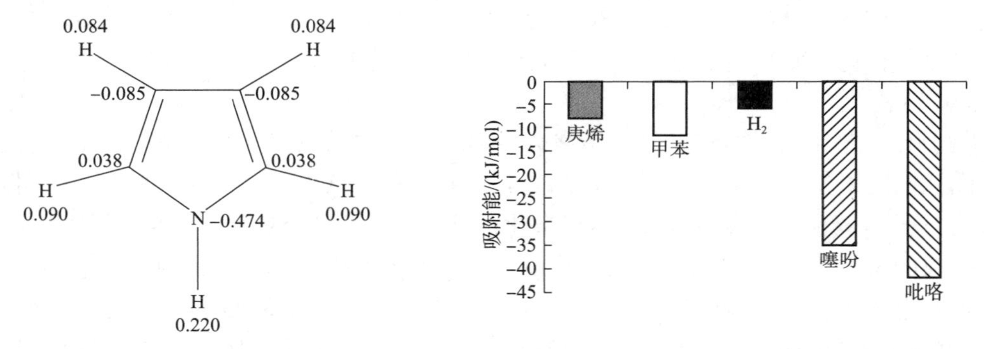

图3-61　吡咯分子的电荷分布　　　　图3-62　不同组分在金属Ni表面的吸附能

计算了在临氢条件下，吡咯分子在金属Ni催化作用下的脱氮反应路径，如图3-63所示。与噻吩分子脱硫反应路径类似，H自由基首先进攻吡咯中与氮相连的碳原子，反应的能垒144.6kJ/mol，此时吡咯开环脱氮能垒较高，为262.8kJ/mol。而当吡咯环进一步饱和后，再发生开环脱氮，可以看到此时开环脱氮能垒虽然有所降低，但仍有183.4kJ/mol，表明由于氮原子结构特征，临氢条件下直接脱氮比较困难。

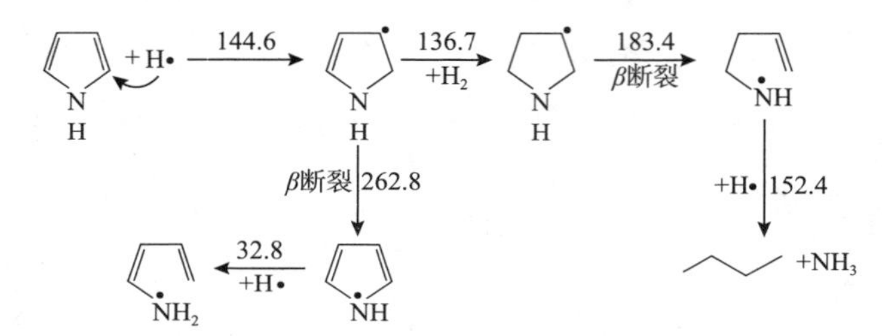

图3-63　吡咯分子在临氢条件下的脱氮反应路径（能垒单位：kJ/mol）

比较在临氢条件下，吡咯脱氮和噻吩脱硫反应能垒可知，脱氮反应能垒高于脱硫反应的能垒，进一步说明了吡咯氮比噻吩硫更难脱除。这主要是因为硫原子与氮原子位于不同周期，导致C—N键比C—S键更牢固，键能更高，更不易断裂。另外，硫原子电负性为2.58，氮原子电负性为3.04，碳原子电负性为2.55，与碳原子和硫原子相比，氮与碳原子电负性相差更大，形成的C—N键极性更强，所以C—N键比C—S键更难均裂。

根据氮原子的结构特征可知，C—N键是极性共价键，倾向于发生异裂。根据这种结构特征，认为如果能够在体系中引入酸性中心，将有望促进氮原子的脱除。据此对吡咯分子在酸催化下的脱氮反应进行研究。如图3-64所示，吡咯在临氢条件下饱和的能垒相对较低，在体系中引入酸中心后，由于H^+是缺电子的，会优先与带有较多负电荷的氮原子发生相互作用，由于它的拉电子作用，将促进C—N键异裂。在酸性条件下，饱和的吡咯环较容易开环，能垒仅为86.3kJ/mol左右。在此基础上，可通过更小的能垒实现彻底脱氮。因此，认为引入酸中心有助于高效选择性脱氮。

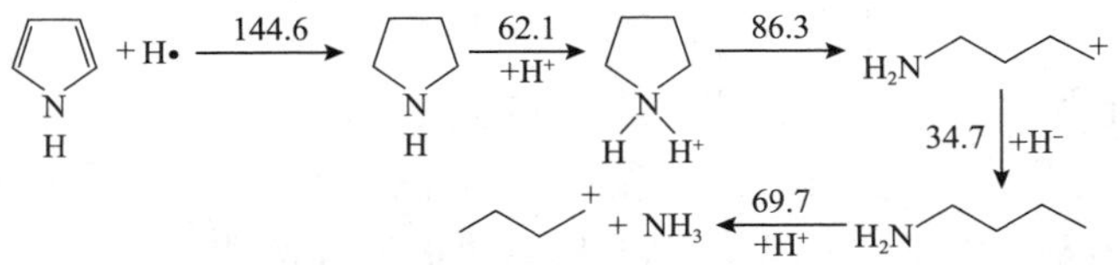

$$\text{吡咯} + H\cdot \xrightarrow{144.6} \text{吡咯烷} \xrightarrow[+H^+]{62.1} \text{吡咯烷}\cdot H^+ \xrightarrow{86.3} H_2N\text{—}C_4H_8^+ \xrightarrow[+H^-]{34.7} H_2N\text{—}C_4H_9 \xrightarrow[+H^+]{69.7} C_4H_9^+ + NH_3$$

图3-64　吡咯分子在酸催化下的脱氮反应路径（能垒单位：kJ/mol）

2）吲哚

吲哚在室温下为无色或浅黄色片状结晶，有特殊气味，露置于空气中或见光即变红色并树脂化，溶于热水、乙醇、乙醚和苯，能随水蒸气同时挥发。以吲哚甲苯溶液、吲哚十六烷溶液和吲哚四氢萘溶液为反应体系，研究考察其催化断裂反应路径。

（1）催化剂酸性影响　以惰性氧化铝代替催化裂化平衡剂，在与催化裂化相同的反应条件下进行热反应，吲哚甲苯溶液和吲哚十六烷溶液的气体产物中均没有检测到氨，而吲哚四氢萘溶液的气体产物中只检测到少量的氨，见表3-18。可见，催化裂化催化剂的酸性中心大大促进了吲哚裂化转化为氨。

表3-18　吲哚溶液热裂化和催化裂化的氨氮率比较　%

反应类型	吲哚甲苯溶液	吲哚十六烷溶液	吲哚四氢萘溶液
热裂化	0.00	0.00	0.33
催化裂化	2.69	14.82	23.68

注：吲哚甲苯和吲哚四氢萘溶液的氮含量为5000 μg/g，吲哚十六烷溶液的氮含量为1000 μg/g，反应温度500℃，空速8h^{-1}，剂油比3.2。

（2）溶剂供氢能力的影响　采用不同溶剂的吲哚溶液催化裂化结果见表3-19。当溶液氮含量相同时，溶剂供氢能力（以HTC表示）越强，氨氮率越高，失活催化剂上的氮含量越低；而溶剂生焦能力增强，催化剂上的氮含量并不一定降低。说明溶剂供氢抑制了吲哚缩合生焦，同时促进了催化剂表面吲哚的夺氢裂化。

表3-19　溶剂供氢能力对吲哚催化裂化的影响

溶剂	溶液氮含量/（μg/g）	氨氮率/%	催化剂氮/（μg/g）	焦炭/%	溶剂	
					供氢能力（HTC）	生焦能力/%
甲苯	5000	2.69	409	1.70	0.43	0.13
四氢萘	5000	23.68	125	0.92	2.17	0.86
甲苯	1000	3.59	143	0.49	0.43	0.13
十六烷	1000	14.82	111	1.86	0.90	3.12
四氢萘	1000	30.54	28	0.79	2.17	0.86

注：溶剂供氢能力、生焦能力测定条件为：纯溶剂，温度500℃，剂油比3.2，空速8h^{-1}；HTC=（$C_3^0+C_4^0$）/（$C_3^-+C_4^-$）。

吲哚甲苯溶液催化裂化液体产物中的吲哚类氮一般占70%~80%，苯胺类氮一般占20%~30%；吲哚四氢萘溶液催化裂化液体产物中的吲哚类氮一般只有0%~30%，苯胺类高达70%~100%。说明烃类溶剂的供氢能力增强，有利于吲哚裂化转化为苯胺类。

由此可见，苯胺可能是吲哚裂化转化为氨的中间物，二氢吲哚可能是吲哚转化为苯胺的中间物。

3）苯胺

苯胺催化裂化的关键因素一是催化剂的酸性大小，二是反应体系的供氢能力（氢转移系数HTC）。推测苯胺催化裂化转化路径可能如图3-65所示：①苯胺吸附于催化剂表面，或者生焦；②苯胺甲基化；③苯胺先与催化剂表面的质子酸中心作用生成A，A可以转化为B，B能够夺取供氢分子中的氢负离子，使供氢分子形成新的正碳离子，而B转化为苯和氨。

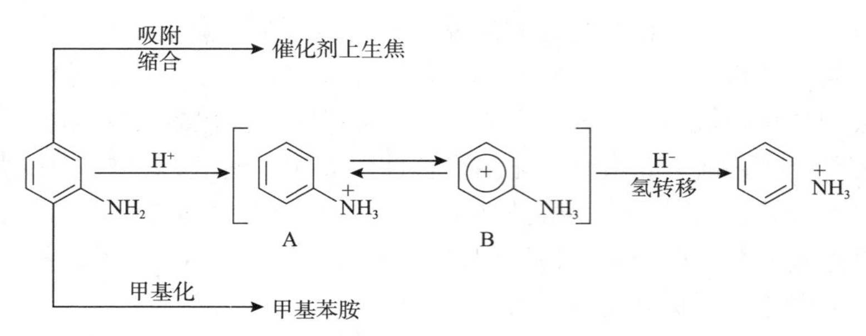

图3-65 苯胺催化裂化转化路径

4）吲哚

吲哚催化断裂反应路径见图3-66：①吲哚吸附于催化剂表面，或缩合生焦；②吲哚烷基化；③吲哚加氢生成二氢吲哚、二氢吲哚C（sp^2）—N键断裂生成氨，二氢吲哚C（sp^3）—N键断裂生成苯胺，苯胺进一步裂化转化为氨。

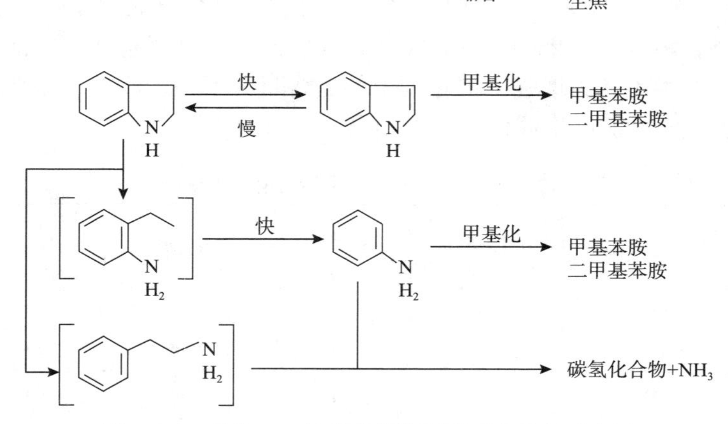

图3-66 吲哚、二氢吲哚催化断裂反应路径示意图

吲哚与催化剂质子酸中心作用，或从正碳离子夺取H^+，生成吲哚正碳离子，吲哚正碳离子再从供氢分子夺取H^-生成二氢吲哚，供氢分子则形成新的正碳离子，可进一步引发吲哚的加氢反应，如图3-67所示。

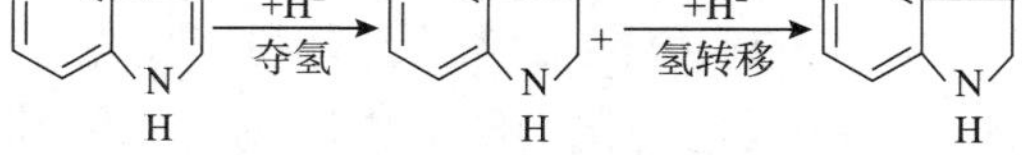

$+H^-$ 夺氢 $+H^-$ 氢转移

图3-67 吲哚的加氢反应历程

二氢吲哚饱和氮杂环的C—N键断裂可能涉及经典的Hoffman降解反应，C—N键断裂前N被季铵化，C—N键断裂反应通过β消除或亲核取代反应来实现，这需要酸中心催化，如图3-68所示。

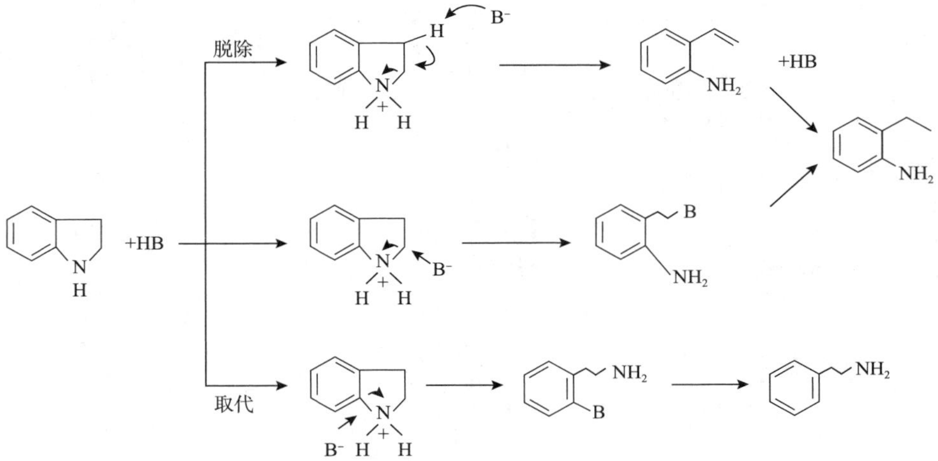

图3-68　二氢吲哚饱和氮杂环的C—N键反应历程

5）咔唑

咔唑在室温下为白色结晶，易升华，露置于紫外光线下显示强荧光和磷光，碱性极弱；能溶于喹啉、吡啶、丙酮和醚，能溶于浓硫酸而不分解，微溶于醇、苯、石油醚、氯代烃和乙酸，不溶于水，在甲苯、十六烷和四氢萘中的溶解度都很小。因此只讨论咔唑甲苯溶液的催化断裂反应行为。由表3-20可知，咔唑甲苯溶液催化裂化液体产物中含氮化合物主要是咔唑类，占总氮80%以上，苯胺氮、吲哚氮含量较少，只有百分之几。

表3-20　咔唑甲苯溶液催化断裂反应的氮平衡

催化裂化实验条件			氮平衡/%			液体产物氮分布/%			
反应温度/℃	剂油比	空速/h^{-1}	氨氮	催化剂氮	液体产物氮	苯胺氮	吲哚氮	咔唑氮	烷基咔唑氮
460	3.2	8	3.47	64.94	31.59	—	2.26	63.05	34.69
480	3.2	8	4.01	61.49	34.50	—	9.17	59.62	31.21
500	3.2	8	4.04	38.84	57.12	3.10	6.23	53.29	37.38
520	3.2	8	5.03	30.12	64.85	—	3.21	64.45	32.34
500	3.2	1	4.61	57.41	37.98	7.04	6.53	44.32	42.11
500	3.2	4	4.13	54.59	41.28	5.26	5.17	49.36	40.21
500	3.2	8	4.04	38.84	57.12	3.10	4.23	55.29	37.38
500	3.2	16	3.80	38.09	58.11	—	2.25	65.25	32.50
500	3.2	32	3.33	32.50	64.17	—	—	67.95	32.05
500	4.8	8	5.06	47.32	47.60	—	2.91	64.92	32.17
500	6.4	8	8.79	50.95	40.26	—	—	72.40	27.60

咔唑可能的催化断裂反应路径如图3-69所示：①咔唑吸附于催化剂表面，或缩合生焦；②咔唑烷基化；③咔唑加氢生成四氢咔唑，四氢咔唑裂化生成吲哚，或进一步加氢为六氢咔唑；④吲哚或六氢咔唑进一步裂化转化为氨。

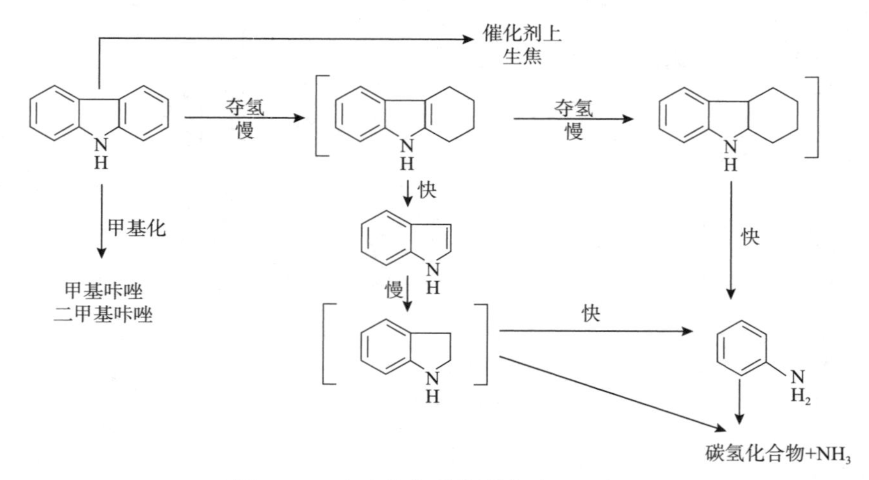

图3-69　咔唑催化裂化转化路径示意图

2.碱氮化合物

在催化裂化过程中，碱性含氮化合物的研究主要集中于碱氮化合物对催化剂选择性、转化率的影响等方面，很少涉及催化断裂反应过程中碱氮化合物的转化。

减压馏分油中的碱氮化合物组成较复杂，主要是三个以上芳环缩合的含氮化合物，而且馏分越重，碱氮化合物环数越多。如果直接采用减压馏分油进行催化断裂反应，由于减压馏分油中含有大量的非碱氮化合物，很难研究碱氮化合物的催化裂化转化行为。因此，选用相对较碱氮的吡啶类氮杂环模型化合物体系，简要介绍其催化断裂反应路径。

1）喹啉

由表3-21可知，溶剂对喹啉的催化裂化转化有较大影响，溶剂供氢供氢能力越强，氨氮率越高。由此推测，喹啉氮杂环的加氢饱和可能是喹啉裂化开环的前提条件。

表3-21　溶剂供氢能力与喹啉氨氮率的关系

催化裂化原料	HTC	氨氮率/%	
		500℃	520℃
喹啉甲苯溶液	0.43	0.00	0.00
喹啉十六烷溶液	0.90	0.00	0.35
喹啉四氢萘溶液	2.17	1.11	3.24

注：溶剂供氢能力测定条件为：纯溶剂，温度500℃，剂油比3.2，空速$8h^{-1}$；HTC=（C_3^0+C_4^0）/（$C_3^=$+$C_4^=$）。

推测喹啉催化裂化可能的反应路径如图3-70所示：①喹啉吸附于催化剂表面，或缩合生焦；②喹啉加氢生成5，6，7，8-四氢喹啉，5，6，7，8-四氢喹啉进一步裂化转化为吡啶类；③喹啉烷基化；④喹啉加氢生成1，2，3，4-四氢喹啉，1，2，3，4-四氢喹啉C（sp^2）—N键断裂生成氨，C（sp^3）—N键断裂生成苯胺，苯胺进一步裂化转化为氨。

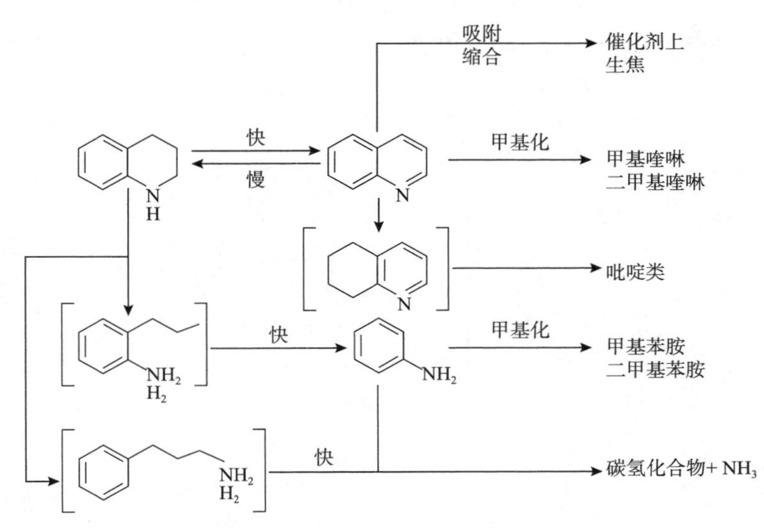

图3-70　喹啉催化断裂反应路径示意图

饱和氮杂环的C—N键断裂机理与图3-68很类似：它可能涉及经典的Hoffman降解反应，C—N键断裂前氮被季铵化，1，2，3，4-四氢喹啉C—N断裂反应可以通过β消除或亲核取代反应来实现，这需要酸中心催化，如图3-71所示：

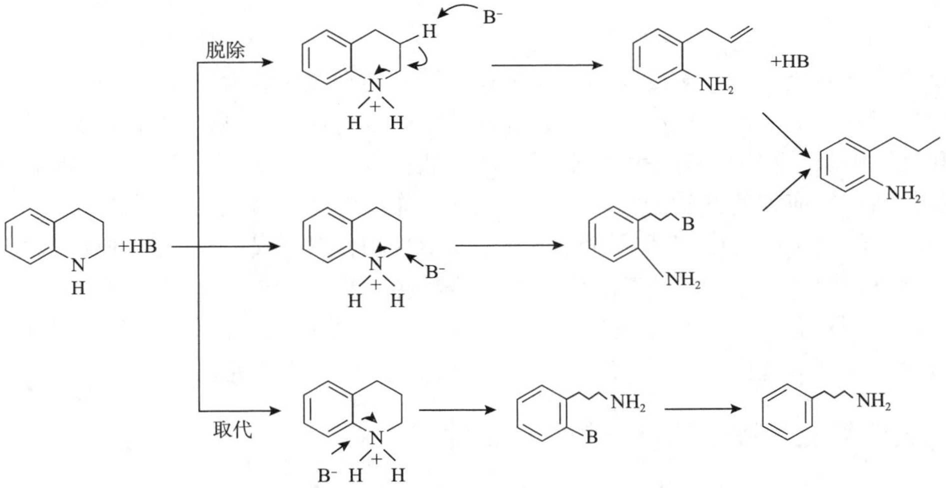

图3-71　喹啉饱和氮杂环的C—N键断裂机理

2）吖啶

在化学结构上，吖啶比喹啉多一个苯环，根据喹啉的催化断裂反应路径推测吖啶在催化裂化条件下可能的反应路径如图3-72所示：①吖啶吸附于催化剂表面，或缩合生焦；②吖啶烷基化；③吖啶加氢生成四氢吖啶，四氢吖啶进一步裂化转化为喹啉类；④喹啉类加氢生成5，6，7，8-四氢喹啉，进一步转化为吡啶类，喹啉类加氢生成1，2，3，4-四氢喹啉，1，2，3，4-四氢喹啉C（sp^2）—N键断裂生成氨，C（sp^3）—N键断裂生成苯胺，苯胺进一步裂化转化为氨。

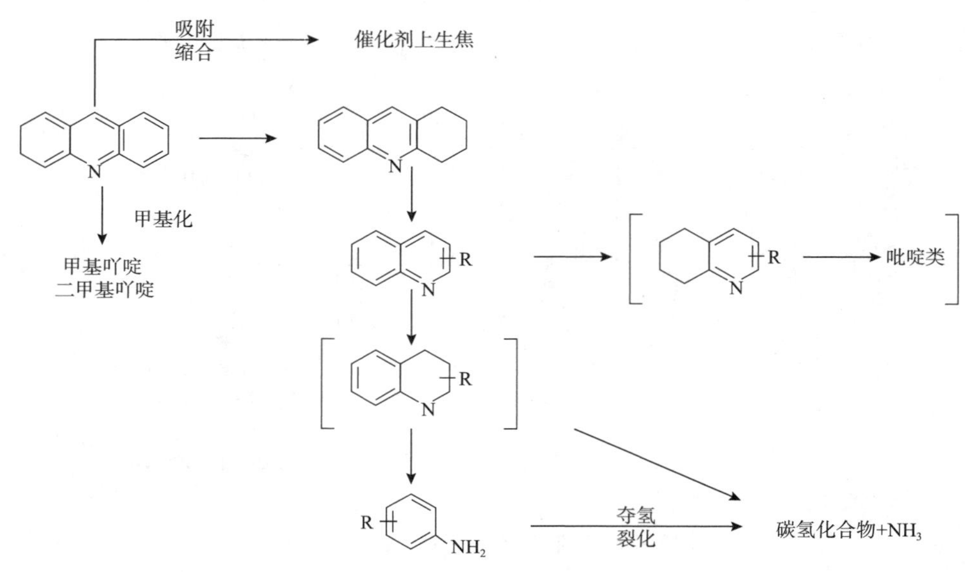

图3-72 吖啶催化断裂反应路径示意图

第三节 石油炼制过程的化学反应机理

反应机理研究的是化学反应的具体步骤，键的断裂顺序和链接顺序，每步反应中的能量变化以及反应速率、反应立体化学等内容。就是对反应物到产物所经历过程的详细描述和理论解释，特别是对中间体杂化状态、能量变化的描述。反应机理研究需要解决的问题包括：反应如何开始的？反应条件起什么作用？产物生成的合理途径？决速步骤是哪一步？经过了什么中间体？副产物是如何生成的？其意义在于，发现反应的一些规律，指导研究的深入，并了解影响反应的各种因素，最大限度地提高反应的产率。

石油炼制过程的主要化学反应与反应机理汇总参见相关文献[19]。本节重点介绍热裂化过程中的自由基反应机理和酸催化过程中的正碳离子反应机理。

一、热裂化过程中的自由基反应机理

自由基反应机理分为三步，即链引发、链传递、链终止。在反应过程中，自由基的生成速度=自由基的消失速度。

（一）碳自由基

1.碳自由基的产生

碳自由基是由共价键的均裂产生的（见图3-73），为中性，不带电荷。由于自由基中心碳原子的周围只有7个电子，未达到八隅体，属于缺电子的活泼中间体，因此其具有亲电特性。

图3-74为几个自由基的示例。

$$X:Y \longrightarrow X^{\cdot} + Y^{\cdot}$$

图3-73　自由基的产生示意图

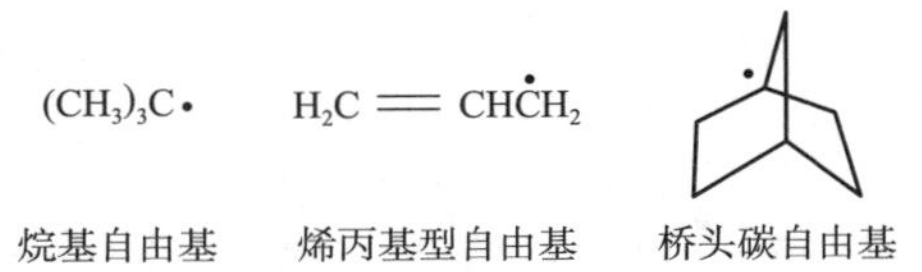

$(CH_3)_3C\cdot$　　$H_2C=CH\dot{C}H_2$

烷基自由基　烯丙基型自由基　桥头碳自由基

图3-74　碳自由基示例

2.碳自由基的分类

烃类化合物中的碳，按与周围相连接的碳原子个数，分别称为伯碳（1°）、仲碳（2°）、叔碳（3°）和季碳（4°），如图3-75所示，与之相连的氢则被称为伯氢（1°）、仲氢（2°）、叔氢（3°）和季氢（4°）。相应的碳形成相应的自由基。

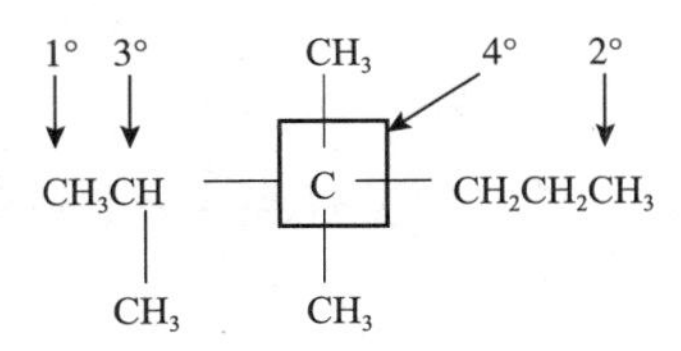

图3-75　烃类化合物中的碳种类表达

3.碳自由基的稳定性

常见碳自由基的稳定性顺序为：

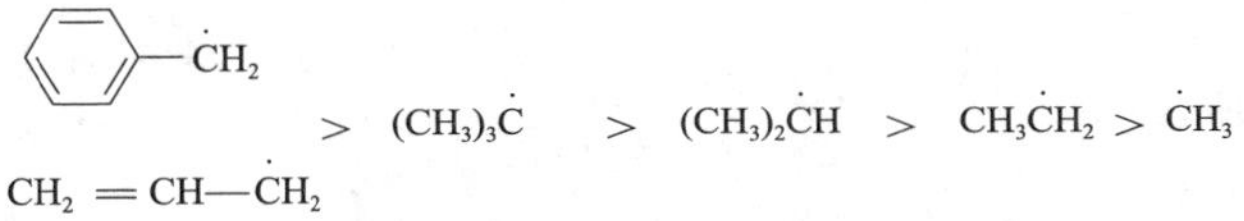

$$C_6H_5\dot{C}H_2,\ CH_2=CH-\dot{C}H_2 > (CH_3)_3\dot{C} > (CH_3)_2\dot{C}H > CH_3\dot{C}H_2 > \dot{C}H_3$$

图3-76为各类碳的C—H键离解能，离解能小的键易发生断裂，生成的自由基就越稳定。因此，得出碳自由基稳定性为：季碳自由基>叔碳自由基>仲碳自由基>伯碳自由基。

从电子效应来看，碳自由基只有7个成键电子，明显缺电子，带有轻微供电性的烷基（sp^3杂化）的加入有助于碳原子得到一些负电荷的补偿而形成稳定的电子八隅体。由诱导效应推知的自由基稳定性比较见示意图3-77。

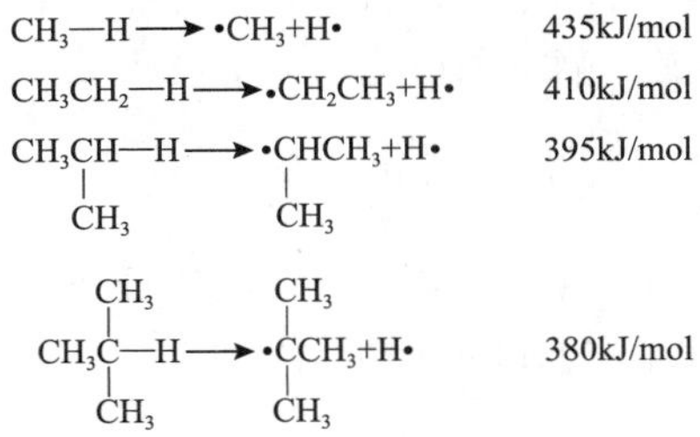

$CH_3—H \longrightarrow \cdot CH_3 + H\cdot$　　435kJ/mol

$CH_3CH_2—H \longrightarrow \cdot CH_2CH_3 + H\cdot$　　410kJ/mol

$CH_3CH(CH_3)—H \longrightarrow \cdot CH(CH_3)CH_3 + H\cdot$　　395kJ/mol

$CH_3C(CH_3)_2—H \longrightarrow \cdot C(CH_3)_2CH_3 + H\cdot$　　380kJ/mol

图3-76　几类碳的C—H键离解能

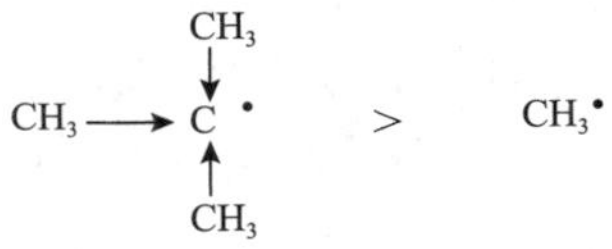

$$CH_3 \longrightarrow \overset{CH_3\downarrow}{\underset{CH_3\uparrow}{C}}\cdot \quad > \quad CH_3^{\cdot}$$

图3-77　诱导效应推知的自由基稳定性比较

另外，共轭强度越大，自由基越稳定；σ-p超共轭的强度与C—H键数目有关，σ-p重叠的概率越大，超共轭强度越大，自由基越稳定，示意图见图3-78。

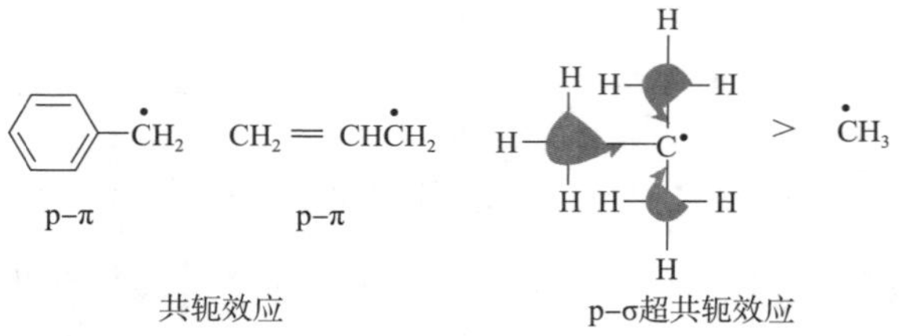

图3-78　共轭效应与自由基稳定性关系示意

所以就各种自由基稳定性而言，有如下结论：自由基越容易形成越稳定；烷基取代数目越多，形成的自由基稳定性越大；共轭强度越大，自由基越稳定；超共轭强度越大，自由基越稳定。

（二）烃类热裂化反应规律

石油中烃类物质包括烷烃、环烷烃、芳烃和烯烃，在热裂化过程中，相应反应类型及特点总结于表3-22。

表3-22　热裂化过程中烃类化合物的反应类型及特点

烃类	烷烃	环烷烃	芳烃	烯烃
类型	①脱氢反应 ②断链反应	①脱氢反应 ②断链反应	①侧链脱氢反应 ②侧链断链反应	①脱氢反应 ②断链反应
特点	①脱氢和断链都是强吸热反应，先脱氢后断链 ②脱氢可逆、断链不可逆 ③断链在两端较容易发生，产物较多为甲烷 ④乙烷只脱氢	①侧链烷基比烃环易裂解，长侧链先断链中间，有侧链得较多烯烃 ②环烷脱氢生成芳烃比开环生成烯烃容易 ③六碳环比五碳环易裂解	芳香烃的热稳定性很高，在一般的裂解温度下不易发生芳环开裂反应，但可以发生以下反应： ①脱氢缩合； ②烷基芳烃的侧链发生断裂生成苯、甲苯和二甲苯以及脱氢	反应生成乙烯、丙烯等低碳烯烃和二烯烃

由表可知：①正构烷烃最有利于生成乙烯和丙烯，分子量越小，烯烃的总收率越高。原料轻对生成乙烯和丙烯有利；②含环烷烃较多的原料，其乙烯收率低，而丁二烯和芳烃的收率加高；③芳烃倾向于缩合，直至结焦，侧链断链与脱氢；④烯烃大分子变乙烯、丙烯和丁二烯，进一步反应生成芳烃和焦。

烃类热裂化过程的主要反应规律如下。

①在相同条件下，氢自由基反应的速度：伯氢原子 < 仲氢原子 < 叔氢原子。以伯氢原子反应速度为1，则其他氢原子与自由基的相对反应速度见表3-23。

表3-23　氢自由基反应的相对速度

温度/℃	伯氢原子	仲氢原子	叔氢原子
300	1	3.0	33
600	1	2.0	10
700	1	1.9	7.8
800	1	1.7	6.3

续表

温度/℃	伯氢原子	仲氢原子	叔氢原子
900	1	1.65	5.65
1000	1	1.6	5.0

②正构烷烃在热裂化过程中可能按多种途径进行，以分子式为C_nH_{2n+2}的烷烃分子为例，其反应途径为（n+1）/2取整数。从乙烷到正己烷，其反应途径列于表3–24。

表3-24　乙烷到正己烷的热断裂反应途径

烷烃类型	乙烷	丙烷	正丁烷	正戊烷	正己烷
C原子数	2	3	4	5	6
反应途径	1	2	2	3	3

③参加反应的烃分子数m=相对反应速度·H原子数。

（三）案例：正辛烷热裂化生成甲烷的自由基机理

一般认为，烷烃热裂化的自由基反应为典型的链反应[20]。链引发阶段，正辛烷分子在高温条件下发生C—C键均裂，形成的伯自由基在β位发生C—C键断裂，生成1分子乙烯和1分子伯自由基[21]。氢、甲基或乙基自由基通过夺取正辛烷分子中的氢，从而实现链传递反应。伯自由基重复发生β位发生C—C键断裂，可生成大量乙烯，以及适量甲烷和α–烯烃，正辛烷热裂化产物分布见表3–25。

表3-25　正辛烷热裂化产物分布

反应温度t/℃	550	575	600	625	650
转化率x/%	0.024	0.071	0.267	1.02	2.93
摩尔选择性s_{mol}/%					
H_2	—	—	—	35.98	34.02
CH_4	—	—	45.42	39.04	41.14
C_2H_6	—	—	7.13	4.83	4.60
C_2H_4	161.13	183.46	189.40	157.80	153.74
C_3H_6	96.13	87.93	69.26	53.94	47.14
C_4H_8	50.89	45.87	40.10	31.29	27.41
n–C_4H_8	50.89	45.87	36.28	26.90	24.77
C_5H_{10}	—	—	—	14.35	14.15
C_6，C_7	—	—	—	13.29	13.18

注：石英浆填量，10mg。

由表可知，高温超短停留时间下，正辛烷热裂化转化率极低。上反应温度为550℃时，转化率仅为0.024%。乙烯、丙烯和正丁烯是正辛烷热裂化的初始产物，乙烯摩尔选择性明显高于丙烯和丁烯。随着反应温度升高，乙烯摩尔选择性先升高后略有降低，丙烯和丁烯摩尔选择性呈逐渐降低趋势。当反应温度高于575℃时，甲烷开始生成，这是由于端部C—C键断裂需要较高的反应活化能。$C_{5\sim7}$烃为正构烯烃，其摩尔选择性变化极小。

正辛烷分子具有完全对称的结构，仅含有伯C—H键和仲C—H键。当反应温度为600℃时，伯氢与仲氢的相对反应活性为1∶2[22]。当反应温度升高时，伯氢与仲氢相对反应活性的差异逐渐降低。Kossiakoff等[23]等研究发现，长链伯自由基易发生异构化反应，由于受空间限制，长链伯自由基仅发生自由价的2-异构化，其概率为50%。由表3-26可知，当反应温度超过600℃时，热裂化转化率显著提高。产物中甲烷和乙烷的生成，表明反应过程中甲基和乙基自由基的生成乙基链传递反应的发生，因此，产物分布由链传递和链终止反应决定。由于链传递体转化为裂化产物中的饱和组分，因此正辛烷热断裂反应的链传递体为H·、·CH_3和CH_3CH_2·。由此推断正辛烷热裂化生成甲烷的反应机理如图3-79所示。

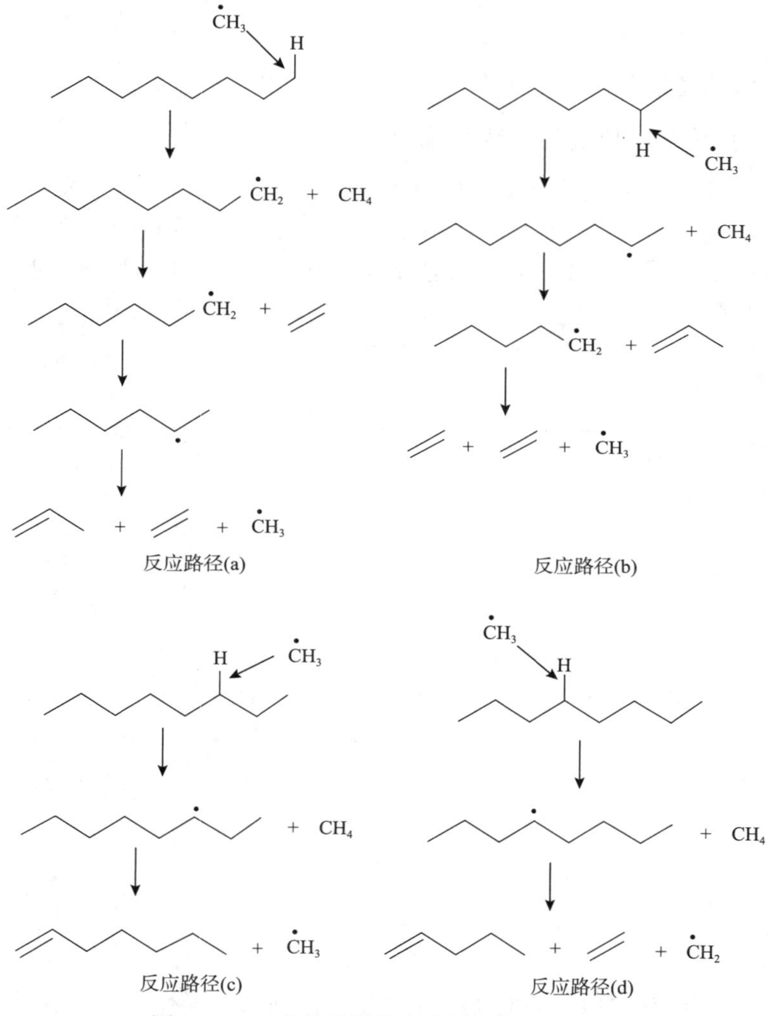

图3-79　正辛烷热裂化生成甲烷的反应机理

当反应温度为600℃时，正辛烷热断裂反应路径见图3-80（箭头处数值为反应概率），得出该温度下各路径生成甲烷的摩尔选择性。采用上述方法，分别计算625℃和

650℃时正辛烷热裂化的甲烷摩尔选择性，结果见表3-26。

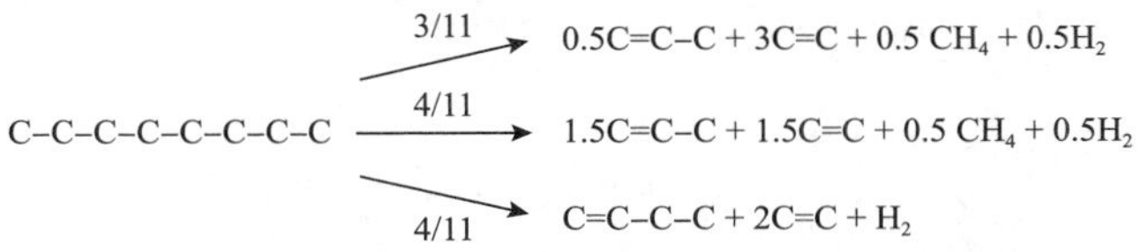

$$C-C-C-C-C-C-C-C \begin{cases} \xrightarrow{3/11} 0.5C{=}C-C + 3C{=}C + 0.5\,CH_4 + 0.5H_2 \\ \xrightarrow{4/11} 1.5C{=}C-C + 1.5C{=}C + 0.5\,CH_4 + 0.5H_2 \\ \xrightarrow{4/11} C{=}C-C-C + 2C{=}C + H_2 \end{cases}$$

图3-80　正辛烷在600℃时热断裂反应路径示意图

表3-26　正辛烷热裂化路径生成甲烷的选择性

反应温度t/℃	甲烷的摩尔选择性（s_{mol}/%）				
	反应路径（a）	反应路径（b）	反应路径（c）	反应路径（d）	合计
600	13.64	18.18	—	—	31.82
625	10	13.33	—	13.33	36.67
650	10	13.33	5	13.33	41.67

由图3-79可知，反应路径（a）在伯C—H键脱氢引发链反应，反应路径（b）~反应路径（d）在仲C—H键处脱氢生成辛基自由基。由于自由基的共振稳定和作用，反应路径（d）在低温下发生的概率较小。

由表3-26可知，当反应温度为600℃时，甲烷由反应路径（a）和反应路径（b）生成。随着反应温度升高，反应路径（d）的贡献增大。反应路径（c）虽然有利于脱氢生成甲烷，然而辛基自由基C—C键断裂位于碳链末端，端部C—C键难于断裂，反应活化能较高。当反应温度为650℃时，反应路径（c）开始发挥作用，其生成甲烷的摩尔选择性为5%，低于其余路径对甲烷的贡献。

二、催化裂化过程中的正碳离子反应机理

关于烃类催化断裂反应机理，有许多种学说，这其中以正碳离子机理广泛为人们所接受。

（一）正碳离子

1.正碳离子的产生

正碳离子是由键的异裂失去成键电子而产生的，如图3-81所示。正碳离子极不稳定，仅存在极短的时间（约10^{-9}s），不易捕捉，但核磁共振仪可观察到它的存在。正碳离子中碳原子只有6个成键电子，明显缺电子，具有亲电性能，易与亲核试剂发生反应。

$$X{:}Y \longrightarrow X^{+} + Y^{-}{:}$$

图3-81　正碳离子产生示意图

正碳离子形成路径主要有4种：

①直接离子化即化学键的异裂。

$$RX \rightleftharpoons R^+ + X^-$$

$$Ph—CH(Ph)—Cl \rightleftharpoons Ph_2\overset{+}{C}H + Cl^-$$

$$R—OH \xrightarrow{H^+} ROH_2^+ \longrightarrow R^+ + H_2O$$

$$CH_3COF \xrightarrow{BF_3} CH_3\overset{+}{C}O + BF_4^-$$

②对不饱和键的加成。

$$>C=Z + H^+ \longrightarrow —\overset{+}{C}—ZH \quad Z:O,C,S,N$$

$$>C=C< + HCl \longrightarrow —\overset{+}{C}—C— + Cl^-$$

$$>C=O \xrightarrow{H^+} >C=\overset{+}{O}H \rightleftharpoons >\overset{+}{C}—OH$$

③由其他正离子转化而成。

$$C_6H_5NH_2 \xrightarrow[HCl]{NaNO_3} C_6H_5N_2^+ \longrightarrow C_6H_5^+ + N_2$$

$$C_7H_8 + Ph_3\overset{+}{C}SbF_6^- \longrightarrow C_7H_7^+ + SbF_6$$

④在超强酸中制备碳正离子溶液。

超强酸（super acid）是指比100%硫酸酸性更强的一类酸，如氟硫酸（HSO_3F，强1000倍）、魔酸（HSO_3F–SbF，强1000倍）、HSO_3F–SbF（强10^{16}倍）。很多正碳离子的结构与稳定性的研究都是在超强酸介质中进行的，例如，叔丁醇在下述超强酸中完全转变成叔丁醇基正离子：

$$H_3C—C(CH_3)_2—OH \xrightarrow[-60℃]{HSO_3F\text{-}SbF_5\text{-}SO_2} H_3C—C^+(CH_3)_2 + H_3^+O + SO_3F^- + SbF_5 + SO_2$$

2. 正碳离子的稳定性

常见正碳离子的稳定性顺序为：

$$C_6H_5\overset{+}{C}H_2,\ CH_2=CH—\overset{+}{C}H_2 > (CH_3)_3\overset{+}{C} > (CH_3)_2\overset{+}{C}H > CH_3\overset{+}{C}H_2 > \overset{+}{C}H_3$$

正碳离子是缺电子的，任何使中心原子电子云密度增加的集团都能使正碳离子稳定。影响正碳离子稳定性的因素主要有电子效应、空间效应、芳香性和溶剂效应。其中，电子效应包括诱导效应、共轭效应和超共轭效应。从空间效应来说，当碳与3个大的基团相连时，由于碳从sp^3杂化（角锥型）转变为sp^2杂化（平面型）可以减少取代基间的排斥力，有利于正碳离子的形成。就芳香性来说，环状碳正离子如果具有芳香性，则其属于稳定的碳正离子。从溶剂效应来说，如果溶剂的极性越大，溶剂化能力越强，就越有利于碳正离子的生成。

3.正碳离子的重排

正碳离子常经过碳骨架的重排（见图3-82），以形成更稳定的正碳离子去参与后续反应。该重排的推动力是，叔碳正离子的稳定性大于伯碳正离子的稳定性。

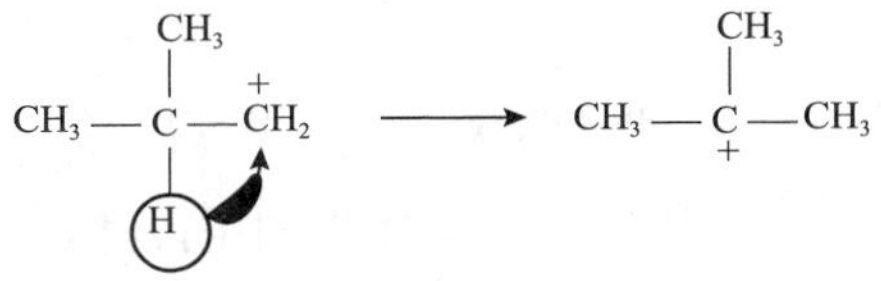

$$(CH_3)_2CH-\overset{+}{C}H_2 \longrightarrow CH_3-\underset{+}{\overset{CH_3}{C}}-CH_3$$

图3-82　正碳离子的重排示意图

（二）烃类催化断裂反应规律

1.分解反应

分解反应是催化裂化的主要反应，几乎所有的烃类都能进行，特别是烷烃和烯烃。分解反应是烃分子中C—C键断裂的反应，分子中C—C键能变化如下（下标数字代表离开端位的碳位置）：

C_1—C_2的键能为301kJ；

C_2—C_3的键能为268kJ；

C_3—C_4的键能为264kJ；

C_4—C_5及其他中部的键能为264kJ。

因此，烷烃分解时多从中间的C—C键处断裂，而分子越大越容易断裂，碳原子数相同的链状烃中，异构烃比正构烃容易分解。如在相同的反应条件下，正十六烷的反应速度是正十二烷的2.5倍，而2，7-二甲基辛烷是正十二烷的3倍，且异构烷烃的分解多发生在β键位上。

烷烃分解生成一个小分子的烷烃和一个小分子的烯烃，一个分子的烯烃分解为两个烯烃或一个烷烃、一个二烯烃。这些反应使得产品的饱和度下降，也就是烯烃增多，一方面提高了汽油的辛烷值，但使汽油的安定性变差；另一方面，分解反应也使气体中的烯烃增加，有利于生产化工原料。由于分解反应柴油的安定性变差，同时烯烃和芳烃增加，对十六烷值也有不利的影响。

烯烃的分解反应规律与烷烃相似，而且烯烃反应速度比烷烃高得多。虽然直馏原料中不含烯烃，但其他烃类一次分解都产生烯烃。

环烷烃的分解自环上断开生成异构烯烃，如果环烷烃带侧链较长，则可能断裂侧链。

芳烃的环很稳定，不易打开，但是烷基芳烃很容易断侧链。这种反应又称脱烷基反应，侧链越长，越容易脱落，而且至少要有3个碳的侧链才易脱落；另外，脱乙基比较困难，单环芳烃不能脱甲基，而只能进行甲基转移反应，只有稠环芳烃才能脱掉一部分甲基。

2.异构化反应

分子量不变只改变分子结构的反应叫异构化反应，异构化反应是催化断裂反应的一个重要反应。在催化裂化的条件下，烃类的异构化反应也是较多的，其反应方式有3种。

①骨架异构。分子中碳链重新排列，包括直链变为支链、支链位置发生变化、五元环变为六元环，都属于骨架异构，例如：

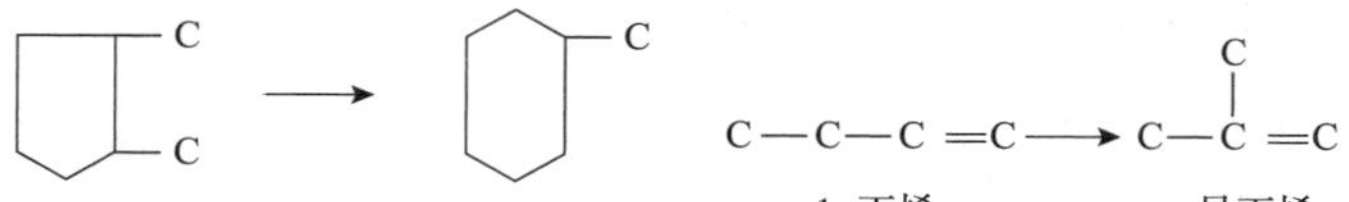

二甲基环戊烷 ⟶ 甲基环己烷

C—C—C=C ⟶ C—C(C)=C

1-丁烯　　异丁烯

②双键位移异构。烯烃的双键位置由两端移向中间，称为双键移位异构，例如：

C—C—C—C—C=C ⟶ C—C—C=C—C—C

1-己烯　　3-己烯

③几何异构。烯烃分子空间结构的改变，如顺烯变为反烯，称为几何异构，例如：

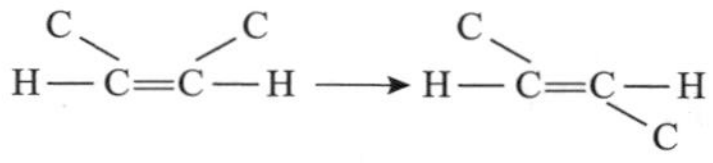

H—C(C)=C(C)—H ⟶ H—C(C)=C(C)—H

2-顺丁烯　　2-反丁烯

由于异构化反应使得产品中的异构烃类增多，这有利于提高汽油的辛烷值，同时对柴油的十六烷值有不利的影响，它可以使凝点降低，黏度增大。

3.氢转移反应

某烃分子上的氢原子脱下来随即加到别一个烯烃上使之饱和的反应称为氢转移反应，或环烷烃/环烷–芳烃放出氢使烯烃饱和而自身逐渐变为稠环芳烃，例如：

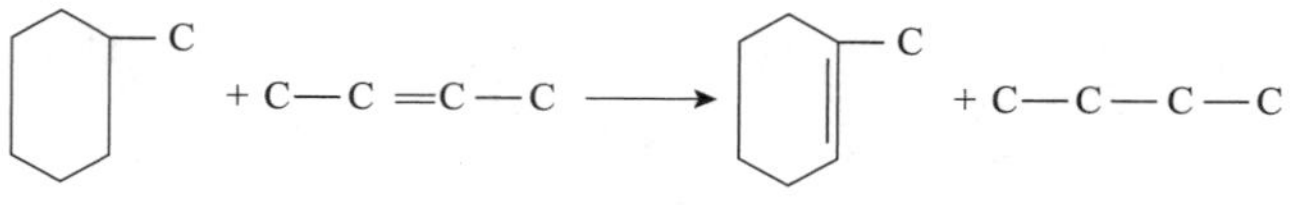

甲基环己烷 + C—C=C—C ⟶ 甲基环己烯 + C—C—C—C

甲基环己烷　　2-丁烯　　甲基环己烯　　正丁烷

两个烯烃之间可以发生氢转移反应，一个变为烷烃而另一个变为二烯烃。可见氢转移反应的结果是：一方面某些烯烃转化为烷烃，另一方面给出氢的化合物转化为多烯烃及芳烃或缩合成深度更高的分子，直至缩合至焦炭。

氢转移反应对产品的质量影响较大，从反应本身来看，由于使烯烃饱和特别是二烯烃饱和，所以氢转移反应可以提高汽油的安定性，同时由于烯烃的减少，汽油的辛烷值有所下降。

在催化裂化过程中，氢转移反应是可以控制的，从而实现对产品性质和质量的控制。氢转移反应与反应温度和催化剂的活性有关。氢转移反应是催化裂化和热裂化最主要的区别。下面讨论温度和催化剂活性对氢转移反应的影响。

1）温度的影响

从动力学判断，温度提高，反应速率加快；氢转移反应的产物越多，烯烃含量越少。但是这个推论是错误的，为什么呢？

这是因为烃类在催化裂化的条件下，是一个复杂的化学反应过程，有很多反应同时进行，分解反应与氢转移反应相反，它是增加烯烃的反应，这就要看哪个反应速度更快，产品更多。如果反应生成烯烃的速度大于烯烃饱和的速度，则分解反应起主要作用，反之则氢转移反应起主导作用。

事实上，随着反应温度的提高，两者反应速度都提高，但是分解反应提高的速度比氢转移反应的大，所以温度提高，分解反应加剧，产品的烯烃含量增加，汽油的辛烷值提高，温度降低，相对提高了氢转移反应，产品的饱和度加大，汽油的辛烷值降低，汽油的安定性好。因此可以通过反应温度来控制和改变产品的质量。

2）催化剂活性的影响

催化剂的活性提高，氢转移反应的速度加快，产品的饱和烃多，安定性好。催化剂的活性，在生产中是通过再生条件的改善，提高再生剂的活性或者提高平衡催化剂的活性。或者是提高剂油比，也就是提高反应过程的催化剂用量，从而提高催化剂的相对活性。

降低烯烃采用高活性的催化剂，或者大的剂油比，低反应温度。

3）新配方汽油对反应提出的要求

新的汽油使用标准要求汽油中烯烃要小于35%，而现在催化裂化汽油的烯烃含量都在40%以上，有的高达60%以上，要降低催化汽油的烯烃含量，就是要增加氢转移反应。

4.芳构化反应

所有能生成芳烃的反应都属于芳构化反应，比如：①六元环烷脱氢成芳烃；②五元环烷先异构化再脱氢；③烃裂化生成烯烃，烯烃环化再脱氢。

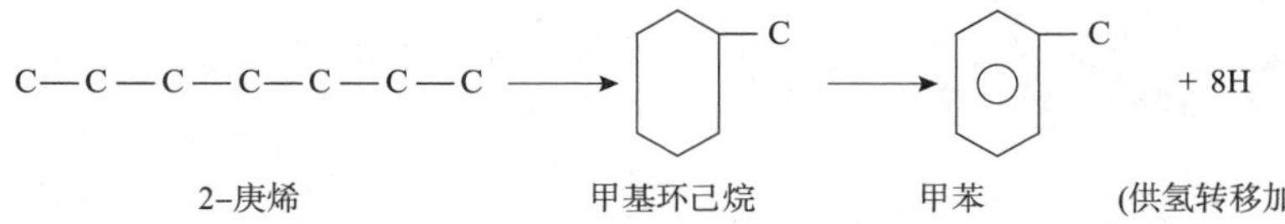

C—C—C—C—C—C—C ⟶ (C) ⟶ (C) + 8H

2-庚烯　　甲基环己烷　　甲苯　　(供氢转移加氢)

芳构化反应可以提高产品中的芳烃，从而提高汽油的辛烷值，但是对柴油的十六烷值有不利的影响。在催化裂化条件下，芳构化的反应速度较低，高温有利于芳构化反应。

5.叠合反应和烷基化反应

叠合反应是烯烃与烯烃合成大分子烯烃的反应。随着叠合深度不同，可能生成一部分异构烃，但是继续深度叠合最终生成焦炭。不过由于与叠合相反的分解反应占优势，所以催化裂化过程叠合反应并不显著。

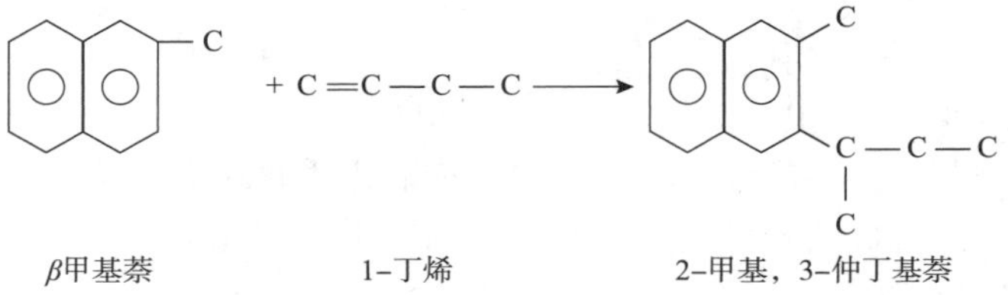

(C) + C═C—C—C ⟶ (C, C—C—C, C)

β甲基萘　　1-丁烯　　2-甲基，3-仲丁基萘

烯烃与芳烃的加成反应都称为烷基化反应。在催化裂化过程中烯烃主要加在双环和

稠环芳烃上，又进一步脱氢环化，生成焦炭，但这一反应占比例也不大。

β甲基萘 + C=C—C—C ⟶ 2-甲基，3-仲丁基萘

β甲基萘　　1-丁烯　　2-甲基，3-仲丁基萘

叠合反应和烷基化反应都是小分子变成大分子的反应，它们是生成焦炭的反应，因此加快这样的反应会使产品中的焦炭产率增加，在生产中要控制这样的生焦反应。

6.缩合反应

缩合反应主要是芳烃类脱氢缩合，它们在催化剂上脱氢，本身变成稠环芳烃，更不宜脱附，最后缩合成焦炭。

（三）烃类催化裂化的反应机理

烃类催化断裂反应按照正碳离子机理进行。正碳离子包括五配位非经典正碳离子和三配位经典正碳离子，其稳定性按叔碳>仲碳>伯碳递减。相同碳原子数烃类化合物的断裂反应速度按如下顺序递减：异构烯烃>正构烯烃>异构烷烃≈环烷烃>正构烷烃>芳烃[24]。

在前人工作的基础上，Kung等[25]提出催化断裂反应可分为单分子裂化、双分子裂化和齐聚裂化3种类型。

1.单分子裂化

该机理是催化裂化链反应的引发阶段。对烷烃而言，也称之为质子化断裂反应，它包括烷烃与B酸中心线加成，生成高活性的五配位非经典正碳离子，再裂化生成经典正碳离子和一个氢分子或小分子烯烃。生成的经典正碳离子可以进一步发生β断裂生成小分子烯烃和新的正碳离子，或脱附生成烯烃。

质子化：$CR_2H_2+H^+ \longrightarrow [CR_2H_3^+]$ （1）

脱氢：$[CR_2H_3^+] \longrightarrow CR_2H^++H_2$ （2）

裂化：$[CR_2H_3^+] \longrightarrow CRH^++RH$ （3）

β断裂：R_i^+（CR_2H^+或CRH^+）$\longrightarrow$ 烯烃+R_t^+ （4）

脱附：R_i^+或$R_t^+ \longrightarrow$ 烯烃+H^+ （5）

对烯烃而言，该机理就是烯烃与B酸中心加成生成经典正碳离子，再进行异构化反应或β断裂生成小分子烯烃和新的正碳离子，或脱附生成烯烃。

引发：烯烃+$H^+ \longrightarrow R_j^+$ （6）

异构化：$R_i^+ \longrightarrow R_t^+$ （7）

β-断裂：$R_i^+ \longrightarrow$ 烯烃+R_t^+（$1<i$） （8）

反应温度高、烃分压和转化率低有利于按此机理的断裂反应。与其他两种机理相比，单分子断裂反应机理活化能最高，反应速度最慢，需要的反应空间最小，产生的正碳离子也最小。另外，B酸中心与烯烃或烷烃反应的速度直接与其强度相关[26]，因此可

以预期强酸中心上的单分子裂化活性比较高。

2.双分子裂化

该机理是催化裂化链反应经典的传递阶段，它包括反应物烷烃分子与小的吸附态正碳离子发生氢转移反应，生成较大的正碳离子，然后进行异构化和β断裂反应。

氢转移：　$R_iH+R_j^+ \longrightarrow R_i^++R_jH$　（9）

异构化：　$R_i^+ \longrightarrow R_t^+$　（10）

β–断裂：　$R_i^+ \longrightarrow$ 烯烃$+R_t^+$（$1<i$）　（11）

双分子断裂反应的活化能较低，其速度可达到单分子断裂反应的800倍以上。反应温度低、烃分压高、转化率高或反应空间较大时，有利于双分子断裂反应。按此机理反应时，正碳离子在足够小之前，即可能与原料分子反应。因此可以预料，双分子断裂反应机理需要的反应空间和产生的正碳离子都应比单分子断裂反应大。由于氢转移反应在正碳离子和烷烃之间进行，其反应速度对酸强度的依赖小于单分子裂化。

3.齐聚裂化

齐聚裂化实质上是双分子断裂反应的一部分，将其单独提出是为了更清楚地说明焦炭和比原料重的产物的生成。与双分子断裂反应不同，烷烃是与齐聚后较大的表面正碳离子发生氢转移反应。

烷基化：　烯烃$+R_n^+ \longrightarrow R_m^+$　（12）

氢转移：　$R_iH+R_m^+ \longrightarrow R_i^++R_mH$　（13）

$R_mH+R_p^+ \longrightarrow R_m^++R_pH$　（13a）

异构化：　$R_i^+ \longrightarrow R_t^+$　（14）

β–断裂：　$R_p^+ \longrightarrow$ 烯烃$+R_p^+$　（15）

$R_m^+ \longrightarrow$ 烯烃$+R_n^+$　（15a）

高烯烃分压和高表面正碳离子浓度（如高转化率）对齐聚（或烷基化）反应有利。链烷烃裂化过程通过反应（13）~（15a），完成氢转移/β断裂循环。与双分子断裂反应不同，反应（12）生成的烷烃（R_mH）分子量大，可能仍吸附在催化剂的表面，并再次发生氢转移反应，形成新的正碳离子。而新正碳离子分子量大，与催化剂表面作用强，不容易脱附，造成催化剂表面正碳离子浓度增加。因而，齐聚断裂反应比双分子断裂反应快。当烷基化速度大于β断裂时，表面正碳离子越来越大，成为焦炭前驱体。催化剂表面的一个焦炭前驱体，可能同时与多个B酸中心作用产生多个正碳离子，在其转变为无活性的焦炭前，可以催化多个原料分子转化。可以预期与双分子断裂反应相比，该机理产生的正碳离子更大，反应速度更快，对酸强度的依赖更小，但要求催化剂具有更大的反应空间（如具有更多介孔）。

（四）案例

1.案例1：正辛烷催化裂化生成甲烷的正碳离子机理

正辛烷在ZRP分子筛上的催化裂化产物分布见表3–27。

表3-27　正辛烷在ZRP分子筛上催化裂化产物分布

反应温度t/℃	550	575	600	625	650
转化率x/%	2.55	3.80	5.73	8.66	12.56
摩尔选择性s_{mol}/%					
H_2	13.95	17.20	20.13	23.08	28.07
CH_4	2.23	3.94	6.28	9.29	12.92
C_2H_6	11.53	11.91	11.63	10.81	10.25
C_2H_4	12.67	19.46	28.77	41.05	57.71
C_3H_8	17.50	17.19	15.59	13.53	11.87
C_3H_6	73.78	78.79	81.02	81.13	83.60
i-C_4H_{10}	—	0.39	0.48	0.44	0.38
n-C_4H_{10}	17.55	17.00	15.23	12.90	11.09
C_4H_8	59.04	58.36	56.34	52.47	49.50
i-C_4H_8	20.37	19.79	18.79	17.09	15.87
n-C_5H_{12}	11.16	11.88	10.64	10.60	6.36
C_5H_{10}	20.09	14.15	14.07	15.04	15.30
C_6, C_7	—	—	—	—	—
CMR	—	81.55	73.78	84.46	89.49
CMR*	1.22	1.57	1.84	2.13	2.11

注：ZRP分子筛装填量，10mg。

ZRP为中孔MFI分子筛，为0.53nm·0.56nm直筒形孔道与0.51nm·0.55nm正弦形孔道相互交叉形成直径0.90nm的孔笼[27]。正辛烷分子临界截面直径为0.43nm，因此ZRP分子筛对正辛烷裂化不存在孔道扩散限制。Altwasser等[28]研究了正辛烷在MFI分子筛上的催化断裂反应，当反应温度为500℃、转化率为11.9%时，CMR与CMR*分别为62和2.0，说明是质子化裂化（单分子裂化）反应占主导。由表3-28可知，随着反应温度的升高，H_2、甲烷和C_2烃摩尔选择性逐渐增大，而丁烯选择性逐渐减小。当反应温度低于600℃时，乙烷、丙烷的摩尔选择性与乙烯相近。丙烷和丁烷选择性随反应温度升高而逐渐减小，且摩尔选择性数值接近。正戊烷选择性先增大后减小，这是由于随着反应温度升高，质子化断裂反应能力提高，而中部C—C键断裂趋势降低[29]。与热裂化产物分布相比，正辛烷催化裂化生成较多的正构烷烃，尤其是$C_{1\sim4}$烷烃。异丁烯在丁烯中所占比例约为30%，无C_6、C_7烃生成。当反应温度由550℃升高到650℃时，热裂化转化占催化裂化的比重由0.94%增大至23.35%，说明高温下热断裂反应作用显著。正辛烷质子化断裂反应倾向于生成丙烯[30]，因此，丙烯选择性显著高于乙烯。然而，随着反应温度升高，丙烯与乙烯选择性的差距逐渐减小，这是因为热断裂反应对乙烯的贡献大于丙烯。

热断裂反应和催化断裂反应的同时存在，影响了催化裂化机理的定量研究。为了研究正辛烷的催化断裂反应，必须将热断裂反应的影响扣除。在实验条件下，正辛烷热裂化转化率低于5%，采用Wojciechowski[31]提出的数据处理方法，即在相同反应温度下，将催化裂化转化率减去热裂化转化率，并逐一减去相应热裂化产物收率，得到正辛烷催化断裂反应的产物分布。正辛烷的质子化断裂反应主要通过C—C键和C—H键的质子化生成非经典的五配位正碳离子，然后经α断裂，发生以下反应：

$$C_8H_{18}+H\text{-}Z \longrightarrow C_8H_{19}^{+}+Z^{-} \longrightarrow C_8H_{17}^{+}+H_2+Z^{-}$$
$$C_8H_{18}+H\text{-}Z \longrightarrow C_8H_{19}^{+}+Z^{-} \longrightarrow C_7H_{15}^{+}+CH_4+Z^{-}$$
$$C_8H_{18}+H\text{-}Z \longrightarrow C_8H_{19}^{+}+Z^{-} \longrightarrow C_6H_{13}^{+}+C_2H_6+Z^{-}$$
$$C_8H_{18}+H\text{-}Z \longrightarrow C_8H_{19}^{+}+Z^{-} \longrightarrow C_2H_5^{+}+C_6H_{14}+Z^{-}$$
$$C_8H_{18}+H\text{-}Z \longrightarrow C_8H_{19}^{+}+Z^{-} \longrightarrow C_5H_{11}^{+}+C_3H_8+Z^{-}$$
$$C_8H_{18}+H\text{-}Z \longrightarrow C_8H_{19}^{+}+Z^{-} \longrightarrow C_3H_7^{+}+C_5H_{12}+Z^{-}$$
$$C_8H_{18}+H\text{-}Z \longrightarrow C_8H_{19}^{+}+Z^{-} \longrightarrow C_4H_9^{+}+C_4H_{10}+Z^{-}$$
$$C_nH_{2n+1}^{+}+Z^{-} \longrightarrow C_nH_{2n}+H\text{-}Z$$

尽管催化断裂反应路径相当复杂，然而正辛烷发生催化断裂反应时，仅在质子化裂化步骤生成甲烷，而裂化产物中无庚烯，说明形成的庚基正碳离子继续发生了异构化、β断裂等反应，如图3-83所示。

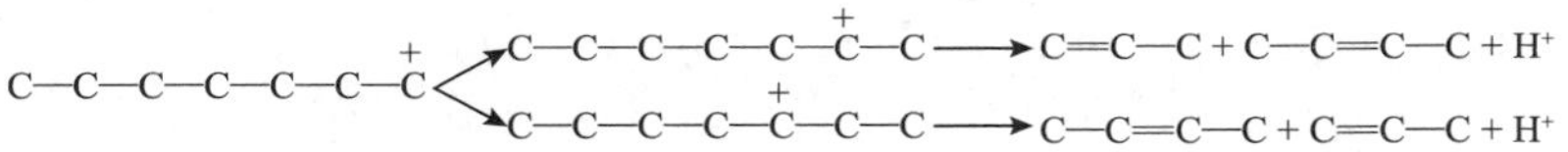

$$\text{C—C—C—C—C—C—}\overset{+}{\text{C}} \begin{cases} \longrightarrow \text{C—C—C—C—C—}\overset{+}{\text{C}}\text{—C} \longrightarrow \text{C=C—C} + \text{C—C=C—C} + \text{H}^{+} \\ \longrightarrow \text{C—C—C—C—}\overset{+}{\text{C}}\text{—C—C} \longrightarrow \text{C—C=C—C} + \text{C=C—C} + \text{H}^{+} \end{cases} \quad (11)$$

图3-83　庚基正碳离子的后续反应示意图

依据以上分析，推断正辛烷质子化裂化生成甲烷的反应路径如图3-84所示。

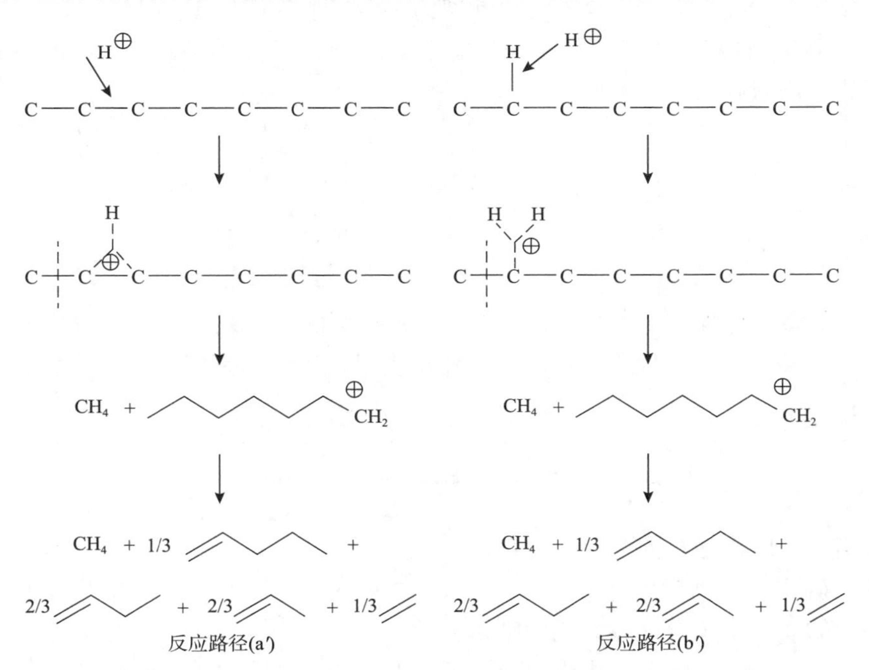

图3-84　正辛烷质子化裂化生成甲烷的反应机理

2.案例2：正十六烯催化裂化的正碳离子机理

（1）正十六烯从催化剂表面或已生成的正碳离子获得一个H^+而生成正碳离子。

$$C_{16}H_{32} + H^+ \longrightarrow C_5H_{11}-\overset{\displaystyle H}{\underset{+}{\overset{|}{C}}}-C_{10}H_{21}$$

$$\text{或}\quad C_{16}H_{32} + C_3H_7^+ \longrightarrow C_5H_{11}-\overset{\displaystyle H}{\underset{+}{C}}-C_{10}H_{21} + C_3H_8$$

（2）大的正碳离子不稳定，容易在β位上断裂。

$$C_5H_{11}-\overset{H}{\underset{+}{C}}\overset{\alpha}{-}CH_2\overset{\beta}{-}C_9H_{19} \longrightarrow C_6H_{11}-CH=CH_2 + \underset{+}{CH}-C_8H_{17}$$

（3）生成的正碳离子是伯碳离子，不够稳定，易于转变为仲碳离子，接着在β位上断裂。

$$\underset{+}{CH_2}-C_8H_{17} \longrightarrow CH_3-\underset{+}{CH}-C_7H_{16}$$

$$\longrightarrow CH_3-CH=CH_2 + \underset{+}{CH_3}-C_5H_{11}$$

$$\text{或}\quad CH_3-CH_2-CH_2-CH_2-CH_2-CH_2-CH_2-CH_2-\underset{+}{CH_2} \longrightarrow$$

$$CH_3-CH_2-CH_2-CH_2-CH_2-CH_2-CH_2-\underset{+}{CH}-CH_3$$

$$\longrightarrow CH_3-\overset{+}{\underset{\underset{\displaystyle CH_3}{|}}{C}}\overset{\alpha}{-}CH_2\overset{\beta}{-}CH_2-CH_2-CH_2-CH_2-CH_3$$

以上反应能继续下去，直至不能再断裂的小碳离子$C_3H_7^+$、$C_4H_9^+$为止。

（4）正碳离子的稳定性程度依次是叔碳离子>仲碳离子>伯碳离子，因而生成的碳离子趋向于异构成叔碳离子，例如：

$$C_5H_{11}-\overset{+}{CH_2} \longrightarrow C_4H_9-\overset{+}{CH}-CH_3$$

$$\longrightarrow CH_3-\overset{+}{\underset{\underset{\displaystyle CH_3}{|}}{C}}-C_3H_7$$

（5）正碳离子将氢质子还给催化剂本身变成烯烃，反应终止。关于烷烃的反应历程可以认为是烷烃分子予以生成的正碳离子作用生成一个新的正碳离子，然后继续进行反应，例如：

$$H_3C-\overset{H}{\underset{+}{C}}-CH_3 \longrightarrow H^+(\text{催化剂}) + H_3C-HC=CH_2$$

正碳离子反应机理对催化裂化的解释：

①由于碳离子分解时不生成小于C_3、C_4的更小碳离子，因此裂化气体中含C_1、C_2少。产品中的C_1、C_2主要是热裂化的结果。

②由于伯碳离子趋向于转化成叔碳离子，因此裂化产物中的异构烃多。

③由于具有叔碳原子的烃类分子易于生成正碳离子，因此异构烷烃或烯烃、环烷烃和带侧链的芳烃反应速度高。

三、正碳离子机理和自由基机理的比较

正碳离子机理和自由基机理的对比列于表3-28中。

表3-28　正碳离子机理和自由基机理

	催化裂化	热裂化
反应机理	正碳离子	自由基
烷烃	①异构烷烃比正构烷烃高得多 ②产物中的C_3、C_4多，大于C_4的分子中含α-烯烃少	①异构烷烃比正构烷烃快得不多 ②产物中的C_1、C_2多，大于C_4的分子中含α-烯烃多
烯烃	①反应速度比烷烃快得多 ②氢转移反应显著，产物中的烯烃尤其是二烯烃较少	①反应速度与烷烃相似 ②氢转移反应很少，产物中的不饱和度高
环烷烃	①反应速度与异构烷烃相似 ②氢转移反应显著，同时生成芳烃	①反应速度比正构烷烃还低 ②氢转移反应不显著
带侧链的芳烃	①反应速度比烷烃快得多 ②在与芳环连接处断裂	①反应速度比烷烃慢 ②烷基侧链断裂时，芳环上留有1~2个C的短侧链

第四节　石油馏分分子组成对加工性能影响

石油是一个极其复杂的烃类和非烃类化合物组成的混合物，其不同馏分的分子组成千差万别，对不同的石油加工过程（如催化重整、催化裂化、加氢裂化、延迟焦化等）影响也很不同。此外，对原油及其馏分的分子表征、分子重构并弄清楚原油及其馏分分子组成对加工性能的影响，对于确定合理的加工流程、优化加工工艺条件、实现原油资源价值最大化十分重要。前面介绍了一些纯烃类化合物和非烃类化合物的反应及其机理，本小节再介绍石油实际原料的分子组成对反应性能的影响。

一、石脑油馏分分子组成及其对加工性能的影响

石脑油馏分通常是指原油常压蒸馏时的终馏点温度小于180℃的馏分，其中，轻石油脑油通常用来调和汽油以及作为乙烯裂解的原料，而重石脑油通常作为催化重整的原料，生产高辛烷值汽油组分或作为芳烃（苯、甲苯、二甲苯，即BTX）装置原料。

（一）轻石脑油组成与乙烯裂解性能的关系

乙烯原料包括乙烷以及富含乙烯的轻烃、液化气、重整的拔头油以及重整芳烃抽余油、石脑油、柴油、加氢裂化尾油等多种。根据理论研究与工业实践结果，主要可以从以下3个方面来考察乙烯裂解原料裂化性能的优劣[32]。

1.原料碳氢比

原料的碳氢比是表征原料裂解性能好坏的最重要的一个参数。一般地，原料的碳氢比越高，则表明这种原料的裂解性能越好，产氢也越多。

2.链烷烃含量

原料的链烷烃含量越高，特别是正构烷烃含量越高，则该原料的裂解性能越好，即烯烃收率越。例如在同样条件下，当原料中的链烷烃含量每增加10%，裂解产物中的“三烯”（指乙烯、丙烯、丁二烯，下同）收率约增加1.75%。

3.*BMCI*值

原料的*BMCI*值越低，则该原料的裂解性能越好，乙烯和“三烯”的收率均越高。一般认为，如果*BMCI*值超过13，则该原料不适合做乙烯裂解料。

对于乙烯裂解装置的综合经济效益而言，不能只关心乙烯或“三烯”收率，有时还需要关心其他高价值的产品如“三苯”（苯、甲苯、二甲苯）的收率。一般地，原料的*BMCI*值提高，虽然“三烯”收率降低，但“三苯”收率会增加。降低或增加的幅度，与原料的密度或者其中的芳烃或芳烃潜含量有关，具体数据可以通过试验来获得，也可以通过目前的一些软件来获取。不同密度、链烷烃含量与“三烯”“三苯”收率关系参见相关文献[33]。

（二）重石脑油组成与催化重整性能的关系

催化重整技术既是炼厂清洁汽油的最重要手段，也是链接炼油与石化工业乙烯和芳烃产业的最重要桥梁。作为最重要的炼油与石油化工工艺技术之一，催化重整通过专门的催化剂，在下一定的温度和压力下将80~180℃馏分石脑油中的烃类分子进行结构重排，生产芳烃和高辛烷值汽油，副产氢气。催化重整的原料既可以是常减压装置的直馏石脑油，也可以是二次加工装置如焦化、催化裂化以及催化裂解和乙烯裂解的裂解汽油。由于组成不同，发生的反应和生成的产物分布也会很不同。通常，催化重整原料馏分的选取主要考虑以下几个主要方面[32]。

1.馏程

原料油的馏程是重整原料的一个非常重要的参数。能形成苯的组分为甲基环戊烷和环已烷，它们对应的沸点分别为71.8℃和80.7℃，因此，重整原料的ASTM初馏点通常为66~71℃。尽管正戊烷可以异构为异戊烷，但原料中的异戊烷在重整过程中却基本保持不变，因此炼油厂通常不考虑将戊烷包括在重整原料中。降低初馏点就降低了重整生成物的辛烷值，除非提高反应器的温度进行补偿。由于超过204℃的烃在重整过程中形成多环芳烃，多环芳烃与催化剂上的积炭有关，图3-85给出了原料油的终馏点与催化剂积炭的关系。

研究表明，在最高ASTM终馏点204℃时，终馏点每增加0.6℃，催化剂的运转周期减少0.9%~1.3%。而如果最高ASTM终馏点是216℃，终馏点每增加0.6℃，运转周期的减少为2.1%~2.8%。在原料的终馏点为191~218℃时，原料终馏点增加14℃，催化剂的寿命就减少35%。因此，一般将重整反应进料的终馏点控制远远低于204℃，以避免意外的高沸点物质的混入。

控制终馏点的另一个原因是，重整产物的终馏点比原料的终馏点更高。重整产物比原料具有更低的初馏点和更高的终馏点。

重整原料的馏程对C_5^+液收也有较大的影响。原料50%沸点（简称T_{50}）与C_5^+液收的关系如图3–86所示。

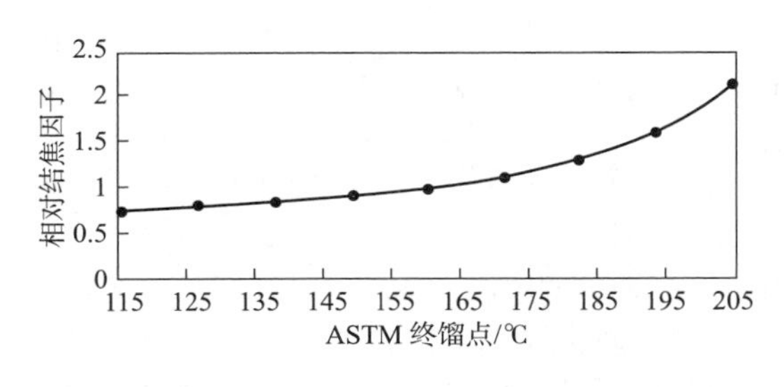

图3–85 重整原料的终馏点与催化剂相对积炭速率的关系

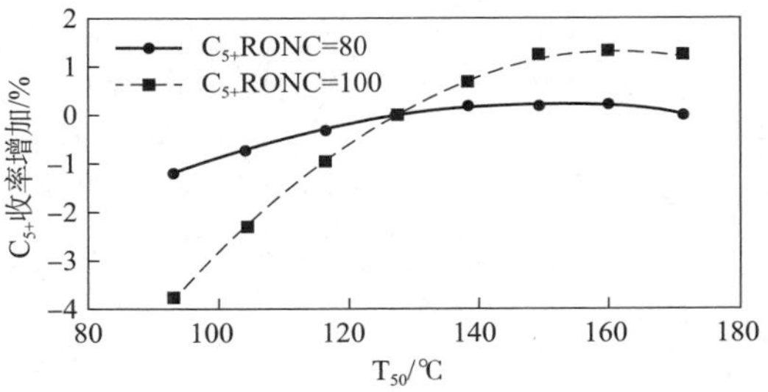

图3–86 重整原料的T_{50}与C_{5+}的液收的关系

由图可见，在低温区（<135℃），随原料的50%沸点的增加，C_{5+}的液收的增加幅度很大。但当超过135℃后，曲线的上升变得平缓，超过150℃，再增加50%沸点，C_{5+}液收的增加幅度反而下降。

2.组成

重整进料中往往含有超过一百多种可以确定的组分，还有一些不可确定的组分以及微量杂质毒物。按元素组成分析，重整原料中主要含有碳和氢、少量的硫、氧、氮以及微量的氯、砷、铜、铅等元素。一般碳和氢的含量在99%以上，硫、氧、氮三种元素的总和通常不大于0.5%。因此，重整原料中的基本组分是碳和氢两种元素。但碳和氢元素不是独立存在的，而是以碳氢化合物（烃）的形式存在于重整原料中。

一般重整预加氢进料中含有烷烃、环烷烃、芳烃和烯烃，但经过预加氢后，烯烃多达到了饱和，因此重整进料中一般不再含有烯烃。表3–29为包括渤海石脑油在内的几种国内外重整原料的按碳数分布的烃族组成数据。可以看出，不同原油石脑油的烃组成会有很大变化。

表3-29 重整原料油烃组成

原料油		大庆直馏	胜利直馏	辽河直馏	惠州直馏	中原直馏	塔中直馏	大港直馏	新疆直馏	长庆直馏	加氢裂化重石脑油	伊朗直馏	阿曼直馏	沙轻直馏
馏程/℃		初馏点~160	65~180	初馏点~180	初馏点~170	65~145	初馏点~160	96~172	103~173	85~196	82~177	95~169	92~170	86~148
烷烃/%	C_3	0.05												
	C_4	1.43	0.01	0.1	0.6	0.10	0.51							
	C_5	6.33	0.64	1.4	1.8	1.21	6.50	0.03	0.11	1.60				0.42
	C_6	10.98	3.92	4.5	3.1	5.91	12.26	3.56	1.39	5.82	7.69	3.77	9.81	8.77
	C_7	14.60	9.06	6.1	4.8	13.97	12.48	11.00	7.69	8.57	12.19	13.20	17.28	16.81
	C_8	16.27	9.90	6.8	4.3	17.35	12.48	11.77	13.20	9.68	12.16	14.77	19.43	18.31
	C_9	13.19	12.10	7.1	3.9	9.87	10.27	10.47	17.28	10.90	10.12	13.48	16.44	17.65
	C_{10}	1.51	11.12	8.9	2.4	0.75	9.62	6.50	10.02	13.70	6.01	10.81	2.93	6.56
	C_{11}		1.85	3.22	1.0		2.50							
	Σ	64.36	48.60	38.1	21.9	49.16	65.62	43.33	42.69	50.27	48.17	56.03	65.89	68.52

续表

原料油		大庆直馏	胜利直馏	辽河直馏	惠州直馏	中原直馏	塔中直馏	大港直馏	新疆直馏	长庆直馏	加氢裂化重石脑油	伊朗直馏	阿曼直馏	沙轻直馏
馏程/℃		初馏点~160	65~180	初馏点~180	初馏点~170	65~145	初馏点~160	96~172	103~173	85~196	82~177	95~169	92~170	86~148
环烷烃/%	C_5	1.24	0.14	0.3	0.6	0.21	0.30	0.01	0.03	0.40				0.09
	C_6	7.89	4.34	4.4	5.9	5.39	3.08	5.23	1.97	5.24	6.36	3.16	3.44	2.28
	C_7	12.48	8.78	10.5	14.7	9.50	5.33	13.50	5.89	11.71	13.75	7.65	5.57	4.25
	C_8	6.31	9.41	12.0	21.8	8.31	4.36	10.45	10.55	11.12	13.11	7.50	3.90	4.83
	C_9	5.96	9.39	11.8	18.7	4.99	4.85	8.72	18.66	7.95	10.56	8.47	9.87	4.07
	C_{10}	0.25	4.72	7.3	9.3	0.22	1.23	3.64	7.39	4.78	4.52	0.43		1.23
	C_{11}		0.33	—			0.05							
	Σ	34.13	37.11	46.3	71.0	28.62	19.20	41.55	44.49	41.20	48.30	27.21	22.78	16.75
芳烃/%	C_6	0.26	0.34	0.4	0.1	5.87	0.08	0.92	0.07	0.22	0.73	0.83	0.96	0.54
	C_7	—	3.91	1.7	0.4	8.87	1.77	4.11	1.46	2.02	0.88	4.00	1.86	3.35
	C_8	0.92	4.93	7.2	2.9	6.93	7.31	6.53	3.66	2.90	1.02	6.72	3.47	6.34
	C_9	0.32	3.90	4.9	3.2	0.55	5.08	3.56	1.63	3.39	0.90	5.21	5.04	4.50
	C_{10}	—	1.21	1.4	0.5	—	0.94							
	Σ	1.51	8.9	15.6	7.1	22.22	15.18	15.12	6.82	8.53	3.53	16.76	11.33	14.73

*胜利VGO加氢裂化重石脑油。

3.芳构化指数

重整原料的组成与产品的收率和重整操作条件等密切相关。在早期，通常用芳构化指数或重整指数估算原料的好坏、重整产物的收率等。重整指数通常用（$N+2A$）表示，N表示环烷烃含量，A表示芳烃含量。显然原料中环烷烃和芳烃的含量越高，重整生成油的芳烃产量越大，辛烷值越高。在国内，重整指数和芳烃潜含量都是描述重整原料油质量的具体指标，但一般用芳烃潜含量描述。

我国几个原油重整原料的（$N+2A$）值见表3-30。表3-30中列出的中海油的蓬莱19-3的石脑油，其（$N+2A$）值为85.2，远远超过了其他直馏石脑油，是优质的重整原料。

表3-30　重整原料的（$N+2A$）值

原油	大庆	胜利	辽河	惠州	中原	塔中
实沸点范围/℃	初馏点~160	65~180	初馏点~180	初馏点~170	65~145	初馏点~160
$N+2A$/%（体）	34.6	51.1	71.9	85.2	68.0	46.1

芳烃潜含量是表征原料性质的另一指数。芳烃潜含量$Ar\%$的含义与重整指数（$N+2A$）的含义相近，其计算方法是把原料中C_6以上的环烷烃全部转化为芳烃，所能产生的芳烃量与原料中的芳烃量之和。

原料中芳烃潜含量只能说明生产芳烃的可能性，实际的芳烃转化率除取决于催化剂的性能和操作条件外，还取决于环烷烃和链烷烃的分子结构。因此，对于生产芳烃来说，良好的重整原料不仅要求环烷烃含量高，而且其中的甲基环戊烷含量不要太高。环烷烃高的原料不仅在重整时可以得到较高的芳烃产率，而且可以采用较大的空速，减少催化剂的积炭，运转周期也较长。

4.石脑油分子组成信息

如前所说，催化重整的原料包括直馏石脑油和焦化汽油、催化裂化汽油以及催化裂解和乙烯裂解的裂解汽油等，这些石脑油馏分的分子组成相差较大。表3-31~表3-34分别为某直馏石脑油[34]、催化裂化汽油[35]以及加氢后的延迟焦化汽油[36]和裂解汽油[36]分子组成情况。

表3-31 某直馏石脑油的分子组成信息 %

碳数	正构烷烃	异构烷烃	环烷烃	芳烃
5	0.08	0.01	0.19	0.00
6	5.86	4.94	3.73	0.68
7	7.40	5.17	7.24	1.64
8	7.11	8.62	8.95	4.29
9	6.06	7.30	7.25	3.88
10	2.25	4.97	1.35	0.21
11	0.00	0.83	0.00	0.00
合计	28.76	31.84	28.71	10.69

表3-32 某催化裂化汽油的分子组成信息 %

碳数	烷烃	烯烃	环烷烃	芳烃
4	0.81	3.50	0.00	0.00
5	7.03	10.66	0.00	0.00
6	7.28	9.26	1.33	0.35
7	5.82	7.65	2.17	1.63
8	4.94	4.94	1.67	4.41
9	3.54	2.50	1.87	5.04
10	3.02	0.51	0.67	3.59
11	2.55	0.61	1.14	0.00
12	1.33	0.00	0.00	0.00
13	0.06	0.00	0.00	0.00
合计	36.38	39.63	8.85	15.02

表3-33 某焦化汽油加氢后的分子组成信息 %

碳数	烷烃	环烷烃	芳烃
5	3.76	0.37	0.00
6	8.93	2.27	0.14
7	13.32	4.81	0.90
8	17.32	7.00	2.00
9	15.98	5.59	2.25
10	8.99	2.12	0.94

续表

碳数	烷烃	环烷烃	芳烃
11	3.12	0.19	0.00
合计	71.42	22.35	6.23

表3-34 某裂解汽油的分子组成信息 %

碳数	烷烃	烯烃	环烷烃	芳烃
4	0.02	0.00	0.00	0.00
5	0.17	0.00	1.77	0.00
6	12.44	0.07	34.65	0.36
7	6.78	0.10	14.61	0.15
8	5.95	0.00	10.07	1.44
9	2.08	0.00	2.44	4.05
10+	1.43	0.00	1.23	0.01
合计	28.87	0.17	64.77	6.01

由表3-31可见，直馏石脑油的分子组成主要由C_6~C_{11}的正构烷烃、异构烷烃、环烷烃和芳烃组成，其中60.6%为正构烷烃和异构烷烃，环烷烃占28.71%，芳烃较少，占比为10.69%。此外，在C_6~C_{11}组分中，C_7~C_9组分分布较为集中，总的来说不同碳数的分布较为平均。

由表3-32可见，催化裂化汽油烯烃含量较高，而环烷烃和芳烃含量也不很高。在C_5~C_{13}的烷烃和烯烃中，质量分数大体上随着碳数的增加而减少。芳烃含量相对于直馏汽油和焦化汽油稍高。

从表3-33来看，加完氢后的焦化汽油，其烷烃含量高达71.42%，数量上比直馏石脑油还高，但是在碳数分布上高碳数的烷烃占优。如果再溯源、查看未加氢时的焦化汽油的分子组成信息，则可以发现，焦化汽油一般均含有烯烃，其烯烃含量为20%~40%不等。加氢后的焦化汽油的芳烃含量较低，如本例只有6.23%，各种烃类按照碳数分布的数量较直馏石脑油更加平均。

从表3-34来看，裂解汽油的环烷烃很高，超出了50%达到64.77%，而烯烃含量并不高，可以忽略不计，烷烃含量大约占30%，碳数主要分布在C_6~C_8。这说明裂解汽油是很好的催化重整原料。

5.重石脑油组成与催化重整性能的关系

在催化重整条件下，主要发生的反应包括：环烷烃和链烷烃的转化反应，包括六元环烷烃的脱氢、五元环烷烃异构、链烷烃脱氢环化等有利于生成芳烃的反应，也包括饱和烃氢解和加氢裂化等生成轻烃产物的副反应；芳烃发生脱烷基和烷基转移反应和缩合生焦反应。各烃类发生催化重整的热力学、动力学比较见相关文献[33, 36]。通常，在高温、低压反应条件下均有利于六元环烷烃脱氢反应、五元环烷烃的脱氢异构反应和链烷烃的脱氢环化反应，对生产芳烃具有较好的贡献，且副产氢气。而烷烃脱氢环化的同时伴随加氢断裂反应，由于温度提高对加氢裂化有利，所以降低压力是提高烷烃脱氢环化选择性的最有效途径，但是降低压力和提高温度均会加速催化剂失活，所以工业上一般为了保证运转周期，对于半再生重整的压力保持在1.2MPa以上，而对于连续重整工艺采用压力为0.28MPa。

通常认为，催化重整条件下的烷烃脱氢反应主要是通过双功能反应机理[37]来进行的。例如，正构烷烃的脱氢环化反应历程为：首先在金属中心发生脱氢反应生成烯烃，然后正构烯烃在酸性中心进行环化异构化反应生成烷基环戊烷，后者在金属中心脱氢又生成烷基环戊烯，再转移到酸性中心进行五元环扩环异构化反应生成烷基环己烯，烷基环己烯再进一步在金属中心上发生六元环烷烃的连续脱氢反应，最后生成芳烃。

上述反应机理已经为众多实验所证实[38~41]，例如：Haensel等[38]通过Pt-Sn双金属催化剂的研究，证明了环己烷是通过逐级脱氢反应路径生成芳烃的；Hindin等[39]将两种单功能催化剂机械混合的方式，证实了五元环脱氢异构需要两种活性中心的协同作用。由于各烃类化合物的反应路径不同，通过重整反应生成芳烃时的反应特性也就存在差异。如同为碳数7的不同烃类化合物（正庚烷、二甲基环戊烷和甲基环己烷），在496℃和1.42MPa条件下，分别通过脱氢环化芳构化生成的转化速率为0.06mol/h·g、0.13mol/h·g和0.95mol/h·g。在工业装置上，六元环烷烃脱氢和五元环烷烃脱氢异构基本上能够达到热力学平衡，而链烷烃脱氢环化受动力学限制，只能进行到一定程度，所以，如何加强链烷烃脱氢环化反应是提高重整装置芳烃收率的主要考虑因素之一。

链烷烃脱氢环化反应与其碳原子数高低、结构密切相关[42~44]，通常碳数越高脱氢环化的速率越快[42]，而直链烷烃脱氢环化速率通常远远高于同碳数的支链烷烃[43]，但总的来说，虽然对石脑油分子芳构化的机理研究得比较清楚且基本看法一致，但是对于不同分子结构化合物重整性能的研究、比较还不够系统、全面，已有的认识局限于实验认知，缺乏在机理上对化合物结构与重整性能的关系研究。

以重整的石脑油进料来说，如表3-31所示的直馏石脑油，其所含的环烷烃和芳烃能很顺利转化为需要的芳烃产品。根据不同碳数链烷烃脱氢环化转化成芳烃的转化率进行测算，该直馏石脑油中链烷烃可转化生成的芳烃占产物总量比例约为19%，其余的链烷烃部分氢解和加氢裂化，直链烷烃异构化，最后这种石脑油进行催化重整的话，产物中气体收率较高，而液体产物中芳烃含量较低，但异构体将占液体产物的很大比例。催化裂化汽油加氢后作为重整的部分原料，工业试验表明液体收率变化不大，但芳烃收率反而有些下降[45]。掺炼焦化汽油能提高芳烃收率和辛烷值，但是掺炼过多会影响催化剂性能[46]。而裂解汽油是优质的重整原料，其链烷烃含量较低，所以环化脱氢产物只占反应产物的7%左右，其液体产物中芳烃含量较高，可以比直馏石脑油的芳烃含量高出14.5个百分点[47]。

6.重整反应条件对产物的分子类型与数量的影响

优化的催化重整反应条件能够使得重整产物分布更加理想，实际生产中通常通过调整反应的温度、空速和压力等参数对产物分布进行调整，其中反应温度是主要调整项，而压力和空速很少调整，特别是压力。

通常，反应温度过高，干气产量会迅速增加，但过低又会使得催化剂在线操作时间降低，所以重整反应温度的选择很重要，液体收率较为理想，产物中芳烃含量又较高的反应温度是优化的反应温度。

一般地，空速比反应温度对石脑油芳构化过程的影响较小。在保证催化剂在线时间的前提下，低空速会导致干气产量增加、汽油产量下降，但受催化剂影响，一般选择相对较低的空速进行操作。

压力对石脑油芳构化的影响为：降低压力是提高烷烃脱氢环化生成芳烃、减少加氢断裂反应的最有效途径。

二、柴油馏分分子组成及其对加工性能的影响

柴油馏分的沸程范围通常为180~350℃，按照来源可分为直接从原油蒸馏而来的直馏柴油或常压瓦斯油（AGO）以及从二次加工装置如催化裂化、焦化、加氢等装置来的柴油，即催化柴油、焦化柴油、加氢柴油等。

柴油作为内燃机燃料时，其最主要的使用性能包括低温流动性能和着火性能，其中，低温流动性能一般采用倾点、凝点或冷滤点来描述，它不但关系到柴油机燃料供给系统在低温下能否正常供油，而且与其低温下的储运等密切相关。着火性能则通常用十六烷值大小来描述。十六烷值高则表明在柴油机中发火性能好、滞燃期短、燃烧均匀且完全、发动机工作平稳，而十六烷值低则燃料发火困难、滞燃期长、启动和工作状态较差。柴油馏分的上述使用性能与柴油馏分的分子组成密切相关。

柴油馏分的分子组成与其低温性能、着火性能均密切相关，第二篇第三章介绍数据关联和分子重构技术时已经有过说明。此处重点介绍催化柴油分子组成信息对加工性能以及开发新技术的影响。

（一）催化柴油的主要特点

催化柴油的特点是芳烃含量高、密度高、十六烷值低，特别是对掺渣比较大或操作苛刻度高的催化裂化装置，其柴油十六烷值仅20或更低，属于最差的调和柴油组分。某催化柴油（LCO）的一般性质见表3-35，表3-36为国内几大炼厂的催化柴油的烃类组成分析数据。

表3-35 某催化柴油的性质

指标项		指标值	指标项		指标值
密度（20℃）/（g/cm^3）		0.9473	族组成（质谱法）/%	烷烃	12.6
运动黏度/（mm^2/s）	20℃	4.04		环烷烃	4.5
	50℃	2.11		芳烃	82.0
折射率（n_D^{20}）		1.5483		胶质	0.9
实际胶质/（mg/100mL）		426	馏程/℃	初馏点	163
酸度/（mgKOH/100mL）		2.3		10%	212
凝点/℃		−15		30%	236
闪点/℃		58		50%	260
溴价/（gBr/100g）		11.2		70%	294
十六烷值		22.7		90%	338
元素组成/%	碳	89.30		95%	353
	氢	9.66		干点	—
	硫	0.74	硫醇硫/（μg/g）		62
	氮	0.13	碱性氮/（μg/g）		173

表3-36　国内几种催化柴油的烃类组成数据

烃类组成	广州石化	石家庄炼化	高桥石化	燕山石化
链烷烃	9.6	12.32	17.07	12.52
一环环烷	6.00	3.73	7.97	20.39
二环环烷	2.13	1.08	2.05	6.31
三环环烷	0.70	0.35	0.60	2.05
芳烃（合计）	81.57	82.52	72.31	58.72
烷基苯	11.02	11.04	9.01	8.51
茚满或四氢萘	13.99	11.43	8.58	9.47
茚类	3.47	3.36	2.68	3.70
总单环芳烃	28.48	25.83	20.27	21.68
萘类	26.83	29.92	27.46	19.11
苊类	11.68	10.68	10.45	7.80
苊烯类	3.64	3.53	3.85	2.65
总双环芳烃	48.16	50.90	46.65	33.08
三环芳烃	4.93	5.79	5.39	3.96

由表3–36可见，柴油中的芳烃含量为60%~80%，其中大多是二环芳烃。另外，催化柴油的硫含量通常在0.1%~2.0%，而氮含量则为100~1500μg/g，这类中间产品如何加工使之合格或成为更加价值的产品，非常值得研究、探讨。

（二）催化柴油的分子表征

现代分析化学，特别是质谱技术的发展，实现了对柴油馏分从元素组成到族组成及结构族组成，再到代表性化合物的认识[48, 49]。除了表3–36所示的烃类组成外，进一步研究芳烃在催化柴油窄馏分中的分布，可以得到单环芳烃、二环芳烃、三环芳烃以及总芳烃按照馏分的碳数分布[33]。

（三）分子信息与宏观物性及反应性的关联

柴油十六烷值与其烃类族组成及碳数分布的关系见相关文献[33]。一般来说，烷烃的十六烷值最大，芳香烃最小，环烷烃和烯烃则介于两者之间，并且对于芳香烃来说，环数越多，十六烷值越低[50, 51]。因此从根本上实现催化柴油品质提升的方法是，提高十六烷值较高的烃类组分的相对含量，降低不利于十六烷值的芳香烃组分的相对含量，特别是含量较高而十六烷值更低的二环芳烃（萘系物）的脱除。

以萘（系物）的加氢转化反应路径（见图3–87）为例：

（1）在加氢精制条件下，萘加氢饱和变成四氢萘，进一步饱和可生成十氢萘，仍在柴油馏分中，但十氢萘的十六烷值也只有30，也即这样的加氢精制过程最多能提高5个单位的十六烷值。

（2）在中压加氢裂化条件下，催化柴油中的萘系物非选择性地裂化为甲苯、二甲苯及低碳烷烃等，并从柴油馏分中消失，从而达到提高十六烷值的目的。但同时也容易造成链烷烃和环烷烃的断裂反应，生成小分子物质，从而导致柴油收率的下降。

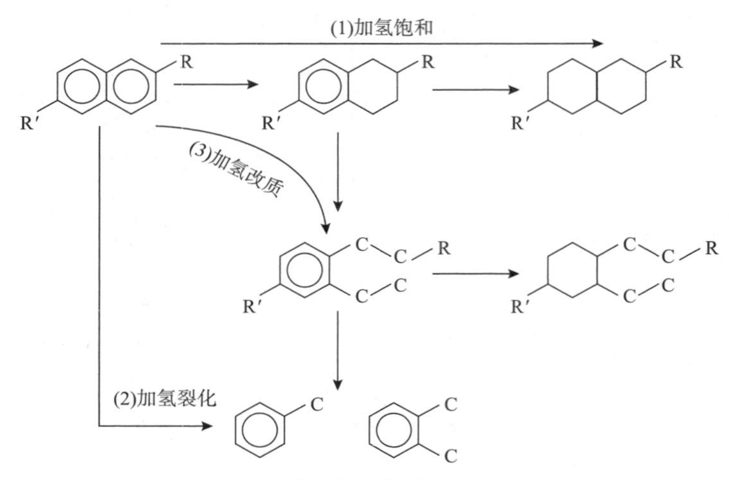

图3-87　萘系物的加氢转化路径图

（3）萘加氢饱和生成四氢萘、十氢萘以及之后的转换：四氢萘通过选择性加氢开环，可以得到带长侧链的单环芳烃，并留在柴油馏分，从而提高柴油的十六烷值，但此时十六烷值的提高量为在8~15个单位，这对于生产国Ⅴ、国Ⅵ标准仍然有一定的困难，特别是对于用十六烷值低于20的劣质催化柴油为原料的情况。如果四氢萘进一步芳烃饱和成为十氢萘并开环，将其转化为高十六烷值的链烷烃，需要更加苛刻的条件，并消耗更多的氢气，加工成本很高。另外，如果催化柴油加氢使得二环芳烃部分饱和（如萘加氢饱和生成四氢萘）、完全饱和（如萘加氢饱和生成十氢萘）之后，回到催化裂化加工而不调整原来催化剂的话，由于在催化裂化条件下脱氢反应远远胜过开环断裂反应，因此不宜采取此种简单的组合加工方式。

（四）催化柴油提质升值新工艺

催化柴油加工的目标产品是硫含量<10μg/g、多环芳烃含量<7%、十六烷值>51的超低硫清洁柴油，而催化柴油的族组成和结构族组成信息表明了将十六烷值提高到51的难度与途径：将十六烷值不同的烃类化合物采取不同的处理方法，可以实现提质升值目的，即将催化柴油中十六烷值较高的组分（链烷烃、环烷烃）和十六烷值很低的组分（芳香烃）分开处理，其中，高十六烷值的链烷烃和环烷烃组分分出后可以采取非常简单、操作条件非常温和的精制手段处理而大大降低生产运行成本；而十六烷值很低的芳香烃组分则采取另外的方法加工，如用于高辛烷值汽油或轻质芳烃的生产。为此，中海油开发了相应的技术[52]，其原理见本书图1-6。

随着柴油产能的严重过剩，消费柴汽比持续走低；同时，BTX等轻质芳烃市场缺口较大，出现了供不应求现象，因此从加工手段、加工成本和经济效益来看，基于石油分子工程的催化柴油提质升值更具竞争力。

三、减压蜡油馏分分子组成及其对加工性能的影响

减压蜡油馏分通常是指常压沸程为350~500℃的石油馏分，由于不同原油的分子组

成各不相同，因此不同来源的减压蜡油其分子组成差异较大。减压蜡油的燃料加工方式主要是催化裂化、加氢裂化，以下分别介绍。

（一）催化裂化过程

1.单体烃的催化裂化

本章第一节就介绍过各种单体烃的催化裂化行为，文献（特别是很多学位论文）对此有大量的报道，如对C_6~C_{18}链烷烃[53~63]、C_4~C_{16}烯烃[64~70]、1~3环（C_7~C_{14}）环烷烃[60，70~71]、1~3环（C_8~C_{14}）芳烃[72~78]的催化裂化行为。烃类催化断裂反应遵循正碳离子反应机理，包括经典的三配位正碳离子（双分子）反应机理[79]和非经典的五配位正碳离子（单分子）[80]反应机理，在酸性沸石催化剂上发生裂化、异构化、氢转移、烷基转移、脱氢、脱烷基、叠合、烷基化和缩合等反应。在碳原子数相同的情况下，纯烃类化合物的催化断裂反应能力从难到易依次为芳烃、烷烃、环烷烃、烷基芳烃（侧链烷基为C_3或更多时）、烯烃[75]。

通过研究，可以得出如下结论：

（1）对于链烷烃：烷烃在催化裂化过程中主要发生断裂反应生成小分子的烯烃和烷烃，还可能发生少量的异构化反应。从正构烷烃分子的两端到中间，C—C键能依次减小，因此烷烃多从中间的C—C键处断裂；随着烷烃链长度增加，活化能降低，大分子烷烃更易于裂化，反应速率增加，焦炭含量也增加，这不仅是由于仲碳原子数增加，也由于沸石孔内较长的链烷烃有较高的表面浓度所致[81]。当烷烃碳原子数相同时，异构化程度对反应转化率也有影响[82]，带有季碳原子的化合物因不含活性氢而转化率低，含有叔碳原子数越多的化合物反应速率越大。

①链烷烃在催化裂化条件下主要发生断裂反应，且反应活性随着碳数的增加而提高；相同碳数的链烷烃有支链的比没有支链的更易裂化，而且支链越长，裂化活性越高。

②大部分链烷烃发生断裂反应生成小分子的烷烃和烯烃，生成的小分子烷烃和烯烃会进一步发生异构化、氢转移、烷基化等二次反应，生成异构烷烃和异构烯烃。少量碳数较大链烷烃会发生环化、缩合反应生成芳烃甚至焦炭。

③链烷烃催化裂化的产物主要进入干气、液化气和汽油中。随着链烷烃碳数的增加，汽油和焦炭的产率会有所提高，且反应过程中生成的芳烃对于提高汽油的辛烷值也有一定的功效。

④虽然异构烷烃的裂化能力比正构烷烃强，但烷烃的支链越多，每个支链的碳数越少，越不容易裂化成碳数较小的烷烃或烯烃，因此，随着减压馏分中链烷烃异构化程度的提高，汽油的产率和抗爆性都会有所提高，但汽油的安定性会随着烯烃含量的升高有所降低。

（2）对于烯烃：重油原料中不含烯经，催化裂化后产生了大量烯轻，主要来源于反应过程中链烷烃的断裂、环烷烃的开环以及芳环、环烷环的烷基侧链断裂。在催化裂化过程中，烯烃主要发生异构化、氢转移或芳构化反应[83]。

烯烃比烷烃更容易形成碳正离子，正十六烯在硅铝催化剂上的裂化速率常数是正十六烷的50倍，主要是由于催化断裂反应过程中生成的焦炭首先在强酸中心吸附，然后逐渐覆盖弱酸中心，所以焦炭对只需要弱酸中心就可以反应的烯烃转化影响小，而对需要较强酸性中心的烷烃影响较大[84]。

烷烃不能直接异构化，异构烃的生成是烯烃异构化之后氢转移反应生成的。氢转移反应是催化裂化过程中的重要二次反应[85]，对催化裂化的产品分布、产品质量以及裂化产物中的烯烃含量存在显著影响[86]。烯烃的氢转移反应在催化断裂反应过程中扮演着两种角色：首先烯经可以接受氢生成饱和烃，不再发生进一步的断裂反应，从而保留较多的相对分子量较高的产物，增加汽油、柴油收率的同时，干气产率降低，裂化产物中烯烃含量也相对较低；其次烯烃也可以在氢转移过程中给出氢，成为正碳离子，经过多次氢转移后更加缺氢，生成难以裂化的不饱和芳烃强烈地吸附在催化剂表面，最终缩合生成焦炭。

由于烯烃易于转化成正碳离子，所以在很多情况下能够促进烷烃的裂化，从而导致转化率大幅增加。崔守业等[87]通过1-己烯和己烷混合烃在不同类型分子筛上的反应实验，发现当混合烃中烯烃的质量分数低于某一值时，烯烃对烷烃的反应影响不大，超过这个值后，由于烯烃竞争性较强，烷烃参与的反应逐渐减少。总之：

①烯烃的断裂反应活性大于碳数相同的烷烃，且随着所含碳数的增加，烯烃的反应活性不断提高；异构烯烃比正构烯烃更易发生反应，而且支链越长，裂化活性越高。

②异构化反应是烯烃的重要二次反应，包括双键异构和骨架异构。通过异构化反应，烯烃可以转变成其异构体，增加产物中异构烃的含量。氢转移反应可以使烯烃饱和，生成相应的烷烃，而提供氢的物质则会因为失去氢而发生环化、缩合生成芳烃甚至焦炭。

③烯烃催化裂化的产物以小分子的烷烃和烯烃为主，这些物质可以进入干气、液化气和汽油中。随着烯烃碳原子数的增加，大分子烷烃、烯烃和芳烃的产率会提高，这些大分子烃类化合物大部分进入汽油中，小部分分子量很大的产物则汇集到柴油中。另外，焦炭的产率也会随着烯烃分子量的增加而增加。

④烯烃催化裂化产物中异构烃的含量较高，可以在一定程度上提高汽油的辛烷值，但汽油的安定性会有所降低。

（3）对于环烷烃：

①由于分子中含有较多的仲碳原子，有取代基时还有较多的叔碳原子，所以环烷烃比相应的直链烷烃更容易发生断裂反应，裂化活性介于烷烃和烯烃之间。环烷烃的裂化能力随碳原子数的增加而提高，且环烷烃和侧链均可以发生断裂反应。

②环烷烃的主要反应包括环烷环开环断裂生成烯烃、二烯烃，以及氢转移反应生成芳烃和异构化反应。

③发生环烷烃开环反应生成小分子的烷烃、烯烃，多环环烷烃裂化速率常数很大，还会生成环数小于反应物的环烷烃、烷基苯；而发生脱氢缩合反应则会生成烷基苯、多环烷基苯、多环芳烃甚至焦炭，且随着多环反应环数的增加，生成多环芳烃、焦炭的产率提高。

④环烷烃催化裂化产物中的小分子烷烃、烯烃是液化气、汽油的组成部分，而单环或多环环烷烃、单环或多环芳烃则进入汽油、柴油产物中。随着减压馏分中所含环烷烃环数的增加，汽油的辛烷值会不断提高，而且柴油和焦炭的产率也会提高，但柴油的

十六烷值不高。

（4）对于芳烃：

①芳环非常稳定，本身不易发生断裂反应，催化断裂反应主要发生在侧链烷基上。所以原料中的一环、二环芳烃（侧链较多、较长时）很容易断掉侧链而进入汽油（一环芳烃）、柴油馏分（二环芳烃）。

②长侧链的单环芳烃，主要发生脱烷基、侧链裂化和自烷基化3种反应，且这3种反应相互竞争[88~91]；环烷基苯类主要发生环烷环开环和脱氢缩合两类反应[92]；双环芳烃裂化比较困难，其催化裂化规律与烷基芳烃类似[93]；多环芳烃的分子尺寸太大，所以难以裂化而易于缩合生焦，主要发生脱烷基反应、氢化芳烃的环烷环开环反应以及脱氢缩合生焦反应[94]，且生焦取决于分子大小、分子结构和碱性，相对分子量越大的芳烃在催化剂表面吸附越强烈，碱性越强的芳烃越容易在催化剂表面生成更大分子的芳烃或不饱和离子[95]。

③芳环上的烷基侧链容易发生断裂反应生成小分子的烷烃和烯烃。对于单烷基侧链的芳烃，裂化能力随着碳原子数的增大而增强，且支链的异构化程度越大，裂化能力越强。多烷基侧链的芳烃与单烷基侧链的芳烃相比，裂化能力更强。

④芳烃的催化断裂反应主要发生在芳环和烷基侧链的连接处，生成的产物继续发生二次反应生成小分子的烷烃、烯烃、烷基芳烃、多环芳烃等。而芳烃发生脱氢缩合反应则生成环数较多的芳烃甚至焦炭。

⑤相同环数稠环芳烃氢化程度越低越易发生脱氢缩合反应，而发生环烷环开环反应的概率则正好相反。

⑥易吸附在催化剂表面的芳烃可以生成正碳离子，此正碳离子又可以与其他芳烃或不饱和烃进行芳构化、缩合、氢转移等反应，最后生成层叶状石墨结构的稠环芳烃聚合物，并且生焦能力随芳环数的增加而增加。

⑦随着减压蜡油馏分中芳环数的增加，催化裂化产品中柴油和焦炭的产率会提高，而干气、液化气和汽油的产率会下降。芳烃催化裂化产物中大量芳烃进入汽油组分中可以增加汽油的抗爆性和安定性。

（5）杂原子化合物：主要包括含硫化合物和含氮化合物。含硫化合物主要包括硫醇、硫醚和噻吩类含硫化合物，在催化断裂反应中主要发生两个互相竞争的平行反应：一类是生成硫化氢和烃类，另一类是先发生脱氢再发生烷基化反应[96]。硫醇、硫醚等含硫化合物在催化裂化过程中基本上可以完全转化为硫化氢，并且反应条件对其转化程度没有明显的影响。噻吩类含硫化合物性质稳定，裂化速率很慢。在催化裂化过程中，不带侧链的噻吩（噻吩、苯并噻吩、二苯并噻吩）不容易裂化，转化率较低[97]。而带有烷基侧链的噻吩和苯并噻吩具有较高的转化活性，其中短侧链的烷基噻吩类硫化物易于发生异构化和脱烷基反应，而长侧链的烷基噻吩类硫化物易于发生侧链裂化和环化反应[98~99]。

通过噻吩的裂化脱硫机理可知，噻吩类硫化物脱硫主要通过氢转移反应进行，Corma等[100]认为控制噻吩和烷基噻吩断裂反应的关键步骤是氢转移反应。通过提高反应温度，增加溶剂供氢能力，可以提高硫醚和噻吩硫的转化程度，促使其向硫化氢方向转移[101]。反应体系中的其他烃类对噻吩类硫化物的反应路径和转化率都有一定的影响，其中大分子烷烃和环烷烃等供氢剂有利于噻吩类硫化物的裂化脱硫。Sara等[102]研究发现，反应体系中不存在供氢剂时，噻吩的转化率很低，主要发生双分子歧化反应，反应生成苯并噻吩和H_2S；在反应体系中引入H_2后，可能是由于H_2在酸性分子筛上不能分解成H^+和H^-，因此噻吩的转化率并没有显著提高。而在反应体系中加入丙烷、己烷和癸烷后，80%的硫以H_2S形式脱除，脱硫转化率明显提高，说明烷烃是很好的供氢剂，且随着供氢剂碳链的增加，脱硫速率加快，产物中H_2S的选择性提高。此外，环烷烃也是很好的供氢剂[103]。

从化学反应的角度来看，含硫化合物并不影响烃类的化学反应，但对产品质量有较大影响。但只有充分掌握硫化物在催化裂化过程中的转化规律以及影响因素，才能有效控制硫化物的方向，生产更加清洁化的产品。

VGO中的含氮化合物包括碱性含氮化合物和非碱性含氮化合物，非碱性含氮化合物主要是吡咯氮杂环化合物，碱性含氮化合物主要是胺类和吡啶氮杂环化合物，其中喹啉和吖啶等强碱性氮化物对催化断裂反应的阻碍效应最大[104]。含氮化合物的断裂反应是一个很复杂的反应过程，包括环侧链的断裂、杂环的转化、杂环与多环芳经的缩合等。Corma等[105]通过催化剂上酸类型对VGO催化裂化过程影响的研究表明，烷烃分子催化裂化的初始反应需要由L酸（非质子酸）中心提供负氢离子，初始反应速率随着L酸中心密度的增加而提高；随着产物中不饱和组分的增多，B酸（质子酸）中心对后继反应的进行起主要作用。含氮化合物直接与催化剂表面配位不饱和的铝或硅（L酸中心）化学作用或接受催化剂表面的质子（B酸），而碱性氮化物在L酸中吸附生焦是导致催化剂活性和选择性下降的首要因素[106]。李泽坤等[107]发现碱性氮化物通过与催化剂酸性中心相作用而降低催化剂的活性，而稠环芳烃则由于分子尺寸大于催化剂孔口直径而在催化剂外表面缩合生焦，碱性氮化合物比稠环环芳烃对反应性能的影响更大。袁起民等[108]指出含氮化合物比纯芳香化合物对催化剂的活性和选择性影响大，六元环含氮化合物毒性强于五元环含氮化合物，同时分子中缩合的芳环数、烷基侧链越多、侧链越长，毒性越强，而单个芳环中同时含有两个氮原子的化合物，其毒性反而下降[109]。

2.减压蜡油不同组成混合化合物的催化裂化

1）不同烃族组成化合物的催化裂化

目前，各种烃类的催化裂化转化规律大多是从模型化合物的反应规律中总结而来的，这样做的缺点是所选择的烃指纹化合物大多属于柴油甚至是汽油馏分段的烃类，而催化裂化原料的蜡油馏分段的烃类的结构组成远比这些模型化合物复杂；另外，模型化合物的催化裂化规律只能反映个别化合物本身的转化规律，没有考虑不同烃类之间的相互影响，不能准确反映烃类在重质原料这一复杂混合体系中的转化规律。

尽管如此，单体烃的催化裂化行为对于预测减压蜡油馏分中各个分子对催化裂化产品收率和性质的影响还是很有用的。至于烃类分子在催化裂化条件下相互之间的作用问题，例如分子量较大的芳烃会优先吸附在催化剂的活性中心而阻止其他分子的吸附，从而影响其他分子的正常反应，可以通过研究不同单体烃在同一个催化裂化条件下发生催化断裂反应的行为（对产物分布和性质的影响），以便更好地关联减压蜡油馏分的分子组成与催化断裂反应性。

原料中不同化合物分子在物化性质、化学结构和组成上的区别，导致不同类型化合物分子的催化裂化性能差异较大。例如，宋海涛等[110]选取石蜡基VGO、中间基VGO及加氢处理油等3种不同类型的VGO原料，对其烃类结构及催化断裂反应性能进行了考察，结果表明：相同条件下残炭高、芳烃和胶质含量高的中间基VGO的转化率最低；石蜡基VGO的LPG选择性高，同时氢转移活性低，利于多产低碳烯烃；中间基VGO的柴汽比高，适于多产柴油；加氢处理油的氢转移性能较强，汽油产率高但辛烷值较低，适于高产低烯烃汽油。

具有较高H/C比的饱和烃组分在催化裂化条件下易于转化成为轻组分，而H/C比较低的芳香烃组分、胶质包括大于三环的多环芳烃、以卟啉化合物形态存在的金属化合物等则难以裂化。对重油馏分按照馏分或组分进行切割后再分别进行催化裂化，有助于深入认识不同馏分或组分的裂化转化规律。

钰根林等[111]利用超临界流体抽提精密分离装置将胜利减渣分为15个组分并考察了前13个馏分、减压馏分及全馏分的催化裂化性能。随着馏分变重，饱和碳率从0.732降到0.547，芳碳率从0.135增加至0.298，芳环数从1.34增加到7.83，这说明随着馏分变重，缩合程度增加，即稠环芳烃增加，各馏分的轻质油收率依次降低，焦炭产率逐渐升高。与此相似，许昀[112]利用超临界萃取技术将吐哈稠油中大于500℃的渣油分离为7个组分，并考察了各个馏分的催化裂化性能，指出随着抽出率的增加，窄馏分的催化裂化性能变差。高浩华等[113]以500~540℃为分级点，将重油原料分为优质原料和劣质原料，重油分级后，产物分布明显改善，轻质油收率提高，焦炭和干气收率降低。分离为优质原料和劣质原料后，饱和烃及单环芳烃等优质裂化组分几乎可以完全汽化，大部分烃类分子可以进入沸石孔道内发生催化反应，剩余的烃类经过基质的活性中心一次裂化后再扩散到沸石孔道内继续反应，原料油分子在催化剂表面扩散阻力小，反应过程可以近似看作是一个化学反应控制的气-固催化反应过程，竞争吸附效应明显减弱，减弱了不易裂化组分对优质可裂化组分的影响。王刚等[114]采用溶剂精制对辽河劣质焦化蜡油进行分离后，精制油的催化裂化转化率与焦化蜡油相比，提高了88%，轻质油收率、总液收分别提高28.67%、55.33%，而且产物分布明显改善，产物中汽油和柴油馏分中的硫、氮含量大幅降低。

Nace等[115]将东德克萨斯原油中的260~316℃段的馏分分离为芳烃和非芳烃两部分，指出非芳烃部分的断裂反应速率明显高于芳烃部分，在相同条件下芳烃部分的焦炭产率约为非芳烃部分的3倍，而且，芳烃部分和非芳烃部分的裂化产物分布明显不同，非芳烃部分的产物中C_4~C_7烃类的产率高，而芳烃部分的产物中C_3~C_{12}烃类分布却相对平均。徐春明等[116]分别考察了胜利减渣中饱和分、芳香分和胶质的催化裂化性能，其中，饱和分的裂化以大分子转化为小分子的烯烃和烷烃为主，仅发生少量缩合反应；芳香分发生烷基侧链断裂和环烷环开环反应，继而发生与饱和烃相似的断裂反应，芳环数小于3的轻芳烃和中芳烃在长侧链断掉后，芳核的沸点落入汽油和柴油馏分中，易被汽提进入产物中；重芳烃和胶质中芳环数小于5的可能部分发生断裂反应，而五环及以上的芳核几乎不具有裂化能力，只能转化为焦炭。

赵丽萍[117]详细研究了VGO中不同烃族组分的催化裂化性能。通过其开发的负载硝酸银填料为固定相的固相萃取分离方法，并采用酮苯脱蜡方法，制备了一系列细分馏分，分别表示链烷烃、环烷烃以及1~3环芳烃为主的不同原料，进行单独以及组合细分原料的催化裂化性能研究。发现不同烃族组分的催化裂化转化率与其基本性质和烃类组成密切相关，通过分离过程将不同的烃族富集后单独加工，可以在一定程度上增强原料的催化转化能力并改善其产品分布，有利于提高加工过程的灵活性，或有针对性地提高某一产物的选择性。作者还对比了VGO中富含多环芳烃和胶质的组分单独加氢处理前后的催化裂化性能，发现加氢处理可以显著改善原料的催化裂化性能。为此，基于重油分离、加氢处理和催化裂化实验结果，提出多套组合加工工艺以解决传统催化裂化工艺中不同烃类相互影响的问题，提高了重油的利用率。针对链烷烃和环烷烃烃族催化裂化性能的特点，对比了大庆、胜利、辽河、塔河4种减压蜡油的加氢裂化尾油的催化裂解和催化断裂反应产物分布的特点，指出与催化裂化工艺相比，以链烷烃和环烷烃为主的加氢裂化尾油更适于催化裂解生产低碳烯经，副产高辛烷值汽油。

2）不同硫化合物催化裂化及其对烃类催化裂化影响

根据硫化物在FCC过程中的反应机理及路径，可以得出催化裂化原料中的硫化物的整体转化路径，见图3-88。

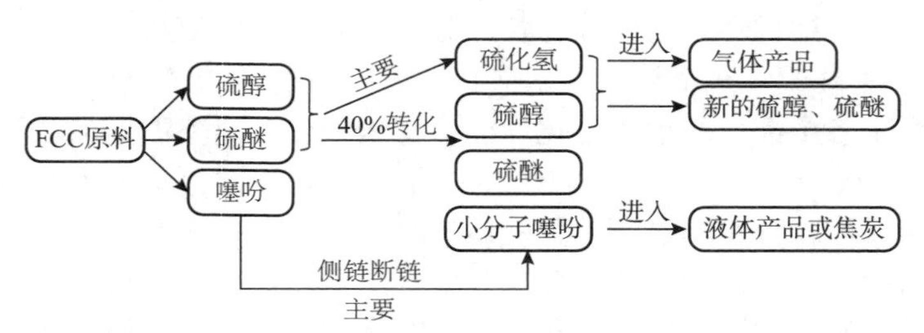

图3-88　催化裂化原料中硫化物的整体转化路径[118]

催化裂化原料中的噻吩类硫化物主要发生侧链断裂反应，变成小分子的噻吩进入汽油、柴油等液体产品和焦炭，硫醚和硫醇主要发生分解反应生成硫化氢，进入干气和液化石油气中。此外，催化分解产生的少量硫醚和硫醇还会和生成的硫化氢反应生成新的硫醇和硫醚[101]，而硫化氢还会和烯烃或二烯烃相互作用，生成相应的噻吩类化合物，这其中可能涉及环化反应[119]。

一般来说，在催化裂化过程中，45%~55%的硫将转化成硫化氢，35%~45%的硫进入液体产品，只有5%~ 15%的硫进入焦炭；但也有文献认为[120]，裂化气中的硫占原料中硫的20%~60%，液体产物中的硫占原料中硫的20%~80%，其中汽油中硫占原料中硫的2%~10%，柴油中硫占原料中硫10%~35%，焦炭中硫占原料中硫的3%~28%。李明等[121]研究了液体产品中硫的分布及形态，如表3-37所示。

表3-37　液体产品中的硫形态分布

硫类型	含量/%	硫类型	含量/%
硫化氢	3.23	噻吩	20.17
羰基硫	5.49	烷基噻吩	38.59
硫醇	9.84	苯并噻吩	1.23
硫醚	7.28	其他	14.17

由表可见，噻吩和烷基噻吩占到总硫的一半以上。汤海涛等[122]研究了胜利VGO、孤岛VGO、沙轻VGO、沙中VGO、南阳ATB等5种直馏原料油中硫的转化及分布，发现原料油中50%的硫转化成了硫化氢，40%的硫进入液体产品，10%进入焦炭，并且随着原料硫含量的提高，硫化氢中的硫所占比例增加。原料经过加氢之后，重油和焦炭中的硫比例提高，这是由于二次油品中难裂化的噻吩类化合物含量增加的原因。

不同类型的硫化物在FCC过程中的脱除难度差别较大。庞新梅等[123]分析了硫醇、硫醚、噻吩、甲基噻吩和苯并噻吩等硫化物在FCC催化剂上的裂化脱硫行为，结果表明噻吩和苯并噻吩裂化脱硫难度较高，实验条件下脱除率只有65%左右，其中甲基噻吩脱硫比噻吩容易；硫醇、硫醚裂化脱硫相对容易，实验条件下脱硫率可达95%；此外，噻吩和甲基噻吩在反应中可以相互转化，而其他几种硫化物只发生裂化和生焦反应，基本不会生成其他硫化物。

硫化物的结构特点也会影响其转化的难度和方向。在催化裂化过程中，活性硫化物如硫醇、硫醚、二硫化物很容易分解成硫化氢被脱除，而噻吩类硫化物具有稳定的芳环结构，很难发生裂化脱硫。取代基对噻吩的转化和反应选择性有着重要的影响。带有侧链的噻吩类和苯并噻吩类化合物转化活性较高，并且侧链碳数越多，侧链环化反应越容易进行[100]，烷基噻吩的转化率也会明显提高，这主要是因为长侧链的噻吩容易形成碳正离子。带有长侧链的噻吩主要发生侧链裂化和环化反应，短侧链的噻吩主要发生异构化和脱烷基反应[98]，此外，侧链的数目增加可以提高噻吩类的转化率，但对反应类型的影响较小。

硫在催化裂化中的转化受多种因素影响，其中，主要因素包括：

（1）原料油的种类。这是最主要的影响因素，不同类型的原料油中的硫化物的种类、含量均不相同，其中经过加氢脱硫处理的原料油，其硫一般进入重组分和焦炭，较少转化成硫化氢。UOP公司也发现，原料中的噻吩类硫化物的类型决定了循环油中的硫分布，循环油中的硫含量随着原料中噻吩硫的增加而提高。

（2）反应温度。反应温度上升，FCC汽油、柴油、干气产品的硫含最明显增加，这几类产品中的硫占总硫的比例也会随之提高，这主要是由于温度增加，转化率提高，使含硫量更高的重组分发生转化，从而部分进入汽油、柴油等馏分；重油的硫含量也呈上升趋势，主要是由于C—C键的裂化速率增加较快而氢转移反应速率增加较慢；焦炭中的硫含量减少。由于产率降低，重油和焦炭中的硫占总硫的比例都随反应温度的升高而减少。

（3）剂油比。剂油比提高，催化剂活性中心增加，有利于大分子噻吩类硫化物的断裂反应，使其更容易转化成小分子硫化物或者缩合进入焦炭，但不利于噻吩类硫化物分解成硫化氢。

（4）停留时间。停留时间的增加同时提高了原料油中烃类和硫化物的反应深度。汽油、柴油、重油和焦炭的硫含量都随停留时间的延长而提高，分布到汽油、焦炭和气体产品中的硫占总硫的比例也会随之提高。对于柴油，在催化裂化条件下，柴油中的硫化物还会裂化成更小分子的噻吩类硫化物，因此，柴油中的硫化物占总硫的比例与柴油的产率类似，都是先升高后下降；对于重油，停留时间延长，原料转化深度加深，重油产率下降较快，分布到重油中的硫比例会下降。

（5）催化剂类型和基质活性。催化剂的结构是影响催化反应进行的关键，主要是由于催化剂的孔道结构对反应分子的择形有决定性作用。相对于反应温度，催化剂对硫转化的影响更为显著。具有高氢转移能力的催化剂能使汽油中的重硫化物如苯并噻吩和烷基噻吩下降8%左右，而对于硫醇、硫醚、噻吩等较轻的硫化物不会产生太大影响。催化剂晶胞参数增大能够降低汽油中的硫含量，这是因为高晶胞参数增大了催化剂酸性中心的密度，更容易发生氢转移反应，从而有利于噻吩环的饱和。催化剂中稀土含量的提高也会提高非噻吩类化合物C—S链裂化能力，使原料硫更多地转化为硫化氢。此外，含金属的催化剂也会降低汽油中的硫含量，这可能是由于金属与其他组分发生协同作用，例如噻吩的长烷基侧链在Ni和V的作用下发生环化反应，从而进一步脱氢生成焦炭。此外，溶剂也会影响硫化物在催化裂化中的转化方向。例如，溶剂的供氢能力影响噻吩的转化程度，当用四氢萘作溶剂时，噻吩转化为硫化氢的比例会大大提高。

总之，催化裂化原料中硫化物集中于减压瓦斯油与减压渣油芳香分、沥青质中，主要类型为带芳环的噻吩类化合物，且以含一个噻吩的为主，包括噻吩、苯并噻吩和二苯并噻吩及其衍生物，取代基的碳数一般在6以上，非噻吩硫含量较少。经过催化裂化，硫主要转化成硫化氢进入干气、汽油、柴油等液体产品中，与原料油类似，液体产品中硫集中于重馏分中，其中，汽油中的硫集中于100℃以上的馏分中，以C_2、C_4噻吩和苯并噻吩为主，烷基硫醇含量较原料中明显增加；柴油硫分子组成与汽油类似，以苯并噻吩类、二苯并噻吩类硫化物为主，其总硫分布受原料影响较大。硫化物在FCC过程中的转化通过碳正离子进行，硫化物的结构特点如噻吩侧链的碳数、侧链的数目会影响其转化路径和选择性。影响催化裂化过程中硫分布的主要因素为原料油类型，其次是催化剂类型、反应温度、剂油比、停留时间和溶剂类型，硫分布是各因素综合的影响结果。目前，对催化裂化体系中的硫化物特别是噻吩硫的分子结构和转化规律还缺乏全面的认识，因此，通过从分子水平进行更深入的研究，建立合理的FCC过程中硫化物的转化网络，有利于找到合适的脱硫操作条件，进而生产更清洁的石油产品[118]。

而硫化合物与FCC原料中的烃类化合物存在一定的相互作用，其主要体现在：

（1）硫化合物与烃类之间发生反应，如作为氢供体的烃类参与和噻吩类硫化合物的氢转移反应，进而强化脱硫和噻吩类化合物与原料中烯烃的烷基化反应；

（2）硫化合物和烃类在FCC过程中的相互转化，如裂化活性较强的硫醇裂化生成H_2S气体和相应烯，以及H_2S气体与烯烃相互作用生成噻吩类化合物；

（3）噻吩类硫化合物与FCC原料烃类的竞争吸附，优先吸附在催化剂活性表面的物种会抑制其他物种在FCC过程中的转化，如苯并噻吩或二苯并噻吩的存在会降低烃类的转化率，而优先吸附的芳烃同时会降低硫化物在FCC中的转化深度。

3）不同含氮化合物催化裂化及其对烃类催化裂化影响

氮在原油中的含量比硫约低一个数量级，通常在0.05%~0.5%，其存在形式主要包括碱性氮化合物和非碱性氮化合物，碱性氮化合物主要为带烷基取代基的吡啶或者喹啉类化合物，而非碱性氮化合物的存在形式主要为吡咯和咔唑类化合物[109]。氮在原油中的分布一般也随着馏程的增大而增加，FCC典型原料减压馏分油中含氮量占原油中总氮量的25%~30%，剩余的70%~ 75%的氮在减压渣油中[124]。随着催化裂化加工原料的不断重质化、劣质化，渣油以不同比例掺入FCC原料中，FCC原料中的含氮量也显著增加。

含氮化合物的催化裂化研究大多是用纯化合物为模型进行研究的，这在前文已经有过介绍，而研究氮化合物在FCC过程中与烃类的相互作用也具有较为实际的指导意义。

早在无定形硅酸铝催化剂时代，研究者就发现碱性氮化合物会影响原料中其他烃类化合物的转化[105]，但当时对其相互作用机理并没形成系统的认识。Li等[125]在流化床反应器上考察氮化合物对焦化蜡油催化裂化转化率和产物分布的影响，结果表明：随着氮化合物特别是碱性氮化合物含量的降低，焦化蜡油转化率升高；在产品分布中，干气、重油以及焦炭产率均降低，特别是重油产率降低最为明显。这充分说明氮化合物的存在会对其他经类化合物在FCC过程中的反应性能产生较大的影响。

不同的氮化合物对烃类在FCC过程中的转化会产生不同的影响。有学者研究了30多种氮化合物对常规FCC原料转化造成的影响，结果表明，不同结构的氮化合物，包括氮化合物类型、烷基侧链、杂原子取代以及平均分子量大小等均会对原料中的其他烃类产生不同的影响[13]。基于以上的结论与认识，另有学者对氮化合物的结果与其对催化剂作用的强弱建立非线性关联模型，发现氮化合物对催化剂作用的强弱或对烃类转化的影响主要取决于氮化合物本身的重量、大小或碱性，氮化合物的重量或大小可用平均分子量来衡量，而碱性则可由质子亲和力来衡量，而质子亲和力起主要作用[126]。

一般认为，由于含氮化合物特别是碱性氮化合物其酸碱性比FCC原料中其他烃类的酸碱性更强，故氮化合物在FCC过程中可通过两种途径与酸性催化剂相互作用，即接受B酸中心释放的氢质子和提供一个未成对电子给L酸中心[127]，减少催化剂活性表面上的酸中心数量，降低其他烃类与催化剂表面活性位接触的可能性。氮化合物与活性中心相互作用也可能存在两种形式，对五元氮杂环分子而言，氮上的孤对电子参与环上的π电子云，电子云密度高于苯环，故五元氮杂环优先与活性中心吸附；对六元氮杂环分子而言，氮不参与环上的π电子云，电子云密度低于苯环，故氮原子优先与活性中心吸附[128]。酸性中心数量会影响FCC过程中的氢转移反应，一般来讲，同一催化剂上酸中心数量越低，其氢转移活性越差[129]。故有研究者认为氮化合物的存在会影响催化裂化过程中的氢转移活性，通过对含氮原料与低氮原料催化裂化产物性质对比，以$i\text{-}C_4^0/C_4^=$比值表征过程的氢转移活性，结果发现氢转移反应活性并未受到太大影响，但是碱性氮化合物的存在会增大过程中H_2、CH_4和C_2产物的产率，可能是由于碱性氮化合物的存在促进了FCC过程中缩合、脱氢以及热裂化等反应的发生[124]。

催化原料中的含氮化合物大多以多环芳烃的形式存在，故氮化合物一般具有芳香性，且与催化原料中烷烃、烯烃、环烷烃以及低碳数芳烃相比，在催化剂表面活性中心具有较强的吸附能力。例如，有研究者选取氮含量较高的FCC原料，通过扫描电镜技术观察催化剂表面发生的相应变化，并与含氮量较低的FCC原料进料做对比，结果表明，含氮量较高的催化原料更加容易生焦，生焦的催化剂会堵塞催化剂孔道，对原料中的其他烃类产生屏蔽效应而影响烃类转化[125]。以芳烃作为氮化合物对比，也发现含氮化合物的催化原料更易生焦，说明氮化合物由于其碱性更易在催化剂的活性表面中心吸附并发生缩合生焦反应[109]，类似的研究结论还有很多[124~128，130]。

催化裂化过程中的氮化合物对催化剂有着不同的作用机理。按照氮化物的诱导机理[105]，一个氮化合物分子通过诱导效应可以使止一个活性中心失活且每个氮化合物使不同活性中心失活的数目取决于该氮化合物分子的质子亲和力。当氮化合物吸附在催化剂表面活性中心时，与其直接作用的质子的正电荷量显著降低，碱性氮化合物其余的部分电子密度会转移到活性表面其他活性中心上，降低其他酸中心强度，使之不能有效引发催化断裂反应。

所以，氮化合物特别是碱性氮化物在催化裂化过程中对烃类转化的影响是较大的，可以归结为氮化物对催化裂化催化剂的作用过程，从而影响烃类在FCC中的转化[131]，包括以下方面：

（1）氮化合物由于具有较强的碱性，可与催化剂活性中心直接作用，从而降低催化剂有效酸中心数量，烃类分子接触活性中心的可能性降低，副反应增加；

（2）氮化合物一般具有芳香性，根据竞争吸附机理，其一般会优先吸附在催化剂表面中心并且不易脱附，呈强吸附态的氮化合物会发生缩合生焦反应，堵塞催化剂微孔孔道，对催化原料中的烃类形成屏蔽效应，进一步降低催化剂活性；

（3）氮化合物特别是碱性氮化合物的诱导效应可能会使不止一个活性中心失活，导致不能有效引发其他烃类化合物的催化断裂反应。

4）胶质、沥青质对烃类催化裂化的影响

胶质和沥青质是原油中结构最为复杂、平均分子量最大、杂原子含量最多的非烃化合物，胶质绝大部分存在于减压渣油中，而沥青质则几乎全部存在于减压渣油中。减压渣油以不同比例掺入FCC原料中，受其结构和性质的影响，胶质和沥青质的存在势必会影响原料中其他烃类化合物的转化。

关于胶质和沥青质，国际上尚没有统一的分析方法和严格的定义。一般地，将原油中不溶于低碳数正构烷烃但能够溶于热苯的称为沥青质，而既能溶于低碳数正构烷烃又能溶于热苯的称为可溶质，其包含饱和分、芳香分以及胶质。胶质可认为是由芳环、环烷环以及连接在环上的烷基侧链组成的大分子，而沥青质则主要以稠环芳香环为核心，不同单元结构通过烷基或硫醚键连接。胶质、沥青质分子结构中含有原油中绝大部分的硫、氮以及微量元素如金属镍、钒等。

分子筛的孔道直径一般只有0.8~0.9nm，催化原料分子需经扩散到分子筛孔道内与微孔内的活性中心接触并发生反应，而分子动力学直径大于2nm的分子由于不能有效地扩散至分子筛内表面，故其不易进行断裂反应[132]。胶质平均分子直径比沥青质的略小，而后者的平均分子直径为1.0~2.0nm[133]。研究者[116, 134]对渣油中的胶质在催化裂化过程中的反应特性进行研究，在反应时间足够长的情况下，结果表明，胶质有较强的催化反应性能，反应产物中气体、汽油和柴油的产率超过60%。胶质的催化反应包括：连接环上的烷基侧链的断侧链反应、环烷环的裂化开环成烷基侧链及其再裂化和较小芳香碳数的芳环断裂直接进入产物中。

虽然胶质具有裂化能力，但它对对焦炭产率的贡献最明显，说明胶质会发生明显的缩合反应，这与其不能有效地接触催化剂中心及其稳定的芳核结构有关。沥青质催化裂化基本上都转化为焦炭[112]。生成的焦炭会堵塞催化剂的孔道，从而形成对其他烃类的屏蔽作用，催化剂暂时失活，催化裂化的副反应如热断裂反应会增加。

胶质和沥青质绝大部分存在于减压渣油中，其沸点通常大于500℃，根据平衡闪蒸的计算，反应器中物相有部分以液相存在。更有研究者指出，胶质即使雾化得很好，其也会大部分以液态的形式进入反应器中[116]。液相的平均分子结构较大且其扩散速度比气相扩散的要低四个数量级左右。催化裂化中胶质和沥青质分子较低的扩散速度以及易在催化剂表面形成强吸附，故其影响原料中其他烃类分子在催化剂表面上的有效扩散。胶质和沥青质中杂原子含量较高，减压渣油中80%的氮和60%的硫以及绝大多数的金属如镍和钒富集在胶质和沥青质中[135]。这些杂原子可能同样会对FCC过程中的烃类转化产生影响。但由于胶质和沥青质的复杂性，单独研究胶质和沥青中硫、氮杂原子对FCC的影响较少，可能大部分沉积在焦炭上并随再生过程转移。胶质和沥青质中的金属对FCC过程中其他烃类的转化影响，后文再做介绍。

总之，胶质和沥青质在催化裂化过程中对烃类的转化产生重要影响，具体表现[131]在：

（1）由于较大的平均分子直径和较为稳定的芳环结构，胶质和沥青质在催化裂化过程中生焦倾向明显，对其他烃类进入分子筛孔道产生屏蔽效应；

（2）胶质和沥青质由于较低的蒸气压和较差的雾化能力，其在反应器中多以液相形式存在并呈现强吸附，扩散速度远低于气相存在的其他烃类的扩散速度，影响其他烃类分子在孔道内的扩散；

（3）胶质和沥青质中的杂原子（如金属原子）同样对催化裂化过程中的烃类转化产生影响。

5）金属对烃类催化裂化的影响

催化原料中的金属杂原子包括镍、钒、钠、钙、铁、铜等，其中镍和钒对催化裂化过程影响最为显著，所以研究的文献也就特别多。当然，其他几种也有影响，有时还很严重，如钙、铁。为简化起见，介绍镍和钒的影响。

镍和钒在原油中的存在形式大多是卟啉和非卟啉配合物，其在催化裂化原料中的含量可能会很高，如中东原油和新疆塔里木原油，两种重油中钒一般高于20mg/kg，甚至达到60mg/kg。催化裂化处理这类原料，平衡剂上的钒含量会高达7000~11000mg/kg。平衡剂上镍和钒的存在会使得催化剂失活，特别是钒造成的失活是永久性的，导致催化剂消耗增加、烃类催化裂化产品分布变差。

镍和钒的存在对烃类催化裂化产品分布影响最大的是汽油、焦炭和氢气的产率变化，其他几种产品产率影响相对没有这么明显。实验表明，当平衡剂上镍和钒的负载量超过一定值时，汽油、焦炭和氢气的产率变化趋于稳定，说明镍和钒对催化剂的影响存在平衡点。另有不同的研究者通过单独考察催化剂上不同负载量的镍和钒时发现，镍对原料的转化率影响呈现不规律性且差别不大，故认为其不会对催化剂的活性造成很大的影响，而钒的存在则会不断降低原料的转化率，故认为其能降低催化剂的活性[136]；同时在USY和REUSY分子筛催化剂中，镍和钒单独存在时，催化裂化过程焦炭的产率是其同时存在时焦炭产率的2倍左右，这就证明镍和钒在反应过程中可能存在某种交互作用，而其具体的作用机制目前尚不明确[137]。

上述结果是由镍和钒的金属性质及其在FCC中的反应行为决定的[131]。

（1）镍和钒在FCC平衡剂上虽呈氧化态形式，但由于烃类和氢气的存在，FCC过程实际是还原性气氛，故氧化态的镍和钒在循环过程中可能被还原生成金属镍和钒。金属镍是一种加氢和脱氢催化剂，钒也有一定的脱氢能力。但镍的脱氢能力是钒的3~4倍[138]。在FCC过程中，镍和钒可以促使烷烃、烯烃或者环烯烃脱氢生成相应的烯烃或芳烃等产物，并伴随一定量的氢气生成。反应示意如下：

$$\text{烷烃} \longrightarrow \text{烯烃}$$

$$\text{环烯烃} \longrightarrow \text{芳烃}$$

（2）钒能够破坏催化剂中分子筛的骨架结构，主要通过高价的钒氧化合物V_2O_5在再生器中与水蒸气作用并反应生成相应的钒酸。生成的钒酸会在催化剂的表面扩散并聚集形成浓度较高的酸中心，水解分子筛骨架中的铝氧和硅氧四面体结构，降低了催化剂的比表面积和相应的催化剂活性[139]。钒脱除了部分骨架铝，降低了总酸量，增加了铝与铝原子之间的距离，使得FCC中氢转移反应活性降低，同时部分酸中心强度增加，对反应过程中烃类的吸附性增强，烃类的碳正离子不易脱附而发生一定的过断裂反应[140]。但正是因为氢转移活性的降低，在不显著影响转化率的前提下，钒能够在一定程度上提高汽油的辛烷值[141]，但是钒的存在同时会缩小分子筛的晶胞大小，而汽油的辛烷值一般会随分子筛的晶胞尺寸的降低而降低。

镍和钒以大分子的形式参与 FCC过程，且这些大分子与原料中的胶质和沥青质相结合[136]，故同胶质和沥青质一样，镍和钒也不能有效地扩散至分子筛孔道内部与催化剂活性位结合，其在反应过程中主要沉积在分子筛孔口处并发生缩合生焦反应，阻塞分子筛的孔道结构，降低原料中其他烃类分子接近分子筛孔道内活性中心的可能性。通过分析镍和钒的沉积部位，发现镍和钒主要沉积在催化剂孔道的孔口处，孔道内部含量较少，证明反应初始阶段镍和钒均在孔口处沉积。但镍和钒在孔道内部的沉积仍有差别，因为随着反应的不断进行，钒在催化剂孔道中的移动性能要大于镍，钒不断向孔道内部迁移并覆盖内表面的活性位，造成比表面积的进一步降低[138]。

所以，镍和钒存在时对烃类催化裂化的影响[131]包括：

（1）镍和钒具有脱氢性能，使得原料中的烃类发生脱氢反应生成相应的烯烃和芳烃；

（2）钒对分子筛骨架具有破坏作用，能减少催化剂的比表面并降低其活性；

（3）原料中的镍和钒存在于大分子化合物中，会促进生焦，并对其他烃类接触催化剂酸性中心产生屏蔽效应。

（二）加氢裂化过程

由于无法将蜡油中的单体烃一一加以分析鉴别，也没有办法将其分离出来，所以对加氢断裂反应机理的研究通常采用模型化合物。通过典型的模型化合物加氢裂化后产物的定性、定量研究，探讨不同烃类化合物的反应规律，陈菲和田松柏对这方面的研究进展进行了综述[142]。

从反应化学的角度来说，加氢断裂反应的基本机理是碳正离子机理，遵循β断裂法则。按照烃族类型进行归类，链烷烃、环烷烃及芳烃的反应是加氢裂化过程中最主要的反应，其化学反应类型可大致归纳为以下几种类型：

（1）链烷烃发生C—C键的断裂和异构化反应；

（2）环烷烃发生开环、异构化或脱烷基侧链反应；

（3）烯烃的加氢饱和反应；

（4）芳烃发生加氢饱和或侧链断裂、脱除反应；

（5）非烃类化合物加氢脱除杂原子（硫、氮、氧及金属等），生成烃类化合物。

1.烃类的加氢断裂反应

1）链烷烃

链烷烃在双功能催化剂上发生加氢断裂反应，遵循碳正离子反应机理。这是20世纪60年代就提出的机理，后续的许多研究证明了这种机理的合理性和适用性。例如，正构烷烃首先会在催化剂的活性中心脱氢生成正构烯烃；正构烯烃进一步扩散到催化剂的酸性中心获得质子而形成碳正离子；不同类型的碳正离子的稳定性不同，最后都会趋向转化为稳定的叔碳正离子，然后发生β断裂生成烯烃和一个新的碳正离子；生成的烯烃很容易扩散到催化剂活性中心加氢饱和，而碳正离子则继续发生断裂，直至生成不能再发生断裂的小分子烷烃。C_8~C_{40}烷（正辛烷~正四十烷）[143~148]的HC研究充分证实了上述机理，正构烷烃在加氢裂化过程中不仅发生C—C键的断裂反应，同时还会伴随发生异构化反应。链烷烃的异构化反应主要是为了提高碳正离子的稳定性，而使氢原子或甲基进行重排，最终得到碳数相同的异构烷烃。Steijns等[149]以正十二烷及正二十二烷为研究对象，重点分析了其在加氢裂化过程中的异构化产物。在反应过程中，正构烷烃首先发生异构化反应生成单支链异构烷烃，然后进一步形成多支链异构体及相关裂化产物，生成产物主要有2位和4位、2位和5位、2位和6位以及2位和7位分别被甲基或乙基取代的异构烷烃结构，形成的多支链异构烷烃相比较单支链异构烷烃更易发生断裂反应。反应转化率与异构化产物的生成率存在一定的相关性。随着转化率的增加，异构化反应产物含量会呈现出先增加后降低的趋势，其含量下降主要是因为二次断裂反应的大量发生。链烷烃的加氢裂化产物中异构产物的结构与分子筛催化剂的结构及酸性密切相关[150~152]，当酸性位不足时，对称性较高的α，α，γ-三甲基取代烷烃逐步转化为α，α-二甲基烷烃及α，γ-二甲基烷烃，导致裂化及异构化产品的分布也会发生相应的变化[153]。

正构烷烃加氢异构化的主要反应机理有单分子机理（主要指碳正离子机理）、双分子机理、孔口机理及锁匙机理，多数加氢异构化反应是多种机理共同作用的结果[154]。加氢异构化催化剂对加氢异构反应起决定性作用，合适的酸性及孔道结构分子筛催化剂具有对烃类骨架异构化重排的高活性和高选择性，而对断裂反应有明显抑制作用。研究发现，一维中孔结构的中等酸性分子筛和贵金属复配的催化剂对于长链烷烃的加氢异构化具有很高的选择性[155]。加氢裂化过程中所用的催化剂基本为双功能催化剂，柳云骐等[156]综述了加氢裂化过程中正构烷烃在双功能催化剂上的异构化反应规律。长链正构烷烃在加氢裂化过程中的异构化按连续方式反应，进行分支侧链的异构重排，依次生成单支链类、双支链类以及三支链类异构物。裂化过程中的异构化反应主要通过其中两个途径来实现：第一是烷基位置移动，即A型异构化，此时烷基的分支程度未发生改变；

第二是生成质子化环丙烷的中间体，即B型异构化，此时烷基的分支程度明显发生改变。Si等[157]认为，在正构烷烃异构化反应中，质子化环丙烷离子机理更能对正构烷烃的加氢裂化历程进行合理解释。

正构烷烃加氢裂化产物中异构烷烃含量相对较高，生成的异构烷烃随着反应深度的增加，会发生二次断裂反应，进一步生成更小分子的链烷烃。异构烷烃与正构烷烃的裂化机理相同，但是由于其结构中有不同的烷基取代基，反应过程中会生成稳定性不同的碳正离子，所以裂化规律与正构烷烃有所差异[158]。Burnens等[159]选取异构烷烃姥鲛烷作为加氢裂化探针分子，研究了带有烷基取代基的长链烷烃的裂化规律。结果表明，异构烷烃在反应过程中会发生甲基转移反应。转化率较低时，主要反应路径所得到的产物是 2-甲基戊烷及2，6-二甲基十一烷，2，6-二甲基十一烷进行二次裂化后得到戊烷及二甲基庚烷。在较高转化率时，由于发生了骨架异构化反应，姥鲛烷的裂化产物含量相对较低。异构烷烃的C—C键断裂多出现在烷基取代内侧的碳键上，断裂后的碎片多为带有一个甲基或两个甲基取代基的异构结构。如果异构烷烃结构中存在叔碳原子或季碳原子，则更容易在此类碳原子连接的键上发生断裂反应。

2）环烷烃

在加氢裂化催化剂的作用下，六元环的环烷烃碳正离子的裂化难于链烷烃的碳正离子，主要原因是六元环环烷烃碳正离子发生β断裂后生成的非环碳正离子具有很强的环化倾向，并且烷烃碳正离子的β轨道与可发生裂化的β键处于同一个平面，有利于断裂反应的发生，而环烷烃中两者几乎处于垂直，从而更加难以发生裂化。三元、四元和五元环的环内应力较大，开环相对六元环容易发生，例如烷基环己烷比烷基环戊烷开环速度慢近100倍。

环己烷的开环途径一般有两种，一是直接开环，二是先异构成甲基环戊烷再进行开环。李清华等[160]使用高压微型反应器研究了环己烷在Ir/Pt双金属催化剂上的加氢裂化转化规律，其反应机理主要为碳正离子机理或金属氢解机理。一般是环己烷直接在金属催化剂上氢解开环及先异构生成五元环再进行开环反应，因此根据产物的要求对催化剂控制开环和断裂的要求较高。五元环在Ir金属催化剂上的反应历程符合二卡宾机理，即环烷烃首先在催化剂的金属位进行吸附，与金属原子形成二碳烯中间体，再断裂生成二碳炔中间体，然后加氢脱附生成开环产物[161]。五元环相对六元环具有更高的选择性和开环活性，六元环异构化成为五元环需要在催化剂酸性位上进行，使得催化剂酸性位的引入非常必要。Liu等[162]也认为在加氢断裂反应中，环烷烃的开环反应与催化剂的酸性强度密切相关：催化剂酸性强度低，开环速率较低；催化剂酸性强度高，开环速率则明显增加。

多环环烷烃开环机理的研究是在单环环烷烃开环研究基础上进行的。孙堂旭等[163]从催化剂的角度对十氢萘加氢开环反应进行总结，认为催化剂上的酸性位对多环环烷烃的开环非常重要，中强的酸性更适合十氢萘的开环反应。催化剂上负载金属原子则可以加速异构化反应，提高环烷烃开环的选择性。

催化剂类型不同，环烷烃的开环机理不同，如在纯酸性催化剂和双功能催化剂上对十氢萘加氢裂化的机理研究，证明了不同的开环机理，也证明了异构化是初始反应，而开环是后续反应，而且，环烷烃的空间构型对其开环的难易程度有一定的影响。

3）芳香烃

芳烃是加氢裂化原料中重要的组成部分，加氢裂化过程中芳烃主要发生加氢饱和与烷基侧链脱除反应。由于芳烃结构中存在一个大π键，形成较为稳定的共轭体系，因此在加氢裂化过程中断裂反应不易直接发生，一般都会先加氢饱和再发生饱和环的开环。甲苯类单环芳烃的加氢-开环反应是一种高度偶联的复杂反应体系，它们在加氢饱和的同时会伴随发生开环反应、烷基化反应及小分子产物断裂反应等。其主要的机理可分为三种：

（1）酸催化作用下的碳正离子机理；

（2）热裂化作用下的自由基机理；

（3）金属催化作用下的氢解裂化机理。

基于以上机理，可以提出关于芳烃的反应网络。王雷等[164]以四氢萘为模型化合物并结合产物分布，提出了四氢萘加氢裂化过程中的主要反应路径为异构裂解、加氢后裂解。四氢萘加氢裂化的产物中双环类化合物主要有十氢萘、萘、甲基茚满和甲基全氢茚等，烷烃类及单环类化合物主要有苯、烷基苯、C_7~C_{10}环烷烃和C_1~C_5烷烃等，且异构体较多。很多研究者[165~168]研究了四氢萘反应机理，杨平等[169]从反应动力学和反应机理两方面进行了总结，认为四氢萘的加氢断裂反应是一系列平行、串联的复杂反应，主要有加氢裂解、异构裂解和脱氢三种途径。催化剂的性质对四氢萘的加氢断裂反应分布、反应活性和选择性起到至关重要的作用。

在加氢断裂反应中，双环及双环以上的芳烃受到芳环共振结构稳定性的影响，使其加氢饱和反应比单环芳烃容易发生[170~171]。石油中还存在一种联苯类的二环芳烃，它们的结构完全不同于萘类芳烃，其结构中的两个苯环之间由桥键连接。实验证实，二芳基烷烃结构中无烷基取代时，中间的桥键相对容易发生断裂[172]。三环芳烃加氢饱和第二个环时的平衡常数是加氢饱和第一个环时的平衡常数的1/40，且芳烃完全加氢的平衡常数随着芳环数的增加而减小。对于多环芳烃来说，其加氢断裂反应途径一般是第一个环加氢饱和、断裂以后再进行第二个环的加氢并以此类推[173~178]。张全信等[179]总结了不同类型多环芳烃加氢断裂反应的基本规律。多环芳烃反应速率顺序基本为蒽>萘>菲>芘、萘>苯、荧蒽>四氢荧蒽>芴，反应性强，联苯较低。蒽的反应性大于菲，推测是由于蒽的共振稳定性能较小，使得反应性增强；二氢芘加氢与菲加氢较为一致，是由于它们结构较为相似，均具有三个不饱和环；荧蒽加氢的第一步速率是芴的10倍，是由于荧蒽有萘环存在；四氢荧蒽加氢成为十氢荧蒽比芴的第一步加氢快3倍，推测可能因为四氢荧蒽加氢时五元环的束缚能力比芴弱。芳烃加氢部分饱和后，饱和环的存在对反应是有利的，如八氢菲的加氢速度快于萘满。不同类型芳烃的取代基长短及结构对反应速率也有一定的影响。

以单个化合物作为模型化合物进行反应时，对其反应历程及反应网络的研究非常有利。但是石油中的烃类类型繁多，反应过程中在催化剂上必然存在竞争吸附，使不同烃类之间的反应相互影响。为了对不同类型芳烃在加氢裂化过程中的相互影响作用进行考察，陈文艺等[180]将苯和四氢萘按照摩尔比为3：1、1：1、1：3的不同比例混合液作为加氢断裂反应原料，采用以Mo-Ni为活性组分的双功能催化剂，在连续流动微反-在线色谱实验装置上进行加氢断裂反应，研究了苯和四氢萘在反应过程中的相互影响。反应温度在320~360℃时，苯的转化率逐渐增加，而四氢萘反应转化率增加幅度较大。在360℃时，加氢裂化产品中十氢萘含量出现峰值，反应温度继续增加，其含量随之下降。对比不同配比条件下的加氢裂化产物分布发现，苯的加入严重影响四氢萘的反应深度，随着苯比例增加，对四氢萘反应影响越剧烈。推测原因可能是苯会抢占催化剂的活性中心，抑制四氢萘的吸附行为，使其转化率低于单独作为原料时的转化率。Ito等[181]发现苯、四氢萘和萘类芳烃同时存在时，萘类芳烃在催化剂上的吸附作用最强，对苯的加氢饱和反应的抑制作用最大。萘类芳烃存在时，四氢萘芳烃的加氢饱和反应也异常困难。不仅不同类型芳烃加氢饱和反应存在相互影响，同类芳烃之间在加氢过程中也存在相互影响，如α-甲基萘和β-甲基萘在催化剂上的吸附作用高于萘，α-甲基萘的吸附能力又高于β-甲基萘，所以带有甲基取代的萘类芳烃对萘的加氢均产生抑制作用，相反萘对甲基萘的加氢影响较小[182~183]。综合比较，芳烃之间相互影响作用的大小主要取决于芳烃在催化剂上的吸附作用的强弱。

多环芳烃存在时，抑制低环数芳烃的加氢饱和反应的同时，对其进一步的断裂反应也有一定的影响。鞠雪艳等[184]系统选择两个系列的模型化合物为原料：（1）固定四氢萘类含量，改变甲基萘类含量；（2）固定总芳烃含量，改变四氢萘和甲基萘的配比，进一步考察了萘类芳烃对四氢萘类芳烃断裂反应的影响。四氢萘含量不变，甲基萘类含量逐渐增加时，四氢萘类开环裂化的转化率明显降低，甲基萘类在催化剂酸性位和活性位中心均存在竞争吸附。四氢萘含量高于甲基萘类时，其开环裂化的选择性仍较低。萘类结构中存在双环芳烃的大π共轭键，非常容易吸附在催化剂的酸性位上，从而导致四氢萘异构开环的速率明显下降；催化剂的金属组分上萘类的吸附量不断增加，对四氢萘裂化过程中生成烯烃的加氢反应也会造成不利的影响。可见四氢萘和萘类芳烃同时存在时，四氢萘的开环会受到明显抑制。基于理论分析和产物分布得到了加氢裂化过程四氢萘类和甲基萘类共存时的反应网络。

4）VGO的加氢裂化

采用实际的重油原料进行加氢裂化时，反应过程会受到多种因素的影响和制约，直接对每种化合物的反应规律进行深入分析存在很大困难。所以，目前大多是通过分析反应后产物收率、烃族组成变化并结合反应动力学假设，来探讨加氢裂化过程中烃类的转化规律。

宋欣等[185]指出环烷烃的转化是VGO加氢裂化转化的关键之一。结合反应速率常数和动力学模型进行研究，发现双环环烷烃以及单环环烷烃同时被催化剂吸附时，双环环烷烃吸附更占优势，并且双环环烷烃的裂化活性强于单环环烷烃。Isoda等[186]考察了VGO在Ni-Y型分子筛上的加氢裂化性能。反应温度为380℃时，三环、四环芳烃和杂原子化合物含量大幅度降低，一环和二环芳烃以及链烷烃的含量没有明显的变化，这与多环芳烃在催化剂上的吸附能力较强有关。张月红等[187]发现，随着转化率的增加，以VGO为原料的加氢裂化尾油中链烷烃含量逐渐增加，环烷烃含量逐渐减少。将尾油烃族组成乘以其收率后发现，转化率增加至58.7%过程中，链烷烃收率基本没有发生变化，环烷烃收率则不断降低。可见尾油中环烷烃不断发生开环反应向轻组分转移是造成尾油中链烷烃相对含量升高的主要原因，链烷烃和环烷烃的反应是竞争关系。Sulivan等[188]采用高效液相色谱（HPLC）和场电离质谱（FI MS）重点对VGO的加氢裂化过程中多种烃类进行详细分析，并对比反应前后烃类的变化。研究结果表明，单环环烷烃较多发生了断侧链反应；多环芳烃虽然是原料中难发生裂化的部分，但在精制段时会较多发生加氢饱和反应，进入裂化段后则容易发生开环反应。在对VGO的加氢裂化行为进行研究时，应该尽可能将原料和产物中的烃类组成分析细化[189]。

在任何以化学反应为基础的工艺过程中，反应条件是影响反应历程、反应方向及反应速率的重要因素。条件的改变会对烃类的不同反应产生一定的促进和抑制作用。张数义等[190]认为，加氢饱和反应是强放热反应，提高温度使反应平衡向不利于加氢反应的方向移动，在一定程度上抑制了加氢反应，促进了断裂反应。以辽河常压渣油为原料进行加氢裂化时，如果提高反应温度，会使多环芳烃的加氢速率降低，促进断裂反应的发生，从而使得生焦量增加。温度过高时，断裂反应速率高于加氢饱和反应速率，使缩合生焦严重，会导致轻油率呈现出下降趋势。如果在加氢过程中增加氢分压，氢气会产生氢自由基，封闭热裂化所生成的烃自由基，抑制自由基热反应速率，生焦率也有所下降。Dong等[191]将哈萨克斯坦和俄罗斯混合 VGO作为原料进行加氢裂化。研究结果表明，反应温度较为合适时，也会促进大量多环芳烃发生饱和反应生成环烷烃，环烷烃裂化后进入相对较轻的馏分中，使产品中芳烃含量降低，从而改善与芳烃含量有关的物化性质。刘英等[192]将加氢裂化的反应温度仅提高4℃，就发现所生产的基础油的黏温性能得到改善。油品的黏温性能与其烃类的结构密切相关。一般地，环烷烃的黏温性能比链烷烃的差，环烷烃结构中环数越多，黏温性能越差。提高其裂化段的温度，对环烷烃的开环、脱侧链等反应均有促进作用，产品中三环、四环环烷烃含量均降低，链烷烃、一环和二环环烷烃含量均相对增加。环烷烃大多发生开环反应生成链烷烃，从而使基础油的黏温性能有所改善。蒋春林[193]将加氢断裂反应温度由373℃增加至375.6℃，发现尾油中链烷烃含量明显增加，环烷烃则发生大量开环反应生成更低环数的环烷烃和链烷烃，反应转化率由50.5%增加至58.7%；尾油的*BMCI*值由13.5下降至12.0，蒸汽裂解产品三烯和乙烯产率提高。可见温度增加可以改变尾油中环烷烃和链烷烃的相对比例，进而改善了尾油的质量。若保持温度不变，单纯增加空速，对环烷烃开环的反应促进作用则较小。

反应压力越高对加氢裂化过程中的化学反应越有利。其主要原因是，加氢裂化过程是一个体积缩小的反应，所以压力的提高对反应具有促进作用。若增加氢分压，会增加加氢裂化过程中的脱氮、脱硫及芳烃饱和的反应速率，同时还可以减少叠合和缩合反应的发生。胡志海等[194]以伊朗VGO为原料考察了反应压力对烃类反应的影响。发现反应压力改变，对脱硫、脱氮、芳烃饱和、烯烃饱和等反应的影响程度是不同的。反应压力增加对加氢脱氮和芳烃加氢饱和反应的促进作用最大。若在精制段就使芳烃大幅度发生饱和反应，则反应压力对裂化段的反应影响不大；若进入裂化段时，油料中的芳烃含量还相对较高，则反应压力对裂化段芳烃的加氢饱和反应影响较大。方向晨[195]以大庆VGO和大港VGO原料，采用分子筛型双功能加氢裂化催化剂在一段串联加氢裂化装置上进行反应。结果表明，大庆VGO在6.37MPa、7.84MPa和9.80MPa压力条件下的加氢裂化产物分布基本一致，反应压力对其影响较小。加氢裂化双功能催化剂的断裂反应遵循的是碳正离子机理和β断裂规则，而这一断裂反应的过程与氢分压基本无关，所以氢分压的改变对烃类断裂反应的影响不明显。大港VGO在6.4MPa、8.3MPa、14.7MPa压力条件下进行反应，其产物分布依旧没有明显差异，但是不同馏分产品的性质，尤其是与芳烃有关的性质，发生了明显的改善。在6.4MPa中压下，喷气燃料的烟点及芳烃含量不能满足喷气燃料所要求的规格指标。而在14.7MPa高压下，喷气燃料的烟点可以达到32mm，此时的芳烃含量很低，可见压力对芳烃加氢饱和反应有明显的促进作用。

2.非烃类的加氢转化

1）蜡油中硫化物的加氢转化

通常把沸程为350~570℃的减压瓦斯油称为蜡油（VGO）。VGO中硫化物占原油中硫化物的份额一般为20%~40%，其硫化物的类型主要是硫醇、硫醚、噻吩类化合物、多硫化合物和亚砜类化合物，VGO的硫含量范围为0.6%~3.3%。

VGO中含硫化合物的分离和鉴定比汽油、柴油中含硫化合物的分离和鉴定要困难很多，这是因为VGO中硫化物的结构主要是多环硫代芳烃，其结构和极性与多环芳烃类似，两者很难区分。传统的GC-MS由于其溶解力和分辨力有限，故不适合VGO组分分析，所以像傅立叶变换离子回旋共振质谱仪（FT-ICR MS）这样具有超高质量分辨能力（分辨率可达上百万）的先进仪器才比较适合。

VGO中含硫化合物等非烃组分的种类和含量随馏分沸点的增加而增加[196]。直馏VGO中噻吩类硫约占70%，而二次加工如焦化VGO中的噻吩类硫可达80%以上[197]。随着VGO馏分沸点的升高，噻吩类硫在馏分中所占比例逐渐增加，且多环噻吩的比例也增加。另外，非极性含硫化合物约占VGO中总硫的73%[198]。

蜡油催化加氢脱硫反应的实质是在高氢分压和高温条件下把有机硫化物转化为硫化氢和烃类。传统的加氢脱硫反应是在硫化态的催化剂如$CoMo/Al_2O_3$和$NiMo/Al_2O_3$类催化剂上进行的。VGO中各硫化物的加氢脱硫反应机理[198]如下：

（1）硫醚、硫醇加氢脱硫反应。硫醇、硫醚易于发生直接加氢脱硫反应生成硫化氢和烷烃，如下列两个方程式所示：

$$RSH+H_2 \longrightarrow RH+H_2S$$

$$R\text{-}S\text{—}R+2H_2 \longrightarrow 2RH+H_2S$$

但是，加氢产物中的硫醇和硫醚的比例可能没有明显降低，其原因是加氢蜡油中的硫醚硫不仅有原来的残余硫醚硫，还有噻吩类化合物C═C键加氢生成相应硫醚类中间产物的贡献。

对于硫醚来说，因其C—S键键能低，硫原子上电子云密度大，易于发生加氢反应而脱硫。对于噻吩类化合物而言，因其硫原子参与芳香体系共轭效应，形成稳定的大π键体系，硫原子上电子云密度低，与催化剂相互作用而活化的程度低，从而增加了直接氢解的难度。但是，由于噻吩类化合物大π键与加氢催化剂的总体作用程度较大，与硫原子相邻的C═C键被活化而加氢，生成C—C键，即生成相应硫醚中间产物，由于多环芳烃和噻吩类化合物与硫醚在催化剂上竞争吸附，降低了硫醚的氢解脱硫速率。总的结果是：噻吩硫含量因氢解和加氢而显著降低；硫醚硫含最因氢解而降低，又因噻吩的部分加氢生成硫醚中间产物而得到一定的补偿。这是蜡油中硫醚硫比例下降不明显的原因[199]。

噻吩类硫化物的加氢脱硫比脂肪族硫化物加氢脱硫活性低。噻吩类硫化物加氢脱硫的反应活性从高到低的顺序为：噻吩>烷基取代噻吩>苯并噻吩>烷基取代的苯并噻吩>二苯并噻吩>4和6位置上没有取代基的二苯并噻吩>4或6位上有一个取代基的二苯并噻吩>4和6位上都有取代基的二苯并噻吩[200, 201]。

（2）噻吩加氢脱硫反应。噻吩加氢脱硫的反应途径如图3–89所示。可能的反应历程有4个，两个主要反应历程是：途径①为氢解路线（DDS），噻吩直接开环脱硫生成丁二烯，丁二烯再加氢生成丁烯；途径②为加氢路线（HYD），噻吩先加氢生成四氢噻吩（THT），然后再脱硫生成丁烯。另外，可能的途径③是四氢噻吩被脱硫生成丁二烯，然后加氢生成丁烯；途径④为噻吩直接加氢脱硫生成丁烯。

（3）苯并噻吩加氢脱硫反应。苯并噻吩加氢脱硫可能的反应途径见图3–90。其中，途径①为氢解路线，苯并噻吩直接脱硫生成苯乙烯，苯乙烯再加氢生成乙苯；途径②为加氢路线，苯并噻吩先加氢生成二氢苯并噻吩，然后再脱硫生成乙苯。

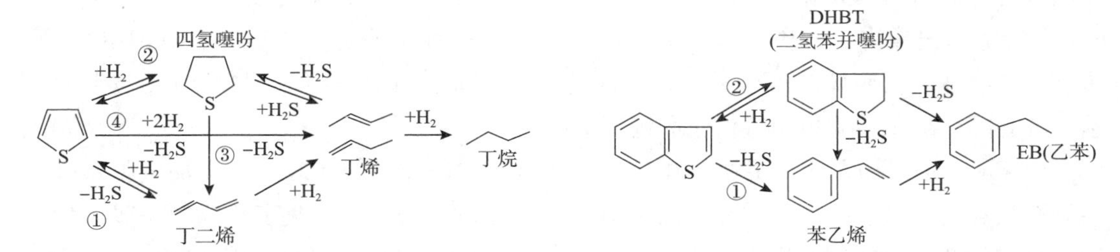

图3–89 噻吩的加氢脱硫反应途径　　图3–90 苯并噻吩的加氢脱硫反应途径

（4）二苯并噻吩加氢脱硫反应。二苯并噻吩加氢脱硫可能的反应途径见图3–91。

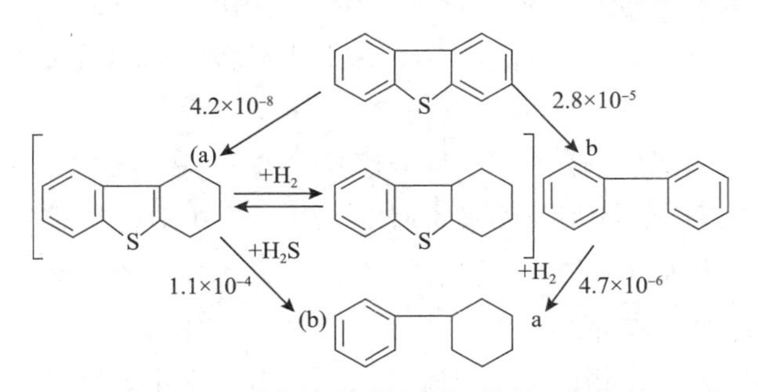

图3–91 二苯并噻吩的加氢脱硫反应途径

二苯并噻吩加氢脱硫反应途径有两种平行路线：路线（a）为加氢路线，二苯并噻吩先加氢生成1，2，3，4–四氢二苯并噻吩或1，2，3，4，10，11–六氢化二苯并噻吩，继续脱硫生成环己基苯，而路线（b）为氢解路线，二苯并噻吩直接脱硫生成联苯。

在反应网络中，路线（a）为加氢步骤，路线（b）为C—S键断裂步骤。

（5）4，6-DMDBT的加氢脱硫反应。4，6-DMDBT即4，6-二甲基二苯并噻吩的加氢脱硫可能的反应途径见图3-92。

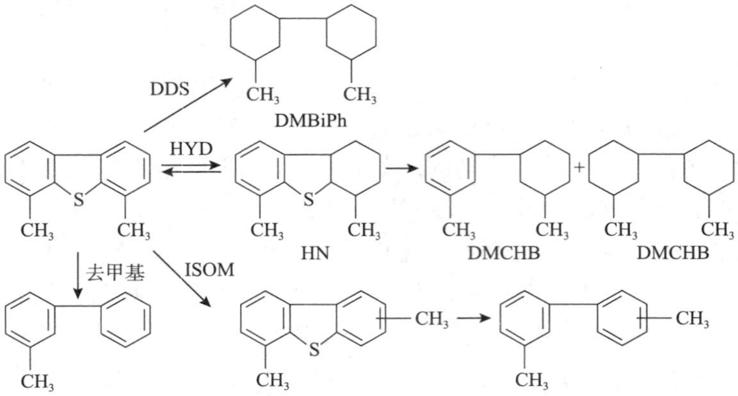

图3-92 4，6-二甲基二苯并噻吩的加氢脱硫反应途径

4，6 DMDBT加氢脱硫反应的可能途径有四种：第一种是氢解路径，主要特征是S—C键首先断裂，硫原子直接脱出，生成二甲基联苯；第二种路径是加氢路径，芳香环首先加氢，然后再氢解脱硫，生成二甲基环己基苯；第三种是异构化途径（ISOM），4位或6位上的甲基先异构化，从β位转移到非β位（相对硫原子而言），使4，6-DMDBT的反应空间位阻变小，脱硫变得容易；第四种是脱甲基途径（De-methyl），4位或6位上的甲基裂解脱除，减少空间位阻，便于脱硫反应的进行。

由于4，6-二甲基二苯并噻吩中硫原子周围的空间位阻效应较大，在加氢脱硫过程中具有很高的稳定性，所以4，6-DMDBT很难被脱除。对于噻吩类硫化物，一般认为加氢和氢解这两个途径同时存在。由于H_2S对C—S键的氢解有强抑制作用而对加氢影响不大，因此认为，加氢和氢解是在催化剂的不同活性中心进行的。哪种反应路径占主导地位，主要依靠硫化物本身的性质、反应条件和所使用的催化剂。在同样的反应条件下，DBT主要通过氢解路线进行脱硫，而4，6位烷基取代的二苯并噻吩主要按照先加氢后氢解路线进行脱硫。

（6）萘苯并噻吩的加氢脱硫反应。对于萘苯并噻吩（BNT）以及更复杂的含稠环的含硫化合物，不仅脱硫反应活性很低而极难脱除，其反应机理也很难确定。

图3-93为萘苯并噻吩（BNT）的加氢脱硫反应途径[202，203]。可以看出，含硫化合物加氢的速率和氢解速率基本相当。对苯并［b］萘并［2，3-d］噻吩来说，有一个饱和环直接与硫原子相邻的硫化物的氢解速率是苯并［b］萘并［2，3-d］噻吩氢解速率的4倍，但对苯并［b］萘并［1，a-d］噻吩来说，两者速率的差别在两个数量级以上，这种差别的原因尚难以确定，有可能与两者之间不同的反应条件有关[202，203]。

加氢脱硫的反应性能包括脱硫深度、活性和选择性，受所用催化剂的性质（活性物质的浓度、载体的性质、合成路线）、反应条件（硫化方案、温度、H_2和H_2S的分压）、进料中硫化物性质和含量以及反应器和工艺设计等因素相关。

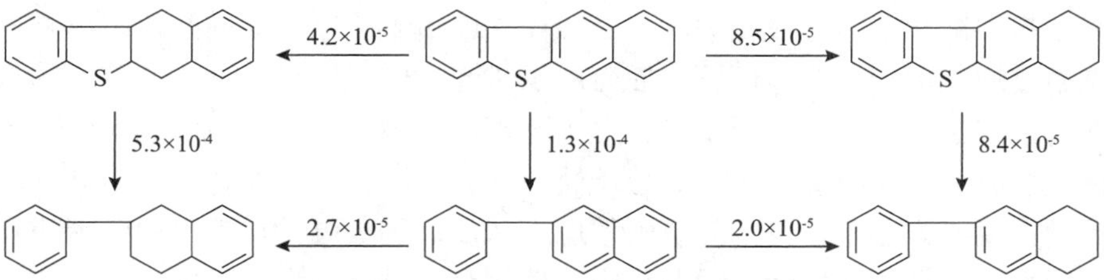

(a)箭头边的数为300℃时为一级速率常数，单位为L/(g·s)

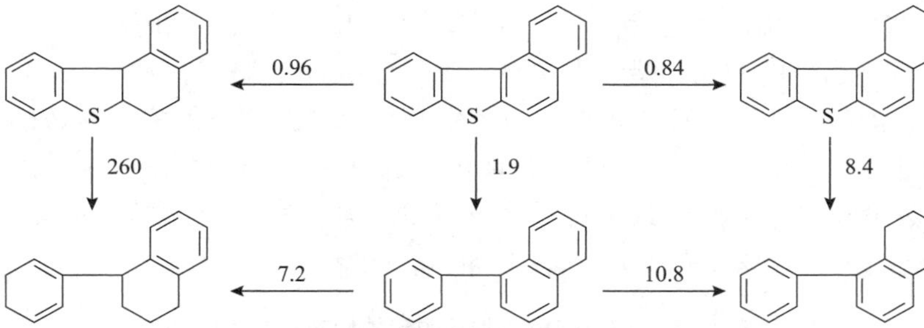

(b)箭头边的数为250℃时为一级速率常数的相对值

图3-93　萘苯并噻吩（BNT）的加氢脱硫反应途径

（1）蜡油中硫化物的热力学性质。含硫化物加氢脱硫反应在工业条件下是放热、不可逆的化学反应，随着温度的升高，平衡常数减小。在实际生产的条件下，平衡常数往往比1大很多。高沸点硫化物，如多环芳烃含硫化合物的平衡常数很难获得。Vrinat等[203]测定出了DBT的平衡常数，数据表明，DBT在工业条件下加氢脱硫生产联苯在热力学上也是可行的，并且是放热反应。由此可以推断，多环芳烃化合物的加氢脱硫在热力学上也是可行的。

（2）蜡油中硫化物的反应活性。硫醇、硫醚等脂肪族含硫化合物在蜡油中的含量较少，并且在加氢脱硫催化剂上具较高的反应活性，在通常的加氢条件下容易脱除。噻吩类硫化物的反应活性较低，BT、DBT、BNT以及多环噻吩类硫化物是加氢脱硫中的主要障碍。

噻吩以及其甲基衍生物的加氢脱硫反应性从高到低依次为：噻吩>2-甲基噻吩>2，5-二甲基噻吩。其原因是，由于引入甲基之后，增加其加氢脱硫的空间位阻。

对于苯并噻吩及其甲基衍生物，其加氢脱硫的反应活性从高到低依次为[204]：苯并噻吩>2-甲基苯并噻吩>3-甲基苯并噻吩>2，3-二甲基苯并噻吩。

对于二苯并噻吩及其甲基衍生物，其加氢脱硫的反应活性从高到低依次为[205]：2，8-二甲基二苯并噻吩>二甲基二苯并噻吩>二苯并噻吩> 4，6-二甲基二苯并噻吩。2，8-二甲基二苯并噻吩的反应活性高于二甲基二苯并噻吩，一方面是由于甲基与苯环形成了超共轭体系，另一方面是由于甲基的诱导效应，这两方面因素都可以导致α-C的电子密度增加，因此反应活性增加。在苯环的其他位置上的甲基阻碍了催化剂和硫原子的接触，从而导致反应活性降低。

含硫化合物的相对加氢脱硫活性和电子性质之间的关系可以通过量子化学计算而获得[206]：噻吩环上硫原子的直接氢解反应和S原子的电子云密度相关，先加氢饱和再氢解反应路径与不饱和键的键级相关。4，6-DMDBT由于硫原子的空间位阻影响直接氢解过程，先通过加氢饱和一个苯环可以使硫原子皱起，使硫原子和催化剂表面的活性位接触，另外通过加氢可以增加硫原子上的电子云密度，因此，4，6-DMDBT的脱硫主要以先加氢饱和再氢解的反应路径进行。分子轨道计算证明，可以通过分子皱起和增加硫原子上电子云密度的方法来减少空间位阻效应，从而促进氢解并加速难脱除硫化物的加氢反应。分子轨道计算可以估计两种路径中含硫化合物的反应性，帮助设计反应路径，促进有效脱硫。

BT和DBT加氢脱硫的相对反应活性的比较[207]见表3-38。由表可见，DBT的反应活性是BT的反应活性的1/10。蜡油中主要含硫化合物的反应活性[199]见表3-39。表中，一种硫化物的相对活性用这种硫化物的速率常数与二苯并噻吩的速率常数的比值表示。每类硫化物的相对活性都有一个范围，说明即使拥有同一个母体结构的硫化物，由于烷基取代基的数量和位置不同，其相对活性也不同。但表3-39的准确性受其所鉴定、分离出来的硫化物只有20%左右而大打折扣，因此仅供参考。

表3-38　BTs和DBTs加氢脱硫的相对反应活性

硫化物	相对反应活性	硫化物	相对反应活性
二苯并噻吩	1.00	4-甲基二苯并噻吩	0.30
1-甲基二苯并噻吩	0.52	所有二苯并噻吩	0.37
2-甲基二苯并噻吩	1.47	所有苯并噻吩	4.00

表3-39　蜡油中含硫化合物的相对反应活性（按照母体结构分类）

硫化物类型	相对活性范围	硫化物类型	相对活性范围
二苯并噻吩	0.09~1.14	萘苯并噻吩	0.41~1.02
菲苯并噻吩	0.27~0.70		

蜡油中硫化物的加氢脱硫反应一方面由自身性质决定，另一方面也受蜡油分子组成的影响，如原料中多环芳烃和其他杂原子的影响。简单举例说明如下。

（1）芳烃对蜡油加氢脱硫的影响。蜡油中的芳烃大多是三环以上的稠环芳烃，包括菲、蒽、䓛、芘以及它们带有0~3个碳侧链的衍生物。蜡油中多环化合物对加氢脱硫有很强的影响。实验研究[208]认为，重油中三环以上芳香化合物抑制了重油加氢脱硫活性，重油加氢脱硫主要受三环以上芳香化合物的含量限制而不是受难脱除硫化物含量的限制。因为与一环、二环芳香化合物相比，三环以上芳香化合物更易吸附在加氢催化剂的表面，与硫化物竞争催化剂的活性中心。

Song等[209]研究发现，二环以上的芳烃对 HDS比单环芳烃具有更强的抑制作用，是因为多环芳烃比单环芳经更容易加氢，而硫化物也要通过加氢步骤，因此硫化物和芳烃在催化剂的表面就会形成竞争吸附。在竞争吸附过程中，具有高吸附热的化合物更容易占据催化剂的活性位。理论计算结果表明，多环芳烃的吸附热>4，6-DMDBT和DBT的吸附热>单环芳烃的吸附热，因此多环芳烃更容易吸附在催化剂的表面，从而抑制脱硫。这种抑制作用对4，6-DMDBT比对 DBT更显著，是因为DBT的吸附热大于4，6-DMDBT的吸附热，4、6位上的甲基取代基使4，6-DMDBT的吸附更加困难，导致其具有较低的吸附热，在和芳烃化合化合物的竞争吸附过程中，具有较低吸附热的硫化物更容易受到抑制。因此，芳烃对4，6-DMDBT比对DBT的抑制作用更强、更显著。

（2）氮杂原子对加氢脱硫的影响。含氮化合物由于对催化剂表面的活性中心有很强的吸附作用而对加氢脱硫有很强的吸附作用，即使原料中喹啉或咔唑的含量只有5mg/kg，这些含氮化合物对加氢脱硫的抑制作用也非常强[200，201，210]。

常压蜡油中含有的主要含氮化合物有咔唑、喹啉以及吲哚及其衍生物，而在轻循环油中主要的含氮化合物有咔唑、吲哚以及苯胺及其衍生物[211]。这些含氮化合物的脱氮活性从高到低依次为：吲哚>甲基苯胺>单甲基吲哚>喹啉>咔唑>甲基咔唑[212]。

在焦化蜡油（CGO）中的含氮化合物结构更为复杂，分子量更大。CGO中含量较多的碱性含氮化合物可能为吖啶、环烷基吖啶、氮杂芘和苯并吖啶，它们的缩合程度较高，并带有短的烷基侧链[213]。而非碱性含氮化合物可能为咔唑、环烷基咔唑、苯并咔唑和环烷基苯并咔唑，且苯并咔唑含量较多。

碱性含氮化合物对加氢脱硫具有很强的抑制作用，是由于碱性氮化物通过向Lewis酸中心提供孤对电子或者通过和Bronsted中心的质子反应，强吸附在催化剂表面的活性中心，从而抑制加氢脱硫反应。

非碱性含氮化合物对加氢脱硫影响的研究较少。吲哚、咔唑对加氢脱硫影响与喹啉类似，可能是由于在加氢程中非碱性氮化物转化为碱性氮化物[214]或者是由于这些含氮化合物在催化剂表面聚合的结果[215]。非碱性含氮化合物在催化剂表面的吸附可能和多环芳烃（比如萘）在催化剂表面的吸附一样，都是芳香环平行地吸附在催化剂的表面，因此此类氮化物对硫化物HYD反应路径的抑制作用比DDS路径更强[216，217]。

对氮化物的反应活性与其分子中键级的关系进行分子模拟计算与关联，表明氮化物分子中键级由高到低依次为：喹啉>咔唑>4，6-DMDBT。因此喹啉更容易吸附在加氢催化剂的活性位上，从而更强烈地抑制加氢脱硫[218]。研究还发现，含氮化合物对氢解过程的抑制作用较小，而对加氢过程的抑制作用较大[219]。催化剂的表面几乎被氮化物覆盖，因为加氢脱硫的速率远远大于加氢脱氮的速率。

实际上，对每一种硫化物的反应性来说，氮化物对其的抑制作用不仅仅与硫化物的母体结构有关，也与部分加氢后产物有关[220]。

2）蜡油中氮化物的加氢转化

加氢后，将近一半的含氮化合物最终转化为氨，混杂于气体或溶于污水，其余的大部分氮分配到柴油产品中。由于催化剂和氢气的作用，加氢过程中含氮化合物的缩合与裂化作用都得到了抑制，但对缩合生焦反应的抑制作用更强，即更有利裂化作用并生成相应的裂化产物。加氢裂化过程有助于柴油中含氮化合物向汽油馏分转移，且温度升高，有利于非碱性含氮化合物加氢裂化为碱性含氮化合物，非碱性含氮杂环化合物加氢

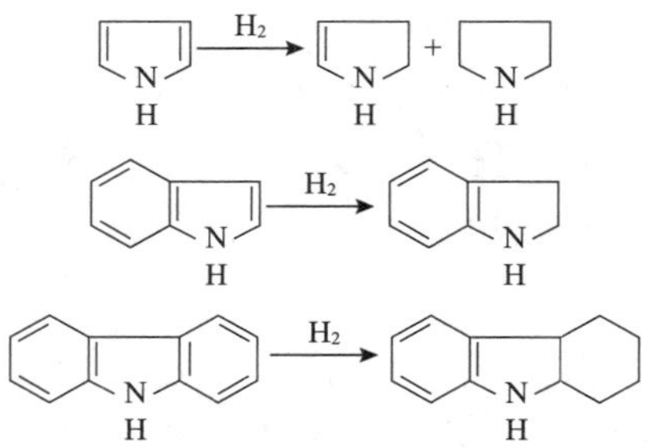

后饱和，变为碱性含氮化合物。如吡咯加氢后转化为二氢吡咯和吡咯烷；吲哚加氢后生成二氢吲哚；咔唑加氢转化为四氢咔唑，示意图见图3-94。

在加氢裂化过程中，碱性含氮化合物吸附于催化剂上，抑制其活性，含氮化合物本身缩合生焦；非碱性含氮化合物的裂化比碱性含氮化合物更容易些，氮以杂环芳香系的结构形式存在，经加氢裂化后，裂解为较小的芳香结构分子，没能裂解的氮大量富集并以沥青质形式残留在重油中。

图3-94　含氮化合物加氢裂化转化示意图

四、减压渣油馏分分子组成及其对加工性能的影响

渣油包括常压渣油和减压渣油两类，是指原油经过常减压蒸馏即非破坏性蒸馏除去了挥发性物质后得到的残余物，其中，常压渣油为常压沸点>350℃馏分，减压渣油通常为常压沸点>540℃ 的馏分。

渣油是原油中相对分子质量、相对密度、黏度最大的部分，如中国原油的减压渣油一般含有85%~87%的碳、11%~12%的氢，氢碳比一般在1.6左右，平均分子量为1000左右。原油馏分切割越深，渣油中的硫和金属含量就越高，物理性质也越差；原油中约70%的硫、90%的氮和几乎所有金属镍和钒都存在于减压渣油中，且减压渣油的硫含量在0.15%~5.5%范围内，差别较大；氮含量一般为0.3%~1.4%，差别较小；杂原子总含量在2%~7%。渣油中还有大量的沥青质和胶质，甚至可占渣油量的50%或更高，其中，中国减压渣油胶质含量高但沥青质含量低是典型特征。

上述杂原子以及胶质、沥青质对油品的性质及其加工性能起到至关重要的决定性作用。硫、氮化合物会影响催化剂的活性和稳定性，硫化物还会腐蚀设备，影响经济性；金属化合物会降低催化剂活性；微量非金属化合物也会造成催化剂失活或床层堵塞，胶质、沥青质容易结焦等。

从化合物组成来说，按照分子极性可以将渣油中的化合物分为饱和烃（烷烃和环烷烃）、芳香烃及非烃三个族。烷烃和环烷烃因偶极距最小而属于非极性分子；芳香烃的偶极距较大，具有一定的极性；非烃类化合物的偶极距非常大，具有相当强的极性。

渣油的加工通常采用渣油加氢、延迟焦化等方法，本小节主要介绍渣油分子组成与其加氢反应性的关系。

1.渣油加氢化学反应

渣油加氢涉及的化学反应主要包括加氢脱氮反应、加氢脱硫反应、加氢脱金属反应和加氢脱残炭反应和加氢断裂反应。

1）渣油加氢脱氮反应

石油中的氮大部分集中在高沸点组分中，而且其中的绝大部分集中在杂环芳香结构中。根据含氮化合物碱性的强弱，将其分成碱性氮化物（吡啶类）和非碱性氮化物（吡咯类）。沥青质中吡啶类氮占37%，吡咯类氮占63%，渣油中不存在胺类氮化物[221]。石油中碱性氮化物主要是嘧啶、喹啉、吖啶以及它们的衍生物。

（1）加氢脱氮机理。Nelson和Levy[222]指出，在杂环芳香化合物中，C—N键的直接

断裂是不可能实现的。在像苯胺这种环外存在N原子的结构中，C—N键断裂也是很难的，因为加氢生成环己胺的反应速率要快于C—N键断裂速率[223]，使得加氢反应成为加氢脱氮的主要反应途径。当芳香环被加氢形成脂肪C—N单键时，C—N键才会断裂。

二氮化物以及氮氧化物加氢脱氮生成单氮化合物的机理[224]见图3-95，而按照反应机理[223, 225, 226]提出的吡咯和吡啶类含氮化合的反应网络分别见图3-96和图3-97。

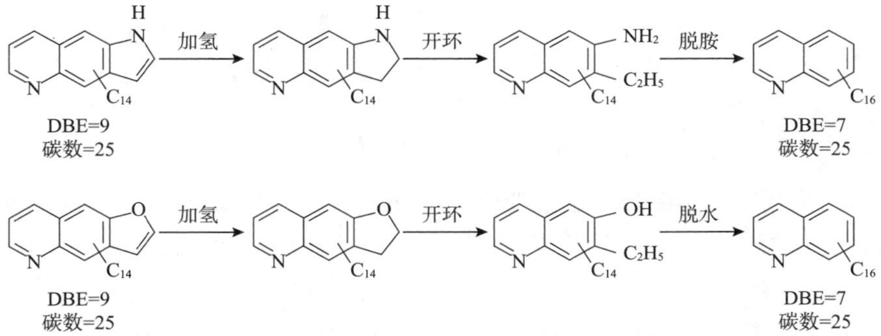

图3-95 N2和N101化合物加氢脱氮反应机理

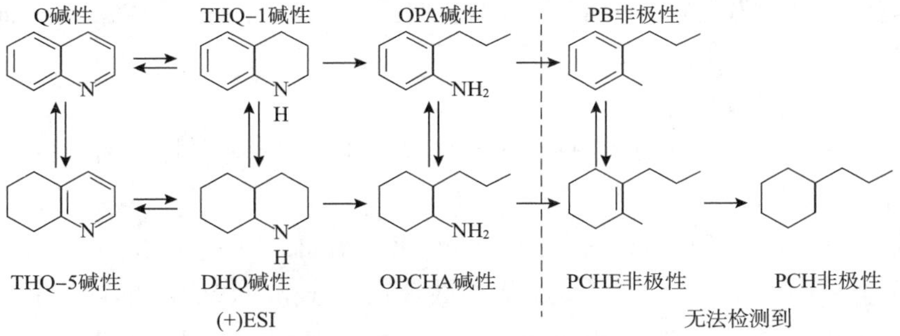

图3-96 喹啉加氢脱氮反应网络

注：当N被脱除后，作为反应中间物或产物的碳氢化合物就不能被ESI FT-ICR MS检测到。

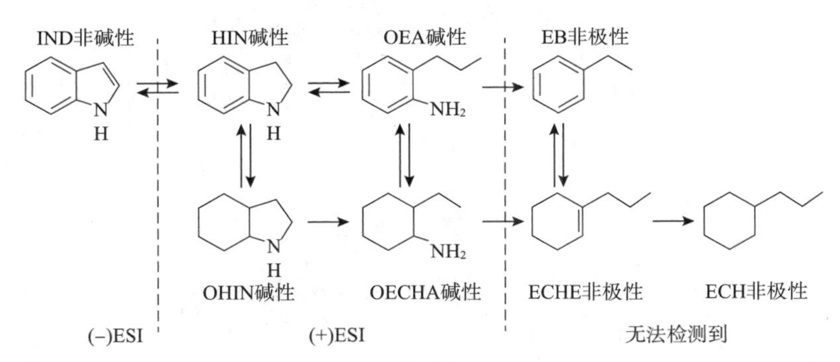

图3-97 吲哚加氢脱氮反应网络

注：当N被脱除后，作为反应中间物或产物的碳氢化合物就不能被ESI FT-ICR MS检测到。

烷基胺类含氮化合物的脱除规律[226]如下：只有与季碳原子相连的氮是通过消去反应脱除的，其他烷基胺的氮原子都是通过与H_2S的亲和取代反应脱除的，如图3-98所示。

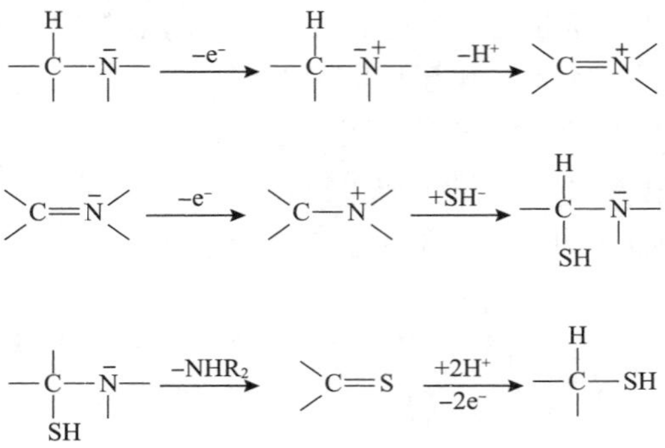

$$\mathrm{H{-}\overset{|}{\underset{|}{C}}{-}\bar{N}{-}\xrightarrow{-e^-}H{-}\overset{|}{\underset{|}{C}}{-}\bar{N}^{+}{-}\xrightarrow{-H^+}{>}C{=}\overset{+}{N}{<}}$$

$$\mathrm{{>}C{=}\bar{N}{<}\xrightarrow{-e^-}{>}C{-}\overset{+}{N}{<}\xrightarrow{+SH^-}H{-}\overset{|}{\underset{SH}{C}}{-}\bar{N}{-}}$$

$$\mathrm{{-}\overset{|}{\underset{SH}{C}}{-}\bar{N}{-}\xrightarrow{-NHR_2}{>}C{=}S\xrightarrow[-2e^-]{+2H^+}H{-}\overset{|}{\underset{|}{C}}{-}SH}$$

图3-98 烷基胺与H_2S取代反应机理

（2）加氢脱氮前后渣油分子组成变化。渣油中胶质和沥青质的单氮类化合物的DBE值和碳数值在加氢脱氮反应前后几乎没有变化，说明其稳定性很强，并且N_x化合物在加氢裂化后含量明显增加，在胶质中占80%，在沥青质中接近70%，这是由于渣油中多杂原子化合物（如NS_x、N_xS、NOS、NO_x）在反应过程中脱掉了S、O、N原子，说明加氢裂化不能完全脱除氮化物[227~229]。

加氢前后，碱性氮化物分子量没有明显变化，但是分子组成变化很大，而非碱性氮化物含量明显下降[33，230]。

2）渣油加氢脱硫反应

（1）关于渣油加氢脱硫反应机理。渣油加氢脱硫反应机理与蜡油加氢脱硫机理类似，此处不展开了。

（2）关于加氢脱硫前后渣油分子组成的变化。例如，通过对减压渣油芳香分中多环芳香含硫化合物的特征研究[231]，认为大多数含硫化合物的DBE值在4~21，对应于含有1~8个苯环。图3-99为含硫化合物加氢脱硫反应前后的相对含量的变化情况。

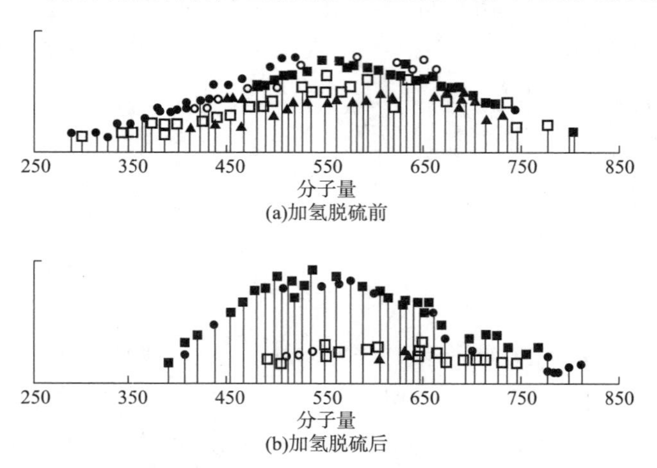

图3-99 含硫化合物加氢脱硫反应前后的变化（相对含量）

（○）DBE=6；（□）DBE=7；（△）DBE=8；（●）DBE=9；（■）DBE=10。

3）渣油加氢脱金属反应

渣油中的金属主要是镍和钒，它们对渣油加工过程产生较大影响[232~234]，其危害主要是对催化剂的毒害作用，如沉积在催化剂上或者堵塞催化剂孔道，改变催化剂选择性，降低催化剂活性，甚至导致催化剂失活[235~237]。渣油中的镍和钒主要以卟啉类化合物和非卟啉类化合物的形式存在，卟啉类化合物种类较多且更为复杂[238，239]，主要集中在多环芳香烃、胶质和部分沥青质中，非卟啉类化合物主要集中于重胶质和沥青质中。卟啉类化合物典型结构见相关文献[240~241]。

（1）反应机理。金属卟啉化合物加氢脱金属的结果是，金属以硫化物的形式沉积在催化剂的表面。

①镍卟啉化合物的反应机理。镍卟啉化合物结构为金属Ni位于环结构平面中。在镍卟啉化合物加氢脱金属过程中，检测到存在二氢卟酚、Ni-PH_4和Ni-X化合物，为此提出了镍卟啉化合物加氢脱金属反应的步骤[242]，见图3-100。图中，外围的其中一个吡咯环进行可逆加氢形成Ni-EPH_2，之后Ni-EPH_2加氢裂解开环，沉积到催化剂上。

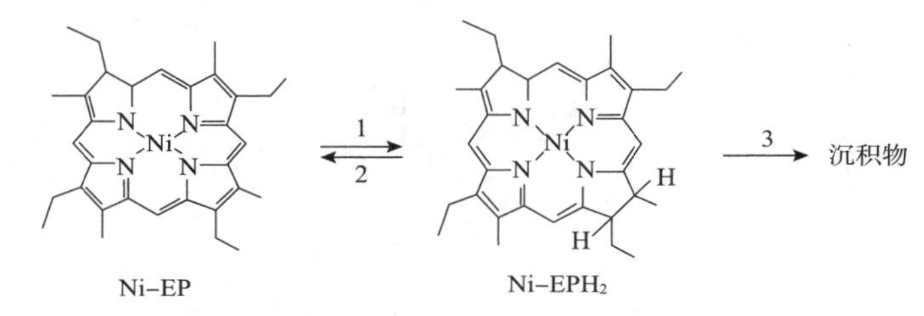

图3-100　Ni-EP的反应过程示意

镍卟啉化合物加氢脱金属反应的机理[240，243，244]见图3-101。

镍卟啉化合物（Ni-P）经两步可逆的加氢过程生成Ni-PH_4，之后Ni-PH_4直接加氢裂解，使镍沉积到催化剂表面，或者进一步加氢生成Ni-X，此时的Ni-X已经丧失了卟啉化合物的特征。

②钒卟啉化合物的反应机理。钒卟啉化合物中的钒以（VO）$^{2+}$的形式存在，钒原子从环结构中向外凸起，钒（V）与四个氮（N）构成四面体结构，V═O双键垂直于环平面。

虽然金属卟啉化合物如何与催化剂表面相互作用的解释目前并没有准确而可靠的结论，但通常认为卟啉化合物的分子平面中心以8个环形成大π键，大π键以平躺的方式与催化剂活性中心接触[245~247]，图3-102为金属钒卟啉化合物与催化剂表面作用的示意图。

卟啉分子结构的π键是电子供体，催化剂表面的B酸或L酸中心是电子受体，它们相互作用后，卟啉分子电子云密度下降，导致其金属原子电子离域。由于钒卟啉分子中V═O基团的存在，钒卟啉与催化剂表面接触方式除了上述方式外，还有如图3-102所示的两种方式[50]：（a）钒卟啉由V^{4+}与催化剂表面的Lewis碱活性位相互作用，产生的过量负电荷与π键相互作用形成正电荷中和；（b）O与催化剂表面相互作用，使卟啉分子电子云密度降低，促进了钒的电子离域。

对于钒卟啉化合物的加氢脱金属反应机理而言，V═O的特殊结构使钒卟啉化合物的极性更强，同时，突出的O原子更容易吸附在催化剂表面阴离子空穴上，和金属离子相互作用，使得钒卟啉比镍卟啉更容易脱除。大量研究证明，钒卟啉化合物加氢脱金属过程形成的中间产物以及反应机理与镍卟啉化合物加氢脱金属的上述反应过程基本相似，可以采用图3-101的机理来阐述。

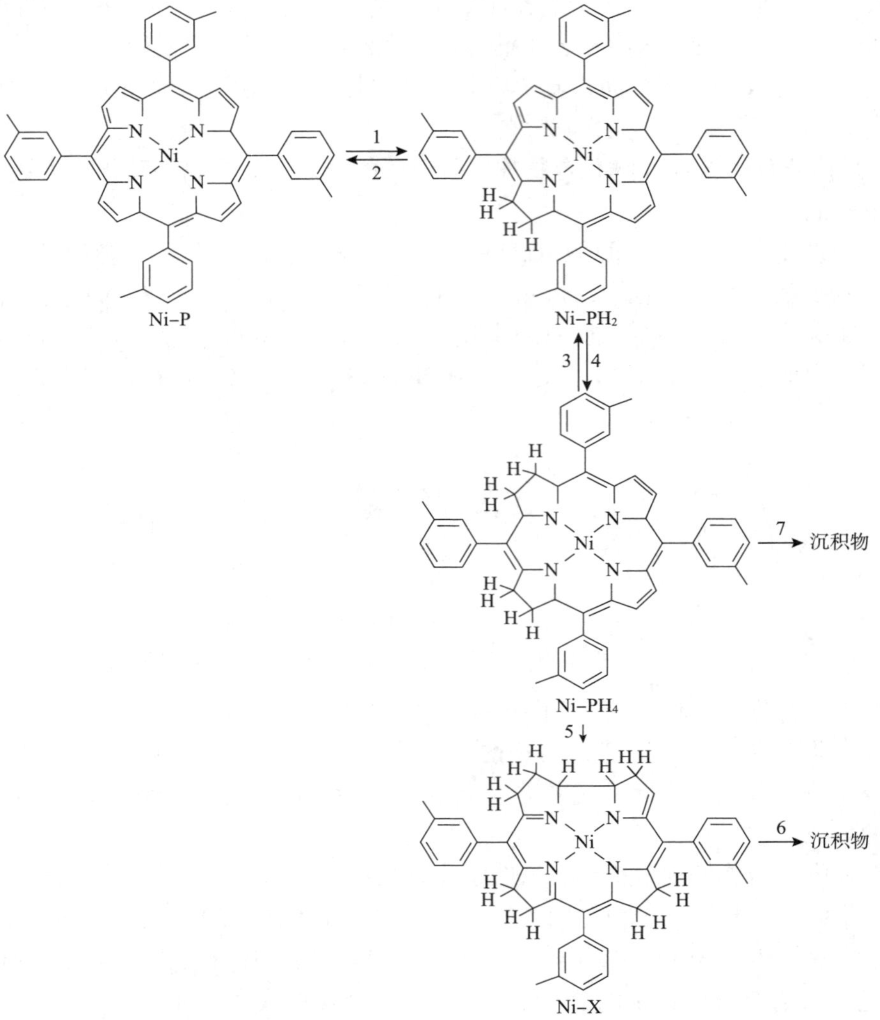

图3-101　镍卟啉化合物加氢脱金属的反应机理

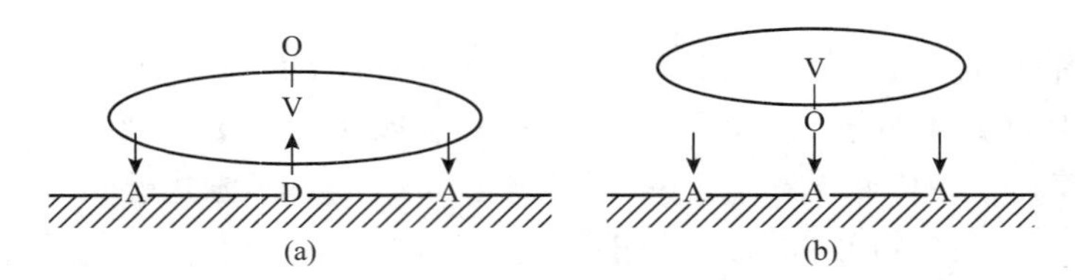

图3-102　金属钒卟啉化合物与催化剂表面作用的示意图

（2）加氢前后的变化。以钒卟啉化合物在加氢前后的变化来说明。根据质谱分析结果[248]，认为沥青质的分子量集中在500~600，出现高信号强度且信号间隔为14.10565（一个CH_2的质量）的这些峰对应于钒卟啉化合物，DBE值在17~24。而经过加氢断裂反应后，钒可以被有效脱除，例如，DBE为18时的原料沥青质的相对丰度约为1.3%，而加氢后同为DBE18的产品沥青质的相对丰度仅剩0.006%[249]。

钒卟啉化合物的两种主要结构分别是Etio和DPEP，图3-103列出了文献中曾报道的卟啉化合物结构[249~251]。DPEP与Etio含量比值可以作为指示原油成熟度的指标，成熟度越高的原油含有越多的DPEP[249]。

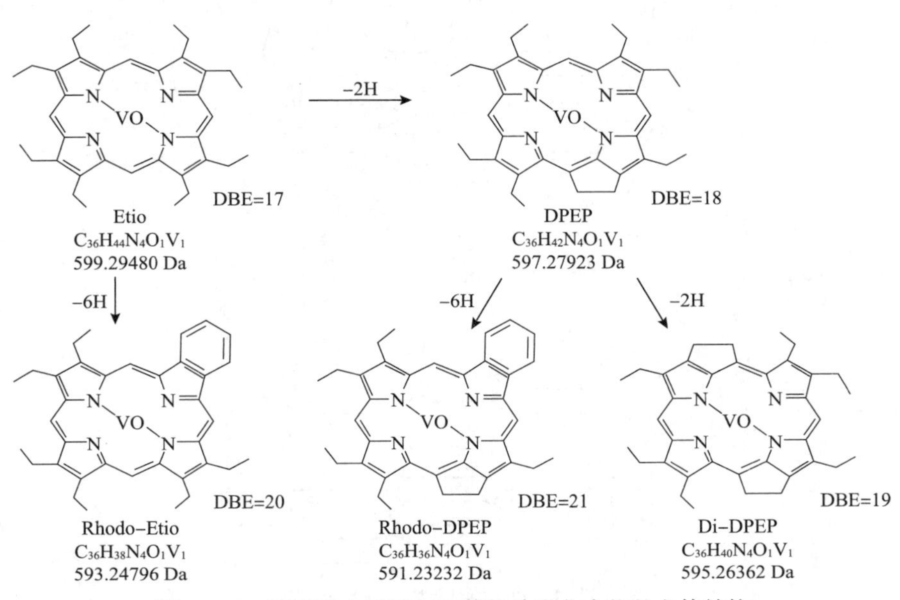

图3-103 沥青质中不同DBE值钒卟啉化合物的主体结构

4）沥青质的加氢转化

沥青质是渣油中沸点最高、分子量最大、结构最为复杂的组分，且杂原子大量富集在沥青质中，加之沥青质具有高度缩合的芳香结构，容易导致催化剂失活。

一般认为，沥青质的基本结构单元是以稠环芳香环系为核心，有5~7个尺寸为12~16A的片状稠合芳香环[252]，还有若干个环烷环和芳香环，其中环烷环上有若干烷基侧链，环上和侧链上有S、N、O等杂原子基团，环内还存在着V、Ni、Fe等金属，烷基键或硫桥键将结构单元连接起来[253]。这些结构单元堆叠起来形成半有序状石墨晶胞粒子，同时有少量的金属卟啉结构通过π电子作用与结构单元结合在一起[254, 255]，如图3-104所示。

沥青质结构单元通过芳香环π键作用构成似晶缔合体，似晶缔合体再与金属卟啉化合物及胶质等相互作用构成胶束结构，胶束的核心是沥青质，外围按芳香性由高至低依次围绕胶质、芳香分、饱和分等，胶束间进一步聚集为超胶束。造成沥青质缔合性的因素有沥青质分子间的电荷转移作用、偶极相互作用和氢键作用。沥青质分子芳碳率越低，烷链支化程度越高，则沥青质分子极性越低。同时，芳碳率越低，越不易形成芳香环平面共轭π键体系；烷链支化程度增加，会加剧沥青质分子间空间位阻效应，以上两方面都可以使沥青质分子间的缔合性得到弱化。也就是说，沥青质分子极性越低，缔合性越弱[256]。

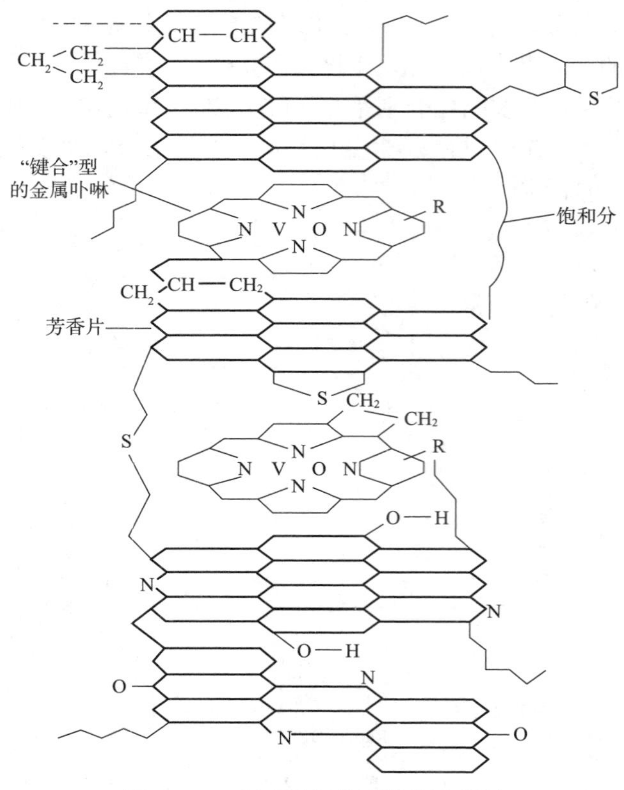

图3-104 沥青质的分子结构示意图

（1）反应机理。图3-105为沥青质加氢裂化转化的反应机理示意图。

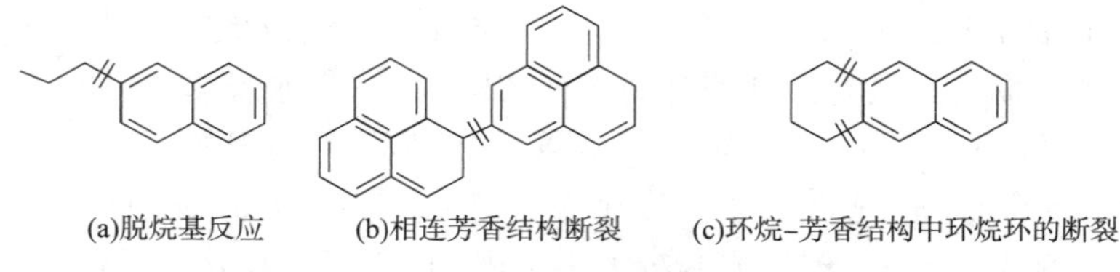

图3-105 沥青质分子加氢断裂反应机理

由图可见，沥青质分子加氢断裂反应存在3种机理，即脱烷基反应、相连芳香结构断裂和环烷-芳香结构中环烷环的断裂反应。

（2）沥青质的加氢裂化转化。沥青质转化率高于渣油的转化率[257]，因此，渣油加氢转化产物中沥青质含量低于原料中的沥青质含量。在原料沥青质中，芳香碳和脂肪碳的含量相当，而随着渣油转化率的增加，沥青质结构中芳香碳含量增加，但由于反应条件不足以使芳香环聚合反应和环烷环脱氢反应发生，故芳香性的增加只能是由于脂肪碳的高转化速率造成的。随着渣油转化率的增加，叔碳的含量增加，可能是由图3-105所示的3种机理造成的，考虑高温的实际，图3-105机理中的（b）和（c）可能性更大。但是，随着转化率增加，取代指数减小，即被取代芳碳与未被取代的芳碳的比例减小，其结果与前面提出的3种机理一致。即随着转化率的增加，伯碳和仲碳含量都有所下降，说明碳链长度变短，同时CH_2/CH_3减小，这与β断裂机理相符，脱烷基化反应使烷基侧链从芳香环结构上脱除进到轻质组分中，而β断裂使甲基留在芳香环上，从而使CH_3显著增加，所以沥青质芳香性增加主要是由于脱烷基化作用造成的。

相关文献研究了导致沥青质胶核被破坏的原因[258]以及加氢过程沥青质性质的变化[259]。沥青质含量高的渣油原料经过加氢处理后的产品质量更高，沥青质可以通过加氢反应从原料中去除或转化。在加氢反应过程中，沥青质的结构单元不发生变化，主要发生芳香环连接键断裂和环烷-芳香结构中环烷环的断裂。

5）渣油加氢裂化

将减压渣油分成饱和分、芳香分等细分组分，研究这些细分组分的分子组成在加氢前后的变化情况。例如，刁瑞[260]采用质谱组合技术对渣油原料及其加氢产物进行了详细的表征，探究了渣油在加氢过程中的转化规律。

通过对茂名常压渣油及其加氢产物的不同馏分中不同组分的分析，发现渣油加氢过程有利于饱和烃和CH类化合物的生成，加氢后S1类化合物被大量脱除，N1类化合物相对较难被加氢脱除，在多杂原子类化合物中，含有一个硫原子的化合物较其他类型的多杂原子类化合物更易被加氢脱除，VR馏分中不同类型化合物的碳数分布在加氢后未呈现显著的改变。也对温度、压力、空速3种工艺条件以及原料对渣油加氢过程的影响进行了考察和探讨。

第二章　物性描述与信息库建设

石油及其馏分是由烃类和非烃类组成的数量高达数十万种化合物的复杂混合物，其分子组成从根本上决定了石油及其产品的化学和物理性质及反应性能。但是，由于其组成太复杂，相对分子质量分布范围很广，不同馏分的物理化学性质差异太大，使得其分子组成迄今为止还远未被分析清楚。另外，在石油炼制过程中，烃类、非烃类（硫、氮氧等化合物）会发生极其复杂的化学反应，不同的加工工艺、催化剂以及操作参数的变化都对其化学反应具有较大影响，从而影响目标产品的组成和性质（质量）。因此，只有在分子水平上深入认识石油[261]，才能深入、全面、科学地认识加工过程中的各种化学问题，才能有针对性地通过设计一系列化学反应和选择合理的反应条件，实现复杂化学反应网络调变，使每一个石油分子的价值最大化，达到石油分子工程与分子管理的目的，促进技术创新发展。

如第二篇相关章节所述，随着仪器分析和计算机技术的进步，人们对石油及各馏分的组成、结构即分子水平的认识提高了很多，例如采用GC和GC-MS技术已基本实现了石脑油（汽油）馏分几百种单体化合物的分离与鉴定。同时，采用GC-TOF MS、FT-ICR MS也实现了柴油馏分大部分单体化合物的分离、鉴定，获得了主要化合物Z值-碳数分布情况。而对于较重的VGO馏分和渣油馏分，采用FT-ICR MS技术也基本获得了主要化合物Z值-碳数分布情况[261~264]，当然也可以通过石油分子重构的各种方法获得分子组成、结构信息。石油油气资源的这些分子信息特别是分子组成信息从根本上决定了其化学和物理性质及反应性能，因此它们的这些分子信息，加上物性估算与组成结构关联信息，结合其反应性与转化规律等信息，辅以数字化、计算机信息化技术，就可以发挥巨大作用[265]。而要能够被计算机所应用，必须对石油及其馏分的分子信息进行处理，即要将石油分子信息按照一定规则进行命名、编码、性质关联、分子重构、信息集成，从而形成石油分子信息库，并在此基础上，与化学反应规则库、分子动力学模型库或一些算法库等结合，这样就可以形成石油及其馏分分子水平加工与优化的综合集成信息化平台，因此，石油分子信息库是石油分子工程与分子管理的基础，也是核心之一。

采用数据库技术对石油分子信息进行管理是目前最有效的方式，所形成的石油分子信息库包含了石油及其馏分的化合物（分子）信息，如名称、分子结构、分子物性等。受仪器分析技术、纯化合物实验数据等的限制，不可能获得石油及其馏分的所有化合物的基础物性，因此，石油分子信息库也提供分子重构以及预测的物性数据。

为方便使用，石油分子信息库除了要高效体现石油分子信息之间的对应关系外，石油分子信息数据库与配套使用的其他系统如化学反应库等之间，其相关的接口程序应方便数据的批量提取、修改及动态展示、可视等。

第一节　石油及其馏分化合物的命名规则

如前所述，石油及其馏分是由数量高达数十万种烃类和非烃类化合物组成的复杂混合物，每一种化合物都有其自己特定的分子结构、物性参数、反应特性。因此，为了在石油分子信息库中能区分并高效地存储、管理与使用这些化合物，制定各种化合物的命名规则是非常必要的。

一、有机化合物的国际命名规则（IUPAC法）

化学学科中的化合物已有数千万之众，面对数量如此众多的化合物，其各自的名称应该具有一些特征或特点，使得名称与化合物结构之间有清晰或含蓄的关系，为此建立了化合物的科学、系统的命名规则。化合物的命名规则较多，其中，由国际纯粹和应用化学联合会（International Union of Pure and Applied Chemistry，IUPAC）设立的专门委员会所提出的《有机化学命名法》（*IUPAC Nomenclature of Organic Chemistry*）中的系统命名规则（简称IUPAC法），最为系统、全面和科学，且这个规则还在不断地修订和补充，也形成了一个长期处理命名问题的运行机制，因而为各国所普遍采用[266]。其他的系统命名方法，如美国化学会因《化学文摘》索引需要而建立的CAS命名系统以及德国因Beilstein（贝尔斯坦数据库）而建立、发展起来的命名法，其系统的基本框架与IUPAC法基本类似。中文的系统命名方法[267]是在英文IUPAC命名法基础上，由中国化学会依照汉字特点而制定的。有机化合物的中文系统命名方法采用了与IUPAC法相同的命名原则，最主要的特点是将结构与名称联系起来[268]，其原则可简述为“支链最多、碳链最长、最低系列、次序规则”，概述如下：

（1）选择包含主要官能团的结构作为骨架，例如，链烷烃选择最长碳链为主链；最长碳链有多种选择时，以取代基最多的碳链为主链；主链按照最低系列原则编号，按照顺序规则给出侧链顺序。

（2）当主链上有多种取代基时，由顺序规则决定名称中基团的先后顺序。取代基的第一个原子质量越大，顺序越高；如果第一个原子相同，那么比较它们第一个原子上连接的原子顺序；如果有双键或三键，则视为连接了2或3个相同的原子。

（3）以次序最高的官能团作为主要官能团，命名时放在最后。其他官能团命名时的顺序，越低名称越靠前。

（4）以含有主要官能团的最长碳链为主链，靠近该官能团的一端标为1号碳。

（5）如果化合物的主体部分是一个环（系），那么该环系看作母体；除了苯环外，各环系按照自己的规则确定1号碳，但同时要保证取代基的位置号最小。

（6）位置号用阿拉伯数字表示。

（7）官能团的数目用汉字数字表示。

（8）碳链上碳原子的数目小于10用“天干”表示，大于10用汉字数字表示。

此外，除了上述一般规则，系统命名法还对官能团主体选择、桥环、螺环和多环的情况以及多烯烃Z/E命名、手性分子R/S命名等较为复杂的情况做了详细的规定。对于新发现的有机化合物，如果其结构无法测得，则常常根据该化合物的来源、制法或者人名等方法加以命名，这些名称称为俗名。普通命名法是指所制定的一些较为简单的有机化合物的命名规则，普通命名法虽然不能反映结构面貌，但形象、简便，这也是至今仍有不少俗名、普通命名存在并被广泛应用的原因所在[269]。

系统命名法能够较为完备地描述化合物结构，但当化合物结构比较复杂时，其名称也必然比较复杂，根据名称生成化合物结构比较烦琐；另外，采用系统命名法生成的名称不能直观地显示化合物结构的相似性，而这在后续的分子反应动力学研究与应用工作中，对同一类化合物进行处理的情况是经常出现的，如果以复杂的名称作为化合物唯一标志，在数据库中搜索匹配同一类化合物的算法就会很复杂，计算工作量也会很大，因此，直接采用这种系统命名法不合适，开发一种适合数据库存储、使用的命名规则很有必要。

二、计算机结构编码方法

为了便于打印机打印化学结构、化学反应，人们试图用数字、字母组成的直线形式来表示结构式[270]，这是计算机编码的雏形，之后提出了不少其他表示方法[271]。近来随着计算机化学的蓬勃发展，化学结构的计算机处理无论是理论还是实际技术均得到了深入研究与发展，各种化合物结构计算机编码都得到了开发与应用，如拓扑码、连接表、线性码、碎片码等。这些方法各有特点，有各自的应用，当然也各有一定的局限性。

1.拓扑编码系统

拓扑编码系统简称拓扑码，是一种直接描述分子中结构单元的性质及其相互位置关系的编码方法。如果所取的碎片总是小于任何可能的检索子结构，则可以方便地实现子结构的检索。与其他编码方法如碎片码等编码方式相比，拓扑码更好地吸收了图论的理念，因此具有较好的理论基础。按照图论理论，化合物的化学结构可以看作图论中的图，结构中的原子对应于图上的节点，化学键对应于图中的边，不同性质的原子和不同性质的化学键被想象成不同的颜色，因此化学结构可以被看成有序色图[272]。不过，对于含有n个原子的化学结构，有$n!$种不同的编号方法。为了使一个确定结构只产生一个唯一的拓扑码，结构中的原子必须按照某种方式排序。排序对所产生的拓扑码有决定性作用，排序不同，则拓扑码也不同。

最著名的拓扑码是美国化学会为《化学文摘》文献索引而建立的CAS码和Registry与Dubois创立的DARC码。在用这两种码表示化学结构时，都需要首先找出结构图的起始点（CAS码中为1号原子，而DARC码中称为中心），然后再确定其他原子的序号。和绝大多数拓扑码一样，CAS码和DARC码都只对非氢原子进行描述，这是因为氢原子可以方便地由共价键理论补上。CAS码和DARC码的区别在于，CAS码中原子的序号是用Morgan算法获得的，而DARC码中的原子序号是对结构图不断应用优化规则而确定的。

2.碎片码

将化学结构先分解或分割成结构片段（碎片化），然后再加以表述的方法称为碎片码方法或系统。将化学结构“碎片化”后的结构片段有一定的化学意义，如官能团、环系统、芳香族等。为了便于计算机处理，结构碎片通常用计算机可以直接读取的字符来表示，代表结构片段的字符还需要按照某种方式组织起来以代表整个化学结构，这种组织方法称为“句法”[273]。句法分为“有句法”“半句发”和“无句法”。实际使用时可以根据不同的实际情况来选择使用。

虽然碎片码系统基本上能够解决计算机处理化学结构的难题，但是随着计算机化学信息系统，特别是结构处理系统的发展，用碎片码来实现子结构检索是非常困难的，因此，碎片码的发展在实际应用中很受限。

3.线性码

线性码[274]又称线性标记，它最早是因希望用打字机符号来描述化学结构而出现的。由于打字机只能逐行排列各种数字和符号，为了使结构描述适合于打字机处理，就必须将代表化合物的结构先拆成用符号来代表的分子结构的一部分，再将它们按照顺序排列成一长串称为描述化学结构的线性码，因此线性码可以看成是碎片码的一种拓展形式。

不同的化学分子结构描述方法适用于不同的场合。在计算机中最直接的方式是图片文件，但是图片文件适合展示，不适合检索和分析。线性码的优点在于其结构信息比采用其他方法描述都更加紧凑、简明。所以在运用结构输入手段时，虽然比图形输入的形象直观性略微差些，但由于其击键次数少、储存空间小的特点而成为专业输入人员的首选。近年来，随着网络技术的飞速发展，各类化合物数据库纷纷收录高度浓缩的分子结构线性码，以满足化学结构信息进行远程通信、高速传输的要求。InCHI码和SMILES线性编码就是两种国际通用的线性编码方法，利用这两种方法作为从其他软件数据库提取物性数据的工具。

（1）InCHI编码　InCHI（International Chemical Identifier，国际化合物标识）编码是由IUPAC和美国国家标准技术研究所联合制定的、用以唯一标识化合物IUPAC名称的字符串[275]。

InCHI 编码分为六层（layer），每一层（layer）之间用“/”来分隔，并在开头以一个小写字母标明层的性质。其六层为：

①主层（main layer）：以“l”表示。主层下面可以分为3个子层，即分子式子层（没有前缀）、原子连接子层（以字母c开始）和氢原子子层（以字母h开始）。

②电荷层（charge layer）：以“q”来标识、表示。

③立体化学层（stereo chemical layer）：以“t”“m”“s”来表示。

④异构体层（isotopic layer）：以字母“i”来表示。

⑤固定氢原子层（fixed-H layer）：以字母“f”来表示。

⑥再连接层（reconnected layer）：以字母“r”来表示。

另外，为了克服InCHI编码过长和过复杂问题，可以通过SHA-256的hash算法得到与化合物InCHI编码相对应的一串较为简单的字母型编码，称为InCHI Key编码[276]。

由于InCHI编码方式具有绝对唯一性，在IUPAC的大力倡导下，已经有很多大型的数据库以及工具软件支持InCHI 编码和InCHI Key 编码。

（2）SMILES 线性编码　SMILES 线性编码是简化分子线性输入规范（Simplified

Molecular Input Line Entry Specification，简称SMILES）的简述名称，是由David Weininger等人[277, 278]于20世纪80年代晚期开发的用ASCII字符串描述分子结构的一种规范，后来该规范由日光化学信息系统有限公司（Daylight Chemical Information Systems Inc.）修改并拓展[279]。SMILES采用一串字符来描述一个三维化学结构，它必然要将化学结构转化成一个生成树，此系统采用纵向优先遍历树算法。转化时，先要去掉氢，并把环打开。表示时，被拆掉的键端的原子要用数字标记，并将支链写在小括号中。

SMILES字符串可以被大多数分子编辑软件导入并转化成二维图形或分子的三维模型。转换成二维图形可以使用Helson的“结构图生成算法”（Structure Diagram Generation Algorithms），因此，SMILES编码已经被广泛用于化合物分子结构的存储和数据分析。而SMILES算法可以在结构式图和编码之间进行互换，将SMILES代码作为化学物质结构信息保存在数据库中，既可以减少占有系统空间，提高服务器检索效率，更能够体现化学物质属性的信息。吴青[33]给出了SMILES的一般原则和部分实例。

4.连接表

化合物的系统命名法以及拓扑码、碎片码和线性码等，都是对化合物的分子结构进行表示的方法，原则上均可以用于计算机处理。但是真正适合计算机处理，最主要的能够在计算机上建立化学结构信息化系统并实现各种结构检索功能的还是连接表[280]。

连接表本质上是分子中所有原子性质及其拓扑的一个列表。连接表中关于原子的性质包括原子种类、原子的化合价、原子间的拓扑关系及键与键之间的关系、原子的坐标以及可能的原子电荷、同位素等。

立体化学分子的连接表有冗余和非冗余两种。在冗余连接表中，每个化学键被重复描述两次，因此，为了节省存储空间，一般都使用单向连接表，即每一个化学键只出现一次。同理，一般连接表只对非氢原子进行描述，同一个分子结构中的原子采用不同的编号次序将产生不同的单向连接表。为了保证同一个分子结构其连接表也是唯一的，常采用某种算法或者某些规则来选定一种原子的编号方式（这被称为规范化编号），之后，再得到单向连接表作为分子结构的唯一标准连接表[281]。采用哪种格式的连接取决于其应用，例如，在通常情况下，冗余的连接表比较适合结构检索（如原子和原子匹配比较时），而单向连接表比较适合大型结构数据文件的存储格式。

常见的以文本形式存储化学结构的表达方式包括InChI 编码及其衍生出的InChI Key以及SMILES、Molfile、CML等，吴青[33]对它们在线性、唯一性以及可读性等方面进行了比较。

第二节　石油及其馏分化合物的分子信息分类及其信息化描述

一、关于分子信息分类

1.SOL法

这是国内外普遍采用的一种分类表示方法，如美国EXXON MOBIL[282~284]、国内的华东理工大学[285]、中国石化石油化工科学研究院[286]、中国石油大学[287]等。

SOL法即结构导向集总法，采用22个基础的结构基团（又称为结构增量）来描述石油分子。结构增量由C、H、S、N和O原子构成，包括3种芳环（A6、A4和A2，其含义见第二篇相关内容，下同）、6种环烷环（N6、N5、N4、N3、N2和N1）、1种亚甲基（—CH_2—，即R）、环间桥键连接（A—A）、碳链分支度（br）、环上甲基取代数目（me）、补充氢（H）和8种包含S、N和O的杂原子（NS、RS、NO、RO、NN、RN、AN和KO）[19]。同样为了适应分子重构以及动力学计算的需要，结合分析表征所能获得的分子信息以及工艺特点，分子的结构基团可以增加、减少并优化完善，如增加重金属（镍和钒）以及对胶质、沥青质类大分子的处理等[285, 288]。

SOL方法将所有的烃分子看作由22种结构增量构成，采用一个22维的向量进行信息化表示，向量中的元素代表特定结构增量的数目。其基本思想不是以单个分子作为反应物和产物组分的基础，而是以22种分子中共有的机构基团作为组成的基础，这样处理的结果是大大降低了石油馏分组成的复杂性，如利用本方法，可以将石油产品分子划分、归纳为150余类。

2.MTHS法

在对石油及其馏分采用族组成、结构族组成以及碳数分布等分子分类时，也可以采用其他表示方法，如英国曼彻斯特大学提出的MTHS法[289, 290]。MTHS矩阵法使用分子类型和碳数分布、沸程范围等信息来表征石油馏分的组成，在其每一列中，采用分子类型相同的同系物构成的一个同系物族来表示，例如，分成正构链烷烃族nP、异构链烷烃族iP、烯烃族O、环烷烃族N与芳香烃族A等。在同系物族内可能还进一步细分，例如环烷烃族N还细分五元环（N5）与六元环（N6）结构；芳香族A内也还按照单环、双环、多环等进一步细分。而在每一行中，则根据碳数分布（或沸程范围）再分成数十类别。这些分子的分类，会根据应用的需要以及分析表征获取信息的可能性而有修正、优化[290]。

法国国家石油研究院IFP提出的伪化合物矩阵法（pseudo-compounds matrix）与MTHS法的思路是类似的。

3.其他方法

参见第二篇中相关内容。

二、关于分子的信息化描述

1.SOL法

如前所述，采用结构导向集总法可以很方便地对石油及其馏分进行分子信息的分类、描述，也可以据此对化学反应进行描述。通过结构向量既可以将复杂的原料组分详细而又简明地表示出来，也可以利用逻辑关系方便地书写反应规则，再利用已有的反应速率数据进行计算，即用结构向量表征分子，用反应规则描述分子的反应行为。尽管参与反应的分子数量多大上千或更多，但可以通过有限的反应规则就建立起整个反应网络。

虽然SOL方法采用逻辑关系式描述分子化学反应的方式比较直观，也有很强的可读性，不过，SOL方法会产生大量的空间异构体，很难满足分子信息库对分子唯一性的需求。

相关详细一些的内容可参见相关文献[33]。

2.Boolean邻接矩阵法

邻接矩阵（Adjacency Matrix）是表示顶点之间相邻关系的矩阵[291]。逻辑结构分为V和E集合两部分，因此可用一个一维数组存放图中所有顶点数据。而用一个二维数组存放顶点间关系（边或弧）的数据，这个二维数组称为邻接矩阵。邻接矩阵又分为有向图邻接矩阵和无向图邻接矩阵。设$G=(V, E)$是一个图，其中$V=\{v_1, v_2, \cdots\cdots, v_n\}$。$G$的邻接矩阵是一个具有下列性质的$n$阶方阵：

（1）对无向图而言，邻接矩阵一定是对称的，而且主对角线一定为0（在此仅讨论无向简单图），副对角线不一定为0。有向图则不一定如此。

（2）在无向图中，任一顶点i的度为第i列（或第i行）所有非零元素的个数，在有向图中顶点i的出度为第i行所有非零元素的个数，而入度为第i列所有非零元素的个数。

（3）用邻接矩阵法表示图共需要n^2个空间，由于无向图的邻接矩阵一定具有对称关系，所以扣除对角线为零外，仅需要存储上三角形或下三角形的数据即可，因此仅需要$n(n-1)/2$个空间。

从本质上看，分子结构是个非数值的对象，而分子的各种可以测量的性质通常又都是用数值来表达的。为了把分子的结构与分子的各种可测量的性质联系起来，必须把隐含在分子结构中的信息转化为一种能用数值表达的量。用图论方法即能实现这种转化。在化学中，用图可以描述不同的信息，如分子、反应、晶体、聚合物、簇等。其共同特征是点及其点间的连接。点可以是原子、分子、电子、分子片段、原子团及轨道等。点间的连接可以是键、键及非键作用、反应的某些步、重排、范德华力等。

布尔（Boolean）邻接矩阵法表示各类分子或离子时，可以以下实例来说明。Baltanas等[292]、石茗亮[293]为了将复杂反应体系在计算机程序中表达，在编制反应网络生成程序前，首先对反应物、中间产物和生成物进行分子水平的信息化描述，借鉴自由基反应网络的方法，在对各类分子中碳原子进行随机编号的基础上对Boolean邻接矩阵进行赋值。Boolean邻接矩阵非主对角元素的值由碳原子i与碳原子j之间是否有化学键连接而决定。如果没有化学键相连，则将Boolean邻接矩阵中所对应的第i行和第j列相交处以及第j行和第i列相交处的元素赋值1，否则赋值0。Boolean邻接矩阵主对角元素的值由各碳原子的杂化状态而定：当碳原子为sp^2杂化时，Boolean邻接矩阵主对角元素m_{ii}为1；当碳原子为sp^3杂化时，Boolean邻接矩阵主对角元素m_{ii}为0。

由于分子中碳原子的编号采用随机方式，为了避免同一分子对应多个Boolean邻接矩阵，可以结合Golender的势能概念[294]，计算带双键和荷电分子的Golender势能向量。因分子中各原子的势能是一个定值，不随分子中碳原子编号方式不同而改变，所以可以采用这一方式保证分子与单一Boolean邻接矩阵存在唯一映射关系。

20世纪80年代末兴起的单事件（single-event）模型[295]在酸催化反应体系中取得了较大成功。该方法利用计算机自动生成完整的反应网络，同时保留每个进料组分和中间产物反应历程的全部细节，使所获得的单事件速率常数与进料无关[296]。单事件方法通过对分子的Boolean邻接矩阵的信息化描述，再结合反应机理，就能实现催化剂金属活性中心和酸活性中心上各类基本反应的分子水平信息化表示，根据反应流程图即可生成整个反应的反应网络。分别计算反应物全局对称数与过渡态活化络合物全局对称数，两者的比值就是单事件数，最终实现将所需估计的动力学参数控制在可处理范围内的目的[297]。

3.BE矩阵法

Ugi等[298]最早提出了用键–电子矩阵（Bond–Electron Matrix，BE矩阵）方法来描述化合物分子及其反应规则，以适应计算机辅助有机合成路线设计的研究需要。BE矩阵中包含了分子的价键、自由电子、分子结构与反应性等信息，Broadbelt等人将BE矩阵用于描述分子的化学结构和反应规则，并用计算机进行编码。

BE矩阵表示反应与产物分子结构的原理如下：矩阵每一行与每一列代表一个原子，一个具有n个原子的分子，可以用$n \times n$的方阵来描述。矩阵中的元素不能为负，第i行第i列的元素b_{ii}表示原子A_i上的自由价电子，非主对角元素b_{ij}表示原子A_i和邻近原子A_j之间的共价键，即对角元素代表不成对电子数目，非对角元素记述两原子之间的成键数目。

吴青[33, 299]介绍了采用键–电子之图论（GRAPH–THEORY）矩阵法对戊烷分子的信息化描述方法。图3–106和图3–107为乙烷和乙基自由基的BE法描述，图中还给出了乙烷和乙基自由基的分子式和邻接结构。根据前述规则，由于乙烷分子中的所有的价电子都参与成键，其对应的BE矩阵主对角线元素都为零，主对角线以外的元素完整地表示了分子中各原子的连接情况，图3–107（c）中乙基自由基对应的BE矩阵主对角线上的“1”表示C原子有一个未成键的价电子。

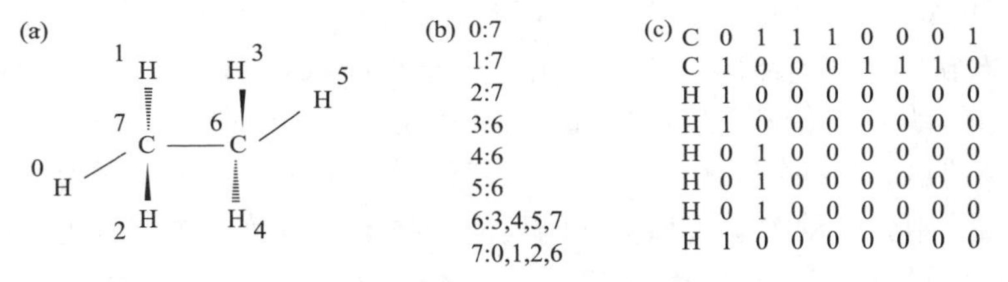

图3–106　乙烷分子的BE等价结构示意图

（a）分子式；（b）邻接结构；（c）BE矩阵图

(a) 1 H　H 3　7 C　6 C　0 H　2 H　H 4

(b) 0:6
1:3
2:6
3:6,1,4
4:3
5:6
6:2,0,5,3

(c)

C	1	1	1	1	0	0	0
C	1	0	0	0	1	1	1
H	1	0	0	0	0	0	0
H	1	0	0	0	0	0	0
H	0	1	0	0	0	0	0
H	0	1	0	0	0	0	0
H	0	1	0	0	0	0	0

图3–107　乙基自由基的BE等价结构示意图

（a）分子式；（b）邻接结构；（c）BE矩阵图

化学反应引起的分子结构变化可以用反应物的BE子矩阵与反应矩阵（R）通过矩阵运算来描述[300]。在此基础上，可以应用量子化学来确定最优的分子结构与性质并应用线性自由能关系（LFERs）求解反应速度常数。

针对复杂反应体系中参与反应组分众多而难以用常规方法分析处理的问题，Klein等人[301]提出了采用蒙特卡洛（Monte Caro）方法生成大量的虚拟分子，并针对不同反应体系进行了一系列研究。按照蒙特卡洛思想，通过分析表征技术获得的原料油性质，可以采用蒙特卡洛方法产生一套能反映其结构组成特性的虚拟分子，其目的是将原料油分子的间接信息变换为分子结构，要求既能够得到结构特性，又要能够求出这些分子的质量百分比，最终要确保所构造的分子集合的统计结构如基团浓度、结构参数、沸点等与实测一致，即重油系综（ensemble）与重油混合物具有等效性。例如，Klein等[302]以若干特征来描述、表示分子：假如典型的重油分子只考虑碳、氢、硫3种元素，则可以用如下9种特征，即烷烃链长（paraffin length）；环烷个数（number of naphthenic rings）；环烷烃、芳烃以及沥青质的侧链数（number of side chains）；环烷烃、芳烃以及沥青质的侧链长度（length of side chains）；芳烃、沥青质的芳环数（number of aromatic rings）；芳烃、沥青质的芳环数（number of thiophenic rings）；芳烃、沥青质中连在芳香核上的环烷数（number of naphthenic rings on a aromatic core）；芳烃、沥青质侧链中的硫原子数（number of sulfur atoms in side chains）；沥青质的层数（number of unit sheets）。这九大特征的每一个特征的值均由概率密度函数（Probability Density Functions，PDF）来构造，再通过对其进行随机抽样生成一套分子，每一套优化的PDF函数确定以后，一种给定进料的虚拟分子也就确定、构造完成了。抽样的样本量增大可以增加虚拟分子的精度和准确度，但目前一般不超过10000个分子。为了在保证精度和准确度要求下，尽量减少计算工作量，Klein等人[302]发现采用有序抽样法（Ordered Sample Technique）进行适当地合理简化，在不丢失大量分子结构信息前提下，仅仅采用10~100个分子就可以很好地对原料进行拟合、重构。

基于BE矩阵方法，Klein等[303, 304]还开发了分子水平动力学模型的软件——KMT集成软件。该软件主要包括4个模块：虚拟分子生成器（MolGen）、反应网络生成器（NetGen）、分子动力学方程生成器（EqnGen）和动力学方程求解器（SolGen）。这个自动进行动力学模型建立和编辑的软件工具，给工作带来了极大便利，因为如果没有这样的自动化软件，采用分子动力学模型搭建的反应网络由于涉及的物种组成和反应物数量实在太多，需要关联每一个分子变化的动力学基本信息，加上模型建立过程也很烦琐，往往会导致很多人望而却步。在第一个模块即虚拟分子生成器（MolGen）中，将各种分析表征的实验数据与文献数据（如碳氢含量数据、纯烃沸点、PIONA和SARA的分子族类型数据、分子质量、NMR表征数据等）用蒙特卡洛方法生成大量符合其结构特性的虚拟分子，在反应网络生成器（NetGen）中将上述生成的虚拟分子按照一定的反应规则自动生成反应网络，再用分子动力学方程生成器（EqnGen）模块将反应网络抽象成数学方程组形式；最后在动力学方程求解器（SolGen）中求解方程组。在此基础上，开发了商业KME数据包[305]——整合了分子动力学方程生成器（EqnGen）模块和动力学方程求解器（SolGen）模块，能够用计算机程序语言将反应网络转化为数学方程组并求解数值解。采用BE矩阵开发的KMT集成软件，能够最大程度地描述分子的结构信息，也很接近真实的反应体系，但由于分子中每一个原子都参与BE矩阵的构建，大分子化合物对应的BE矩阵会相当庞大，相应的计算过程也比较复杂。

4.PMID方法

中国石化石油化工科学研究院（简称石科院）提出了PMID（Petroleum Molecular Information Database，PMID）[33, 286]方法。PMID方法采用结构相似性分类[306]作为基础，采用向量的形式（与SOL法类似）对分子信息库中的石油烃类分子进行信息化描述。石科院通过对3500多种石油中常见的化合物采用结构相似形进行分类，总结出168类分子骨架结构。在对29类烷烃、烯烃的骨架进行分析、对比基础上，借鉴、学习SOL采用22个结构增量表征的方法与原理，选择8个基团作为结构组成计算的基础，也称为结构增量。在这8个结构增量基础上，再添加相关的结构增量进一步用于环烷烃、芳烃、含杂原子化合物，直至实现对168类分子骨架完整表示，也正好提出了22种结构增量，如表3-40所示。

表3-40　石科院PMID表示法中的22种结构增量表[286]

骨架结构	缩写	示意
	SC	代表仲碳原子
	TC	代表叔碳原子
	QC	代表季碳原子
 R	FD	代表端位双键
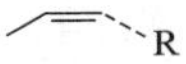 R	SD	代表二位双键
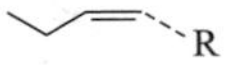 R	TD	代表三位双键
	Y	代表碳原子SP^2杂化形成一个双键两个单键的结构
	B	代表六碳芳环，其他元素为零时，可单独存在，表示苯分子
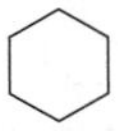	N6	代表六碳环烷环，其他元素为零时可单独存在，表示环己烷
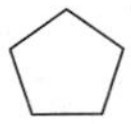	N5	代表五碳环烷环，其他元素为零时可单独存在，表示环戊烷
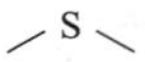 S	—S—	代表非芳环内的碳碳键之间的硫原子
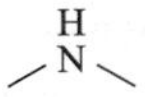 H N	—N—	代表非芳环内的碳碳键之间的氮原子
 N	BN	代表芳环上的氮原子
—OH	OH	代表羟基中的氧原子
 O	═CO	代表羟基或醛基上的氧原子
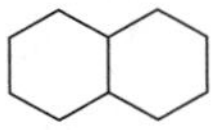	NN	代表稠环结构中两个环烷环之间连接的共用键
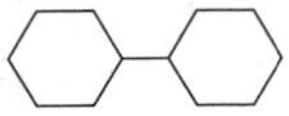	N—N	代表联环结构中两个环烷环之间连接的共用键
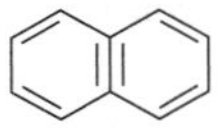	BB	代表稠环结构中两个芳环之间相连的共用键

续表

骨架结构	缩写	示意
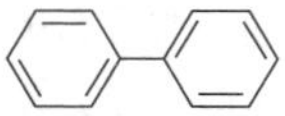	B—B	代表联环结构中两个芳环之间相连的共用键
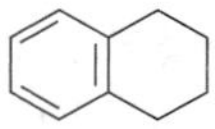	NB	代表稠环结构中环烷环与芳环之间连接的共用键
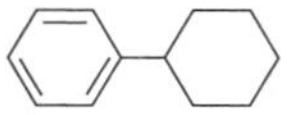	N—B	代表联环结构中环烷环与芳环之间连接的共用键
—R	ECN	代表延长碳链碳数，数量增加1表示延长碳链增加一个CH_2

采用表3–40中的22种结构增量的不同组合，可以表示出石科院开发的分子信息库中的全部烃类分子，每一个烃分子的分子结构均可以表示为22维的向量形式。如同SOL方法一样，PMID方法也对22种结构增量的选取、定义做出了详细的规定与说明。

在PMID分子信息库中，共有10种烷烃骨架，这些烷烃骨架均通过碳碳σ单键相连且碳数小于7。通过这些骨架结构与不同延长碳链碳数组合，并规定结构增量的优先级关系（季碳原子>叔碳原子>仲碳原子），主要采用SC、TC、QC和ECN四个结构增量，就可以将10种烷烃骨架完全区别开来，也就能够描述出全部的烷烃分子了。图3–108为采用PMID方法描述的烷烃骨架[286]。

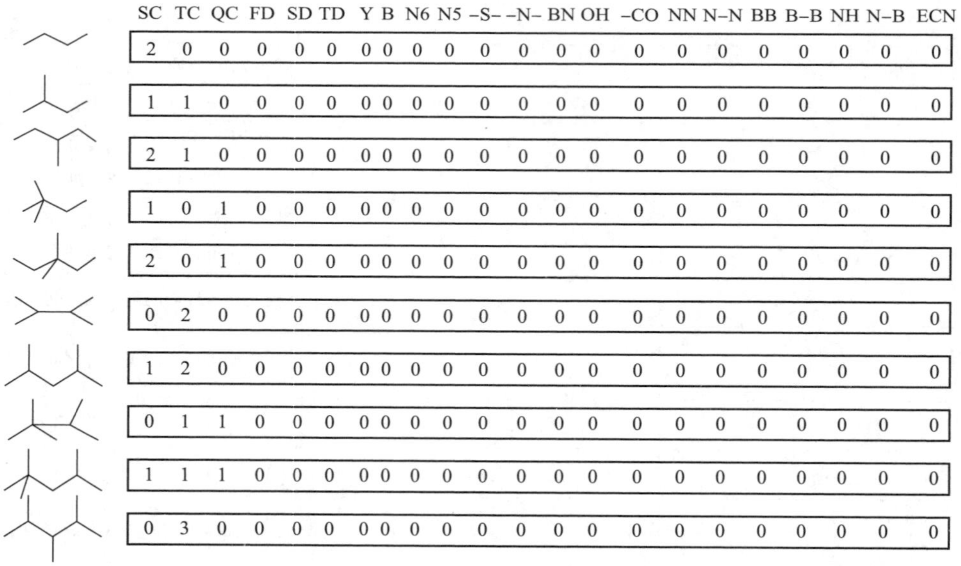

SC	TC	QC	FD	SD	TD	Y	B	N6	N5	–S–	–N–	BN	OH	–CO	NN	N–N	BB	B–B	NH	N–B	ECN
2	0	0	0	0	0	0	0	0	0	0	0	0	0	0	0	0	0	0	0	0	0
1	1	0	0	0	0	0	0	0	0	0	0	0	0	0	0	0	0	0	0	0	0
2	1	0	0	0	0	0	0	0	0	0	0	0	0	0	0	0	0	0	0	0	0
1	0	1	0	0	0	0	0	0	0	0	0	0	0	0	0	0	0	0	0	0	0
2	0	1	0	0	0	0	0	0	0	0	0	0	0	0	0	0	0	0	0	0	0
0	2	0	0	0	0	0	0	0	0	0	0	0	0	0	0	0	0	0	0	0	0
1	2	0	0	0	0	0	0	0	0	0	0	0	0	0	0	0	0	0	0	0	0
0	1	1	0	0	0	0	0	0	0	0	0	0	0	0	0	0	0	0	0	0	0
1	1	1	0	0	0	0	0	0	0	0	0	0	0	0	0	0	0	0	0	0	0
0	3	0	0	0	0	0	0	0	0	0	0	0	0	0	0	0	0	0	0	0	0

图3–108 烷烃骨架的PMID表示结果

分子信息库中还有19类烯烃骨架以及描述环烷烃、芳烃的骨架，即13类简单骨架、12类联接骨架、17种背缩骨架和9种团簇骨架。杂原子环是分子信息库中最多的类别，增加了5个增量即—S—、—N—、BN、OH以及═CO增量。表3–41是采用PMID方法对某实际石油馏分进行描述的结果。

表3-41　石脑油馏分应用PMID方法描述结果

模型化合物	SC	TC	Y	B	N6	N5	ECN	模型化合物	SC	TC	Y	B	N6	N5	ECN
	2	0	0	0	0	0	1		2	0	0	0	0	0	2
	2	0	0	0	0	0	3		2	0	0	0	0	0	4
	2	0	0	0	0	0	5		2	0	0	0	0	0	6
	0	1	0	0	0	1	0		0	1	0	0	1	0	0
	0	0	0	0	1	0	0		0	0	1	0	1	0	1

5.中国石油大学(北京)的方法

如第二篇介绍所说，中国石油大学(北京)采用SOL分类方法并结合键电子矩阵相结合的方法，提出了结构单元耦合原子拓扑矩阵方法。图3-109是中国石油大学提出的CUP结构单元划分及其示例。

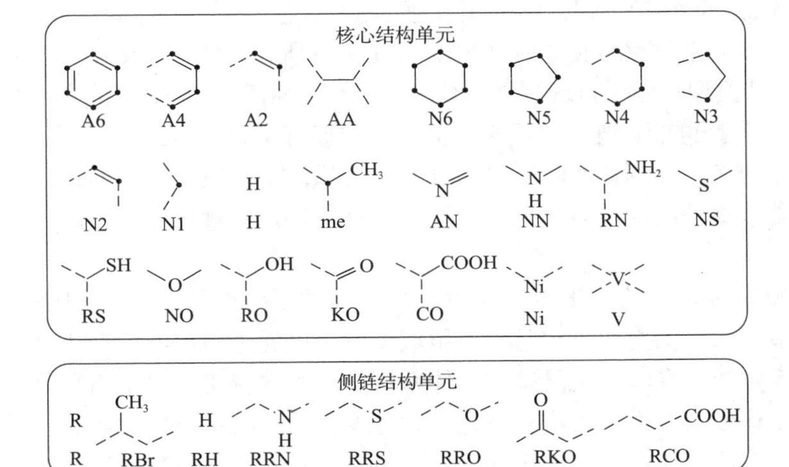

图3-109　石油大学CUP结构单元划分及其示例

中国石油大学方法的核心是，在对SOL法基团表示方法部分修正基础上新增加了CUP结构单元这样的新基团，所以石油中复杂分子结构特征的表达有31个结构基团。举例中，中国石油大学用苯酚来表示其CUP表示方法，同时展示了其组合的逻辑，也显示了中国石油大学对向量的定义扩充为表示分子核心的核心结构单元和表示侧链的侧链结构单元的做法。

综上所述，SOL、Boolean邻接矩阵、BE矩阵、PMID、CUP等几种分子水平的化合物结构信息化描述方法均可以在一定程度上实现对石油原料和产品的分子水平进行划分和表达，相应的分子动力学模型也能对石油炼制的化学反应本质实现更加精确的描述，这对过程模拟与优化、提高产物分布与产物性质预测的准确性作用巨大。这些方法在构建虚拟分子时都应用了大量的数学方法，且所采用的数学工具基本一致，例如，采用图论的方法将各种分子以矩阵形式来表示、用概率论的方法来求解非线性问题、用数理统计的方法进行大量抽样以尽可能反映对象的特征。这些手段、方法均需要借助计算机程序和数据库技术来实现，而计算机技术的迅猛发展为这些数学手段在计算机中的应用提供了有力的保障[33]。

（1）SOL和PMID均定义了22种结构增量（不少含义接近，但部分结构增量含义还是有区别的）作为分子结构的组成基础，并以22维向量来描述整个烃分子，中国石油大学则采用了31中结构单元并分为两类向量描述。而BE矩阵和Boolean邻接矩阵均采用矩阵表示的方法，所不同的是，BE矩阵是对分子中所有原子进行编号，矩阵规模较大，矩阵中的元素记录的是分子中共价键和自由价电子的信息，矩阵中元素可能为0和1之外的数字；Boolean邻接矩阵则只对分子中碳原子进行随机编号，矩阵的规模相对较小，矩阵中的元素代表碳原子间的成键情况的Boolean量，所以只能是0或1。

（2）单事件模型是属于机理层面的模型，其中，SOL和PMID可能主要基于反应路径层面，而KMT工具可能是既体现机理层面同时也能够结合反应路径层面。在描述反应规则和构建反应网络时，单事件模型和KMT工具均采用了反应矩阵的形式，而SOL、PMID则可以使用更加直观的逻辑表达形式分别表述反应物选择规则和产物的生成规则，进而生成反应网络。

单事件模型有较好的理论背景支持，模型保留了每个进料组分和中间产物反应历程的全部细节，所以动力学参数与进料组成无关，可通过简单的模型化合物的反应来估计单事件速率常数，在酸催化复杂反应体系中有较好的应用，但是信息化计算单事件数的计算工作量比较大，需要解决程序化自动计算各反应物及反应过渡态全局对称数的问题。KMT工具得益于BE矩阵携带的分子信息相对全面，能够最大限度地接近真实反应体系，但是，由于难以找到反应中所有参与反应的物质，而且矩阵规模庞大，将给计算带来较大困难。SOL方法采用基团贡献法的思想和向量表示分子结构的方式，使得其实用性很强，已经在重油馏分反应体系方面得到了很好的实际应用。不过SOL方法需要更多的分析与实验数据，且SOL向量实际上并不反映各结构增量的内在连接关系，虽给计算分子物性带来了方便，但同时也导致了数据库中无法实现分子的唯一指定，在使用上是会受限制的。

（3）分子信息库中的不同化合物之间的结构差异，主要体现在主链长度、侧链类型、侧链分布、官能团的区别以及空间异构体方面。SOL方法以及BE矩阵、Boolean邻接矩阵等方法虽均可以在一定程度上实现对石油原料和产品的分子水平进行划分和表达，但应该说，它们还不能完全满足分子信息库的结构特点。结构相似性分类方法得到的同系物（同类化合物），其基本骨架和侧链分布情况相同，结构的差异主要体现在碳数即延长碳链长度的不同。这与SOL选择不同分子中共有的结构基团作为物质组成的基础实质上是相同或类似的。

由于炼厂进料组成变化比较频繁，原油炼制过程催化剂等操作条件和馏分切割情况常常需要根据生产要求变化而不断调整，导致时刻面临原料变化等条件变化时的优化控制问题。而优化控制的核心是反应动力学模型，也就是这个模型必须能够适应不同的进料组成和操作条件。显然，传统的模型如集总动力学模型无法胜任，需要具有良好外推性的分子水平的动力学模型并据此进行更加精细的调整、预测。在分子水平的动力学模型中，由于组分没有集总模型直观，也没有在传统意义上的反应速率方程组，某种反应的发生主要是通过概率模型和反应规则来确定的，因此，分子的重构、反应规则的制定和数学求解方法的选择是建立分子动力学模型的关键。

分子水平的石油组成结构的信息化描述顺应了“资源高效利用、能源高效转化、过程绿色低碳化”的发展趋势，也对产品的产率、组成及其性质有准确预测能力的分子水平动力学模型奠定了坚实的基础。虽然目前还没有统一的、普遍适用于各种石油炼制过程的分子水平化合物信息化表达方式，但可以预见，随着分析表征、信息化技术等的快速进步，高效的石油分子信息化表述方法将对分子重构、反应规则的制定和反应网络的生成起决定性的重大作用，进而为优化指导石油炼制、催化剂研发和反应机理研究、新工艺开发指明方向。

第三节 石油分子信息库及其应用

石油分子信息库要满足石油分子信息的储存、调用、拟合、计算、输出等功能，因此，建立一个功能完备的石油分子信息库除了涉及石油分子（化合物）的命名、信息化描述以外，也涉及数据库技术、配套技术。吴青在其《石油分子工程》一书[33]中已经详细介绍了这方面的内容，本节再略做概要介绍。

一、石油分子信息库的设计

石油分子信息库建设的首要任务是做好顶层设计，图3-110为石油分子信息库的顶层设计示意。

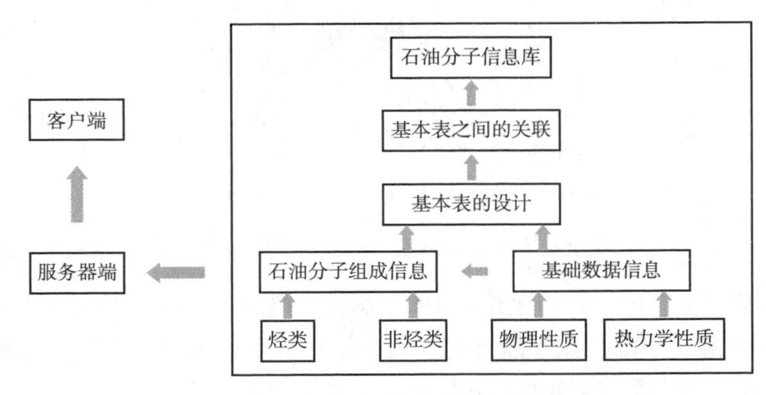

图3-110 石油分子信息库的顶层设计

采用关系型数据库技术对石油及其馏分的分子信息进行管理，有利于保证数据及数据之间的一致性、完整性和安全性。石油及其馏分的分子信息可以分成3种类型：

第一类是石油及其馏分的分子水平的结构与组成信息；第二类是化合物的基础物性等数据信息；第三类是其反应性数据信息。

上述3类信息中，石油及其馏分的分子水平的组成与结构信息主要是烃类和非烃类化合物的数据，该类数据来源于现代仪器分析表征技术；第二类数据即化合物的基础数据信息，主要包括物理性质和热力学性质，该类数据来源包括直接从文献数据导入，或者通过相应的一些物性关联方法（数据关联、分子重构等）估算、预测而获得；第三类数据来自实验或文献。对相关化合物不断进行数据筛选、挖掘、积累，就可以得到尽可能多的化合物，如某研究单位报道已经收集积累超过10000多种化合物。

从分子信息库的底层来说，两大部分信息为：

（1）关于组成与结构信息，主要包括烃类和非烃类信息，且主要包括石油分子组成信息和基础数据信息。

（2）基础数据信息，即基础物性、热力学性质等。

石油及油品的物性是评定其加工和使用性能的重要指标，同时也是炼油技术研发的重要依据。例如，孟繁磊等[307]认为石油是由10000多种化合物组成的混合物，其物性是各组分物性的综合体现，所以通过对化合物沸点、密度、折射率、临界温度、焓值等基础数据的管理，可为油品混合物的宏观物性计算以及炼油过程的分子水平模拟提供必要的数据支持。利用数据库及相应的物性关联方法，如何实现10000多种化合物、10多种基础数据100000多个数据之间的关联，是石油分子信息库建设的主要目的。所以，每个数据库至少对应了3个基本表。表3-42为石油分子组成表，该表中主要包括系统命名、IUPAC命名、分子式、分子量、cas号、smiles号、芳香碳数、环烷碳数等；石油分子组成物性表包括smiles号、沸点、密度、折射率、熔点等基本物性信息；热力学性质表包括smiles code、焓、熵、吉布斯自由能和热熔等；其中smiles code是简化分子线性输入规范，是一种用ASCII字符串明确描述分子结构的规范。

表3-42　石油分子组成表的构建方式[33]

项目名称	数据类型	项目名称	数据类型
系统命名	可变长字符串2（4000）	cas号	可变长字符串2（4000）
IUPAC命名	可变长字符串2（4000）	smiles号	可变长字符串2（4000）
分子式	可变长字符串2（4000）	芳香碳数	数值
分子量	数值	环烷环碳数	数值

对于石油分子信息库，可以采用C/S体系结构，Client（客户端）负责提供表达逻辑、显示用户界面信息、访问数据库服务器。Server（服务器端）则用于提供数据服务。图3-111为石油分子信息库的主要模块示意。

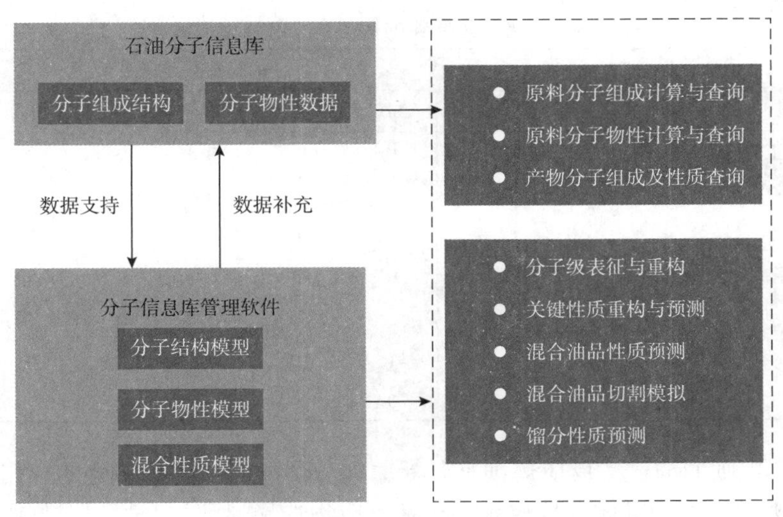

图3-111　石油分子信息库的主要模块示意[33]

为实现分子信息的查询、计算和筛选等功能，需建立各基本数据表之间的关联关系。表间关联关系是以主表-从表的形式体现的，而主表和从表的连接是通过定义主键和外键来实现的。各基本数据表均包含主键，主键是表中一个或多个字段，其值用于唯一标识表中的一条记录（一种石油分子），主键列不能包含任何重复值。在多个表进行关联时，主表的主键成为关联表的主键，而从表中与主表、主键相关联的列成为关联表的外键，外键列中的数据必须在主键列中存在。

在分子信息库中，石油分子组成表包含了石油分子的组成信息，在查询和筛选等操作中可与其他数据表关联，均采用smiles列作为主键和外键与石油分子组成表关联。各表之间的关系参见相关文献[33]。

二、石油分子信息库的构建

1.对化合物分子组成与结构的表示方法

参见前述信息化描述方法和文献[33]。

2.对化合物分子参与化学反应的表示方法

参见相关文献[33]。

以催化断裂反应过程为例。催化断裂反应包括断裂反应、异构化反应、氢转移反应、烷基化反应、歧化反应、环化反应、缩合反应和叠合反应、脱氢环化反应等众多反应，且其反应机理遵循正碳离子机理学说。而非催化反应主要是指在无催化剂作用下的热反应，如烷烃脱氢生成烯烃的反应、烷烃环化脱氢生成芳烃、焦炭反应以及烃类分解成为甲烷、氢气的热断裂反应等，热断裂反应遵循自由基机理。

如果以正十二烷为原料来研究催化断裂反应的反应规则、产物生成规则的编写，则可以得到：

（1）关于原料的信息化描述　以PMID法描述原料化合物分子，则可以转化成表3-43。

表3-43　催化裂化原料的PMID法信息化描述[33]

组分总数	组分分类	PMID向量							
		SC	TC	SD	Y	B	N6	N5	ECN
8	正构烷烃类	1	0	0	0	0	0	0	0~6，9
7	2-甲基烷烃类	0	1	0	0	0	0	0	0~5，8
8	2-烯烃类	0	0	1	0	0	0	0	-1~5，8
7	2-甲基-2-烯烃类	0	2	0	0	0	0	0	-1~4，7
5	环己烷类	0	0	1	1	0	0	0	0~3，6
3	环戊烷类	0	0	1	0	0	0	0	0~3
3	苯类	0	0	0	1	0	0	0	0~3

（2）反应规则的描述　反应规则是判断原料分子向产物分子转变的依据，也是建立分子反应动力学模型的基础。反应规则包括反应物选择规则和产物生成规则两部分。反应规则的制定十分重要，尤其是对整个反应网络而言。因为无论如何制定，所选取的反应规则都不足以涵盖所有可能发生的化学反应，一定会做出一些必要的假设与忽略。能否将次要反应忽略而保留主要的反应是反应规则制定的好坏的主要评判标准，这也是制定规则的基本原则之一。

反应物选择规则决定反应物分子是否具有发生该反应的结构增量组成；产物生成规则决定反应物结构增量发生何种变化以生成产物分子。

以十二烷的催化裂化为例，有41个组分参与不同的催化反应，可以经过筛选后制定出137条具体的反应规则，这些规则包括断裂反应、异构化反应、环化反应、开环反应、氢转移反应等13类反应。为了便于计算机识别，采用如下逻辑符号："Λ"表示"并且"；"ν"表示"或者"；"="表示"等于"；"≠"表示"不等于"；"rand"表示随机取值。部分示例如下：

①异构烯烃β位断裂反应。

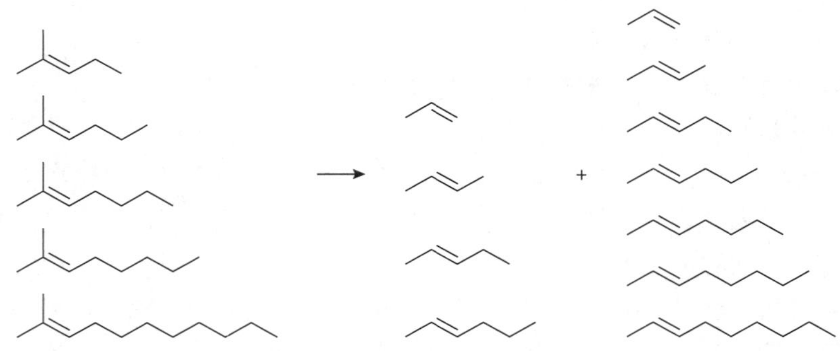

反应物选择规则：　　SD=1 Λ Y=1 Λ（B+N6+N5）=0 Λ ECN=1~4，7

产物生成规则：

产物1：Y_1=Y-1，ECN_1=-1~2

产物2：Y_2=Y-Y_1，ECN_2=ECN-ECN_1

②异构烯烃脱氢环化反应。

反应物选择规则：　　SD=1 Λ Y=1 Λ（B+N6+N5）=0 Λ ECN=2~4，7

产物生成规则：　　N6=N6+1，SD=SD−1，Y=Y−1，ECN=ECN−1

③环烷环侧链断裂反应。

反应物选择规则：　　N6=1 Λ（B+N5）=0 Λ SD=0 Λ ECN=3，7

产物生成规则：

产物1：ECN_1=−rand（3，ECN−3）

产物2：N6=N6−1，SD=SD+1，ECN_2=ECN−ECN_1

（3）结果　根据上述反应规则，可以得到十二烷催化断裂反应的网络，如图3-112所示。

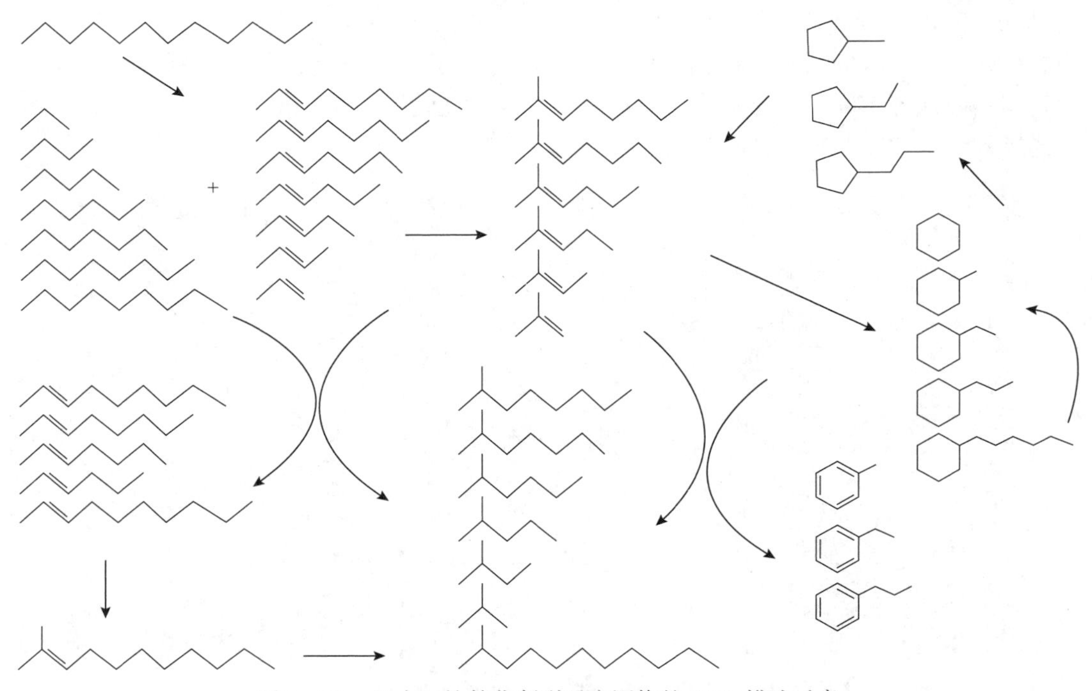

图3-112　正十二烷催化断裂反应网络的PMID描述示意

3.数据(信息)转化

将分析表征结果数据转化成为分子信息库中分子组成与结构信息的过程，简要说明如下：

(1)基于每种原油的实沸点曲线和关键性质数据，将原油划分为汽油、柴油、VGO、渣油等多个沸程组分；对每个组分进行化学类别的表征，包括含硫杂环，含氮杂环，含氧杂环，含有多个杂环元素的分子种类，含4N的卟啉，以及卟啉耦合的含镍、含钒分子。

(2)在确定了化学类别后，还需要对每个化学类别里的分子进行缺氢度的区分，每个特定缺氢度即形成了一个同系物，针对每个同系物进行侧链长度分布的确定。

(3)将分子表征数据转化为分子式、分子类别、缺氢度、分子浓度格式等。

(4)对一些分析手段未能区分的同分异构体，可以采用经验模型进行拟合：

① 异构烷烃，对取代基碳数在1~(n/2-1)范围内的含量分布进行经验分配；

②C_6以上的一环环烷烃(Z=0)，核心结构为环己烷与环戊烷的含量分配；

③C_{10}以上的二环环烷烃(Z=-2)，核心结构为二环己烷与环己烷/环戊烷的含量分配；

④对环烷烃、芳烃的侧链取代基进行正构、各种异构的含量分配；

⑤对不同的活性硫结构、非活性硫结构、碱性氮结构、非碱性氮结构进行含量分配。

(5)对不同结构在每个分子中出现的概率分布进行建模，在可能的分子结构库内筛选出概率最大的分子化学结构。

使用SOL结构构建算法将上述数据转化为原油馏分的分子列表，参见相关文献[33]。

4.石油分子信息库的配套技术

为了确保石油分子信息库能较好地服务石油分子工程与分子管理的需要，数据库配套技术包括数据库相关表格、库的接口程序、远程访问技术等。例如，图3-113为采用接口程序实现对石油分子信息库中数据的批量查询的示意[307]，同时提供了可视化的选择窗口，图3-114为石油分子信息库中100个化合物热力学性质可视化展示，即采用两种基团贡献法对100个化合物焓值数据的估算值对比情况。其中横坐标和纵坐标可以随机选择，动态地显示数据之间的相关性[307]。

Name	名称	SCode	CAS号	分子式	H
species201	propane	CCC	74-98-6	C3H8	-104.70
species175	2-Methylpentane	CCCC(C)C	107-83-5	C6H14	-174.60
species191	3-Methylpentane	CCC(CC)C	96-14-0	C6H14	-172.00
species187	3-Ethylhexane	CCCC(CC)CC	619-99-8	C8H18	-210.70
species190	3-Methylhexane	CCCC(CC)C	589-34-4	C7H16	-191.30
species189	3-Methylheptane	CCCCC(CC)C	589-81-1	C8H18	-212.50
species194	ETHANE	CC	74-84-0	C2H6	-83.80
species195	Decane	CCCCCCCCCC	124-18-5	C10H22	-249.50
species206	Dodecane	CCCCCCCCCCCC	112-40-3	C12H26	-290.83
species217	Undecane	CCCCCCCCCCC	1120-21-4	C11H24	-270.43
species29	2,3-Dimethylhept...	CCCCC(C(C)C)C	3174-71-3	C9H20	-235.90
species30	2,5-DIMETHYLHE...	CCC(CCC(C)C)C	2216-30-0	C9H20	-240.70
species31	2,6-DIMETHYLHE...	CC(CCCC(C)C)C	1072-05-5	C9H20	-242.00
species41	3-ETHYL-4-MET...	CCC(C(CC)C)CC	3074-77-9	C9H20	-238.70
species42	3-ETHYL-3-MET...	CCCC(CC)(CC)C	3074-76-8	C9H20	-231.30
species68	2-Methyldecane	CCCCCCCCC(C)C	6975-98-0	C11H24	-275.65
species79	2-Methylnonane	CCCCCCCC(C)C	871-83-0	C10H22	-256.50
species93	3-Methyloctane	CCCCCC(CC)C	2216-33-3	C9H20	-233.70
species94	4-Methyloctane	CCCCC(CCC)C	2216-34-4	C9H20	-235.20
species177	3,3-Dimethylhept...	CCCCC(CC)(C)C	4032-86-4	C9H20	-241.10
species133	4,4-Dimethylhept...	CCCC(CCC)(C)C	1068-19-5	C9H20	-241.20
species134	4-ETHYLHEPTANE	CCCC(CCC)CC	2216-32-2	C9H20	-231.80
species182	3,5-DIMETHYLHE...	CCC(CC(CC)C)C	926-82-9	C9H20	-238.90
species184	2-Methylundecane	CCCCCCCCCC(C)C	7045-71-8	C12H26	-297.80
species226	3,3,4-TRIMETHY...	CCC(C(CC)(C)C)C	16747-31-2	C9H20	-235.40
species223	2,4,4-TRIMETHY...	CCC(CC(C)C)(C)C	16747-30-1	C9H20	-240.00
species209	2,2,3,4-TETRAM...	CC(C(C(C)(C)C)...	1186-53-4	C9H20	-236.00
species146	2,2,3-Trimethylpe...	CCC(C(C)(C)C)C	564-02-3	C8H18	-220.00
species155	2,2-DIMETHYLPE...	CCCC(C)(C)C	590-35-2	C7H16	-205.80
species210	2,2,3,3-Tetramet...	CCC(C(C)(C)C)(C)...	7154-79-2	C9H20	-237.10
species212	3-Ethyl-2,2-dimet...	CCC(C(C)(C)C)CC	16747-32-3	C9H20	-231.30
species387	2,2-dimethylnona...	CCCCCCCC(C)(C...	17302-14-6	C11H24	-287.60
species147	2,2,4,4-Tetramet...	CC(CC(C)(C)C)...	1070-87-7	C9H20	-242.30

图3-113　接口程序实现对库中数据的批量查询(示意)[307]

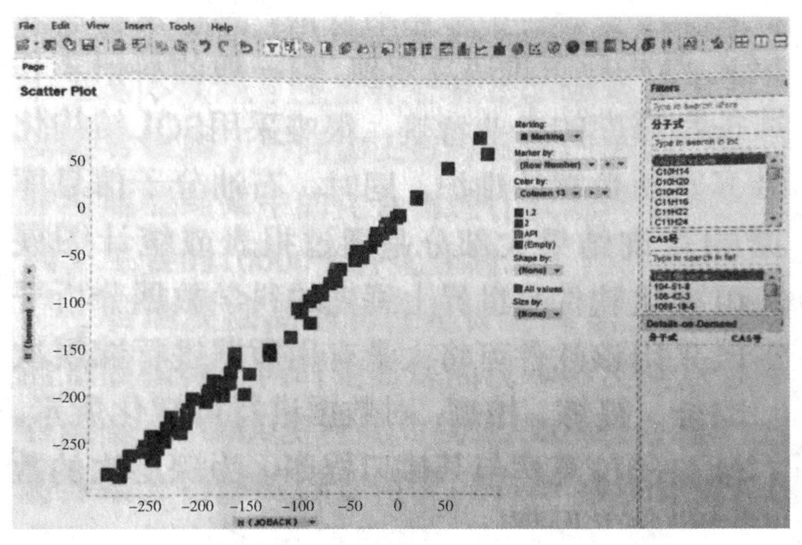

图3-114　100　个化合物热力学数据在可视化软件中的展示[307]

关于石油分子信息库的配套技术，应该根据客户需要进行客户化定制和个性化开发，读者可以参加相关资料[33，286，307]。

三、石油分子信息库的应用

1.汽油蒸馏曲线

将汽油样品的单体烃分析结果导入可视化软件，通过接口程序，导出对应单体化合物石油分子信息库的数据，形成化合物与基础数据一一对应，基础数据包括沸点、密度、折射率和辛烷值等。以体积馏出率为横坐标，以沸点为纵坐标，得到汽油馏分的模拟实沸点蒸馏曲线，如图3-115所示。

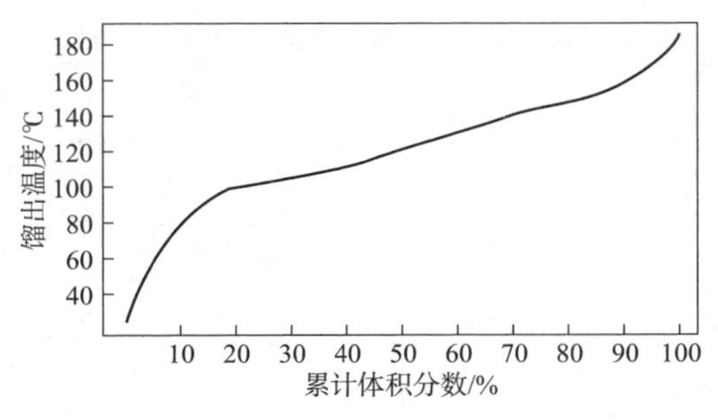

图3-115　汽油样品的实沸点蒸馏曲线

对20个汽油样品的ASTM D86馏程进行模拟值和实验值比对，其中，初馏点的计算误差最大为4.9℃，计算误差在实验测量馏程的过程中可以接受，与实验测量时的误差分布规律也较相似。

模拟恩氏蒸馏馏程，还可以用于计算体积平均沸点t_v、实平均沸点t_m、立方平均沸点T_{cu}、中平均沸点t_{Me}，利用这些特征平均沸点和密度，进而推算特性因数K和相关因子BMCI。

2.物性与产品性质计算

将汽油样品的单体烃分析结果导入可视化软件，通过接口程序，导出对应单体化合物石油分子信息库中的数据，形成化合物与基础物性数据之间的一一对应，基础物性数据包括沸点、密度、折射率和汽油辛烷值等。

图3-116为16个汽油样品密度模拟计算值与实验值对比。由图可见，16个汽油样品密度模拟值和实验值相比，平均相对误差为0.28%。

图3-117为对46个汽油样品的辛烷值进行模拟值和实测值比对。按照该图，模拟值和实测值的绝对误差1.8。

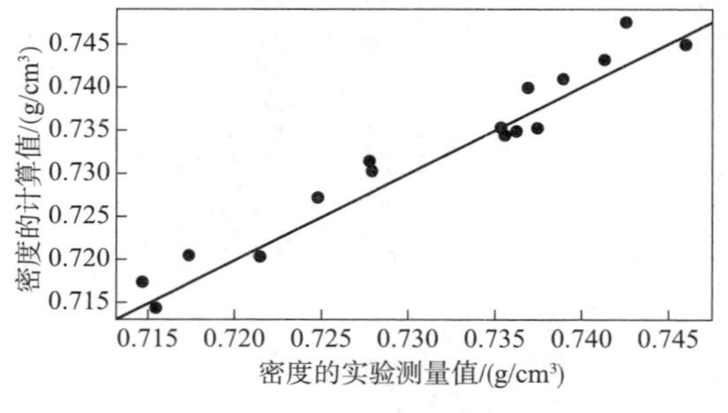

图3-116　密度的计算值和实验值比较

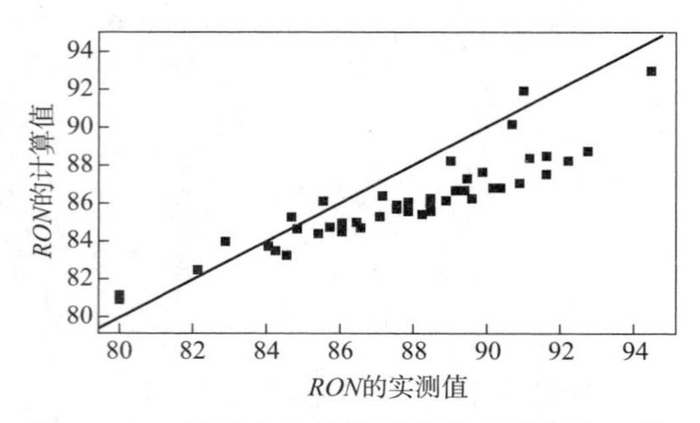

图3-117　汽油辛烷值模拟值和实测值的比较

由以上分析可以看出，原油分子信息库实现了分子组成信息与宏观性质的关联，由分子组成预测的汽油密度、馏程和辛烷值的误差在可接受范围内。

为进一步验证原油分子信息库模型的准确性，对混合后的3种汽油物性进行模拟。根据模拟结果可知，3种混合汽油的密度、馏程和辛烷值模拟数据和实验数据的误差均在测试误差范围内，API、BMCI、酸度等性质模拟值和实验值差别较小，验证了数据库中数据及接口程序的准确性，也验证了石油分子信息库设计的合理性。表3-44是另外一套预测与实验数据的对比结果，同样也说明了石油分子信息库的准确性与可靠性。

表3-44　汽油样品的物性数据计算值与实验值的综合对比

分析项目		I~165		I~180		65~165	
		实验值	模拟值	实验值	模拟值	实验值	模拟值
API°		65.02	64.26	63.4	62.7	58.89	57.4
密度（20℃）/（g/cm³）		0.7155	0.7146	0.7215	0.7206	0.7308	0.7409
UOPK		12.2	11.98	12.2	11.97	12	11.8
BMCI		12.73	15.18	13.51	15.07	19.1	21.4
馏程/℃	初馏点	37	36.4	41	38.7	83	79.0
	10%	65	66.72	67	67.98	97	101.1
	30%	86	84.31	91	91.13	106	106.5
	50%	107	101.8	113	111.8	118	119.4
	70%	126	118.9	134	131.1	131	131.1
	90%	146	140.6	155	153.3	146	146.0
	终馏点	167	166.7	172	169.9	160	166.7
辛烷值		56.611	59.3	54.21	57.1	50.21	53.8

化合物与基础物性数据之间的一一对应也可以为油品切割为窄馏分以后的物性（密度、平均相对分子质量、辛烷值等）随沸点（或者馏出体积分数）的变化情况提供数据支持，如图3-118所示，该图便于对原料性质进行深入分析。

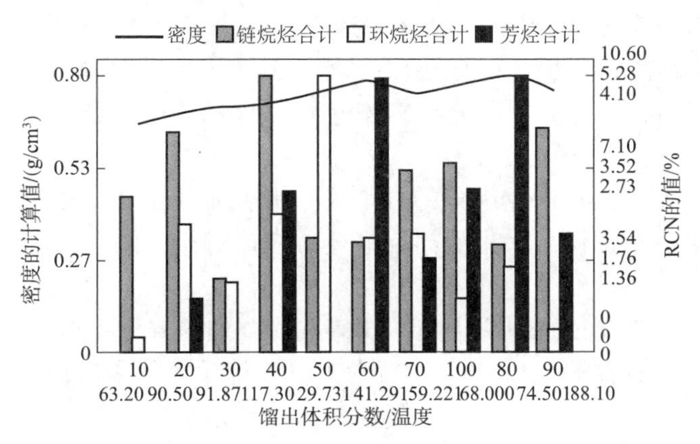

图3-118　汽油等体积/温度切割窄馏分密度和烃类型的分布

3.其他应用

石油分子信息库可以较准确地预测混合油品的物性，它与其他软件结合可以实现更多的功能，例如：与原油评价软件结合，更加准确地预测任意温度切割馏分的收率、初馏点、干点等性质及对多种混合原油进行切割模拟、组成与馏分性质预测；可以与分子反应动力学模型及模拟等软件结合，实现反应转化率、产物分子组成、产品收率、关键组分产率以及产品性质等的精确预测；可以与原油及产品的优化调和软件相结合，进行分子精准调和与优化，帮助企业采购、计划、调度人员制订更优的采购与混炼方案，实现资源敏捷优化和全产业链的协同优化、QHSE的监控与溯源等[308]，这在后面将做适当介绍。

按照本章介绍，结合第二篇第四章的介绍，作者认为，从分子水平深入认识要处理、加工的石油油气资源，进一步探究石油油气资源的基本物性和反应性能和分子组成的关系，是石油分子工程与分子管理的基础。依靠智能、敏捷的感知仪器（分析仪器）对石油及其馏分进行深入分析表征是提高认识水平的根本，但是如果要使石油分子工程与分子管理推向企业应用，物性数据关联、分子重构技术应该担当重任。为了推进石油分子重构技术的发展，应该站在产业或学科层面，开展相应的、系统性的科学与基础研究、应用基础研究特别是交叉学科的研究，做好顶层设计，然后推进落实。建议着重考虑：

（1）关于基础性的石油分子信息库的建设工作。本书所提到的石油分子信息库与现有的原油数据库实际上不是一个概念或不在一个层次。

本书所述的石油分子信息库，其第一层含义和内容是要有石油分子的物性数据库。石油分子物性数据库包括密度、沸点、折光、黏度等物理性质以及生成焓、熵和自由能等热力学性质。以石油分子物性数据库为基础，研究各物理性质和分子组成的结构-性质的关系（关联公式）。研究内容包括如何利用合适的方法（如基团贡献法等）计算单个石油分子的性质、如何选用合理的混合规则和关联公式计算石油的宏观平均物性、如何通过特定物性的计算区分不同类型分子的贡献值等。

石油分子信息库的第二层含义、内容是要有相对完整的石油分子组成、结构方面的分子库。这是目前最为薄弱的。所以要利用最先进的分子水平表征技术，对大量不同来源和种类的石油及其馏分的分子组成数据进行分析、加工，整理归纳出对应于不同馏分（石脑油、常减压蜡油以及渣油）的分子信息库。其中需要结合分子模拟计算（分子重构技术）等手段确定细分信息，如同分异构体的分布情况、芳核的具体结构以及侧链的结构和分布等。

国内外在石油特别是石油重组分的分子级分析表征方面已经开展了大量研究，本书第二篇第二章和第三章也做了大量的简要概述，应该对相关信息做进一步的加工、整理与验证。

（2）开展计算化学方面的理论研究。如何选取合理的分子重构技术来重构石油及其馏分的分子组成？如何结合目前先进的数学工具和优化算法来解决多变量计算等问题，从而保证定量计算结果的准确性和可重复性？这些都是十分重要的研究课题，应结合实际工程或项目，开展系统性的研究。

（3）建设包含物性数据库和分子组成库的石油分子信息库，必须考虑实际应用。如何从石油分子库和物性数据库出发，结合不同炼油工艺的特点，进一步探究不同馏分中各类分子的加工性能和其分子组成的本质关系，研究每个石油分子的最佳利用路径、最需要与之匹配的催化剂与操作条件，或者倒过来，根据产品结构与性能要求，寻求最适宜的原料进行加工，以实现石油资源每个分子价值和资产价值的最大化，达到资源高效转化、能量高效利用和过程绿色低碳的目的[33]。

第三章　化学反应规则库

石油中烃类和非烃类化合物分子反应规律的研究成果，对于催化剂筛选、石油混合物炼制过程反应规律摸索是非常有用的，但毕竟只是纯化合物的反应结果。对于石油这个复杂的混合物，特别是对于重质、劣质原料来说，仅仅依靠纯化合物反应机理的研究成果，是无法摸清石油混合物加工过程反应规律、反应机理的，必须以实际混合物为研究对象，开展相应的研究。以纯化合物的研究结果为依据，形成对石油混合物反应规律性的深入认识，指导炼油过程的科学研究和生产经营的具体实践。

在反应规律、机理认识基础上，构建石油混合物复杂化学反应的网络，方便动力学模型建立与计算，这就需要建立化学反应规则库。

本章介绍化学反应规则库、化学反应网络构建。

第一节　石油炼制过程的化学反应

石油炼制过程涉及众多化学反应，各种化学反应的机理也很多。其中，反应机理研究化学反应的具体步骤、键的断裂顺序和链接顺序、每步反应中的能量变化以及反应速率、反应立体化学等内容。反应机理是对反应物到产物所经历过程的详细描述和理论解释，特别是对中间体杂化状态、能量变化的描述。反应机理研究需要解决的问题包括反应如何开始？反应条件起什么作用？产物生成的合理途径？决速步骤是哪一步？经过了什么中间体？副产物是如何生成的？等等。反应机理研究的意义在于：发现反应的一些规律，指导进一步的研究并了解影响反应的各种因素，最大限度地提高反应的产率。

本篇第一章的表3-22汇总了石油炼制过程的主要化学反应和反应机理的名称[19]，并接着介绍了热裂化机理和正碳离子机理。其他化学反应机理可参见相关文献。

第二节　化学反应规则库的构建

许多传统的过程模型通常采用集总动力学方案实现，分子按它们的宏观物性分组，例如沸程或溶解度等。由于每个集总的多组分性质，分子信息被掩盖了。然而，日益增长的经济需求和环境问题已引起人们对复合原料及其精制产品分子组成的关注。复杂原料体系的建模方法以及对产品分子特征的预测，需要更深层次的“分子细节”。

现代分析手段表明，石油原料中至少存在10^5以上的独立的分子。对这么庞大数量的每一个分子建模的话，会有分子细节需求与模型构建之间的冲突。在严格确定的分子模型中，每个物种的质量平衡相当于一个微分方程。所以，如此庞大的模型构建及其求解都是非常艰巨的工作。因此，迫切需要开发计算机算法，不仅用于求解，还要构建模型，从而使研究人员能够专注于基本化学和反应规则的研究。下面介绍石油混合原料复杂化学反应规则库的构建。

一、化学反应的信息化描述

分析技术和计算机技术的进步使详细分子模型的建立和实施成为可能。为构建化学反应规则库以及后续建立自动化学反应网络，需要对化学分子和化学反应进行信息化描述。前述化合物分子的信息化描述、石油及其馏分的分子重构相关内容，有部分涉及化学反应的信息化描述的介绍，如SOL法、PMID法。本小节再做一些其他方法的介绍。

Broadbelt等[301，309，310]用图论（graph-theoretic approach）的方法开发了相应的算法，从而实现了乙烷裂解自动反应模型的构建。

分子可以用图表示，原子是节点，键是边。对化学物质来说，一种数学上更易处理的实现方法是通过其键–电子矩阵（BE矩阵），其中ij项分别表示相连接的原子i和j之间的键序，ii项表示原子i周围的非键电子或离子的数量。复杂化学过程的机理建模不仅涉及分子种类，还涉及作为中间体的自由基和离子种类。等幂心用原子中心对角位置上的第1项表示。一个特定原子的价态减去一行中该原子各项总和，作为该原子的离子电荷。图3–119用连接矩阵对一些小分子烃类（C_2）进行了BE矩阵描述，例如乙烷、乙烯、乙基自由基和乙基离子等。

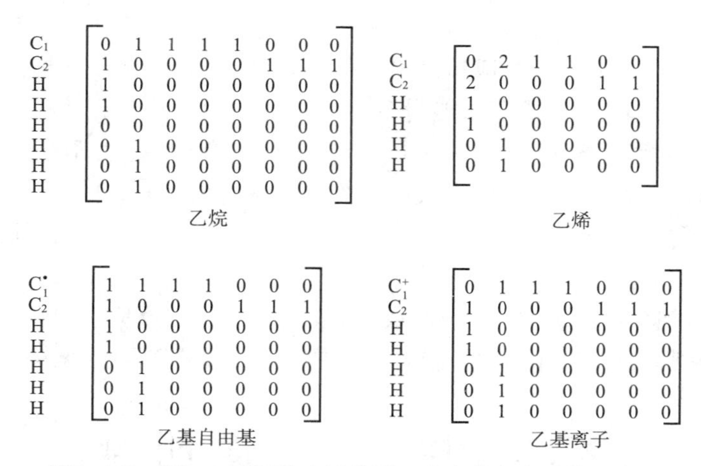

图3–119　键–电子矩阵表示分子、自由基和离子的示意图

该键–电子矩阵的表示方法使化学反应能通过简单的矩阵加法运算实现[298]。当一种物质发生一个特定反应时，一个反应矩阵的条目表示连接性的变化和电子环境的变化，从而产生一个代表反应产物的矩阵。对于复杂化学中的所有反应，所涉及分子中仅

少数原子的连接性在反应期间发生变化。因此，可以根据每个反应族形式上的反应矩阵简洁地概括键断裂和形成信息。图3-120是BE表示方法用到石油分子及其发生化学反应过程的描述过程（方法）示例。图中显示了转化矩阵表示一个个石油分子的操作过程，官能团的拼接也可以通过矩阵的加法来完成。对于断键过程，可以在相应位置点用-1表示即可，而相应的成键过程则在相应位置用+1表示。所以，整个过程还是很直观、方便的。当然，如果是多环化合物，就比较麻烦，但也可以完成，毕竟写完后计算机处理起来还是较为方便的。

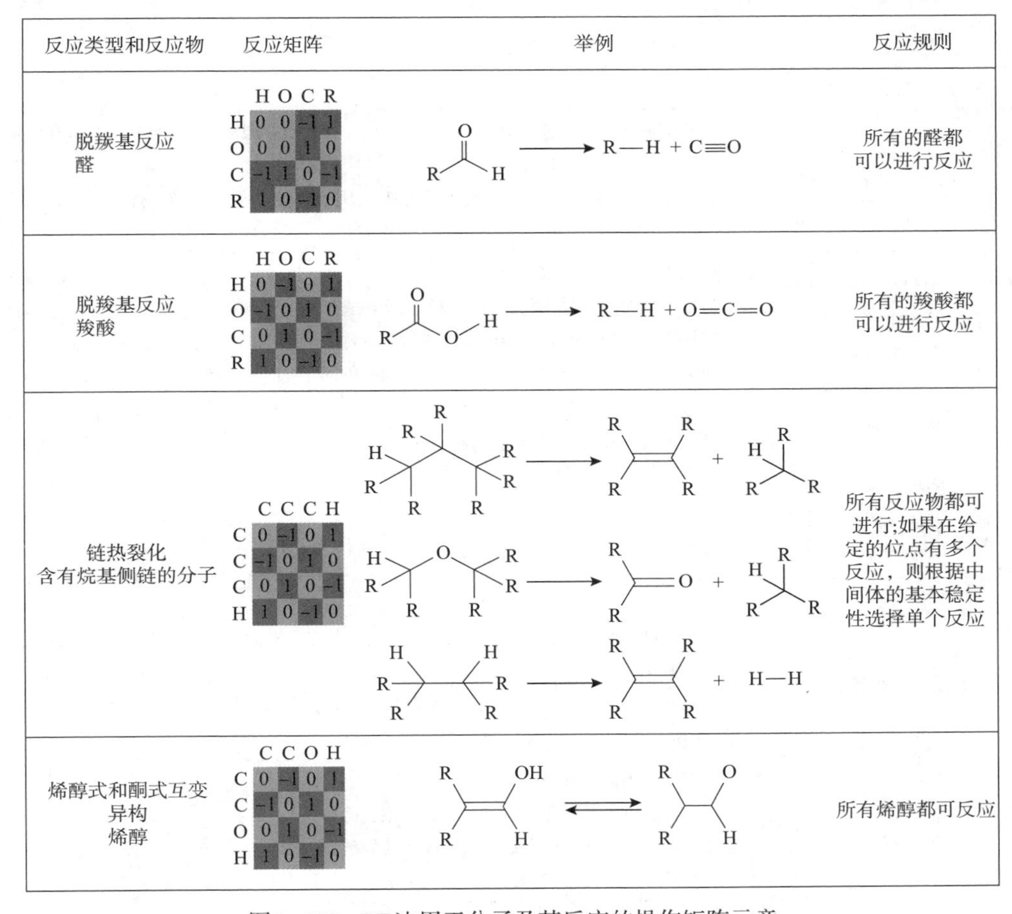

图3-120　BE法用于分子及其反应的操作矩阵示意

二、化学反应规则库的构建

1.化学反应规则库的内容

把无限大规模的模型精简、转化为有限的动力学重要子集的近似模型需要依靠化学反应规则。所谓规则，就是共享完全相同的基础化学以及不同工艺之间的差异。表3-45列出了石油加工过程中金属催化、酸催化和热化学中使用的反应规则[33, 311, 312]，它们是大多数烃类转化过程中最常遇到的基本化学反应。

表3-45 石油炼制过程金属催化、酸催化和热化学中的通用规则

反应系（族）	反应规律
金属反应系（族）	
脱氢反应	饱和化合物（链烷烃和环烷烃）的所有位置或有限的随机选择的位置上发生 在异构烷烃的支链、β位支链和含支链环烷烃的支链、β位支链上发生
加氢反应	在烯烃和含双键环烷烃的所有双键位置上发生
饱和反应	芳香环逐一饱和，生成环烷烃
芳构化反应	允许所有的六元环烷烃芳构化
氢解反应	只形成轻质气体（C_1和C_2）
酸反应系（族）	
质子化裂解和夺氢反应	对于饱和化合物（链烷烃和环烷烃）是确定性的（有限数量）或随机的（所有位置上均有可能） 在异构烷烃的支链、β位支链、烯丙基、β位烯丙基以及含支链、烯丙基环烷烃的支链、β位支链、烯丙基、β位烯丙基位置上发生
氢化物迁移反应，甲基迁移反应，异构化反应，扩环反应，缩环反应	根据碳数确定的有限数量的反应 对于低酸度过程异构化反应不会形成孪位支链 异构化反应通常导致支链的增加或侧链的延长 只会从一个不太稳定的离子形成更加稳定的离子（1→2→3°）
β位断链	对于低酸度过程和高碳数分子只允许A（3 to 3°）和B（2 to 3°）型的断裂反应 不会形成乙烯基（C=C=C）化合物
闭环反应， 开环反应， 环增长反应	闭环形成五元或六元环烷环 只开环形成稳定离子 只允许$C_1 \leqslant C_N \leqslant C_4$
热反应系（族）	
起始反应和夺氢反应	对于饱和化合物（链烷烃和环烷烃）是确定性的（有限数量）或随机的（所有位置上均有可能） 在异构烷烃的支链、β位支链、烯丙基、β位烯丙基以及含支链、烯丙基环烷烃的支链、β位支链、烯丙基、β位烯丙基位置上发生
自由基异构化反应以及扩环、缩环反应	根据碳数确定的有限数量的反应 对于低温过程异构化反应不会形成孪位支链 异构化反应通常导致支链的增加或侧链的延长 只会从一个不太稳定的自由基形成更加稳定的自由基（1→2→3°）
β位断链	允许β位断开成烯丙基、支链或β位支链自由基 不会形成乙烯基（C=C=C）化合物
闭环反应， 开环反应， 环增长反应	闭环形成五元或六元环烷环 只开环形成稳定的自由基 只允许$C_1 \leqslant C_N \leqslant C_4$

比较表中的3个反应体系，揭示了三类基本化学规则的相似之处。图3-121对反应规则进行了分类和分级。

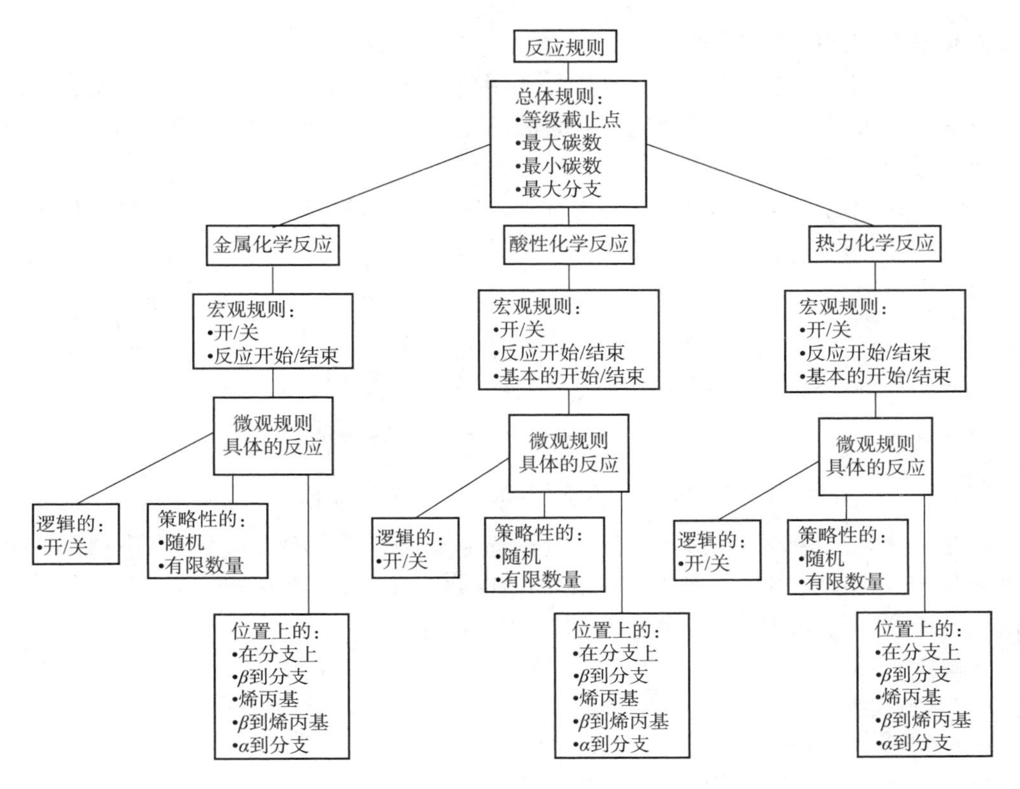

图3-121　化学反应规则的分类与分级示意

第一级规则，又称超级规则，规定了所有化学的反应级数截止值和宏观碳数截止值。每种化学的规则要么是化学特定的（宏观规则），要么是反应特定的（微观规则）。因此，对于金属化学，宏观规则用于确定化学物质是否包括在模型中以及该化学物质要考虑哪种类型的反应。类似地，对于酸化学和热化学，除了确定有关包含（或排除）各种化学物质和反应族的信息之外，宏观规则还用于确定关于模型中需要考虑的中间体的信息。例如，在包含酸和热化学的模型中，由于热化学不稳定性，可以忽略初级离子或自由基。然而，微观规则对于化学中的每个反应都是特定的，并且被进一步分为3类：逻辑规则、战略规则和位置规则。逻辑规则用于在化学中启动或中终止一个反应。战略规则提供需要遵循的方法、确定性或随机性，以及是否对反应总数有限制，或者作为反应级数或碳数的函数。位置规则指定了反应的有利位置，无论是对于反应物还是对于产物物种，诸如在分支处的反应、α或β分支的反应、烯丙基位置等。

所有规则都是在模型构建算法中实现的，以便更明确地也是唯一地定义一个过程。算法中尽可能将代码和规则分开：所有通用的规则都是把用户提供的文件作为用户输入，而不是在算法本身中硬编码，以给用户提供选择的灵活性。以规则的形式对知识进行组织，从而使用户能够利用他们的见解和经验定制模型构建规则，并且方便地构建定制的过程模型。通过组合选择规则，可以轻松地为各种“假设”场景构建一系列模型，从而为测试和识别最佳反应网络提供最大的灵活性[33]。

2.化学反应规则的具体表述

对于石油加工过程，上述反应规则需要用信息化的方式来表达。为了简便过程，可以分别对反应分子和产物分子制定相应的选择规则和生成规则。图3-120是采用BE矩阵法的化学反应描述法。

下面再举SOL法对化学反应规则的描述。图3-122是多环芳烃饱和过程涉及的化学反应[311]。

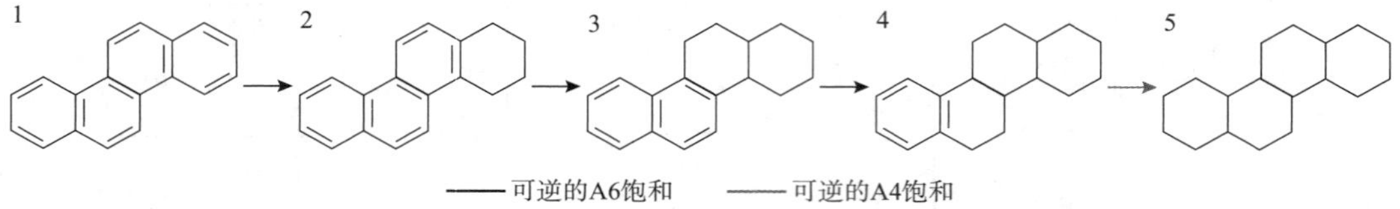

1 → 2 → 3 → 4 → 5

—— 可逆的A6饱和　—— 可逆的A4饱和

图3-122　多环芳烃饱和反应过程的描述

对于上述多环芳烃饱和过程，反应分子选择规则是二环及以上芳烃；产物分子的生成规则是芳环逐个被饱和。据此，写出芳香环饱和、环烷环开环、断侧链以及烷烃裂解反应的反应分子选择规则和产物分子生成规则如下：

①芳香环饱和：

选择规则：$A4 \geqslant 1$

反应规则：$A4 \longleftarrow A4-1$

$N4 \longleftarrow N4+1$

②环烷环开环：

选择规则：$N4 > 1$

反应规则：$N4 \longleftarrow N4-1$

$R \longleftarrow R+4$

$br \longleftarrow br+1$

③断侧链：

选择规则：$(A6 \geqslant 1) \wedge \mathrm{R} > 3$

反应规则：$R \longleftarrow 1+$环

$R \longleftarrow R-1+$环

④烷烃裂解：

选择规则：$(R \geqslant 6) \wedge br > 0$

生成规则：裂化

第三节　分子反应网络的构建

1.物种的特性

每个物种都是反应网络中的一个节点。在反应网络构建过程中，所产生的每一个物种的所有性质属性都是非常重要的。在自动网络构建算法中，每个物种都是从原子层次（级别）建立起来的，其原子的连接状况是清晰的。因此，可以识别或计算物种的大部分属性，包括C、H、S、N和O等各种原子的属性，因此，很容易计算Z值（定义为2×碳数－氢数）作为化合物不饱和度的重要度量。分子量也可以直接从原子数计算。

物种类型可以通过其结构来决定。图3－123为某算法中已经实现的物种类型的分类[312]。对于不同种类的物质，可以进行不同种类的反应。物种的许多性质可以通过使用分子结构－性质相关性或计算化学软件包根据它们的结构进行计算，包括物种的信息化命名，可以参见前面相关章节的介绍。

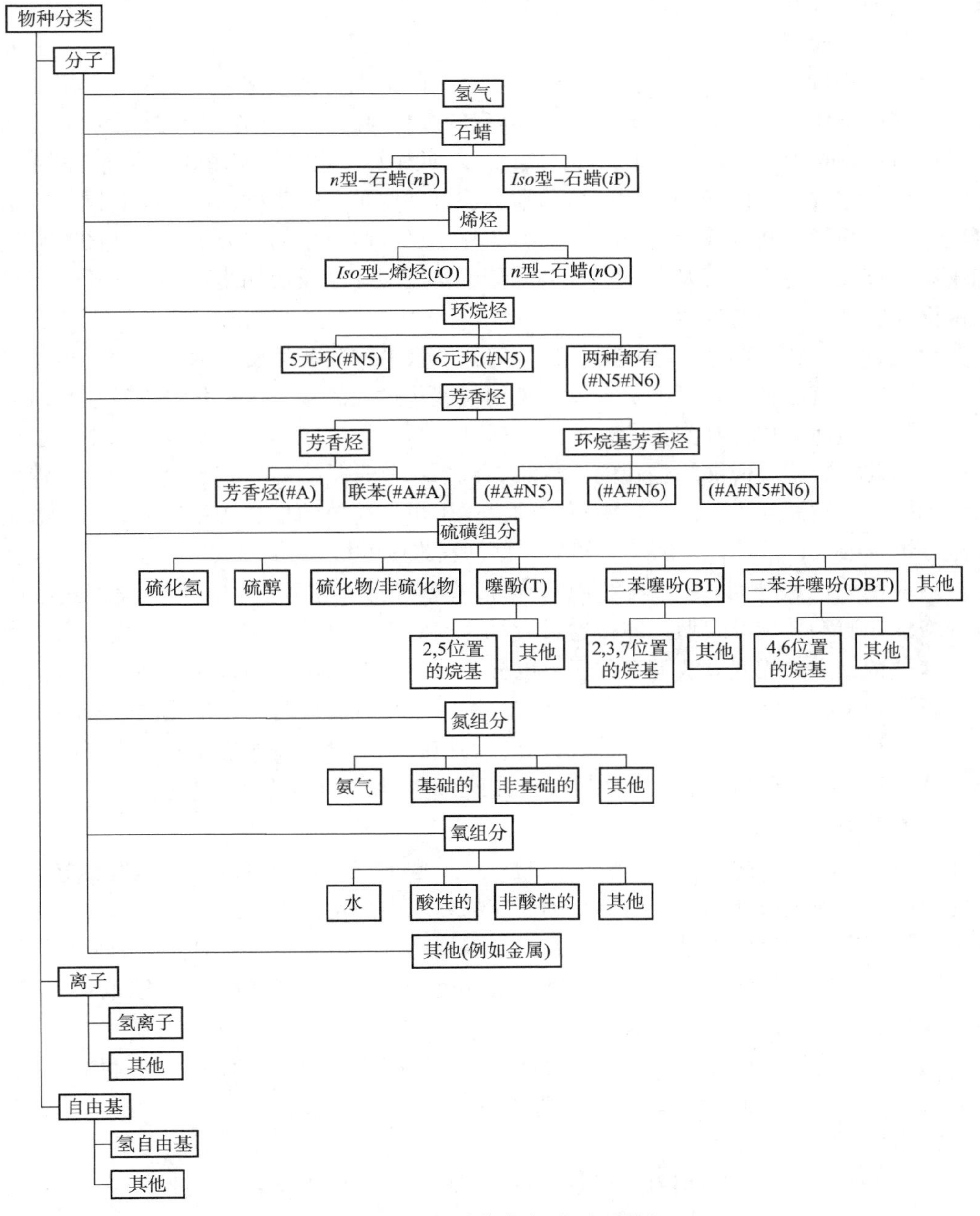

图3－123　物种分类（#表示环数）

对于每一个物种，它参与的所有反应都可以在反应网络建成后进行排序。因此，每种物质的反应配位数也可以很容易地计算和分析。

2.反应的特性

每个反应都是反应网络中的一个边界。将一个反应整理到反应族中是非常重要的。每一个反应族都可以通过简洁的反应矩阵进行数学描述，并且可以很容易地在计算机上进行化学反应模拟。此外，反应族可以用来构建速率信息。机理层级的通用自动化网络构建算法中实现的常用反应族[312]见表3-45。

3.分子反应网络

就像将物种表述成图形一样，其中原子是它的节点，键是它的边，反应网络也可以用图形描述，其中物种是它的节点，反应是它的边。因此，在为网络中的每个物种定义一个唯一的名称或ID之后，为分子图形开发的所有通用算法也可以应用到反应网络图中。

然而，过程化学的详细反应网络通常有数百种物种和数千种反应。将相同的算法直接应用于网络图，在计算上是不可行的。此外，反应网络中的双分子反应使图论算法更加困难。Temkin等人[313]从数学拓扑和图论的角度对化学反应网络进行了分析，提出了表征反应网络的实用的数学指标。

对吴青[33]举例的模型化合物“菧”的分子水平加氢断裂反应网络而言，虽然只涉及五类反应，就已经包括了上百个反应。加氢裂化过程的基元反应数量随着模型研究碳数范围的升高而变化，其变化的基本单位都以“百万”来表示，且是以指数形式急速增加的。因此，分子反应网络构建的工作难点包括：首先是模型反应数量的激增，伴随着大量动力学参数需求；其次，反应行为的描述不再是简单的集总转化关系，要考虑到分子量守恒等因素；最后，伴随的必然是模型计算难度的增大。

反应网络的构建可以分为经验型、半形式型和形式型等多种。炼油化工过程的反应网络构建通常采用形式型，即根据反应规则库对反应物进行迭代进而构建整个反应网络。这种构建方法按照算法类型，还可以分为确定性网络法、随机抽样网络法、含量抽样网络法和蒙特卡洛法。其中的确定性网络法由于具有实现简单，生成的反应与设置的反应规则对应性强，非常方便对其进行分析和控制。不过，该方法随着反应复杂性的增加，算法复杂度会呈指数增加，如何获得其最终解（结果）需要认真考虑。

1）确定性网络法

图3-124是确定性网络法算法[314]的过程示意图。本方法通过反复对当前物质应用反应规则，不断生成新的化合物，直到反应物列表中的化合物用完为止。这种方法的最大不足是：生成的反应数量太多，只是对反应规则进行穷举，没有对体系的一些特征进行识别，随反应数量的增加算法复杂度呈指数上升，很快就会耗尽计算机内存，超出计算机求解能力。所以不少研究者探索改进方法，如考虑同步计算反应速率[315]，对于速率低于一定阈值的反应停止进一步迭代计算，以缩减生成的反应数量，同时加快反应网络的生成速度。图3-125是基于速率的确定性网络法算法流程图。

2）随机抽样网络法

图3-126是基于随机抽样网络法的反应网络构建方法。

3）含量抽样网络法

含量抽样网络法反应网络构建技术见图3-127。

```
deterministic-network-generator(L_{s_o},L_{et},L_s,L_r)
input:   -L_{s_o}:  list of initial species
         -L_{et}:   list of elementary transtions
output:  -L_s:      list of all species in network
         -L_r:      list of all reactions in network
local:   -L_{s_i}:  list of species created at step i
         -L_{s_{i-1}}: list of species created at step i-1
         -L_{r_i}:  list of reactions created at step i
Begin
1. L_s:=L_{s_o}; L_r:=φ; L_{s_{i-1}}:=L_{s_o};
2. do
4.      L_{s_i}=φ; L_{r_i}=φ;
5.   generate-species-reactions
            (L_{s_{i-1}},L_s,Let,L_{s_i},L_{r_i});
6. L_s=L_s ⊎ L_{s_i}; L_r:=L_r ⊎ L_{r_i};
7. L_{s_{i-1}}:=L_{s_i};
8. Until(L_{s_{i-1}}=φ ;and L_{r_i}=φ;)
end
```

```
generate-species-reactions(L_{s_1},L_{s_2},L_{et},L_{s_i},L_{r_i})
input:   -L_{s_1},-L_{s_2}:  list of species
         -L_{et}:  list of elementary transitions
output:  -L_{s_i}:  list of species created at step i
         -L_{r_i}:  list of reactions created at step i
local:   -L_{GP}:  list of graphs returned by generate-product
begin
1.     For all species s in L_{s_i} do
2.       For all reactions et ∈ Let
                 with order(et)=1 do
3.          L_{GP}:=φ ;
4.           generate-product
               (G(s),G_r(eg),G_p(Qt),L_{GP})
5.           update-species-reactions
               (L_{GP},et,s,φ,L_{s_i},L_{r_i});
6.       done
7.   done
8.   For all species s_1 ∈ L_{s_2} and s_2 ∈ L_{s_2} do
9.   For all reactions et ∈ Let
                 with order(et)=2 do
10.     L_{G_p}:=φ ;
11.     generate-product
        (G(s_1)UG_r(s_2),G_r(et),G_p(et),L_{GP}) ;
12.   update-species-reactions
        (L_{GP},et,s_1,s_2,L_{Si},L_{ri});
13.   done
14. done
end
```

```
generale-produst (G(s),G_r(et),G_p(et),L_{GP})
input:  -G(s): molecular graph of species s
        -G_r(et):molecular graph of the reactarts of tanstion et
        -G_p(et): molecular graph of the products of transtion et
ouput:  -L_{GP}:list of graphs obtained after applying et to s
local:
   -X: a graph
   -x: an atom of G(s)
   -G_x: a subgraph of G(s) rooted on x
begin
1.  For all atom x ∈ G(s) do
2.     for all G_x ⊆G(s) s. t. G_x≡G_r(et)do
3.     X=G(s)-G_x+G_p(et);
4.     if (species-constrains(X)= TRUE)
       then L_{GP} =L_{GP} ⊎ × fi;
     done
5.Done
end
```

```
Update-species-reactions (L_{GP},et,s_1,s_2,L_{r_i})
input:   -L_{GP}: list of graphs returned by generate-product
         -et:elementaty transition
         -s_1,s_2: reactant species
ouput:   -L_{s_i}:   list of species created at step i
         -L_{r_i}:   list of reactions created at step i
local:
   -L_p: list of connected graphs
   -k: rate constant
begin
1.  For all graphs G_p ⊆L_{G_P} do
2.     compute L_p the list of
          connected components of G_p;
3.    L_{s_i}=L_{s_i}⊎ Lp;
4.    k=rate-constant(et,s_1,s_2,L_P);
5.   L_{r_i}= L_{r_i}⊎(et,s_1,s_2,L_p,k);
6.   Done
end
```

图3-124　确定性网络法算法

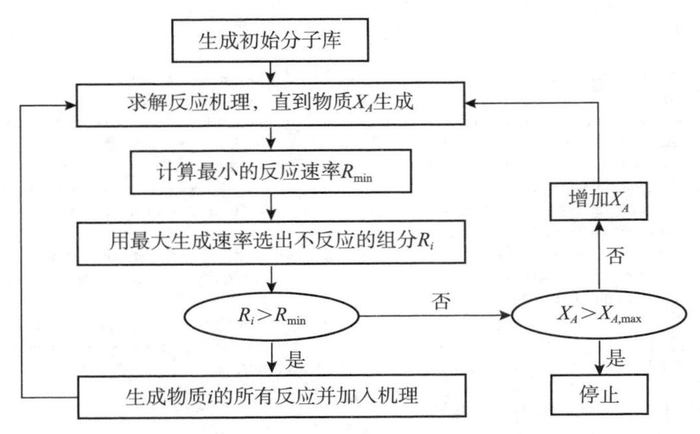

图3-125　基于速率的确定性网络法算法流程图

```
random-sampling-network-generator(L_so,L_es, L_s, L_r)
input:    -L_so:   list of inital species
          -Let:    list of elementary transitions
output:   -L_s:    list of all species in network
          - L_r:   list of all reactions in network
local:    - L_si:  list of species created at step i
          - L_si-1: list of species created at step i-1
          - L_ri:  list of reactions created at step i
Begin
1.  L_s:=L_so; L_r:=φ; L_si-1=L_so;
2.  do forever
4.    L_si:=φ;L_r:=φ;
5.    generate-species-reactions
                 (L_si-1,  L_s, Let, L_si, L_ri);
      if(L_si=φ and L_ri =φ ) then end;
6.    L_s:=L_s ∪ L_si; L_ri :=L_r ∪ L_ri ;
7.    reduce-mechanism-rendom(L_s,L_si)
8.    L_si-1:=L_si;
9. Done
end
reduce-mechanism- random(L_s,L_si)
input:  -L_so:  list of species
        -L_si:  list of species created at step i
output: -L_s:   reduced list of species
        -L_si:  reduced list of species created at step i
const:  -M_s:   maximum number of species allow in L_s
begin
1.  While ( | L_s | > M_s) do
2.        Selects in L_s at random;
3.        L_s: = L_s-s;
4.        if s ∈ L_si; then L_si:=L_si-s_1
5.  done
end
```

图3-126　基于随机抽样网络法的反应网络构建方法

```
concentration -sampling-network-generator(L_so,L_et, L_s,L_r)
input:    -L_so:  list of initial species
          -Let:   list of elementary transitions
output:   -L_s:   list of all species in network
          -L_r:   list of all reactions in network
local:    -L_si:  list of species created at step i
          -L_si-1: list of species created at step i-1
          -L_ri:  list of reactions created at step i
begin
1.  L_s:=L_so; L_r:=φ; L_si-1:=L_so;
2.  do forever
4.        L_si=φ; L_ri=φ;
5.    generate-species-reactions
                 (L_si-1 ,L_s,Let,L_si,L_ri);
     if(L_si=φ and L_ri=φ) then end;
6.  L_s:=L_s ∪ L_si; L_r:=L_r U L_ri;
7.  reduce-mechanism-concentration(L_s,L_si);
8.        L_si-1:=L_si;
9.        done
end
```

```
5.     [s_max]= [s];
6.   else
7.     [s]=0; [s_max]= 0;
8.   Fi
9.   L[s]:=L[s] U [s];
10. L[s_max]= L[s_max]U[s_max];
11. done
12. t=0; n_e=0;
13. While.n_e < M_c do
14.    t :=MC-Gllespie-step (L_s, L[s], L_r,t);
15.    For all species s ∈ Ls do
16.       if[s]>[s_max]then[s_max]=[s];
17.done
18.n_c=n_c+1;
19. done
20. While (|L_si|> M_c) do
21.     find s ∈ L_si having the lowest [s_max] value
22.     L_s=L_s-s;  L_si=L_si-s;
23. done
end
```

```
reduce-mechanism-concentration(L_s,L_si)
input:   -L_s:   list of species
         -L_si:  list of species created at step i
output:  -L_s:   reduced list of species
         -L_si:  reduced list of species created at step i
local:   -L[s]:  list of species concentration
         -L[s_max]:  list of species maximum concentration
         -n_c:   number of MC steps
         -t:     time
const:   -M_P:   maximum number particles
         -M_C:   maxirum number of MC steps
begin
1.  L[s]:=φ;L[s_max]:=φ;
2.  For all species s ∈ L_s do
3.     if steps(s)=0 then
4.       [s]=assign-initial-number-particles(s,M_P);
```

```
MC-Gillespie-step(L_g,L[s],L_r,t)
input:     -L_s: list of species
           -L[s]: list of species concentration
           -L_r; list of reactions
           -t: time
output:  -L[s]: update list of species concentation
           -t:time after event occurs
begin
1.  compute tine τ of next event using eq.8;
2.  Select reaction τ in L_r occurring at time t+τ using eq.9;
3.  t=t+τ;
4.  For all s ∈ L_r(r) do[s]=[s]-1 done;
5.   For all s ∈ L_p(r) do[s]=[s]+1 done;
6.   return t;
end
```

图3-127　含量抽样网络法反应网络构建技术

4）蒙特卡洛法

图3–128是基于蒙特卡洛网络法的反应网络构建方法。

MC–sampling–network–generator($L_{s_o}, L_{et}, L_s, L_r$)
input: –L_{s_o}: list of initial species
–Let: list of elementary transitions
output: –L_s: list of all species in network
–L_r: list of all reactions in network
local: –L_{s_i}: list of species created at step i
–L_{r_i}: list of reactions created at step i
–$L[s]$: list of reactions created at step i
–L^*_s: list of species with non–zero concentration
–L^*_{s-1}: list of species created at previous step with non–zero concentration
–t: time
const: –M_P: maximum number particles
–M_C: maximum number of MC ste
begin
1. $L_s:=L_{s_o};L[s]:=\phi;L_r:=\phi;$
2. For all species $s \in L_s$ do
3. [s] = assign–initial–number-particles(s,M_P);
4. $L[s]:=L[s] \uplus [s];$
5. done
6. $t=0, i=0; L_{s_i}:=\phi;L_{r_i}:=\phi;$
7. While $i< M_C$ do
8. $L_{s^*}=\phi; L_{s^*_{-1}}=\phi;$
9. For all $s \in L_S$ do
10. if $[s]\neq 0$ then $L_{s^*}:=L_{s^*} \uplus s;$
11. done
12. For all $s \in L_{s_i}$ do
13. if $[s]\neq 0$ then $L_{s^*_{-1}}:=L_{s^*_{-1}} \uplus s^*;$
14. done
15. $i=i+1, L_{s_i}:=\phi; L_{r_i}:=\phi;$
16. generate–species–reactions
17. ($L_{s^*_{-1}}, L_{s^*}, Let, L_{s_i}, L_{r_i}$);
18. $L_s:=L_s \uplus L_{s_i}; L_r:=L_r \uplus L_{r_i}$
19. For all $s \in L_{s_i}$ do $[s] = 0$ done
20. t = MC–Gillespie–steps(L_s, $L[s]$, L_r, t);
21. done

end

图3–128　基于蒙特卡洛网络法的反应网络构建方法

5）其他方法

其他方法包括SOL法、MTHS法、BE法等。图3–129是基于BE矩阵的反应网络算法流程图。

4.反应网络自动生成

1）基于BE法的反应网络自动生成

图3–130是基于BE矩阵的一套完整的反应网络构建算法流程图，包括从构建到生成反应ODE方程的流程。

通过应用化学反应以及化学反应规则的信息化表述，可实现复杂化学体系反应网络的自动生成及可视化。

具体如下：首先，进行原料分子结构的设置，访问石油分子信息库，对分子骨架结构及其原子连接方式进行解析，建立模型化合物；其次，访问化学反应规则库，设置反应搜索深度并搜索出可能发生的化学反应过程；最后，综合考察体系中串/并行反应，以及中间产物和产物分子的输出，对冗余反应进行分析与筛选，即可实现分子水平模型反应网络的自动生成。

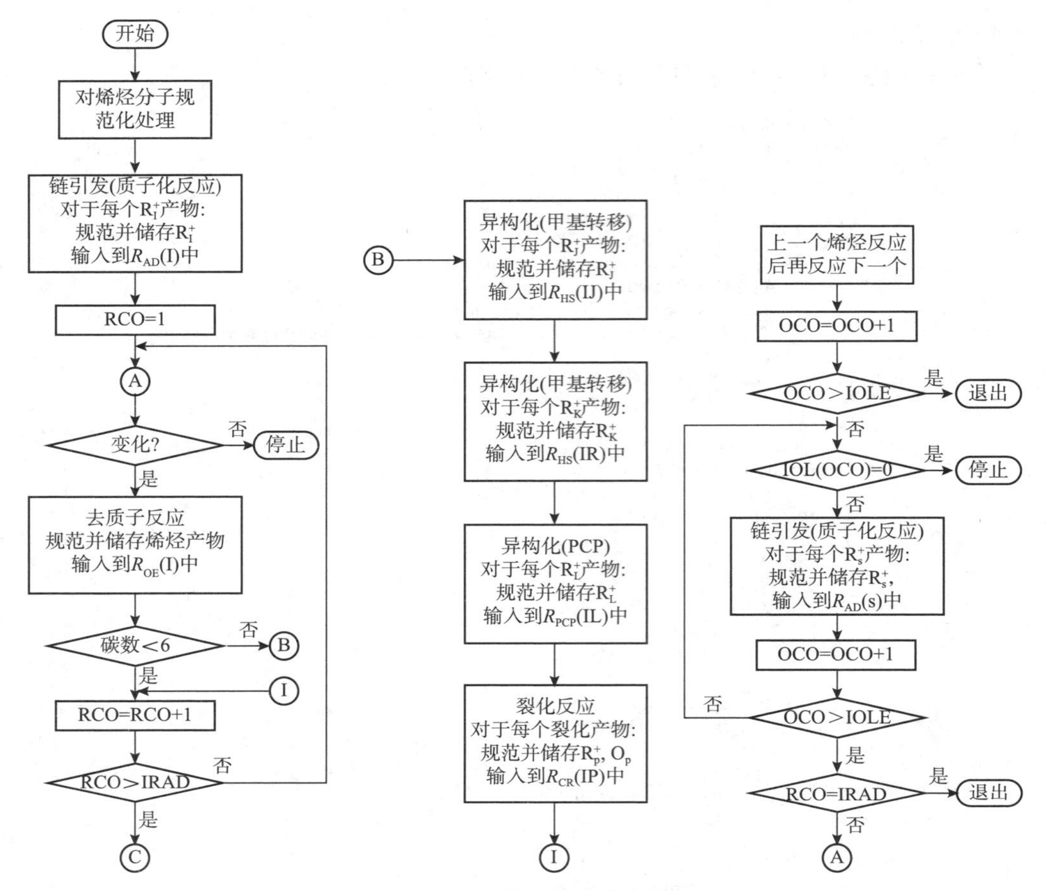

图3-129　基于BE矩阵的反应网络算法流程图

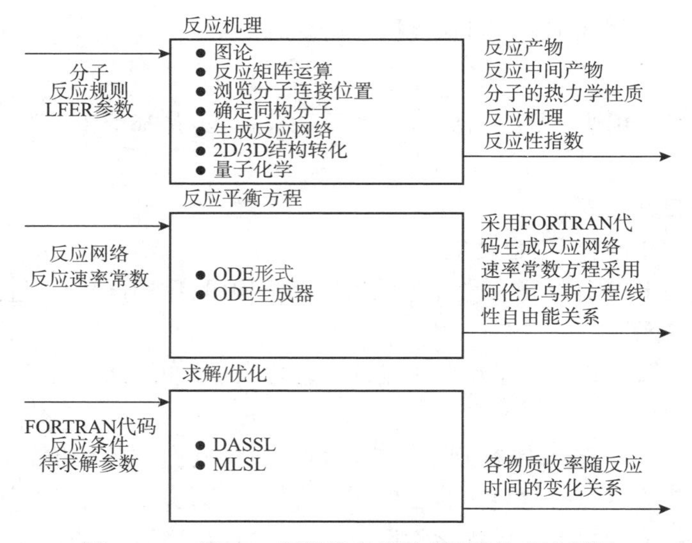

图3-130　基于BE矩阵的完整反应网络构建流程图

反应网络可以通过将反应矩阵重复应用于反应物及其产物来构建。图3-131为计算机上构建一个反应网络的算法示意[312]。通过检查每个物种上的特定反应位点，确保所有物种仅进行允许的反应，使得这些反应以合乎逻辑的方式进行。然后通过同构算法[312]（isomorphism algorithm）检查形成的每个产品种类的独特性，以确保它可以再次反应。当没有剩余未反应的物种时，网络建设就完成了。

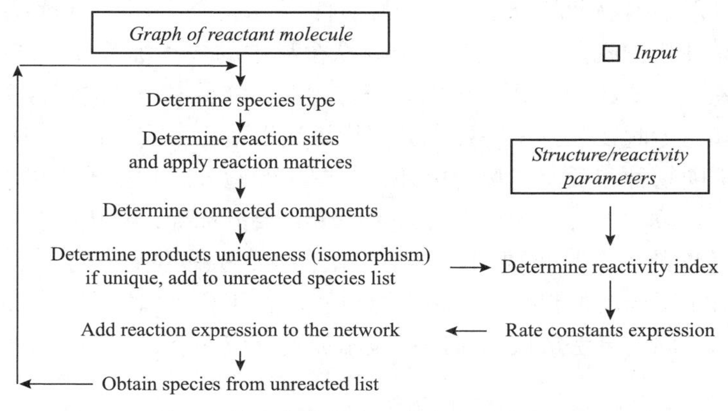

图3-131 使用相关速率常数表达式自动生成反应网络的算法

构建自动反应网络的最大挑战是如何用所构建的反应网络来捕捉到必要的化学和动力学重要的物种和反应，当然同时还要保持网络规模适中。

在预处理阶段，在确定了化学反应规则以后，很重要的工作就是要做好限制条件的选择。限制条件的选择有两种方式，即播种（Seeding）和脱籽（Deseeding）法[312]。播种的策略是，通过向网络生成器提供关键中间体来指导或引导模型建立朝向经验观察的重要产品的过程，其基本思想是引导模型只向重要物种和它们的化学反应的区域发展。形象比喻就是要专注于树干和大树枝，而不是考虑每一个小树枝和叶子。脱籽法则是在反应网络构建时只采用复杂原料中的一些反应物来构建，而不是传统地按照原料去提供所有反应物来构建反应网络的方法。将复杂原料的一部分反应物提供给反应网络生成器，而不是将原料的所有反应物提供给反应网络生成器，从而大大简化网络建设过程。例如，构建石蜡加氢裂化模型时，虽然石蜡原料组成中的最高碳数为C_{80}，但向网络建模时没有必要向网络生成器提供最高达C_{80}的所有烷烃分子数据。因为其他所有较小碳数烷烃都是通过高碳数烷烃的异构化和β裂解反应来形成的。在整个网络建立之后，使用脱籽的网络和供应所有反应分子的网络没有区别。因此，脱籽不仅是一种完成工作的简单方法，而且当计算机内存需求达到了计算机硬件能力的极限时，其对建立非常复杂反应网络是至关重要的。所以，播种、脱籽对构建复杂的反应网络是非常有用的。播种指导模型建立过程，用以捕捉可观察到的产品种类的基本化学反应过程。脱籽是一种观察反应网络建设过程的新方式，取代了传统的反应等级理解，从而能够实现复杂原料复杂化学反应过程的模型构建。

在计算处理阶段，最重要的工作是如何解决唯一性问题。通常，复杂原料复杂化学过程的自动反应网络的规模，如果不加以干预的话，是很容易激增的。例如，假定只有一个正十六烷分子参与加氢裂化过程反应，那么原则上它会产生超过一百万个C_{16}异构体（即使没有精确计算所有中间碳正离子），这很容易超出最先进计算机的内存和处理能力。图3-131中自动生成模型的算法，每次生成物产生时，都需要检查它同构物的独特性（唯一性），然后决定是否将其添加到未反应的物质列表中进行下一步的反应。同构算法（isomorphism algorithm）是导致复杂化学反应过程中自动反应网络规模激增的主要原因，因此，需要考虑如何在不改变基本机理前提下，在哪一层级将两物种归类于同一种或同一组。可以根据物种的分子量、结构属性、经验式或其他分析性质等作为归类的依据，其目标是让用户据此建立模型并能够从模型中的分子细节预测产品属性或性能。所以大概率的答案是要让两个物种可以在可获得的定量结构-性质属性关系（QSPR）水平上组合在一起。为此，开发了一种广义同构算法以适应不同层次的同构检查，用户可以选择或提供不同物种和反应类型的标准，范围从经验公式到原子连接水平均可以。例如，对于烷烃，碳数和支链数的组合可以是一个重要的标准；对于环化合物，核心环结构、侧链数和长度的组合是重要的；对于硫化合物，关键位置如噻吩类化合物硫的 α 位是重要的。对于不同的过程化学，标准可以不同，用户可以根据个人的见解和经验来定制。将通过广义同构算法形成的相同反应添加到反应网络，以确保反应路径的简并性（RPD）。

这种基于同构的广义集总策略已经从根本上取代了经典的集总方案。传统的集总模型中没有基本的化学和分子组成。然而，嵌入广义同构算法的自动化网络生成器使得用户可以从基本的化学反应和反应机理中得到基于分子的模型，同时提供了集总的最大灵活性，并且动态降低了模型规模。

计算阶段还有反应现场抽样的随机规则问题。随机模型建立的基本思想是对每个反应族和每个复合类型的反应进行随机取样。分子在混合物中会相互补偿，因此这尤其适用于众多分子混合物的过程。

概率密度函数（PDF）也可以用来描述不同位置的反应概率。我们可以假设用分布函数对每个反应族和复合物类进行抽样或选择可能的反应。然后，通过与实验结果中的产物相匹配，我们可以优化每个PDF的参数。这种方法还可以帮助我们建立一个反应网络，其中包含了基本的化学反应过程和反应机制。

随机形成的反应网络只是理论上完整反应网络的一部分。从这个小的有代表性的网络去完全恢复速率信息的一种方式是，通过维护每种物质每个反应族的RPD。这相当于速率常数的标准化，所以取样反应可以用来代表整个反应谱对该物质的基本动力学影响。Mizan等人[314]已经用这一方法为多种以蜡为原料的加氢异构化反应成功建立了相应的反应网络。

在后处理阶段即建立反应网络之后，还可以使用基于广义同构的集总方法，此时可以称为基于广义同构的后集总。随着反应网络的建立，每种物质的所有信息，如碳数、Z数、结构组、分子量、沸点、物质类型等，都被记录到数据库文件中。在建立一个完整的反应网络之后，我们总是可以把物质和反应组合在一起，形成一个更小的模型。通过指定不同的同构标准，用户可以将完整的模型定制到集分析能力或数据可用性为一体的任何级别的集总模型。例如，如果现有的烷烃加氢裂化实验数据只在碳数和支链数水平上，那么将模型放在这一水平上是可行的，并且容易首先调整这个较小的模型。集总模型可以快速求解，因此较容易进行调整。这些以同构为基础的集总模型是从基本的化学反应机理中得到的，并且可以根据需要在分子水平上建模，这与随机选择的集总模式完全不同。

这种于广义同构的后集总策略非常灵活，可定制最详细的基本模型并根据需要提供合适的规模和所需的信息。这也表明了一种自适应的模型调优策略——任何开发的模型都可以随着可用数据进行调整，并且可以随着更多的数据而持续改进。

2）基于SOL法的反应网络构建

SOL法仅用22个特征因子就较好地对石油分子进行了分类，即使中国石油大学对SOL法进行了修正也只需31个特征因子就可以方便地描述所有石油分子，因此SOL法比较简洁，其对石油分子的转化过程可以通过SOL向量的加减方便地完成。同时，根据前面的介绍，反应规则、生成物规则也是很容易编写的，这对计算机反应网络的构建与自动进行也很有利，例如，采用APL、MATLAB程序语言可以很快速地生成反应网络并快速完成算法的构建。SOL法的拓展性也较好，可以较为方便地增加相应的向量，也可以拓展到机理层面。不过，SOL法也正因为采用了简化的分子特征描述法，如对异构化合物的区分就很弱，也限制了一些应用。

图3-132为模型化合物“䓛”分子的SOL法加氢断裂反应网络示意图。

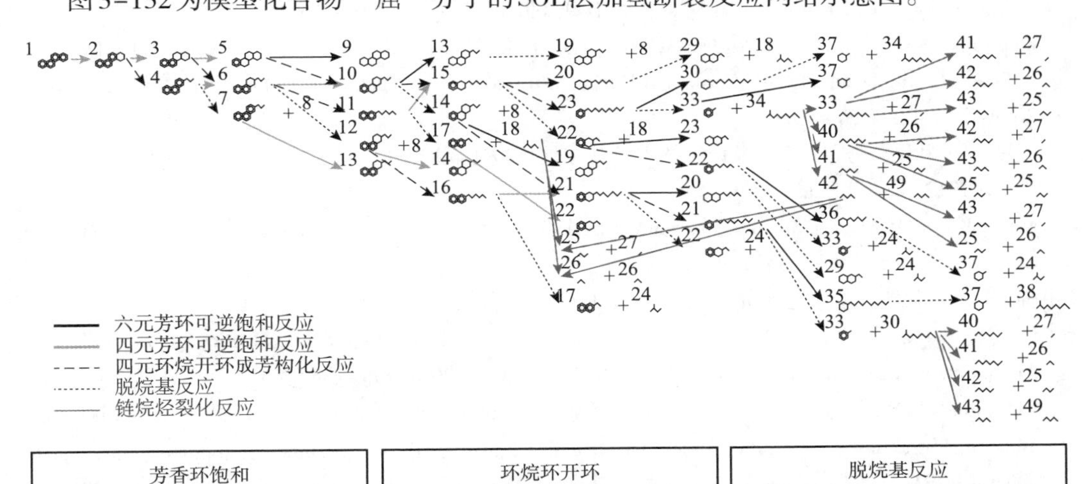

芳香环饱和

反应物选择规则：A4≥1

产物生成规则：A4←A4-1

N4←N4+1

环烷环开环

反应物选择规则：N4≥1

产物生成规则：N4←N4-1

R←R+4

br←br+1

脱烷基反应

反应物选择规则：(A6≥1)^(R＞3)

产物生成规则：

产物1：R←1+环数

产物2：R←R-1+环数

图3-132　“䓛”分子的SOL法加氢断裂反应网络

3）其他方法

基于MTHS法的反应网络构建以及基于PMID法等的反应网络构建，大同小异，就不展开介绍了。

5.关于基于物种和基于反应的模型简化

Klein等[312]开发了基于灵敏度分析的模型简化方法。要理解这些方法，重要的是要区分模型中的物种类型：重要的、必要的和冗余的。重要的物种对用户具有直接的重要性。必要物种是模型必须保留的，以便正确地模拟重要物种。冗余物种是可以从模型中剔除的物种，对重要物种的预测没有太大的影响。用户必须定义这些物种的重要物种集合和可接受的误差水平；然后，模型简化算法选择必要和冗余物种。

Turanyi[315]提出了一种基于物种的采用迭代计算的简化模型，并详细描述了相应的计算步骤。Baynes[316]在597种物质和2932个反应的正己烷酸裂解机理模型中也应用了这些算法，将模型的规模降低到了390种物质和1342种反应。这套算法正确地模拟了指定的重要物质的浓度，并且只需要33%的时间来求解完整的物种。模型简化研究的另一个重要发现是，基于反应的模型简化比基于物种的模型简化更好。如果一种重要物种经历了快速和慢速两种反应，则基于反应的简化可以消除慢速反应，但基于物种的简化则不能这样处理。不过基于反应的模型简化需要更长的时间才能完成，因为它分析了更多的可能性。

参考文献

[1] Rodgers RP, Blumer EN, Fretas MA, et al. Complete Compositional Monitoring of the Weathering of Transportation fuels based on elemental compositions from Fourier Transform Ion Cyclotron Resonance Mass Spectrometry[J]. Environmental Science & Technology, 2000, 34 (9): 1671-1678.

[2] Ogbuneke KU, Snape CE, Andresen JM, et al. Identification of a Polycyclic Aromatic Hydrocarbon Indicator for the Onset of Coke Formation During Visbreaking of a Vacuum Residue [J]. Energy & Fuels, 2009, 23 (4): 2157-2163.

[3] 王威，刘颖荣，杨雪，等. 烃指纹技术及其在催化裂化反应中的初步应用 [J]. 石油学报（石油加工），2012，28（2）: 167-173.

[4] Mayer I. Bond Orders and Valences from Ab Initio Wave Functions [J]. International Journal of Quantum Chemistry, 1986, 29 (3):477-483.

[5] 福井谦一. 化学反应与电子轨道 [M]. 北京：科学出版社，1985.

[6] Fan X, Wang X, Wang J, et al. Structural and Electronic Properties of Linear and Angular Polycyclic Aromatic Hydrocarbons[J]. Physics Letter A, 2014, 378 (20):1379-1382.

[7] El-Nahass MM, Kamel MA, El-Deeb AF, et al. Density Functional Theory (DFT) Investigation of Molecular Structure and Frontier Molecular Orbitals (Fmos) of P-N, N-Dimethylaminobenzylidenemalon onitrile (DBM) [J]. Spectrochemical Acta Part A: Molecular and Biomolecular Spectroscopy, 2011, 79 (5):1499-1504.

[8] Qiu T, Wu XL, Kong F, et al. Solvent Effect on Light-Emitting Property of Si Nanocrystals [J]. Physics Letters A, 2005, 334 (5-6):447-452.

[9] Rice FO. The Thermal Decomposition of Organic Compounds from the Standpoint of Free Radicals I. Saturated Hydrocarbons [J]. Journal of the American Chemical Society, 1931, 53 (5):1959-1972.

[10] Rice FO, Herzfeld KF. The Thermal Decomposition of Organic Compounds from the Standpoint of Free Radicals. VI. the Mechanism of Some Chain Reactions [J]. Journal of the American Chemical Society, 1934, 56 (2):284-289

[11] Caeiro G, Carvalho RH, Wang X, et al. Activation of C2-C4 Alkanes over Acid and Bifunctional Zeolite Catalysts [J]. Journal of Molecular Catalysis A: Chemical, 2006, 255 (1):131-158.

[12] 刘泽龙，田松柏，樊雪志，等. 蓬莱原油初馏点 ~350℃馏分中石油羧酸的结构组成 [J]. 石油学报（石油加工）, 2003, 19 (06):40-45.

[13] 傅晓钦，田松柏，侯栓弟，等. 蓬莱和苏丹高酸原油中的石油酸结构组成研究 [J]. 石油与天然

气化工，2007，36（06）:507–510.
[14] 麦松威，周公度，李伟基 . 高等无机结构化学［ M ］. 北京：北京大学出版社，2006.
[15] Berkovitch-Yelin Z，Van Mil J. Addadi L，et al. Crystal Morphology Engineering By "Tailor-Made" Inhibitors：A New Probe to Fine intermolecular interactions［ J ］. Journal of the American Chemical Society，1985，107（ 11 ）:3111–3122.
[16] Richter FP，Caesar PD，Meisel SL，et al. Distribution of Nitrogen in Petroleum According to Basicity［ J ］. Industrial & Engineering Chemistry Research，1952，44（ 11 ）:2601– 2605.
[17] Yamaoto M，Taguchi K，Sasski K. Basic Nitrogen Compounds in Bitumen and Crude Oils［ J ］. Chemical Geology，1991，39（ 1–2 ）:193–205.
[18] Merdrignac I，Behar F，Albrecht P. Quantitative Extraction of Nitrogen Compounds in Oils：Atomic Balance and Molecular Composition［ J ］. Energy & fuels，1998，12（ 6 ）:1342–1355.
[19] 吴青 . 石油分子工程及其管理的研究与应用（ Ⅱ ）［ J ］. 炼油技术与工程，2017，47（ 2 ）：1–14
[20] Rice FO. The Thermal Decomposition of Organic Compounds from the Standpoint of Free Radicals I. Saturated Hydrocarbons［ J ］. Journal of the American Chemistry Society，1931，53（ 5 ）：1959–1972.
[21] Rice FO. Thermal Decomposition of Hydrocarbons and Engine Detonation［ J ］. industrial & Engineering Chemistry Research，1934，26（ 3 ）：259–262.
[22] Rice FO. The Thermal Decomposition of Organic Compounds from the Standpoint of Free Radicals. Ⅲ . the Calculation of the Products formed from Paraffin Hydrocarbons［ J ］. Journal of the American Chemistry Society，1933，55（ 7 ）：3035–3040.
[23] Kossiakoff A，Rice FO. Thermal Decomposition of Hydrocarbons，Resonance Stabilization and Isomerization of Free Radicals［ J ］. Journal of the American Chemistry Society，1943，65（ 4 ）：590–595.
[24] 陈俊武，曹汉昌 . 催化裂化工艺与工程［ M ］. 北京：中国石化出版社，1995.
[25] Kung HH，Williams BA，Babitz SM，et al. Towards Understanding the Enhanced Cracking Activity of Steamed Y Zeolites［ J ］. Catalysis Today，1999，52（ 1 ）:91–98.
[26] Buchanan JS，Santiestban JG，Haag WO. Mechanistic Considerations in Acid–Catalyzed Cracking of Olefins［ J ］. the Canadian Journal of Chemical Engineering，1985，63（ 3 ）:462–469.
[27] 徐如人，庞文琴，于吉红，等 . 分子筛与多孔材料化学［ M ］. 北京：科学出版社，2004.
[28] Altwasser S，Welker C，Traa Y，et al. Catalytic Cracking of N–Octane On Small–Pore Zeolites［ J ］. Micropor Mesopor Mater，2005，83（ 1/3 ）：345–356.
[29] Kissin Y V. Relative Reactivities of Alkanes in Catalytic Cracking Reactions［ J ］. Journal of Catalysis，1990，126（ 2 ）：600–609.
[30] Jung JS，Park JW，Seo G. Catalytic Cracking of N–Octane over Alkali–Treated MFI Zeolites［ J ］. Applied Catalysis A：Gen.，2005，288（ 1/ 2 ）:149–157.
[31] Wojciechowski BW. The Reaction Mechanism of Catalytic Cracking：Quantifying Activity，Selectivity，and Catalyst Decay［ J ］. Catalysis Reviews，1998，40（ 3 ）：209–328.
[32] 吴青 . 炼油化工一体化：基本概念与工业实践［ A ］. 炼油与石化工业技术进展［ M ］. 北京：中国石化出版社，2010.
[33] 吴青 . 石油分子工程［ M ］. 北京：化学工业出版社，2020.
[34] 马爱增，于中伟，张秋平，等 . 从石脑油和轻烃资源增产汽油的技术及措施［ J ］. 石油炼制与化工，2009，40（ 11 ）：1–7.
[35] 冯翠兰，曹祖宾，徐贤伦，等 . 催化裂化汽油降烯烃工艺研究进展［ J ］. 抚顺石油学院学报，2002，22（ 2 ）：25–29.
[36] 徐承恩，催化重整工艺与工程［ M ］. 北京：中国石化出版社，2006，93–189.

[37] Mills G A, Heinemann H, Milliken T H, et al. Hydroforming Reactions Catalytic Mechanism [J]. Industrial & Engineering Chemistry, 1953, 45 (1): 134–137.

[38] Haensel V, Donaldson G R, Rield F L. Mechanisms of Cyclohexane Conversion over Platinum–Alumina Catalysts [C]. Amsterdam: Processing of the 3rd International Conference Catalysis, 1965.

[39] Hindin S G, Weller S W, Mills G A. Mechanically Mixed Dual Function Catalysts [J]. Journal of Physical Chemistry, 1958, 62 (2): 244–245.

[40] Davis B H, Alkane Dehydrocyclization Mechanism [J]. Catalysis Today, 1999, 53 (3): 443–516.

[41] 于宁，龙军，马爱增，等，2- 庚烯碳正离子移位及环化反应的分子模拟 [J]. 石油学报（石油加工），2013，29（4）: 549–554.

[42] Krane H G, Groh A B, Schulman B L, et al. Reaction in Catalystic Reforming of Naphtha [C]. New York: Processing 5th World Petroleum Congress, 1959

[43] Sinfelt J H, Rohrer J C. Reactivities of Some C_6–C_8 Paraffins over Pt–Al_2O_3 [J]. Journal of Chemical and Engineering Data. 1963，8（1）: 109–111.

[44] Paal Z, Matusek K, Zimmer H, Skeletal Reactions of Heptane Isomers over EUROPT–1: A Comparison with Pt Black [J]. Journal of Catalysis, 1993, 141 (2): 648– 659.

[45] 戴立顺，苣锦华，董建伟，等. 生产清洁汽油组分并增产丙烯的催化裂化工艺 [J]. 石化技术与应用，2005，23（4）：267–270.

[46] 王晓璐. 加氢焦化汽油作重整原料的工业试验 [J]. 石油炼制与化工，2000，31（2）：13–16.

[47] 谢朝钢，刘舜华，王亚民. 催化裂解汽油催化芳构化工艺的研究 [J]. 石油炼制与化工，1999，30（11）：6–9.

[48] 毛安国，龚剑洪. 催化裂化轻循环油生产轻质芳烃的分子水平研究 [J]. 石油炼制与化工，2014，45（7）: 1–6.

[49] 王乃鑫，刘泽龙，祝馨怡，等. 气相色谱 – 飞行时间质谱联用仪测定柴油烃类分子组成的馏程分布 [J]. 石油炼制与化工，2015，46（1）: 89–96.

[50] 迟克彬，赵震，阎立军，等. Pt 基催化剂上正十四烷的加氢异构反应性能 [J]. 石油化工，2015，44（4）: 429–435.

[51] 迟克彬，赵震，田志坚，等. Pt/USY 催化剂上 FCC 柴油加氢改质反应性能 [J]. 化工进展，2015，34（5）: 1–7.

[52] 吴青，吴晶晶. 基于分子工程理念的催化裂化轻循环油（LCO）提质增值研究 [A]. 中国工程院化工、冶金与材料工程第十一届学术会议论文集 [M]. 北京：化学工业出版社，2016，11: 155–161.

[53] 阎立军，傅军，何鸣元. 正己烷在分子筛上的裂化反应机理研究 I. 正己烷的裂化反应链长 [J]. 石油学报（石油加工），2000，16（3）: 15–26.

[54] 阎立军，傅军，何鸣元. 正已烷在分子筛上的裂化反应机理研究 II. 双分子氢转移反应遵循 Rideal 机理 [J]. 石油学报（石油加工），2000，16（4），6–12.

[55] 曾鹏晖，申宝剑. 正己烷在直接法高硅 Y 型分子筛上的催化裂化性能 [J]. 石油化工，2004，33（z1）: 818–819.

[56] 常福祥，刘献斌，魏迎旭，等. 不同结构分子筛催化剂上甲醇耦合的 C6 烷烃裂化反应过程的研究 [J]. 石油化工，2005，34（zl）: 108–111.

[57] 胡晓燕，李春义，杨朝合. 正庚烷在 HZSM–5 催化剂上的催化裂解行为 [J]. 物理化学学报. 2010，26（12）: 3291–3298.

[58] 曾厚旭，王殿中，宗保宁，等. ZSM–5 分子筛改性对正庚烷芳构化性能的影响 [J]. 石油学报（石油加工），2006，22（zl）: 201–205.

[59] 潘谢宇，肖志梅，江洪波，等. 从含 C4 的料流中除去链烷烃 [J]. 石油化工，2007，36（3）:

227-231.

[60] Plank C J, Sibbett D J, Smith R B. Comparison of Catalysts in Cracking Pure Methylcyclohexane and n-Decane[J]. Industrial & Engineering Chemistry, 1957, 49(4):742-749.

[61] 陈妍，达志坚，朱玉霞，等. 不同分子筛对 n-C_{12} 催化裂化转化规律的影响[J]. 石油化工，2012, 41(3): 302-307.

[62] 张剑秋. 利用正十二烷研究催化裂化中的氢转移指数[J]. 石油炼制与化工，2013, 44(6): 6-11.

[63] Nace D M. Catalytic Cracking over Crystalline Aluminosilicates. Ⅱ. Application of Microreactor Technique to Investigation of Structural Effects of Hydrocarbon Reactants[J]. Industrial & Engineering Chemistry Product Research and Development, 1969, 8(1): 31-38.

[64] 费翔，梁泽涛，李春义，等. 混合 C_4 催化裂化规律研究[J]. 石化技术与应用，2008, 26(2): 111-114.

[65] 赵留周，施至诚. 沸石孔结构对 1- 己烯异构化性能的影响[J]. 石油炼制与化工，2003, 34(1): 42-44.

[66] 赵留周，施至诚. Y 型沸石硅铝比对 1—己烯异构化性能的影响[J]. 石油炼制与化工，2003, 34(3): 51-55.

[67] 袁裕霞，杨朝合，山红红，等. 烯烃在催化裂化催化剂上反应机理的初步研究[J]. 燃料化学学报，2005, 33(4): 435-439.

[68] 许友好，刘宪龙，张久顺，等. 催化裂化反应类型及其相互作用对产物分布和产品组成的影响[J]. 石油炼制与化工，2005, 36(11): 49-53.

[69] Nace D M. Catalytic Cracking over Crystalline Aluminosilicates. I. Instantaneous Rate Measurements for Hexadecane Cracking[J]. Industrial & Engineering Chemistry Product Research and Development, 1969, 8(1): 24-31.

[70] Bloch H S, Thomas C L. Hydrocarbon Reactions in the Presence of Cracking Catalysts. Ⅲ. Cyclohexene, Decalin and Tetralin[J]. Journal of the American Chemical Society, 1944, 66(9):1589-1594.

[71] 唐津莲，许友好，汗燮卿. 全氢菲在分子筛催化剂上环烷环开环反应的研究[J]. 燃料化学学报，2012, 40(6): 721-726

[72] Thomas C L, Hoekstra J, Pinkston J T. Hydrocarbon Reactions in the Presence of Cracking Catalysts. IV. Removal of Side Chains from Aromatics[J]. Journal of the American Chemical Society, 1944, 66(10): 1694-1696.

[73] 魏晓丽，龙军，谢朝钢，等. 异丙苯裂化反应路径及苯生成影响因素分析[J]. 石油炼制与化工，2008. 39(8): 41-45.

[74] 贾玮玮，刘靖，谭涓. 混合二异丙苯的择形催化裂化[J]. 石油化工，2008, 37(10): 998-1002.

[75] Greensfelder B S, Voge H H, Good G M. Catalytic Cracking of Pure Hydrocarbons[J]. Industrial & Engineering Chemistry Research, 1945, 37(12): 1168-1176.

[76] 唐津莲，许友好，汪燮卿，等. 四氢萘在分子筛催化剂上环烷环开环反应的研究[J]. 石油炼制与化工，2012, 43(1): 20-25.

[77] 唐津莲，许友好，汪燮卿，等. 二异丙基萘在分子筛催化剂上的侧链断裂反应[J]. 石油学报(石油加工)，2012, 28(2):174-179.

[78] 杨哲，龙军. 黏结剂对 Ni-Mo-W 体相加氢精制催化剂性能的影响[J]. 石油学报(石油加工)，2012, 28(1):1-6.

[79] Greensfelder B, Voge H, Good G. Catalytic and Thermal Cracking of Pure Hydrocarbons: Mechanisms of Reaction[J]. Industrial & Engineering Chemistry, 1949, 41(11): 2573-2584.

[80] Haag W, · Dessau R, Lago R. Kinetics and Mechanism of Paraffin Cracking With Zeolite Catalysts[J]. Studies in Surface Science and Catalysis, 1991, 60(3): 255-265.

[81] Xu C, Gao J, Zhao S, et al. Correlation between Feedstock SARA Components and FCC Product Yields[J]. Fuel, 2005, 84(6): 669-674.
[82] Good G, Voge H, Greensfelder B. Catalytic Cracking of Pure Hydrocarbons[J]. Industrial & Engineering Chemistry, 1947, 39(8): 1032-1036
[83] 许友好，氢转移反应在烯烃转化中的作用探讨[J]. 石油炼制与化工，2002，33(1)：38-41.
[84] 武雪峰，燕山 FCC 汽油窄馏分催化裂解反应特性[J]. 石油学报（石油加工），2012，28(5):769.
[85] 许友好，崔守业，汪燮卿. FCC 汽油烯烃双分子裂化反应及其与双分子氢转移反应之比的研究[J]. 石油炼制与化工，2007, 38(9): 1-5.
[86] 倪炳华，黄风林. 氢转移反应控制技术[J]. 石油与天然气化工，2002, 31(6): 313-315.
[87] 崔守业，许友好，龚剑洪，等. 己烯-1 和正已烷混合烃在 FAU 和 MFI 型分子筛催化剂上的竞争催化[J]. 石油学报（石油加工），2009,(3):414-419.
[88] Watson B, Klein M, Harding R. Catalytic Cracking of Alkylbenzenes: Modeling the Reaction Pathways and Mechanisms[J]. Applied Catalysis A: General. 1997, 160(1):13-39.
[89] Serra J M, Gullion E, Corma A. A Rational Design of Alkyl-Aromatics Dealkylation-Transalkylation Catalysts Using C_8 and C_9 Alkyl-Aromatics as Reactants[J]. Journal of Catalysis, 2004, 227(2): 459-469.
[90] AI-Khattaf S, Lasa H D. Catalytic Cracking of Alkylbenzenes. Y-Zeolites with Different Crystal Sizes[J]. Studies in Surface Science and Catalysis, 2001, 134: 279- 292.
[91] Corma A, Miguel P, Orchilles A, et al. Cracking of Long-Chain Alkyl Aromatics On USY Zeolite Catalysts[J]. Journall of Catalysis, 1992, 135(1): 45-59.
[92] Mostad H, Riis T, Ellestad O. Catalytic Cracking of Naphthenes and Naphtheno-Aromatics in Fixed Bed Micro Reactors[J]. Applied Catalysis, 1990, 63(1): 345-364.
[93] 陈俊武. 催化裂化工艺与工程[M]. 北京：中国石化出版社 2005，147-148.
[94] Dewachtere N, Santaella F, Froment G. Application of a Single-Event Kinetic Model in the Simulation of An Industrial Riser Reactor for the Catalytic Cracking of Vacuum Gas Oil[J]. Chemical Engineering Science, 1999, 54(15): 3653-3660.
[95] Appleby W, Gibson J, Good G. Coke Formation in Catalytic Cracking[J]. Industrial & Engineering Chemistry Process Design and Development, 1962, 1(2): 102-110.
[96] 朱根权，夏道宏. 催化裂化过程中含硫化合物转化规律的研究[J]. 燃料化学学报，2000，28(6): 522-526.
[97] Dupain X, Rogier L, Gamas E, et al. Cracking Behavior of Organic Sulfur Compounds Under Realistic FCC Conditions in A Microriser Reactor[J]. Applied Catalysis A: GeneraL 2003, 238(2): 223-238.
[98] 吴群英，达志坚，朱玉霞. FCC 过程中噻吩类硫化物转化规律的研究进展[J]. 石油化工，2012，41(4): 477-483.
[99] 吴群英，达志坚，朱玉霞. 催化裂化过程中苯并噻吩的转化规律[J]. 石油学报（石油加工），2013. 29(1): 6-12.
[100] Corma A, Martmez C, Ketley G, et al. On the Mechanism of Sulfur Removal During Catalytic Cracking[J]. Applied Catalysis A: General, 2001, 208(1): 135-152.
[101] 朱根权，夏道宏，阙国和. 催化裂化过程中硫化物的分布及转化规律[J]. 石油化工高等学校学报 2000, 13(2): 40-44.
[102] Yu S Y, Waku T, Iglesia E. Catalytic Desulfurization of Thiophene On H-ZSM5 Using Alkanes As Co-Reactants[J]. Applied Catalysis A: General, 2003, 242(1): 111-121.
[103] James L, Badillo M, Lasa H. FCC Gasoline Desulfurization Using A ZSM-5 Catalyst: Interactive Effects of Sulfur Containing Species and Gasoline Components[J]. Fuel, 2011, 90(5):2016-2025.

[104] Richter F, Caesar P, Meisel S, et al. Distribution of Nitrogen in Petroleum According to Basicity [J]. Industrial & Engineering Chemistry, 1952, 44 (11):2601- 2605.

[105] Corma A, fornes V, Monton J B, et al. Catalytic Cracking of Alkanes On Large Pore, High SiO_2/Al_2O_3 Zeolites in the Presence of Basic Nitrogen Compounds. Influence of Catalyst Structure and Composition · the Activity and Selectivity [J]. Industrial & Engineering Chemistry Research, 1987, 26 (5): 882–886.

[106] 于道永，徐海，阙国和．催化裂化催化剂再生过程中的氮化学进展［J］．化工进展，2009，28（12）: 2146–2151.

[107] 李泽坤，王刚，刘银东，等．CGO 关键组分结构分析及其对 FCC 反应性能的影响［J］．石油学报（石油加工），2010，26（5）: 691–699.

[108] 袁起民，龙军，谢朝钢，等．高氮原料的催化裂化研究进展［J］．化工进展，2008，27（12）: 1929–1936.

[109] Fu CM, Schaffer AM. Effect of Nitrogen Compounds on Cracking Catalysts [J]. Industrial & Engineering Chemistry Product Research and Development, 1985, 24(1):68–75.

[110] 宋海涛，达志坚，朱玉霞，等．不同类型 VGO 的烃类组成及其催化裂化反应性能研究［J］．石油炼制与化工，2012，43（2）: 1–8.

[111] 钮根林，陈捷．胜利减压渣油窄馏分催化裂化性能的研究［J］．炼油设计，1995，25（2）: 6–10.

[112] 许昀，山红红．土哈渣油催化裂化性能研究［J］．石油大学学报（自然科学版），2002，26（5）: 91–93.

[113] 高浩华，王刚，张兆前，等．重油分级催化裂化反应性能［J］．石油学报（石油加工），2012，28（6）: 164.

[114] 王刚，黄鹤，徐春明，等．辽河劣质焦化蜡油溶剂精制 – 催化裂化组合工艺研究［J］．炼油技术与工程，2009，39（2）:7–10.

[115] Nace D M. Catalytic Cracking over Crystalline Aluminosilicates: Microreactor Stud Y of Gas Oil Cracking [J]. Industrial & Engineering Chemistry Product Research and Development, 1970, 9 (2): 203–209.

[116] 徐春明，林世雄．胜利减压渣油中胶质的催化裂化反应特征［J］．石油学报（石油加工），1994，10（2）:12–20.

[117] 赵丽萍．VGO 中不同烃族组分催化裂化性能的研究［D］．北京：石油化工科学研究院，2015.

[118] 王洪旭，田松柏．催化裂化原料硫的分子组成及转化规律［A］．石油炼制过程分子管理［M］．北京：化学工业出版社 2017：108–115

[119] Leflaive P, Lemberton J, Perot G, et al. On the Origin of Sulfur Impurities in Fluid Catalytical Cracking Gasoline Reactivity of Thiophene Derivativers and of Their Possible Precursors Under FCC Conditions [J]. Applied Catalysis A: General, 2002, 227(1): 201–215.

[120] 魏强，张长青，黄福祥．渣油催化裂化过程中硫及其分布的影响和对策［J］．炼油设计，1997，10（5）:35–39.

[121] 李明，郭大为，陈西岩，等．脱硫脱氮吸附剂上的硫经催化裂化反应后的分布研究［J］．石油炼制与化工，2012，43（10）:35–40.

[122] 汤海涛，凌珑．催化裂化过程中硫转化的规律研究［J］．催化裂化，2002，17（2）:17–23.

[123] 庞新梅，李春义，山红红，等．硫化物在 FCC 催化剂上的裂化脱硫研究［J］．石油大学学报，2003，27（1）:95–101.

[124] Caeiro G, Costa A, Cerqueira H, et al. Nitrogen Poisoning Effect On the Catalytic Cracking of Gasoil [J]. Applied Catalysis A: General, 2007, 3(20): 8–15.

[125] Li Z, Wang G, Shi Q, et al. Retardation Effect of Basic Nitrogen Compounds on Hydrocarbons Catalytic Cracking in Coker Gas Oil and their Structural Identification [J]. Industrial & Engineering Chemistry Research, 2011, 50(7): 4123–4132.

[126] Ho T C, Katritzky A R, Cato S J. Effect of Nitrogen Compounds On Cracking Catalysts [J]. Industrial & Engineering Chemistry Research 1992, 31 (7):1589-1597.
[127] 沈本贤，陈小博，王劲，等. 含氮化合物对 FCC 催化剂的中毒机理及其应对措施 [J]. 石油化工，2013, 42(4): 457-462.
[128] 于道永，徐海，阙国和，等. 催化裂化过程中的含氮化合物及其转化 [J]. 炼油设计，2000，3 (6): 16-19.
[129] Scherzer J. Octane-Enhancing, Zeolitic FCC Catalysts: Scientific and Technical Aspects [J]. Catalysis Reviews Science and Engineering, 1989, 31(3): 215-354.
[130] Caeiro G, Magnoux P, Lopes J, et al. Deactivating Effect of Quinoline During the Methylcyclohexane Transformation over H-USY Zeolite [J].Applied Catalysis A: General, 2005, 29(2): 189-199.
[131] 樊文龙，催化裂化反应中非烃化合物对烃类化合物转化的影响 [A]. 石油炼制过程分子管理 [M]. 北京：化学工业出版，2017:100-107.
[132] Maselli J M, Peters AW. Preparation and Properties of Fluid Cracking Catalysts for Residual Oil Conversion [J]. Catalysis Reviews Science and Engineering, 1984, 26(3-4), 525-554.
[133] Groenzin H, Mullins O C , Mullins W W. Resonant Fluorescence Quenching of Aromatic Hydrocarbons By Carbon Disulfide [J]. Journal of Physical Chemistry A, 1999, 103(11):1504-1508.
[134] 贺耀人. 胶质沥青质在催化裂化过程中的行为探讨 [J]. 西安石油学院学报，1998, 13(3), 25-27.
[135] 徐春明，杨朝合. 石油炼制工程 [M]. 北京：石油工业出版社，2009:49.
[136] 陈锦. 石油卟啉化合物的富集及其对催化裂化影响研究 [D]. 上海：华东理工大学，2012:44-46.
[137] Escobar A S, Pinto F V, Cerqueira H S, et al. Role of Nickel and Vanadium over USY and RE-USY Coke Formation [J]. Applied Catalysis A:General, 2006, 31 (5): 68-73.
[138] Lappas A, Nalbandian L, Iatridis D, et al. Effect of Metals Poisoning on FCC Products Yields: Studies in An FCC Short Contact Time Pilot Plant Unit [J]. Catalysis Today, 2001, 65 (2):233-240.
[139] 王国峰，吕延曾，赵洪军，等. 沉积钒氧化数对催化裂化催化剂酸性和结构的影响 [J]. 石化技术与应用，2012，30 (4):355-358.
[140] Shendye R, Rajadhyaksha R. Cracking of Long Chain N-Paraffins on Silica-Alumina and Rare Earth Exchanged Y Zeolite [J]. Chemical Engineering Science, 1992, 47 (3):653-659.
[141] Myrstad T. Effect of Vanadium On Octane Numbers in FCC-Naphtha [J]. Applied Catalysis A: General, 1997, 155 (1):87-98.
[142] 陈菲，田松柏. 加氢裂化过程中烃类转化规律的研究进展 [A]. 石油炼制过程分子管理 [M]. 北京：化学工业出版社 2017 : 204-214.
[143] Coonradt H L, Garwood W E. Mechanism of Hydrocracking. Reactions of Paraffins and Olefins [J]. Industrial & Engineering Chemistry Process Design and Development, 1964, 3 (1): 38-45.
[144] Ling H · Wang Q, Shen B. Hydroisomerization and Hydrocracking of Hydrocracker Bottom for Producing Lube Base Oil [J]. Fuel Processing Technology, 2009, 90(4): 531-535.
[145] Calemma V, Peratello S, Perego C. Hydroisomerization and Hydrocracking of Long Chain N-Alkanes On Pt/Amorphous Sio_2-Al_2O_3 Catalyst [J]. Applied Catalysis A: General, 2000, 190 (1): 207-218.
[146] Calemma V, Peratello S, Stroppa F, et al. Hydrocracking and Hydroisomerization of Long-Chain n-Paraffins. Reactivity and Reaction Pathway for Base Oil Formation [J]. Industrial & Engineering Chemistry Research, 2004, 43(4): 934-940.
[147] 任亮，毛以朝，刘坤红，等. 正癸烷在不同酸性 Y 型分子筛催化剂上的加氢裂化反应 [J]. 石油学报（石油加工），2009，25 (1):1-7.
[148] 金昌磊，马波，张喜文，等. NiMo 系催化剂对正辛烷加氢裂化催化性能的研究 [J]. 化工科技，

2008, 16 (1):23-26.

[149] Steijns M, froment G, Jacobs P, et al. Hydroisomerization and Hydrocracking: 2. Product Distributions from n-Decane and n-Dodecane [J] . Industrial & Engineering Chemistry Product Research and Development, 1981, 20(4): 654-660.

[150] Rezgui Y. Guemini M. Effect of Acidity and Metal Content On the Activity and Product Selectivity for N-Decane Hydroisomerization and Hydrocracking over Nickel-Tungsten Supported On Silica-Alumina Catalysts [J] . Applied Catalysis A: General. 2005, 282 (1): 45-53.

[151] Alvarez F, Ribeiro FR, Perot G, et al. Hydroisomerization and Hydrocracking of Alkanes: 7. Influence of the Balance Between Acid and Hydrogenating Functions on the Transformation of n -Decane on PtHY Catalysts [J] . Journal of Catalysis, 1996, 162(2): 179-189.

[152] Girgis M J, Tsao Y P. Impact of Catalyst Metal Acid Balance in n -Hexadecane Hydroisomerization and Hydrocracking[J] . Industrial & Engineering Chemistry Research, 1996, 35(2): 386-396.

[153] Maesn T L , Calero S, Schenk M, et al. Alkane Hydrocracking: Shape Selectivity Or Kinetics [J] . Journal of Catalysis, 2004, 221 (1):241- 251.

[154] 金昌磊，马波，张喜文，等 . 正构烷烃加氢异构化反应机理的研究进展 [J] . 工业催化，2008, 16(1):1-4.

[155] 梁君，王福平 . 烷烃加氢异构化反应 [J] . 化学进展，2008, 20(4): 457-463.

[156] 柳云骈，田志坚，徐竹生，等 . 正构烷烃在双功能催化剂上异构化反应研究进展 [J] . 石油大学学报（自然科学版），2002, 26(1): 123-129.

[157] Sie ST. Acid-Catalyzed Cracking of Paraffinic Hydrocarbons. 3. Evidence for the Protonated Cyclopropane Mechanism from Hydrocracking/Hydroisomerization Experiments [J] . Industrial & Engineering Chemistry Research, 1993, 32 (3):403-408.

[158] Taylor R J, Petty R H. Selective Hydroisomerization of Long Chain Normal Paraffins [J] . Applied Catalysis A: General, 1994, 119(1): 121-138.

[159] Burnens G, Bouchy C, Guillan E, et al. Hydrocracking Reaction Pathways of 2, 6, 10, 14-Tetramethylpentadecane Model Molecule on Bifunctional Silica-Alumina and Ultrastable Y Zeolite Catalysts [J] . Journal of Catalysis, 2011, 282(1): 145-154.

[160] 李清华，柳云骡，刘春英，等 . 环己烷在 Pt-Ir 双金属催化剂上加氢转化反应规律的研究 [J] . 分子催化，2005, 19(3): 193-197.

[161] Weisang F, Gault F G. Selective Isomerization of Methylpentanes on Iridium Catalysts [J] . Journal of the Chemical Society, Chemical Communications, 1979, (11): 519-520.

[162] Liu X, Smith K J. Acidity and Deactivation of Mo_2 C/HY Catalysts Used for the Hydrogenation and Ring Opening of Naphthalene[J] . Applied Catalysis A General, 2008, 335 (2):230-240.

[163] 孙堂旭，王庆法，张香文 . 十氢萘选择性加氢开环反应的研究进展 [J] . 化学工业与工程，2012, 29(6): 62-68.

[164] 王雷，邱建国，李奉孝 . 四氢萘加氢裂化反应动力学 [J] . 石油化工，1999, 28(4): 28-31.

[165] Sato K, Iwata Y, Yoneda T, et al. Hydrocracking of Diphenylmethane and Tetralin Over Bifunctional NiW Sulfide Catalysts Supported on Three Kinds of Zeolites[J] . Catalysis Today, 1998, 45(1): 367-374.

[166] Sato K, Iwata Y, Miki Y, et al. Hydrocracking of Tetralin over NiW/USY Zeolite Catalysts: for the Improvement of Heavy-Oil Upgrading Catalysts[J] . Journal of Catalysis, 1999, 186(1): 45-56.

[167] 曹祖宾，徐贤伦，开玉台，等 . 四氢萘在 Mo-Ni/USY 双功能催化剂上加氢裂化反应动力学的研究 [J] . 分子催化，2002, 16(1): 44-48.

[168] 邱建同，袁兴东，曹祖宾，等 . 四氢萘在国产催化剂上加氢裂化反应网络的研究 [J] . 抚顺石油

学院学报 . 1992,(1): 7-14.
[169] 杨平，辛靖，李明丰，等 . 四氢萘加氢转化研究进展 [J] . 石油炼制与化工，2011，42(8): 1-6.
[170] 任晓乾，余夕志，李凯，等 . 高温下工业 NiW/Al_2O_3 催化剂上萘的加氢饱和反应 [J] . 化学工程，2007，35(3): 30-33.
[171] Park J，Ali S A，Alhooshani K，et al. Mild Hydrocracking of 1-Methyl Naphthalene (1-MN) over Alumina Modified Zeolite [J] . Journal of Industrial and Engineering Chemistry，2013，19(2): 627-632.
[172] 徐红芳 . 二芳基烷烃的加氢裂化研究 [D] . 北京：中国石油大学，2008.
[173] Leite L，Benzzi E，Marchal-George N，et al. Hydrocracking of Phenanthrene over Pt/SiO_2- Al_2O_3，Pt/H-Y，Pt/H- B and Pt/H-ZSM-5 Catalysts: Reaction Pathway and Products Distribution [J] . Studies in Surface Science and Catalysis，2000，130:2495-2500.
[174] Lemberton J，Guisnet M. Phenanthrene Hydroconversion As A Potential Test Reaction for the Hydrogenating and Cracking Properties of Coal Hydroliquefaction Catalysts [J] . Applied Catalysis，1984，13(1): 181-192.
[175] Leite L，Benazzi E，Marchal-George N. Hydrocracking of Phenanthrene over Bifunctional Pt Catalysts [J] . Catalysis Today，2001，65(2): 241-247.
[176] Chen L. Yu Z，Zong Z，et al. the Effects of Temperature and Hydrogen Partial Pressure on Hydrocracking of Phenanthrene [J] . International Journal of Chemistry，2011，3 (2)，67-72.
[177] Haynes H W，Parcher J F，Heimer N E. Hydrocracking Polycyclic Hydrocarbons over A Dual-Functional Zeolite (Faujasite) -Based Catalyst [J] . Industrial & Engineering Chemistry Process Design and Development，1983，22(3): 401-409.
[178] Isoda T，Maemoto S，Kusakabe K，et al. Hydrocracking of Pyrenes Over a Nickel-Supported Y-Zeolite Catalyst and an Assessment of the Reaction Mechanism Based on MD Calculations [J] . Energy & Fuels，1999，13(3)，617-623.
[179] 张全信，刘希尧 . 多环芳烃的加氢裂化 [J] . 工业催化，2001. 9 (2): 0-16.
[180] 陈文艺，曹祖宾 . 苯和四氢萘混合液加氢裂化反应动力学研究 [J] . 抚顺石油学院学报，1996，16 (1):1-5.
[181] Ito K，Kogasaka Y，Kurokawa H，et al. Preliminary Study on Mechanism of Naphthalene Hydrogenation to Form Decalins Via Tetralin Over Pt/TiO_2 [J] . Fuel Processing Technology，2002，79(1)，77-80.
[182] 张小菲 . 甲基萘在 Ni_2P/SiO_2 及 Pd-Pt/SiO-Al_2O_3 催化剂上的加氢研究 [D] . 大连：大连理工大学，2011.
[183] 毛国强 . 甲基萘和萘的催化加氢及其相互影响 [D] . 大连：大连理工大学，2010.
[184] 鞠雷艳，蒋东红，胡志海，等 . 四氢萘类化合物与萘类化合物混合加氢裂化反应规律的考察 [J] . 石油炼制与化工，2012，43(11):1-5.
[185] 宋欣 . 双环化合物加氢裂化反应规律研究 [D] 青岛：中国石油大学，2007.
[186] Isoda T，Kusakabe K，Morooka S，et al. Reactivity and Selectivity for the Hydrocracking of Vacuum Gas Oil over Metal-Loaded and Dealuminated Y-Zeolites [J] . Energy & Fuels，1998，12(3): 493-502.
[187] 张月红，张富平，胡志海，等 . 加氢裂化反应尾油中烃组成变化规律的研究 [J] . 石油炼制与化，2014，45(11): 41-47.
[188] Sullivan R F，Boduszynski M M，Fetzer J C. Molecular Transformations in Hydrotreating and Hydrocracking [J] . Energy & Fuels，1989，3 (5):603-612.
[189] 张磊，沐宝泉，邓文安，等 . 大港常压渣油悬浮床加氢裂化反应 [J] . 石油化工高等学校学报，2007，20(1): 52-55.
[190] 张数义，罗辉，邓文安，等 . 辽河渣油悬浮床加氢裂化反应条件的考察 [J] . 石油化工高等学校

学报，2008，21(3)：57-59.

[191] Dong Y, Duan Y, Zou S, et al. Study on Hydrocracking of VGO Derived From Kazakhstan-Russian Mixed Crude [J]. China Petroleum Processing and Petrochemical Technology, 2006, (3):27-32.

[192] 刘英，潘草原．异构脱蜡轻质油的综合利用 [J]．润滑油，2010，25(4):56-60.

[193] 蒋春林．影响高压加氢裂化尾油质量因素分析 [J]．精细石油化工进展，2010，11(3):17-20

[194] 胡志海，熊震霖，石亚华，等．关于加氢裂化装置反应压力的探讨 [J] 石油炼制与化 2005，36 (4):35-38

[195] 方向晨．加氢裂化 [M]．北京：中国石化出版社，2008.

[196] Fu J , Kim S , Rodgers R P , et al. Nonpolar Compositional Analysis of Vacuum Gas Oil Distillation Fractions by Electron Ionization Fourier Transform Ion Cyclotron Resonance Mass Spectrometry [J]. Energy & Fuels, 2006, 20 (2):p.661-667.

[197] 汤海涛，凌珑，王龙延．含硫原油加工过程中的硫转化规律 [J]．炼油设计，1999，29(8):9-15.

[198] 刘畅．蜡油分子组成对蜡油深度加氢脱硫的影响 [J]．石油炼制过程分子管理 [M]．北京：化学工业出版社 2017：178-189.

[199] Ma X, Sakanishi K, Mochida I. Hydrodesulfurization Reactivities of Various Sulfur Compounds in Vacuum Gas Oil[J]. Industrial & Engineering Chemistry Research, 1996, 35(8): 2487-2494.

[200] Niquille-Rothlisberger A, Prins R. Hydrodesulfurization of 4, 6-Dimethyl Dibenzothiophene over Pt, Pd, and Pt-Pd Catalysts Supported On Amorphous Silica-Alumina [J]. Catalysis Today, 2007, 123(1): 198-207.

[201] Koltai T, Macaud M, Guevara A, et al. Comparative Inhibiting Effect of Polycondensed Aromatics and Nitrogen Compounds On the Hydrodesulfurization of Alkyldibenzothiophenes [J]. Applied Catalysis A: General, 2002, 231(1): 253-261.

[202] Sapre AV, Broderick DH, Fraenkel D, et al. Hydrodesulfurization of Benzo [B] Naphtho [2, 3-D] Thiophene Catalyzed By Sulfided Co-Mo/Al_2O_3: the Reaction Network [J]. AIChE Journal, 1980, 26 (4), 690-694.

[203] Vrinat M L. the Kinetics of the Hydrodesulfurization Process-A Review[J]. Applied Catalysis, 1983, 6 (2):137-158.

[204] Nag N K, Fraenkel D, Moulijn J A, et al. Characterization of Hydroprocessing Catalysts By Resolved Temperature-Programmed Desorption, Reduction and Sulfiding[J]. Journal of Catalysis, 1980, 66(1): 162-170.

[205] Kilanowski DR, Teeuwen H, De Beer V H J, et al. Hydrodesulfurization of Thiophene, Benzothiophene, Dibenzothiophene, and Related Compounds Catalyzed By Sulfided Co-Mo/γ-Al_2O_3:Low-Pressure Reactivity Studies [J]. Journal of Catalysis, 1978, 55(2):129-137.

[206] Ma X, Sakanishi K, Isoda T, et al. Quantum Chemical Calculation on the Desulfurization Reactivities of Heterocyclic Sulfur Compounds [J]. Energy & Fuels, 1995, 9(1), 33-37.

[207] Schulz H, Bohringer W, Waller P, et al. Gas Oil Deep Hydrodesulfurization: Refractory Compounds and Retarded Kinetics[J]. Catalysis Today, 1999, 49(1): 87-97.

[208] Sano Y, Choi K H, Korai Y, et al. Effects of Nitrogen and Refractory Sulfur Species Removal on the Deep HDS of Gas Oil[J]. Applied Catalysis B :Environmental, 2004, 53 (3):169-174.

[209] Song T, Zhang Z, Chen J, et al. Effect of Aromatics On Deep Hydrodesul Furization of Dibenzothiophene and 4, 6-Dimethyldibenzothiophene over NiMo/ Al_2O_3 Catalyst. [J]. Energy & Fuels, 2006, 20(6):2344-2349.

[210] Laredo S G C, Delos Reyes HJ A, Luis Cano D J, et al. Inhibition Effects of Nitrogen Compounds on the Hydrodesulfurization of Dibenzothiophene[J]. Applied Catalysis A: General, 2001, 207 (1): 103-112.

[211] Laredo G C, Leyva S, Alvarez R, et al. Nitrogen Compounds Characterization in Atmospheric Gas Oil and

Light Cycle Oil from A Blend of Mexican Crudes[J] . Fuel, 2002, 81 (10):1341–1350.

[212] Shin S, Sakanishi K, Mochida I, et al. Identification and Reactivity of Nitrogen Molecular Species in Gas Oils[J] . Energy & Fuels, 2000, 14(3): 539–544.

[213] Li Z, Wang G, Liu Y, et al. Catalytic Cracking Constraints Analysis and Divisional Fluid Catalytic Cracking Process for Coker Gas Oil[J] . Energy & Fuels, 2012, 26(4): 2281–2291.

[214] Ho T C, Nguyen D. Poisoning Effect of Ethylcarbazole on Hydrodesulfurization of 4, 6–Diethyldibenzothiophene [J] . Journal of Catalysis, 2004, 222(2): 450–460.

[215] Dong D, Jeong S, Massoth F E. Effect of Nitrogen Compounds on Deactivation of Hydrotreating Catalysts By Coke [J] . Catalysis Today. 1997, 37(3): 267–275.

[216] Liu K, Ng F T T. Effect of the Nitrogen Heterocyclic Compounds On Hydrodesulfurization Using in Situ Hydrogen and A Dispersed Mo Catalyst [J] . Catalysis Today, 2010, 149(1): 28–34.

[217] Egorova M, Prins R. Hydrodesulfurization of Dibenzothiophene and 4, 6–Dimethyldibenzothiophene over Sulfided NiMo/ γ–Al_2O_3, CoMo/ γ–Al_2O_3, and Mo/ γ–Al_2O_3 Catalysts [J] . Journal of Catalysis, 2004, 225(2): 417–427.

[218] Turaga UT, Wang G, Ma X, et al. inhibiting Effects of Basic Nitrogen on Deep Hydrodesulfurization of Diesel [J] . Preprints Paper for American Chemical Society, Div. Fuel Chemistry, 2003, 48(2), 550–551.

[219] Ho TC, Qiao L. Competitive Adsorption of Nitrogen Species in HDS: Kinetic Characterization of Hydrogenation and Hydrogenolysis Sites [J] . Journal of Catalysis, 2010, 269(2): 291–301.

[220] Koltai T, Macaud M, Guevara A, et al. Comparative Inhibiting Effect of Polycondensed Aromatics and Nitrogen Compounds On the Hydrodesulfurization of Alkyldibenzothiophenes [J] . Applied Catalysis A: General, 2002, 23(1): 253–261.

[221] Kirtley SM, Mullins OC, Van ElpJ. Nitrogen Chemical Structure in Petroleum Asphaltene and Coal By X–Ray Absorption Spectroscopy [J] .Fuel. 1993, 72(1) : 133–136.

[222] Nelson N, Levy RB. the Organic Chemistry of Hydrodenitrogenation–Science Direct [J] . Journal of Catalysis, 1979, 58(3): 485–488.

[223] Prins R. Catalytic Hydrodenitrogenation. Advances in Catalysis [M] . New York: Academic Press, 2001:399–464.

[224] Chen X, Shen B, Sun J. Characterization and Comparison of Nitrogen Compounds in Hydrotreated and Untreated Shale Oil by Electrospray lonization (ESI) Fourier Transform Ion Cyclotron Resonance Mass Spectrometry (FT–ICR MS) [J] . Energy & Fuels, 2012, 26 (3): 1707–1714.

[225] Prins R, Jian M, Flechsenhar M. Mechanism and Kinetics of Hydrodenitrogenation [J] . Polyhedron. 1997, 16 (18):3235–3246.

[226] Prins R. Egorov M. Rothlisberger A. et al. Mechanisms of Hydrodesulfurization and Hydrodenitrogenation [J] . Catalysis Today, 2006, 111(1–2): 84–93.

[227] Fu J, Klein G C, Smith D F, et al. Comprehensive Compositional Analysis of Hydrotreated and Untreated Nitrogen–Concentrated Fractions from Syncrude Oil By Electron Ionization, Field Desorption Ionization, and Electrospray Ionization Ultrahigh–Resolution FT–ICR Mass Spectrometry [J] . Energy & Fuels, 2006, 20(3): 1235–1241.

[228] Klein G C, Rodgers RP, Marshall AG. Identification of Hydrotreatment–Resistant Heteroatomic Species in A Crude Oil Distillation Cut By Electrospray Ionization FT–ICR Mass Spectrometry [J] . Fuel, 2006, 85(14):2071–2080.

[229] Shi Q, Xu C, Zhao S, et al. Characterization of Basic Nitrogen Species in Coker Gas Oils By Positive–Ion Electrospray Ionization Fourier Transform Ion Cyclotron Resonance Mass Spectrometry [J] .Energy &

Fuels, 2010, 24 (2): 563–569.

[230] Zhang T, Zhang L, Zhou Y, et al. Transformation of Nitrogen Compounds in Deasphalted Oil Hydrotreating: Characterized By Electrospray Ionization Fourier Transform–Ion Cyclotron Resonance Mass Spectrometry [J] . Energy & Fuel, 2013, 27(6):2952–2959.

[231] Muller H, Andersson J T, Schrader W. Characterization of High–Molecular– Weight Sulfur–Containing Aromatics in Vacuum Residues Using Fourier Transform Ion Cyclotron Resonance Mass Spectrometry [J] . Analytical Chemistry. 2005, 77 (8): 2536–2543.

[232] 梁文杰，重质油化学 [M] . 北京：石油大学出版社，2000:139–143.

[233] 李春年 . 渣油加工工艺 [M] . 北京:中国石化出版社，2002:73–80.

[234] Ancheyta J, Rana M S, Furimsky E. Hydroprocessing of Heavy Oil Fractions [J] . Catalysis Today, 2005, 109 (1–4):1–2.

[235] 张佩甫 . 原油中金属杂质的危害及脱除方法 [J] . 石油化工腐蚀与防护，1996, 13(1):9–12.

[236] 高涵，马波，王少军 . 石油中镍，钒的研究进展 [J] . 当代化工，2007, 36(6):572–577.

[237] Maity S K, Perez V H, Ancheyta J, et al. Catalyst Deactivation During Hydrotreating of Maya Crude in a Batch Reactor [J] . Energy & Fuels, 2007, 21 (2): 636–639.

[238] Ali M F, Perzanow H, Bukhari A. Nickel and Vanadyl Porphyrins in Saudi Arabian Crude Oils [J] . Energy & Fuels, 1993, 7(2), 179–184.

[239] Reynolds J G. Nickel in Petroleum Refining [J] . Petroleum Science and Technology, 2001, 19(7–8): 979–1007.

[240] 张孔远，燕京，郑绍宽 . LH–04 重油加氢脱铁催化剂在胜炼 VRDS 装置上的工业应用 [J] . 齐鲁石油化丁，2001, 29 (2) . 141–143.

[241] Janssens J P, Elst G, Schrikkema E G. Development of a Mechanistic Picture of the Hydrodemetallization Reaction of Metallot–etraphenylporphyrin on a Molecular Level [J] . Recueil des Travaux Chimiques des Pays–Bas, 2010, 115 (11):465–473.

[242] Ware R A, Wei J. Catalytic Hydrodemetallation of Nickel Porphyrins : I. Porphyrin Structure and Reactivity [J] . Journal of Catalysis, 1985, 93 (1), 100–121.

[243] Wei J, Calvin H B, John B B. Studies in Surface Science and Catalysis: Modeling of Hydrodemetallation [M] . Evanston, Elsevier, 1999: 333–341.

[244] Garcia–Lopez A J, Cuevas R, Ramirez J, et al. Hydrodemetallation (HDM) Kinetics of Ni–TPP over Mo/ Al_2O_3–TiO_2 Catalyst [J] . Catalysis Today, 2005, 107–108: 545–550.

[245] Mitchell P C H. Hydrodemetallisation of Crude Petroleum: Fundamental Studies [J] . Catalysis Today, 1990, 7(4), 439–445.

[246] Mitchell P C H, Scott C E. the Interaction of Vanadium and Nickel Porphyrins and Metal–free Porphyrins with Molybdenum–based Hydroprocessing Catalysts: Relevance to Catalyst Deactivation and Catalytic Demetallization [J] . Polyhedron, 1986, 5 (1): 237–241.

[247] Josephine M H, Flora T T. Adsorption of Etioporphyrin and Ni–Etioporphyrin on a Fractal Silica [J] . Canadian Journal of Chemistry, 2001, 79(5–6), 817–822.

[248] McKenna A M, Purcell J M, Rodgers RP, et al. Identification of Vanadium Porphyrins in a Heavy Crude Oil and Raw Asphaltene by Atmospheric Pressure Photoionization Fourier Transform Ion Cyclotron Resonance (FT–ICR) Mass Spectrometry [J] . Energy& Fuels, 2009, 23(4): 2122–2128.

[249] Barwise A J G. Role of Nickel and Vanadium in Petroleum Classification [J] . Energy & Fuels, 1990, 4 (6): 647–652.

[250] Pearson C D, Green J B. Vanadium and Nickel Complexes in Petroleum Residue Acid, Base, and Neutral

Fractions[J]. Energy & Fuels, 1993, 7(3): 338-346.

[251] Grigsby R D, Green J B. High-Resolution Mass Spectrometric Analysis of aVanadyl Porphyrin Fraction Isolated from the >700 ℃ Residue of Cerro Negro Heavy Petroleum [J]. Energy & Fuels, 1997, 11(3): 602-609.

[252] Shiroto Y, Nakata, S, Fukui Y, et al. Asphaltene Cracking in Catalytic Hydrotreating of Heavy Oils. 3. Characterization of Products from Catalytic Hydroprocessing of Vacuum Residue [J]. Industrial & Engineering Chemistry, Process Design and Development, 1983, 22(2): 248-257.

[253] 胡涛，钱运华，金叶玲. 凹凸棒土的应用研究 [J]. 中国矿业，2005，14(10): 73-76.

[254] [1] Dickie J P, Yen T F. Macrostructures of the Asphaltic Fractions by Various instrumental Methods [J]. Analytical Chemistry, 1967, 39(14): 1847-1852.

[255] 杨光华. 重质油及渣油加工的几个基础理论问题 [M]. 东营：石油大学出版社，2001.

[256] 张龙力，杨国华，阙国和，等. 常减压渣油胶体稳定性与组分性质关系的研究 [J]. 石油化工高等学校学报，2010，23(3): 6-10.

[257] Merdrignac I, Quoineaud I, Gauthier T. Evolution of Asphaltene Structure During Hydroconversion Conditions [J]. Energy & Fuels, 2006, 20(5): 2028-2036.

[258] Takeuchi C, Fukui Y, Nakamura M, et al. Asphaltene Cracking in Catalytic Hydrotreating of Heavy Oils. 1. Processing of Heavy Oils By Catalytic Hydroprocessing and Solvent Deasphalting [J]. Industrial & Engineering Chemistry Process Design and Development, 1983, 22(2): 242-248.

[259] Ancheyta J, Centeno G, Trejo F, et al. Changes in Asphaltene Properties During Hydrotreating of Heavy Crudes [J]. Energy & Fuels, 2003, 17(5): 1233-1238.

[260] 刁瑞. 渣油原料和加氢产品的分子水平认识 [D]. 北京：石油化工科学研究院，2013.

[261] 吴青，黄少凯，吴晶晶，等. 石油及其馏分分子水平表征技术的研究进展与展望 [A]. 北京：2017年中国石油炼制科技大会论文集 [M]. 北京：中国石化出版社，2017.

[262] Quann R J. Modeling the Chemistry of Complex Petroleum Mixtures [J]. Environmental Health Perspectives, 1998, 106: 1441-1448.

[263] Kuangnan Qian. Willian N Olmstead, et al. Micro-Hydrocarbon Analysis: PCT/US2006/044843 [P]. 2006.

[264] Xu Yanqin. Diesel Detailed Analysis by GC Field Ionization Time-of-flight Mass Spectrometry [M]. Beijing: Research institute of Petroleum Processing, 2010.

[265] Simon C C. Managing the Molecule-Refining in the Next Millennium [M]. india: Foster Wheeler Technical Papers, 2001.

[266] 中国化学会有机化合物命名审定委员会. 有机化合物命名原则 [M]. 北京：科学出版社，2018.

[267] 张欣，孙莉群. 有机化合物系统命名若干问题的讨论 [J]. 大庆师范学院学报，2010，30(6): 87-89.

[268] 王学兵. CA化学物质索引名的识别与分析方法研究 [D]. 上海：华东师范大学，2005.

[269] Cooke-Fox D I. Kirby G H, Rayner J D. Computer Translation of IUPAC Systematic Organic Chemical Nomenclature, 2. Development of a formal Grammar [J]. Journal of information and Computer Sciences, 1989, 29(2): 106-112.

[270] Dyson G.M. A New Notation and Enumeration System for Organic Compounds [J]. Journal of Chemical Education, 1950, 27(10): 581.

[271] 李创业. 化合物结构的网络检索 [D]. 天津：河北工业大学，2007.

[272] 姚建华. 化学结构的计算机处理（I）：化学结构表述方法的一般介绍 [J]. 计算机与应用化学，1997，14(2): 81-86.

[273] 文媛. 化学结构的计算机描述 [J]. 科技情报开发与经济，2004，14(8): 187-188.

[274] 李航，陈维明，王源，等. 族性化学结构的计算机处理 - 族性结构文字描述部分的分析与存储 [J]. 计算机与应用化学，1996，13(4): 257-262.

[275] the inChI Trust, A Not-for-profit Organization to Expand and Develop the inChI Open Source Chemical Structure Representation Algorithm [EB/OL] . http://inchi.info/.
[276] 杜世清，徐亮，程文堂 . 分子骨架在族性结构处理中的应用研究 [J] . 计算机与应用化学，2006，23 (6):503-507.
[277] Weininger D. SMILES, A Chemical Language and information System. 1. introduction to Methodology and Encoding rules [J] . Journal of Chemical information and Computer Sciences, 1988, 28 (1):31-36.
[278] Weininger D, Weininger A, Weininger J L, SMILES. A Chemical Language and information System. 2. Algorithm for Generation of Unique SMILES Notation [J] . Journal of Chemical information and Computer Sciences, 1989, 29 (2):97-101.
[279] Simplified Molecular input Line Entry system [EB/OL] . http://www.daylight.com /smiles/cheminformatics/.
[280] 李创业，章文军，许禄 . 高选择性拓扑指数和网络上化学结构的检索系统 [J] . 计算机与应用化学，2006，10:947-951.
[281] 费文，梁本熹，石乐明，等 . 有机化学结构信息的计算机高效表达——化合物骨架的处理与编码 [J] . 湖南大学学报 (自然科学版)，1995，22 (6):46-52.
[282] Quann RJ, Jaffe SB. Structure-oriented lumping: Describing the Chemistry of Complex Hydrocarbon Mixtures [J] . industrial & Engineering Chemical Research, 1992, 31 (11):2483-2497.
[283] Quann RJ. Jaffe SB. Building Useful Models of Complex Reaction Systems in Petroleum Refining [J] . Chemical Engineering Science, 1996, 51 (10): 1615-1635.
[284] Quann R J. Modeling the Chemistry of Complex Petroleum Mixtures [J] . Environmental Health Perspectives. 1999.106 (suppl6):1441-1448.
[285] 祝然 . 结构导向集总新方法构建催化裂化动力学模型及其应用研究 [D] . 上海：华东理工大学 .2013.
[286] 于博 . 石油化合物的分子信息库命名规则研究 [M] . 北京：石油化工科学研究院，2013.
[287] 徐春明，张霖宙，史权，等 . 石油炼化分子管理基础 [M] . 北京：科学出版社，2019.
[288] Jaffe S B, Freund H, Olmstead W N. Extension of Structure-Oriented Lumping to Vacuum Residua [J] . industrial & Engineering Chemistry Research. 2005, 44 (26): 9840-9852.
[289] Peng B. Molecular Modelling of Petroleum Processes [D] . Manchester: University of Manchester.1999.
[290] 阎龙，王子军，张锁江，等 . 基于分子矩阵的馏分油组成的分子建模 [J] . 石油学报 (石油加工)，2012, 28 (2): 329-337.
[291] 严蔚敏，李东梅，吴伟民 . 数据结构 [M] . 北京：人民邮电出版社，2015.
[292] Baltanas M A, froment D F. Computer Generation of Reaction Networks and Calculation of Product Distributions in the Hydroisomerization and Hydrocracking of Paraffins on Pt-containing Bifunctional Catalysts [J] . Computer and Chemical Engineering, 1985, 9 (1) :71-81.
[293] 石铭亮 . 复杂反应系统分子尺度反应动力学研究 - 催化重整单事件反应动力学模型的建立 [D] . 上海：华东理工大学，2011.
[294] Golender V E, Drboglav V V, Rosenblit A B., Graph Petentials Method and Its Application for Chemical information Processing [J] . Journal of Chemical information and Computer Sciences, 1981, 21 (4):196-204.
[295] 石铭亮，翁惠新，江洪波 . 催化重整单事件反应动力学模型 (I) 反应网络的建立及单事件数的计算 [J] . 华东理工大学学报 (自然科学版)，2011，37 (4):396-403.
[296] 王胜，欧阳福生，翁惠新，等 . 石油加工过程的分子级反应动力学模型进展 [J] . 石油与天然气化工，2007，36 (3):206-212.
[297] 江洪波，牛杰，李焕哲，等 . 催化重整六碳分子反应网络及其单事件数的计算 [J] . 高校化学工程学报，2010，24 (4):596-601.

[298] Ugi I，Bauer J，Brandt J，et al. New Applications of Computers in Chemistry [J] . Angewandte Chemie international Edition in English，1979，18 (2):111–123.

[299] 吴青 . 石油分子工程及其管理的研究与应用（I）[J] . 炼油技术与工程，2017，47（1）:1–9.

[300] 洪汇孝，忻新泉，张海燕，等，计算机辅助有机合成设计中的 BE 矩阵理论 [J] . 上饶师专学报（自然科学版），1988，5（05）:11.

[301] Broadbelt L J，Stark S M，Klein M T. Computer Generated Pyrolysis Modeling：on–the –fly Generation of Species，Reactions，and Rates [J] . industrial & Engineering Chemistry Research，1994，33（4）:790–799.

[302] Hou G，Mizan T I，Klein M T. Computer–Assisted Kinetic Modeling of Hydroprocessing [J] . Preprints–American Chemical Society，Division of Petroleum Chemistry，1997，42（3）:670–673.

[303] Klein M T，Hou G，Quann R J，et al. BioMOL：a Computer–assisted Biological Modeling tool for Complex Chemical Mixtures and Biological Processes at the Molecular Level [J] . Environmental Health Perspectives，2002，110 (Suppl6): 1025.

[304] Wei W，Bennett C A，Tanka R，et al. Computer Aided Kinetic Modeling with KMT and KME [J] . Fuel Processing Technology，2008，89（4）:350–363.

[305] Hou Z，Bennett C A，Klein M T，et al. Approaches and Software tools for Modeling Lignin Pyrolysis [J] . Energy & Fuels，2009，24（1）:58–67.

[306] 孟繁磊，周祥，郭锦标，等 . 异构烷烃的有效碳数与物性关联研究 [J] . 计算机与应用化学，2010，27（2）:1638–1642.

[307] 孟繁磊，于博，焦国凤，等 . 石油分子信息库的设计及应用研究 [J] . 计算机与应用化学，2016，33（6）:675–680.

[308] 吴青 . 智能炼化建设 – 从数字化迈向智慧化 [M] . 北京：中国石化出版社，2018.

[309] Broadbelt L J，Stark S M，Klein M T. Computer Generated Reaction Networks：on–the–fly Calculation of Species Properties Using Computational Quantum Chemistry [J] . Chemical Engineering Science，1994，49:4991–5101.

[310] Broadbelt L J.，Stark S M，Klein M T. Computer Generated Reaction Modeling：Decomposition and Encoding Algorithms for Determining Species Uniqueness [J] . Computers & Chemical Engineering，1996，20：113–129.

[311] Klein MT，Hou G，Bertolacino RJ，Broadbell LJ，Kumar A. Molecular Modeling in Heavy Hydrocarbon Conversions [M] . London：CRC Tayloy & Francis，2006:35–56.

[312] Temkin O N，Zeigarnik A V，Bonchev D. Chemical Reaction Networks：A Graph–theoretical Approach [M] . Florida：CRC Press，1996.

[313] Susnow R G，Dean A M，Green W H，et al. Rate–Based Construction of Kinetic Models for Complex Systems [J] . Journal of Physical Chemistry A，1997，101（20）：3731–3740.

[314] Mizan T I，Hou G，Klein M T. Mechanistic Modeling of the Hydroisomerization of High Carbon Number Waxes [J] . AIChE Meeting New Orleans，paper 25a，1998.

[315] Turanyi T. Reduction of Large Reaction Mechanisms [J] .New Journal of Chemistry，1990，14:795–803.

[316] Baynes B. BS Thesis [D]，Newark：University of Delaware，1997.

第四篇　分子管理技术

导读

根据本书对油气资源分子工程与分子管理的定义，分子管理的主要内容包括如何采用（单独或集成）相应的“优化”技术，包括算法技术、优化技术、可视化技术与数据科学及机器学习技术等数字化、信息化新技术，在油气资源分子工程的实践中予以实施这样或那样的优化工作。

石油分析数据的处理、物性之间的性质关联与石油及其组分的分子信息重构技术，以及分子动力学模型计算等过程均涉及数据回归、数学计算、优化计算等问题，故本篇对这方面的一些共性技术（方法）予以简要介绍，以方便使用。

第一章　机器学习技术

人工智能[1~3]（Artificial Intelligence）是基于计算机通过信息处理和反馈机制，进行一定程度的独立活动和问题处理，可以替代人类完成一些危险工作或重复劳动，同时提高工作效率。对此，吴青[4]曾在《智能炼化建设——从数字化迈向智慧化》一书中简单介绍过。

机器学习[5~9]（Machine Learning）是一种能够赋予机器学习的能力，并让它完成直接编程无法完成的功能的方法。简单地说，机器学习就是一种通过利用数据训练出模型然后使用这个模型进行预测的方法或技术，所以它的实质是数据处理的方法，这些方法通过对数据处理后形成模型，有了模型就可以通过数据来确定、预测变量之间的关系。

为了寻找规律、建立模型，需要提供所有相关变量，并排除所有无关变量。在这种情形下，如果某两个变量强相关，其两者之间的比例最好能予以明确并提供，这种比例关系，当然也需要提供经验数据，特别是有重要意义和代表性的数据。机器学习很重要的一个环节是要评估候选模型，以确保模型的输出结果满足预期要求，当然也需要明确限制条件。

第一节　概　述

机器学习最重要的是如何做好数据的处理以及模型的测试或评估。机器学习方法通常根据不同的属性分为监督方法和无监督方法，如图4-1所示。与之对应的是分类和回归方法，如图4-2所示。以下分别简要说明。

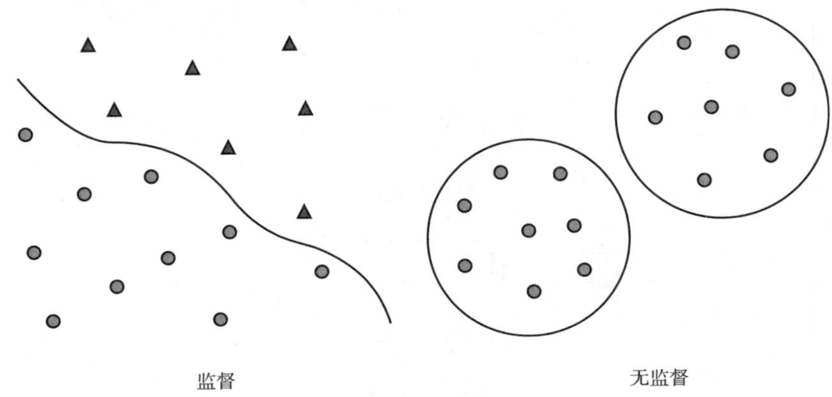

图4-1　监督（SUPERVISED）和无监督（UNSUPERVISED）学习方法的示意[10]

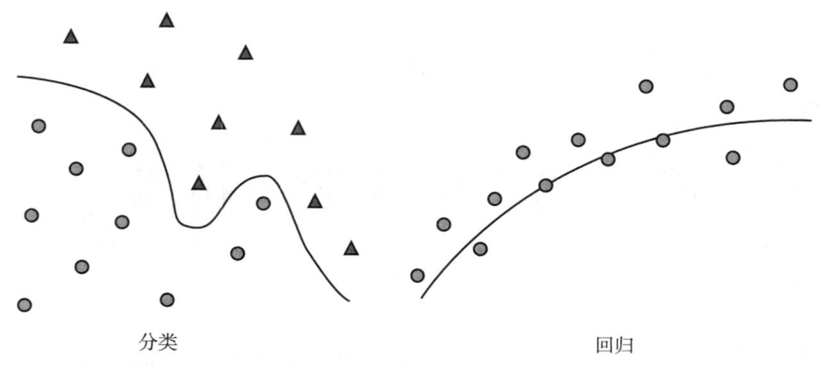

图4-2　分类（CLASSIFICATION）和回归（REGRESSION）学习方法的示意[10]

实际上，在监督与无监督的分类中，有时候还有人加上半监督学习或强化学习（reinforcement learning）、深度学习等。

1.监督学习

通俗地说，监督学习就是要求有输入和输出，即有特征和目标：必须确定目标变量的值，以便机器学习算法可以发现特征和目标变量之间的关系。也就是说，从所给定的训练数据集中，通过机器算法训练、学习出一个模型参数或函数，当用新的数据再输入时，根据这个函数所预测结果是预期的目标。也即在监督学习中，如果给定一组数据（均有一个明确的标识或结果）的话，能够知道正确的输出结果应该是什么样的，所以，在输入和输出之间有一个特定的关系存在。所以，监督学习在建立预测模型的时候，它实际上是建立这样的一个学习过程，即将预测结果与“训练数据”的实际结果进行比较，不断地调整预测模型，直到模型的预测结果达到一个预期的准确率。图4-3为监督学习法过程的示意。

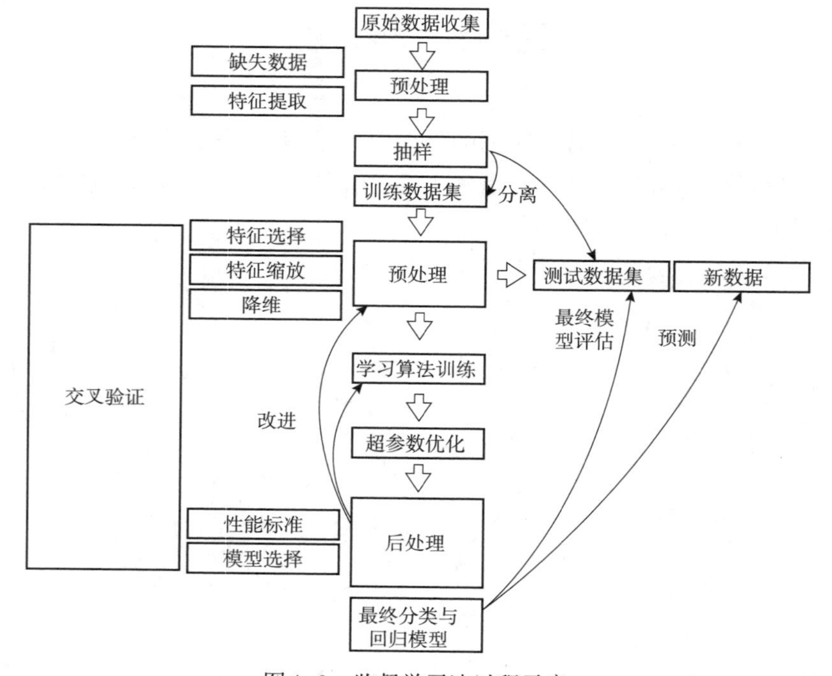

图4-3　监督学习法过程示意

训练数据集中的目标是由人标注的。通过对已有的训练数据样本（已知数据及其对应的输出）去训练、得到一个最优模型（这个模型属于某个函数的集合，最优表示某个评价准则下是最佳的），再利用这个模型将所有的输入映射为相应的输出，对输出进行简单的判断从而实现分类的目的，这样也就具有了对未知数据分类的能力。

通常来说，监督学习的目标往往是让计算机去学习我们已经创建好的分类系统（模型）。监督学习是训练神经网络和决策树的常见技术。这两种技术高度依赖事先确定的分类系统给出的信息，对于神经网络，分类系统利用信息判断网络的错误，然后不断调整网络参数。对于决策树，分类系统用它来判断哪些属性提供了最多的信息。

监督学习的常见应用场景有分类问题和回归问题等，常见算法有逻辑回归（Logistic Regression）、反向传递神经网络（Back Propagation算法）、KNN和SVM等。

2.无监督学习（unsupervise.learning）

无监督或非监督学习是要在未加标签的数据中试图找到隐藏的结构（规律），即输入数据没有被标记，也没有确定的结果。

无监督学习法所处理的数据没有类别信息，也没有给定的目标值，需要根据样本间的相似性对样本集进行分类（聚类，clustering），试图使类内差距最小化，类间差距最大化。通俗来说，就是在无法预先知道样本的标签、没有训练样本相对应的类别时就开始学习分类器设计。因此，无监督学习的目标不是要告诉计算机怎么做，而是让计算机自己去学习怎样做事情。

无监督学习在指导学习时不为其指定明确分类，但在做成时采用某种形式的激励方式。此时，这类训练通常会置于决策问题的框架里，因为它的目标不在于产生一个分类系统，而是做出最大回报的决定。这种思路、方法也是现实世界的做法，即“做对奖励、做错惩罚”。

无监督学习的方法分为两大类：（1）基于概率密度函数估计的直接方法，指设法找到各类别在特征空间的分布参数，再进行分类。（2）基于样本间相似性度量的简洁聚类方法，其原理是设法定出不同类别的核心或初始内核，然后依据样本与核心之间的相似性度量将样本聚集成不同的类别。利用聚类结果，可以提取数据集中隐藏信息，对未来数据进行分类和预测。

所以，无监督学习的常见应用场景包括关联规则的学习以及聚类等，而常见算法包括Apriori算法以及k-Means算法。

从以上的简单介绍来看，有无监督两种机器学习方法至少在以下方面有所不同：

（1）监督学习方法要有训练数据集与测试数据样本，并在训练数据集中找规律，然后对测试数据样本使用训练得到这种规律。无监督学习不需要训练数据集，它仅靠一组数据并在该组数据集中来寻找规律（找出函数或模型）。

（2）监督学习法是识别事物，并通过识别的结果去给待识别数据加标签。因此，训练数据集是带标签的样本。无监督学习法面对的数据集事先没有标签。通过数据分析发现数据集有某种聚集性，就按自然聚集性分类，但不予以某种预先分类标签对上号为目的。

（3）无监督学习法分析、寻找数据集中的规律性时，不是以一定要划分数据集为目的的，即不一定要“分类”。从这个角度来说，无监督学习法比监督学习法的用途要广。

（4）用于无监督学习法分析数据集的主分量与用K-L变换计算数据集的主分量是有区别的。后者从方法上讲不是学习方法。因此用K-L变换找主分量不属于无监督学习方法，即方法上不是。而通过学习逐渐找到规律性体现了学习方法特点。故在人工神经元网络中寻找主分量的方法属于无监督学习法。

因此，如果有训练数据集，则可以考虑采用监督学习法，而如果没有训练数据集，就用无监督学习法。不过在现实工作中，有时就算没有训练数据样本，我们也能够凭经验从待分类的数据中人工标注一些数据样本，并把它们作为训练数据样本，此时也可以继续采用监督学习法。当然，对于不同的场景，正负样本的分布如果有偏移，可能监督学习的效果会不如无监督学习法。

3.半监督学习

半监督学习模式下的输入数据部分被标识，部分没有被标识，这种学习模型可以用来进行预测，但是模型首先需要学习数据的内在结构以便合理地组织数据以进行预测。图4-4为半监督学习的数据示意。

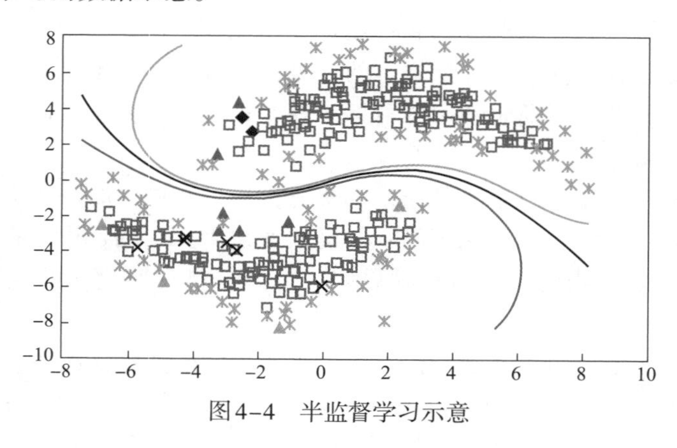

图4-4　半监督学习示意

半监督学习的应用场景包括分类和回归，算法包括一些对常用监督式学习算法的延伸，这些算法首先试图对未标识数据进行建模，在此基础上再对标识的数据进行预测，如图论推理算法（Graph Inference）或者拉普拉斯支持向量机（Laplacian SVM.）等。

4.强化学习

在强化学习模式下，输入数据作为对模型的反馈，不像监督模型那样，输入数据仅仅作为一个检查模型对错的方式，在强化学习下，输入数据直接反馈到模型，模型必须对此立刻做出调整。

常见的强化学习应用场景包括动态系统以及机器人控制等，常见算法包括Q-Learning以及时间差学习（Temporal difference learning）。

第二节　常用建模算法

机器学习方法最重要的一个任务是如何保证或提高所建立模型的质量。这就是为什么经常接触到模型的方差、偏差等概念的原因。如果所建模型的输出结果偏差小且方差也小的话，那所建模型的质量就比较高。

建模需要选择模型参数，需要使用数据。参数太少则建立的模型就很简单，而参数过多则会使模型很复杂。数据（集）按照用途可以分为建模用数据和模型训练用数据、模型测试用数据和模型验证用数据等。通常，测试用的数据用于评估训练是否完成，而验证用的数据集则可以用来评估所建模型的质量。

机器学习中的建模算法有很多，如深度神经网络、递归神经网络、支持向量机、决策树以及贝叶斯法等。根据算法的功能和形式的类似性，我们可以把算法分类，比如基于树的算法、基于神经网络的算法等。但机器学习的范围非常庞大，有些算法很难明确归类到某一类，而且对于有些分类来说，同一分类的算法可以针对不同类型的问题。以下对此做简单介绍。

一、人工神经网络

借助生物神经网络工作原理而提出的人工神经网络（ANN）或神经网络[11]是机器学习中最经典和常用的技术，属于有监督的学习方法，常常用于分类、视觉识别等过程。在20世纪80年代，神经网络是机器学习界非常流行的算法，但是后来到了90年代中途，ANN就逐渐衰落了。不过现在它凭借“深度学习”之势又重装归来，重新成为目前最强大的机器学习算法之一。图4-5为神经网络的示意图，这实际是目前研究最为成熟Shallow结构的一个神经网络（只含有单层隐藏层神经元的结构）。

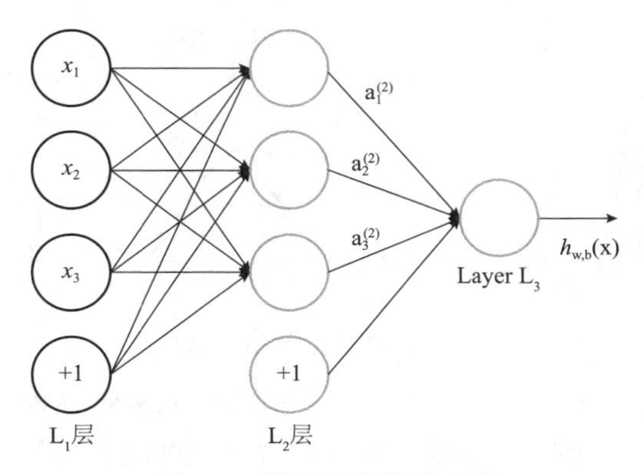

图4-5　神经网络的示意图

如图4-5所示，图左侧为第一层也称为输入层（input layer），即变量x进入神经网络，输入层的神经元数量等于输入变量中元素的数量。图右侧即最后一层为输出层（output layer），为计算结果hw，b（x）输出并离开网络，输出层的神经元数量等于输出变量中元素的数量（图中只画了一个圆圈，实际可以多个）。输入层和输出层之间有一层隐藏的层（hidden layer），隐藏层的数目和每个层的神经元数目由建模者选择，这被称为神经网络的拓扑。

在图4-5的网络中，输入层负责接收信号，隐藏层负责对数据的分解与处理，最后的结果被整合到输出层。每层中的一个圆代表一个处理单元，可以认为是模拟了一个神经元，若干个处理单元组成了一个层，若干个层再组成了一个网络，也就是“神经网络”。神经元之间都是由低层出发，终止于高层神经元的一条有向边进行连接，每条边都有自己的权重。每个神经元都是一个计算单元，如在Feed-forward neural network 中，除输入层神经元外，每个神经元为一个计算单元，可以通过一个计算函数f（）来表示，函数的具体形式可以自己定义，现在用得较多的是感知器计算神经元。可以计算此时神经元所具有的能量值，当该值超过一定阀值的时候，神经元的状态就会发生改变。神经元只有两种状态，激活或未激活。在实际的人工神经网络中，一般是用一种概率的方式去表示神经元是否处于激活状态，可以用h（f）来表示，f代表神经元的能量值，h（f）代表该能量值使得神经元的状态发生改变的概率有多大，能量值越大，处于激活状态的概率就越高。神经元的激活值（activations）f（），表示计算神经元的能量值，神经元的激活状态h（f），h表示激活函数。数据从上一层转到下一层时，可以采取这样的策略，即将其乘以一个矩阵，加上一个向量，并应用激活函数f。如，两个隐藏层的神经网络可用如下表达式表示：

$$y=A_2 \cdot f(A_1 \cdot f(A_0 \cdot x \cdot b_0)+b_1)+b_2 \tag{4-1}$$

其中，函数式f即为激活函数。

在神经网络中，每个处理单元事实上就是一个逻辑回归模型，逻辑回归模型接收上层的输入，把模型的预测结果作为输出传输到下一个层次。通过这样的过程，神经网络可以完成非常复杂的非线性分类，所以简单来说，神经网络的学习机理就是分解与整合。例如，著名的Hubel-Wiesel试验中猫的视觉分析机理可以如图4-6所示。

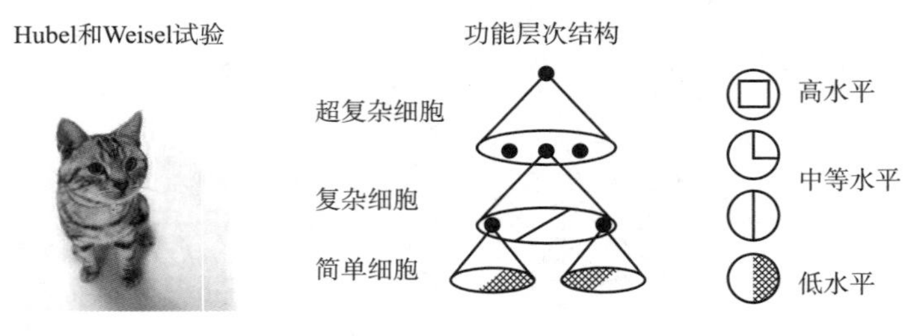

图4-6　猫的视觉分析机理示意

又如，对于一个正方形，可以分解为四个折线进入视觉处理的下一层中。四个神经元分别处理一个折线。每个折线再继续被分解为两条直线，每条直线再被分解为黑白两个面。于是，一个复杂的图像变成了大量的细节进入神经元，神经元处理以后再进行整合，最后得出了看到的是正方形的结论。这就是大脑视觉识别的机理，也是神经网络工作的机理。

人工神经网络是机器学习中最庞大的分支之一，有数百种不同的算法，通常用于解决分类和回归问题。目前，通常可以将神经网络模型分为三类：

（1）第一类主要用于分类预测和模式识别的前馈式神经网络模型，这一类主要以函数型网络、感知机为代表；

（2）第二类主要用于联想记忆和优化算法的反馈式神经网络模型，主要以Hopfiel.的离散模型和连续模型为代表；

（3）第三类是用于聚类的自组织映射方法，以ART模型为代表。

重要的人工神经网络算法包括递归神经网络或长短期记忆网络、感知器神经网络（Perceptron Neural Network）、反向传递（Back Propagation）、Hopfield网络、自组织映射（Self-Organizing Map，SOM）和学习矢量量化（Learning Vector Quantization，LVQ）等。

二、递归神经网络或长短期记忆网络

递归神经网络示意图见图4-7。

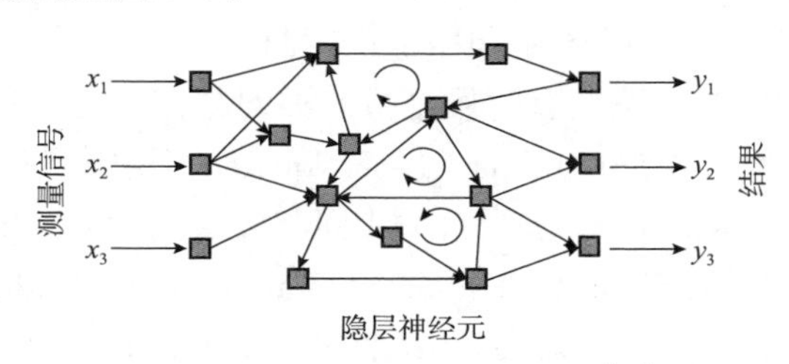

图4-7　递归神经网络示意图[10]

与图4-5所示的从左到右的过程不同，递归神经网络还包括了内部循环的连接。递归神经网络有许多不同的形式，其区别主要在于公式中循环的表示方式。目前最先进的是长短期记忆网络或LSTM，[12~14]示意图见图4-8。

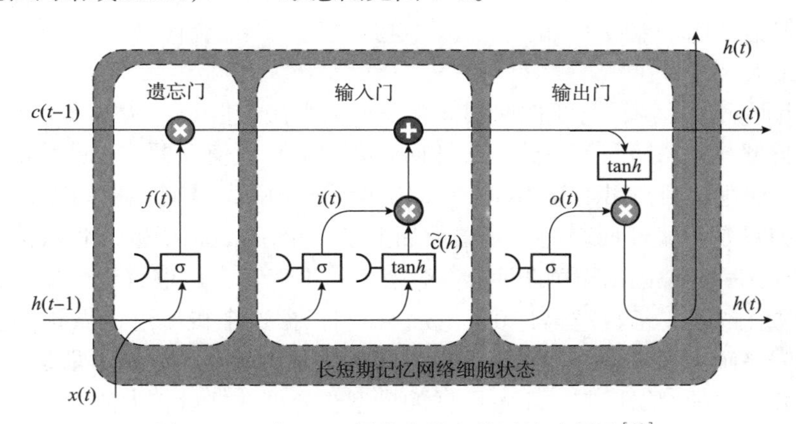

图4-8　一个LSTM网络中某个单元的示意图[10]

上述网络中各部分的工作可以用下述方程式来描述：

$$f(t)=\sigma(W_{fh}\cdot h(t-1)+W_{fx}\cdot x(t)+b_f) \quad (4-2)$$

$$i(t)=\sigma(W_{ih}\cdot h(t-1)+W_{ix}\cdot x(t)+b_i) \quad (4-3)$$

$$\tilde{c}(t)=\tanh(W_{ch}\cdot h(t-1)+W_{cx}\cdot x(t)+b_c) \quad (4-4)$$

$$c(t)=f(t)\cdot c(t-1)+i(t)\cdot c(t) \quad (4-5)$$

$$o(t)=\sigma(W_{oh}\cdot h(t-1)+W_{ox}\cdot x(t)+b_o) \quad (4-6)$$

$$h(t)=o(t)\cdot \tanh c(t) \quad (4-7)$$

上述方程式中的W和b分别为权重和偏差，这些值需要通过算法进行调整。网络可以通过时间t时有一系列连续值的时间序列$x(t)$来训练。因此，在相同的时间序列但稍后一点时间（$t+T$）模型输出结果，有：

$$x(t+T)=£t[x(t)] \tag{4-8}$$

式中 T——预测的边界(范围)。

三、回归算法

回归算法属于有监督的学习方法。这部分内容将在第二节做专门介绍。由于回归算法是后面很多强大算法的基础，所以在此也简单提一提。

回归算法、回归分析是一种预测性的建模技术，它试图采用对误差的衡量来探索变量之间的关系，也就是说，它研究的是因变量(目标)和自变量(预测器)之间的关系。在机器学习领域所说的回归算法，有时候是指一类问题，有时候是指一类算法。回归算法最常见的算法包括最小二乘法(Ordinary Least Square)、逻辑回归(Logistic Regression)、逐步式回归(Stepwise Regression)、多元自适应回归样条(Multivariate Adaptive Regression Splines)、本地散点平滑估计(Locally Estimated Scatterplot Smoothing)以及岭回归、套索回归、Elastic Net 回归等，它们可以划分为线性回归和逻辑回归两个重要子类算法：

(1)线性回归，即如何拟合出一条直线最佳匹配所有的数据？此时通常使用“最小二乘法”来求解。“最小二乘法”的思想是：假设我们拟合出的直线代表数据的真实值，而观测到的数据代表拥有误差的值。为了尽可能减小误差的影响，需要求解一条直线使所有误差的平方和最小。最小二乘法将最优问题转化为求函数极值问题。函数极值在数学上我们一般会采用求导数为0的方法。但这种做法并不适合计算机，可能求解不出来，也可能计算量太大。

(2)逻辑回归，即一种与线性回归非常类似的算法，但是，从本质上讲，线型回归处理的问题类型与逻辑回归不一致。线性回归处理的是数值问题，也就是最后预测出的结果是数字，而逻辑回归属于分类算法，即逻辑回归预测结果是离散的分类。

逻辑回归只是对线性回归的计算结果加上了一个Sigmoid函数，将数值结果转化为0到1之间的概率(Sigmoid函数的图像一般来说并不直观，可理解为数值越大，函数越逼近1，而数值越小，函数越逼近0)，接着我们根据这个概率可以做预测。从直观上说，逻辑回归是画出了一条分类线，逻辑回归算法画出的分类线基本都是线性的(也有画出非线性分类线的逻辑回归，不过那样的模型在处理数据量较大的时候效率会很低)。图4-9是回归算法的直观显示示意。

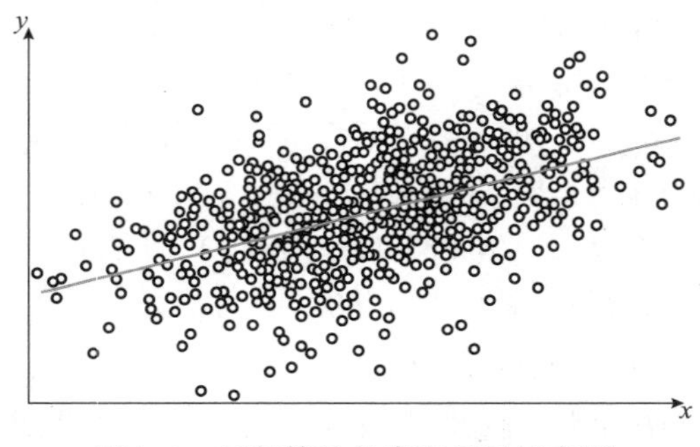

图4-9 回归算法的直观显示示意图

四、正则化算法

正则化算法是回归算法的拓展，它根据算法的复杂度对算法进行了调整。图4-10为正则化算法的示意图。

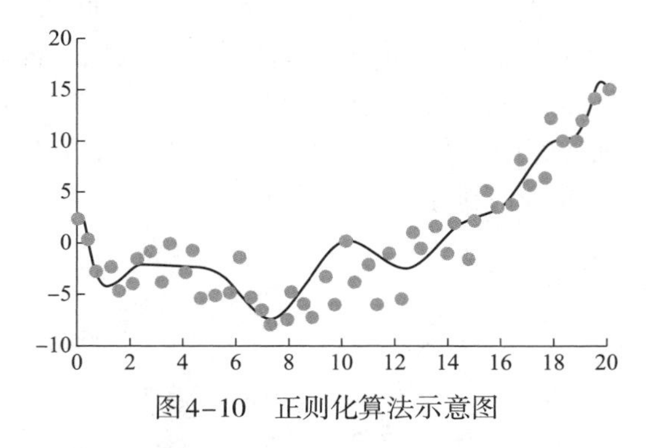

图4-10　正则化算法示意图

正则化算法通常对简单模型予以奖励而对复杂算法予以惩罚。常见的算法包括岭回归（Ridge Regression）、最小绝对收缩和选择算子（Least Absolute Shrinkage and Selection Operator，LASSO）以及弹性网络（Elastic Net）等。

五、支持向量机

支持向量机（SVM）算法是一种统计学习法，也是机器学习领域的经典算法。

SVM是一种主要用于监督和非监督分类的技术，也可以扩展到回归[4, 15]，所以从某种意义来说，SVM是逻辑回归算法的强化，因为通过给予逻辑回归算法更严格的优化条件，SVM算法可以获得比逻辑回归更好的分类界线。但是如果没有某类函数技术，则支持向量机算法最多算是一种更好的线性分类技术。

SVM算法通过一个非线性映射p，把样本空间映射到一个高维乃至无穷维的特征空间中（Hilber空间），使得在原来的样本空间中非线性可分的问题转化为在特征空间中的线性可分的问题。升维，就是把样本向高维空间做映射，一般情况下这会增加计算的复杂性，甚至会引起“维数灾难”，因而人们很少问津。但是作为分类、回归等问题来说，很可能在低维样本空间无法线性处理的样本集，在高维特征空间中却可以通过一个线性超平面来实现线性划分（或回归）。一般的升维都会带来计算的复杂化，SVM方法巧妙地解决了这个难题：应用核函数的展开定理，就不需要知道非线性映射的显式表达式；由于是在高维特征空间中建立线性学习机，所以与线性模型相比，不但几乎不增加计算的复杂性，而且在某种程度上避免了“维数灾难”，这一切要归功于核函数的展开和计算理论。所以，通过跟高斯“核”的结合，SVM可以表达出非常复杂的分类界线，从而达成很好的分类效果。“核”事实上就是一种特殊的函数，最典型的特征就是可以将低维的空间映射到高维的空间。选择不同的核函数，可以生成不同的SVM，常用的核函数有以下4种：

（1）性核函数$K(x, y)=x \cdot y$；

（2）多项式核函数$K(x, y)=[(x \cdot y)+1]d$；

（3）向基函数$K(x, y)=\exp(-|x-y|^2/d^2)$；

（4）层神经网络核函数$K(x, y)=\tanh[a(x\cdot y)+b]$。

以图4-11和图4-12为例，说明如何通过“核函数”给出分界线。图4-11是一个二维平面，在这样一个二维的平面，是很难划分出一个圆形的分类界线的，但是通过“核”，可以将二维空间映射到三维空间，然后使用一个线性平面就可以达成类似效果。也就是说，二维平面划分出的非线性分类界线可以等价于三维平面的线性分类界线。于是，我们可以通过在三维空间中进行简单的线性划分就可以达到在二维平面中的非线性划分效果。图4-12即是转化为三维平面的结果示意。

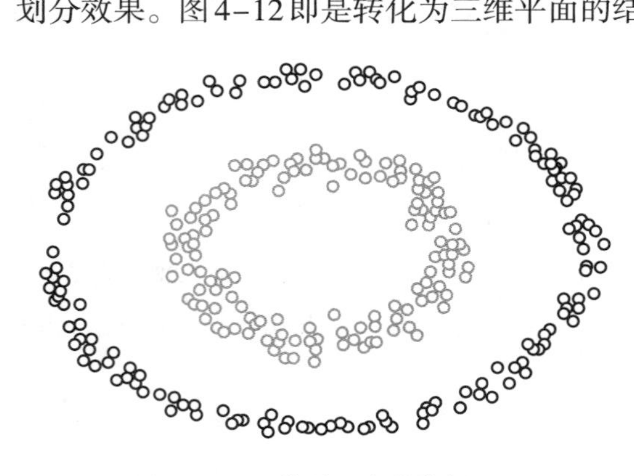

图4-11　二维平面中的数据

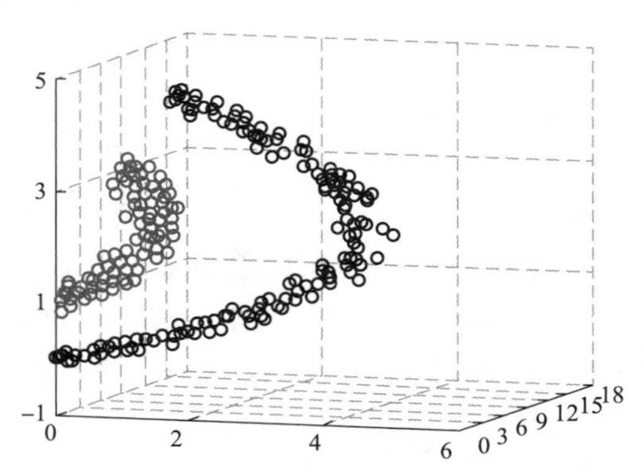

图4-12　通过核函数转化为三维平面后的线性分类界线示意

支持向量机是一种数学成分很浓的机器学习算法，其中有一步核心步骤是证明，将数据从低维映射到高维不会带来最后计算复杂性的提升。于是，支持向量机算法，既可以保持计算效率，又可以获得非常好的分类效果。

正因为如此，支持向量机在20世纪90年代后期就一直占据着机器学习中最核心的地位并基本取代了神经网络算法。只是到了今天，随着深度学习重新兴起，神经网络才与SVM算法发生了微妙的平衡转变。

六、基于核的算法

基于核的算法属于有监督学习法，其最最著名的即是支持向量机（SVM）算法了。基于核的算法把输入数据映射到一个高阶的向量空间，在这些高阶向量空间里，有些分类或者回归问题能够更容易解决。

常见的基于核的算法包括支持向量机（Support Vector Machine，SVM）、径向基函数（Radial Basis Function，RBF）以及线性判别分析（Linear Discriminate Analysis，LDA）等。示意图见图4-13。

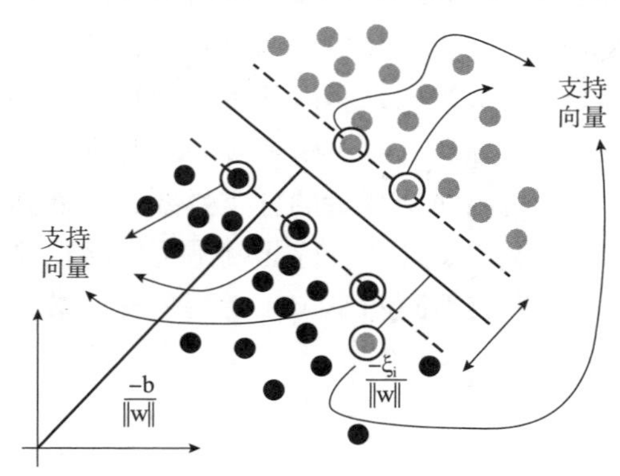

图4-13　基于核的算法示意

七、决策树

与管理类似，决策树是用来构建决策制定的，它根据数据的属性采用树状结构建立决策模型：树的底部是一些需要做出的决定。而在每个分支中，我们会问一些相对容易回答的问题。根据答案的不同，我们沿着一个分支向下最终到达树上没有任何分支的一个所谓的叶节点。这个叶节点表示原始决策的正确答案。图4-14为可以组合成随机森林的两个决策树的示例。

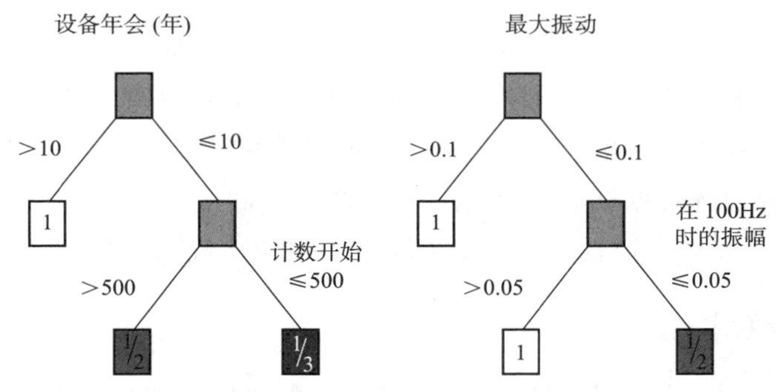

图4-14　可以组合成随机森林的两个决策树的示例[10]

决策树模型常常用来解决分类和回归问题，其常见的算法包括：分类及回归树（Classification And Regression Tree，CART），迭代二分3 ID3（Iterative Dichotomiser 3），C4.5，卡方自动交互检测（Chi-squared Automatic Interaction Detection，CHAID），决定树桩（Decision Stump），随机森林（Random Forest），多元自适应回归样条（MARS）以及梯度推进机（Gradient Boosting Machine，GBM）等。

八、自组织映射（SOM）

自组织映射（SOM）是一种早期的机器学习技术[16]，属于分类技术。

SOM根据相似度对数据点进行分组或聚类，其思想是用学习方法以迭代的方式构造的特殊点来表示数据集。这些特殊点被映射到二维网格上，通常具有蜂窝的拓扑结构。拓扑学很重要，因为学习（绕着特殊点移动）发生在所考虑的特殊点的某个邻域上。当这个过程收敛后，特殊点在拓扑中以一定的方式排列。数据集中的任何一点都与它最接近的特定点相关，故必须为手边的问题定义为某个度量函数，这会生成整个数据的二维分布。我们剩下的任务通常是查看这种分布，并确定拓扑中的细胞（蜂窝状细胞）彼此之间的相似程度。在通常情况下，几个细胞非常相似，并且可能与相同的宏观现象有关。图4-15是一种自组织映射（SOM）示例。

在图4-15中，我们从22个蜂窝单元的拓扑开始。通过学习和检查，确定只有4个宏观相关的聚类存在。每个集群由几个单元表示。这些细胞可以在更大的群体中具有更微妙的含义，或者它们可以只是单个簇的更复杂的表示，而不是一个特殊点，就像使用

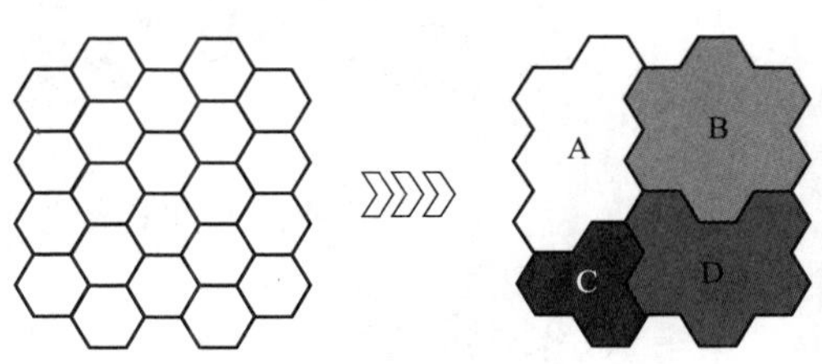

图4-15　自组织映射（SOM）示例[10]

k-means聚类算法一样[17]。

最终，当遇到一个新的数据点时，就去计算它和所有学过的特殊点之间的距离。最接近新点的特殊点就是它的代表，我们知道它属于哪个类。

SOM方法已经被证明是一种非常好的分类方法，且可以通过绘制在图形上的当前位置看到时间的演变，这种可视化非常直观和好用。

九、基于实例的算法

基于实例的算法常常用来对决策问题建立模型。建模时常常先选取一批样本数据，然后根据某些近似性把新数据与样本数据进行比较。通过这种方式来寻找最佳的匹配。因此，基于实例的算法常常也被称为“赢家通吃学习”或者“基于记忆的学习”。

基于实例的算法的常见算法包括k-Nearest Neighbor（KNN）、学习矢量量化（Learning Vector Quantization，LVQ）以及自组织映射算法（Self-Organizing Map，SOM）。

十、贝叶斯算法

贝叶斯算法是基于贝叶斯定理的一类算法，主要用来解决分类和回归问题。贝叶斯统计遵循一种不同于标准统计的方法[18]。标准统计通过频率来评估事件发生的概率，所以我们需要收集关于该事件发生和未发生的频率的数据。

贝叶斯统计关注“信念程度”。我们如果能收集、获取更多的知识，就可以更新信念程度，从而提高对概率的估计。更新后的概率分布称为后验分布。如何进行这种更新，有一个特定的规则即由贝叶斯定理。所以，如何在最开始时建立概率分布，完成先验分布是重要的工作。

贝叶斯方法的常见算法包括朴素贝叶斯算法、平均单依赖估计（Averaged One-Dependence Estimators，AODE），以及贝叶斯置信网（Bayesian Belief Network，BBN）。

图4-16是采用贝叶斯网络BBN确定涡轮机机械缺陷原因的一个示例。

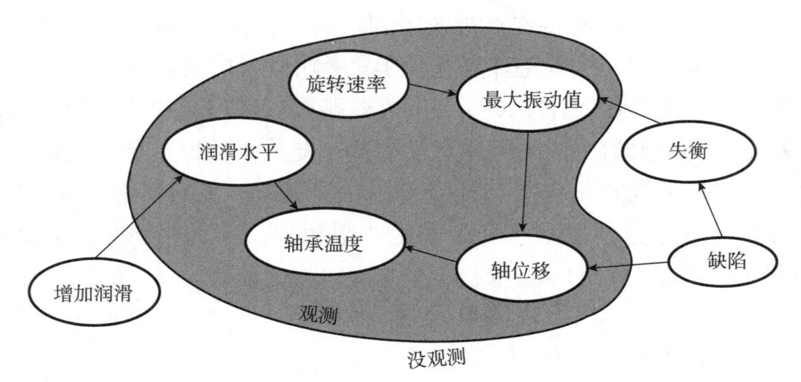

图4-16　贝叶斯法确定涡轮机机械缺陷原因的示例[10]

十一、聚类算法

聚类是没有标注的无监督学习法，它与回归法一样，有时候用于描述一类问题，有时候指的是一类算法。

聚类算法是在不知道划分类的情况下，根据信息相似度原则进行信息聚类的方法，使得同类别的对象之间的差别尽可能小，而不同类别上的对象的差别则尽可能大。所以，聚类的意义在于将数据组织成类分层结构，能够识别密集的和稀疏的区域，发现全局的分布模式以及数据属性之间的关系。

聚类算法通常按照中心点或者分层的方式对输入数据进行归并。简单来说，聚类算法就是计算种群中的距离，根据距离的远近将数据划分为多个族群，所以聚类算法都试图找到数据的内在结构，以便按照最大的共同点将数据进行归类。常见的聚类算法包括k-Means算法以及期望最大化算法（Expectation Maximization，EM）。而聚类的代表性技术即基于几何距离的方法，包括欧氏距离、哈满坦距离、明考斯基距离等。

十二、关联规则学习

关联规则（Association Rules）学习通过寻找最能够解释数据变量之间关系的规则，来找出大量多元数据集中有用的关联规则。关联规则可以根据一个数据项的出现推导其他数据项得出现，并在数据项目中找出所有的并发关系。因此，关联规则的挖掘过程可以分为：（1）从海量的原始数据中寻找所有的高频项目组；（2）从高频项目组中产生关联规则。

关联规则学习、挖掘使用基于演绎原理的Apriori算法及其改进算法［如最小支持度的关联规则挖掘（MS-Apriori）算法］、其他算法［如Eclat算法、分类关联规则挖掘（Class Association Rules，MAR）］等。图4-17为关联规则的应用示意图。

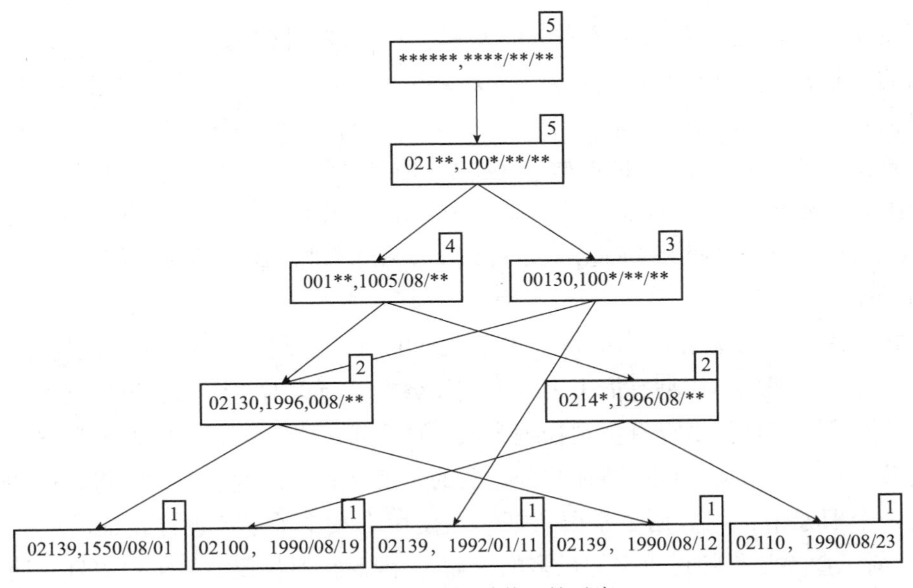

图4-17　关联规则学习的示意

十三、深度学习

深度学习（Deep Learning，DL）的理念很简单，它实际上就是传统的神经网络发展到了多隐藏层的情况而已。

由于神经网络算法在隐藏层扩大到两个以上后训练速度会非常慢，因此在20世纪90年代以后神经网络消寂了。后来，BP算法的发明人Geoffrey Hinton于2006年在《科学》杂志上发表了一篇文章，论证了两个重要观点：（1）多隐层的神经网络具有优异的特征学习能力，学习得到的特征对数据有更本质的刻画，从而有利于可视化或分类；（2）深度神经网络在训练上的难度，可以通过“逐层初始化”来有效克服。于是，神经网络重新成为机器学习界中的主流且强大的学习技术，这种具有多个隐藏层的神经网络被称为深度神经网络，而基于深度神经网络的学习研究被称为深度学习。图4-18为深度学习的示意图。

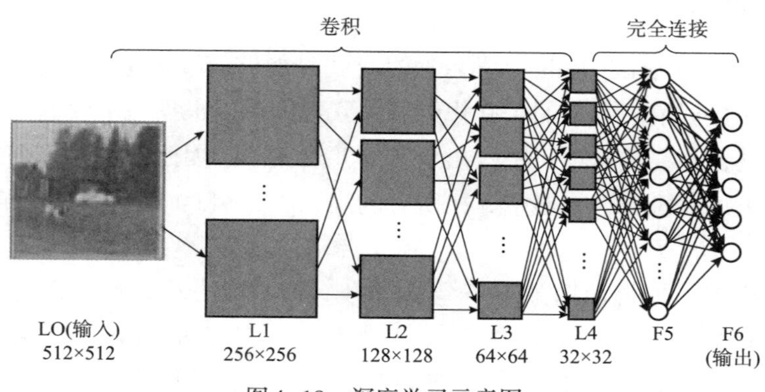

图4-18　深度学习示意图

深度学习算法是对人工神经网络的发展，它设神经网络是多层的，首先用非监督学习法的受限波尔兹曼机（Restricted Boltzmann Machine，RBN）学习网络的结构，然后再通过监督学习法的Back Propagation学习网络的权值。很多深度学习的算法是半监督式学习算法，用来处理存在少量未标识数据的大数据集。例如，常见的深度学习算法包括受限波尔兹曼机（Restricted Boltzmann Machine，RBN）、深度置信网络（Deep Belief Networks，DBN）、卷积网络（Convolutional Network）、堆栈式自动编码器（Stacked Auto-encoders）等。

总之，深度学习能够得到更好的表示数据的特征，同时由于模型的层次、参数很多，容量足够，因此，模型有能力表示大规模数据，所以对于图像、语音这种特征不明显（需要手工设计且很多没有直观物理含义）的问题，能够在大规模训练数据上取得更好的效果。此外，从模式识别特征和分类器的角度来看，深度学习框架将特征和分类器结合到一个框架中，用数据去学习特征，在使用中减少了手工设计特征的巨大工作量（这是目前工业界工程师付出努力最多的方面），因此，不仅仅效果可以更好，而且，使用起来也有很多方便之处。

表4-1是深度学习（DL）与人工神经网络（ANN）的异同的比较。

表4-1　深度学习与人工神经网络的比较

学习方法	主要相同点	主要区别
深度学习 神经网络	DL采用了ANN相似的分层结构，系统由包括输入层、隐层（多层）、输出层组成的多层网络，只有相邻层节点之间有连接，同一层以及跨层节点之间相互无连接，每一层可以看作是一个Logistic Regression模型；这种分层结构，是比较接近人类大脑的结构的	为了克服ANN训练中的问题，DL采用了与ANN很不同的训练机制。在传统ANN中，采用的是Back Propagation的方式进行，简单来讲就是采用迭代的算法来训练整个网络，随机设定初值，计算当前网络的输出，然后根据当前输出和标识之间的差去改变前面各层的参数，直到收敛（整体是一个梯度下降法）。而DL整体上是一个Layer-Wise的训练机制。这样做的原因是：如果采用Back Propagation的机制，对于一个深度网络（7层以上），残差传播到最前面的层已经变得太小，出现所谓的渐层扩散（Gradient Diffusion）

十四、降维算法

降低维度（dimension reduction）简称降维算法，属于无监督学习法之一。所谓降维，就是将高维度空间中的数据点映射到低维度的空间中，减少原始的高维度空间中包含的冗余信息和噪声信息，在图像识别中通过降维可以减少误差，提高识别的精度，或者通过降维来寻找数据内部的本质结构特性。

像聚类算法一样，降维算法试图分析数据的内在结构，不过降低维度算法是以非监督学习的方式、试图利用较少的信息来归纳或者解释数据的。这类算法可以用于高维数据的可视化或者用来简化数据以便使用。如图4-19所示。

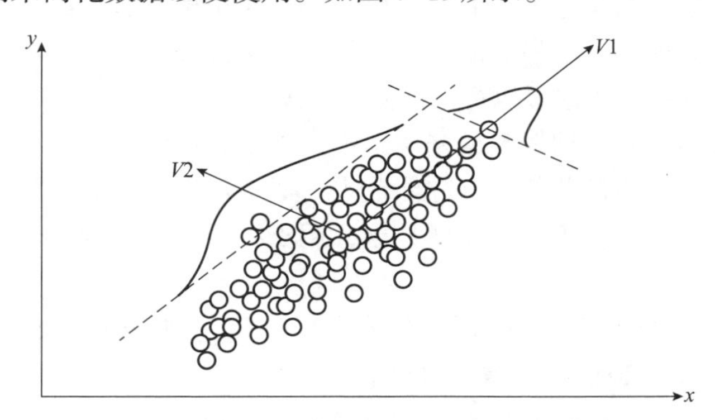

图4-19　降低维度算法示意图

降维算法的主要特征是将数据从高维降低到低维层次。在这里，维度其实表示的是数据的特征量的大小。例如，假如用包含房子的长、宽、面积与房间数量4个特征来说明房价，这是维度为4维的数据。但是，其中的长与宽实际上与表示面积的信息重叠了，因此，通过降维算法我们就可以去除冗余信息，此时将特征减少为面积与房间两个数量特征，即从原来的4维数据降到2维了。将数据从高维降低到低维，既利于描述，也能带来计算的加速。这个降维过程所减少的维度属于肉眼可视的层次，此时压缩也不会带来信息的损失（因为信息冗余了）。但如果肉眼不可视，或者没有冗余的特征，降维算法也是可以工作的，不过可能会带来一些信息损失。所以，降维算法要从数学上证明，从高维压缩到低维时，要最大程度地保留数据的信息。

降维算法的主要作用是压缩数据与提升机器学习其他算法的效率。通过降维算法，可以将具有几千个特征的数据压缩至若干个特征。降维算法的另一个好处是数据的可视化，例如将5维的数据压缩至2维，然后可以用二维平面来可视。降维算法的主要代表是主成分分析算法（Principle Component Analysis，PCA），其他常见算法还包括偏最小二乘回归（Partial Least Square Regression，PLS）、Sammon映射、多维尺度（Multi-Dimensional Scaling，MDS）和投影追踪（Projection Pursuit）等。

十五、集成算法

集成算法是一类非常强大的算法，目前很流行。它用一些相对较弱的学习模型独立地就同样的样本进行训练，然后把结果整合起来进行整体预测。集成算法的主要难点在于究竟集成哪些独立的较弱的学习模型以及如何把学习结果整合起来。

集成算法的常见算法有Boosting、Bootstrapped Aggregation（Bagging）、AdaBoost、堆叠泛化（Stacked Generalization，Blending）、梯度推进机（Gradient Boosting Machine，GBM）和随机森林（Random Forest）等。

第三节　关于模型训练与评估

在训练任何模型时，我们使用经验数据来调整模型参数，使模型最适合数据。这些数据被称为训练数据。制作好模型后，我们想知道这个模型有多好。虽然它在训练数据上的表现很有趣，但这并不是最终的答案。我们通常更关心的是，模型将如何在它自己的构建过程中没有看到的数据上执行，即测试数据。

一些训练算法不仅使用训练数据来调整模型参数，而且使用数据集来决定何时应该停止训练，因为无法预期显著的模型性能改进。通常使用测试数据来达到这个目的。然后可能需要生成第三个数据集——验证数据，用于在训练期间根本没有使用的数据上测试模型。

因此，通常的做法是将原始数据集分成两部分[10]，如70%~85%的数据用于训练，其余的用于测试。图4-20说明了这个过程。

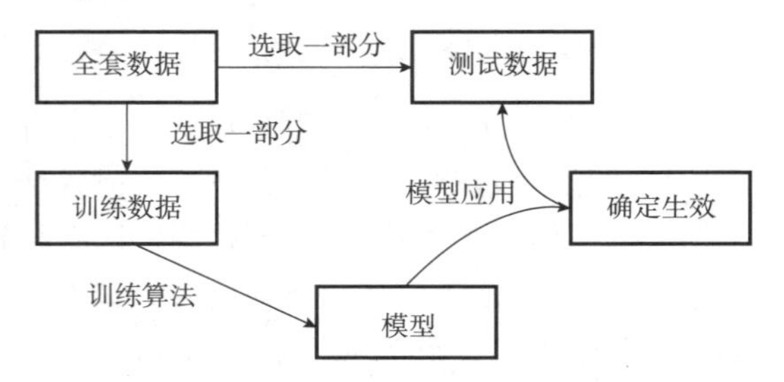

图4-20　数据集分割为模型训练与测试用数据集的示意图

选择哪些数据进入训练或测试数据集需要谨慎，因为两个数据集都应该对手头的问题具有代表性和重要意义。通常，这些是随机选择的，因此可能会有一些无意识的偏差进入选择。这就产生了交叉验证的想法，这是目前公认的模型性能验证的标准。

原始数据集被分成几个大小大致相同的部分。通常使用5~10个这样的部分，它们被称为折叠。假设要进行N次折叠，则可以构造N个不同的训练数据集和N个不同的测试数据集。测试数据集由其中一个折页组成，训练数据集由其余的数据组成。图4-21说明了这种划分[10]。

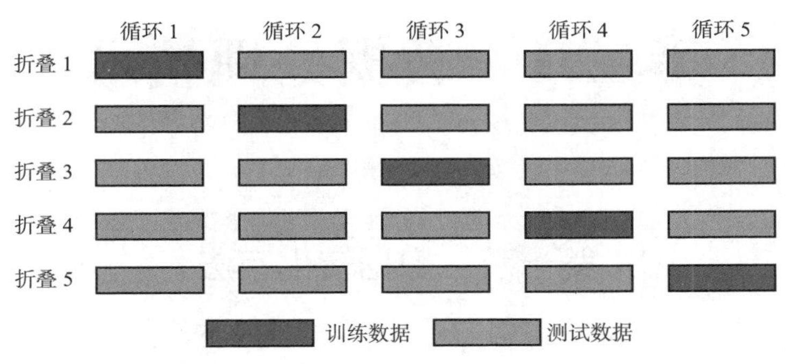

图4-21 数据集用于交叉验证的示例

此时相当于做了N种不同的训练，从而产生了N种不同的模型。每个模型都使用自己的测试数据集进行测试。所估计的性能是所有训练模型的平均性能。一般来说，只保留最好的模型，但其性能是用这种平均方式估计的。这种评估性能的方法与使用任何一种选择的测试数据集进行评估相比，更独立于数据集的偏离，因此是一种预期的性能评估方法。

完成这些之后，就可以使用所有N个模型，在每个实际情况下对它们进行评估，然后取它们的平均值作为一个总体模型的最终输出。这是一个合理的概念，称为集成模型。集成模型由几个完全独立的模型组成，这些模型可能有也可能没有不同的体系结构，并且平均起来产生完整模型的输出。与单个模型相比，这些方法在许多任务上都表现得更好，至少在方差的意义上是这样的。然而，这是以牺牲资源为代价的，因为在每种情况下，必须对多个模型进行培训，还要进行维护和执行。特别是对于经常需要实时模型执行的工业应用程序，这可能不可行。

需要指出的是，模型和训练算法通常都有一些固定的参数，数据工程师在训练之前必须选择这些参数。例如，神经网络的层数和每层的神经元数的选择。这些参数称为超参数。由于很少能预先知道哪种数值最有效，所以为了获得最佳的整体效果，必须做超参数调优。

在通常情况下，我们都不希望尝试太多的组合，而且实际过程是往往通过一些随意的手工试错方法来完成的。在理想情况下，我们应该对每一个选择进行全面的交叉验证，且每一个选择都涉及多个模型培训，所有这些训练都很耗时间。于是，通过使用优化算法来执行自动超参数调优就出现了。

对于建立模型用的数据来说，要关注数据的质量及其含义：

（1）数据精度：某个数值中有多少不确定性？

（2）数据准确性：与现实的偏差有多大？

（3）数据的代表性：数据集是否反映领域的所有相关方面？

（4）数据意义：数据集是否反映了领域中的每一个重要行为或动态？

第二章　数据处理技术

第一节　数据转化方法

一、蒸馏分析数据的转化

在石油馏分性质估算中，基本上都使用石油馏分的实沸点数据，而石油加工中常用的蒸馏实验数据主要包括恩氏蒸馏和实沸点蒸馏两种，因此，如果只有恩氏蒸馏数据，就要将得到的非实沸点的蒸馏数据转换为实沸点数据。

恩氏蒸馏（曲线）是用规格化的设备，按照规定实验条件所测定的馏出温度对应馏出物百分数（体积）的关系（曲线）。由于恩氏蒸馏几乎没有精馏作用，实验得到的蒸馏曲线表示了油品的渐次汽化特性，而不能代表石油馏分的真正沸点。

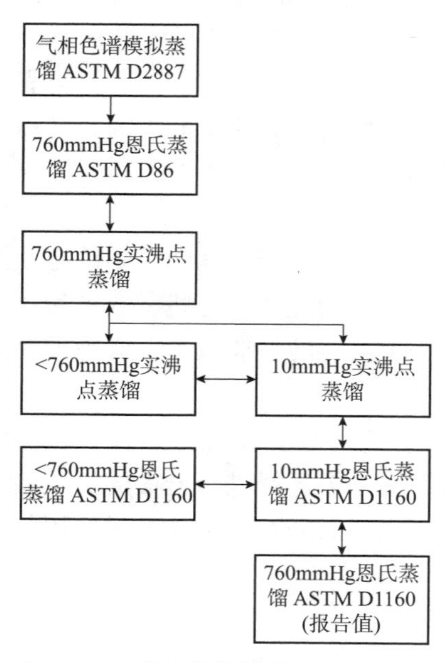

图4-22　蒸馏数据转化关系示意图

国内外通用的恩氏蒸馏试验包括：

（1）ASTM D86，用于车用汽油、航空汽油、航空透平燃料油、石脑油、煤油、馏分燃料油等的蒸馏过程，其试验是在大气压下进行的。

（2）ASTM D1160，用于重质石油产品的蒸馏，试验在绝压1~50mmHg下进行，液相温度控制在399℃以下。

（3）ASTM D2887，为气相色谱模拟蒸馏，可对沸点范围在38~538℃的石油馏分应用，是一种重复性和一致性俱佳的简便方法。

实沸点蒸馏（曲线）是在15~100层理论板的精馏柱中以相当高的回流比（5∶1或更高）蒸馏一定体积的油品，测定蒸出温度和馏出物体积百分数的对应关系。

恩氏蒸馏数据和实沸点数据转化关系如图4-22所示。

1.ASTM D86与实沸点数据的转化

ASTM D86与常压实沸点蒸馏数据可用以下两个方程进行换算，其中α、β为随馏出液体积变化的常数，如表4-2所示。

$$T_B=\alpha T_N^{\beta} \tag{4-9}$$

$$T_N=\alpha^{(-1/\beta)} T_B^{(1/\beta)} \tag{4-10}$$

式中，T_B为馏出0、10%、30%、50%、70%、90%、95%（体积）的实沸点温度，K；T_N为相应馏出（体积百分数）的恩氏蒸馏温度，K。

表4-2　α和β随馏出液体积的变化值

馏出液体积/%	常数α	常数β
0	0.91772	1.0019
10	0.55637	1.0900
30	0.71669	1.0425
50	0.90128	1.0176
70	0.88214	1.0226
90	0.95516	1.0110
95	0.81769	1.0355

2.ASTM D1160与实沸点蒸馏数据的转化

恩氏蒸馏（10mmHg绝压下，ASTM D1160）与实沸点蒸馏数据可以利用图4-23进行两种温度之间的转化。

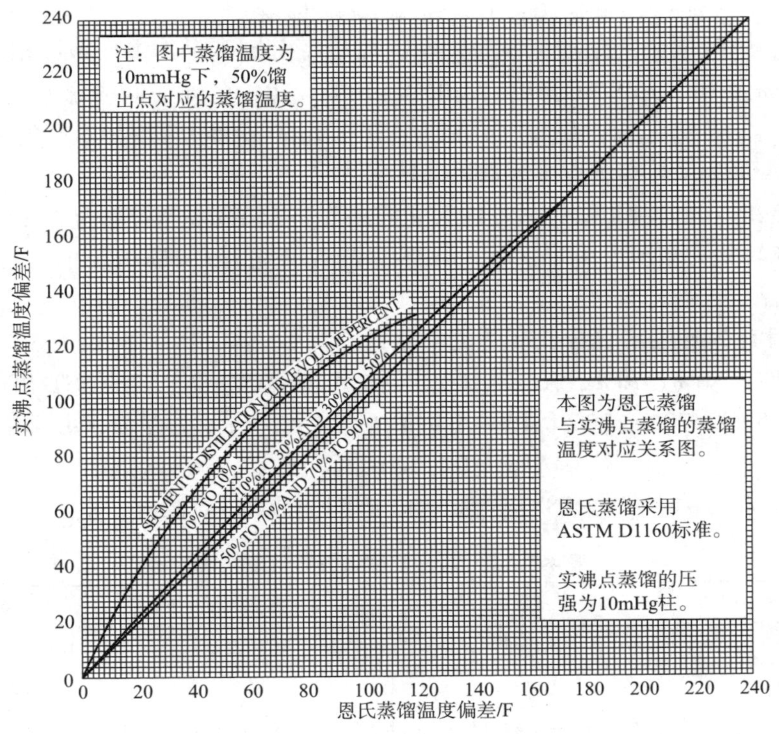

图4-23　恩氏蒸馏与实沸点蒸馏温度之间的关系

也可以采用关联公式的方式进行换算。换算方法的原理为：假设10mmHg绝压下恩氏蒸馏（ASTM D1160）与实沸点蒸馏的50%的馏出点温度相等，则可以借助图4-23由一种蒸馏的相邻馏出点温差求得另一种蒸馏的相邻馏出点温差，然后以50%馏出点温度为基准进行加减，得到所需的蒸馏数据。将图4-23对应数据进行关联，可以得到一系列回归关联式：

$$T_{B,\ 10-0}=\begin{cases}2T_{N,\ 10-0}\ (T_{N,\ 10-0}\leqslant 10.0)\\ 0.1246744558+2.17849882T_{N,\ 10-0}-0.02312814497T_{N,\ 10-0}^{2}+0.1078763927\times 10^{-3}T_{N,\ 10-0}^{3}\\ (T_{N,\ 10-0}>10.0)\end{cases}\tag{4-11}$$

$$T_{B,\ 30-10}=\begin{cases}1.3T_{N,\ 30-10}\ (T_{N,\ 10-0}\leqslant 10.0)\\ 0.5002923473+1.162140155T_{N,\ 30-10}-0.00185683577T_{N,\ 30-10}^{2}\\ (10.0<T_{N,\ 30-10}\leqslant 90.0)\\ T_{N,\ 30-10}\ (T_{N,\ 30-10}>90.0)\end{cases}\tag{4-12}$$

$$T_{B,\ 50-30}=\begin{cases}1.3T_{N,\ 50-30}\ (T_{N,\ 50-30}\leqslant 10.0)\\ 0.5002923473+1.162140155T_{N,\ 50-30}-0.00185683577T_{N,\ 50-30}^{2}\\ (10.0<T_{N,\ 50-30}\leqslant 90.0)\\ T_{N,\ 50-30}\ (T_{N,\ 50-30}>90.0)\end{cases}\tag{4-13}$$

$$T_{B,\ 70-50}=T_{N,\ 70-50}\tag{4-14}$$

$$T_{B,\ 90-70}=T_{N,\ 90-70}\tag{4-15}$$

式中，$T_{B,\ 10-0}$、$T_{B,\ 30-10}$、$T_{B,\ 50-30}$、$T_{B,\ 70-50}$、$T_{B,\ 90-70}$分别表示实沸点蒸馏相邻馏出点0%至10%、10%至30%、30%到50%、50%到70%、70%至90%间的温差，℃；$T_{N,\ 10-0}$、$T_{N,\ 30-10}$、$T_{N,\ 50-30}$、$T_{N,\ 70-50}$、$T_{N,\ 90-70}$分别为ASTM Dl160蒸馏相邻馏出点间的温度差，℃。

3.ASTM D2887与实沸点蒸馏数据的转化

ASTM D2887与实沸点蒸馏数据的转化需要先将ASTM D2887转化ASTM D86，然后由ASTM D86转化为实沸点蒸馏数据。ASTM D2887转化为ASTM D86可由下式转化。

$$T_{N}=\alpha T_{S}^{\beta}F^{\gamma}\tag{4-16}$$

式中，α、β和γ为随馏出百分数变化的常数，具体数值见表4-3；T_N为ASTM D86数据0、10%、30%、50%、70%、90%、100%（体积）点温度，K；T_S为ASTM D2887数据0、10%、30%、50%、70%、90%、100%（重量）点温度，K；F为参数，由式（4-17）计算：

$$F=0.0141126T_{S,\ 10}^{0.05434}T_{S,\ 50}^{0.6147}\tag{4-17}$$

式中，$T_{S,\ 10}$，$T_{S,\ 50}$为ASTM D2887蒸馏10%，50%（重量）点温度，K。

表4-3　α、β和γ随馏出百分数变化值

馏出液体积/%	常数α	常数β	常数γ
0	5.17657	0.7445	0.2879
10	3.74512	0.7944	0.2671
30	4.27485	0.7719	0.3450
50	18.44475	0.5425	0.7132
70	1.07506	0.9867	0.0486

续表

馏出液体积/%	常数α	常数β	常数γ
90	1.08496	0.9834	0.0354
100	1.79916	0.9007	0.0625

式（4–16）适用的温度范围如表4–4所示。

表4-4　适用的温度范围

馏出液重量/%	0	10	30	50	70	90	100
D2887下限/℃	–45.6	23.3	33.9	55.0	63.9	81.7	97.2
D2887上限/℃	198.9	227.8	256.1	285.0	305.0	346.1	405.6

4.各类蒸馏曲线在减压条件下的转化

对于同一类蒸馏曲线（恩氏蒸馏曲线、实沸点蒸馏曲线），在低于1大气压的不同压力下（通常为1mmHg、10mmHg、100mmHg）进行转化时，可以采用如下方法：

当X>0.0022（P^*<2mmHg）时：

$$\log P^* = \frac{3000.538X - 6.761560}{43X - 0.987672} \tag{4-18}$$

当0.0013≤X≤0.0022（2mmHg≤P^*≤760mmHg）时：

$$\log P^* = \frac{2663.129X - 5.994296}{95.76X - 0.972546} \tag{4-19}$$

当X>0.0013（P^*>760mmHg）时：

$$\log P^* = \frac{2770.085X - 6.412631}{36X - 0.989679} \tag{4-20}$$

式中，P^0为气相压力，mmHg。

$$X = \frac{\frac{T_b}{T} - 0.0002867(T_b)}{748.1 - 0.2145(T_b)} \tag{4-21}$$

式中，T_b' 为特性因数为K=12时的正常温度，兰氏度；T为绝对温度，兰氏度。

$$\Delta T = T_b - T_b' = 2.5f(K-12)\log\frac{P^*}{760} \tag{4-22}$$

校正因子：

$$f=（T_b-659.7）/200 \tag{4-23}$$

二、蒸馏数据拟合方法

得到实沸点蒸馏数据以后，需要将这些数据拟合成连续曲线。常用的拟合方法主要由三次样条插值法、二次方程法和概率密度法3种。

1.三次样条插值法

在蒸馏数据有限的情况下，可利用三次样条差值法得到已知蒸馏数据点内的数据。

在所给的原油蒸馏数据间内插，分别求出蒸馏馏分的体积分数为0、10%、30%、50%、70%、90%、100%时的蒸馏温度，利用第一种边界条件三次样条函数的数值导数及样条函数对一元函数分别进行成组插值、成组微商或积分。三次样条插值法过程如下：

当$x\in[x_j, x_{j+1}]$时可得下式

$$s(x)=\frac{\left(x_{j+1}-x\right)^3}{6h_j}M_j+\frac{\left(x-x_j\right)^3}{6h_j}M_{j+1}+\left(y_j-\frac{M_jh_j^2}{6}\right)\frac{x_{j+1}-x}{h_j}+\left(y_{j+1}-\frac{M_{j+1}h_j^2}{6}\right)\frac{x-x_j}{h_j} \tag{4-24}$$

其中令$S''(x)=M_j$，$h_j=x_{j+1}-x_j$，$S(x_j)=y_j$，$S(x_{j+1})=y_{j+1}$

对上式求导得：

$$S'(x)=\frac{\left(x_{j+1}-x\right)^2}{2h_j}M_j+\frac{\left(x-x_j\right)^2}{2h_j}M_{j+1}+\frac{y_{j+1}-y_j}{h_j}+\frac{M_{j+1}-M_j}{6}h_j \tag{4-25}$$

类似可以得到在区间$[x_{j+1}, x_j]$上的表达式：

$$s(x)=\frac{\left(x_j-x\right)^3}{6h_{j-1}}M_{j-1}+\frac{\left(x-x_{j-1}\right)^3}{6h_{j-1}}M_j+\left(y_{j-1}-\frac{M_{j-1}h_{j-1}^2}{6}\right)\frac{x_j-x}{h_{j-1}}+\left(y_j-\frac{M_jh_{j-1}^2}{6}\right)\frac{x-x_{j-1}}{h_{j-1}} \tag{4-26}$$

从而得到：

$$S'(x)=\frac{\left(x_j-x\right)^2}{2h_{j-1}}M_{j-1}+\frac{\left(x-x_{j-1}\right)^2}{2h_{j-1}}M_j+\frac{y_j-y_{j-1}}{h_{j-1}}+\frac{M_j-M_{j-1}}{6}h_{j-1} \tag{4-27}$$

由上面两个导数得：

$$S'(x_j+0)=-\frac{h_j}{3}M_j-\frac{h_j}{6}M_{j+1}+\frac{y_{j+1}-y_i}{h_j} \tag{4-28}$$

$$S'(x_j-0)=-\frac{h_{j-1}}{6}M_{j-1}+\frac{h_{j-1}}{3}M_j+\frac{y_j-y_{i-1}}{h_{j-1}} \tag{4-29}$$

利用导数连续条件：$S'(x_j+0)=S'(x_j-0)$得：

$$\frac{h_{j-1}}{6}M_{j-1}+\frac{h_{j-1}+h_j}{3}M_j+\frac{h_j}{6}M_{j+1}=\frac{y_{j+1}-y_i}{h_j}-\frac{y_j-y_{i-1}}{h_{j-1}}(j=1,\ldots,n-1) \tag{4-30}$$

上式两边同乘以$\frac{6}{h_{j-1}+h_j}$得：

$$\frac{h_{j-1}}{h_{j-1}+h_j}M_{j-1}+2M_j+\frac{h_j}{h_{i-1}+h_j}M_{j+1}=\frac{6}{h_{j-1}+h_i}\left(\frac{y_{j+1}-y_i}{h_j}-\frac{y_j-y_{i-1}}{h_{j-1}}\right) \tag{4-31}$$

令

$$\begin{cases} \mu_i = \dfrac{h_{j-1}}{h_{j-1}+h_j} \\ \lambda_i = \dfrac{h_j}{h_{j-1}+h_j} \\ d_i = \dfrac{6}{h_{j-1}+h_j}\left(\dfrac{y_{j+1}-y_i}{h_j} - \dfrac{y_j - y_{i-1}}{h_{j-1}}\right) = 6f\left[x_{j-1}, x_j, x_{j+1}\right] \end{cases} \tag{4-32}$$

简化为：

$$\mu_i M_{j-1} + 2M_j + \lambda_i M_{j+1} = d_i \tag{4-33}$$

即

$$\begin{cases} \mu_1 M_0 + 2M_1 + \lambda_1 M_2 = d_1 \\ \mu_2 M_1 + 2M_2 + \lambda_2 M_3 = d_2 \\ \cdots \\ \mu_{n-1} M_{n-2} + 2M_{n-1} + \lambda_{n-1} M_n = d_{n-1} \end{cases} \tag{4-34}$$

（1）边界条件1

若$S'(x_0)=f_0'=m_0$，$S'(x_n)=f_n'=m_n$已知，

$$\begin{bmatrix} 2 & \lambda_0 & & & \\ \mu_1 & 2 & \lambda_1 & & \\ & \cdots & \cdots & \cdots & \\ & & \mu_{n-1} & 2 & \lambda_{n-1} \\ & & & \mu_n & 2 \end{bmatrix} \begin{bmatrix} M_0 \\ M_1 \\ \cdots \\ M_{n-1} \\ M_n \end{bmatrix} = \begin{bmatrix} d_0 \\ d_1 \\ \cdots \\ d_{n-1} \\ d_n \end{bmatrix} \tag{4-35}$$

（2）边界条件2

若$S''(x_0)=M_0=f_0'$，$S''(x_n)=M_n=f_n'$已知，

$$\begin{bmatrix} 2 & \lambda_1 & & & \\ \mu_2 & 2 & \lambda_2 & & \\ & \cdots & \cdots & \cdots & \\ & & \mu_{n-2} & 2 & \lambda_{n-2} \\ & & & \mu_{n-1} & 2 \end{bmatrix} \begin{bmatrix} M_1 \\ M_2 \\ \cdots \\ M_{n-1} \\ M_n \end{bmatrix} = \begin{bmatrix} d_1 - \mu_2 f_0' \\ d_2 \\ \cdots \\ d_{n-2} \\ d_{n-1} - \lambda_{n-1} f_n' \end{bmatrix} \tag{4-36}$$

（3）边界条件3

若$S'(x_0+0)=S'(x_n-0)$（$j=n$），$m_0=S''(x_0+0)=S''(x_n-0)=M_n$已知，

$$\begin{bmatrix} 2 & \lambda_1 & & & \\ \mu_2 & 2 & \lambda_2 & & \\ & \cdots & \cdots & \cdots & \\ & & \mu_{n-1} & 2 & \lambda_{n-1} \\ \lambda_n & & & \mu_n & 2 \end{bmatrix} \begin{bmatrix} M_1 \\ M_2 \\ \cdots \\ M_{n-1} \\ M_n \end{bmatrix} = \begin{bmatrix} d_1 \\ d_2 \\ \cdots \\ d_{n-1} \\ d_n \end{bmatrix} \tag{4-37}$$

通过插值得到的光滑蒸馏曲线，虚拟组分的划分就是在曲线上根据沸点来分割曲线，从而将一整段曲线划分成许多小段曲线，这样得到的每一小段曲线就是一个虚拟组分，综合所有虚拟组分的性质可以近似地反映出原油的物性。

2.二次方程法

当用三次样条差值所得的蒸馏数据不稳定时，可以用二次方程法对所给蒸馏数据进行连续的二次逼近。这种处理方法能够减小差值带来的误差，从而使所得扩展曲线更加符合原油的真实蒸馏曲线。二次方程法过程如下：

$$p(x)=a_0+a_1x+a_2x^2 \tag{4-38}$$

作出拟合函数与数据序列的均方误差：

$$Q(a_0,a_1,a_2)=\sum_{i=1}^{m}\left(p(x)-y_i\right)^2=\sum_{i=1}^{m}\left(a_0,a_1x_i,a_2x_i^2-y_i\right)^2 \tag{4-39}$$

由多元函数的极值原理，$Q(a_0, a_1, a_2)$的极小值满足

$$\begin{cases}\dfrac{\partial Q}{\partial a_0}=2\sum\limits_{i=1}^{m}\left(a_0+a_1x_i+a_2x_i^2-y_i\right)=0\\ \dfrac{\partial Q}{\partial a_1}=2\sum\limits_{i=1}^{m}\left(a_0+a_1x_i+a_2x_i^2-y_i\right)x_i=0\\ \dfrac{\partial Q}{\partial a_2}=2\sum\limits_{i=1}^{m}\left(a_0+a_1x_i+a_2x_i^2-y_i\right)x_i^2=0\end{cases} \tag{4-40}$$

整理得二次多项式函数拟合的法方程：

$$\begin{bmatrix} m & \sum\limits_{i=1}^{m}x_i & \sum\limits_{t=1}^{m}x_i^2 \\ \sum\limits_{i=1}^{m}x_i & \sum\limits_{i=1}^{m}x_i^2 & \sum\limits_{i=1}^{m}x_i^3 \\ \sum\limits_{t=1}^{m}x_i^2 & \sum\limits_{i=1}^{m}x_i^3 & \sum\limits_{t=1}^{m}x_i^4 \end{bmatrix}\begin{pmatrix}a_0\\a_1\\a_2\end{pmatrix}=\begin{pmatrix}\sum\limits_{t=1}^{m}y_i\\ \sum\limits_{i=1}^{m}x_ty_i\\ \sum\limits_{i=1}^{m}x_i^2y_i\end{pmatrix} \tag{4-41}$$

解此方程得到在均方误差最小意义下的拟合函数$P(x)$。以上方程组称为多项式拟合的法方程，法方程的系数矩阵是对称的。当拟保多项式阶$n>5$时，法方程的系数矩阵是病态的，在计算中要用双精度或一些特殊算法以保护解的准确性。

3.概率密度函数法

如果所给蒸馏数据含有明显随机误差，则用概率密度函数法拟合蒸馏曲线。概率密度函数法不同于上述两种方法之处在于，其不要求曲线必须通过所给点，而是要求所给点符合一个概率密度函数，使所得曲线既表现了石油馏分的特性，同时还与给定数据的差的平方和最小。通过这种方法得到的曲线就更加准确，减小了误差，从而得出的扩展曲线能较好地反映石油的真实物性。

概率密度函数法的其他有关内容可以参见分子重构小节的相关内容。

三、虚拟组分切割

到实沸点蒸馏曲线后，就要进行虚拟组分划分。常用的切割集如表4-5所示。

表4-5　常用切割集

TBP范围/F	切割数量	增值数
100~800	28	25
800~1200	8	50
1200~1600	4	100

当然，此切割集只是常用的，根据实际情况可以自己规定不同的切割集。

第二节　数据处理技术

众所周知，客观事物之间总是有相互联系的。如果用变量来描述客观事物，则其多个变量之间存在两种关系，即确定性关系和相关性关系。例如，数学中长方形的面积等于两条边长（长和宽）的乘积，物理学中电压等于电流乘以电阻等，这样的关系为确定性关系。但是，在大量实际问题中，变量之间的关系很难用一种精确的方法来表达，例如，人的身高与体重之间虽然有一定的关系，但由于人与人有较大的个体差异，很难从身高精确地算出人的体重。像这种虽然关系密切但又不能完全确定的关系，被称为相关关系。数学中的回归分析是研究相关关系的一种有力的工具[19]，回归分析是建立在对客观事物进行大量试验或观察的基础之上，用来寻找隐藏在那些看上去不确定的现象中的统计规律性的数理统计方法，常用的数据关联方法主要包括线性回归、非线性回归以及逐步回归等。

针对不同的优化对象和目标，可以建立性质完全不同的最优化数学模型，对此的求解方法也就不同。根据分类原则的不同，最优化问题可分为以下两种不同的类型，即无约束最优化和有约束最优化。按有约束条件的最优化模型中目标函数和约束条件的函数性质，可分为线性规划问题和非线性规划问题。

最优化问题[20]的一般形式为：

$$\begin{gathered}\min f(x)\\ \text{s.t. } x\in X\end{gathered} \tag{4-42}$$

其中，$x\in R^n$是决策变量，$f(x)$是目标函数，$x\subset R^n$为约束或可行域。特别地，如果约束集$X=R^n$，则最优化问题称为无约束最优化问题：

$$\min_{x\in R^n} f(x)$$

约束最优化问题通常为：

$$\begin{aligned}&\min f(x)\\ &\text{s.t. } c_i(x)=0, i\in E,\\ &c_i(x)\geqslant 0, i\in I\end{aligned} \tag{4-43}$$

上述E和I分别是等式约束和不等式约束的指标集，$c_i(x)$是约束函数。当目标函数和约束函数均为线性函数时，该最优化问题称为线性规划。当目标函数和约束函数当中至少有一个是变量x的非线性函数时，该问题就是非线性规划。此外，根据决策变量、目标函数和要求的不同，最优化还分成整数规划、动态规划、网络规划、非光滑规划、随机规划、几何规划、多目标规划等众多分支规划。

最优化问题求解时，按求解过程是否要求导分而分为直接最优化方法和间接最优化方法两大类。其中，直接最优化方法不需要求导，而是利用目标函数某些试验点上的性质或目标函数值，通过摸索、改进，逐步逼近最优值，这种方法也称为选优法，如瞎子爬山法、单纯形法等就属此类。另一类即间接最优化方法需借助函数导数、梯度、一阶偏导数矩阵、二阶偏导数矩阵的性质，来寻找最优化的必要条件以及修正决策变量和搜索极值点，从而求得最优解。这类方法较多，如最速下降法、牛顿型方法[21]、拟牛顿型方法、变尺度法[22]、曲线拟合一维搜索法、拉格朗日（Lagrange）乘子法、最小二乘法以及广义既约束梯度法（GRG）和逐次二次规划法（SQP）[23]等。

一、关于数据及其记录与处理

油气行业产生的数据，通常是按时间顺序排列的数值数据。例如，某装置反应器热电偶采集的每分钟测定的温度数据，这个热电偶可能需要定期校准、修理或频繁地交换，但生产过程的测量一直是不间断的。收集的这些测量值称为时间序列。在数据库中标识此时间序列与其他时间序列的标签通常称为标签。这些概念在机器学习中是很重要的。

各种各样的数据长年累月积累、记录、储存在数据库中，如果对这些数据进行处理，研究这些数据，我们会获得不同的结果、启示。图4-24是对某些数据分析后的一些变化。刚开始时只是一个庞大的数字集合，即数据本身。接下来，当我们清理数据，将一些重复、异常值、无用测量和相似数据去除后，我们就得到了相关的重要数据，此时数据就变成了信息。而一旦清楚了数据是如何连接的，哪些标签与其他标签有关联，原因与效果如何关联等，就可以获得知识。有了知识，就到了第四步，即产生了洞察力，因为我们知道我们在哪里和我们需要在哪里。最后就是智慧，是当我们知道如何到达我们需要到达的地方所产生的智慧。此时剩下的就是执行计划了。

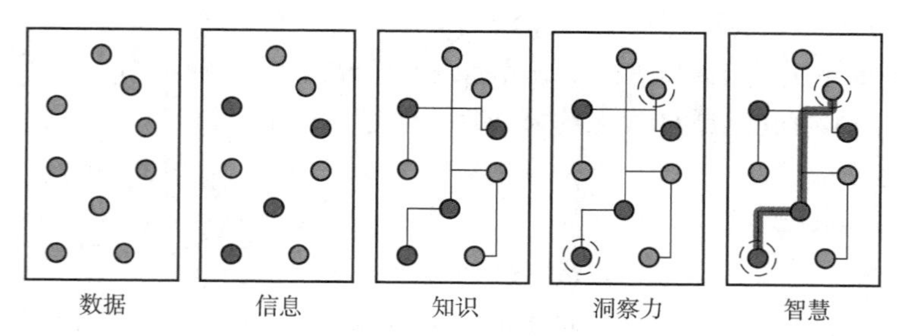

图4-24　数据科学的五个阶段[10]

在实际工作中，测量的数据有时记录了，有时可能没有记录，图4-25为某一个时间段中测量数据记录与否的形象示意[10]。图中黑点数据是测量但没有记录的，而灰色点数据代表测量并记录下来的数据。

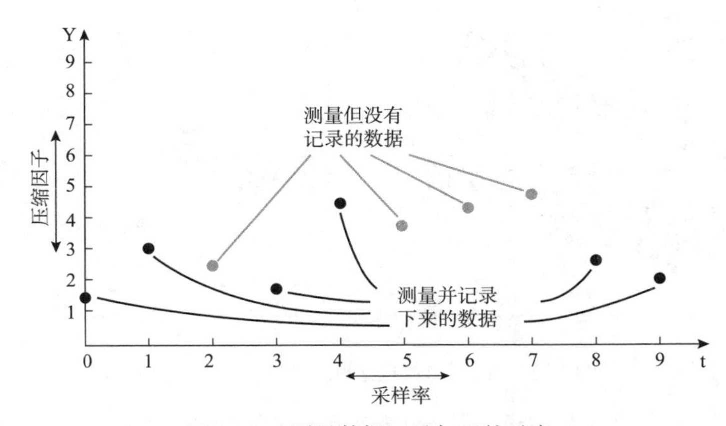

图4-25 测量数据记录与否的示意

如果有的数据缺失，如何办呢？以图4-26为例，在t=3时没有记录数据。此时，可以用三种数据处理的方法来求出缺失的数据[10]。

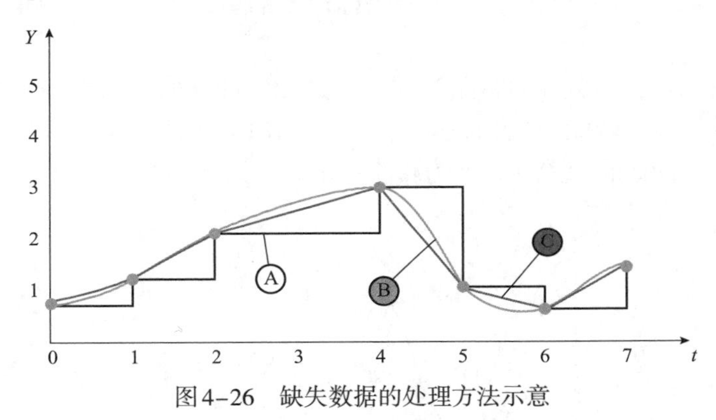

图4-26 缺失数据的处理方法示意

在图4-26中，圆圈A、B、C分别代表用“阶梯法”“插值法”和“线性法”获取缺失数据的办法。

标签（数据）与标签（数据）之间，或者说两个变量之间，当一个标签改变了它的值时，另一个标签的值也会改变。图4-27为它们之间的几种关系，即正相关、负相关、高相关与弱相关以及非线性相关等四大类。

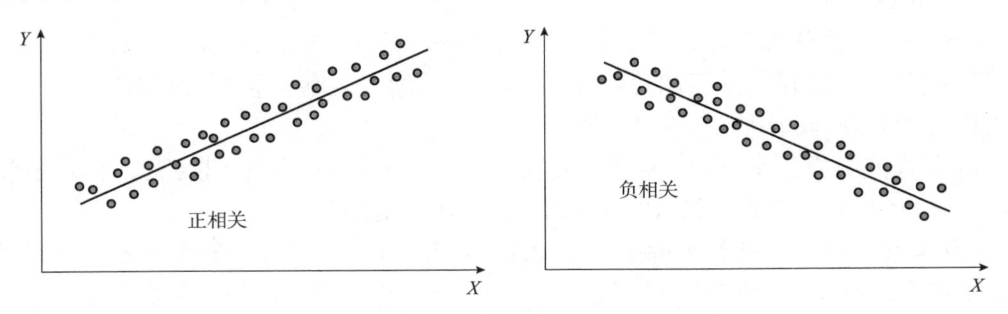

图4-27 数据与数据之间的相关性[10]

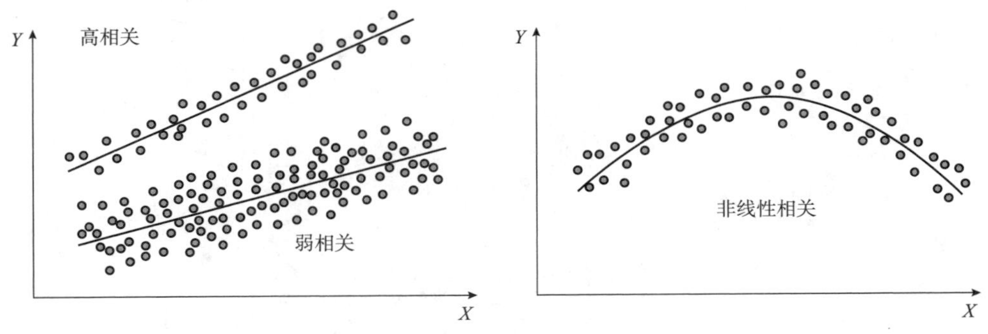

图4-27　数据与数据之间的相关性[10]（续）

图4-27中标签之间的关系可以用介于-1和1之间的Pearson相关系数来表示：正数表示随着第一个标记的增加，第二个标记也会增加。负数表示当第一个标记增加时，第二个标记减少。绝对值为1表示变化完全同步发生。就更改而言，这两个标签是相同的。值为0表示这两个标记完全不相关，第一个标记中的更改不提供关于第二个标记中的更改的任何信息。

从时间序列来说，相关性通常是为同时记录的值计算的。如果将两个时间序列中的一个平移几个时间步，就能得到相关函数，即作为时滞函数的相关系数。如果计算不同时间间隔下标签与自身的相关性，即为自相关函数。这些函数如图4-28所示。

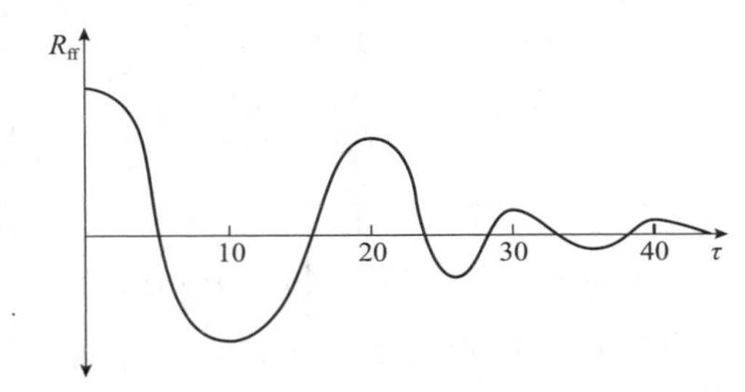

图4-28　时滞函数与两个标签之间相关函数关系示意[10]

二、数据关联方法简介

1.线性回归法

线性回归[24]分为一元和多元线性回归，一般采用最小二乘法求得回归参数。常常用相关系数（一元回归）或复相关系数（多元回归）的大小来描述变量之间的相关性，然后用F检验对回归模型进行显著性检验。

对于给定的检验水平α，对于样本数为n、变量数为k的回归模型，查F分布表（$n_1=k$，$n_2=n-k-1$），得到拒绝域的临界值F_α，判断准则如下：

若$F \leqslant F_\alpha$（k，$n-k-1$），则接受H_0，认为y与x_1，…，x_p之间无显著的线性关系；

若$F>F_\alpha$（k，$n-k-1$），则否定H_0，认为y与x_1，…，x_p之间的线性关系显著。

在Origin和SPSS等数据处理软件中，常常给出p值来判断回归效果的好坏，而不用再查F分布表，P值小于检验水平α即认为关系显著。

2.非线性回归

在许多实际问题中，变量之间并不是线性关系，而是曲线关系。对于这样的问题，可以作出散点图后根据有关的专业知识将曲线关系转化为线性回归或分段回归等。非线性转化为线性通常采用表4-6中所列的变换方法，然后用最小二乘法求出模型的参数。

表4-6 非线性回归模型的变换

曲线	变换	变换后的线性式
幂函数曲线$y=\alpha x^{\beta}$	$y'=\ln y$，$x'=\ln x$	$y'=\ln\alpha+\beta x'$
指数曲线$y=\alpha e^{\beta x}$	$y'=\ln y$	$y'=\ln\alpha+\beta x$
双曲线 $y=\dfrac{x}{\alpha x+\beta}$	$y'=\dfrac{1}{y}$，$x'=\dfrac{1}{x}$	$y'=\alpha+\beta x'$
对数曲线$y=\alpha+\beta\ln x$	$x'=\ln x$	$y=\alpha+\beta x'$
倒指数曲线 $y=\alpha e^{\frac{\beta}{x}}$	$y'=\ln y$，$x'=\dfrac{1}{x}$	$y'=\ln\alpha+\beta x'$
S形曲线 $y=\dfrac{1}{\alpha+\beta e^{-x}}$	$y'=\dfrac{1}{y}$，$x'=e^{-x}$	$y'=\alpha+\beta x'$

3.逐步回归

在进行物性数据关联的过程中，自变量的选择主要依靠相关的专业知识及有关的文献报道。例如，对于原油或馏分油来讲，一个待关联的物性往往与许多其他物性都有一定的相关性，如何从众多的物性中选择合适的物性作为自变量呢？逐步回归方法是人们最常选用的变量筛选方法之一，它是向前选择变量法和向后删除变量法的一种结合。

在向前选择变量法中，某个变量一旦被选入模型就永远留在模型中，随着其他变量的引入，由于变量之间相互作用，先进入的自变量对因变量的解释作用可能会变得不再显著。而向后删除变量法中，一旦某个变量被删除后，它就永久被排斥在模型之外，但随着其他变量的被删除，该自变量对因变量的解释作用可能会变得显著起来。逐步回归采取边进边退的方法，模型外的自变量，只要还可提供显著的解释信息就可以再次进入模型，而对于已在模型内的变量，只要它的偏F检验不能通过，则还可能从模型中被删除。

在逐步回归中常常涉及调整相关系数$\overline{R}^2$这个概念。自变量的个数越多、样本数越少，回归方程的相关系数越高，若自变量的个数等于样本数减1，那么相关系数就等于1。例如，给出两个点，一定有一条通过此两点的拟合直线；如果给出三个点，一定可以拟合一个完美的平面；若给出空间中的f个点，一定可以拟合出一个$f-1$维的超平面，以上拟合结果的相关系数均为1。但是，这样的无误差的拟合方程并不是好的回归结果，因为这样的回归方程并没有考虑到分析误差与系统误差，没有真正反映出统计规律，对于验证集的预测效果往往非常差。因此在进行多元回归的时候，并不是自变量越多越好，一般还要求回归建模时的样本数为自变量个数的5倍以上。

由于相关系数没有考虑样本数与自变量的数目，并不能较好地反映回归效果，因此统计学家提出了用调整决定系数考察回归方程的好坏。

$$\overline{R}^2 = 1 - \left(1 - R^2\right)\frac{n-1}{n-k-1} \tag{4-44}$$

其中n为样本数，k为自变量的数目。若增加一个变量后$\overline{R}^2$的改观不大，则这个变量的增加意义不大。如果R^2与$\overline{R}^2$相差较大，则应该减少或者更换自变量。

除了上述回归分析方法用于关联方法的开发外，现代比较流行的处理非线性问题的数学方法还包括主成分分析[25]与人工神经网络[11, 26]等。主成分分析就是用原变量的线性组合形成数目较少的新变量，而且新变量应能最大限度地表征原变量的数据结构特征，同时不丢失信息。人工神经网络是由神经元互相连接而形成的网络，通过调整网络权重使输出值逐步接近目标值；当隐藏层的神经元数目足够多的时候，可以以任意精度逼近任何一个非线性函数。这两种方法的不足是，它们均不能得到以解析式表达的数学模型，且要求较多的样本来建立校正模型。

三、优化方法简介

一般来说，传统优化算法的基本思路包括三步，如图4-29所示。

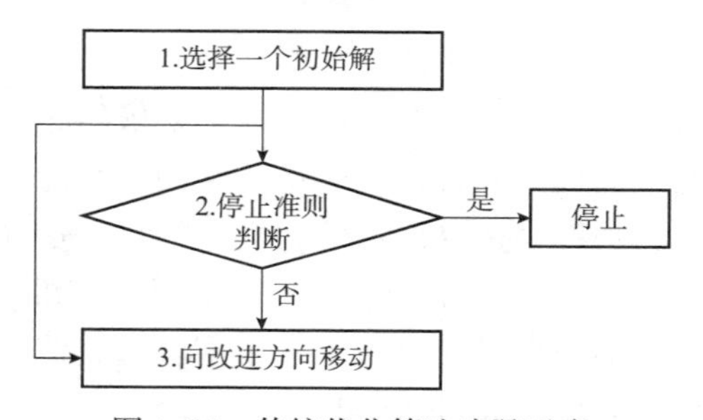

图4-29　传统优化算法步骤示意

传统的优化算法首先需要选择或确定初值（初始解）。一般地，初始解必须是可行解。如线性规划的单纯形法，首先要用大M法或二阶段法找出一个基础可行解。对于无约束的非线性函数的优化问题，初始解一般可以任选，但是对于约束的非线性规划问题，通常也必须选择可行解作为初始解。

接下来需要对停止准则进行判断，这时需要检验所获解是否满足停止准则。一般来说，停止准则为最优性条件。

第三步是向改进方向移动。如果不满足停止条件，需要返回第一步重新进行计算，新的初值的产生需要前一组解通过一定的算法向改进方向移动。不同的优化方法，基本上其算法的主要区别就在这一步上。例如，对于线性规划的单纯形法，即做转轴变换，旋出一个基础变量，旋入一个非基础变量。对于非线性规划的最速下降法、共轭梯度法、变尺度法等，则向负梯度方向、负共轭梯度方向或修正的共轭梯度方向移动。

传统的优化方法技术成熟、应用较广，但这种计算构架也有一些难以克服的局限性，例如：单点运算方式大大限制了计算效率的提高；向改进方向移动限制了跳出局部最优的能力；停止条件往往只是局部最优性的条件；对目标函数和约束函数的要求限制了算法的应用范围等。为此对最优法提出了一些改进要求，例如：目标函数和约束条件可以包含多种形式；注重计算效率，而不是单纯的理论上的最优；算法随时终止能够随时得到较好的解；对优化模型中数据质量要求更加宽松等。于是，出现了许多新的最优化方法，如遗传算法、模拟退火算法、蚁群算法、粒子群算法、禁忌搜索法等，这些新的最优算法又称智能优化算法，通常具有以下新的特点[27]：

（1）更加看重计算速度和计算效率，而不仅仅是以达到某个最优化条件或找到理论上的精确最优解为目标；

（2）对目标函数和约束函数形式的要求更加宽松；

（3）算法具有人工智能的特点，基本思想都来自对某种自然规律的模仿；

（4）多数算法是包含多个个体的种群，寻优过程实际上就是种群进化过程；

（5）算法的理论基础相对比较薄弱，一般来说都不能保证收敛到最优解。

1.变尺度优化算法

变尺度法[18]是一种求解无约束极值问题十分有效的算法，也广泛用于求解约束极值问题，是近二三十年来快速发展起来的一种新算法。变尺度法可以有效避免计算二阶导数矩阵及其求逆过程，又比梯度法的收敛速度快，特别是对高维问题具有显著的优越性，因此变尺度法推广很快。

已有的算法如负梯度法、牛顿型法、拟牛顿法等都有其各自明确的优缺点。例如，负梯度法的吸引域较大，但接近解时效率较差：牛顿法的突出优点是收敛速度快，但运用牛顿法需计算二阶偏导数，且目标函数的Hessian矩阵可能是非正定的。为了克服牛顿法的缺点，人们提出了拟牛顿法。拟牛顿法更新Hessian矩阵效率很高，但第一个Hessian矩阵H_0还是要进行效率极低的Hessian矩阵计算。为了保持牛顿法收敛速度快的这个令人瞩目的特点，而不去直接计算Hessian矩阵，可利用在迭代过程中的某些已知信息去构造一个新的矩阵，使得这个新的矩阵与Hessian矩阵近似，这就是变尺度法的核心思想。

所以，变尺度法实际上是综合了上述三种方法优点的新方法，即一开始（初值点）采用负梯度法进行迭代，取其计算简便、对初值要求不高的优点，已有证明只要H_0是对称正定的，且一维搜索是精确的，那么由迭代式计算得到的$H_{(i+1)}$均为对称正定，对称保证有逆，正定则保证是下降方向。

变尺度算法的一般格式如下，已知目标函数$f(x)$、梯度$g(x)$及终止准则ε。

（1）选定初始点X_0，试算$f_0=f(X_0)$，$g_0=g(x_0)$，选定初始矩阵H_0，要求H_0对称正定。例如可选$H_0=E$（单位矩阵），置$k=0$。

（2）计算搜索方向$P^k=-H^k g^k$。

（3）直线搜索$f(x^k+t_k P^k)=\min f(X^k+tP^k)$，$X^{k+1}=X^k+t_k P^k$，计算$f^{k+1}=f(X^{k+1})$，$g^{k+1}=g(X^{k+1})$，$S^k=X^{k+1}-X^k$，$Y^k=g^{k+1}-g^k$。

（4）判断是否满足终止准则，若满足$X^{k+1}=X^k$，打印停机，否则转至下一步。

（5）计算$H^{k+1}=H^k+\Delta H^k$。

（6）$k=k+1$，转至第（2）步。

注意，上述算法中的ΔH^k必须满足拟牛顿条件：

$$(H^k+\Delta H^k)Y^k=S^k \text{或} \Delta H^k Y^k=S^k-H^k Y^k \tag{4-45}$$

有几种常用的变尺度法修正公式：

（1）Broyden公式。

$$H^{k+1}=H^k+\frac{S^k\left(S^k\right)^T}{\left(Y^k\right)^T S^k}-\frac{H^kY^k\left(Y^k\right)^T H^k}{\left(Y^k\right)^T H^kY^k}+\beta\left[\left(Y^k\right)^T S^k\right]\left[\left(Y^k\right)^T H^kY^k\right]\omega^k\left(\omega^k\right)^T \quad (4-46)$$

$$\omega^k=\frac{S^k}{\left(Y^k\right)^T S^k}-\frac{H^kY^k}{\left(Y^k\right)^T H^kY^k} \quad (4-47)$$

Broyden公式中有一个参数β，每取一个实验数就对应一个变尺度算法，因此称为Broyden类。

当取$\beta=\frac{1}{\left(Y^k\right)^T(S^k-H^kY^k)}$时，Broyden类就给出了对称秩1修正公式。

当β=0时，Broyden类就给出了DFP公式。

把Broyden类包含在内的具有二次收敛性的最大算法类称为Huang类变尺度法。

（2）Huang类变尺度修正公式。

其中$u^k=a^k\Delta X^k+b^k(H^k)\Delta g^k$，$v^k=c^k\Delta X^k+d^k(H^k)\Delta g^k$

且满足$(u^k)^T\Delta g^k=\omega$，$(v^k)^T\Delta g^k=-1$，$\Delta X^k=X^{k+1}-X^k$，$\Delta g^k=g^{k+1}-g^k$

此公式成为Huang类公式，其中5个参数a^k，b^k，c^k，d^k，ω。但有两个约束条件，因此真正独立的参数只有3个，也称3参数Huang类公式。

取定参数就可以得到具体的变尺度法。常用3种重要公式：

（1）令$\omega=1$，$b^k=a^k=0$即可得到DFP公式。

（2）令$\omega=1$，$b^k=c^k$，即推出Broyden公式。

（3）令$\omega=1$，$b^k=c^k$，$d^k=0$，便得到目前为止，公认最好的BFGS的变尺度公式：

$$H^{k+1}=H^k+\frac{\beta^k\Delta X^k\left(\Delta X^k\right)^T-H^k\Delta g^k\left(\Delta X^k\right)^T-\Delta X^k\left(\Delta g^k\right)^T\Delta H^k}{\left(\Delta X^k\right)^T\Delta g^k} \quad (4-48)$$

$$\beta=1+\frac{(\Delta g)^T H^k\Delta g^k}{\left(\Delta X^k\right)^T\Delta g^k} \quad (4-49)$$

值得指出的是，我们只要把DFP算法中的修正公式改为BFGωS修正公式就得到了 BFGS的算法。BFGS算法不仅具有二次收敛性，而且只要初始矩阵对称正定，则用BFGS'修正公式所产生的H^k也是对称正定的，且H^k不易变成奇异矩阵，因此BFGS比DFP算法具有更好的数值稳定性。DFP法和BFGS法都是在迭代过程中使用搜索方向$P^k=-H^kg^k$，然而H^k在不断变化，因此所谓变尺度矩阵也不断变化。常称DFP法和BFGS法为变尺度法。

BFGS算法与DFP算法相比较，对于具有连续一阶偏导数的目标函数在精确一维搜索下，只要初始点和初始矩阵相同，则BFGS算法和DFP算法产生相同的点列。由于实际中很难做到精确一维搜索，因此效果并不一样。实践表明，BFGS算法比DFP算法更为有效。

2.单纯形优化方法

单纯形法[23]是应用规则的几何图形（单纯形），通过计算单纯形的顶点的$f(U)$值，根据函数值的大小的分布来判断函数变化的趋势，然后按一定的规则搜寻最优点的方法。所谓单纯形是指n维空间R^n中具有$n+1$个顶点的凸多面体，比如一维空间中的线段，二维空间中的三角形，三维空间中的四面体，均为相应空间的单纯形。

单纯形搜索法与其他直接方法相比，基本思想有所不同。在这种方法中，给定R^n中的一个单纯形后，求出$n+1$个顶点上的函数值，确定有最大函数值的点（称为最高点）和最小函数的点（称为最低点），然后通过反射、扩展、压缩等方法（几种方法不一定同时使用）求出一个较好点，用它取代最高点，构成新的单纯形，或者通过向最低点收缩形成新的单纯形，用这种方法逼近极小点。单纯形的优点是：不需要复杂的导数运算，它朝最优点的移动完全由上一个单纯形的结果来决定，计算机上使用储存少。但由于步长固定，故缺少加速方法。为此提出了变步长法。在新顶点外推或内插的过程中，正单纯形变成了不规则的单纯形，单纯形的大小即搜索步长也随之发生了变化，因此这种方法称为变步长单纯形法。

3.模拟退火优化方法

模拟退火智能优化算法[6]作为一种适合于求解大规模优化问题的技术，近来已引起极大的关注。特别是当优化问题有很多局部极值而全局极值又很难求出时，模拟退火算法尤其有效。

模拟退火的核心思想与热力学的原理颇为相似，而且尤其类似于液体流动和结晶以及金属冷却和退火的方式。在高温下，一种液体的大量分子彼此之间进行着相对自由移动，如果液体慢慢地冷却下来，热能可动性便慢慢消失，大量原子常常能够自行排列成行，形成一个纯净的晶体。该晶体在各个方向上完全有序地排列在几百万倍于单个原子大小的距离之内。对于这个系统来说，晶体状态是能量最低状态，而所有缓慢冷却的系统都可以自然达到这个最低能量状态，这可以说是个惊奇的事实。实际上，如果某种液体金属被迅速冷却或被“猝熄”，那么它不会达到这一状态，而只能达到一种具有较高能量状态的多晶状态或非结晶状态。因此，这一过程的本质在于缓缓地制冷，以争取充足的时间，让大量原子在丧失可动性之前进行重新分布，这就是所谓“退火”在技术上的定义，同时也是确保达到低能量状态所必需的条件。

以往处理问题的方式都是：从初始点开始，立即沿下降方向前进，走得越远越好，似乎这样才能迅速求得问题的解。但是正如前面常常提到的，这种方式往往只能达到局部极小点，而求不到全局最优点。自然界本身的极小化算法则基于一种截然不同的方式，即所谓的Boitzmann概率分布：$\text{Prob}(E)=\exp(-E/kT)$，就表达了这样一种思想，即一个处于热平衡状态且具有温度T的系统，其能量按照概率分布于所有不同的能量状态E中。即使在很低的温度下，系统也有可能（虽然这种可能性很小）处于一个较高的能量状态。因此相应地，系统也能摆脱局部能量极小点的机会，并找到一个更小的、更接近于整体的极小点。上面的式子中的参数k（称为Boitzmann常数）是一个自然常数，它的作用是将温度与能量结合起来。换句话说，在有些情况下，系统的能量可上升也可下降，但温度越低，显著上升的可能性就越小。

1953年，Metropolis等[28]首次将这种原理渗透到数值计算中。他们对一个模拟热力学系统提供了一系列选择项，并假设系统构形从能量E_1变化到能量E_2的概率为：$p=\exp[-(E_2-E_1)/kT]$，很显然，如果$E_2<E_1$，p将大于1。在这类情况下，对构形的能量变化任意指定一个概率值$p=1$。也就是说，该系统总是取这个选择项。这种格式总是采取下降过程，偶尔采取上升步骤，目前已被公认为Metropolis算法。

为了将Metropolis算法应用于热力学以外的系统，必须提供以下几项基本要素：

（1）对可能系统构形的一种描述；

（2）一个有关构形内部随机变化的生成函数，这些变化将作为“选择项”提交给该系统；

（3）一个目标函数E（类似于）能量求解E的极小值，即为算法所要完成的工作；

（4）一个控制参数T（类似于温度）和一个退火进程，该进程用来说明系统是如何从高值向低值降低的，例如在T时每次下降步骤中要经过多少次的构形变化以及该步长是多大等。应说明的是，这里“高”和“低”的含义，还有进程表的确定，都需要一定的物理知识或一些摸索的实验。

[illegible]算$H^{k+1}=H^k+\Delta H^k$。

[illegible]+1，转至第（2）步。

第三章　过程控制与过程优化

过程控制技术特别是现代信息技术的不断发展和进步，大量先进的过程控制技术、现代信息技术在炼油化工领域里得到了广泛应用，极大地促进了我国炼油化工工业整体水平的提升，炼化企业的生产与经营管理朝着更加融合、科学、高效、规范方向迈进。尤其是计算机技术及信息通信技术（ICT）的突破性变革，在引发了企业产品和服务模式创新的同时，也大大加快了炼化企业由传统制造向智能制造转变的进程[5]。

以炼油工业为例，我国炼油工业的自动化、信息化发展迅速，目前正在向数字化转型、智能化快速发展中。在过去的几十年中，炼油过程控制的自动化历经气动单元组合仪表、电动单元组合仪表和数字式仪表的变迁和发展。特别是20世纪90年代后，随着电子元器件和外部设备的小型化、大容量化，我国炼油工业自动化在测量技术和控制器技术等方面不断更新升级，已经由现场手工操作发展到自动控制，由原始的单回路控制发展到高级复杂系统控制，直到管控一体化。自动化技术水平、控制规模、安全等级等方面都有了很大提高，生产企业使用的控制工具也不断更新，DCS系统已经广泛应用。

自动化将控制论与工程系统结合在一起，研究控制科学和系统科学，针对被控对象和环境特性，通过能动地采集和运用信息施加控制作用而使系统正常运行并具有预定的功能。在这个过程中，被控对象一般是指生产过程中需要进行控制的机械、装置或生产过程，比如油品质量或燃气质量；通过测量元件即各种智能仪表，检测被控量或输出量，作为反馈信号（一般为模拟量或数字量）经过控制系统的逻辑处理元件，比较产生 …量后经由执行机构来响应以完成控制。

…机技术引入炼油化工企业，显著提升了数据自动采集、生产过程的自动控制 … 而随着20世纪90年代个人计算机、局域网、数据库和互联网技术的 …规模推进信息化建设，多年来炼油化工企业纷纷加大了以ERP为主线 …营运指挥、生产执行系统（MES）、加油卡等一批全局性信息系统建设 … 21世纪后，云计算、物联网、移动互联网、大数据、人工智能等新 …，互联网思维、平台发展等新理念、新模式不断涌现，推动了企 …化、服务化方向发展[5]。

…程控制系统得到了较快发展，先进控制、实时优化、流程模拟 …广泛的应用与进步，为企业降本增效、“安稳长满优”运营 …用。

第一节　过程控制系统

一、过程控制系统概述

1.基本形式

控制系统通常根据是否设置反馈环节分为开环控制系统（无反馈环节）和闭环控制系统（有反馈环节）两大类[29]。

（1）开环控制系统　其输出信号对控制作用没有影响，也就是说，在开环控制系统中，系统的输出信号不反馈到输入端，不形成信号传递的闭合环路。开环控制系统的原理如图4-30所示：

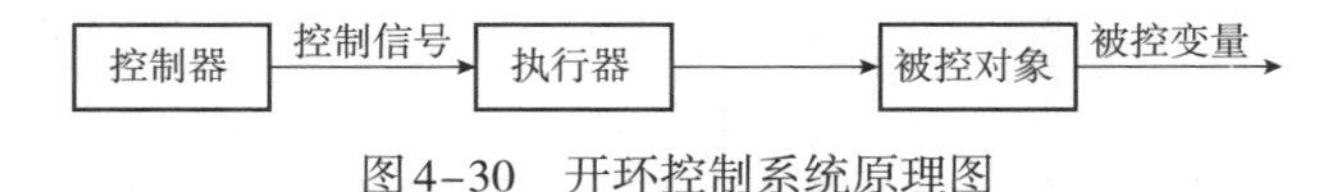

图4-30　开环控制系统原理图

开环控制方式构成容易、系统结构和控制过程也都比较简单，操作简单、成本低廉，但由于不测量被控变量，也不与设定值比较，因此系统如果受到扰动干扰，则被控变量会偏离设定值，且会无法消除偏差，开环控制系统的控制准确度不高，抗扰动能力较差。

（2）闭环控制系统　顾名思义，相对于上述开环控制系统，闭环控制系统的输出信号对控制系统作用有直接影响，其系统输出信号通过反馈环节返回到输入端，形成闭合回路，所以闭环控制系统又称为反馈控制系统。

图4-31为以某锅炉汽包液位控制系统为例的闭环控制系统原理示意图。

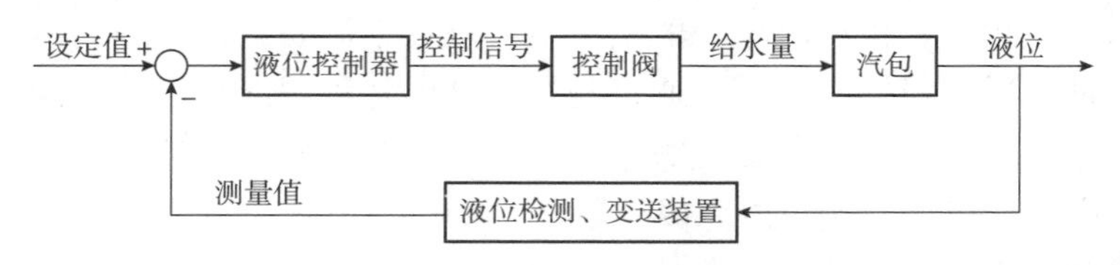

图4-31　闭环控制系统原理示意图

为了使得被控变量稳定在工艺要求的设定值附近，闭环控制系统通
式，即将被控变量通过反馈环节送到输入端，与设定值进行比较，根
来控制被控变量，最终实现控制作用。这也是闭环控制的优点。

2.自动控制系统

1）基本原理

自动控制系统原理方框图见图4-32。

该方框图说明如下：

（1）图中每个方框表示组成系统的一个环节，两个方框
示它们相互间的信号联系（而不表示具体的物料或能量），

向，线上的字母说明传递信号的名称。

（2）进入环节的信号为环节输入，离开环节的信号为环节输出。输入会引起输出变化，而输出不会反过来直接引起输入的变化。环节的这一特性称为“单向性”，即箭头具有“单向性”。

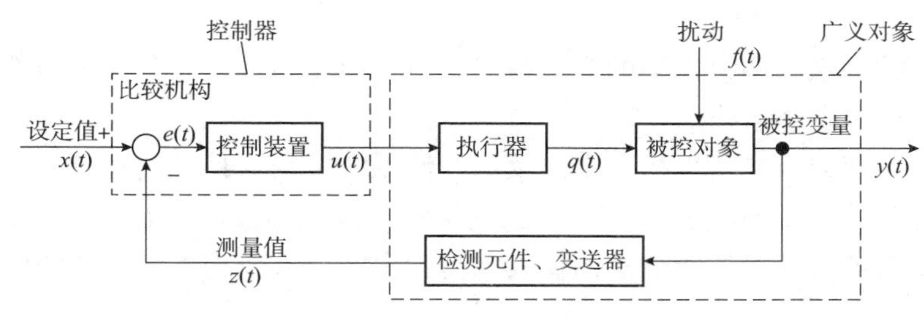

图4-32　自动控制系统原理方框图[29]

$x(t)$—设定值；$z(t)$—测量值；$e(t)$—偏差；$e(t)=x(t)-z(t)$；$u(t)$—控制信号（控制器输出）；$y(t)$—被控变量；$q(t)$—操纵变量；$f(t)$—扰动。

（3）在方框图中，任何一个信号沿着箭头方向前进，最后又回到原来的起点，构成个闭合回路。闭环控制系统的闭合回路是通过检测元件及变送器。将被控变量的测量值送回到输入端与设定值进行比较而形成的，所以，自动控制系统是一个反馈闭环控制系统。

（4）方框图中的各传递信号都是时间函数，它们随时间而不断变化，在定值控制系统中，扰动作用使被控变量偏离设定值，控制作用又使它恢复到设定值。扰动作用与控制作用构成一对主要矛盾时，被控变量则处于不断的运动之中。

由图可知，一般自动控制系统包括被控对象、检测变送单元、控制器和执行器。

①被控对象　被控对象也称被控过程（简称过程），是指被控制的生产设备或装置。天然气工业生产过程中的各种塔器、反应器、换热器、泵和压缩机及各种容器、储槽都是常见的被控对象，甚至一段管道也可以是一个被控对象。在精馏塔、吸收塔等，一个设备上可能有几个控制系统，当确定被控对象时，不一定是生产设备的整个装置，只有该装置的某一与控制有关的相应部分才是某一个控制系统的被控对象。例如，在图4-31中的被控对象就是锅炉汽包。

②检测变送单元　检测变送单元一般由检测元件和变送器组成。其作用是测量被控变量，并将其转换为标准信号输出，作为测量值，即把被控变量$y(t)$转化为测量值$z(t)$。例如，用热电阻或热电偶测量温度，并用温度变送器转换为统一的直流电流信号（4~20mA）或气压信号（20~100kPa）。

③控制器　也称调节器，它将被控变量的测量值与设定值进行比较得出偏差信号$e(t)$，并按某种预定的控制规律进行运算，给出控制信号$u(t)$。

需要特别指出，在自动控制系统分析中，把偏差$e(t)$定义为$e(t)=x(t)-z(t)$。然而，在仪表制造行业中，却把$z(t)-x(t)$作为偏差，即$e(t)=z(t)-x(t)$，控制器以$e(t)=z(t)-x(t)$进行运算给出控制信号。两者的符号恰好相反。

④执行器　在过程控制系统中，常用的执行器是控制阀，其中以气动薄膜控制阀最为多用。执行器接受控制器送来的控制信号$u(t)$，直接改变操纵变量$q(t)$。操纵变量是被控对象的一个输入变量，通过操作这个变量可以克服扰动对被控变量的影响，操纵

变量通常是执行器控制的某一工艺变量。

通常，将系统中控制器以外的部分组合在一起称为广义对象，即将被控对象、执行器和检测变送环节合并为广义对象。因此，也可以认为，自动控制系统是由控制器和广义对象两部分组成的。

2）分类

按照反馈控制系统中设定值的变化情况，自动控制系统可以分为定值控制系统、随动控制系统和程序控制系统。

定值控制系统即设定值保持不变的反馈控制系统。在这种控制系统中，由于设定值是恒定的（固定不变），因此扰动就成为引起被控变量偏离设定值的主要因素，如何抗扰动、克服扰动对被控变量的影响从而使其保持为设定值就成为本控制系统的基本和主要任务。

随动控制系统又称为跟踪控制系统，其主要特点是：设定值在不断变化，没有确定的规律，是时间的未知函数，且要求系统的输出（被控变量）随之变化。自动控制的目的是使被控变量能够及时并准确地跟踪设定值的变化。

程序控制系统：反馈系统中的设定值可以根据工艺过程的需要、按照某种预定规律而变化，也就是说是一个已知的时间函数，自动控制的目的是使被控变量以一定的准确度、按照规定的时间程序变化，以保证生产过程的顺利完成。从这个角度来看，本控制系统主要用于周期作业的工业设备的自动控制过程。

上述控制系统各环节间信号的传递都是连续变化的，所以也称为连续控制系统或模拟控制系统，或称为常规过程控制系统。

3）主要控制形式

（1）简单控制形式。图4-33为简单控制系统的方框图，图4-34是将图4-33用传递函数描述的另外一种表述法。

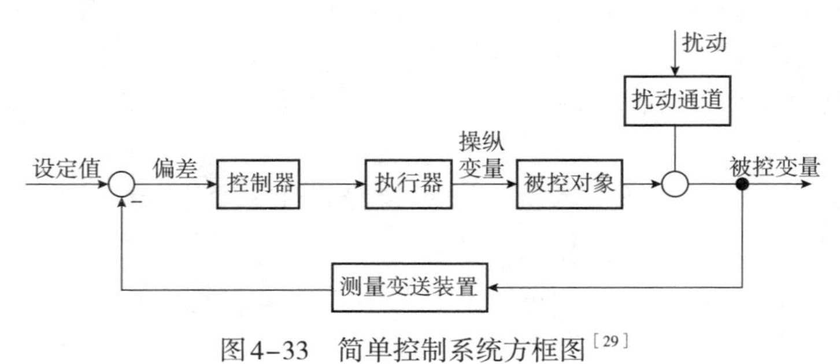

图4-33　简单控制系统方框图[29]

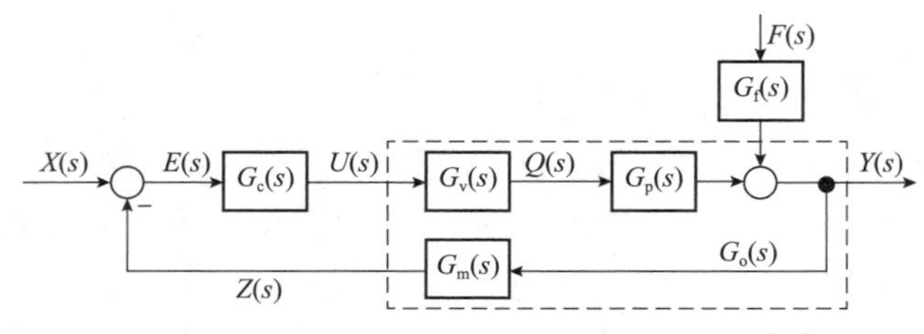

图4-34　简单控制系统的传递函数方框图[29]

简单控制系统由广义对象和调节器两部分组成。广义对象包括被控对象、测量变送单元和执行器，其特性不可能太多地改变，因此系统中相对有较大调整和选择余地的环节就是调节器。

调节器控制规律主要有位式（开关）调节器、比例（P）调节器、比例积分（PI）调节器、比例微分（PD）调节器和比例积分微分（PID）调节器等。

位式调节器的动作规律是：当被控变量偏离给定值时，调节器的输出不是最大就是最小，从而迫使执行器全开或者全关。位式调节器是最简单的调节器，它多应用于时间常数较大、纯滞后较小的单容对象，例如加热炉温度控制、储罐的液位控制等。

比例调节器动作规律是调节器输出的变化与输入偏差的变化成正比例：

$$M=m_0+K_c e \tag{4-50}$$

式中，M为调节器输出；m_0为偏差e为零时的调节器输出，即工作点；K_c为调节器的放大倍数；e为偏差，给定值与测量值之差，在稳态时即为余差。

调节器的放大倍数K_c为无因次的量，当它为正值时，调节器为反作用；当它为负值时，调节器为正作用。但在调节器参数整定时，都习惯使用比例度这个名词，比例度δ与放大倍数K_c的关系如下：

$$\delta=1/K_c \times 100\% \tag{4-51}$$

比例控制不能消除被控变量的余差，比例度δ越小，控制作用越强，余差越小；但当δ小到某一临界值以后，就会产生等幅振荡。比例调节器多应用于负荷变化小、对象纯滞后不大、时间常数较大而又允许有余差的工艺控制，常用于塔和液位控制以及一些要求不高的压力控制中。

比例积分调节器的输出信号不仅仅与输入偏差保持比例关系，还与输入偏差对时间的积分成正比。只要有偏差存在，调节器的输出就要变化，直到输入偏差等于零为止，所以使用比例积分调节器能消除被控变量的余差。比例积分调节器适用于对象纯滞后不大、时间常数也不大而又不允许被控变量有余差的场合。

对于纯滞后和时间常数都较大的温度、成分对象，由于积分作用的滞后，将使调节作用不及时，超调量增加，过程振荡，恢复时间加长，此时应增加微分作用，才能改善调节品质，这就是可用比例微分调节器。

为了克服比例微分调节器在控制作用中存在余差的缺点，就需要比例积分微分调节器。比例积分微分调节器兼有比例积分、比例微分调节器两者的优点，它加强了控制系统克服干扰的能力，使系统稳定性也有所提高。引入微分作用后，不仅比例度可以减小，积分时间也可以减小，而且系统不会差生过度的振荡。新型的比例积分微分调节器还增加了微分先行、有条件积分分离等功能，使控制品质得到改善。

（2）串级调节。串级控制系统是在简单调节系统基础上发展起来的。在结构上，串级回路调节系统有两个闭合回路，如图4-35所示。

如图4-35所示，主、副调节器串联，主调节器的输出为副调节器的给定值，系统通过副调节器的输出操纵调节阀动作，实现对主参数的定值调节。串级控制主要目的在于控制主被控变量稳定。由图4-35不难看出，串级控制系统在结构上具有以下特点：

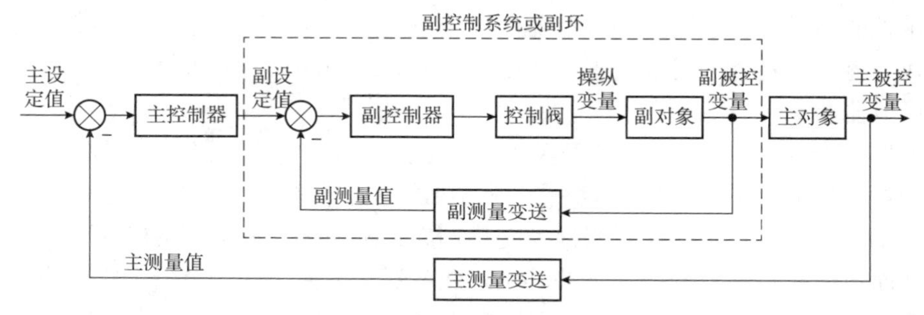

图4-35　串级控制系统方框图[29]

a.将原被控对象分解为两个串联的被控对象；

b.以连接分解后的两个被控对象的中间变量为副被控变量，构成一个简单控制系统，称为副控制系统、副回路或副环；

c.以原对象的输出信号为主被控变量，即分解后的第二个被控对象的输出信号,构成一个控制系统，称为主控制系统、主回路或主环；

d.主控制系统中控制器的输出信号作为副控制系统控制器的设定值,副控制系统的输出信号作为主被控对象的输入信号；

e.主回路是定值控制系统,对主控制器的输出而言,副回路是随动控制系统,对进入副回路的扰动而言，副回路是定值控制系统。

（3）比值调节。实现两个或两个以上参数符合一定比例关系的控制系统，称为比值控制系统。有时在生产过程中，虽然采用了比值控制，但两种物料质量流量之比会受到介质温度、压力、组分变化的影响，难以精确控制在期望值上。此时引入代表工艺过程配比质量指标的第三参数来进行比值设定，从而构成了串级比值控制系统。

在需要保持比例关系的两种物料中，处于主导地位的物料称为主动量（或主物料），用F_1表示；另外一种物料以一定比例随F_1的变化而变化，称为从动量（或从物料），记为F_2。比值控制系统就是要实现从动量F_2与主动量F_1的对应比值关系：

$$F_2/F_1=K \tag{4-52}$$

K为从动量与主动量的比值。

比值控制系统主要有开环比值控制系统、单闭环比值控制系统和双闭环比值控制系统几种形式，其原理图和方块图分别见图4-36、图4-37和图4-38。

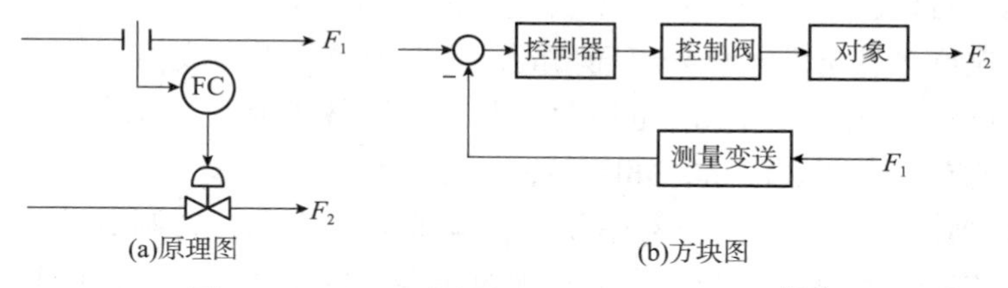

图4-36　开环比值控制系统原理与方块图[29]

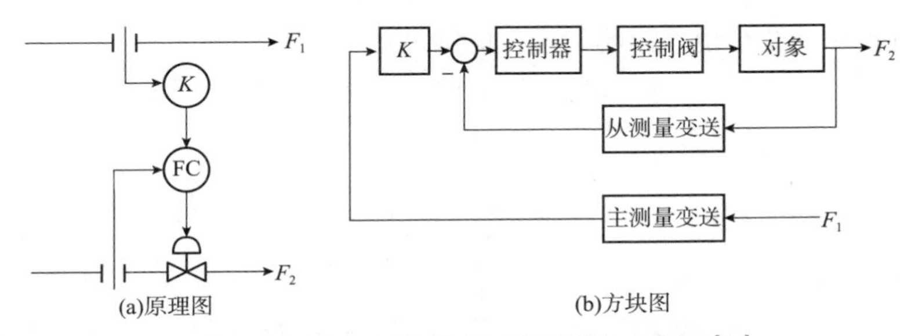

图4-37 单闭环比值控制系统原理与方块图[29]

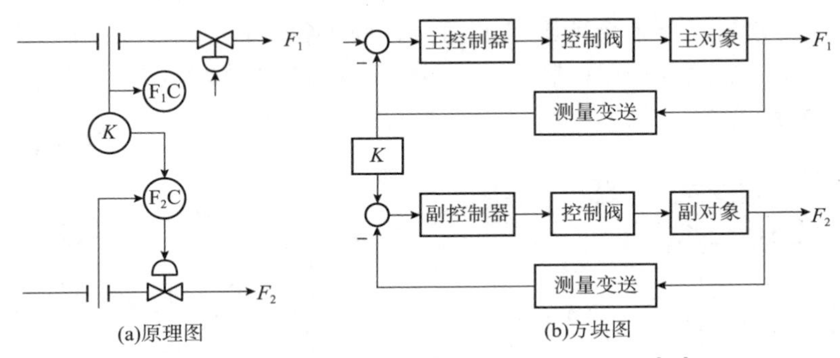

图4-38 双闭环比值控制系统原理与方块图[29]

（4）前馈调节。干扰较大且可测时，可在干扰出现时，测取其信号，经前馈调节器修正后，送作反馈调节器的给定值，使其在调节过程中，能够在干扰影响被调节量之前，先行采取克服的措施。因此，前馈调节也称超前调节。

图4-39是某加热炉的前馈控制系统及其框图。

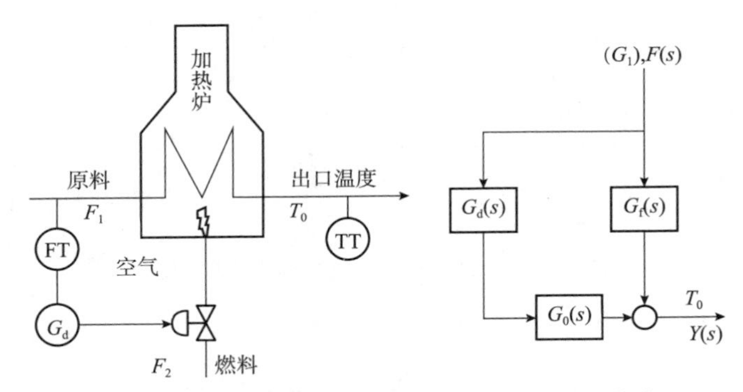

图4-39 某加热炉的前馈控制系统及其框图[29]

如图4-39所示，加热炉的主要扰动是原料流量F_1的扰动变化，根据F_1的变化来调整燃料流量F_2的控制系统为前馈控制系统。

设$G_f(s)$为扰动通道的传递函数，$G_0(s)$为控制通道的传递函数，$G_d(s)$为前馈补偿控制单元的传递函数，如果把扰动值（进料流量）测量出来，并通过前馈补偿控制单元来进行控制，则：

$$Y(s)=G_f(s)F(s)+G_d(s)G_0(s)F(s)=[G_f(s)+G_d(s)G_0(s)]F(s) \quad (4-53)$$

为了使扰动对系统输出的影响为零，应满足：

$$G_{f}(s)+G_{d}(s)G_{0}(s)=0 \tag{4-54}$$

即：

$$G_{d}(s)=-\frac{G_{f}(s)}{G_{0}(s)} \tag{4-55}$$

式（4-55）为完全补偿时的前馈控制器模型。

（5）分程调节。一台控制器的输出通常只控制一只控制阀，但分程控制系统却不然：在分程控制回路中，一台控制器的输出可以同时控制两只甚至两只以上的控制阀，控制器的输出信号被分割成若干个范围段的信号，而由每一段信号去控制一只控制阀。图4-40为某间歇反应器温度分程控制系统示意。图4-41和图4-42为分程控制系统控制阀的两种动作形式示意。

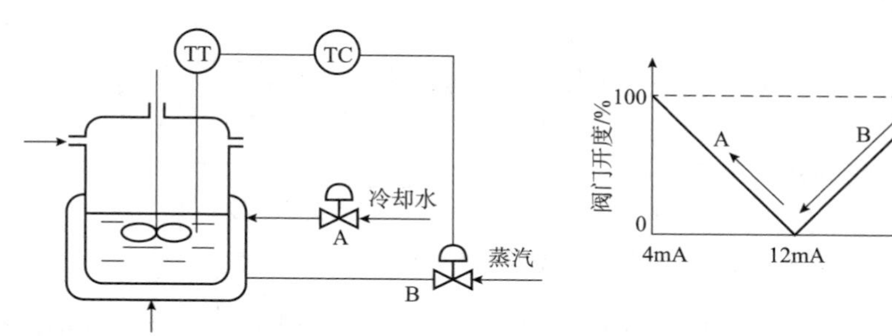

图4-40　某反应器温度分程控制系统工艺图

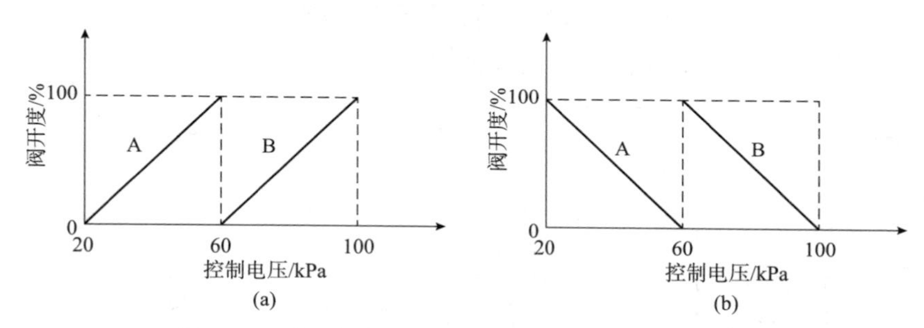

图4-41　分程控制系统控制阀分程动作同向示意[29]

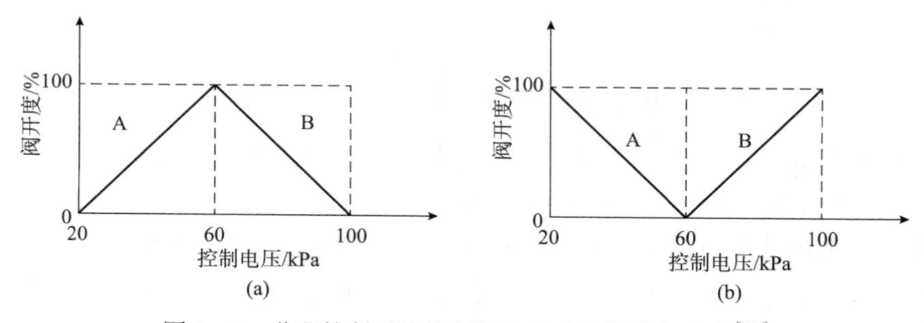

图4-42　分程控制系统控制阀分程动作异同向示意[29]

（6）取代调节。取代控制系统也称选择性控制系统，是把生产过程中对某些工业参数的限制条件所构成的逻辑关系迭加到正常自动控制系统上的组合控制方案。系统由正常控制部分和取代控制部分组成，正常情况下正常控制部分工作，取代控制部分不工作；当生产过程中的某个参数趋于危险极限时但还未进入危险区域时，取代控制部分工作，而正常控制部分不工作，直到生产重新恢复正常，然后正常控制部分又重新工作。

取代控制系统的关键环节是采用了选择器。选择器可以接在两个或多个调节器的输出端，对控制信号进行选择；或者接在几个变送器的输出端，对测量信号进行选择，以适应不同生产过程的需要。图4-43为取代系统的方框图。

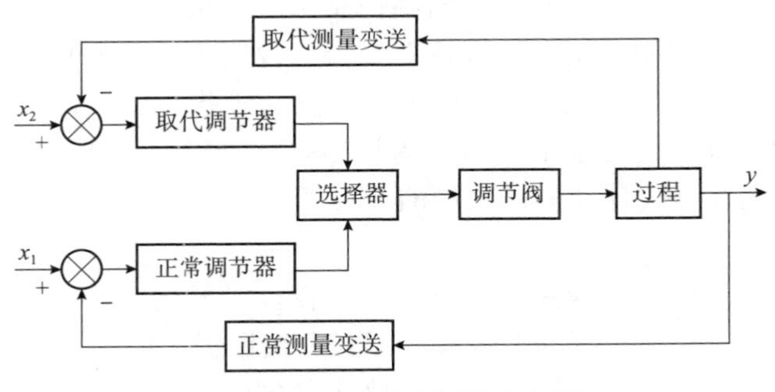

图4-43　取代控制系统方框图

图示系统的选择器位于调节器的输出端，对调节器输出信号进行选择。两个调节器共用一个调节阀，在正常生产情况下，两个调节器的输出信号同时送至选择器，选出正常调节器输出的控制信号送给调节阀，实现对生产过程的自动控制。这种取代控制系统，在炼油化工生产过程中得到了广泛应用。

二、过程控制系统运行要求与类型

（一）系统运行要求

生产过程控制系统的发展，经历了仪表自动化、计算机控制和综合自动化三个阶段[4, 29]。过程控制系统所用的仪表和装置，种类繁多，可以按照安装场地、能源形式、结构形式和信号类型进行分类，如按照所用能源的不同，可以分为电动、气动、液动和混合式等几种形式。而如果按照安装场地可以分为现场类仪表和控制室仪表，而且，现场仪表通常有某些特殊要求如抗干扰、防腐蚀、抗振动、防爆等的一种或数种要求。

控制仪表与装置的供电主要包括交流供电和直馏集中供电两种形式。控制系统中各仪表、装置之间的信号传输需要遵循统一的标准，需要有公认的统一的联系信号。信号制即在某种标准中所规定的信号联络方法。电信号包括模拟信号、数字信号、频率信号和脉宽信号4类。

对过程控制系统要注意了解和关注系统的静态与静态特性、系统的动态与动态特性。过程控制系统在运行中存在动态过程，因此自动控制系统的“好坏”既取决于系统稳态时的控制准确度，也取决于动态时的工作状态，所以对自动控制系统基本技术性能的要求，包含动态、稳态两方面，通常将其归纳为“稳定性、快速性和准确性”，即

"稳、快、准"三大基本要求：

1.稳定性

稳定性是指系统受到外来作用后，其动态过程的振荡倾向和系统恢复平衡的能力。如果系统受到外来作用，经过一段时间，其被控变量可以达到某一稳定状态，则系统是稳定的；否则，系统是不稳定的。

稳定性是保证控制系统正常工作的先决条件。一个稳定的控制系统，其被控变量偏离设定值的初始偏差应随时间的增长而逐渐减小或趋近于零。具体而言，对于稳定的定值控制系统，当被控变量因扰动作用而偏离设定值后，经过一个动态过程，被控变量应恢复到原来的设定值状态；对于稳定的随动控制系统，被控变量应能始终跟踪设定值的变化。反之，不稳定的控制系统，其被控变量偏离设定值的初始偏差将随时间的增长而发散，因此，不稳定的控制系统无法实现预定的控制任务。

线性自动控制系统的稳定性由系统结构和参数所决定，与外界因素无关。因此，保证控制系统的稳定性，是设计和操作人员的首要任务。

2.快速性

一个能在工业生产中实际应用的控制系统，仅仅满足稳定性要求是不够的。为了满足生产的实际要求，还必须对其动态过程的形式和快慢提出要求，一般称为动态性能。

快速性是通过动态过程持续时间的长短来表征的。输入变化之后，系统重新稳定下来所经历的过渡过程的时间越短，表明快速性越好；反之也是如此。快速性表明了系统输出对输入响应的快慢程度。因此，提高响应速度、缩短过渡过程的时间，对提高系统的控制效率和控制过程的精度都是有利的。

3.准确性

在理想情况下，当过渡过程结束之后，被控变量达到的稳态值即平衡状态，应与设定值一致。实际上，由于系统结构和参数、外来作用的形式等非线性因素的影响，被控变量的稳态值与设定值之间会存在误差，称为稳态误差即余差。稳态误差是衡量控制系统静态控制精度的重要标志，在技术指标中一般都有具体要求。

稳定性、快速性和准确性往往相互制约。在设计与调试过程中，若过分强调系统的稳定性，则可能会造成系统响应迟缓和控制精度较低的后果；反之，若过分强调系统响应的快速性，则又会使系统的振荡加剧，甚至引起不稳定。

如何根据工作任务的不同，分析和设计一个自动控制系统，使其对三方面的性能要求有所体现并兼顾其他，以全面满足要求，这正是本课程所要研究的内容。

（二）主要类型

吴青[4]在《智能炼化建设——从数字化迈向智慧化》一书中指出，经过几十年的发展，我国炼化行业已经在包括"自动化层面、生产执行层面和经营管理层面"在内的信息化各方面（软件、硬件）取得了长足的进步和很大的成就，在深化"两化融合"、推进炼化企业"智能工厂"建设等方面也取得了明显成效。但是炼化信息化主体构架的核心仍是几十年前的三层结构（底层的控制层、中间的生产执行层和上层的经营决策层，目前也有再增加一层即信息展示层的）。现代炼化企业的过程控制层是信息化"三层结构"中最为基础性的底层控制系统，据此可实现对生产工艺过程的自动控制，同时也将相关数据、信息传给中间层、顶层等相关的系统。通常使用的控制类产品包括可编程逻辑控制器（Program Logic Control，PLC）和分布式控制系统（Distributed Control System，DCS）两大类，后来随着技术进步，DCS的概念拓展到了现场总线控制系统（Field Bus Control System，FCS）。控制系统可实现数字动能化和高精度的测量，并能从现场设备中获取先进的诊断信息，以此提高产品产量和质量。

炼厂控制系统已经经历了第一代到第五代的发展，过程控制系统（PCS）主要包括分散控制系统/现场总线控制系统（DCS/FCS）、安全仪表系统（SIS）、火灾及气体监测系统（FGS）、储运自动化系统（MAS）、压缩机组控制系统（CCS）、机组监控系统（MMS）、设备包控制系统（PLC）、在线分析仪系统（PAS）、仪表设备管理系统（AMS）、操作员培训仿真系统（OTS）、过程控制计算机系统（PCCS）（实施先进控制APC和实时优化RTO等）等系统，其核心是DCS/FCS系统。

现场总线是自动化领域中发展很快的互连通信网络，它具有协议简单开放、容错能力强、实时性高、安全性好、成本低、适于频繁交换等特点。FCS是继DCS之后的新一代控制系统，是过程控制系统发展的趋势，并与DCS共存。根据目前现场总线技术的发展趋势和应用情况，国内大型炼油乙烯一体化项目也有采用DCS和FCS混合的方案。下面简要介绍。

1.分散控制系统（DCS）

（1）概述　分散控制系统又称为集散控制系统[4]。它是一个由过程控制级和过程监控级组成的以通信网络为纽带的多级计算机系统，综合了计算机（Computer）、通信（Communication）、显示（CRT）和控制（Control）等4C技术，具有分散控制、集中操作、分级管理、配置灵活、组态方便等显著特点。

（2）DCS的构成　DCS由软件、硬件组成。其中，DCS硬件系统通常由工程师站、操作员站、服务器、操作台、打印机、控制站、输入/输出卡件、仪表柜、电源、通信卡件及网络设备等组成。DCS的软件系统通常可以为用户提供相当丰富的功能软件模块和功能软件包，控制工程师利用DCS提供的组态软件，将各种功能软件进行适当的“组装连接”组态，生成满足控制系统要求的各种应用软件。DCS软件主要分为系统软件、应用软件、通信软件及组态软件，如图4-44所示。

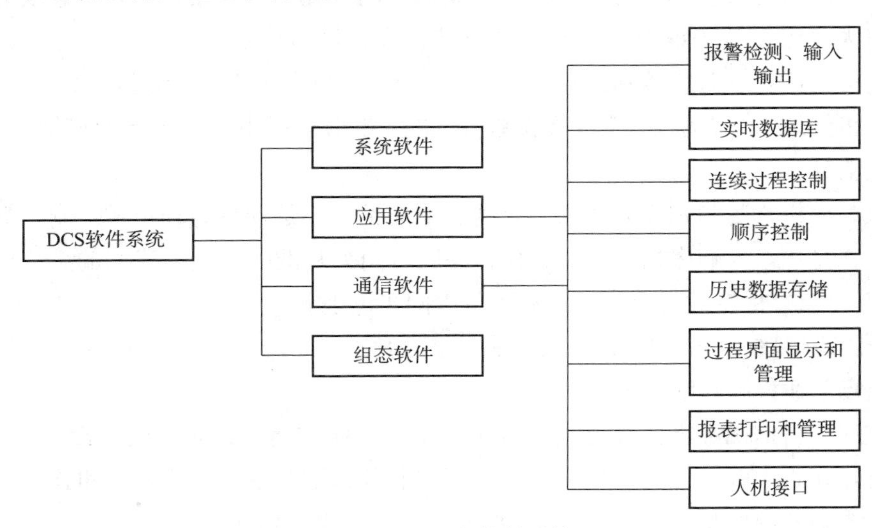

图4-44　DCS的软件系统

（3）DCS与PLC的区别　可编程逻辑控制器PLC主要用于工业过程中的顺序控制，当然，新型PLC也兼有闭环控制功能。可编程逻辑控制器只是一个控制器，不是系统，它从开关量控制发展到顺序控制、运送处理，是从下往上的过程。

可用一台PC机为主站，多台同型PLC为从站，也可以一台PLC为主站，多台同型PLC为从站，构成PLC网络。这比用PC机做主站方便之处是：有用户编程时，不必知道通信协议，只要按说明书格式写就行。PLC网格既可作为独立DCS，也可作为DCS的子系统。

PLC与DCS无法比较，因为PLC是控制器，是孤立的产品，而DCS是系统。但PLC可以与DCS的控制站比较，PLC的循环周期在10ms左右，而DCS控制站在500ms左右，PLC的开放性更好，作为产品其独立工作的能力更强。

PLC是从电气继电器发展起来的，是以“01010101…”的数字量为主的，故PLC侧重于局部的逻辑控制；而DCS则因为是从模拟量仪表发展起来的，是以4~20mA的模拟量为主的控制，所以DCS侧重于模拟量的整体控制即更加侧重于系统控制。此外，两者之间在通信方面差异大。由于DCS通信网络的通用性好，让其具备了超好的可扩展性，但PLC搭建好以后就很难随意增减，也就是很难随意扩展。还有，DCS是双冗余的，可以实现无扰动切换，PLC则不行。此外，DCS一般用于500点以上的，而PLC点数较少，通常小于100个点数。

PLC是一个装置，硬件上等同于DCS中的现场控制器；软件上是一个局部方案，站与站之间组织松散。而DCS是一种“分散式控制系统”，硬件上包括现场控制器、操作员站计算机、工程师站计算机，以及联系它们的网络系统；DCS软件上是一个整体方案，解决的是一个系统的所有技术问题，系统各部分之间结合严密。

DCS突出特点为：集4C（Communication，Computer，Control、CRT）技术于一身的监控技术；从上到下的树状拓扑大系统，其中通信（Communication）是关键；PID在中断站中，中断站连接计算机与现场仪器仪表，控制装置是树状拓扑和并行连续的链路结构，也有大量电缆从中继站并行到现场仪器仪表；模拟信号，A/D—D/A、带微处理器的混合；一台仪表一对线接到I/O，由控制站挂到局域网LAN；DCS是控制（工程师站）、操作（操作员站）、现场仪表（现场测控站）的3级结构；用于大规模的连续过程控制，如炼油化工等。

所以，分析DCS与PLC的区别，有两点最关键：一是DCS为分布式控制，拥有全局数据库；二是PLC为顺序扫描机制，DCS是以时间为基准的控制。我们的系统符合第一点，例如一个I/O标签的修改，在HMI也可以同步体现。

（4）DCS与FCS的区别　详见后文表4-7的对比。

2.现场总线控制系统（FCS）

据统计，目前国际上已经有超过4000个FCS系统在运行，我国已经投入运行的FCS系统也已经接近100个。现在越来越多的新建装置采取FCS系统或FCS和DCS系统协同集成的方式来实现控制，FCS系统的开放性使得其使用也越来越多。

（1）定义　现场总线控制系统（FCS）是在集散控制系统（DCS）基础上产生的一种连接智能现场设备和自动化系统的全数字化、双向传输、多分支结构的串行通信网络[30, 31]。根据国际电工委员会（IEC，International Electro technical Commission）标准[32]和现场总线基金会（FF，Fieldbus Foundation）的定义：现场总线是连接智能现场设备和自动化系统的数字式、双向传输、多分支结构的通信网络。现场总线的含义表现在以下五个方面：现场通信网络、互操作性、分散功能块、通信线供电和开放式互连网络。

（2）与DCS的主要区别　FCS是由DCS与PLC发展而来的，不仅具备DCS与PLC的特点，而且跨出了革命性的一步。目前，新型的DCS与新型的PLC，都有向对方靠拢的趋势。新型的DCS已有很强的顺序控制功能，而新型的PLC在处理闭环控制方面也不差，并且两者都能组成大型网络，DCS与PLC的适用范围已有很大的交叉。

DCS系统的关键是通信，也可以说，数据总线是分散控制系统DCS的脊柱。由于它的任务是为系统所有部件之间提供通信网络，因此，数据总线自身的设计就决定了总体的灵活性和安全性。数据总线的媒体可以是一对绞线、同轴电缆或光纤电缆。通过数据总线的设计参数，基本上可以了解一个特定DCS系统的相对优点与弱点。

为保证通信的完整，大部分DCS厂家都能提供冗余数据总线。为了保证系统的安全性，使用了复杂的通信规约和检错技术。所谓通信规约就是一组规则，用以保证所传输的数据被接收，并且被理解的和发送的数据一样。目前在DCS系统中，一般使用两类通信手段，即同步的和异步的。同步通信依靠一个时钟信号来调节数据的传输和接收，异步网络采用没有时钟的报告系统。

在传统方式中，现场级设备与控制器之间连接采用一对一I/O连线方式，如图4-45所示：

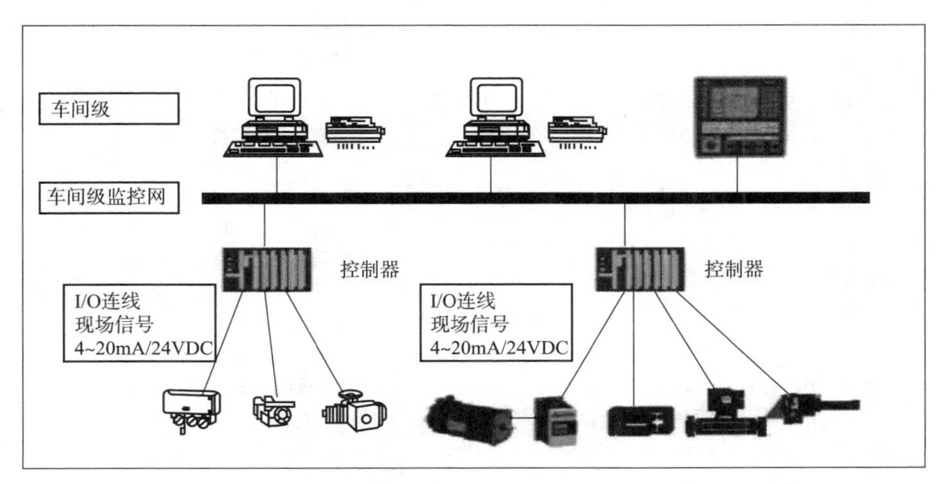

图4-45　传统方式中的现场级设备与控制器之间连接示意[4]

DCS和FCS的结构比较见图4-46。表4-7是两者的主要区别[4]。

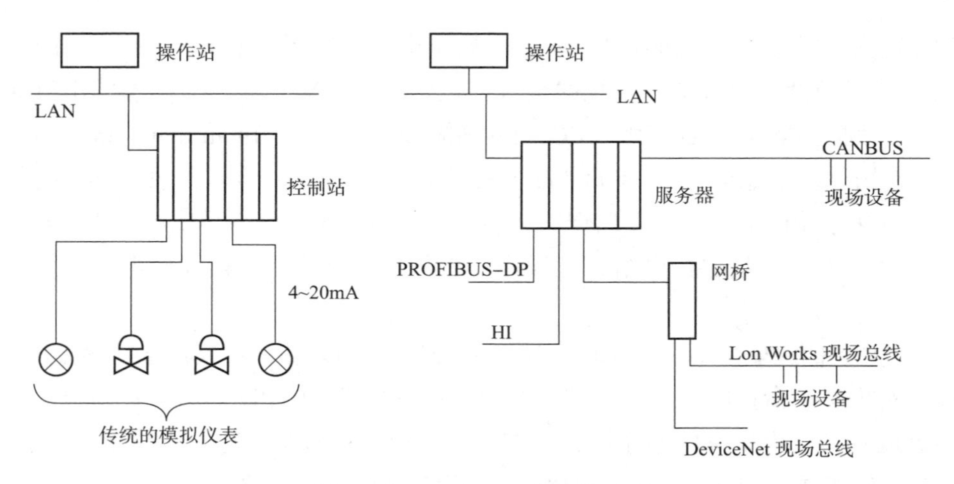

图4-46　DCS与FCS的结构对比

表4-7　DCS与FCS主要性能的对比[4]

性能	FCS	DCS
结构	一对多：一对传输线接多台仪表，双向传输多个信号	一对一：一对传输线接一台仪表，单向传输一个信号
可靠性	可靠性好：数字信号传输抗干扰能力强，精度高	可靠性差：模拟信号传输不仅精度低，而且容易受干扰
失控状态	操作员在控制室既可以了解现场设备或现场仪表的工作情况，也能对设备进行参数调整，还可以预测或寻找故障，使设备始终处于操作员的过程监控与可控状态之中	操作员在控制室既不了解模拟仪表的工作情况，也不能对其进行参数调整，更不能预测故障，导致操作员对仪表处于“失控”状态
控制	控制功能分散在各个智能仪器中	所有的控制功能集中在控制站中
互换性	用户可以自由选择不同制造商提供的性能价格比最优的现场设备和仪表，并将不同品牌的仪表互连，实现“即插即用”	尽管模拟仪表统一了信号标准（4~20mA DC），可是大部分技术参数仍由制造厂自定，致使不同品牌的仪表互换性差
仪表	智能仪表除了具有模拟仪表的检测、变换、补偿等功能外，还具有数字通信能力，并且具有控制和运算能力	模拟仪表只具有检测、变换、补偿等功能
通信方式	采用双数字化、双向传输的通信方式。从最底层的传感器、变送器和执行器就采用现场总线网络，逐层向上直到最高层均为通信网络互联。多条分支通信线延伸到生产现场，用来连接现场数字仪表，采用一对N连接	采用层次化的体系结构，通信网络分布于各层并采用数字通信方式，唯有生产现场层的常规模拟仪表仍然是一对一模拟信号（如4~20mA DC）传输方式，是一个“半数字信号”系统
分散控制	废弃了DCS的输入/输出单元，由现场仪表取而代之，即把DCS控制站的功能化整为零，功能块分散地分配给现场总线上的数字仪表，实现彻底的分散控制	生产现场的模拟仪表集中接于输入/输出单元，而与控制有关的输入、输出、控制、运算等功能块都集中于DCS的控制站内。DCS只是一个“半分散”系统
互操作性	现场设备只要采用同一总线标准，不同厂商的产品既可互联也可互换，并可以统一组态，从而彻底改变传统DCS控制层的封闭性和专用性，具有很好的可集成性	现场级设备都是各制造商自行研制开发的，不同厂商的产品由于通信协议的专有与不兼容，彼此难以互联、互操作

（3）发展　FCS系统的出现促进了现场设备的数字化和网络化，并且使现场控制的功能更加强大。但DCS作为底层控制占有炼油装置大部分份额。因此，现阶段应使FCS系统和传统的DCS系统尽可能地协同工作。单纯从技术而言，有不少专家认为，现阶段FCS与DCS集成，可以有三种方式：

①现场总线与DCS系统I/O总线上的集成——通过一个现场总线接口卡挂在DCS的I/O总线上，使得在DCS控制器所看到的现场总线来的信息就如同来自一个传统的DCS设备卡一样。

②现场总线与DCS系统网络层的集成——在DCS更高一层网络上集成现场总线系统，这种集成方式不需要对DCS控制站进行改动，对原有系统影响较小。

③现场总线通过网关与DCS系统并行集成——现场总线和DCS还可以通过网关桥接实现并行集成。如某公司的现场总线系统，利用HART协议网桥连接系统操作站和现场仪表，从而实现现场总线设备管理系统操作站与HART协议现场仪表之间的通信功能。

3.智能安全仪表系统（SIS）

为保证安全生产，在危险场所设置了可燃气体或有毒气体检测与报警系统，全厂还设置了火灾报警控制系统，并与可燃气体报警系统集成综合安全检测与报警系统。对于重要的工艺装置也开展了控制与检测的安全等级评估工作。

现代石化企业中的安全控制系统将向着仪表控制、安全仪表及信息管理系统一体化的方向发展。智能化安全仪表控制系统将会得到广泛应用。

安全仪表系统（SIS，Safety Instrumentation System），又称为安全联锁系统（Safety Interlocking System）。主要为工厂控制系统中报警和联锁部分，对控制系统中检测的结果实施报警动作或调节或停机控制，是工厂自动控制中的重要组成部分。

根据安全标准 IEC61508、IEC61511 和《安全监督管理总局第40号令》的规定，不同等级的重大危险源应进行辨识分级和安全评估，并为之配备相应的SIS。石油化工工业中SIS的基本组成框图如图4-47所示。

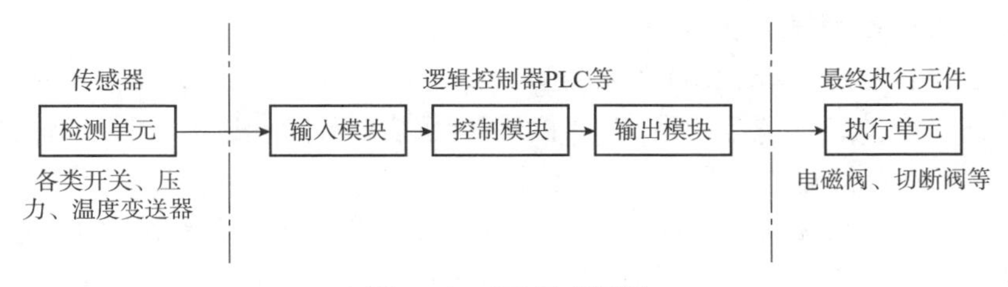

图4-47　SIS组成框图

本的工艺装置而言，是否需要设置安全仪表系统，或设置什么样的安全仪装置对安全仪表功能的安全完整性等级SIL（Safety Integrity Level）要求C61508规定的一项重要定量化要求，是指在一段固定的时间内，在所下，安全系统达到所需整体性安全功能的可能。安全完整性要求包括系统安全整体性两方面。硬件安全完整性要求是指在危险的故障模式硬件故障，安全控制所应达到的要求。系统安全整体性要求是指在了避免系统故障，安全仪表系统所应达到的要求。安全完整性要

偏差，

将计算机

和优化操作水平

快速发展与国家大

的电子商务、生产

与推广。特别是进入

一代信息技术蓬勃发展

业信息化向集成化、平台

在生产过程领域，过

与仿真优化等均得到了较为

起到了极大的促进与保障作

求的等级根据划分依据对象不同而异，综合安全等级越高，设备安全性越低。系统的安全完整性等级如表4-8所示。等级越高，安全仪表系统实现安全仪表功能的能力越强。石油化工工厂或装置的安全完整性等级最高为SIL3级。

表4-8 安全完整性等级划分表

安全完整性等级（SIL）	设计要求的操作模式	
	需求失效概率	目标故障减少率
4	$\geq 10^{-5}$且$<10^{-4}$	$>10^{4}$且$\leq 10^{5}$
3	$\geq 10^{-4}$且$<10^{-3}$	$>10^{3}$且$\leq 10^{4}$
2	$\geq 10^{-3}$且$<10^{-2}$	$>10^{2}$且$\leq 10^{3}$
1	$\geq 10^{-2}$且$<10^{-1}$	$>10^{1}$且$\leq 10^{2}$

4.压缩机组控制系统（CCS）

压缩机组控制系统（CCS，Compressor Control System），通常是指一套独立的控制系统，用于完成压缩机组的监控、调速、防喘振控制及相关过程控制监视等功能，通常CCS系统也兼顾压缩机的联锁功能。CCS系统主要包括主处理器、仪表设备、现场检测设备、通信模块、供电电源模块、I/O输入输出模块等，其功能是对机组各相关设备的运行情况进行控制。仪表设备主要包括压缩机振动表、位移表、转速表、数字信号表、温度表、压力表、流量表、液位表等；现场检测设备主要包括定位器、电磁阀、调节设备等。

5.可燃及有毒气体检测系统（GDS）

可燃及有毒气体的检测系统（GDS，Gas Detection System）几乎在所有的炼油装置中都需要。在工艺装置及辅助设施内可能存在泄漏或聚积可燃气体、有毒气体的地方，设置GDS。GDS的设置应满足《石油化工可燃气体和有毒气体检测报警设计标准》GB/T 50493—2019规定的要求。

6.智能仪表设备管理系统（IDM）

智能仪表设备管理系统（IDM，Intelligent Device Management），是便于现场智能仪表的调校、诊断、维护、管理等的系统。由于智能仪表（智能变送器、智能阀门定位器等）的普及，IDM已在炼油化工项目中普遍应用。

IDM通常与DCS系统联合配置，在基本的DCS系统基础上配置相应的信号处理单元、服务器、客户端、相关的软件等。IDM服务器可设置在中心控制室或现场机柜室，通过DCS系统局域网和相应的FF或HART智能仪表信号通信连接。在中心控制室的工程师站内可设有公共IDM工作站，对所有装置单元的现场智能仪表进行维护和管理。

7.过程控制计算机系统（PCCS）

过程控制计算机系统（PCCS，Process Control Computer System）用于实现先进控制和实时优化。当炼油装置有先进控制和实时优化控制需求时，配置PCCS。通常以基本过程控制系统DCS为基础，配置所需的上位机和通信服务器等硬件设备以及相关的先进控制、优化控制软件及建模软件、监控软件等构成PCCS。

PCCS系统关键之一是上位机和DCS系统的通信，通常采用OPC（OLE for Process

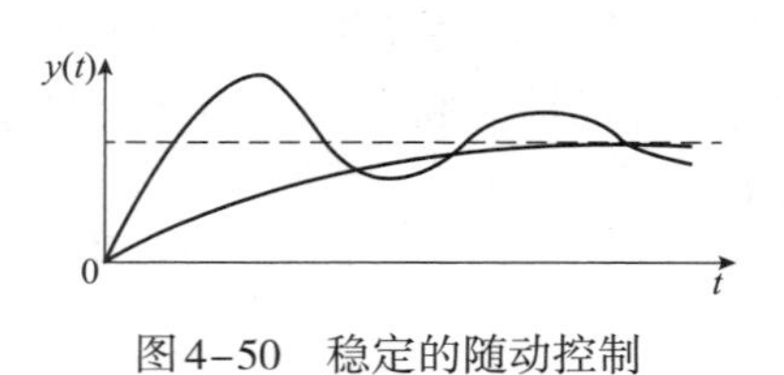

$$|e_{max}|=|B+C| \quad (4-58)$$

Control）技术，该技术为了给工业控制系统应用程序之间的通信建立一个接口标准，在工业控制设备与控制软件之间建立统一的数据存取规范。

随着工厂信息化及智能化的提出，PCCS系统在炼油装置中使用越来越多，是装置智能化的重要组成部分。但PCCS系统最终起作用仍是通过DCS。PCCS系统设置的时候，应考虑紧急时刻切换至DCS系统的功能。

8.操作员培训仿真系统（OTS）

操作员仿真系统（OTS，Operator Training System）已越来越受到重视，国内外一些先进的石化企业的重要生产装置配备有操作员培训仿真系统，用于操作培训，以提高其技术水平，有的还利用仿真系统来分析生产过程中存在的问题。

在OTS系统中培训操作人员，包括开车、正常生产、正常停车、紧急停车、负荷调整等操作，并对操作人员的操作技能进行评估和考核。OTS系统使用独立的局域网，通常包括模型服务器、现场站、教员站、DCS操作站、模拟站（DCS控制器）等。

9.其他控制系统

（1）转动设备监测系统（MMS，Machine Monitoring System）　主要用于透平机、压缩机和关键机泵等重要转动设备参数的在线监视，对转动设备的性能进行分析和诊断，支持转动设备的故障预维护，降低维护成本，减少因设备的非计划停车造成的损失。随着工业信息技术及自动化水平的提高，MMS逐步在炼油化工行业被广泛采用。

（2）固定污染物源烟气排放连续监测系统（CEMS，Continuous Emission Monitoring System）　用于连续监视固定污染物源（如炼油装置中加热炉排放的烟气）的颗粒物或气态污染物浓度和排放率监测系统。CEMS系统需与当地环保局在线监控信息平台之间进行联网，环保部门随时监视污染物的相关排放参数，设置的CEMS系统方案经环保局监测技术部门认可。目前催化裂化烟气、硫黄回收尾气、装置加热炉等大部分炼油装置设置了CEMS系统。

（3）在线腐蚀监测系统（CDS，Corrosion Detection System）　用于对生产装置的设备及管道的腐蚀状态进行监测和分析，及时掌握由各种因素导致的腐蚀变化的趋势和规律，以便采取得当的预防措施，消除因腐蚀引起的事故隐患。在线腐蚀监测系统在近期的一些石化装置中被逐步采用，特别是当装置属于含高腐蚀性物质时应考虑设置在线腐蚀监测系统。

（4）操作数据管理系统（ODS，Operational Data Store）　该系统是在基本过程控制系统的基础上配置相应的数据服务器等硬件及相关的软件，从基本过程控制系统中自动收集实时数据，部分必要的数据也可以离线人工输入，或通过上层网络获取。ODS将获取的数据储存至实时数据库，根据需要进行与操作管理相关的各类处理。系统最终给出可用于操作管理的、直观的相关数据及信息，并通过数字、图形、表格等形式提供给使用者。企业管理员可以用生产运行管理系统、企业资源计划系统及其他系统通过工厂网络访问ODS系统。

（5）在线分析仪系统（PAS，Process Analyzers System）　用于在线分析仪的维护管理系统，通常是在装置中含有较多相对复杂的在线分析仪时，如含有多套色谱分析仪的装置，为了便于分析仪的维护管理，设置在线分析仪系统，将各分析仪通过通信接口连接到在线分析仪系统网络，配置PAS管理站用于对各分析仪进行运行状态监视、故障诊断、事故处理、调试等。

最近，工控系统完整性管理（Industrial Control System Integrity）解决方案已经开始用于炼油化工等行业。因为随着工业4.0、IIOT、智能工厂、中国制造2020及两化融合的快速推进，ICS系统的孤岛现象彻底消失，而其开放性带来的风险也与日俱增。图4-48是目前现代企业典型的系统架构。

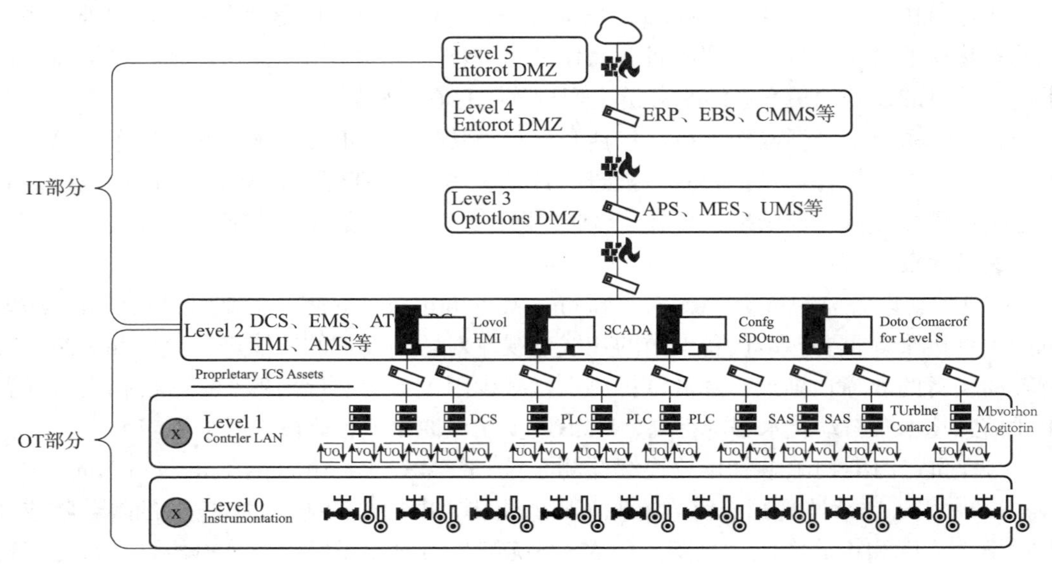

图4-48　现代企业典型系统架构（ISA99）

从图4-48可见，现代企业的IT与ICS系统部分的集成不可避免，而企业由此面临的安全风险状况也变得愈加复杂，因此从企业的董事会到生产运营基层部门，ICS系统的运行管理与安全越来越成为现代企业生产安全不可回避的一个重大课题。到目前为止，尽管在对OT（operational technology）技术安全方面有了很大的进步，但主要能够提供的方案还是基于IT技术的解决方案，但以IT安全技术为中心的解决方案无法真正解决ICS系统的管理和安全问题。经过几年的项目实践，国内ICS系统除了面临外部攻击之外，面临的最主要问题和风险包括：

（1）控制系统种类多（DCS、PLC、SIS、RTDB、Intouch等）、地理分散，管理难度大，人员流失导致系统专家超负荷工作；

（2）ICS系统本身有潜在风险；

（3）ICS系统的管理、维护、运行安全等面临很大挑战；

（4）控制系统上线后，由于不停地组态变更或增加新的内容（硬件、控制策略等），用户对当前系统中运行的程序内容认识会越来越有偏离，技术人员往往对此潜在风险束手无策；

（5）对控制系统的修改无法进行自动记录与追踪；

（6）对非法修改无法进行自动识别和追踪，没有有效办法实现对系统的风险管控；

（7）对控制系统的安全漏洞和组态/逻辑缺陷没有有效的检测能力；

（8）缺乏对ICS系统本身故障的远程诊断与分析能力；

（9）大修期间极易产生系统组态修改带来的风险，缺乏手段跟踪与识别这些风险；

（10）不同ICS系统之间的数据链路是否一致，有无可能引起事故的错误；

对于上述问题，仅靠基于IT的方案是无法进行解决的，因此ICS系统的安全需要把基于IT技术的周界保护技术和基于OT的本质安全解决方案有机结合起来，才能更好地对ICS系统的风险进行管控，于是也就诞生了ICS完整性管理系统。

10.过程控制系统的性能指标

1）控制系统的过渡过程

原来处于稳定状态下的控制系统，当其输入（扰动作用或设定值）发生变化后，被控变量（输出）将随时间不断变化，其随时间而变化的过程称为系统的过渡过程，即系统从一个平衡状态过渡到另一个平衡状态的过程。

控制系统的过渡过程，实质上就是控制作用不断克服扰动作用的过程。当扰动作用与控制作用这一对矛盾得到统一时，过渡过程也就结束，系统又达到了新的平衡状态。

研究过程控制系统的过渡过程，对分析和改进控制系统具有十分重要的意义，因为它直接反映控制系统质量的优劣，与生产过程中的安全及产品的产量、质量有着密切的关系。

对于一个稳定的控制系统，例如，所有正常工作的反馈系统都是稳定系统，要分析其稳定性、准确性和快速性，常以阶跃输入作用时被控变量的过渡过程为例。这是因为阶跃信号形式简单，容易实现，便于分析计算，实际中也经常遇到，并且这类输入变化对控制系统的影响最大。如果一个系统对阶跃输入有较好的响应，那么它对其他形式的输入变化就更能适应。

在阶跃扰动作用下，定值控制系统的过渡过程有以下几种过渡形式，如图4-49所示。

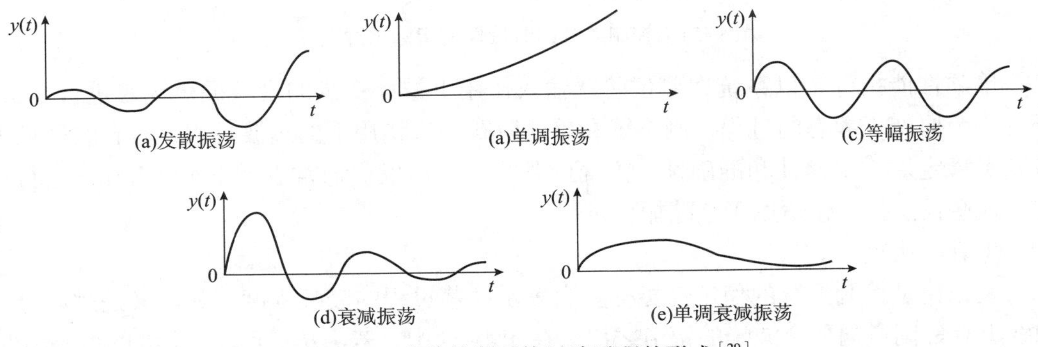

图4-49　定值控制系统过渡过程的形式[29]

在图4-49中，（a）是发散振荡过程，被控变量一直处于振荡状态，且振幅逐渐增加并远离设定值，直到超出工艺允许范围发生事故为止，故这种过程绝对不允许出现。（b）是单调振荡过程，被控变量虽然不振荡，但是偏离原来的静态点越来越远，因此这种过渡过程也是不稳定的。（c）是等幅振荡过程，既不衰减也不发散，处于稳定与不稳定之间。因这种情况下被控变量始终围绕每个值附近波动而不能稳定下来，所以这个过程也不可取。(d)是衰减振荡过程，即通过几个周期后可以稳定下来，此为希望的过程。(e)是单调衰减振荡过程，在这种情况下，表明被控变量偏离设定值后，要禁锢相当长的时间才会慢慢接近设定值，它符合稳定要求，但不够快速，不太理想。

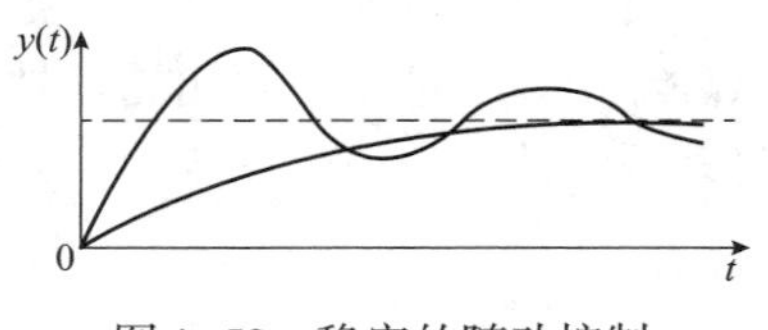

图4-50　稳定的随动控制系统的过渡过程[29]

因此，一个满足“稳、快、准”要求的过程控制系统，所希望的过渡过程是在阶跃输入作用下像图4-49中(d)所示的过程，或者如图4-50所示的稳定的随动控制系统的过渡过程。

2)控制系统的性能指标

(1)单项性能指标。如上所述，过程控制系统在有外来干扰情况下，为了让被控变量“稳、快、准”趋近或恢复到设定值，最好是能够实现图4-49（d）和图4-50的过渡形式。图4-51用另外形式表示控制系统的时域性能指标，即满足“稳、快、准”要求的定值控制系统和随动控制系统在阶跃输入作用下的典型过渡过程响应曲线。

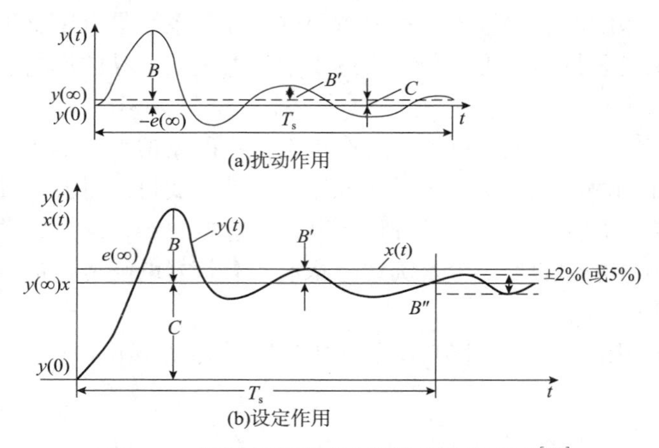

图4-51　控制系统的时域性能指标示意图[29]

单项性能指标是以系统在单位阶跃输入作用下被控变量的衰减振荡线来进行定义，评价一个原处于静态的过程控制系统在单位阶跃输入作用下的过渡过程，是在时间域上从满足稳定性、快速性和准确性三方面的基本要求出发。通常以如下4个指标来进行评定，这些控制指标仅适用于衰减振荡过程。

①衰减比n。

衰减比是控制系统的稳定性指标。它表示振荡过程的衰减程度，其定义是过渡过程曲线上相邻同方向两个波峰的幅值之比。在图4-51中，若用B表示第一个波的振幅，B'表示同方向第二个波的振幅，则衰减比为：

$$n=\frac{B}{B'} \tag{4-56}$$

习惯上用$n:1$表示衰减比。若衰减比$n<1$，表明过渡过程是发散振荡，系统处于不稳定状态；若衰减比$n=1$，则过渡过程是等幅振荡，系统处于临界稳定状态；若衰减比$n>1$，则过渡过程是衰减振荡，n越大，系统越稳定。为保持足够的稳定裕度，衰减比一般取4：1~10：1，如此，大约经过两个周期，系统就能趋近于新的稳态值。通常，希望随动控制系统的衰减比为10：1，定值控制系统的衰减比为4：1。对于少数不希望有振荡的过渡过程，则需要采用非周期的形式，因此，其衰减比需视具体被控对象来进行选取。

②超调量δ与最大动态偏差e_{max}。

超调量和最大动态偏差表征在控制过程中被控变量偏离参比变量的超调程度，是衡量过渡过程动态精确度即准确性的一个动态指标，它也反映了控制系统的稳定性。

在随动控制系统中，超调量是一个反映被控变量偏离设定值的最大程度和衡量稳定程度的指标。其定义是第一个波的峰值与最终稳态值之差，如图4-51（b）中的B。一般超调量以百分数给出：

$$\sigma=\frac{B}{y(\infty)}\times 100\%=\frac{B}{C}\times 100\% \tag{4-57}$$

式中，C为输出的最终稳态值；B为输出超过最终稳态值的最大振幅，即第一个波峰的幅值。

在定值控制系统中，最终稳态值很小或趋近于零，因此，仍用δ作为超调情况的指标就不合适了。通常改用最大动态偏差e_{max}来代替超调程度，作为衡量过渡过程最大偏离程度的一项指标。对于图4-51（a）所示的定值控制系统，过渡过程的最大动态偏差是指在单位阶跃扰动下，被控变量第一个波的峰值与设定值之差，它等于最大振幅B与最终稳态值C之和的绝对值，即：

$$|e_{max}|=|B+C| \tag{4-58}$$

最大动态偏差或超调量越大，生产过程瞬时偏离设定值就越远。在实际生产中，最大动态偏差不允许超过工艺所允许的最大值。对于某些工艺要求比较高的生产过程例如存在爆炸极限的化学反应，需要限制最大动态偏差的允许值。同时，考虑到扰动会不断出现，偏差有可能是叠加的，就更需要限制最大动态偏差的允许值。因此，必须根据工艺条件确定最大偏差或超调量的允许值。

③过渡过程时间T_s。

过渡过程时间又称为回复时间，表示控制系统过渡过程的长短，也就是控制系统在受到阶跃外作用之后，被控变量从原稳态值达到新稳态值所需要的时间。严格地讲，控制系统在受到外作用之后，被控变量完全达到新的稳态值需要无限长的时间，但是，这个时间在工程上是没有意义的。因此，工程上用“被控变量从过渡过程开始到进入稳态值附近±5%或±2%范围内并且不再超出此范围时所需要的时间”作为过渡过程的回复时间T_s。回复时间越短，表示控制系统的过渡过程越快，即使扰动频繁出现，系统也能适应，反之，回复时间越长，表示控制系统的过渡过程越慢。显然，回复时间越短越好。回复时间是衡量控制系统快速性的指标。

控制系统的快速性也可以用振荡频率ω来表示。过渡过程的振荡频率ω与振荡周期T的关系是：

$$\omega=\frac{2\pi}{T} \tag{4-59}$$

在衰减比相同的条件下，振荡频率与回复时间成反比，振荡频率越高，回复时间越短；在相同振荡频率下，衰减比越大，回复时间越短。因此，振荡频率也可作为控制系统的快速性指标。定值控制系统常用振荡频率来衡量控制过程的快慢。

④余差e（∞）。

余差又称残余偏差或静差，是控制系统的最终稳态偏差e（∞），即过渡过程终了时被控变量的设定值与新稳态值之差，即：

$$e(\infty)=\lim_{t\to\infty}e(t)=x-y(\infty)=x-C \tag{4-60}$$

对于定值控制系统，x=0，则有e（∞）=$-C$。

余差是反映控制系统的稳态准确性指标，相当于生产中允许的被控变量与设定值之间长期存在的偏差。一般希望余差为零，或不超过预定的范围，但是，不是所有的控制系统对余差都有很高的要求，如一般储槽的液位控制，对余差的要求就不是很高，而往往允许液位在一定范围内变化。因此，余差的大小是按生产工艺过程的实际需要制定的，若该指标定高了，则要求系统特别完善；定低了又难以满足生产需要，也失去了自动控制的意义。当然从控制品质着眼，自然是余差越小越好。余差的大小应根据被控过程的特性与被控变量允许的波动范围综合考虑决定，不能一概而论。

必须说明，以上这些控制指标在不同的控制系统中各有其重要性，而且相互之间又有着内在的联系。高标准地要求同时满足这几个控制指标是很困难的，因此，应当根据工艺生产的具体要求分清主次，区别轻重，对于主要的控制指标应优先予以保证。

（2）综合控制指标。以上介绍的单项性能指标分别代表了系统一个方面的性能。衰减比描述系统的稳定性，最大动态偏差和余差分别描述动态和静态的精确度即准确性，回复时间则反映了系统的控制速度即快速性。这些指标往往相互影响、相互制约，难以同时满足要求。要对整个过程控制系统的过渡过程做出全面评价，一般采用综合控制指标。

综合控制指标又称为偏差的积分性能指标，常用于分析系统的动态响应性能。综合控制指标是在基于偏差积分最小的原则下制定的，用以衡量控制系统性能“优良度”的指标，这些指标只适用于衰减、无静差系统，常用的有：

①误差积分IE：

$$IE=\int_0^{\infty}e(t)\mathrm{d}t \tag{4-61}$$

该指标不合理，在实际中不用。

②绝对误差积分IAE；

$$IAE=\int_0^{\infty}\left|e^2(t)\right|\mathrm{d}t \tag{4-62}$$

该性能指标适用广泛。

③平方误差积分ISE：

$$ISE=\int_0^{\infty}e^2(t)\mathrm{d}t \tag{4-63}$$

该性能指标着重抑制过渡过程中大的偏差。

④偏差绝对值与时间乘积积分（*ITAE*）：

$$ITAE = \int_0^{\infty} t\left|e(t)\right| \mathrm{d}t \tag{4-64}$$

该性能指标能降低误差对性能指标的影响，同时抑制长时间过渡过程。

过程控制系统控制质量的好坏，取决于组成控制系统的各个环节，特别是被控对象（过程）的特性。自动控制装置应按被控过程的特性加以选择和调整，才能达到预期的控制质量。如果过程和自动控制装置两者配合不当，或在过程控制系统运行过程中自动控制装置的性能或过程特性发生变化，都会影响到过程控制系统的控制质量，所有这些问题在控制系统的设计运行过程中应该充分注意。

第二节　先进控制（APC）技术

一、概述

先进控制系统（Advanced Process Control，APC）已经在流程行业得到了广泛应用。它是一种基于模型，以系统辨识、最优控制、最优估计等为基础的一种智能控制系统，可以改善过程动态控制的性能，减少过程变量的波动幅度，在优化目标值附近操作。APC的目标，是在生产过程受到较大扰动时，使主要参数平稳过渡，直至稳定在最佳状态。具体做法是：根据实时数据进行模拟、运算和预测，对原有控制进行一定程度的优化，实现一组变量乃至整个装置的优化操作，达到增强装置运行的稳定性和安全性、保证产品质量的一致性、提高目标产品收率、增加装置处理量、降低运行成本等目的。先进控制一般是在DCS专用计算模块或者上位计算机中进行计算，再由DCS实现。

[illegible]预测控制、多变量控制、自适应控制、模糊控制、推断控制等控制算[illegible]国使用最多的多变量模型预测控制是指，对具有多个输入输出[illegible]预测输出，用实际过程输出与模型预测输出差值修正过程模型，同[illegible]的一类算法。预测控制由预测模型、滚动优化和反馈校正3个基本部分[illegible]

[illegible]前，比较流行的先进控制商品化软件包主要是国外的，如美国DMC公司的DMC软件系统，美国Setpoint公司的IDCOM-M、SMCA，美国Honeywell Profimatics公司的RMPCT，美国Aspen公司的DMCplus，法国Adersa公司的PFC以及加拿大Treiber Controls公司的OPC等[34]。

国内在优化控制领域从理论到应用都有所创新和突破，如开发的相关积分优化理论和应用技术，[4, 35]在反应过程优化的初步试用中显示了其独到的效果。

二、先进控制原理

在过程控制领域中，PID［比例（Proportion）、积分（Integration）、微分（Differentiation）］

控制算法因其简单实用、鲁棒性强而得到了广泛应用，但对于非常复杂的生产过程，因其本身的非线性、耦合和时滞以及其他干扰的影响，使得PID算法已不能保证较好的控制性能。在生产实际的要求下，特别是现代控制理论的日臻成熟和计算机技术的飞速发展，形成了把生产工艺、计算机、仪表以及过程控制理论有机结合在一起的新型的先进控制方法。先进控制是对那些不同于常规单回路控制，具有较好控制效果的控制策略的统称。先进控制包括自适应控制、模型预测控制、鲁棒控制、解耦控制、神经网络控制及其组合。其中模型预测控制[4]（MPC，Model Predictive Control）以其良好的控制性能、较好的鲁棒性、较强的克服纯滞后影响能力，在催化裂化等实际装置中取得了成功的应用，故重点介绍模型预测控制。

预测控制有多个类别，几十种算法，其具有相似的基本结构和共同的工作原理。图4-52是预测控制系统的一般性结构图。

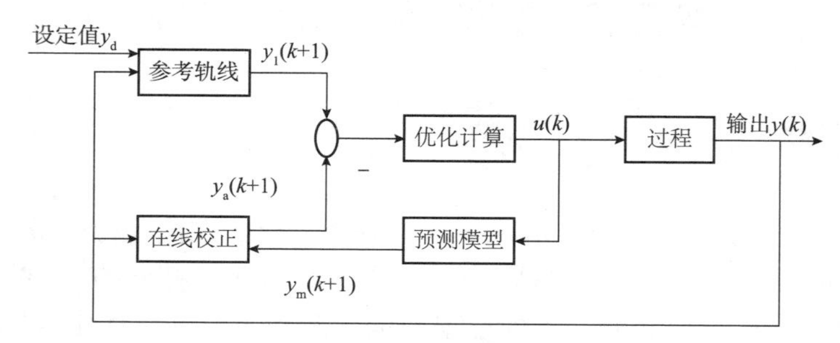

图4-52　模型预测控制结构图

按照图4-52，首先获得对象的模型，然后根据现在和过去的控制、输出信息，预测未来有限步的输出y_m。因实际输入与预计输出存在误差，将此误差加进预计输出形成系统的预测输出，然后把此预测值与经柔化其作用后的参考输入，引入目标函数，通过优化的方法，计算使目标函数最小的未来一步或多步控制量u，并实施一步控制，使系统的预测输出接近实际输出y，实际输出跟踪给定输入。获得下一时刻的输出之后，重新进行下一时刻的预测、优化和实施，如此周而复始。

1.预测模型

预测控制是一种基于模型的控制算法，是描述过程行为的数字化动态响应模型，可通过机理建模或系统辨识实验方法获得。预测模型的功能是根据对象的过去信息和为了输入预测其未来输出，即展示系统未来的动态行为。因这里只强调模型的功能而不强调其结构，因此预测模型是多种多样的。如状态方程、传递函数这类传统的模型，都可作为预测模型。对于线性稳定对象，甚至阶跃响应、脉冲响应这类非参数模型，也可作为预测模型。此外，非线性系统、分布参数系统的模型，只要具备上述功能，也可在对这类系统进行预测控制时作为预测模型使用。由于把被控对象未来的动态变化预测作为当前控制的依据，所以过程信息更全面，控制作用克服各种不确定因素的能力更强，得到的控制效果比常规控制更好，如图4-53所示。

值得注意的是，随着各种新技术和新方法在控制理论中的不断应用，采用诸如模式识别、人工智能、人工神经网络和模糊逻辑系统等手段来建立高精度的预测模型，特别对非线性系统将是一条很有效的途径。

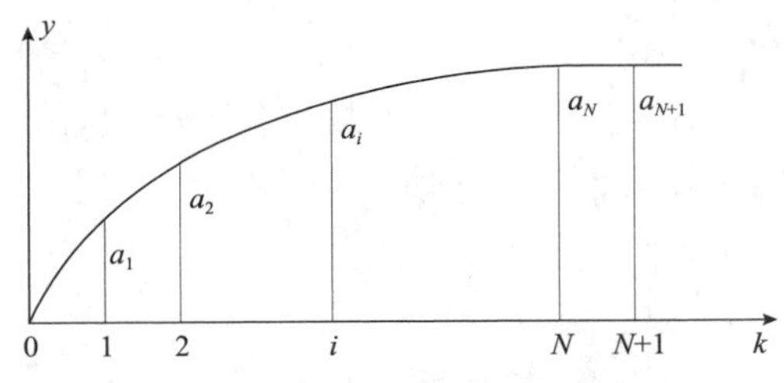

图4-53　被控对象输出幅值与时间的关系

预测模型具有展示系统未来动态行为的功能。这样，利用预测模型为预测控制进化优化提供先验知识，从而决定采用何种控制输入，使未来时刻被控对象的输入符合预期目标，这是它优于其他控制算法的原因，也是在工业过程中广泛应用的前提。

在实际工业过程中，常采用较易获得的脉冲响应模型和阶跃响应模型等非参数模型。此外，易于在线辨识并能描述不稳定过程的受控自回归滑动平均模型（CARMA，Controlled Auto-Regressive Moving Average）和受控自回归积分滑动平均模型（CARIMA，Controlled Auto-Regressive Integrated Moving Average）以及能反映系统内在联系的形状空间模型也常被采用。

动态矩阵控制（DMC）是一种基于过程阶跃响应模型的模型预测控制算法。考虑具有m个输入、n个输出的被控过程，设每个输出$y^{(i)}$对每个输入$u^{(i)}$的阶跃响应为$|a_n(t)|$。在采用时刻k，输出$y^{(i)}$对m个输入$u=[u^{(1)}, \cdots, u^{(m)}]$的阶跃响应值用行向量表示成：

$$a^{(i)}(k)=\left[a_1^{(i)}, \cdots, a_m^{(i)}(k)\right] \quad (i=1, \cdots, n) \tag{4-65}$$

工业过程通常具有自衡特性，因而，输出$y^{(i)}$的离散型阶跃响应模式为：

$$y^{(i)}(k)=\sum_{r=1}^{N} a^{(1)}(r)\Delta u(k-r) \quad (i=1, \cdots, n) \tag{4-66}$$

其中，$\Delta u_r(k)=\begin{bmatrix}\Delta u(k)\\ M\\ \Delta u(k+r-1)\end{bmatrix} \in R^{m,r}, \Delta u(k)=\left[\Delta u^{(1)}(k), \cdots, \Delta u^{(m)}(k)\right]^r \in R^{(m)}$ 是输入在k时刻的变化增量，N为建筑时域。

为了满足过程稳定的需要，通常忽略k时刻后足够长时间以外的控制作用的影响，而只考虑过去控制和从k时刻起的M个未来控制增量$\Delta u(k)$、$\Delta u(k+1)$、…、$\Delta u(k+m-1)$的作用，对从K时刻起的未来P个时刻的输出去进行预测，其预测模型为下列一组方程：

$$Y_{PM}(k)=Y_{PO}(k)+A\Delta u_M(k) \tag{4-67}$$

其中，$Y_{PM}(k)=\begin{bmatrix}Y_{i,M}(k)\\ M\\ Y_{P,M}(k)\end{bmatrix} \in R^{n,P}, Y_{i,M}(k)=\begin{bmatrix}y_M^{(1)}(k+i/k)\\ M\\ y_M^{(n)}(k+i/k)\end{bmatrix} \in R^n \quad (i=1, \cdots, P)$,

$$Y_{PO}(k)=\begin{bmatrix} Y_{i,m}(k) \\ M \\ Y_{P,O}(k) \end{bmatrix}\in R^{n,P},\quad Y_{i,O}(k)=\begin{bmatrix} y_O^{(1)}(k+i/k) \\ M \\ y_O^{(n)}(k+i/k) \end{bmatrix}\in R^{n}\quad (i=1,\cdots,P)$$

Y_{PO}就是k时刻以前的控制作用对Y的影响。

$$A=\begin{bmatrix} A_A & O & O \\ M & O & O \\ A_M & A & A_A \\ M & O & M \\ A_P & A & A_{P+M-1} \end{bmatrix}\in R^{nP1\times mM},\quad \Delta u_M(k)=\begin{bmatrix} \Delta u(k) \\ M \\ \Delta u(k+M-1) \end{bmatrix}\in R^{mM\times 1}$$

$$A^{(r)}=\left[A_r,\ldots,A_l\right]\in R^{n\times mr},\quad A_k=\begin{bmatrix} a^{(1)}(k) \\ M \\ a^{(n)}(k) \end{bmatrix}\in R^{n\times m}$$

$A\Delta u$为未来控制作用对输出的影响。A为动态矩阵，P为预测时域，M为控制时域。

2.滚动优化

模型预测控制就是滚动地求解如下的优化命题，这是一个最优控制的问题。

$$\begin{aligned} & MinG\left[x(t_f)\right]+\int_{t_0}^{t_f}F\left[x(t)\right]\mathrm{d}t \\ & s.t.\quad \dot{x}=\left[x(t_f),\ u(t)\right],\ x(t_0)=x_0 \\ & \qquad h(x,\ u)=0 \\ & \qquad g(x,\ u)\leqslant 0 \end{aligned} \tag{4-68}$$

式中，t_0，t_f为被控过程的初始和稳态时间；$\dot{x}$为变量对时间的偏导数；$x(t_f)$为被控过程的状态变量；$u(t)$为被控过程的调节手段；$f(x)$为被控过程的状态方程，即过程的动态模型；$g(x,u)$为过程的不等式约束；$h(x,u)$为过程的等式约束；$G(x,u)$为系统稳定的控制指标；$F[x(t)]$为系统动态响应的控制指标。

在过程中的正常操作范围内，可以对上述的系统动态模型进行线性化处理得到各类不同的过程动态模型，再加上控制目标表示的不同，从而构成一系列控制算法。

预测控制是一种优化控制算法。其核心在于有限时域的滚动优化，将系统的预测输出引进二次目标函数，通过对该函数的优化，确定基于现时未来有限步的控制量，但是仅实现一步控制。等到该控制产生作用，有了输出之后，根据预测与实际的差别，重新预估下一时段的输出，优化基于下一时刻未来有限步的控制，同样实施一步。这样做的好处是：不论对象有何变化，系统受什么干扰，优化控制器始终能根据现时情况给出现时的最优控制，尽管它可能不是全局性的最优控制。这样极大地提高了系统的适应能力和鲁棒性能，特别具有实际意义。因此，预测控制不是用一个对全局相同的优化性能指标，而是在每一时刻有一个相对于该时刻的优化性能指标。不同时刻优化性能指标的相对形式是一样的，但其绝对形式，即所包含的时间区域是不同的。因此，在预测控制中，优化不是一次离线进行，而是反复在线进行，从而使模型失配、时变、干扰等引起的不确定性能及时得到修正，提高了系统的控制效果，这就是滚动优化的含义。

工业过程控制实质上属于多变量动态约束控制。在每一时刻k，要求确定从该时刻起的M个具有适当增幅的控制作用$\Delta u_M(k)$，使过程在这M次控制作用下，未来的P个时刻被控变量的预测值$Y_{PM}(k)$不违背上述约束条件，而被控变量尽可能地解决其设定值期望轨迹。该优化问题在数学上可以表述为：

$$
\begin{aligned}
&\mathrm{M}inJ(k)=\left\|w_P(k)-y_{PM}(k)\right\|_Q^2+\left\|\Delta u_M(k)\right\|_k^2\\
&s.t.\quad C_{\Delta}u_{\mathrm{M}}(k)\leqslant D(k)\\
&\qquad\quad u_{\min}\leqslant u\leqslant u_{\min}\\
&\qquad\quad \Delta u_{\min}\leqslant y\leqslant y_{\min}\\
&\qquad\quad \Delta u_{\min}\leqslant \Delta u_M(k)\leqslant \Delta u_{\min}
\end{aligned}
\tag{4-69}
$$

式中，$w_p(k)=\left[w(k+1),\cdots,w(k+P)\right]^r\in R^{nP\times1}$是被控制对象在$P$个未来时刻的输出期望值轨迹，$w(k+1)\in R^{n\times1},i=1,\cdots,P$。通过改变该输出期望值轨迹的形式可以调节该算法的控制性能，如鲁棒性和设定值跟踪速度等；$(k)=\left[y(k+1)/k\right],\cdots,y(k+p/k)^r\in R^{nP\times1}$是被控制对象在$P$个未来时刻的输出预测值，其中，$y(k+i/k)\in R^{n+1},i=1,\cdots,P$；$\Delta u_M(k)=\left[\Delta u_M,\cdots,\Delta u(k+M-1)\right]^r\in R^{nM\times1}$是被控制对象输入在$M$个未来时刻的控制增量，$\Delta u(k+i)\in R^{m\times1},i=o,\cdots,M-1$；$Q$、$R$分别为输出误差和控制权重矩阵，$R$矩阵的出现限制了控制作用的大小，常值矩阵$C$中包含过程变量约束动态信息，向量$D(k)$是约束变量在未来时刻与其约束边界的最大偏差值。

求解以上优化式（4-69），可求得其最优解$\Delta u_M^{\bullet}(k)$。实际控制时，只有其中第一个未来控制增量［$\Delta u(k)$］作用于过程。每一个新时刻，都至少存在该新时刻的及时控制增量作用于过程。如此反复，构成“滚动优化”。

对于无约束控制，上述问题可以转化为最小二乘问题，只要满足过程可控性条件，则优化问题总有解，且在矩阵A可逆的条件下，有解析解；对于约束控制问题，只要问题的病态程度不大，则对输出采用“移动窗”简化之后，只要有初次解，则至少有次优解。当采用较小的M时，可以使上述问题有解。

3.反馈修正

在预测控制中，采用预测模型进行过程输出值的预估只是一种理想的方式，对于实际过程，因存在非线性、时变、模型失配和干扰等不确定因素，使基于模型的预测不可能准确地与实际相符。因此，在预测控制中，通过输出的测量值与模型的预估值进行比较，得出模型的预测误差，再利用模型预测误差来校正模型的预测值，从而得到更为准确的将来输出的预测值。正是这种由模型加反馈校正的过程，使预测控制具有很强的抗干扰和克服系统不确定的能力。

反调校正的形式可以是多样的。既可以在采用预测模型的基础上对预测值加以补偿，也可以根据在线辨识原理直接修改预测模型。因此，预测控制不仅基于模型，而且利用了反馈信息，因而预测控制是一种闭环优化控制算法。

当K时刻在过程的输入增加了一个副值为$\Delta u(k)$的阶跃，利用预测模型式（4-66）

可算出在该控制增量作用下未来N个时刻的输出预测：

$$Y_M(k)=Y_M(k)+a\Delta u(k) \tag{4-70}$$

其中：$a=\begin{bmatrix}A_1\\M\\A_M\end{bmatrix}\in R^{nN\times m}$

把下一采样时刻过程输出的实测值y（k+1）与式（4-68）算出的下一时刻模型预测值$y_{1,1}$（k）相比较，得到输出误差：

$$d(k+1)=y(k+1)-y_{1,1}(k) \tag{4-71}$$

｛d（k）｝系列误差信息反映了预测模型中未包括的不确定因素以及其他干扰造成的影响，在模拟稳态随机假设的基础上通过此信息可重构过程的偏差。常用的方式是，将该误差信息滤波后叠加到下一时刻输出的初始预测值上，可以得到总体预测值：

$$\begin{aligned}Y_{PO}(k+1)&=E_P Y_{NO}(k+1)\\Y_{NO}(k+1)&=SY_M(k+1)+Hd(k+1)\end{aligned} \tag{4-72}$$

式中，$E_p=[I_{sP},0]\in R^{sP\times nN}$；$I_{sP}\in R^{sP\times sP}$为单位阵。

$$S=\begin{bmatrix}0 & I_m & A & 0\\M & M & A & M\\0 & 0 & A & I_m\\0 & 0 & A & I_m\end{bmatrix}\in R^{nP\times nP},I_r=\begin{bmatrix}1 & 0 & A & 0\\0 & 1 & A & 0\\M & M & 0 & M\\0 & A & 0 & 1\end{bmatrix}\in R^{m\times n}$$

$H=\left[h_1^r,A,h_N^r\right]^r\in R^{nN\times 1}$为误差滤波系数，其元素值在（0，1）区间。

三、先进控制技术实施

预估控制的上述三个基本特征，是控制论中模型、反馈控制、优化概念的具体体现。它继承了最优的思想，提高了鲁棒性，可处理多目标及各种约束，因而符合工业过程的实际要求，故在理论和应用中得到迅速发展。

使用先进控制技术对控制系统优化，其中较多的应用是对部分单元进行优化，如反应–再生系统控制优化、分馏系统控制优化和吸收稳定系统控制优化。

1.变量的定义和选择

以输入输出类模型为基础的控制，首先要定义输入输出变量。输入输出变量本质上反映了过程的控制目标和可用的控制手段。控制器涉及三类过程变量的选择，即被控变量（CV，Controlled Variable）、操作变量（MV，Manipulated Variable）和干扰变量（DV，Disturbance Variable）。

所谓被控制变量就是过程需要加以控制的过程变量，它通常指过程的直接或间接的控制目标和其他一些工艺参数，这些变量要维持在给定点上或区间范围之内。被控变量CV主要包括产品质量指标、设备安全参数，原来和产品的经济信息和其他反映生产过程的重要参数等。为了减少模型预测控制问题的病态程度，应避免或减少各CV之间的相关性。在过程动态系统的状态方程中，状态变量也属于广义被控变量的范畴，除上述

CV外，它还对应于过程的中间变量，如中间产品质量和性质、设备的状态参数等。

操纵变量就是指对CV有影响并且模型预测控制可以直接加以改变的过程变量，通常应尽可能选择对CV有较大影响并且动态影响较快的调节手段作为MV，同时应保证在不同MV均对同类CV有相似影响时各MV之间的作用范围不重叠。除MV外过程的各种干扰均对CV有影响，从而迅速克服其影响；对于不可测量干扰，则只能通过反馈机制抑制其影响。因而模型预测控制（MPC）对此类干扰对CV的影响反应较为缓慢，在MPC中，称可测干扰为干扰变量（DV），一般选择对CV动态影响较慢且本身变化也不快的可测干扰为DV。此外，当MV由于某种原因不能作为调节手段直接使用时，只要此MV之测量值仍可获得，则可将此MV作为DV使用。

凡是不能通过改变任何MV来影响其值的过程变量称为不可控变量或可控不可测变量，那些能够通过现场直接测量而获得其实时值的可控变量称为可测可控变量，如温度、流量、压力和液位等，只要其测量精度和测量时间滞后合适则均为理想的CV来源。而那些不能通过现场直接测量获得其实时值的可控变量称为可控不可测变量。此外，当可测变量的测量精度不高、测量费用昂贵或测量滞后过大时，其通常也被作为不可测变量来处理。

对于不可测变量，尤其是重要的产品质量和工艺参数，可采用在线工艺计算（也称软测量）等方式计算出其实时值，作为CV使用。对于分离过程，可以依据物料平衡、热平衡以及相平衡等规律，根据直接可测的工艺参数预估出产品分离精度（纯度）和有效组分的回收率等不可测控制目标的实时值。对于有化学反应发生的过程，依据所进行化学反应的反应动力学或化学平衡规律和传质传热规律，直接预测原料的转化率和有效产品的收率以及目标产品的性质的实时值。

以常压塔控制器塔顶部分为例，CV变量可以有多种选择方案：（1）直接质量指标，如常压塔顶汽油干点，通常通过软测量计算获得；（2）间接质量指标，如常压塔顶温度；（3）常压塔顶汽油干点和温度均作为CV，但一个变量作为约束变量，允许在较大区域范围内变化。MV通常是常压塔顶温度控制设定值或塔顶回流量。而影响塔顶汽油干点或温度的扰动变量DV包括常压塔顶压力、进料温度和流量等，在确定DV时，要根据装置实际情况选择主要的扰动变量。

2.控制自由度与经济目标优化

因装置工艺设计和实际设备约束，过程工业通常是非方系统，即有效CV和可用MV的数目不等。定义自由度如下式：

$$自由度=有效MV数-给定点CV数 \tag{4-73}$$

当CV数目大于MV数目时，自由度不足，系统调节手段不够。常规的控制手段是超驰控制。在模型月初控制MPC中，则可以通过给定的各CV违限后的危险程度大小，自动地将控制误差均匀地分散在相关CV之间，从而避免CV的频繁切换。

当CV数目小于MV数目时，自由度过剩，系统调节自由度增多，多余的MV可用于优化目标函数，这时在满足控制要求的前提下存在着对系统进行优化的可能性。常规的控制手段是协调控制，若采用MPC则可以通过上层的经济目标优化，计算出各CV和MV的理想设定值，从而充分利用过程的自由度。

CV又可分为定点控制类、约束控制类和优化控制类三种。定点控制类是指变量的控制上下限相同；约束控制是指变量可以在一定范围内变化；优化控制类是指用于优化的变量具有较宽的控制范围。

经济目标优化是通过选取需要优化的MV变量和CV变量，建立线性规划或二次规划命题，经优化求解后得到最经济的MV和CV变量值。通过经济目标优化先进控制器，能够将MV变量或CV变量推向最具经济效益的约束边界或定值处，在稳定控制上实现优化控制。

静态严格机理模型优化是一种可以取得最大可能经济效益的方法，但是因其所要求的石化过程稳态或动态的严格机理模型技术发展水平的局限，再加上其所采用的非线性优化过程稳态或动态的严格机理模型技术发展水平的局限，以及其所采用的非线性优化（NLP，Non-Linear Programming）技术对于“非显著变量”过于敏感，限制了严格优化技术在复杂石化过程中的应用，取而代之的是静态增益类的简单经济目标线性规划技术（LP，Linear Programming），其数学命题如下：

$$\begin{aligned} &MinC_1 y + C_2 u \\ &s.t. \quad \Delta y = G_{ss}\Delta u \\ &\qquad\quad y_{\min} \leqslant y \leqslant y_{\max} \\ &\qquad\quad u_{\min} \leqslant u \leqslant u_{\max} \end{aligned} \tag{4-74}$$

采用MPC技术均可实现标准意义下的范围控制，这就为提高过程的自由度提供了手段。范围控制的采用，首先减少有效约束的数目，从而为过程优化增加了自由度；其次，范围控制还降低了CV违限的幅度，从而减小了MV的调节作用，这对过程的温度有利。

例如，在常压塔的控制中，若希望多生产价值较高的喷气燃料组分，则可在质量合格前提下，提高喷气燃料干点，降低初馏点，实现质量卡边操作，增产喷气燃料。在目标函数中，需要将喷气燃料干点CV的系数设为负值，初馏点CV的系数设为正值，其余系数设为零。则经济目标优化在满足约束条件的前提下，给出喷气燃料干点和初馏点的稳态优化值，并在动态控制的作用下，调整相关MV，向这一稳态优化值靠近。经济目标优化也是滚动进行的，到了下一个控制周期，重新计算稳态优化值。若有多个优化目标，则不仅要正确设置系数的正负，还需要合理地设置其大小，以体现目标的重要性。

3.非常规变量的测量

控制器中多数是温度、压力、流量以及液位等四大常规变量。但是，为实现良好的质量控制，必须对产品质量或产品质量密切相关的重要过程变量进行严格的控制，仅仅靠四大常规变量无法实现控制，即在实际生产过程中存在着大量不可测过程变量，尤其是重要的产品质量和工艺参数，如利润、某些精（分）馏塔产品成分、塔板效率、干点、闪点、反应器中反应物质浓度、转化率、催化剂活性等。为了解决这类变量（称为非常规变量）的测量问题，目前应用较广泛的是软测量方法或某些在线仪表。

在线仪表是通过添加硬件的方式来实现非常规变量的测量的，一般能测量产品的馏程、组分含量等性质。使用专业的在线仪表测量精度较高，稳定性较好，但也存在设备投资大、维护成本高、测量滞后等缺点。此外，并非所有变量都有相应的在线仪表，如热负荷、塔板液泛点等。

软测量技术不需要添加额外的硬件，而是通过选择与被估计变量相关的一组可测量变量，构造某种以常规变量为输入、被估计变量为输出的数学模型，用计算机软件得到变量的值。采用软测量技术实时性好，但是也存在测量模型维护、测量数据校正等问题；也可将软测量技术与在线仪表结合使用。软测量的基本思想是把自动控制理论与生产过程知识有机结合起来，应用计算机技术，对于难以测量或暂时不能测量的重要变量（或称之为主导变量），通过选择另外一些容易测量的变量（或称之为辅助变量）与之构成某种数学关系来推断和估计，以软件代替硬件（传感器）。这类方法具有响应迅速、连续给出主导变量信息的特点，且投资低，维护保养简单。

软测量结构如图4-54所示。

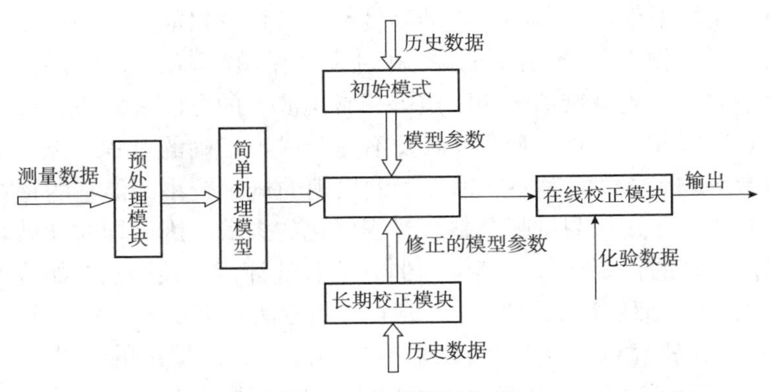

图4-54　软测量结构图

软测量技术的核心是建立工业对象的可靠模型。初始软测量模型是通过对过程变量的历史数据进行辨识而来的。在现场测量数据可能含有随机误差甚至显著误差，必须经过数据变换和数据校正等预处理，将真实信号从含噪声的混合信号中分离出来，才能用于软测量建模型或作为软测量模型的输入。软测量模型的输出就是软测量对象的实时估计值。在应用过程中，软测量模型的参数和结构并不是一成不变的，随着时间的迁移，工况和操作点可能发生改变，需要对它进行在线或离线修正，以得到更适合状况的软测量模型，提高模型的适应性。

软测量技术主要包括辅助变量的选择、数据采集和处理、软测量模型及在线校正等部分。

1）机理分析与辅助变量的选择

首先明确软测量的任务，确定主导变量。在此基础上深入了解和熟悉软测量对象及有关装置的工艺流程，通过机理分析可以初步确定影响主导变量的相关变量——辅助变量。

辅助变量的选择包括变量类型、变量数目和监测点位置的选择。这三个方面是互相关联、互相影响、由过程特性所决定的。在实际应用中，还受经济条件、维护的难易程度等外部因素制约。

辅助变量的选择应符合关联性、特异性、过程适用性、精确性和鲁棒性原则。而辅助变量数目的下限是被估计的主导变量数，然而最优数量的确定目前尚无统一的结论。可以从系统的自由度出发，确定辅助变量的最小数量，再结合具体生产过程的特点适当增加，以更好地处理动态性质问题。

2）数据采集和处理

从理论上讲，过程数据包含了工业对象的大量相关信息。因此数据采集量多多益善，不仅可以用来建模，还可以用来检验模型。实际需要采集的数据是与软测量主导变量对应时间的辅助变量的过程数据。另外，数据覆盖面在可能条件下应宽一些，以便软测量具有较宽的适用范围。

为了保证软测量精度，数据正确性和可靠性十分重要。采集的数据必须进行处理。数据处理包含两个方面，即换算（Scaling）和数据误差处理。换算包括标度、转化和权函数三个方面。换算不仅直接影响过程的精度和非线性影射能力，而且影响着数值优化算法的允许效果。数据误差分为随机误差和过失误差两类。前者是受随机因素的影响，如操作过程微小的波动或测量信号的噪声等，常用滤波的方法来解决。过失误差包括仪表的系统误差（如堵塞、校正不服等）以及不完全或不正确的过程模型（受泄漏、热损失等不确定因素影响）导致的误差。过失误差出现的概率较小，但它的存在会严重损坏数据的品质，可能会导致软测量甚至整个过程优化的失败。因此即时侦破、剔除和校正这类误差是误差处理的首要任务，其常用的方法有统计假设校验法（如残差分析法、校正量分析法等）、广义似然法和贝叶斯法等。这些方法在理论上是可行的，但与实际工程应用还有相当大的距离。这些方法原来是为离线计算而提出的，计算工作量都比较大，在线实时运行并不合适。在线校正可以采用神经网络的方法。对于特别重要的参数，可以采用硬件冗余的方法，以提高系统的安全性。

若辅助变量个数太多，为了实时运行方便需要对系统进行降维，降低测量噪声的干扰和软测量模型的复杂性。降维的方法可以根据机理模型，用几个辅助变量计算得到不可测的复制变量，如分压、内回流比等；亦可采用主元分析（PCA）、部分最小二乘法（PLS）等统计方法进行数据相关分析，剔除冗余的变量，降低系统的维数。

3）软测量模型的建立

软测量模型是软测量技术的核心，建立的方法有机理建模、实验经验建模以及两者相结合。

（1）机理建模　从机理出发，也就是从过程内在的物理和化学规律出发，通过物料平衡、能量平衡和动量平衡建立数学模型。为了获得软测量模测，只要把主导变量和辅助变量做相加调整就可以了。对于简单过程可以采用解析法，而对于复杂过程，特别是需要考虑输入变量大范围变化的场合，则采用仿真方法。典型化工过程的仿真程序已编制成各种现成软件包。

（2）经验建模　通过实测或依据积累的操作数据，用数学回归、神经网络等方法得到经验模型。测试中，过程工艺可能不允许操作条件做大幅度变化，若变化区域选择过窄，不仅所得模型的适用范围不宽，而且测量误差亦会相对上升。解决模型精度的问题，有种办法是吸取调优操作的经验，即逐步向更好的操作点移动，这样可以一举两得，既扩大了测试范围，又改进了操作工艺。测试中另一个问题是稳态是否已真正建立。若没有真正建立则会带来较大的误差。另外，数据采样与产品质量分析必须同步进行。最后是模型检验，分自身检验与交叉检验。

（3）机理建模与经验建模相结合　可兼两者之长，补各自之短。结合方法有：

①主体上按照机理建模，仅其中部分参数通过实测得到；

②通过机理分析，把变量适当结合，得出数学模型函数形式，获得了模型结构，确定估计参数就比较容易，并且可使自变量数目减少；

③由机理出发，通过计算或仿真，得到大量输入数据，再用回归方法或神经网络方法得到模型。

机理建模与经验建模相结合建模是一个较实用的方法，目前被广泛采用。

4）软测量模型的在线校正

因软测量对象的时变性、非线性以及模型的不完整性等因素，必须考虑模型的在线校正，才能适应新工况。软测量模型的在线校正可表示为模型结构和模型参数的优化过程，具体方法有自适应法、增量法和多时标法。对模型结构的修正往往需要大量的样本数据和较长的计算时间，难以在线进行。为解决模型结构修正耗时长和在线校正的矛盾，提出了短期学习和长期学习的校正方法。短期学习因算法简单、学习速度快便于实时应用。长期学习是当软测量仪在线运行一段时间，积累了足够的新样本模式后，更新建立软测量模型。

软测量在线校正必须注意的问题是，过程测量数据与质量分析数据在时序上的匹配。对于匹配在线成分分析仪的装置，系统主导变量的真值可以连续得到（滞后一段时间），在校正时只要相应地顺延相同的时间即可。对于主导变量真值依靠人工校验的情况，从过程数据反映的产品质量状态到取样位置需要一定的流动时间，顺从取样后到样品质量数据返回现场又要耗费很长的时间，因此利用分析值和过程数据进行软测量模型校正时，应特别注意保持两者在时间上的对应关系。否则在线校正不但达不到目的，反而可能引起软测量精度的下降，甚至导致测量完全失败。

第三节　实时优化（RTO）技术

实时优化[36]（Real Time Optimization，RTO）是集离线分析、实时优化、数据调理、在线性能监控等多种功能于一身的先进优化控制技术。其“what-if”模拟分析方法，可以对假定的各种变化因素进行分析，给生产计划和调度提供最优的决策；实时优化功能将决策信息快速用于生产干预，解决企业快速响应市场问题；实现了根据实时数据库进行有关数据的持续调校，不断更新模型中的数据，使模型中的数据与生产实际同步运行；与生产调度和生产计划优化相辅相成，在生产操作管理和控制过程中强力配合，使优化效果达到最佳，实现了管理目标与生产技术指标的综合控制，大幅提高了生产管理水平。

由于PID控制存在着动态响应时间滞后、变量不能在线测量、动态响应非线性、干扰相互偶合、约束、大的外部干扰等特性，导致控制效果不佳。而随后发展起来的先进控制（APC，Advanced Process Control），可以改善过程动态控制的性能，减少过程变量的波动幅度，使生产装置在接近其约束边界的条件下运行（卡边操作）。先进控制可以保证该控制环节稳定运行在给定工况，但先进控制不能确定装置的最优工况及对应的生产参数。针对该问题，在先进控制的基础上，进一步研发出针对整个装置的在线、闭环实时优化技术。

为根据装置原料、目标产物等的变化，对装置进行及时的优化，针对整个装置的在线、闭环实时优化技术开始出现。实时优化是模拟和控制的紧密结合，在装置稳态模型的基础上，通过数据校正和更新模型参数，根据经济数据与约束条件进行模拟和优化，将优化结果传送到先进控制系统，通过先进控制系统对装置进行操作，达到优化操作的目的。

先进控制系统能够增强装置生产的抗干扰能力和约束处理能力，降低生产工艺的波动，充分挖掘装置的工艺和设备能力，进而实现卡边操作，得到可观的经济效益回报。通过对生产过程中所有被控变量进行监测和控制，先进控制系统能够增强生产的稳定性，降低操作人员对生产的监测和干预强度。

一、RTO技术的主要功能与意义

实时优化（RTO）技术最早于20世纪50年代左右被提出，主要是为了应对日益激烈的工业市场竞争，降低能耗、成本，提高生产效益和自身竞争力[4, 37, 38]。实时优化技术是指当装置内部或外部条件发生改变时，综合考虑装置的操作范围、约束条件等，根据得到的各种信息，利用计算机周期性地完成优化计算，同时由于进行优化作用的计算机与生产装置有直接联系.所以可以将优化结果直接传递给控制器，最终实现经济效益的最大化[39]。整个优化过程中从最初的数据采集，到模型更新、优化计算以及最后解的执行，都在一个闭环内自动执行，不需要人工参与。

RTO技术提出之初，由于受到软硬件条件的限制，以及优化理论相对不成熟，并没有得到广泛的关注和应用，直到壳牌公司在20世纪80年代采用二次序列规划法对在线大规模优化进行了首次尝试，接下来开发了Opera软件包，并将其用于乙烯装置中。随后，一些石油化工企业也都开始尝试着应用实时优化技术。进入21世纪以来，随着计算机软硬件技术的飞速发展，实时优化理论的逐渐成熟完善以及国内外流程工业市场竞争的日趋激烈，使得实时优化技术在流程工业中得到了前所未有的发展。各大公司开始投入大量的人力、物力、财力，研究出许多优秀的实时优化软件并在石油、化工、钢铁等企业中都取得了较好的应用效果。如Honeywell公司的ProfixMax、AspenTech公司的RT-Opt、Simulation Science公司的ROMeo等。而且实时优化技术的应用领域也在不断扩展，从天然气加工、原料蒸馏和分馏、催化裂化到硫回收、乙烯装置、炼厂装置等[40, 41]。鉴于石油化工行业作为我国国民经济的基础占国民生产总值20%以上，应用实时优化技术意味着更多的经济收益，因此实时优化技术的研究与进展对我国流程工业和相关方面的发展都具有重要意义[42]。

RTO技术的主要功能和意义在于[4, 43]：

（1）当原料、设备、市场等因素发生变化时，能够及时对操作参数做出调整，使生产过程始终维持在最佳操作工况。

（2）周期性更新一些关键参数的工艺值，增加产量，提高产品质量，使整个装置的经济效益达到最大化。

（3）通过对经济目标函数的设置，实现节能减排的目的。

（4）通过检测、预警等功能，能够监督设备的性能，早期识别操作中的问题。

（5）深化设计人员、工艺人员、操作人员对整个过程的了解，有利于进一步完成整个工艺过程和操作策略。

二、实时优化方法

流程工业主要包括规划、调度、工程级优化、实时优化、模型预测控制以及基本调节控制六个部分，如图4-55所示。其中规划层和调度层是用于供应链决策，工程级优化层是针对一个或者若干个产品生产线的组合优化，即整体优化。实时优化是面向具体的某个生产流程进行操作上的优化，运行周期从几周到几小时视情况而定，MPC用于具体执行实时优化层给出的最优设定点，基本调节控制层连续运行用于消除扰动对过程产生的影响。

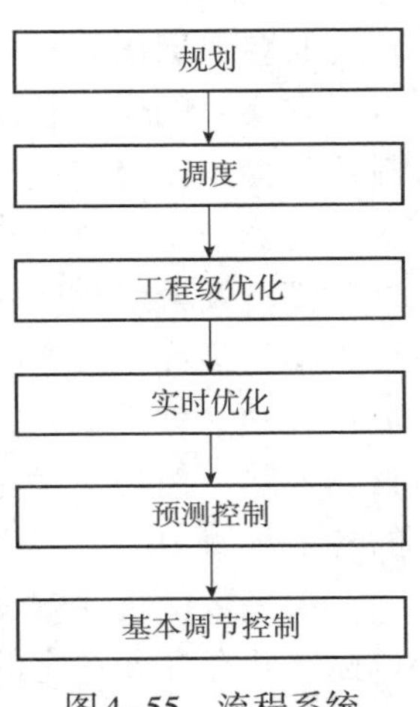

图4-55　流程系统分级决策结构

实时优化的一般结构都是寻优和控制相互独立的分开的双层结构。此类双层结构具有层次清晰、原理简单易实现、性能稳定等特点，但是依然存在不足之处，例如：①优化器求解速度的限制会影响RTO的实时性；②由于RTO是基于稳态模型进行优化求解的，所以在RTO执行之前必须经过一段等待稳态的时间，当扰动频率较高时会影响RTO系统的稳定性，甚至无法实施RTO[44]；③RTO的优化层是以最大化经济效益为目标而MPC层则是以平稳控制为目标，而且优化层用的是稳态模型，控制层用的是动态模型，目标与模型的不一致会对RTO系统最终的经济效益造成影响。

基于双层控制的缺点，可以将过程系统的寻优过程与控制层相结合，形成一种单层RTO结构。对于这种双层实时优化技术改进较多的一种方法是将上一层的实时优化部分与下一层的预测控制相结合[45, 46]。Morari等人[47, 48]提出的自优化控制也是一种较好的选择，主要思想是：当扰动发生时，调节操作变量使工作点始终满足某种函数关系，使得过程处于稳态时能够工作在最优设定点。自优化控制方法可以用于稳态和动态优化命题，去除了RTO中的等待稳态的时间和在线优化的时间，减少了过程优化时间，有利于提高优化的实时性。

在RTO系统等待稳态这段时间内，由于不满足执行RTO的条件，因此，除了等待稳态以外不能进行任何操作，浪费了大量的时间，这成为RTO系统性能的一个很大的缺点。为了改善这一问题，Sequeira等人[49]提出了实时进化方法，以稳态模型为基础，当扰动发生后在原设定点的附近小范围内进行寻优计算，及时对设定点进行不断调整，从而使系统逐渐达到最优状态。引用“拟稳态”概念，稳态信息用于RTO中的数据校正和模型更新环节。这种方法通过对设定值连续调整，去除了RTO中等待稳态的时间，同时，即使在发生高频或者连续扰动的情况下也同样适用。Sequeria等人在对RTO方法的继续研究中又做出了许多贡献，提出了 RTO中操作时间和操作范围等参数如何设置，对操作结果会产生哪些影响等，使得RTE方法更加完善。

动态实时优化（Dynamic RTO，DRTO）[50，51]也是RTO技术发展的一个新方向，将稳态优化问题转化为整个框架下的动态子问题，用动态参数估计模块替换原来的稳态数据调和模块，用动态模型替换稳态模型，通过对现场数据的反馈处理来实时求解动态优化问题，从而逐步逼近稳态最优解，完成经济目标函数的动态优化问题。但是，由于DRTO中的动态参数估计不容易实施，而且计算量较大，也会影响RTO的实时性。

1.多目标优化

在实际的生产生活中普遍存在着最优化问题，如在一个工厂中如何才能通过调整原料比等使生产成本最小、产品质量最优；在企业管理中，如何最大限度地提高劳动生产率；在商业中，如何最大可能地提高商业利润；在决策中，如何选择最优的决策方案。这些都涉及最优化问题，即在所有可能的方案中选出最合理、最符合标准的方案，称这个方案为最优化方案。搜索最优化方案的方法有很多种，从最初的直接搜索法到现在的进化算法、智能算法。20世纪40年代以来，计算机技术的迅猛发展以及最优化理论的日趋成熟，使得最优化方法得到了更多的重视和研究，开始应用于国民经济和科学技术的各个领域中。

大多数优化问题都不是简单的单目标优化问题，而是有很多个目标需要优化，这些目标之间存在着一定的关系，相互耦合，而且每个目标的单位和量纲都不相同。这就涉及多目标优化问题，这一概念最早在1896年由法国经济学家V. Pareto提出，他从政治经济学角度将很多不容易比较的目标归纳为多目标优化问题。后来，多目标优化问题得到了一定程度的发展，直到1951年Koopmans提出了Pareto最优解的概念，为多目标理论的进一步研究奠定了理论基础。1975年，Zeleny关于多目标优化问题的论文集的发表标志着多目标优化问题的研究真正进入发达时期。相较于传统的单目标优化问题，多目标优化问题更加复杂，它的解不是单一的，而是由一组均衡解组成，可以将这组解称为最优非劣解集或者Pareto最优解集。也就是说，当考虑所有的目标函数时，在搜索空间内不会再找到比这些解更优的解，因此称这样的解为最优的。要找到这样的一组最优解并不是一件容易的事，不同的决策者或者同一个决策者在不同的情况下，由于决策准则的不同，会找到不同的最优解，因此，决策准则的确定在多目标优化中占有重要地位。从多目标优化概念提出至今，很多学者都做出了大量的研究工作，多目标优化的方法得到了深入的研究和发展[52]。

近年来，多目标优化问题的求解方法得到了很大的发展，从最初的转化为单目标方法到遗传算法、神经网络、粒子群算法等。

传统的多目标优化方法主要是将多个目标经过一系列的处理和数学变换，转换成一个单目标问题，然后应用单目标优化问题的求解方法去求解多目标优化问题。目前这方面的主要方法有如下几种[53~56]：

（1）评价函数法：通过构造评价函数式把多目标问题转化为单目标问题，如线性加权法、极大极小法、理想点法。但是，由于评价函数法只能保证求得的解为多目标优化问题的最优解而非设计者希望得到的有效解，所以，这种方法只适用于要求不高或者对多目标方法把握不深的应用者使用。

（2）交互规划法：决策者直接参与到求解过程中控制优化过程，使分析和决策交替进行，而不直接使用评价函数的表达式，如逐步宽容法、逐次线性加权和法、权衡比替法。因为是决策者的直接参与，所以得到的解更符合决策者的主观意愿，但是缺乏客观的评价，所以不容易操作。

（3）分层求解法：按照目标函数的重要程度对所有目标进行排序，然后按顺序依次进行单目标优化求解，最终得到的解即为多目标优化问题的最优解。但是由于难以确定和把握每个目标在所有目标中的重要性，而且不合适求解非线性多目标优化问题，所以实际应用受到限制。

随着遗传算法的发展，由于其能在整个搜索空间内大范围并行搜索可行解，克服了传统多目标求解方法容易陷入局部最优的缺点，所以开始成为多目标优化问题的一种新的有效的解决方法。常用的基于遗传算法的求解方法有以下几种[57，58]：

（1）权重系数法：在线性加权和法的基础上采用遗传算法作为搜索方法。

（2）并列选择法：首先将种群中的全部个体按照一定数目划分为若干个子群体，然后子群体中进行独立的选择运算形成新的子群体，再形成一个完整的群体进行交叉、变异运算生成下一代完整的群体，如此反复地执行这样一个过程，直到满足终止条件求出最优解。但是这种方法容易陷入单目标函数的局部最优解。

（3）排序选择法：对群体中的每个个体按照重要性进行排序，重要的个体排在前面，遗传到下一代中的机会更多，有利于加快多目标最优解的寻找过程。

（4）小生境Pareto遗传法：引入共享函数的概念，用联赛选择机制来选择优良个体，使解分散到整个Pareto最优解集中。

由于粒子群算法也具有类似于遗传算法并行搜索等优势，而且不需要遗传算法中的编码、交叉、变异等操作，更简单易行，也逐渐成为多目标优化的一种更好的求解方法。

2.粒子群多目标优化

粒子群优化算法（Particle Swarm Optimization，PSO）于1995年由Kennedy和Eberhart[59]受到鸟群觅食行为的启发共同提出，主要思想来源于人工生命和演化计算理论，通过模仿鸟群在飞行觅食中的集体协作行为，使整个群体位置达到最优。

PSO作为进化算法的一个重要分支，优化原理非常简单。可以将群体中的所有粒子看作是一只鸟或者是粒子，首先进行初始化，使粒子遍布整个搜索空间，所有的粒子都有一个由要优化的目标函数决定的适应值，而且对应一个速度用来决定它的飞翔方向和速率，粒子追随群体中的最优粒子来不断更新自己的位置和速度进化到最优解。与其他进化算法相比，PSO在保留了全局搜索和迭代优化的基础上，不需要梯度信息，需要调节的参数少，算法更容易实现并运行效率较高。

粒子群算法框架如图4-56所示[60]，首先初始化所有的粒子（个体），每个粒子都有一个初始化的位置和速度，并且根据目标函数确定每个粒子的历史最优位pBest（设置为当前位置）以及群体中的最优位置gBest（设置为群体当前粒子中的最优位置），然后计算每个粒子的适应度函数值，再根据这些适应值去更新群体中的个体极值和全局极值，根据预先设定的个体速度更新公式和位置更新公式不断更新粒子的速度和位置，判断是否满足停止条件。如果满足则输出最优解，一次PSO算法结束，否则，重新计算每个粒子新位置的适应值继续算法，直到满足终止条件。

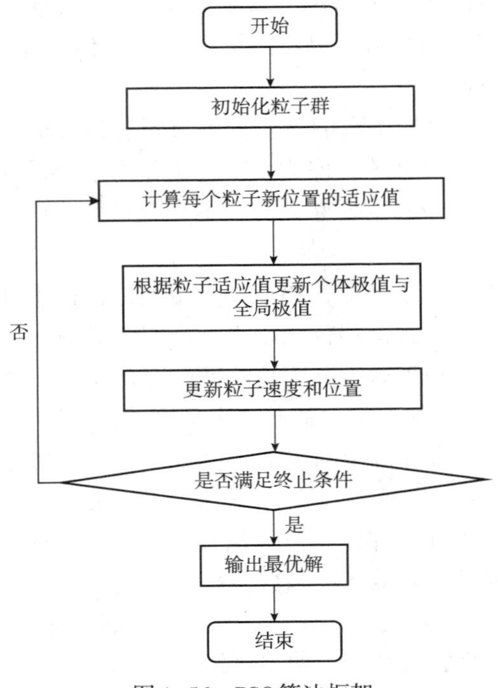

图4-56　PSO算法框架

PSO具有设置参数少、不需要梯度计算、收敛速度快、解的质量高、鲁棒性能好、运行效率高、简单易实现等优势。但是PSO同时具有局部搜索能力差、搜索精度不高、容易陷入局部最优、参数设置对搜索性能影响大[61]、算法前期收敛快、后期收敛容易陷入局部最优等缺点，因此，需要对粒子群算法进行改进以提高其性能，主要集中在以下几个方面[62]：(1)参数修正，惯性权重ω、加速度系数c_1和c_2、和最大速度V_{max}、种群规模及迭代次数等都对PSO的性能有很大影响；(2)位置、速度更新公式，对粒子能否快速收敛到最优位置有很大作用；(3)种群多样性，增加种群多样性来平衡种群全局搜索和局部搜索的能力。

具体的改进方法主要分为以下五个方面[63]：

(1)自适应PSO：很多研究都表明，当ω值较大时有利于全局搜索，当ω值较小时更有利于局部搜索，所以文献[64]提出了ω值自适应调整策略，开始时值ω较大，更利于全局搜索，扩大找到最优解的可能性，在算法后期ω值设置较小，有利于在局部范围内更精确地找到最优解。相关文献[65]的研究表明，ω值在［1.4，0.35］范围内随着种群的不断进化而逐渐变化时比较合适。

(2)带选择机制的PSO：传统的PSO中的每个个体不断地改变自己的位置直到算法结束不会被其他个体取代，而带选择机制的PSO是根据某些定义好的规则，将每个个体的适应值与其他个体进行比较，然后按照之前定义的规则进行排序，排在后面的一半个体会被排在前面的一半个体取代。这种带选择机制的PSO更适用于单峰函数的优化问题，收敛速度更快，但也更容易陷入局部最优解[66]。

（3）带空间邻域的PSO：在算法开始时，每个粒子的邻域都为它本身，随着算法的进行，根据候选个体与邻域中心的距离逐步引入距离近的个体，这样邻域会逐渐变大，包含的粒子数逐渐变多，直到最后包含所有的粒子，这样，原来全局历史最好位置搜索就变成了微粒邻域局部历史最好搜索[67, 68]。

（4）带变异算子的PSO：当种群中的历史最优位置基本无变化，而且种群中的粒子都聚集在某一区域内，这时需要保留种群中历史最优粒子位置，然后将一小部分粒子重新进行初始化，这样避免了粒子陷入局部最优解的可能性，有利于提高全局搜索能力[69]。

（5）免疫PSO算法：将免疫系统中的免疫信息处理机制引入到PSO算法中，即有原来的PSO具有的全局搜索能力又融合了免疫系统中的免疫信息处理机制，提高了PSO算法的寻优速度和精度，改善了陷入局部极值的缺点[70]。

几年来，不断涌现出量子PSO、并行PSO、多目标PSO等新算法，而且与其他算法的融合也逐渐成为PSO研究领域的热点，如进化算法（Evolutionary Algorithm，EA）与PSO的结合、极值优化（Extremal Optimization，EO）与PSO的结合、差分进化（Differential Evolutionary，DE）与PSO的结合。

粒子群算法在解决单目标优化问题时一直是一个非常好的方法，但是由于单目标优化问题和多目标优化问题存在着很大的区别，前者只需要求出一个最优解，而后者需要平衡各优化目标之间的关系求出一组最优解。鉴于粒子群算法与遗传算法有很多共同之处，而且遗传算法在解决多目标问题时取得了很好的效果，所以粒子群算法具有解决多目标优化问题的可能性。

虽然粒子群算法同遗传算法一样具有并行搜索机制，可以使一组解同时进行进化操作，但是由于二者的共享机制不同，遗传算法是染色体共享信息，整个种群作为一个整体逐步转移到一个很好的区域，粒子群算法是跟随最佳粒子逐渐向一点快速收敛。因此，二者在解决多目标问题时存在一定的区别。

3.RTO应用

实时优化技术处于流程生产过程的第三层[71, 72]（见图4-57），起到对流程过程中的优化变量进行优化并将优化结果传递给APC的作用，运行周期为几分钟至几小时。

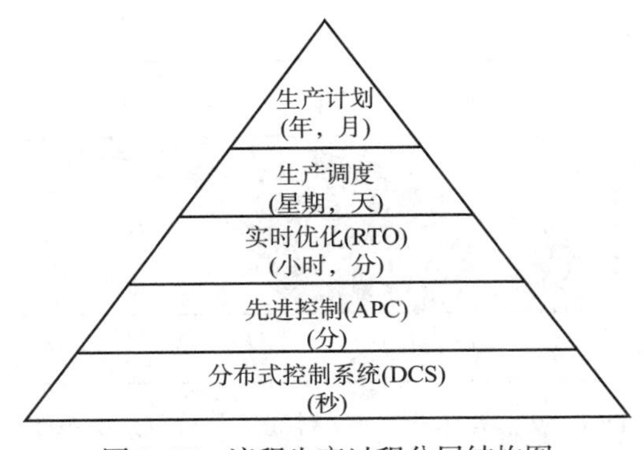

图4-57 流程生产过程分层结构图

目前，随着RTO理论的日趋成熟，计算机软、硬件和网络技术的迅猛发展，过程控制系统供应商、软件开发公司和高校投入了大量的人力、物力，研究和开发了多款实时优化系统[4]。

1）稳态实时优化技术

典型的稳态实时优化系统流程如图4-58所示，主要包括稳态检测、数据整定、模型参数更新、优化计算和APC动态控制5个模块。稳态检测是稳态与动态实时优化最重要的区别，稳态实时优化系统在运行之前，要确保过程系统处于相对稳定的状态。此外，相对于动态实时优化，稳态实时优化技术主要采用机理模型作为过程建模方法，模型的适应性强，适用于解决大范围非线性优化问题。

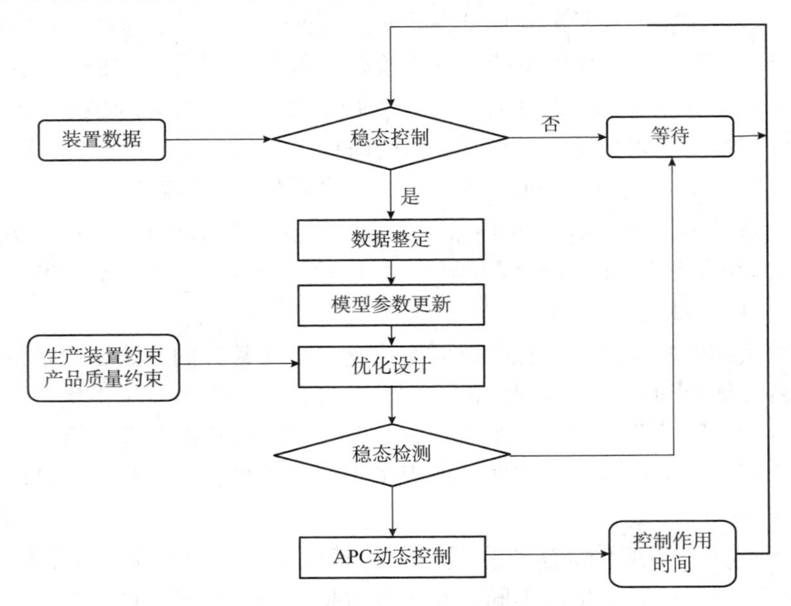

图4-58　稳态实时优化系统流程示意图

2）动态实时优化技术

稳态实时优化系统针对的是过程参数变化较为缓慢的系统，在这样的系统中RTO运行周期要远远大于控制周期[72]，然而还有一些系统过程参数变化较快，需要RTO运行周期与控制周期非常接近，否则将会降低实时优化所带来的经济效益，如图4-59所示。

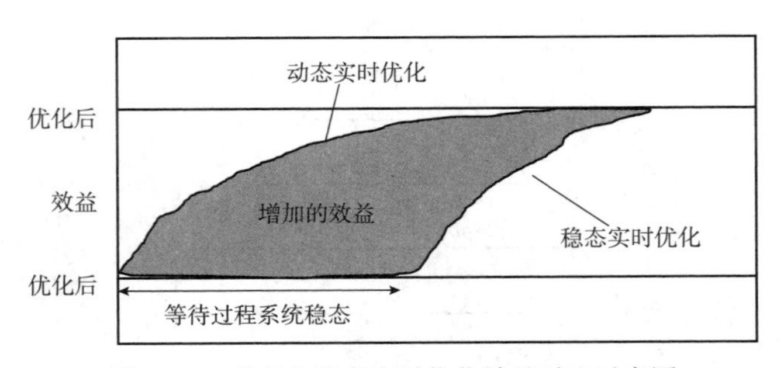

图4-59　动态和稳态实时优化效益对比示意图

因此就需要利用动态实时优化技术来解决这个问题，即在一个周期内同时实现实时优化和优化控制的功能。动态实时优化免除了系统等待稳态的时间，有效地提高了实时优化系统的实时性，在过程参数变化较快的过程系统中，提高了经济效益。

稳态实时优化技术的开发和实施需要经过装置流程梳理、确定模型优化及约束变量、系统功能设计、模拟模型开发、数据整定模型开发、优化模型开发、实时系统开发、实时数据库部署、DCS界面开发、离线优化测试、开环优化测试和闭环优化测试12个阶段。图4-60为稳态实时优化系统总体架构。

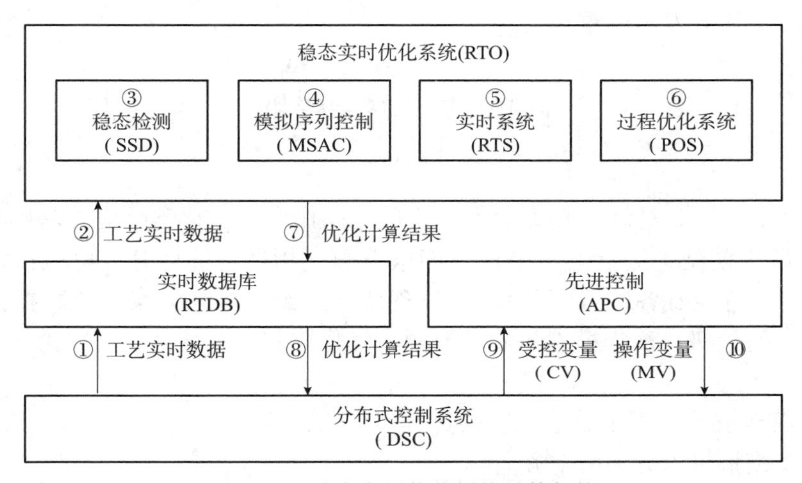

图4-60　稳态实时优化系统总体架构

通过图4-60可以看出，工艺实时数据经实时数据库（real time database，RTDB）进入RTO，首先进行稳态检测，当过程系统进入稳定状态后，模型序列控制系统（model sequence active control，MSAC）启动实时系统（real time system，RTS）对过程优化系统（process optimization system，POS）的逻辑控制，实时系统控制过程优化系统执行数据输入、逻辑判断、数据整定、优化计算和数据输出等操作。当完成优化计算后，将优化计算结果经实时数据库返回DCS，作为先进控制受控变量（controlled variable，CV）的设定值，然后通过先进控制对乙烯装置进行控制操作，最终使乙烯装置达到最优操作状态。如果装置处于稳定状态，此过程每2h执行1次，完成1个周期的优化运算大约需要1.5h。

ROMeo软件是Invensys与壳牌Shell公司联合开发的新一代具有开放式应用架构的在线优化系统（Rigorous On-line Modeling with equation based optimization），开发工作始于1995年，并于1998年推出ROMeo产品。该产品结合了Invensys在热力学和单元过程等方面的优势，以及壳牌公司在数学建模和优化算法方面的领先技术，是当今世界为数不多的在线实时优化系统。ROMeo同时支持在线优化和离线分析，且两者共用同一个模型和同一个人机界面的商品化过程优化软件。ROMeo以物理化学平衡机理模型作为建模的基础，采用基于方程的开放式求解算法，高度集成了离线分析、在线优化、数据调理、在线性能监测等多种功能。

国内外采用RTO技术对乙烯、炼油装置开展优化工作案例较多，可参见相应文献[73~81]。总之，实时优化是模拟和控制的紧密结合，它以生产过程的实时数据为基础，通过数据校正和模型参数更新，并根据经济数据与约束条件进行模拟和优化，最后将结果传送到相关控制系统。实时优化分为在线实时优化、闭环实时优化。实时优化的基础是获得实时的生产信息，包括设备数据、物性数据和约束条件等，其核心是精确的模型和准确的算法，可以根据装置运行数据自动实现模型的在线修正。实时优化的结果是优化后的控制参数或者决策、命令，对操作变量和控制参数进行实时调整，保证生产过程的平稳操作和产品最优、效益最大。因此，RTO是炼化企业数字化转型、智能化发展特别是智慧炼化应用和发展的重点之一[4]。

第四节　流程模拟

流程模拟[4, 82, 83]是综合热力学方法、单元操作原理、化学反应等基础科学，利用计算机建立数学模型，进行物料平衡、能量平衡、相平衡等计算，以模拟过程的性能（系统内各装置特性及各装置间关系），发现瓶颈，给出优化方案。流程模拟包括装置级、区域级、全厂级。流程模拟与先进控制、优化控制紧密结合，可以为前者提供模型和方案。

近年来模拟技术应用于分子尺度的过程研究，出现了分子模拟技术，研究结构-性能关系。分子模拟可以分为两个方向：

（1）分子产品工程，找寻复杂分子结构-分子活性关系，如药物、溶剂、生物分子等；

（2）配方产品工程，找寻形态结构-产品性能关系，如催化剂微孔结构/活性成分配置/反应活性的关系。

一、流程模拟技术概述

1.概念

流程模拟技术是近几十年来发展起来的一门综合学科，是过程系统工程中一门重要的技术。无论过程系统的分析和优化，还是过程系统的综合，都是以流程模拟为基础的。

流程模拟技术是一种采用数学方法来描述过程的静态/动态特性，通过计算机进行物料平衡、热平衡、化学平衡、压力平衡等计算，对生产过程进行模拟的过程[84]。可以将流程模拟系统定义为过程工程理论、系统工程理论、计算数学理论同计算机系统软件相结合而建立起来的一种计算机综合软件系统，专门用于模拟流程工业的过程和设备以及整个流程系统。

1958年，美国Kellogg公司首次成功开发了全球第一个流程模拟系统——Flexible Flowsheet[85]，在当时的化学工程界产生了很大影响。之后，为满足过程设计、控制、优化的需要，各类模拟系统相继问世，成为设计研究和生产部门最强有力的辅助工具。流程模拟系统不同发展阶段及其代表软件（系统）如表4-9所示[4]。

表4-9　流程模拟系统不同发展阶段与代表软件（系统）[4]

项　目	特　点	代表	
		单位	名称
第一代 （20世纪60年代）	不完善的数据库，简单的数学模型，物料、能量计算	Kellogg University of Houston	Flexible System CHESS
第二代 （20世纪70年代）	较完善的数据库，复杂而精确的数学模型，物料、能量、设备计算	Monsanto Simulation Sciences （SIMSCI）	FLOWTRAN PROCESS
第三代 （20世纪80年代）	较完善的数据库，复杂而精确的数学模型，物料、能量、设备计算，经济评价，工况分析	Aspen Technology Hyprotech	Aspen Plus HYSIM
第四代 （20世纪90年代）	较完善的数据库，复杂而精确的数学模型，物料、能量、设备计算，经济评价，工况分析，稳态和动态集成，从离线到在线	Hyprotech Aspen Technology SIMSCI	HYSYS Aspen Custom Modeler，Aspen Dynamics，Polymers Plus ProVision

2.流程模拟方法

流程模拟有4种分类方法，如图4--61所示[4, 85]。

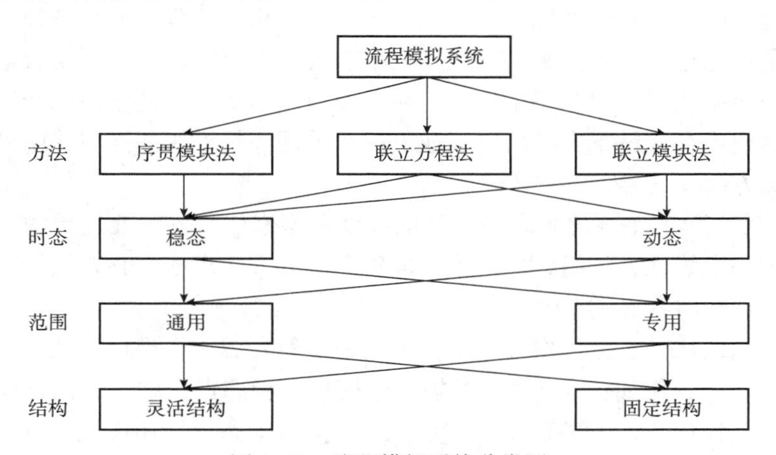

图4-61　流程模拟系统分类图

如图4-61所示，流程模拟系统如果按照模拟对象时态可分为稳态流程模拟系统和动态流程模拟系统。如果按照应用范围来划分，可以分为专用流程模拟系统和通用流程模拟系统。如果按照模拟方法来分，则可分为序贯模块法模拟系统、联立方程法模拟系统和联立模块法模拟系统。按照软件结构分的话，则可以分为灵活结构和固定结构两类。

稳态流程模拟一直沿着序贯模块法和联立方程法两条平行的路线发展[4, 84]。其中，序贯模块法（Sequential–Modular Method，简称SM法）在模拟过程中，将物料流抽象成物质流和能量流，将加工过程抽象成信息流图，然后按照信息流图中物流或能流的流向，依次对模块进行计算，把前一个的输出作为后一个的输入，遇到循环流进行迭代收敛，直到全部完成模拟。采用序贯模块法时，对每一类化工单元设备均编制一种计算机子程序，该子程序包含了相应的模型方程和模型求解程序，成为单元模块。单元模块对于同一类设备具有通用性，如精馏塔模块可用于各种精馏塔的模拟计算。在输入模型方程中的设备结构参数、操作参数和有关物性参数后，模块代表了给定系统中设备的具体数学模型，单元设备的模拟计算即可调用模块来求解给定条件下设备的输出物流与输入物流变量之间的关系。有了模块后，可以依照流程方向，从某一个单元设备开始，调用相应的模块，由该设备的输入物流计算其输出物流。如果该设备的输入物流参数未知，则需假定该物流各参数的初值。依次序贯计算下去，直至系统的全部物流变量均被求出。

联立方程法（Equation-Oriented Method，简称EO法）是为了克服SM法的不足而提出的。它主要针对过程系统模拟，所列的全部方程同时联立求解。这些方程式可以是物料平衡方程、能量平衡方程和热力学平衡关系，也可以是状态方程、约束方程和控制方程。因为是方程联立求解，只要方程数目和性质与所求变量相协调，就不用收敛模块了，因此它所解决的问题范围比序贯模块法广泛，收敛效率也高。化工系统模型方程的维数通常很大，方程数和变量数都很大，但在每一个方程中出现的变量以及每个变量在方程中出现的次数却很少，即该方程组的系数矩阵是一个稀疏矩阵。由于模型方程具有高度稀疏性，每一次迭代都要解一次维数很高的稀疏线性方程组，故不能采用一般的解法（如高斯消元法），而需要用牛顿-拉夫荪法、拟牛顿法、玛夸特法（Marquardt）以及某些综合方法。联立方程法的优点是单元操作方程、物性方程、流程拓扑方程可以联立解出，避免了层层迭代。缺点是需要依靠大型非线性方程组求解，很难收敛，而且一旦求解失败，很难查找问题出在哪个模型。序贯模块法的优点是便于使用和通用化，计算难度小且计算机内存开销不大，所以工业上一般采用序贯模块法。现在两种方法路线逐步在向融合的方向发展。

联立模块法[86]的基本思想是用近似的线性模型来代替各单元过程的严格模型，使传统模型成为一个线性方程组，可以采用较为简单的方法求解，它相当于结合了序贯模块法和联立方程法两者的优点。

动态模拟系统比稳态流程模拟系统发展稍晚，但发展比较迅速。动态模拟与稳态模拟相比有一些不同，例如：（1）动态模拟不但模拟其稳态点的状态，而且还模拟了到达稳态点的动态过程（包括开停工以及干扰事故）；（2）动态模拟还模拟装置的控制系统及操作环境，如常规控制、DCS操作等；（3）动态仿真模拟装置运转状态随时间变化，因此中间步骤物料的积累以及物流的过程滞后都是仿真的内容；（4）动态模拟一般不用迭代计算，并力求数值解的稳定性。

专用流程模拟系统是专门开发的系统，用于特定流程的模拟研究，因此使用的局限性很大[87, 88]。通用流程模拟系统是指对各种流程均可适合的流程模拟系统，其系统考虑了各种不同工况，故系统与专用软件相比要复杂、庞大得多。

对于固定结构系统的执行来说，无论是模拟哪种过程，其执行逻辑都是相同的。也即无论问题大小，都需要把所有模块（单元模块、热力学模型）一次调入内存，根据模拟问题和用户选择调用有关模块进行计算，由于占有内存很大，故运算速度慢。灵活结构系统对不同过程有不同的执行程序（可由用户编写或软件自动产生）。自动生成的执行程序是一种面向问题语言POL（Problem-Oriented Language）被直接解释成执行代码或

POL一次产生高级语言程序，然后编译、连接、执行。固定结构系统缺乏灵活性，且过于复杂；灵活结构系统程序仅装入实际需要的模块，数据存储空间按实际需要分配，因此灵活性大、执行速度快，但解释或编译、连接需要增加额外的开销。

3.物性系统

物性系统在流程模拟系统中具有重要的意义。一方面，模拟质量的好坏显然首先取决于数学模型的质量，但最终却受物性数据的准确程度限制。另一方面，在整个模拟计算中，物性的计算占有举足轻重的地位。物性估算方法是化工热力学的主要课题。

1）物性

物性分为平衡性质（热力学性质）和非平衡性质（传递性质）。热力学性质又可分为：体积或密度，是与状态方程有关的物性；热焓、熵及自由能的计算，这是计算热量平衡和化学反应能量平衡时所需的物性；气-液平衡计算所需的物性为平衡常数K值及逸度系数等。传递性质有热导率、黏度、扩散系数、表面张力等。

2）物性系统的分类

物性系统是20世纪60年代发展起来的技术，开始都是各大石油化工公司为满足自己开发化工流程模拟系统的需要，建立起私用的物性系统。后来，美国、日本、德国和英国等国家的全国性学术团体纷纷发起，各自建立起自己国家的公开服务的物性系统，因而出现了两类物性系统：

（1）独立型系统　主要是根据用户的要求，计算出独立物性的值或打印出物性表，这些物性可提供工程设计手工计算用，或作为其计算机程序输入信息用。

（2）嵌入型系统　是附属在大型模拟系统中的有机组成部分，可以被模拟计算程序调用和检索，直接为模拟计算程序服务。但近年来，出于计算机软件系统的发展，这种嵌入型系统一般是在“数据文件管理系统”的管辖之下，所有既可以直接为模拟计算服务，又可以作为独立型系统之用。

3）物性系统的功能

视其先进程度不同，物性系统的功能或多或少地包括以下几个方面：

（1）嵌入系统　在模拟计算程序执行时，可反复不断地向模拟程序提供各种物性数据。

（2）输出物性　在计算当中或计算完成后，向用户提供他们感兴趣的物性值，以备在另一计算中接着使用。

（3）增加组分　应当允许用户为新化学组分输入各自的特殊数据，并使其转换成模拟系统所要求的形式，以便参与模拟计算。

（4）物性估算　当对一种特别的化合物只知道很少物性（也许只知道分子结构）时，可以为用户提供一种大致估算物性的手段，并将其结果转换为模拟系统执行计算时可以接受的形式。

（5）扩充方法　当用户认为已有的计算物性模型不够满意时，可以方便地将自己的某种计算方法输入并与模拟计算程序联成一体。

（6）物性回归　当用户只有试验数据而没有这种物料的估算模型系数时，物性系统应当能够按照某一模型来回归试验数据，求取模型中的参数。

（7）路线选择　自动选择。自动选择最优计算路线，对组分的任何热力学状态量均可用不同的关系式，通过不同的路径来计算。显然，其中必有一个最为合适，也就是累计误差最小。物性系统可以按不同路线计算，求出误差，最后进行比较，确定最优途径（这种作用只有大型独立物性系统才有）。

4）物性系统的内容

物性系统的目的，是为单元操作模型、尺寸计算模型及成本估算模型提供作为状态变量函数的物性数据。为了获得这些混合物的物性，就需要用各种物性估求模型，由纯组分基本物性推算混合物的物性。因此，每个物性系统都有两大部分内容：纯组分基础物性及参数的数据库和物性推算模型。

（1）数据库　每个物性系统的数据库的内容和规模大小不一，小的包含几十种常用化合物，大的有几千种化合物的物性。对于每种化合物存放的基本物性及参数的内容也有不同。例如，ECSS化工之星数据库有3200多种纯组分的物性常数及物性估算关联式的参数，每种纯组分有60多个常数及参数。

计算稳态流程模拟的物料和能量平衡必须有下列物性：相对分子质量、比热容、摩尔质量、蒸汽压、汽化热，以及后四者与温度变化的关系式。

（2）物性推算模型　它是物性系统的另一个重要组成部分，其作用是根据数据库提供的纯组分基本物性（用户直接输入的物性）来推算模拟计算所需的混合物物性。

5）物性系统的结构

为了将数据库及物性推算模型中所提供的数据及程序组成一个可供执行计算的特定物性子程序，还要有一套执行程序（有时称物性计算控制器）来进行协调。

6）物性系统的建立

从数据源产生到数据的工程应用是一个相当复杂的过程，如图4-62所示。由图4-62可知，整个物性数据工作可以分为三大部分：数据产生、数据管理和数据使用。

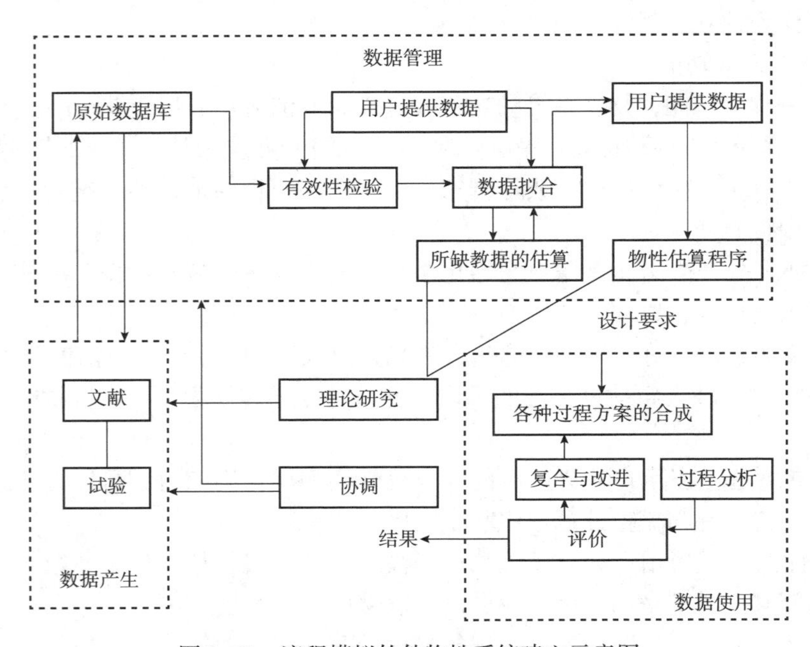

图4-62　流程模拟软件物性系统建立示意图

（1）数据产生　原始物性数据测定是一项耗资很大的工作，目前国际上已达100~500美元/点。测定的数据有的发表，有的仍是内部保密资料。为了建立一个原始数据库，最好尽可能地将这两方面的数据都收集起来。

（2）数据管理

①建立原始数据库。首先将由数据产生取得（从文献或实验取得）的数据放入一个原始数据库。该数据库中主要是纯组分数据，但也包括混合物数据。当然这种混合物数据一般不超过2或3个组分，同时在有限的温度和压力范围之内。

②热力学一致性检验。然后，数据将通过有效性检验，这包括热力学一致性检验和误差分析。前者需要理论研究的支持，后者有时需要重新测定个别点。通常数据源的主观评价也起作用。某些测定实验室和学者被公认为是生产这类数据的权威，往往以他们的数据为准，在检验过程中一些数据被淘汰。

③数据拟合。数据拟合步骤是为了将原始数据转化为便于估算模型使用的紧凑形式。这种形式有的是理论方程式或半经验方程式，而比热容、黏度、热导率和扩散系数等往往是经验的多项式。有时只有很少的原始数据可用来计算这类方程的参数，这时需要估算所缺的数据。为了推算一个特定的物性，通常有若干种方法和途径，采用不同的化合物物性为起点，而各种计算途径的误差是不同的。估算这种误差可为选择何种方法提供一个参考依据（不是唯一根据）。有时，人们为了考虑与其他物性估算的热力学的一致性，宁可采用准确度较差的算法。

（3）数据使用　这是数据流程的最后阶段，一般来说，是为了满足计算机模拟和手工设计的需要。在该阶段中，数据的质量决定了其是否能满足设计的需要，同时也是提出对数据和更好的估算方法的新要求。通过协调，对实验室测定或理论研究提出工作要求，从而完成数据循环。

7）物性系统简况

表4-10列出了一些比较有代表性的物性数据库系统。

表4-10　比较有代表性的物性数据库系统

系统名称	开发单位	数据库		是否满足设计能力		是否独立使用	是否嵌入模拟系统	是否接入试验数据	是否接入用户数据
		化合物数目	物性/参数数目	气液平衡	传递性质				
DETHERM	德国化工机械协会	24000	500	是	是	是	是	是	是
PPDS	英国化学工程师协会	7000	44	是	是	是	是	是	是
DIPPK	美国化学工程师协会	1793	48	是	是	是	是	是	是
PRO/Ⅱ	美国科学模拟公司	1750	42	是	是	否	是	是	是
Aspen Plus	美国Aspen Technology公司	23000	40~100	是	是	否	是	是	是

续表

系统名称	开发单位	数据库		是否满足设计能力		是否独立使用	是否嵌入模拟系统	是否接入试验数据	是否接入用户数据
		化合物数目	物性/参数数目	气液平衡	传递性质				
HYSYS	美国 Aspen Technology公司	23000	约60	是	是	否	是	是	是
CHEMCAD	美国Chemstations公司	1865	53	是	是	否	是	是	是
VMGSIM	VMC集团公司	1861	65	是	是	否	是	是	是
ECSS化工之星	青岛科技大学	3060	42	是	是	否	是	是	是

20世纪60年代出现了计算机物性系统。1964年雪佛龙公司开发的CHEVRON是最早发表的与模拟系统嵌合的物性系统，而最早的独立物性系统是美国化工学会开发的DIPPR，即美国化工学会物性研究设计中心物性估算数据库。之后，许多大型化工公司、大学或化工学会纷纷开发各自的物性系统，因此1964~1969年可以算作第一代物性系统的开发时期。70年代以来，物性系统随着模拟系统的发展而发展。此外，独立的物性系统也发展了20多个，这些系统不仅提供对外服务，而且已投放市场出售或出租，此阶段是第二代物性系统的发展时期。80年代以来，随着模拟技术的发展和流程模拟的要求，物性系统的规模越来越大，所包括的组分数目和物性越来越多，可模拟物性的范围越来越宽泛，此阶段是第三代物性系统的发展时期。90年代后期，随着互联网技术的发展，出现了在线物性系统，称为第四代物性系统。

4.发展趋势

流程模拟技术经过几十年的发展，已趋于成熟，特别是稳态流程模拟技术。稳态流程模拟技术适用于天然气加工、石油炼制、石油化工、化学工业、轻工、医药等过程工业的新过程设计、流程筛选、过程改造、发现过程瓶颈以及脱瓶颈分析、过程设备设计和核算、经济评价、过程优化等，已在过程设计、过程开发、过程改造、计算机辅助操作等领域发挥出越来越大的作用。可以讲，没有现代的模拟技术，就没有现在的流程工业。流程模拟技术是推动企业技术进步和提高经济效益的重要手段和工具，是信息化带动工业化的支撑技术，是实现数字化工厂不可缺少的技术。

随着科学技术的发展，特别是信息技术、计算机技术、应用数学、化学工程的长足进步，流程模拟技术也得到了不断发展。随着这些技术的不断发展，流程模拟技术越来越强。以下几个方面是流程模拟技术的发展趋势。

1）扩大可模拟物系的范围

流程工业具有行业多、产品种类多、生产技术多等特点，要使流程模拟技术适用于不同的行业、不同过程、不同产品，流程模拟系统的物性数据库必须不断扩充，同时增加组分的数目和物性的种类，以适用于不同行业、不同过程对流程模拟技术日益强烈的应用要求。目前，国内外大型的通用流程模拟系统数据库的组分数目已达到6000多种，还将随着过程热力学的发展、物性测量数据的增加而不断扩充。

除传统的化合物数目及物性测量数据的不断增加，一些新兴的过程或过去流程模拟技术未涉及或未应用的行业和过程发展的要求，如聚合物生产过程、含电解质生产过程、生物过程等对模拟技术的需要，要求流程模拟技术能够处理聚合物、电解质、蛋白质等物系。

2）向动态模拟发展

由于流程模拟本身的动态特性、流程系统集成度的提高、过程技术发展的要求、计算辅助操作的需要等，要求人们研究过程的动态特性和控制规律，以有效地控制在最佳点，处于最优操作状态。这要求不仅像过去那样建立小范围的经验动态模型，而且要建立大范围的机理动态模型，开发动态模拟系统，以用于最优控制、实时过程控制和仿真培训。动态模拟系统也已取得了许多进展。

3）稳态模拟与动态模拟的结合

稳态模拟技术的日趋成熟和动态模拟系统的不断发展，要求稳态模拟与动态模拟结合在一起。稳态模拟是动态模拟的起点，也是动态模拟的终点。二者结合在一起，便于方便切换、相互利用，将使流程模拟技术的应用范围不断扩大，更加实用。如Aspen Technology公司的HYSYS流程模拟软件就已经将二者合而为一，相信以后会有更多的软件走上稳态模拟与动态模拟相互结合的道路。

4）开发新的模型

流程系统模型是流程模拟的核心。随着数学计算和建模工具、手段的发展，开发新型过程或单元模型成为可能。例如，过去精馏流程模拟都是基于平衡级模型，现在出现了基于传质速率的非平衡级模型。由于非平衡级模型更能反映实际情况，因此新的过程建模方法将逐渐得到推广应用。

对于某些过程，由于很难建立机理模型，目前得到较广应用的神经网络建模技术也将成为新的建模方法，特别是对有大量数据的过程更是如此。

5）流程模拟技术和先进拉制技术结合

流程模拟技术不断和先进控制技术相结合[82]。先进控制在建模过程中需要工艺计算，还有一些工艺参数无法实时测量或难以测量，需要软仪表来实现。利用流程模拟，可以帮助先进控制建模，或直接作为软仪表，也可以利用流程模拟建立的精确模型来产生数据，再送给先进控制，或利用这些数据采用神经网络回归出神经网络模型（例如使用Aspen IQ软件）作为软仪表。

6）流程模拟技术和计划优化结合

流程模拟技术也成功地实现了和计划优化的结合。企业优化排产是实现优化生产的关键，而优化排产前必须有能实际反映企业投入产出之间关系的模型。例如，利用流程模拟将企业各个炼油分馏装置的产品收率精确计算，得出数据，再利用这些数据和Aspen PLUS软件建立排产模型，可以得到最优的排产计划。目前，Aspen PLUS和PIMS结合，取得了良好效果[82]。

7）流程模拟技术和仿真培训结合

流程模拟技术和仿真培训实现了有效结合。对于装置操作人员，特别是大型改造后或新建装置，利用仿真培训可以大幅度缩短培训时间，增强培训效果。而仿真的模型不精确，会严重影响培训效果。将流程模拟结合进来，可以使仿真培训软件达到和装置生产实际十分逼真的效果，从而大大增强培训效果[82]。

8）实时优化

流程模拟在线与优化控制、先进控制相结合，实现实时优化。流程模拟可以小时级计算出装置成本最小化和利润最大化，将某些优化操作变量和控制变量的目标值提供给先进控制作为这些变量的外来给定值。

实时优化在本章第三节已专门介绍过，它是流程模拟的发展方向，就不再展开说了。

9）流场计算

理论上再深一个层次的流程模拟，则是流场计算，即计算流体力学（Computational Fluid Dynamics，CFD）。比如，对于精馏塔，普通的流程模拟是以气-液平衡效率为基础，整个过程是一种在允许范围内的近似，而流场计算则以“三传（传质、传热和动量传递）一反（化学反应）”为基础，计算非常复杂，计算结果更精确。流场计算的软件的例子有ANSYS公司的CFX和Fluent公司的Fluent，目前已经在国内外企业应用，并取得了一定的效果。

10）反应器模拟及全流程模拟

基于Aspen Plus/Aspen Polymers Plus软件的流程模拟技术在中国石化下属炼化企业得到了普及推广，在炼油装置、聚合物装置和化工装置上取得许多典型的应用[82]。但由于石油加工反应过程的复杂性和影响因素的不确定性，以及对建立反应单元模型所需数据分析和实验手段的烦琐性，导致反应单元模型和集成反应单元与分离单元的装置全流程模拟优化模型在炼油企业中并没有得到应用。Aspen Tech公司的Aspen RefSYS炼油专用软件和Aspen HYSYS流程模拟软件比较成熟，在国外有较多的应用成功案例。Aspen HYSYS是一个炼油化工流程模拟软件，它具有集成的稳态模拟环境和动态模拟环境，直观的交互过程模拟以及开放的可扩展的结构，在国内应用广泛。

11）软件的智能化

目前，软件的发展方向之一是“傻瓜化”，使用更加容易、方便，即软件应具有更多的智能，各种办公软件的发展就说明了这一点。由于流程模拟系统涉及过程工程的各种学科，需要使用者具备过程工程全面的知识和技能，因此流程模拟软件的推广应用受到限制，许多工程技术人员不会或利用不好流程模拟软件。若流程模拟软件具有更多的智能，将会给使用者带来更多的方便，会使使用者用最少的努力取得更大的成就，得到更精确的结果。因此，流程模拟软件的智能化是客观需求。当然，目前现有的流程模拟软件内具有一定的智能，例如Aspen Plus和PRO/ Ⅱ软件内都有指导用户选择适当热力学模型的专家系统。

12）基于Web的远程应用

当前几乎所有的化工、石化企业均可利用互联网来采集、搜索或生成一些信息。但这样一个强有力的工具远不止做信息服务，它也可以在流程模拟分析中发挥显著作用。基于互联网的流程模拟系统具有以下优点：

（1）便于计算机资源共享。只要将模拟引擎安装到一个点（如信息中心），内部（外部）各用户均可通过互联网访问该点站来分享它。

（2）可使模拟技术向非专业用户开放。因为系统中的模型开发需要专业人员，他们可以在这个站点将模型调试好，而现场使用者应用时只需要修改自己感兴趣的参数，然后看结果就可以了。

（3）可使模拟软件资源同时供许多用户并行使用。

（4）可跨国租用软件来进行一次性使用，而不必把不常用的流程模拟软件都购回安装到自己的企业、学校、研究所。

一个基于互联网的额流程模拟系统至少由3个主要部分组成：一个模拟引擎用来解算数学模型；过程模型用来描述被研究的过程对象；一个图形用户界面GUI用来使用户通过互联网与模拟系统相互作用。这3个子系统随着模拟本质的不同、用户需要的不同而变化。

二、流程模拟技术特点

1.流程模拟软件组成

化工过程模拟程序系统通常简称为流程模拟软件，它是一种综合性计算机程序系统，用于单元过程以及这些单元过程所组成的整个化工过程系统的模拟计算。

一般通用的流程模拟软件通常由输入输出模块、单元操作模块、物性数据库、算法子程序模块、单元设备估算模块、成本估算、经济评价模块和主控模块等几个部分组成，其相互关系见图4-63[4, 86]。流程模拟软件的各个模块内容可见文献［83］或软件说明书。

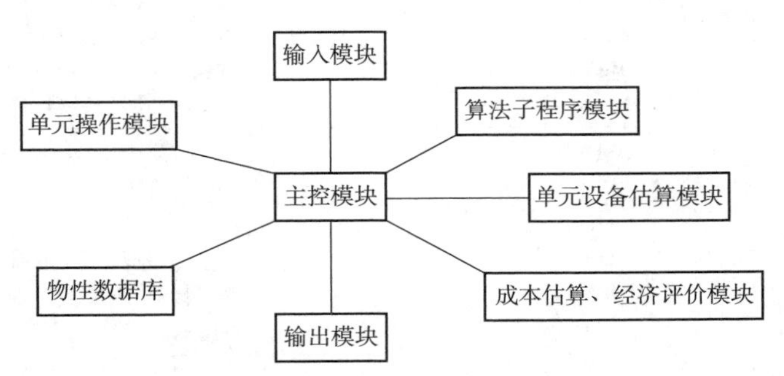

图4-63　通用流程模拟软件的结构

2.主要流程模拟软件介绍

1）美国Aspen Technology公司的流程模拟软件[82, 83, 85]

Aspen Technology公司是专业提供过程模拟技术的公司，经过20多年的不断完善与发展，所提供的AspenONE工程与创新解决方案已涵盖项目费用估算（包括Aspen Icarus等）、协同工程（包括Aspen ZyqadTM、Aspen WebModelsTM和Aspen Enterprise EngineeringTM等）、物理性质和化学性质（包括Aspen PropertiesTM和polymers PlusTM等）、概念工程（包括DISTIL TM、HX-Net和Aspen WaterTM等）、流程模拟与优化（包括Aspen Plus、HYSYS、Aspen Dynamics、HYSYS DynamicsTM、Aspen Custom Modeler、Aspen Plus OptimizerTM、Aspen OnlineTM、Batch Plus、Aspen Assert BuilderTM、HYSYS UpstreamTM、FLARENETTM、AspenRefSYSTM等）以及设备设计与校核（包括Aspen

HTFS+）等，可全面满足包括化工企业在内的各过程工业企业的各种需求。它基于开放性标准，将使过程工业企业为一个工程项目的每一部分，从规划与设计到操作与工艺改进以及管理过程资产，均可利用最佳的软件解决方案。

2）Aspen Plus

Aspen Plus是生产装置设计、稳态模拟和优化的大型通用流程模拟工具，可用于医药、化工等多种工程领域的工艺流程模拟、工厂性能。监控、优化等贯穿于整个生命周期的过程行为。该软件由美国麻省理工学院（MIT）组织并于1981年完成，经过20多年的不断改进和完善，成为公认的标准大型流程模拟软件，其应用案例数以百万计。Aspen Plus软件中单元过程模块库如表4-11所示。

表4-11 Aspen Plus软件中单元过程模块库

单元过程	名称	功能
混合器/分流器	Mixer	物流混合
	Fsplit	物流分流
	Soplit	子物流分流
分离器	Flash2	双出口闪蒸
	Flash3	三出口闪蒸
	Decanter	液-液倾析器
	Sep	多出口组分分离器
	Sep2	双出口组分分离器
换热器	Heater	加热器/冷却器
	HeatX	双物流换热器
	MHeartX	多物流换热器
	Hetran	与BJAC管壳式换热器的接口程序
	Aerotran	与BJAC空气冷却换热器的接口程序
塔	DSTWU	简捷蒸馏计算
	Distl	简捷蒸馏核算
	RadFrac	严格蒸馏
	Extract	严格液-液萃取器
	MultiFrace	复杂塔的严格蒸馏
	SCFrac	石油的简捷蒸馏
	PetroFrac	石油的严格蒸馏
	Rate-Frac	基于质量传递速率的蒸馏模型
	BatchFrac	严格的间歇蒸馏
反应器	RStoic	化学计量反应器
	RYield	收率反应器
	REquil	平衡反应器
	Rgibbs	Gibbs自由能最小的平衡反应器
	RCSTR	连续搅拌罐式反应器
	RPlug	活塞流反应器
	RBatch	间歇反应器
压力变送器	Pump	泵/液压透平
	Compr	压缩机/透平
	Mcompr	多级压缩机/透平
	Pipeline	多段管线压降
	Pipe	单段管线压降
	Value	严格阀压降

续表

单元过程	名称	功能
手动操作器	Mult Dupl ClClong	物流倍增器 物流控制器 物流类变送器
固体	Crystallizer Crusher Screen FablFI Cylone Vscrub ESP	结晶器 固体粉碎器 固体分离器 滤布过滤器 旋风分离器 文丘里洗涤器 静电除尘器
用户模型	USER USER2	用户提供的单元操作模型 用户提供的单元操作模型

（1）主要特点有以下四方面：①具有完备的物性数据库。物性模型和数据是得到精确可靠的模拟结果的关键。Aspen Plus除包含6000种纯组分的物性数据库外，还包含较完善的固体数据库（含3314种固体）和电解质数据库（900离子和分子物种）。此外，Aspen Plus可与DECHEMA数据库接口，用户也可以把自己的物性数据与Aspen Plus系统连接。②集成能力强。Aspen Plus是AspenONE工程与创新解决方案的一部分，也是Aspen工程套件（简称AES）的一部分。以Aspen Plus的严格机理模型为基础，形成了针对不同用途、不同层次的Aspen Technology家族产品，并为这些软件提供一致的物性支持。③结构完整。除组分、物性、状态方程外，涵盖了较完备的单元操作模型库。④强大的模型/流程分析功能。计算器模式包含FORTRAN和Excel选项，灵敏度分析考察工艺参数随设备规定和操作条件的变化而变化的趋势。设计规定：计算满足工艺日标或设计要求的操作条件或设备参数。数据拟合：将工艺模型预侧结果与真实装置数据进行拟合，确保符合工厂实际状况。优化功能：确定装置操作条件，最大化任何规定的目标，如收率、能耗、物流纯度和工艺经济条件等。

（2）产品功能　Aspen Plus横跨整个工艺生命周期，优化工程工作流。利用Aspen plus可以用来：①回归试验数据；②用简单的设备模型，初步设计流程；③用详细的设备模型，严格地计算物流和能量平衡；④确定主要设备的大小；⑤在线优化完整的工艺装置。

Aspen Plus根据模型的复杂程度支持规模工作流，可以从简单的、单一的装置流程到巨大的、多个工程师开发和维护的整厂流程。分级模块和模板功能使模型的开发和维护变得更加简单。

其他软件，如Polymers Plus、Aspen HYSYS、Aspen RefSYS等参见本篇文献[82, 83]。

3）美国Simulatio.Sciences公司的Pro/Ⅱ流程模拟软件

美国Simulation Sciences公司开发的Pro/Ⅱ是一个历史悠久、通用性的化工稳态流程模拟软件[83, 85]。Pro/Ⅱ可广泛应用于各种化学化工过程的严格的质量和能量平衡计算，从油气分离到反应精馏，Pro/Ⅱ提供了最全面、有效、易于使用的解决方案。

Pro/Ⅱ拥有完善的物性数据库、强大的热力学物性计算系统以及40多种单元操作模块，可以用于流程的稳态模拟、物性计算、设备设计、费用估算/经济评价、环保测评以及其他计算；现已可以模拟整个生产厂从包括管道、阀门到复杂的反应与分离过程在内的几乎所有的装置和流程，广泛用于油气加工、炼油、化工、聚合物、精细化工/制药等行业。

Pro/Ⅱ在生产企业中可广泛用于工厂设计、工艺方案比较、老装置改造、装置标定、开车指导、可行性研究、脱瓶颈分析、工程技术人员和操作人员的培训等领域。Pro/Ⅱ的推广使用，可达到优化生产装置、降低生产成本和操作费用、节能降耗等目的，能产生巨大的经济效益。

Pro/Ⅱ图形界面十分友好、灵活、易用。Pro/Ⅱ拥有强大的纯组分库，其组分数超过1750种。烃类物流可根据油品评价数据定义。用户允许定义或覆盖所有组分的性质，亦可自行定义库中没有的组分。自定义组分的性质可以通过多种途径得到或生成，如可以从在线组分库中获取，或用UNIFAC法以分子结构估算。Pro/Ⅱ提供了一系列工业标准的方法计算物系的热力学性质。另外，Pro/Ⅱ的电解质模块还包括很多专门处理离子水溶液系统的热力学方法。对于过程模拟来说，准确预测系统的物性和相行为是十分关键的。Pro/Ⅱ带有数据回归功能，可以将测量的组分或混合物的性质数据回归为Pro/Ⅱ可以使用的形式。Pro/Ⅱ有全面的单元操作，不仅包括一般模型，如闪蒸、阀、压缩机、膨胀机、管道、泵、混合器和分离器，而且包括更复杂的模型，如蒸馏塔、换热器、加热炉、空冷器、冷箱模型、反应器、固体处理单元等。

Pro/Ⅱ拥有解算特大型和复杂流程的能力，允许在流程中包括反馈控制器和多变量控制器。这些单元可通过调整上游参数而逐步达到用户定义的工艺单元或物流参数。Pro/Ⅱ能自动对流程进行分析，找出循环物流和装置的回路，并由此决定“撕裂物流”和解算序列。当然，用户也可以覆盖这些计算并定义自己的计算序列。有些类型的循环物流和回路较难收敛、速度慢，Pro/Ⅱ提供了两种加速算法以加速收敛过程，即Wegstein和Broyden法。所谓流程优化，是从一组设计或操作条件中自动选择出其中最佳的方案。Pro/Ⅱ提供了优化器单元操作，该优化器无须评价所有可能的工况，就可以非常容易地得到最佳方案。

Pro/Ⅱ优化器采用SQP算法求算非线性优化问题，不仅只是单个装置操作条件的优化，而是可以优化整个工艺流程。Pro/Ⅱ可以直接读取现场数据，可以用于用户添加子程序，将用户自己用FORTRAN编写的计算方法整合到Pro/Ⅱ标准程序中。Pro/Ⅱ带有一个灵活的OLE自动化层，允许用户对Pro/Ⅱ模拟数据的信息进行读写操作。同时，Pro/Ⅱ提供许多与第三方程序的可选接口，Pro/Ⅱ-HTFS接口实现从Pro/Ⅱ数据库中自动提取物流的性质数据并创建HTFS输入文件。另外，Pro/Ⅱ还有几大附加模块（包括间歇模块、聚合物模块、电解质模块、处理胺洗脱硫流程的AMSIM模块、基于速率蒸馏模型RateFrac模块等）。工况研究是一个执行级别的功能，用户通过有选择性地改变流程参数创建、运算和分析不同工况。一个输入文件允许任意数量的工况。Pro/Ⅱ还有很多其他方面的特殊功能，如在线FORTRAN程序用于动力学方程的计算、物流计算器、泄压单元等。

4）ChemCAD流程模拟软件

ChemCAD系列软件是美国Chemstations公司开发的化工流程模拟软件[83]。使用它，可以在计算机上建立与现场装置吻合的数据模型，并通过运算模拟装置的稳态或动态运行，为工艺开发、工程设计、优化操作和技术改造提供理论指导。

（1）ChemCAD的功能有四方面：①设计更有效的新工艺和设备，使效益最大化；②通过优化/脱瓶颈改造减少费用和资金消耗；③评估新建/旧装置对环境的影响；④通过维护物性和实验室数据的中心数据库支持公司信息系统。

（2）ChemCAD中的单元操作。ChemCAD可以模拟蒸馏、汽提、吸收、萃取、共沸、三相共沸、共沸蒸馏、三相蒸馏、电解质蒸馏、反应蒸馏、反应器、热交换器、压缩机、泵、加热炉、控制器、透平、膨胀机等50多个单元操作。

（3）热力学物性计算方法。ChemCAD提供了大量的热平衡和相平衡的计算方法，包含39种K值计算方法和13种焓计算方法。K值方法主要分为活度系数法和状态方程法，其中活度系数法包含有U-NIFAC、UPLM（UNIFAC for Polymers）、Wilson、T.K.Wilson、HRNM Modified Wilson、Van Laar、Non-Random Two-Liquid（NRTL）、Margules、GMAC（Chien-Null）、Scatchard-Hildebrand（Regular Solution）等。焓计算方法包括Redlich-Kwong、Soave-Redlich-Kwong、Peng-Robinson、Lee-Kesler、Soave-Redlich-Kwong、Benedict-Webb-Rubin-Starling、Latent Heat、Electrolyte、Heat of Mixing by Gamma等。

（4）ChemCAD的应用领域有：①蒸馏/萃取（间歇&连续）；②各种反应（间歇&连续）；③含电解质的工艺；④热力学-物性计算；⑤气-液-液平衡计算；⑥设备设计；⑦换热器网络；⑧环境影响计算；⑨安全性能分析；⑩投资费用估算；⑪火炬总管系统；⑫公用工程网络。

5）VMGSim和VMGThermo软件

加拿大VMG集团[85]（Virtual Materials Group），其总部位于加拿大卡尔加里市，该公司主要致力于开发质优价廉的用于流程工业的软件。多年来，VMG为从事烃加工行业、化学工业及石油化学工业的客户提供了大量的经过验证的非常准确的热力学性质预测包。VMG的热力学模型是基于大量的试验数据开发而成的，其热力学数据库中纯组分数高达5600个，是全球流程模拟软件中纯组分数量及二元交互作用参数最大的和最完善的，并且由VMG技术支持队伍做开发支持。VMG的核心人员是HYSIM/HYSYS的原始开发人员，VMG还与美国商务部国家科技研究院（National Insitute of Science and Techonology，NIST）的热力学研究小组有着密切的工作关系。

VMGSim是VMG开发的一个流程模拟软件，该模拟软件采用非序贯、采用部分数据流进行单元操作计算的交互式计算原理，把最先进的过程模拟内核与具有强大图形功能的Microsoft及具有电子表格计算功能的excel集成在一起。该软件在计算结果的精确性、真正的交互式设计、现代化的开放式计算结构等方面的卓越表现受到广泛的赞誉，迅速被全球范围内的气体加工行业、炼油行业和化工行业采用。

VMGThermo是一个通用热力学包，它应用于石油天然气、石化及化学工程工业以及一些专门工艺，如脂肪酸生产、硫酸生产及尿素化肥装置所涉及的组分的混合物。VMGThermo还可作为一个通用计算包，为一些FORTRAN、C++、Python和Visual Basic语言编写的程序调用，也可直接连接到Excel。

VMGsim作为计算准确、功能强大以及高性价比的流程模拟软件，可以详细预测工艺装置和工厂性能，无论是在新的工艺装置的设计、优化，还是老装置的故障诊断方面，VMGSim均能帮助工程师实现提高操作效率、改善产品质量、实现节约投资、降低操作费用、提高效益、安全生产的目标。

在石油天然气、石油炼制、石油化工等领域，利用VMGSim能够准确建模并预测大多数的工艺装置性能，该软件是面向广大工程师而专门开发的，继承了当今流程模拟行业最新技术进展，是具有许多新特点的、灵活的、功能强大的、企业挖潜增效的工具。

6）Design Ⅱ模拟软件

Design Ⅱ是WinSim公司（www.winsim.net）开发的主要产品，目前该软件的最新版本是8.45。它也有强大的图形用户界面，可以将计算结果传递给Excel；含有50多个热力学方法、80多个组分的数据库，一次可模拟多达9999个单元和物流流程，包括了所有主要的单元操作，其应用领域有炼油、石化、化工、气体加工、管道、制冷、工程建设和咨询等。

7）KBC Advance.Technology的Petro-Sim模拟软件

英国KBC Advanced Technology公司[85]是提供炼油厂反应装置工艺流程模拟与优化的工程咨询顾问公司，它的炼油反应模拟模型Petro-Sim是根据HYSYS.Refinery软件改进和炼油反应工艺专家实际经验建立的，可用现场数据校正优化模型参数。Petro-Sim目前已在世界各国的200余家炼油厂反应装置上应用，指导生产与调优。每个Petro-Sim软件有3个模型：①基础模型（CALIBRATION），能自动调整模型参数，使其安全反映装置的实际操作情况；②预测模型（PREDICTION），能准确在计算机上预测进料或操作条件改变后的产品结果；③优化模型（OPTIMIZATION），能在符合实际装置的各种约束下求出最优化操作条件与其结果。Petro-Sim主要的软件包括催化裂化（FCC-SIM）、催化重整（RFF-SIM）、加氢裂化（HCR-SIM）、加氢精制（HTR-SIM）、渣油加氢脱硫（RHDS-SIM）、延迟焦化（DC-SIM）、氢氟酸烷基化（HFALK-SIM）和硫酸烷基化（SALK-SIM）等。Petro-Sim的主要用户是KBC公司的工程顾问和聘请他们咨询的炼油厂，该软件的主要功能与效益包括工况研究、生产规划和调优、催化剂筛选与评估、消除瓶颈、投资评估等。

8）国内流程模拟软件

20世纪70年代，我国的石油化工行业设计院曾经组织开发化工流程模拟软件，但未取得成功。到了20世纪80年代中期，我国先后主要引进国外流程模拟软件PRO和Aspen Plus进行了大量的二次开发工作，使程序更方便并切合实际设计需要。由于引进大型软件的价格较贵，购置数量有限，软件普及率很低，国内一些有能力的单位也自行开发了一些模拟软件或供教学用的类似软件，但真正商业化的、能够称得上模拟软件的很少。

化工之星工程化学模拟系统ECSS（Engineering Chemical Simulation System）是原青岛化工学院计算机与化工研究所在1987年正式推出的国内唯一商业化流程模拟软件。该软件借鉴了国外的开发经验，是综合运用化学工程、应用化学、计算数学、系统工程和计算机科学等理论，结合大量工程实践经验开发而成的计算机软件系统，属于信息技术在过程工业应用的高新技术成果。该软件可广泛应用于过程研究开发、过程设计、装置的模拟与优化、过程去瓶颈分析、装置扩产节能挖潜改造等，是利用工程技术改造传统过程工业的基本工具和手段。该系统具有强大的过程模拟、分析、优化、设备设计及环境评价等功能。模拟计算主要包括物质的基础物性计算、传递物性计算、热力学性质计算、相平衡计算、石油馏分物性计算、流程模拟以及各个单元设备的模拟等。

另外，北京石油化工学院开发了简单的“化工过程计算”软件。该软件能进行物性计算、数据处理、精馏过程、换热器、板式塔和化学反应器的计算。但是该软件是基于DOS操作系统，且其计算范围有限，不能用于模拟计算。

3.系统的选择

目前，国外已有多个著名的流程模拟系统在国内销售。因此，在进行流程模拟时如何选择流程模拟系统软件也是一个关键问题。选择流程模拟系统时，一般依据流程模拟系统所包括的内容（如物性数据库中组分的数目和物性数据选项、热力学性质计算模型和方法的多少、单元模拟的数目、模拟结果的精度或可靠性、使用的方便程度等）。

各种流程模拟系统所包括的内容各不相同，但都包括基本物性数据库、热力学计算模型和方法、单元模块库。对于一般的具体流程模拟问题，只要有所模拟的流程涉及组分的物性数据，有能处理该流程热力学性质计算的模型和方法，有能建立整个流程数学模型的单元模块即可，不必过分强调流程模拟系统的规模和内容。

各种流程模拟系统计算结果的精度既取决于流程模拟系统的本身，更取决于使用者本身。这是因为，流程模拟系统有多种热力学方法、多种单元模块可供选择，使用者凭经验选择的好坏，直接影响计算结果的精度；要进行模拟计算，使用者必须向模拟系统提供所需的全部数据，数据的质量也严重影响计算结果的精度和质量；流程模拟系统计算结果的质量依靠使用者进行判断，这取决于使用者的经验和理论水平。

在计算机和软件技术突飞猛进的今天，使用各种流程模拟系统的方便程度一般都比较好，其使用效果主要取决于使用者的习惯。由于各种流程模拟系统使用风格不同，因此，无论选择何种流程模拟系统，使用者必须适合于其风格和习惯。

对于一般的模拟问题，各种流程模拟系统的差别不是很大，一般都能得到较好的结果（取决于使用者的经验和技巧）。

三、流程模拟技术应用

1.一般步骤

利用通用流程模拟系统软件进行流程模拟，一般分为以下几个步骤：

1）分析模拟问题

这是进行流程模拟必须首先要做的一步。针对具体要做模拟的问题，确定模拟的范围和边界，了解流程的工艺情况，收集必要的数据（原始物流数据、控制数据、物性数据等），确定模拟要解决的额问题和目标。

2）选择流程模拟系统软件，并准备输入数据

针对模拟的问题，选择用于流程模拟的模拟软件系统（看是否包括流程涉及的组分基础物性，是否有适合于流程的热力学性质计算方法，是否有描述流程的单元模块等情况）。选择运行流程模拟软件系统后，进行必要的设置（如工作目录、模拟系统选项、输入输出单位设置等，要根据不同的流程模拟系统进行具体设置），针对模拟的流程进行必要的准备，收集流程信息、数据等。然后，准备好软件要求的输入数据。

3）绘制模拟流程

利用流程模拟系统提供的方法绘制模拟流程，即利用图示方法建立流程系统的数学

模型。虽然表面看是绘制流程，实际上是建立流程系统的数学模型。绘制的流程描述了流程的连接关系，描述了所包括的单元模块。不同的流程模拟系统具有不同的绘制方法和风格，要参考其用户手册。

4）定义流程涉及组分

针对绘制的模拟流程，利用模拟系统的基础物性数据库，选择模拟流程涉及的组分，流程模拟系统自动调用。有些模拟系统的数据是开放的，使用者可以看到组分的基础物性数据，甚至可以修改基础物性数据（模拟系统数据库的数据具有较高的权威性，一般不宜修改，若有确切的证据证明数据错误或不准确，用户可以修改），添加基础物性数据（流程模拟数据库系统中有缺项，而且流程模拟时又要用到该组分，必须添加）。有些流程模拟系统是部分开放的，使用者可以看到组分的部分基础物性数据。对于一些流程，可能涉及一些流程模拟系统的物性数据库中没有的组分，此时需要用户收集或估算这些组分的基础物性，采用用户扩充数据库（用户数据库）的办法，输入物性数据。对于一些复杂过程，由于反应的复杂性，少量的反应副产物未知，此时，对极少量的组分可以忽略其存在或选取流程模拟系统的物性数据库中类似的组分代替或采取扩充组分的办法。应该注意的是，流程涉及组分的基础物性对模拟结果具有很大影响，直接关系到模拟结果的准确性和精确度，要给予高度重视。对于复杂过程，往往在这方面需要进行大量的工作。

5）选择热力学性质计算方法

流程模拟、分析、优化及设备设计都离不开物性计算，如分离计算要用到平衡常数K的计算，能量衡算离不开气液相焓的计算、压缩和膨胀离不开熵的计算等。因此，热力学性质计算方法的好与坏，直接影响着流程模拟、分析、优化及设备设计计算结果的精度和准确性。由于物性的复杂性和多样性，到目前还没有一种很好的能适用于各种物性及其混合物的各种条件的通用热力学性质计算方法。人们通过长期努力，开发了不同的计算方法，这些方法各有优劣，适用于不同的物系、不同的操作条件。通常，有多种方法适合于所考虑的问题，这时需依靠自己的经验和知识选择一种最好的方法。因此，选择合适的热力学性质计算方法成为流程模拟、分析、优化及设备设计计算成功的关键。

热力学性质计算方法选择的一般原则是：对于非极性或弱极性物系，可采用状态方程法，该法利用状态方程计算所需的全部性质和气液平衡常数；对于极性物系，采用状态方程与活度系数方程相结合的组合方法，即气相采用状态方程法，液相逸度采用活度系数法计算，液相的其他性质采用状态方程或经验关联法。这就要求模拟系统的使用者具有一定的化工热力学理论知识和对各种热力学方法有较深刻的认识。

6）输入原始物流及模块参数

通过以上几步，流程模拟的模型计算完全，此时只要使用者提供必要的输入数据即可进行模拟。所需的数据主要是从外界进入的原始物流数据（流量、温度、压力、组成等）、单元模块参数（设备数据、操作参数、模块功能选择信息等）。具体的流程模拟系统数据的输入方法不同，可参考其用户手册说明。

7）运行模拟

至此，流程系统模型构建完毕，模拟所需数据齐全。一般流程模拟系统会检查数据的完整性和准确性，若一切准备就绪，模拟计算工具条会处于可运行状态，否则数据不完整或有错误，模拟计算工具会处于不可用状态。此时，最好将建立的流程和输入的数据进行保存，以防模拟系统处于死机或跳出。一旦模拟计算工具条处于可运行状态，此时只等一声令下，即可进行流程模拟计算。在一般情况下，使用者只需单机模拟工具条即可进行模拟计算。此时，模拟系统利用构建的流程模型、提供的基础物性数据、选择的热力学性质计算方法、输入的数据，采用一定的模拟计算方法（目前，常用的是序贯模块法，但是未来联立方程法将成为主流）进行模拟计算，得到物料、能量衡算结果。

8）分析模拟结果

对流程模拟得到的结果要进行认真分析，以确认模拟结果的合理性和准确性，这是因为：虽然现代流程模拟系统已趋成熟，但远未达到炉火纯青的地步；虽然流程模拟系统的鲁棒性很强，具有一定的数据准确性判断功能，但还不能判断使用者输入的所有数据的正确性，不能完全认为流程模拟系统的计算结果就是正确的。流程模拟系统的计算结果取决于组分基础数据、热力学计算方法选择、单元模块适用范围、用户输入的物流数据和模块参数数据的准确性等。因此，对流程模拟结果进行认真、细致的分析评价是非常重要的；要对输入的数据和选择进行认真检查；要将模拟结果与实验数据或生产数据进行分析比较。对模拟计算结果不进行认真的分析，是流程模拟初学者经常犯的错误。

对发现的问题及时判明原因，进行必要的修改和调整，重新进行模拟计算，直到得到、准确的结果为止。对模拟结果的正确性的判断，往往是非常费时和困难的，特别是对非常复杂的模拟问题。但不管怎样，要利用一切可以利用的知识和经验进行判断、分析，得出比较合理的结论。这是有经验的和无经验的流程模拟者的重要区别所在。

9）运行模拟系统的其他功能

一旦模拟成功，可以利用流程模拟系统的其他功能，如工况分析、设计规定、灵敏度分析、优化、设备设计等功能进行其他计算，直至满足模拟目标为止。

10）输出模拟结果

输出模拟计算结果，利用计算结果产生最终报告，任务完成。以上步骤只是流程模拟、分析的一般过程，实际应用过程可以灵活处理。由于给定条件或其他未知因素常常导致计算失败，为了查找原因和减少死机造成的损失，最好是添加几个模块，存盘后算一次，计算成功后再添加几个模块，最后实现整个流程的模拟。或先将关键的单元进行模拟分析后，再串成整个流程进行全流程模拟。

2.物性方法选择

前面已对物性以及选择好的物性方法的重要性做了阐述，流程模拟系统中的物性方法包括理想物性方法、状态方程物性方法、活度系数物性方法以及专用系统的物性方法等，可参见相关专业书籍、指南选取[82, 83, 85]。

第五节 仿真技术

仿真培训是指模仿真实的工作条件建设专门的培训实验室或人工环境，按照真实的情境来学习和训练如何处理工作中的实际问题。目前，利用计算机技术与网络通信技术建立仿真培训系统，通过系统培训操作员工已经成为炼油企业岗位培训的主流。在仿真培训系统通过对操作者、操作对象、操作流程、安全用具等做出约定，并把这些规则预先植入仿真系统。当在系统使用过程中任何违背了安全法则的情况出现时，都会提出报警并通知操作者，拒绝执行错误的动作。在仿真培训系统上反复演练工厂的开/停车、事故处理等操作，分析生产状态，判断事故“真相”，采取处理措施，这样不仅安全可靠，还可以大大提高操作工的事故预见性能力，积累处理各种生产情况的操作经验。通过仿真培训，可以缩短工人的技术培训时间，提高在岗职工技术素质和处理事故的应变能力。

数字炼化、智能炼化中的二维、三维培训以及利用虚拟现实来进行仿真培训是今后的发展趋势[4]。

参考文献

[1] 李怡萌 . 人工智能技术的未来发展趋势 [J] . 电子技术与软件工程，2017，5（27）：257.

[2] 王芳 . 人工智能在计算机网络技术中的应用 [J] . 电子技术与软件工程，2017，5（27）：258.

[3] 科技观察 . 人工智能：站在第三次浪潮眺望奇点 .21 世纪经济报道，2017，5（27）:2.

[4] 吴青 . 智能炼化建设——从数字化迈向智慧化 [M] . 中国石化出版社，北京：2018.

[5] Domingos，P. The Master Algorithm. Basic Books. 2015.

[6] MacKay，D.J.C. Information Theory，Inference，and Learning Algorithms [M] . UK：Cambridge University Press. 2003.

[7] Bishop，C.M. Pattern Recognition and Machine Learning [M] . USA：Springer，2006.

[8] Goodfellow，I.，Bengio，Y.，Courville，A. Deep Learning. USA：MIT Press，2016.

[9] Mitchell，T.M. Machine Learning [M] . McGraw Hill. 2018.

[10] Edited by Patrick Bangert，Machine Learning and Data Science in the Oil and Gas Industry [M] . Elsevier. 2020.

[11] Hagan，M.T.，Demuth，H.B.，Beale，M. Neural Network Design [M] . PWS. 1996.

[12] Hochreiter，S.，Schmidhuber，J. Long Short-Term Memory [J] . Neural Computation ，1997，9：1735-1780.

[13] Gers，F. Long Short-Term Memory in Recurrent Neural Networks [D] . PhD thesis at Ecole Polytechnique Federale de Lausanne. 2001.

[14] Yu，Y.，Si，X.，Hu，C.，Zhang，J. A Review of Recurrent Neural Networks：LSTM Cells and Network Architectures [J] . Neural Computation，2019，31:1235-1270.

[15] Cortes，C.，Vapnik，V.N. Support-Vector Networks [J] . Machine Learning，1995，20：273-297.

[16] Kohonen，T. Self-Organizing Maps [M]，3rd Ed. Springer. 2001.

[17] Seiffert，U.，Jain，L.C. Self-Organizing Neural Networks [M] . Physica Verlag.2002.

[18] Gelman，A.，Carlin，J.B.，Stern，H.S.，Rubin，D.B. Bayesian Data Analysis [M] . Chapman & Hall. 2004.

[19] 方开泰，金辉，陈庆云．实用回归分析 [M]．北京：科学出版社，1988.

[20] 袁亚湘，孙文瑜 . 最优化理论与方法 [M]，北京：科学出版社，1992.

[21] 陈宝林 . 最优化理论与算法 [M]，2 版）. 北京：清华大学出版社，2005.

[22] 刑文训，谢金星 . 现代计算方法 [M]，2 版 . 北京：清华大学出版社，2005.

[23] 周国标，宋宝瑞，谢建利 . 数值计算 [M] . 北京：高等教育出版社，2008.

[24] 王惠文．偏最小二乘回归方法及其应用 [M]．北京：国防工业出版社，1999.

[25] 许禄．化学计量学——一些重要方法的原理及应用 [M]．北京：科学出版社，2004.

[26] 许东，吴铮．基于 MATLAB 6．X 的系统分析与设计——神经网络 [M]．西安：西安电子科技大学出版社，1998.

[27] 周建 . 烃指纹技术在石油炼制中的应用探索 [D] . 北京：石油化工科学研究院，2010.

[28]（美）J.A. 迪安，魏俊发 . 兰氏化学手册［M］，2 版（原书第十五版）. 北京：科学出版社，2003.
[29] 唐德东，龙泽智 . 天然气工业过程控制技术［M］，石油工业出版社，北京：2016.
[30] 李烨，现场总线技术与应用［D］，湖南大学硕士论文，长沙：2002
[31] The Basics of Fieldbus. Rosemount Inc.，www.rosemount.com
[32] 朱守云 . 现场总线之战与未来发展［J］. 世界电子元器件，2001，8：26–28.
[33] 刘现军 . 石化企业信息系统架构分析［J］. 微型机与应用，2007（S1）:206–208+210.
[34] 靳其兵，王燕，曹丽婷 . 集散系统中 PID 参数整定与控制器优化［M］. 北京：化学工业出版社，2011.
[35] 王建，应用相关积分优化技术 提高中国炼油企业竞争力［C］.2009 年北京国际炼油技术进展交流会，2009 年 3 月 16 日，中国北京 .
[36] 郭晶，一类进化式实时优化技术［D］. 北京化工大学，北京：2011.
[37] Cutler C R，Perry R T. Real Time Optimization with Multivariable Control is Required to Maximize Profits［J］.Computers and Chemical Engineering，1983，7:663–667.
[38] Darby M L，White D C. On–line Optimization of Complex Process Units［J］.Chemical Engineering Progress，1988，84（10）：51–59.
[39] 张志强 . 工业过程实时优化技术及应用［J］. 组态软件与优化控制，2007（5）:34–37.
[40] 章继文 . 催化裂化装置的一种实时优化方法及其应用［J］. 化工自动化及仪表，2007，34（1）:37–40.
[41] 杨友麒 . 乙烯工厂的模拟、先进控制及实时优化［J］. 石油化工，1999，28（11）:788–793.
[42] 方学毅 . 过程系统记忆增强型实时优化方法［D］. 杭州：浙江大学，2009.
[43] 陆恩锡，张慧娟 . 化工过程模拟及相关高新技术（Ⅱ）化工过程动态模拟［J］. 化工进展，2000，19（1）:76–78.
[44] Lee D. E，Choi S，Ahn S，et al .A Robust Framework with Statistical Learning Method and Evolutionary Improvement Algorithm for Process Real–Time Optimization［J］.Systems，Man and Cybernetics，2005，3:2281–2286.
[45] Souza G D，Odloak D，Zanin A C. Real–Time Optimization and Model Predictive Control［J］. Journal of Process Control，2010，20:125–133.
[46] Adetola V，Guay M. Integration of Real–Time Optimization and Model Predictive Control［J］.Journal of Process Control，2010，20:125–133.
[47] Morari M，Stephanopoulos G，Arkum Y. Studies in the Synthesis of Control Structures for Chemical Processes Formulation of the Problem. Process Decomposition and the Classification of the Control Task. Analysis of the Optimizing Control Structures［J］. AIChE Journal，1980，26（2）:220–232.
[48] Morari M. Integrated Plant Control：a Solution at Hand or a Research Topic for the Next Decade［J］. Proceedings of Second International Conference on Chemical Process Control（CPC–2），1982:467–495.
[49] Sequeira S，Graells M，Puigjaner L. Real–time Evolution for On–line Optimization of Continuous Process［J］.Industrial Engineering and Chemical Research，2002，41（7）：1815–1825.
[50] Nathaniel P，Guay M，Delhaan D. Real–Time Dynamic Optimization of Batch Systems［J］.Journal of Process Control，2007，17:261–271.
[51] Zavala V M，Laird C D，Biegler L T. A Fast Moving Horizon Estimation Algorithm Based on Nonlinear Programming Sensitivity［J］.Journal of Process Control，2008，18（9）：876–884.
[52] 林锉云，董加礼 . 多目标优化的方法与理论［M］. 吉林教育出版社，1992.
[53] 耿玉磊，张翔 . 多目标优化的求解方法与发展［J］. 机电技术，2004（s1）:105–108.
[54] 胡毓达 . 实用多目标最优化［M］. 上海：上海科学技术出版社，1990.
[55] 张翔 . 优化设计方法及编程［M］. 上海：上海科技大学技术出版社，1990.
[56] 童晶 . 多目标有爱护的 Pareto 的解的表达与求取［D］. 武汉：武汉科技大学，2009.
[57] 周明，孙树栋 . 遗传算法原理及应用［M］. 国防工业出版社，1999..
[58] 崔逊学 . 基于多目标优化的进化算法研究［D］. 合肥：中国科技大学 .2001.
[59] Kennedy.J.，Eberhart，R.C，Particle Swarm Optimization［C］. Neural Networks.1995:1942–1948.
[60] 黄少荣 . 粒子群优化算法综述［J］. 计算机工程与设计，2009，30（8）:1977–1980.

[61] Shi Y，Eberhart RC. Parameter Selection in Particle Swarm Optimization [J] .Lecture Notes in Computer Science，1998:591–600.
[62] 王文杰，李赫男 . 粒子群优化算法综述 [J] . 现代计算机，2009:22–27.
[63] 黄磊 . 粒子群优化算法综述 [J] . 机械工程与自动化，2010，5:197–199.
[64] Shi Y，Eberhart R C.，A Modified Particle Swarm Optimizer [G] . Proceedings of IEEE International Conference on Evolutionary Computation. New York ：IEEE，1998 ：69–73.
[65] Eberhart R C，Shi Y. Particle Swarm Optimization Developments，Applications and Resources [G] . Proceeding of the 2001 Congress on Evolutionary Computation Piscataway:IEEE，2001:81–86.
[66] A Neline P J. Using Selection to Improve Particle Swarm Optimization [G] . Proceeding of the International Conference on Evolutionary Computation. New York:IEEE，1998:84–89.
[67] Suganthan P N. Particle Swarm Optimizer with Neighborhood Operator [G] .Proceeding of the 1999 Congress to Evolutionary Computation. New York:IEEE，1998:1958–1962.
[68] Kenndy J.，Stereotyping Improving Particle Swarm Performance with Clusteranlysis [G] .Proceeding of the 2000 Conference on Evolutionary Computation，2000:1507–15112.
[69] Bergh F van den. An Analysis of Particle Swarm Optimizers [D] .South Africa ：University of Pretoria，2002:1341–1344.
[70] 高鹰，谢胜利 . 免疫粒子群优化算法 [J] . 计算机工程与引用，2004:4–62.
[71] Fernan J.，Serralunga，Miguel C. et al . Model Adaptation for Real–time Optimization in Energy Systems [J] . Industrial & Engineering Chemistry Research，2013，52（47）：16795–16810.
[72] 赵毅，李超，田健辉，实时优化技术在乙烯装置在线优化中的应用 [J] . 化工进展，2016，35（3）:679–684.
[73] 杨金城，王振雷 . 基于近红外分析仪的裂解炉先进控制和实时优化技术 [J] . 石油化工自动化，2014（4）：1–9.
[74] 钟伟民，祁荣宾，杜文莉，等 . 化工过程运行优化研究进展 [J] . 化学反应工程与工艺，2014（3）：281–288.
[75] 牟金善，王昕，王振雷，等 . 乙烯裂解炉炉管出口温度控制系统设计及应用 [J] . 计算机与应用化学，2012（1）：90–94.
[76] 杨友麒 . 乙烯工厂的模拟、先进控制及实时优化 [J] . 石油化工，1999（11）：788–793.
[77] 英维思 . 先进解决方案助力中国石化业节能减排 [J] . 自动化博览，2011（10）：80–81.
[78] 刘志文，侯晶 . 实时优化（RTO）技术在燕山乙烯装置的工业应用 [J] . 自动化博览，2013（9）：102–104.
[79] 宋立臣，侯晶，刘志文，等 . 燕山乙烯装置全流程闭环实时优化技术应用 [J] . 乙烯工业，2013（4）：9–15.
[80] 刘宏吉 . 吉林石化公司 70 万 t/a 乙烯装置能量系统优化研究 [J] . 化工科技，2009（6）：48–51.
[81] 吴剑，实时优化技术在裂解炉的实施及应用 [J] . 乙烯工业，2016，28（4）:37–41.
[82] [美] 刘裔安（Y.A.Liu），[美] 章艾茀（Ai–Fu Chang），基兰 帕什坎蒂（Kiran Pashikanti）. 何顺德，汤磊，马建民，等译 . 石油炼制过程模拟 [M]，北京：中国石化出版社，2020.
[83] 曹相洪 . 石油化工流程模拟技术进展及应用 [M] . 北京：中国石化出版社，2009 .
[84] 韩方煌，郑世清，荣本光 . 过程系统稳态模拟技术 [M] . 北京：中国石化出版社，1999.
[85] 杨友麒，项曙光 . 化工过程模拟与优化 [M] . 北京：化学工业出版社，2006.
[86] 张瑞生，王弘轼，宋宏宇 . 过程系统工程概论 [M] . 北京：科学出版社，2001.
[87] 张亚乐，徐博文，方崇智，等 . 原油蒸馏过程中的数据协调与优化 [J] . 清华大学学报（自然科学版）1998，38（3）:49–53.
[88] 李雷 . 原油常减压流程的模拟与优化 [D] . 乌鲁木齐：新疆大学，2001.

第五篇　分子信息应用

导读

本篇为应用举例，分为两个方面：首先介绍如何建立分子动力学模型，并进行分子动力学模型的参数求解。为了实现自动求解，介绍了集成建模技术；其次是在油气加工领域中应用的示例，包括富二氧化碳天然气直接化工利用与复合能源化工体系建设（即PFC计划，power to fuel & chemicals）、流程工业炼化企业数字化转型智能化发展、石油分子重构与分子精准调和、分子水平的反应动力学模型与计算以及在新材料、新工艺、新技术开发方面的应用案例。

第一章　分子反应动力学模型及其解析

第一节　概　述

传统的分析已经不足以描述我们所关注的各种化学反应体系的复杂性，过去受分析化学和计算机软、硬件性能的限制，传统的反应动力学建模大多数基于馏分水平的集总，主要关注混合组分的宏观物性，如沸点、密度、黏度等。随着技术的进步和油品质量指标的提升，要求从分子层面上掌握原油和成品油的组成，追踪油品加工与使用过程中原料和产品的每一个分子，这就需要进行分子水平的石油加工过程反应动力学建模与应用。

对于研究原料组成-性质关系、加工工艺、反应动力学和热力学来说，分子是共同的基础。分子水平的模拟可以整合表面化学、量子化学计算、流程模拟等多种信息，为石油加工过程的研究和发展提供一个基本形式。描述复杂的原料体系和预测油品性质需要掌握油品体系分子水平的细节。

实现分子水平模拟可以采用以下两种技术：一是借助于化学分析表征技术的发展，直接或者至少间接地表征复杂原料中分子的组成与结构；二是依托信息技术的发展和计算机性能的提高，在反应和分离过程中追踪分子层面的变化。因此，建模策略、分析表征手段、计算机技术的发展共同促进了复杂过程分子水平反应动力学的模拟与应用。

建立一个完整的分子水平反应动力学模型很复杂，需要大量的物质分子信息以及化学反应和相应的反应速度常数等数据。现代分析表征研究表明，原油中有超过100000中烃类和非烃类分子[1]。在每一个化学反应中，每一个分子对应一个反应方程式，因此反应网络极为庞大。靠人工来跟踪几十万个分子的化学反应网络，无论是时间成本还是经济成本都难以承受，且不切实际。开发一套建模方法，形成系统工具对模型结构、求解策略、过程优化等进行自动监控，是非常有价值的工作。

不同建模层次的石油加工过程反应动力学模型如表5-1所示。

表5-1　不同建模层次的石油加工过程反应动力学模型[2]

建模层次	模型类型	描述对象	特　点
馏分水平	馏分集总模型	成批表征，馏分集总	依赖反应原料，缺乏预见能力
分子水平	反应路径水平	可检测的分子	不依赖反应原料，近似速率常数方程求解时间短
	反应机理水平	中间体和分子	不依赖反应原料，基础速率常数方程求解时间长

在集总反应动力学模型中，所有的原料、反应网络、产品都以馏分集总为基础，缺少基本动力学信息，因此预测能力有一定的局限性。而建立分子水平的反应动力学模型需要提供反应路径和反应机理方面的化学信息。反应路径层面的模型包括大多数可明确观察到的物种，描述反应中分子之间的变化。反应机理层面的模型包括对反应机理详细明确的描述，涉及分子和中间体物种，比如离子和自由基。这类模型很少需要预先假设，因为在原理上反应速度常数是更加基础的。但是，相应的数学模型较难建立、求解。所以可以从反应机理层面来建立反应网络和反应速率公式的模型，而反应路径层面的反应速率通过预先的假设，比如速率控制步骤，可以快速建立相应的数学模型。

关于反应路径层面和反应机理层面的分子动力学模型复杂性的比较[1]，可以通过这两种方法应用于石脑油反应动力学模拟来说明，见图5-1。

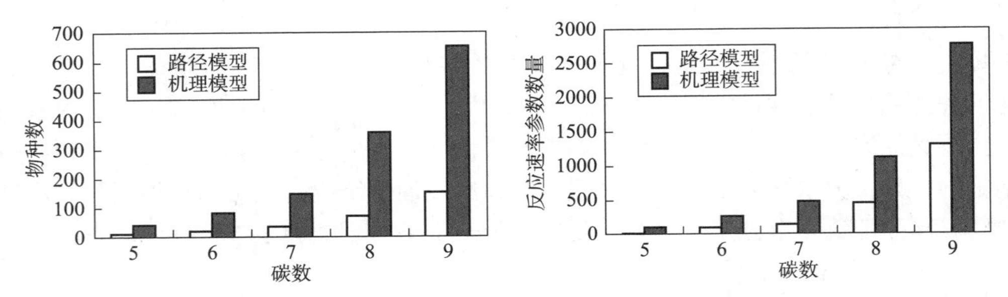

图5-1　石脑油复杂反应体系分子动力学模型的复杂性对比

由图5-1可见，随着碳原子数目的增加，物种和反应速率参数的数量呈指数上升，且反应速率参数增加的幅度更大。石脑油馏分范围的简单组分的反应机理模型就已经很复杂了，对于更重的组分，不论反应路径模型还是反应机理模型，都会过于复杂。为此需要通过研究一系列相关因素来降低模型的复杂性，如数据的可用性、分析表征的局限性、数学模型方法与求解优化方法以及计算机能力水平等。但不论如何优化，所建模型要能够捕捉反应过程的基础化学。

基于分子的反应动力学建模策略可以用图5-2来描述。

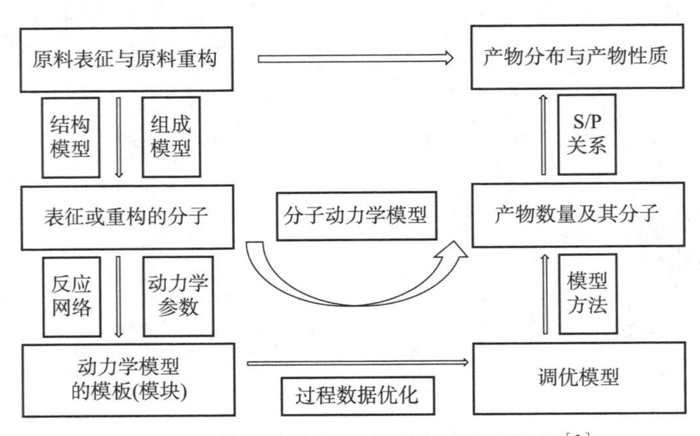

图5-2　基于分子的反应动力学建模策略[2]

建模的目标是预测产品分布和产品性能或者从原料性质预测达到特定产品分布与性

能所需要的操作条件。对原料组成分析、性质计算、化学反应过程、反应动力学和热力学来说，分子是共同的基础，为了在分子水平上实现这一目标，动力学建模策略还提供了一个替代路线。这种方法利用随机模拟技术，借助分析化学的手段，比如，H/C比、模拟蒸馏（SIMDIS）、核磁共振（NMR）和分子重构技术，在分子结构和组成上对复杂原料进行分子水平建模；然后，利用图论等技术生成反应网络，利用反应类别的概念和定量结构活性关系（QSRCs）来组织和估计反应动力学速率参数；最后，电脑生成的网络和与相关速率表达式转换成一组数学方程，形成动力学模型模板。该模板模型通过实验过程或数据进而优化网络中不同的反应系统达到优化模型的目的。调整优化模型可以计算产品组成。结合分子结构性能的相关性，也可以评估产品的相关商业属性。这种自动的基于分子水平的反应动力学建模策略，使过程化学工作者和工程师在分子水平上更多关注基础化学和反应动力学，进而加快开发模型的进度。

第二节　反应动力学模型的建立

一、概述

建立石油炼制过程反应网络后，最重要的是如何求解或获取反应动力学参数（化学反应速率和反应平衡常数）。对化学反应过程的计算，除了需要相应的反应动力学参数外，有时还需要吸附动力学参数。

按照反应动力学计算方法的不同，反应网络参数的获取可以分为实验法、量化计算和关联方法等多种。由于复杂化学反应动力学模型涉及成千上万种化学反应，不可能完全通过实验来获取每个反应的速率常数，也不可能仅使用优化算法来协调数量众多的反应速率常数与实验数据。因此，降低模型参数的复杂性以及数量对建立和应用复杂反应体系的反应动力学模型十分重要。量化计算方法的精度和效率等在目前还是不太能满足油气加工领域的需要，因此，分子重构技术中的定量结构/性质关系（QSPRs，Quantitative Structure/Property Relationships）是目前分子水平反应动力学建模中参数的有效实现方法。当然，量化计算和实验法可以作为有效的补充或校验。

定量结构/性质关系即QSPRs法的核心是基于化合物的性质与其分子结构之间存在特定的关联这一化学物质的特性[3, 4]，其经典的结构–性质关联公式如式（5–1）所示。

$$E^{*}=E_0^{*}+\alpha\Delta H \tag{5-1}$$

引入化学反应速率后的经典的定量结构/反应性能的简化关联如式（5–2）所示。

$$\ln k_i=a+b^{*}RI_i \tag{5-2}$$

式中，k_i是分子i的反应速率常数，RI_i是分子i的反应活性指数，a和b是待定的对某些反应族的关联系数。

上述这种关系即线性自由能关系（LFERs，Linear Free Energy Relationships）[5~10]。Mochida等[5~7]首次将LFERs在催化反应中进行了应用，Neurock等[8~9]和Korre[10]对LFER做了进一步开发，以关联各种金属和酸催化反应以及自由基反应的反应速率。如果式（5-2）中的a和b可以针对代表性反应通过实验确定，则可以从反应活性指数计算出同一反应族中所有成员的速率常数；反过来，反应活性指数又可以基于分子结构中进行计算。

二、复杂反应网络的反应速率公式

1.反应路径层面的反应速率公式

（1）均相体系　对于均相体系，一旦确定反应级数，反应速率公式很简单。例如，A+B↔R+S这样的反应，速率公式的表达式如式（5-3）所示。

$$r=k\left(C_A^{\alpha}C_B^{\beta}-C_R^{\gamma}C_S^{\delta}/K\right) \tag{5-3}$$

式中，k是反应速率常数；K是平衡常数；α、β、γ和δ是反应级数；C_i是化合物i的浓度。

（2）非均相体系　Froment等[11]曾系统地讨论和总结了经典LHHW式（Langmuir-Hinshelwood-Hougen-Watson，LHHW）对非均相催化反应的描述，见式（5-4），其他形式的公式见表5-2[11, 12]。

$$反应速率=\frac{(动力学组)(动力组)}{(吸附组)^n} \tag{5-4}$$

表5-2　固体催化剂上非均相反应速率公式

动力学组	
A控制的吸附	k_A
B控制的吸附	k_B
R控制的解吸	k_RK
带分解的A控制的吸附	k_A
A控制的影响	k_AK_B
均相反应控制	k

表面反应控制	A↔R	A↔R+S	A+B↔R	A+B↔R+S
不带分解	$k_{Sr}K_A$	$k_{Sr}K_A$	$k_{Sr}K_AK_B$	$k_{Sr}K_AK_B$
不分解A	$k_{Sr}K_A$	$k_{Sr}K_A$	$k_{Sr}K_AK_B$	$k_{Sr}K_AK_B$
B没被吸收	$k_{Sr}K_A$	$k_{Sr}K_A$	$k_{Sr}K_A$	$k_{Sr}K_A$
B没被吸收；A被分解	$k_{Sr}K_A$	$k_{Sr}K_A$	$k_{Sr}K_A$	$k_{Sr}K_A$

动力组 反应	A↔R	A↔R+S	A+B↔R	A+B↔R+S
A控制的吸附	$p_A-\frac{p_R}{K}$	$p_A-\frac{p_Rp_S}{K}$	$p_A-\frac{p_R}{Kp_B}$	$p_A-\frac{p_Rp_S}{Kp_B}$
B控制的吸附	0	0	$p_S-\frac{p_R}{Kp_A}$	$p_B-\frac{p_Rp_S}{Kp_A}$
R控制的解吸	$p_A-\frac{p_R}{K}$	$\frac{p_A}{p_S}-\frac{p_R}{K}$	$p_Ap_B-\frac{p_R}{K}$	$\frac{p_Ap_B}{p_S}-\frac{p_R}{K}$

续表

表面反应控制	$p_A-\frac{p_R}{K}$	$p_A-\frac{p_R p_S}{K}$	$p_A p_B-\frac{p_R}{K}$	$p_A p_B-\frac{p_R p_S}{K}$
A控制的影响（A没被吸收）	0	0	$p_A p_B-\frac{p_R}{K}$	$p_A p_B-\frac{p_R p_S}{K}$
均相反应控制	$p_A-\frac{p_R}{K}$	$p_A-\frac{p_R p_S}{K}$	$p_A p_B-\frac{p_R}{K}$	$p_A p_B-\frac{p_R p_S}{K}$
在一般吸附组里的替换				
反应	A↔R	A↔R+S	A+B↔R	A+B↔R+S
当速率是由A的吸附控制时，取代K_AP_A	$\frac{K_A p_R}{K}$	$\frac{K_A p_R p_S}{K}$	$\frac{K_A p_B}{K p_R}$	$\frac{K_A p_R p_S}{K p_B}$
当速率是由B的吸附控制时，取代K_BP_B	0	0	$\frac{K_S p_R}{K p_A}$	$\frac{K_S p_R p_S}{K p_A}$
当速率是由R的解吸控制时，取代K_RP_R	$KK_R P_A$	$KK_R\frac{p_A}{p_S}$	$KK_R P_A P_B$	$KK_R\frac{p_A p_B}{p_S}$
当速率是由A的吸附控制并且A被分解时，取代K_AP_A	$\sqrt{\frac{K_A p_R}{K}}$	$\sqrt{\frac{K_A p_R p_S}{K}}$	$\sqrt{\frac{K_A p_R}{K p_S}}$	$\sqrt{\frac{K_A p_R p_S}{K p_A}}$
当A的平衡吸附发生并且A被分解时，取代K_RP_R（同样适用于其他组分被分解吸收时）	$\sqrt{K_A p_A}$	$\sqrt{K_A p_A}$	$\sqrt{K_A p_A}$	$\sqrt{K_A p_A}$
当A没被吸收，取代K_AP_A（同样适用于其他组分没被吸收时）	0	0	0	0
吸附组的指数				
没有分解的A控制的吸附			$n=1$	
R控制的解吸			$n=1$	
有分解的A控制的吸附			$n=2$	
没有分解的A的影响A+B↔R			$n=1$	
没有分解的A的影响A+B↔R+S			$n=2$	
均相反应			$n=0$	
表面反应控制				
反应	A↔R	A↔R+S	A+B↔R	A+B↔R+S
A没被分解	1	2	2	2
A被分解	2	2	3	3
A被分解（B没被吸收）	2	2	2	2
A没分解（B没被吸收）	1	2	1	2

根据表5-2，对于双分子反应A+B↔R+S，当表面反应控制时，反应速率公式为式（5-5）。

$$r=\frac{k_{sr}K_AK_B\left[p_Ap_B-\left(p_Rp_S/K\right)\right]}{\left(1+K_Ap_A+K_Bp_B+K_Rp_R+K_Sp_S+K_Ip_I\right)^2} \tag{5-5}$$

式中，k_{sr}是表面反应速率；K是反应平衡常数；K_i是组分i的吸附常数；p_i是组分i的分压；I是任何可吸附的惰性分子；指数2表明两种反应物都被吸附在催化剂表面上。

其他进一步的讨论与介绍见吴青[2]的“石油分子工程”。

2.机理层面的反应动力学公式

机理层面的反应动力学速率公式很直接。原则上，每个反应都是反应机理的基本步骤。例如，对于基本反应A+B→R+S，速率公式为：

$$r=k\left(C_AC_B-C_RC_S/K\right) \tag{5-6}$$

式中，k是反应速率参数；K是反应平衡常数；C_i是物种i的浓度。

对于均相体系，机理层面的速率公式几乎总是一阶或二阶的。由于每个反应路径是几个机理反应步骤的简单组合，因此路径层面的速率公式是机理水平的速率公式的简化。

对于非均相催化体系，原则上，机理层面的速率公式等同于描述反应动力学的路径层面的LHHW形式。

上述两个催化体系的反应速率公式方面的讨论见相关文献[2]。

对于非均相催化的过程，机理建模和路径建模各有优点和缺点。与路径模型相比，机理模型在更基础的层次上描述了过程，因此反应速度常数更加基础和实用。就速率公式而言，机理层面模型中的假设（例如速率控制步骤假设）比路径层面建模的LHHW式更少。由于对所有中间体均进行核算，所以机理模型比相应的路径层面的模型规模上要大得多。因此，无论是公式还是求解，机理模型都比路径模型占用更多的CPU时间和内存。所以，复杂原料复杂反应的分子动力学建模应综合考虑实际条件与需求。不过，随着计算机、分析表征与分子重构技术的不断发展，分子水平反应动力学建模将更趋向于机理层面的建模。

三、关于线性自由能关系法（LFERs）

从化学结构预测化学反应的方法实质上源于对化学平衡和反应速率常数热力学描述的探索[10]：

$$K_{eq}=e^{-\frac{\Delta G}{RT}}=e^{\frac{\Delta S}{R}-\frac{\Delta H}{RT}} \tag{5-7}$$

$$k=\frac{k_BT}{h}e^{-\frac{\Delta G^{\ddagger}}{RT}}=\frac{k_BT}{h}e^{\frac{\Delta S^{\ddagger}}{R}-\frac{\Delta H^{\ddagger}}{RT}} \tag{5-8}$$

式中，K_{eq}是平衡常数；ΔG、ΔS和ΔH分别是产物和反应物之间的自由能，熵和焓的差值；R是理想气体常数；T是绝对温度；k是反应速率常数；k_B和h分别是Boltzmann和

Planck常数；$\Delta G^{\ddagger}$、$\Delta S^{\ddagger}$和$\Delta H^{\ddagger}$分别是过渡态配合物和反应物之间的自由能、熵和焓的差值。

根据式（5-7）和式（5-8），估计反应和活化的自由能（ΔG和$\Delta G^{\ddagger}$）可以计算平衡和速率常数。虽然反应和活化的焓易于获得，但相应的熵难以测量或计算。解决方法是：不要关注反应和活化的自由能的绝对值，而是关注变化的部分，于是出现了反应族的概念。如何利用本方法求解出最后需要的平衡常数和速率常数？参见相关文献[2, 13~15]。

更一般地，反应性通常用反应性指数（*RI*）半经验地描述，反应性指数是活化焓的量度，并且与每个反应相关，见式（5-2）。一个*RI*常常与ΔH_{RXN}和$\Delta H^{\ddagger}$在一个有用的反应族成员范围内呈线性相关[2]。这对反应工程建模的价值在于，常数a和b可以通过专门为此目的设计的实验，通过最小基础模型化合物的相关信息来确定。然后可以使用半经验QSRC［见式（5-2）］，从分子结构导出反应性指数RI_i来预测复杂混合物中反应的速率常数。

*RI*只是其反应可能性的指标，通常是与反应物、产物或中间体的分子结构相关的电子或能量性质。这些指标通常与整体分子结构（例如生成热、电离势或电子势）直接相关，或者可以与分子内的反应位点（例如原子电荷或键序）相关联。在任何一种情况下，这些参数将复杂反应坐标的重要电子或能量特征组合成分子指数的单个值或基于位点的指数的一系列值。可以通过计算分子和基于位点的*RI*来估计不同分子反应的速率（动力学）或特定位点的潜在反应性（选择性）。困难的是如何为每个反应族确定一个合适的*RI*指数，因为在不同阶段对反应物反应性表征的性质类别是变化的，例如：对于早期的过渡态，表征反应物电子结构的电子性质如电子密度、原子电荷、自由价、原子极化率、键序、偶极矩和静电势等对于*RI*可能是合适的选择；对于晚期过渡态复合物，反映反应或中间体形成的总能量的反应热、质子亲和力、局域化以及杜瓦数的变化等可能是比较适合的*RI*对应项；而中间过渡态则是一些包含反应物和产物的电子结构的元素（可以由电荷转移型络合物描述）更合适。总之，QSRCs可以用来关联反应性，但需要恰当地选择。

LFERs已广泛用于金属催化和酸催化反应过程，例如图5-3为多环芳烃加氢过程中的吸附平衡常数[10]。

图5-4为酸中心转化反应族（异构化和开环反应）的动力学速率参数与作为*RI*的正碳离子中间体的生成热的LFER关联。两者之间的相关性非常好，异构化和开环反应具有相似的底层反应机理，它们具有相同的斜率，但很明显，异构化反应比开环反应慢得多。

而图5-5则是关于脱烷基反应速度常数的LFER相关性的经典实例[5~7]，其中烷基离子的稳定性基于正碳离子化学反应机理。

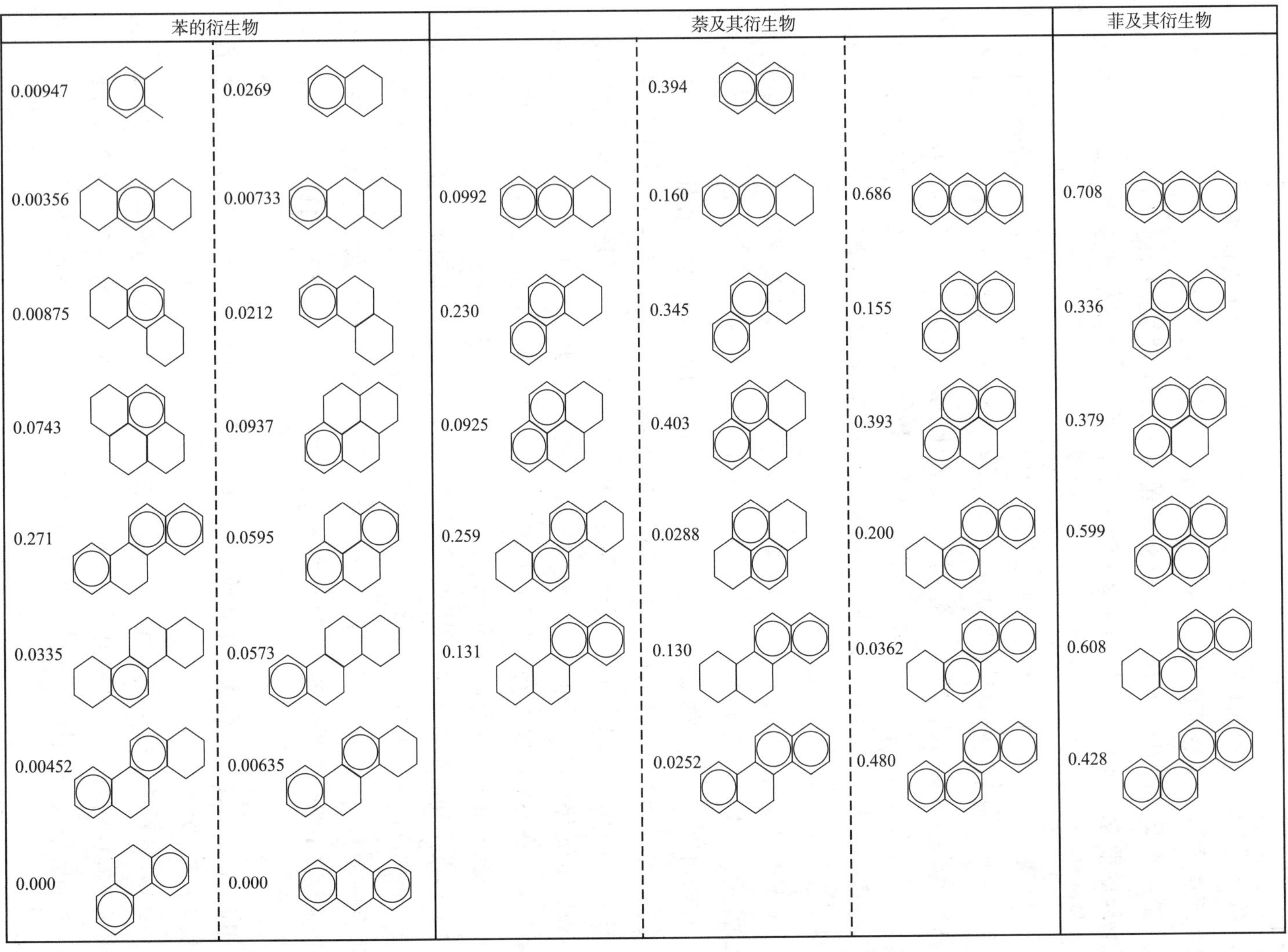

图5-3　多环芳烃加氢过程中的吸附平衡常数[10]

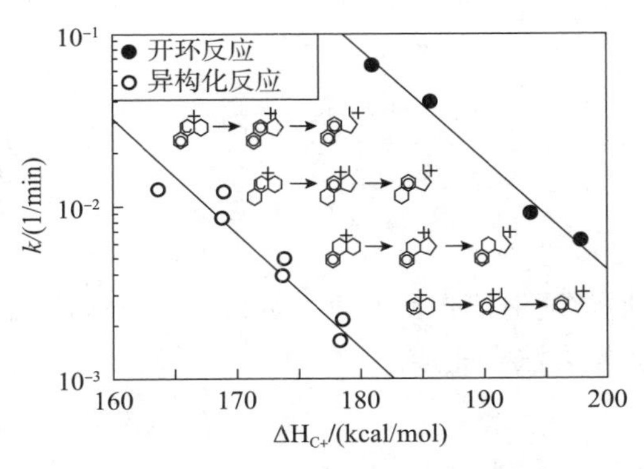

图5-4　异构化和开环反应的速率与正碳离子中间体生成热的关系

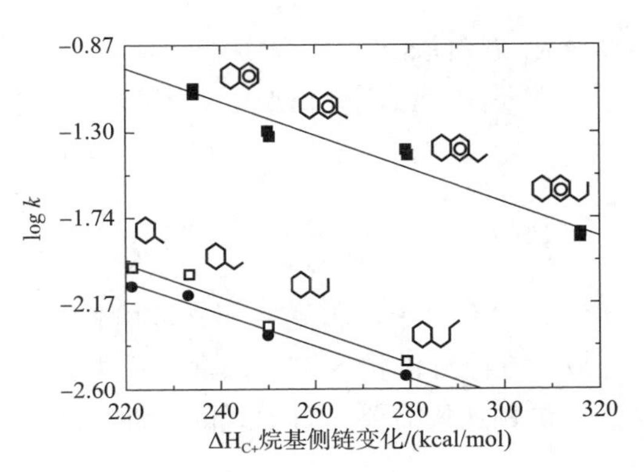

图5-5　脱烷基反应的反应速度常数与正碳离子生成热的LFER关联图

第三节　反应动力学模型参数求解

在数学上，反应动力学模型通常可以表示为常微分方程（Ordinary Differential Equation，ODE）系统或微分代数方程（Differential Algebraic Equation，DAE）系统，这取决于反应器类型。分子动力学模型（Molecular Kinetic Models，MKM）中的分子信息（性质、组成、结构等）很详细，具有与反应网络相关的大量物种、反应和反应速度常数。因此，MKM的数值解决方案通常涉及解决大型DAE或ODE系统，这些系统通常很难解；相关的雅可比矩阵对于实际问题又很稀疏，所以很难解决。本小节采用文献[1]求解详细的动力学模型（Detailed Kinetic Models，DKM）的方法来说明。

1.数学原理

1）分子动力学模型的数值求解基本方法

动力学模型通常可以描述为以下初始值问题：

$$\dot{y}=f(y),\ y\in R^N$$

$$y(t_0)=y_0 \tag{5-9}$$

更具体地说，ODE系统[16]可以写成：

$$\mathrm{d}y/\mathrm{d}t=f(t,\ y) \tag{5-9a}$$

DAE系统[15]可以写成：

$$\mathrm{d}y/\mathrm{d}t=f(t,\ y,\ \beta) \tag{5-9b}$$

$$0=g(t,\ y,\ \beta) \tag{5-9c}$$

式中，y和β是因变量的向量；t是自变量。

在基于分子的动力学模型背景下，y和β可分别被认为是可观察到的分子和不可观察的中间体。式（5-9）的数值解在t_n处生成为离散值y_n，遵循线性多阶公式

$$y_n=\sum_{i=1}^{K_1}\alpha_{n,i}y_{n-1}+h_n\sum_{i=1}^{K_2}\beta_{n,i}\dot{y}_{n-i} \tag{5-10}$$

步长$h_n=t_n-t_{n-1}$。对于非刚性问题，q阶的Adams-Moulton方法[1]的特征是$K_1=1$且$K_2=q-1$。对于刚性问题，阶q的后向微分公式（Backward Differentiation Formula，BDF）

具有$K_1=q$和$K_2=0$。

在非刚性或刚性情况下，通常是非线性系统：

$$G(y_n) \equiv y_n - h_n\beta_{n,0} f(t_n, y_n) - a_n = 0 \tag{5-11}$$

其中，$a_n = \sum_{i>0}\left(a_{n,i}y_{n-i} + h_n\beta_{n,i}\dot{y}_{n-i}\right)$

必须在每个步骤解完。在非刚性情况下，通常通过简单的功能（或固定点）迭代来完成。在刚性的情况下，通常使用牛顿迭代的衍生方法来完成。

牛顿迭代需要求解形式的线性系统

$$G(y_{n(m)}) = -M(y_{n(m+1)} - y_{n(m)}) \tag{5-12}$$

式中，M是牛顿矩阵（$I-h\beta_{n,0}J$）的近似值；$J=\partial f/\partial y$是系统雅可比矩阵。

该线性系统可以通过直接（例如密集、带状和对角线）或迭代（例如广义最小残差）方法来解决。

2）关于DKM系统的刚度

刚度是微分方程的一个特征，来自真实系统的模型，其中相互作用发生在一个以上的时间尺度上。在DKM中，特别是在机理层面，例如，一些瞬态反应发生在几微秒或更短的时间尺度上，而较慢的稳态反应发生在一秒或更大的时间尺度上，刚度经常遇到。

关于刚度的定量测量以及刚度比等相关内容，参见文献[1, 2, 17, 18]。

3）DKM系统的稀疏性

如果矩阵的许多系数为零，则矩阵是稀疏的。一般来说，如果利用其零点有优势，就认为矩阵是稀疏的。使用稀疏矩阵的有效工作需要特殊的数值算法，可以考虑与稀疏性相关的特殊存储技术和特殊编程技术。这些特殊技术可以使结果在数值上可接受，存储需求被最小化，并且计算时间和成本被最小化。通常，当非零元素至少小于20%时，可以应用稀疏技术[16]。

进一步的信息参见相关文献[1, 2]。

2.数学求解测试

1）备选DKMS

可选择两个有代表性的DKM来研究两种主要DKM类型的模型解决方案。

两种模型均表示为ODE系统：

（1）蜡油加氢裂化的反应路径模型（GO-HDC-Path），代表反应路径水平的蜡油加氢裂化，包括264个物种、833个反应。

（2）C8加氢裂化的反应机理模型（C8-HDC-Mech），代表反应机理水平的C8加氢裂化，包括81个物种及其241种反应。

2）备选解决方案

有很多现成的ODE/DAE求解器。从这些求解器中，挑选了4个有代表性的求解器并构成相应的4个解决方案，分别命名为DASSL、LSODE、LSODES和LSODA解决方案，用来说明实际工作中应该如何选配以适应相应的DKM。

DASSL[18]为差分/代数系统求解器，用于求解形式为$F(t, y, y')=0$、$y(t_0)=y_0$和$y'(t_0)=y'_0$的刚性系统，其中F、y和y'是矢量。DASSL使用BDF方法近似导数。产生的线性系统由LU（Lower-Upper）直接方法求解。雅可比矩阵可以是密集的或具有带状结构，并且可以通过有限差异计算或者由用户直接提供。无论DKM建模用的是DAE系统还是ODE系统，都默认DASSL作为求解器。但不同系统采用不同求解器时，计算效率差异很大。

应该使用ODE求解器而不是DAE求解器来求解ODE系统。一些大型DAE系统可能造成收敛问题，DAE系统通常比ODE系统更难以用数值求解。需要指出的是，有限差分雅可比计算是DASSL代码中最薄弱的部分[19]，为此，可以利用利弗莫尔求解常微分方程（LSODE）及其变形来补充DASSL的不足[1]。

LSODE[18]是ODEPACK的基本解算器，解决了$dy/dt=f$形式的刚性和非刚性系统问题。在刚性的情况下，它将雅可比矩阵df/dy视为完整矩阵或带状矩阵，并且可以是用户提供的，也可以是内部近似差分商。它在非刚性情况下使用Adams方法（预测校正器），在刚性情况下使用BDF方法。产生的线性系统通过直接方法（LU因子/求解）求解。LSODE取代了旧的GEAR和GEARB软件包，并通过一些算法改进反映了用户界面和内部组织的完全重新设计。

LSODES[18]解决了系统$dy/dt=f$且在刚性情况下以一般稀疏形式处理雅可比矩阵问题。它自己确定稀疏性结构（或者可选地从用户接受此信息）并使用耶鲁稀疏矩阵包（YSMP）的一部分来解决出现的线性系统。

LSODA[18]用于出现刚性时解决系统$dy/dt=f$带有完整或带状雅可比行列式时的问题，但会自动选择非刚性（Adams）和刚性（BDF）方法。它最初使用非刚性方法并动态监视数据以决定使用哪种方法。

3）数学求解的测试安排

针对两个备选 DKM模型（GO-HDC-Path和C8-HDC-Mech），用4个备选求解器（DASSL，LSODE，LSODES和LSODA）来求解以比较模型求解性能即效率。

模型用各种方法标记（MF）解决。将测试一组完整的刚度（Adams用于非刚性，BDF用于刚性，动态用Adams和BDF）和稀疏度（用户提供的或FD近似）组合。对于模型C8-HDC-Mech，使用开发的算法自动生成显式雅可比矩阵，并提供该矩阵以探索和利用其稀疏性。

所有测试都在运行Linux2.0.32内核的PentiumPro200上运行，并带有egcs-1.02编译器（实验性GNU编译器）。

3.测试结果与讨论

4种求解器对反应路径和反应机理层面建立的动力学模型的求解效率见表5-3和表5-4。

表5-3　4种求解器对蜡油加氢裂化的反应路径模型计算的效率

编译 解算器	调试								优化后	
	DASSL	LSODE			LSODES			LSODA		
MF	22	10	22	21	10	222	121	2	10	222
CPU（s）①	13.15	0.09	4.50	N.A.	0.07	0.36		0.11	0.04	0.06

①Pentium Pro 200，Linux 2.0.32，egcs-1.02。

表5-4 4种求解器对C8加氢裂化的反应机理模型计算的效率

编译 解算器	调试								优化后	
	DASSL	LSODE			LSODES			LSODA		
MF	22	10	22	21	10	222	121	2	222	121
CPU（s）①	1.88	②	2.01	1.46	②	0.44	0.30	2.13	0.11	0.09

①Pentium Pro 200，Linux 2.0.32，egcs-1.02。

②耗用500步，工体渗出。

1）反应路径层面DKM的求解情况

如表5-3所示，DASSL与LSODE表现不佳。通常，ODE求解器应该应用于ODE系统，而不是用于DAE系统。Adams-Moulton方法比隐式BDF方法表现更好，说明路径水平模型本质上是非刚性的。这具有合理性，因为在路径级水平建模中，反应网络中仅表示可观察的物种，并且不同反应族的速率常数之间的差异不是很大，这导致非刚性问题。这也是DASSL在解决这些问题时表现不佳的主要原因。利用雅可比矩阵的稀疏结构的LSODES在Adams和BDF方法中比LSODE表现得更好。LSODA最初使用非刚性方法，并在需要时动态更改为刚性方法，比直接的Adams方法更糟糕，但比整个BDF方法要好得多，这也是合理的。

总之，对于反应路径层面上建立的动力学模型，不同求解器的表现排名是：配Adams的LSODES>配Adams的LSODE>LSODA>配BDF的LSODES>配BDF的LSODE >DASSL。

此外，调试中使用了编译器优化。通常编译时-O优于-g，这说明可以进一步提高模型求解的性能。对基于反应路径层面的DKM使用编译器优化，使用Adams方法优化LSODES，可以获得超过经典DASSLO 100倍的性能增益，性能改进巨大。

2）反应机理层面DKM的求解情况

如表5-4所示，当使用有限微分方法在内部评估完整的雅可比矩阵时，LSODE和LSODA在这个问题上的表现比DASSL差。但是，明确地提供雅可比行列式后，LSODE比DASSL更好。特别是，利用雅可比矩阵的稀疏性的LSODES比其他所有方法都表现好得多。这说明了利用雅可比稀疏性改进模型的重要性。当用户明确提供稀疏雅可比行列式，LSODES表现得更好。测试还表明，Adams方法在完成大量工作（500步）后，甚至不会收敛，这表明反应机理层面动力学模型本质上更加刚性。原因在于，反应机理层面动力学模型建模时，可观察的分子和不可观察的瞬时中间体两者都是有意义的，在反应网络中同样具有代表性，但它们属于不同的反应族，其初始速率常数差异很大，故非常刚性。

总之，对于反应机理层面上建立的动力学模型，不同求解器的表现排名是：配BDF和用户提供的稀疏雅可比行列式的LSODES>配BDF和有限微分雅可比的LSODES>配BDF和用户提供的稀疏雅可比行列式的LSODE>DASSL>配BDF和有限微分雅可比的LSODE>LSODA。

此外，调试中也使用了编译器优化。使用BDF方法和用户提供的稀疏雅可比行列式优化LSODES，可以获得超过经典DASSLO 10倍的性能增益。

4.分子水平反应动力学模型参数求解的建议

从4种求解器分别对反应路径和反应机理层面建立的分子水平反应动力学模型的求

解测试来看，对于分子水平反应动力学模型参数求解有如下建议：

（1）在数学上首先要识别和确定所建模型是属于ODE系统还是DAE系统。如果属于ODE系统，则求解时倾向于使用ODE求解器，这样能更快地求解，不推荐使用DAE求解器进行求解。

（2）对于具体的系统，在求解时还需要根据系统的刚性、非刚性选择合适的求解器。例如，刚性问题可以采用BDF方法，而非刚性问题则用Adams-Moulton法。由于反应路径层面所建立的动力学模型本质上是非刚性的，因此此类动力学模型求解时Adams-Moulton算法将是首选。而反应机理层面建立的动力学模型本质上是刚性的，因此BDF算法将是反应机理层面动力学模型参数求解的首选。

（3）利用雅可比矩阵的稀疏结构可以提高数值解的性能和精度。大型反应网络构成的分子水平反应动力学模型本质上是稀疏的，因此要充分利用特定系统的稀疏性并采用雅可比矩阵稀疏结构的求解器以显著提高模型求解的效率。

第四节 反应动力学模型的集成建模技术

根据化学工程规律总结、凝练后构建的分子水平反应动力学模型，为解决工艺问题并做进一步的优化提供了一个严格的框架与程序。通过原料表征、分子重构技术来获得复杂原料的分子信息（组成与结构等），并通过各种算法和策略自动构建和控制计算机上复杂过程的化学反应网络，选择相关的合适方法可以评估复杂反应网络中的成千上万个反应速率常数之间的相关性，然后采用最适宜的数学方法求解反应动力学模型的参数。如果能将上述各部分有机地整合，即将反应物结构和组成的建模、反应网络的建立、模型参数的组织、动力学模型的参数求解和优化全部整合，将大大提高工作效率。美国特拉华大学的Klein团队基于这个理念，开发出了一个集成的化学工程软件包，并将之命名为动力学模型集成工具箱（Kinetic Modeler's Toolbox，KMT）。本小节简单介绍KMT，并简单介绍其他的算法以及应用与发展趋势

一、详细动力学建模的工具集成

图5-6为KMT采用的基于分子的动力学建模方法的示意图[1, 2]。

如图5-6所示，KMT有5个自动化动力学建模的过程模块：分子生成器（MolGen），反应网络生成器（Net-Gen），模型方程生成器（EqnGen），模型求解生成器（SolGen）和参数优化框架（ParOpt）。它从分子结构构建软件（MolGen）开始，该模块使用蒙特卡洛模拟技术根据分析表征的信息（如氢碳比［H/C］、模拟蒸馏数据SIMDIS，核磁共振NMR数据等）来构建出复杂原料的分子。然后，利用图论技术生成反应网络（NetGen）。反应族概念和定量结构反应性关联（QSRC）用于组织和估计速率常数。然后，计算机将生成的反应网络与相关的速率表达式转换为一组数学方程（EqnGen），可以在优化框架内针对不同的反应族，选择模型求解生成器（SolGen）进行求解，以确定模型中的反应速率常数（ParOpt）。这种基于分子的自动化动力模型建模流程使建模人员能够专注于基础化

学，并显著加快模型开发。

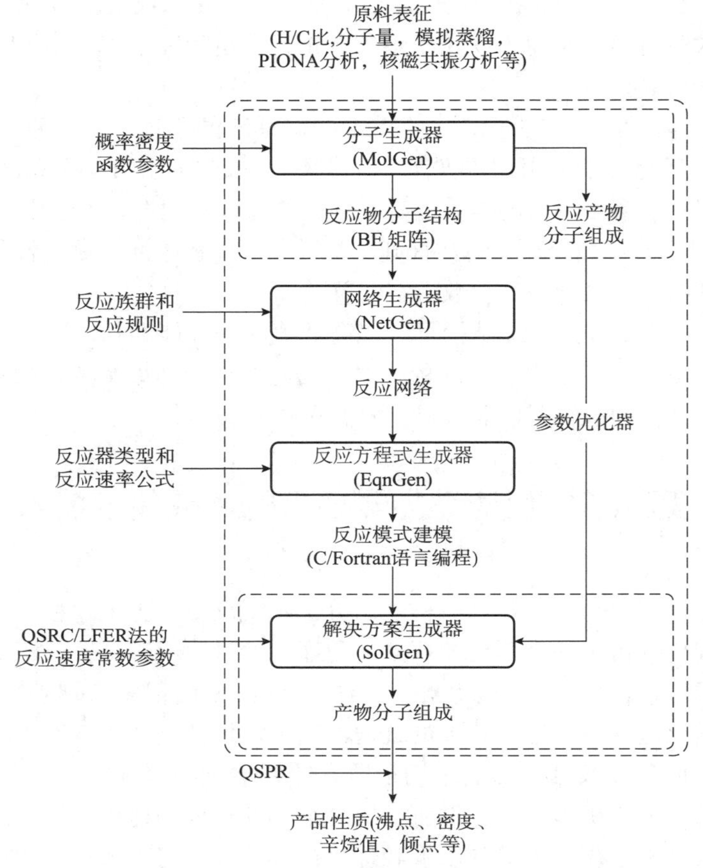

图5-6　详细动力学模型建模的集成工具箱（KMT）示意图[1, 2]

（PIONA分析中：P—链烷烃；I—异构烷烃；O—烯烃；N—环烷烃；A—芳烃）

1. 分子生成器（MolGen）

分子生成器（MolGen）是通过分子结构和混合原料的随机建模技术而实现的。MolGen有“可调和固定信息”两种输入信息。分析表征的信息，例如氢碳比（H/C）、平均分子量、沸点分布、化合物类型分布和NMR等是原料的固定特征。可调参数是概率密度函数（PDFs），用于随机抽样确定分子属性，如芳环的数量、环烷烃中环的数量、侧链的长度和侧链的数量等。

MolGen可一开始就用固定的PDF参数求解，但它通常在优化框架（ParOpt）中求解，如图5-6所示，通过调整和搜索最佳PDF参数以匹配原料的分析表征结果。利用QSPR原理进行原料组成、结构的计算或估算。MolGen的输出包括代表性的分子结构及其优化的原料组成。然后将反应物分子结构转换成NetGen语法中相应的键-电子（BE）矩阵并作为其输入。这些反应物分子的组成或浓度将是SolGen阶段后期定量模型的初始条件。

2. 反应网络生成器（NetGen）

第一代反应网络生成器（NetGen）于20世纪90年代开发[20~22]。KMT中的NetGen模块的基本原理基于图论。分子和中间体（离子和自由基）用BE矩阵表示。对每个反应族通过反应物矩阵和反应矩阵之间的简单矩阵添加操作，生成产物矩阵。

NetGen有两类输入：一类是BE矩阵形式的反应分子。对于简单的模型化合物，可以通过遵循语法轻松编写其BE矩阵。对于复杂的原料，代表性的分子结构可以从MolGen生成。另一类输入是反应化学，包括化学反应系列和反应规则，可以根据用户的经验和理解控制模型大小。NetGen接收两个输入值并在每个反应物分子的顶部应用每个反应族的反应矩阵，并且在每个反应之上的反应规则构建完整的反应网络。自生成的反应网络以EqnGen的所需格式写入文件并作为其输入。

3.模型方程生成器（EqnGen）

模型方程生成器（EqnGen）源自先前的OdeGen[21]，功能是将反应转换成相应的常微分方程。EqnGen扩展了从基于速率公式和反应器类型的反应网络生成不同种类的数学方程的能力。对于间歇式反应器（BR）、活塞流反应器（PFR）或固定床反应器，EqnGen写出相应的常微分方程或具有稳态假设情况下的微分代数方程。对于连续搅拌釜反应器（CSTR），它也能写出相应的代数方程系统。对于不同的速率公式，例如LHHW形式，EqnGen可以编写不同的速率常数函数。基本上，EqnGen是一个数学转换器，它解析反应网络并为系统中的每个物种生成相应的质量平衡方程。产生的质量平衡方程的系统在反应器模型的背景下形成反应动力学模型的核心。模型方程的代码可以在C或FORTRAN中生成。

4.模型求解生成器（SolGen）

模型求解生成器（SolGen）是由EqnGen生成的方程组合，加上一个嵌入了一些方程系统求解器的过程处理器，例如用于常微分方程的Livermore求解器（LSODE）及其修正式[17, 18]，用于求解常微分方程或微分/代数体系求解器（DASSL）[19, 23]以及用于求解微分代数方程的求解器（DAE）。过程驱动程序文件、模型方程文件、支持功能文件和各种I/O文件形成可以一起编译和解决的模型可交付成果，以产生模型结果。模型的初始条件，例如每种反应物分子的浓度，可以直接来自实验测量或来自MolGen针对复杂原料的优化结果。通常，模型的唯一可调输入是那些反应速度常数，即每个反应族的定量结构反应性相关性（QSRC）或线性自由能关系（LFER）参数。但是对于很多化学过程，反应速率常数并不总是已知的，特别是一些非均相催化过程。此时可以采用调优模式：在优化框架内通过交替地求解，调整和优化反应速率常数以匹配实际实验中所观察到的结果。

二、参数优化和性能估计

1.参数优化（ParOpt）框架

MolGen模块已经预先嵌入了蒙特卡洛模拟计算方法，所以可以在优化框架内运行，通过调整PDF参数以允许随机产生的分子结构与原料的结构和组成相匹配。所开发的动力学模型样板也可在优化框架内解决，通过将模型结果与反应器中的实验观察相匹配来确定动力学反应速率常数。上述两种参数优化（ParOpt）情况在图5-6中用虚线矩形表示，作为KMT的一部分。

2.优化算法

许多优化算法已经被测试并集成到KMT的优化框架中。KMT通常采用三大优化算法，即模拟退火算法（SA）、GREG程序和多级单链（MLSL）算法。

KMT中MolGen模块实现了连续变量问题的SA算法[24，25]。MolGen使用SA通过与代表性分子结构和组成与原料特性相匹配的最小目标函数来找到最佳PDF参数。由于是全局优化，因此SA算法的收敛速度不会非常快，但非常准确。

GREG[26~28]是一种使用贝叶斯方法来估计模型参数及其推理间隔和协方差的非线性参数估计器，使用单响应或多响应数据。多响应数据涉及多组分混合物的实验和化工过程，这在详细反应动力学建模中经常用到。由于GREG属于局部优化，因此GREG比SA运算快得多，这也是优化动力学模型反应速率常数时常常选择GREG的主要原因。该模型需要在优化过程的每一次迭代中重复解决，所以优化的速度至关重要。在一个400 MHz Pentium II PC机上，典型的一轮SolGen优化通常耗时半小时（反应路径层面模型）或数小时（反应机理层面模型）。

多级单链（MLSL）算法[29~31]是一种全局优化过程的算法，使用随机抽样迭代来获取关于目标函数表面的信息。它是一种通用的优化方法，能够使用几乎任何局部最小化过程（直接和渐变方法）来定位目标函数局部最小值。该方法已被证明具有优异的收敛性和效率。MLSL算法的基本理念是目标函数由局部最小值集合组成，每一个都具有相关的吸引区域。最小的吸引力区域由通过最小化过程映射到局部最小值的参数向量集合来定义。KMT的MolGen和SolGen模块中采用了MLSL算法[31，32]。

在具体的分子动力学模型开发中，上述优化器也可以与其他优化方法并行使用，以生成其他的局部参数优化的初始预测值和参数范围，从而加快整体优化过程。

3.目标函数

在所有上述优化程序中，用户可以调整的一个重要因素是目标函数。这对于成功优化参数和获得最佳优化结果至关重要。

不同优化目的的目标函数的形式不同。例如，对于分子重构技术的目标函数，其分子项可能是模型预测值和分析表征（实验测定）的实测值（性质）差值的平方，分母是加权因子，它等于实验测定值的标准偏差。这个目标函数可以很容易地修改任何分析表征的信息。实际上，对原料的分析表征的信息越多，目标函数就能确定得越合理。目标函数的值越低，说明所用模型预测出来的分子能更好地匹配实验测量数据，也就是预测得更准确。

对于优化分子水平反应动力学模型的反应速率参数这一目标而言，目标函数通常被定义为通过实验标准偏差加权的预测值和实验值（产率）的差的平方，如式（5-13）所示。

$$F=\sum_{i=1}^{M}\sum_{j=1}^{N}\left(\frac{y_{ij}^{\mathrm{mod}el}-y_{ij}^{\exp}}{\bar{\omega}_j}\right)^2 \tag{5-13}$$

式中，i是实验数量；j是物种；ω_j是加权因子（通常是实验测量偏差）。

ω_j的分配对于成功优化非常重要。通常，ω_j小于等于y，以确保F/MN£1。ω_j越小，在目标函数中越重要。有时，ω_j的选择可以与用户的期望折中。例如，在加氢处理或加氢脱硫（HDS）过程中，如果用户更关心产品中的硫含量而不是某些链烷烃含量，则对硫的加权因子ω_j应当设置为非常小，以便更好地预测硫含量。

4.混合物的性质估算

反应动力学模型的输出是反应后的所有产物分子的浓度。然而，在石油加工过程中，大家除了关注数量外，还关注质量（性质），例如汽煤柴油等液体石油产品的辛烷值、十六烷值、倾点、烟点、硫氮含量等。因此，混合物性质估算很有用。

混合物的性质可以基于产物分子的集合性质来计算。策略是开发或利用任何定量结构性质关系（QSPR）将分子结构与分子性质相关联。关联的方法可以参考本篇第三章相关内容。

5.全局优化策略

参照图5-6，分子水平反应动力学模型的建立与参数求解，既可以在原料分子组成与结构的重构阶段对PDF参数优化，以获取准确的分子信息；也可以在动力学参数求解阶段对参数进行优化，还可以同时优化，即从原料分析表征开始到产物分布和性质预测的整个反应动力学模型全过程的协同优化。实际上，只要反应化学和反应动力学严格确定的话，是可以通过PDF参数和动力学参数的协同优化来预测基于原料表征与重构技术而获得分子再经过反应转化为目的产物的分布和性质的。至少，Klein[1]等开发的KMT让我们看到了这种端到端的全局优化策略是完全可行的，而随着人们对反应化学和反应动力学的了解越来越深入，加上计算技术的飞速发展，全局优化将更加普遍，分子水平反应动力学模型发展也会更加全面和深入。

三、其他求解与算法

IFP 在对渣油加氢过程进行计算时，提出了一种随机算法即蒙特卡洛动力学参数计算法：以两个随机数来决定反应的走向，其中，第一个随机数用于决定下一步要发生的反应，第二个随机数用于决定所选中的反应时间。图5-7为其算法过程的示意。

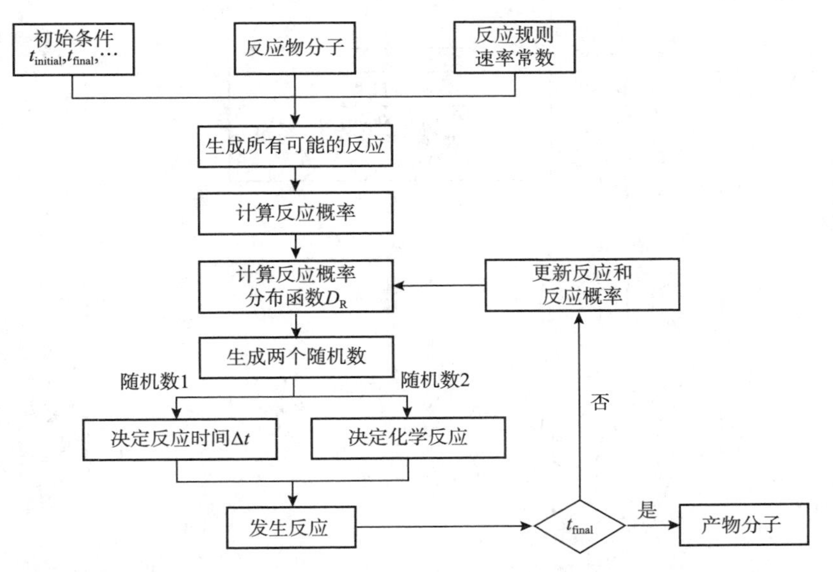

图5-7　一种反应动力学参数求解的SR法

上述的这种求解方法，比较适合复杂化学反应体系，反应动力学常微分方程组数量较大，较难在短时间内完成求解的情况，此时还不需要担心解的收敛问题，不过相应的计算精度可能会差点，求解结果有可能有波动[33, 34]。

Klein也同样提出了针对复杂化学反应体系的反应动力学参数求解的ARM算法[35]，示意图见图5-8。

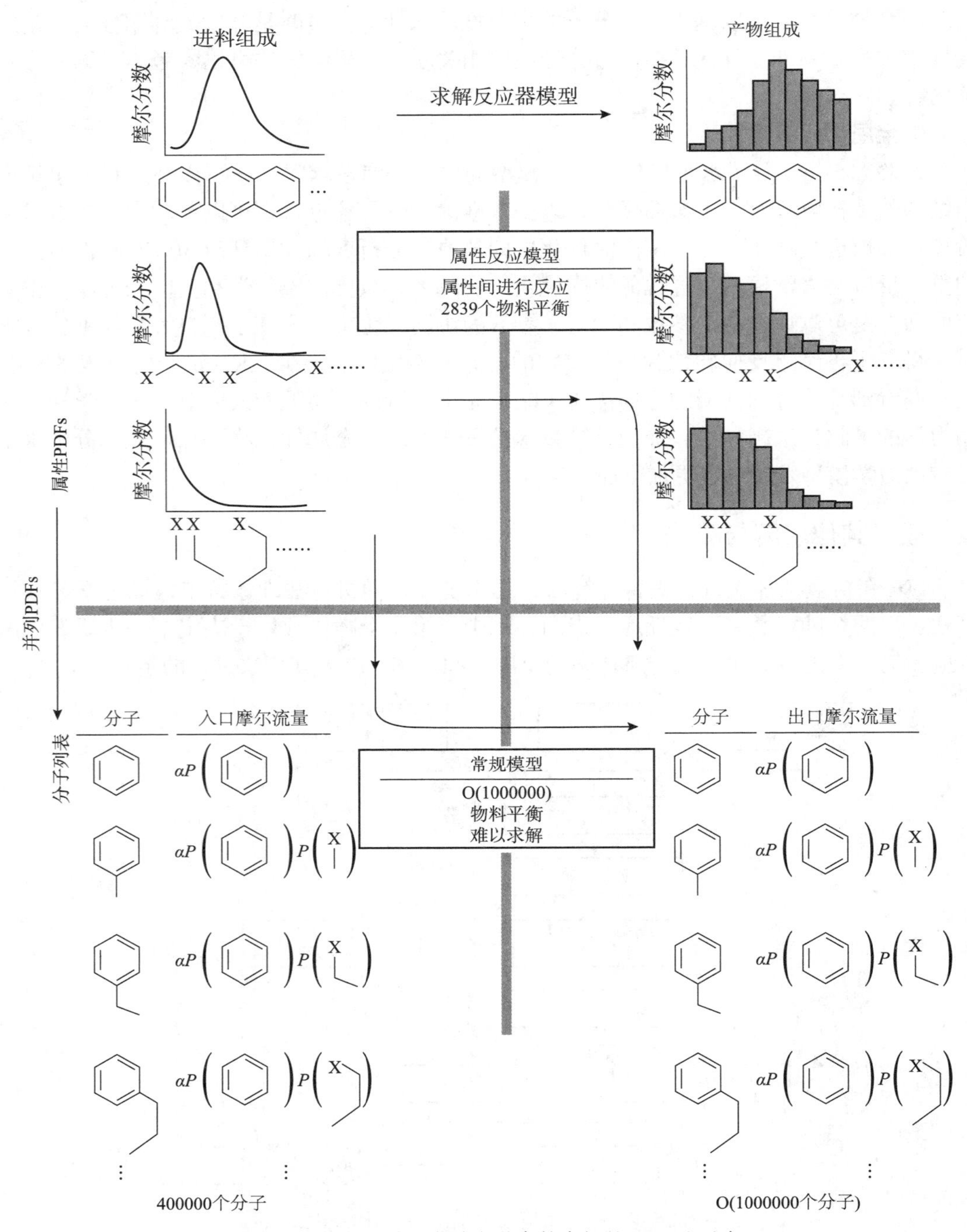

图5-8　复杂化学反应动力学参数求解的ARM法示意

按照图5-8所示，ARM法先将所有的化合物拆分成反应单元，再对反应单元解常微分方程组，以大幅减少待求解的方程组数量。这种方法是基于石油分子中的很多结构单元是重复或一样的，这样就可以减少数量。最后将获得的产物“连接”起来就可以“组装”成为产物分子了。更多研究参见见相关文献[1~2，10~11]。

总的来说，对于复杂化学反应网络的参数求解，如何将难以求解的常微分方程组“分解”“转化”成为容易求解的代数方程，是复杂反应动力学模型参数求解方法的一种发展方向，这也是目前应用较为普遍的方法，称为准稳态假定法。其他的一些方法包括速控步、准平衡假定、长链假定、增量组成方程、反应短视法和灵敏度分析以及反应网络可视化分析等。此外，计算机算法、算力的进步对反应网络求解也是有较好的促进作用的，例如，采用更大计算能力的服务器、引入GPU加速等。对于计算的复杂程度与要求的计算结果精度之间也要考虑如何平衡？从这个角度来看，路径模拟可能会比机理模拟有利。

石油分子组成划分得越详细，带来的计算工作量将越大，因此需要找到一个平衡值。此外，是否处理硫氮、重金属等非烃组分以及如何处理它们，对反应网络参数求解带来的影响是巨大的。目前，对于重油馏分的非烃类化合物的分析表征是个难题，相应的组成数据、反应数据均很缺乏，如何建立模型、求解动力学参数需要探索与研究。

第二章　在油气加工领域的应用

第一节　富二氧化碳天然气资源直接利用与复合能源化工体系建设

能源安全是我国国家战略的重要组成部分。在应对全球气候变化的背景下，多元、低碳、高效和清洁是能源开发利用的必然趋势。对于未来能源结构，基本共识是走“从高碳到低碳，最终趋向碳循环乃至无碳排放”的道路。在开发利用低碳能源方面，根据中国的能源结构和发展规划以及国际能源发展态势，能源技术将按照“近期低碳化、中期近零化、远期去碳化”的整体思路发展。

天然气作为重要的低碳化石能源，在低碳能源过渡时期起着关键作用，尤其近年来中国的天然气消费量快速增长，2017年我国天然气对外依存度高达39%，我国已划定2035年天然气对外依存度上限为50%，加快实现我国天然气资源的开发和利用已刻不容缓。中国主张管辖的南海范围内的天然气地质资源量约为$16\times10^{12}m^3$万亿立方米，占中国油气总资源量的1/3，相当于全球的12%，因此被称为“第二个波斯湾”，成为世界四大油气资源富集海域之一，不仅为世界诸多国家持续关注，也必将成为能源开发与能源安全的焦点。

南海的天然气组成与内陆其他地区的组成有很大的不同，其特点是天然气中含有高浓度的CO_2。国内外的很多探测数据表明南中国海典型高二氧化碳气田的CO_2含量在20%~80%。根据商业天然气的输送要求，天然气CO_2含量不得超过2%，液化天然气CO_2含量不得超过0.2%，而南海海域气田开采出的天然气中CO_2含量普遍较高，因此必须在海上脱出部分CO_2，才可以进一步使用。目前从天然气中分离CO_2的过程不可避免地使得能耗增加，还将引起天然气的损失。相关研究表明，在天然气分离CO_2过程中，天然气的损失率在2.5%~7%。2019年，中共中央办公厅、国务院办公厅印发的《国家生态文明试验区（海南）实施方案》提出，要把海南建设成为生态文明体制改革样板区、陆海统筹保护发展实践区、生态价值实现机制试验区和清洁能源优先发展示范区。以生态环境质量和资源利用效率居于世界领先水平为目标，海南生态文明建设逐步升级，将谱写美丽海南新篇章。若将天然气中脱出的CO_2若直接排入大气，将对海南环境造成严重的温室气体影响。因此，如何高效利用高含二氧化碳天然气，同时兼顾环境保护，是南海天然气利用面临的“双重挑战”，同时，在国家提出要在“2030年碳达峰、2060年实现碳中和”的大背景与新形势下，富二氧化碳天然气的直接利用也成为了实现目标的关键核心技术之一。

基于南海海域气田开采的现状和气体组成特点，中海油旨在对CO_2含量在20%~80%的富二氧化碳天然气的低碳清洁高值化利用提供解决方案并构建技术转化平台。根据中海油东方气田的开采现状，东方乐东区域待开发富含CO_2天然气拟动用储量约$350\times10^8m^3$，新建叠加产能约$15\times10^8m^3/a$，综合组分CH_n含量约为45%，CO_2含量约为45%，N_2含量约为10%。若按照目前天然气下游的主要利用方式（天然气经CO_2分离净化后作为燃气）进行经济性核算，新建富CO_2天然气开采项目折算纯烃临界气价均较高，不具有经济可行性。

根据国家发展改革委2019年发布的《产业结构调整指导目录》，CO_2含量20%以上的天然气制甲醇不属于限制类产业，结合中海油近期的产业规划，将富二氧化碳天然气不经分离直接利用，即采用干重整技术先转化成合成气（CO和H_2的混合物），继而生产甲醇、合成氨、纯氢或经费托合成生产液体燃料或化学品，是近中期一条可行的利用途径。此外，通过新一代高效廉价的膜分离技术，将CO_2和甲烷分离，采用甲烷直接转化制备高附加值化学品技术以及CO_2在常温、常压条件下直接一步转化为一氧化碳、甲酸、甲醇、碳氢化合物等燃料及化学品是中远期极具潜力和应用前景的技术。同时衔接海南丰富的太阳能和风能资源的利用，结合炼化产业的布局构建低碳复合能源化工体系，为富二氧化碳天然气的高值化利用提供全产业链的解决方案，实现传统炼化产业和天然气产业的转型升级，具体路线图见图5-9。

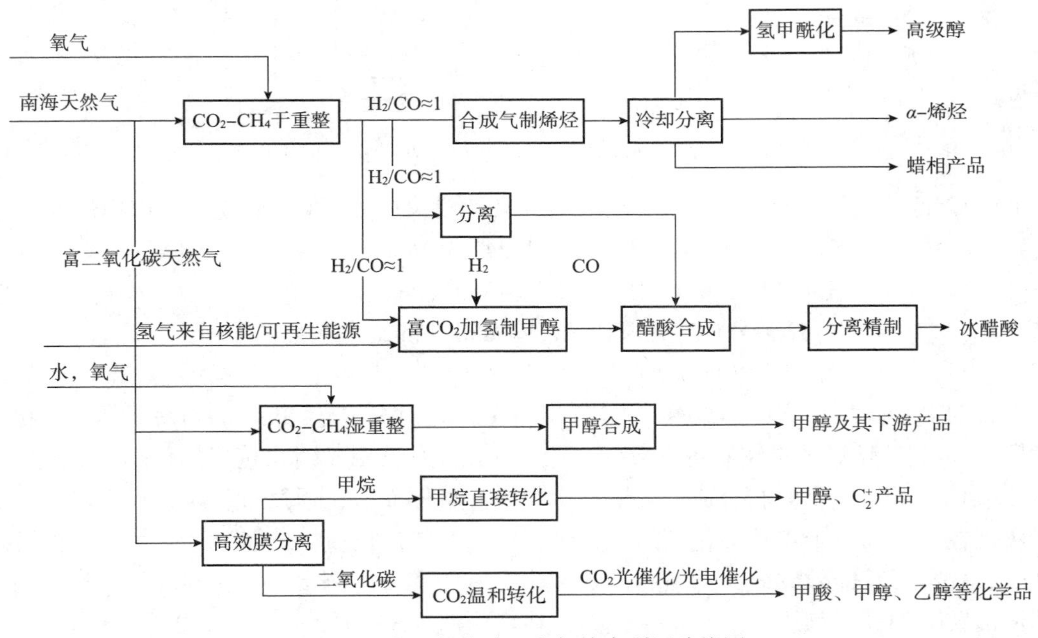

图5-9　富二氧化碳天然气综合利用路线图

结合富二氧化碳天然气化工产业现状与未来发展趋势，对于蒸汽重整经合成气制甲醇、甲醇制醋酸技术路线相对成熟，但可通过进一步过程优化提高工艺的能效、碳效；二氧化碳加氢制甲醇已于2020年7月起在中海油开展了目前为止世界规模最大的5500t/a

工业示范试验，结果表明单程转化率25%以上为目前世界最好水平，其他各项指标均达到实验室小试指标，催化剂性能优异；低碳烷烃二氧化碳重整技术、合成气直接制烯烃及烯烃氢甲酰技术为具有工业应用前景的原创性技术，正开展相关工程化试验验证，形成园区化管理的共性工程化平台；同时结合可再生能源，布局天然气直接转化新途径，并且结合战略研究及复合能源系统的概念验证，提出了低碳复合能源化工体系的解决方案。主要的几项核心技术如下所示。

1.富二氧化碳天然气低碳烷烃干重整制合成气技术

针对高CO_2含量（20%~50%）并含有少量C_2和C_3烷烃（≤3%）的南海天然气，目前没有对应的大规模应用方案，因此限制了其系统性勘探与开采。但其储量丰富的CH_4和CO_2既是两种温室气体，又是两种碳资源分子，一旦实现大规模转化，将有效弥补我国的能源化工原料短缺的现状。因此，富二氧化碳天然气低碳烷烃重整制合成气及其衔接下游技术的研发和示范具有重要的意义，而如何更有效提高富二氧化碳天然气利用率，提高过程能效碳效，并兼顾高效减排是研究的重中之重，也是中海油的重要研究目标。图5-10为CO_2-低碳烷烃干重整制合成气工艺流程简图。

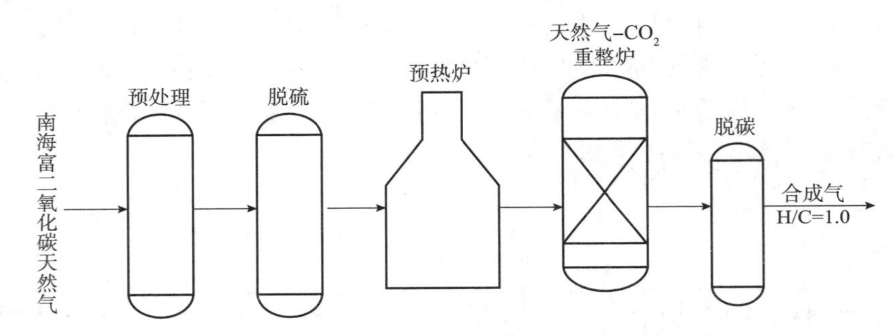

图5-10　CO_2-低碳烷烃干重整制合成气工艺流程简图

CO_2-低碳烷烃干重整生产合成气过程主要化学反应如下（低碳烷烃仅以甲烷为例）：

$$CO_2+CH_4 \rightarrow 2CO+2H_2 \quad \Delta H=247.3kJ/mol \tag{1}$$

$$CH_4+1/2O_2 \rightarrow CO+H_2 \quad \Delta H=-35.6kJ/mol \tag{2}$$

$$CH_4+2O_2 \rightarrow CO_2+2H_2O \quad \Delta H=-880kJ/mol \tag{3}$$

$$CO_2+H_2 \rightarrow CO+H_2O \quad \Delta H=41.12kJ/mol \tag{4}$$

针对高CO_2含量（20%~50%）并含有少量C_2和C_3烷烃（≤3%）的南海天然气，提出利用CO_2-低碳烷烃干重整制备合成气，探索并摆脱传统重整对水蒸气的依赖，实现南海富二氧化碳天然气重整制合成气关键技术突破。具体而言，通过抗积炭、低金属含量的低碳烷烃（C_1~C_3）干重整催化剂的技术创新，通过专用反应器装备以及相关工艺的技术开发，提高过程能效碳效，并兼顾高效减排，进而实现南海富二氧化碳天然气特色资源的清洁转化和高效利用。实验室小试为：在反应温度850℃、反应压力2.0~3.0MPa条件下，可实现低碳烷烃（C_1~C_3）单程转化率大于98%、合成气H_2/CO摩尔比在0.7~2.0区间灵活可调。为此，中海油目前正在海南东方开展$20\times10^4Nm^3/h$的工业示范装置建设[36]。

为了更大范围转化利用富二氧化碳天然气中伴生（夹带）的二氧化碳，中海油还在探索二氧化碳含量>50%的富碳天然气干重整技术，实验室小试表明，中海油与浙江大学合作开发的新一代干重整催化剂，每分子甲烷可以转化2.9个二氧化碳分子，已接近干重整反应MCR指数达到3.0的最高理论值。

2.二氧化碳加氢制甲醇工业示范与商业化推广

二氧化碳是一种自然界大量存在的“碳源”化合物，若能借助零碳能源（可再生能源、核能等）电解水制得的氢气将CO_2转化为有用的化学品或燃料，将同时帮助解决大气中CO_2浓度增加导致的环境问题、化石燃料的过度依赖以及可再生能源的存储问题。甲醇是重要的运输燃料，著名诺贝尔化学奖获得者Olah教授提出了“甲醇经济”的概念，若借助零碳能源将CO_2直接转化为液体燃料可使得整个碳循环更加有效。

中国南海拥有丰富的油气资源大都以富含二氧化碳（16%~20%）。目前南海气田的中下游用户主要以天然气发电、天然气化工、LNG及部分民用。化学公司海南基地四套化工装置年消耗天然气$34\times10^8m^3$左右，为海油上游气田开发与利用起到了重要的支撑作用。用高含二氧化碳的天然气生产甲醇，避免了一段蒸汽转化氢多碳少的矛盾，无须补碳即可调节氢碳比。

但随着原料气中二氧化碳的进一步提高，带来了催化剂活性降低、甲醇产能减少等问题。国外一些企业与研究机构如丹麦托普索、日本关西电力公司和三菱重工、德国鲁奇公司、韩国科学技术研究院等均在攻关高效二氧化碳加氢催化剂及相应技术。国内的相关技术也接近中试水平，但与国际先进水平相比，还存在转化率和选择性较差的问题。

CO_2加氢过程主要化学反应如下：

$$CO_2+3H_2\rightarrow CH_3OH+2H_2O \quad \Delta H=-49.57kJ/mol \tag{5}$$

$$CO+2H_2\rightarrow CH_3OH \quad \Delta H=-90.8kJ/mol \tag{6}$$

$$CO_2+H_2\rightarrow CO+H_2O \quad \Delta H=41.12kJ/mol \tag{7}$$

表5-5为采用中试和工业示范用的催化剂进行单管实验的部分数据。

表5-5 二氧化碳加氢单管实验结果

循环比	WHS V/h^{-1}	CO_2 Con. %	MeOH Sele. %	CH_4 Sele. %	CO Sele. %	STY_{MeOH} kg/（L·h）
0	4000	28.8	61.05	0	38.95	0.15
0	4000	30.8	68.91	0	31.09	0.21
3	16000	55.02	78.19	0.03	21.77	0.47
3	16000	55.11	78.38	0.03	21.59	0.47
5	24000	64.40	81.75	0.04	18.21	0.60
5	240000	68.21	82.66	0.04	17.30	0.59

中海油开展的富二氧化碳合成气加氢合成甲醇工业示范，其工艺流程图见图5-11。

2020年9月21日8:00~24日8:00，中国石油和化学工业联合会组织现场考核专家组到海洋石油富岛有限公司对二氧化碳加氢制甲醇工业试验装置现场进行了72h连续运行考核。考核期间二氧化碳加氢制甲醇工业试验装置主要进出物料和操作条件（72h平均值）见表5-6和表5-7。

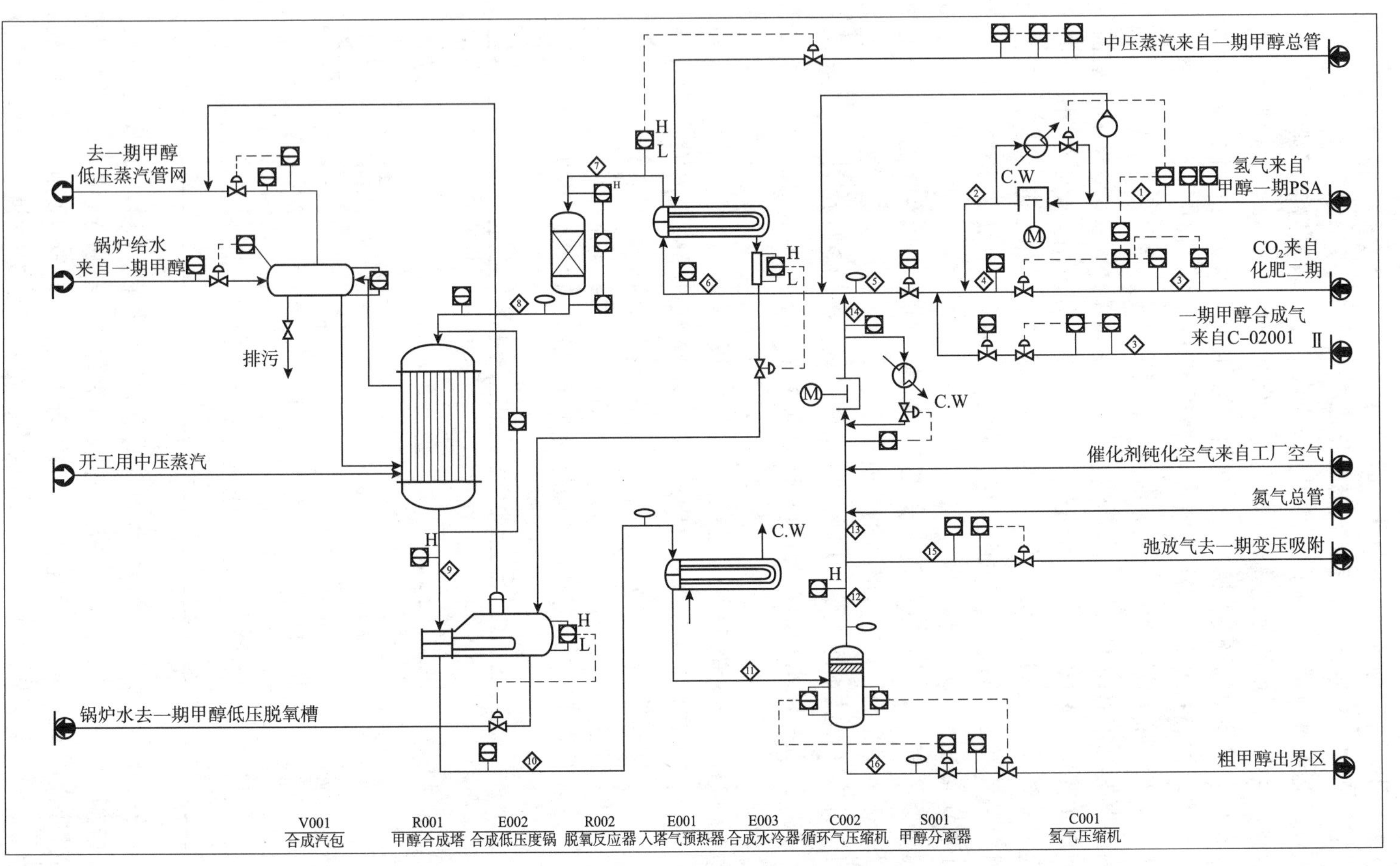

图 5-11　5000吨/年富二氧化碳合成气制甲醇工艺流程图

表5-6　主要物料进出数据

	名称	设计值	考核值	备注
主要物料输入	氢气（kg/h）	218	190	波动范围175~210kg/h
	二氧化碳（kg/h）	1290	1120	波动范围1000~1200kg/h
主要物料输出	弛放气（kg/h）	357	270	以N_2为内标
	闪蒸汽（t）	22	未计量	
	粗甲醇（t）	1128	1122	定时计量分离器刻度上升高度

表5-7　主要系统操作温度与压力

操作条件	温度/℃		压力/MPa	
	设定值	考核值	设定值	考核值
合成塔入口	245	245	8.4	8.4
合成塔出口	250	250	8.0	8.0

富二氧化碳天然气由于高含CO_2的特点难以直接利用，但其中所含的CO_2弥补了一般天然气少碳多氢的缺点，尤其符合天然气化工过程中的补碳要求。以年产50万吨甲醇为测算依据，南海富二氧化碳天然气制甲醇过程碳效为82.5%，能效为80.4%，单位生产成本与原料气价格关系见图5-12。

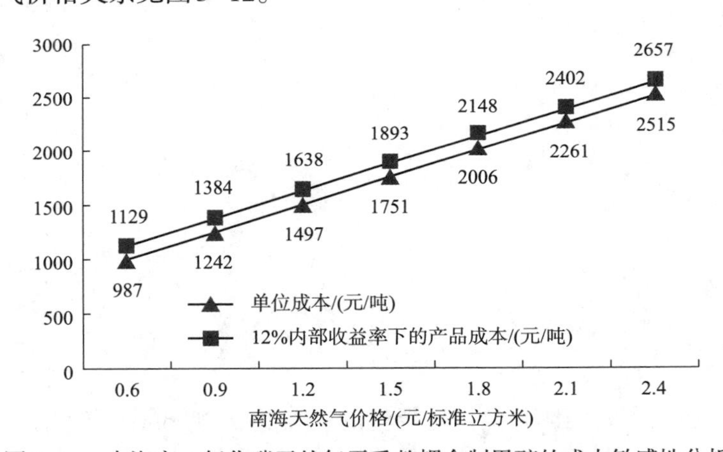

图5-12　南海富二氧化碳天然气干重整耦合制甲醇的成本敏感性分析

3.合成气制烯烃及烯烃氢甲酰化技术

烯烃包括低碳烯烃（乙烯、丙烯、丁烯）及高碳α-烯烃（$C_{5+}^{=}$），属于一类重要的高附加值化工原料。相比低碳烯烃，高碳α-烯烃是一类高附加值更高的化学化工原料，广泛应用于表面活性剂、增塑剂、高档润滑油等精细化学品生产。目前高碳α-烯烃主要由乙烯齐聚得到，我国高碳α-烯烃市场空间巨大，但国产化严重不足，严重依赖于进口。合成气经费托反应路线直接制取烯烃（FTO）技术具有流程短、能耗和煤耗低的优势，所得烯烃除了低碳烯烃，还包括大量附加值更高的高碳α-烯烃。图5-13为流程简图。

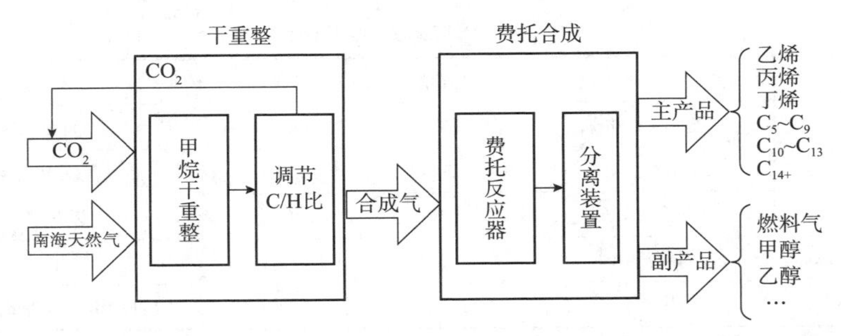

图5-13　南海富二氧化碳天然气干重整耦合费托合成制烯烃的原则流程示意图

一旦实现合成气高选择性低成本直接制取高碳α-烯烃，将带动许多相关行业的发展[37]。以0.6Mt/a的总烃生产规模为例，南海天然气经过干重整生产H2/CO比=1的合成气原料气为基准，FTO经净化后直接进合成装置，初步的技术经济表明，单位α-烯烃的生产成本为8178元/吨，该工艺在2018年市场价格下的内部收益率高于30%，具有良好的抗风险能力。部分数据见表5-8。

表5-8　干重整耦合F-T合成烯烃的技术经济简要分析

项　目	单位成本	比　例
可变成本		
合成气	5435	66.4%
燃料	161	1.97%
催化剂	33	0.4%
水	10	0.12%
小计	5639	68.96%
固定成本	508	6.21%
资金成本	2031	24.83%
α-烯烃成本/（元/吨）	8178	100.0%

目前FTO存在的主要问题是烯烃选择性的提高及产物分布的有效控制。由于FTO合成是强放热反应，容易发生飞温现象，促进甲烷化和碳沉积的发生。同时，由于ASF分布规律以及动力学和热力学等方面的限制，产物呈现广谱分布。此外，在费托反应过程中，烯烃极易发生二次加氢反应转化为饱和烷烃，从而进一步降低烯烃选择性。由于合成气直接制备烯烃路线受较多因素的制约，目前较为理想的催化剂报道较少，新一代催化剂开发是关键。同时将烯烃进一步经过氢甲酰化反应，得到醛类产物，将进一步提高产品的附加值，从而提高技术经济性[36]。

图5-14是富二氧化碳天然气干重整生产LAO的框架流程示意图[37]。

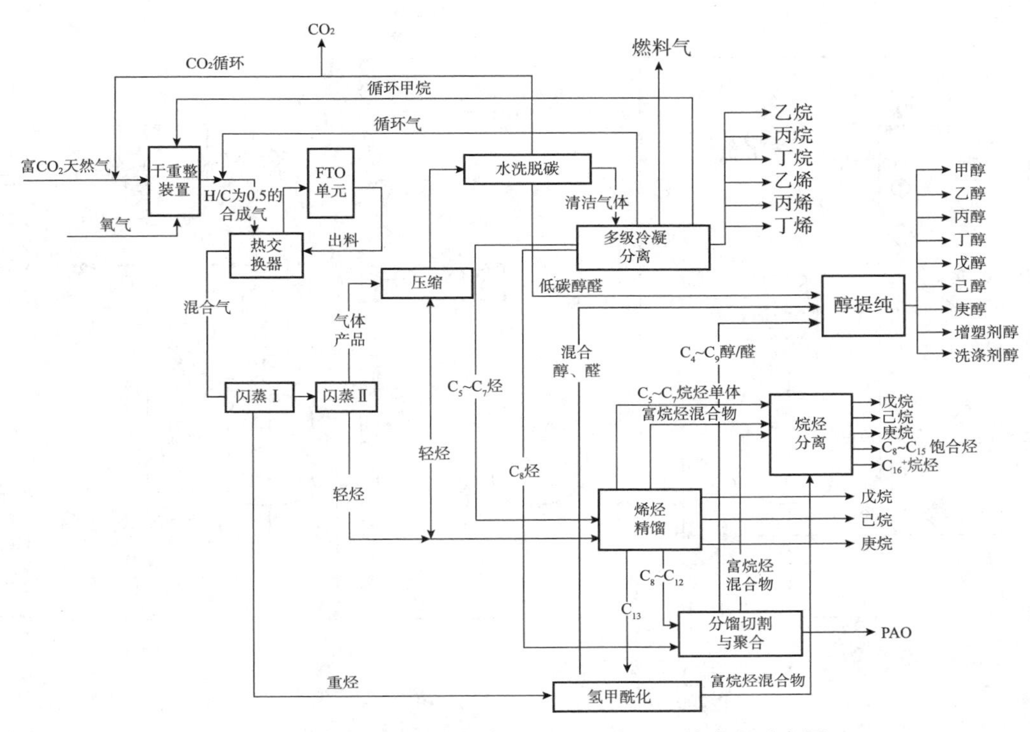

图5-14　富二氧化碳天然气干重整生产LAO的流程示意图

研制的低甲烷高烯烃选择性的FTO催化剂，甲烷选择性可低于5%，总烯烃选择性可高达80%以上，烯/烷比可高达8以上，同时产物碳数呈现显著的窄区间高选择性分布，$C_{2\sim15}$选择性占90%以上，可见产物分布完全不服从ASF规律。具有优异性能的高选择性合成气制烯烃纳米催化剂，进一步提升催化性能，其中，烃类产物中烯烃总选择性≥80%，烯烃分布中$C^{=}_{5}$以上烯烃的比例大于50%，催化剂完成2000小时稳定性试验。

中海油开发的氢甲酰技术，取得了较好效果，在中国神华包头煤化工有限公司、延长石油榆能化等低碳烯烃氢甲酰化工业装置得到了工业应用。例如，在神华的应用结果表明，低碳烯烃转化率大于90%，醛收率大于90%。氢甲酰主要反应见图5-15，而图5-16为氢甲酰工艺流程图。

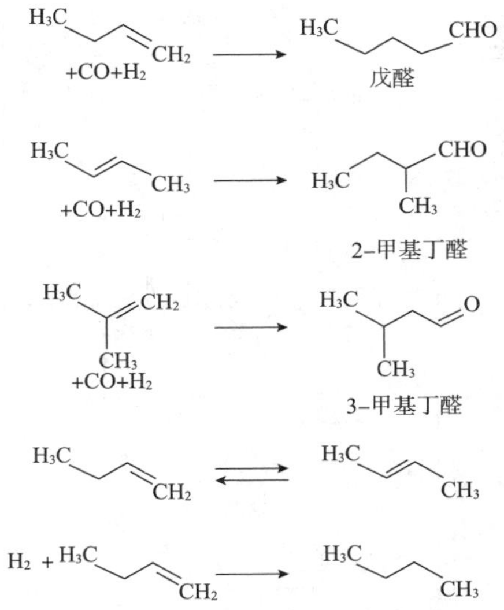

图5-15　氢甲酰过程主要反应示意图

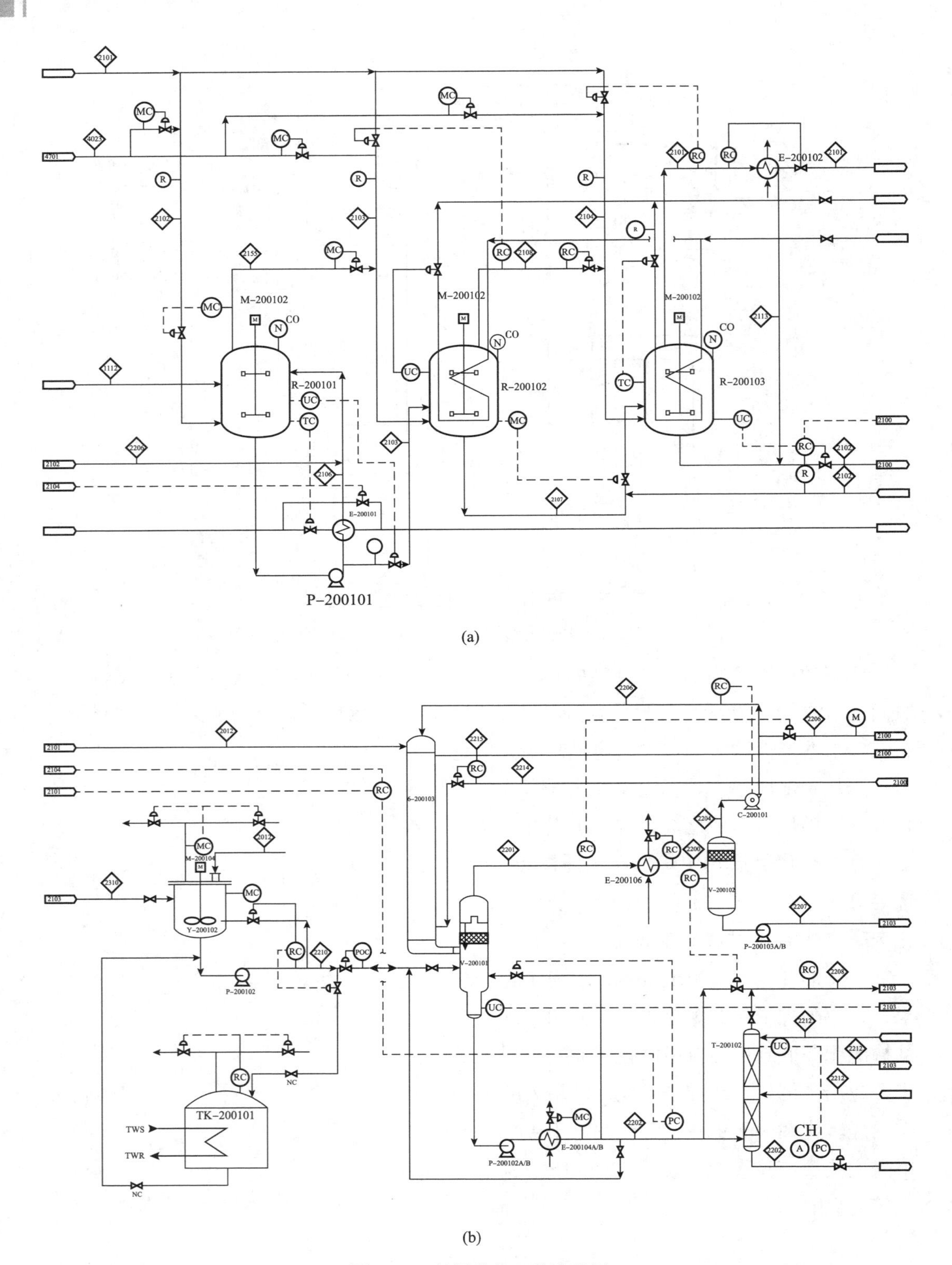

(a)

(b)

图5-16 氢甲酰化工艺流程图

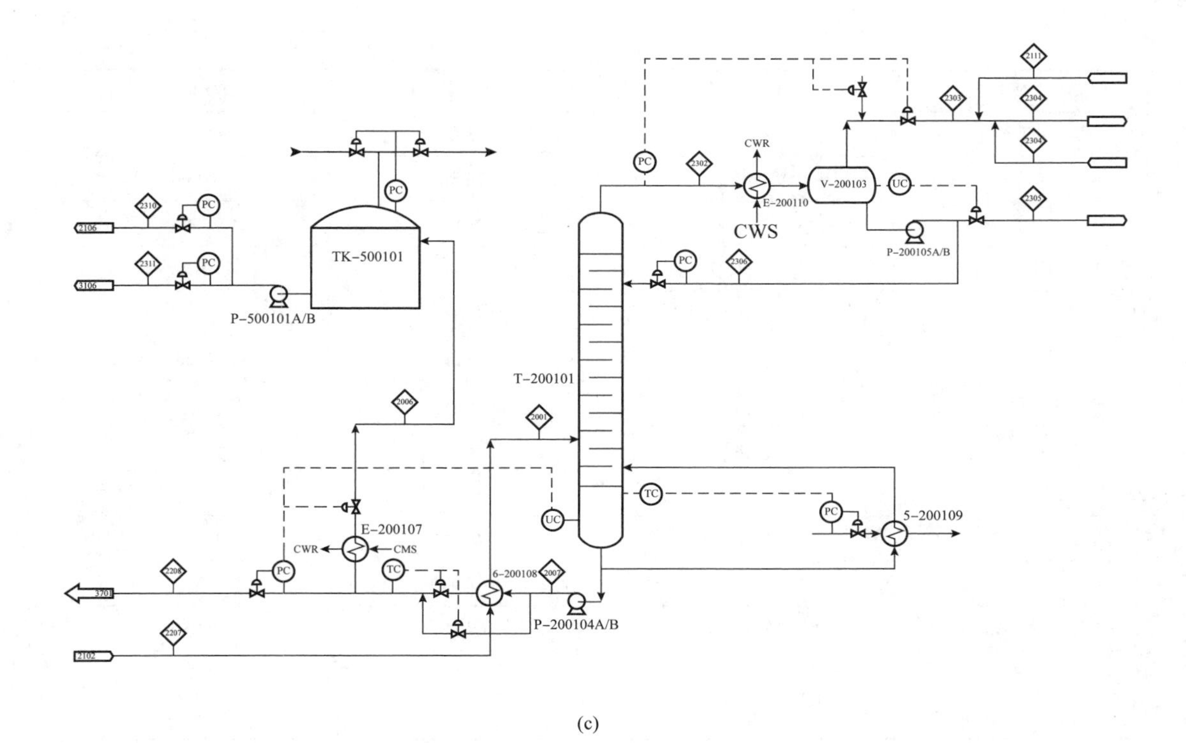

(c)

图5-16　氢甲酰化工艺流程图（续）

二氧化碳低碳烷烃干重整同时耦合氢甲酰化技术，将低碳烯烃进一步转化为醛类或高碳醇产品，实现合成气直接转化联产醇烯技术工业应用。

表5-9为C_4资源性质及煤化工MTO装置的抽余C_4原料性质及对比。按照中海油拥有的就近资源情况，可建设规模为0.1Mt/a的癸醇（2-PH）生产装置。

表5-9　C_4资源与性质

项　目	DCC装置C_4	MTBE装置后C_4	MTO抽余C_4
温度/℃	40.00	40.00	39.00
压力/MPa（G）	0.80	1.20	2.29
流量/（t/h）	25.00	13.89	8.30
流量/（kmol/h）	443.42	244.78	147.50
分子量	56.38	56.74	56.27
组成/mol%			
甲醇	0.00	0.02	
碳三	—	0.42	
丙烷	0.99	—	
丙烯	0.41	—	
异丁烷	14.40	22.09	
正丁烷	6.64	9.73	6.80

续表

项　目	DCC装置C_4	MTBE装置后C_4	MTO抽余C_4
顺2-丁烯	12.70	18.60	39.80
反2-丁烯	17.35	26.56	50.60
1-丁烯	15.05	21.92	2.40
异丁烯	31.87	0.38	0.20
丁二烯	0.37	0.00	
异戊烷	—	0.22	0.20
正戊烷	—	0.05	
$\geqslant C_5$	0.22	—	
MTBE		0.01	
合计	100.00	100.00	100.00
其中正丁烯（1-丁烯+顺、反2-丁烯）			
含量/mol%	45.10	67.08	92.80
流量/（t/h）	11.28	9.32	7.70
流量/（kmol/h）	199.99	164.21	136.88

混合C_4氢甲酰化生产高碳醇工艺对合成气和氢气有相应的要求，相关规格见表5-10和表5-11。

表5-10　合成气指标

项　目		指标
CO/mol%		47.8~49.0
H_2		平衡
甲烷+N_2/mol%		1.5
杂质含量限制≤ppm	乙炔	0.1
	总硫	1
	总氯	1
	砷	1
	汞	1
	氰化氢	1
	氨	10
	O_2	1
	羰基金属	2
	H_2O	300

表5-11　氢气指标

H_2/（≥，mol%）		97.5
甲烷+N_2		平衡
温度		环境温度
压力/MPa		2.5
杂质含量限制≤mg/L	O_2	5
	CO	10
	CO_2	20
	总硫	0.2
	总氯	0.3
	氨	0.5
	砷	1
	汞	1
	H_2O	30

在具体生产过程中，不同C_4来源氢甲酰化生产高碳醇时，对合成气以及氢气的需求量不同。例如，用MTBE醚后C_4生产高碳醇，则合成气的理论需求量约为6200Nm^3/h，氢气需求量约为4000Nm^3/h。此时，可视氢气来源的不同有几种不同的技术方案。例如，如果拟直接从富二氧化碳天然气获取，则可采用如下的流程获取氢气，见图5-17。

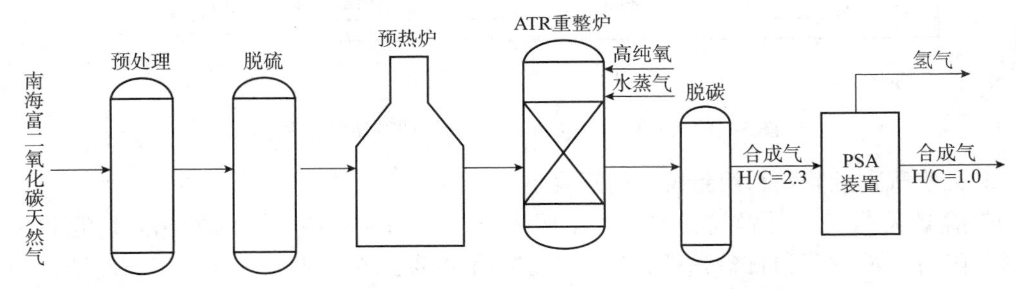

图5-17　南海富二氧化碳天然气联产合成气/氢气流程简图

根据图5-17所示的技术方案，以南海富二氧化碳天然气为原料，采用湿重整制富二氧化碳合成气技术制取氢碳比为2.3的合成气10200Nm^3/h，继而采用PSA装置进行氢气提纯与分离，得到纯氢气4000Nm^3/h和氢碳比为1.0合成气6200Nm^3/h，用于醚后C_4生产高碳醇。

10×10^4t/a的2-PH工业生产装置的物料平衡流程示意图见图5-18。据简要技术经济分析测算，建设10×10^4t/a的2-PH装置静态回收期约为2.57年。按照中海油炼化企业的混合C_4资源测算，至少可以建设50×10^4t/a的2-PH装置，而且南海富二氧化碳天然气资源丰富，可以供应足够的合成气，所以本技术有较好的发展空间。

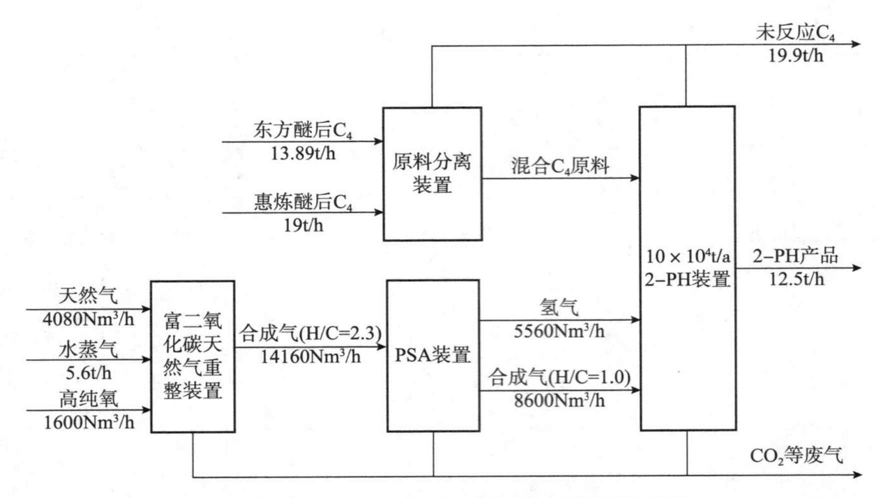

图5-18 10×10^4t/a 2-PH装置物料平衡示意图

以混合C_4烯烃生产2-PH的原则流程图见图5-19。

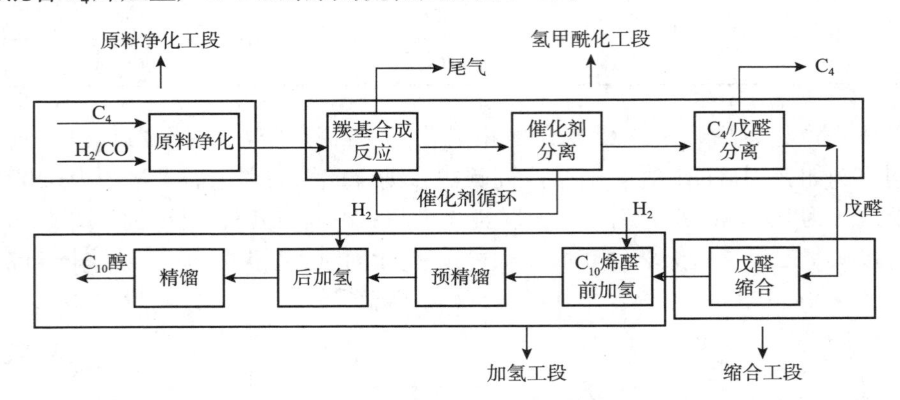

图5-19 混合C_4烯烃生产2-PH的原则工艺流程图

4.天然气直接转化利用新技术的开发

甲烷是天然气、页岩气和沼气的主要成分，是一种清洁、高效的能源资源和化工原料。随着石油资源的日益枯竭，储量丰富的甲烷资源在世界能源和化工原料结构中占有越来越重要的地位。但是，作为化工原料，甲烷分子高度对称，碳氢键解离能高达440kJ mol^{-1}。因此，如何将这种高度稳定、难以活化的甲烷分子直接转化为高附加值的化学品一直是基础研究的热点，也是多相催化领域最具挑战性的课题之一，是催化领域“圣杯式”研究课题。目前，甲烷化学利用大致分为两种途径：一种是间接法，即首先将天然气转化成合成气（CO和H_2的混合气），再通过费托合成等路径合成高附加值化学品或中间化学品。间接路线中的费托合成油、甲醇制烯烃等工艺已经实现工业化应用。而甲烷直接转化成高附加值化学品一直是与间接法平行发展的研究方向。甲烷直接转化法主要的催化转化方式包括氧化偶联（OCM）、无氧芳构化（MDA）和无氧甲烷到烯烃。这些反应路径都是高温（873~1373K）过程，并且C_2产物收率一直难以大幅提高，反应本身存在致命的系统性安全隐患，因而不仅对反应器的设计带来重大考验，对催化剂的稳定性能也提出了近乎苛刻的要求。从资源、能源发展战略的角度来看，高温热催化甲烷转化的方法并不理想，急需开发甲烷直接转化利用的新技术。因此，在温和条件下对甲烷进行直接转化利用日渐成为一个具有重要意义的前瞻课题。发展低温选择性氧化高性能催化体系开发，或者利用可再生能源驱动的甲烷光电直接转化，具有重要的科学意义及应用价值。

采用传统化学方法还原二氧化碳需要同时消耗能量和氢气等还原性气体，而采用光催化或者电催化CO_2转化，采用太阳能或者可再生的风电、太阳能发电或富余核电等洁净电能为能源，在常温、常压条件下将CO_2直接一步转化为一氧化碳、甲酸、甲醇、碳氢化合物等燃料及化学品，同时实现了CO_2的资源化利用和洁净电能的有效存储，表现出极具潜力的应用前景。如何高效率地获得高附加值的化学品是该领域极具挑战性的热点课题，目前正在推进中。

5.甲烷蒸气重整天然气利用技术过程优化

天然气制合成气是天然气间接利用的重要步骤，也是天然气制氢的基础。目前天然气重整主要是天然气蒸气重整和天然气部分氧化，其中，天然气部分氧化耗氧量大，能耗更高。另外，高温操作对安全提出更高的要求。天然气蒸气重整制氢或合成气再进行下游生产如生产甲醇、合成氨是世界范围内广泛采用的工业化技术，中海化学富岛公司采用四套装置通过蒸气重整的技术生产合成气，然后合成气衔接下游。然而在当前普遍工业应用案例中，为保证重整在高压条件下的稳定运行，蒸气重整原料中的摩尔比采用$H_2O/CH_4 \approx 3$，甚至更高。高H_2O/CH_4摩尔比的重整一方面导致高质天然气资源紧张，另一方面，反应过程中50%以上H_2O不能转化，其空转引起的能耗和成本居高不下，更不利的是高能耗的过程中还会排放大量的二氧化碳。

另外，因为建设时期比较早，从工艺和关键设备的角度出发，传统的蒸气重整工艺也需要进一步优化。以东方基地的经天然气蒸气重整制甲醇为例，天然气转化炉在日常操作过程中会出现转化管超温情况，但是调温控制方式不够精细，可能导致燃料的浪费及转化管局部频繁过热。为此，结合转化炉的设计与操作数据，可采用计算机CFD、Aspen等专业软件对转化炉辐射室进行燃烧、热平衡计算，模拟辐射室内的温度分布与烟气流动，研究转化管外壁面温度与热通量分布特点，进而研究转化管的应力分布特征，将辐射室模型与转化管模型进行关联，建立精确的数值模型，提高转化管使用年限，为提升转化炉效率提供理论支持，可进一步实现降低能耗的目标，更为海油天然气化工下游的甲醇等产业的优化升级提供可行的解决方案。

因此，对CO_2含量20%左右并含有少量C_2和C_3烷烃（$\leq 3\%$）的南海天然气，中海油开展了南海富二氧化碳天然气蒸气重整利用过程优化研究，探索并摆脱传统重整对大量水蒸气的依赖，突破传统的甲烷重整需要H_2O/CH_4摩尔比远大于1的反应条件限制，着眼于核心设备转化炉的分析与优化，通过全系统工艺中物流匹配和温度节点分布控制，实现南海富二氧化碳天然气低H_2O/CH_4重整制合成气关键技术突破。实现更经济的接近化学反应式配比的甲烷重整技术的稳定运行，即实现H_2O/CH_4摩尔比小于2的条件下的系统运转，显著提高该工业过程的能效碳效，减少温室气体排放和资源浪费。

6.低碳复合能源化工体系建设

2019年国务院印发的《国家生态文明试验区（海南）实施方案》，要将海南建设成为生态文明体制改革样板区、清洁能源优先发展示范区，以实现生态以生态环境质量和资源利用效率居于世界领先水平为目标，逐步升级海南生态文明建设，意味着传统高耗能、高污染的重化工业需要加快转型升级。就我国南海天然气而言，由于其组成与内陆其他地区的组成有很大的不同，CO_2普遍较高，典型的高二氧化碳气田的CO_2含量在20%~80%。若将天然气中脱除的CO_2若直接排入大气，将对海南环境造成严重的温室气体影响。结合海南地区丰富的可再生能源和核能，为富二氧化碳天然气的利用及下游产业提供清洁的氢气和氧气，构建低碳复合能源化工体系，既实现了富二氧化碳天然气的低碳高效化利用，又兼顾环境保护，为海南地区产业升级、构建生态文明体制改革样板区提供了解决方案。

海南岛可再生资源丰富，地处热带，光温资源丰富，日照时数长达1750~2750h/a，太阳总辐射量大，年均4600~5800MJ/m^2，其中东方市一带最大，达5800MJ/m^2，日照时数2750h/a，相当于0.16~0.2t/m^{2}标准煤/年。陆地风能资源总储量为828.38×10^4kW，技术可开发量为128.4×10^4kW，从海南岛西部沿海的东方感城镇沿海岸线至昌江海尾镇，为风能资源极其丰富区，年平均风功率密度超过200W/m^2。海南省水能资源理论蕴藏量有99.5×10^4kW，可开发水电总装机容量77.2×10^4kW，年发电量26.25×10^8kW·h，相当于火电厂每年消耗96.7×10^4t标准煤；同时，海南省热干岩地热资源和潮汐能也非常丰富，其港湾潮汐能资源共有37.7×10^4kW，按可利用率30%计算，可发电量11.1×10^4kW。

因此，基于海南岛得天独厚的可再生资源尤其是东方市丰富的太阳能和风能资源并考虑国家在海南沿海的核能规划，构建低碳复合能源化工体系，高效利用富CO_2天然气资源耦合中海油下游产业规划，生产高附加值绿色化学品，契合海南绿色崛起战略，也符合低碳、清洁、生态化发展的方向。

基于南海富二氧化碳天然气资源的复合能源化工体系见图1-3[35]。

第二节　以石油分子工程为基础　推进炼化企业数字化和智能化建设

一、石油分子工程是智能炼化建设的理论基础

1.智能炼化建设特点

流程工业“智能炼化”在当前已获普遍关注。炼油化工行业为应对“资源、能源、环境与安全”的挑战与约束而打造基于工业互联网的“智能炼化”，对于经济发展的作用进一步凸显。“新一代信息技术与制造业深度融合，正在引发影响深远的产业变革，形成新的生产方式、产业形态、商业模式和经济增长点”[39]，因此，数字化、智能化转型升级即智能炼化建设目前发展得如火如荼，也使得未来的炼化企业将从根本上改头

换面[40]。

炼化企业的智能炼化建设，以实现“资源高效转化、能源高效利用、过程绿色低碳”为目标，就是应用包括物联网、大数据、人工智能等新技术，将炼化生产、管控、决策与数字化智能化的敏捷感知与监控测量技术、重构技术、分子水平动力学动态建模等知识关联模型化技术，以及云计算、大数据、AI等算法技术、AR/VR/MR等可视化技术和APC、RTO等优化技术深度融合，结合移动工业互联网等平台，构建起全流程资源敏捷优化与决策系统和生产过程绿色低碳及全流程整体协同优化系统而形成新型的炼化企业模式，且这种模式今后将进一步发展为全流程整体协同优化的管控与决策智能一体化模式，从而实现横向上从原油生产、运输、仓储到炼化生产、油品仓储、物流、销售的整个供应链的协同优化，使生产和供应及时响应市场变化，实现智慧供应链；纵向上实现炼厂的计划优化、调度优化、全局在线优化。简言之，即全面实现资源的敏捷优化、全产业链的协同优化和QHSE的溯源与监控[41]。

可以按照图1-4所示的“数字化、智能化、智慧化”三个阶段分步实施智能炼化建设，其中，数字炼化是基础，智慧炼化是目标，而智能炼化是核心[42]。而且，炼化企业的智能炼化建设[43]是围绕如图1-5[44]的数字化建设及其转型升级而实现的，即在数字炼化、智能炼化和智慧炼化分步实施的过程中，供应链、产业链的数字化与智能化转型升级实现价值链的提升，同时也构建了以全生命周期设备预防性维修维护为特征的安全环保体系，最终形成以“资源敏捷优化与分子级先进计划系统（MAPS系统）”“全产业链的协同优化”和“QHSE的监控与溯源”为核心特色的智能化信息化系统。

智能炼化建设具有“自动化、数字化、可视化、模型化、集成化、网络化、智能化和绿色化”的特点[39]，这些特点基本上均与石油分子工程与分子管理有直接与间接的关系。

2.石油分子工程是智能炼化建设的理论基础

为了充分利用好宝贵的石油资源，做到绿色、高效和高选择性地实现资源价值最大化和成本最小化，石油分子工程[45~47]就是在超越传统石油炼制认知体系下通过对石油及其馏分的分析表征、分子重构及模拟与识别，获得石油及其馏分在分子水平上的各种信息；将直接获取或重构获得的这些分子信息与石油及其馏分的物化性质及反应性相关联，从而建立分子水平的反应动力学模型，并模拟石油炼制加工反应过程；预测、关联反应产物分布及其产物性质；为原料优化，催化剂开发、表征、设计、筛选、使用，石油炼制工艺过程操作管理与优化，以及新的工艺过程开发等提供有益的指导与帮助，实现石油中每个有机分子价值的最大化，提升石油炼制的效率与效益。因此，石油分子工程与管理就是智能炼化建设的理论基础、技术构架的核心与主要模块内容。

之所以这么说，再就炼化企业在不同层次涉及的具体问题稍做展开分析：（1）在炼化企业的经营决策层面，还存在诸如原油（供应链）采购较少考虑企业装置运行特性；产业链分布与市场需求时有脱节，不同区域、不同时期对产品的需求不一样，如何很好匹配？以及现有或新上的各类管理系统不能很好集成，缺乏知识驱动，最后形成不少信息孤岛等问题。（2）在生产运行层面，存在的主要问题包括：一是精准优化控制水平不高。生产过程价值链模型化很困难，导致资源优化配置水平较低，计划、调度和生产装置之间优化缺乏有效协同，知识型工作者的经验难以固化和推广应用；二是资源综合利用效率较低，资源本身以及废弃资源缺乏综合利用；三是虚拟制造技术缺乏，虽然已经有少些先进企业开展三维数字化炼化建设，但虚拟现实与增强应用无论是深度还是广度均有待进一步研究开发。（3）在能效安环层面，需要面对能源利用率较低、QHSE如何监控与溯源问题；（4）在信息化集成层面，如何解决物料属性无法快速获取，如何加深、加大物联网应用以及如何增强信息系统集成性问题等，是比较迫切的问题，例如：原油评价周期很长，即使是采用简评、快评也需要2~3周时间，这对于计划采购、排产与优化等影响很大；原料与产品的流通轨迹缺乏实时感知数据，物流成本较高，供货不及时等。上述这些不同层次的问题，需要通盘、分类考虑，例如：在现金流为主的经营决策层面，考虑如何重塑供应链和产业链，如何主动响应市场变化，准确决策商业行为；在以物质流为主的生产运行层面，重点考虑如何重塑价值链，如何实现单元价值链描述，并进行企业级全流程整体优化；在以能量流为主的能效安环层面，既要考虑如何监控与溯源，还要考虑如何降本增效、确保QHSE合格，实现供应链和产业链的永续（可持续）发展；而在以信息流为主的信息集成层面，需要考虑如何实现信息的感知和集成，支撑生产、管理和营销模式的变革。

上述这些问题，可以集中通过基于石油分子工程、分子管理的“资源敏捷优化与分子级先进计划系统（MAPS系统）”“全产业链的协同优化”和“QHSE的监控与溯源”系统而得到解决。

二、基于石油分子工程与分子管理的智能炼化核心系统

吴青[2]详细介绍了与智能炼化建设的“数字化、模型化”特点直接相关的石油分子信息库与“资源敏捷优化与分子级先进计划系统（MAPS系统）”以及“全产业链的协同优化”系统的具体应用，也详细介绍了与智能炼化建设的“可视化”特点直接相关的“QHSE的监控与溯源”系统的应用情况。本小节再介绍一下在工艺装置、设备管理方面的应用。

1.大数据分析及其在炼油工艺过程的应用

炼油化工企业的精细化管理越来越需要协同管理，而协同管理必定带来大量关联性分析需求。这种需求存在于企业内部不同专业之间，也可能是不同企业跨专业之间。此外，炼化企业规模大、流程长、集中度也很高，管理体系很复杂，这个特点造成了炼化企业的结构、半结构以及非结构的生产经营数据非常庞杂。如何发现内在规律、优化业务流程，如何集成各类独立的信息化应用系统，如何筛选、关联有价值的数据并挖掘潜在的需求，是摆在我们面前需要解决的挑战与问题。

利用大数据技术对相关数据进行抽取、转化、分析和模型化，去伪存真并从中挖掘、提取能够辅助生产决策的关键核心数据，实现数据关系的挖掘和预测，这本身就是油气资源分子工程与分子管理的思想体现，且其方法原理是雷同的。

大数据应用的解决方案包括数据管理、分析预测和决策调控几个方面。其中，数据

管理就是要在大量数据中系统化地发现有用的关系，即实现经验规律的可重复性，也就是从原始数据中获取有效数据；分析预测是通过建立拟合不同模型研究不同关系，直到发现有用信息，即用于分析原因及解决问题；对于决策调控，就是发现潜在价值，预见可能发生的某种“坏的未来”并给出建议，即预测并提供解决方案，也就是通过异常预警和趋势预测，给决策者、执行者做出流程优化、结构调整和异常处理等方面的预测与建议。

大数据应用过程用到一些算法，如聚类法、分类法、关联和预测法等。其中，聚类法是将数据库划分为不同组群，群与群之间差别很明显，而同一个群之间的数据尽量相似。与分类不同，聚集前不清楚要把数据分成几组，也不清楚如何分；而分类是通过分析示例数据库中的数据，为每个类别做出准确的描述或建立分析模型或挖掘出分类规则，然后用这个分类规则对其他数据库中的记录进行分类；关联则是寻找在同一个事件中出现的不同项的相关性，比如在一次购买活动中所买不同商品的相关性，本质是要在数据库中发现强关联规则；预测是根据时间序列型数据，由历史的和当前的数据去推测未来的数据，基于初步的神经网络预测模型加入再训练方法持续改进模型精准度。

1）相关性分析

相关性分析是大数据分析中比较重要的一个分支，它可以在杂乱无章的数据中发现变量之间的关联。因此利用相关性分析算法可以挖掘传统经验之外的潜在因素，最终实现挖潜增效。具体的研究方法可以分成数据采集、数据整定与标准化以及相关性分析几个环节。其中，数据采集过程，实际上是将操作数据、质量数据、腐蚀数据、成本数据、物料平衡数据和能源数据等所有历史数据导入到云平台（如阿里云）的过程，因此也要完成相关系统与云的接口，以实现数据的实时导入。数据整定与标准化环节，就是对原始数据如操作数据、质量数据、腐蚀数据、设备运行数据、成本数据、物料平衡数据和能耗数据等多维度数据，按照一定的整定算法和时间维度对齐，对数据进行滤波、整定、异常值剔除和标准化处理，从而获得相应的合格或有效数据。可利用皮尔逊相关系数算法，计算各个指标的相关系数矩阵，并提取与关键指标强相关的变量，包括正相关的变量和负相关的变量，完成相关性分析。

图5-20和图5-21是操作条件和原料性质对产品收率、设备运行影响的相关性分析[48]。其他如操作条件、原料性质和馏出口质量对设备腐蚀的影响、操作条件和馏出口质量对单位成本与环保排放的影响以及操作条件和原料性质对馏出口质量的影响的相关性分析也可以利用类似的方法获得。

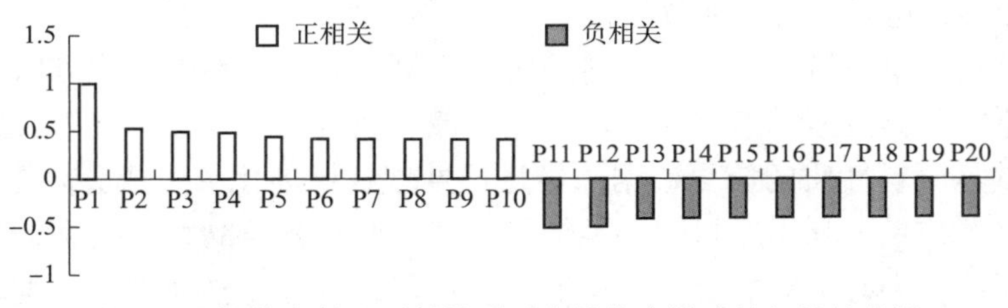

图5-20　操作条件和原料性质对产品收率影响的相关性分析

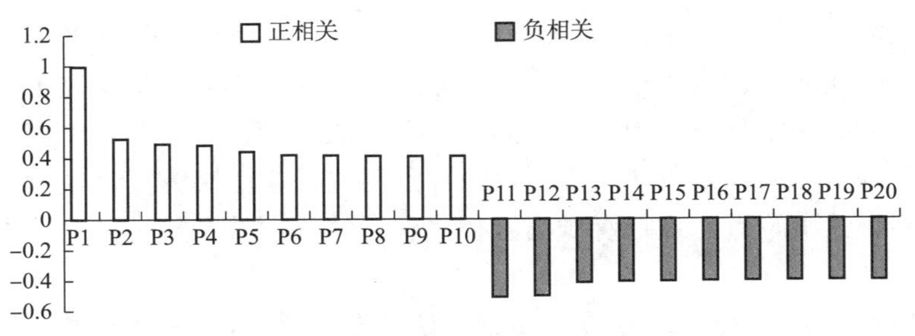

图5-21　操作条件和原料性质对设备运行影响的相关性分析

2）关于数据或指标的异常侦测

数据或指标的异常侦测涉及数据整定与标准化、相关性分析和特性选择、预测模型的搭建以及指标或数据异常判断等几个环节。其中，数据整定和标准化过程以及相关性分析与特性选择与上述1）有关内容类似。对于过程中所获得的相关系数矩阵，提取与所侦测指标强相关的变量又称为特性选择。对于预测模型的建立，是指筛选出与预测指标强相关且可调的操作变量作为预测模型的输入，建立预测模型后，实现对侦测指标的实时计算。具体对某指标的异常判断，可使用箱线图算法对该指标的值域进行计算，计算出该指标的异常限。超过异常限的值，即判断该指标异常。

在实际生产过程中，可能所有监测指标都在正常范围内，但整体上仍然会偏离正常范围，因此有必要进行多维数据的异常侦测。

多维数据异常侦测包括数据整定与标准化、抽取特征变量和降维处理、聚类分析以及异常预测预警等几个部分。其中，数据整定与标准化过程，与上述类似，是要收集、整理相关数据，并按照统一的时间序列做对齐和标准化处理，以消除量纲和数量级的影响，这与上述对指标数据用箱线图算法获得指标异常点判断是一样的道理与做法。抽取特征变量和降维过程，可以利用主成分算法抽取特征变量，以实现用较少的变量去解释大部分的变量，达到降维的目的。在聚类分析时，提取主成分作为聚类的数据源，可以采用 K-means算法进行聚类，以寻找异常值。此外，可计算每个观察样本与其所在的聚类中心的欧式距离，当该距离大于某个阈值时，即可判断该样本异常，其中，阈值可以根据历史数据统计选定。这是异常数据预测预警的通常做法。

3）目标参数优化分析

目标参数优化分析包括单一目标参数和多目标参数优化分析。在收集的操作样本库中，通过搜索某类原料条件下目标的最优值及其对应的强相关的操作变量，可以挖掘历史上最好的操作经验，比如挖掘经验丰富的操作人员的经验并固化下来，且可与某些优化软件互补使用，这就是目标参数优化。

以连续重整的单一目标参数如原料的优化为例，其目标参数优化可以采用原料聚类分析、建立原料分类模型、形成操作样本库，最后获得参数寻优。其中，原料聚类分析时，可整理重整原料性质的历史数据，经过预处理、标准化、主成分降维、K-means聚类，并输出聚类结果。利用原料的聚类结果，建立原料分类的相关模型，并对模型的分类效果进行评估。当有了新的批次原料的性质数据，就可以自动进行分类。对待优化目标强相关变量进行整理，即将原料的类别及其对应的强相关的操作参数导入操作样本库中，以此作为参数寻优的样本。在操作样本库中搜索不同类别原料条件下目标参数的最优值，以及对应的强相关的操作变量的取值，进而可以实现基于原料性质的目标优化，推荐操作参数。

对多目标参数优化来说，在上述原料的单一目标参数优化基础上，根据选择的多个优化目标及其优化方向，确定某类原料条件下每个目标的最优值，并以这些最优值和历史实际值分别作为多维空间中理论最优点和实际点的坐标。选择离理论最优点最近的实际点作为优化结果。按照上述例子，需要先建立操作样本库，即建立优化变量、原料类别及其对应操作变量的集合以形成多目标优化操作的样本库。需要完成原料的聚类分析，确定每天对应的原料类别。将原料类别、所有优化变量及其强相关操作参数按天为单位写入操作样本库中。接下来是如何确定理论最优点，即选择多个优化目标及优化方向，确立每类原料条件下各优化目标的最优值，也即在操作样本库中搜索某类原料条件下各优化变量的最优值，并将这些值作为多维空间中理论最优点的坐标。整理不同原料类别下由待优化变量值为坐标组成的样本点，计算某类原料条件下多维空间中的优化样本点与理论最优点的欧式距离。按照欧式距离的大小排序从而推荐操作参数，就是在操作样本库中，搜索不同类别原料条件下欧式距离的最小值，以及对应的强相关的操作变量的取值，进而可以实现基于原料性质和优化目标，推荐操作参数。

4）非结构化数据分析与预测分析

以CCR装置的大数据应用分析为例。对调度交接班日志进行文本挖掘分析，并关联重整汽油收率、产氢量和重整汽油芳烃含量等结构化数据，挖掘出原油油种对重整汽油收率等技术经济指标的影响规律，指导原油采购。研究方法包括文本特征分析、非结构化数据转化为结构化数据、关联结构化数据和最后的计算与结果显示。例如，在文本特征分析阶段，将历史的调度交际班日志导出，分析常减压装置的原油油种及加工量的文本特征，确定提取关键信息的规则。然后，按照天为单位，根据前面确定的文本特征，提取加工原油的油种及对应的加工量，并存储到数据库中，完成非结构数据的转化。继续按天为单位，从 MES和LIMS系统中提取汽油收率、产氢量和重整汽油芳烃含量等数据，并与原油油种关联后存入数据库中，获得关联结构化数据。计算每种原油对应汽油收率等指标的加权值，并按照从大到小的顺序排列，以此结果指导原油的采购。

预测分析示例：以原料性质变化对反应结果的影响为例，主要包括数据采集、模型训练和模型预测三个方面。采集相关历史数据，就是导入操作数据、质量数据、腐蚀数据、成本数据、物料平衡数据和能源数据等所有历史数据，可以导入到云平台，例如阿里云平台，要完成相关系统与阿里云的接口，实现数据的实时导入。然后要建立原料性质与某些重要预测项目如汽油收率、产氢量、汽油干点、烷烃转化率和环烷烃转化率的各个预测模型。有了这些模型，接下来要训练模型。模型训练就是从原始数据中导出原料性质数据以及汽油收率等需要预测的指标数据，分别作为相关模型训练的输入和输出。应注意要定期（如每天）用新增的输入和输出对模型进行再训练，以保证模型的预测精度输入原料性质数据，即可准确地预测相关指标的值以指导生产。模型预测就是输入装置原料的主要化验分析数据，据此预测投用该批次原料后相关指标如重整汽油收率、产氢量和转化率等，实现技术经济预测分析。

2. 人工智能与设备管理

综合应用物联网、深度学习、知识图谱等技术，构建实时在线的分布式设备健康监测预警系统，为设备隐患的早发现、早预警、早处置提供有效手段，做到未雨绸缪，防患于未然，保障设备长周期健康稳定运行，减少非计划停工损失，是炼化企业数字化转型、智能化发展即智能炼化建设的重要方面。图5-22是利用人工智能技术进行设备管理方面的示意。图中给出了数据建模即数据融合特征的挖掘与管理、状态评估与异常分析、动态模式识别与预警以及动态模型更新的示意[48]。

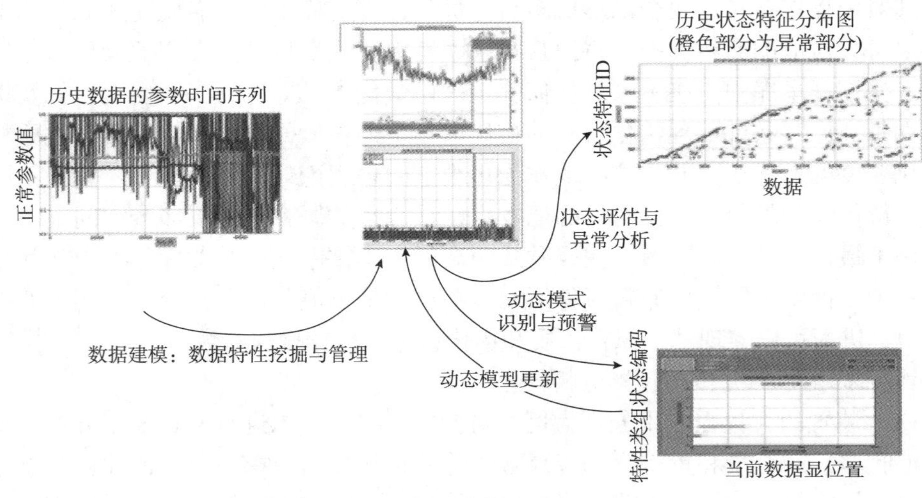

图5-22　人工智能用于设备管理的示意

1）设备隐患监测预警

广泛采集现场设备运行数据，利用深度神经网络自主学习设备运行参数，形成基于深度学习的设备故障模糊预测模型，实现对轴位移、轴断裂、壳体开裂、功率过载等各类设备故障的有效监测和提早预警。图5-23是设备运行状态规律分布与故障早期预警示意图[48]。

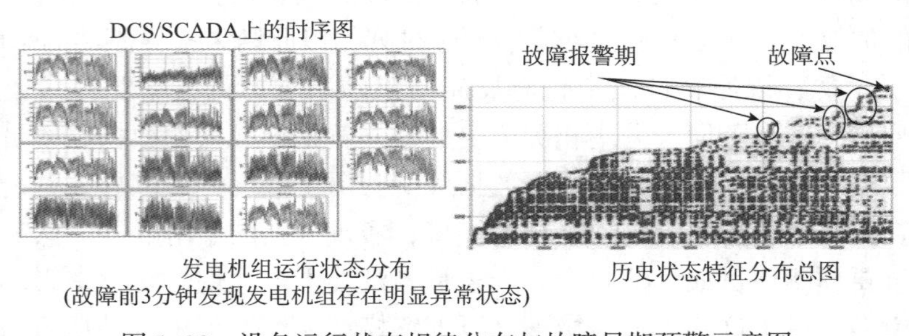

图5-23　设备运行状态规律分布与故障早期预警示意图

2）设备故障识别诊断

采用深度学习算法，构建各类设备故障的模糊诊断模型库，为设备故障的最终判断提供新的手段。应用知识图谱技术，实现设备故障和专家经验之间的关联映射，为各类设备故障的及时准确诊断和处置提供辅助参考。图5-24是某关键泵的历史运行状态规律分布与明显状态异常时段[48]。

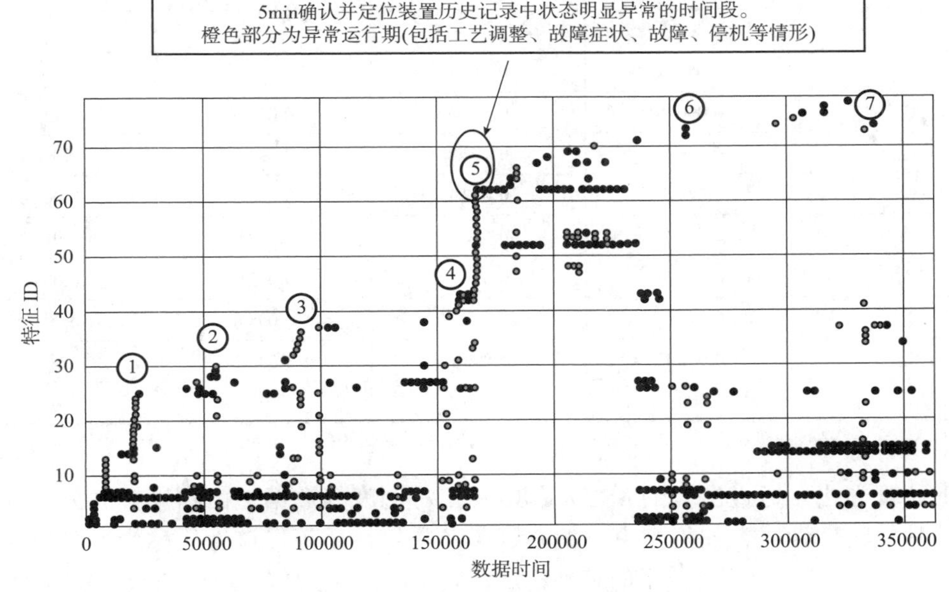

图5-24　某泵历史运行状态规律分布与状态明显异常时段（突出显示）

3）设备剩余寿命预测

应用支持向量机、人工神经网络等技术，通过自主学习工艺数据、检测数据等，建立腐蚀失效的模糊评估模型，实现对设备腐蚀速率和剩余寿命的前瞻预测，为企业腐蚀防护计划提供决策依据，避免由腐蚀导致的安全事故。

第三节　石油分子重构与分子精准调和

一、汽油馏分的分子重构与精准调和

1.汽油馏分的分子重构

（1）MTHS法　白媛媛和李士雨[49，50]针对石脑油的组成特点，对分子同系物（MTHS）矩阵进行简化，以C_3~C_{12}的正构烷烃、异构烷烃、环烷烃和芳烃构成的分子矩阵来表示石脑油的分子水平组成；建立了通过工业中常用的石脑油物性数据（如蒸馏曲线、密度）等计算石脑油分子水平组成的方法。以各项物理性质的实测值与预测值的残差平方和构建目标函数，并在原模型的基础上加以有效的约束，进行优化求解，得到石脑油分子水平组成数据。选择两组已知组成的石脑油作为样本，由Aspen Plus模拟软件计算其蒸馏曲线、密度等整体性质，根据上述方法对两组样本进行计算。两组样本的预测结果与真实组成的对比表明，该方法可用来预测石脑油分子水平组成，且准确度较原模型有所提升。作者采用的简化的表征石脑油分子水平组成的MTHS分子矩阵见表5-12：

表5-12 简化的表征石脑油分子水平组成的MTHS分子矩阵

组成	*n*P	*i*P	N	A
C_3	0.004 4	—	—	—
C_4	0.051 1	0.017 1	—	—
C_5	0.096 0	0.119 6	0.020 5	—
C_6	0.066 6	0.107 8	0.093 2	0.008 7
C_7	0.044 0	0.038 3	0.060 4	0.007 0
C_8	0.035 7	0.026 8	0.039 9	0.018 3
C_9	0.029 3	0.028 3	0.023 0	0.008 7
C_{10}	0.018 0	0.021 3	0.005 8	0.001 2
C_{11}	0.002 1	0.006 1	0.000 2	0
C_{12}	0.000 3	0.000 2	0	0

MTHS：分子同各物矩阵法；*n*P：正构烷烃；*i*P：异构烷烃；N：环烷烃；A：芳烃。

①计算方法。通过已知的ASTM D86及相对密度等数据，由物性关联公式计算混合物的其他物理性质，如折光率、偏心因子及临界性质等，该性质称为实测值，记为PMSD。假设每一列同系物分子的某种特定性质（如沸点）符合伽马分布，概率密度分布函数则如式（5-14）所示。

$$p(x)=\frac{(x-\eta)^{\alpha-1}\mathrm{e}^{\frac{(x-\eta)}{\beta}}}{\beta^{\alpha}\Gamma(\alpha)} \tag{5-14}$$

式中，$p(x)$为伽马分布的概率密度分布函数；x为MTHS分子矩阵每一列中各组分的沸点，℃；α、β、η为伽马分布的3个参数；$\Gamma(\alpha)$为伽马函数。α、β、η确定后，可根据伽马分布的累计密度分布函数计算对应石脑油的分子水平组成。

已知分子组成，由混合规则计算得到的性质称为预测值，记为p^{PRED}。假设由实际测量或由物性关联公式计算得到的混合物的整体性质与由分子组成及混合规则计算得到的整体性质接近。以分子矩阵中每一列符合伽马分布的参数为决策变量，建立如下目标函数：

$$\mathrm{Obj}=\sum_{p}\left(\frac{W_{\mathrm{P}}p^{\mathrm{MSD}}-p^{\mathrm{PRED}}}{p^{\mathrm{MSD}}}\right)^2 \tag{5-15}$$

式中，Obj表示混合物各项整体性质的实测值与预测值的残差平方和。

目标函数中使用的性质包括以下几种：蒸馏曲线数据、碳氢比、摩尔平均沸点、折光率、体积平均沸点、特征因子、临界压缩因子、表面张力、液体导热系数、相对分子质量、临界温度、苯胺点、燃烧热、浊点、理想气体热容等。优化使目标函数最小时即可得到最接近实际分子组成的数据。

式（5-15）中，W_{p}为各性质在目标函数中的权重因子，暂设各性质的权重因子相同。由于目标函数中各项性质的计算公式存在误差，导致计算结果偏离真实组成较大，因此，作者提出在原模型的基础上，根据石脑油的性质特点，确定合适的约束条件，用以限定决策变量的搜索范围。例如，对于大多数石脑油馏分，芳香烃同系物中C_8或C_9含量最大，可以在模型中加入式（5–16）作为约束条件：

$$T_{C8A}^{b} \leqslant (\alpha_A - 1)\beta_A + \eta_A \leqslant T_{C9A}^{b} \tag{5–16}$$

对于伽马分布，$(\alpha-1)\beta+\eta$表示众数；T^{b}_{C8A}和T^{b}_{C9A}分别表示分子矩阵中碳数为8和9的芳烃分子的常压沸点，℃。

②计算步骤。计算流程如图5–25所示。对上述计算过程进行编程计算，使用MATLAB软件对目标函数进行优化计算，并求解石脑油的详细烃组成。

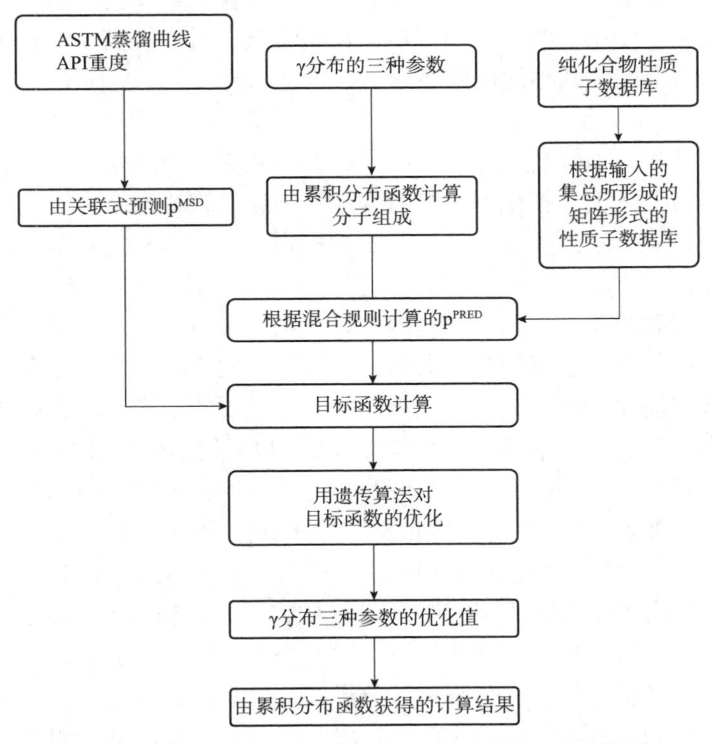

图5–25　石脑油详细烃组成MTHS法重构的计算流程图

③计算结果。由于通常的测试手段只能获得蒸馏曲线和密度等常规物性，缺乏详细的分子组成数据。为解决这一问题，作者选择文献两组石脑油数据作为样本，使用Aspen Plus模拟软件计算两组样本的蒸馏曲线和密度等数据。为进一步减小优化模型的计算误差，可在优化模型中加入适当的约束条件，在不同的情况下，所加入的约束条件不一定相同。

以简化的MTHS分子矩阵来表征石脑油分子水平组成，通过石脑油的常规物性参数（如蒸馏曲线、密度）来计算石脑油的分子水平组成，预测结果与真实分子组成的对比表明，该模型可用来预测石脑油分子水平组成。针对待测石脑油性质特点，为优化模型加入有效的约束，进一步提高了模型准确性，两组样本的预测结果与真实组成之间的平均偏差较原模型分别减小了0.717和0.800。从预测值的对比来看，虽然结果基本可以反映石脑油样本的烃类组成分布，但仍存在一定的误差。之所以有误差，其原因是模型的基础是实际测量或由物性关联公式计算得到的混合物整体性质与由分子组成及混合规则计算得到的整体性质。虽然结果比较接近，但事实上，无论是物性关联公式还是混合规则公式，均存在一定程度的计算误差，而目标函数是各项性质的实测值与预测值的残差平方和，这就导致了即使使用石脑油实际分子组成及对应的蒸馏曲线与密度等性质来计算目标函数的值，目标函数也会是一个大于零的数字。因此，在使用优化算法对目标函数进行优化时，存在目标函数虽小，其对应计算结果却更偏离真实组成的情况。物性关联公式及混合规则计算公式的计算误差越大，使得计算组成偏离真实组成的可能性越大。针对这一问题，需要减小各物理性质的相关性及混合规则计算公式的误差，但事实上该误差是不可避免的。根据待测石脑油样本的性质特点，对决策变量进行一定约束，有效的约束会缩小搜索范围，减小优化结果偏离真实组成的可能，从而减小计算误差。

（2）REM法　彭辉等[51]采用REM法进行乙烯裂解原料如石脑油、加氢裂化尾油分子组成的重构，即将石油烃组成分子的结构特征以及石油烃的常规物性数据，如平均分子量、氢碳比、PIONA值、模拟蒸馏馏程等，与信息熵理论相结合，建立了预测其等效分子组成的方法，所产生的等效分子组成的常规物性计算值与实验值吻合较好，验证了该方法的有效性。

2.汽油分子精准调和

通常，炼油厂的产品中汽油是很大的一个品种，而汽油调和则是十分频繁的日常工作之一。汽油调和涉及能耗、成本、效益，是十分重要的生产工序。炼油厂的组分汽油越多，市场变化越频繁，汽油调和的工作量越大，也越能够体现技术水平和经济效益。

建立在汽油宏观物性基础上的汽油调和，通常可以称为传统的汽油调和方法。传统汽油调和方法受汽油宏观物性分析检测的时间等限制，加上各种组分汽油在混合过程通常存在较为严重的非线性关系，有调和效应，所以调和难度大、耗时长，且企业为了保证产品质量合格，往往存在质量“富裕”较大现象，额外造成效益流失。

建立在汽油分子信息基础上的新汽油调和方法，由于分子组成是线性叠加的，不存在调和效应，所以基于炼油厂组分汽油的分子组成信息而建立起“分子-物性”构效关系，可以计算调和后的汽油分子组成信息，因此用分子组成信息预测汽油的各项性质就会快捷、准确，实现分子的精准调和。

英国Manchester大学[52]开展了相关研究，证明汽油分子精准调和的准确性、先进性。图5-26以及图5-27为预测值与实验值的对比，其中，图5-26为汽油的一些宏观物性如汽油的馏程、汽油组成以及汽油辛烷值等宏观物性的对比，而图5-27则为对分子组成再进一步按照碳数分布的预测值和实验值的对比。

美国ExxonMobil公司[53]基于GC分析方法可获得较为丰富的分子组成信息，采取分子集总的方法建立了汽油分子精准调和模型。ExxonMobil公司共定义了57个汽油组分的分子集总，将其与汽油的性质（如辛烷值等）进行关联，由于分子组成线性可加，所以一旦确定不同分子的相互作用关系，所建立的分子精准调和模型的适应性就很强。据称，ExxonMobil测定了1400余种不同来源、性质（如辛烷值）跨度很大的组分汽油以及调和以后的成品汽油，回归得到了模型参数，所以其模型的使用范围广、适应性强，理论上可以不考虑组分汽油来源。实际上，该模型也确实为ExxonMobil公司带来了较大的经济回报。

吴青也介绍了汽油分子精准调和情况，可参考相关资料[2]。

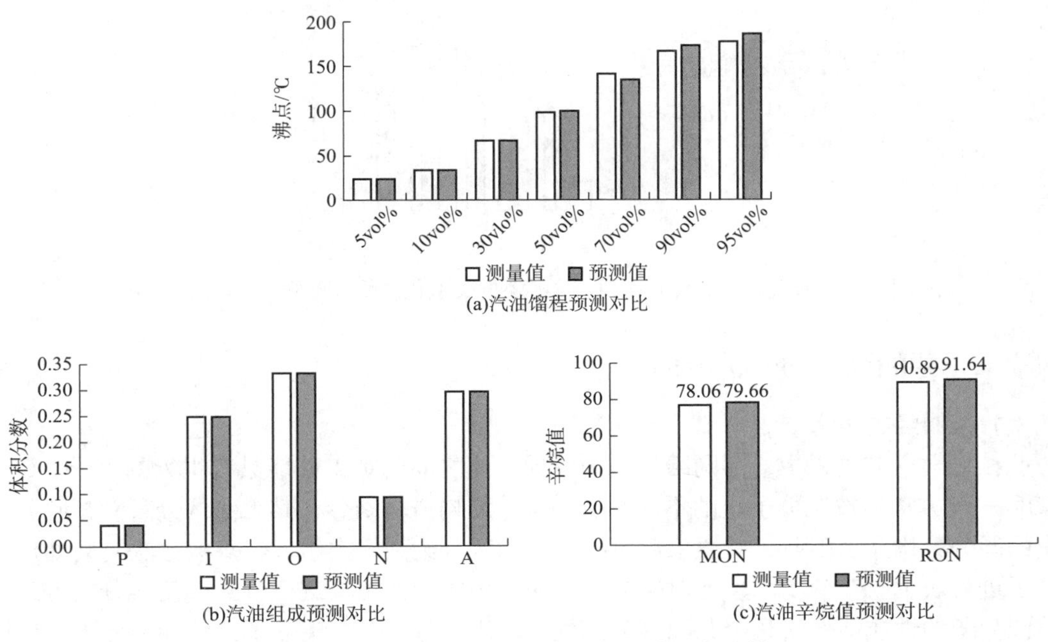

图5-26　催化裂化汽油宏观物性的预测值与实验值对比

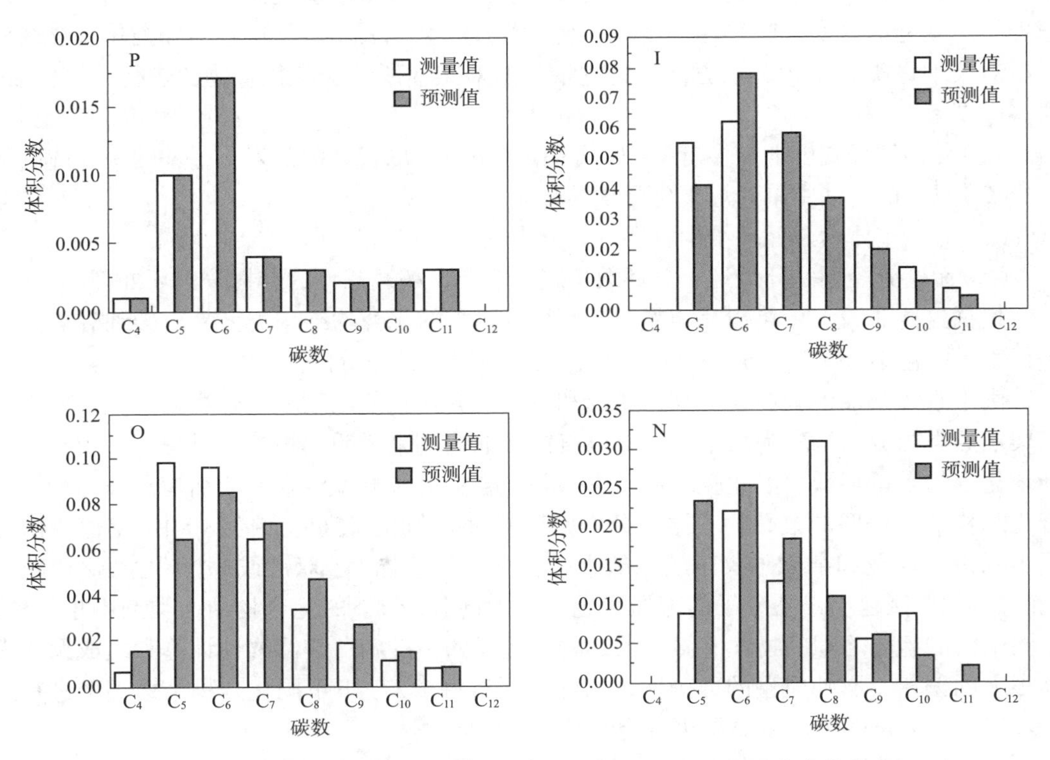

图5-27　催化汽油物性预测值与实际不同类型化合物含量分布的对比

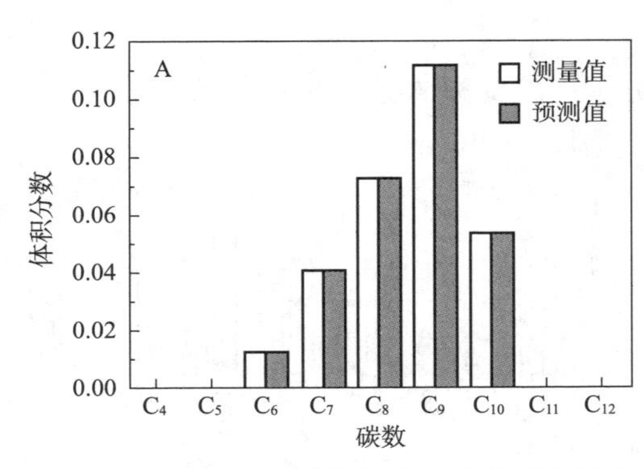

图5-27 催化汽油物性预测值与实际不同类型化合物含量分布的对比（续）

二、柴油馏分的分子重构

1.柴油烃类表示方法

在化学反应过程中，不同结构的同分异构体之间的加工性能具有很大的差异。GC-TOF—MS方法是按照分子量的不同对柴油分子结构进行划分，其无法区分具有相同分子量的同分异构体。因此，需要采用更能体现和区分柴油烃类组成特点的方法对柴油烃类分子进行表示。在分子水平上对柴油的不同结构的烃类组分进行分类，使得分类得到的柴油分子的性质能代表整个柴油馏分的性质。王佳等[54, 55]建立了柴油烃类分子组成用模板表示，即分子水平柴油组分表示模板。模板既要满足准确度又要满足石油分子高效管理，使其能够真实反映柴油的物理、化学性质。孟繁磊等[56]建立了烃类化合物结构类型对柴油烃类分子的表示方法。建立模板时对柴油所含烃类化合物要进行一定假设，这些假设条件是：

（1）异构烷烃支链上最多有3个取代基，超过3个取代基的归入三甲基的烷烃；

（2）只考虑柴油中单烯烃类化合物的影响；

（3）芳烃主体为六元环结构，环烷烃分为五元环和六元环两类；

（4）无论芳烃还是环烷烃，总环数不超过三环，超过三环的结构按三环处理。

根据这些假设，就可以用孟繁磊等[56]所建立的化合物结构类型来对柴油烃类分子进行表示，再结合柴油馏分的分析水平，就可建立柴油组分的表示模板。

由于直馏柴油饱和烃含量高，烯烃和芳香烃含量较低，杂环化合物含量低，使得直馏柴油烃类构成结构较为简单，因此以直馏柴油为例来说明模板建立过程。直馏柴油中杂环化合物含量很低，因此暂时不考虑杂环化合物的影响。将直馏柴油馏分段的烃类化合物结构类型按照缺氢数的不同，分别归于11种不同的Z值（+2~-18）中。Z值为由分子中双键、环数和杂原子决定的缺氢数，分子中每增加1个双键或1个环会使Z值减少2个单位，Z值越小，则分子的芳烃度越大。大部分Z值下的化合物结构类型不止一种，不同结构的组分之间的物性差异很大，物性选择的不准确，会给物性计算和组成预测带来很大的偏差，影响模型的准确性，因此需要对每个Z值下不同化合物结构类型进行进一步研究。分析的依据主要是化合物的结构和单体物性：

（1）相同碳数、结构类似的组分归为一类；

（2）沸点、密度相近的组分视为同一组分；

（3）每一组分的性质按照数值最大的烃类进行计算。

根据这些原则，最终确定柴油馏分组分模板的化合物结构类型，再结合碳数范围，最终得到直馏柴油烃类组分表示模板。化合物结构类型一共有15种，其中烷烃包括正构烷烃类、单甲基的异构烷烃类、多甲基的异构烷烃类等3种；环烷烃包括单环环烷烃类、双环环烷烃类、三环环烷烃类等3种；芳烃包括烷基苯类、四氢萘类、茚类、萘类、二氢苊类、联苯类、芴类、蒽类和菲类等9种，碳数主要集中在C_{10}~C_{23}。查找这些化合物结构的物性数据，可以得到直馏柴油烃类组分的物性模板。

中国石油大学（北京）也开发了柴油的分子组成模型，其方法是：按照实验数据，确定柴油可以按照25个代表性分子核心来描述、分类；然后按照柴油的蒸馏曲线分布状况，以沸点范围（200~350℃）作为同系物扩展的限制条件，从而得到163个分子的预定义分子集。图5-28是中国石油大学开发的柴油分子组成模型构建情况[57]。

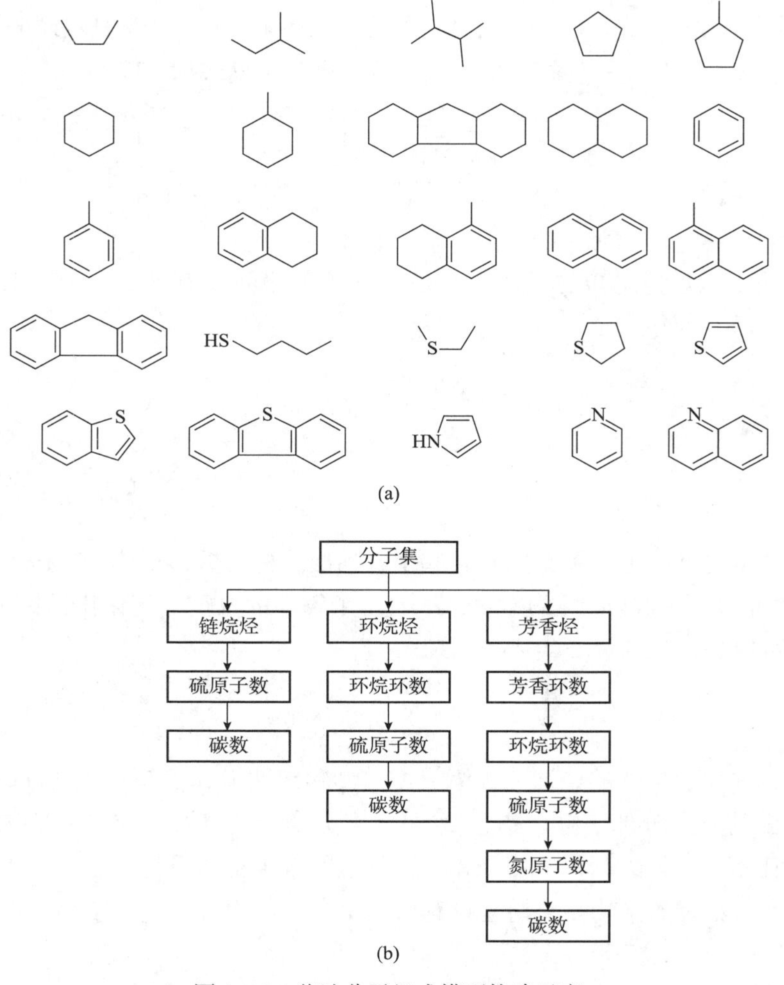

图5-28　柴油分子组成模型构建示意

注：图中（a）是代表性的分子核心；（b）是抽样方法。

2.数学模型

柴油各组分确定后，通过已知的宏观物性来计算柴油组成。目前可以获取的物性有沸点、密度、分子量、折射率以及十六烷值等。根据这些性质的特点，确定物性的混合规则，得到宏观物性和组成关联公式。

随着烃类分子碳数的增加，其沸点也相应升高，碳数与沸点存在相当大程度的关联。可以用实沸点蒸馏曲线来表示沸点与碳数的关系。实沸点蒸馏曲线分馏精度高，可以在很大程度上反映油品碳数的分布情况。但是实沸点蒸馏曲线操作复杂，实验周期较长，不适宜在工业生产中应用。恩氏馏程是最常见的石脑油物性分析数据，但是恩氏蒸馏几乎没有精馏作用，实验得到的蒸馏曲线表示了油品的渐次汽化特性，数据不能表征馏出化合物的真实沸点。因此需要将恩式蒸馏数据转化为实沸点蒸馏数据。

假设组成柴油的各个组分混合后体积（质量）不变，则各个单体的折射率n_i、分子量M_{Wi}和族组成分析数据（P_i、I_i，N_i、A_i）和柴油样品折射率折n、柴油馏分平均分子量M_W以及柴油族组成可以写成一定的关系式，以折射率为例见式（5-17）：

$$\left\{\frac{\sum_{i=1}^{m} v_i \cdot n_i - n}{n}\right\}^2 \leqslant \varepsilon_3 \tag{5-17}$$

由于柴油十六烷值与单体烃类组分的十六烷值之间没有确定的数学关系式可以表示，故采用式（5-18）：

$$\left\{\frac{\dfrac{\sum_i v_i \beta_i CN_i}{\sum_i v_i CN_i} - CN}{CN}\right\}^2 \leqslant \varepsilon_6 \tag{5-18}$$

最后将各个物性的上述关系式整合起来，列出目标函数，如式（5-19）所示。其中，F是目标函数值，j是可用物性的数量，ω_i是每个物性的权重。优化化目标函数，使F达到最小，即可得到最优的烃类组成数据。

$$F = \sum_{i=1}^{j} w_i \varepsilon_i \to \min \tag{5-19}$$

用中国石油大学构建的柴油分子组成方法得到柴油组成模型后，进行数据分析可以获得更为丰富的分子分部信息。图5-29是沸点分布、总碳数分布的实验数据和模型预测结果的对比情况[57]。从图可以看出，预测结果与实验结果吻合较好，如沸点分布的预测数据与实验数据的平均相对误差只有0.53%。

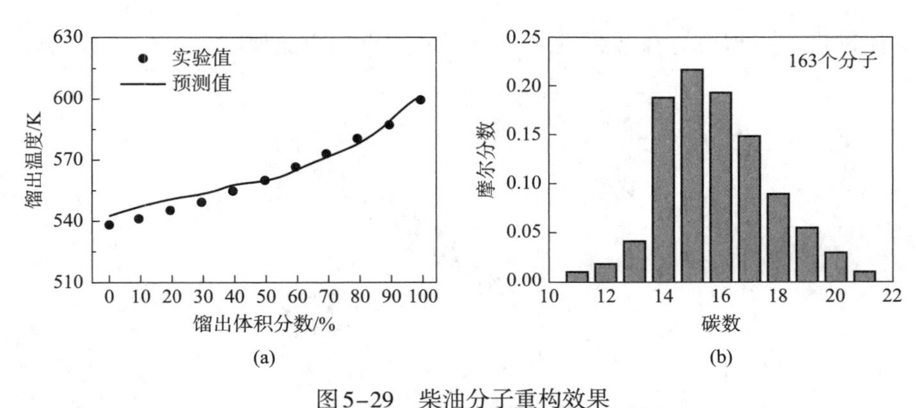

图5-29　柴油分子重构效果

注：(a)是沸点分布模型预测与实验数据对比；(b)是总碳数分布。

3.柴油的分子重构及其分子精准调合

郭广娟等[58]基于柴油馏分的化学结构组成特点，考虑到不同化学结构官能团对柴油烃类宏观性质的影响，建立了柴油同分异构分子重构模型，亦即将MTHS模型拓展应用到柴油馏分。用烃类沸点代替以往的碳数进行MTHS划分，使用Y函数分布方法和模拟退火法对模型的计算过程进行优化。采用同分异构分子重构模型(MnIs)对3种不同性质柴油馏分进行了烃类组成模拟，结果表明：通过对碳中心进行合理限定，烃类组成分布更趋于合理，模拟计算结果与实测值吻合较好；不同性质或不同加工过程后柴油馏分其烃类组成随沸点温度分布差别较大。模拟结果显示，结合烃类分子的宏观物性，使用MTHS模型可以重构不同结构烃类随沸点的变化。Muhammad Imran Ahmad[59]利用MTHS对柴油加氢过程进行了研究，预测了柴油的组成。

柴油与汽油类似，也是通过调和以后出厂的，但是柴油的调和在技术上比汽油调和相对容易。柴油的最重要指标之一是十六烷值，这个指标的关联公式较多。由于柴油十六烷值也存在调和效应即呈非线性，回归的关联公式通常误差较大。为此，Exxon Mobil公司开发了分子级的十六烷值预测模型[60]：

$$CN=\frac{\sum_i v_i\beta_i \mathrm{CN}_i}{\sum_i v_i\beta_i}=\frac{\sum_{\mathrm{lumps}} v_i\beta_i \mathrm{CN}_i}{\sum_{\mathrm{lumps}} v_i\beta_i} \tag{5-20}$$

上述模型的样品来自ExxonMobil公司下属的8家炼厂，包括了45种不同加工过程生产出来的柴油，以及158种混合后的成品柴油，十六烷值的跨度范围为20~60。ExxonMobil公司开发的模型，规定了129种分子或分子集总，并对其规定了十六烷值。通过对上述提到的203种柴油的十六烷值分析，得到了分子模型的参数。图5-30是柴油的预测值与实验值的对比[60]。从该图可见，所建立的分子级预测模型适应范围宽，对全部样品以及分开的样品即柴油调和物流(调和组分)、成品柴油均能较好的预测。ExxonMobil 公司还与ASTM D4737提供的预测方法进行了对比，发现用这种分子级的预测模型，其预测结果更优。

顾嘉华[61]采用REM法对柴油进行了分子重构，其方法是先通过随机重构法生成一定数量的分子，使用遗传算法调整概率分布函数中的参数，而后使用熵最大化REM法调整分子混合物的组成。用这种方法获得柴油的分子组成，然后估算其十六烷指数，与实验数据对比发现，本拟合方法效果良好，说明分子重构方法反映了实际组分的性质。

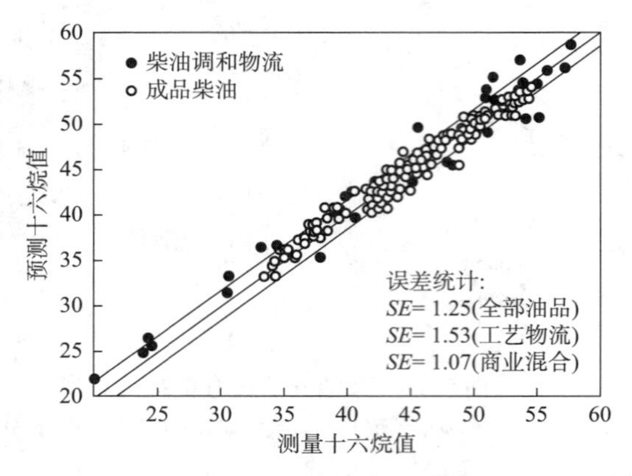

图5-30　柴油的预测值与实验值的对比

三、减压蜡油馏分的分子重构

1.减压蜡油的概率密度函数法分子重构

徐春明等[57]考虑到减压蜡油的馏程范围、实际可能的稠环芳烃和杂原子后提出用如图5-31所示的61个代表性分子核心，包括了链烷烃、1~6环环烷烃、1~7环芳烃以及联苯等，杂原子方面考虑S、N、O的存在形态，添加了噻吩类、吡啶类、吡咯类和苯酚类物质，另外，还有同时含有多个杂原子的复杂化合物。再通过设定沸程（270~600℃）为限制条件。

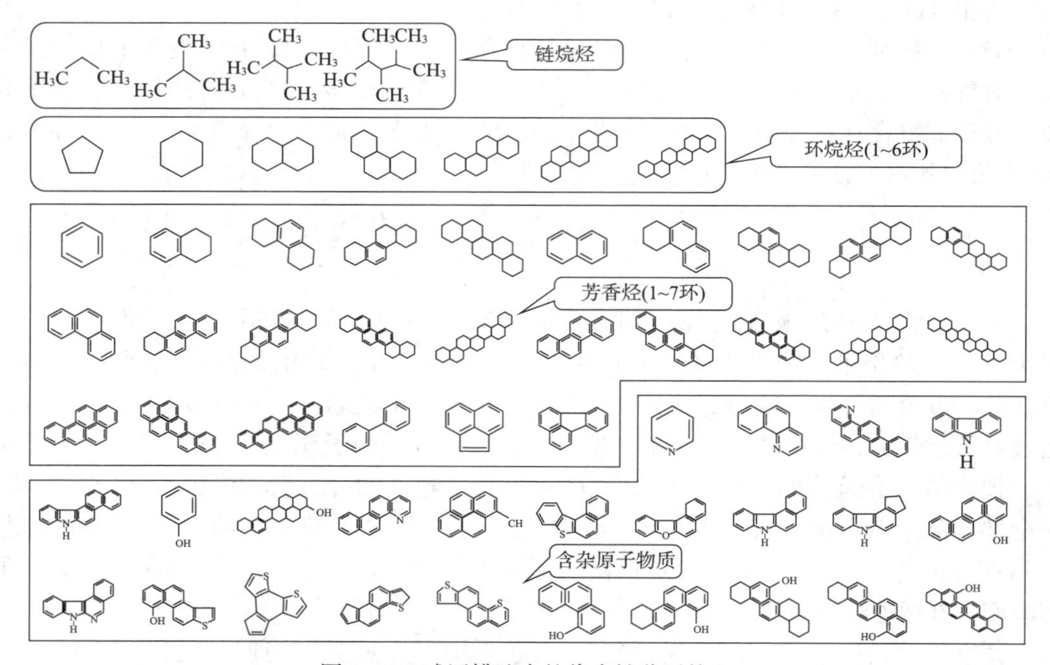

图5-31　减压蜡油中的代表性分子核心

图5-32是减压蜡油的概率密度函数（PDF）抽样路径。按照这样的方法，构建了减

压蜡油的分子构成。表5-13为分子重构后的减压蜡油的性质预测值与实验值的对比。图5-33则是所构建的2234个分子进行分子组成与性质分析的结果。

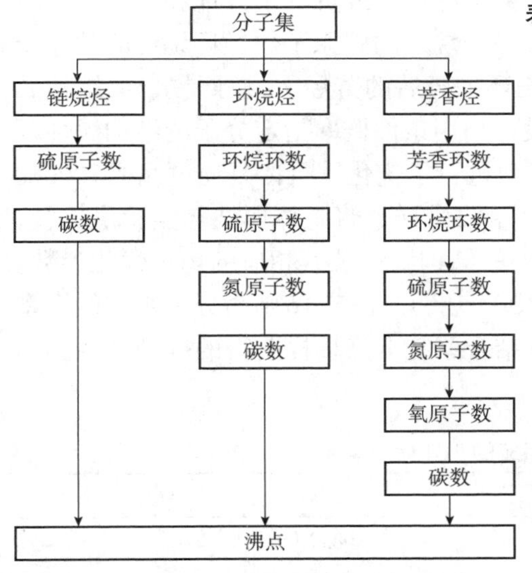

图5-32　减压蜡油的PDF设定与抽样路径

表5-13　减压蜡油分子重构的性质预测值与实验值对比

性质	实验值	模型值
密度（298K）/（g/cm^3）	0.9439	0.9221
H/C原子比	1.72	1.72
摩尔质量/（g/mol）	374	385
元素含量/%		
S	0.37	0.30
N	0.33	0.20
O	0.51	0.17
SARA组成/%		
饱和烃	79.93	79.39
芳香烃	12.93	12.93
极性组分（胶质+沥青质）	7.14	7.68

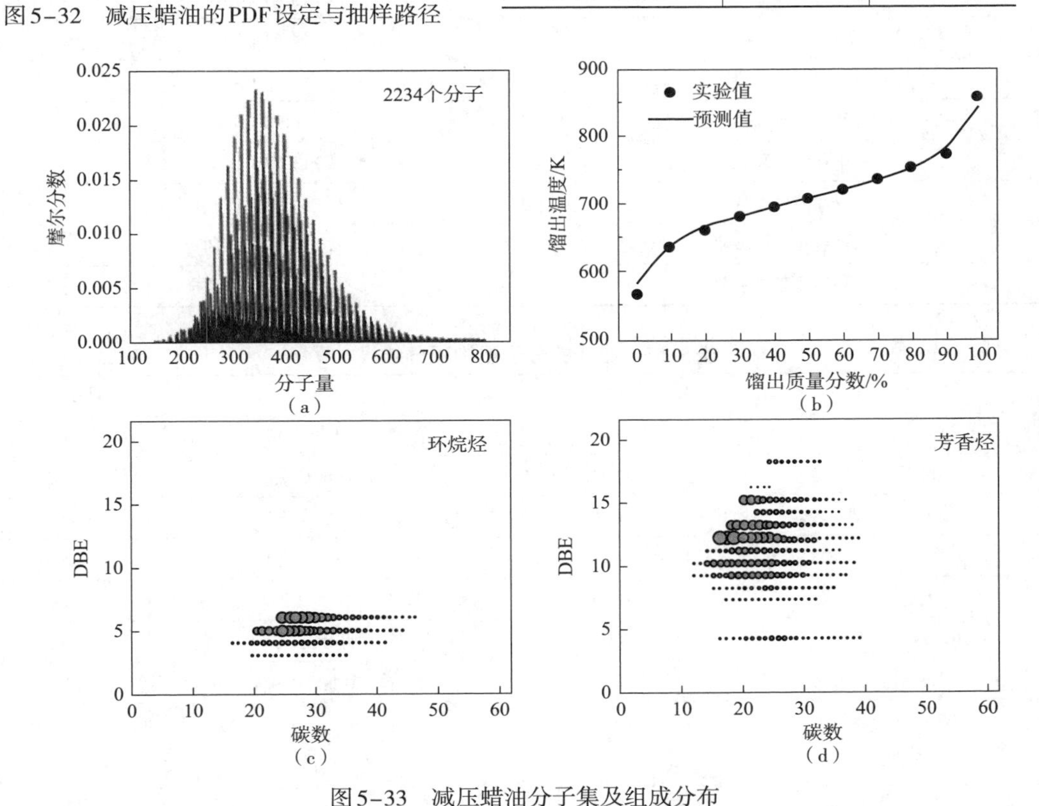

图5-33　减压蜡油分子集及组成分布

注：（a）为预测的分子量分布；（b）为沸点分布预测值与实际值；（c）为环烷烃的DBE-碳数分布；（d）为芳香环的DBE-碳数分布。

吴青[2]也介绍了PDF法分子重构的方法：对于某蜡油，通过概率密度函数（PDF）对每个分子围绕着它们的结构属性的每个分布进行分子建模。对拟分子重构的蜡油，认为其环烷烃组分最多有三个环，芳烃组分最多有两个芳环，或者一个芳环和最多两个环烷环，这样就定义了结构属性：直链碳链长度、异构烷烃的碳原子数、环烷烃的碳原子数（一、二、三环烷烃，一、二环芳烃，二、三环加氢后的芳烃）。按照提出的结构属性构造算法，首先确定分子的属性类别，然后设计利用条件概率指定分子的结构属性顺序。通过使用全局模拟退火技术对蜡油的PDF参数进行了优化。具体是通过完成100000个分子的迭代构建完成的，其方法是PDF的蒙特卡洛采样，将整体属性与实验值比较，调整PDF参数使目标函数最小化。表5-14是蜡油的结构属性及其相应的PDF优化参数。表5-15列出了蜡油分子重构出来的各个分子（积分结果），表5-16则为分子组成的模型预测结果与实验值的对比情况。由表可见，PDF结合蒙特卡洛抽样获得的模型，预测结果很好。

表5-14　蜡油的结构属性及其相应的PDF优化参数[1]

结构属性	蜡油
正构烷烃碳原子数	14.73（3.74）
异构烷烃碳原子数	13.89（2.01）
单环环烷烃碳数	14.64（5.08）
双环环烷烃碳数	16.57（0.77）
三环环烷烃碳数	18.92（0.42）
单环芳烃碳数	13.77（1.22）
双环芳烃碳数	12.98（1.96）
双环氢化芳烃碳数	14.98（3.48）
三环氢化芳烃碳数	17.03（1.49）

表5-15　蜡油的分子重构积分结果[1]

分　子	摩尔数	分　子	摩尔数
十三烷	0.016	二十烷	0.017
6-甲基十三烷	0.001	4-乙基十二烷	0.005
5，6-二甲基十二烷	0.011	3，5-二乙基癸烷	0.004
2-甲基十四烷	0.003	6-乙基十三烷	0.009
4-甲基十四烷	0.002	3，5-二甲基十四烷	0.003
6，6-二甲基十二烷	0.004	5-甲基十五烷	0.005
6-乙基十四烷	0.009	4，6-二甲基十四烷	0.021
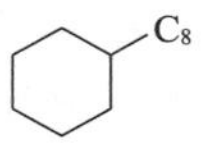 C_8	0.034	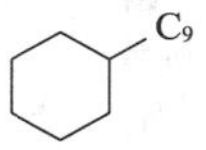 C_9	0.026
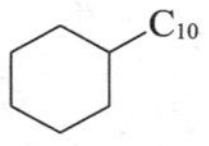 C_{10}	0.015	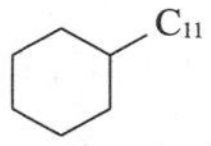 C_{11}	0.009

续表

分 子	摩尔数	分 子	摩尔数
C_2	0.005	C_3	0.088
C_4	0.010	C_5	0.027
C_7	0.074	C_3	0.002
C_4	0.006	C_5	0.097
C_6	0.029	C_2	0.006
C_3	0.010	C_4	0.027
	0.037		0.130
C_4	0.113	C_7	0.081
C_1	0.018	C_3	0.038
	0.007		

表5-16 模型预测值与实验结果对比[1, 2]

项 目	实 验	预 测
分子量	181.4	186.6
H/C比率	1.67	1.64
PINA百分比/%		
烷烃	4.4	4.2
异构烷烃	9.9	9.0
环烷烃	32.0	32.9
芳香烃	53.7	53.9
模拟蒸馏		%去掉
10%	10.0	10.0
30%	30.0	29.9
50%	50.0	49.9

续表

项　目	实　验	预　测
70%	70.0	70.0
90%	90.0	90.0
终馏点	100.0	100.0
目标函数		1.4

2.减压蜡油的MTHS法分子重构

通过合理简化，MTHS可应用于蜡油馏分的分子重构。例如，侯栓弟等[62]基于减压蜡油化学结构组成特点，考虑到不同化学结构官能团对蜡油烃类宏观物性的影响，针对环烷烃、芳烃结构协同关联关系，以烃类沸点和化学结构确立了27个化学结构虚拟官能团，通过常见的宏观物性即可对蜡油馏分进行分子重构。作者详细介绍了如何建立MTHS模型数据库和MTHS模型，并计算了虚拟组分宏观性质与化学结构，也对模拟优化方法做了介绍。

1）同分异构分子重构模型的建立

同分异构分子重构模型（MTHS）属于预设重构模型范畴，其主旨是假设石油馏分是由一系列具有特定结构的烃类核心（虚拟组分）组成的，如烷烃、烯烃、环烷烃、芳烃等。对环烷烃或芳烃，由于其环数不同、芳烃核心上连接的环烷烃结构不同还可以进一步细分，譬如单环芳烃可以分为单环芳烃、单环芳烃—单环环烷烃、单环芳烃—双环环烷烃、单环芳烃—三环环烷烃等。选定这些特定结构的烃类核心后，石油馏分就可以表述为具有不同碳链长度的烃类核心的混合物，用这些虚拟组分来模拟真实石油馏分。采用MTHS方法进行石油馏分分子重构，通常包括模型数据库建立、物性数据传递和优化两个步骤。首先，根据所模拟石油馏分结构和组成特点，确立预设模拟烃类分子矩阵，建立虚拟烃类分子物性数据库；其次，利用虚拟组分来重现真实石油馏分体系，将模型数据库中烃类分子宏观物性数据通过混合准则传递到模型矩阵，对比模型计算物性数据和真实体系实测分析数据；最后，计算出模型矩阵中每个烃类分子的含量。

2）MTHS模型数据库的建立

根据减压蜡油宏观性质和化学组成，在建立蜡油馏分模型数据库时做以下假设。

（1）所有芳烃和环烷烃主体形式均为六环结构。

（2）在蜡油馏分中，无论是芳烃还是环烷烃，其总环数不超过五环。

（3）对多环芳烃不但考虑芳烃环数对烃类物性的影响，而且考虑环烷烃与芳烃相连时对烃类宏观物性的贡献。如对一环芳烃，不仅是单一的芳环结构A，还应该包括一个或多个环烷烃与一个芳环相连的情况，如AN（一个芳环和一个环烷烃相连）、ANN、ANNN等；将芳烃细分为不同环数芳烃、不同连接结构形式的芳烃—环烷烃，主要是考虑到后续建立蜡油加氢裂化或馏分油加氢改质时，不同芳烃结构烃类的反应途径和反应动力学方面的差异。

（4）根据加氢脱硫、加氢裂化、加氢处理等工艺的要求，以及硫化物脱除的难易程度，将硫化物分为5类。第1类为硫醇、硫醚和二硫化物，第2类为噻酚硫类结构，第3

类为不含4或6取代基苯并噻酚，第4类为6或4位取代基苯并噻酚，第5类为4，6取代基苯并噻酚。

（5）用馏程分布取代碳数分布。根据上述假设建立的蜡油馏分模型数据库，其中，横向为虚拟组分的化学结构，纵向按蜡油馏程分成了12个馏分段。

3）虚拟组分宏观性质与化学结构的计算

对以馏程分组的MTHS模型而言，同一馏分段虽然沸点相同，但由于分子结构的迥异，其他宏观性质差别很大，如相对分子质量、密度、氢含量等。如何相对准确地预测不同化学结构虚拟组分的宏观性质是模型优化的关键。利用前面介绍的相关方程式或关联式，可以计算、得到其宏观性质以及化学结构。

4）MTHS模拟优化方法

（1）γ 函数分布模型。模拟重质石油烃类体系，首先需要了解不同结构烃类在重质烃类中的分布形式。蜡油中不同化学结构烃类随其相对分子质量的变化基本上呈单峰形式。对于单调指数下降或单峰分布形式，在数学上都可以用概率密度函数（PDF）来表示。目前，通常采用 γ 函数分布和归一化分布两种分布形式来表述石油烃类分布，但实际上更偏重于 γ 函数分布。Whitson[63]提出了石油烃类 γ 函数分布模型，如下式所示：

$$F(M)=\frac{(M\text{-}\eta)^{(\alpha-1)}\exp\left(-\dfrac{M-\eta}{\beta}\right)}{\beta^{\alpha}\Gamma(\alpha)} \tag{5-21}$$

假定石油烃类随馏分沸点变化符合 γ 函数分布，那么上述表达式可以改写成：

$$F(T_{\mathrm{b}})=\frac{(T_{\mathrm{b}}\text{-}\eta)^{(\alpha-1)}\exp\left(-T_{\mathrm{m}}\right)}{\beta^{\alpha}\Gamma(\alpha)} \tag{5-22}$$

根据概率密度函数定义，计算出不同沸点下累计摩尔分数x_{cm}，如下式所示：

$$x_{\mathrm{cm}}=\exp(-T_{\mathrm{m}})\cdot\sum_{j=0}^{\infty}\frac{T_{\mathrm{m}}^{\alpha+1}}{\Gamma(\alpha+1+j)} \tag{5-23}$$

上述各式中，$F(M)$为概率函数，M为相对分子量；$\Gamma(\alpha)$为概率密度函数；α、β、η为模型参数，$T_{\mathrm{m}}=(T_{\mathrm{b}}-\eta)/\beta$。

（2）模拟退火法。重油分子重构主要是让模拟体系的宏观性质尽可能接近实际体系的宏观性质，因此模拟优化的目标函数Obj的定义可由下式表达。

$$\begin{aligned}\mathrm{Obj}=&\sum\nolimits_{T}\left(q_{1,T}\times\frac{V_T^{\mathrm{msd}}-V_T^{\mathrm{pred}}}{V_T^{\mathrm{msd}}}\right)^2+\sum\left(q_2\times\frac{E^{\mathrm{msd}}-E^{\mathrm{pred}}}{E^{\mathrm{msd}}}\right)^2+\\&\sum\nolimits_{f\in\mathrm{PIONA}}\left(q_{3,f}\times\frac{w_f^{\mathrm{msd}}-w_f^{\mathrm{pred}}}{w_f^{\mathrm{msd}}}\right)^2+\sum\nolimits_{\mathrm{S}}\left(q_{4,\mathrm{S}}\times\frac{w_{\mathrm{S}}^{\mathrm{msd}}-w_{\mathrm{S}}^{\mathrm{pred}}}{w_{\mathrm{S}}^{\mathrm{msd}}}\right)^2\end{aligned} \tag{5-24}$$

式中，V为体积分数，%；w为质量分数，%；E为宏观物理性质（如相对分子质量、H含量、C/H原子比等）；q为权重系数；下标T为沸点温度；f为PIONA组成（包括同分异构体，如不同环数烷烃和芳烃等）；S代表硫元素；上标msd和pred分别表示实测值和预测值。

据此对3种不同性质减压蜡油馏分进行了烃类组成模拟，模拟计算结果与实测值吻合较好[64]。其他示例可参见有关文献[65]。

3.蒙特卡洛模拟和SOL法分子重构

马法书等人[66]以DCC-I工艺的工业常规分析数据为基础，采用蒙特卡洛模拟和结构导向集总（SOL）相结合的方法在分子尺度上对复杂反应体系的动力学进行研究，主要介绍了如何将原料转化为1000个分子，每个分子又以19个特征表示的原料分子的蒙特卡洛模拟，结果表明生成的分子能很好地反映原料的特性，对原料性质的预测值和标定数据吻合得较好。

作者利用蒙特卡洛模拟产生的1000个分子记为matrixa，示意过程见图5-34。而与matrixa19个特征量相对应的一套γ的最优值见表5-17。

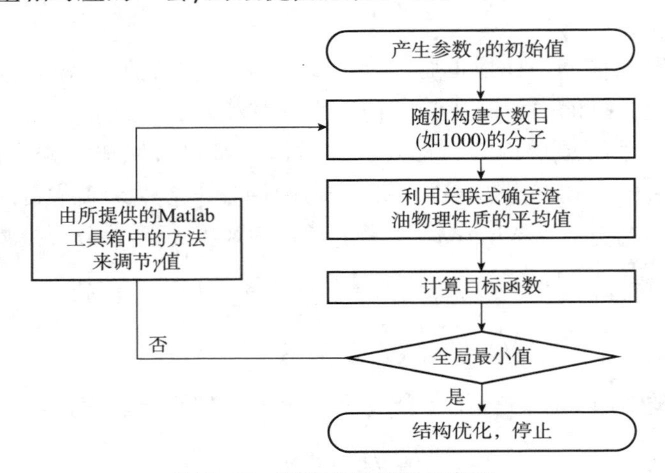

图5-34　蒙特卡洛模拟示意图

表5-17　与19个特征量对应的一套γ的最优值

物征量	最优值	物征量	最优值
*A*6	0.8197	br	5.2241
*A*4	0.8378	me	3.9640
*A*2	0.6377	IH	1.0457
*N*6	2.3021	AA	0.1087
*N*5	2.9620	NS	0.1024
*N*4	0.8396	NN	0.0742
*N*3	1.0412	RS	0.1038
*N*2	0.4835	RN	0.0515
*N*1	0.7640	AN	0.0904
R	9114		

杨辰[67]采用随机重构法-熵最大化法对减压蜡油和减压渣油进行了分子重构。作者筛选了重质馏分油分子的物性估算方程，采用随机重构法，用SOL法描述分子，采用遗传算法对结构向量的特征值进行优化，得到虚拟分子库，再应用熵最大化来构建目标

函数，采用标定数据作为约束限定条件，对目标函数进行优化获得虚拟分子库分子的摩尔分率，从而完成对减压蜡油和减压渣油的分子重构，实现对重油的分子尺度的模拟。

四、渣油馏分的分子重构

1.渣油的分子表示方法

沈荣民等[68]采用SOL表示减压渣油分子结构：将烃类分子以向量来表示，每一个向量代表一个分子，每个分子由若干个特征构成。这若干个特征代表了分子的结构，可以构成任何分子，有的除了考虑碳氢外还考虑非烃杂原子硫、氮化合物，每个分子以19个特征代表。如果不考虑硫和氮，就只有14个特征。

2.对抽样值的存在条件、下限和上限的规定

分子的构造需要符合一定的逻辑，沈荣民等[68]参考相关资料中关于减压渣油的结构特性参数的描述后做了如下规定：

$A6$：对于延迟焦化所使用的减压渣油进料来说，单独存在的苯环数最小值$A6_{min}=0$，最大值$A6_{max}=2$。

$A4$：当$A6 \geqslant 1$时，这种单边稠合的芳环个数最小值$A4_{min}=0$，最大值$A4_{max}=4$。

$A2$：当$A4 \geqslant 2$时，此多边稠合的芳环个数最小值$A2_{min}=0$，最大值为$A2_{max}=A4-1$。

这样，芳环数最大值为9，根据具体的情况还可以进行具体的修正。

$N6$：渣油分子中单独存在的环已烷个数最小值$N6_{min}=0$，最大值$N6_{max}=3$。

$N5$：渣油分子中单独存在的环戊烷个数最小值$N5_{min}=0$，最大值$N5_{max}=3$。

同时需要注意，$N6+N5$不可能大于3，即单独存在的五元和六元环最多只能有3个。

$N4$：当$A6+N6 \geqslant 1$时，其最小值$N4_{min}=0$，最大值$N4_{max}=3$。

$N3$：当$A6+N6+N5 \geqslant 1$时，其最小值$N3_{min}=0$，最大值$N3_{max}=3$。

$N2$：当$A4+N4+N3 \geqslant 1$时，其最小值$N2_{min}=0$，最大值为$N2_{max}=A4+N4+N3$，如果$N3 \geqslant 2$，最大值要减1。

$N1$：当$A4+N4 \geqslant 2$时，其最小值$N1_{min}=0$，当$A6>0$，$A4>0$，$N6>0$，$N4>0$不同时满足时，$N1$最大值为$N1_{max}=A4+N4-A2-N2-1$；当$A6>0$，$A4>0$，$N6>0$，$N4>0$同时满足时，$N1$最大值为$N1_{max}=A4+N4-A2-N2-2$。

同时，需要对总的烷基环数进行限定，沈荣民等[68]认为不可能有8个以上的烷基环存在于一个分子中，从已有的分析数据中的环数分布以及平均环数可以看出，烷基环数超过8的分子已经很少出现了。

R：沈荣民等[68]认为重质油分子中无环结构（$A6+N6+N5=0$）时，单独存在的烷烃碳数最小值$R_{min}=35$，最大值$R_{max}=100$；有环结构（$A6+N6+N5 \geqslant 1$）时，当环结构碳数$\geqslant 100$时，则$R=0$，当环结构碳数<65时，则R的最小值$R_{max}=0$，最大值R_{max}为65减去环结构碳数。

br：当$R \leqslant 3$时，$br=0$；当$R=4$时，br的最小值$br_{min}=0$，最大值$br_{max}=1$；当$R>4$时，br的最小值$br_{min}=0$，最大值br_{max}为$R-4$和4之中的小值，即$br_{min}=\min(R-4, 4)$。

me：当有环结构（$A6+N6+N5 \geqslant 1$）时，当$R \leqslant 1$时，$me=0$；当$R=2$时，me的最小值$me_{min}=0$，最大值$me_{max}=1$；当$R=3$时，me的最小值$me_{min}=0$，最大值$me_{max}=2$；当$R \geqslant 4$时，

若br=0，则me的最小值me_{min}=0，最大值为me_{max}=min（R−1，4），若$br \geq 1$，则me的最小值me_{min}=0，最大值me_{max}=min（R−br−3，4）。

1H：当有环结构（$A6+N6+N5 \geq 1$）时，1H=0；当无环结构（$A6+N6+N5=0$）时，1H=1。

AA：当有两个以上独立的环结构（$A6+N6+N5 \geq 2$）时，$AA=A6+N6+N5-1$。

3.模拟计算

沈荣明等[68]认为渣油原料油中的分子结构可由上述14个特征构成，每个特征的分布规律符合i^2分布，而且互相独立，确立了概率密度函数p（x）形式并对每个特征进行随机抽样。

一次随机抽样即可生成一个分子（14个特征的抽样一次完成），由于样本量太小会影响模拟结果的准确性，Liguras和Allen[69]认为每一套虚拟分子的个数不应少于150，而加大抽样量虽然会使模拟结果更为准确，但也会使耗费的时间大大增加，当样本量大到10000时会导致计算机内存不足。综合考虑，沈荣民等[68]把样本量定为1000，这样循环抽样1000次则生成1000个分子，计算这1000个分子的平均物理性质包括平均分子量M、饱和烃含量SWt、芳烃含量AWt、碳含量C、氢含量H。并用模拟退火法（SA）寻优。

4.模拟示例

表5-18为减压渣油分子模拟结果与实际数据的对比。

表5-18　减压渣油分子模拟结果与实际数据的对比

减压渣油	数值类型	M_t	W			碳含量	氢含量
			饱和烃	芳烃	胶质/沥青质		
大庆减渣	实验值	934.8	0.4080	0.3220	0.2700	0.3630	0.6370
	模拟值	935.3	0.4100	0.3216	0.2684	0.3629	0.6371
胜利减渣	实验值	798.4	0.1950	0.3240	0.4810	0.3802	0.6198
	模拟值	793.7	0.1923	0.3373	0.4704	0.3446	0.6154

从表5-18可见，模拟生成的分子基本反映了原料油的特性，模拟值和实际值是相当吻合的，可以认为这一套1000个分子代表了原料油的基本组成。

碳数分布等分子结构方面的预测结果也是满意的。表5-19是大庆渣油分子重构中碳数为52的分子分布，而图5-35是胜利渣油分子重构中烷烃中各碳数的分子个数对碳数作图，对于大庆渣油也可得到相似的结果。

表5-19　大庆减渣分子重构中碳数为52的各类分子结构情况

$A6$	$A4$	$A2$	$N6$	$N5$	$N4$	$N3$	$N2$	$N1$	R	Br	me	IH	AA	M_t	碳数
0	0	0	1	1	0	0	0	0	41	0	0	0	1	726	52
0	0	0	0	1	0	0	0	0	47	0	0	0	0	728	52
1	2	1	1	1	0	0	0	0	25	0	1	0	2	702	52
1	2	1	1	1	0	0	0	0	25	0	2	0	2	702	52

续表

$A6$	$A4$	$A2$	$N6$	$N5$	$N4$	$N3$	$N2$	$N1$	R	Br	me	IH	AA	M_r	碳数
1	3	1	0	2	0	0	0	0	22	0	0	0	2	696	52
0	0	0	0	2	0	0	0	0	42	0	1	0	1	726	52
0	0	0	1	0	0	0	0	0	46	0	0	0	0	728	52
0	0	0	0	0	0	0	0	0	52	0	0	1	0	730	52

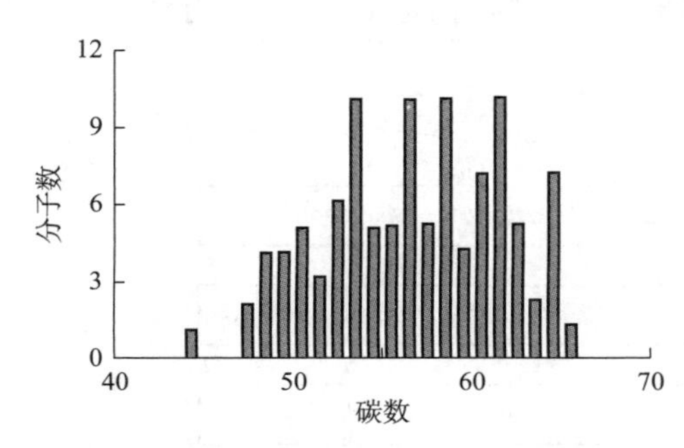

图5-35　胜利减压渣油分子重构的烷烃各碳数下的分子数目

从图5-35可见，胜利渣油中烷烃的分子碳数呈典型的正态分布，而对于全部分子来说，也呈相似的分布。对比相关文献[62]，通过GC/MS分析所得到的重油中烷烃的碳数分布图，可知两者的分布是极其相似的。

类似的研究报道，如倪腾亚等[70]提出了基于结构导向集总的渣油分子组成矩阵构建模型，设计了包含烃类结构、杂原子结构及重金属结构的21个结构单元，构建了代表渣油分子组成的55类共2791种典型分子的结构向量。采用模拟退火算法计算渣油的分子组成矩阵，使烃类组成信息和平均分子结构参数的计算值与仪器测定值相吻合，构建了基于结构导向集总的渣油分子组成计算模型。结果表明，采用该模型对渣油进行分子组成矩阵构建后，渣油的残炭、密度等性质指标和芳碳率、芳环数等结构参数的计算值和实验测定值吻合较好，表明基于结构导向集总方法可以对渣油组成进行分子水平的定量描述。

倪腾亚等[70]采用的侧链甲基添加规则为：

（1）将要添加侧链的环进行分类：环烷环、芳香环、内环、外环、碳原子环、杂原子环、六元环、五元环。添加侧链的优先顺序为：外环优先于内环，环烷环优先于芳香环，碳原子环优先于杂原子环，六元环优先于五元环。

（2）侧链从非公用原子最多的环开始添加（空环优先），存在4个以上公用原子的环不再添加侧链。

（3）按照优先级别向每个可用环逐一添加甲基，待所有可用环均存在甲基后，在优先级别最高的环上添加长侧链。

（4）每个种子分子上的侧链碳数为0~50个，3~8个碳添加1个*br*，位于第一位；9个碳以上添加两个*br*，两个*br*分别位于第一位和最后一位。

图5-36为其采用的SA法的计算框图。

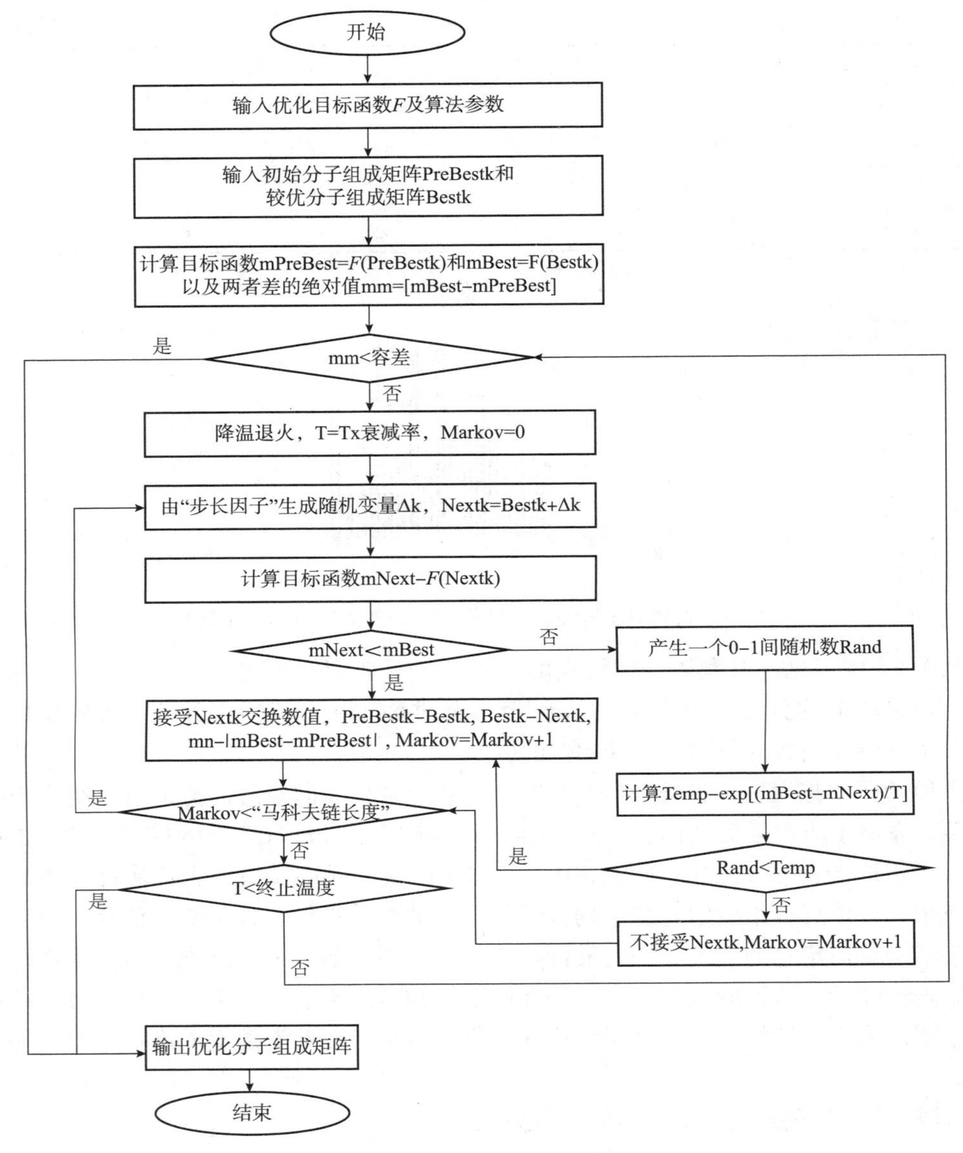

图5-36　SA法计算框图

渣油类分子信息用于产品调和的场景是沥青的调和生产。此时，基于族组成的分子信息就能很好地用于指导生产。在这方面，中国海油的中海沥青（营口）有限责任公司拥有丰富的经验。基于对国内外沥青基质原料组成特别是族组成与沥青性能之间的关联关系与模型的开发，组合利用相关基质沥青，调和出满足市场需要且有竞争力的沥青产品。

五、原油的分子重构

吴青[2]介绍了华东理工大学开展的原油分子重构[71, 72]工作，一般包括如下主要过程：

（1）选取、确定原油中的各类代表性化合物的结构、种类。

（2）选取某些方法，确定上述各分子的性质（物性）。

（3）制定规则或约束条件，获得目标函数。

（4）优化计算以及根据原油的某些数据如实沸点蒸馏数据、原油评价实验数据等，调整并最终确定原油的分子组成。

赵雨霖[71]利用蒙特卡洛法来完成原油分子重构。蒙特卡洛方法作为一种计算机模拟实验方法，其具体过程是：首先建立一个概率模型或随机过程，使它的期望值等于问题的解，然后通过对模型或过程的观察或抽样实验来计算所求参数的统计特征值，以所得结果作为问题的近似解。主要步骤包括：

（1）设定一组特征结构向量的初值，然后调用蒙特卡洛法随机抽样生成指定数目的虚拟分子。

（2）得到虚拟分子后，就可以计算虚拟原料油的各种混合性质。

（3）与给定的原油评价数据进行对比得到目标函数，计算目标函数值并判断是否达到规定的优化目标，如果没有达到规定的优化目标，则调用优化算法调整特征结构向量的期望值以重新抽样生成新的原油分子，再一次进行优化计算，直到达到规定的优化目标，从而退出优化循环，建立原油初始分子组成。

（4）由于初始分子组成是建立在组成分子的各个特征向量满足X^2分布的条件下进行的，而实际情况并非完全如此，所以初始分子组成的性质与原油的评价数据有一定的误差。所以需要进行第二步的工作，就是根据原油实沸点蒸馏窄馏分收率情况，对初始原油分子组成的各分子含量进行调整，从而建立符合要求的原油分子组成，完成原油分子重构的过程。

关于如何选取、确定原油中的各类代表性化合物的结构、种类，如构建何原油虚拟分子，对特征向量存在条件、下限和上限的规定，如何通过蒙特卡洛法获取虚拟分子，对目标函数进行优化与分子量调整等可以参见文献[70]。作者用上述方法考察了印尼某原油特征向量的初值设置、优化值以及预测结果，结果令人满意。

牛莉丽[72]采用REM法进行原油分子重构，同样获得了良好的结果。作者还比较了REM法与蒙特卡洛法的异同，认为REM法预测结果更优、更精准。

第四节　分子水平的反应动力学模型及其计算

如前所述，不同水平层次的动力学模型主要包括分子水平的动力学模型（反应路径水平动力学模型和反应机理水平动力学模型两种）和馏分水平的集总动力学模型[1]，以下分别介绍。

一、反应路径水平动力学模型及其计算

以石脑油加氢精制的反应路径水平动力学建模为例来说明。

加氢精制是炼油企业原料预处理、产品质量提升普遍采用的一种成熟工艺技术。通

常，在如Al_2O_3负载CoMo/NiMo之类的催化剂床层上选择性地与氢在一定温度下反应，可以脱除硫、氮杂质并使得烯烃和芳烃饱和。

加氢脱硫（HDS）过程的反应机理已经研究得很透彻了。进一步降低硫含量的要求使得炼化企业要开发分子级动力学模型以改善流程工艺、开发新型催化材料等。

常规的HDS建模目前仍专注于含硫组分的集总数据，且这些组分都是经过简单的一级或二级反应动力学进行反应的。然而，深度HDS要求在单个组分层面进行更精确的建模。新的模式能跟踪从进料到产物整个过程中的每个分子。开发这样一个带有分子动力学信息的模型需要对过程中每个分子至少在路径水平上进行HDS机理建模。路径模型能够通过清晰涵盖可观察到的分子，保证包含具体的动力学信息，从而具有集总模型所不具备的对原料独立性的预测能力。对化学机理的多种机理发现也可以被引入反应路径中。

1.建模方法

建立分子动力学模型需要考虑如何解决以下两个方面的问题：（1）反应化学与反应过程表达必须严谨，以便计算机算法能够处理、跟踪物料种类和反应；（2）为了能够代表动力学并在依据实验数据进行优化后能够得到真正的速率常数信息，必须组织、整理好速率参数。

很多复杂性出在数据及其组合方面。为了获得准确结果并保证较高的求解效率，如何给反应分族？如何通过反应族来获得物种的结构与反应活性之间的定量关系？这是十分重要的。在分子动力学模型中，对反应和速率参数的大量需求可以通过整理包含相似过渡态的反应进入同一反应族的方式处理，而反应族的动力学参数求解则可以通过线性自由能关系式（LFER）或定量结构-反应性关系式（QSRC）而进行。

将这些想法应用到石脑油加氢精制的过程由对进料的研究开始。反应混合物可以被分为若干化合物分类（含硫化合物、石蜡烃、烯烃、萘、芳烃和含氮化合物），这些化合物会经过有限的几个反应族（脱硫反应、硫饱和反应、烯烃加氢反应、芳烃饱和反应和脱氮反应）进行反应。结果，很少几个反应矩阵就可以用来生成包含几百个反应的反应网络。加氢精制工艺中的反应路径和相对应的所有反应族的反应矩阵都分别总结于图5-37和表5-20中。

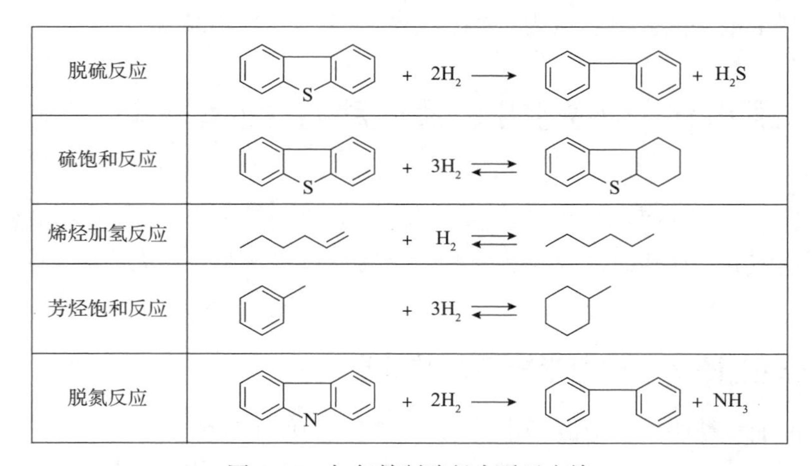

图5-37　加氢精制路径水平反应族

表5-20　路径水平加氢精制反应矩阵

反应族	反应矩阵
脱硫反应（C—S情况） 测试：需要有C—S链	C 0 −1 1 0 S −1 0 0 1 H 1 0 0 −1 H 0 1 −1 0
脱硫反应（S—S情况） 测试：需要有S—S链	S 0 −1 1 0 S −1 0 0 1 H 1 0 0 −1 H 0 1 −1 0
脱硫反应（C—S—C情况） 测试：需要有C—S—C链	C 0 −1 0 1 0 0 0 S −1 0 −1 0 0 1 1 C 0 −1 0 0 1 0 0 H 1 0 0 0 −1 0 0 H 0 0 1 −1 0 0 0 H 0 1 0 0 0 0 −1 H 0 1 0 0 0 −1 0
硫饱和反应（2H情况）或烯烃加氢反应 测试：需要C═C链	C 0 −1 1 0 C −1 0 0 1 H 1 0 0 −1 H 0 1 −1 0
硫饱和反应（4H情况） 测试：需要═C—C═C链	C 0 −1 0 0 1 0 0 0 C −1 0 0 0 0 1 0 0 C 0 0 0 −1 0 0 1 0 C 0 0 −1 0 0 0 0 1 H 1 0 0 0 0 −1 0 0 H 0 1 0 0 −1 0 0 0 H 0 0 1 0 0 0 0 −1 H 0 0 0 1 0 0 −1 0
硫饱和反应（6H情况）或芳烃饱和反应 测试：需要芳环	C 0 −1 0 0 0 0 1 0 0 0 0 0 C −1 0 0 0 0 0 0 1 0 0 0 0 C 0 0 0 −1 0 0 0 0 1 0 0 0 C 0 0 −1 0 0 0 0 0 0 1 0 0 C 0 0 0 0 0 −1 0 0 0 0 1 0 C 0 0 0 0 −1 0 0 0 0 0 0 1 H 1 0 0 0 0 0 0 −1 0 0 0 0 H 0 1 0 0 0 0 −1 0 0 0 0 0 H 0 0 1 0 0 0 0 0 0 −1 1 0 H 0 0 0 0 0 0 0 0 −1 0 0 0 H 0 0 0 0 1 0 0 0 0 0 0 −1 H 0 0 0 0 0 1 0 0 0 0 −1 0

续表

反应族	反应矩阵
脱氮反应（C—N—C）情况 测试：需要C—N—C链	$\begin{matrix} C & 0 & -1 & 0 & 1 & 0 & 0 & 0 \\ N & -1 & 0 & -1 & 0 & 0 & 1 & 1 \\ C & 0 & -1 & 0 & 0 & 1 & 0 & 0 \\ H & 1 & 0 & 0 & 0 & -1 & 0 & 0 \\ H & 0 & 0 & 1 & -1 & 0 & 0 & 0 \\ H & 0 & 1 & 0 & 0 & 0 & 0 & -1 \\ H & 0 & 1 & 0 & 0 & 0 & -1 & 0 \end{matrix}$

用QSRC/LFER对每个反应的速率常数信息进行整理，得到式（5-1）。该关联式关联了每个反应的活化能和反应热。每个反应族都假设了一个单独的频率因数。不同反应过程如加氢断裂反应[73, 74]、催化断裂反应[75~77]、脱烷基化与异构化反应[5~7]如何采用QSRC/LFER方法建立其非均相动力学模型可以参见相应的文献。

2.模型开发

1）反应族

路径水平加氢精制建模包括5个反应族：脱硫反应、硫饱和反应、烯烃加氢反应、芳烃饱和反应和脱氮反应。加氢精制反应网络构建中采用的反应规则见表5-21。

表5-21　路径水平加氢精制过程的反应规则

反应族	反应规则
脱硫反应	S从环中被直接完全去除
硫饱和反应	芳环饱和按一个环接着一个环的模式进行
烯烃加氢反应	不在环上的双键需要加氢
芳烃饱和反应	芳环饱和按一个环接着一个环的模式进行
脱氮反应	N从环中被直接完全去除

路径水平加氢精制反应每个反应族的具体说明如下。

（1）含硫化合物涉及的反应：脱硫反应和饱和反应。

加氢精制反应的主要目的是脱除物料中的硫。对此，化学过程建模首先需要对涉及的多种含硫化合物进行分类，之后确定这些化合物的反应性、反应路径以及机理。

①含硫化合物的分类。石油混合物主要包含以下种类的含硫化合物：硫醇、硫化物、二硫化物、噻吩（T）、苯并噻吩（BT）、二苯并噻吩（DBT）及其烷基和相关衍生物[75]。

②含硫化合物的反应性。HDS反应性在很大程度上决定于含硫化合物分子尺寸和结构。硫醇、硫化物和二硫化物与噻吩类化合物相比，大多数都具有非常快的反应动力学，并且从噻吩到苯并噻吩到二苯并噻吩，脱硫会越来越难。噻吩、苯并噻吩和二苯并噻吩的结构和碳数如图5-38所示。取代基团 α 或在噻吩化合物上与S原子相邻的取代基基本都会阻碍HDS反应的发生。当甲基距离S原子较远时，基本上都会增大HDS的活性——这是由于S原子上的电荷密度增大所导致的，而那些临近S原子的甲基则会因为

空间位阻作用而降低反应性[79]。

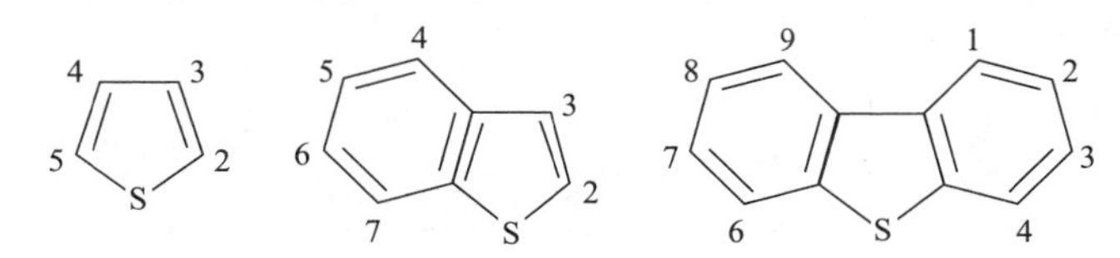

图5-38　噻吩、苯并噻吩和二苯并噻吩的结构和碳数

表5-22标明了噻吩、苯并噻吩和二苯并噻吩上的“重要”位置，这些位置在图5-37中以加粗显示。重要位置意味着如果有烷基取代基在此位置上的话，由于空间和电荷作用，它将严重影响此化合物HDS反应性。例如，4，6-二甲基二苯并噻吩（4，6-DMDBT）是最难进行脱硫的，并且会在轻油HDS过程最后一步之前一直保持原状。在重要和非重要位置的取代基团对HDS反应性有着不同的空间和电荷影响。如表5-22所示，从分子建模角度来说，我们需要至少有两个单甲基、三个双甲基和三个三甲基取代的分子结构才能在石脑油C3范围内的烷基-DBTs中替代这种位置差异，这是因为我们已经将苯环上的所有位置分为了两类。表5-23~表5-25列出了烷基噻吩、烷基苯并噻吩和烷基二苯并噻吩的代表性分子结构以及它们相较于母分子（噻吩、苯并噻吩、二苯并噻吩）分别的速率调整参数。从分子基础动力学建模角度来看，这些是我们需要考虑进HDS反应模型的基本噻吩结构组。还有值得注意的就是，当硫含量被降低至0.20%~0.05%时，石脑油或柴油的HDS化学机理与烷基-二苯并噻吩的化学机理完全相同。尽管石脑油和柴油最初所含大部分组分都是烷基噻吩或烷基苯并噻吩，但这些组分在硫被降低至0.20%时便会被完全去除[78]。

表5-22　噻吩类化合物重要位置

硫	重要位置	非重要位置	因数（电荷+空间）①	代表性结构
噻吩	2，5	3，4	$f_{1,\mathrm{T}} << f_{2,\mathrm{t}}$	2C1，3C2，2C3，1C4
苯并噻吩	2	3，7，4，5，6	$f_{1,\mathrm{BT}} << f_{2,\mathrm{BT}}$	2C1，2C2，2C3，2C4
二苯并噻吩	4，6	1，2，3，7，8，9	$f_{1,\mathrm{DBT}} << f_{2,\mathrm{DBT}}$	2C1，3C2，3C3

①速率常数烷基位置调整因数。下标1表示在一个重要位置有1个烷基链；2表示非重要位置。

表5-23　代表性烷基噻吩及其相关的速率调整因数

烷基噻吩	代表性分子	速率调整因数
C1-T	S	f_1
	S	f_2
C2-T	S	f_1^2
	S	f_1f_2

续表

烷基噻吩	代表性分子	速率调整因数
		f_2^2
C3–T	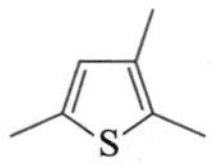	$f_1^2f_2$
	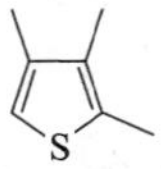	$f_1f_2^2$
C4–T	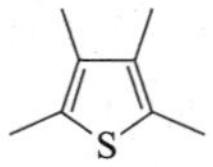	$f_1^2f_2^2$

表5-24　代表性烷基苯并噻吩及其相关的速率调整因数

烷基噻吩	代表性分子	速率调整因数
C1–BT	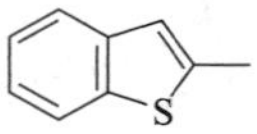	f_1
	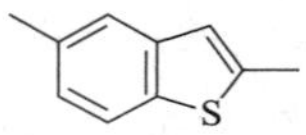	f_2
C2–BT	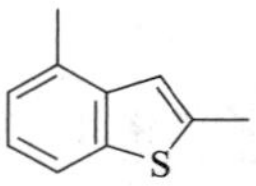	f_1f_2
	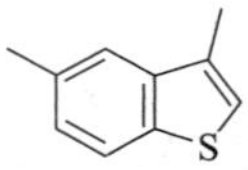	f_2^2
C3–BT	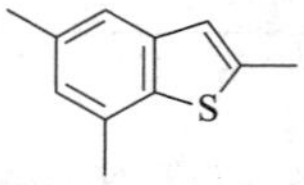	$f_1f_2^2$
	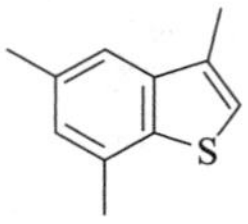	f_2^3
C4–BT	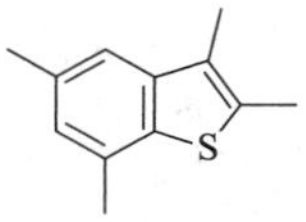	$f_1f_2^3$
	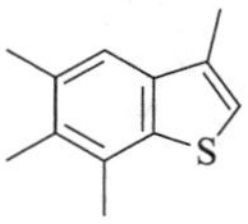	f_2^4

表5-25　代表性烷基二苯并噻吩及其相关的速率调整因数

烷基噻吩	代表性分子	速率调整因数
C1–DBT		f_1
		f_2
C2–DBT		f_1^2
		f_1f_2
		f_2^2
C3–DBT		$f_1^2f_2$
		$f_1f_2^2$
		f_2^3

③反应路径及网络。可用图5–39所示的反应路径来描述HDS的化学机理[78~80]。很容易脱除硫醇、硫化物和二硫化物，但噻吩、苯并噻吩、二苯并噻吩和它们的烷基衍生物可以被描述为可逆反应的硫饱和反应（氢化反应），或者直接进行脱硫化反应，此反应在图5–39中被标注为不可逆反应。

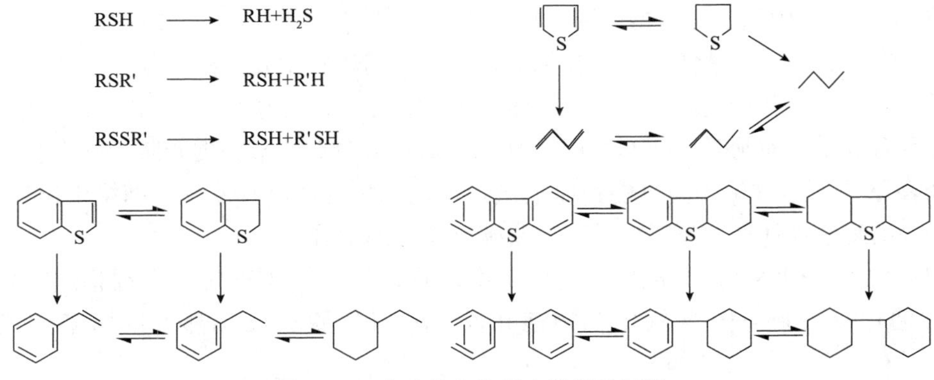

图5–39　含硫化合物反应路径及网络

对于高度取代的二苯并噻吩，硫饱和反应（相较于直接脱硫反应）是生成烃类产物的主要路径，这是由于相对于母体分子，芳环碳上临近硫原子的脂肪族取代基会因为与催化剂表面连接和生成合适的中间体物质而产生严重的空间位阻。这个规则适用于所有多芳环噻吩HDS转化过程，而只有速率常数是不同的。对于反应性更佳的二苯并噻吩，从第一个饱和中间体中硫的脱除率很高，导致从完全饱和的DBT中衍生出的产品可能无法被观察到。相似地，单环芳烃的饱和速率一般会比其他反应速率慢很多；双环己烷一般只能痕量生成。然而，随着烷基二苯并噻吩反应性越来越差，以上反应的重要性将会上升，无法忽略。

直接脱硫反应和硫饱和反应可以进一步根据反应中所涉及的化学键类型分类为3个反应亚族。直接脱硫反应进一步分类为C—S键类（如硫醇和硫化物）、S—S键类（如二硫化物）和C—S—C类（如噻吩、苯并噻吩、二苯并噻吩及其烷基和加氢衍生物）。硫饱和反应进一步被分为4H类（如噻吩和烷基噻吩）、2H类（如苯并噻吩和烷基苯并噻吩）以及6H类（如二苯并噻吩和烷基二苯并噻吩）。每个类型的反应矩阵和其相对应的测试总结于表5-20中。每个反应族的反应规则总结于表5-21。对于脱硫反应，硫被直接从环上以H_2S的形式脱除，并且假设噻吩化合物中的两个C—S键同时裂解。对于硫饱和反应，一次会将一个芳环完全饱和。

（2）烯烃加氢反应。虽然HDS是最常见的加氢精制反应，但烯烃加氢也发展迅猛。在此工艺中，氢被加入进烯烃或不饱和环烷烃的双键中，对应的加氢化合物则是反应产品。此反应相对于其他加氢精制反应来说非常迅速。烯烃加氢反应的反应矩阵包括了一个C—C键和一个H—H键的断裂和两个C—H键的生成，见表5-20。对此反应的测试包括了对C═C键的检索。除了每个烯烃分子都需要如表5-21中总结的加氢反应外，没有其他特殊规则。

（3）芳烃饱和反应。芳烃饱和反应与烯烃加氢反应类似，在此反应中氢被加入以饱和整个芳环。对于石脑油范围内的单芳环化合物如苯和烷基苯，一个环会被$3H_2$或6H所饱和。

反应矩阵和测试总结于表5-20，6H类的饱和反应和规则总结见表5-21。但是，对于多环芳烃化合物来说，两个其他类型的芳烃饱和反应也会发生：对于终端芳环的4H类反应（如萘）和中间芳环的2H类反应（如菲）。

（4）脱氮反应。正常情况下会在加氢精制反应器进料中发现的含氮化合物可以被分为三类：基本含氮化合物（一般与六元环相连，如吡啶和喹啉）、非基本含氮化合物（一般与五元环相连，如吲哚和咔唑）以及其他含氮化合物（如苯胺类和胺类化合物，此类化合物在原油中不常见，但可能在以上氮杂环化合物的加氢脱氮反应网络中出现）。含氮化合物的复杂性使得脱氮反应甚至比脱硫反应更加困难。

加氢脱氮（HDN）化学机理从建模角度来看，可以与HDS化学机理相似对待，因为两种通用反应族——含氮化合物饱和反应和直接脱氮反应都可以用来描述化学机理。

加氢脱氮（HDN）化学反应矩阵和测试总结在表5-20中，反应规则见表5-21。

与硫相同，氮会直接从环上脱除；两个C—N键同时断裂，N从环上以NH_3的形式脱除。

2）反应动力学

一种观点是传统的HDS催化剂具有两种不同类型的催化位点，用来进行早前所提到的不同反应路径。一种诱导进行直接硫抽提反应（脱硫反应），另一种催化进行芳环加氢反应（饱和反应）。

HDS反应遵循LHHW动力学[75~77]。对HDS动力学建模的LHHW速率公式可以用式（5-25）表示：

$$r=\frac{fkK_A,K_H,[A][H_2]}{\left(1+\sum_i K_i[I]+\sqrt{K_H,[H_2]}\right)^n}+\frac{fkK_A,K_H,([A][H_2]-[B]/K)}{\left(1+\sum_i K_i[I]+\sqrt{K_H,[H_2]}\right)^n} \tag{5-25}$$

可以用经典的双位点机理（上述进行直接脱硫反应的σ位点和HDS工艺催化剂表面进行饱和反应的τ位点）来推导相对应的双位点LHHW表达式。上述速率公式由通过假设速率控制的已吸附的反应物与两种竞争性吸附的氢原子间的表面反应步骤的模型化合物研究所得出，对两种反应类型均适用。

在式（5-25）中，r是噻吩化合物的反应速率，第一项与非可逆的直接脱硫反应相关，第二项与可逆的芳环饱和反应相关，[I]是组分浓度，k为速率常数，K_i为组分的吸附常数，K是平衡常数，而n为抑制项的指数，本式中根据反应速率控制步骤假设而为HDS反应假设n=3。速率调整因数f被引入，用于表示相对于无取代的母体分子，取代基在噻吩化合物上的空间和电荷影响。吸附常数可由文献查到，并且遵守以下指导原则：K_i（σ位点）：DBT>H_2S>>联苯>>>H_2；K_i（τ位点）：DBT>联苯>>>H_2。H_2S在催化剂位点上对直接脱硫反应的抑制或吸附作用比加氢位点上要大得多[81]。

以上LHHW速率公式考虑了反应物流股中不同种类物质（包括芳烃、烯烃和不同种类的含硫化合物）之间在催化剂表面上对活性位点的竞争。并且，由H_2S和其他烃类在HDS早期阶段生成的低反应性含硫化合物对HDS的抑制作用在LHHW速率规则中也有所考虑。

3.自动化模型建立

以上所阐述的反应矩阵、规则和动力学关联式均用来构建多种加氢精制模型。用于生成加氢精制模型的建模算法，如图5-40所示[1]，将所有分子分类至不同含硫化合物、石蜡烃（正构和异构）、烯烃（正构和异构）、环烷烃（饱和及不饱和）和含氮化合物家族中。含硫化合物又被进一步分类为硫醇、硫化物、二硫化物、噻吩、苯并噻吩和二苯并噻吩。每个家族成员的反应都通过引入对每种化合物类型所能够发生反应的筛选而区分处理。得到的产品经过结构同构性检查后确认化合物种类。目前版本的加氢精制模型建立方法包括了所有加氢精制反应的反应矩阵和规则信息，并有修改弹性。带有连接性信息和热力学性质的石脑油分子数据库也一并建立。所需要的多种反应的反应性指数要在线计算，速率表达式写在文件中作为转换器输入端数据。数学方程转换器之后将生成如上所述的LHHW形式的速率方程。固定床反应器随后能够很容易地求解。

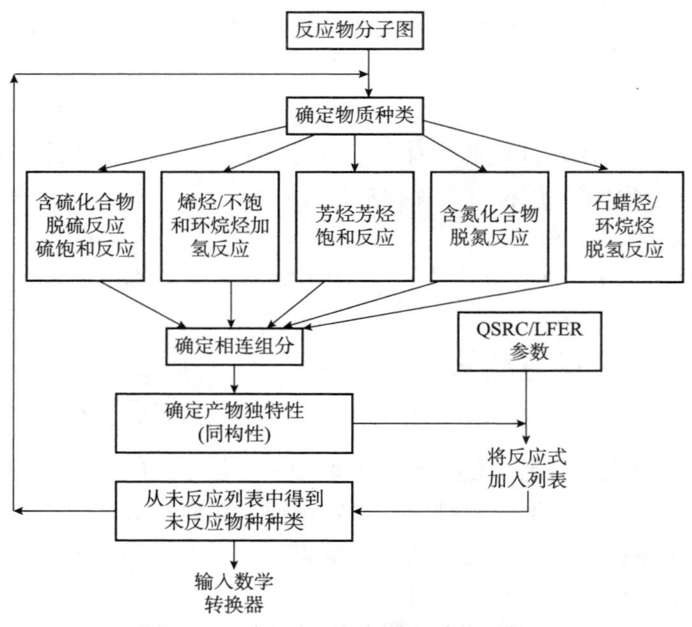

图5-40　路径水平加氢精制建模器算法

4.模型验证

1)石脑油加氢精制模型

Klein等[1]开发了详细的带有243个物种和437个反应的石脑油加氢精制分子水平动力学模型。完整的反应模型可以在英特尔奔腾II 333-MHz计算机上于2 CPU秒内自动建立并在1CPU秒内解出。模型数据总结于表5-26。本模型含有75种含硫化合物(包括H_2S)和174种包含含硫化合物的反应以及74种直接脱硫反应和100种硫饱和反应。

2)模型优化及验证

模型解得固定床反应器解，并随后采用GREG优化算法进行优化[82]调整QSRC/LFER参数。产品分子组成被进一步整理成以下类别以匹配实验和中试数据：含硫化合物、石蜡烃、异构石蜡烃、烯烃、异构烯烃、环烷烃、不饱和环烷烃、芳烃和含氮化合物。目标函数是所有观测到的集总浓度的和预测浓度之差平方的和。每个分子或集总与权重因数相关联，从而保证最终的目标函数没有偏差。所有数据集都在一起进行优化，为优化程序提供充分的自由度。GREG也用来得到各个因数的信任区间和协方差矩阵信息，而这些信息反过来可以得到各个因数的敏感性和关联性信息。

表5-26　石脑油加氢精制模型数据

物质种类	数量	反应类型	数量
氢分子	1	烯烃加氢反应	74
石蜡烃	9	烯烃脱氢反应	74
异构石蜡烃	14	芳烃饱和反应	57
环烷烃	42	芳烃不饱和反应	57
不饱和环烷烃	12	硫饱和反应(2H)	9
芳烃	50	硫不饱和反应(2H)	9

续表

物质种类	数量	反应类型	数量
烯烃	14	硫饱和反应（4H）	9
异构烯烃	24	硫不饱和反应（4H）	9
硫化氢	1	硫饱和反应（6H）	32
含硫化合物	74	硫不饱和反应（6H）	32
氨	1	脱硫反应	74
含氮化合物	1	脱氮反应	1
总物种数量	243	总反应数	437

图5-41所示为模型预测值与中试实验值的结果对比。

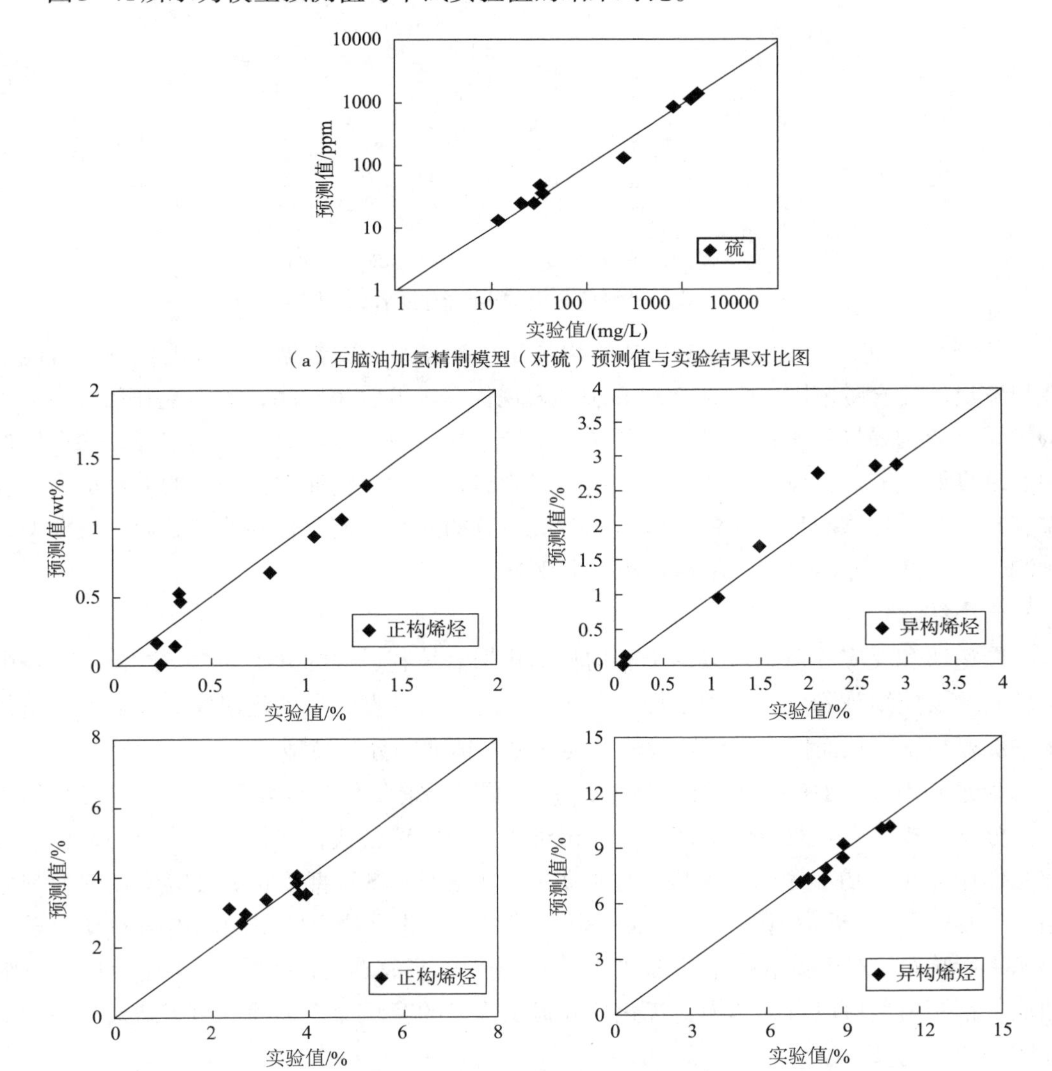

图5-41　模型预测值与中试实验值的结果对比

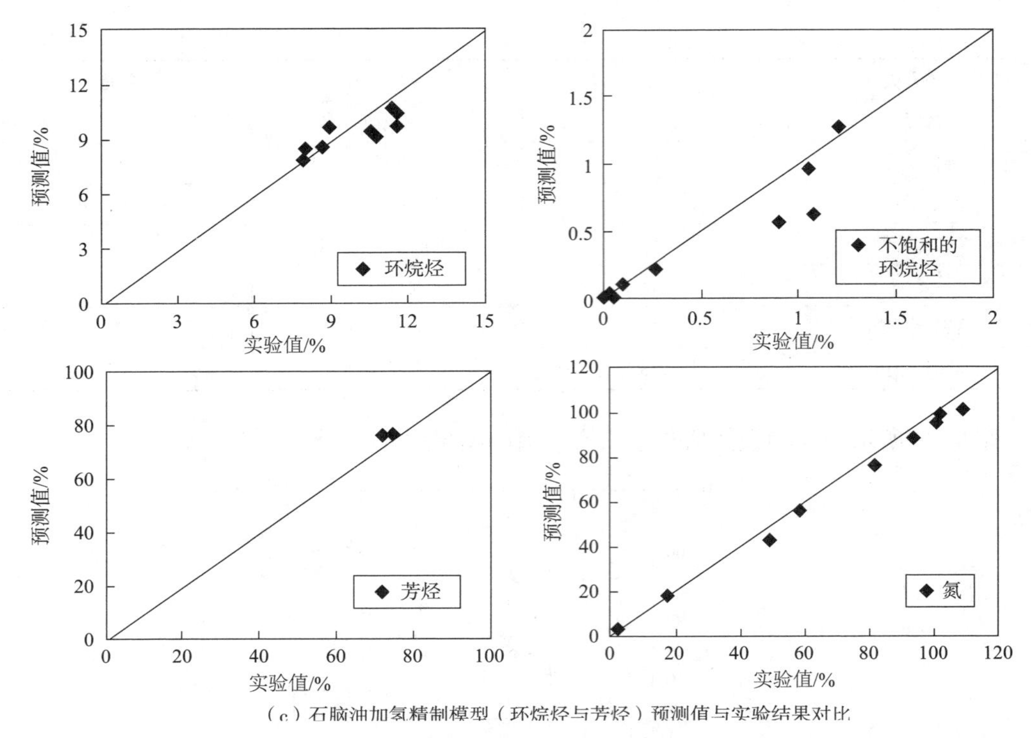

（c）石脑油加氢精制模型（环烷烃与芳烃）预测值与实验结果对比

图5-41　模型预测值与中试实验值的结果对比（续）

从图5-41（a）~图5-41（c）中可以看出，模型与实验数据的匹配度良好，且能够在很宽泛的硫含量范围内（10~2000mg/L）表现优秀。低收率产品，如不饱和环烷烃、正构烯烃、异构烯烃和正构烷烃，以及高收率产品如芳烃、环烷烃和异构烷烃，均在模型中表现良好。芳烃并没有转化太多，这一点能够解释为石脑油中大部分的芳烃均为单环烷基苯，其苯环饱和反应非常之慢。同时应注意的还有含氮化合物的集总数据在模型中预测效果极好，即便只有一个集总和一个反应。

5.小结

图论法和反应族概念可以用于非均相催化加氢精制过程的分子动力学建模。对每个反应族的反应矩阵和反应规则都做了分析、汇总。所开发的自动化建模可以扩展至路径水平加氢精制，从而使我们能够快速准确地建立精准的分子模型。

为精确地建立HDS化学机理模型，引入了两个重要和非重要位点且带取代基的代表性分子结构。引入双位点机理并代入相对应的LHHW公式，并将工艺物料中多种导致抑制作用的化合物都考虑进来是非常重要的（尤其是H_2S对直接脱硫反应位点的抑制作用）。引入了结构近似概念，用于表示取代基在噻吩化合物上的空间和电荷对动力学反应速率影响（相对于无取代基的母体分子）。开发的具有243的物种和437个反应的石脑油加氢精制模型可以自动建模、优化，并提供优异的宽泛操作条件下预测结果与中试实验数据的对比。

这种建模方法也可以方便地推广到其他过程，如柴油加氢精制等反应过程。

二、反应机理水平的动力学模型及其计算

以如何建立蜡油加氢裂化的分子水平反应动力学模型[1]为例予以介绍。

加氢裂化是炼化企业的核心装置，也是炼油向化工转型的关键装置之一。以蜡油为原料，通过加氢裂化装置可以生产轻重石脑油、喷气燃料、柴油和加氢尾油，获得优质乙烯裂解料、重整料、润滑油料和高档燃料，因此，加氢裂化原料变化、产品方案随原料以及市场变化而相应调整对加氢裂化装置的优化运营提出了极高的要求，开发具有分子水平的详细动力学模型来适应原料、市场变化的需要和优化要求十分迫切。

分子水平的详细动力学模型可以通过反应机理和反应路径两种方法来建立。与反应路径水平的方法相比，通常反应机理水平的分子动力学模型建立方法在物种数量、反应数量和反应网络中的相关速率常数的数量等均要多得多，这就使得反应机理建模显得非常繁杂、冗余。但是反应机理水平建立的分子动力学模型具有更多的基本速率常数信息，并能够较为方便地外推应用到多种操作条件和反应族内多种催化剂上，所以这种建模方法还是值得的。

1.反应机理水平的建模方法

如上所表述的，反应机理水平的动力学建模的主要目的在于，能够得到用于外推机理至更大范围的操作条件、进料和催化剂系统的基础信息。研究文献方面，有多种描述从C_{16}到C_{80}范围蜡油加氢裂化的机理模型。所有的模型都引入了对双功能加氢裂化催化剂（具有用于加氢和脱氢的金属功能和用于异构化和裂解的酸功能）的机理化学。蜡油加氢断裂反应的一系列反应能分类为几个物质种类（烷烃、烯烃等），从而在金属位点和酸性位点上经过几个有限的反应族［金属：加氢脱氢；酸性点位：质子化、氢化物转移、甲基转移、质子化环丙烷（PCP）异构化、β-断裂和反质子化］进行反应。这样可以只用几个反应操作就能生成几百个反应。表5-27为反应机理水平的蜡油加氢断裂反应族。

表5-27　机理水平蜡油加氢断裂反应族

反应族	反应
脱氢反应	$R—CH_2—CH_2—R' \longrightarrow R—CH=CH—R' + H_2$
质子化反应	$R—CH=CH—R' \xrightarrow{H^+} R—\overset{+}{C}H—CH_2—R'$
氢/甲基交换反应	$R—\overset{+}{C}H—CH(X)—R' \longrightarrow R—CH(X)—\overset{+}{C}H_2—R'$　X=H,CH_3
PCP异构化反应	C_1、C_3、$\overset{+}{C_2}$、C_4（H）、R $\longrightarrow$ C_{1a}、C_{3b}、C_2、H^+、C_4、R $\longrightarrow$ $C_1—C_2(C_3)(H)—\overset{+}{C_4}$　R
β断裂反应	$CH_3—CH(CH_3)—CH_2—\overset{+}{C}H—CH_3 \longrightarrow CH_3—\overset{+}{C}H(CH_3)$　$CH_2=CH(CH_3)$
去质子化反应	$R—\overset{+}{C}H—CH_2—R' \xrightarrow{-H^+} R—CH=CH_2—R'$
加氢反应	$R—CH=CH—R' + H_2 \longrightarrow R—CH_2—CH_2—R'$

表5-27显示了蜡油经过双点位（金属和酸性点位）的加氢裂化机理反应的机理。于

是，与反应路径模型类似，对每个反应族的反应矩阵可以用来生成所有可能的机理反应。表5-28为这些蜡油加氢裂化机理反应族的反应矩阵汇总。

表5-28　机理水平蜡油加氢断裂反应矩阵

<table>
<tr><th>反应族</th><th>反应矩阵</th></tr>
<tr><td>脱氢反应
测试：需要C—C链</td><td>$\begin{array}{c|cccc|} C & 0 & 1 & -1 & 0 \\ C & 1 & 0 & 0 & -1 \\ H & -1 & 0 & 0 & 1 \\ H & 0 & -1 & 1 & 0 \end{array}$</td></tr>
<tr><td>加氢反应
测试：需要C＝C链</td><td>$\begin{array}{c|cccc|} C & 0 & 1 & -1 & 0 \\ C & 1 & 0 & 0 & -1 \\ H & -1 & 0 & 0 & 1 \\ H & 0 & -1 & 1 & 0 \end{array}$</td></tr>
<tr><td>质子化反应
测试：需要C＝C链</td><td>$\begin{array}{c|ccc|} C & 0 & -1 & 1 \\ C & -1 & 0 & 0 \\ H+ & 1 & 0 & 0 \end{array}$</td></tr>
<tr><td>去质子化反应
测试：需要C+—C链</td><td>$\begin{array}{c|ccc|} C+ & 0 & 0 & 1 \\ C & 0 & 0 & -1 \\ H & 1 & -1 & 0 \end{array}$</td></tr>
<tr><td>氢交换和甲基交换反应
测试：碳正离子（X=H或C）需要C+—C—X链</td><td>$\begin{array}{c|ccc|} C+ & 0 & 0 & 1 \\ C & 0 & 0 & -1 \\ X & 1 & -1 & 0 \end{array}$</td></tr>
<tr><td>PCP异构化反应
测试：碳正离子中需要C+—C—C链</td><td>$\begin{array}{c|cccc|} C+ & 0 & 0 & 1 & 0 \\ C & 0 & 0 & -1 & 1 \\ C & 1 & -1 & 0 & -1 \\ X & 0 & 1 & -1 & 0 \end{array}$</td></tr>
<tr><td>β断裂反应
测试：碳正离子中需要C+—C—C链</td><td>$\begin{array}{c|ccc|} C+ & 0 & 1 & 0 \\ C & 1 & 0 & -1 \\ C & 0 & -1 & 0 \end{array}$</td></tr>
</table>

每一个反应族都会假设一个单独的频率因数，并考虑采用QSRC/LFER法来获得速率参数，从而建立C16蜡油加氢裂化的非均相机理模型[73, 74]。其中，对每个反应族的速率常数采用QSRC/LFER求解是指采用式（5-1）将每个反应的活化能和其反应热关联起来的Polanyi关系式。

2.模型开发

1）反应机理

研究双功能催化剂上加氢断裂反应机理的文献很多[83~86]，主流观点、学说是正碳离子反应机理的化学，包括现在的贵金属负载、沸石基催化剂上蜡油加氢断裂反应机理。加氢裂化的初步反应与催化裂化的初步反应相似，但由于过量氢和催化剂中加氢组分的存在，导致了加氢产物生成，并会引入一些二次反应，如二次裂化和焦炭形成。

按照图5-41所示的蜡油加氢断裂反应过程，其反应初始步骤：

（1）烷烃在金属位点上脱氢生成烯烃；

（2）烯烃在酸性位点上质子化生成碳正离子；

（3）碳正离子在酸性位点上进行氢交换；

（4）碳正离子在酸性位点上进行甲基交换；

（5）碳正离子在酸性位点上与质子化环丙烷（PCP）中间体中和歧化；

（6）正碳离子在酸性位点上通过β-断裂裂化；

（7）正碳离子在酸性位点上去质子化生成烯烃；

（8）烯烃在金属位点上发生加氢反应生成烷烃。

动力学建模过程引入了以上反应机理。此方法对各类物质分类，包括烷烃、烯烃、碳正离子和氢离子的类别。也能识别每个物质的歧化反应度（1，2，3或更深）和碳正离子类型（伯碳、仲碳、叔碳）。

2）反应族

（1）脱氢反应和加氢反应。脱氢和加氢反应是金属催化剂上加氢裂化过程的最主要反应，当然也会有很少的氢解反应。蜡油加氢过程会产生烯烃中间体，据此进一步裂化，要防止烯烃中间体生成焦炭前体而使催化剂失活。上述过程即蜡油在催化剂活性金属上被吸附并脱氢生成烯烃、烯烃，随后从活性金属处解吸并扩散至酸性位，在酸性功能存在情况下烯烃通过正碳离子路径进行反应，这是其机理。

脱氢反应的机理包括了催化剂金属组分对两个氢原子的剥离。脱氢反应的测试则包含了对分子中C—C键的搜索。图5-42说明烯烃数量为碳原子数的函数。

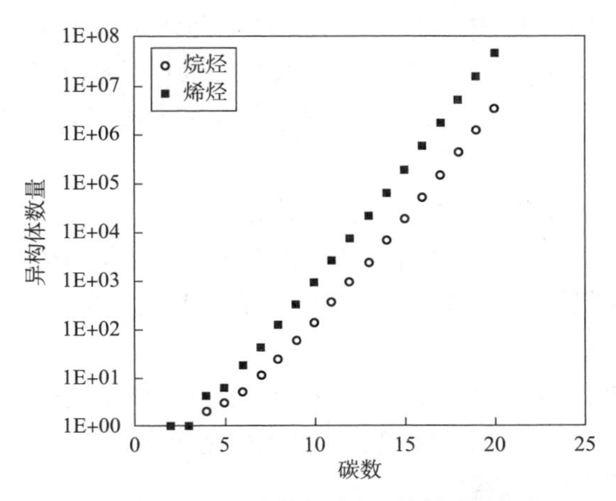

图5-42　碳原子数与烷烃和烯烃数关系

由图可见，可能的烯烃数会随着碳原子数上升而急剧上升，且即使只有一种烷烃，也可以形成上千种烯烃，同时它们的反应会生成一个非常大的模型。为了开发具有合适体量并能快速根据已知计算数据求解的机理模型，需要使用一些特定的反应规则。表5-29总结了这些规则。

表5-29 机理水平蜡油加氢断裂反应族的反应规则

反应族	反应规则
脱氢和加氢反应	脱氢反应可以在正构石蜡烃的任何地方和异构石蜡烃支链的β位发生 不能生成双烯烃
质子化和去质子化反应	不能生成伯碳离子
氢交换和甲基交换反应	不能生成伯碳离子 迁移至稳定离子或带支链的离子 允许进行的反应数为支链数的函数
PCP异构化反应	不能生成伯碳和甲基正离子 PCP-异构化反应会增加支链数或支链长度 PCP-异构化反应不能生成相邻支链 仅能生成甲基和乙基支链；最多能生成三个支链 能够进行的反应数为支链数和碳原子数的函数
β断裂反应	不能生成甲基和碳正离子

所有正构烷烃允许在所有位点进行脱氢反应，而所有异构烷烃只能对直链β位的C—C键进行脱氢反应。此规则是基于这些烯烃在酸性点位上的相对反应速率的。烷烃在加氢催化剂上的加氢和脱氢反应，尤其是最常使用的贵金属分子筛催化剂，是非常快速的，并且很快即可达到热力学平衡浓度。因此，此反应的速率参数与热力学平衡常数保持一致。

（2）质子化和去质子化反应。质子化反应将烯烃转化为正碳离子。此反应比其他在酸性位点上发生的反应都更快，并且在工业操作条件下更接近平衡。质子化反应包括氢离子进攻一个C═C双键。在这个反应中只有3个原子改变了连接方式。反应矩阵（连接变化）如表4-25所示。

由文献中查阅到的机理解释可用于制定测试和规则。去质子化反应，将正碳离子转化成烯烃的反应，包括一个为了给出氢离子的C—H断裂和一个烯烃。去质子化测试需要一个有连接的C^+和碳原子。主要的碳正离子由于具有热力学-化学不稳定性，所以无法通过质子化反应生成。

（3）氢和甲基交换反应。氢和甲基交换反应是正碳离子电荷位置改变的反应。一般是由一个相对不稳定的离子（如仲碳离子）生成稳定离子（如叔碳离子）。甲基交换也能够改变歧化位置，产生同分异构体。

质子交换的速率一般认为比烷基交换快得多，这是由于离子的移动相较于烷基移动要容易。质子交换反应测试需要分子中的一个C^+—C—H；而甲基交换反应则需要有一个C^+—C—（CH_3）链。所有的离子都可以发生这些反应，可以发生的反应数被归结于一个与离子中支链数有关的函数。这就提供了有效的同分异构体族谱，并且使得物种和反应种类可控。

（4）异构化反应。异构化反应可以认为是经过了质子化环丙烷（PCP）中间体电荷从环上改变位置的反应[87]。此反应的速率比质子交换和甲基交换都要更慢，并被进一步分为两种类型——isomA和isomB，取决于在三元环中间体中断裂键是哪一个。此反应的反应规则对生成的模型规模有非常显著的影响。反应测试需要分子中含有一个C⁺—C—C链。与质子交换和甲基交换的情况相同，异构化反应允许所有的正构烷烃和异构烷烃进行，并且反应数可归结为碳原子数和离子上支链数的函数，从而提供合适的同分异构体族谱并保证物质种类和反应数可控。

（5）β断裂反应。β断裂反应是异构烷烃降低碳原子数的重要反应。此反应的速率依赖于催化剂酸性。β断裂会导致生成叔碳和仲碳离子，但是不会生成伯碳离子。多个β断裂反应机理都指向了带支链的仲碳和叔碳离子的裂化，表5-30为β断裂反应的汇总总结[88]。

表5-30 加氢裂化过程的β断裂反应机理

类型	最小碳数	涉及离子种类	重排反应
A	8	叔碳→叔碳	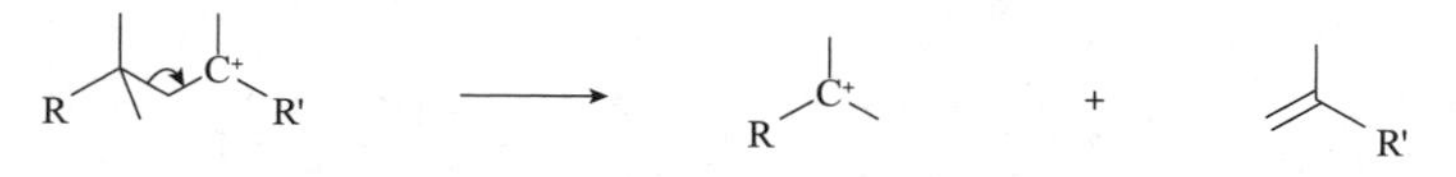 R C⁺ R' ⟶ R C⁺ + R'
B1	7	仲碳→叔碳	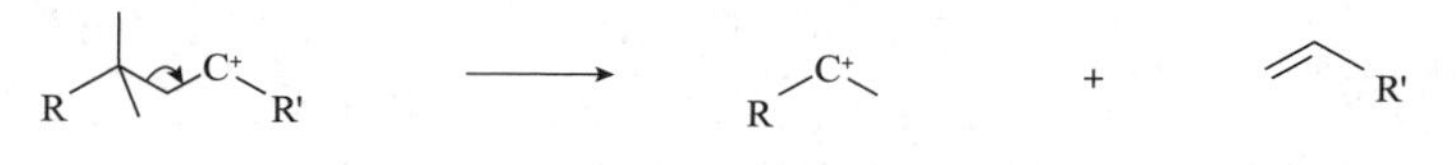 R C⁺ R' ⟶ R C⁺ + R'
B2	7	叔碳→仲碳	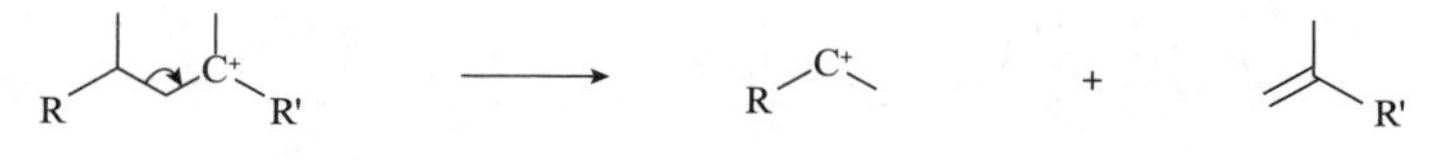 R C⁺ R' ⟶ R C⁺ + R'
C	6	仲碳→仲碳	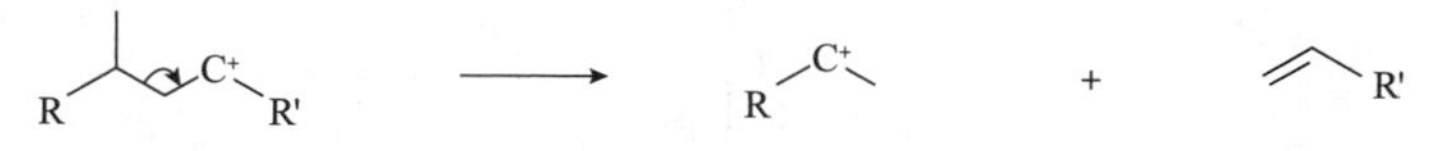 R C⁺ R' ⟶ R C⁺ + R'

按照上表所述机理，将一个叔碳离子转化为另一种叔碳离子的A型β断裂反应是最容易发生的。反应速率按A、B1、B2和C依次递减。每个类型的反应都需要符合分子中最小碳原子数和特定的支链条件才能发生。此外，根据β断裂机理，蜡油可能会发生多次异构化反应，直到生成最适合发生β断裂的结构。

对于此类反应的测试需要C⁺—C—C链。而不稳定的物种，比如甲基和伯碳离子，不会在此类反应中生成。

（6）抑制反应。含氮化合物在加氢裂化过程中的抑制作用可以解释为由于在催化剂酸性位点上引入了Lewis基质子化和去质子化导致了酸性位点的动态减少。例如，反应网络中可能包含式（5-26）的氨抑制反应。

$$NH_3+H^+ \rightleftharpoons NH_4^+ \tag{5-26}$$

在加入此反应进入反应网络后，以上的抑制质子化和去质子化反应会与烃类质子化和去质子化反应相竞争，从而减少烃类可用的酸性位点数，如式（5-27）所示（总离子浓度恒定）。

$$H_0^+ = H^+ + \sum_{i=1}^{N} R^+ + NH_4^+ \tag{5-27}$$

3. 自动建模

根据表5-27中的反应矩阵、表5-28中的反应规则、式（5-1）所示的QSRC/LFER关联式和图5-43所示的自动建模算法，在计算机上建立多种C_8到C_{24}的蜡油加氢裂化机理动力学模型。图5-44为一个有代表性的蜡油加氢裂化机理水平的反应网络——一个大的蜡油分子如何经由多个反应（包括脱氢反应、质子化反应、H/Me交换反应、多种异构化反应），生成能够发生β断裂反应的结构并裂化为更小的离子和烯烃，最终去质子化和氢解成为小分子烷烃。这表明导致叔碳离子生成的和之后裂化的反应路径在整个反应网络里是更容易发生的。这些建模经验可以为更重的蜡油（如碳数达到80）加氢裂化建模奠定基础[1]。

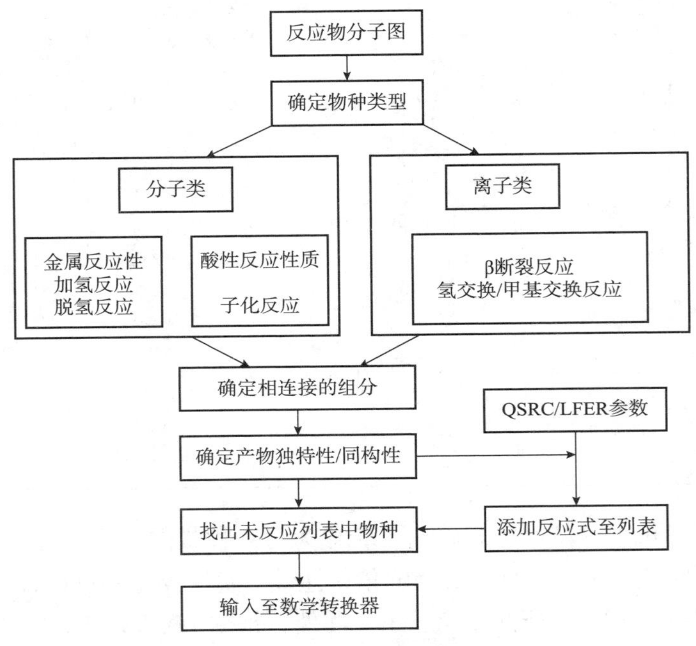

图5-43　机理水平自动化石蜡烃加氢裂化算法

图5-43所示的加氢裂化机理水平模型的建模算法，与路线水平模型的建模算法类似，会将反应物分子分类，如分为分子和离子族。这些分子被进一步分成能进行特定金属和酸性位点反应的种类。例如，烷烃仅能允许发生在金属位点上的脱氢反应，而烯烃则允许在金属位点上加氢并在酸性位点上发生质子化反应。

Klein等[1]提出的蜡油加氢裂化机理模型建模器带有所有蜡油加氢裂化机理反应矩阵和规则的数据库，涉及金属和酸性位点的所有反应，并可修改自由度。具体的烷烃、烯烃和离子中间体包括它们的连接性和热力学信息数据库采用MOPAC计算化学包[89]建立。反应器平衡方程由PFR反应器等摩尔比例放大得出。

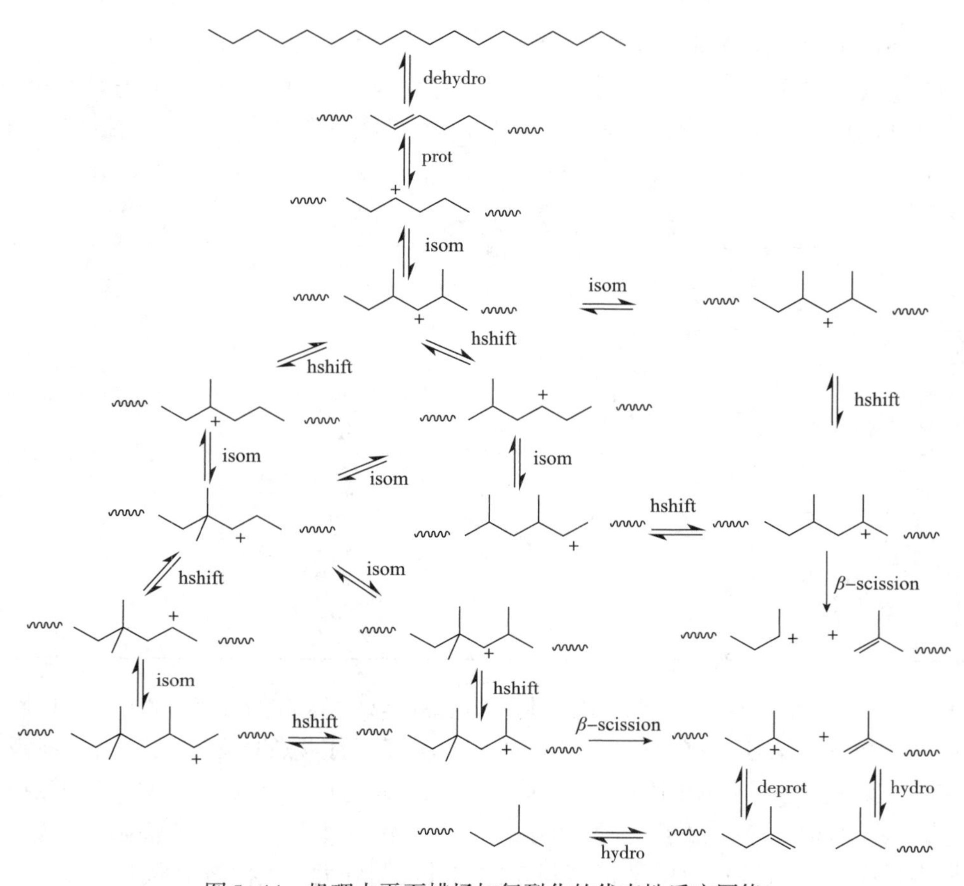

图5-44 机理水平石蜡烃加氢裂化的代表性反应网络

4.动力学速率参数求解

每个反应族中的速率常数都是用反应族所对应特定的Arrhenius A因数和将活化能与反应焓变相关联的Polanyi方程式（5-1）来求解。

Polanyi方程和Arrhenius方程联合，可以获得速率常数k_{ij}的表达式，见式（5-28），其中i代表反应族，而j代表反应族中特定的反应：

$$k_{ij} = A_i \exp\left(-\left(E_{o,i} + \alpha_i * \Delta H_{rxn,j}\right) / RT\right) \quad (5\text{-}28)$$

催化剂酸性采用单独的参数$\Delta H_{\text{stabilization}}$表示[74]，代表了$H^+$离子对于其他碳正离子的相对稳定性。由于在酸性点位上的反应是速率控制反应，这是一个能够在速率常数理论下分离催化剂性质（酸性）的有效手段，如式（5-29）所示。

$$k_{ij} = A_i \exp\left(-\left(E_{o,i} + \alpha_i * \left(\Delta H_{rxn,j} - \Delta H_{\text{stabilization}}\right)\right) / RT\right) \quad (5\text{-}29)$$

每个反应族都可以被最多三个参数（A，E_o，α）来描述。要由这些参数得到速率常数，只需要每个基础步骤反应的反应焓变估计值。原则上，这种反应焓变可以被简化为反应中产物生成热与反应物生成热的差值。然而，由于很多模型物种，尤其是离子中间体和烯烃，都是没有实验值数据的，故MOPAC计算化学包[86]被用于在线估计生成热。整理速率常数代入QSRC关联式将会减少模型参数，从O（10^3）数量级降低至O（10）数量级。

5.机理水平的C16蜡油加氢裂化模型

C16加氢裂化模型有着465中物种和1503种反应，可以用奔腾Pro 200计算机在14 CPU秒内自动建立。对应的等摩尔比放大的PFR模型随后自动生成并一次性在76 CPU秒内解决。表5-31总结了C16模型的特征。

表5-31 C16蜡油加氢裂化模型特点

种类	数量	反应	数量
分子		脱氢反应	233
氢	1	加氢反应	233
烷烃	64	去质子化反应	328
烯烃	233	质子化反应	328
离子		氢交换和甲基交换反应	168
氢离子	1	PCP异构化反应	174
碳正离子	165	β断裂反应	37
抑制剂	1	抑制反应	2
物种总数	465	反应总数	1503

表5-31中的物种分布表明，中间体基本上都是烯烃和离子，相较于最终产物分子即烷烃都要更多。表5-31的反应分布则表明，分子反应物都需要经过多个重排反应从而在β断裂反应前生成合适的结构。在此模型中，所有的A、B1、B2型β断裂反应都允许发生；对于C型反应，由于发现C型裂化发生的并不显著，经过对实验结果优化后最终模型中可忽略。氢转移、甲基转移和异构化反应只能允许具有8个以上碳原子的烃类发生。所有的正构烷烃和一些特定的异构烷烃（每一个都被认为是分子团）都用来代表大于C_9的进料的一部分。这不仅有助于保持模型规模合适，也能使得进料中各种具有不同反应性的组分都被包含进来，而这些组分的具体性质是无法得到的。

6.模型结果和验证

Klein等[1]采用中试实验数据与模型结果进行了对比，验证了模型的准确性。其中，目标函数是预测和实验收率之差的平方，除以实验标准差，公式如式（5-30）所示：

$$F=\sum_{i=1}^{M}\sum_{j=1}^{N}\left(\frac{y_{ij}^{\text{model}}-y_{ij}}{\overline{\omega}_j}\right)^2 \tag{5-30}$$

式中，i为实验数；j为物种或分子团数；ω_j为实验测出的偏差。

作者采用的A因数为文献值[75~77]，并且在优化过程中保持不变。可逆反应（如加氢/脱氢、质子化/去质子化、异构化/再次异构化）的E_o因数通过带有活化能和反应热的关系式求取，如下面公式所示。

$$E_{\text{backward}}-E_{\text{forward}}=\Delta H_{rxn} \tag{5-31a}$$

$$E_{oj,\ \text{forward}}=E_{oj,\ \text{backward}} \tag{5-31b}$$

$$\alpha_{j,\ \text{forward}}=1-\alpha_{j,\ \text{backward}} \tag{5-31c}$$

因此，只有E_o因数和一个催化剂稳定参数需要与实验数据进行对比优化。

此模型通过实验（未转化的C_{16}、单支链的C_{16}和多支链的C_{16}以及裂化产物）集总数据进行优化。之后此模型被用于预测碳数分布和每个碳原子数下异构–正构比。

图5–45为C_{16}蜡油加氢裂化模型预测与实验结果的对比。结果很满意，证明了模型的可靠性与准确性。

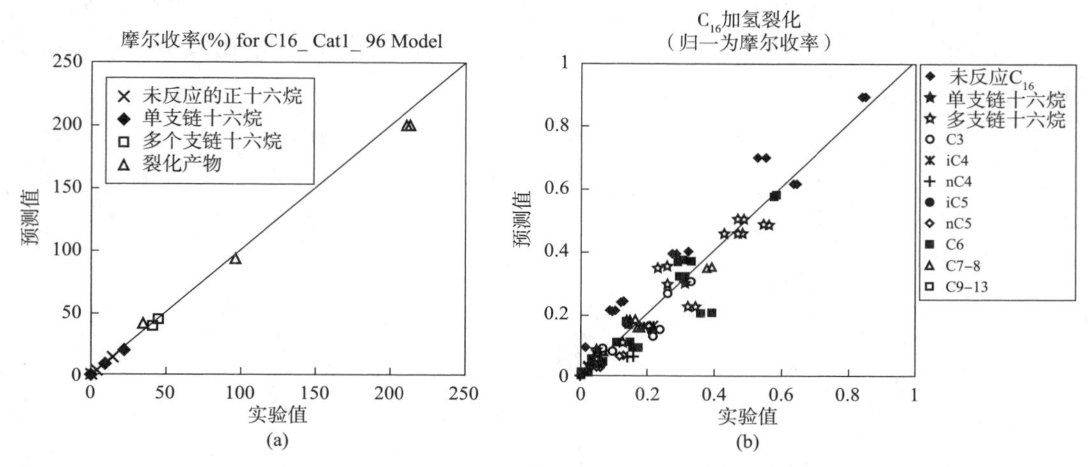

图5–45　C_{16}蜡油加氢裂化模型在不同操作条件下预测值与实验值的对比

作者进一步分析获得了不少有益发现，如反应速率按以下顺序排名：A型裂化>氢/甲基交换>PCP异构化>B1型裂化>B2型裂化>>C型裂化。对C型裂化，可以忽略；所有的裂化产物都来自由三支链离子经A型裂化或二支链经由B型裂化的路线。这解释了为什么三支链和双支链同分异构体通过β断裂的裂化比单支链的要容易发生[88]。无论在哪，当多个反应路径都可以的时候，能够导致生成并随后裂化为叔碳离子的路径更容易发生。并且，小分子烷烃通过β断裂的裂化更不易发生，也解释了为什么即使高转化率情况下收率也会很高。从产物分子结构角度来看，PCP异构化反应经常导致支化，A型裂化经常导致生成带支链的同分异构体，而B型裂化经常导致正构或支链同分异构体。

在实验中，实际上没有观察到甲烷和乙烷的生成。此现象证实了作者的建模假设[1]：由于相较于仲碳和叔碳离子的稳定性，没有不稳定的伯碳离子生成。这样就消除了反应网络中通过正碳离子机理生成甲烷和乙烷的反应，也部分解释了为何长链烷烃倾向于就在或在接近中心的位置断裂。仲碳离子在裂化之前异构化为更稳定的叔碳离子的反应机理，以及经过氢交换反应生成叔碳离子的高反应速率，都解释了产物中烷烃的高异构–正构比。产物烷烃的异构–正构比随反应温度降低而上升，这是由于在更高的温度下，异构烷烃的裂化速率比正构烷烃增长得更快。氨抑制作用不仅降低了裂化活性，同时也降低了产品烷烃的异构–正构比，因为氨具有部分中和加氢裂化催化剂酸性位点的作用。

7.拓展

将上述建模方法、反应规则直接应用至更高碳数如C_{16}~C_{80}物系的加氢断裂反应动力学建模，会在反应网络建立完成之前就很早耗尽计算机内存资源。这是因为高碳数烃类的同分异构体实在太多了，且最大问题是目前对高碳数同分异构体的分析鉴定很有限。所以在碳数增加后，大多数研究人员通常采用集总方法而不是具体的单个分子水平的建模。所以，如何建立一个具有具体碳原子数和支链数分布水平的C_{80}分子模型是有重大意义的。

对于这类高碳数的分子建模方法与策略较多。通过限制在普遍化同构机理算法中对于碳原子和支链数水平的同构标准，具有相同碳原子数和支链数的分子会被“归类、集中”在一起。因此，可以采用这种方法来保证分子基准蜡油加氢裂化模型在碳数到C_{80}的复杂进料情况下也能很好地建立，图5-46即是蜡油加氢断裂反应机理碳原子数和支链数水平的简化反应路径示意。

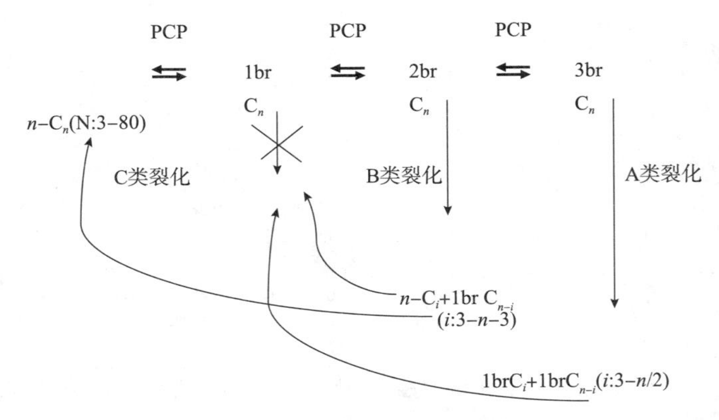

图5-46　蜡油加氢断裂反应机理碳原子数和支链数水平简化反应路径

按照图5-46，在碳原子和支链数水平上的重要的蜡油加氢断裂反应的化学性质可以简化为几个PCP异构化反应（正构和1、2、3支链）以及断裂反应（A型和B型）。如此处理，就能够从蜡油加氢裂化机理中捕捉到所有的重要发现：

（1）石蜡烃在裂化之前会发生异构化反应；

（2）PCP异构化反应经常导致支化；

（3）A型裂化经常会导致支化同分异构体；

（4）B型断裂反应经常会生成正构或支链同分异构体；

（5）所有裂化产物均来自三支链同分异构体A型断裂反应或双支链同分异构体B型断裂反应；

（6）C型断裂反应可被忽略。

据此，开发了符合上述规律的带有306种物种和4671种反应路径的C_{80}蜡油加氢裂化模型。

8.小结

图论、QSRC法可用于蜡油加氢断裂反应机理的建模。所构建的具有465个物种和1503个反应的机理水平C_{16}石蜡烃加氢裂化，预测结果与实验数据对比证明了建模方法的可靠性和准确性。

蜡油加氢裂化分子动力学模型的开发可以基于反应族概念的反应机理而建立。通过用多种反应族代表多种反应并引入金属功能（脱氢反应/加氢反应）和酸性反应（质子化反应/去质子化反应、H/Me交换反应、PCP异构化反应和β断裂反应），建立的模型如C_{16}加氢裂化动力学模型，提供了大范围操作条件下预测收率和实际收率差值很好的吻合。

根据C_{16}加氢裂化分子动力学模型的建立与验证，得到有益启示：（1）骨架结构异构化反应先于断裂反应发生；（2）PCP异构化反应总是导致支化，A型裂化总会导致支化同分异构体，而B型断裂反应总是生成正构或带支链的同分异构体；（3）通常所有产物均来自三支链同分异构体A型裂化或双支链同分异构体B型断裂反应；（4）C型断裂反应可被忽略。

在碳原子和支链数水平应用普遍化同构算法，可以大幅降低重蜡油（如碳数达到80）的加氢裂化的复杂性和模型规模激增。通过基础化学和反应机理简化，开发了 有306个物种和4671个反应的C_{80}重蜡油加氢裂化路径水平动力学模型。

三、分子水平的集总反应动力学模型的建立与应用

吴青[2]以催化裂化为例，介绍了馏分水平集总动力学模型以及导向集总动力学模型的建立、计算求解与应用。传统炼油过程、采用馏分水平的集总反应动力学模型，用于预测反应结果存在以下主要不足：（1）集总数目设置有限，对炼油加工过程的描述较为粗糙，因此预测准确度不高，亟待提高。传统方法所建立的动力学关系，由于采取的是过于粗糙的虚拟组分划分，仅能反映各虚拟（组分）馏分间的反应动力学关系，所建立模型实际上不涉及烃类分子的结构，是一种不是基于反应机理的动力学模型。（2）对炼油过程的描述停留在馏分水平，无法获取烯烃、芳烃、硫氮含量等产物分子组成信息，因此不能可靠预测产品性质，如催化裂化产物汽油的辛烷值、芳烃、烯烃含量等，也无法反映催化剂对烃类反应选择性的影响，不能适应炼厂对馏分切割点改变的需要与实际。

建立分子水平的炼油过程反应动力学模型是推进石油分子工程、分子管理的基础之一。有了分子水平的炼油过程反应动力学模型，可以敏捷预测炼油加工过程的产品分布，给研究、操作、管理人员提供反应产物分子组成方面的相关信息，可以对产物性质指标进行可靠计算，更重要的是，可以实现炼厂物料分子组成信息的有效传递。在炼厂的降本增效、APC或RTO过程中，分子水平的炼油过程反应动力学模型是炼厂增加轻油收率、改善产品质量的最主要手段或基础。此外，对于扩大模型预测范围（烯烃、芳烃、硫氮含量、辛烷值等）、提高模型预测精度、提高催化裂化等装置的信息化程度和技术水平、为高标准汽柴油的生产提供技术支撑，构建分子水平的炼油装置反应动力学模型十分重要。

华东理工大学（沈本贤、刘纪昌教授团队）在分子水平的炼油装置结构导向集总反应动力学模型的建立与应用方面开展了较为全面的工作。经过十多年的技术积累，华东理工大学已经初步建立了延迟焦化和催化裂化等原油二次加工装置的结构导向集总反应动力学模型，并与相应的反应器模型相结合，对反应过程和产品分布的预测达到分子水平，并可预测主要产品性质，相关模型已经具备与工业装置相结合的条件。图5–47为分子水平的结构导向集总动力学模型构建的原理与技术路径的示意。

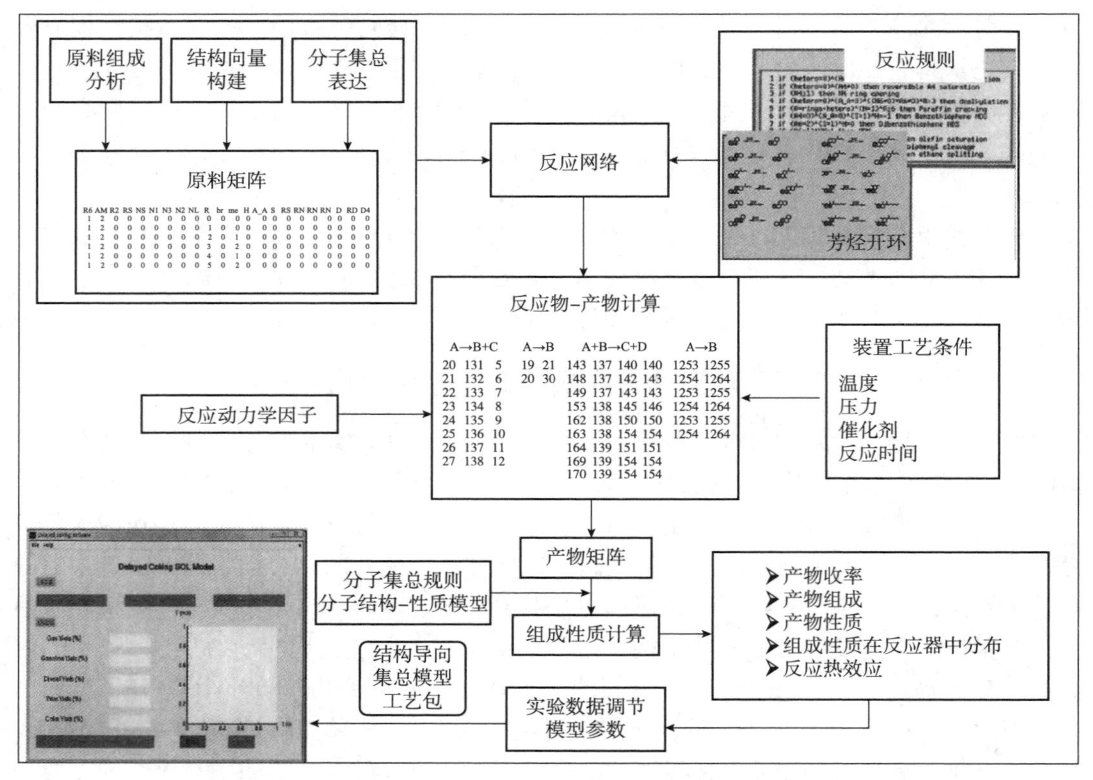

图5–47　分子水平结构导向集总动力学模型构建的技术路径示意

华东理工大学开展的分子水平的结构导向集总动力学模型构建工作，将原料组成分析数据（宏观性质与组成结构表征等信息）采用结构向量方式构建原料矩阵（原料分子组成矩阵），实现原料的分子集总表达。对涉及的炼油过程的化学反应制定规则，形成反应规则库。图5–48为反应规则构建的示例。

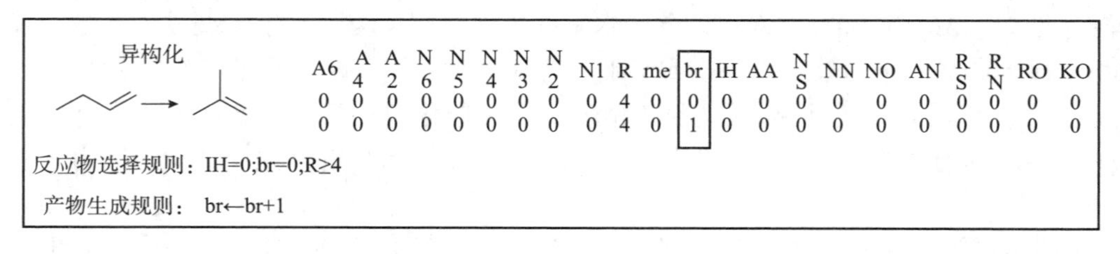

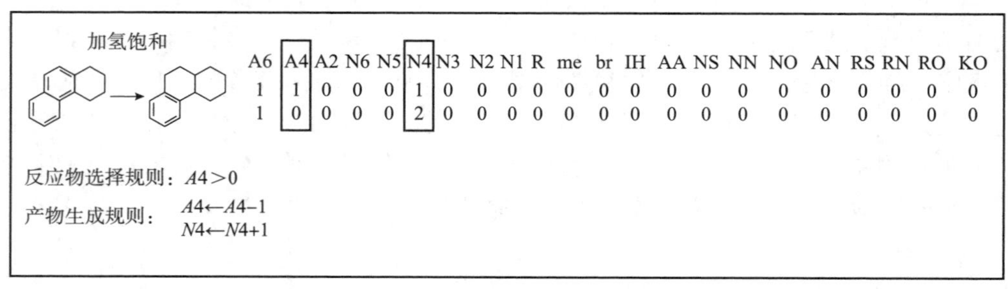

图5–48　结构导向集总法的反应规则构建示例

对于特定的反应过程（如催化裂化、延迟焦化等）建立、生成反应网络。对于反应动力学速度常数，采用线性自由能关系式进行求解。图5-49为一些化学反应的反应动力学常数示例。图5-50为反应网络求解的示例。

$$k(T)=\frac{k_B T}{h}\exp\left(\frac{T\Delta S_m-\Delta E}{RT}\right)$$

1.碳链断裂：

$$\Delta E=-0.3139\times R^{0.8043}-0.2096\times br^{0.5137}-0.0845\times(R_1\times R_2)^{0.0197}-0.0614\times IH+95.8311$$
$$\frac{\Delta S_m}{R}=-0.0369\times R^{0.8942}-0.0087\times br^{0.1394}-0.6745\times(R_1\times R_2)^{0.0289}-0.0049\times IH+25.8783$$

2.侧链断裂：

$$\Delta E=0.2074\times(A_6+A_4)-0.3340\times(N_6+N_4)-0.1495\times R^{0.7023}+0.1199\times(br+me)^{0.3974}+0.0172\times|IH|+92.781$$
$$\frac{\Delta S_m}{R}=0.0218\times(A_6+A_4)-0.0299\times(N_6+N_4)-0.0151\times R^{0.8072}+0.0123\times(br+me)^{0.4011}+0.0018\times|IH|+24.5755$$

3.脱氢：

$$\Delta E=-0.0774\times(N_6+N_4)-0.2927\times R^{0.3977}+0.0072\times IH-0.3585\times br^{0.1599}+0.0018\times me^{0.1039}+99.7853$$
$$\frac{\Delta S_m}{R}=-0.01644\times(N_6+N_4)-0.0602\times R^{0.4122}+0.0019\times IH-0.0798\times br^{0.1604}+0.0004\times me^{0.113}+26.0377$$

4.开环：

$$\Delta E=0.1742\times(A_6+A_4)+0.0137\times R^{0.0649}+0.3248\times|IH|+100.7336$$
$$\frac{\Delta S_m}{R}=-0.0369\times(A_6+A_4)-0.0049\times R^{0.0517}-0.0429\times|IH|+26.9285$$

5.脱氢缩合：

$$\Delta E=-0.1885\times(A6_1+A4_1)^{0.8089}-0.1876\times(A6_2+A4_2)^{0.4953}+0.0312\times R_1^{0.1719}+0.0312\times R^{0.0649}+106.4872$$
$$\frac{\Delta S_m}{R}=0.0318\times(A6_1+A4_1)^{0.4873}+0.0303\times(A6_2+A4_2)^{0.5015}-0.0052\times R_1^{0.1476}-0.0050\times R_2^{0.1604}+29.1078$$

6.双烯合成：

$$\Delta E=0.1737\times R_1^{0.8089}-0.5179\times(N6_2+N4_2)^{0.3113}+0.0312\times R_2^{0.2106}+95.7364$$
$$\frac{\Delta S_m}{R}=-0.0399\times R_1^{0.2977}+0.1195\times(N6_2+N4_2)^{0.3075}0.0668\times R_2^{0.2073}+25.3288$$

7.脱硫化氢：

$$\Delta E=0.2284\times(N6+N4+N1)^{0.7471}+0.4805\times R^{0.5244}+0.0057\times me^{0.0078}+96.187$$
$$\frac{\Delta S_m}{R}=-0.0459\times(N6+N4+N1)^{0.7713}-0.1307\times R^{0.5766}-0.0016\times me^{0.0080}+25.8764$$

8.脱二氧化碳：

$$\Delta E=0.0199\times(N6+N4)^{0.8033}+0.0099\times(R-1)^{0.1386}+0.0073\times(br+me)^{0.0061}+102.7983$$
$$\frac{\Delta S_m}{R}=-0.0424\times(N6+N4)^{0.7979}-0.0031\times(R-1)^{0.1291}-0.0009\times(br+me)^{0.0011}+25.7382$$

9.脱一氧化碳：

$$\Delta E=0.0162\times(N6+N4)^{0.7634}+0.0086\times(R-1)^{0.1403}+0.0078\times(br+me)^{0.0054}+106.0293$$
$$\frac{\Delta S_m}{R}=-0.0489\times(N6+N4)^{0.8372}-0.0058\times(R-1)^{0.1347}-0.0014\times(br+me)^{0.0018}+26.2031$$

10.加氢脱氮：

$$\Delta E=0.3728\times(A6+A4)^{0.2736}+0.0081\times N4^{0.0261}+0.1127\times R^{0.2738}+0.0012\times(br+me)^{0.0053}+0.4637\times AN^{0.0372}+128.0029$$
$$\frac{\Delta S_m}{R}=-0.0298\times(A6+A4)^{0.2563}-0.0122\times N4^{0.0227}-0.1026\times R^{0.2649}-0.0011\times(br+me)^{0.0037}-0.3827\times AN^{0.0345}+28.9203$$

图5-49　一些化学反应的反应动力学常数示例

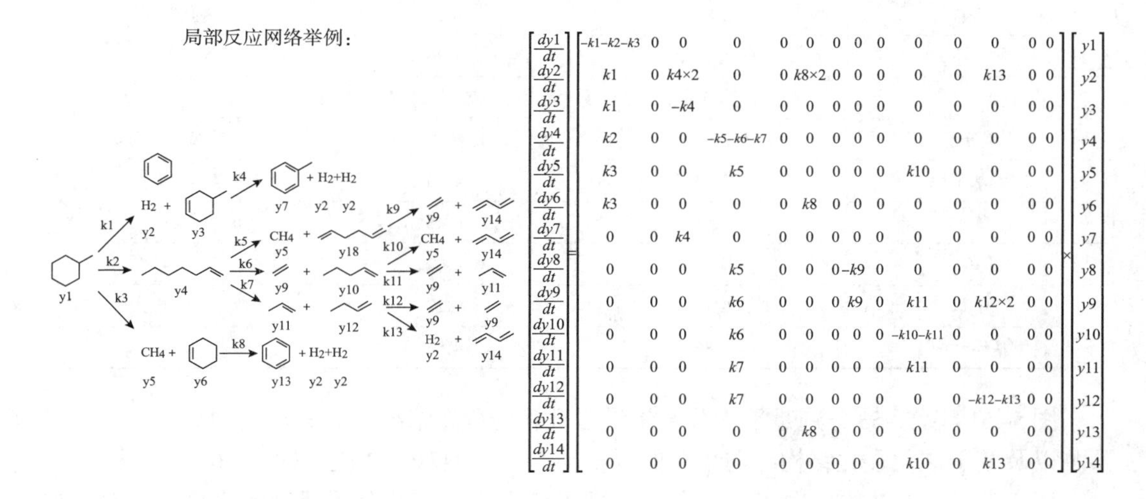

甲基环己烷的反应网络　　　　甲基环己烷反应网络动力学微分方程组的矩阵形式

图5-50　结构导向集总法的反应网络求解示例

刘纪昌[90]教授团队开发了基于结构导向集总的催化裂化工艺模型软件，对不同催化裂化类型进行了模拟与优化，取得了很好的结果。例如，对于MIP形式的催化裂化进行基于结构导向集总的分子反应动力学建模、模拟，模型计算的产物分布、气体和汽油中的典型分子含量与工业装置实际数据的对比见表5-32。由表可见，预测值与工业装置实际值的误差较小，模型可靠性与准确性较好。

表5-32 分子水平动力学模型预测值与工业装置结果的对比

模型计算催化裂化产物分布与工业装置数据对比			
产物	工业值/%	计算值/%	误差/%
干气	2.36	2.15	-0.21
液化气	15.47	14.62	-0.85
汽油	53.72	53.86	0.14
柴油	16.71	17.58	0.87
重油	5.52	5.96	0.44
焦炭	6.22	5.83	-0.39
模型计算气体产物中典型分子含量与工业装置数据对比			
典型分子	工业值/%	计算值/%	误差/%
甲烷	1.92	2.17	0.25
乙烷	2.35	2.78	0.43
乙烯	2.12	2.64	0.52
丙烷	11.14	9.69	-1.45
丙烯	29.29	30.76	1.47
丁烷	5.10	5.75	0.65
异丁烷	24.55	23.33	-1.22
正丁烯	5.80	6.58	0.78
异丁烯	5.58	4.26	-1.32
模型计算汽油中典型分子含量与工业装置数据对比			
典型分子	工业值/%	计算值/%	误差/%
2-甲基丁烷	4.00	4.34	0.34
苯	0.61	0.48	-0.13
甲苯	4.47	4.02	-0.45
二甲苯	8.16	9.22	1.06
甲基环己烷	3.86	4.54	0.68

图5-51~图5-53分别是平均分子量沿提升管的分布情况、裂解产物中典型分子含量预测以及基于催化裂化结构导向集总的分子动力学模型对工艺优化的示例。

田立达[91]以结构导向集总新方法实现了延迟焦化工艺分子尺度的集总：先对延迟焦化的原料油分子组成进行了模拟；在对22种结构向量适当修改基础上，提出了代表延迟焦化原料油分子组成的92种单核种子分子和46种多核分子，共7004种分子集总，确定了模拟计算重质油分子组成的方法；然后，采用92条反应规则描述延迟焦化的化学反应行为，并通过计算机软件、回归算法理论计算反应速率常数，以求解动力学微分方程组的形式，构建了延迟焦化结构导向集总模型。所建立的模型预测结果与工业装置实际值的相对误差不超过10%。

图5-54为延迟焦化反应过程模拟计算的框图。

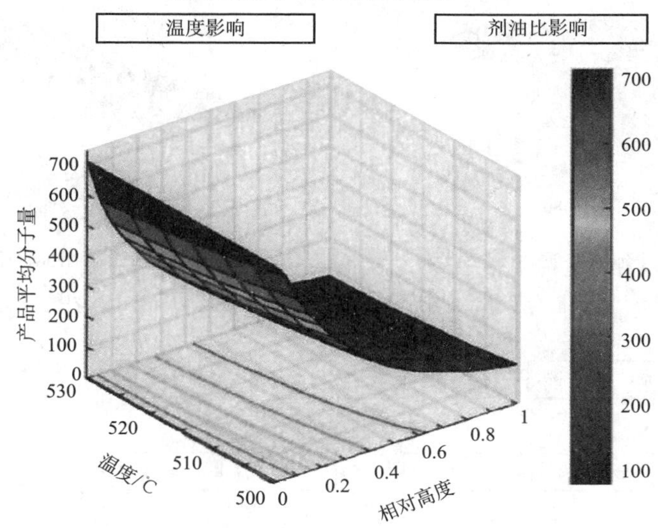

图5-51　平均分子量沿提升管的分布情况

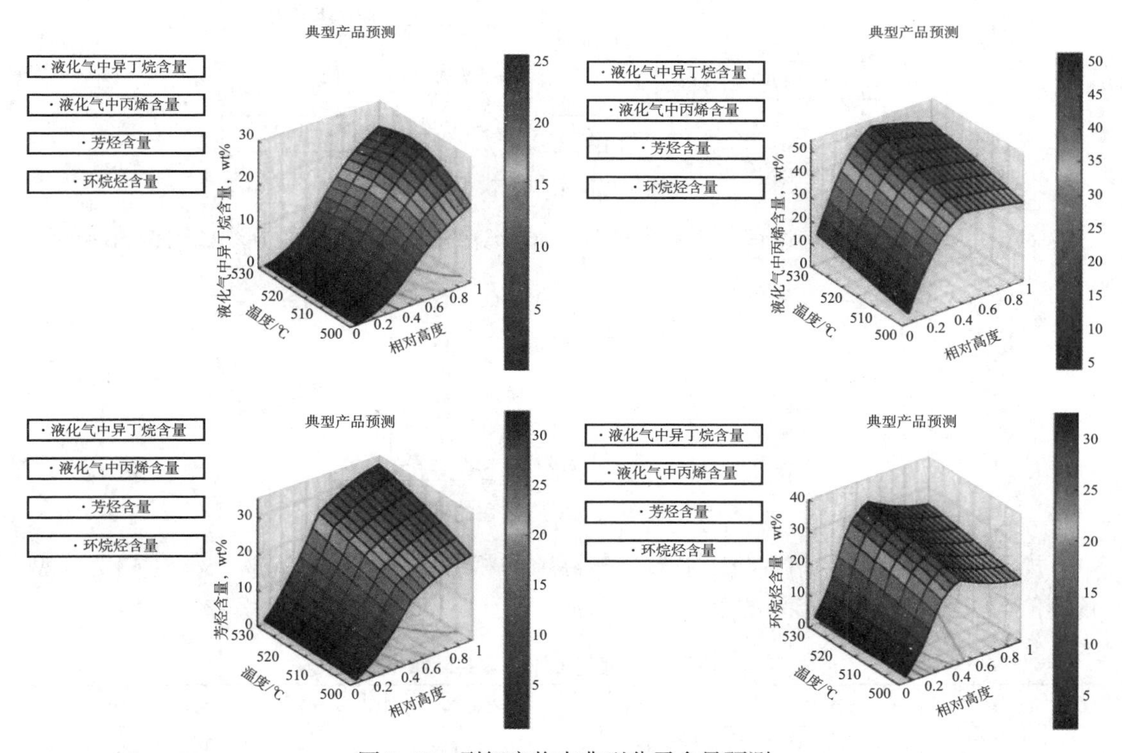

图5-52　裂解产物中典型分子含量预测

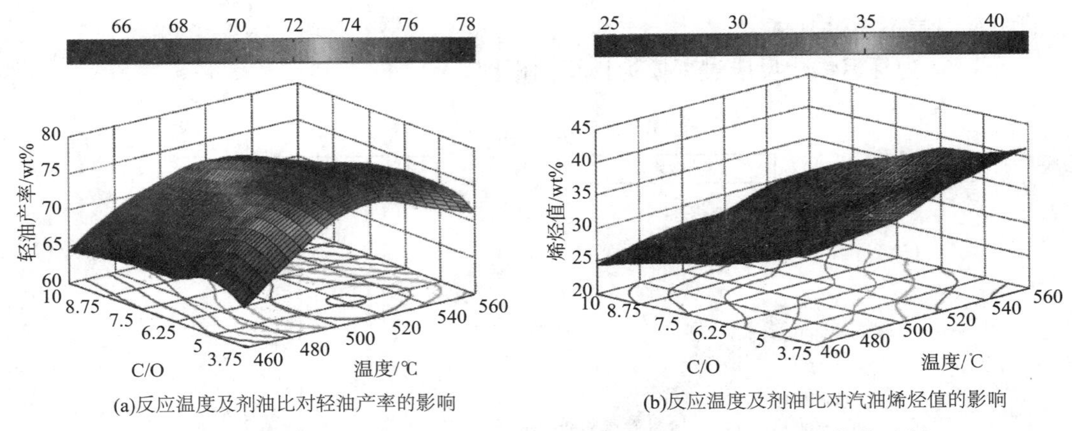

图5-53　基于催化裂化结构导向集总的分子动力学模型对工艺的优化示例

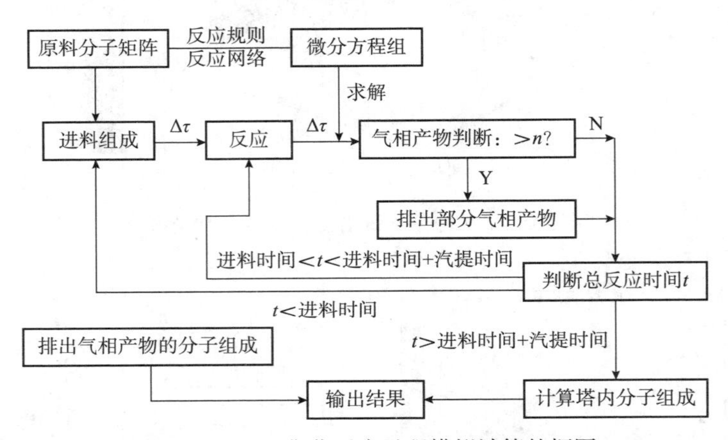

图5-54　延迟焦化反应过程模拟计算的框图

对于每一个间歇反应过程，由初态产物分布计算终态产物分布的方法如图5-55所示。

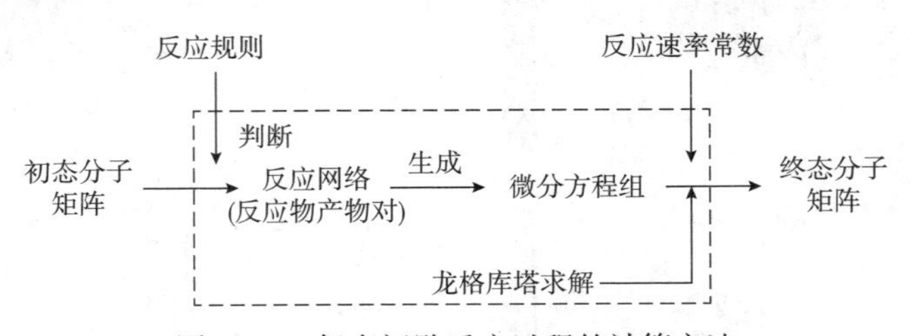

图5-55　每个间歇反应过程的计算方法

所建立的模型预测结果与工业装置实际值的相对误差不超过10%。表5-33为模型预测值与工业装置实际结果的对比。

表5-33　模型预测值与工业装置实际结果的对比

项　目	气体/%	汽油/%	柴油/%	蜡油%	焦炭%
模型计算值	6.16	20.00	28.61	12.24	32.99
工业平均值	6.36	20.78	26.69	12.10	33.66
相对误差/%	-3.14	-3.75	7.19	1.16	-1.99

倪腾亚[70]开展了基于结构导向集总反应动力学的延迟焦化绝热反应过程研究。作者选取了包含烃类结构、杂原子结构和金属结构的21种结构单元，构建了55类、2791种典型分子的分子库，用于模拟计算重质油分子组成。采用38条反应规则构建延迟焦化的化学反应网络。图5-56为其采取的建模方法，该方法与田立达[91]采用的方法大同小异。

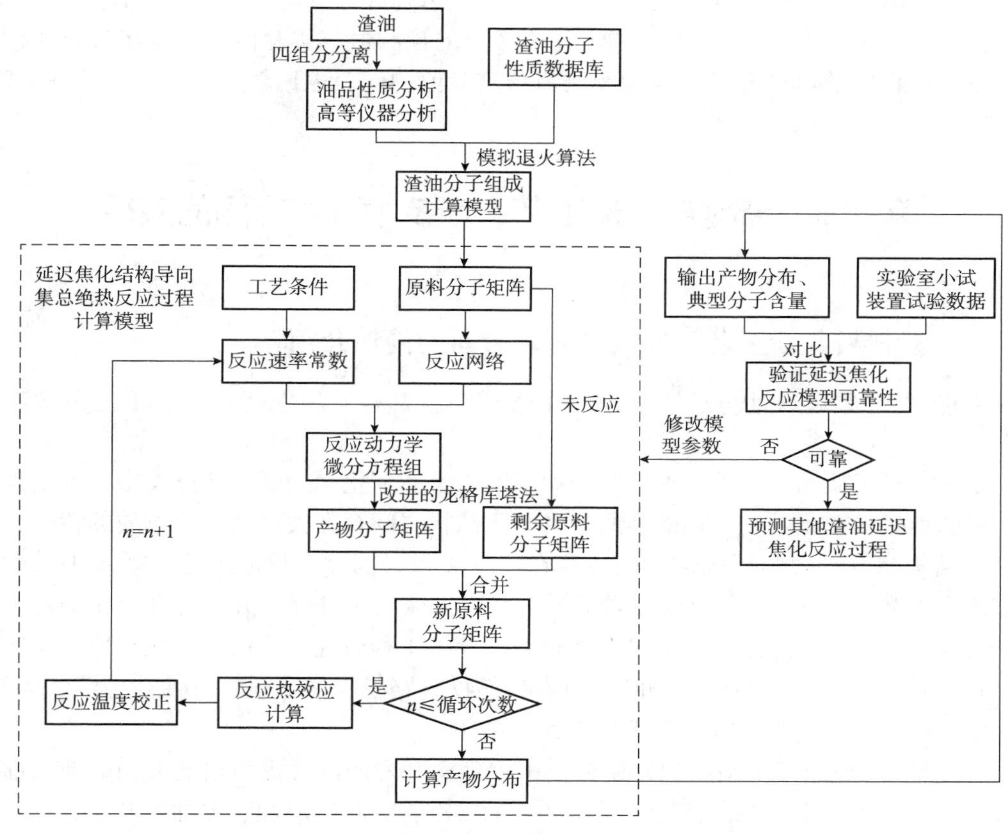

图5-56 建模示意图

对于渣油的分子组成，其模型构建与预测方法如下。基于实验分析测定的渣油宏观性质和结构参数，以及由渣油初始分子组成矩阵采用基团贡献法模型计算所得的性质和结构参数，通过两者之间的残差平方和的适当组合构建目标函数，采用模拟退火算法（Simulated Annealing，SA）计算获得渣油分子组成矩阵。SA法[92]从一假设初始高温开始搜索。利用具有概率突跃特性的Metropolis抽样策略在解空间中随机进行搜索，搜索不成功就使得温度缓慢下降，重复抽样，最终可以获得近似全局的最优解。表5-34为作者采用的SA法的参数值。SA法计算框图参见图5-36。

表5-34 SA法的参数值

参 数	定义值	参 数	定义值
马科夫链长度	1000	接受准则	Metropolis
初始温度/℃	100	衰减率	0.95

续表

参　数	定义值	参　数	定义值
终止温度/℃	20	终止条件	两次优值差值小于容差(1e-6)
步长因子	0.002		

对于所建立的模型，其预测值与实验室小试结果进行对比，结果吻合较好。例如，对产物分布（气体、汽油、柴油、蜡油、焦炭）的预测值与实验值的误差在1.6%以内，而对焦化产物中的典型分子的含量预测值与实验值的误差也比较小，预测误差在1.8%以内。

第五节　新材料、新工艺、新技术开发方面的应用

一、新材料、新工艺、新技术开发方面的简单介绍

吴青[2]介绍了石油分子工程与分子管理在新材料、新催化剂、新工艺中的应用实例。

石油分子工程与分子管理在反应规律探索以及新催化剂、新工艺开发中显示了蓬勃的生机和灿烂的前景。化合物的性质与其分子结构之间存在关系是化学物质的特性，所以分子结构与其动力学反应性之间也存在定量关系，因此在反应速率关系式中也就将反应速率参数（常数）与反应性关联了，进而与表征反应过程的分子特性，特别是一些电子或能量方面的信息进行了关联。通过石油分子工程研究，为研究反应规律、反应机理，特别是确定反应中间体、判断可能发生的反应路径提供了很大方便与可能。当然，也为催化材料、催化剂和新工艺开发指明了方向。

吴青[2, 39]介绍了中国海油采用分子工程理念开发的汽油提质增效方面的新型催化剂和工艺。此外，中国海油针对劣质柴油、油砂沥青、减压渣油、原油等开展分子工程研究，取得了很大进步。

中国海油针对海洋原油低硫高氮的最大特点，开发了劣质催化柴油反序加氢改质工艺。之所以采用反序工艺，是为了保证裂化段不接触高含量的硫氮（尤其是有机氮），因此可以更好地发挥分子筛型加氢裂化催化剂的性能，提高单程转化率；而贵金属催化剂对硫氮具有更高的脱除深度，可以生产出真正的无硫汽柴油。这种工艺较一段串联通过式可以降低25%反应压力，可以更好地保证芳烃选择性开环，降低氢耗。因此，这种工艺对原料适应性强，生产灵活性大，可以适当提高柴油的终馏点，提高装置加工劣质原料的能力。该工艺已经在中海油下属炼化企业得到应用。

中国海油还开发了C_{10}^{+}重芳烃轻质化技术。以廉价的C_{10}^{+}为原料，转化生产出高附加值的BTX和高辛烷值汽油调和组分。千吨级工业示范中试装置已经建设完成并示范运营中，20万吨/年级工艺包正在完善之中。

基于石油分子工程理念的劣质柴油吸附分离技术是中海油天津化工研究院臧甲忠团

队首创的工艺技术，自工业化以来受到客户的热捧，目前已经发展成为炼油化工、煤化工行业应用的系列技术。以下重点介绍劣质柴油吸附分离技术。

当前，我国炼油产能过剩问题突出，成品油消费增速放缓，消费柴汽比不断降低。与此同时，我国对高端化工产品的需求量逐年递增，带动了烯烃、芳烃等基本有机原料消费需求的增加，而长期以来我国烯烃、芳烃产能不足、自给率低。针对我国炼化行业如此的结构性矛盾，中海油天津化工研究设计院有限公司（以下简称天津院）臧甲忠研究团队按照石油分子工程理论研发了“柴油绿色吸附分离技术”，将柴油分为芳烃及非芳烃两个集总，实现柴油的“分子工程管理”。在此基础上，以“柴油绿色吸附分离技术”为核心，耦合重芳烃轻质化、非芳烃催化裂解、乙烯蒸汽裂解等工艺，形成特色鲜明的“柴油提质增效成套技术”，将柴油转化为芳烃、烯烃、航煤、工业白油、芳烃溶剂等免税化工品，实现柴油的差异化、高值化、精细化利用，为企业转型升级提供技术支撑。

柴油绿色吸附分离技术的原则流程示意见图5–57。由图5–57可以较好地理解柴油绿色吸附分离技术的原理：柴油烃类分子可以分为芳烃和非芳烃两类集总，因芳烃和非芳烃之间存在极性差异，导致其经过吸附剂床层时与吸附剂作用力大小不一，从而产生脱附速率的差异。非芳烃组分极性小，与吸附剂作用力弱，优先脱附，而芳烃组分脱附速率较慢。利用烃类分子脱附速率不同，结合模拟移动床吸附分离工艺，配合使用合适的解吸剂，可以实现柴油芳烃和非芳烃组分的连续分离。

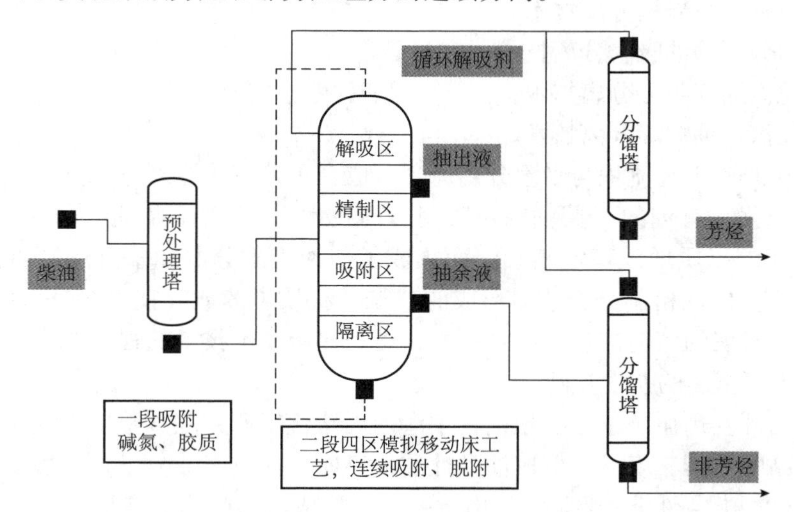

图5–57　柴油绿色吸附分离技术工艺流程

结合图1–6（见本书第一篇），在绿色吸附分离技术基础上，中海油形成了柴油提质增效成套技术，示意见图5–58。

由图1–6和图5–58可见，如果是柴油馏分已经先经吸附分离工艺分为芳烃及非芳烃两集总组分，则通过耦合重芳烃轻质化、重芳烃催化裂化、非芳烃催化裂解、非芳烃蒸汽裂解、工业白油精制等工艺，自然就容易高选择性地生产芳烃、烯烃、工业白油、芳烃溶剂等高附加值产品，从而形成成套工艺（技术）。而如果是其他馏分采用吸附分离原理，则又可以进一步拓展出多种技术，例如：

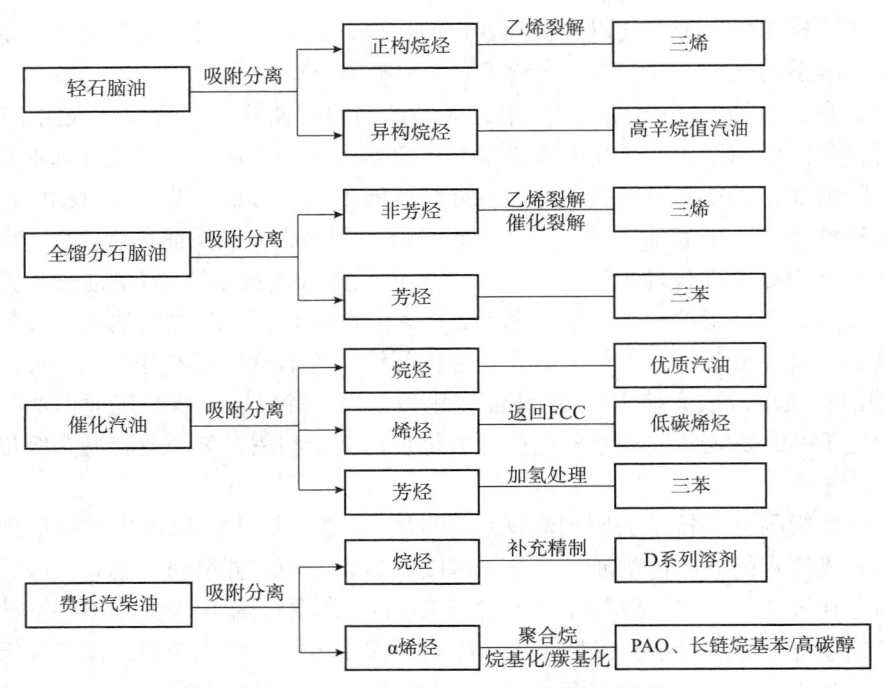

图5-58　柴油提质增效成套技术示意图

（1）轻石脑油正异构分离技术；

（2）全馏分石脑油吸附分离技术；

（3）催化汽油三组分分离技术；

（4）费托汽柴油烷烯分离技术。

因此，从原则工艺流程与吸附分离原理、成套工艺技术原理等的分析，可以发现本技术创新性较强，首创的“柴油绿色吸附分离技术”，实现了柴油组分的“分子工程”管理，为柴油的提质增效奠定基础。而集成了柴油吸附分离和重芳烃轻质化、催化裂解、催化裂化、白油精制等工艺后形成的“柴油提质增效成套技术”，可真正实现柴油的提质增效。发展的其他馏分的组合技术，更是显示了本技术的强大的生命力，为企业提质增效奠定了坚实的技术基础。

本技术的开发遵循分子工程理论，中海油天津化工研究院臧甲忠研究团队完成了数百个柴油样品的分析、表征，形成油品性质信息库；完成柴油分子差异性及分离规律的研究，建立“性质-性能（吸附）”构效关系，形成油品吸附分离信息库；完成系列吸附分离材料的开发，建立了“性质-性能-材料”关系，形成分离材料信息库；实现了柴油吸附分离材料的工业化生产；完成了成套技术的工程化实验，形成了工艺包技术开发；也完成了两套工业示范装置（规模分别为30万吨/年和40万吨/年）的建设与开车。目前，该技术已申请国家发明专利50余项、国际发明专利2项。

二、柴油绿色吸附分离技术的具体特点

1.吸附分离工艺

（1）原料适应性强：可处理催柴、焦柴、直柴、混合柴油。

（2）分离效率高、分离过程环保：为纯物理分离过程，分离产品纯度高（95%~99%），无三废排放。

（3）工艺流程简单，设备投资低：100万吨/年吸附分离装置，投资2亿元以内。

（3）工艺条件缓和、操作成本低：采用一次通过工艺，吨原料分离成本低于70元/吨。

2.成套工艺技术

（1）产品附加值高：目标产品为芳烃、烯烃等免税化工品且产品附加值高。

（2）产品方案灵活：可根据市场需求，选取组合工艺类型，灵活控制产品比例，以产品的多元化、灵活化，增强企业的抗风险能力。

三、混合柴油吸附分离制烯烃及芳烃

1.混合柴油的吸附分离

1）工艺原则流程示意图

混合柴油（直柴+催柴）经过吸附分离后得到非芳烃与芳烃，非芳烃通过蒸汽裂解增产烯烃，芳烃组分以单环芳烃为主，通过催化裂化增产烯烃及芳烃，见图5-59。

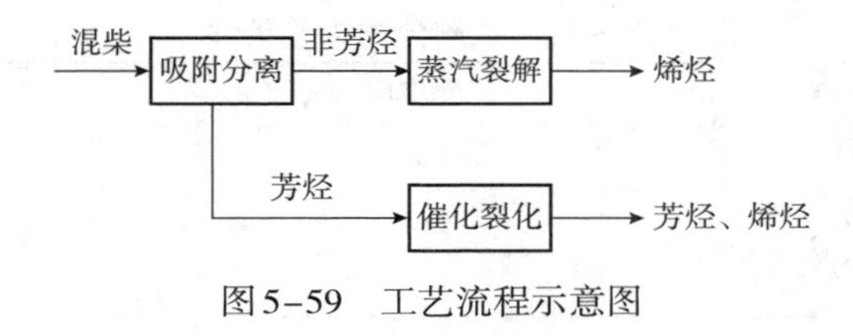

图5-59　工艺流程示意图

2）原料性质

混合柴油吸附分离制烯烃及芳烃，其原料性质、结构族组成数据见表5-35和表5-36。

表5-35　原料基本性质

馏程	温度/℃	密度	0.8409
初馏点	176.9	API比重	35.92
10%	216.9	平均分子量	206.94
20%	230.0	氢含量	13.20
30%	240.9	氢原子数	27.32
40%	251.0	碳原子数	14.97
50%	26.01	C/H	6.58
60%	271.9	BMCI	33.92
70%	284.4		
80%	299.9		
90%	322.6		
95%	343.5		
终馏点	354.7		

表5-36　结构族组成数据

组成	数值	组成	数值
链烷烃	39.4	总单环芳烃	25.0
一环烷烃	13.7	萘	0.9
二环烷烃	11.8	萘类	1.5
三环烷烃	4.7	苊类	1.6
总环烷烃	30.2	苊烯类	1.0
总饱和烃	69.6	总双环芳烃	5.0
烷基苯	11.3	三环芳烃	0.4
茚满或四氢萘	10.2	总芳烃	30.4
茚类	3.5		

3）吸附分离单元

（1）工艺条件，如表5-37所示。

表5-37　吸附分离工艺条件

反应条件	预吸附	吸附分离
温度/℃	40~60	40~60
压力/MPa	1.0	1.0
空速/h^{-1}	1.0	连续吸附脱附

（2）物料平衡，如表5-38所示。

表5-38　吸附分离产物分布

原料/产品名称		百分比例/%
原料	混合柴油	100
产品	重芳烃组分	27.3
	非芳组分	72.7

（3）产品性质。

①吸附非芳。原料经吸附后，密度降低、氢含量提高、BMCI值降低38%。原料中芳烃含量30.4%，经吸附后，非芳中芳烃含量6.1%（最低可降至1%），芳烃脱除率>85%，见表5-39和表5-40。

表5-39　原料与吸附非芳性质对比

馏　程	温度/℃	吸附非芳温度/℃	对比因子	原料	吸附非芳
			密度	0.8409	0.8139
初馏点	176.9	167.9	API度	35.92	41.41
10%	216.9	217.5	平均分子量	206.94	214.07
20%	230.0	231.4	氢含量	13.20	13.87

续表

馏 程	温度/℃	吸附非芳温度/℃	对比因子	原料	吸附非芳
			密度	0.8409	0.8139
30%	240.9	242.6	氢原子数	27.32	29.68
40%	251.0	252.6	碳原子数	14.97	15.37
50%	260.1	262.6	C/H	6.58	6.21
60%	271.9	273.4	BMCI	33.92	21.09
70%	284.4	285.3			
80%	299.9	300			
90%	322.6	321.2			
95%	343.5	337.2			
终馏点	354.7	352.6			

表5-40 原料与吸附非芳结构族组成对比

组成	原料	吸附非芳
链烷烃	39.4	53.3
一环烷烃	13.7	17.8
二环烷烃	11.8	16.2
三环烷烃	4.7	6.6
总环烷烃	30.2	40.6
总饱和烃	69.6	93.9
烷基苯	11.3	3.1
茚满或四氢萘	10.2	1.4
茚类	3.5	0.4
总单环芳烃	25.0	4.9
萘	0.9	0.1
萘类	1.5	0.3
苊类	1.6	0.4
苊烯类	1.0	0.3
总双环芳烃	5.0	1.1
三环芳烃	0.4	0.1
总芳烃	30.4	6.1

②吸附芳烃。吸附芳烃组分中，芳烃纯度>95%，其中单环芳烃占80%以上，适合作为催化裂化原料生产轻质芳烃、烯烃，见表5-41。

表5-41　原料与吸附芳烃结构族组成对比

组成	原料	吸附芳烃	组成	原料	吸附芳烃
链烷烃	39.4	2.5	总单环芳烃	25	78.5
一环烷烃	13.7	2.2	萘	0.9	3.0
二环烷烃	11.8	0.2	萘类	1.5	4.7
三环烷烃	4.7	0.0	苊类	1.6	4.8
总环烷烃	30.2	2.4	苊烯类	1	2.9
总饱和烃	69.6	4.9	总双环芳烃	5	15.4
烷基苯	11.3	33.1	三环芳烃	0.4	1.2
茚满或四氢萘	10.2	33.6	总芳烃	30.4	94.1
茚类	3.5	11.8			

2.非芳蒸汽裂解单元

（1）工艺条件，如表5-42所示。

表5-42　原料与吸附非芳蒸汽裂解工艺条件

裂解温度/℃	稀释比	停留时间/s
810	0.75	0.2

（2）产物分布及结焦情况。与原料相比，经过吸附后，三烯收率提升23%，重油收率降低60%，结焦率降低50%，见表5-43和表5-44。

表5-43　原料与吸附非蒸汽裂解工产物分布

样　品	原　料	吸附非芳	样　品	原　料	吸附非芳
氢气	0.78	1.03	顺丁烯	0.68	0.80
甲烷	9.89	11.10	丁二烯	5.95	7.73
乙烷	3.34	3.86	苯	6.38	6.72
乙烯	21.75	26.88	甲苯	2.01	1.14
乙炔	0.27	0.37	乙苯	0.12	0.07
丙烷	0.43	0.51	二甲苯	0.44	0.25
丙烯	13.13	15.77	苯乙烯	1.06	0.60
丙炔	0.29	0.29	汽油（不含BTX）	17.58	13.15
丙二烯	0.21	0.24	裂解柴油	6.88	2.76
异丁烷	0.03	0.03	裂解燃料油	4.82	1.93
正丁烷	0.07	0.09	合计	100.05	100.00
丁烯-1	1.14	1.40	双烯	34.88	42.64
异丁烯	2.24	2.64	三烯	40.83	50.38
反丁烯	0.56	0.65	三苯	8.95	8.18

表5-44　原料及吸附非芳结焦实验结果

样　品	温度/℃	总进料量/kg	结焦量/mg	结焦率/（mg/kg）
原料	810	2.4861	20.46	8.23
吸附非芳	810	2.3355	9.69	4.15

3.吸附芳烃催化裂化

（1）工艺条件。采用两种工况对吸附芳烃进行催化裂化，工况一为低温催化裂化，工况二高温催化裂化，见表5-45。

表5-45　吸附芳烃催化裂化工艺条件

项　目	工况一	工况二
裂解温度/℃	520	560
剂油比	8	8
蒸汽量	10%	20%

（2）物料平衡及产物分布。吸附芳烃在低温条件下，转化率为67%，烯烃+芳烃收率50%。在高温条件下，转化率72%，烯烃+芳烃收率57%，见表5-46。

表5-46　吸附芳烃催化裂化物料平衡

项　目	工况一	工况二
转化率/%	67.5	72.3
产物收率/%		
干气	1.4	4.3
乙烯	0.5	1.9
液化气	7.1	10.3
丙烯	2.6	4.8
丁烯	1.7	3.1
汽油	54.1	53.6
芳烃含量	84.0	87.5
重油（>205）	29.5	27.9
焦炭	4.9	4.1
低碳烯烃收率/%	4.8	9.8
BTEX收率/%	21.4	24.6
（低碳烯烃+汽油芳烃）收率/%	50.2	56.7

注：采用未转化柴油回炼模式。

4.混合柴油吸附分离制烯烃芳烃

综上混合柴油吸附分离制烯烃芳烃，可以得出：

（1）对于混合柴油，通过吸附分离可实现非芳烃与芳烃组分的高效分离，分离产物纯度可达95%。

（2）对于吸附非芳烃组分，以链烷烃为主，是优质的乙烯裂解原料。与未吸附的原料相比，三烯收率提升23%，重油收率降低60%，结焦率降低50%。

（3）对于吸附芳烃组分，以单环芳烃为主，是优质的催化裂化原料。在高温条件下，原料转化率72%，烯烃+芳烃收率57%。

四、催柴吸附分离制烯烃及芳烃

1.工艺原则总流程示意图

催柴经加氢精制后，经吸附分离后得到非芳烃与重芳烃，非芳烃通过催化裂化/催化裂解增产烯烃/芳烃，重芳烃通过轻质化增产轻质芳烃，见图5-60。

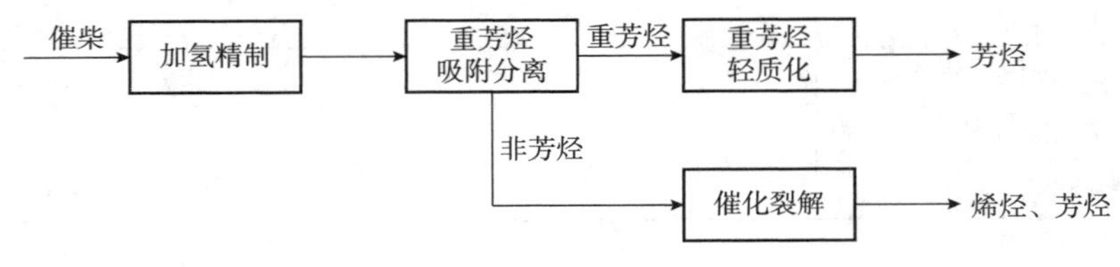

图5-60　工艺流程示意图

2.原料性质

原料性质如表5-47所示。

表5-47　原料基本性质

项　目	催　柴	项　目	催　柴
硫含量/（μg/g）	4143	二环烷烃	3.3
氮含量/（μg/g）	557	三环烷烃	1.8
密度/（kg/m³）	900	总芳烃	63.9
总饱和烃	36.1	总单环芳烃	23.3
链烷烃	21.0	总双环芳烃	34.7
总环烷烃	15.2	三环芳烃	4.9
一环烷烃	10.1		

3.加氢精制单元

（1）工艺条件。在相对缓和的反应条件下进行催柴加氢精制，既能保证精制催柴满足柴油重芳烃吸附分离单元要求（硫含量<20μg/g，碱性氮含量<5μg/g），又要尽可能多的保留芳烃组分，以为重芳烃轻质化单元提供更多的原料，见表5-48。

表5-48　催柴加氢精制工艺条件

项　目	数　值
温度/℃	320~360
压力/MPa	7.0~8.0
氢油体积比	400~600
质量空速/h^{-1}	1.0~1.2
氢耗/%	1.2~1.4

（2）产物分布，如表5-49所示。

表5-49　催柴加氢精制产物分布

原料/产品		百分比例/%
原　料	催柴	100
	氢气	1.3
产　品	H_2S+NH_3	0.4
	干气	0.1
	液化气	0.3
	石脑油	1.4
	精制柴油	98.0

（3）主要产物性质，如表5-50所示。

表5-50　精制催柴组分性质

项　目		催柴原料	精制催柴
密度/（kg/m^3）		900	870
硫含量/（μg/g）		4143	10
碱氮含量/（μg/g）		557	2
质谱组成/%	链烷烃	21.0	21.8
	一环烷烃	10.1	14.4
	二环烷烃	3.3	7.5
	三环烷烃	1.8	3.4
	总环烷烃	15.2	25.3
	总饱和烃	36.1	47.1
	单环芳烃	23.3	40.5
	双环芳烃	34.7	11.6
	三环芳烃	5.9	0.8
	总芳烃	63.9	52.9

4.吸附分离单元

（1）工艺条件，如表5-51所示。

表5-51　吸附分离工艺条件

反应条件	预吸附	吸附分离
温度/℃	40~60	40~60
压力/MPa	1.0	1.0
空速/h^{-1}	1.0	连续吸附脱附

（2）物料平衡，如表5-52所示。

表5-52　吸附分离产物分布

原料/产品名称		百分比例/%
原　料	精制催柴	100
产　品	重芳烃组分	54
	非芳组分	46

（3）产品性质，如表5-53所示。

表5-53　吸附分离非芳、重芳烃组分组成

项　目	重芳烃	非芳组分
链烷烃	3.8	42.9
一环烷烃	2.5	28.4
二环烷烃	1.4	14.7
三环烷烃	0.8	6.5
总环烷烃	4.7	49.5
总饱和烃	8.5	92.4
总单环芳烃	70.3	5.5
总双环芳烃	20.1	1.6
三环芳烃	1.4	0.1
总芳烃	91.5	6.6

5.非芳催化裂化单元

（1）工艺条件。采用两种工况对吸附非芳进行催化裂化，工况一为低温催化裂化，工况二为高温催化裂化，见表5-54。

表5-54　吸附非芳催化裂化工艺条件

项　目	工况一	工况二
裂解温度/℃	520	580
剂油比	8	8
蒸汽量	10%	20%

（2）物料平衡与产物分布。在低温条件下，转化率为85%，烯烃+芳烃收率45%。在高温条件下，转化率92%，烯烃+芳烃收率67%，见表5-55。

表5-55　吸附非芳催化裂化物料平衡

项　目	工况一	工况二
转化率/%	85.1	92.5
产物收率/%		
干气	5.3	10.8
乙烯	2.0	6.5
液化气	27.3	45.5

续表

项　目	工况一	工况二
丙烯	8.8	22.8
丁烯	9.3	16.1
汽油	48.3	32.5
芳烃含量	51.6	67.1
重油（>205）	14.9	7.7
焦炭	4.2	3.7
低碳烯烃收率/%	20.1	45.4
BTEX收率/%	17.2	15.8
（低碳烯烃+汽油芳烃）收率/%	45.0	67.2

注：采用未转化柴油回炼模式。

6.重芳烃轻质化单元

（1）工艺条件。重芳烃轻质化单元有两种路线：一是贵金属催化剂体系，目标产物为高辛烷值汽油，特点是液收高；二是非贵金属催化剂体系，目标产物为高纯度芳烃，特点是芳烃纯度高，见表5-56。

表5-56　重芳烃轻质化工艺条件

项　目	工艺条件	项　目	工艺条件
温度/℃	380~420	氢烃体积比	800~1000
氢分压/MPa	4.0~5.0	空速/h^{-1}	1.5

（2）物料平衡及产物分布，如表5-57所示。

表5-57　重芳烃轻质化物料平衡

项　目	路线一	项　目	路线二	纯度/%
单程转化率/%	80~85	单程转化率/%	75~80	
原料		原料		
重芳烃	100	重芳烃	100	
氢气	3.6	氢气	3.9	
产物		产物		
干气	6.1	干气	9.0	
液化气	9.5	液化气	30.2	
轻石脑油	14.8	轻石脑油	8.6	
65~205℃馏分	71.1	苯	2.5	44.6
外甩重芳烃	2.1	甲苯	13.0	98.2
		二甲苯	20.9	99.4
		C_9芳烃	13.7	99.9
		C_{10}芳烃	3.3	100
		C_{11}^+芳烃	2.7	100

7.具体示例：200万吨/年柴油吸附分离装置

中海油某企业柴汽比高达2.3：1，且汽柴油总量很高，远远超出其销售能力。为此，提出了柴油进一步生产其他化工产品的要求，建设200万吨/年柴油吸附分离装置。表5-58是该企业6套柴油装置的主要参数。

表5-58 柴油资源性质汇总

项 目		装置1	装置2	装置3	装置4	装置5	装置6
产量/（10^4t/a）		70.5	164.6	166.3	313.3	23.5	33.6
柴油密度/（kg/m^3）		—	—	851.6	825.8	877.2	859.7
总芳/%		2.7	10.8	35.9	29.9	59.2	56.9
十六烷值		—	—	49	54	<34.0	36.9
硫含量/（μg/g）		0.2	0.3	6	10	290	90
氮	总氮/（μg/g）	0.2	0.2	30	0.8	—	111
	碱性氮/（μg/g）	—	—	8	<1	2.1	80.7
初馏点/℃		—	—	166	177	198	182
干点/℃		—	—	370	353	331	329

吸附分离技术对原料有一定的要求，例如，芳烃含量15%~70%，碱性氮含量≤10μg/g，硫含量≤20μg/g，综合分析各装置柴油情况，选定装置3、装置4的柴油作为吸附分离的原料。此外，根据当前吸附分离单塔水力学加工能力、工程实施能力，确定单套吸附分离装置的规模200万吨/年，装置年操作时间为8400h。确定的技术路线示意如图5-61所示。

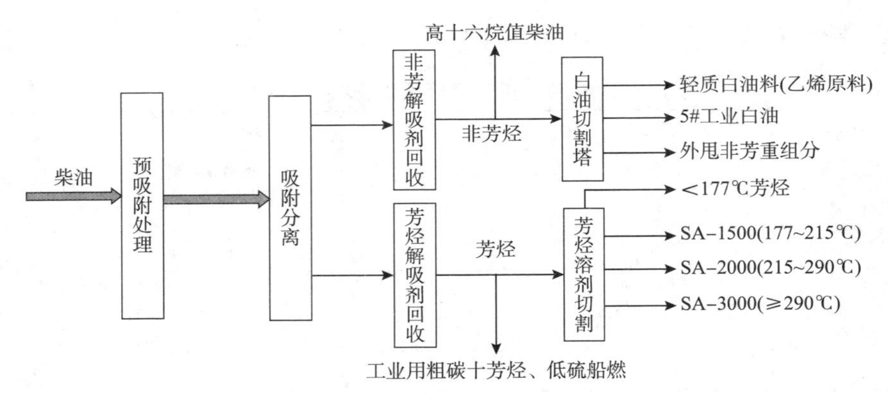

图5-61 200万吨/年柴油吸附分离技术路线

上述技术路线考虑了将非芳通过中海油开发的原油（重油）直接制化学品与材料的DPC技术进一步转化为低碳烯烃，而重芳烃则通过中海油开发的重芳烃轻质化技术转化为轻质芳烃（BTX）的可能性。装置的物料平衡（初）见表5-59。

图5-62为可研时的装置总图布置。

装置吸附单元的设计（可研阶段）能耗为19kgEO/t原料，加上产品分离后的装置总能耗为37gEO/t原料，该能耗指标还在优化中。

该装置在其可研阶段采用的价格体系下，财务内部收益率26.7%，投资收益率31.5%，投资回收期5.4年，盈亏平衡点21.5%。

表5-59　初步的物料平衡

序号	进装置		出装置		
	名称	万吨/年	名称	万吨/年	备注
1	108柴油	166.3	轻质白油料	58.73	可作200#非芳溶剂
2	131柴油	33.7	5#工业白油	70.92	—
3	—	—	SA-100芳烃溶剂	1.76	工业用粗碳十芳烃
4	—	—	SA-1500芳烃溶剂	7.38	
5	—	—	SA-2000芳烃溶剂	32.12	
6	—	—	SA-3000芳烃溶剂	27.94	
7	—	—	外甩非芳重组分	1.15	去加氢装置
合计	—	200	合计	200	

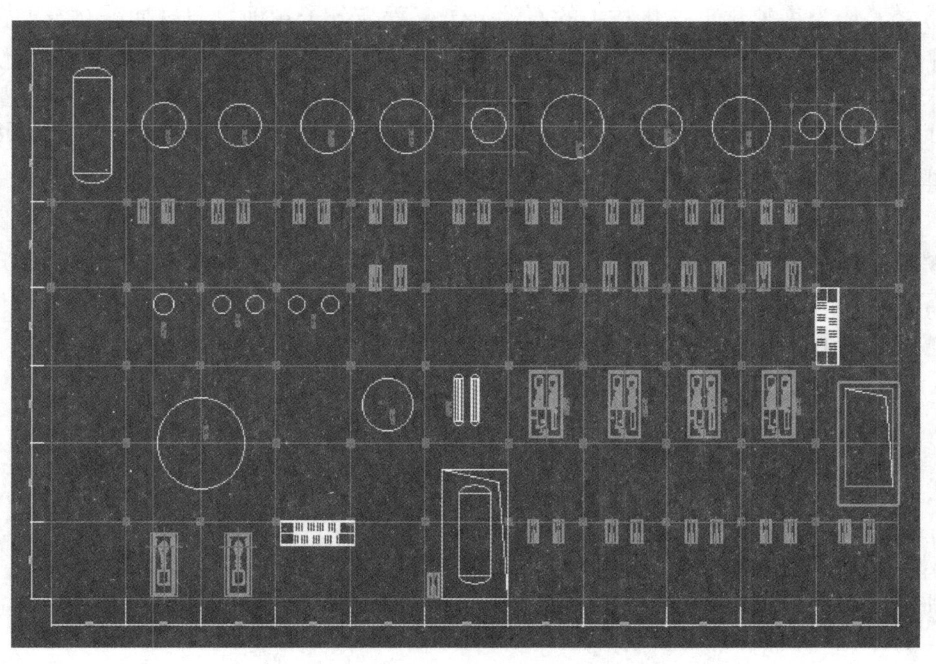

图5-62　200万吨/年柴油吸附分离装置总图布置

8.小结

（1）对于催化柴油，通过吸附分离可实现非芳烃与芳烃组分的高效分离，分离产物纯度可达90%以上。

（2）对于吸附非芳烃组分，以链烷烃和环烷烃为主，是优质的催化裂化原料。在高温条件下，原料转化率92%，烯烃+芳烃收率67%。

（3）对于吸附芳烃组分，通过重芳烃轻质可转化为高辛烷值汽油或高纯度芳烃。

五、原油（渣油/重油）直接制化学品与材料（DPC）工艺

中海油以油气资源分子工程与分子管理为指引，大力探索催化新材料、新催化剂和新工艺，在油砂沥青、常压渣油、减压渣油以及原油为原料直接制化学品与材料等方面取得了明显突破。在2020年2kg/h 规模DPC中试实验取得良好效果基础上，2021年5月起DPC技术在50万吨/年~120万吨/年规模不等的工业装置开展了工业化实验，工业试验效果与中试结果非常吻合。以加拿大油砂沥青为原料，在410℃以上反应温度下，DPC技术可以实现残炭和重金属几乎100%转化或脱除，粘度降低率99%以上，而硫氮杂质的脱除率也可达70%以上。如果以环烷中间基原油的减压渣油为原料，则DPC反应后的焦炭收率低于9%，而干气中乙烯≥45%，液化气中的丙烯和丁烯总含量超过90%。如果采用环烷中间基原油直接作进料，则焦炭收率更低，干气中乙烯含量以及液化气中的丙烯和丁烯含量更高，产物中的全部化学品（烯烃+芳烃）≥72%。与现有的技术相比，DPC技术处理同样原料所得产物的性质要更优，此外，不同进料经过DPC技术处理后的重质馏分富含一~四环芳烃，是生产优质碳材料原料。

总之，作为炼油化工强化技术的石油分子工程与分子管理，通过加深对石油资源分子水平上的认识，并深入研究石油及其分子组成的转化规律，同时借助计算机与信息化新技术在算法与算力等方面的进步，一方面可以优化原料组成，有针对性地开发最适合的催化剂并设计一系列合理反应路径和反应条件，达到原料、催化剂、工艺以及反应器的最佳匹配；另一方面，可以实现包括原油在内的资源敏捷优化与决策优化协同，原油选择、加工、销售全产业链在内的协同优化，以及全产业链过程质量、安全、环保的监管与溯源，进而达到全流程整体协同优化下的管控与决策智能一体化，从而真正实现超越传统石油粗放认知体系，进入“分子水平”层次的精细和精准石油炼制，推动炼油化工产业跨越式高质量发展，实现“资源高效转化、能源高效利用、过程绿色低碳”目标。

参考文献

[1] Klein MT, Hou G, Bertolacino RJ, Broadbell LJ, Kumar A, Molecular Modeling in Heavy Hydrocarbon Conversions [M]. CRC Tayloy & Francis, 2006.

[2] 吴青，石油分子工程 [M]. 化学工业出版社，北京：2020.

[3] Hammett L P. The Effect of Structure Upon the Reactions of Organic Compounds Benezene [J]. Journal of the American Chemical Society, 1937, 59 : 96.

[4] Evans M G, Polanyi M. Inertia and Driving Force of Chemical Reactions [J]. Trans. Faraday Soc., 1938, 34 : 1138.

[5] Mochida I, Yoneda Y. Linear Free Energy Relationships in Heterogeneous Catalysis. I. Dealkylation of Alkylbenzenes on Cracking Catalysts [J]. Journal of Catalysis, 1967, 7:386–392.

[6] Mochida I, Yoneda Y. Linear Free Energy Relationships in Heterogeneous Catalysis. Ⅱ. Dealkylation and Isomerization Reactions on Various Solid Acid Catalysts [J]. Journal of Catalysis, 1967, 7:393–396.

[7] Mochida I, Yoneda Y. Linear Free Energy Relationships in Heterogeneous Catalysis. Ⅲ. Temperature Effects in Dealkylation of Alkylbenzenes on the Cracking Catalysts [J]. Journal of Catalysis, 1967, 8:223–230.

[8] Neurock M T. A Computational Chemical Reaction Engineering Analysis of Complex Heavy Hydrocarbon

Reaction Systems [D] . Newark : University of Delaware, 1992 .
[9] Neurock M, Klein M T. Linear Free Energy Relationships in Kinetic Analyses: Applications of Quantum Chemistry [J] . Polycyclic Aromatic Compounds, 1993, 3 : 231–246.
[10] Korre S. Quantitative Structure/Reactivity Correlations as a Reaction Engineering Tool: Applications to Hydrocracking of Polynuclear Aromatics [D] . Newark : University of Delaware, 1995.
[11] Froment G F, Bischoff K B. Chemical Reactor Analysis and Design [M] . 2nd ed. New York : John Wiley & Sons, 1990.
[12] Yang K H, Hougen O A. Determination of Mechanism of Catalyzed Gaseous Reactions [J] . Chemical Engineering Progress, 1950, 46 (37):146–147.
[13] Aris R. Introduction to the Analysis of Chemical Reactors, Prentice–Hall, Englewood Cliffs, NJ, 1965.
[14] Hammett L P. The Effect of Structure Upon the Reactions of Organic Compounds. Benezene [J] . Journal of the American Chemical Society, 1937, 59: 96.
[15] Dewar M J S. The Molecular Orbital Theory of Organic Chemistry [M] . New York : McGraw–Hill, 1969.
[16] Beris AN. Notes for Chemical Engineering Problems, Class notes, Newark : University of Delaware, 1998.
[17] Radhakrishnan K, Hindmarsh AC. Description and Use of LS ODE, the Livermore Solver or Ordinary Differential Equations, NASA Reference Publication, Lewis Research Center, Clever and OH, 1327, 1993.
[18] Hindmarsh AC. ODEPACK documentation, Lawrence Livermore National Laboratory, Livermore, CA, 1997.
[19] Brenan KE, Campbell S L, Petzold L.R. Numerical Solution of Initial–Value Problems in Differential–Algebraic Equations, North–Holland, Amsterdam, 1989.
[20] Broadbelt L J, Stark S M, Klein M T. Computer Generated Reaction Networks: on–the–fly Calculation of Species Properties Using Computational Quantum Chemistry [J] . Chemistry Chemical Engineering Science, 1994, 49:4991—5101.
[21] Broadbelt L J, Stark S M, Klein M T. Computer Generated Pyrolysis Modeling: on–the–fly Generation of Species, Reactions and Rates [J] . Industrial & Engineering Chemistry Research, 1994, 33: 790–799.
[22] Broadbelt L J, Stark S M, Klein M T. Computer Generated Reaction Modeling: Decomposition and Encoding Algorithms for Determining Species Uniqueness [J] . Computers & Chemical Engineering, 1996, 20 (2):113–129.
[23] Petzold L R. A description of DASSL: a Differential/Algebraic System Solver, Sandia Tech. Rep., SAND82–8637, 1982.
[24] Corana A, Marchesi M, Martinii C, et al. Minimizing Multimodal Functions of Continuous Variables with the "Simulated Annealing" Algorithm, Mathematics, Computer Science, ACM Trans. Math [J] . Software, 1987, 13 (3): 262–280.
[25] Goffe W L, Ferrier G D, Rogers J. Global Optimization of Statistical Functions with the Simulated Annealing Algorithm [J] . Journal of Econometrics, 1994, 60 (12, Jan–Feb): 65–100.
[26] Sørensen J P. Simulation, Regression and Control of Chemical Reactors by Collocation Techniques [D] . Danmarks tekniske H¢jskole, Lyngby, 1982.
[27] Caracotsios, M., Model Parametric Sensitivity Analysis and Konlinear Parameter Estimation: The01–y and Applications [D] . Madison : University of Wisconsin, 1986.
[28] Stewart W E, Caracotsios M, S¢rensen P. GREG Software Package Documentation, Dept. of Chemical Engineering [D] . Madison : University of Wisconsin, 1992.

[29] Rinnooy Kan A H G, Timmer G T. Stochastic Methods for Global Optimization. I. Clustering Methods[J]. Mathematical Programming, 1984, 39: 27-56.

[30] Rinnooy Kan A H G, Timmer G T. Stochastic Methods for Global Optimization. Ⅱ. Multi level Methods[J]. Mathematical Programming, 1984, 39:57-78.

[31] Stark S M. An Investigation of the Applicability of Parallel Computation to Demanding Chemical Engineering Problems[D]. Newark: University of Delaware, 1992.

[32] Stark, S.M., The Definitive Guide to the MLSL Program, Department of Chemical Engineering [D]. Newark: University of Delaware, 1993.

[33] De Oliverura L P, Verstraete J J, Kolb M. A Monte Carlo Modeling Methodology for the Simulation of Hydrotreating Process [J]. Chemical Engineering Journal, 2012, 207-208:94-102.

[34] De Oliverura L P, Verstraete J J, Kolb M. Simulating Vacuum Residue Hydroconversion by Means of Monte Carlo Techniques [J]. Catalysis Today, 2014: 208-222.

[35] Campbell D M, Bennett C, Hou Z, et al. Attribute-based Modeling for Residue Structure and Reaction[J]. Industrial & Engineering Chemistry Research, 2009, 48(4):1683-1693.

[36] Wu Qing. Study on Technology Clusters for Direct Utilization of CO_2-Rich Natural Gas and Construction of Hybrid System for Energy and Chemicals Production[J]. China Petroleum Processing and Petrochemical Technology, 2020, 22(2):1-9.

[37] Qianqian Chen, Danfeng Wang, Yu Gu et al. Techno-Economic Evaluation of CO_2-rich Natural Gas Dry Reforming for Linear Alpha Olefins Production[J]. Energy Conversion and Management, 2020, 205: 112348.

[38] Wu Qing. Study on the Technology of Mega-size Green and Efficient Direct Utilization of Carbon-rich Natural Gas in the South China Sea and the Construction of Hybrid System for Energy and Chemicals Production [C] // International Green and Sustainable Chemistry Conference (Green China 2019), Beijing, 2019, 10, 17-19.

[39] 吴青.智能炼化建设——从数字化迈向智慧化[M].北京：中国石化出版社，2018.

[40] 吴青.智能炼化建设塑造炼化企业新未来[J].炼油技术与工程，2018，48(11)：1-4.

[41] 吴青.流程工业智慧炼化建设的研究与实践[J].无机盐工业，2017，49(12)：1-8.

[42] 吴青.新态势下的炼化企业数字化转型——从数字炼化走向智慧炼化[J].化工进展，2018，37(6)：2140-2146.

[43] 吴青.流程工业卓越智能炼化建设的研究与实践[J].无机盐工业，2018，50(8)：1-5+33.

[44] 吴青.炼化企业数字化工厂建设及其关键技术研究[J].无机盐工业，2018，50(2)：1-7.

[45] 吴青.石油分子工程及其管理的研究与应用(Ⅰ)[J].炼油技术与工程，2017，47(1)：1-9.

[46] 吴青.石油分子工程及其管理的研究与应用(Ⅱ)[J].炼油技术与工程，2017，47(2)：1-14.

[47] 吴青，油气资源分子工程与分子管理的核心技术与主要应用进展[J].中国科学：化学，2020，50(2)：173-182.

[48] Wu Qing. Global Practice of AI and Big Data in Oil & Gas Industry [C] // Machine Learning and Data Science in the Oil and Gas Industry: Best Practices, Tools, and Case Studies[M]. USA:Elsevier, 2020.

[49] 白媛媛，李士雨.基于分子矩阵预测石脑油分子水平组成[J].石油化工，2016，45(11)：1369-1374.

[50] 彭辉，张磊，邱彤，等，乙烯裂解原料等效分子组成的预测方法[J].化工学报，2011，62(12)：3447-3451.

[51] Wu Y, Zhang N. Molecular Management for Refining Operations [D]. Manchester: University of Manchester, 2010.

[52] Ghosh P, Hickey K J, Jaffe S B. Development of a Detailed Gasoline Composition-based Octane Model[J]. Industrial & Engineering Chemistry Research, 2006, 45(1):337-345.
[53] 王佳. 柴油烃类组成分子水平预测研究[D]. 石油化工科学研究院，北京：2015.
[54] 王佳，焦国凤，孟繁磊，等. 柴油烃类分子组成预测研究[J]. 计算机与应用化学，2015，32(6)：707-711.
[55] 孟繁磊，周祥，郭锦标，等. 异构烷烃的有效碳数与物性关联研究[J]. 计算机与应用化学，2010，27(2):1638-1642.
[56] 徐春明等著，石油炼化分子管理基础[M]北京：科学出版社，北京：2019.
[57] 郭广娟，李洋，侯栓弟，等. 柴油分子重构模型的建立及烃类组成模拟[J]. 计算机与应用化学，2014，31(12))：142-1456.
[58] Muhammad Imran Ahmad. Integrated and Multi-period Design of Diesel Hydrotreating Process[D]. Manchester：University of Manchester, 2009.
[59] Ghosh P, Jaffe S B. Detailed Composition-based Model for Predicting the Cetane Number of Diesel Fuels[J]. Industrial & Engineering Chemistry Research, 2006, 45(1):346-351.
[60] 顾嘉华. 基于原油评价数据的馏分油分子重构[D]. 上海：华东理工大学, 2020.
[61] 侯栓弟，龙军，张楠. 减压蜡油分子重构模型：I 模型建立[J]. 石油学报(石油加工)，2012，28(6)：889-894.
[62] Whitson C H, Effect of C7+ Properties on Equation-of State Predictions[J]. Society of Petroleum Engineers Journal, 1984, 24(6):685-696.
[63] 李洋，龙军，侯栓弟，等. 减压蜡油分子重构模型：Ⅱ烃类组成模拟[J]. 石油学报(石油加工). 2013, 29(1)：1-5.
[64] 阎龙，王子军，张锁江，等. 基于分子矩阵的馏分油组成的分子建模[J]. 石油学报(石油加工). 2012, 28(2)：329-337.
[65] 马法书，袁志涛，翁惠新. 分子尺度的复杂反应体系动力学模拟：I 原料分子的 Monte Carlo 模拟[J]. 化工学报, 2004, 54(11)：1539-1545.
[66] 杨辰，基于原油标定数据的石油重质馏分分子重构[D]. 上海：华东理工大学, 2020.4.
[67] 沈荣民，蔡军杰，江红波，等，延迟焦化原料油分子的蒙特卡罗模拟[J]. 华东理工大学学报(自然科学版)，2005，36(1)：56-61.
[68] Allen D. T., Structural Models of Catalytic Cracking Chemistry[A]. Kinetic and Thermodynamic Lumping of Multicomponent Mixtures[C]. Amsterdam: Elsevier Science Publishers, 1991. 163-180.
[69] 倪腾亚，刘纪昌，沈本贤，等. 基于结构导向集总的渣油分子组成矩阵构建模型[J]. 石油炼制与化工 .2015，46(7):15-22.
[70] 赵雨霖，原油分子重构[D]. 上海：华东理工大学 .2011.
[71] 牛莉丽，原油的熵最大化分子重构[D]. 上海：华东理工大学 .2011.
[72] Korre S. Quantitative Structure/Reactivity Correlations as Reaction Engineering Tool: Applications to Hydrocracking of Polynuclear Aromatics[D]. Newark：University of Delaware, 1995.
[73] Russell C L. Hydrocracking Reaction Pathways, Kinetics, and Mechanisms of n- Alkylbenzenes[D]. Newark：University of Delaware, 1992.
[74] Watson B A, Klein M T, Harding R H. Mechanistic Modeling of n-Heptane Cracking on HZSM-5[J]. Industrial & Engineering Chemistry Research, 35(5), 1506-1516, 1996.
[75] Watson B A, Klein M T, Harding R H. Catalytic cracking of Alkylcyclohexanes: Modeling the Reaction Pathways and Mechanisms[J]. International Journal of Chemical Kinetics, 1997, 29(7)：545.

[76] Dumesic J A, Rudd D F, Aparicio L M, et al. The Microkinetics of Heterogeneous Catalysis [M]. Washington DC : American Chemical Sociey, 1993.

[77] Whitehurst D D, Isoda T, Mochida I. Present State of the Art and Future Challenges in the Hydrodesulfurization of Polyaromatic Sulfur Compounds [J]. Advances in Catalysis, 1998, 42 : 345.

[78] Tops φ e H, Clausen B S, Massoth F E. Hydrotreating Catalysis, in Catalysis Science and Technology, Vol. 11, Anderson, J.R. and Boudart, M., Eds., Springer-Verlag, New York, 1996.

[79] Girgis M J, Gates B C, Reactivities. Reaction Networks, and Kinetic in High Pressure Catalytic Hydroprocessing [J]. Industrial & Engineering Chemistry Research, 1991, 30 : 2021.

[80] Vanrysselberghe V, Froment G F. Hydrodesulfurization of Dibenothiophene on a CoMo/Al_2O_3 Catalyst: Reaction Networks and Kinetics [J]. Industrial & Engineering Chemistry Research, 1996, 35 : 3311.

[81] Strewart W E, Caracotsios M, Jan P. Soensen, Parameter Estimation from Multiresponse Data [J]. AlChE Journal, 1992, 38 (5): 641.

[82] Mills G A, Heinemann H, Milliken T H, et al. Naphtha Reforming Involves Dual Functional Catalysts Mechanism for Reforming with These Catalysts [J]. Industrial & Engineering Chemistry, 1953, 45 : 134.

[83] Weisz P B, Polyfunctional Heterogeneous Catalysis [J]. Advances in Catalysis, 1962, 13 : 137.

[84] Langlois G E, Sullivan R F. Chemisty of Hyrocracking. Adv. Chem. Ser., 1970, 97 : 38.

[85] Weitkamp J. Hydrocracking and Hydrotreating [M]. Washington DC, 1975 : 1.

[86] Brouwer D M, Hogeveen H. Electrophilic Dubstitutions at Aukenes and in Alkylcarbonium Ions [J]. Prog. Phys. Org Chem. 1972, 9 : 179.

[87] Martens J A, Jacobs P A, Weitkamp J. Attempts to Rationalize the Distribution of Hydrocracked Products: 1. Quantitative Description of the Primary Hydrocracking Modes of Long Chain Paraffins in Open Zeolites, Applied [J]. Catalysis, 1986, 20 : 239.

[88] Stewart W E, Caracotsios M, Sorensen J P. Parameter Estimation from Multiresponse Data [J]. AIChE Journal, 1992, 38 (5): 641-650.

[89] 刘纪昌 . 石油加工过程原料油数字化表征及基于结构导向集总的分子水平建模，2017.

[90] 田立达 . 结构导向集总新方法构建延迟焦化动力学模型及其应用研究 [D]. 上海：华东理工大学，2012.

[91] 汪定伟，王俊伟，王洪峰，等 . 智能优化算法 [M]. 北京：高等教育出版社，2007.